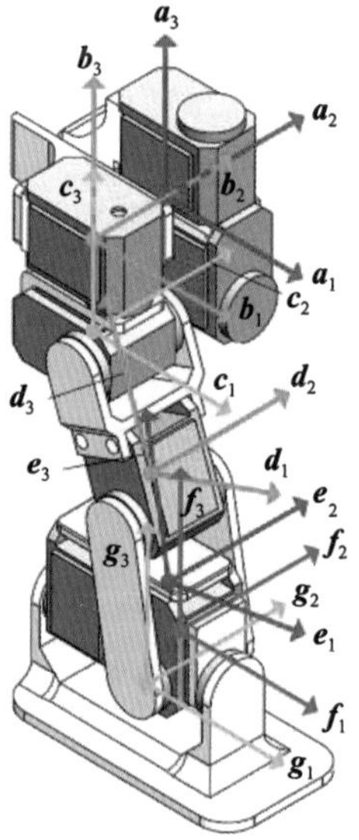

图 2-6　腿部组件的详细模型

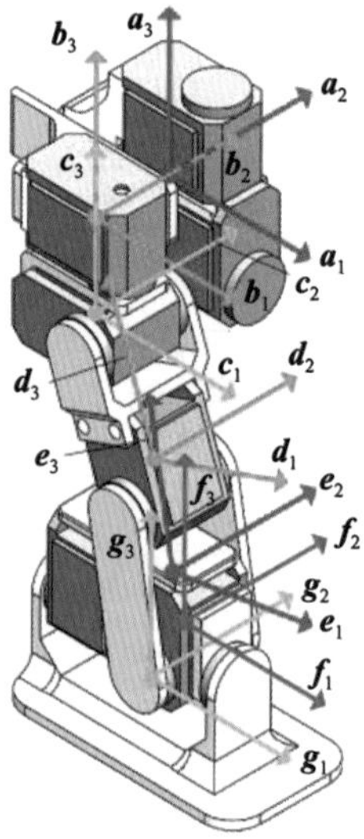

图 2-20　腿部组件坐标系的定义

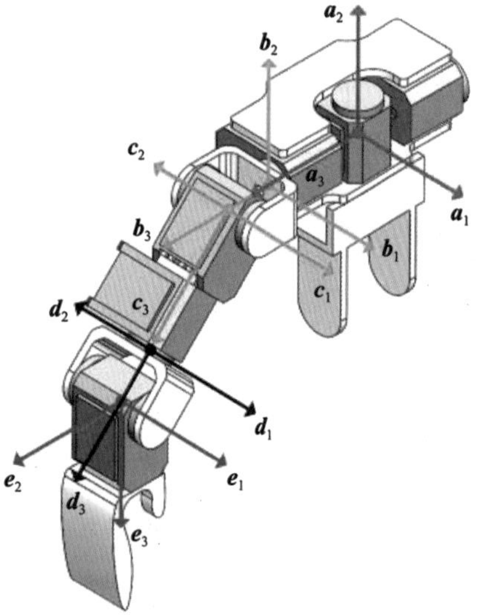

图 2-22　机械臂和躯干组件

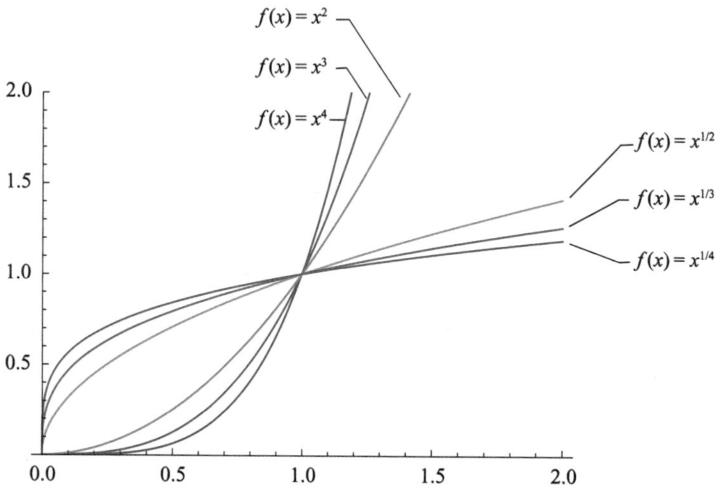

图 6-4　$\mathcal{K}$ 类函数的一些例子，当 $0<p<\infty$ 时，$f(x)=x^p$

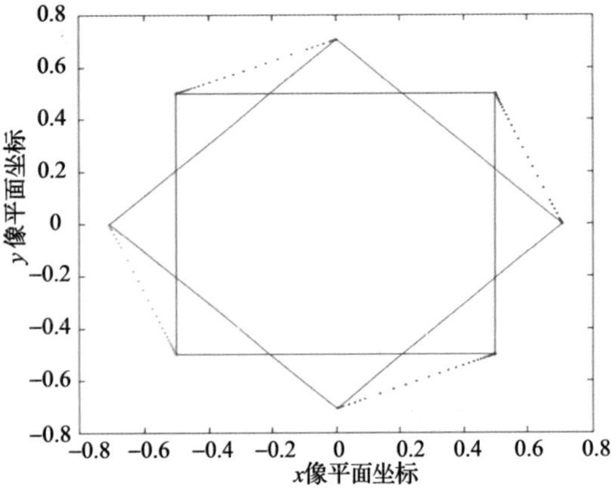

图 7-5　绕 z 轴旋转，$\psi=\pi/4$，焦平面轨迹图

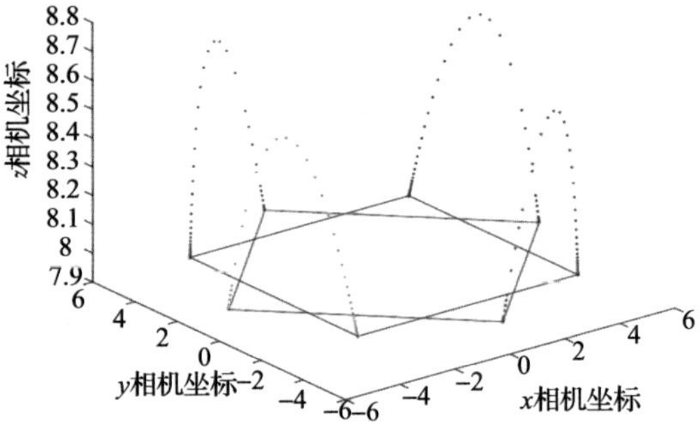

图 7-6　绕 z 轴旋转，$\psi=\pi/4$，相机坐标轨迹

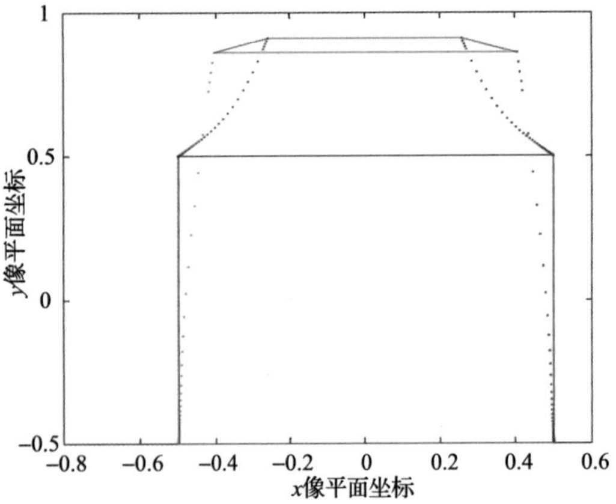

图 7-8　绕 x 轴旋转，$\phi=\pi/4$，焦平面轨迹

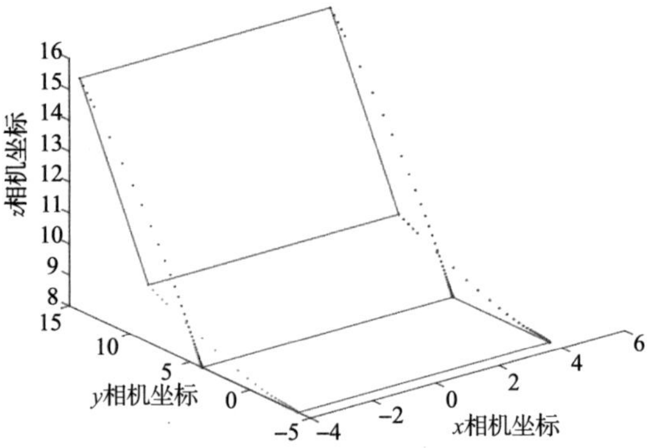

图 7-9　绕 x 轴旋转，$\phi=\pi/4$，相机坐标轨迹

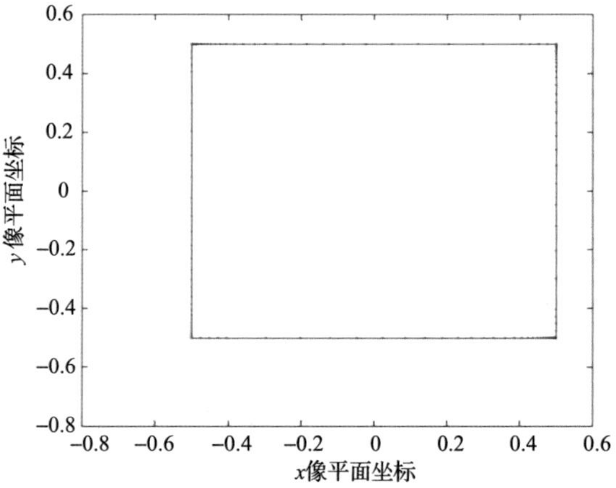

图 7-10　绕 z 轴旋转，$\psi=\pi/2$，焦平面轨迹

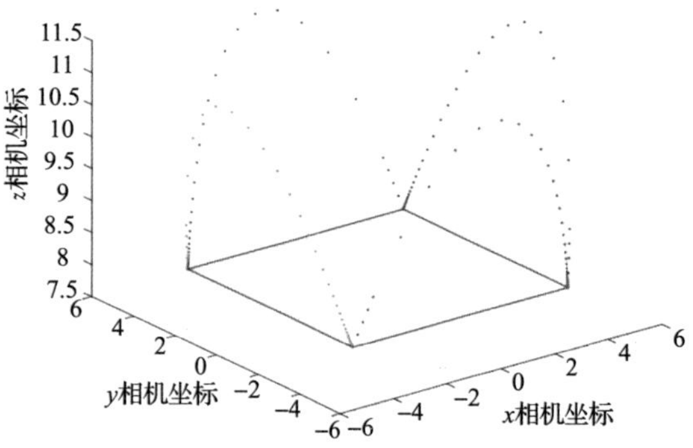

图 7-11　绕 z 轴旋转，$\psi=\pi/2$，相机坐标轨迹

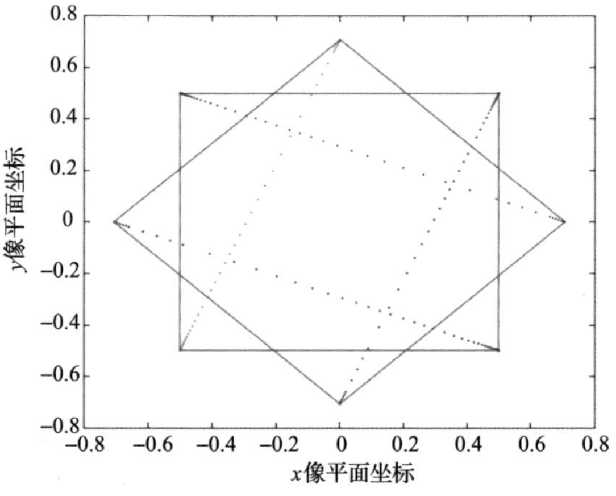

图 7-12　绕 z 轴旋转，$\psi=3\pi/4$，焦平面轨迹

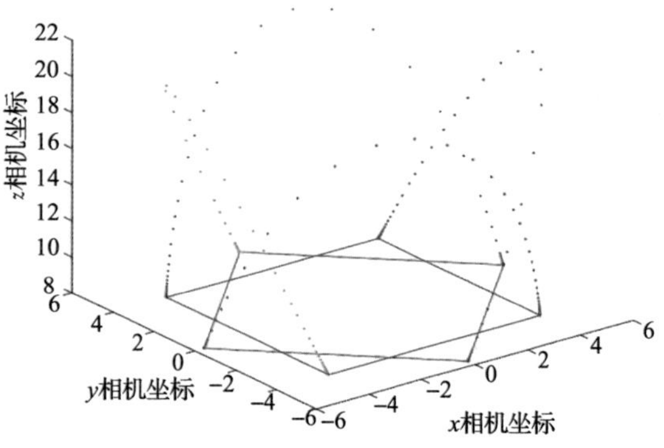

图 7-13　绕 z 轴旋转，$\psi=3\pi/4$，相机坐标轨迹

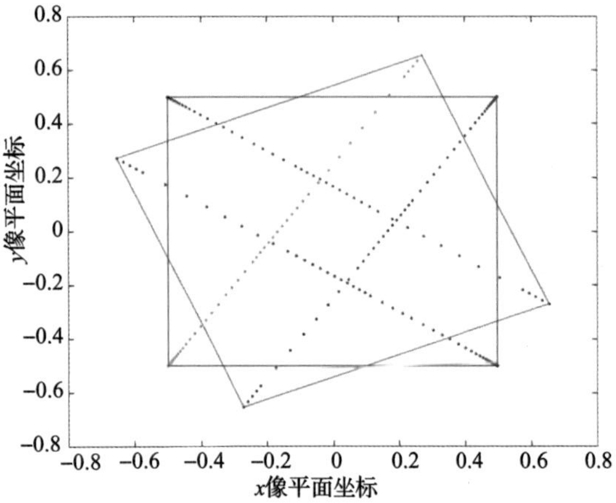

图 7-14　绕 z 轴旋转，$\psi=7\pi/8$，焦平面轨迹

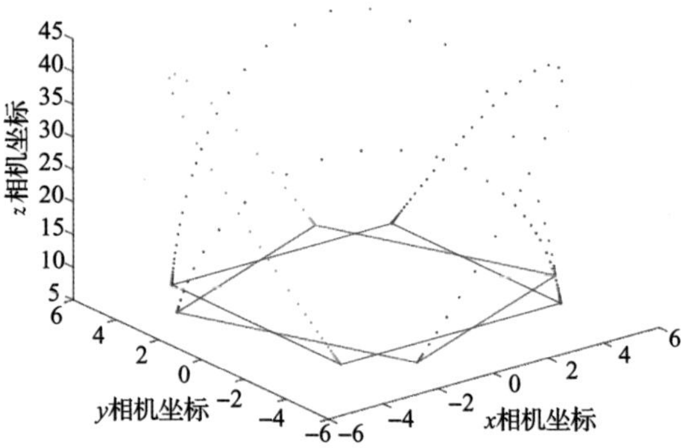

图 7-15　绕 z 轴旋转，$\psi=7\pi/8$，相机坐标轨迹

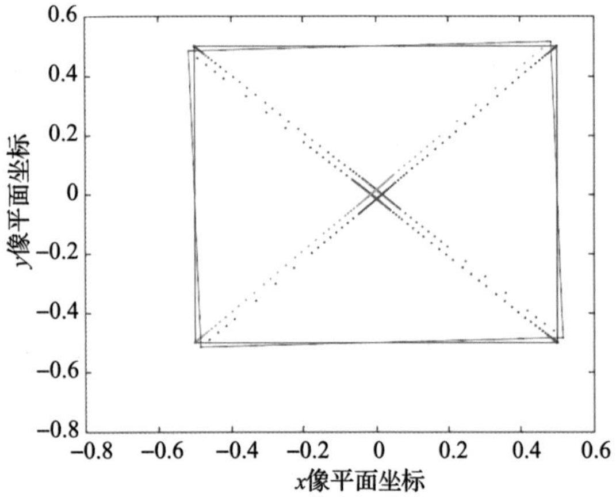

图 7-16　绕 z 轴旋转，$\psi=99\pi/100$，焦平面轨迹

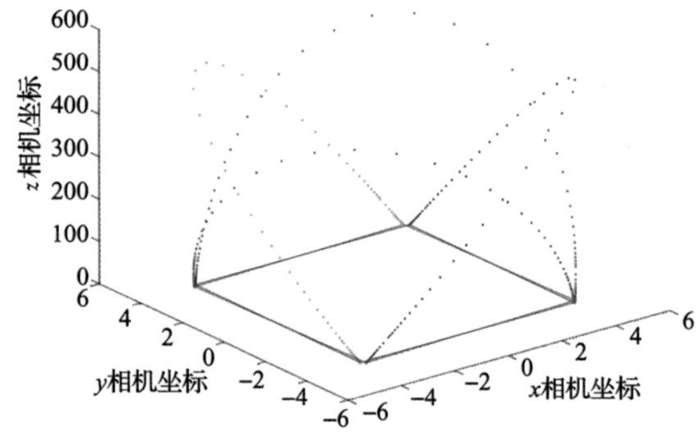

图 7-17　绕 z 轴旋转，$\psi=99\pi/100$，相机坐标轨迹

DYNAMICS AND CONTROL OF ROBOTIC SYSTEMS

机器人动力学与系统控制

[美] 安德鲁·J. 库迪拉（Andrew J. Kurdila）
平哈斯·本-茨维（Pinhas Ben-Tzvi） 著

曹其新 译

机械工业出版社
China Machine Press

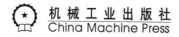

图书在版编目（CIP）数据

机器人动力学与系统控制 /（美）安德鲁·J. 库迪拉（Andrew J. Kurdila），（美）平哈斯·本 - 茨维 (Pinhas Ben-Tzvi) 著；曹其新译 . -- 北京：机械工业出版社，2022.4
书名原文：Dynamics and Control of Robotic Systems
ISBN 978-7-111-70412-6

I. ①机… II. ①安… ②平… ③曹… III. ①机器人 - 机械动力学 ②机器人控制 IV. ① TP24

中国版本图书馆 CIP 数据核字（2022）第 047865 号

北京市版权局著作权合同登记　图字：01-2020-4453 号。

本书重点阐述了机器人系统动力学和控制的基本原理，并展示了如何使用 MATLAB、Mathematica 和 Maple 等计算和分析工具来进行机器人系统设计。书中包含大量的实例，重点关注了应用于机器人系统的运动学和动力学基础，介绍了机器人的分析力学技术，包括诸如 N 阶递归公式等先进课题的回顾，以及大量的机器人系统设计和分析问题。本书非常适合作为本科生和研究生的动力学、控制和机器人学课程的教材，也可以作为机器人领域工程师的参考书。

出版发行：机械工业出版社（北京市西城区百万庄大街 22 号　邮政编码：100037）

责任编辑：王　颖　冯秀泳	责任校对：殷　虹
印　刷：北京诚信伟业印刷有限公司	版　次：2022 年 5 月第 1 版第 1 次印刷
开　本：185mm×260mm　1/16	印　张：20.5　插　页：2
书　号：ISBN 978-7-111-70412-6	定　价：119.00 元

客服电话：（010）88361066　88379833　68326294　　投稿热线：（010）88379604
华章网站：www.hzbook.com　　读者信箱：hzjsj@hzbook.com

译者序

近年来，随着科学技术的进步，机器人的相关研究在全球范围内发展得如火如荼。从谷歌的无人驾驶汽车到波士顿动力的机器人，从 NASA 的火星车到汉森机器人技术公司的索菲亚机器人等，无时无刻不吸引着全球媒体的目光。机器人技术是高端智能装备和高新技术的代表，已成为衡量国家科技创新和高端制造水平的重要指标。

机器人动力学与控制技术融合了数学、物理、机械、电子和计算机等技术，且涉及的范围非常广泛，从太空中的航天机械臂到深海大洋的无人潜艇，从汽车生产线的喷涂装配到医院里的外科手术机器人等。传统机器人控制技术解决了在结构化工厂环境中机器人应用的难题，但在不确定的非结构、混乱环境中执行复杂的操作任务却无能为力，要解决诸多类似的问题，难以找到一本合适的指导用书。

本书是美国弗吉尼亚理工大学的 Andrew J. Kurdila 教授和 Pinhas Ben-Tzvi 教授在机器人动力学及其控制技术方面多年研究和教学工作的经验积累。作者从各类机器人系统的全面性介绍开始，涉及经典的工业机械臂、仿人机器人、自引导车、空间飞行器和数控铣削机床等，基本涵盖了现代机器人研究的热门领域，有助于读者对机器人系统建立系统、直观的理解。所涉机器人系统模型作为统贯全书的研究对象，基于这些经典的机器人系统，作者从运动学分析开始，到动力学模型建立、引入分析力学，最后止于视觉感知与控制，由浅入深地帮助读者对具体系统建立全方位的认识。本书注重理论的严谨阐述，作者在机器人运动学、动力学、机器视觉和控制理论等方向，细致推导，语言精练，并对相关的拓展理论给出了大量高水平参考文献，以帮助读者建立扎实的理论基础。全书在很大程度上反映了国际上机器人系统研究的发展和最新成果，值得读者深入研究与体会。在力求为读者提供最新的、全面的、系统的理论背景以外，还提供了大量与实际相结合的机器人系统应用案例，以及相关 MATLAB 等数字平台代码，供读者加深理解，并快速将理论应用到实际的机器人系统。本书体现了作者在机器人动力学及其控制技术领域的深厚功底与造诣，结合了生动的讲解与丰富的应用案例，是机器人研究领域的经典之作。

全书共分 7 章。第 1 章介绍了机器人系统的组成、机构学基础及典型的机器人结构，并按照不同的方法对机器人进行了分类，同时对机器人动力学与控制问题进行了概述。第 2 章以线性代数为基础介绍了刚体的运动学，包括基和坐标系、旋转矩阵、角速度和角加速度等。第 3 章基于第 2 章中的运动学定理，介绍了机器人系统几何结构与运动学模型的建立，系统地讲述了机器人系统正向运动学、逆向运动学、雅可比矩阵与奇异值分析，并提出了一种递归的正向运动学方法来替代 DH 方法，这种递归的正向运动学方法为后面的动力学和控制奠定了基础。第 4 章主要从牛顿-欧拉法的角度对机械臂的动力学进行建模分析，介绍了刚体线性动量的计算方式和刚体的角动量以及惯量的计算方式，同时介绍了递归牛顿-欧拉方程，给出了算法的伪代码并以实际案例介绍了牛顿-欧拉法的使用方法。第 5 章主要介绍了分析力学中的基本表示方法，如广义坐标、冗余广义坐标、广义力等，并引出分析力学中两个重要的扰动模型，即变分法和虚拟变分法。基于分析力学的原理，提出了哈密顿原理和拉格朗日方程，并应用于推导保守和非保守机器人系统的控制方程。第 6 章研究机器人系统的控制方法。对控制问题进行了分类，介绍了机器人控制的稳定性分析，并详细讲解了基于动态逆、无源性和反步控制的几类流行控制方法。第 7 章主要介绍了图像观测在机器人控制系统中的应用，着重于在任务空间中通过观测相机图像推导反馈控制器，并通过实际案例进行分析；还介绍了基于任务空间控制问题和通过雅可比矩阵求解的具体过程，最后解释了利用视觉传感器信息来实现任务空间中的跟踪以及定点控制。

本书内容丰富，反映了机器人学的基础和先进的理论技术，可作为人工智能、自动化专业以及机械电子工程专业本科高年级学生和研究生的教材或参考书，也可供从事机器人方面研究的教师和研究人员学习参考。

本书第 1 章和第 2 章由李想和周振宁参与翻译，第 3 章由张壮壮和杨正涛参与翻译，第 4 章由孙明镜和苗浩原参与翻译，第 5 章和第 6 章由王海力和杨翼奇参与翻译，第 7 章由姜文俊和梁朝晖参与翻译，何国晗和王怡兆负责全书的整理和译校，全书由曹其新翻译和审校。

由于翻译时间仓促，译校者水平有限，书中肯定存在许多不足之处，热忱欢迎广大读者批评指正。

本书为研究机器人系统的动力学和控制提供了现代、系统、全面的理论背景。书中强调了动力学和控制的基本原理，这些原理可用于各种当代应用中。因此，本书的目标是不仅详细介绍机器人学的原理，而且还提供适用于现实机器人系统的方法论。这些机器人系统包括：经典的工业机械臂、仿人机器人、自主地面车辆、自主航空器、自主航海器、机器人手术助手、太空飞行器和数控铣床。现代机器人系统本质上是复杂的，其动力学表达和控制分析也很复杂。

创作本书的主要动力之一，是展示现代计算和分析工具如何扩展和提高我们解决机器人问题的能力。即使在几年前，现代机器人系统的复杂性也使得除了最简单的例子之外，所有的人工方法都难以实现。常见机器人系统的动力学模型建立曾经过于烦琐，不适合在课堂教学。在过去的几十年里，符号、数值和通用计算引擎的出现与本书所要解决的问题尤为相关。随着 MATLAB、Mathematica、Maple 等更高层次的计算环境和类似程序的出现，本科生和研究生可以解决的问题范围急剧扩大。这些工具使学生能够把注意力集中在原理和理论上，并把他们从乏味的代数训练中解放出来，因为这些训练事实上分散了对技术基础的注意力。我们认为，最关键是使学生更集中精力于系统地应用基本原理。

本书是作者根据多年来教授动力学、控制和机器人学课程的积累撰写的。这些课程已经在美国的几所顶级大学教授过，同时，授课内容和方法也在不断发展。本书可作为高年级本科生或研究生一年级的动力学、控制和机器人学课程的两个学期教材。为本科生高年级开设的课程可以侧重于应用于机器人系统的运动学和动力学基础。第一学期可主要从第 2 章、第 3 章和第 4 章中的主题来展开，并少许涉及第 5 章中的内容。第二学期可以重点学习第 5 章的分析力学和第 6 章机器人系统的控制理论。特定的高级主题，如第 3 章和第 4 章中的 N 阶递归公式或第 7 章中基于视觉的控制方法，也可以在第二学期中涉及。

作者试图努力证明，通过使用现代计算和分析工具，机器人系统的各种设计和分析问题都变得更加容易解决。为此，书中包含了大量的例子和问题。许多例子或问题的求解都是利用 MATLAB、Simulink 或 Mathematica，或它们的结合进行的。重要的是，使用本书的学生要认识到，作者并不是在提倡使用某种特定的计算工具，而是在倡导一种共同的理念。对于本书中的几乎每一个问题，计算工具都是可以互换的：学生可以使用自己最熟悉的任何软件包，但理论基础是不可替代的，它是解决任何具体问题的共同语言。

本书的配套资源 MATLAB Workbook for DCRS，可以访问华章图书官网 http：www.hzbook.com，通过注册并登录个人账号下载。

致谢

感谢 William S. Rone 对本书内容的审阅和对书中图表的奉献，感谢 Jessica G. Gregory 对本书的审阅。

目 录

Dynamics and Control of Robotic Systems

译者序

前言

第1章 绪论 …… 1

1.1 写作目的 …… 1
1.2 机器人系统的起源 …… 3
1.3 机器人系统的总体结构 …… 4
1.4 机械手 …… 5
1.4.1 机械手的典型结构 …… 6
1.4.2 机械手的分类 …… 7
1.4.3 机械手示例 …… 9
1.4.4 球形手腕 …… 12
1.4.5 关节型机器人 …… 13
1.5 移动机器人 …… 13
1.5.1 仿人机器人 …… 13
1.5.2 自主地面车辆 …… 14
1.5.3 无人机 …… 15
1.5.4 自主海上航行器 …… 15
1.6 机器人动力学与控制问题概述 …… 16
1.6.1 正向运动学 …… 17
1.6.2 逆向运动学 …… 18
1.6.3 正向动力学 …… 18
1.6.4 逆向动力学和反馈控制 …… 19
1.6.5 机器人车辆的动力学与控制 …… 20
1.7 本书主要内容 …… 20
1.8 习题 …… 21

第2章 运动学基础 …… 23

2.1 基和坐标系 …… 23
2.1.1 N-元组和 $M\times N$ 阵列 …… 24
2.1.2 向量、基和坐标系 …… 25
2.2 旋转矩阵 …… 31
2.3 旋转矩阵的参数化 …… 33
2.3.1 单轴旋转 …… 34
2.3.2 旋转矩阵的级联 …… 36
2.3.3 欧拉角 …… 37
2.3.4 轴角度参数化 …… 42
2.4 位置、速度和加速度 …… 44
2.5 角速度和角加速度 …… 49
2.5.1 角速度 …… 49
2.5.2 角加速度 …… 53
2.6 运动学理论 …… 53
2.6.1 角速度的加法 …… 53
2.6.2 相对速度 …… 55
2.6.3 相对加速度 …… 56
2.6.4 常见坐标系 …… 58
2.7 习题 …… 60
2.7.1 关于 N-元组和 $M\times N$ 数组的习题 …… 60
2.7.2 关于向量、基和坐标系的习题 …… 61
2.7.3 关于旋转矩阵的习题 …… 62
2.7.4 关于位置、速度和加速度的习题 …… 65
2.7.5 关于角速度的习题 …… 65
2.7.6 关于运动学理论的习题 …… 66
2.7.7 关于相对速度和加速度的习题 …… 66
2.7.8 关于常见坐标系的习题 …… 68

第3章 机器人系统运动学 …… 69

3.1 齐次变换与刚体运动 …… 69
3.2 理想关节 …… 73
3.2.1 移动关节 …… 74
3.2.2 转动关节 …… 74
3.2.3 其他理想关节 …… 75
3.3 Denavit-Hartenberg 约定 …… 77
3.3.1 DH 约定中的运动链与编号 …… 77

3.3.2 DH 约定中坐标系的定义 ······ 78
3.3.3 DH 约定中的齐次变换 ······ 78
3.3.4 DH 步骤 ······ 80
3.3.5 DH 约定中的角速度与速度 ······ 84
3.4 正向运动学的递归 $O(N)$ 公式 ······ 87
3.4.1 速度和角速度的递归计算 ······ 89
3.4.2 效率和计算成本 ······ 91
3.4.3 加速度和角加速度的递归计算 ······ 94
3.5 逆向运动学 ······ 104
3.5.1 可解性 ······ 104
3.5.2 解析法 ······ 106
3.5.3 优化方法 ······ 115
3.5.4 逆速度运动学 ······ 119
3.6 习题 ······ 120
3.6.1 关于齐次变换的习题 ······ 120
3.6.2 关于理想关节及约束的习题 ······ 121
3.6.3 关于 DH 约定的习题 ······ 122
3.6.4 关于运动链角速度和速度的习题 ······ 122
3.6.5 关于逆向运动学的习题 ······ 125

第 4 章 牛顿-欧拉方程 ······ 126

4.1 刚体的线性动量 ······ 126
4.2 刚体的角动量 ······ 129
4.2.1 基本原理 ······ 129
4.2.2 角动量和惯性 ······ 133
4.2.3 惯性矩阵的计算 ······ 136
4.3 牛顿-欧拉方程 ······ 146
4.4 刚体的欧拉方程 ······ 149
4.5 机械系统的运动方程 ······ 150
4.5.1 总体方法 ······ 150
4.5.2 受力图 ······ 151
4.6 控制方程的结构：牛顿-欧拉方程 ······ 164
4.6.1 微分代数方程 ······ 164
4.6.2 常微分方程 ······ 166
4.7 递归牛顿-欧拉方程 ······ 167
4.8 运动方程的递归推导 ······ 173
4.9 习题 ······ 175
4.9.1 关于线性动量的习题 ······ 175
4.9.2 关于质心的习题 ······ 177
4.9.3 关于惯性矩阵的习题 ······ 179
4.9.4 关于角动量的习题 ······ 180
4.9.5 关于牛顿-欧拉方程的习题 ······ 181

第 5 章 分析力学 ······ 182

5.1 哈密顿原理 ······ 182
5.1.1 广义坐标 ······ 182
5.1.2 泛函与变分法 ······ 183
5.1.3 保守系统的哈密顿原理 ······ 186
5.1.4 刚体的动能 ······ 191
5.2 保守系统的拉格朗日方程 ······ 194
5.3 哈密顿扩展原理 ······ 196
5.4 用于机器人系统的拉格朗日方程 ······ 207
5.4.1 自然系统 ······ 207
5.4.2 拉格朗日方程和 D-H 约定 ······ 210
5.5 约束系统 ······ 212
5.6 习题 ······ 215
5.6.1 关于哈密顿原理的习题 ······ 215
5.6.2 关于拉格朗日方程的习题 ······ 217
5.6.3 关于哈密顿扩展原理的习题 ······ 217
5.6.4 关于约束系统的习题 ······ 221

第 6 章 机器人系统的控制 ······ 222

6.1 控制问题的结构 ······ 222
6.1.1 定点和跟踪反馈控制问题 ······ 223
6.1.2 开环和闭环控制 ······ 223
6.1.3 线性与非线性控制 ······ 223
6.2 稳定性理论的基础 ······ 224

6.3 先进稳定性理论技术 ………… 229
6.4 李雅普诺夫直接方法 ………… 230
6.5 不变性原则 …………………… 232
6.6 动态逆或计算力矩方法 ……… 236
6.7 近似动态逆和模糊性 ………… 243
6.8 基于无源性的控制器 ………… 253
6.9 执行器模型 …………………… 256
6.9.1 电动机 …………………… 256
6.9.2 线性执行器 ……………… 260
6.10 积分反步控制和执行器的动力学 …………………… 263
6.11 习题 ………………………… 265
6.11.1 关于重力补偿和PD定点控制的习题……………… 265
6.11.2 关于计算力矩法跟踪控制的习题 ………………… 268
6.11.3 关于基于无源性跟踪控制的习题 ………………… 269

第7章 基于图像的机器人系统控制 ………………………… 271

7.1 相机测量几何 ………………… 271
7.1.1 透视投影和针孔相机模型 ……………………… 271
7.1.2 像素坐标和CCD相机 …… 273
7.1.3 相互作用矩阵 …………… 274
7.2 基于图像的视觉伺服控制 …… 277
7.2.1 控制综合和闭环方程 …… 277
7.2.2 初始条件计算 …………… 279
7.3 任务空间控制 ………………… 289
7.4 任务空间与视觉控制 ………… 293
7.5 习题 …………………………… 301

附录A …………………………………… 305

参考文献 ……………………………… 318

绪　论

本章将介绍本书研究的机器人系统的组成。机器人领域涉及许多专业知识，包括机械工程、电气工程、计算机科学、应用数学、工业工程、认知科学、心理学、生物学、生物启发设计和软件工程。此外，随着经济的增长和机器人的技术基础设施的成熟，以及便携式、紧凑且低成本的多种传感和驱动技术的发展，机器人系统家族正在迅速增长。现成商用技术可用于构建大量的机器人系统。机器人技术领域的广泛范围影响了对所有这些不同系统相关的学科的全面理论总结。本章专门讨论典型机器人系统运动学和动力学模型的构建，以及这些系统的控制策略的推导。完成本章后，读者可掌握：

- 机器人系统的各种定义并解释其关键属性。
- 机器人系统的一般结构和组件。
- 对机器人系统进行分类的各种方法。
- 经典的机械手，包括笛卡儿、圆柱坐标型、球形、SCARA、PUMA 和关节式机械手。
- 其他常见的现代机器人系统。
- 机器人系统（robotic system）的正向运动学（forward kinematics）、逆向运动学（inverse kinematics）、正向动力学（forward dynamics）和控制综合（control synthesis）的基本问题。

1.1　写作目的

在过去的几十年中，本科生和研究生能够设计和分析的机器人系统得到了极大的发展。现在，在不同的工程学科中，需要相对缺乏经验的工程师和研究人员去设计、分析和构造原型机器人系统已经很普遍了。学生可能会在本科或研究生设计项目中遇到这样的挑战，也可能在从事行业工作或在国家实验室工作后立即遇到此类挑战。项目可能不尽相同，例如开发用于激光多普勒振动测量定位的计算机控制多轴平台，开发扑翼自主飞行器，改装用于自主操作的商用车辆或开发仿人机器人。这种多样性和复杂性每年都在增长。

尽管机器人技术的研究已有几十年，但近几年机器人系统在商业市场中的迅速发展可以部分归因于传感器和执行器越来越具有成本效益、模块化和便携性。这种趋势使得机电一体化领域促进了机器人技术的传播并发挥了关键作用。机电一体化是一个多学科的研究领域，将机构学、电子学、计算机硬件/软件、系统理论和信息技术等集成到统一的实用设计方法中。图 1-1 描述了机电一体化研究的主题领域的融合。机电一体化系统的关键特征是，它们通常具有内置的智能，这些智能可应用于设计的任务中。

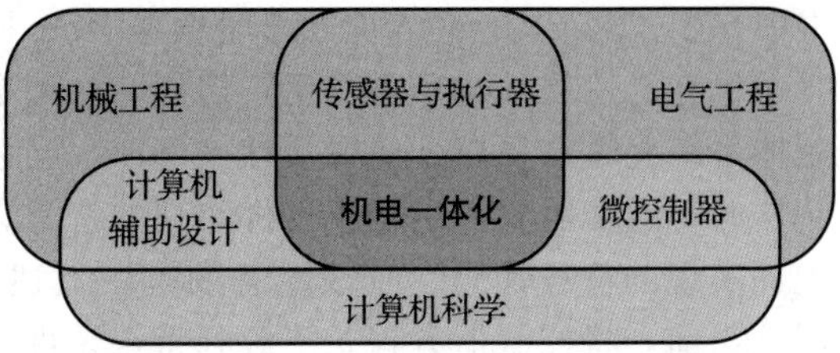

图 1-1　与机电一体化相关的专业领域

尽管机电一体化系统的范围很广，但大多数（如果不是全部）此类系统都有共同的特征。图1-2给出了典型机电一体化系统的信号流示意图。计算机系统将机电一体化系统连接到智能源（无论是用户输入/输出，还是操作人员与/或解释传感器数据算法），为机电一体化系统做出决策。电气系统调节在计算机和机械系统之间传递的信号，并调节提供给机电系统的电源。机械系统由与环境相互作用的物理系统组成。从数字计算机系统到模拟电气系统的命令通过数模（digital-to-analog）转换器传递，并且这些命令在连接电气和机械系统的执行器上执行。集成到机械系统中的传感器生成传递到电气系统的信号，并将这些信号（经过调节后）通过模数（analog-to-digital）转换器传输到计算机系统。

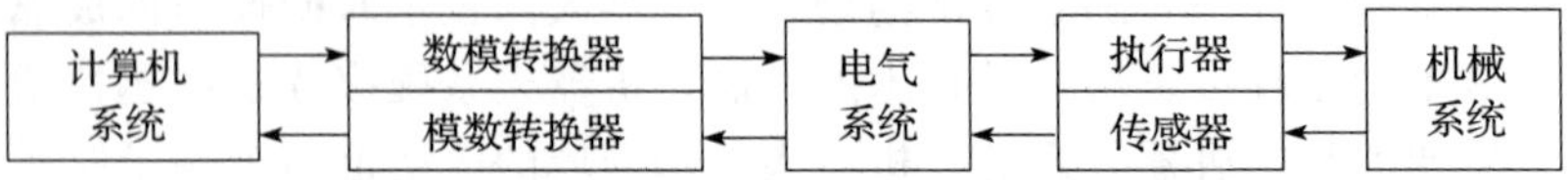

图1-2　典型机电一体化系统的信号流示意图

在设计整个机电一体化系统时需要平衡考虑机械、电气和信息技术因素，从而将其提升到一个综合这些领域的领域。评估操作系统的信号处理和算法要求，并智能、高效地满足这些要求，将机电一体化作为一门独特的学科而不仅仅是硬件连接方面的一项实践。虽然某些系统可能需要复杂的多核处理器才能实时运行，但其他系统可能仅需要简单的嵌入式控制器。有兴趣的读者可以参考文献[1，8，11]，更深入的研究机电一体化作为工程设计的集成方法。

随着机器人基础设施的成熟，对机器人领域的学生的期望也相应提高。十年前，可能会要求一名初学者创建机器人系统的简单二维模型。较早的教科书也基本是这样的入门问题，有助于使学生熟悉基础知识。但是，现在需要有助于在三个空间维度上对机器人运动学和动力学建模的技术工具和分析技能。

幸运的是，适用于整个设计和分析过程的工具也逐步发展和成熟。几年前，用于复杂机器人系统的系统设计、分析和研究的计算工具数量有限，当时，创建逼真的机器人系统的详细模型对学生来说是一项艰巨任务。除了最简单的情况外，通过人工计算确定机器人系统的运动学和动力学是一项漫长而乏味的工作。一旦完成在公式上的艰苦努力，学生还将面临只能用低级编程语言（例如C或Fortran）编写控制方程的代码。毫不夸张地说，完成这类任务需要花费几个月甚至几年。

现在，独立且互补的商业软件包集合可解决此问题。不断增加的专用三维建模程序软件包Autodesk Inventor、SolidWorks、Pro Engineer、MSC Adams和LabView可用于构建高度详细和通用的机器人系统的运动学、动力学和控制模型。这些软件包的模拟能力各不相同，但都允许对正向运动学和动力学问题的解进行数值近似。有些还包含编程接口，以引入用户定义的控件。这些软件包的购买成本可能很高。不过，大多数大学都与这些软件包的供应商签订了软件合同。大多数大型工程公司或政府实验室也拥有这些分析程序组合的许可证。本书中许多较复杂的示例都是由学生根据Autodesk Inventor的学术许可进行建模的。

尽管上述软件包非常有用，但有时在确定动力学的控制方程式或推导机器人系统的控制体系结构时需要更大的灵活性。例如，当创建一个模型以构造用于特定机器人系统的控制器时，通常需要一组用于硬件实现的符号方程组。某些软件包可以选择显式生成适用于硬件实现的符号代码。应该注意的是，上述软件包在处理代码生成的方式上有很大的不同。当前，将控制器方程式下载到特定硬件平台的软件工具市场竞争激烈。尽管如此，通常情况是，标准的商业软件仿真工具（例如上面列出的工具）并没有提供控制工程师实际所需的灵活性。当希望根据高效算法来实现控制器，例如第 3 章和第 4 章中讨论的递归公式，商业软件包可能并不支持这些算法。

在这种情况下，支持符号计算的软件包可发挥极大的优势。这些是通用的，面向对象的高级程序定义了自身的计算语言。示例包括：

- MATLAB
- Mathematica
- Mathcad
- Maple（maple）

这些软件包都开发了面向对象的高级语言，该语言可以对大量不同类型的数学对象进行计算。例如，它们通常具有基于线性代数、信号处理和微积分的大型运算符库。数学对象可以是矩阵和向量或者离散的动力学系统，也可采用普通微分方程组的形式。这些软件包的高级语言中的几行代码可以替代 C，C++或 Fortran 等低级编程语言中的数千行代码。对于本书来说，最重要的是，这些软件包中的每个程序都具有支持符号计算的语法。这是一个计算引擎，它结合了以微分或整数运算定义的常见的操作。在大多数情况下，可以使用这些符号变量执行烦琐的操作，而需要的投入却很少。专为研究机器人系统而设计的公共领域和商业软件包均已使用其中几种计算语言编写。本书在解决本书中的示例以及每章末尾的问题时，广泛使用了其中的一些软件包。在许多情况下，这些问题的解决方案是通过编写解决基本机器人问题的通用程序来完成的。本书的解决方案提供了一系列解决核心机器人技术问题的高级功能。

1.2　机器人系统的起源

机器人系统的起源可追溯到早期的艺术家、工匠、工程师和科学家，他们创造了模仿人类行动或推理的机器。随着社会寻求创造一种代用品，以代替劳动者在烦琐、繁重甚至危险的工作中使用，现代机器人系统的概念应运而生。甚至在工业机器人普及之前，人们就设想自动机器在工作场所中潜在的变革性作用。这些年来，机器人作为工厂工人的角色屡屡被提及。“机器人”一词由捷克作家卡雷尔·卡普克（Karel Capek）在 1920 年创作的《罗萨姆万能机器人》（Rossum's Universal Robots）戏剧中创造，以描述机器人任务的重复性和枯燥性。“机器人”一词源自捷克语“robota”，意为“工作”或“强迫劳动”。该剧研究了这些数字奴隶创造和使用中产生的道德问题。这一直是小说、戏剧和电影中反复出现的主题。例如，小说家库尔特·冯内古特（Kurt Vonnegut）在小说《自动钢琴》（Player Piano）中探讨了由于自动化而导致劳动者流离失所的社会的焦虑和幻灭。

尽管有这些警告性的故事，但机器人已作为一种在恶劣环境中替代人工的手段而激增。第一个可重新编程的数控机器人由乔治·德沃尔（George Devol）在 1954 年制造。该机器人（Unimate）是具有球形工作空间的工业机械手，用于在工厂环境中举升和移动重型生产零件。它于 1960 年被通用汽车公司（General Motors）收购，是当今工业机器人在装配线上普遍使用的大量工业机器人的先驱。对性能的需求已成为工业界使用机器人技术的驱动力。现代机器人系统所具有的负载能力、可重复性、精度和速度远远超过了人类的能力。

当前对机器人系统构成的定义差异很大，但是所有定义都传达了机器人执行重要或重复任务的想法。韦氏（Merriam-Webster）词典将机器人定义为：

- 看起来像人类并执行各种复杂任务的机器，或
- 自动执行复杂且经常重复的任务的设备。

前一个定义要求机器人看起来是人形的，尽管某些机器人系统确实具有人形的外观，但此定义将排除本书中的许多机器人系统。该定义忽略了机器人系统的一个关键属性（对实际构建机器人系统的工程师和科学家而言很重要）是机器人由计算机控制。这个事实在《剑桥词典》中已明确表述，该词典将机器人定义为：由计算机控制的可自动执行作业的机器。

鉴于机器人集中在工厂和装配线上的历史，已经出现了一些定义。美国机器人学会将机器人定义为：可重新编程的多功能机械手，旨在通过各种编程动作来移动材料、零件、工具或专用设备，以执行各种任务。

该定义将机器人作为多功能机械手（multifunctional manipulator）或机械臂（robotic arm），但忽略了设计用于探索和绘制环境而不需机械手与这些环境进行交互的各种移动机器人。

上述机器人的所有定义在某些情况下都是准确的，但并未描述本书将要考虑的系统范围。下面给出了本书中将使用的机器人系统的定义。

定义 1.1 机器人系统　是一种可重新编程的、计算机控制的机械系统，当它以一定程度的自主权执行分配的任务时，可能会感知周围环境并对其周围环境做出反应。

该定义扩展了先前介绍的内容，并且涵盖了本书中的示例。机器人不必具有仿人机器人的形式，也不一定具有多功能机械手的形式。以上定义强调了机器人系统具有一定程度的自治性。它们在不同程度上独立于人为干预而运作。它们具有摄像头、激光测距传感器、声接近传感器或力传感器等传感器，可通过测量来感知环境。机器人随后使用此数据对其环境做出反应。例如，自主的地面、空中、海上或太空飞行器可为了避免障碍物或碎片而改变航向；灵巧的机械手可根据力传感器的测量值改变工具的夹紧压力；机械手可以使用摄像机测量值将工具放置在工作空间中。最后，该定义明确表明，机器人是一种机械系统，它是由组件的互连构建而成的。

总之，机器人系统通过综合许多领域的理论和技术而实现，如机械工程、电气工程和信息技术领域。机电一体化领域促进并支持了从标准子系统开发复杂的机器人系统，并且近年来加速了机器人领域的成熟，如图 1-3 所示。

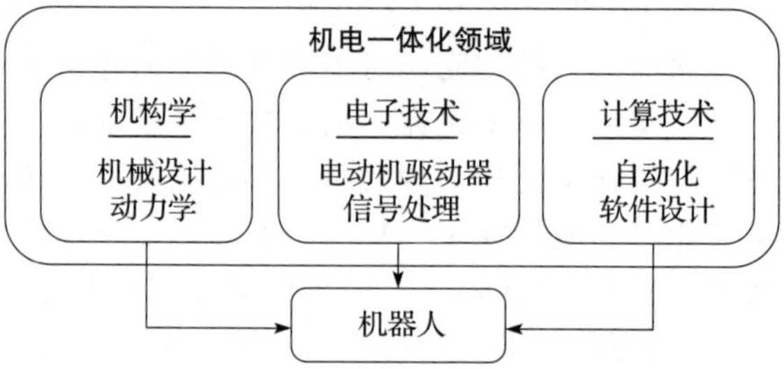

图 1-3　机电一体化领域促进机器人系统发展

1.3　机器人系统的总体结构

多年来发展起来的机器人种类繁多，从机械手到遍历空中、陆地或海洋的移动机器人。这些机器人模仿人类或动物，或者具有新颖的拓扑结构来完成所需的任务。尽管存在这些差异，本节将讨论机器人共有的一些特征。

图 1-4 描绘了典型的移动机器人系统组件。几乎所有的机器人系统都具有执行器（actuator）。执行器充当系统的“肌肉”并产生运动。它们的动力通常通过电动、气动或液压方式提供。由于许多机器人要么是远程控制的，要么是由外部代理对其自主操作的中断预做安排，因此许多机器人都包含某种通信装置（communicator）。通信装置将信息发送到主机和/或接收来自远程操作员的指令。如前所述，机器人的一个基本特征是它具有一定程度的自治或智能。控制单元（control unit）是所有机器人系统的重要组成部分。它可以由单个处理器组成，也可以是集成了多个微处理器的中央处理器。许多机械手系统、水下自主机器人或太空机器人必须直接机械地操纵其环境。因此，在机械臂的末端由抓取

装置（gripping device）组成的末端执行器（end effector）对于机器人的操作是至关重要的。

末端执行器可用于与对象接触或产生机器人周围环境的最终效果。在某些情况下，可能会有多个机械臂或抓取装置。由于机器人必须与其环境交互，通常缺乏其周围环境的大量信息，因此许多机器人还包括具有多种传感方式的传感器套件（sensor suite）。每个传感器通常输入是物理现象，输出是电信号。机器人必须具有某种类型的电源，因为移动、感测和执行需要消耗能量。最常见的是能量存储设备，例如电池。在某些情况下，机器人可能与固定电源相连。例如，军用或工业用外骨骼可能需要较多能量，以致外骨骼套着衣服在仓库中移动重物时才可以连接到远程本地电源。

任何特定的机器人系统都可以包括许多这些组件，或者仅包括每个类别中的几个组件。自主的军用地面车辆通常装有各种视觉传感器、运动传感器（含地面定位系统（GPS）和指南针）、热传感器和化学传感器。在实验室中，一个简单的台式机械手可能只有关节编码器来感应运动。图 1-5 所示为适用于实验室的台式典型机械手。该图强调了机器人系统中的数据流。在该系统中，机器人通常配备旋转编码器，将关节处的角运动测量结果返回控制器和计算机。在这个特定的系统中，还配置了视觉或激光跟踪传感器，以便进行末端执行器位置和速度的测量。将测量结果返回计算机，以协助控制末端执行器沿期望轨迹的位置跟踪。还应注意的是，尽管该图给出了机器人系统的拓扑结构和连通性的一般情况，但缺少许多实际机器人系统所需的细节。例如，图中未显示电动机控制器，也未显示主要部件之间可能需要的放大器或信号调节器。

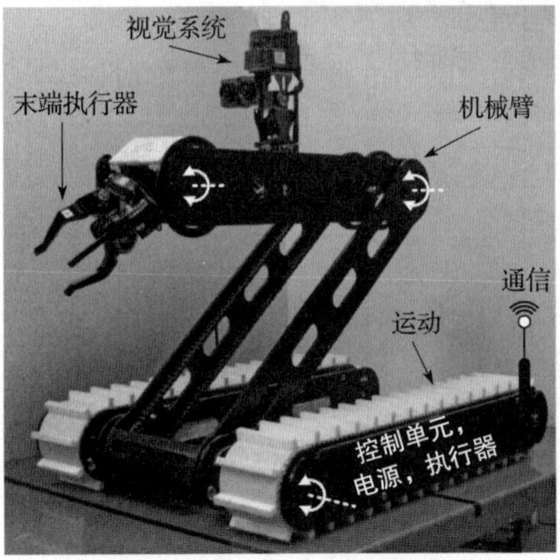

图 1-4　典型的移动机器人系统组件[4-6]

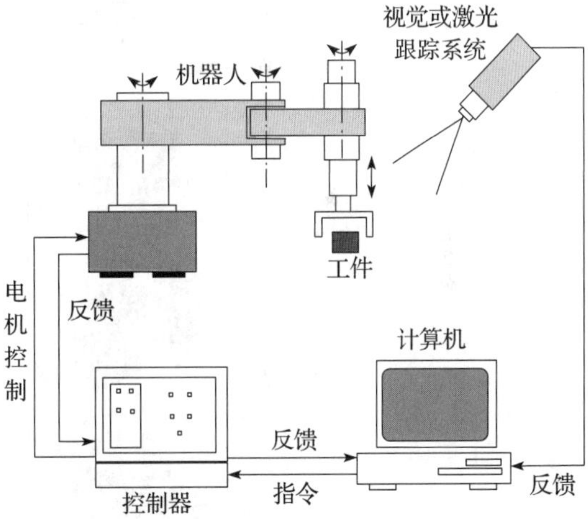

图 1-5　典型的机械手系统组件

1.4　机械手

本书研究的一种重要的机器人系统是机械手或机械臂。这类机器人系统是最早在工业中广泛使用的。如前一节所述，机械手已成为现代装配线的标准特征。它们执行许多任务，包括焊接、喷涂、拾取、放置、钻孔、切割和抬升。本书介绍的许多分析技术、建模方法和控制策略均在处理机械手的示例中进行了演示。机械手是实际机器人系统的最简单的示例。对它们的研究有助于弄清更复杂的机器人系统的基本原理和问题。尽管自主海上航行器可能不像装配线上的机器人，但控制这两种类型的系统必须解决的数学问题的一般形式却惊人地相似。自主地面或空中飞行器的建模和控制也是如此。适用于一个系统的通用方法可以作为开发其他模型和控制器的起点。此外，通常情况下，可以使用为机械手开发的技术对自主机器人系统的子系统进行建模或控制。例如，可以使用机械手的模型对仿人机器人的臂或腿或主动控制自主飞行器上摄像机视线的成像有效载荷进行建模。

1.4.1　机械手的典型结构

许多机器人由通过关节连接的多个单独的主体或连杆组成。构成机器人的各个实体通常被视为刚体，这个观点贯穿全书。但是，对于高速或高负荷的机构，材料主体的弹性效应很重要，应予以考虑。机器人中连接连杆的关节可能非常复杂，并且本身可能表现出高度复杂的力学特性，包括灵活性、滞后性、背隙或摩擦。理想的运动关节是机器人系统的刚体之间的互连，该互连仅允许特定的、预定的相对运动，例如平移或旋转。在数学上，理想关节对基于关节几何形状的刚体之间运动施加运动学约束。理想关节（ideal joint）常见类型包括转动关节（revolute joint）、移动关节（prismatic joint）、万向节（universal joint）、球面关节（spherical joint）或螺纹关节（screw joint）。图1-6给出了一些理想关节及其特性。

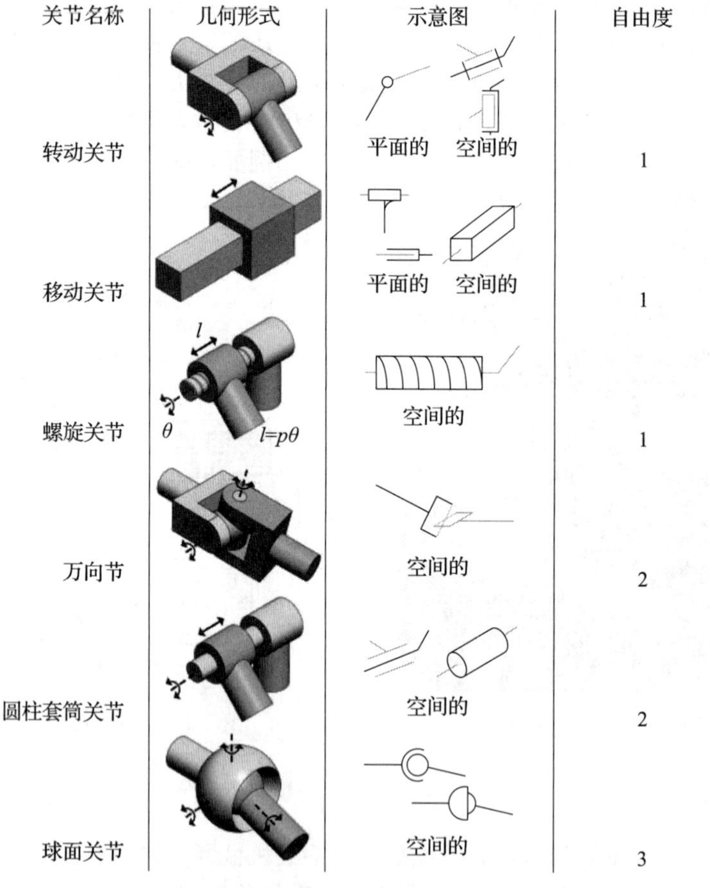

图1-6　理想关节及其特性

两种最简单的类型是转动关节和移动关节。本书研究的机器人系统都由这两种类型组成。可以通过将这两种方式结合起来，对许多其他类型的运动关节进行建模。例如，万向节由一对转动关节组成，其关节轴相互正交。移动关节仅允许两个连杆之间沿指定轴的相对平移，而转动关节仅允许绕指定轴的相对旋转。

用于描述机器人运动或运动关节允许的相对运动的独立变量通常称为自由度。运动关节的自由度数是建模关节允许的相对运动所需的独立变量数。如果机器人需要 N 个独立变量来描述其所有可能的构形，则它具有 N 个自由度。因此，转动关节和移动关节是单自由度关节（single degree of freedom joint）。如果关节约束彼此独立，则通用机构的自由度 N 可由下式计算

$$N=\lambda(n-1)-\sum_{i=1}^{k}(\lambda-f_i) \tag{1.1}$$

其中 n 是构件数，k 是关节数，f_i 是关节 i 的自由度数。对于平面机构 $\lambda=3$，对于空间机构 $\lambda=6$。

例 1.1 考虑图 1-7 所示的受电弓（pantograph）机构

当将式（1.1）应用于图 1-7 中的受电弓时，确定值 $\lambda=3$，$n=7$（包括地面构件），$k=8$，并且 $i=1, \cdots, 8$ 时，$f_i=1$。因此，自由度数 $N=2$。◀

第 3 章和第 4 章提供了有关理想关节特性的更多详细信息。第 5 章讨论了机械系统（尤其是机器人）自由度的精确数学定义。

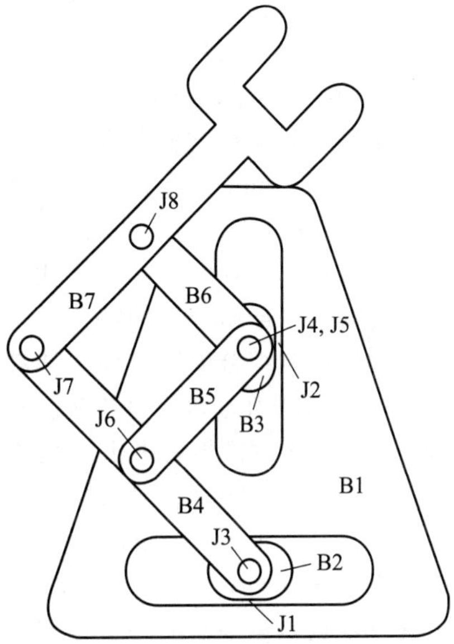

图 1-7　受电弓机构

1.4.2　机械手的分类

现在，已经给出了典型机械手的连杆、关节和自由度的基本定义，下面将对机器人分类的不同方式进行总结。同样，尽管此讨论集中于机械手，但其中一些分类也与其他类别的机器人相关。例如，根据驱动器技术和驱动力对机器人进行分类，适用于所有类型的移动机器人，无论它们是在空中、陆地、水下，还是在水面上。

1.4.2.1　按运动特征分类

区分不同的机器人体系结构的最常见方法之一是考虑运动特性。平面机械手（planar manipulator）是指机械装置中的所有运动连杆执行相互平行的平面运动。相反，空间机械手（spatial manipulator）是其中至少一个运动连杆表现出总体空间运动的机械手。换句话说，式（1.1）中的 $\lambda=6$。在某些情况下，机械手的构造应使其仅允许非常特殊的运动。球形机械手（spherical manipulator）中的活动连杆执行围绕共同固定点的球形运动。圆柱坐标型机械手（cylindrical manipulator）中的末端执行器在圆柱体的表面上移动。在 1.4.3.2 和 1.4.3.4 节中将讨论这两种类型的机械手的更多详细信息。

1.4.2.2　按自由度分类

对机器人进行分类的另一种方法是基于自由度的数量和类型。如果是平面机器人，则通用机器人（general purpose robot）具有 $\lambda=3$ 自由度；如果是空间机器人，则具有 $\lambda=6$ 自由度。如果机器人具有超过 λ 的自由度，则它是冗余的（redundant）。冗余机器人可用于在障碍物周围移动并在狭窄的空间中操作。如果机器人的自由度小于 λ，则该机器人是欠自由度（deficient）的。

1.4.2.3　按驱动器技术和驱动器功率分类

机器人通常以其驱动技术的性质和类型为特征。电动机器人（electric robot）采用直

流伺服电动机或步进电动机。这些机器人的优点是清洁且相对容易控制。对于需要大承载能力的任务，首选液压机器人（hydraulic robot），但需要进行保养和维护，以解决泄漏和流体可压缩性问题。对于高速应用，通常首选气动机器人（pneumatic robot）。这些机器人通常是干净的，但由于与空气可压缩性有关的挑战而可能难以控制。

直驱式机械手（direct drive manipulator）是其中每个关节由执行器直接驱动而没有任何转矩传递机构的机械手。这些驱动器体积大而笨重，但没有使机器人控制更加困难的间隙或驱动柔性。传统机械手（conventional manipulator）产生的驱动器转矩通过传动机构放大。通常是通过齿轮减速或谐波驱动装置来实现的。这种设计允许使用较小的执行器。但是，齿轮机构会产生背隙，谐波传动固有地表现出柔性。

1.4.2.4　运动学分类

运动学结构（kinematic structure）是机器人学（robotics）中非常重要的主题，也是可用于对不同类型的机器人进行分类的另一种方法。机器人的运动学结构源于其系统连通性（system connectivity）。该主题已在多体动力学（multibody dynamics）中进行了广泛研究，并在机器人上产生了深远的影响。多体动力学的研究与机器人技术密切相关，可以在参考文献［14，24，46］中找到相关基础理论的论述。本书讨论的许多结果可以被视为多体动力学一般研究中的特例。一般而言，机器人技术领域通常更关注正向运动学、逆向运动学或控制综合问题，而多体动力学领域倾向于将重点更多地放在数值方法研究上，以近似求解正向动力学问题的解。在多体动力学领域中，系统的连通拓扑（connectivity topology）结构对模拟或得出系统的控制策略的复杂性产生巨大的影响。

如果从第一个连杆到最后一个连杆有且只有一个连接路径穿过系统，则机器人系统具有运动链（kinematic chain）的连通性。在机器人技术文献中，这种机器人通常也被称为串联机械手（serial manipulator）或开环机械手（open loop manipulator）。仿人机器人的单臂或双腿是运动链的一个很好的例子。形成运动链的多体系统（multibody system）具有最简单的连接拓扑。正是这种机器人系统派生出了最丰富的组合和控制策略。运动链的运动学将在第3章中进行仔细研究，其动力学将在第4章和第5章中进行研究，其控制是第6章和第7章的主题。

当多体系统由运动链的组件构建并且这些组件的互连没有形成闭环时，称为具有树形拓扑连通性（tree topology connectivity）。全身仿人机器人或太空中的空间站是具有树形拓扑连通性系统的两个常见示例。对用于运动链建模和控制的技术进行扩展来处理具有树形拓扑连通性的系统是相对简单的，尽管此类方法必须经常扩展以说明机器人系统作为一个整体的刚体运动。

最后，只要有可能构建一条从一个关节开始，经过多个其他关节并最终连接到原始关节的连续路径，就称机器人系统具有闭环连通性（closed loop connectivity）。如果其悬架系统具有闭环，则自主地面车辆的多体模型是具有闭环拓扑（closed loop topology）的系统。两个机械手在举起较大的有效载荷方面协作，也形成了具有闭环拓扑的系统。图1-8中所示的Stewart平台是具有闭环连通性的通用机器人平台。

图1-8　工业Stewart平台

具有闭环连通性的机械手系统在机器人领域通常被称为并联机械手（parallel manipulator）。本书未介绍具有闭环拓扑结构的常规机器人系统。

当然，某些系统是由构成开环和闭环链的子系统构成的。在某些工业机械手中，例如Fanuc S-900W，使用四杆推杆连杆驱动中间关节，中间关节又安装在机器人基座或腰部。这种设计减小了机械手的惯性。这种包含开环和闭环链作为子系统的系统被称为混联机械手（hybrid manipulator）。

总之，具有运动链形式的机器人系统是最基本的。也可以从中组合其他更复杂的机器人系统。对于运动链的控制器的分析，模拟或综合方法可以应用于具有更复杂连接性的子系统。机械手是形成运动链的机器人的典型示例。

1.4.2.5　按工作空间几何分类

机器人还有一种分类方法是查看其工作空间的几何形状。机械手工作空间（manipulator workspace）是指末端执行器可以达到的空间范围。末端执行器在至少一个方向或姿势下可以到达的每个点组成可达工作空间（reachable workspace）。末端执行器在所有可能的方向或姿势下可以到达的每个点组成灵巧工作空间（dextrous workspace）。通过定义，可以得出灵巧的工作空间是可到达的工作空间的子集。应该注意的是，大多数工业串联机械手的前三个活动连杆的设计要比其余连杆更长。这些内侧连杆主要用于控制末端执行器的位置。其余的外部连杆通常用于控制末端执行器的姿势或方向。通常，与前三个连杆相关的子组件表示为手臂，其余的外侧连杆则组成了腕部。图1-9显示了四种常见的工作空间类型。

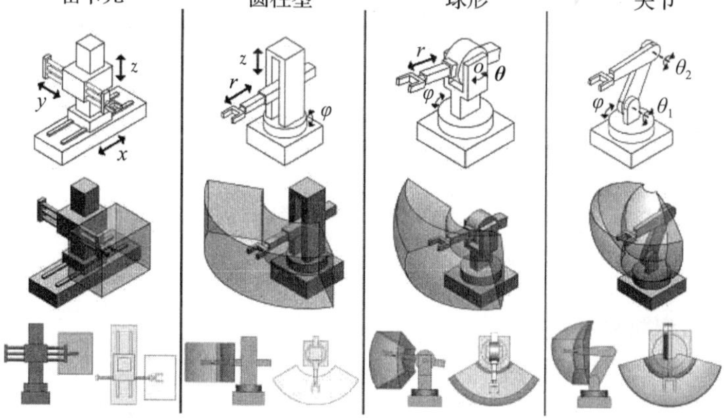

图1-9　不同的工作空间几何形状

1.4.3　机械手示例

在接下来的几节中，将介绍一些最常见的机械手。所有这些示例均由一些通过移动关节或转动关节连接的连杆组成。这些关节可以是驱动的，也可以是被动的。

驱动关节（driven joint）是执行器直接产生运动的一种关节，可以是移动关节，也可以是转动关节。在驱动关节中，线性或旋转电动机连接到受关节约束的每个连杆上。如果关节不是由执行器驱动的，则称为被动关节（passive joint）。例如，在图1-7中所示的受电弓中，假设两个移动关节（J1和J2）由线性执行器控制，则它们是驱动关节。剩下的转动关节（J3-J8）是被动关节，因为这些关节处的物体之间的运动是由两个驱动关节的运动所决定的。

通常，机械手由诸如PPP或RPP之类的序列指定，这些序列指示组成机器人的棱柱形（P）和旋转（R）关节的类型和顺序。例如，一个PPP机械手是由三个移动关节构成的，而一个 RPP 机器人是由一个转动关节和两个连续的移动关节构成。从广义上讲，该名称通常表示机械手总体几何形状和功能。

1.4.3.1　笛卡儿机械手

笛卡儿机器人（Cartesian robot）是由三个相互正交的移动关节定义的 PPP 机械手。图 1-10 描绘了一个典型示例。PPP 手臂是最简单的机械手之一。根据使用环境的不同，有时将这种类型的多功能臂称为龙门式起重机或导线臂。龙门式起重机通常是笛卡儿机器人的悬挂版本，用于定位大型工业负载。导线臂通常用于定位光学实验或手术工具。PPP 机械手由于其简单的几何形状而具有多个优点。PPP 机器人的模型以及用于定位和移动这些机器人的控制定律都易于推导。PPP 机械手的最简单模型具有沿三个相互分离的垂直方向的平移运动方程。由于直角坐标机器人不包含旋转自由度，因此这些系统趋向于刚性。它们可以承受和传递大负载，并实现高精度的定位。这种机器人的一个缺点是它需要大面积的操作空间，并且工作空间（workspace）小于机器人本身（图 1-9）。另一个缺点是，用于移动关节的导向装置必须密封，以防异物进入，这会使维护变得复杂。

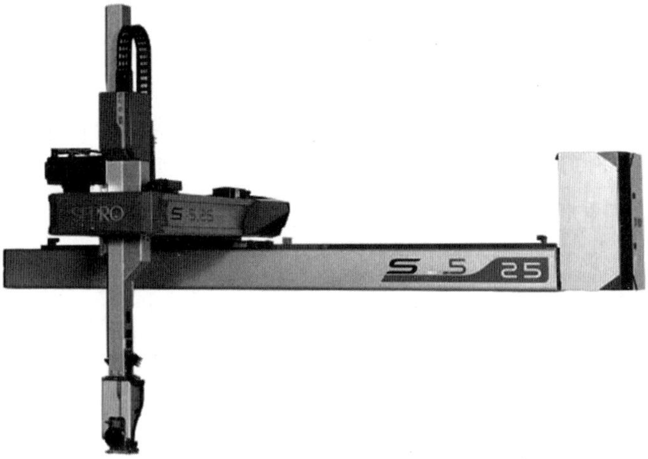

图 1-10　Sepro 集团的笛卡儿机器人（http://www.sepro-group.com）

1.4.3.2　圆柱坐标型机械手

假设笛卡儿机器人中的第一个移动关节被转动关节代替。通过适当选择旋转轴的方向，RPP 机器人就是圆柱坐标型机器人（cylindrical robot）的示例。图 1-11 描绘了圆柱坐标型机器人的一个示例。可以很容易地看出，圆柱坐标型机械手中水平臂末端的位置可以用圆柱坐标表示，这是机械手名字的来源。其工作空间采用空心圆柱体的形式。同样，该机械手由于其结构简单而具有多个优点。尽管圆柱坐标型机械手的运动学和动力学模型比笛卡儿机器人的运动学和动力学模型更为复杂，但它们仍然很容易推导。关联的控制定律同样非常容易

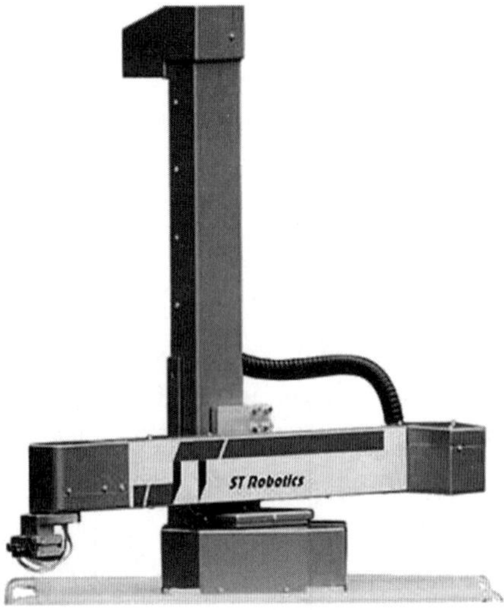

图 1-11　ST Robotics 的圆柱坐标型机器人（http://www.strobotics.com/index.htm）

确定。RPP 机械手的拓扑结构使其非常适合进入具有型腔或其他类似复杂几何形状的工件。它可以达到很高的精度，并用于流水线上的拾取和放置操作。这种类型的机器人的一个缺点是，在某些构形中，机器人的背面可能伸入工作空间。这可能会干扰工作空间并使路径规划和控制变得复杂。与在使用带有外部导向装置的移动关节的任何机器人中一样，导向装置表面必须清洁且无碎屑。这样会使维护和保养更加困难。

1.4.3.3 SCARA 机械手

引入 SCARA（Selective Compliance Articulated Robot Arm）RRP 机器人是在高刚性机器人（例如笛卡儿机器人）和可访问几何形状复杂的工作空间（例如球形机械手）的机器人之间的折中方案。图 1-12 显示了这种机器人的一个示例。由于在 SCARA 机器人中两个转动关节的轴是平行的，因此该机器人在水平平面内的运动中相对柔顺，而在垂直于该平面的运动中刚度较大。这两种运动模式之间的柔顺性差异便是该机器人名字的由来。该机器人的工作空间是高度结构化的。例如，SCARA 机械手十分适用于精确的拾取和放置操作。

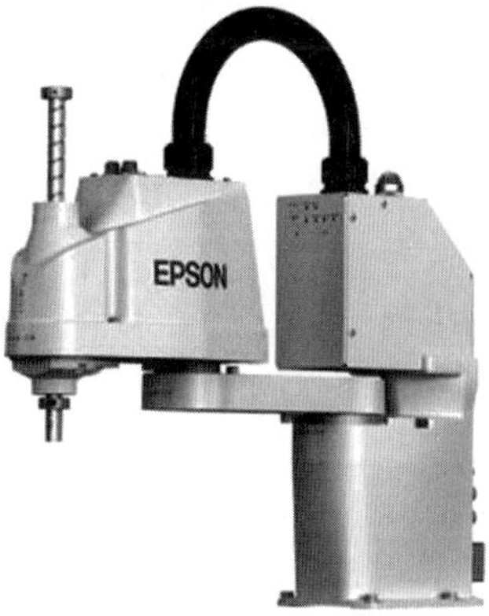

图 1-12　Epson SynthisTM T3 多合一 SCARA 机器人（http://www.epsonrobots.com）

1.4.3.4 球形机械手

RRP 球形机械手（spherical robotic manipulator）由两个垂直的转动关节和一个移动关节组成。对于某些关节之间固定偏置的选择，工具或机械臂末端的运动可以用球坐标表示，成为该机器人名字来源。多年来出现的一些最著名的机械手就是这种类型。在 1.2 节中讨论并在图 1-13 中显示的 Unimate 球形机器人是球形机械手的示例。

图 1-13　Unimate 球形机器人

该机器人体系结构的主要优点是其适用于必须在复杂几何形状上执行的各种任务。与一般机器人尺寸相比，该机器人可容纳的球形工作空间更大。不幸的是，这种灵活性是有代价的。球形机器人（spherical robot）的运动学和动力学模型比笛卡儿或圆柱坐标型机器人的运动学和动力学模型更为复杂，这导致控制律也更加复杂。引入额外的垂直旋转轴后，机器人的刚性要比笛卡儿机械手（cartesian manipulator）小。结果是球形机器人的定位精度可能会降低。一般而言，球形机器人可能更适合于诸如焊接或喷漆之类的任务，这些任务所需的精度比拾取和放置操作要低一些，但需要在大型而复杂的工作空间中进行操作。

1.4.3.5　PUMA 机械手

历史上，装配线上使用最广泛的机械手之一是 PUMA（Programmable Universal Machine for Assembly）RRR 机器人。图 1-14 描绘了一个 PUMA 机器人的示例。该机器人的第一个转动关节围绕垂直轴，接下来的两个平行的转动关节垂直于垂直轴。PUMA 机器人的广泛使用可以归因于它具有丰富的运动学特性并且可以到达较大的半球形工作空间。然而，随着沿两个垂直方向引入三个旋转轴，PUMA 的刚性不如笛卡儿机器人。它非常适合需要大型且可配置程度高的工作空间的应用。

图 1-14　PUMA 机器人

1.4.4　球形手腕

上一节介绍了 PPP，RPP，RRP 和 RRR 机械臂的变体，并概述了它们的一些优势。球形手腕（spherical wrist）是一个 RRR 机器人组件，通常作为连接到这些更复杂的机械手的子系统出现。图 1-15 详细显示了球形手腕。腕部由三个转动关节构成，其旋转轴在一个公共点（腕部中心）相交。图 1-16 中的拟人手臂是类似的：球形手腕子系统连接到手臂的末端。这种设计不仅类似于人体结构，而且对控制设计具有重要的实用意义。这种常见的几何形状很吸引人，因为它可以取消定位手腕中心（wrist center）和将工具定位在球形手腕末端的任务。在第 3 章讨论逆向运动学时，将讨论该主题。

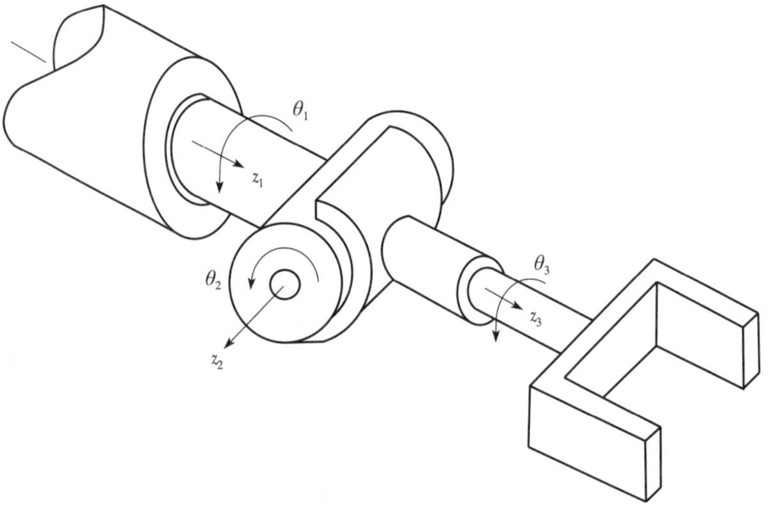

图 1-15　球形手腕

1.4.5 关节型机器人

关节型机械臂（articulated robot arm）或仿人机械臂（anthropomorphic robot arm）是一种机械手，能够实现类似于人手臂的动作。所有仿人的机械手臂至少具有三个转动关节，并且通常有五个，六个或更多的转动关节。图 1-16 描绘了一个典型结构，其中球形手腕已连接到 RRR 机械臂。请注意，第三个自由度类似于 1.4.3 节中研究的 PUMA 机器人的自由度。第一个垂直转动关节允许进行运动，有时也称为扫臂（arm sweep）。接下来的两个关节分别称为肩关节和肘关节。结果是这条手臂可以进入较大的工作空间，并且可以将位于其尖端的工具以任意方向摆放。仿人的手臂（anthropomorphic arm）在装配线上的焊接和喷涂中得到了广泛的应用。与讨论的其他机械手相比，该臂确实具有复杂的几何形状。描述此机器人系统的运动学和动力学的相应方程式形式复杂，从这些模型得出的控制律也是如此。

图 1-16　关节型机器人（http://www.kuka-robotics.com）

1.5 移动机器人

前面章节介绍了几种最常见的多功能机械臂。它们在形式、操作和应用方面有很大的不同。本节总结了机器人技术的另一个主要子集：包括仿人机器人在内的移动机器人，以及空中/地面/海上自动交通工具。

1.5.1 仿人机器人

在第 1.4.5 节中提到，拟人或仿人臂（humanoid arm）在机器人领域已成熟，它们在世界各地的工厂中普遍存在。相比之下，整体仿人机器人的创造仍然是活跃的研究领域。从出现机器人技术领域的最早阶段开始，设计师就梦想着创造出外观和功能都与人类相似的机器人。早期的工匠，以及艺术家和发明家，都试图创建能够模仿人类行为的机械系统。这些早期研究人员包括达·芬奇（Leonardo Da Vinci）等著名人物。由于缺乏技术基础设施，他的早期创作以及其他富有远见的作品取得的成功有限。如今，基础设施已经发展到可以评估当前仿人机器人（anthropomorphic robot）执行有时令人惊讶的复杂任务的程度。RoboCup 国际自动足球比赛就是一个很好的例子。自从 2002 年成立仿人机器人联盟以来，世界各地的创造仿人机器人的团队都参加这个年度活动。图 1-17 展示

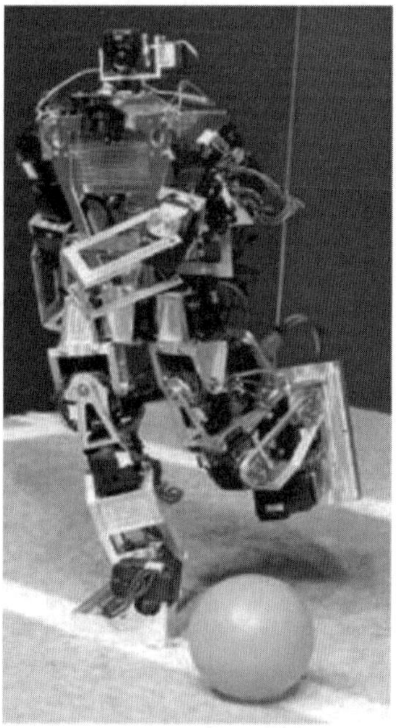

图 1-17　机器人足球比赛的仿人机器人。由弗吉尼亚理工大学的学生们在现任加州大学洛杉矶分校的 Dennis Hong 教授的指导下创作

了弗吉尼亚理工大学的学生们在现任加州大学洛杉矶分校教授 Dennis Hong 的指导下制造的一个机器人。

这些仿人足球运动员的复杂性令人印象深刻。每个机器人选手都必须能够奔跑、行走、踢球和阻止对方射门，这对双足机器人来说是很难的灵活性挑战。在比赛过程中，每个机器人还必须能够进行基于图像的感知和特征识别。最后，机器人必须具有机载处理硬件和软件，以使它们能够以团队战略协调的方式预测比赛并对其做出反应。世界各地的研究人员目前也在开发全尺寸仿人机器人(humanoid robot)，尽管潜在的应用是多种多样的，但希望这些全尺寸机器人可以在老年人护理或假体设计和测试中发挥作用。图 1-18 显示了一种全尺寸仿人机器人 CHARLI，也是由 Dennis Hong 教授的学生在其指导下完成的。

图 1-18　仿人机器人 CHARLI。由弗吉尼亚理工大学的学生在现任加州大学洛杉矶分校 Dennis Hong 教授指导下完成

仿人机器人设计、分析和制造的整个复杂程度远远超出了本书的范围。然而，本书也展示了如何开发适用于组成此仿人机器人典型子系统的运动学模型、动力学模型和控制方案。与仿人机器人的手臂或腿部装配相关的例子和问题可以在第 2、3、4、5、6 和 7 章中找到。这类机器人典型研究课题包括双足运动的动力学和控制、感知、基于视觉的控制、基于视觉的感知、灵巧操作和人机交互。

1.5.2 自主地面车辆

自主地面车辆或称机器人地面车辆（AGV）（autonomous ground vehicle（AGV））的设计、分析和制造已经在美国和世界各地进行了多年。多年来出现的大多数 AGV 属于研究车辆的范畴，这些车辆的设计目的是为移动机器人领域的一些具体技术问题确定解决方案的可行性。

直到最近人们才清晰地意识到 AGV 机器人技术已经成熟，可以合理预期在不久的将来出现可靠的、高性能的商用和军事机器人。令人乐观的一个原因是，在 2004 至 2008 年间举行的国防高级研究计划署（DARPA）挑战赛和城市挑战赛取得了惊人的成功。DARPA 挑战赛于 2004 年首次举行。在一系列的资格认证活动之后，来自美国各地的机器人开发者在加利福尼亚沙漠的 142mile 的测试跑道上相遇。虽然在赛事举办的第一年没有一支队伍完成整个赛程，但有四支队伍在 2005 年完成了比赛。2007 年，美国国防部高级研究计划局举办了“城市挑战赛”，要求参赛车辆在城市环境中自主驾驶，并可以对其他行驶车辆做出反应。图 1-19 所示为 AGV Odin，该车由弗吉尼亚理工大学的 Al Wicks 博士和 TORC 公司的全职研究人员指导学生研发，TORC 公司是一家专门制造自主地面车辆的公司。Odin 是成功完成 DARPA 城市挑战赛的三辆机器人车之一。

图 1-20 描绘了同样由 Al Wicks 博士和 TORC 研发的军事地面车辆的示例，这些车辆是从 Odin 衍生的技术改进而来的。军方可使用自动驾驶地面车辆减少部队的危险。与 AGV 有关的当代研究主题包括自主导引、导航和控制、自主探索和制图、传感器融合、估值运算、滤波技术、混合 AGV 设计，以及提高耐久性的主动能量管理。

图 1-19 自主地面车辆 Odin。由弗吉尼亚理工大学的 Alfred Wicks 博士指导的学生和 TORC 的研究人员研制（www. torctech. com）

图 1-20 自主远程控制 HMMWV，ARCH。由弗吉尼亚理工大学的 Alfred Wicks 博士指导的学生和 TORC 的研究人员研制（www. torctech. com）

1.5.3 无人机

近几年，在广播、电视或互联网上，以使用无人机（AAV）为特色的军事行动新闻变得很常见。如前所述，由于在肮脏、枯燥或危险的工作岗位上机器人的数量发生历史性激增，它们成为军用航空器库存的重要组成部分也就不足为奇了。尽管目前的无人机是需要远程驾驶的，且不能自主做出参与目标的决定，但也确实表现出一定的自主性。例如，当它们感测到自己的方向、航向和位置，并通过自动驾驶仪纠正航行错误时，它们会对周围环境做出反应。从这个意义上讲，每台配有自动驾驶仪的商用或军用飞机都可以视为机器人系统。然而，按照惯例，无人机通常被归类为不包含飞行员并且表现出一定程度的任务级自主性的飞行器，其表现出的自主性逐年增加。当前的战略计划对在未来几十年可以自动与目标交战的无人机进行了规划。

从本质上讲，无人机必定要比其地面对应物更为复杂，但随之带来的是成本增加，这限制了自动驾驶飞行器的常规使用，至少目前是这样。无人机的大多数实例已被世界各国政府的军方部署。尽管花费很大，但机器人飞行器的应用在商业领域仍在不断扩展。除军方外，许多申请已经通过政府机构审批。自主飞行器已被提议用于农业、救灾、警察监视和边境安全等。图 1-21 描绘了一架用于对放射源进行地球物理学测绘的自主直升机。这项研究工作是在弗吉尼亚理工大学无人驾驶实验室的 Kevin Kochersberger 博士的指导下进行的。

在机器人产业这个领域中，一个值得注意的趋势是，在过去几年中引入的小型航空器甚至微型航空器的数量不断增加。现在很常见的例子是翼展从几英寸到几英尺长的小型固定翼飞行器。图 1-22 展示了弗吉尼亚理工大学的 Craig Woolsey 教授在各种研究活动中使用的 SPAARO 自主无人机梯队。这些无人机支持从农业自动化和气载病原体遥感到自主无人机梯队的协调控制等方面的研究。

1.5.4 自主海上航行器

正如 AGV 和 AAV 的设计和制造方面存在重大差异一样，自主海上航行器的发展也面临着特殊挑战，这些障碍的本质在过去几年里开发的许多自主水面船舶（ASV）和自主水下机器人（AUV）中得到了说明。下面以沿河流或沿海地区操作自主水面船舶的任务为例。

图 1-21　用于探测辐射的无人机。由弗吉尼亚理工大学的 Kevin Kochersberger 教授指导的学生研制

图 1-22　SPAARO 无人机梯队。用于弗吉尼亚理工大学 Craig Woolsey 教授的研究项目

通常，整体航线在执行任务前是已知的，但是沿海水域可能会有许多无法预见的危险，在执行任何任务时都要进行感测并避免它们。障碍物和危害可能存在于水面，水线处或水下。对于军用船舰，高速进攻或逃离的是一项重要的能力，对这种沿着部分未知航线高速驾驶船舰的控制是一个难题。尽管像“捕食者”那样的无人机很难控制，但它不需要在接近碰撞危险的情况下进行常规操作。当障碍物隐约出现在船舶的正前方或下方时，用来决定应急行动的反应和计算时间非常短。图 1-23 描绘了弗吉尼亚理工大学的 Dan Stilwell 博士指导下的学生研究人员研制的 ASV 示例。这些研究人员专注于创造可以在河流环境中自主航行（可能高速航行）的海上航行器。当然，由于这些航行器可能仅限于在水面上航行，又或者可以设计用于水下行驶，因此，自主海上航行器的部署更加复杂。图 1-24 描绘了弗吉尼亚理工大学 Dan Stilwell 教授研制的一艘自主水下机器人（AUV）。

图 1-23　ASV。由弗吉尼亚理工大学的学生研究人员在 Dan Stilwell 博士的指导下研制

图 1-24　AUV Javelin。由弗吉尼亚理工大学的学生研究人员在 Dan Stilwell 博士的指导下研制

1.6　机器人动力学与控制问题概述

本书在 1.2、1.4 和 1.5 节的概述中提到了一些影响机器人系统研究和发展的学科。本书研究了几个几乎在所有机器人系统的动力学和控制中出现的经典问题，如机器人系统的正向运动学、逆向运动学、正向动力学和逆向动力学/反馈控制（feedback control）问题。这些问题的基本特征将在 1.6.1、1.6.2、1.6.3 和 1.6.4 节中描述，并讨论典型机器人系统是如何产生这些问题的。使用图 1-25 中描述的扑翼飞行器作为案例来说明基本原

理。1.6.5 节讨论尽管它们有明显的不同，但这些相同的问题在移动机器人的控制中是如何出现的。

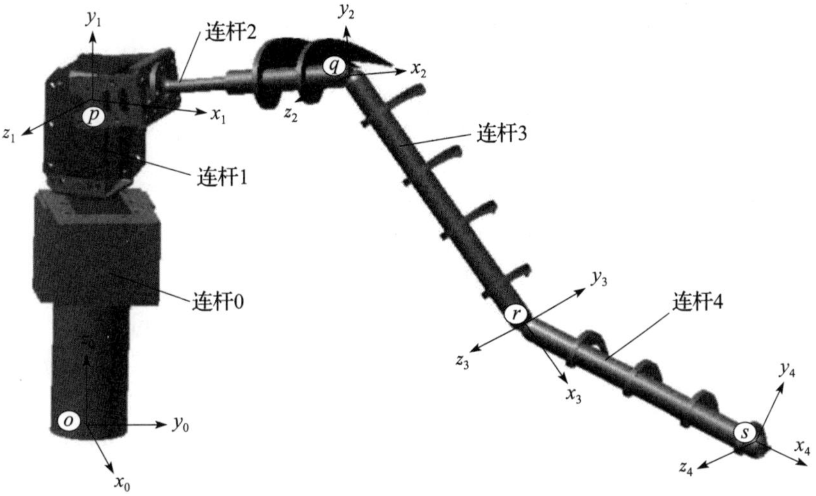

图 1-25　扑翼飞行机器人

1.6.1　正向运动学

正如研究人员试图设计、制造在形式和动作上模仿人类的机器人一样，设计师们也同样致力于研制模仿动物的机器人。其中研制具有生物启发性的扑翼飞行器就是一个特别具有挑战性的例子，这些设计与大多数现有的商用飞行器有很大的不同。扑翼飞行机器设计成功很难，部分原因是缺乏对飞行器周围固有的复杂非线性和不稳定空气动力学的认识。这个领域目前仍然是活跃的研究领域。在本节中，我们将讨论用于风洞试验的扑翼飞行器的各种机器人分析问题。研制扑翼飞行器的任务虽然异常困难，但却提供了一个很好的例子，来向读者展示正向、逆向运动学、正向动力学和反馈控制等经典问题如何在实际应用中出现。

在构建如图 1-25 所示类型的机器人模型时，首先要考虑的问题之一是选择其表达式中使用的变量。这个问题将在第 2 章中进行一般性讨论，第 3 章将对关节型机器人系统的常见表示形式进行总结。虽然有例外，但关节型机械系统最常用的变量是关节变量（joint variable），这些变量定义了机器人系统的主体如何相对运动。如果整个机器人系统还相对于定义的地面参考（而不是固定于该参考）进行刚体运动，如对空间机器人或全身仿人机器人的研究，则关节变量必须补充其他变量来表示净运动。

在图 1-26 中，机器人牢固地固定在地面上。因此，仅使用关节变量就足以表示动力学。在此示例中，关节变量是关节角（joint angles）θ_1，θ_2，θ_3 和 θ_4，这些角决定了各个旋转关节处杆件的相对旋转。当机器人包含可以移动的移动关节时，关节变量经常被选择为杆件之间的相对位移。通常，一组关节变量用 $q_i(t)$ 来表示。

其中 $i=1$，…，N，N 为自由度数。正向运动学问题研究了机器人的结构（configuration）如何随着关节变量的变化而变化。例如，对于扑翼机器人，期望设计出来的系统其翅膀的运动尽可能接近真实鸟类的运动。正向运动学是在给定 $i=1$，…，N 的关节变量 $q_i(t)$ 的情况下，求取在某些点处的位置、速度和加速度，例如在图 1-25 中机器人上典型

点 s 处。

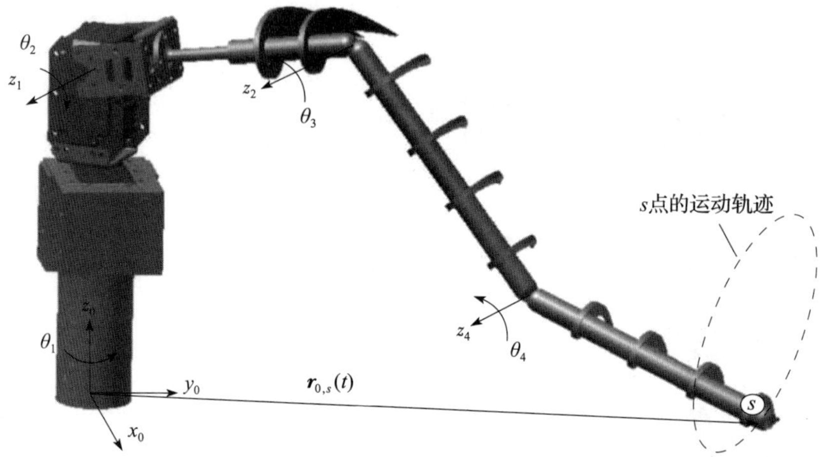

图 1-26　扑翼飞行机器人和关节变量 θ_1，θ_2，θ_3 和 θ_4

这个问题可以简单地表述为：已知 $\boldsymbol{r}_{0,s}(t)$，$\boldsymbol{v}_{0,s}(t)$ 和 $\boldsymbol{a}_{0,s}(t)$ 是点 s 相对于地面参考系或者零坐标系的位置、速度和加速度；求关节变量及其导数与机器人上点 s 的位置、速度和加速度的映射。

$$\boldsymbol{q}(t),\ \dot{\boldsymbol{q}}(t),\ \ddot{\boldsymbol{q}}(t) \mapsto \boldsymbol{r}_{0,s}(t),\ \boldsymbol{v}_{0,s}(t),\ \boldsymbol{a}_{0,s}(t)$$

必须认识到，这一问题必须作为几乎所有建模或控制任务的一部分来解决。图 1-26 中使用的关节角度的具体选择是使用 D-H 法则来定义的，Denavit-Hartenberg 法则是描述形成运动链的关节机器人最常用的通用策略之一。第 3 章将详细介绍这个主题。

1.6.2　逆向运动学

尽管解决正向运动学问题是许多建模和控制问题的第一步，但它不能回答所有关于给定机器人运动的重要问题。比如扑翼机器人，机翼的运动应该能够模仿真实鸟类翅膀的运动轨迹，或者尽可能按照给定机器人的几何运动形状。根据录制的飞行中鸟类的视频，可以生成对机翼上某些点的轨迹的估计，这些轨迹是时间的函数。假设将这些实验收集的 s 点的运动轨迹作为输入值，也就是说，假设 s 点的位置、速度和加速度是时间的函数。逆向运动学问题是寻求在机器人系统上给定 s 点的位置，速度和加速度的情况下找到关节变量及其导数，换句话说，旨在找到从机器人上 s 点的位置、速度和加速度到关节变量及其导数的映射。

$$\boldsymbol{r}_{0,s}(t),\ \boldsymbol{v}_{0,s}(t),\ \boldsymbol{a}_{0,s}(t) \mapsto \boldsymbol{q}(t),\ \dot{\boldsymbol{q}}(t),\ \ddot{\boldsymbol{q}}(t)$$

显而易见，解决逆向运动学问题在于找到在正向运动学问题中研究的映射的逆。众所周知，逆向运动学问题比正向运动学问题更难解决。逆向运动学问题可能没有解决方案，也可能有多个解决方案，这取决于机器人的几何形状和设计目标。第 3 章讨论了在解决逆向运动学问题时遇到的一些困难。

1.6.3　正向动力学

正向运动学和逆向运动学问题在本质上是纯粹的几何学问题。并且没有给定为实现特定的运动而必须施加的力或力矩。

对于本书研究的一些机器人系统，控制方程都可以用以下形式表示

$$\boldsymbol{M}(\boldsymbol{q}(t))\ddot{\boldsymbol{q}}(t)=\boldsymbol{n}(\boldsymbol{q}(t),\ \dot{\boldsymbol{q}}(t))+\boldsymbol{\tau}(t)$$

式中，$\boldsymbol{M}(\boldsymbol{q})$ 是 $N\times N$ 阶非线性广义质量或惯性矩阵，$\boldsymbol{n}(\boldsymbol{q},\ \dot{\boldsymbol{q}})$ 是 $N\times 1$ 阶的包括科里奥利项和向心项的非线性函数的向量，$\boldsymbol{\tau}$ 是 $N\times 1$ 阶执行器施加给机器人的力或转矩的向量。这是一个耦合常微分方程（ODEs）的非线性二阶系统。研究此方程的一个常用方法是引入状态变量 $\boldsymbol{x}$，该状态变量 $\boldsymbol{x}$ 以下述形式堆叠广义坐标 $\boldsymbol{q}$ 及其导数 $\dot{\boldsymbol{q}}$

$$\boldsymbol{x}(t):=\begin{Bmatrix}\boldsymbol{x}_1(t)\\ \boldsymbol{x}_2(t)\end{Bmatrix}:=\begin{Bmatrix}\boldsymbol{q}(t)\\ \dot{\boldsymbol{q}}(t)\end{Bmatrix}$$

然后，将控制方程组重写为：

$$\dot{\boldsymbol{x}}(t)=\boldsymbol{f}(\boldsymbol{x}(t),\ \boldsymbol{u}(t)):=\begin{Bmatrix}\boldsymbol{x}_2(t)\\ \boldsymbol{M}^{-1}(\boldsymbol{x}_1(t))(\boldsymbol{n}(\boldsymbol{x}_1(t),\ \boldsymbol{x}_2(t))+\boldsymbol{u}(t))\end{Bmatrix}\tag{1.2}$$

式中，$\boldsymbol{u}(t):=\boldsymbol{\tau}(t)$ 是控制输入集合。

正向动力学问题是求解关于状态向量 $\boldsymbol{x}(t)$ 的方程组，进而在给定输入力和转矩 $\boldsymbol{\tau}(t)$ 的情况下，求得关节变量 $\boldsymbol{q}(t)$ 及其导数 $\dot{\boldsymbol{q}}(t)$。可以采用解析法或数值法来求解方程，但是大多数实际机器人的模型都非常复杂，解析法通常不可行。这些方程的数值近似解采用的是针对非线性常微分方程的时间步进数值算法的丰富且完善的一类方法。通常用于生成数值近似解的具体算法包括广泛使用的 Runge-Kutta 系列方法，线性多步方法以及刚性系统的专用方案。正向动力学问题的解决方案可用于机器人设计和分析环节。

1.6.4　逆向动力学和反馈控制

通过解决正向动力学问题，理解了 $\boldsymbol{\tau}(t)$ 中的一组特定输入力和转矩是如何在 $t\geqslant 0$ 的相应时间内，产生关节变量 $\boldsymbol{q}(t)$ 的。正向动力学问题的解可描述为：在给定输入驱动时间历程中（$\boldsymbol{\tau}(t)$，$t\geqslant 0$），确定系统的动态行为。类比正向运动学和逆向运动学的关系，可以将机器人系统的逆向动力学问题看作是一个相反的问题：作为广义坐标的函数 $\boldsymbol{\tau}(t):=\boldsymbol{\tau}(q_1(t),\ \cdots,\ q_n(t),\ t)$，为产生指定的动态行为，驱动输入（$\boldsymbol{\tau}(t)$，$t\geqslant 0$）应该是什么？

但是，当考虑实际系统时，在规定的期望状态向量 $\boldsymbol{q}_d$ 和预估状态向量 $\boldsymbol{q}_e$ 之间常常有偏差，预估状态向量 $\boldsymbol{q}_e$ 是来自与机器人系统内部（如，关节编码器）或外部（如，工作空间相机）相连的传感器。通过结合控制理论技术和逆向动力学分析，设计反馈控制，使其作为期望状态变量 $\boldsymbol{q}_d$ 和预估状态变量 $\boldsymbol{q}_e$ 的函数，并且可以用来计算适合的驱动输入轨迹 $\boldsymbol{\tau}(t)$。

尽管目前有许多对机器人系统有意义的具体控制问题，但对于扑翼机器人，跟踪控制（tracking control）问题常常会被提出。再假设视频后期处理方法已经被用来识别实际飞行中的鸟类翅膀上的点的轨迹。例如，一个轨迹跟踪问题，为了确定输入驱动的力或者转矩关于时间的函数，即 $\boldsymbol{\tau}(t)$，使机翼上的点接近通过实验收集鸟类翅膀上某些点的随时间 t 变化的运动轨迹。这个问题的许多变化，可以根据测量的类型和用于定义机器人跟随期望轨迹的准确程度的度量来定义。从数学角度来看，许多的这种控制问题可以被理解为其中一些成本或性能 J 的最小化约束优化问题。所求的最优解是为了求得在允许控制集 $\mathcal{V}$ 下的最佳输入

$$\boldsymbol{u}^*=\underset{\boldsymbol{u}\in\mathcal{V}}{\operatorname{argmin}}J(\boldsymbol{x},\ \boldsymbol{u})\tag{1.3}$$

满足式（1.2）运动方程的状态变量 $\boldsymbol{x}$ 的约束。

1.6.5 机器人车辆的动力学与控制

在 1.6.1、1.6.2、1.6.3 和 1.6.4 节中讨论了机器人技术的基本动力学和控制问题，以及它们在典型扑翼机器人研究中的作用。这些章节中用于说明的示例也可以被用为任何一个机器人的机械臂。机器人系统之间结构是惊人的相似。也许令人惊讶的是，对于自动驾驶汽车的机器人系统，每一个机器人学和动力学的基本问题，包括正向运动学、逆向运动学、正向动力学和反馈综合控制，都是可以表述出来的。在许多情况下，尽管用于描述这些问题所使用的语言因车辆的类型而异，但它们的根本问题在结构上是相似的。例如，在数学上，安装在机械臂上的轨迹跟踪或者循迹问题与安装在自动驾驶汽车上的导航问题是相似的。此外，通常将机械臂安装在自动驾驶汽车上，如图 1-27 所示。这种类型的其他的例子包括组合的航天飞机和远程操控系统。接下来可以讨论汽车的导航与机械臂的控制。这种问题实际上是耦合的，对于解决耦合系统的动力学和控制问题可能比解决只与基础车辆或机械手相关的问题要困难得多。

图 1-27　AGV，具有机械臂的 iRobot PackBot

虽然机器人控制器的研究提供了可用于制定和解决自动驾驶系统动力学和控制问题的基础，但是对于自动驾驶汽车而言，这两者之间的解决方法仍然存在许多实质性差异。用于描述运动的变量集必须能够表示刚体运动，是 AGV，AAV，ASV 和 AUV 的动力学公式之间的主要区别之一。虽然第 2 章中对运动学的研究涵盖了研究此问题所需的许多方面，但第 3 章中具有运动链形式的机器人的研究方法不足以表述自动驾驶汽车的刚体运动。幸运的是，对于许多不同类型的自动驾驶汽车，控制方程式的形式均如式（1.2）所示。许多车辆控制问题都是通过将控制问题转化为优化问题来解决的，如式（1.3）所示。

1.7 本书主要内容

对机器人系统的研究从第 2 章对运动学基本原理的阐述开始。这一章是对三维空间运动学领域的一个完整的介绍，确立了本书中使用的数学表达式的符号和规范，并着重阐述了三维空间运动学的基础概念，包括对向量、坐标系和旋转矩阵的研究。而且，介绍了相对于不同参考系的线性位置、速度和加速度以及角速度和角加速度的定义。最后，总结了一些最常用的运动学定理，包括介绍了相对速度（定理 2.16）和相对加速度（定理 2.17）的定理、导数定理（定理 2.12）和角速度的加法定理（定理 2.15）。

第 3 章介绍了针对特定类型的机器人系统的运动学原理的改进。介绍了用于机器人系统中连杆的刚体运动的齐次变换。并且讨论了组成系统的连杆之间理想关节的数学模型。除了机器人系统运动学中的一般问题外，本章还讨论了表示具有运动链形式的机器人系统的两种常用方法（Denavit-Hartenberg 建模方法和递推公式）。在 D-H 建模方法中，推导出了与运动链结构相关的齐次变换的清晰的结构。详细介绍了确定串联式结构运动学的连杆参数的一般步骤。与 D-H 建模方法相比，正向运动学问题的递推公式优势在于计算的高效性。此公式指出了运动链中连续结构体之间的运动学关系的高度结构化性质，并利用此结构性质推导出了运动学递推算法。本章在最后讨论了逆向运动学的相关问题。

第 4 章讨论了使用牛顿-欧拉公式推导机器人系统运动方程的方法。介绍了刚体线动量和角动量的一般定义。并且，为了便于机器人系统各部件角动量的计算，引入了刚体的惯性矩阵。引入牛顿-欧拉方程作为推导一般机器人系统运动方程的一种方法。此章进一步探讨了在第 3 章中开始研究的递推公式，并将其应用于机器人系统运动方程的推导。结果表明，利用运动学公式中相同矩阵的结构，可以递推推导出运动链的运动方程。通过牛顿-欧拉公式导出的运动方程是非线性微分代数方程（DAE）。此章又证明了这些方程可以被重新变换为一组非线性常微分方程（ODE）。

第 5 章介绍了用于推导机器人系统运动方程的解析力学方法。此章首先阐述了哈密顿原理，并阐述了如何将其转化为变分学问题。随着这个问题的解决进而得出了机器人系统的运动方程。因为许多机器人系统的动能和势能具有相同的函数形式，所以可以从哈密顿原理得出的变分学问题中推导出拉格朗日方程。哈密顿原理的扩展是在运动方程中加入非保守力。利用拉格朗日方程推导出了一大类机器人系统控制方程的标准形式。最后，此章提出了带有拉格朗日乘数的拉格朗日方程的方法，该方法适用于根据变量的冗余集合推导控制方程。一般来说，这种方法会得到一个非线性微分代数方程组系统。

第 6 章介绍了机器人系统的反馈控制方法。首先，讨论了控制问题的一般形式和结构，并阐述了稳定性理论。介绍了稳定性理论的基本原理，并讨论了如何利用李雅普诺夫函数建立稳定的实际机器人系统。这类技术对于机器人系统的现代综合控制方法是至关重要的。李雅普诺夫的直接控制方法和拉萨尔不变性原理用于确定典型设定点和跟踪控制器的稳定性和收敛性。然后，推导得到了基于精确反馈线性化或计算转矩控制、近似动态逆和无源性原理的反馈控制器。此章最后介绍了执行器模块，其中重点介绍了电动机和线性机电执行器。

第 7 章讨论了基于图像的机器人系统的控制技术。首先，详细讨论了理想的针孔相机模型，其能够简明地呈现基于图像的视觉伺服控制算法（IBVS）。其次，确定了 IBVS 控制的稳定性和渐近稳定性，以及奇异位形在这些方法中的作用。与第 6 章阐述的关节空间方法相比，本章提出了任务空间控制的一般策略。最后介绍了视觉控制目标的任务空间描述方法。

1.8　习题

1.1　简述“机器人”一词的由来。

1.2　本书中定义机器人系统的含义。此定义与其他常用定义有何不同？

1.3　解释下列在机器人技术研究中的常用术语：

执行器	传感器	工作空间
理想关节	关节变量	被动关节
驱动关节	精度，准确性和分辨率	可重复性
工具坐标系	末端执行器	

1.4　区分下列机械手，描述它们的特征，并找出每种机械手在商用机器人中的实例。

笛卡儿机器人	圆柱坐标型机器人	球形机器人
SCARA 机器人	PUMA 机器人	仿人机械臂

1.5　阐述下列名词在机器人系统中的定义，查阅资料找到并描述它们在商用机器人系统的应用实例。

正向运动学	逆向运动学	正向动力学

反馈控制

1.6 讨论在仿人机器人发展过程中，机器人动力学和控制的基本问题（正向运动学、逆向运动学、正向动力学和反馈控制）是如何产生的，并列举每个基本问题的具体问题。

1.7 讨论在自动驾驶汽车发展过程中，机器人动力学和控制的基本问题（正向运动学、逆向运动学、正向动力学和反馈控制）是如何产生的，并举例说明。并列举每个基本问题的具体问题。

1.8 讨论在自主飞行器发展过程中，机器人动力学和控制的基本问题（正向运动学、逆向运动学、正向动力学和反馈控制）是如何产生的，并举例说明。并列举每个基本问题的具体问题。

运动学基础

动力学（dynamics）研究包括运动学（kinematics）和动理学（kinetics）领域。运动学是对运动的几何学的研究，并不考虑引起该运动的力和力矩。动力学研究施加的力或力矩与它们产生的运动之间的因果关系。本章重点讨论运动学，而第 4 章和第 5 章介绍动力学。第 3 章应用本章的一般结果来获得特定于机器人系统的公式。完成本章后，学生应该能够：

- 定义不同的参考系（frame of reference）或坐标系（coordinate system）。
- 定义旋转矩阵，并使用它们来更改坐标表示。
- 根据测量旋转的角度对旋转矩阵进行参数化。
- 计算机械系统中坐标系的角速度和加速度。
- 计算机械系统中点的位置，速度和加速度。

2.1 基和坐标系

通常使用多种坐标系来描述工程系统的运动。图 2-1 中的远程机械手系统，图 2-2 中的自动驾驶汽车或图 2-3 中的仿人机器人只是其中需要大量参考坐标系来描述其运动的机器人系统中的少数几个。为了帮助定义这些坐标系以及为机械系统在这些坐标系之间定义的旋转矩阵，需要进行一些初步的准备。

图 2-1 带有遥控机械手系统的空间站

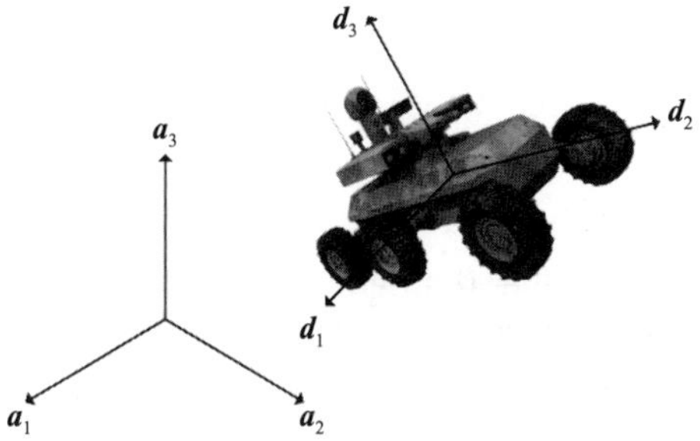

图 2-2 MULE 自动驾驶汽车的方向

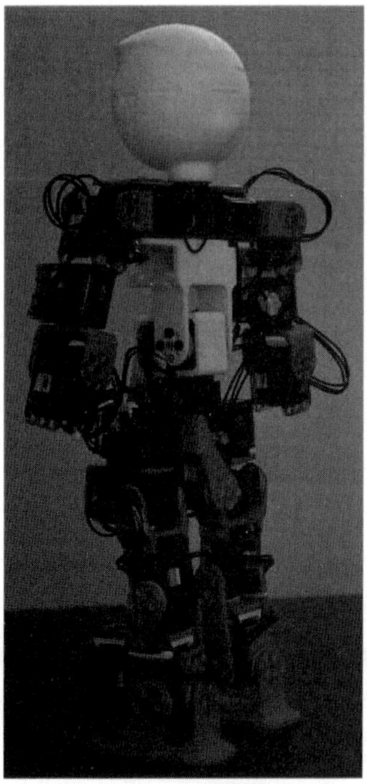

图 2-3 仿人机器人

2.1.1 N-元组和 M×N 阵列

首先，对符号进行一些解释。在全文中，符号 $\mathbb{R}$ 用于表示实数集，而符号 $\mathbb{C}$ 用于表示复数集。当整数是索引（index）时，整数通常使用小写字母 i，j，k，l，m，n，…，来引用，而当整数是整数序列的上限（upper limit）或下限（lower limit）时，通常使用大写字母 I，J，K，L，M，N 来引用。N-元组定义为 N 个实数或复数的有序集合；引用数字的 N-元组时，不暗含任何其他属性。N 个实数元组的域是 $\mathbb{R}^N$，并且 N 个元组将用小写的粗体字母（例如 $\boldsymbol{u}$）表示，并且按照选择的约定，按列排列：

$$\boldsymbol{u} := \begin{Bmatrix} u_1 \\ u_2 \\ \vdots \\ u_N \end{Bmatrix}$$

其中 u_n 是 N-元组 $\boldsymbol{u}$ 的第 n 个元素。另外，$:=$应该理解为“被定义为”，而不能简单地理解为“等于”。N-元组 $\boldsymbol{u}$ 的模（norm）$\|\boldsymbol{u}\|$由其各元素平方和的平方根给出，使得

$$\|\boldsymbol{u}\| := \left\{ \sum_{n=1}^{N} u_n^2 \right\}^{\frac{1}{2}}$$

模的定义$\|\cdot\|$实际上是更通用的一组操作的特例：它是 N-元组的 2 范数或欧几里得范数（Euclidean norm）。例如，在后面的章节中，当涉及数值方法时，或者在第 5 章中介绍解析力学方法时，将介绍 $p=1$，…，∞的更一般的 p 范数。如果 $\boldsymbol{u}$，$\boldsymbol{v}$ 是两个 N-元组，则它们的点积（dot product）定义为

$$\boldsymbol{u} \cdot \boldsymbol{v} := \sum_{n=1}^{N} u_n v_n$$

根据定义，$\|\boldsymbol{u}\|^2 = \boldsymbol{u} \cdot \boldsymbol{u}$

$M \times N$ 维实矩阵的集合，即具有 M 行 N 列的实数的阵列，将由 $\mathbb{R}^{M \times N}$ 表示。大写粗体字母（例如 $\boldsymbol{A}$）用于表示矩阵，而 $\boldsymbol{A}$ 的第 i 行和第 j 列中的矩阵元素（matrix element）由小写 a_{ij} 表示。对于一个 $M \times N$ 矩阵 $\boldsymbol{A}$，转置（transpose）$\boldsymbol{A}^{\mathrm{T}}$ 定义为通过交换行和列而获得的 $N \times M$ 矩阵，使得

$$\boldsymbol{A}^{\mathrm{T}} = \boldsymbol{B} \Leftrightarrow a_{mn} = b_{nm} \quad 1 \leqslant m \leqslant M,\ 1 \leqslant n \leqslant N \tag{2.1}$$

假设 $\boldsymbol{A} \in \mathbb{R}^{I \times J}$，$\boldsymbol{B} \in \mathbb{R}^{J \times K}$ 且 $\boldsymbol{C} \in \mathbb{R}^{I \times K}$。回想一下，矩阵乘法（matrix multiplication）是通过 $\boldsymbol{A}$，$\boldsymbol{B}$，$\boldsymbol{C}$ 矩阵定义

$$\boldsymbol{C} := \boldsymbol{A}\boldsymbol{B}$$

其中 $\boldsymbol{C}$ 中的元素 c_{ik} 由公式给出

$$c_{ik} := \sum_{j=1}^{J} a_{ij} b_{jk}$$

对于 $i=1$，…，I，$k=1$，…，K。仅当 $\boldsymbol{A}$ 的列数等于 $\boldsymbol{B}$ 的行数时，此定义才有意义。矩阵 $\boldsymbol{A}$ 和 $\boldsymbol{B}$ 相乘的结果是矩阵 $\boldsymbol{C}$，其具有与 $\boldsymbol{A}$ 相同的行数和与 $\boldsymbol{B}$ 相同的列数。

先前将 N-元组解释为列的约定意味着 N-元组也可以解释为 $N \times 1$ 矩阵。这个事实有很多含义。特别地，这意味着只要 $M \times N$ 矩阵 $\boldsymbol{A}$ 的列数等于 N-元组 $\boldsymbol{u}$ 的长度，乘积 $\boldsymbol{v} := \boldsymbol{A}\boldsymbol{u}$ 就是有意义的。根据定义，向量 $\boldsymbol{v}$ 是一个 M 元组，

$$\boldsymbol{v} := \boldsymbol{A}\boldsymbol{u} \Leftrightarrow v_m = \sum_{n=1}^{N} a_{mn} u_n \quad \text{其中 } m = 1, \cdots, M$$

如果零元素的数量远超非零元素的数量，则称矩阵为稀疏矩阵（sparse matrix)。否则，称它为稠密矩阵（full matrix)。如果矩阵具有相同的行数和列数，则该矩阵为方阵(square matrix)。矩阵 $\boldsymbol{A}\in\mathbb{R}^{N\times N}$ 的主对角线（principal diagonal，或 main diagonal）是对 $j=1,\cdots,N$ 的元素 a_{jj} 的集合。如果矩阵的元素除主对角线之外等于零，则它是对角矩阵（diagonal matrix)。

单位矩阵（identity matrix）是用 $\mathbb{I}$ 表示的独特矩阵，使得每个方阵 $\boldsymbol{A}$ 的 $\boldsymbol{A}\mathbb{I}=\mathbb{I}\boldsymbol{A}=\boldsymbol{A}$。单位矩阵是对角矩阵，其主对角线的每个元素都是一。在下面的定义中，单位矩阵将用于帮助描述逆矩阵（matrix inverse)。

定义 2.1（矩阵逆） 当且仅当存在一个矩阵 $\boldsymbol{B}$ 使得平方矩阵 $\boldsymbol{A}\in\mathbb{R}^{M\times M}$ 是可逆的

$$\boldsymbol{AB}=\boldsymbol{BA}=\mathbb{I}$$

$\mathbb{I}$ 是单位矩阵。当存在这样的矩阵 $\boldsymbol{B}$ 时，逆矩阵是唯一的，表示为

$$\boldsymbol{A}^{-1}:=\boldsymbol{B}$$

求解一组线性矩阵方程（linear matrix equation）时，矩阵逆以自然的方式出现。给定一组具有矩阵形式的方程组

$$\boldsymbol{Au}=\boldsymbol{v}$$

并且矩阵 $\boldsymbol{A}$ 是可逆的，则上述方程式的两边都可以乘以 $\boldsymbol{A}^{-1}$ 以获得 $\boldsymbol{u}$ 的解：

$$\boldsymbol{A}^{-1}\boldsymbol{Au}=\mathbb{I}\boldsymbol{u}=\boldsymbol{u}=\boldsymbol{A}^{-1}\boldsymbol{v}$$

在附录中可以找到有关此类线性矩阵方程组解的存在性和唯一性的讨论。该逆 $\boldsymbol{A}^{-1}$ 可以以封闭形式解析地或近似地使用数值求解器来计算。这两种情况对于自治系统的动力学和控制都很重要。将 M 元组标识为 $M\times1$ 矩阵的另一个结果是能够将 $M\times N$ 矩阵 $\boldsymbol{A}$ 划分为列

$$\boldsymbol{A}:=[\boldsymbol{a}_1\quad\boldsymbol{a}_2\quad\boldsymbol{a}_3\quad\cdots\quad\boldsymbol{a}_N]\tag{2.2}$$

通过定义，$n=1,\cdots,N$ 的每一列 $\boldsymbol{a}_n$ 是一个 M 元组或 $M\times1$ 矩阵。通过观察 $M\times1$ 矩阵的转置为 $1\times M$ 矩阵，也可以按行划分矩阵。由于约定是任何 M 元组 $\boldsymbol{u}$ 对应于一个列，因此 $1\times M$ 矩阵用 $\boldsymbol{u}^{\mathrm{T}}$ 表示。结果，通过将式（2.2）中的矩阵 $\boldsymbol{A}$ 的转置 $\boldsymbol{A}^{\mathrm{T}}$ 所获得的 $N\times M$ 矩阵为

$$\boldsymbol{A}^{\mathrm{T}}=\begin{bmatrix}\boldsymbol{a}_1^{\mathrm{T}}\\\boldsymbol{a}_2^{\mathrm{T}}\\\vdots\\\boldsymbol{a}_N^{\mathrm{T}}\end{bmatrix}$$

最后，假设 $\boldsymbol{A}^{\mathrm{T}}\in\mathbb{R}^{I\times J}$ 和 $\boldsymbol{B}\in\mathbb{R}^{J\times K}$，因此乘积 $\boldsymbol{A}^{\mathrm{T}}\boldsymbol{B}$ 有效。该矩阵乘积可以通过将矩阵 $\boldsymbol{A}^{\mathrm{T}}$ 和 $\boldsymbol{B}$ 分块为行和列来计算。

$$\boldsymbol{A}^{\mathrm{T}}\boldsymbol{B}=\begin{bmatrix}\boldsymbol{a}_1^{\mathrm{T}}\\\boldsymbol{a}_2^{\mathrm{T}}\\\vdots\\\boldsymbol{a}_I^{\mathrm{T}}\end{bmatrix}\quad[\boldsymbol{b}_1\quad\boldsymbol{b}_2\quad\boldsymbol{b}_3\quad\cdots\quad\boldsymbol{b}_K]=\begin{bmatrix}\boldsymbol{a}_1^{\mathrm{T}}\boldsymbol{b}_1&\boldsymbol{a}_1^{\mathrm{T}}\boldsymbol{b}_2&\cdots&\boldsymbol{a}_1^{\mathrm{T}}\boldsymbol{b}_K\\\boldsymbol{a}_2^{\mathrm{T}}\boldsymbol{b}_1&\boldsymbol{a}_2^{\mathrm{T}}\boldsymbol{b}_2&\cdots&\boldsymbol{a}_2^{\mathrm{T}}\boldsymbol{b}_K\\\vdots&\cdots&\cdots&\vdots\\\boldsymbol{a}_I^{\mathrm{T}}\boldsymbol{b}_1&\boldsymbol{a}_I^{\mathrm{T}}\boldsymbol{b}_2&\cdots&\boldsymbol{a}_I^{\mathrm{T}}\boldsymbol{b}_K\end{bmatrix}\tag{2.3}$$

每个项 $\boldsymbol{a}_i^{\mathrm{T}}\boldsymbol{b}_k=\boldsymbol{a}_i\cdot\boldsymbol{b}_k$ 是 J 元组 $\boldsymbol{a}_i$ 和 $\boldsymbol{b}_k$ 的点积，其中 $i=1,\cdots,I$，$k=1,\cdots,K$。习题中讨论了矩阵乘积的分块（conformal partition）的其他示例。

2.1.2 向量、基和坐标系

在上一节中，定义了 N-元组和 $M\times N$ 阵列，并讨论了处理它们的方法。在本节中，介绍 $\mathbb{R}^3$ 中的向量。虽然不是每个 3 元组都是 $\mathbb{R}^3$ 中的向量，但是 $\mathbb{R}^3$ 中的所有向量都是 3

元组。因此，2.1.1 节中讨论的组织和处理三元组的方法将应用于向量的表示。

但是，向量是一个比 N-元组更通用的构造。向量被定义为向量空间的元素，其中可以包含抽象的数学对象。例如，在第 5 章中对分析力学的讨论中，引入了更多向量的一般概念。变分演算中出现的方向或变化可以解释为存在于适当定义的向量空间（vector space）中的向量。附录 A.1 节总结了向量空间的一些最基本的属性。某些文本不能区分数字和向量的 N-元组。参见例如文献［18］。但是，在一般情况下，N-元组和向量之间的区别可能会更加抽象，感兴趣的读者可以研究文献［34］或文献［9］以了解详细信息。

文献［9］中引入的严格和抽象水平是动力学和控制的研究生处理中的重要工具：包括微分几何或李代数在内的主题可以提供有关不同机器人问题结构的重要见解。这些主题需要在向量空间，张量分析（tensor analysis）和流形（manifold）基础的基础上进行大量的数学准备。这些基础在机器人技术中的应用示例可以在文献［36］中找到。

在本文中，仅介绍了向量的属性，这些属性将有助于解决本科生或刚开始的研究生层次上机器人系统的动力学和控制中的特定问题。在本章中，重要的是要注意 N-元组和 $\mathbb{R}^N$ 中的向量之间的以下差异。

- 向量是具有方向和长度特征的数学实体。N-元组只是数字的有序集合。
- 将诸如速度，角速度和动量之类的物理可观察或可测量的量理想化为向量。
- 向量服从转换定律（transformation law）或变基（change of basis）公式。它们代表的物理可观测量也根据这些规则进行转换。
- 向量具有无限数量的不同但等价的表示（representation）形式。
- 向量的每种表示形式都指定了向量相对于特定基或坐标系（frame）的坐标（coordinate）或分量（component）。

对向量的这种定义将在 2.1.2.1 节中对其基本属性进行回顾，然后在 2.1.2.2 和 2.2 节中讨论在变基公式中使用的变换定律。

2.1.2.1 向量

$\mathbb{R}^3$ 中的向量 $\boldsymbol{v}$ 由一个三元组表示，并以其方向和长度为特征。向量 $\boldsymbol{v}\in\mathbb{R}^3$ 的长度由三元组的范数给出

$$\text{length}(\boldsymbol{v})=\|\boldsymbol{v}\|=\left\{\sum_{i=1}^{3}|v_i|^2\right\}^{\frac{1}{2}}$$

而其方向由单位向量（unit vector）$\boldsymbol{u}$ 给出

$$\text{direction}(\boldsymbol{v})=\boldsymbol{u}=\frac{\boldsymbol{v}}{\|\boldsymbol{v}\|}$$

立即得出单位向量的长度 length($\boldsymbol{u}$) ＝1。在 2.1.1 节中，两个 N-元组 $\boldsymbol{u}$，$\boldsymbol{v}$ 的点积定义为

$$\boldsymbol{u}\cdot\boldsymbol{v}=u_1v_1+u_2v_2+u_3v_3 \tag{2.4}$$

众所周知，$\boldsymbol{u}$ 和 $\boldsymbol{v}$ 的点积也可以写成

$$\boldsymbol{u}\cdot\boldsymbol{v}=\|\boldsymbol{u}\|\|\boldsymbol{v}\|\cos\theta_{\boldsymbol{u},\boldsymbol{v}} \tag{2.5}$$

其中 $\cos\theta_{\boldsymbol{u},\boldsymbol{v}}$ 是向量 $\boldsymbol{u}$ 和 $\boldsymbol{v}$ 之间的角度 $\theta_{\boldsymbol{u},\boldsymbol{v}}$ 的余弦。最后，$\mathbb{R}^3$ 中两个向量 $\boldsymbol{u}$，$\boldsymbol{v}$ 的叉积（cross product）$\boldsymbol{w}$ 由下式定义

$$\boldsymbol{w}=\boldsymbol{u}\times\boldsymbol{v} \tag{2.6}$$

其中

$$\boldsymbol{w}=\begin{Bmatrix}w_1\\w_2\\w_3\end{Bmatrix}=\begin{Bmatrix}u_2v_3-u_3v_2\\u_3v_1-u_1v_3\\u_1v_2-v_1u_2\end{Bmatrix}$$

请注意，点积产生标量，而叉积定义向量。两个向量的叉积的长度满足类似于式（2.5）的公式。

$$\|\boldsymbol{u}\times\boldsymbol{v}\|=\|\boldsymbol{u}\|\|\boldsymbol{v}\|\sin\theta_{\boldsymbol{u},\boldsymbol{v}}$$

在式（2.6）中，有许多替代方案通常用于表示叉积。本书中将经常使用的一种，特别是在机器人技术的应用中，它利用了斜对称算子（skew operator）$\boldsymbol{S}(\cdot)$。斜对称算子$\boldsymbol{S}(\cdot)$将矩阵赋给向量$\boldsymbol{u}$

$$\boldsymbol{S}(\boldsymbol{u}):=\begin{bmatrix}0 & -u_3 & u_2\\ u_3 & 0 & -u_1\\ -u_2 & u_1 & 0\end{bmatrix}$$

然后叉积$\boldsymbol{w}=\boldsymbol{u}\times\boldsymbol{v}$表示为矩阵对向量$\boldsymbol{v}$的作用

$$\boldsymbol{w}=\boldsymbol{u}\times\boldsymbol{v}=\boldsymbol{S}(\boldsymbol{u})\boldsymbol{v}=\begin{bmatrix}0 & -u_3 & u_2\\ u_3 & 0 & -u_1\\ -u_2 & u_1 & 0\end{bmatrix}\begin{Bmatrix}v_1\\ v_2\\ v_3\end{Bmatrix}$$

2.1.2.2 基和坐标系

$\mathbb{R}^3$中向量的坐标系$\mathbb{X}$由三个向量$\boldsymbol{x}_i\in\mathbb{R}^3$的右手（dextral）正交（orthonormal）集合定义，其中$i=1,2,3$。$i=1,2,3$的向量$\boldsymbol{x}_i$的集合被称为坐标系$\mathbb{X}$的基。

称$\boldsymbol{x}_1$，$\boldsymbol{x}_2$，$\boldsymbol{x}_3$是向量的右手正交集合，是描述这组向量的三个属性的约定方式

- 每个向量都是一个单位向量
- 每个向量都与其他两个向量垂直，并且
- 这些向量在叉积下循环排列

第一个属性对三个基向量$\boldsymbol{x}_i$的大小施加三个独立的约束，使得

$$\|\boldsymbol{x}_i\|=1\quad i=1,2,3$$

第二属性对三个基向量对的点积施加三个附加的独立约束，使得

$$\text{当 } i\neq j \text{ 时，}\boldsymbol{x}_i\cdot\boldsymbol{x}_j=0$$

第三个属性指示向量沿着前两个属性指定的轴的相对方向（正或负）。

满足这些条件中的前两个条件的向量集（相互正交的单位向量）被称为正交。陈述正交条件的一种更简洁的方法是

$$\boldsymbol{x}_i\cdot\boldsymbol{x}_j=\delta_{ij}\tag{2.7}$$

δ_{ij}是克罗内克δ函数

$$\delta_{ij}=\begin{cases}0 & \text{如果 } i\neq j\\ 1 & \text{如果 } i=j\end{cases}\tag{2.8}$$

这种定义利用了单位向量的范数与单位向量与其自身的点积相同的事实。

说这些向量定义了右手（right-handed）基，意味着基向量在叉积下周期性地排列。在叉积下循环置换的向量满足

$$\boldsymbol{x}_i\times\boldsymbol{x}_j=\boldsymbol{x}_k$$

其中$\{i,j,k\}=\{1,2,3\}$，$\{2,3,1\}$或$\{3,1,2\}$。由于如果叉积中向量的顺序改变，叉积的符号也会改变，因此，只要$\{i,j,k\}=\{2,1,3\}$，$\{2,3,1\}$或$\{3,1,2\}$，$\boldsymbol{x}_i\times\boldsymbol{x}_j=-\boldsymbol{x}_k$。图 2-4 是向量在叉积下如何循环排列的图形表示。

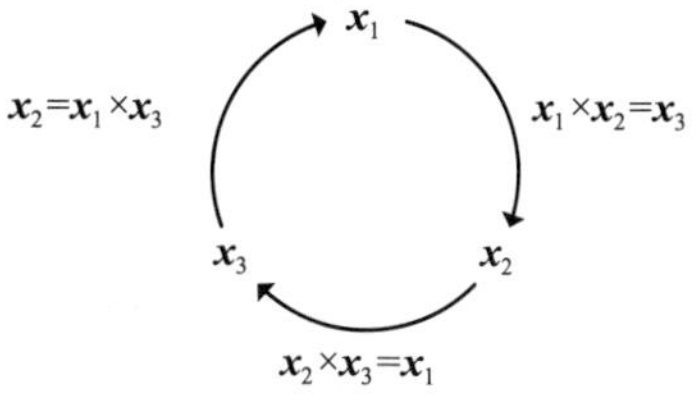

图 2-4 向量$\boldsymbol{x}_1$，$\boldsymbol{x}_2$，$\boldsymbol{x}_3$的循环排列

定义 2.2 总结了这些规律。

定义 2.2（向量基/坐标系） $\mathbb{R}^3$ 中的基或坐标系 $\mathbb{X}$ 由正交向量的一组 $\{\boldsymbol{x}_1, \boldsymbol{x}_2, \boldsymbol{x}_3\}$ 定义，这些向量根据右手法则在叉积下循环排列。

本书和大量文献中都使用的另一种常用方法是将坐标系 i 的三个正交基向量表示为 $\boldsymbol{x}_i$，$\boldsymbol{y}_i$ 和 $\boldsymbol{z}_i$。在此表示法中，向量表示特定的基向量，下标表示关联的坐标系（与本节前面定义的向量相反，该向量指定坐标系，而下标则指定基向量）。如例 2.8 所示，当使用数字命名坐标系时，此方法特别有用。

例 2.1 显示了具有多个参考系的实用机器人系统的需求模型，并强调了对用于建模的系统方法的需求。

例 2.1 考虑图 2-3 中描绘的仿人机器人，建立一条腿的详图，并将其连接到骨盆。定义坐标系或基的集合，每个坐标系或基都与腿部件中的特定刚体一起移动，即机械系统的连体坐标系的集合。描述腿部组件中的每一对相邻坐标系在腿部进行一般运动时如何相对运动。

解：图 2-5 和图 2-6 描述了代表仿人机器人的模型。对于这个问题，有很多单独的坐标系可供选择。在第 3 章中研究了定义机器人系统坐标系的特定约定。在本例中，对身体固定坐标系的详细定义如图 2-6 所示。

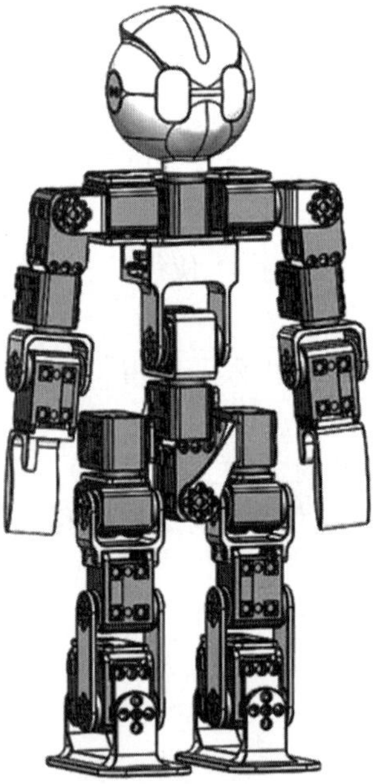

图 2-5　仿人机器人的详细模型

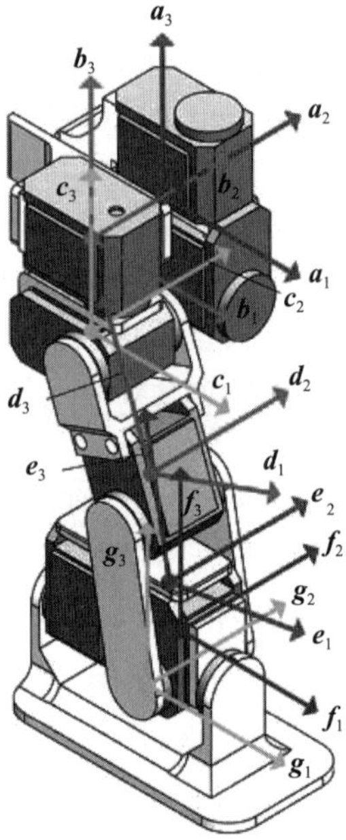

图 2-6　腿部组件的详细模型（见彩插）

这些坐标系表示为 $\mathbb{A}$ 至 $\mathbb{G}$，分别具有基（$\boldsymbol{a}_1$，$\boldsymbol{a}_2$，$\boldsymbol{a}_3$）至（$\boldsymbol{g}_1$，$\boldsymbol{g}_2$，$\boldsymbol{g}_3$）。每个坐标系都固定在一个特定的刚体中，如表 2-1 所示。

表 2-1　图 2-6 中所示的腿部组件的详细模型的坐标系分布

坐标系	描述	坐标系颜色	坐标系	描述	坐标系颜色
$\mathbb{A}$	固定在模仿骨盆的刚体 $\mathbb{A}$ 中	红色	$\mathbb{E}$	固定在模仿胫骨的刚体 $\mathbb{E}$ 中	红色
$\mathbb{B}$	固定在模仿上臀部的刚体 $\mathbb{B}$ 中	蓝色	$\mathbb{F}$	固定在模仿脚踝的刚体 $\mathbb{F}$ 中	蓝色
$\mathbb{C}$	固定在模仿下臀部的刚体 $\mathbb{C}$ 中	橙色	$\mathbb{G}$	固定在模仿脚的刚体 $\mathbb{G}$ 中	橙色
$\mathbb{D}$	固定在模仿大腿的刚体 $\mathbb{D}$ 中	绿色			

对于这组坐标系，每个刚体都固定有一个坐标系。但是并不必要。将多个坐标系固定到单个主体通常很方便。例如，可以为每个关节创建一个坐标系，以及位于质心的坐标系。机器人的这一部分由 8 个刚体构成，这些刚体通过 7 个转动关节（revolute joint）相互连接。固定在相邻刚体上的每一对坐标系都围绕同一轴相对旋转。尽管支腿组件的总运动可能很复杂，但是每对相邻坐标系的相对运动却很简单。表 2-2 中详细列出了相邻两对刚体之间的 7 个关节，包括每个坐标系中与转动关节轴平行的轴。

表 2-2　相邻两对刚体之间的 7 个关节（如图 2-6 所示）

刚体 1	刚体 2	平行于转动关节轴的坐标轴	刚体 1	刚体 2	平行于转动关节轴的坐标轴
$\mathbb{A}$	$\mathbb{B}$	$\boldsymbol{a}_1$ 和 $\boldsymbol{b}_1$	$\mathbb{D}$	$\mathbb{E}$	$\boldsymbol{d}_2$ 和 $\boldsymbol{e}_2$
$\mathbb{B}$	$\mathbb{C}$	$\boldsymbol{b}_3$ 和 $\boldsymbol{c}_3$	$\mathbb{E}$	$\mathbb{F}$	$\boldsymbol{e}_2$ 和 $\boldsymbol{f}_2$
$\mathbb{C}$	$\mathbb{D}$	$\boldsymbol{c}_2$ 和 $\boldsymbol{d}_2$	$\mathbb{F}$	$\mathbb{G}$	$\boldsymbol{f}_1$ 和 $\boldsymbol{g}_1$

给定基 $\{\boldsymbol{x}_1,\ \boldsymbol{x}_2,\ \boldsymbol{x}_3\}$，$\mathbb{R}^3$ 中的任何向量 $\boldsymbol{v}$ 都可以根据基向量唯一表示， ◀

$$\boldsymbol{v}=v_1^{\mathbb{X}}\boldsymbol{x}_1+v_2^{\mathbb{X}}\boldsymbol{x}_2+v_3^{\mathbb{X}}\boldsymbol{x}_3=\sum_{i=1}^{3}v_i^{\mathbb{X}}\boldsymbol{x}_i \tag{2.9}$$

其中系数 $\boldsymbol{v}^{\mathbb{X}}:=\{v_1^{\mathbb{X}},\ v_2^{\mathbb{X}},\ v_3^{\mathbb{X}}\}^{\mathrm{T}}$ 是相对于 $\{\boldsymbol{x}_1,\ \boldsymbol{x}_2,\ \boldsymbol{x}_3\}$ 的分量或坐标。如果 $\boldsymbol{u}=\sum_{i=1}^{3}u_i^{\mathbb{X}}\boldsymbol{x}_i$ 是另一个以相同基表示的向量，则点积定义为

$$\boldsymbol{u}\cdot\boldsymbol{v}=\boldsymbol{u}^{\mathrm{T}}\boldsymbol{v}=\boldsymbol{v}^{\mathrm{T}}\boldsymbol{u}=\sum_{i=1}^{3}u_i^{\mathbb{X}}v_i^{\mathbb{X}}$$

使用基向量 $\mathbb{X}$ 的正交性，直接计算表明

$$v_i^{\mathbb{X}}=\boldsymbol{v}\cdot\boldsymbol{x}_i \quad 且 \quad u_i^{\mathbb{X}}=\boldsymbol{u}\cdot\boldsymbol{x}_i$$

定理 2.1 中总结了这些事实。

定理 2.1（向量坐标） 令 $\boldsymbol{x}_1,\ \boldsymbol{x}_2,\ \boldsymbol{x}_3$ 为 $\mathbb{R}^3$ 中坐标系的基。对于任何向量 $\boldsymbol{v}\in\mathbb{R}^3$，都有一个唯一的展开 $\boldsymbol{v}=\sum_{i=1}^{3}v_i^{\mathbb{X}}\boldsymbol{x}_i$。系数 $v_1^{\mathbb{X}},\ v_2^{\mathbb{X}},\ v_3^{\mathbb{X}}$ 是向量 $\boldsymbol{v}$ 相对于 $\mathbb{X}$ 坐标系的坐标或分量。将向量 $\boldsymbol{v}$ 相对于 $\mathbb{X}$ 坐标系的坐标 $\boldsymbol{v}^{\mathbb{X}}$ 定义为

$$\boldsymbol{v}^{\mathbb{X}}:=\begin{Bmatrix}v_1^{\mathbb{X}}\\ v_2^{\mathbb{X}}\\ v_3^{\mathbb{X}}\end{Bmatrix}=\begin{Bmatrix}\boldsymbol{v}\cdot\boldsymbol{x}_1\\ \boldsymbol{v}\cdot\boldsymbol{x}_2\\ \boldsymbol{v}\cdot\boldsymbol{x}_3\end{Bmatrix}$$

假设向量 $\boldsymbol{u}$ 和 $\boldsymbol{v}$ 如上定义，并且 $\boldsymbol{w}=\sum_{i=1}^{3}w_i^{\mathbb{X}}\boldsymbol{x}_i$。向量 $\boldsymbol{w}$ 是 $\boldsymbol{u}$ 和 $\boldsymbol{v}$ 的叉积，即 $\boldsymbol{w}=\boldsymbol{u}\times\boldsymbol{v}$，其向量分量满足等式

$$\begin{Bmatrix}w_1^{\mathbb{X}}\\ w_2^{\mathbb{X}}\\ w_3^{\mathbb{X}}\end{Bmatrix}=\begin{bmatrix}0 & -u_3^{\mathbb{X}} & u_2^{\mathbb{X}}\\ u_3^{\mathbb{X}} & 0 & -u_1^{\mathbb{X}}\\ -u_2^{\mathbb{X}} & u_1^{\mathbb{X}} & 0\end{bmatrix}\begin{Bmatrix}v_1^{\mathbb{X}}\\ v_2^{\mathbb{X}}\\ v_3^{\mathbb{X}}\end{Bmatrix}\Leftrightarrow\boldsymbol{w}^{\mathbb{X}}=\boldsymbol{S}(\boldsymbol{u}^{\mathbb{X}})\boldsymbol{v}^{\mathbb{X}}$$

$\mathbb{R}^3$ 中有无数个基或坐标系。假设在 $\mathbb{R}^3$ 中给出了两个具有不同基向量集的坐标系：具有基 $\{\boldsymbol{x}_1,\ \boldsymbol{x}_2,\ \boldsymbol{x}_3\}$ 的坐标系 $\mathbb{X}$ 和具有基 $\{\boldsymbol{y}_1,\ \boldsymbol{y}_2,\ \boldsymbol{y}_3\}$ 的坐标系 $\mathbb{Y}$。对于任意向量 $\boldsymbol{v}\in\mathbb{R}^3$，都有一个唯一的展开式，其形式为式（2.9）。向量 $\boldsymbol{v}$ 在基 $\{\boldsymbol{y}_1,\ \boldsymbol{y}_2,\ \boldsymbol{y}_3\}$ 上也有唯一的展开

$$\boldsymbol{v}=v_1^{\mathbb{Y}}\boldsymbol{y}_1+v_2^{\mathbb{Y}}\boldsymbol{y}_2+v_3^{\mathbb{Y}}\boldsymbol{y}_3=\sum_{i=1}^{3}v_i^{\mathbb{Y}}\boldsymbol{y}_i \tag{2.10}$$

给定两组基向量的正交性，可以通过展开两个坐标系来定义两个向量表示之间的矩阵关系。定理2.2为 $\boldsymbol{v}^{\mathbb{X}}$ 和 $\boldsymbol{v}^{\mathbb{Y}}$ 相关问题提供了一个简洁的解。

定理2.2（改变向量的坐标系） 令 $\mathbb{X}$ 和 $\mathbb{Y}$ 为 $\mathbb{R}^3$ 中的两个坐标系，令 $\boldsymbol{v}^{\mathbb{X}}$ 和 $\boldsymbol{v}^{\mathbb{Y}}$ 分别为固定向量 $\boldsymbol{v}$ 相对于 $\mathbb{X}$ 和 $\mathbb{Y}$ 的坐标表示。则坐标表示 $\boldsymbol{v}^{\mathbb{X}}$ 和 $\boldsymbol{v}^{\mathbb{Y}}$ 通过矩阵方程式关联

$$\boldsymbol{v}^{\mathbb{X}}=\boldsymbol{R}_{\mathbb{Y}}^{\mathbb{X}}\boldsymbol{v}^{\mathbb{Y}} \tag{2.11}$$

$$\boldsymbol{v}^{\mathbb{Y}}=\boldsymbol{R}_{\mathbb{X}}^{\mathbb{Y}}\boldsymbol{v}^{\mathbb{X}} \tag{2.12}$$

矩阵 $\boldsymbol{R}_{\mathbb{Y}}^{\mathbb{X}}$ 和 $\boldsymbol{R}_{\mathbb{X}}^{\mathbb{Y}}$ 定义为

$$\boldsymbol{R}_{\mathbb{Y}}^{\mathbb{X}}=\begin{bmatrix}(\boldsymbol{x}_1\cdot\boldsymbol{y}_1) & (\boldsymbol{x}_1\cdot\boldsymbol{y}_2) & (\boldsymbol{x}_1\cdot\boldsymbol{y}_3)\\(\boldsymbol{x}_2\cdot\boldsymbol{y}_1) & (\boldsymbol{x}_2\cdot\boldsymbol{y}_2) & (\boldsymbol{x}_2\cdot\boldsymbol{y}_3)\\(\boldsymbol{x}_3\cdot\boldsymbol{y}_1) & (\boldsymbol{x}_3\cdot\boldsymbol{y}_2) & (\boldsymbol{x}_3\cdot\boldsymbol{y}_3)\end{bmatrix}$$

$$\boldsymbol{R}_{\mathbb{X}}^{\mathbb{Y}}=\begin{bmatrix}(\boldsymbol{y}_1\cdot\boldsymbol{x}_1) & (\boldsymbol{y}_1\cdot\boldsymbol{x}_2) & (\boldsymbol{y}_1\cdot\boldsymbol{x}_3)\\(\boldsymbol{y}_2\cdot\boldsymbol{x}_1) & (\boldsymbol{y}_2\cdot\boldsymbol{x}_2) & (\boldsymbol{y}_2\cdot\boldsymbol{x}_3)\\(\boldsymbol{y}_3\cdot\boldsymbol{x}_1) & (\boldsymbol{y}_3\cdot\boldsymbol{x}_2) & (\boldsymbol{y}_3\cdot\boldsymbol{x}_3)\end{bmatrix}$$

证明： 假设式（2.9）和式（2.10）都等于 $\boldsymbol{v}$，则可以将它们设置为彼此相等。通过将等式两边的点积分别乘以 $\boldsymbol{x}_1$，$\boldsymbol{x}_2$ 和 $\boldsymbol{x}_3$，可以得到以下三个等式

$$\begin{Bmatrix}v_1^{\mathbb{X}}(\boldsymbol{x}_1\cdot\boldsymbol{x}_1)+v_2^{\mathbb{X}}(\boldsymbol{x}_1\cdot\boldsymbol{x}_2)+v_3^{\mathbb{X}}(\boldsymbol{x}_1\cdot\boldsymbol{x}_3)\\v_1^{\mathbb{X}}(\boldsymbol{x}_2\cdot\boldsymbol{x}_1)+v_2^{\mathbb{X}}(\boldsymbol{x}_2\cdot\boldsymbol{x}_2)+v_3^{\mathbb{X}}(\boldsymbol{x}_2\cdot\boldsymbol{x}_3)\\v_1^{\mathbb{X}}(\boldsymbol{x}_3\cdot\boldsymbol{x}_1)+v_2^{\mathbb{X}}(\boldsymbol{x}_3\cdot\boldsymbol{x}_2)+v_3^{\mathbb{X}}(\boldsymbol{x}_3\cdot\boldsymbol{x}_3)\end{Bmatrix}=\begin{Bmatrix}v_1^{\mathbb{Y}}(\boldsymbol{x}_1\cdot\boldsymbol{y}_1)+v_2^{\mathbb{Y}}(\boldsymbol{x}_1\cdot\boldsymbol{y}_2)+v_3^{\mathbb{Y}}(\boldsymbol{x}_1\cdot\boldsymbol{y}_3)\\v_1^{\mathbb{Y}}(\boldsymbol{x}_2\cdot\boldsymbol{y}_1)+v_2^{\mathbb{Y}}(\boldsymbol{x}_2\cdot\boldsymbol{y}_2)+v_3^{\mathbb{Y}}(\boldsymbol{x}_2\cdot\boldsymbol{y}_3)\\v_1^{\mathbb{Y}}(\boldsymbol{x}_3\cdot\boldsymbol{y}_1)+v_2^{\mathbb{Y}}(\boldsymbol{x}_3\cdot\boldsymbol{y}_2)+v_3^{\mathbb{Y}}(\boldsymbol{x}_3\cdot\boldsymbol{y}_3)\end{Bmatrix}$$

根据 $\mathbb{X}$ 的正交性，这些方程式左侧的所有点积均为零或一。这些方程式可以写成 $\mathbb{X}$ 基和 $\mathbb{Y}$ 基系数之间的矩阵关系：

$$\begin{Bmatrix}v_1^{\mathbb{X}}\\v_2^{\mathbb{X}}\\v_3^{\mathbb{X}}\end{Bmatrix}=\begin{bmatrix}(\boldsymbol{x}_1\cdot\boldsymbol{y}_1)(\boldsymbol{x}_1\cdot\boldsymbol{y}_2)(\boldsymbol{x}_1\cdot\boldsymbol{y}_3)\\(\boldsymbol{x}_2\cdot\boldsymbol{y}_1)(\boldsymbol{x}_2\cdot\boldsymbol{y}_2)(\boldsymbol{x}_2\cdot\boldsymbol{y}_3)\\(\boldsymbol{x}_3\cdot\boldsymbol{y}_1)(\boldsymbol{x}_3\cdot\boldsymbol{y}_2)(\boldsymbol{x}_3\cdot\boldsymbol{y}_3)\end{bmatrix}\begin{Bmatrix}v_1^{\mathbb{Y}}\\v_2^{\mathbb{Y}}\\v_3^{\mathbb{Y}}\end{Bmatrix} \tag{2.13}$$

或者，可以将这些方程式两边的点积与 $\boldsymbol{y}_1$，$\boldsymbol{y}_2$ 和 $\boldsymbol{y}_3$ 相乘，以构造一个矩阵表达式，该矩阵表达式明确求解 $\mathbb{Y}$ 坐标系系数：

$$\begin{Bmatrix}v_1^{\mathbb{Y}}\\v_2^{\mathbb{Y}}\\v_3^{\mathbb{Y}}\end{Bmatrix}=\begin{bmatrix}(\boldsymbol{y}_1\cdot\boldsymbol{x}_1)(\boldsymbol{y}_1\cdot\boldsymbol{x}_2)(\boldsymbol{y}_1\cdot\boldsymbol{x}_3)\\(\boldsymbol{y}_2\cdot\boldsymbol{x}_1)(\boldsymbol{y}_2\cdot\boldsymbol{x}_2)(\boldsymbol{y}_2\cdot\boldsymbol{x}_3)\\(\boldsymbol{y}_3\cdot\boldsymbol{x}_1)(\boldsymbol{y}_3\cdot\boldsymbol{x}_2)(\boldsymbol{y}_3\cdot\boldsymbol{x}_3)\end{bmatrix}\begin{Bmatrix}v_1^{\mathbb{X}}\\v_2^{\mathbb{X}}\\v_3^{\mathbb{X}}\end{Bmatrix} \tag{2.14}$$

式（2.13）和式（2.14）完整描述了关于两个不同坐标系 $\mathbb{X}$ 和 $\mathbb{Y}$ 表示的任何向量的系数如何相关。

注意，$\boldsymbol{R}_{\mathbb{Y}}^{\mathbb{X}}$ 和 $\boldsymbol{R}_{\mathbb{X}}^{\mathbb{Y}}$ 的上述定义满足等式

$$(\boldsymbol{R}_{\mathbb{Y}}^{\mathbb{X}})^{\mathrm{T}}=\boldsymbol{R}_{\mathbb{X}}^{\mathbb{Y}}$$

正如在下一节中讨论的那样，与逆变换关联的矩阵只是原始变换矩阵的转置的这一特性在运动学中至关重要。2.2节将说明 $\boldsymbol{R}_{\mathbb{Y}}^{\mathbb{X}}$ 和 $\boldsymbol{R}_{\mathbb{X}}^{\mathbb{Y}}$ 是旋转矩阵（rotation matrix）或方向余弦矩阵（direction cosine matrix）的示例，并且在空间机器人运动学中起关键作用。 ■

例2.2 考虑一对共同原点并具有单个共同基向量 $\boldsymbol{a}_3=\boldsymbol{b}_3$ 的坐标系 $\mathbb{A}$ 和 $\mathbb{B}$。从初始

与坐标系 $\mathbb{A}$ 对齐开始，坐标系 $\mathbb{B}$ 相对于坐标系 $\mathbb{A}$ 沿 $\boldsymbol{a}_3$ 轴逆时针旋转 30°，如图 2-7 所示。相对于 $\mathbb{A}$ 坐标系的向量 $\boldsymbol{v}$ 的坐标 $V^{\mathbb{A}}$ 定义为 $\boldsymbol{v}^{\mathbb{A}}=\{1\quad 1.2\quad 1.5\}^{\mathrm{T}}$。计算向量 $\boldsymbol{v}$ 在坐标系 $\mathbb{B}$ 中的表示或 $\boldsymbol{v}^{\mathbb{B}}$。

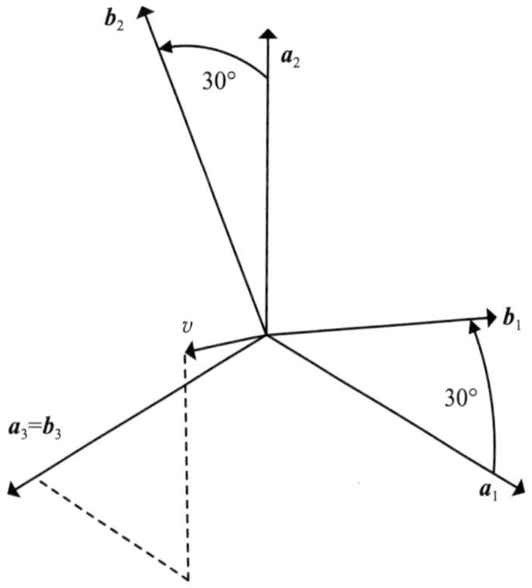

图 2-7　例 2.2 的坐标系 $\mathbb{A}$ 和 $\mathbb{B}$ 以及向量 $\boldsymbol{v}$

解： 矩阵 $\boldsymbol{R}_{\mathbb{A}}^{\mathbb{B}}$ 用于使用等式 $\boldsymbol{v}^{\mathbb{B}}=\boldsymbol{R}_{\mathbb{A}}^{\mathbb{B}}\boldsymbol{v}^{\mathbb{A}}$ 将基从 $\mathbb{A}$ 坐标系更改为 $\mathbb{B}$ 坐标系。可以使用定理 2.2 中的表达式构造矩阵 $\boldsymbol{R}_{\mathbb{A}}^{\mathbb{B}}$。

$$\boldsymbol{R}_{\mathbb{A}}^{\mathbb{B}}=\begin{bmatrix}\boldsymbol{b}_1\cdot\boldsymbol{a}_1 & \boldsymbol{b}_1\cdot\boldsymbol{a}_2 & \boldsymbol{b}_1\cdot\boldsymbol{a}_3\\ \boldsymbol{b}_2\cdot\boldsymbol{a}_1 & \boldsymbol{b}_2\cdot\boldsymbol{a}_2 & \boldsymbol{b}_2\cdot\boldsymbol{a}_3\\ \boldsymbol{b}_3\cdot\boldsymbol{a}_1 & \boldsymbol{b}_3\cdot\boldsymbol{a}_2 & \boldsymbol{b}_3\cdot\boldsymbol{a}_3\end{bmatrix}$$

基向量是单位向量，这意味着点积简化为每对单位向量之间的角度的余弦。对于此问题中描述的图形，

$$\boldsymbol{R}_{\mathbb{A}}^{\mathbb{B}}=\begin{bmatrix}\cos 30^\circ & \cos 60^\circ & 0\\ \cos 120^\circ & \cos 30^\circ & 0\\ 0 & 0 & 1\end{bmatrix}$$

可以进一步简化为仅使用旋转角度 30°作为三角函数的形式

$$\boldsymbol{R}_{\mathbb{A}}^{\mathbb{B}}=\begin{bmatrix}\cos 30^\circ & \sin 30^\circ & 0\\ -\sin 30^\circ & \cos 30^\circ & 0\\ 0 & 0 & 1\end{bmatrix}$$

使用 $\boldsymbol{R}_{\mathbb{A}}^{\mathbb{B}}$ 的这种形式，$\boldsymbol{v}^{\mathbb{B}}$ 可计算为

$$\boldsymbol{v}^{\mathbb{B}}=\boldsymbol{R}_{\mathbb{A}}^{\mathbb{B}}\boldsymbol{v}^{\mathbb{A}}=\begin{bmatrix}0.866 & 0.5 & 0\\ -0.5 & 0.866 & 0\\ 0 & 0 & 1\end{bmatrix}\begin{Bmatrix}1\\ 1.2\\ 1.5\end{Bmatrix}=\begin{Bmatrix}1.466\\ 0.538\\ 1.5\end{Bmatrix}$$ ◀

2.2 旋转矩阵

在上一节中，分别导出了在坐标系 $\mathbb{X}$ 和 $\mathbb{Y}$ 中表示的向量 $\boldsymbol{v}$ 的分量 $\boldsymbol{v}^{\mathbb{X}}$ 和 $\boldsymbol{v}^{\mathbb{Y}}$ 的相关等式。在本节中，式（2.13）和式（2.14）中的关系将作为旋转矩阵进行表示。由于这些在本书中被广泛使用，因此将对其进行详细研究。

定义 2.3（旋转矩阵） *旋转矩阵或正交矩阵是矩阵 $\boldsymbol{R}$，其逆 $\boldsymbol{R}^{-1}$ 等于其转置 $\boldsymbol{R}^{\mathrm{T}}$，即 $\boldsymbol{R}^{-1}=\boldsymbol{R}^{\mathrm{T}}$。*

如果 $\det(\boldsymbol{R})=+1$，则旋转矩阵 $\boldsymbol{R}$ 对应于右手基。如果 $\det(\boldsymbol{R})=-1$，则旋转矩阵 $\boldsymbol{R}$ 对应于左手基。

回顾定理 2.2 中引入的表示法，如果 $\mathbb{X}$ 和 $\mathbb{Y}$ 是坐标系，则向量 $\boldsymbol{v}$ 相对于这两个坐标系的坐标表示 $\boldsymbol{v}^{\mathbb{X}}$ 和 $\boldsymbol{v}^{\mathbb{Y}}$ 通过以下公式相关联

$$\boldsymbol{v}^{\mathbb{X}}=\boldsymbol{R}_{\mathbb{Y}}^{\mathbb{X}}\boldsymbol{v}^{\mathbb{Y}} \tag{2.15}$$

$$\boldsymbol{v}^{\mathbb{Y}}=\boldsymbol{R}_{\mathbb{X}}^{\mathbb{Y}}\boldsymbol{v}^{\mathbb{X}} \tag{2.16}$$

矩阵 $\boldsymbol{R}_{\mathbb{Y}}^{\mathbb{X}}$ 将 $\boldsymbol{v}^{\mathbb{Y}}$ 坐标系分量映射到 $\mathbb{X}$ 坐标系分量。相反，矩阵 $\boldsymbol{R}_{\mathbb{X}}^{\mathbb{Y}}$ 将 $\boldsymbol{v}^{\mathbb{X}}$ 坐标系分量映射到 $\mathbb{Y}$ 坐标系分量。因此，这对方程式定义了基的变化公式（change of basis formula）。

定理 2.3（旋转矩阵作为基的变化） *基本公式（2.11）和（2.12）的变化中的矩阵 $\boldsymbol{R}_{\mathbb{Y}}^{\mathbb{X}}$ 和 $\boldsymbol{R}_{\mathbb{X}}^{\mathbb{Y}}$ 是旋转矩阵，并且*

$$(\boldsymbol{R}_{\mathbb{X}}^{\mathbb{Y}})^{-1}=(\boldsymbol{R}_{\mathbb{X}}^{\mathbb{Y}})^{\mathrm{T}}=\boldsymbol{R}_{\mathbb{Y}}^{\mathbb{X}}$$

证明：首先将式（2.15）代入式（2.16），并提出 $\boldsymbol{v}^{\mathbb{Y}}$，

$$(\mathbb{I}-\boldsymbol{R}_{\mathbb{X}}^{\mathbb{Y}}\boldsymbol{R}_{\mathbb{Y}}^{\mathbb{X}})\boldsymbol{v}^{\mathbb{Y}}=\boldsymbol{0}$$

由于此等式必须适用于任意 $\boldsymbol{v}^{\mathbb{Y}}$，因此必须确定

$$\mathbb{I}=\boldsymbol{R}_{\mathbb{X}}^{\mathbb{Y}}\boldsymbol{R}_{\mathbb{Y}}^{\mathbb{X}} \tag{2.17}$$

出于同样的原因，将式（2.16）代入式（2.15），并提取出 $\boldsymbol{v}^{\mathbb{X}}$，

$$(\mathbb{I}-\boldsymbol{R}_{\mathbb{Y}}^{\mathbb{X}}\boldsymbol{R}_{\mathbb{X}}^{\mathbb{Y}})\boldsymbol{v}^{\mathbb{X}}=0$$

从它同样得出

$$\mathbb{I}=\boldsymbol{R}_{\mathbb{Y}}^{\mathbb{X}}\boldsymbol{R}_{\mathbb{X}}^{\mathbb{Y}} \tag{2.18}$$

式（2.17）和式（2.18）满足

$$\mathbb{I}=\boldsymbol{R}_{\mathbb{Y}}^{\mathbb{X}}\boldsymbol{R}_{\mathbb{X}}^{\mathbb{Y}}=\boldsymbol{R}_{\mathbb{X}}^{\mathbb{Y}}\boldsymbol{R}_{\mathbb{Y}}^{\mathbb{X}}$$

从中可以看出，矩阵互逆，

$$\boldsymbol{R}_{\mathbb{Y}}^{\mathbb{X}}=(\boldsymbol{R}_{\mathbb{X}}^{\mathbb{Y}})^{-1}$$

通过检查方程式（2.13）和（2.14），这些矩阵也互逆。这两个属性

$$(\boldsymbol{R}_{\mathbb{Y}}^{\mathbb{X}})^{-1}=(\boldsymbol{R}_{\mathbb{Y}}^{\mathbb{X}})^{\mathrm{T}},(\boldsymbol{R}_{\mathbb{X}}^{\mathbb{Y}})^{-1}=(\boldsymbol{R}_{\mathbb{X}}^{\mathbb{Y}})^{\mathrm{T}}$$

一起表明所分析的两个矩阵是旋转矩阵。 ■

乍一看，定义 2.3 中旋转矩阵的定义可能并不直观，但是旋转矩阵的列（或行）具有简单的解释。正交矩阵的列（或行）构成 $\mathbb{R}^3$ 的基。如果它们在叉积下循环排列，则旋转矩阵对应于右手基。

定理 2.4（旋转矩阵的属性） 假设 $\mathbb{R}=[\boldsymbol{r}_1, \boldsymbol{r}_2, \boldsymbol{r}_3]$是旋转矩阵。

（1）列 $\{\boldsymbol{r}_i\}_{i=1,2,3}$ 是 $\mathbb{R}^3$ 的基。

（2）行列式 $\det(\boldsymbol{R})=\det(\boldsymbol{R}^{\mathrm{T}})=\pm 1$。

（3）叉积 $\boldsymbol{r}_1\times\boldsymbol{r}_2=\pm\boldsymbol{r}_3$。

（4）以下陈述是等价的：

（4.1）叉积 $\boldsymbol{r}_1\times\boldsymbol{r}_2=+\boldsymbol{r}_3$。

（4.2）行列式 $\det(\boldsymbol{R})=+1$。

（4.3）$\boldsymbol{R}$ 的列（或行）构成右手基。

证明：首先，将 $\boldsymbol{R}$ 表示为 $\boldsymbol{R}=[\boldsymbol{r}_1\quad \boldsymbol{r}_2\quad \boldsymbol{r}_3]$，并将其转置 $\boldsymbol{R}^{\mathrm{T}}$ 设为

$$\boldsymbol{R}^{\mathrm{T}}=\begin{bmatrix}\boldsymbol{r}_1^{\mathrm{T}}\\ \boldsymbol{r}_2^{\mathrm{T}}\\ \boldsymbol{r}_3^{\mathrm{T}}\end{bmatrix}$$

然后可以将乘积 $\boldsymbol{R}^{\mathrm{T}}\boldsymbol{R}$ 写为（请参见式（2.3））

$$\boldsymbol{R}^{\mathrm{T}}\boldsymbol{R}=\begin{bmatrix}\boldsymbol{r}_1^{\mathrm{T}}\\ \boldsymbol{r}_2^{\mathrm{T}}\\ \boldsymbol{r}_3^{\mathrm{T}}\end{bmatrix}\begin{bmatrix}\boldsymbol{r}_1 & \boldsymbol{r}_2 & \boldsymbol{r}_3\end{bmatrix}=\begin{bmatrix}\boldsymbol{r}_1^{\mathrm{T}}\boldsymbol{r}_1 & \boldsymbol{r}_1^{\mathrm{T}}\boldsymbol{r}_2 & \boldsymbol{r}_1^{\mathrm{T}}\boldsymbol{r}_3\\ \boldsymbol{r}_2^{\mathrm{T}}\boldsymbol{r}_1 & \boldsymbol{r}_2^{\mathrm{T}}\boldsymbol{r}_2 & \boldsymbol{r}_2^{\mathrm{T}}\boldsymbol{r}_3\\ \boldsymbol{r}_3^{\mathrm{T}}\boldsymbol{r}_1 & \boldsymbol{r}_3^{\mathrm{T}}\boldsymbol{r}_2 & \boldsymbol{r}_3^{\mathrm{T}}\boldsymbol{r}_3\end{bmatrix}=\begin{bmatrix}1 & 0 & 0\\ 0 & 1 & 0\\ 0 & 0 & 1\end{bmatrix} \tag{2.19}$$

右边的最后一个等式来自正交矩阵的定义。回想一下，对于任何 i，j，乘积 $\boldsymbol{r}_i^{\mathrm{T}}\boldsymbol{r}_j$ 只是 1×3 向量和 3×1 向量的矩阵乘法。也就是说，对于 i，$j=1$、2、3，$\boldsymbol{r}_i^{\mathrm{T}}\boldsymbol{r}_j=\boldsymbol{r}_i\cdot\boldsymbol{r}_j$。（2.19）中的矩阵方程的非对角线元素计算出 $\boldsymbol{r}_1\cdot\boldsymbol{r}_2=\boldsymbol{r}_2\cdot\boldsymbol{r}_3=\boldsymbol{r}_3\cdot\boldsymbol{r}_1=0$。这表明每个列都与其他列正交。该矩阵方程的对角项产生标量方程 $\boldsymbol{r}_1\cdot\boldsymbol{r}_1=\boldsymbol{r}_2\cdot\boldsymbol{r}_2=\boldsymbol{r}_3\cdot\boldsymbol{r}_3=1$。因此，每列都是单位向量。此外，回想一下行列式 $\det(\boldsymbol{R})$ 由 ■

$$\det(\boldsymbol{R})=\boldsymbol{r}_1\times\boldsymbol{r}_2\cdot\boldsymbol{r}_3$$

混合积给出（请参阅习题 2.12）。已经确定这些列是相互正交的。因此，$\sin(\theta_{r_1,r_2})=1$ 其中 θ_{r_1,r_2} 是 $\boldsymbol{r}_1$ 和 $\boldsymbol{r}_2$ 之间的夹角。从恒等式 $\|\boldsymbol{r}_1\times\boldsymbol{r}_2\|=\|\boldsymbol{r}_1\|\ \|\boldsymbol{r}_2\|\sin(\theta_{r_1,r_2})=1$，可以看出 $\boldsymbol{r}_1\times\boldsymbol{r}_2$ 是单位向量。由于 $\boldsymbol{r}_1\times\boldsymbol{r}_2$ 的方向始终垂直于 $\boldsymbol{r}_1$ 和 $\boldsymbol{r}_2$ 跨越的平面，因此 $\boldsymbol{r}_1\times\boldsymbol{r}_2$ 必须等于 $\pm\boldsymbol{r}_3$。如果向量在叉积下循环排列，则 $\boldsymbol{r}_1\times\boldsymbol{r}_2$ 与 $\boldsymbol{r}_3$ 的点积将为 $+1$，否则为 -1。

现在根据定理 2.4 考虑矩阵 $\boldsymbol{R}_{\mathbb{Y}}^{\mathbb{X}}$ 和 $\boldsymbol{R}_{\mathbb{X}}^{\mathbb{Y}}$ 的结构。$\boldsymbol{R}_{\mathbb{Y}}^{\mathbb{X}}$ 的列是基 $\boldsymbol{x}_1$，$\boldsymbol{x}_2$，$\boldsymbol{x}_3$ 在 $\mathbb{Y}$ 基下的精确表示。$\boldsymbol{R}_{\mathbb{X}}^{\mathbb{Y}}$ 的列是基 $\boldsymbol{y}_1$，$\boldsymbol{y}_2$，$\boldsymbol{y}_3$ 在 $\mathbb{X}$ 基下的精确表示。

定理 2.5（基向量的旋转矩阵） *设 $\{\boldsymbol{x}_1,\ \boldsymbol{x}_2,\ \boldsymbol{x}_3\}$ 为坐标系 $\mathbb{X}$ 的基，$\{\boldsymbol{y}_1,\ \boldsymbol{y}_2,\ \boldsymbol{y}_3\}$ 为坐标系 $\mathbb{Y}$ 的基。旋转矩阵 $\boldsymbol{R}_{\mathbb{Y}}^{\mathbb{X}}$ 和 $\boldsymbol{R}_{\mathbb{X}}^{\mathbb{Y}}$ 由下式给出*

$$\boldsymbol{R}_{\mathbb{Y}}^{\mathbb{X}}=[\boldsymbol{y}_1^{\mathbb{X}}\quad \boldsymbol{y}_2^{\mathbb{X}}\quad \boldsymbol{y}_3^{\mathbb{X}}]$$

$$\boldsymbol{R}_{\mathbb{X}}^{\mathbb{Y}}=[\boldsymbol{x}_1^{\mathbb{Y}}\quad \boldsymbol{x}_2^{\mathbb{Y}}\quad \boldsymbol{x}_3^{\mathbb{Y}}]$$

证明：对于任何向量 $\boldsymbol{v}$，基于矩阵 $\boldsymbol{R}_{\mathbb{Y}}^{\mathbb{X}}$ 的构造，可得

$$\boldsymbol{v}^{\mathbb{X}}=\boldsymbol{R}_{\mathbb{Y}}^{\mathbb{X}}\boldsymbol{v}^{\mathbb{Y}} \tag{2.20}$$

其中 $\boldsymbol{v}^{\mathbb{X}}$ 是相对于 $\mathbb{X}$ 坐标系的表示 $\boldsymbol{v}$，而 $\boldsymbol{v}^{\mathbb{Y}}$ 是相对于 $\mathbb{Y}$ 坐标系的 $\boldsymbol{v}$ 表示。假设 $\boldsymbol{v}=\boldsymbol{y}_1$。通过定义，此向量 $\boldsymbol{y}_1$ 在基上具有一个简单的展开式：

$$\boldsymbol{y}_1^{\mathbb{Y}}=\begin{Bmatrix}1\\0\\0\end{Bmatrix}$$

当将此表示形式代入式（2.20）时，结果为

$$\boldsymbol{y}_1^{\mathbb{X}}=\boldsymbol{R}_{\mathbb{Y}}^{\mathbb{X}}\boldsymbol{y}_1^{\mathbb{Y}}=\boldsymbol{R}_{\mathbb{Y}}^{\mathbb{X}}\begin{Bmatrix}1\\0\\0\end{Bmatrix}$$

由于矩阵 $\boldsymbol{R}_{\mathbb{Y}}^{\mathbb{X}}$ 与向量 $\{1\quad 0\quad 0\}^{\mathrm{T}}$ 的乘积隔离了 $\boldsymbol{R}_{\mathbb{Y}}^{\mathbb{X}}$ 的第一列，因此 $\boldsymbol{R}_{\mathbb{Y}}^{\mathbb{X}}$ 的第一列必须等于 $\boldsymbol{y}_1^{\mathbb{X}}$。$\boldsymbol{R}_{\mathbb{Y}}^{\mathbb{X}}$ 的第 2 列和第 3 列可以重复此过程，$\boldsymbol{R}_{\mathbb{X}}^{\mathbb{Y}}$ 可以进行类似的论证。 ■

2.3 旋转矩阵的参数化

下一步，将一般旋转矩阵的定义与物理上有意义的量（例如定义两个坐标系之间方向的旋转角度）相关联。这就是确定旋转矩阵参数化（rotation matrix parameterization）的问题。定义旋转矩阵的参数通常选择为可测量旋转的不同角度。然而，旋转角度的类型的选择可以有多种方式。

每个旋转矩阵包含 9 个元素，这些元素是与该旋转矩阵关联的两个坐标系的基相关的方向余弦。根据定义，这些元素不是独立的。在任何旋转矩阵的定义中隐含了 6 个约束。旋转矩阵的任何列/行与其自身的点积必须等于 1，因为每个列/行都是单位向量。任何列/行与不同列/行的点积必须等于零，因为它们构成了基向量的正交集合。这意味着在最一般的情况下，需要 $3=9-6$ 个独立变量来参数化给定的旋转矩阵。

确实存在使用三个以上变量的通用旋转矩阵的参数化方法。一个例子是轴角参数化，它利用沿旋转方向的单位向量和绕该轴的旋转角度。因此，在这种情况下，总共使用四个标量变量。但是，它们不是独立变量。有一个与这四个变量相关的约束方程，要求单位向量的范数等于 1。使用三个以上变量的旋转矩阵的任何参数化都必定是冗余的，并且必须

存在表示变量相关联的约束方程式。

总而言之，通用旋转矩阵的最小参数化定义了3个独立变量。对于某些重要的特殊几何形状，旋转矩阵可以使用少于3个参数进行参数化。例如，通过万向节连接的两个物体之间的相对姿态可以仅通过2个旋转角度来定义。但是，旋转矩阵参数化的最简单示例是与单轴旋转关联的参数。

2.3.1 单轴旋转

单轴旋转在运动学研究中起着核心作用。它们不仅在各种问题上本身引起人们的兴趣，而且还被用作三维更常规结构的基础。图2-8a、b和c分别描述了围绕轴1、2和3的基本单轴旋转（single axis rotation）。

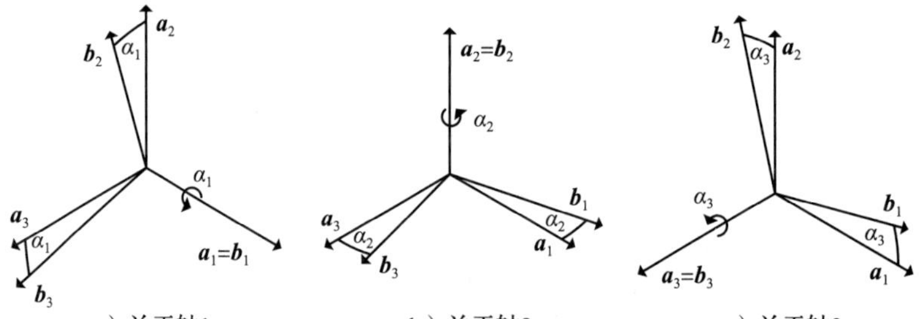

图2-8 基本的单轴旋转

在第 i 个单轴旋转中，坐标系围绕轴 $\boldsymbol{x}_i=\boldsymbol{y}_i$ 旋转角度 α_i。坐标系 $\mathbb{X}$ 被是初始坐标系，它被映射到最终坐标系 $\mathbb{Y}$。以下定理建立了单轴旋转矩阵的结构。

定理2.6（单轴旋转） 与旋转 α_i 相关的单轴旋转矩阵分别如图2-8a、b和c所示

$$\boldsymbol{R}_{\mathbb{Y}}^{\mathbb{X}}=\boldsymbol{R}_1(\alpha_1)=\begin{bmatrix}1 & 0 & 0\\ 0 & \cos\alpha_1 & -\sin\alpha_1\\ 0 & \sin\alpha_1 & \cos\alpha_1\end{bmatrix}$$

$$\boldsymbol{R}_{\mathbb{Y}}^{\mathbb{X}}=\boldsymbol{R}_2(\alpha_2)=\begin{bmatrix}\cos\alpha_2 & 0 & \sin\alpha_2\\ 0 & 1 & 0\\ -\sin\alpha_2 & 0 & \cos\alpha_2\end{bmatrix}$$

$$\boldsymbol{R}_{\mathbb{Y}}^{\mathbb{X}}=\boldsymbol{R}_3(\alpha_3)=\begin{bmatrix}\cos\alpha_3 & -\sin\alpha_3 & 0\\ \sin\alpha_3 & \cos\alpha_3 & 0\\ 0 & 0 & 1\end{bmatrix}$$

证明：将证明 $i=3$ 的情况，其余情况留作练习。首先将坐标系 $\mathbb{Y}$ 的基向量投影到坐标系 $\mathbb{X}$ 的基向量上，这样

$$\boldsymbol{y}_1=\cos\alpha_3\boldsymbol{x}_1+\sin\alpha_3\boldsymbol{x}_2$$

$$\boldsymbol{y}_2=-\sin\alpha_3\boldsymbol{x}_1+\cos\alpha_3\boldsymbol{x}_2$$

$$\boldsymbol{y}_3=\boldsymbol{x}_3$$

■

这些方程导出对 $\boldsymbol{y}_1^{\mathbb{X}}$，$\boldsymbol{y}_2^{\mathbb{X}}$，$\boldsymbol{y}_3^{\mathbb{X}}$ 的定义

$$\boldsymbol{y}_1^{\mathbb{X}}=\begin{Bmatrix}\cos\alpha_3\\ \sin\alpha_3\\ 0\end{Bmatrix},\quad \boldsymbol{y}_2^{\mathbb{X}}=\begin{Bmatrix}-\sin\alpha_3\\ \cos\alpha_3\\ 0\end{Bmatrix},\quad \boldsymbol{y}_3^{\mathbb{X}}=\begin{Bmatrix}0\\ 0\\ 1\end{Bmatrix}$$

定理 2.5 用以下形式给出旋转矩阵 $\boldsymbol{R}_{\mathbb{Y}}^{\mathbb{X}}$

$$\boldsymbol{R}_{\mathbb{Y}}^{\mathbb{X}}(\alpha_3)=[\boldsymbol{y}_1^{\mathbb{X}}\quad \boldsymbol{y}_2^{\mathbb{X}}\quad \boldsymbol{y}_3^{\mathbb{X}}]=\begin{bmatrix}\cos\alpha_3 & -\sin\alpha_3 & 0\\ \sin\alpha_3 & \cos\alpha_3 & 0\\ 0 & 0 & 1\end{bmatrix}\tag{2.21}$$

另外，由定理 2.2

$$\boldsymbol{R}_{\mathbb{Y}}^{\mathbb{X}}=\begin{bmatrix}\boldsymbol{x}_1\cdot\boldsymbol{y}_1 & \boldsymbol{x}_1\cdot\boldsymbol{y}_2 & \boldsymbol{x}_1\cdot\boldsymbol{y}_3\\ \boldsymbol{x}_2\cdot\boldsymbol{y}_1 & \boldsymbol{x}_2\cdot\boldsymbol{y}_2 & \boldsymbol{x}_2\cdot\boldsymbol{y}_3\\ \boldsymbol{x}_3\cdot\boldsymbol{y}_1 & \boldsymbol{x}_3\cdot\boldsymbol{y}_2 & \boldsymbol{x}_3\cdot\boldsymbol{y}_3\end{bmatrix}$$

但是，由于正在考虑绕轴 3 的单轴旋转，因此通过定义 $\boldsymbol{x}_3\cdot\boldsymbol{y}_3=1$ 和 $\boldsymbol{x}_1\cdot\boldsymbol{y}_3=\boldsymbol{x}_2\cdot\boldsymbol{y}_3=\boldsymbol{x}_3\cdot\boldsymbol{y}_1=\boldsymbol{x}_3\cdot\boldsymbol{y}_2=0$。此外，$\boldsymbol{x}_1\cdot\boldsymbol{y}_1=\boldsymbol{x}_2\cdot\boldsymbol{y}_2=\cos\alpha_3$。最后，推导出三角恒等式

$$\boldsymbol{x}_1\cdot\boldsymbol{y}_2=\cos(90°+\alpha_3)=\cos90°\cos\alpha_3-\sin90°\sin\alpha_3=-\sin\alpha_3$$

$$\boldsymbol{x}_2\cdot\boldsymbol{y}_1=\cos(90°-\alpha_3)=\cos90°\cos\alpha_3+\sin90°\sin\alpha_3=\sin\alpha_3$$

■

例 2.3 定理 2.6 中得出的旋转矩阵的形式是通过表示基的二维旋转并使用几何方法来在一组基下表示另一组基来确定的。在定理 2.3 中，基本公式的变化用满足以下条件的旋转矩阵表示

$$(\boldsymbol{R}_{\mathbb{X}}^{\mathbb{Y}})^{-1}=(\boldsymbol{R}_{\mathbb{X}}^{\mathbb{Y}})^{\mathrm{T}}=\boldsymbol{R}_{\mathbb{Y}}^{\mathbb{X}}$$

证明定理 2.6 中的旋转矩阵满足定理 2.3 的条件。

解： 将考虑 $\boldsymbol{R}_{\mathbb{Y}}^{\mathbb{X}}(\alpha_1)$，因为与单轴旋转相关的其他矩阵可以用类似的方式处理。回想一下一般的可逆 2×2 矩阵的逆是

$$\begin{bmatrix}a & b\\ c & d\end{bmatrix}=\frac{1}{(ad-bc)}\begin{bmatrix}d & -b\\ -c & a\end{bmatrix}$$

其中 $(ad-bc)$ 是矩阵的行列式。此公式可用于计算具有特殊形式的 3×3 矩阵的逆

$$\begin{bmatrix}1 & 0 & 0\\ 0 & a & b\\ 0 & c & d\end{bmatrix}^{-1}=\begin{bmatrix}1 & 0 & 0\\ 0 & \dfrac{d}{ad-bc} & \dfrac{-b}{ad-bc}\\ 0 & \dfrac{-c}{(ad-bc)} & \dfrac{a}{(ad-bc)}\end{bmatrix}$$

定理 2.3 中的旋转矩阵 $\boldsymbol{R}_{\mathbb{Y}}^{\mathbb{X}}(\alpha_1)$ 具有以下形式

$$\boldsymbol{R}_{\mathbb{Y}}^{\mathbb{X}}(\alpha_1)=\begin{bmatrix}1 & 0 & 0\\ 0 & \cos\alpha_1 & -\sin\alpha_1\\ 0 & \sin\alpha_1 & \cos\alpha_1\end{bmatrix}$$

并使用上面的表达式计算逆，得到

$$(\boldsymbol{R}_{\mathbb{Y}}^{\mathbb{X}}(\alpha_1))^{-1}=\begin{bmatrix}1 & 0 & 0\\ 0 & \dfrac{\cos\alpha_1}{\cos^2\alpha_1+\sin^2\alpha_1} & \dfrac{\sin\alpha_1}{\cos^2\alpha_1+\sin^2\alpha_1}\\ 0 & \dfrac{-\sin\alpha_1}{\cos^2\alpha_1+\sin^2\alpha_1} & \dfrac{\cos\alpha_1}{\cos^2\alpha_1+\sin^2\alpha_1}\end{bmatrix}=\begin{bmatrix}1 & 0 & 0\\ 0 & \cos\alpha_1 & \sin\alpha_1\\ 0 & -\sin\alpha_1 & \cos\alpha_1\end{bmatrix}=(\boldsymbol{R}_{\mathbb{Y}}^{\mathbb{X}}(\alpha_1))^{\mathrm{T}}$$

◀

在应用中使用定理 2.6 中的主要或基本旋转矩阵时，通常需要两个或多个这些矩阵的乘积。如果旋转矩阵 $\boldsymbol{R}_1$ 之后是旋转 $\boldsymbol{R}_2$，则得到的矩阵 $\boldsymbol{R}$ 为

$$\boldsymbol{R}=\boldsymbol{R}_2\boldsymbol{R}_1$$

始终是旋转矩阵。从以下事实可以明显看出这一点：对于任意两个矩阵 $\boldsymbol{A}$ 和 $\boldsymbol{B}$，$\det(\boldsymbol{AB})=\det(\boldsymbol{A})\det(\boldsymbol{B})$。由于$\boldsymbol{R}_1$ 和$\boldsymbol{R}_2$ 的行列式都按定义+1，因此 $\boldsymbol{R}$ 的行列式也为+1。此推理可以扩展为任何有限个旋转矩阵的乘积也是一个旋转矩阵。

但是，在一般情况下，旋转矩阵的乘积不可交换。如果$\boldsymbol{R}_1$ 和$\boldsymbol{R}_2$ 是两个旋转矩阵，则乘积$\boldsymbol{R}_1\boldsymbol{R}_2$ 和$\boldsymbol{R}_2\boldsymbol{R}_1$ 通常不会代表相同的姿态或相对方向变化。例 2.4 说明了这一事实。

例 2.4 考虑一对基本的旋转：绕 x_1 轴旋转 90°的旋转$\boldsymbol{R}_A$ 和绕 x_3 轴旋转 90°的旋转$\boldsymbol{R}_B$。证明旋转的乘积不可交换。

解： 图 2-9 说明了所考虑的两个旋转顺序：$\boldsymbol{R}_B\boldsymbol{R}_A$（顶部旋转组合）和$\boldsymbol{R}_A\boldsymbol{R}_B$（底部旋转组合）。由于最终构形与该特定的旋转序列不匹配，因此旋转矩阵不可交换。

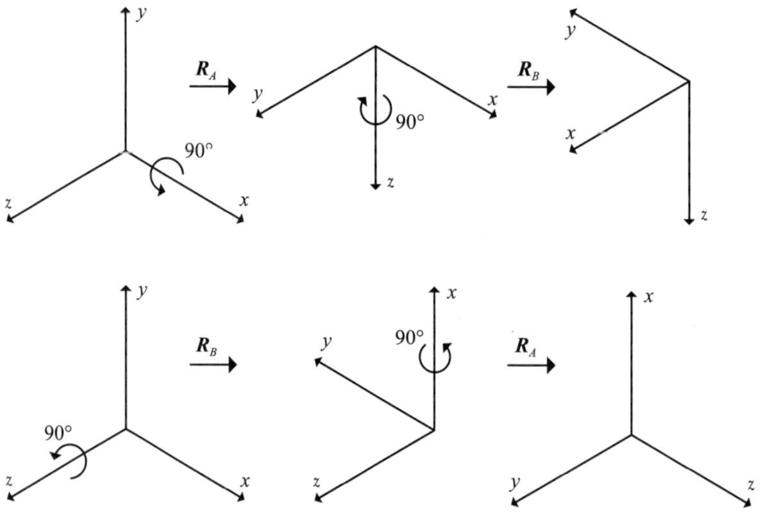

图 2-9　旋转矩阵乘法的一般不可交换性 ◀

2.3.2　旋转矩阵的级联

虽然定理 2.6 中的主旋转或基本旋转适用的几何形状受到限制，但可以使用标准方法来组合这些旋转矩阵以构造更通用的旋转矩阵。这些技术产生了所谓的级联或级联旋转。

2.3.2.1　关于移动轴的级联旋转

首先，将考虑围绕移动轴的旋转矩阵级联的构造。从初始坐标系开始，选择轴$\boldsymbol{a}_i$，并应用定理 2.6 中的相关基本旋转$\boldsymbol{R}_i(\alpha_i)$ 将原始 $\mathbb{A}$ 坐标系映射到新的 $\mathbb{B}$ 坐标系。结果是

$$\boldsymbol{b}=\boldsymbol{R}_i^{\mathrm{T}}(\alpha_i)\boldsymbol{a}$$

其中 $\boldsymbol{a}:=[a_1\quad a_2\quad a_3]^{\mathrm{T}}$ 和 $\boldsymbol{b}:=[b_1\quad b_2\quad b_3]^{\mathrm{T}}$。接下来，选择 $\mathbb{B}$ 坐标系的轴 $\boldsymbol{b}_j$ 并将相关的基本旋转$\boldsymbol{R}_j(\alpha_j)$ 应用于 $\mathbb{B}$ 坐标系以生成新坐标系 $\mathbb{C}$

$$\boldsymbol{c}=\boldsymbol{R}_j^{\mathrm{T}}(\alpha_j)\boldsymbol{b}=\boldsymbol{R}_j^{\mathrm{T}}(\alpha_j)\boldsymbol{R}_i^{\mathrm{T}}(\alpha_i)\boldsymbol{a}$$

此过程可以重复任意次，但通常应用三次，以创建三维旋转矩阵，该三维矩阵由选定的旋转轴定义并由三个旋转角度进行参数化。在绕$\boldsymbol{c}_k$ 轴施加最终旋转$\boldsymbol{R}_k(\alpha_k)$ 的情况下，从原始 $\mathbb{A}$ 到最终 $\mathbb{D}$ 坐标系的映射为

$$\boldsymbol{d}=\underbrace{\boldsymbol{R}_k^{\mathrm{T}}(\alpha_k)\boldsymbol{R}_j^{\mathrm{T}}(\alpha_j)\boldsymbol{R}_i^{\mathrm{T}}(\alpha_i)\boldsymbol{a}}_{\boldsymbol{R}_{\mathbb{A}}^{\mathbb{D}}}$$

在机器人（特别是自动驾驶汽车）应用中，$\mathbb{D}$ 坐标系通常固定在移动的物体上，而 $\mathbb{A}$

坐标系则固定在地面上。$\mathbb{B}$ 和 $\mathbb{C}$ 坐标系仅用于中间计算，通常不会明确出现在问题表述中。相反，将车辆固定坐标系映射到地面坐标系的旋转矩阵 $\boldsymbol{R}_{\mathbb{D}}^{\mathbb{A}}$ 由下式给出

$$\boldsymbol{R}_{\mathbb{D}}^{\mathbb{A}}=\boldsymbol{R}_i(\alpha_i)\boldsymbol{R}_j(\alpha_j)\boldsymbol{R}_k(\alpha_k) \tag{2.22}$$

2.3.2.2 关于固定轴的级联旋转

建立旋转矩阵级联的另一种策略是应用一系列参照原始固定坐标系 $\mathbb{A}$ 定义的旋转。

上一节中，坐标系首先绕$\boldsymbol{a}_i$ 旋转角度 α_i，然后第二坐标系绕$\boldsymbol{b}_j$ 旋转 α_j，然后第三坐标系绕$\boldsymbol{c}_k$ 旋转 α_k。在本节中，将旋转顺序以与原始 $\mathbb{A}$ 坐标系的基向量相反的顺序应用。首先，通过围绕$\boldsymbol{a}_k$ 轴旋转 α_k 来创建 $\mathbb{B}$ 坐标系，

$$\boldsymbol{b}=\boldsymbol{R}_k^{\mathrm{T}}(\alpha_k)\boldsymbol{a}$$

然后，创建一个旋转矩阵，用于绕$\boldsymbol{a}_j$ 轴旋转角度 α_j 并将 $\mathbb{B}$ 坐标系映射到 $\mathbb{C}$ 坐标系

$$\boldsymbol{c}=\boldsymbol{R}_j^{\mathrm{T}}(\alpha_j)\boldsymbol{b}$$

最后，创建一个旋转矩阵，用于绕 $\boldsymbol{a}_i$ 轴旋转角度 α_i 并将 $\mathbb{C}$ 坐标系映射到 $\mathbb{D}$ 坐标系

$$\boldsymbol{d}=\boldsymbol{R}_i^{\mathrm{T}}(\alpha_i)\boldsymbol{c}$$

如上一节所述，此过程可以重复任意次，但是三个旋转足以构建由三个参数定义的一般空间旋转。将原始 $\mathbb{A}$ 坐标系映射到最终 $\mathbb{D}$ 坐标系的旋转矩阵由公式给出

$$\boldsymbol{d}=\underbrace{\boldsymbol{R}_k^{\mathrm{T}}(\alpha_k)\boldsymbol{R}_j^{\mathrm{T}}(\alpha_j)\boldsymbol{R}_i^{\mathrm{T}}(\alpha_i)}_{\boldsymbol{R}_{\mathbb{A}}^{\mathbb{D}}} \tag{2.23}$$

式（2.22）和式（2.23）得出相同的最终旋转矩阵。换句话说，当按顺序应用围绕移动轴的旋转时

$$\alpha_i \text{ 关于} \boldsymbol{a}_i \Rightarrow \alpha_j \text{ 关于} \boldsymbol{b}_j \Rightarrow \alpha_k \text{ 关于} \boldsymbol{c}_k$$

在序列中绕固定坐标系 $\mathbb{A}$ 旋转时，可以获得相同的最终旋转矩阵

$$\alpha_k \text{ 关于} \boldsymbol{a}_k \Rightarrow \alpha_j \text{ 关于} \boldsymbol{a}_j \Rightarrow \alpha_i \text{ 关于} \boldsymbol{a}_i$$

2.3.3 欧拉角

为了定义一个将坐标系 $\mathbb{A}$ 映射到坐标系 $\mathbb{D}$ 的通用空间旋转矩阵，如图 2-2 或图 2-10 所示，第 2.3 节指出需要三个参数。定义这三个参数的常用方法是将绕着已知基向量序列的三个单轴旋转连接（concatenate）起来，以生成空间旋转矩阵。这种方法产生了一系列欧拉角方法。

欧拉角方法将三个参数（例如 α，β，γ）定义为连续施加的单轴旋转角度。选择第一轴 i_1，并且原始坐标系 $\mathbb{A}$ 围绕 i_1 轴旋转角度 α。从旋转的坐标系中选择一个新的轴 $i_2(\neq i_1)$，然后将坐标系围绕此轴 i_2 旋转角度 β。从第二个旋转的坐标系中选择一个第三轴 $i_3(\neq i_2)$，此过程将重复最后一次，并围绕此轴旋转坐标系角度 γ。上述构造定义了 $i_1-i_2-i_3$ 欧拉角 α，β，γ。该符号中轴的顺序至关重要。例如，3-2-1 欧拉角与 2-1-3 欧拉角并不相同。

对于数学上精确的定义，用 $\mathbb{A}$ 表示原始坐标系，$\mathbb{B}$ 表示由坐标系 $\mathbb{A}$ 的 α 角旋转产生的坐标系，$\mathbb{C}$ 表示由坐标系 $\mathbb{B}$ 的 β 角旋转产生的坐标系，$\mathbb{D}$ 表示坐标系 $\mathbb{C}$ 的 γ 角旋转产生的坐标系。将一坐标系映射到下一坐标系的角度 α，β 和 γ 关联的旋转相对应的单轴旋转矩阵为$\boldsymbol{R}_{\mathbb{B}}^{\mathbb{A}}(\alpha)$，$\boldsymbol{R}_{\mathbb{C}}^{\mathbb{B}}(\beta)$ 和 $\boldsymbol{R}_{\mathbb{D}}^{\mathbb{C}}(\gamma)$。对于任意向量 $\boldsymbol{v}$，其表示 $\boldsymbol{v}^{\mathbb{A}}$，$\boldsymbol{v}^{\mathbb{B}}$，$\boldsymbol{v}^{\mathbb{C}}$，$\boldsymbol{v}^{\mathbb{D}}$ 可以在这些坐标系方面通过以下方式关联：

$$\boldsymbol{v}^{\mathbb{A}}=\boldsymbol{R}_{\mathbb{B}}^{\mathbb{A}}(\alpha)\boldsymbol{v}^{\mathbb{B}} \tag{2.24}$$

$$\boldsymbol{v}^{\mathbb{B}}=\boldsymbol{R}_{\mathbb{C}}^{\mathbb{B}}(\beta)\boldsymbol{v}^{\mathbb{C}} \tag{2.25}$$

$$\boldsymbol{v}^{\mathbb{C}}=\boldsymbol{R}_{\mathbb{D}}^{\mathbb{C}}(\gamma)\boldsymbol{v}^{\mathbb{D}} \tag{2.26}$$

将式（2.25）代入式（2.24），然后将式（2.26）代入该结果，可获得与坐标系 $\mathbb{A}$ 和 $\mathbb{D}$ 相关的所需旋转矩阵 $\boldsymbol{R}_{\mathbb{D}}^{\mathbb{A}}$。此替换序列得出

$$\boldsymbol{v}^{\mathbb{A}}=\boldsymbol{R}_{\mathbb{B}}^{\mathbb{A}}(\alpha)\boldsymbol{R}_{\mathbb{C}}^{\mathbb{B}}(\beta)\boldsymbol{R}_{\mathbb{D}}^{\mathbb{C}}(\gamma)\boldsymbol{v}^{\mathbb{D}}$$

由于该方程对任意向量 $\boldsymbol{v}$ 成立，因此所需的矩阵 $\boldsymbol{R}_{\mathbb{D}}^{\mathbb{A}}$ 由以下方程给出

$$\boldsymbol{R}_{\mathbb{D}}^{\mathbb{A}}(\alpha,\ \beta,\ \gamma)=\boldsymbol{R}_{\mathbb{B}}^{\mathbb{A}}(\alpha)\boldsymbol{R}_{\mathbb{C}}^{\mathbb{B}}(\beta)\boldsymbol{R}_{\mathbb{D}}^{\mathbb{C}}(\gamma) \tag{2.27}$$

接下来的几节将讨论在应用中使用的最常见的欧拉角序列。

2.3.3.1　3-2-1 偏航-俯仰-滚转欧拉角

欧拉角最常见的序列之一是 3-2-1 欧拉角（3-2-1Euler angle），通常称为偏航-俯仰-滚转角（yaw-pitch-roll angle），有时也称为泰特-布莱恩角（Tait-Bryan angle）。自主飞行器的偏航角 ψ、俯仰角 θ 和滚转角 ϕ 如图 2-10 所示。在该图中，最终坐标系 $\mathbb{D}$ 被牢牢固定在飞行器上，而初始坐标系 $\mathbb{A}$ 被固定在地面上。通常在导航问题中，地面固定基向量 $\boldsymbol{a}_1$，$\boldsymbol{a}_2$ 和 $\boldsymbol{a}_3$ 分别与正北，正东和指向地球的重心对齐，但这不是必需的。有关问题，请参阅习题 2.27。对于车辆固定坐标系 $\mathbb{D}$，$\boldsymbol{d}_1$ 轴指向飞机的机头，$\boldsymbol{d}_2$ 轴沿右机翼取向，$\boldsymbol{d}_3$ 轴构成右手坐标系。

先定义中间坐标系 $\mathbb{B}$。首先，假设坐标系 $\mathbb{B}$ 和 $\mathbb{A}$ 对齐。对于所有时刻，向量 $\boldsymbol{a}_3$ 和 $\boldsymbol{b}_3$ 都将保持一致，但是向量 $\boldsymbol{b}_1$ 和 $\boldsymbol{b}_2$ 可以在 $\boldsymbol{a}_1$，$\boldsymbol{a}_2$ 平面中旋转，同时保留它们的右旋正交性。

偏航角 ψ 定义为围绕轴 $\boldsymbol{a}_3=\boldsymbol{b}_3$ 的旋转，该轴将 $\boldsymbol{a}_1$ 基向量映射到 $\boldsymbol{b}_1$ 基向量。偏航角和坐标系 $\mathbb{A}$ 和 $\mathbb{B}$ 的等轴测视图如图 2-11 所示。定理 2.6 中给出了与偏航 ψ 相关的单轴旋转矩阵，并且

$$\boldsymbol{R}_{\mathbb{B}}^{\mathbb{A}}(\psi)=\begin{bmatrix}\cos\psi & -\sin\psi & 0\\ \sin\psi & \cos\psi & 0\\ 0 & 0 & 1\end{bmatrix} \tag{2.28}$$

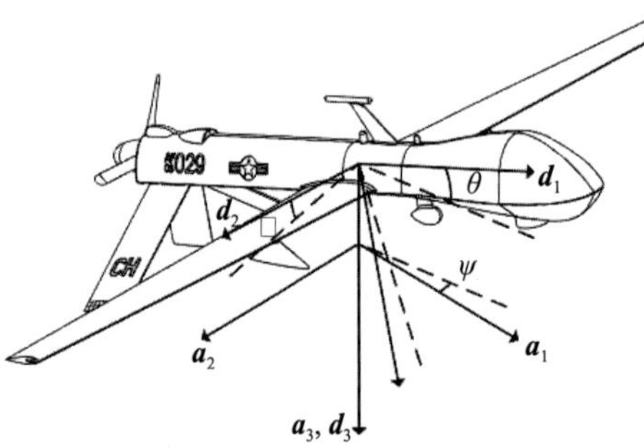

图 2-10　自动飞行器的方向，偏航-俯仰-滚转欧拉角

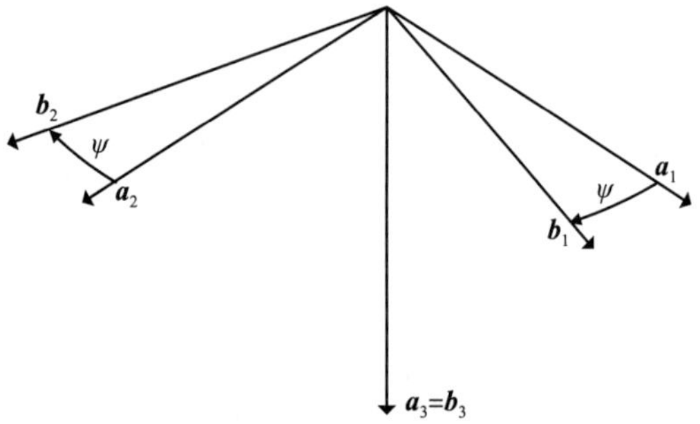

图 2-11　偏航角定义

接下来定义第二个中间坐标系。假设坐标系 $\mathbb{B}$ 和 $\mathbb{D}$ 是已知的，令 $\boldsymbol{c}_2=\boldsymbol{b}_2$ 且 $\boldsymbol{c}_1=\boldsymbol{d}_1$。通过定义 $\boldsymbol{c}_3=\boldsymbol{c}_1\times\boldsymbol{c}_2$ 来组成右手坐标系。俯仰角定义为绕轴 $\boldsymbol{c}_2=\boldsymbol{b}_2$ 的旋转，将 $\boldsymbol{b}_1$ 基向量映射到 $\boldsymbol{c}_1$ 基向量。俯仰角与坐标系 $\mathbb{B}$ 和 $\mathbb{C}$ 的等轴测视图如图 2-12 所示。根据定理 2.6，与俯仰角 θ 相关的单轴旋转矩阵定义为

$$\boldsymbol{R}_{\mathbb{C}}^{\mathbb{B}}(\theta)=\begin{bmatrix}\cos\theta & 0 & \sin\theta\\ 0 & 1 & 0\\ -\sin\theta & 0 & \cos\theta\end{bmatrix} \tag{2.29}$$

滚转角 ϕ 是围绕 $\boldsymbol{c}_1=\boldsymbol{d}_1$ 轴的角度，它将 $\boldsymbol{c}_2$ 基向量映射到 $\boldsymbol{d}_2$ 基向量，并且通过正交性

将$\boldsymbol{c}_3$ 基向量映射到$\boldsymbol{d}_3$ 向量。滚转角和坐标系 $\mathbb{C}$ 和 $\mathbb{D}$ 的等轴测视图如图 2-13 所示。与滚转角 ϕ 相关的单轴旋转矩阵在定理 2.6 中定义为

$$\boldsymbol{R}_{\mathbb{D}}^{\mathbb{C}}(\phi)=\begin{bmatrix}1 & 0 & 0\\ 0 & \cos\phi & -\sin\phi\\ 0 & \sin\phi & \cos\phi\end{bmatrix} \tag{2.30}$$

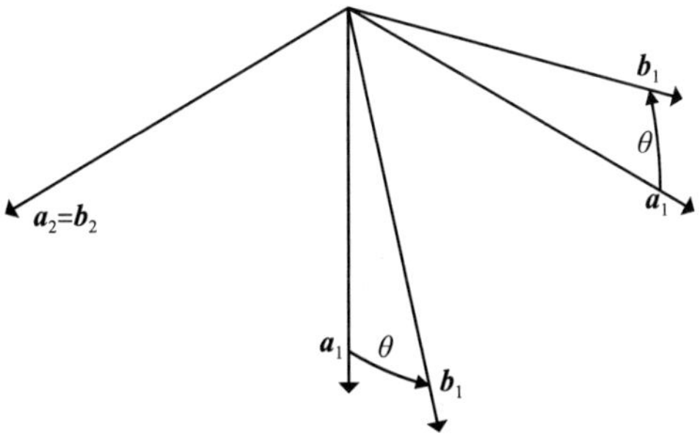

图 2-12　俯仰角定义

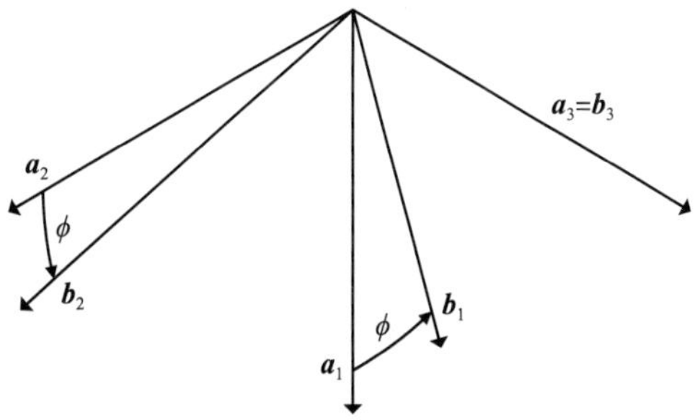

图 2-13　滚转角定义，3D 和 2D

将式（2.28），式（2.29）和式（2.30）中的单轴旋转组合起来，以获得式（2.27）中的通用旋转矩阵。

$$\begin{aligned}\boldsymbol{R}_{\mathbb{D}}^{\mathbb{A}}(\psi,\theta,\phi)&=\boldsymbol{R}_{\mathbb{B}}^{\mathbb{A}}(\psi)\boldsymbol{R}_{\mathbb{C}}^{\mathbb{B}}(\theta)\boldsymbol{R}_{\mathbb{D}}^{\mathbb{C}}(\phi)\\
&=\begin{bmatrix}\cos\psi & -\sin\psi & 0\\ \sin\psi & \cos\psi & 0\\ 0 & 0 & 1\end{bmatrix}\begin{bmatrix}\cos\theta & 0 & \sin\theta\\ 0 & 1 & 0\\ -\sin\theta & 0 & \cos\theta\end{bmatrix}\begin{bmatrix}1 & 0 & 0\\ 0 & \cos\phi & -\sin\phi\\ 0 & \sin\phi & \cos\phi\end{bmatrix}\\
&=\begin{bmatrix}\cos\theta\cos\psi & (\cos\psi\sin\theta\sin\phi-\cos\phi\sin\psi) & (\sin\phi\sin\psi+\cos\phi\cos\psi\sin\theta)\\ \cos\theta\sin\psi & (\cos\phi\cos\psi+\sin\theta\sin\phi\sin\psi) & (\cos\phi\sin\theta\sin\psi-\cos\psi\sin\phi)\\ -\sin\theta & \cos\theta\sin\phi & \cos\theta\cos\phi\end{bmatrix}\end{aligned}$$

请参阅 MATLAB Workbook for DCRS 的例 2.1 和例 2.2。

例 2.5 以欧拉角顺序定义有限旋转的顺序对于定义至关重要。如果更改了围绕其旋转的轴的顺序，则所得的旋转矩阵可能会有所不同。证明即使在简单情况下也是如此。

假设偏航角 $\psi=0$，但是俯仰旋转绕轴 2 旋转和滚转旋转绕轴 1 的顺序被切换。有时可以观察到，与（无限）小偏航角，俯仰角和滚转角相关的旋转矩阵不取决于旋转的顺序。这与旋转有限的情况相冲突。线性化导出的 3-2-1 欧拉角旋转矩阵，但现在假定 θ 和 ϕ 很小。将执行旋转顺序相反的旋转矩阵线性化。证明线性化旋转矩阵是相同的。

解： 如果按第 2.3.3.1 节中所述的顺序执行，则俯仰和横滚旋转矩阵为

$$\boldsymbol{R}_{\mathbb{D}}^{\mathbb{A}}=\begin{bmatrix}\cos\theta & 0 & \sin\theta\\ 0 & 1 & 0\\ -\sin\theta & 0 & \cos\theta\end{bmatrix}\begin{bmatrix}1 & 0 & 0\\ 0 & \cos\phi & -\sin\phi\\ 0 & \sin\phi & \cos\phi\end{bmatrix}=\begin{bmatrix}\cos\theta & \sin\theta\sin\phi & \sin\theta\cos\phi\\ 0 & \cos\phi & -\sin\phi\\ -\sin\theta & \cos\theta\sin\phi & \cos\theta\cos\phi\end{bmatrix}$$

如果顺序相反，则与 $\mathbb{A}$ 和 $\mathbb{D}$ 坐标系相关的旋转矩阵为

$$(\boldsymbol{R}_{\mathbb{D}}^{\mathbb{A}})_{\text{reversed}}=\begin{bmatrix}1 & 0 & 0\\ 0 & \cos\phi & -\sin\phi\\ 0 & \sin\phi & \cos\phi\end{bmatrix}\begin{bmatrix}\cos\theta & 0 & \sin\theta\\ 0 & 1 & 0\\ -\sin\theta & 0 & \cos\theta\end{bmatrix}=\begin{bmatrix}\cos\theta & 0 & \sin\theta\\ \sin\theta\sin\phi & \cos\phi & -\cos\theta\sin\phi\\ -\sin\theta\cos\phi & \sin\phi & \cos\theta\cos\phi\end{bmatrix}$$

显然，这两个矩阵不相同。如果使用近似值 $\sin\theta\approx\theta$，$\sin\phi\approx\phi$，$\cos\theta\approx1$，$\cos\phi\approx1$，矩阵在小角度以上被线性化，则矩阵简化为

$$\boldsymbol{R}_{\mathbb{D}}^{\mathbb{A}}=\begin{bmatrix}1 & \theta\phi & \theta\\ 0 & 1 & -\phi\\ -\theta & \phi & 1\end{bmatrix}\quad (\boldsymbol{R}_{\mathbb{D}}^{\mathbb{A}})_{\text{reversed}}=\begin{bmatrix}1 & 0 & \theta\\ \theta\phi & 1 & -\phi\\ -\theta & \phi & 1\end{bmatrix}$$

假设 θ 和 ϕ 是小角度，则它们的乘积可能近似为 $\phi\theta\approx 0$。结果，对于小角度 θ 和 ϕ，两个矩阵的最终逼近都是

$$\boldsymbol{R}_{\mathbb{D}}^{\mathbb{A}}=(\boldsymbol{R}_{\mathbb{D}}^{\mathbb{A}})_{\text{reversed}}=\begin{bmatrix}1 & 0 & \theta\\ 0 & 1 & -\phi\\ -\theta & \phi & 1\end{bmatrix}$$ ◀

2.3.3.2　3-1-3 进动-章动-自旋欧拉角

另一种众所周知的欧拉角集是 3-1-3 欧拉角，它们定义了陀螺仪研究中的进动 α，章动 β 和自旋 γ。这些最初是由 Leonhard Euler（1707-1783）在刚体运动学研究中定义的。图 2-14 描绘了一种可视化这组欧拉角的常见约定方式。与上一节一样，初始坐标系 $\mathbb{A}$ 固定在地面上，最终坐标系 $\mathbb{D}$ 固定在所考虑的物体上。对于这个欧拉角序列，$\boldsymbol{a}_1=\boldsymbol{b}_1$ 轴被赋予特殊名称：节（点）线（line of nodc）。

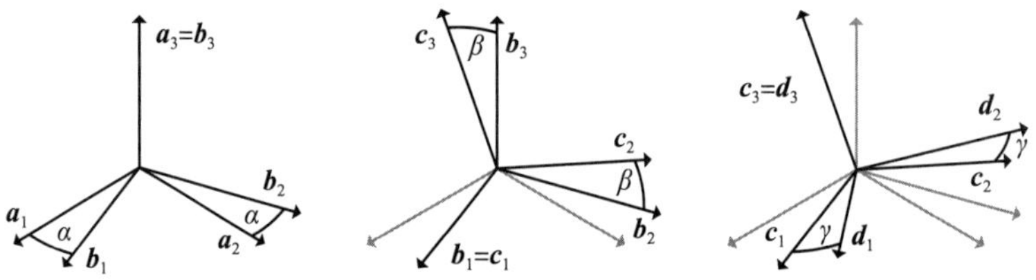

a）进动　　b）章动　　c）自旋

图 2-14　欧拉角

第一个中间坐标系 $\mathbb{B}$ 最初与 $\mathbb{A}$ 坐标系对齐，并围绕$\boldsymbol{a}_3=\boldsymbol{b}_3$ 轴旋转角度 α。第二个中间坐标系 $\mathbb{C}$ 最初与 $\mathbb{B}$ 坐标系对齐，并绕 $\boldsymbol{b}_1=\boldsymbol{c}_1$ 轴旋转角度 β，直到 $\boldsymbol{c}_3$ 基向量与主体固定的 $\boldsymbol{d}_3$ 基向量对齐。通过围绕 $\boldsymbol{c}_3=\boldsymbol{d}_3$ 轴旋转角度 γ 直到 $\boldsymbol{c}_1$ 和 $\boldsymbol{c}_2$ 基向量映射到 $\boldsymbol{d}_1$ 和 $\boldsymbol{d}_2$ 基向量上，可以到达最终坐标系 $\mathbb{D}$。与进动 α，章动 β 和旋转 γ 相关的三个单轴旋转矩阵 $\boldsymbol{R}_{\mathbb{B}}^{\mathbb{A}}(\alpha)$，$\boldsymbol{R}_{\mathbb{C}}^{\mathbb{B}}(\beta)$ 和 $\boldsymbol{R}_{\mathbb{D}}^{\mathbb{C}}(\gamma)$ 是

$$\boldsymbol{R}_{\mathbb{B}}^{\mathbb{A}}(\alpha)=\begin{bmatrix}\cos\alpha & -\sin\alpha & 0\\ \sin\alpha & \cos\alpha & 0\\ 0 & 0 & 1\end{bmatrix},\ \boldsymbol{R}_{\mathbb{C}}^{\mathbb{B}}(\beta)=\begin{bmatrix}1 & 0 & 0\\ 0 & \cos\beta & -\sin\beta\\ 0 & \sin\beta & \cos\beta\end{bmatrix},\ \boldsymbol{R}_{\mathbb{D}}^{\mathbb{C}}(\gamma)=\begin{bmatrix}\cos\gamma & -\sin\gamma & 0\\ \sin\gamma & \cos\gamma & 0\\ 0 & 0 & 1\end{bmatrix}$$

可以使用定理 2.6 验证这些旋转矩阵。旋转矩阵 $\boldsymbol{R}_{\mathbb{D}}^{\mathbb{A}}$（$\alpha$，$\beta$，$\gamma$），由以下乘积给出

$$\begin{aligned}\boldsymbol{R}_{\mathbb{D}}^{\mathbb{A}}(\alpha,\beta,\gamma)&=\begin{bmatrix}\cos\alpha & -\sin\alpha & 0\\ \sin\alpha & \cos\alpha & 0\\ 0 & 0 & 1\end{bmatrix}\begin{bmatrix}1 & 0 & 0\\ 0 & \cos\beta & -\sin\beta\\ 0 & \sin\beta & \cos\beta\end{bmatrix}\begin{bmatrix}\cos\gamma & -\sin\gamma & 0\\ \sin\gamma & \cos\gamma & 0\\ 0 & 0 & 1\end{bmatrix}\\ &=\begin{bmatrix}(\cos\alpha\cos\gamma-\cos\beta\sin\alpha\sin\gamma) & (-\cos\alpha\sin\gamma-\cos\beta\cos\gamma\sin\alpha) & \sin\beta\sin\alpha\\ (\cos\gamma\sin\alpha+\cos\beta\cos\alpha\sin\gamma) & (\cos\beta\cos\alpha\cos\gamma-\sin\alpha\sin\gamma) & -\cos\alpha\sin\beta\\ \sin\beta\sin\gamma & \cos\gamma\sin\beta & \cos\beta\end{bmatrix}\end{aligned}$$

有关计算 3-1-3 欧拉角生成的旋转矩阵的 MATLAB 函数的示例，请参见 MATLAB Workbook for DCRS 的例 2.3。

例 2.6 图 2-15 描述了可用于定义自主卫星系统运动学的几何图形。将显示出在该示例中使用的坐标系，其对应于一组 3-1-3 欧拉角。$\mathbb{E}$ 坐标系固定在地球中心，并且 $\boldsymbol{e}_1-\boldsymbol{e}_2$

平面与赤道平面重合。卫星的轨道方向是根据轨道的倾角（inclination）ψ 和赤经（right ascension）ϕ 确定的。

卫星绕地球的轨道平面沿节点线与 $\boldsymbol{e}_1-\boldsymbol{e}_2$ 平面相交，这与向量 $\boldsymbol{a}_1$ 相重合。$\mathbb{A}$ 坐标系定义为单轴绕 $\boldsymbol{e}_3$ 轴成角度 ϕ。右提升 ϕ 测量 $\boldsymbol{e}_1$ 和 $\boldsymbol{a}_1$ 轴之间的角度。从与 $\mathbb{B}$ 坐标系的初始对齐开始，使用单轴绕 $\boldsymbol{a}_1$ 轴旋转角度 ψ 引入第二个 $\mathbb{B}$ 坐标系。角度 ψ 是轨道平面相对于赤道平面的倾斜度。

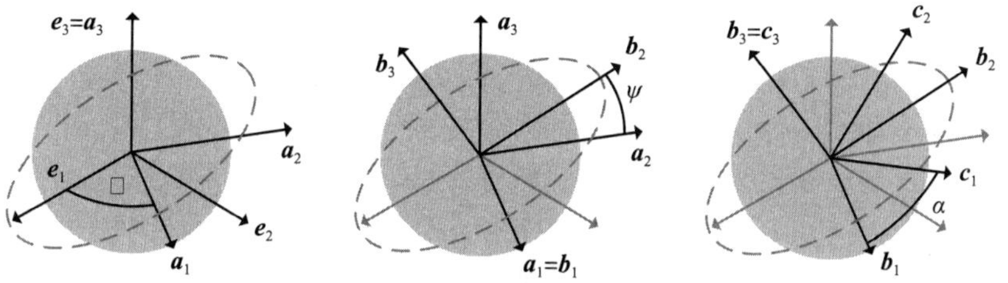

a）进动　　b）章动　　c）旋转

图 2-15　地球周围卫星轨道的运动学模型

通过围绕 $\boldsymbol{b}_3$ 轴旋转角度 α，从 $\mathbb{B}$ 坐标系获得与卫星相对于地球方向相对应的 $\mathbb{C}$ 坐标系。$\boldsymbol{c}_1$ 轴沿着从地球到卫星/坐标系 $\mathbb{C}$ 原点的位置向量，并且 $\boldsymbol{c}_3$ 垂直于轨道平面。

计算旋转矩阵，该矩阵将地球坐标系 $\mathbb{E}$ 的基映射到 $\mathbb{C}$ 坐标系的基。

解： 如前所述，旋转矩阵 $\boldsymbol{R}_{\mathbb{E}}^{\mathbb{C}}$ 是三个单轴旋转矩阵的组合

$$\boldsymbol{R}_{\mathbb{E}}^{\mathbb{C}}=\boldsymbol{R}_{\mathbb{B}}^{\mathbb{C}}\boldsymbol{R}_{\mathbb{A}}^{\mathbb{B}}\boldsymbol{R}_{\mathbb{E}}^{\mathbb{A}}$$

通过检查几何关系，$\mathbb{A}$ 的基可以用 $\mathbb{E}$ 的基表示为

$$\boldsymbol{a}_1=\cos\phi\boldsymbol{e}_1+\sin\phi\boldsymbol{e}_2$$
$$\boldsymbol{a}_2=-\sin\phi\boldsymbol{e}_1+\cos\phi\boldsymbol{e}_2$$
$$\boldsymbol{a}_3=\boldsymbol{e}_3$$

同样，$\mathbb{B}$ 的基可以用 $\mathbb{A}$ 的基表示为

$$\boldsymbol{b}_1=\boldsymbol{a}_1$$
$$\boldsymbol{b}_2=\cos\psi\boldsymbol{a}_2+\sin\psi\boldsymbol{a}_3$$
$$\boldsymbol{b}_3=-\sin\psi\boldsymbol{a}_2+\cos\psi\boldsymbol{a}_3$$

$\mathbb{C}$ 的基以 $\mathbb{B}$ 的基表示

$$\boldsymbol{c}_1=\cos\alpha\boldsymbol{b}_1+\sin\alpha\boldsymbol{b}_2$$
$$\boldsymbol{c}_2=-\sin\alpha\boldsymbol{b}_1+\cos\alpha\boldsymbol{b}_2$$
$$\boldsymbol{c}_3=\boldsymbol{b}_3$$

对应的旋转矩阵为

$$\boldsymbol{R}_{\mathbb{E}}^{\mathbb{A}}=\begin{bmatrix}\cos\phi & \sin\phi & 0\\ -\sin\phi & \cos\phi & 0\\ 0 & 0 & 1\end{bmatrix}\quad \boldsymbol{R}_{\mathbb{A}}^{\mathbb{B}}=\begin{bmatrix}1 & 0 & 0\\ 0 & \cos\psi & \sin\psi\\ 0 & -\sin\psi & \cos\psi\end{bmatrix}\quad \boldsymbol{R}_{\mathbb{B}}^{\mathbb{C}}=\begin{bmatrix}\cos\alpha & \sin\alpha & 0\\ -\sin\alpha & \cos\alpha & 0\\ 0 & 0 & 1\end{bmatrix}$$

复合旋转矩阵的最终表达式为 $\boldsymbol{R}_{\mathbb{E}}^{\mathbb{C}}=\boldsymbol{R}_{\mathbb{B}}^{\mathbb{C}}\boldsymbol{R}_{\mathbb{A}}^{\mathbb{B}}\boldsymbol{R}_{\mathbb{E}}^{\mathbb{A}}$，可以写成

$$\boldsymbol{R}_{\mathbb{E}}^{\mathbb{C}}=\begin{bmatrix}\cos\alpha & \sin\alpha & 0\\ -\sin\alpha & \cos\alpha & 0\\ 0 & 0 & 1\end{bmatrix}\begin{bmatrix}1 & 0 & 0\\ 0 & \cos\psi & \sin\psi\\ 0 & -\sin\psi & \cos\psi\end{bmatrix}\begin{bmatrix}\cos\phi & \sin\phi & 0\\ -\sin\phi & \cos\phi & 0\\ 0 & 0 & 1\end{bmatrix}$$

此旋转矩阵的转置 $\boldsymbol{R}_{\mathbb{C}}^{\mathbb{B}}=(\boldsymbol{R}_{\mathbb{B}}^{\mathbb{C}})^{\mathrm{T}}$ 与 3-1-3 欧拉角产生的转置相同。请参见 MATLAB Workbook 中的例 2.3。◀

2.3.4 轴角度参数化

第 2.3.3.1 节和第 2.3.3.2 节介绍了两个最常见，定义特定欧拉角序列的示例，它们是级联的，固定在物体的旋转。本节重点介绍表示三个维度的通用旋转矩阵的另一种常见方法，即轴角度参数化（axis angle parameterization）。该技术与 2.3.3 节中讨论的欧拉角方法系列大不相同。这种情况利用了旋转矩阵的属性，即通过绕旋转轴 $\boldsymbol{u}$ 旋转角度 ϕ 可以得到任何广义旋转矩阵。变量 ϕ 和 $\boldsymbol{u}$ 的几何形状和定义如图 2-16 所示。以下定理给出了旋转矩阵 $\boldsymbol{R}_{\mathbb{A}}^{\mathbb{B}}$ 的简明描述，用于图 2-16 所示的由 ϕ 和 $\boldsymbol{u}$ 参数化的变换。

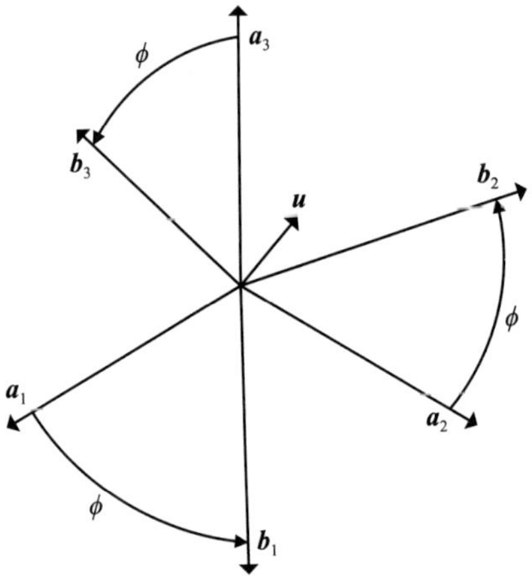

图 2-16 旋转方向 $\boldsymbol{u}$ 和旋转角度 ϕ 的定义

定理 2.7（旋转矩阵指数） 矩阵指数 $e^{S(\phi u)}$ 是任意标量 ϕ 和单位向量 $\boldsymbol{u}$ 的旋转矩阵，由下式给出

$$\begin{aligned}e^{S(\phi u)}&=\cos\phi(\mathbb{I}-\boldsymbol{u}\boldsymbol{u}^{\mathrm{T}})+\sin\phi\boldsymbol{S}(\boldsymbol{u})+\boldsymbol{u}\boldsymbol{u}^{\mathrm{T}}\\&=\mathbb{I}+(1-\cos\phi)\boldsymbol{S}^2(\boldsymbol{u})+\sin\phi\boldsymbol{S}(\boldsymbol{u})\end{aligned}\tag{2.31}$$

相反，恰当选择 ϕ 和单位向量 $\boldsymbol{u}$，任何旋转矩阵都可以写成 $e^{S(\phi u)}$。

定理 2.8（轴角度参数化） 假设坐标系 $\mathbb{A}$ 通过围绕单位向量 $\boldsymbol{u}$ 的旋转 ϕ 映射到图 2-16 中的坐标系 $\mathbb{B}$。旋转矩阵 $\boldsymbol{R}_{\mathbb{A}}^{\mathbb{B}}$ 由矩阵指数给定

$$\boldsymbol{R}_{\mathbb{A}}^{\mathbb{B}}=e^{S(\phi u)}\tag{2.32}$$

其中 $\boldsymbol{S}(\cdot)$ 是斜对称算子。

证明： 这两个定理的证明很长，因此，仅证明式（2.31）中的公式适用于任何标量 ϕ 和单位向量 $\boldsymbol{u}$。习题 2.34 解决了矩阵指数 $e^{S(\phi u)}$ 是旋转矩阵的证明。习题 2.29 证明了 $e^{S(\phi u)}$ 是与绕 $\boldsymbol{u}$ 方向旋转角度 ϕ 具体相关的旋转矩阵的证明。习题 2.15 和习题 2.16 中介绍了以下证明中使用的一些等式的推导。■

通过无穷级数定义任何矩阵 $\boldsymbol{A}$ 的矩阵指数

$$e^{A}=\sum_{i=0}^{\infty}\frac{\boldsymbol{A}^i}{i!}=\mathbb{I}+\boldsymbol{A}+\frac{1}{2!}\boldsymbol{A}^2+\frac{1}{3!}\boldsymbol{A}^3+\cdots$$

对于轴角参数化，$e^{S(\phi u)}$ 展开为

$$\begin{aligned}e^{S(\phi u)}&=\mathbb{I}+\boldsymbol{S}(\phi\boldsymbol{u})+\frac{1}{2!}\boldsymbol{S}^2(\phi\boldsymbol{u})+\frac{1}{3!}\boldsymbol{S}^3(\phi\boldsymbol{u})+\cdots\\&=\mathbb{I}+\phi\boldsymbol{S}(\boldsymbol{u})+\frac{1}{2!}\phi^2\boldsymbol{S}^2(\boldsymbol{u})+\frac{1}{3!}\phi^3\boldsymbol{S}(\boldsymbol{u})+\cdots\end{aligned}$$

因为对于任何标量 ϕ，$\boldsymbol{S}(\phi\boldsymbol{u})=\phi\boldsymbol{S}(\boldsymbol{u})$。习题 2.16 和习题 2.17 表明，对于 $\boldsymbol{R}^3$ 中的任何 $\boldsymbol{\omega}$

$$\boldsymbol{S}^2(\boldsymbol{\omega})=-\|\boldsymbol{\omega}\|^2\mathbb{I}+\boldsymbol{\omega}\boldsymbol{\omega}^{\mathrm{T}}$$

$$\boldsymbol{S}^3(\boldsymbol{\omega})=-\|\boldsymbol{\omega}\|^2\boldsymbol{S}(\boldsymbol{\omega})$$

使用这些等式，可以得出

$$\boldsymbol{S}^2(\boldsymbol{u})=-(\mathbb{I}-\boldsymbol{u}\boldsymbol{u}^{\mathrm{T}})$$

$$\boldsymbol{S}^3(\boldsymbol{u})=-\boldsymbol{S}(\boldsymbol{u})$$

$$S^4(u)=(\mathbb{I}-uu^T)(\mathbb{I}-uu^T)=\mathbb{I}-uu^T$$
$$S^5(u)=S(u)(\mathbb{I}-uu^T)=S(u)$$

因为 $(uu^T)S(u)=S(u)uu^T=0$。当将这些等式代入矩阵指数的级数表达式时，将获得以下表达式

$$\begin{aligned}e^{S(\phi u)}&=\mathbb{I}+\phi S(u)-\frac{1}{2!}\phi^2(\mathbb{I}-uu^T)-\frac{1}{3!}\phi^3 S(u)+\frac{1}{4!}\phi^4(\mathbb{I}-uu^T)+\frac{1}{5!}\phi^5 S(u)+\cdots\\&=\mathbb{I}+\left(1-\frac{\phi^2}{2!}+\frac{\phi^4}{4!}-\frac{\phi^6}{6!}+\cdots\right)(\mathbb{I}-uu^T)-(\mathbb{I}-uu^T)+\left(\phi-\frac{1}{3!}\phi^3+\frac{1}{5!}\phi^5+\cdots\right)S(u)\\&=\cos\phi(\mathbb{I}-uu^T)+\sin\phi S(u)+uu^T\end{aligned}$$

■

例 2.7 旋转矩阵 R 由下式给出

$$R=\begin{bmatrix}\cos\theta & \sin\theta & 0\\ -\sin\theta & \cos\theta & 0\\ 0 & 0 & 1\end{bmatrix}$$

使用在定理 2.8 中推导得出的等式

$$e^{\phi u}:=\mathbb{I}+(1-\cos\phi)S^2(u)+\sin\phi S(u)$$

证明该旋转矩阵对应于绕轴 3 旋转角度 θ。

解：在此解答中，旋转矩阵 R 和单位向量 u 将分别由 r_{ij} 和 μ_i 设置参数。首先，根据 μ_i 展开 $S^2(u)$ 的表达式，使得

$$S^2(u)=-\mathbb{I}+uu^T=\begin{bmatrix}-(u_2^2+u_3^2) & u_1u_2 & u_1u_3\\ u_2u_1 & -(u_1^2+u_3^2) & u_2u_3\\ u_3u_1 & u_3u_2 & -(u_1^2+u_2^2)\end{bmatrix}$$

使用此表达式展开 $e^{\phi u}$ 会得到

$$e^{\phi u}=\begin{bmatrix}1&0&0\\0&1&0\\0&0&1\end{bmatrix}+(1-\cos\phi)\begin{bmatrix}-(u_2^2+u_3^2) & u_1u_2 & u_1u_3\\ u_2u_1 & -(u_1^2+u_3^2) & u_2u_3\\ u_3u_1 & u_3u_2 & -(u_1^2+u_2^2)\end{bmatrix}+$$
$$\sin\phi\begin{bmatrix}0 & -u_3 & u_2\\ u_3 & 0 & -u_1\\ -u_2 & u_1 & 0\end{bmatrix}$$

同时，旋转矩阵可以被展开为

$$R=\begin{bmatrix}r_{11} & r_{12} & r_{13}\\ r_{21} & r_{22} & r_{23}\\ r_{31} & r_{32} & r_{33}\end{bmatrix}=\begin{bmatrix}\cos\theta & \sin\theta & 0\\ -\sin\theta & \cos\theta & 0\\ 0 & 0 & 1\end{bmatrix}\tag{2.33}$$

通过取 $e^{S(\phi u)}$ 和 R 的迹并使它们彼此相等，可以找到 ϕ 的方程。

$$3-2(1-\cos\phi)=2\cos\theta+1$$
$$1+2\cos\phi=2\cos\theta+1$$
$$\cos\theta=\cos\phi$$

当 $\theta=\pm\phi$ 时，该方程组成立。按照惯例，假定 $\theta=\phi$；如果做出相反的假设，则旋转的结果轴为 $-u$。展开非对角项 r_{12} 和 r_{21} 可以看到

$$\sin\theta=r_{12}=(1-\cos\phi)u_1u_2+\sin\phi(-u_3)-\sin\theta=r_{21}=(1-\cos\phi)u_2u_1+\sin\phi(u_3)$$

并从第二个方程中减去第一个方程，得到

$$2\sin\theta = -2\sin\phi u_3$$

$$u_3 = -\frac{\sin\theta}{\sin\phi} = -1$$

因为 $\boldsymbol{u}$ 是单位向量，所以 $u_1 = u_2 = 0$。将 ϕ 和 $\boldsymbol{u}$ 的表达式替换为 $\boldsymbol{e}^{\phi u}$ 的表达式，会得到预期的旋转矩阵的形式。

$$\boldsymbol{e}^{\phi u} = \begin{bmatrix} 1 & 0 & 0 \\ 0 & 1 & 0 \\ 0 & 0 & 1 \end{bmatrix} + (1-\cos\theta)\begin{bmatrix} -1 & 0 & 0 \\ 0 & -1 & 0 \\ 0 & 0 & 0 \end{bmatrix} + \sin\theta\begin{bmatrix} 0 & 1 & 0 \\ 1 & 0 & 0 \\ 0 & 0 & 0 \end{bmatrix} = \begin{bmatrix} \cos\theta & \sin\theta & 0 \\ -\sin\theta & \cos\theta & 0 \\ 0 & 0 & 1 \end{bmatrix}$$

有关 m 文件的信息，请参见 MATLAB Workbook for DCRS 的例 2.4，该文件可用于构造任意旋转角度 ϕ 和单位向量 $\boldsymbol{u}$ 的旋转矩阵 $\boldsymbol{e}^{\phi u}$。◀

2.4　位置、速度和加速度

运动学的研究基于构成机械系统的刚体上点的位置、速度和加速度的定义。如前所述，在与机器人技术相关的应用中，单个机械系统中可能有许多参考系。因此，需要一种系统的方法来利用这些众多的参考坐标系。这种对复杂系统进行规范化处理的坐标系（一个坐标系可容纳很多的参考坐标系）这也是本文与其他介绍性叙述文章的不同之处。作为起点，提出了一坐标系相对于另一坐标系变化的行为的定义，并随后定义向量的总时间导数（total time derivative）。

定义 2.4（时变表示）　假设 $\mathbb{X}$ 和 $\mathbb{Y}$ 分别是基为 $\boldsymbol{x}_1$，$\boldsymbol{x}_2$，$\boldsymbol{x}_3$ 和 $\boldsymbol{y}_1$，$\boldsymbol{y}_2$，$\boldsymbol{y}_3$ 的坐标系。坐标系 $\mathbb{Y}$ 相对于时间是变化的表达式 $\boldsymbol{y}_1^{\mathbb{X}}$，$\boldsymbol{y}_2^{\mathbb{X}}$，$\boldsymbol{y}_3^{\mathbb{X}}$ 有以下形式

$$\boldsymbol{y}_1^{\mathbb{X}} = \boldsymbol{y}_1^{\mathbb{X}}(t),\ \boldsymbol{y}_2^{\mathbb{X}} = \boldsymbol{y}_2^{\mathbb{X}}(t),\ \boldsymbol{y}_3^{\mathbb{X}} = \boldsymbol{y}_3^{\mathbb{X}}(t)$$

如果背景坐标系 $\mathbb{X}$ 已知，$\mathbb{Y}$ 坐标系可以写成只有时变基（time varying base）$\boldsymbol{y}_1(t)$，$\boldsymbol{y}_2(t)$，$\boldsymbol{y}_3(t)$。

以上定义也符合直观感觉。此外，这个定义是具有对称性的，因为就意义而言，即如果 $\mathbb{Y}$ 随着 $\mathbb{X}$ 变化，$\mathbb{X}$ 也随着 $\mathbb{Y}$ 变化，因为 $\boldsymbol{R}_{\mathbb{Y}}^{\mathbb{X}}(t) = (\boldsymbol{R}_{\mathbb{X}}^{\mathbb{Y}}(t))^{\mathrm{T}}$。

另外，在描述问题时，一坐标系相对于另一坐标系变化通常是隐式而非显性的。通常简单陈述为坐标系 $\mathbb{Y}$ 具有时变基轴 $\boldsymbol{y}_1(t)$，$\boldsymbol{y}_2(t)$，$\boldsymbol{y}_3(t)$，而不会明确地讨论表达式 $\boldsymbol{y}_1^{\mathbb{X}}(t)$，$\boldsymbol{y}_2^{\mathbb{X}}(t)$，$\boldsymbol{y}_3^{\mathbb{X}}(t)$。

例 2.8　图 2-17 描绘了一个圆柱坐标型机械手，以及为每个刚体选择的坐标系。坐标系 0 固定在地面连杆上，坐标系 1 固定在垂直连杆上，坐标系 2 固定在水平连杆上，坐标系 3 固定在工具上。使用定义 2.4 确定以下几对坐标系是否会相对彼此变化：(i) 坐标系 0 和 1，(ii) 坐标系 1 和 2，(iii) 坐标系 2 和 3。

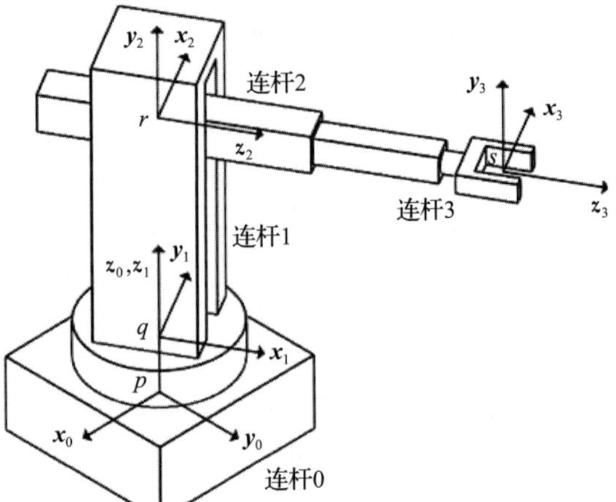

图 2-17　圆柱坐标型机器人，坐标系

解：从图 2-17 可以看出，坐标系 1 的基向量可以用坐标系 0 的基向量表示，即

$$\boldsymbol{x}_1 = \cos\theta_1 \boldsymbol{x}_0 + \sin\theta_1 \boldsymbol{y}_0$$

$$\boldsymbol{y}_1 = -\sin\theta_1 \boldsymbol{x}_0 + \cos\theta_1 \boldsymbol{y}_0$$

$$\boldsymbol{z}_1 = \boldsymbol{z}_0$$

那意味着，旋转矩阵 $\boldsymbol{R}_0^1$ 可表示为

$$\boldsymbol{R}_0^1=\begin{bmatrix}\cos\theta_1 & \sin\theta_1 & 0\\ -\sin\theta_1 & \cos\theta_1 & 0\\ 0 & 0 & 1\end{bmatrix}=[\boldsymbol{x}_0^1 \quad \boldsymbol{y}_0^1 \quad \boldsymbol{z}_0^1]$$

换句话说，当把关节角度写成明显的时间函数时

$$\boldsymbol{x}_0^1(t)=\begin{Bmatrix}\cos\theta_1(t)\\ -\sin\theta_1(t)\\ 0\end{Bmatrix},\quad \boldsymbol{y}_0^1(t)=\begin{Bmatrix}\sin\theta_1(t)\\ \cos\theta_1(t)\\ 0\end{Bmatrix},\quad \boldsymbol{z}_0^1(t)=\begin{Bmatrix}0\\0\\1\end{Bmatrix}$$

并且因为可以通过 $\boldsymbol{R}_0^1$ 的转置和列的分离得到逆关系

$$\boldsymbol{x}_1^0(t)=\begin{Bmatrix}\cos\theta_1(t)\\ \sin\theta_1(t)\\ 0\end{Bmatrix},\quad \boldsymbol{y}_1^0(t)=\begin{Bmatrix}-\sin\theta_1(t)\\ \cos\theta_1(t)\\ 0\end{Bmatrix},\quad \boldsymbol{z}_1^0(t)=\begin{Bmatrix}0\\0\\1\end{Bmatrix}$$

所以可以看出 0 和 1 两个坐标系彼此之间可以相互转换（根据定义 2.4）。然而，1 和 2 坐标系，在任何时刻 t，都有

$$\boldsymbol{x}_2=\boldsymbol{y}_1$$
$$\boldsymbol{y}_2=\boldsymbol{z}_1$$
$$\boldsymbol{z}_2=\boldsymbol{x}_1$$

或者相当于

$$\boldsymbol{R}_1^2=\begin{bmatrix}0 & 1 & 0\\ 0 & 0 & 1\\ 1 & 0 & 0\end{bmatrix}$$

下面的单位列向量可以从 $\boldsymbol{R}_1^2$ 的列中分离提取

$$\boldsymbol{x}_1^2=\begin{Bmatrix}0\\0\\1\end{Bmatrix},\quad \boldsymbol{y}_1^2=\begin{Bmatrix}1\\0\\0\end{Bmatrix},\quad \boldsymbol{z}_1^2=\begin{Bmatrix}0\\1\\0\end{Bmatrix}$$

$\boldsymbol{R}_2^1$ 的列也可以同样写为

$$\boldsymbol{x}_2^1=\begin{Bmatrix}0\\1\\0\end{Bmatrix},\quad \boldsymbol{y}_2^1=\begin{Bmatrix}0\\0\\1\end{Bmatrix},\quad \boldsymbol{z}_2^1=\begin{Bmatrix}1\\0\\0\end{Bmatrix}$$

这些表示形式相对于时间是恒定的，因此根据定义 2.5，坐标系 2 相对于坐标系 1 不变。通过类似的论点，因为旋转矩阵是常数矩阵，

$$\boldsymbol{R}_2^3=\begin{bmatrix}1 & 0 & 0\\ 0 & 0 & 1\\ 0 & -1 & 0\end{bmatrix}$$

坐标系 2 和 3 彼此不发生变化。 ◀

对于速度和加速度的定义，需要向量导数，由于给定系统中可能存在多个参考系，使得这项工作更加困难。向量 $\boldsymbol{v}$ 的导数必须始终被定义，无论是显式的还是隐式的，关于某个背景参考系，如下定理所示。

定义 2.5（时间的全导数） 假设坐标系 $\mathbb{Y}$ 相对于坐标系 $\mathbb{X}$ 是时变的，并且将坐标系 $\mathbb{Y}$ 的基轴表示为 $\boldsymbol{y}_1(t)$，$\boldsymbol{y}_2(t)$，$\boldsymbol{y}_3(t)$。根据链式法则，向量 $\boldsymbol{v}(t)=v_1(t)\boldsymbol{y}_1(t)+v_2(t)\boldsymbol{y}_2(t)+v_3(t)\boldsymbol{y}_3(t)$ 关于坐标系 $\mathbb{X}$ 的总时间导数可表示为

$$\left.\frac{\mathrm{d}}{\mathrm{d}t}\right|_{\mathbb{X}}(\boldsymbol{v}(t))=\dot{v}_1(t)\boldsymbol{y}_1(t)+\dot{v}_2(t)\boldsymbol{y}_2(t)+\dot{v}_3(t)\boldsymbol{y}_3(t)+ \tag{2.34}$$

$$v_1(t)\left.\frac{\mathrm{d}}{\mathrm{d}t}\right|_{\mathbb{X}}(\boldsymbol{y}_1(t))+v_2(t)\left.\frac{\mathrm{d}}{\mathrm{d}t}\right|_{\mathbb{X}}(\boldsymbol{y}_2(t))+v_3(t)\left.\frac{\mathrm{d}}{\mathrm{d}t}\right|_{\mathbb{X}}(\boldsymbol{y}_3(t)) \tag{2.35}$$

定义 2.5 中向量 $\boldsymbol{v}(t)$ 关于时间的全导数具有一个通用结构，该结构出现在本书讨论的许多问题中。全导数中的前三项包括与单位向量 $\boldsymbol{y}_1(t)$，$\boldsymbol{y}_2(t)$，$\boldsymbol{y}_3(t)$ 相乘的系数的导数。这三项构成坐标系 $\mathbb{Y}$ 中固定基导数（basis fixed derivative）或相对于坐标系 $\mathbb{Y}$ 中固定的观察者的导数。关于时间的全导数中的最后三项涉及单位向量导数（derivative of unit vector）；在 2.5 节中，定理 2.12 可以证明这三个项可以用角速度（angular velocity）表示。

定义 2.6（基固定的全导数） 让 $\mathbb{Y}$ 和 $\boldsymbol{v}$ 如定义 2.5 中所示，在坐标系 $\mathbb{Y}$ 中固定基的导数可以定义为

$$\left.\frac{\mathrm{d}}{\mathrm{d}t}\right|_{\mathbb{Y}}\boldsymbol{v}(t):=\dot{v}_1(t)\boldsymbol{y}_1(t)+\dot{v}_2(t)\boldsymbol{y}_2(t)+\dot{v}_3(t)\boldsymbol{y}_3(t) \tag{2.36}$$

式（2.36）中的导数也称为相对固定在 $\mathbb{Y}$ 坐标系中观察者的导数。

如果一个坐标向量相对于一个特定基的方向和长度是常数，那么在保持该基不变的情况下，该向量的导数等于零。由于这个性质经常被使用，所以引入定理 2.9。

定理 2.9（固定基坐标系的导数） 令 $\boldsymbol{y}_1$，$\boldsymbol{y}_2$，$\boldsymbol{y}_3$ 是 $\mathbb{Y}$ 坐标系的一组基并假设

$$\boldsymbol{v}(t)=v_1\boldsymbol{y}_1(t)+v_2\boldsymbol{y}_2(t)+v_3\boldsymbol{y}_3(t)$$

$v_1 v_2$ 和 v_3 都是常数，由定义

$$\left.\frac{\mathrm{d}}{\mathrm{d}t}\right|_{\mathbb{Y}}\boldsymbol{v}(t)=0$$

特别地，总是会有

$$\left.\frac{\mathrm{d}}{\mathrm{d}t}\right|_{\mathbb{Y}}\boldsymbol{y}_i(t)=0$$

对于 $i=1$，2，3

证明： 此定理严格遵循定义 2.6。 ■

例 2.9 说明定义 2.5、2.6 以及定理 2.9 如何直接应用到问题中。

例 2.9 再次考虑示例 2.8 中研究的圆柱坐标型机器人，如图 2-17 所示。向量 $\boldsymbol{u}(t)$ 定义为

$$\boldsymbol{u}(t)=\ln t\boldsymbol{x}_1(t)+\mathrm{e}^t\boldsymbol{y}_1(t)+(t^3+\sin\Omega t)\boldsymbol{z}_1(t) \tag{2.37}$$

$\boldsymbol{x}_1(t)$，$\boldsymbol{y}_1(t)$，$\boldsymbol{z}_1(t)$ 是 1 坐标系的基向量，$\boldsymbol{u}(t)$ 相对于 0 坐标系的导数是多少？

解： 由定义 2.5，

$$\left.\frac{\mathrm{d}}{\mathrm{d}t}\right|_{0}(\boldsymbol{u}(t))=\dot{u}_1(t)\boldsymbol{x}_1(t)+\dot{u}_2(t)\boldsymbol{y}_1(t)+\dot{u}_3(t)\boldsymbol{z}_1(t)+$$

$$u_1(t)\left.\frac{\mathrm{d}}{\mathrm{d}t}\right|_{0}(\boldsymbol{x}_1(t))+u_2\left.\frac{\mathrm{d}}{\mathrm{d}t}\right|_{0}(\boldsymbol{y}_1(t))+u_3\left.\frac{\mathrm{d}}{\mathrm{d}t}\right|_{0}(\boldsymbol{z}_1(t))$$

右边的前三项是通过微分式（2.37）中 $\boldsymbol{x}_1(t)$，$\boldsymbol{y}_1(t)$ 和 $\boldsymbol{z}_1(t)$ 的系数得到的。

$$\dot{u}_1\boldsymbol{x}_1(t)+\dot{u}_2\boldsymbol{y}_1(t)+\dot{u}_3\boldsymbol{z}_1(t)=\frac{1}{t}\boldsymbol{x}_1(t)+\mathrm{e}^t\boldsymbol{y}_1(t)+(3t^2+\Omega\cos\Omega t)\boldsymbol{z}_1(t)$$

$\boldsymbol{x}_1(t)$，$\boldsymbol{y}_1(t)$ 和 $\boldsymbol{z}_1(t)$ 相对于 0 坐标系的时间导数是通过扩展定义 0 坐标系的基向量并对结果表达式进行微分来计算的。

$$\left.\frac{\mathrm{d}}{\mathrm{d}t}\right|_0(\boldsymbol{x}_1(t))=\left.\frac{\mathrm{d}}{\mathrm{d}t}\right|_0(\cos\theta_1(t)\boldsymbol{x}_0+\sin\theta_1(t)\boldsymbol{y}_0)=\dot{\theta}(t)(-\sin\theta_1(t)\boldsymbol{x}_0+\cos\theta_1(t)\boldsymbol{y}_0)$$
$$=\dot{\theta}\boldsymbol{y}_1(t)$$
$$\left.\frac{\mathrm{d}}{\mathrm{d}t}\right|_0(\boldsymbol{y}_1(t))=\left.\frac{\mathrm{d}}{\mathrm{d}t}\right|_0(-\sin\theta_1(t)\boldsymbol{x}_0+\cos\theta_1(t)\boldsymbol{y}_0)=-\dot{\theta}(t)(\cos\theta_1(t)\boldsymbol{x}_0+\sin\theta_1(t)\boldsymbol{y}_0)$$
$$=-\dot{\theta}\boldsymbol{x}_1(t)$$
$$\left.\frac{\mathrm{d}}{\mathrm{d}t}\right|_0\boldsymbol{z}_1=\left.\frac{\mathrm{d}}{\mathrm{d}t}\right|_0\boldsymbol{z}_0=0$$

上述区别的含义是

$$\left.\frac{\mathrm{d}}{\mathrm{d}t}\right|_0(\boldsymbol{x}_0)=\left.\frac{\mathrm{d}}{\mathrm{d}t}\right|_0(\boldsymbol{y}_0)=\left.\frac{\mathrm{d}}{\mathrm{d}t}\right|_0(\boldsymbol{z}_0)=0$$

从定理 2.9，将总时间导数的这两部分结合起来，可以得到

$$\left.\frac{\mathrm{d}}{\mathrm{d}t}\right|_0(\boldsymbol{u}(t))=\frac{1}{t}\boldsymbol{x}_1(t)+\mathrm{e}^t\boldsymbol{y}_1(t)+(3t^2+\Omega\cos\Omega t)\boldsymbol{z}_1(t)+\ln t\dot{\theta}\boldsymbol{y}_1(t)-\mathrm{e}^t\dot{\theta}\boldsymbol{x}_1(t)$$
$$=\left(\frac{1}{t}-\mathrm{e}^t\dot{\theta}_1\right)\boldsymbol{x}_1(t)+(\mathrm{e}^t+\ln t\,\dot{\theta}_1)\boldsymbol{y}_1(t)+(3t^2+\Omega\cos\Omega t)\boldsymbol{z}_1(t)$$

有关此问题，请参阅 MATLAB Workbook for DCRS 的例 2.5。◀

最后，本节的重点是：在包含多个参照系的机械系统中，点 p 的位置、速度和加速度的定义。

定义 2.7（位置，速度和加速度） 假设坐标系 $\mathbb{X}$ 有基向量 $\boldsymbol{x}_1$，$\boldsymbol{x}_2$，$\boldsymbol{x}_3$。坐标系 $\mathbb{X}$ 中点 p 的位置向量 $\boldsymbol{r}_{\mathbb{X},p}(t)$ 是由坐标系 $\mathbb{X}$ 的原点指向任何时刻 p 点的向量。

点 p 相对于坐标系 $\mathbb{X}$ 的速度 $\boldsymbol{v}_{\mathbb{X},p}(t)$ 是点 p 的位置向量 $\boldsymbol{r}_{\mathbb{X},p}(t)$ 对 $\mathbb{X}$ 坐标系固定基的导数

$$\boldsymbol{v}_{\mathbb{X},p}(t)=\left.\frac{\mathrm{d}}{\mathrm{d}t}\right|_{\mathbb{X}}\boldsymbol{r}_{\mathbb{X},p}(t)$$

点 p 相对于坐标系 $\mathbb{X}$ 的速度 $\boldsymbol{a}_{\mathbb{X},p}(t)$ 是点 p 的速度 $\boldsymbol{v}_{\mathbb{X},p}(t)$ 对 $\mathbb{X}$ 坐标系固定基的导数

$$\boldsymbol{a}_{\mathbb{X},p}(t)=\left.\frac{\mathrm{d}}{\mathrm{d}t}\right|_{\mathbb{X}}\boldsymbol{v}_{\mathbb{X},p}(t)$$

例 2.10 再回到例 2.8 和例 2.9 中研究的机器人系统，如图 2-17 所示。点 s 在 0 坐标系中的位置向量是多少？用 2、1 和 0 坐标系的基向量来表示答案。点 s 在 1 坐标系中的位置向量是多少？根据 1 和 0 坐标系的基向量来表示答案。

解： 在 0 坐标系中点 s 位置向量 $\boldsymbol{r}_{0,s}$ 是由 0 坐标系原点指向 s 点的向量，这个向量可写为

$$\boldsymbol{r}_{0,s}=\underbrace{d_{p,q}\boldsymbol{z}_0}_{\text{由}p\text{到}q}+\underbrace{d_{q,r}(t)\boldsymbol{z}_0}_{\text{由}q\text{到}r}+\underbrace{d_{r,s}(t)\boldsymbol{z}_2}_{\text{由}r\text{到}s}$$

通过简单改变基向量，这个表达式可以以其他等效的形式表示。与坐标系 1 和坐标系 2 相关的表达式分别为

$$\boldsymbol{r}_{0,s}=(d_{p,q}+d_{q,r}(t))\boldsymbol{y}_2+d_{r,s}(t)\boldsymbol{z}_2=d_{r,s}(t)\boldsymbol{x}_1+(d_{p,q}+d_{q,r}(t))\boldsymbol{z}_1$$

若用 0 坐标系的基向量表示，则表达式为

$$\boldsymbol{r}_{0,s}^0=\boldsymbol{R}_1^0\begin{Bmatrix}d_{r,s}(t)\\0\\d_{p,q}+d_{q,r}(t)\end{Bmatrix}=\begin{bmatrix}\cos\theta_1&-\sin\theta_1&0\\\sin\theta_1&\cos\theta_1&0\\0&0&1\end{bmatrix}\begin{Bmatrix}d_{r,s}(t)\\0\\d_{p,q}+d_{q,r}(t)\end{Bmatrix}=\begin{Bmatrix}d_{r,s}(t)\cos\theta_1\\d_{r,s}(t)\sin\theta_1\\d_{p,q}+d_{q,r}(t)\end{Bmatrix}$$

在1坐标系中点 s 位置向量 $\boldsymbol{r}_{1,s}$ 是由1坐标系的原点指向 s 点的向量，用1坐标系的基向量，这个位置向量可表示为

$$\boldsymbol{r}_{1,s}=d_{r,s}(t)\boldsymbol{x}_1+d_{q,r}(t)\boldsymbol{z}_1$$

用0坐标系的基变量来表示，其成分可以表示为

$$\boldsymbol{r}_{1,s}^0=\boldsymbol{R}_1^0\boldsymbol{r}_{1,s}^1=\begin{bmatrix}\cos\theta_1 & -\sin\theta_1 & 0\\ \sin\theta_1 & \cos\theta_1 & 0\\ 0 & 0 & 1\end{bmatrix}\begin{Bmatrix}d_{r,s}(t)\\ 0\\ d_{q,r}(t)\end{Bmatrix}=d_{r,s}(t)\begin{Bmatrix}\cos\theta_1\\ \sin\theta_1\\ 0\end{Bmatrix}+d_{q,r}(t)\begin{Bmatrix}0\\0\\1\end{Bmatrix}$$

有关此问题，请参阅 MATLAB Workbook for DCRS 的例2.6。 ◀

例2.11 考虑图2-17中描述的机器人，点 s 在0坐标系中的速度是多少？点 s 在0坐标系中的加速度是多少？

解： 由定义，点 s 在0坐标系中的速度为

$$\boldsymbol{v}_{0,s}=\left.\frac{\mathrm{d}}{\mathrm{d}t}\right|_0\boldsymbol{r}_{0,s}$$

在例2.10中，位置向量 $\boldsymbol{r}_{0,s}$ 可以表示为

$$\boldsymbol{r}_{0,s}=d_{r,s}(t)\cos\theta_1\boldsymbol{x}_0+d_{r,s}(t)\sin\theta_1\boldsymbol{y}_0+(d_{p,q}+d_{q,r}(t))\boldsymbol{z}_0$$

直接应用定义可以得到

$$\begin{aligned}\boldsymbol{v}_{0,s}&=\left.\frac{\mathrm{d}}{\mathrm{d}t}\right|_0\boldsymbol{r}_{0,s}=(\dot{d}_{r,s}\cos\theta_1-d_{r,s}\dot{\theta}_1\sin\theta_1)\boldsymbol{x}_0+(\dot{d}_{r,s}\sin\theta_1+\dot{d}_{r,s}\dot{\theta}_1\cos\theta_1)\boldsymbol{y}_0+\dot{H}\boldsymbol{z}_0+\\&\quad d_{r,s}\cos\theta_1\underbrace{\left.\frac{\mathrm{d}}{\mathrm{d}t}\right|_0\boldsymbol{x}_0}_{0}+d_{r,s}\sin\theta_1\underbrace{\left.\frac{\mathrm{d}}{\mathrm{d}t}\right|_0\boldsymbol{y}_0}_{0}+(d_{p,q}+d_{q,r}(t))\underbrace{\left.\frac{\mathrm{d}}{\mathrm{d}t}\right|_0\boldsymbol{z}_0}_{0}\\&=(\dot{d}_{r,s}\cos\theta_1-d_{r,s}\dot{\theta}_1\sin\theta_1)\boldsymbol{x}_0+(\dot{d}_{r,s}\sin\theta_1+d_{r,s}\dot{\theta}_1\cos\theta_1)\boldsymbol{y}_0+\dot{d}_{q,r}\boldsymbol{z}_0\end{aligned}$$

类似地，可以加速度

$$\begin{aligned}\boldsymbol{a}_{0,s}&=\left.\frac{\mathrm{d}}{\mathrm{d}t}\right|_0\boldsymbol{v}_{0,s}=(\ddot{d}_{r,s}\cos\theta_1-\dot{d}_{r,s}\dot{\theta}_1\sin\theta_1-d_{r,s}\ddot{\theta}\sin\theta_1-\dot{d}_{r,s}\dot{\theta}_1^2\cos\theta_1)\boldsymbol{x}_0+\\&\quad(\ddot{d}_{r,s}\sin\theta_1+\dot{d}_{r,s}\dot{\theta}_1\cos\theta_1+\dot{d}_{r,s}\dot{\theta}_1\cos\theta_1+d_{r,s}\ddot{\theta}_1\cos\theta_1-\dot{d}_{r,s}\dot{\theta}_1^2\sin\theta_1)\boldsymbol{y}_0+\ddot{d}_{q,r}\boldsymbol{z}_0\end{aligned}$$

需要注意的是，上述速度和加速度表达式的分量也可以用柱坐标系系统表示，如定理2.18所述，

$$\boldsymbol{v}_{0,s}^0=\dot{d}_{r,s}\begin{Bmatrix}\cos\theta_1\\ \sin\theta_1\\ 0\end{Bmatrix}+d_{r,s}\dot{\theta}_1\begin{Bmatrix}-\sin\theta_1\\ \cos\theta_1\\ 0\end{Bmatrix}+\dot{d}_{q,r}\begin{Bmatrix}0\\0\\1\end{Bmatrix}$$

$$\boldsymbol{a}_{0,s}^0=(\ddot{d}_{r,s}-d_{r,s}\dot{\theta}_1^2)\begin{Bmatrix}\cos\theta_1\\ \sin\theta_1\\ 0\end{Bmatrix}+(d_{r,s}\ddot{\theta}_1+2\dot{d}_{r,s}\dot{\theta}_1)\begin{Bmatrix}-\sin\theta_1\\ \cos\theta_1\\ 0\end{Bmatrix}+\ddot{d}_{q,r}\begin{Bmatrix}0\\0\\1\end{Bmatrix}$$

在 MATLABWorkbook for DCRS 的例2.7中使用 MATLAB 计算了速度 $\boldsymbol{v}_{0,s}$ 和加速度 $\boldsymbol{a}_{0,s}$。 ◀

例2.12 再次考虑图2-17中描述的机器人，点 s 在1坐标系中的速度是多少？点 s 在1坐标系中的加速度是多少？

解： 点 s 在1坐标系中的速度 $\boldsymbol{v}_{1,s}$ 为

$$\boldsymbol{v}_{1,s}=\left.\frac{\mathrm{d}}{\mathrm{d}t}\right|_1\boldsymbol{r}_{1,s}$$

这里 $\boldsymbol{r}_{1,s}$ 是点 s 在 1 坐标系中的位置，从例 2.10 中可得，$\boldsymbol{r}_{1,s}$ 定义为

$$\boldsymbol{r}_{1,s}=d_{r,s}(t)\boldsymbol{x}_1+d_{q,r}(t)\boldsymbol{z}_1$$

速度 $\boldsymbol{v}_{1,s}$ 是

$$\begin{aligned}\boldsymbol{v}_{1,s}&=\dot{d}_{r,s}\boldsymbol{x}_1+\dot{d}_{q,r}\boldsymbol{z}_1=\left.\frac{\mathrm{d}}{\mathrm{d}t}\right|_1 d_{r,s}(t)\boldsymbol{x}_1+d_{q,r}(t)\boldsymbol{z}_1\\&=\dot{d}_{r,s}\boldsymbol{x}_1+d_{r,s}\underbrace{\left.\frac{\mathrm{d}}{\mathrm{d}t}\right|_1\boldsymbol{x}_1}_{0}+\dot{d}_{q,r}\boldsymbol{z}_1+d_{q,r}\underbrace{\left.\frac{\mathrm{d}}{\mathrm{d}t}\right|_1\boldsymbol{z}_1}_{0}=\dot{d}_{r,s}\boldsymbol{x}_1+\dot{d}_{q,r}\boldsymbol{z}_1\end{aligned}$$

对于加速度 $\boldsymbol{a}_{1,s}$

$$\begin{aligned}\boldsymbol{a}_{1,s}&=\left.\frac{\mathrm{d}}{\mathrm{d}t}\right|_1\boldsymbol{v}_{1,s}=\left.\frac{\mathrm{d}}{\mathrm{d}t}\right|_1\dot{d}_{r,s}\boldsymbol{x}_1+\dot{d}_{q,r}\boldsymbol{z}_1\\&=\ddot{d}_{r,s}\boldsymbol{x}_1+\dot{d}_{r,s}\underbrace{\left.\frac{\mathrm{d}}{\mathrm{d}t}\right|_1\boldsymbol{x}_1}_{0}+\ddot{d}_{q,r}\boldsymbol{z}_1+\dot{d}_{q,r}\underbrace{\left.\frac{\mathrm{d}}{\mathrm{d}t}\right|_1\boldsymbol{z}_1}_{0}=\ddot{d}_{r,s}\boldsymbol{x}_1+\ddot{d}_{q,r}\boldsymbol{z}_1\end{aligned}$$

注意，上面的速度和加速度不是从例 2.11 中计算的 0 坐标系以及随后的变化基向量中的速度和加速度获得的。用于定义 $\boldsymbol{v}_{1,s}$ 和 $\boldsymbol{v}_{0,s}$ 的位置向量不同。此计算也在 MATLAB Workbook for DCRS 的例 2.8 中执行。◀

在许多问题中，因为背景坐标系应该是清楚的，故符号 $(\cdot)\,|_{\mathbb{X}}$ 易被省略。然而，需要注意的是，$\boldsymbol{r}_{\mathbb{X},p}$ 和 $\boldsymbol{r}_{\mathbb{Y},p}$ 不是同一向量在不同坐标系中的表示；它们是从不同坐标系的原点到同一点的不同向量。以下定义通过引入坐标系 $\mathbb{X}$ 和坐标系 $\mathbb{Y}$ 的相对位置（relative position）的 $\boldsymbol{d}_{\mathbb{X},\mathbb{Y}}$ 概念来强调这一事实。

定义 2.8（相对位置） 假设坐标系 $\mathbb{X}$ 有基向量 $\boldsymbol{x}_1$，$\boldsymbol{x}_2$，$\boldsymbol{x}_3$，并假设有基向量 $\boldsymbol{y}_1(t)$，$\boldsymbol{y}_2(t)$，$\boldsymbol{y}_3(t)$ 的坐标系 $\mathbb{Y}$ 随着坐标系 $\mathbb{X}$ 变化，如图 2-18 所示。坐标系 $\mathbb{Y}$ 相对于坐标系 $\mathbb{X}$ 的相对位置向量 $\boldsymbol{d}_{\mathbb{X},\mathbb{Y}}(t)$ 是从坐标系 $\mathbb{X}$ 的原点指向坐标系 $\mathbb{Y}$ 的原点。点 p 在坐标系 $\mathbb{X}$ 中的位置向量 $\boldsymbol{r}_{\mathbb{X},p}$，点 p 在坐标系 $\mathbb{Y}$ 中的位置向量 $\boldsymbol{r}_{\mathbb{Y},p}$，坐标系 $\mathbb{Y}$ 相对于坐标系 $\mathbb{X}$ 的相对位置向量 $\boldsymbol{d}_{\mathbb{X},\mathbb{Y}}(t)$ 满足等式

$$\boldsymbol{r}_{\mathbb{X},p}(t)=\boldsymbol{d}_{\mathbb{X},\mathbb{Y}}(t)+\boldsymbol{r}_{\mathbb{Y},p}(t)$$

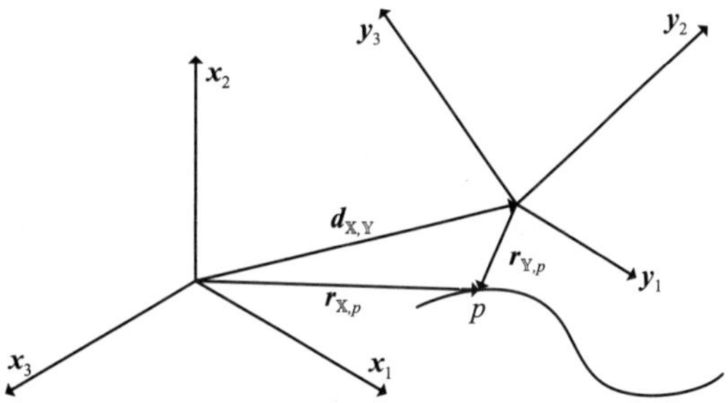

图 2-18 位置向量

2.5 角速度和角加速度

定义 2.7 中的速度和加速度的计算通常需要单位向量的微分（differentiation of unit vector）或旋转矩阵的微分（differentiation of rotation matrix）。这两个主题密切相关，通常使用两个不同参考系之间的角速度来定义。如果对定义 2.7 中速度的表达式进一步求导得到加速度，还需要角速度的导数，即角加速度（angular acceleration）。角速度在 2.5.1 节中定义，2.5.2 节将讨论角加速度。

2.5.1 角速度

角速度是运动学中的一个基本量。它对二维或平面运动的定义很简单，如定理 2.13 所示，并且很容易从几何学上解释。然而，在三维上角速度的定义并不适合于简单的几何解释。随后的定义表明，从根本上讲，角速度的定义与旋转矩阵的时间导数的计算有关。

定义 2.9（角速度） 让坐标系 $\mathbb{Y}$ 绕着坐标系 $\mathbb{X}$ 旋转，并假设旋转矩阵 $\boldsymbol{R}_{\mathbb{Y}}^{\mathbb{X}}$ 是一个可微的时间函数，坐标系 $\mathbb{Y}$ 相对于坐标系 $\mathbb{X}$ 的角速度 $\boldsymbol{\omega}_{\mathbb{X},\mathbb{Y}}$ 是一个独特的向量，使得线性算子 $\boldsymbol{\omega}_{\mathbb{X},\mathbb{Y}}\times(\cdot)$ 关于坐标系 $\mathbb{X}$ 的基有这样的矩阵表达式$\dot{\boldsymbol{R}}_{\mathbb{Y}}^{\mathbb{X}}(\boldsymbol{R}_{\mathbb{Y}}^{\mathbb{X}})^{\mathrm{T}}$。

在继续处理一些应用和问题之前，应该证明此定义是首尾一致的。关于定义 2.9，至少应注意几点。对于任何可能的角速度向量 $\boldsymbol{\omega}_{\mathbb{X},\mathbb{Y}}$，运算符 $\boldsymbol{\omega}_{\mathbb{X},\mathbb{Y}}\times(\cdot)$作用于 $\mathbb{R}^3$ 中的向量。由于该算子是向量的线性算子，因此它的表示取决于 $\mathbb{R}^3$ 基向量的选择。如果 $\mathbb{R}^3$ 基向量的选择为 $\boldsymbol{x}_1$，$\boldsymbol{x}_2$，$\boldsymbol{x}_3$，扩展在基上的算子 $\boldsymbol{\omega}_{\mathbb{X},\mathbb{Y}}\times(\cdot)$的作用由通用表达式给出

$$\boldsymbol{S}(\boldsymbol{\omega}_{\mathbb{Y},\mathbb{X}}^{\mathbb{X}}) \tag{2.38}$$

这里，$\boldsymbol{S}(\cdot)$ 是斜对称算子。

最后这个表达可以扩展以强调这一点。假设角速度 $\boldsymbol{\omega}_{\mathbb{X},\mathbb{Y}}$ 的分量，可以用坐标系 $\mathbb{X}$ 的基 $\boldsymbol{\omega}_1$，$\boldsymbol{\omega}_2$，$\boldsymbol{\omega}_3$ 进行简化。下面简要介绍一下

$$\boldsymbol{\omega}_{\mathbb{X},\mathbb{Y}}^{\mathbb{X}}=\begin{Bmatrix}\omega_1\\ \omega_2\\ \omega_3\end{Bmatrix} \tag{2.39}$$

对于显示表达式

$$\boldsymbol{\omega}_{\mathbb{X},\mathbb{Y}}^{\mathbb{X}}=\omega_1\boldsymbol{x}_1+\omega_2\boldsymbol{x}_2+\omega_3\boldsymbol{x}_3 \tag{2.40}$$

根据约定和假设，作用在根据坐标系 $\mathbb{X}$ 基扩充的向量上的算子 $\boldsymbol{\omega}_{\mathbb{X},\mathbb{Y}}\times(\cdot)$表达式为

$$\boldsymbol{S}(\boldsymbol{\omega}_{\mathbb{Y},\mathbb{X}}^{\mathbb{X}})=\begin{bmatrix}0 & -\omega_3 & \omega_2\\ \omega_3 & 0 & -\omega_1\\ -\omega_2 & \omega_1 & 0\end{bmatrix} \tag{2.41}$$

因此，这个矩阵可以由如下关系给出

$$\boldsymbol{S}(\boldsymbol{\omega}_{\mathbb{X},\mathbb{Y}}^{\mathbb{X}})=\dot{\boldsymbol{R}}_{\mathbb{Y}}^{\mathbb{X}}(\boldsymbol{R}_{\mathbb{Y}}^{\mathbb{X}})^{\mathrm{T}} \tag{2.42}$$

定理 2.10，2.11 总结了这些理论。

定理 2.10（旋转矩阵导数） 有坐标系 $\mathbb{X}$ 和坐标系 $\mathbb{Y}$，并令连接它们的旋转矩阵是一个随时间变化的矩阵 $\boldsymbol{R}_{\mathbb{Y}}^{\mathbb{X}}(t)$，时间导数$\dfrac{\mathrm{d}}{\mathrm{d}t}\boldsymbol{R}_{\mathbb{Y}}^{\mathbb{X}}$ 由下面给出

$$\frac{\mathrm{d}}{\mathrm{d}t}\boldsymbol{R}_{\mathbb{Y}}^{\mathbb{X}}(t)=\boldsymbol{S}(\boldsymbol{\omega}_{\mathbb{X},\mathbb{Y}}^{\mathbb{X}}(t))\boldsymbol{R}_{\mathbb{Y}}^{\mathbb{X}}(t)$$

这里 $\boldsymbol{S}(\cdot)$ 是斜对称算子，$\boldsymbol{\omega}_{\mathbb{X},\mathbb{Y}}^{\mathbb{X}}$ 是坐标系 $\mathbb{Y}$ 相对于坐标系 $\mathbb{X}$ 的角速度 $\boldsymbol{\omega}_{\mathbb{X},\mathbb{Y}}$ 以坐标系 $\mathbb{X}$ 的基表示的向量。

证明： 该定理遵循定义 2.9 和前面的注释，并指出

$$(\boldsymbol{\omega}_{\mathbb{X},\mathbb{Y}}\times(\cdot))^{\mathbb{X}}=\boldsymbol{S}(\boldsymbol{\omega}_{\mathbb{X},\mathbb{Y}}^{\mathbb{X}})=\dot{\boldsymbol{R}}_{\mathbb{Y}}^{\mathbb{X}}(\dot{\boldsymbol{R}}_{\mathbb{Y}}^{\mathbb{X}})^{\mathrm{T}}$$ ■

虽然定义 2.9 不是直观的，但它在实际问题中有许多应用。在某些示例中，通过谨慎使用角速度有时可以节省相当大的努力。角速度的定义是通过考虑固定在刚体上的点的速度来得到的。

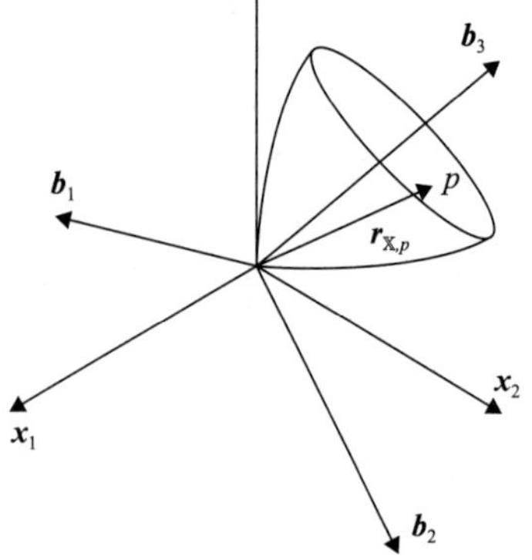

图 2-19　一个固定在坐标系 $\mathbb{X}$ 中的点 p

定理 2.11（固定在主体上点的速度） 假设点 p 是固定在以 $\boldsymbol{b}_1$，$\boldsymbol{b}_2$，$\boldsymbol{b}_3$ 为基的坐标系 $\mathbb{B}$ 上一点，坐标系 $\mathbb{B}$ 相对于坐标系 $\mathbb{X}$ 运动。如图 2-19 所示，假设坐标系 $\mathbb{B}$ 和 $\mathbb{X}$ 的原点一直重合，点 p 在坐标系 $\mathbb{X}$ 中的速度 $\boldsymbol{v}_{\mathbb{X},p}$ 为

$$\boldsymbol{v}_{\mathbb{X},p}=\boldsymbol{\omega}_{\mathbb{X},\mathbb{B}}\times\boldsymbol{r}_{\mathbb{X},p} \tag{2.43}$$

这里 $\boldsymbol{\omega}_{\mathbb{X},\mathbb{B}}$ 是坐标系 $\mathbb{B}$ 相对于坐标系 $\mathbb{X}$ 的角速度。

证明： 首先注意到相对于坐标系 $\mathbb{X}$ 的位置向量 $\boldsymbol{r}_{\mathbb{X},p}$ 和相对于坐标系 $\mathbb{B}$ 的位置向量 $\boldsymbol{r}_{\mathbb{B},p}$ 是完全相同的，因为两个坐标系的原点一直是重合的。点 p 在坐标系 $\mathbb{X}$ 中的速度被定义为用固定坐标系 $\mathbb{X}$ 表示的位置向量 $\boldsymbol{r}_{\mathbb{X},p}$ 的导数，

$$\boldsymbol{v}_{\mathbb{X},p}=\left.\frac{\mathrm{d}}{\mathrm{d}t}\right|_{\mathbb{X}}\boldsymbol{r}_{\mathbb{X},p} \tag{2.44}$$

坐标系 $\mathbb{X}$ 的基保持不变的事实是通过省略时间依赖性，即写成 $\boldsymbol{x}_1$，$\boldsymbol{x}_2$，$\boldsymbol{x}_3$ 时来强调的，而坐标系 $\mathbb{B}$ 的基写成 $\boldsymbol{b}_1(t)$，$\boldsymbol{b}_2(t)$，$\boldsymbol{b}_3(t)$ 来强调它相对于坐标系 $\mathbb{X}$ 是变化的。向量 $\boldsymbol{r}_{\mathbb{X},p}$ 可以用坐标系 $\mathbb{B}$ 的基表示为

$$\boldsymbol{r}_{\mathbb{X},p}=\alpha_1^{\mathbb{B}}\boldsymbol{b}_1(t)+\alpha_2^{\mathbb{B}}\boldsymbol{b}_2(t)+\alpha_3^{\mathbb{B}}\boldsymbol{b}_3(t) \tag{2.45}$$

或用坐标系 $\mathbb{X}$ 的基表示，

$$\boldsymbol{r}_{\mathbb{X},p}=\alpha_1^{\mathbb{X}}(t)\boldsymbol{x}_1+\alpha_2^{\mathbb{X}}(t)\boldsymbol{x}_2+\alpha_3^{\mathbb{X}}(t)\boldsymbol{x}_3 \tag{2.46}$$

关于式（2.45）和式（2.46）中的展开式，有两个重要的观察结果。因为点 p 相对于坐标系 $\mathbb{B}$ 是固定的，它相对于坐标系 $\mathbb{B}$ 不动。这意味着在式（2.45）中的系数 $\alpha_1^{\mathbb{B}}$，$\alpha_2^{\mathbb{B}}$，$\alpha_3^{\mathbb{B}}$ 是常数，它们不随时间变化。相比之下，点 p 相对于坐标系 $\mathbb{X}$ 的系数 $\alpha_1^{\mathbb{X}}$，$\alpha_2^{\mathbb{X}}$，$\alpha_3^{\mathbb{X}}$ 是随时间变化的。事实上，这两组系数的关系为

$$\begin{Bmatrix}\alpha_1^{\mathbb{X}}(t)\\ \alpha_2^{\mathbb{X}}(t)\\ \alpha_3^{\mathbb{X}}(t)\end{Bmatrix}=\boldsymbol{R}_{\mathbb{B}}^{\mathbb{X}}(t)\begin{Bmatrix}\alpha_1^{\mathbb{B}}\\ \alpha_2^{\mathbb{B}}\\ \alpha_3^{\mathbb{B}}\end{Bmatrix} \tag{2.47}$$

这个等式也可以写成

$$\boldsymbol{r}_{\mathbb{X},p}^{\mathbb{X}}=\boldsymbol{R}_{\mathbb{B}}^{\mathbb{X}}\boldsymbol{r}_{\mathbb{X},p}^{\mathbb{B}}$$

在上述方程中，三组坐标的两边都可以被微分得到

$$\begin{Bmatrix}\dot{\alpha}_1^{\mathbb{X}}(t)\\ \dot{\alpha}_2^{\mathbb{X}}(t)\\ \dot{\alpha}_3^{\mathbb{X}}(t)\end{Bmatrix}=\frac{\mathrm{d}}{\mathrm{d}t}(\boldsymbol{R}_{\mathbb{B}}^{\mathbb{X}})\begin{Bmatrix}\alpha_1^{\mathbb{B}}\\ \alpha_2^{\mathbb{B}}\\ \alpha_3^{\mathbb{B}}\end{Bmatrix} \tag{2.48}$$

然后通过旋转矩阵的正交性，乘积 $(\boldsymbol{R}_{\mathbb{B}}^{\mathbb{X}})^{\mathrm{T}}\boldsymbol{R}_{\mathbb{B}}^{\mathbb{X}}$ 可以插入到等式中

$$\begin{Bmatrix}\dot{\alpha}_1^{\mathbb{X}}(t)\\ \dot{\alpha}_2^{\mathbb{X}}(t)\\ \dot{\alpha}_3^{\mathbb{X}}(t)\end{Bmatrix}=\frac{\mathrm{d}}{\mathrm{d}t}(\boldsymbol{R}_{\mathbb{B}}^{\mathbb{X}})(\boldsymbol{R}_{\mathbb{B}}^{\mathbb{X}})^{\mathrm{T}}\boldsymbol{R}_{\mathbb{B}}^{\mathbb{X}}\begin{Bmatrix}\alpha_1^{\mathbb{B}}\\ \alpha_2^{\mathbb{B}}\\ \alpha_3^{\mathbb{B}}\end{Bmatrix} \tag{2.49}$$

接下来，引入角速度向量的定义，从而

$$\begin{Bmatrix}\dot{\alpha}_1^{\mathbb{X}}(t)\\ \dot{\alpha}_2^{\mathbb{X}}(t)\\ \dot{\alpha}_3^{\mathbb{X}}(t)\end{Bmatrix}=\boldsymbol{S}(\boldsymbol{\omega}_{\mathbb{X},\mathbb{B}}^{\mathbb{X}})\boldsymbol{R}_{\mathbb{B}}^{\mathbb{X}}\begin{Bmatrix}\alpha_1^{\mathbb{B}}\\ \alpha_2^{\mathbb{B}}\\ \alpha_3^{\mathbb{B}}\end{Bmatrix}=\boldsymbol{S}(\boldsymbol{\omega}_{\mathbb{X},\mathbb{B}}^{\mathbb{X}})\begin{Bmatrix}\alpha_1^{\mathbb{X}}(t)\\ \alpha_2^{\mathbb{X}}(t)\\ \alpha_3^{\mathbb{X}}(t)\end{Bmatrix} \tag{2.50}$$

这个等式提供了期待的结果，等式的左边包含了关于坐标系 $\mathbb{X}$ 基的速度向量 $\boldsymbol{v}_{\mathbb{X},p}$，而等式的右边是关于坐标轴 $\mathbb{X}$ 基的 $\boldsymbol{w}_{\mathbb{X},\mathbb{B}}\times\boldsymbol{r}_{\mathbb{X},p}$ 的矩阵表达式。

定理 2.11 提供了三维角速度定义的物理解释。刚体上有一个固定在惯性坐标系上的单点，刚体上一点的速度可以表示为刚体角速度与连接刚体惯性坐标系的固定点与点 p 的向量的叉乘。

定理 2.12 展示了两个坐标系 $\mathbb{X}$ 和 $\mathbb{Y}$ 的角速度也和导数 $\left.\frac{\mathrm{d}}{\mathrm{d}t}\right|_{\mathbb{X}}(\cdot)$ 和 $\left.\frac{\mathrm{d}}{\mathrm{d}t}\right|_{\mathbb{Y}}(\cdot)$ 有关

系。此外，这个理论对于定理 2.10 也是等效的，定理 2.12 可以由定理 2.10 推出，反之亦然。

定理 2.12（导数定理） 坐标系 $\mathbb{X}$ 和坐标系 $\mathbb{Y}$ 是两个参考坐标系，$\boldsymbol{a}$ 是任意一个向量。用相对于坐标系 $\mathbb{X}$ 不变的基表示的向量 $\boldsymbol{a}$ 的导数，和用相对于坐标系 $\mathbb{Y}$ 不变的基表示的向量 $\boldsymbol{a}$ 的导数，满足等式

$$\left.\frac{\mathrm{d}}{\mathrm{d}t}\right|_{\mathbb{X}}\boldsymbol{a}=\left.\frac{\mathrm{d}}{\mathrm{d}t}\right|_{\mathbb{Y}}\boldsymbol{a}+\boldsymbol{\omega}_{\mathbb{X},\mathbb{Y}}\times\boldsymbol{a} \tag{2.51}$$

证明： 向量 $\boldsymbol{a}$ 能用坐标系 $\mathbb{X}$ 或者坐标系 $\mathbb{Y}$ 的基来表示，如下所示

$$\boldsymbol{a}=\alpha_1^{\mathbb{X}}\boldsymbol{x}_1+\alpha_2^{\mathbb{X}}\boldsymbol{x}_2+\alpha_3^{\mathbb{X}}\boldsymbol{x}_3=\alpha_1^{\mathbb{Y}}\boldsymbol{y}_1+\alpha_2^{\mathbb{Y}}\boldsymbol{y}_2+\alpha_3^{\mathbb{Y}}\boldsymbol{y}_3$$

由定义，

$$\begin{Bmatrix}\dot{\alpha}_1^{\mathbb{X}}\\ \dot{\alpha}_2^{\mathbb{X}}\\ \dot{\alpha}_3^{\mathbb{X}}\end{Bmatrix}=\left(\left.\frac{\mathrm{d}}{\mathrm{d}t}\right|_{\mathbb{X}}\boldsymbol{a}\right)^{\mathbb{X}}$$

且

$$\begin{Bmatrix}\dot{\alpha}_1^{\mathbb{Y}}\\ \dot{\alpha}_2^{\mathbb{Y}}\\ \dot{\alpha}_3^{\mathbb{Y}}\end{Bmatrix}=\left(\left.\frac{\mathrm{d}}{\mathrm{d}t}\right|_{\mathbb{Y}}\boldsymbol{a}\right)^{\mathbb{Y}}$$

和这两个坐标系相关的坐标 $\boldsymbol{a}^{\mathbb{X}}$ 和 $\boldsymbol{a}^{\mathbb{Y}}$ 通过基变换公式相关

$$\boldsymbol{a}^{\mathbb{X}}=\begin{Bmatrix}\alpha_1^{\mathbb{X}}\\ \alpha_2^{\mathbb{X}}\\ \alpha_3^{\mathbb{X}}\end{Bmatrix}=\boldsymbol{R}_{\mathbb{Y}}^{\mathbb{X}}\boldsymbol{a}^{\mathbb{Y}}=\boldsymbol{R}_{\mathbb{Y}}^{\mathbb{X}}\begin{Bmatrix}\alpha_1^{\mathbb{Y}}\\ \alpha_2^{\mathbb{Y}}\\ \alpha_3^{\mathbb{Y}}\end{Bmatrix}$$

当上面的坐标被微分时，

$$\begin{Bmatrix}\dot{\alpha}_1^{\mathbb{X}}\\ \dot{\alpha}_2^{\mathbb{X}}\\ \dot{\alpha}_3^{\mathbb{X}}\end{Bmatrix}=\boldsymbol{R}_{\mathbb{Y}}^{\mathbb{X}}\begin{Bmatrix}\dot{\alpha}_1^{\mathbb{Y}}\\ \dot{\alpha}_2^{\mathbb{Y}}\\ \dot{\alpha}_3^{\mathbb{Y}}\end{Bmatrix}+\frac{\mathrm{d}}{\mathrm{d}t}(\boldsymbol{R}_{\mathbb{Y}}^{\mathbb{X}})\boldsymbol{a}^{\mathbb{Y}}=\boldsymbol{R}_{\mathbb{Y}}^{\mathbb{X}}\begin{Bmatrix}\dot{\alpha}_1^{\mathbb{Y}}\\ \dot{\alpha}_2^{\mathbb{Y}}\\ \dot{\alpha}_3^{\mathbb{Y}}\end{Bmatrix}+\boldsymbol{S}(\boldsymbol{\omega}_{\mathbb{X},\mathbb{Y}}^{\mathbb{X}})\boldsymbol{R}_{\mathbb{Y}}^{\mathbb{X}}\boldsymbol{a}^{\mathbb{Y}}=\boldsymbol{R}_{\mathbb{Y}}^{\mathbb{X}}\begin{Bmatrix}\dot{\alpha}_1^{\mathbb{Y}}\\ \dot{\alpha}_2^{\mathbb{Y}}\\ \dot{\alpha}_3^{\mathbb{Y}}\end{Bmatrix}+\boldsymbol{S}(\boldsymbol{\omega}_{\mathbb{X},\mathbb{Y}}^{\mathbb{X}})\boldsymbol{a}^{\mathbb{X}}$$

上面表达式的左边是相对坐标系 $\mathbb{X}$ 基底固定并用坐标系 $\mathbb{X}$ 基底表示的向量 $\boldsymbol{a}$ 的导数。上式右边的首项是相对坐标系 $\mathbb{Y}$ 基底固定并用坐标系 $\mathbb{Y}$ 基底表示的向量 $\boldsymbol{a}$ 的导数，上式右边的第二项是用坐标系 $\mathbb{X}$ 基底表示的 $\boldsymbol{\omega}_{\mathbb{X},\mathbb{Y}}\times\boldsymbol{a}$。换句话说，这个等式可以重新写为

$$\left(\left.\frac{\mathrm{d}}{\mathrm{d}t}\right|_{\mathbb{X}}\boldsymbol{a}\right)^{\mathbb{X}}=\boldsymbol{R}_{\mathbb{Y}}^{\mathbb{X}}\left(\left.\frac{\mathrm{d}}{\mathrm{d}t}\right|_{\mathbb{Y}}\boldsymbol{a}\right)^{\mathbb{Y}}+(\boldsymbol{\omega}_{\mathbb{X},\mathbb{Y}}\times\boldsymbol{a})^{\mathbb{X}}$$

$$\left(\left.\frac{\mathrm{d}}{\mathrm{d}t}\right|_{\mathbb{X}}\boldsymbol{a}\right)^{\mathbb{X}}=\left(\left.\frac{\mathrm{d}}{\mathrm{d}t}\right|_{\mathbb{Y}}\boldsymbol{a}\right)^{\mathbb{X}}+(\boldsymbol{\omega}_{\mathbb{X},\mathbb{Y}}\times\boldsymbol{a})^{\mathbb{X}}$$

这个式子展示了两个导数之间期望的关系。■

应用中经常用到的几个重要定理就是从这些定义中得到的。2.6 节总结了一些最重要的定理，特别是定理 2.16 和 2.17。这一节研究二维、单轴旋转。例如，单轴旋转的角速度向量可以看作是由右手法则确定的绕着单位向量的旋转速度。

定理 2.13（单轴角速度） 假设坐标系 $\mathbb{B}$ 和坐标系 $\mathbb{X}$ 原点相同，坐标系 $\mathbb{B}$ 相对于坐标系 $\mathbb{X}$ 是通过绕单位向量 $\boldsymbol{u}$ 旋转角度 $\theta(t)$ 的。坐标系 $\mathbb{B}$ 相对于坐标系 $\mathbb{X}$ 的角速度 $\boldsymbol{\omega}_{\mathbb{X},\mathbb{B}}$ 可以由下式给出

$$\boldsymbol{\omega}_{\mathbb{X},\mathbb{B}}=\dot{\theta}(t)\boldsymbol{u}$$

定理 2.14 表明，在运动对应于单轴旋转的情况下，验证在定理 2.10 中矩阵的结构特别容易。

定理 2.14（旋转矩阵的时间导数） 令 $\boldsymbol{R}_{\mathbb{Y}}^{\mathbb{X}}(\alpha_i(t))$ 为与旋转角度 $\alpha_i(t)$ 有关的单轴旋转矩阵，且对于 $i=1, 2, 3$ 时有坐标轴 $\boldsymbol{x}_i=\boldsymbol{y}_i$。时间导数 $\frac{\mathrm{d}}{\mathrm{d}t}\boldsymbol{R}_{\mathbb{Y}}^{\mathbb{X}}(\alpha_i(t))$ 可由乘积给出

$$\frac{\mathrm{d}}{\mathrm{d}t}(\boldsymbol{R}_{\mathbb{Y}}^{\mathbb{X}}(\alpha_i(t)))=\boldsymbol{S}\left(\frac{\mathrm{d}\alpha_i(t)}{\mathrm{d}t}\boldsymbol{e}_i\right)\boldsymbol{R}_{\mathbb{Y}}^{\mathbb{X}}$$

这里 $\boldsymbol{S}(\cdot)$ 是 3×3 的斜（skew）算子，而 $\boldsymbol{e}_i$ 是地坐标系 i 方向的单位向量（例如 $\boldsymbol{e}_3:=[0\quad 0\quad 1]$）。

证明：下面证明 $i=3$ 时结论成立，其他情况留作练习。$i=3$ 时，定理 2.6 为 $\boldsymbol{R}_{\mathbb{Y}}^{\mathbb{X}}$ 给出了一个清楚的公式，即

$$\boldsymbol{R}_{\mathbb{Y}}^{\mathbb{X}}(\alpha_3(t))=\begin{bmatrix}\cos\alpha_3(t) & -\sin\alpha_3(t) & 0\\ \sin\alpha_3(t) & \cos\alpha_3(t) & 0\\ 0 & 0 & 1\end{bmatrix}$$

对这个矩阵进行微分可以得到等式的理想形式

$$\begin{aligned}\frac{\mathrm{d}}{\mathrm{d}t}(\boldsymbol{R}_{\mathbb{Y}}^{\mathbb{X}}(\alpha_3(t)))&=\begin{bmatrix}-\sin\alpha_3(t)\frac{\mathrm{d}\alpha_3}{\mathrm{d}t} & -\cos\alpha_3(t)\frac{\mathrm{d}\alpha_3}{\mathrm{d}t} & 0\\ \cos\alpha_3(t)\frac{\mathrm{d}\alpha_3}{\mathrm{d}t} & -\sin\alpha_3(t)\frac{\mathrm{d}\alpha_3}{\mathrm{d}t} & 0\\ 0 & 0 & 1\end{bmatrix}\\ &=\begin{bmatrix}0 & -\frac{\mathrm{d}\alpha_3}{\mathrm{d}t} & 0\\ \frac{\mathrm{d}\alpha_3}{\mathrm{d}t} & 0 & 0\\ 0 & 0 & 0\end{bmatrix}\begin{bmatrix}\cos\alpha_3(t) & -\sin\alpha_3(t) & 0\\ \sin\alpha_3(t) & \cos\alpha_3(t) & 0\\ 0 & 0 & 1\end{bmatrix}=\boldsymbol{S}\left(\frac{\mathrm{d}\alpha_3}{\mathrm{d}t}\boldsymbol{e}_3\right)\boldsymbol{R}_{\mathbb{Y}}^{\mathbb{X}}(\alpha_3(t))\end{aligned}$$ ■

2.5.2 角加速度

在定义 2.7 中，坐标系 $\mathbb{X}$ 中点 p 的速度和加速度已经介绍过了。坐标系 $\mathbb{X}$ 中点 p 的加速度是相对于坐标系 $\mathbb{X}$ 速度的导数（坐标系 $\mathbb{X}$ 的基底固定）。相似地，坐标系 $\mathbb{Y}$ 相对于坐标系 $\mathbb{X}$ 的角加速度是角速度 $\boldsymbol{\omega}_{\mathbb{X},\mathbb{Y}}$ 的导数。

定义 2.10（角加速度） 假设 $\mathbb{X}$ 和 $\mathbb{Y}$ 是两个坐标系，坐标系 $\mathbb{Y}$ 相对于坐标系 $\mathbb{X}$ 的角加速度定义为相对于坐标系 $\mathbb{X}$ 中观察者的角速度关于时间的导数。

$$\boldsymbol{\alpha}_{\mathbb{X},\mathbb{Y}}:=\left.\frac{\mathrm{d}}{\mathrm{d}t}\right|_{\mathbb{X}}\boldsymbol{\omega}_{\mathbb{X},\mathbb{Y}}$$

2.6 运动学理论

速度、加速度、角速度和角加速度的定义足以解决任何三维运动学问题。而且，通过使用本节中讨论的一个或多个定理，也可以避免某些问题上的大量工作。

2.6.1 角速度的加法

本章研究的最重要的定理之一是角速度加法定理。

定理 2.15（角速度加法定理） 令 $\mathbb{X},\mathbb{Y},\mathbb{Z}$ 是三个任意的坐标系：

$$\boldsymbol{\omega}_{\mathbb{X},\mathbb{Z}}=\boldsymbol{\omega}_{\mathbb{X},\mathbb{Y}}+\boldsymbol{\omega}_{\mathbb{Y},\mathbb{Z}} \tag{2.52}$$

证明：这个定理的证明由恒等式推出

$$\boldsymbol{S}(\boldsymbol{\omega}_{\mathbb{X},\mathbb{Z}}^{\mathbb{X}})=\dot{\boldsymbol{R}}_{\mathbb{Z}}^{\mathbb{X}}(\boldsymbol{R}_{\mathbb{Z}}^{\mathbb{X}})^{\mathrm{T}}$$

因为 $\boldsymbol{R}_{\mathbb{Z}}^{\mathbb{X}}=\boldsymbol{R}_{\mathbb{Y}}^{\mathbb{X}}\boldsymbol{R}_{\mathbb{Z}}^{\mathbb{Y}}$，

$$\boldsymbol{S}(\boldsymbol{\omega}_{\mathbb{X},\mathbb{Z}}^{\mathbb{X}})=\frac{\mathrm{d}}{\mathrm{d}t}(\boldsymbol{R}_{\mathbb{Y}}^{\mathbb{X}}\boldsymbol{R}_{\mathbb{Z}}^{\mathbb{Y}})(\boldsymbol{R}_{\mathbb{Y}}^{\mathbb{X}}\boldsymbol{R}_{\mathbb{Z}}^{\mathbb{Y}})^{\mathrm{T}}$$

扩展等式右边的导数，可以得到期望的等式形式

$$\begin{aligned}\boldsymbol{S}(\boldsymbol{\omega}_{\mathbb{X},\mathbb{Z}}^{\mathbb{X}})&=\dot{\boldsymbol{R}}_{\mathbb{Y}}^{\mathbb{X}}\boldsymbol{R}_{\mathbb{Z}}^{\mathbb{Y}}(\boldsymbol{R}_{\mathbb{Z}}^{\mathbb{Y}})^{\mathrm{T}}(\boldsymbol{R}_{\mathbb{Y}}^{\mathbb{X}})^{\mathrm{T}}+\boldsymbol{R}_{\mathbb{Y}}^{\mathbb{X}}\dot{\boldsymbol{R}}_{\mathbb{Z}}^{\mathbb{Y}}(\boldsymbol{R}_{\mathbb{Z}}^{\mathbb{Y}})^{\mathrm{T}}(\boldsymbol{R}_{\mathbb{Y}}^{\mathbb{X}})^{\mathrm{T}}=\dot{\boldsymbol{R}}_{\mathbb{Y}}^{\mathbb{X}}(\boldsymbol{R}_{\mathbb{Y}}^{\mathbb{X}})^{\mathrm{T}}+\boldsymbol{R}_{\mathbb{Y}}^{\mathbb{X}}\boldsymbol{S}(\boldsymbol{\omega}_{\mathbb{Z},\mathbb{Y}}^{\mathbb{Y}})(\boldsymbol{R}_{\mathbb{Y}}^{\mathbb{X}})^{\mathrm{T}}\\&=\boldsymbol{S}(\boldsymbol{\omega}_{\mathbb{X},\mathbb{Y}}^{\mathbb{X}})+\boldsymbol{R}_{\mathbb{Y}}^{\mathbb{X}}\boldsymbol{S}(\boldsymbol{\omega}_{\mathbb{Y},\mathbb{Z}}^{\mathbb{Y}})(\boldsymbol{R}_{\mathbb{Y}}^{\mathbb{X}})^{\mathrm{T}}=\boldsymbol{S}(\boldsymbol{\omega}_{\mathbb{X},\mathbb{Y}}^{\mathbb{X}})+\boldsymbol{S}(\boldsymbol{\omega}_{\mathbb{Y},\mathbb{Z}}^{\mathbb{X}})\end{aligned}$$

这里最后一行遵循对于任意的旋转矩阵 $\boldsymbol{R}$ 和任意的向量 $\boldsymbol{w}$，$\boldsymbol{S}(\boldsymbol{R}\boldsymbol{w})=\boldsymbol{R}\boldsymbol{S}(\boldsymbol{w})\boldsymbol{R}^{\mathrm{T}}$（见习题 2.33）。 ■

例 2.13 本例研究了例 2.1 中首先讨论的仿人机器人腿部组件的关节的角速度。如图 2-20 所示，坐标系固定在关节上，连杆分别为盆骨处（𝔸，红色），臀部上侧（𝔹，蓝色），臀部下侧（ℂ，橙色），大腿（𝔻，绿色），小腿（𝔼，红色），踝关节处（𝔽，蓝色）和脚部（𝔾，橙色）。臀部上侧 𝔹 相对于盆骨处 𝔸 绕着平行于 $\boldsymbol{a}_1$ 和 $\boldsymbol{b}_1$ 的轴线以角度 $\theta_{\mathbb{B}}$ 旋转，这里 $\theta_{\mathbb{B}}$ 是 $\boldsymbol{a}_2$ 和 $\boldsymbol{b}_2$ 轴线的夹角。臀部下侧 ℂ 相对于臀部上部 𝔹 绕着平行于 $\boldsymbol{b}_3$ 和 $\boldsymbol{c}_3$ 的轴线以角度 $\theta_{\mathbb{C}}$ 旋转，这里 $\theta_{\mathbb{C}}$ 是 $\boldsymbol{b}_1$ 和 $\boldsymbol{c}_1$ 轴线的夹角。试求臀部下侧相对于盆骨处的角速度 $\boldsymbol{\omega}_{\mathbb{A},\mathbb{C}}$ 和角加速度 $\boldsymbol{\alpha}_{\mathbb{A},\mathbb{C}}$。首先用坐标系 𝔸 的基，然后用坐标系 𝔹 的基来表示答案。

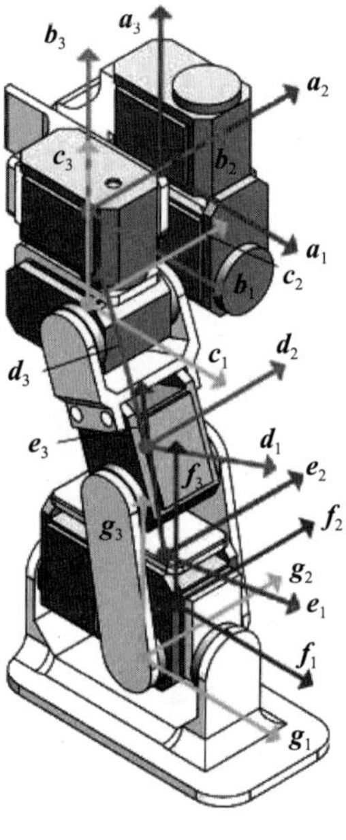

图 2-20 腿部组件坐标系的定义（见彩插）

解：加法定理 2.15 使得 $\boldsymbol{\omega}_{\mathbb{A},\mathbb{C}}$ 和 $\boldsymbol{\omega}_{\mathbb{A},\mathbb{B}}$ 与 $\boldsymbol{\omega}_{\mathbb{B},\mathbb{C}}$ 的加法有关

$$\boldsymbol{\omega}_{\mathbb{A},\mathbb{C}}=\boldsymbol{\omega}_{\mathbb{A},\mathbb{B}}+\boldsymbol{\omega}_{\mathbb{B},\mathbb{C}}=\dot{\theta}_{\mathbb{B}}\boldsymbol{a}_1+\dot{\theta}_{\mathbb{C}}\boldsymbol{b}_3=\dot{\theta}_{\mathbb{B}}\boldsymbol{b}_1+\dot{\theta}_{\mathbb{C}}\boldsymbol{c}_3$$

与坐标系 𝔸、𝔹、ℂ 相关的旋转矩阵是

$$\boldsymbol{R}_{\mathbb{A}}^{\mathbb{B}}=\begin{bmatrix}1 & 0 & 0\\0 & \cos\theta_{\mathbb{B}} & \sin\theta_{\mathbb{B}}\\0 & -\sin\theta_{\mathbb{B}} & \cos\theta_{\mathbb{B}}\end{bmatrix},\quad \boldsymbol{R}_{\mathbb{B}}^{\mathbb{C}}=\begin{bmatrix}\cos\theta_{\mathbb{C}} & \sin\theta_{\mathbb{C}} & 0\\-\sin\theta_{\mathbb{C}} & \cos\theta_{\mathbb{C}} & 0\\0 & 0 & 1\end{bmatrix}$$

用坐标系 𝔸 的基来表示角速度 $\boldsymbol{\omega}_{\mathbb{A},\mathbb{C}}$ 的表达式为

$$\begin{aligned}\boldsymbol{\omega}_{\mathbb{A},\mathbb{C}}^{\mathbb{A}}&=\begin{Bmatrix}\dot{\theta}_{\mathbb{B}}\\0\\0\end{Bmatrix}+\boldsymbol{R}_{\mathbb{B}}^{\mathbb{A}}\begin{Bmatrix}0\\0\\\dot{\theta}_{\mathbb{C}}\end{Bmatrix}=\begin{Bmatrix}\dot{\theta}_{\mathbb{B}}\\0\\0\end{Bmatrix}+\begin{bmatrix}1 & 0 & 0\\0 & \cos\theta_{\mathbb{B}} & -\sin\theta_{\mathbb{B}}\\0 & \sin\theta_{\mathbb{B}} & \cos\theta_{\mathbb{B}}\end{bmatrix}\begin{Bmatrix}0\\0\\\dot{\theta}_{\mathbb{C}}\end{Bmatrix}\\&=\begin{Bmatrix}\dot{\theta}_{\mathbb{B}}\\-\dot{\theta}_{\mathbb{C}}\sin\theta_{\mathbb{B}}\\\dot{\theta}_{\mathbb{C}}\cos\theta_{\mathbb{B}}\end{Bmatrix}\end{aligned}$$

用坐标系 ℂ 的基来表示角速度 $\boldsymbol{\omega}_{\mathbb{A},\mathbb{C}}$ 的表达式为

$$\boldsymbol{\omega}_{\mathbb{A},\mathbb{C}}^{\mathbb{C}}=\boldsymbol{R}_{\mathbb{B}}^{\mathbb{C}}\begin{Bmatrix}\dot{\theta}_{\mathbb{B}}\\0\\0\end{Bmatrix}+\begin{Bmatrix}0\\0\\\dot{\theta}_{\mathbb{C}}\end{Bmatrix}=\begin{bmatrix}\cos\theta_{\mathbb{C}} & \sin\theta_{\mathbb{C}} & 0\\-\sin\theta_{\mathbb{C}} & \cos\theta_{\mathbb{C}} & 0\\0 & 0 & 1\end{bmatrix}\begin{Bmatrix}\dot{\theta}_{\mathbb{B}}\\0\\0\end{Bmatrix}+\begin{Bmatrix}0\\0\\\dot{\theta}_{\mathbb{C}}\end{Bmatrix}=\begin{Bmatrix}\dot{\theta}_{\mathbb{B}}\cos\theta_{\mathbb{C}}\\-\dot{\theta}_{\mathbb{B}}\sin\theta_{\mathbb{C}}\\\dot{\theta}_{\mathbb{C}}\end{Bmatrix}$$

转向考虑角加速度，根据定义，使用下面的等式计算角加速度 $\boldsymbol{\alpha}_{\mathbb{A},\mathbb{C}}$

$$\boldsymbol{\alpha}_{\mathbb{A},\mathbb{C}}=\left.\frac{\mathrm{d}}{\mathrm{d}t}\right|_{\mathbb{A}}\boldsymbol{\omega}_{\mathbb{A},\mathbb{C}}$$

因为

$$\boldsymbol{\omega}_{\mathbb{A},\mathbb{C}}^{\mathbb{A}}=\begin{Bmatrix}\dot{\theta}_{\mathbb{B}}\\ \dot{\theta}_{\mathbb{C}}\sin\theta_{\mathbb{B}}\\ \dot{\theta}_{\mathbb{C}}\cos\theta_{\mathbb{B}}\end{Bmatrix}$$

这些坐标可以被微分

$$\boldsymbol{\alpha}_{\mathbb{A},\mathbb{C}}^{\mathbb{A}}=\begin{Bmatrix}\ddot{\theta}_{\mathbb{B}}\\ -\ddot{\theta}_{\mathbb{C}}\sin\theta_{\mathbb{B}}-\dot{\theta}_{\mathbb{B}}\dot{\theta}_{\mathbb{C}}\cos\theta_{\mathbb{B}}\\ \ddot{\theta}_{\mathbb{C}}\cos\theta_{\mathbb{B}}-\dot{\theta}_{\mathbb{B}}\dot{\theta}_{\mathbb{C}}\sin\theta_{\mathbb{B}}\end{Bmatrix}$$

或者，导数定理 2.12 可以直接应用于定义以计算

$$\begin{aligned}\boldsymbol{\alpha}_{\mathbb{A},\mathbb{C}}&=\left.\frac{\mathrm{d}}{\mathrm{d}t}\right|_{\mathbb{A}}(\boldsymbol{\omega}_{\mathbb{A},\mathbb{C}})=\left.\frac{\mathrm{d}}{\mathrm{d}t}\right|_{\mathbb{A}}(\dot{\theta}_{\mathbb{B}}\boldsymbol{a}_1)+\left.\frac{\mathrm{d}}{\mathrm{d}t}\right|_{\mathbb{A}}(\dot{\theta}_{\mathbb{C}}\boldsymbol{b}_3)=\ddot{\theta}_{\mathbb{B}}\boldsymbol{a}_3+\left.\frac{\mathrm{d}}{\mathrm{d}t}\right|_{\mathbb{B}}(\dot{\theta}_{\mathbb{C}}\boldsymbol{b}_3)+\underbrace{\boldsymbol{\omega}_{\mathbb{A},\mathbb{B}}}_{\dot{\theta}_{\mathbb{B}}\boldsymbol{b}_1}\times(\dot{\theta}_{\mathbb{C}}\boldsymbol{b}_3)\\&=\ddot{\theta}_{\mathbb{B}}\boldsymbol{a}_1+\ddot{\theta}_{\mathbb{C}}\boldsymbol{b}_3-\dot{\theta}_{\mathbb{B}}\dot{\theta}_{\mathbb{C}}\boldsymbol{b}_2\end{aligned}$$

这个结果和第一个计算结果相同。

$$\boldsymbol{\alpha}_{\mathbb{A},\mathbb{C}}^{\mathbb{A}}=\begin{Bmatrix}\ddot{\theta}_{\mathbb{B}}\\0\\0\end{Bmatrix}+\begin{Bmatrix}0\\-\sin\theta_{\mathbb{B}}\\ \cos\theta_{\mathbb{B}}\end{Bmatrix}\ddot{\theta}_{\mathbb{C}}-\begin{Bmatrix}0\\ \cos\theta_{\mathbb{B}}\\ \sin\theta_{\mathbb{B}}\end{Bmatrix}\dot{\theta}_{\mathbb{B}}\dot{\theta}_{\mathbb{C}}$$

即使在仅考虑前几个坐标系的相对简单的情况下，代数操作也变得复杂。在 MATLAB Workbook for DCRS 的例 2.9 中，使用符号操作程序可以有效地执行这些计算。◀

2.6.2 相对速度

当两个点固定在坐标系 $\mathbb{B}$ 中，而坐标系 $\mathbb{B}$ 在坐标系 $\mathbb{X}$ 中运动时，定理 2.16 是关于坐标系 $\mathbb{X}$ 中两点的速度的。

定理 2.16（在单一主体上两点的速度） *令 p 和 q 是固定在坐标系 $\mathbb{B}$ 中的两个点，坐标系 $\mathbb{B}$ 在坐标系 $\mathbb{X}$ 中运动。在坐标系 $\mathbb{X}$ 中点 p 和点 q 的速度满足*

$$\boldsymbol{v}_{\mathbb{X},p}=\boldsymbol{v}_{\mathbb{X},q}+\boldsymbol{\omega}_{\mathbb{X},\mathbb{B}}\times\boldsymbol{d}_{q,p}$$

这里 $\boldsymbol{\omega}_{\mathbb{X},\mathbb{B}}$ 是坐标系 $\mathbb{X}$ 中坐标系 $\mathbb{B}$ 的角速度，$\boldsymbol{\omega}_{\mathbb{X},\mathbb{B}}\times\boldsymbol{d}_{q,p}$ 项被称为点 p 相对于点 q 的相对速度。

证明： 如图 2-21 所示，在坐标系 $\mathbb{X}$ 中点 p 和点 q 的位置可以与彼此有关，根据

$$\boldsymbol{r}_{\mathbb{X},p}=\boldsymbol{r}_{\mathbb{X},q}+\boldsymbol{d}_{q,p}$$

当这个等式两边相对于在坐标系 $\mathbb{X}$ 中的观察者进行求导

$$\left.\frac{\mathrm{d}}{\mathrm{d}t}\right|_{\mathbb{X}}\boldsymbol{r}_{\mathbb{X},p}=\left.\frac{\mathrm{d}}{\mathrm{d}t}\right|_{\mathbb{X}}\boldsymbol{r}_{\mathbb{X},q}+\left.\frac{\mathrm{d}}{\mathrm{d}t}\right|_{\mathbb{X}}\boldsymbol{d}_{q,p}$$

$$\boldsymbol{v}_{\mathbb{X},p}=\boldsymbol{v}_{\mathbb{X},q}+\left.\frac{\mathrm{d}}{\mathrm{d}t}\right|_{\mathbb{X}}\boldsymbol{d}_{q,p}$$

可以通过导数定理 2.12 来计算表达式的最后一项。因为向量 $\boldsymbol{d}_{q,p}$ 不会随着坐标系 $\mathbb{B}$ 中固

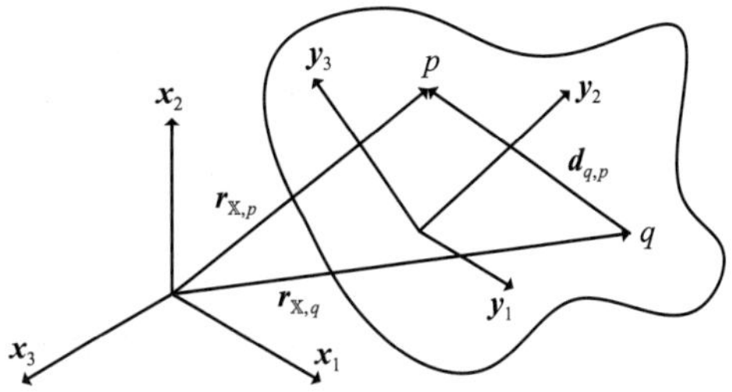

图 2-21 在同一刚体上的点 p 和点 q

定的观察者而改变其幅值和方向，导数变为

$$\boldsymbol{v}_{\mathbb{X},p}=\boldsymbol{v}_{\mathbb{X},q}+\underbrace{\left.\frac{\mathrm{d}}{\mathrm{d}t}\right|_{\mathbb{B}}\boldsymbol{d}_{q,p}}_{0}+\boldsymbol{\omega}_{\mathbb{X},\mathbb{B}}\times\boldsymbol{d}_{q,p}$$ ■

2.6.3 相对加速度

正如固定在一个坐标系中的两个点的速度可以用该坐标系的角速度来简单地表示，它们的加速度也可以用坐标系的角加速度来表示。

定理 2.17（单一主体上两点的加速度） 令点 p 和 q 是固定在坐标系 $\mathbb{B}$ 中的两个点，坐标系 $\mathbb{B}$ 在坐标系 $\mathbb{X}$ 中运动。在坐标系 $\mathbb{X}$ 中点 p 和点 q 的加速度满足

$$\boldsymbol{a}_{\mathbb{X},p}=\boldsymbol{a}_{\mathbb{X},q}+\boldsymbol{\alpha}_{\mathbb{X},\mathbb{B}}\times\boldsymbol{d}_{q,p}+\boldsymbol{\omega}_{\mathbb{X},\mathbb{B}}\times(\boldsymbol{\omega}_{\mathbb{X},\mathbb{B}}\times\boldsymbol{d}_{q,p})$$

$\boldsymbol{\alpha}_{\mathbb{X},\mathbb{B}}\times\boldsymbol{d}_{q,p}+\boldsymbol{\omega}_{\mathbb{X},\mathbb{B}}\times(\boldsymbol{\omega}_{\mathbb{X},\mathbb{B}}\times\boldsymbol{d}_{q,p})$ 项指的是点 p 相对于点 q 的相对加速度（relative acceleration）。

证明： 直接计算可得

$$\boldsymbol{a}_{\mathbb{X},p}=\left.\frac{\mathrm{d}}{\mathrm{d}t}\right|_{\mathbb{X}}\boldsymbol{v}_{\mathbb{X},p}=\left.\frac{\mathrm{d}}{\mathrm{d}t}\right|_{\mathbb{X}}\boldsymbol{v}_{\mathbb{X},q}+\left.\frac{\mathrm{d}}{\mathrm{d}t}\right|_{\mathbb{X}}\boldsymbol{\omega}_{\mathbb{X},\mathbb{B}}\times\boldsymbol{d}_{q,p}=\boldsymbol{a}_{\mathbb{X},q}+\left.\frac{\mathrm{d}}{\mathrm{d}t}\right|_{\mathbb{X}}\boldsymbol{\omega}_{\mathbb{X},\mathbb{B}}\times\boldsymbol{d}_{q,p}+\boldsymbol{\omega}_{\mathbb{X},\mathbb{B}}\times\left.\frac{\mathrm{d}}{\mathrm{d}t}\right|_{\mathbb{X}}\boldsymbol{d}_{q,p}$$

引入定义 $\boldsymbol{\alpha}_{\mathbb{X},\mathbb{B}}=\left.\frac{\mathrm{d}}{\mathrm{d}t}\right|_{\mathbb{X}}\boldsymbol{\omega}_{\mathbb{X},\mathbb{B}}$，并利用导数定理计算 $\left.\frac{\mathrm{d}}{\mathrm{d}t}\right|_{\mathbb{X}}\boldsymbol{d}_{q,p}$，便可以得到期望的结果。 ■

例 2.14 机械臂和躯干组件如图 2-22 所示。

坐标系固定在躯干（$\mathbb{A}$）、肩部（$\mathbb{B}$）、上臂（$\mathbb{C}$）、小臂（$\mathbb{D}$）和手部（$\mathbb{E}$）。点 a，b，c，d 和 e 之间的距离是 $d_{a,b}$，$d_{b,c}$，$d_{c,d}$ 和 $d_{d,e}$。角度 $\theta_{\mathbb{B}}$ 表示坐标系 $\mathbb{B}$ 相对坐标系 $\mathbb{A}$ 绕着轴线 $\boldsymbol{a}_3$ 旋转的角度，角度 $\theta_{\mathbb{C}}$ 表示坐标系 $\mathbb{C}$ 相对坐标系 $\mathbb{B}$ 绕着轴线 $\boldsymbol{b}_1$ 旋转的角度，角度 $\theta_{\mathbb{D}}$ 表示坐标系 $\mathbb{D}$ 相对坐标系 $\mathbb{C}$ 绕着轴线 $\boldsymbol{c}_3$ 旋转的角度，角度 $\theta_{\mathbb{E}}$ 表示坐标系 $\mathbb{E}$ 相对坐标系 $\mathbb{D}$ 绕着轴线 $\boldsymbol{d}_1$ 旋转的角度。

计算点 d（坐标系 $\mathbb{D}$ 的原点）在坐标系 $\mathbb{A}$ 中的速度，计算点 d 在坐标系 $\mathbb{A}$ 中的加速度。用坐标系 $\mathbb{A}$ 的基来表示答案。

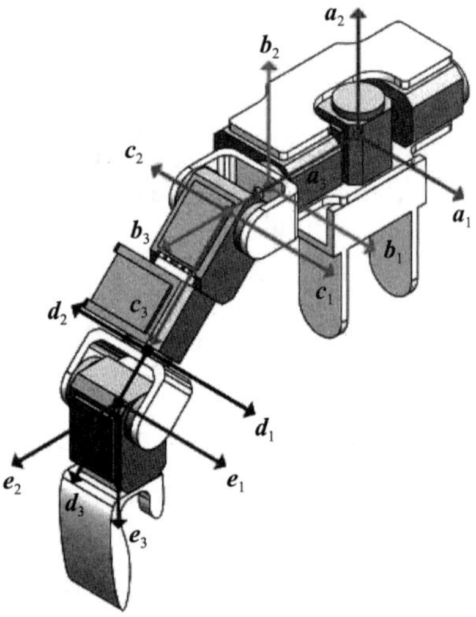

图 2-22 机械臂和躯干组件（见彩插）

解： 首先，坐标系 $\mathbb{B}$、$\mathbb{C}$、$\mathbb{D}$ 和 $\mathbb{E}$ 相对于坐标系 $\mathbb{A}$ 的角速度可以通过加法定理来计算

$$\boldsymbol{\omega}_{\mathbb{A},\mathbb{B}}=\dot{\theta}_{\mathbb{B}}\boldsymbol{b}_3$$
$$\boldsymbol{\omega}_{\mathbb{A},\mathbb{C}}=\boldsymbol{\omega}_{\mathbb{A},\mathbb{B}}+\dot{\theta}_{\mathbb{C}}\boldsymbol{c}_1$$
$$\boldsymbol{\omega}_{\mathbb{A},\mathbb{D}}=\boldsymbol{\omega}_{\mathbb{A},\mathbb{C}}+\dot{\theta}_{\mathbb{D}}\boldsymbol{d}_3$$

由于轴线 $\mathbb{A}_3$ 和 $\mathbb{B}_3$ 对齐，b 点在坐标系 $\mathbb{A}$ 中的位置不会作为一个时间函数而改变，因此

$$\boldsymbol{r}_{\mathbb{A},b}=d_{a,b}\boldsymbol{a}_3$$
$$\boldsymbol{v}_{\mathbb{A},b}=\boldsymbol{0}$$
$$\boldsymbol{a}_{\mathbb{A},b}=\boldsymbol{0}$$

在肩部处（相对于坐标系 $\mathbb{B}$），点 b 和点 c 相对于彼此是固定的。因此，它们的速度满足等式

$$v_{\mathbb{A},c}=\underbrace{v_{\mathbb{A},b}}_{0}+\underbrace{\omega_{\mathbb{A},\mathbb{B}}}_{\dot{\theta}_{\mathbb{B}}b_3}\times\underbrace{d_{b,c}}_{d_{b,c}b_3}=0$$

这是由于点 c 和点 b 一样，也在向量 a_3 上。对这个表达式求导可得点 c 的相对加速度 $a_{\mathbb{A},\mathbb{C}}=0$。点 c 和点 d 固定在上臂 $\mathbb{C}$ 上。对于这两个点的相对速度的等式为

$$v_{\mathbb{A},d}=\underbrace{v_{\mathbb{A},c}}_{0}+\underbrace{\omega_{\mathbb{A},\mathbb{C}}}_{(\dot{\theta}_{\mathbb{B}}b_3+\dot{\theta}_{\mathbb{C}}c_1)}\times\underbrace{d_{c,d}}_{(d_{c,d}c_3)}=d_{c,d}\dot{\theta}_{\mathbb{B}}b_3\times c_3-d_{c,d}\dot{\theta}_{\mathbb{C}}c_2$$

因为 $c_3=-\sin\theta_{\mathbb{C}}b_2+\cos\theta_{\mathbb{C}}b_3$，这个等式可以改写为

$$v_{\mathbb{A},d}=d_{c,d}\dot{\theta}_{\mathbb{B}}\sin\theta_{\mathbb{C}}b_1-d_{c,d}\dot{\theta}_{\mathbb{C}}c_2$$

以坐标系 $\mathbb{A}$ 的基来表示的速度表达式为

$$v_{\mathbb{A},d}^{\mathbb{A}}=R_{\mathbb{B}}^{\mathbb{A}}\begin{Bmatrix}d_{c,d}\dot{\theta}_{\mathbb{B}}\sin\theta_{\mathbb{C}}\\0\\0\end{Bmatrix}-R_{\mathbb{B}}^{\mathbb{A}}R_{\mathbb{C}}^{\mathbb{B}}\begin{Bmatrix}0\\d_{c,d}\dot{\theta}_{\mathbb{C}}\\0\end{Bmatrix}$$

这里

$$R_{\mathbb{A}}^{\mathbb{B}}=\begin{bmatrix}\cos\theta_{\mathbb{B}}&\sin\theta_{\mathbb{B}}&0\\-\sin\theta_{\mathbb{B}}&\cos\theta_{\mathbb{B}}&0\\0&0&1\end{bmatrix},\ R_{\mathbb{B}}^{\mathbb{C}}=\begin{bmatrix}1&0&0\\0&\cos\theta_{\mathbb{C}}&\sin\theta_{\mathbb{C}}\\0&-\sin\theta_{\mathbb{C}}&\cos\theta_{\mathbb{C}}\end{bmatrix}$$

点 c 和点 d 的加速度满足等式

$$a_{\mathbb{A},d}=a_{\mathbb{A},c}+\omega_{\mathbb{A},\mathbb{C}}\times(\omega_{\mathbb{A},\mathbb{C}}\times d_{c,d})+\alpha_{\mathbb{A},\mathbb{C}}\times d_{c,d}$$

这个表达式将逐项构建。角加速度定义为

$$\alpha_{\mathbb{A},\mathbb{C}}=\left.\frac{\mathrm{d}}{\mathrm{d}t}\right|_{\mathbb{A}}\omega_{\mathbb{A},\mathbb{C}}=\left.\frac{\mathrm{d}}{\mathrm{d}t}\right|_{\mathbb{B}}\dot{\theta}_{\mathbb{B}}b_3+\dot{\theta}_{\mathbb{C}}b_1+\omega_{\mathbb{A},\mathbb{B}}\times(\dot{\theta}_{\mathbb{C}}b_1+\dot{\theta}_{\mathbb{B}}b_3)=\ddot{\theta}_{\mathbb{B}}b_3+\ddot{\theta}_{\mathbb{C}}b_1+\dot{\theta}_{\mathbb{B}}\dot{\theta}_{\mathbb{C}}b_2$$

接下来，扩展涉及叉乘的那项

$$\begin{aligned}\alpha_{\mathbb{A},\mathbb{C}}\times d_{c,d}&=\begin{vmatrix}b_1&b_2&b_3\\\ddot{\theta}_{\mathbb{C}}&\dot{\theta}_{\mathbb{B}}\dot{\theta}_{\mathbb{C}}&\ddot{\theta}_{\mathbb{B}}\\0&-d_{c,d}\sin\theta_{\mathbb{C}}&d_{c,d}\cos\theta_{\mathbb{C}}\end{vmatrix}\\&=d_{c,d}((\dot{\theta}_{\mathbb{B}}\dot{\theta}_{\mathbb{C}}\cos\theta_{\mathbb{C}}+\ddot{\theta}_{\mathbb{B}}\sin\theta_{\mathbb{C}})b_1-\ddot{\theta}_{\mathbb{C}}\cos\theta_{\mathbb{C}}b_2-\ddot{\theta}_{\mathbb{C}}\sin\theta_{\mathbb{C}}b_3)\end{aligned}$$

$$\begin{aligned}\omega_{\mathbb{A},\mathbb{C}}\times(\omega_{\mathbb{A},\mathbb{C}}\times d_{c,d})&=\omega_{\mathbb{A},\mathbb{C}}\times\begin{vmatrix}b_1&b_2&b_3\\\dot{\theta}_{\mathbb{C}}&0&\dot{\theta}_{\mathbb{B}}\\0&-d_{c,d}\sin\theta_{\mathbb{C}}&d_{c,d}\cos\theta_{\mathbb{C}}\end{vmatrix}\\&=\begin{vmatrix}b_1&b_2&b_3\\\dot{\theta}_{\mathbb{C}}&0&\dot{\theta}_{\mathbb{B}}\\(d_{c,d}\dot{\theta}_{\mathbb{B}}\sin\theta_{\mathbb{C}})&(-d_{c,d}\dot{\theta}_{\mathbb{C}}\cos\theta_{\mathbb{C}})&(-d_{c,d}\dot{\theta}_{\mathbb{C}}\cos\theta_{\mathbb{C}})\end{vmatrix}\\&=d_{c,d}(\dot{\theta}_{\mathbb{B}}\dot{\theta}_{\mathbb{C}}\cos\theta_{\mathbb{C}}b_1+(\dot{\theta}_{\mathbb{B}}^2\sin\theta_{\mathbb{C}}+\dot{\theta}_{\mathbb{C}}^2\cos\theta_{\mathbb{C}})b_2-\dot{\theta}_{\mathbb{C}}^2\cos\theta_{\mathbb{C}}b_3)\end{aligned}$$

用坐标系 $\mathbb{A}$ 的基表示的点 d 相对于坐标系 $\mathbb{A}$ 的加速度的表达式，可以通过整合这些项得到。

$$a_{\mathbb{A},d}^{\mathbb{A}}=d_{c,d}R_{\mathbb{B}}^{\mathbb{A}}\begin{Bmatrix}\ddot{\theta}_{\mathbb{B}}\sin\theta_{\mathbb{C}}+2\cos\theta_{\mathbb{C}}\dot{\theta}_{\mathbb{C}}\dot{\theta}_{\mathbb{C}}\\\dot{\theta}_{\mathbb{B}}^2\sin\theta_{\mathbb{C}}+\dot{\theta}_{\mathbb{C}}^2\cos\theta_{\mathbb{C}}-\ddot{\theta}_{\mathbb{C}}\cos\theta_{\mathbb{C}}+2\rho\dot{\phi}\dot{\theta}\cos\phi\\-\dot{\theta}_{\mathbb{C}}^2\cos\theta_{\mathbb{C}}-\ddot{\theta}_{\mathbb{C}}\sin\theta_{\mathbb{C}}\end{Bmatrix}$$

上面的计算也在 MATLAB Workbook for DCRS 的例 2.10 中演示。 ◀

2.6.4 常见坐标系

在结束本章的运动学之前，这里总结一些在应用中经常出现的坐标系。每个旋转坐标系可以被视为相对于背景坐标系有至少一个旋转的坐标系。2.5.1 节中角速度的定义，2.6.1 节中的角速度相加定理，2.6.2 和 2.6.3 节中的相对速度和相对加速度定理，所有这些都提供了关于这些坐标系的速度和加速度表达式结构的深刻理解。

2.6.4.1 笛卡儿坐标系

最简单的坐标系是笛卡儿坐标系。在这个结构中有一个单一的参考坐标系 $\mathbb{X}$，其有基 $\boldsymbol{x}_1$，$\boldsymbol{x}_2$ 和 $\boldsymbol{x}_3$，且坐标系 $\mathbb{X}$ 的基假定是静止的。遵循某些时变轨迹的点 p 的位置、速度和加速度由下式给出

$$
\begin{aligned}
\boldsymbol{r}_{\mathbb{X},p}(t)&=x(t)\boldsymbol{x}_1+y(t)\boldsymbol{x}_2+z(t)\boldsymbol{x}_3\\
\boldsymbol{v}_{\mathbb{X},p}(t)&=\dot{x}(t)\boldsymbol{x}_1+\dot{y}(t)\boldsymbol{x}_2+\dot{z}(t)\boldsymbol{x}_3\\
\boldsymbol{a}_{\mathbb{X},p}(t)&=\ddot{x}(t)\boldsymbol{x}_1+\ddot{y}(t)\boldsymbol{x}_2+\ddot{z}(t)\boldsymbol{x}_3
\end{aligned}
$$

2.6.4.2 柱坐标系

柱坐标系通过引入一个相对于静止坐标系 $\mathbb{X}$ 旋转的坐标系 $\mathbb{Y}$ 来构造。如图 2-23 所示，在构造中位置向量 $\boldsymbol{r}_{\mathbb{X},p}$ 投影在 $\boldsymbol{x}_1$-$\boldsymbol{x}_2$ 平面，而向量 $\boldsymbol{y}_1$ 沿着该投影方向。角度 θ 表示由基向量 $\boldsymbol{x}_1$ 指向基向量 $\boldsymbol{y}_1$ 的角度。单位向量 $\boldsymbol{y}_2$ 在 $\boldsymbol{x}_1$-$\boldsymbol{x}_2$ 平面，垂直于 $\boldsymbol{y}_1$，指向角度 θ 增大的方向，如图 2-23 所示。选择单位向量 $\boldsymbol{y}_3$ 使坐标系 $\mathbb{Y}$ 为一个右旋正交的坐标系。坐标系 $\mathbb{X}$ 和 $\mathbb{Y}$ 通过旋转矩阵相联系

$$
\boldsymbol{R}_{\mathbb{Y}}^{\mathbb{X}}=\begin{bmatrix}\cos\theta & -\sin\theta & 0\\ \sin\theta & \cos\theta & 0\\ 0 & 0 & 1\end{bmatrix} \tag{2.53}
$$

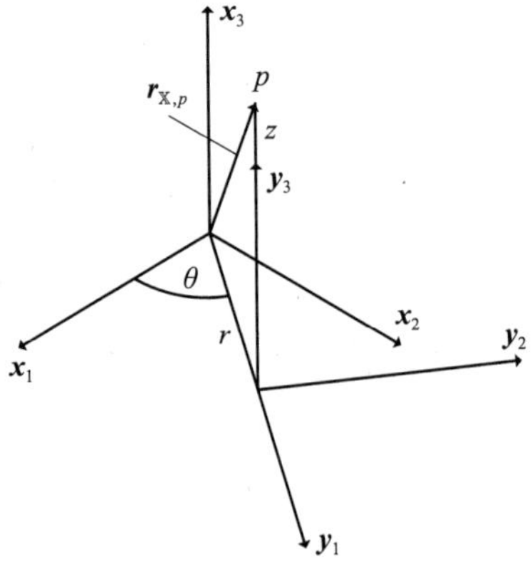

图 2-23　柱坐标系的定义

位置向量 $\boldsymbol{r}_{\mathbb{X},p}=x(t)\boldsymbol{x}_1+y(t)\boldsymbol{x}_2+z(t)\boldsymbol{x}_3$ 现在可写为

$$
\boldsymbol{r}_{\mathbb{X},p}=r(t)\boldsymbol{y}_1(t)+z(t)\boldsymbol{y}_2(t) \tag{2.54}
$$

其中半径 $r(t)$ 总是沿着位置向量在平面 $\boldsymbol{x}_1$-$\boldsymbol{x}_2$ 上的投影（$r\geqslant 0$）。柱坐标系使用参数（r，θ，z）代替笛卡儿坐标系中的参数（x，y，z）来表示质点 p 的位置、速度和加速度。介绍附加坐标系 $\mathbb{Y}$ 的目的是用 r，θ，z 和坐标系 $\mathbb{Y}$ 的基来表示相对于背景坐标系 $\mathbb{X}$ 的位置、速度和加速度向量 $\boldsymbol{r}_{\mathbb{X},p}$，$\boldsymbol{v}_{\mathbb{X},p}$，$\boldsymbol{a}_{\mathbb{X},p}$。

定理 2.18（柱坐标系的位置、速度和加速度）　点 p 相对于坐标系 $\mathbb{X}$ 的位置 $\boldsymbol{r}_{\mathbb{X},p}$，速度 $\boldsymbol{v}_{\mathbb{X},p}$ 和加速度 $\boldsymbol{a}_{\mathbb{X},p}$

用柱坐标参数（r，θ，z）和柱坐标的基表示为：

$$
\boldsymbol{r}_{\mathbb{X},p}=r\boldsymbol{y}_1+z\boldsymbol{y}_2 \tag{2.55}
$$

$$
\boldsymbol{v}_{\mathbb{X},p}=\dot{r}\boldsymbol{y}_1+r\dot{\theta}\boldsymbol{y}_2+\dot{z}\boldsymbol{y}_3 \tag{2.56}
$$

$$
\boldsymbol{a}_{\mathbb{X},p}=(\ddot{r}-r\dot{\theta}^2)\boldsymbol{y}_1+(2\dot{r}\dot{\theta}+r\ddot{\theta})\boldsymbol{y}_2+\ddot{z}\boldsymbol{y}_3 \tag{2.57}
$$

证明：这里有几个方法来推导上述方程。利用由函数关系给出的变量变换，可以在笛卡儿坐标系（x，y，z）和柱坐标系（r，θ，z）之间相互转化。

$$
\begin{aligned}
x&=r\cos\theta\\
y&=r\sin\theta
\end{aligned}
$$

$$z=z \tag{2.58}$$

或者这些关系反过来表示为

$$r=\sqrt{x^2+y^2+z^2}$$
$$\theta=\mathrm{Atan}(y/x)$$
$$z=z$$

例如，因为笛卡儿坐标系中的速度 $\boldsymbol{v}_{\mathbb{X},p}$ 由以下给出

$$\boldsymbol{v}_{\mathbb{X},p}=\dot{x}\boldsymbol{x}_1+\dot{y}\boldsymbol{x}_2+\dot{z}\boldsymbol{x}_3 \tag{2.59}$$

$\dot{x}$，$\dot{y}$，$\dot{z}$ 可以从上面的计算代入式（2.59），将旋转矩阵代入式（2.53）以获得由（r，θ，z）和 $\boldsymbol{y}_1$，$\boldsymbol{y}_2$，$\boldsymbol{y}_3$ 表示的速度表达式。这种方法是冗长乏味的，因此将其作为练习。介绍它是为了说明 2.5.1 节中介绍的定理的有效性。

这些定理极大地简化了该计算。通过构造可知，柱坐标系 $\mathbb{Y}$ 相对于坐标系 $\mathbb{X}$ 的角速度为

$$\boldsymbol{\omega}_{\mathbb{X},\mathbb{Y}}=\dot{\theta}\boldsymbol{x}_3=\dot{\theta}\boldsymbol{y}_3 \tag{2.60}$$

根据定理 2.13，位置向量 $\boldsymbol{r}_{\mathbb{X},p}$ 的导数可以由保持固定的坐标系 $\mathbb{X}$ 的基表示为

$$\begin{aligned}\boldsymbol{v}_{\mathbb{X},p}&=\left.\frac{\mathrm{d}}{\mathrm{d}t}\right|_{\mathbb{X}}\boldsymbol{r}_{\mathbb{X},p}=\left.\frac{\mathrm{d}}{\mathrm{d}t}\right|_{\mathbb{Y}}\boldsymbol{r}_{\mathbb{X},p}+\boldsymbol{\omega}_{\mathbb{X},\mathbb{Y}}\times\boldsymbol{r}_{\mathbb{X},p}=\dot{r}\boldsymbol{y}_1+\dot{z}\boldsymbol{y}_3+\dot{\theta}\boldsymbol{y}_3\times(r\boldsymbol{y}_1+z\boldsymbol{y}_3)\\&=\dot{r}\boldsymbol{y}_1+r\dot{\theta}\boldsymbol{y}_2+\dot{z}\boldsymbol{y}_3\end{aligned}$$

导数可以二次计算得到加速度

$$\begin{aligned}\boldsymbol{a}_{\mathbb{X},p}&=\left.\frac{\mathrm{d}}{\mathrm{d}t}\right|_{\mathbb{X}}\boldsymbol{v}_{\mathbb{X},p}=\left.\frac{\mathrm{d}}{\mathrm{d}t}\right|_{\mathbb{Y}}\boldsymbol{v}_{\mathbb{X},p}+\boldsymbol{\omega}_{\mathbb{X},\mathbb{Y}}\times\boldsymbol{v}_{\mathbb{X},p}\\&=\ddot{r}\boldsymbol{y}_1+(\dot{r}\dot{\theta}+r\ddot{\theta})\boldsymbol{y}_2+\ddot{z}\boldsymbol{y}_3+\dot{\theta}\boldsymbol{y}_3\times(\dot{r}\boldsymbol{y}_1+r\dot{\theta}\boldsymbol{y}_2+\dot{z}\boldsymbol{y}_3)\\&=(\ddot{r}-r\dot{\theta}^2)\boldsymbol{y}_1+(2\dot{r}\dot{\theta}+r\ddot{\theta})\boldsymbol{y}_2+\ddot{z}\boldsymbol{y}_3\end{aligned}$$

■

2.6.4.3 球坐标系

与引入柱坐标系的单个旋转坐标系相比，球坐标的定义是通过引入两个旋转参考坐标系来实现的。在习题 2.26 中讨论了这两个旋转坐标系的定义，在此简要回顾一下其构造。首先，位置向量 $\boldsymbol{r}_{\mathbb{X},p}$ 投影到 $\boldsymbol{x}_1$-$\boldsymbol{x}_2$ 平面，这个投影向量定义了单位向量 $\boldsymbol{z}_1$ 的方向。角度 θ 表示从 $\boldsymbol{x}_1$ 轴指向 $\boldsymbol{z}_1$ 的角度。单位向量 $\boldsymbol{z}_2$ 定义在 $\boldsymbol{x}_1$-$\boldsymbol{x}_2$ 平面上，方向垂直于向量 $\boldsymbol{y}_1$，指向方向角 θ 增大的方向。定义单位向量 $\boldsymbol{z}_3$ 使 $\mathbb{Z}$ 是一个右旋的标准正交坐标系。

接着，第二个旋转坐标系 $\mathbb{Y}$ 由一套右旋的标准正交的单位向量 $\boldsymbol{y}_\phi$，$\boldsymbol{y}_\theta$，$\boldsymbol{y}_\rho$ 定义，它们最初是和坐标系 $\mathbb{Z}$ 的基重合的。然后，向量 $\boldsymbol{y}_\phi$，$\boldsymbol{y}_\theta$，$\boldsymbol{y}_\rho$ 关于 $\boldsymbol{y}_\theta=\boldsymbol{z}_2$ 轴线旋转直到单位向量 $\boldsymbol{y}_\rho$ 和位置向量 $\boldsymbol{r}_{\mathbb{X},p}$ 重合。

坐标系 $\mathbb{Z}$ 是通过原始坐标系 $\mathbb{X}$ 绕着轴线 $\boldsymbol{x}_3=\boldsymbol{z}_3$ 旋转角度 θ 获得的，坐标系 $\mathbb{Y}$ 是通过随后坐标系 $\mathbb{Z}$ 绕着 $\boldsymbol{z}_2=\boldsymbol{y}_\theta$ 轴线旋转角度 ϕ 构造的。当这两个旋转完成后，点 p 的位置向量 $\boldsymbol{r}_{\mathbb{X},p}$ 可以用点 p 相对于原点的距离 ρ 来表示。这样构造的目的是用球坐标系（ρ，ϕ，θ）和柱坐标系的基 $\boldsymbol{y}_\phi$，$\boldsymbol{y}_\theta$，$\boldsymbol{y}_\rho$ 来表示相对于静止坐标系 $\mathbb{X}$ 的位置向量 $\boldsymbol{r}_{\mathbb{X},p}$、速度向量 $\boldsymbol{v}_{\mathbb{X},p}$ 和加速度向量 $\boldsymbol{a}_{\mathbb{X},p}$。

定理 2.19（球坐标系的位置、速度和加速度） *点 p 相对于坐标系 $\mathbb{X}$ 的位置 $\boldsymbol{r}_{\mathbb{X},p}$，速度 $\boldsymbol{v}_{\mathbb{X},p}$ 和加速度 $\boldsymbol{a}_{\mathbb{X},p}$ 以球坐标（ρ，ϕ，θ）和球坐标系的基 $\boldsymbol{y}_\phi$，$\boldsymbol{y}_\theta$，$\boldsymbol{y}_\rho$ 给出*

$$\boldsymbol{r}_{\mathbb{X},p}=\rho\boldsymbol{y}_\rho$$
$$\boldsymbol{v}_{\mathbb{X},p}=\dot{\rho}\boldsymbol{y}_\rho+\rho\dot{\theta}\sin\phi\boldsymbol{y}_\theta+\rho\dot{\phi}\boldsymbol{y}_\phi$$
$$\boldsymbol{a}_{\mathbb{X},p}=(\ddot{\rho}-\rho\dot{\theta}^2\sin^2\phi-\rho\dot{\phi}^2)\boldsymbol{y}_\rho+(2\dot{\rho}\dot{\theta}\sin\phi+\rho\dot{\theta}\sin\phi)\boldsymbol{y}_\theta+(\rho\ddot{\phi}+2\dot{\phi}\dot{\rho}-\rho\dot{\theta}^2\sin\phi\cos\phi)\boldsymbol{y}_\phi$$

证明：在讨论柱坐标时，可以用几种不同的方法得出这个定理的结论。最直接的方法是使用2.5节中角速度的定义和该节中导出的定理。在坐标系 $\mathbb{X}$ 中坐标系 $\mathbb{Y}$ 的角速度由定理2.15推出。

$$\boldsymbol{\omega}_{\mathbb{X},\mathbb{Y}}=\dot{\theta}\boldsymbol{z}_3+\dot{\phi}\boldsymbol{y}_\theta$$

相对于固定在坐标系 $\mathbb{X}$ 中的观察者位置的时间导数可以如下计算

$$\begin{aligned}\boldsymbol{v}_{\mathbb{X},p}&=\left.\frac{\mathrm{d}}{\mathrm{d}t}\right|_{\mathbb{X}}\boldsymbol{r}_{\mathbb{X},p}=\left.\frac{\mathrm{d}}{\mathrm{d}t}\right|_{\mathbb{Y}}\boldsymbol{r}_{\mathbb{X},p}+\boldsymbol{\omega}_{\mathbb{X},\mathbb{Y}}\times(\boldsymbol{r}_{\mathbb{X},p})=\dot{\rho}\boldsymbol{y}_\rho+(\dot{\theta}\boldsymbol{z}_3+\dot{\phi}\boldsymbol{y}_\theta)\times\rho\boldsymbol{y}_\rho\\&=\dot{\rho}\boldsymbol{y}_\rho+\rho\dot{\theta}\underbrace{(\boldsymbol{z}_3\times\boldsymbol{y}_\rho)}_{\sin\phi\boldsymbol{y}_\theta}+\rho\dot{\phi}\underbrace{(\boldsymbol{y}_\theta\times\boldsymbol{y}_\rho)}_{\boldsymbol{y}_\phi}=\dot{\rho}\boldsymbol{y}_\rho+\rho\dot{\theta}\sin\phi\boldsymbol{y}_\theta+\rho\dot{\phi}\boldsymbol{y}_\phi\end{aligned}$$

通过计算速度的导数可以求出加速度，向量积 $\boldsymbol{\omega}_{\mathbb{X},\mathbb{Y}}\times\boldsymbol{r}_{\mathbb{X},p}$ 可以通过表达式 $\boldsymbol{\omega}_{\mathbb{X},\mathbb{Y}}=\dot{\theta}\boldsymbol{z}_3+\dot{\phi}\boldsymbol{y}_\theta$ 来直接计算。在本例中采用了另一种方法。角速度以坐标系 $\mathbb{Y}$ 的基表示为

$$\boldsymbol{\omega}_{\mathbb{X},\mathbb{Y}}=\dot{\theta}\boldsymbol{z}_3+\dot{\phi}\boldsymbol{y}_\theta=\dot{\theta}(\cos\phi\boldsymbol{y}_\rho-\sin\phi\boldsymbol{y}_\phi)+\dot{\phi}\boldsymbol{y}_\theta$$

有了这个表达式，点 p 的加速度可以计算为

$$\begin{aligned}\boldsymbol{a}_{\mathbb{X},p}&=\left.\frac{\mathrm{d}}{\mathrm{d}t}\right|_{\mathbb{Y}}\boldsymbol{v}_{\mathbb{X},p}+\boldsymbol{\omega}_{\mathbb{X},\mathbb{Y}}\times\boldsymbol{v}_{\mathbb{X},p}\\&=\ddot{\rho}\boldsymbol{y}_\rho+(\dot{\rho}\dot{\phi}+\rho\ddot{\phi})\boldsymbol{y}_\phi+(\dot{\rho}\dot{\theta}\sin\phi+\rho\dot{\phi}\dot{\theta}\cos\phi+\rho\ddot{\theta}\sin\phi)\boldsymbol{y}_\theta+\begin{vmatrix}\boldsymbol{y}_\phi&\boldsymbol{y}_\theta&\boldsymbol{y}_\rho\\-\dot{\theta}\sin\phi&\dot{\phi}&\dot{\theta}\cos\phi\\\rho\dot{\phi}&\rho\dot{\theta}\sin\phi&\dot{\rho}\end{vmatrix}\end{aligned}$$

向量积可以扩展为

$$\begin{vmatrix}\boldsymbol{y}_\phi&\boldsymbol{y}_\theta&\boldsymbol{y}_\rho\\-\dot{\theta}\sin\phi&\dot{\phi}&\dot{\theta}\cos\phi\\\rho\dot{\phi}&\rho\dot{\theta}\sin\phi&\dot{\rho}\end{vmatrix}=(\dot{\rho}\dot{\phi}-\rho\dot{\theta}^2\sin\phi\cos\phi)\boldsymbol{y}_\phi+(\rho\dot{\phi}\dot{\theta}\cos\phi+\dot{\rho}\dot{\theta}\sin\phi)\boldsymbol{y}_\theta-(\rho\dot{\theta}^2\sin^2\phi+\rho\dot{\phi}^2)\boldsymbol{y}_\rho$$

综合各项以得到加速度的最终表达式

$$\begin{aligned}\boldsymbol{a}_{\mathbb{X},p}=&(\ddot{\rho}-\rho\dot{\theta}^2\sin^2\phi-\rho\dot{\phi}^2)\boldsymbol{y}_\rho+(2\dot{\rho}\dot{\theta}\sin\phi+2\rho\dot{\phi}\dot{\theta}\cos\phi+\rho\ddot{\theta}\sin\phi)\boldsymbol{y}_\theta+\\&(2\dot{\rho}\dot{\phi}+\rho\ddot{\phi}-\rho\dot{\theta}^2\sin\phi\cos\phi)\boldsymbol{y}_\phi\end{aligned}$$

■

球坐标下速度和加速度的最终形式也在MATLAB Workbook for DCRS的例2.11中计算出来。

2.7 习题

2.7.1 关于 *N*-元组和 *M*×*N* 数组的习题

2.1 考虑矩阵相乘 $\boldsymbol{A}^{\mathrm{T}}\boldsymbol{B}\boldsymbol{A}$，这里 $\boldsymbol{A}\in\mathbb{R}^{M\times N}$，$\boldsymbol{B}\in\mathbb{R}^{M\times N}$。推导出这个乘积的第 i 行和第 j 列的元素的表达式，用 $\boldsymbol{A}^{\mathrm{T}}$ 的行 $\boldsymbol{a}_i^{\mathrm{T}}$，$\boldsymbol{A}$ 的列 $\boldsymbol{a}_j$ 和矩阵 $\boldsymbol{B}$ 表示。

2.2 考虑 $\boldsymbol{AB}$ 乘积的转置 $(\boldsymbol{AB})^{\mathrm{T}}$，这里 $\boldsymbol{A}\in\mathbb{R}^{I\times J}$，$\boldsymbol{B}\in\mathbb{R}^{J\times K}$。证明转置 $(\boldsymbol{AB})^{\mathrm{T}}$ 可由下式计算

$$(\boldsymbol{AB})^{\mathrm{T}}=\boldsymbol{B}^{\mathrm{T}}\boldsymbol{A}^{\mathrm{T}}$$

2.3 概括习题2.2的结果，证明对于任何有限序列的相同维数矩阵 $\boldsymbol{A}_1$，$\boldsymbol{A}_2$，…，$\boldsymbol{A}_n$

$$(\boldsymbol{A}_1\boldsymbol{A}_2\cdots\boldsymbol{A}_{n-1}\boldsymbol{A}_n)^{\mathrm{T}}=\boldsymbol{A}_n^{\mathrm{T}}\boldsymbol{A}_{n-1}^{\mathrm{T}}\cdots\boldsymbol{A}_2^{\mathrm{T}}\boldsymbol{A}_1^{\mathrm{T}}$$

2.4 N 阶单位矩阵 $\mathbb{I}$ 是独一无二的矩阵，即

$$\mathbb{I}\boldsymbol{A}=\boldsymbol{A}\mathbb{I}=\boldsymbol{A}$$

对于所有的 $\boldsymbol{A} \in \mathbb{R}^{N\times N}$ 成立。证明单位矩阵等同于对角线都是 $\mathbb{I}$ 的矩阵。

2.5 矩阵 $\boldsymbol{A}$ 的逆矩阵（inverse matrix）$\boldsymbol{A}^{-1}$ 定义为无论何时

$$(\boldsymbol{A}^{-1})\boldsymbol{A}=\boldsymbol{A}(\boldsymbol{A}^{-1})=\mathbb{I}$$

注意，这个方程只适用于方阵。证明不是每个矩阵都有逆。

2.6 若一个矩阵 $\boldsymbol{A} \in \mathbb{R}^{N\times N}$ 有逆，它是独一无二的。证明这个事实。

2.7 方阵 $\boldsymbol{A}$ 的逆 $\boldsymbol{A}^{-1}$ 的定义是用这两个条件来表述的

$$\boldsymbol{A}^{-1}\boldsymbol{A}=\mathbb{I}$$

和

$$\boldsymbol{A}\boldsymbol{A}^{-1}=\mathbb{I}$$

这些条件都可以推广到非方阵中。假如下式成立，则称 $\boldsymbol{B}_L \in \mathbb{R}^{N\times M}$ 是矩阵 $\boldsymbol{A} \in \mathbb{R}^{M\times N}$ 的左逆矩阵：

$$\boldsymbol{B}_L\boldsymbol{A}=\mathbb{I}_N$$

这里 $\mathbb{I}_N$ 是 $\mathbb{R}^N$ 上的单位阵，假如下式成立，则称 $\boldsymbol{B}_L \in \mathbb{R}^{N\times M}$ 是矩阵 $\boldsymbol{A} \in \mathbb{R}^{M\times N}$ 的右逆矩阵：

$$\boldsymbol{A}\boldsymbol{B}_R=\mathbb{I}_M$$

这里 $\mathbb{I}_M$ 是 $\mathbb{R}^M$ 上的单位阵。

从这些定义可以很明显地看出，一个方阵是可逆阵的条件为：当且仅当它有一个左逆矩阵和一个右逆矩阵，且这两个矩阵是可逆的。找出一个有左逆矩阵但没有右逆矩阵的矩阵，再找出一个有右逆矩阵但没有左逆矩阵的矩阵。

2.8 设矩阵等式

$$\boldsymbol{A}\boldsymbol{u}=\boldsymbol{0}$$

对于所有的 N 元数组 $\boldsymbol{u} \in \mathbb{R}^N$ 成立，这里 $\boldsymbol{A} \in \mathbb{R}^{M\times N}$。认定矩阵 $\boldsymbol{A}$ 一定等于零，

$$\boldsymbol{A} \equiv \boldsymbol{0} \in \mathbb{R}^{M\times N}$$

为什么必须强调 $\boldsymbol{u}$ 是任意 N 元数组？构建一个反例

$$\boldsymbol{A}\boldsymbol{u}=\boldsymbol{0}$$

对于一些特殊的 $\boldsymbol{u}$，$\boldsymbol{A}\neq\boldsymbol{0}$ 时上式成立

2.9 一个矩阵 $\boldsymbol{A}$ 的逆存在并且等于它的转置，则 $\boldsymbol{A}$ 是一个正交矩阵（orthogonal matrix）。

$$\boldsymbol{A}^{-1}=\boldsymbol{A}^{\mathrm{T}}$$

证明：用一个正交矩阵 $\boldsymbol{A} \in \mathbb{R}^{3\times 3}$ 乘以一个向量 $\boldsymbol{v} \in \mathbb{R}^3$，不会改变它的长度。

2.10 如果有一个可逆矩阵 $\boldsymbol{P}$ 使得下式成立，称一个方阵 $\boldsymbol{A}$ 是可对角化的，

$$\boldsymbol{P}^{-1}\boldsymbol{A}\boldsymbol{P}=\boldsymbol{D}$$

这里 $\boldsymbol{D}$ 是一个对角阵。证明每个可对角化（diagonalizable）的矩阵都是可逆的。

2.7.2 关于向量、基和坐标系的习题

2.11 从式（2.4）推导式（2.5）。

2.12 向量 $\boldsymbol{u}$，$\boldsymbol{v}$，$\boldsymbol{w}$ 的数量三重积（scalar triple product）为

$$\boldsymbol{u}\times\boldsymbol{v}\cdot\boldsymbol{w}$$

证明数量三重积等于由向量 $\boldsymbol{u}$，$\boldsymbol{v}$，$\boldsymbol{w}$ 张成的平行六面体的体积。

2.13 证明下面的性质对于向量 $\boldsymbol{u}$，$\boldsymbol{v}$，$\boldsymbol{w}$ 的数量三重积 $\boldsymbol{u}\times\boldsymbol{v}\cdot\boldsymbol{w}$ 成立。

（i）如果三个向量 $\boldsymbol{u}$，$\boldsymbol{v}$，$\boldsymbol{w}$ 中任意一对交换，$\boldsymbol{u}\times\boldsymbol{v}\cdot\boldsymbol{w}$ 的值将会改变，即

$$u\times v\cdot w=-v\times u\cdot w=-u\times w\cdot v=-w\times v\cdot u$$

(ii) 如果点乘和叉乘互换位置的话，$u\times v\cdot w$ 的值将不会改变，即

$$u\times v\cdot w=u\cdot v\times w$$

2.14　证明一个 3×3 矩阵的行列式等于它的列向量的数量三重积，即

$$\det(\boldsymbol{A})=\boldsymbol{a}_1\times\boldsymbol{a}_2\cdot\boldsymbol{a}_3$$

这里

$$\boldsymbol{A}=[\boldsymbol{a}_1\quad\boldsymbol{a}_2\quad\boldsymbol{a}_3]$$

2.15　证明向量积 $w=u\times v$ 可以写成一个矩阵 $S(u)$（其元素依赖 u）与一个表示 v 的三元数组的乘积。

$$w=\begin{Bmatrix}w_1\\w_2\\w_3\end{Bmatrix}=S(u)v$$

2.16　证明

$$S^2(w)=-\|w\|^2\mathbb{I}+ww^2$$

对于任意的 $w\in\mathbb{R}^3$ 成立。

2.17　证明

$$S^3(w)=-\|w\|^2S(w)$$

对于任意的 $w\in\mathbb{R}^3$ 成立。

2.7.3　关于旋转矩阵的习题

2.18　证明对于 $i=1,\cdots,N$，任意有限数量旋转矩阵 R_i 的乘积也是一个旋转矩阵。

$$R_1R_2\cdot R_N$$

如果乘积 $R_1R_2\cdot R_N$ 表示将一个向量 v 相对于坐标系 $\mathbb{Y}$ 通过以下关系映射为相对于坐标系 $\mathbb{X}$

$$v^{\mathbb{X}}=(R_1R_2\cdots R_N)v^{\mathbb{Y}}$$

将表达式 $v^{\mathbb{X}}$ 映射为 $v^{\mathbb{Y}}$ 的逆变换是什么？

2.19　下面的问题是由美国天主教大学的 Joseph Vignola 教授提出的。图 2-24、图 2-25 和图 2-26 描述了流行的魔方拼图。设计一个系统，可以用来描述使用坐标系的概念来解决问题的步骤。

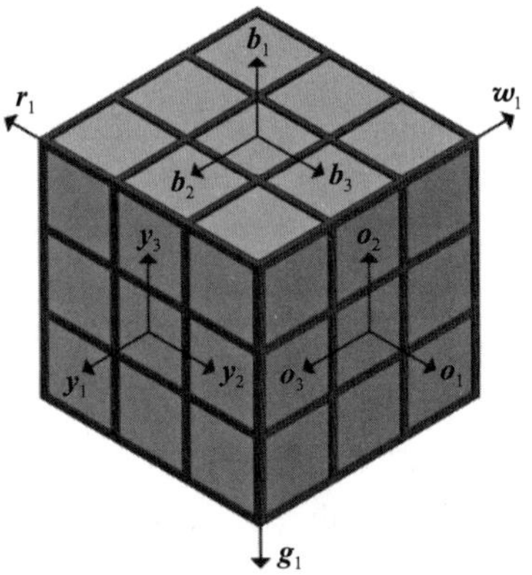

图 2-24　魔方上坐标系的定义

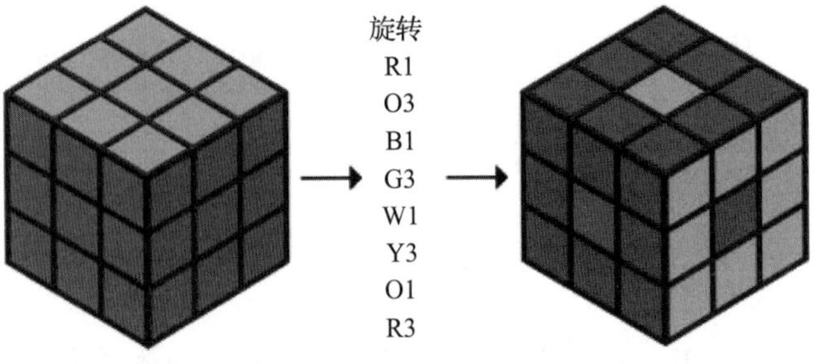

图 2-25　第一个旋转序列

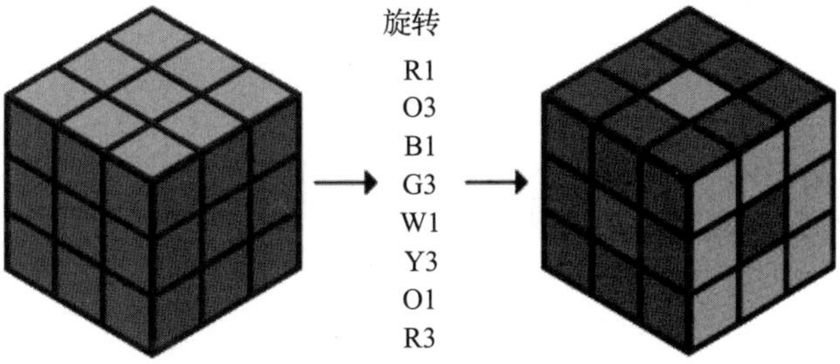

图 2-26 第二个旋转序列

2.20 试通过计算下面的两步来推导定理 2.6 中的单轴旋转矩阵 $\boldsymbol{R}_{\mathbb{Y}}^{\mathbb{X}}(\alpha_1)$：将 $\boldsymbol{y}_2$，$\boldsymbol{y}_3$ 轴投影到 $\boldsymbol{x}_2$，$\boldsymbol{x}_3$ 上，然后应用定理 2.5。

2.21 试通过计算下面的两步来推导定理 2.6 中的单轴旋转矩阵 $\boldsymbol{R}_{\mathbb{Y}}^{\mathbb{X}}(\alpha_2)$：将 $\boldsymbol{y}_1$，$\boldsymbol{y}_3$ 轴投影到 $\boldsymbol{x}_1$，$\boldsymbol{x}_3$ 上，然后应用定理 2.5。

2.22 用两种不同的方法推导定理 2.6 中的单轴旋转矩阵 $\boldsymbol{R}_{\mathbb{Y}}^{\mathbb{X}}(\alpha_1)$。第一种方法，将 $\boldsymbol{x}_2$，$\boldsymbol{x}_3$ 轴投影到 $\boldsymbol{y}_2$，$\boldsymbol{y}_3$ 上，然后应用定理 2.5。第二种方法，使用习题 2.20 和定理 2.3 的结论。

2.23 用两种不同的方法推导单轴旋转矩阵 $\boldsymbol{R}_{\mathbb{Y}}^{\mathbb{X}}(\alpha_2)$。第一个方法，将 $\boldsymbol{x}_1$，$\boldsymbol{x}_3$ 轴投影到 $\boldsymbol{y}_1$，$\boldsymbol{y}_3$ 上，然后应用定理 2.5。第二个方法，使用习题 2.21 和定理 2.3 的结论。

2.24 用两种不同的方法推导单轴旋转矩阵 $\boldsymbol{R}_{\mathbb{Y}}^{\mathbb{X}}(\alpha_3)$。第一个方法，将 $\boldsymbol{x}_1$，$\boldsymbol{x}_2$ 轴投影到 $\boldsymbol{y}_1$，$\boldsymbol{y}_2$ 上，然后应用定理 2.5。第二个方法，使用定理 2.6 和定理 2.3 的结论。

2.25 $\boldsymbol{R}_{\mathbb{Y}}^{\mathbb{X}}$ 是关联坐标系 $\mathbb{Y}$ 和坐标系 $\mathbb{X}$ 的旋转矩阵。证明 $+1$ 是矩阵 $\boldsymbol{R}_{\mathbb{Y}}^{\mathbb{X}}$ 的一个特征值，对应于特征值 $+1$ 的特征向量 $\boldsymbol{v}$ 的物理解释是什么？

2.26 微积分中球坐标的经典定义如图 2-27 所示。从直角笛卡儿坐标到球坐标的基变换是本节所推导技术的一个简单应用：使用两个单轴旋转。第一个旋转矩阵 $\boldsymbol{R}_{\mathbb{Z}}^{\mathbb{X}}(\theta)$ 表示坐标系 $\mathbb{X}$ 的基 $\boldsymbol{x}_1$，$\boldsymbol{x}_2$，$\boldsymbol{x}_3$ 转换为中间坐标系 $\mathbb{Z}$ 的基 $\boldsymbol{z}_1$，$\boldsymbol{z}_2$，$\boldsymbol{z}_3$，第二个旋转矩阵 $\boldsymbol{R}_{\mathbb{Y}}^{\mathbb{Z}}(\phi)$ 表示将中间坐标系 $\mathbb{Z}$ 转换为有球坐标系基 $\boldsymbol{y}_\phi$，$\boldsymbol{y}_\theta$，$\boldsymbol{y}_\rho$ 的坐标系 $\mathbb{Y}$。首先，通过以绕着共同轴 $\boldsymbol{x}_3=\boldsymbol{z}_3$ 旋转角度 θ 的旋转定义旋转矩阵 $\boldsymbol{R}_{\mathbb{Z}}^{\mathbb{X}}(\theta)$，接着，以绕着共同轴 $\boldsymbol{z}_2=\boldsymbol{y}_\theta$ 旋转角度 ϕ 的旋转定义旋转矩阵 $\boldsymbol{R}_{\mathbb{Y}}^{\mathbb{Z}}(\phi)$。最后，任意向量 $\boldsymbol{v}$ 在直角笛卡儿坐标中可以写为

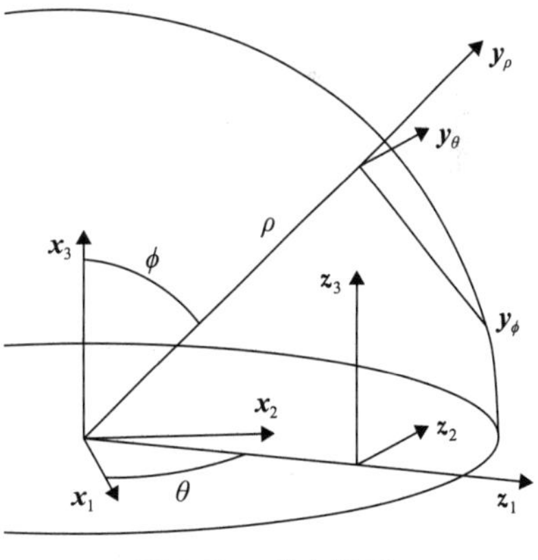

图 2-27 球坐标系

$$\boldsymbol{v}^{\mathbb{X}}=\begin{Bmatrix}x_1\\x_2\\x_3\end{Bmatrix}$$

相对于坐标系 $\mathbb{Y}$ 相同的向量的表达式为

$$\boldsymbol{v}^{\mathbb{Y}}=\begin{Bmatrix}0\\0\\\rho\end{Bmatrix}$$

这里 $\rho^2=x_1^2+x_2^2+x_3^2$，利用基的变换关系

$$\boldsymbol{v}^{\mathbb{X}}=\boldsymbol{R}_{\mathbb{Z}}^{\mathbb{X}}(\theta)\boldsymbol{R}_{\mathbb{Y}}^{\mathbb{Z}}(\phi)\boldsymbol{v}^{\mathbb{Y}}$$

来得到经典球坐标系 x_1，x_2，x_3 用 ρ，θ，ϕ 表示的定义。

2.27 方位角 θ 和俯仰角 ϕ 是常用来确定天体观测视线（LOS）的一对角度。这两个角的定义如图 2-28 所示。符号 $\mathbb{X}$ 表示用当地垂直、当地水平的坐标系，并用基 $\boldsymbol{x}_1$，$\boldsymbol{x}_2$，$\boldsymbol{x}_3$ 表示。在一个平坦的世界模型中，取 $\boldsymbol{x}_1$ 与正北对齐，取 $\boldsymbol{x}_2$ 与正东对齐，取 $\boldsymbol{x}_3$ 指向地球的重心是合理的。角度 θ 表示绕着 $\boldsymbol{x}_3$ 轴，从 $\boldsymbol{x}_1$ 指向视线方向 $\boldsymbol{y}_{\text{LOS}}$ 在当地水平面投影的角度。俯仰角 ϕ 表示（视线方向在）当地水平面（的投影）指向视线方向 $\boldsymbol{y}_{\text{LOS}}$ 的角度。通过引入一个中间坐标系，试用两个单轴旋转的乘积来确定旋转矩阵 $\boldsymbol{R}_{\mathbb{X}}^{\mathbb{Y}}$。

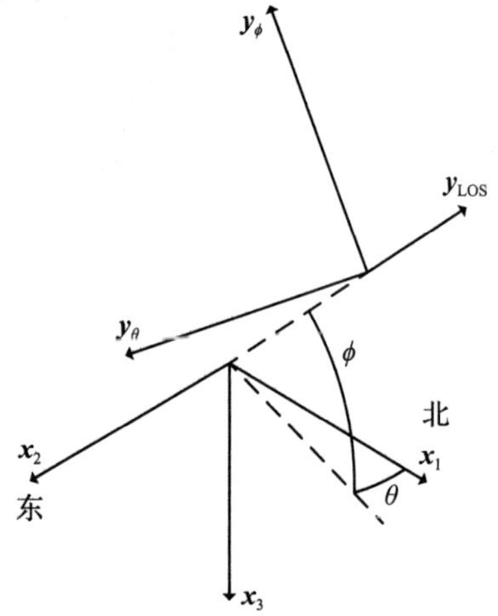

图 2-28 与 LVLH 坐标系相关的方位角（θ）和俯仰角（ϕ）

2.28 定义连接到构成图 2-29～图 2-32 所示双臂子系统的刚体的参考坐标系序列。坐标系 $\mathbb{Y}$ 绕着轴线 $\boldsymbol{x}_1=-\boldsymbol{y}_2$ 以角度 θ_1 旋转，坐标系 $\mathbb{Z}$ 绕着轴线 $\boldsymbol{y}_3=\boldsymbol{z}_3$ 以角度 θ_2 旋转，坐标系 $\mathbb{A}$ 绕着轴线 $\boldsymbol{a}_3=-\boldsymbol{z}_3$ 以角度 θ_3 旋转。旋转矩阵 $\boldsymbol{R}_{\mathbb{Y}}^{\mathbb{X}}$，$\boldsymbol{R}_{\mathbb{Z}}^{\mathbb{Y}}$，$\boldsymbol{R}_{\mathbb{A}}^{\mathbb{Z}}$，$\boldsymbol{R}_{\mathbb{A}}^{\mathbb{X}}$ 是什么？

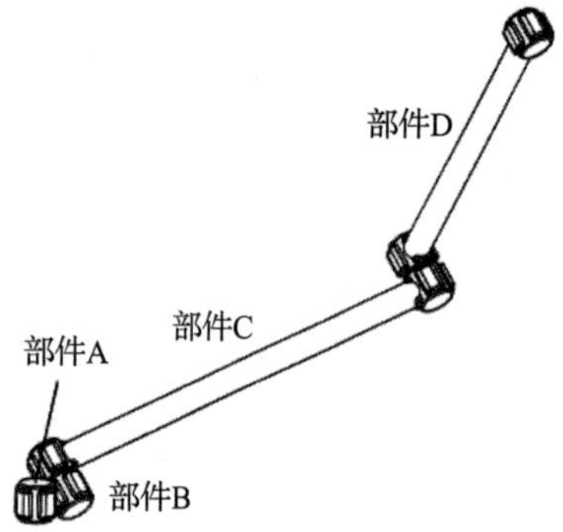

图 2-29 一个双臂模型的详细图解

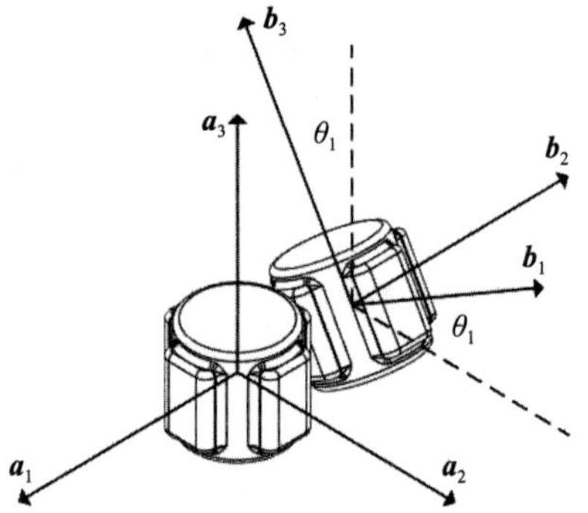

图 2-30 坐标系 $\mathbb{A}$，$\mathbb{B}$ 的定义

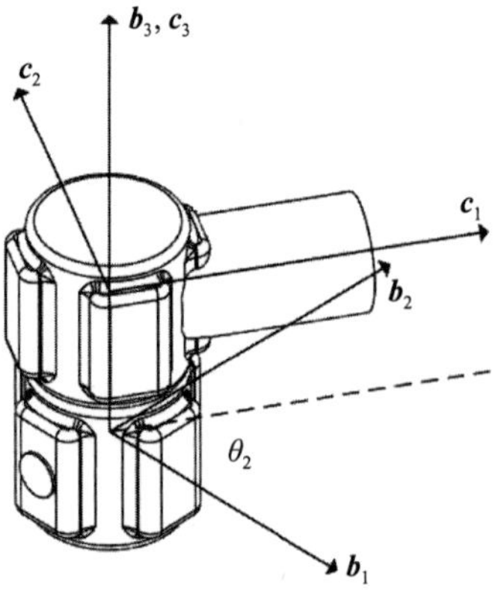

图 2-31 坐标系 $\mathbb{B}$，$\mathbb{C}$ 的定义

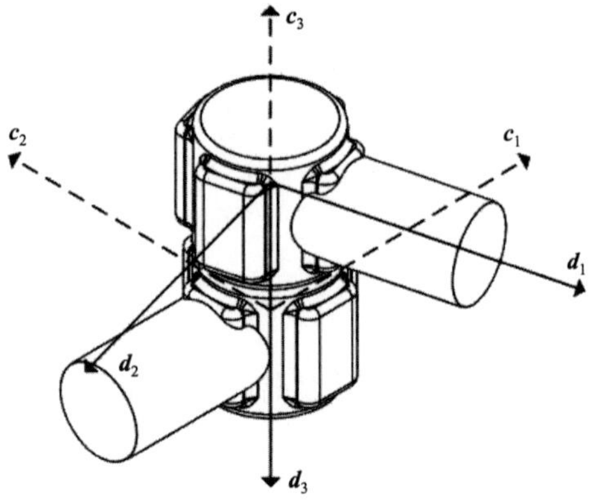

图 2-32 坐标系 $\mathbb{C}$，$\mathbb{D}$ 的定义

2.29 导出定理 2.8 中将 $\mathbb{A}$ 坐标系映射到 $\mathbb{B}$ 坐标系的旋转矩阵的轴角参数化表达式，如图 2-16 所示，使用图解法进行证明。

2.7.4 关于位置、速度和加速度的习题

2.30 坐标系 $\mathbb{Y}$ 相对于坐标系 $\mathbb{X}$ 旋转，而联系这两个坐标系的旋转矩阵为

$$\boldsymbol{R}_{\mathbb{Y}}^{\mathbb{X}}(t)=\begin{bmatrix}\cos(2\pi t) & \sin(2\pi t) & 0\\ -\sin(2\pi t) & \cos(2\pi t) & 0\\ 0 & 0 & 1\end{bmatrix}$$

向量 $\boldsymbol{v}$ 可以用坐标系 $\mathbb{Y}$ 的形式表示为

$$\boldsymbol{v}=8\boldsymbol{y}_1-13\boldsymbol{y}_2+17\boldsymbol{y}_3$$

找出下列各项：

1. 坐标系 $\mathbb{Y}$ 的基保持固定时，计算向量 $\boldsymbol{v}$ 的导数。
2. 坐标系 $\mathbb{X}$ 的基保持固定时，计算向量 $\boldsymbol{v}$ 的导数。
3. 说明坐标系 $\mathbb{Y}$ 相对于坐标系 $\mathbb{X}$ 的运动。

2.31 坐标系 $\mathbb{Y}$ 相对于坐标系 $\mathbb{X}$ 旋转，联系两个坐标系的旋转矩阵为

$$\boldsymbol{R}_{\mathbb{Y}}^{\mathbb{X}}(t)=\begin{bmatrix}\cos(40\pi t) & 0 & -\sin(40\pi t)\\ 0 & 1 & 0\\ \sin(40\pi t) & 0 & \cos(40\pi t)\end{bmatrix}$$

向量 $\boldsymbol{v}$ 可以用坐标系 $\mathbb{X}$ 的基表示为

$$\boldsymbol{v}=3\boldsymbol{x}_1+7\boldsymbol{x}_2-11\boldsymbol{x}_3$$

找出下列各项：

1. 坐标系 $\mathbb{Y}$ 的基保持固定时，计算向量 $\boldsymbol{v}$ 的导数。
2. 坐标系 $\mathbb{X}$ 的基保持固定时，计算向量 $\boldsymbol{v}$ 的导数。
3. 说明坐标系 $\mathbb{Y}$ 相对于坐标系 $\mathbb{X}$ 的运动。

2.32 本体固定在坐标系 $\mathbb{B}$ 上的光盘相对于本体固定在坐标系 $\mathbb{X}$ 上的外壳做旋转运动。一个爬虫爬上了光盘的表面，爬虫相对于光盘的位置作为时间的函数为

$$r_{\mathbb{B},p}(t)=8t^2\boldsymbol{b}_1+(9t+\mathrm{e}^t)\boldsymbol{b}_2$$

1. 计算爬虫相对于坐标系 $\mathbb{B}$ 的速度 $\boldsymbol{v}_{\mathbb{B},p}$。用坐标系 $\mathbb{B}$ 的基来表示答案，用坐标系 $\mathbb{X}$ 的基来表示答案。
2. 计算爬虫相对于坐标系 $\mathbb{X}$ 的速度 $\boldsymbol{v}_{\mathbb{X},p}$。用坐标系 $\mathbb{B}$ 的基来表示答案，用坐标系 $\mathbb{X}$ 的基来表示答案。
3. 计算爬虫相对于坐标系 $\mathbb{B}$ 的加速度 $\boldsymbol{a}_{\mathbb{B},p}$。用坐标系 $\mathbb{B}$ 的基来表示答案，用坐标系 $\mathbb{X}$ 的基来表示答案。
4. 计算爬虫相对于坐标系 $\mathbb{X}$ 的速度 $\boldsymbol{a}_{\mathbb{X},p}$。用坐标系 $\mathbb{B}$ 的基来表示答案，用坐标系 $\mathbb{X}$ 的基来表示答案。

2.7.5 关于角速度的习题

2.33 证明对于任意的旋转矩阵 $\boldsymbol{R}$ 和任意的 3 维元组 $\boldsymbol{\omega}$，

$$\boldsymbol{S}(\boldsymbol{R}\boldsymbol{\omega})=\boldsymbol{R}\boldsymbol{S}(\boldsymbol{\omega})(\boldsymbol{R})^{\mathrm{T}}$$

2.34 证明矩阵 $\boldsymbol{e}^{\boldsymbol{S}(\boldsymbol{\omega})}$ 是 3 维元组 $\boldsymbol{\omega}$ 的旋转矩阵。

2.7.6 关于运动学理论的习题

关于角速度加法的习题

2.35 坐标系 $\mathbb{D}$ 相对于坐标系 $\mathbb{A}$ 的方位由 3-2-1 欧拉角给出，试证

$$\boldsymbol{\omega}_{\mathbb{A},\mathbb{D}}^{\mathbb{A}}=\begin{bmatrix}\cos\theta\cos\psi & -\sin\psi & 0\\ \cos\theta\sin\psi & \cos\psi & 0\\ -\sin\theta & 0 & 1\end{bmatrix}\begin{Bmatrix}\dot{\phi}\\ \dot{\theta}\\ \dot{\psi}\end{Bmatrix}$$

2.36 坐标系 $\mathbb{D}$ 相对于坐标系 $\mathbb{A}$ 的方位由 3-2-1 欧拉角给出，证明

$$\boldsymbol{\omega}_{\mathbb{A},\mathbb{D}}^{\mathbb{D}}=\begin{bmatrix}1 & 0 & -\sin\theta\\ 0 & \cos\phi & \cos\theta\sin\phi\\ 0 & -\sin\phi & \cos\theta\cos\phi\end{bmatrix}\begin{Bmatrix}\dot{\phi}\\ \dot{\theta}\\ \dot{\psi}\end{Bmatrix}$$

2.37 坐标系 $\mathbb{D}$ 相对于坐标系 $\mathbb{A}$ 的方位由 3-1-3 欧拉角给出，证明

$$\boldsymbol{\omega}_{\mathbb{A},\mathbb{D}}^{\mathbb{A}}=\begin{bmatrix}0 & \cos\alpha & \sin\alpha\sin\beta\\ 0 & \sin\alpha & -\cos\alpha\sin\beta\\ 1 & 0 & \cos\beta\end{bmatrix}\begin{Bmatrix}\dot{\alpha}\\ \dot{\beta}\\ \dot{\gamma}\end{Bmatrix}$$

2.38 坐标系 $\mathbb{D}$ 相对于坐标系 $\mathbb{A}$ 的方位由 3-1-3 欧拉角给出，证明

$$\boldsymbol{\omega}_{\mathbb{A},\mathbb{D}}^{\mathbb{D}}=\begin{bmatrix}\sin\beta\sin\gamma & \cos\gamma & 0\\ \cos\gamma\sin\beta & -\sin\gamma & 0\\ \cos\beta & 0 & 1\end{bmatrix}\begin{Bmatrix}\dot{\alpha}\\ \dot{\beta}\\ \dot{\gamma}\end{Bmatrix}$$

2.39 考虑用习题 2.26 中讨论的两个连续旋转矩阵来构造球坐标系。角速度 $\omega_{\mathbb{X},\mathbb{Z}}$，$\omega_{\mathbb{Z},\mathbb{Y}}$，$\omega_{\mathbb{X},\mathbb{Y}}$ 是什么？用坐标系 $\mathbb{X}$ 的基来表示答案，用坐标系 $\mathbb{Y}$ 的基来表示答案。

2.40 考虑用于确定习题 2.27 中的视线的坐标系 $\mathbb{Y}$ 的结构，角速度 $\omega_{\mathbb{X},\mathbb{Y}}$ 是什么？用坐标系 $\mathbb{X}$ 的基来表示答案，用坐标系 $\mathbb{Y}$ 的基来表示答案。

2.7.7 关于相对速度和加速度的习题

2.41 图 2-33 中所示的 PUMA 机器人通过分别固定在连杆 1，2 和 3 上的坐标系 1，2 和 3 建模。地面坐标系表示图中的 0 坐标系。角度 θ_i 表示坐标系 i 相对于坐标系 $i-1$ 的旋转，绕着 $\boldsymbol{z}_{i-1}$ 轴并从 $\boldsymbol{x}_{i-1}$ 指向 $\boldsymbol{x}_i$，这里 $i=1, 2, 3$。利用在同一刚体上的两个点的相对速度定理求出点 r 在地面坐标系中的速度。用 1 坐标系和 2 坐标系的基来表示答案。

2.42 对于习题 2.41 中研究的和图 2-33 展示的 PUMA 机器人，计算其上一点 $\boldsymbol{r}$ 在 0 坐标系中的加速度。运用相对加速度公式来计算结果。用 1 坐标系的基来表示你的答案。

2.43 图 2-34 中所示的 SCARA 机器人由分别固定在连杆 1，2 和 3 上的坐标系 1，2 和 3 建模。地面坐标系表示为图中的 0 坐标系。

角度 θ_i 表示坐标系 i 相对于坐标系 $i-1$ 绕着轴线 $\boldsymbol{z}_{i-1}$ 旋转的角度，这里 $i=1, 2, 3$。每个角度 θ_i 都是绕着轴线 $\boldsymbol{z}_{i-1}$ 从 $\boldsymbol{x}_{i-1}$ 指向 $\boldsymbol{x}_i$ 的角度，$i=1, 2, 3$。求点 t 在 0 坐标系中的速度，用 0 坐标系和 2 坐标系的基表示答案。

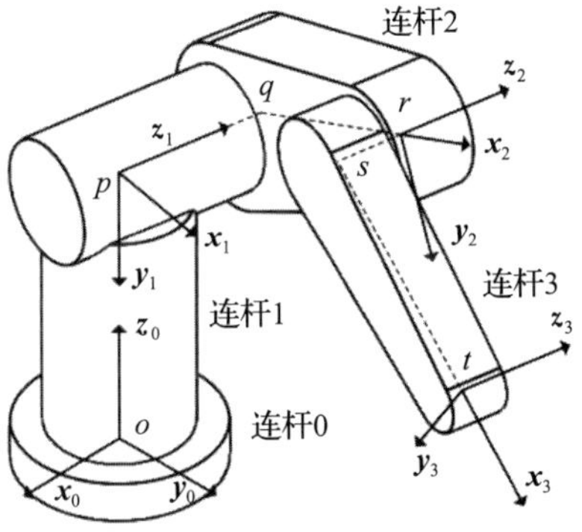

图 2-33　PUMA 机器人坐标系的定义

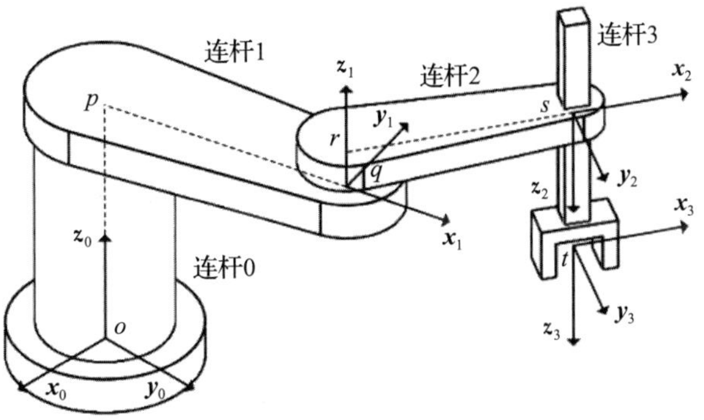

图 2-34　习题 2.43 中 SCARA 机器人点和坐标系的定义

2.44　对于习题 2.43 中研究的和图 2-34 描述的 SCARA 机器人，求点 t 在 0 坐标系中的加速度。运用相对加速度公式来计算结果。用 1 坐标系的基来表示答案。

2.45　图 2-35 中描述的球形手腕有四个连杆，标号为 0，1，2 和 3。坐标系 i 固定在连杆 i 上，$i=0$，1，2，3。角度 ψ 表示坐标系 2 绕着 $\boldsymbol{z}_0=\boldsymbol{z}_1$ 轴线旋转的角度。角度 θ 表示坐标系 2 相对于坐标系 1，绕着 $\boldsymbol{y}_1=\boldsymbol{y}_2$ 轴线旋转的角度。角度 ϕ 表示坐标系 3 相对于坐标系 2，绕着 $\boldsymbol{x}_2=\boldsymbol{x}_3$ 轴线旋转的角度。运用相对速度公式求速度 $\boldsymbol{v}_{0,q}$

要注意，点 p 和点 q 相对坐标系 2 有固定的位置。用 0 和 2 坐标系的基来表示答案。

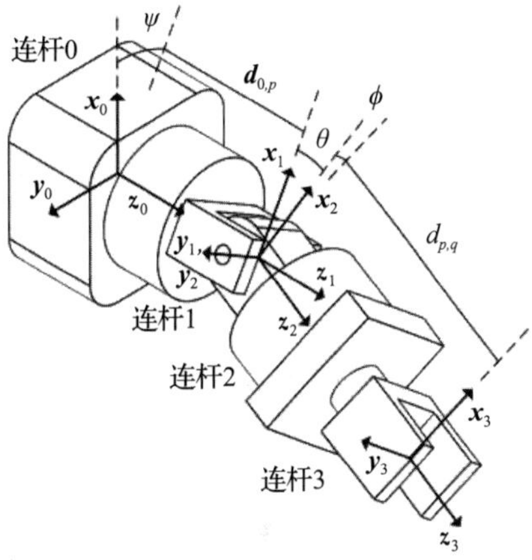

图 2-35　习题 2.45 中坐标系的定义

2.46　运用在同一刚体上的两点的相对加速度公式，计算在习题 2.45 中研究和图 2-35 里描述的球形手腕上的点 q 在 0 坐标系中的加速度。用 1 坐标系的基来表示答案。

2.47　图 5.17 中质量 m_1 和 m_2 在地面坐标系中的速度是多少？

2.48　图 5.18 中倒立摆的中心在地面坐标系中的速度是多少？

2.49　图 5.24 中杆件的质心在地面坐标系中的速度是多少？

2.50　在习题 2.41 中研究的 PUMA 机器人上，点 s 在地面坐标中的速度是多少？用 1 坐标系的基来表示答案。

2.51　习题 2.41 中 PUMA 机器人的连杆质心在地面坐标系中的速度是多少？

2.52　习题 5.24 中直角坐标机器人的连杆质心在地面坐标系中的速度是多少？用 0 坐标系的基来表示答案。

2.53　习题 2.45 和图 2-35 中球形手腕的连杆质心在地面坐标系中的速度是多少？用 2 坐标系的基来表示答案。

2.54　习题 5.26 和图 5.31 中 SCARA 机器人的连杆质心在地面坐标系中的速度是多少？用 1 坐标系的基来表示答案。

2.55　习题 5.28 研究的和图 5.33 中描述的圆柱形机器人的连杆质心在地面坐标系中的速度是多少？用 1 坐标系的基来表示答案。

2.7.8 关于常见坐标系的习题

2.56 考虑在定理 2.18 中柱坐标系的位置、速度和加速度的构造。通过遵循定理 2.18 证明开始时讨论的替代策略，导出式（2.55），式（2.56）和式（2.57）中的表达式。也就是说，直接使用函数关系给出的变量替换。

$$x = r\cos\theta \tag{2.61}$$

$$y = r\sin\theta \tag{2.62}$$

$$z = z \tag{2.63}$$

特别地，执行以下步骤：

1. 以（r，θ，z）形式，根据式（2.61）～式（2.63）计算 $\dot{x}$，$\dot{y}$，$\dot{z}$ 和它们的时间导数。
2. 将这些结果代入式（2.59）。
3. 最后，利用式（2.53）中的旋转矩阵消除基向量 $\boldsymbol{x}_1$，$\boldsymbol{x}_2$，$\boldsymbol{x}_3$，获得一个最终的表达式，这个表达式中包含（$r(t)$，$\theta(t)$，$z(t)$）和它们的时间导数，以及 $\boldsymbol{y}_1$，$\boldsymbol{y}_2$，$\boldsymbol{y}_3$。

2.57 考虑在定理 2.19 中球坐标系中的位置、速度和加速度的构造。运用习题 2.26 的结果和习题 2.56 中的方法概述来验证习题 2.19 中的表达式，执行以下步骤：

1. 根据习题 2.26 的解来计算 $\dot{\rho}$，$\dot{\phi}$，$\dot{\theta}$，用（ρ，ϕ，θ）和其时间导数的形式。
2. 将这些结果代入式（2.59）。
3. 最后，利用联系了球坐标系基 $\boldsymbol{y}_\rho$，$\boldsymbol{y}_\phi$，$\boldsymbol{y}_\theta$ 与笛卡儿坐标系基的旋转矩阵 $\boldsymbol{R}_{\mathbb{Y}}^{\mathbb{X}}$ 来消除基向量 $\boldsymbol{x}_1$，$\boldsymbol{x}_2$，$\boldsymbol{x}_3$，从而获得一个最终的速度和加速度表达式，这个表达式中包含（$\rho(t)$，$\phi(t)$，$\theta(t)$）和它们的时间导数，以及 $\boldsymbol{y}_\rho$，$\boldsymbol{y}_\phi$，$\boldsymbol{y}_\theta$。

机器人系统运动学

本章介绍如何将运动学基本定理应用于机器人系统中，以帮助建立机器人几何模型并建立动力学模型的结构。运动学定理的应用是多元的，包括研究工业化机械手、设计和分析地面车辆、构建飞行器模型以及航天器模型的优化。本章介绍了运动学原理应用于机器人系统研究时可采用的特殊结构，该机器人系统具有运动链形式或者由非闭环的运动链集合构建而成。具有树形拓扑的机器人系统是上述第二种类型的典型例子。在完成本章的内容之后，学生将有能力完成：

- 定义并使用齐次变换来表示刚体运动。
- 定义并使用齐次坐标（homogeneous coordinate）来表示位置向量。
- 确定 D-H 约定的基础假设。
- 使用 D-H 约定建立运动链模型。
- 推导由广义坐标导数推出速度与加速度的雅可比矩阵。
- 推导并运用运动学的递归 $O(N)$ 公式。

3.1 齐次变换与刚体运动

第 2 章中的 2.1 节与 2.4 节讨论了旋转矩阵（rotation matrice）的基本特性与它们在基础坐标变换中的应用。在机器人的应用中，一般需要同时提供关于坐标系的旋转与平移的信息。本节将会展示齐次变换（homogenous transformation）是一种描述刚体运动（rigid body motion）的简明方法。

假设有两个物体，相应的连体坐标系为 $\mathbb{X}$ 和 $\mathbb{Y}$，如图 3-1 所示。通用点 p 相对于两个不同的坐标系 $\mathbb{X}$ 和 $\mathbb{Y}$ 的位置坐标可以通过向量确定

$$\boldsymbol{r}_{\mathbb{X},p}=\boldsymbol{r}_{\mathbb{Y},p}+\boldsymbol{d}_{\mathbb{X},\mathbb{Y}} \tag{3.1}$$

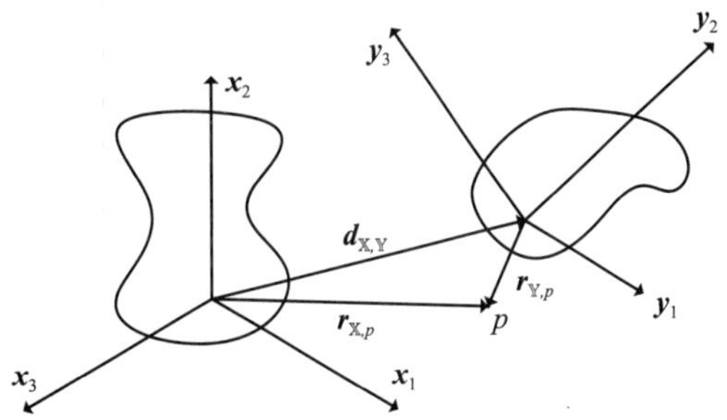

图 3-1 两个刚体，连体基与位置向量

在该等式中，$\boldsymbol{r}_{\mathbb{X},p}$ 为点 p 相对于坐标系 $\mathbb{X}$ 的位置坐标，$\boldsymbol{r}_{\mathbb{Y},p}$ 为点 p 相对于坐标系 $\mathbb{Y}$ 的位置坐标。向量 $\boldsymbol{d}_{\mathbb{X},\mathbb{Y}}$ 是坐标系 $\mathbb{X}$ 与坐标系 $\mathbb{Y}$ 原点之间的相对偏置距。

式（3.1）中没有特殊的坐标系：它是基于向量的方程。如将式（3.1）中的向量用基于两个刚体各自的连体基对应的坐标系来表示，

$$\boldsymbol{r}_{\mathbb{X},p}^{\mathbb{X}}=\boldsymbol{R}_{\mathbb{Y}}^{\mathbb{X}}\boldsymbol{r}_{\mathbb{Y},p}^{\mathbb{Y}}+\boldsymbol{d}_{\mathbb{X},\mathbb{Y}}^{\mathbb{X}} \tag{3.2}$$

其中 $\boldsymbol{R}_{\mathbb{Y}}^{\mathbb{X}}$ 是坐标系之间的旋转矩阵。该矩阵遵循旋转矩阵的基础定义和特性。

注意位置坐标 $\boldsymbol{r}_{\mathbb{X},p}$ 是基于 $\mathbb{X}$ 坐标系表示的，$\boldsymbol{r}_{\mathbb{Y},p}$ 是基于 $\mathbb{Y}$ 坐标系表示的。这种方法在机器人学中应用广泛，是本章中所阐述的专门针对机器人学的众多研究方法的基础。因此可以将 $\boldsymbol{r}_{\mathbb{X},p}^{\mathbb{X}}$ 与 $\boldsymbol{r}_{\mathbb{Y},p}^{\mathbb{Y}}$ 两种坐标系表示形式联系起来，式（3.3）中介绍了 4×4 的齐次变换

矩阵$\boldsymbol{H}_{\mathbb{Y}}^{\mathbb{X}}$，从而将式（3.2）转化为矩阵表达式的形式。

$$\begin{Bmatrix} \boldsymbol{r}_{\mathbb{X},p}^{\mathbb{X}} \\ 1 \end{Bmatrix} = \underbrace{\begin{bmatrix} \boldsymbol{R}_{\mathbb{Y}}^{\mathbb{X}} & \boldsymbol{d}_{\mathbb{X},\mathbb{Y}}^{\mathbb{X}} \\ \boldsymbol{0} & 1 \end{bmatrix}}_{\boldsymbol{H}_{\mathbb{Y}}^{\mathbb{X}}} \begin{Bmatrix} \boldsymbol{r}_{\mathbb{Y},p}^{\mathbb{Y}} \\ 1 \end{Bmatrix} \tag{3.3}$$

与第2章中的3×3旋转矩阵方法和坐标系变换公式不同的是，该齐次变换方程式是对点p的4维齐次坐标$\boldsymbol{p}^{\mathbb{X}}$和$\boldsymbol{p}^{\mathbb{Y}}$进行操作，如：

$$\boldsymbol{p}^{\mathbb{X}} := \begin{Bmatrix} \boldsymbol{r}_{\mathbb{X},p}^{\mathbb{X}} \\ 1 \end{Bmatrix} \quad 和 \quad \boldsymbol{p}^{\mathbb{Y}} := \begin{Bmatrix} \boldsymbol{r}_{\mathbb{Y},p}^{\mathbb{Y}} \\ 1 \end{Bmatrix}$$

减少齐次坐标系定义中的下标的使用是在机器人学文献中的一种标准约定。然而需要记住的是，齐次坐标系与位置向量原点以及基准坐标系两者的选取都有密切联系。尽管会使得记法有点烦琐，本书为了清楚表示向量所对应的原点和坐标系，仍选择将向量的所有上标和下标保留。

表示刚体移动的转换矩阵的最终形式是

$$\boldsymbol{p}^{\mathbb{X}} = \underbrace{\begin{bmatrix} \boldsymbol{R}_{\mathbb{Y}}^{\mathbb{X}} & \boldsymbol{d}_{\mathbb{X},\mathbb{Y}}^{\mathbb{X}} \\ \boldsymbol{0}^{\mathrm{T}} & 1 \end{bmatrix}}_{\boldsymbol{H}_{\mathbb{Y}}^{\mathbb{X}}} \boldsymbol{p}^{\mathbb{Y}}$$

或者更简洁的形式，

$$\boldsymbol{p}^{\mathbb{X}} = \boldsymbol{H}_{\mathbb{Y}}^{\mathbb{X}} \boldsymbol{p}^{\mathbb{Y}} \tag{3.4}$$

式（3.4）中的记录方式与向量$\boldsymbol{v}$在坐标系$\boldsymbol{v}^{\mathbb{X}}$与$\boldsymbol{v}^{\mathbb{Y}}$之间的旋转坐标变换矩阵形式较为相似

$$\boldsymbol{v}^{\mathbb{X}} = \boldsymbol{R}_{\mathbb{Y}}^{\mathbb{X}} \boldsymbol{v}^{\mathbb{Y}} \tag{3.5}$$

虽然式（3.4）和式（3.5）具有较为相似的表达形式，但转换矩阵$\boldsymbol{H}_{\mathbb{Y}}^{\mathbb{X}}$和$\boldsymbol{R}_{\mathbb{Y}}^{\mathbb{X}}$之间其实存在很大差异。齐次变换矩阵不是正交矩阵，即$(\boldsymbol{H}_{\mathbb{Y}}^{\mathbb{X}})^{-1} \neq (\boldsymbol{H}_{\mathbb{Y}}^{\mathbb{X}})^{\mathrm{T}}$。因此齐次变换矩阵的逆矩阵形式的直接推导过程如定理3.1所示。

定理3.1（齐次变换逆矩阵） 任意齐次变换矩阵$\boldsymbol{H}_{\mathbb{Y}}^{\mathbb{X}}$的逆矩阵$(\boldsymbol{H}_{\mathbb{Y}}^{\mathbb{X}})^{-1}$的定义如下齐次变换矩阵：

$$\boldsymbol{H}_{\mathbb{Y}}^{\mathbb{X}} := \begin{bmatrix} \boldsymbol{R}_{\mathbb{Y}}^{\mathbb{X}} & \boldsymbol{d}_{\mathbb{X},\mathbb{Y}}^{\mathbb{X}} \\ \boldsymbol{0}^{\mathrm{T}} & 1 \end{bmatrix}$$

对应的逆矩阵：

$$(\boldsymbol{H}_{\mathbb{Y}}^{\mathbb{X}})^{-1} = \begin{bmatrix} (\boldsymbol{R}_{\mathbb{Y}}^{\mathbb{X}})^{\mathrm{T}} & -(\boldsymbol{R}_{\mathbb{Y}}^{\mathbb{X}})^{\mathrm{T}} \boldsymbol{d}_{\mathbb{X},\mathbb{Y}} \\ \boldsymbol{0}^{\mathrm{T}} & 1 \end{bmatrix}$$

证明： 点p关于坐标系$\mathbb{X}$和坐标系$\mathbb{Y}$的坐标表达式满足

$$\boldsymbol{r}_{\mathbb{X},p}^{\mathbb{X}} = \boldsymbol{R}_{\mathbb{Y}}^{\mathbb{X}} \boldsymbol{r}_{\mathbb{Y},p}^{\mathbb{Y}} + \boldsymbol{d}_{\mathbb{X},\mathbb{Y}}^{\mathbb{X}}$$

通过求解该方程可以得到基于坐标系$\mathbb{Y}$的坐标表达式$\boldsymbol{r}_{\mathbb{Y},p}^{\mathbb{Y}}$并得到

$$\boldsymbol{r}_{\mathbb{Y},p}^{\mathbb{Y}} = (\boldsymbol{R}_{\mathbb{Y}}^{\mathbb{X}})^{\mathrm{T}} \boldsymbol{r}_{\mathbb{X},p}^{\mathbb{X}} - (\boldsymbol{R}_{\mathbb{Y}}^{\mathbb{X}})^{\mathrm{T}} \boldsymbol{d}_{\mathbb{X},\mathbb{Y}}^{\mathbb{Y}}$$

该等式可以转换成矩阵形式，从而证明定理3.1。■

例3.1可以展示齐次坐标变换的应用，以及齐次坐标系是如何促进典型的机器人子系统研究的。

例3.1 本例研究了一款为增大平面激光测距仪探测距离的机器系统，如图3-2a所示。如图3-2b所示，该传感器将图3-2a的激光扫描仪固定在一个拥有平面横摆自由度的机械平台上。在扫描仪内，一束激光在平面范围内扫掠，从而在激光视线方向完成测距的

功能。在图 3-2b 中，坐标系 $\mathbb{A}$ 与支撑传感器的基座之间固定，坐标系 $\mathbb{B}$ 与可绕固定基座转动的移动平台固定，坐标系 $\mathbb{C}$ 与激光扫描仪的外壳固定，坐标系 $\mathbb{D}$ 与扫描仪内部的激光固定。激光的投射方向与坐标系 $\mathbb{D}$ 中的 $\boldsymbol{x}_{\mathbb{D}}$ 轴方向保持一致。

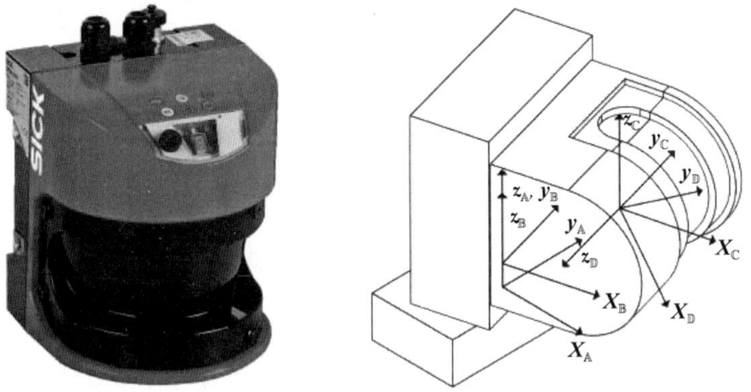

a）商用激光测距仪　　b）系统坐标系

图 3-2　关节式激光测距仪

夹角 θ 表示移动平台坐标系 $\mathbb{B}$ 与基坐标系 $\mathbb{A}$ 之间的相对转角，即绕 $\boldsymbol{z}_{\mathbb{A}}=\boldsymbol{z}_{\mathbb{B}}$ 为轴，$\boldsymbol{x}_{\mathbb{A}}$ 正半轴到 $\boldsymbol{x}_{\mathbb{B}}$ 正半轴之间的夹角。扫描仪的外壳是固定在移动平台上的，因此坐标系 $\mathbb{B}$ 和坐标 $\mathbb{C}$ 之间无相对转动。夹角 ϕ 表示激光坐标系 $\mathbb{D}$ 与扫描仪壳体坐标系 $\mathbb{C}$ 之间的相对转角，即以 $\boldsymbol{z}_{\mathbb{D}}=-\boldsymbol{y}_{\mathbb{C}}$ 为轴，$\boldsymbol{x}_{\mathbb{C}}$ 正半轴到 $\boldsymbol{y}_{\mathbb{D}}$ 正半轴之间的夹角。

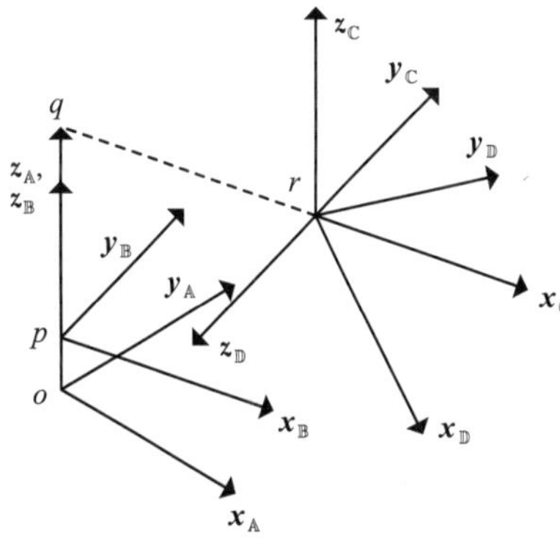

图 3-3　坐标系 $\mathbb{A}$，$\mathbb{B}$，$\mathbb{C}$，$\mathbb{D}$ 相对位置

坐标系 $\mathbb{A}$、$\mathbb{B}$、$\mathbb{C}$、$\mathbb{D}$ 之间的相对位置关系如图 3-3 所示。通过齐次坐标变换矩阵来表示该机器人子系统的运动学关系，展示坐标系 $\mathbb{D}$ 中的激光测距如何变换到基坐标系 $\mathbb{A}$ 中。

解： 该问题是求对坐标系 $\mathbb{D}$ 中已知坐标 $\boldsymbol{p}^{\mathbb{D}}$ 的点 $\boldsymbol{p}$，如何获得点 $\boldsymbol{p}$ 在坐标系 $\mathbb{A}$ 中的坐标表达式，即 $\boldsymbol{p}^{\mathbb{A}}$。首先通过建立齐次坐标变换矩阵 $\boldsymbol{H}_{\mathbb{D}}^{\mathbb{A}}$，如下

$$\boldsymbol{p}^{\mathbb{A}}=\boldsymbol{H}_{\mathbb{D}}^{\mathbb{A}}\boldsymbol{p}^{\mathbb{D}}$$

通过定义，$\boldsymbol{H}_{\mathbb{C}}^{\mathbb{B}}$ 的表达式为

$$\boldsymbol{H}_{\mathbb{C}}^{\mathbb{B}}=\begin{bmatrix}\boldsymbol{R}_{\mathbb{C}}^{\mathbb{B}} & \boldsymbol{d}_{\mathbb{B},\mathbb{C}}^{\mathbb{B}}\\ \boldsymbol{0} & 1\end{bmatrix}$$

由于传感器坐标系 $\mathbb{C}$ 与移动平台坐标系 $\mathbb{B}$ 无相对转动，因此旋转矩阵 $\boldsymbol{R}_{\mathbb{C}}^{\mathbb{B}}$ 是单位矩阵。连接 $\mathbb{B}$、$\mathbb{C}$ 两个坐标系原点的向量是

$$\boldsymbol{d}_{\mathbb{B},\mathbb{C}}=d_{q,r}\boldsymbol{x}_{\mathbb{B}}+d_{p,q}\boldsymbol{z}_{\mathbb{B}}$$

由此推出齐次变换矩阵 $\boldsymbol{H}_{\mathbb{C}}^{\mathbb{B}}$

$$\boldsymbol{H}_{\mathbb{C}}^{\mathbb{B}}=\begin{bmatrix}\begin{bmatrix}1 & 0 & 0\\ 0 & 1 & 0\\ 0 & 0 & 1\end{bmatrix} & \begin{Bmatrix}d_{q,r}\\ 0\\ d_{p,q}\end{Bmatrix}\\ \{0 \quad 0 \quad 0\} & 1\end{bmatrix}$$

另一齐次变换矩阵$\boldsymbol{H}_{\mathbb{B}}^{\mathbb{A}}$可以通过相似的变换方式得到，如下所示

$$\boldsymbol{H}_{\mathbb{B}}^{\mathbb{A}}=\begin{bmatrix}\boldsymbol{R}_{\mathbb{B}}^{\mathbb{A}} & \boldsymbol{d}_{\mathbb{A},\mathbb{B}}^{\mathbb{A}}\\ \boldsymbol{0}^{\mathrm{T}} & 1\end{bmatrix}$$

坐标系 $\mathbb{A}$ 和 $\mathbb{B}$ 的坐标基向量之间有如下关系

$$\boldsymbol{x}_{\mathbb{B}}=\cos\theta\boldsymbol{x}_{\mathbb{A}}+\sin\theta\boldsymbol{y}_{\mathbb{A}}$$
$$\boldsymbol{y}_{\mathbb{B}}=-\sin\theta\boldsymbol{x}_{\mathbb{A}}+\cos\theta\boldsymbol{y}_{\mathbb{A}}$$
$$\boldsymbol{z}_{\mathbb{B}}=\boldsymbol{z}_{\mathbb{A}}$$

由上述表达式可以看到，坐标系 $\mathbb{A}$、$\mathbb{B}$ 之间的旋转矩阵是绕公共$\boldsymbol{z}_{\mathbb{A}}=\boldsymbol{z}_{\mathbb{B}}$轴的简单旋转矩阵，如下

$$\boldsymbol{R}_{\mathbb{A}}^{\mathbb{B}}=\begin{bmatrix}\cos\theta & \sin\theta & 0\\ -\sin\theta & \cos\theta & 0\\ 0 & 0 & 1\end{bmatrix}$$

连接两个坐标系 $\mathbb{A}$ 与 $\mathbb{B}$ 原点的向量是

$$\boldsymbol{d}_{\mathbb{A},\mathbb{B}}=d_{o,p}\boldsymbol{z}_{\mathbb{A}}$$

将旋转矩阵与偏移向量代入齐次变换矩阵，可以得到$\boldsymbol{H}_{\mathbb{B}}^{\mathbb{A}}$的表达式

$$\boldsymbol{H}_{\mathbb{B}}^{\mathbb{A}}=\begin{bmatrix}\begin{bmatrix}\cos\theta & -\sin\theta & 0\\ \sin\theta & \cos\theta & 0\\ 0 & 0 & 1\end{bmatrix} & \begin{Bmatrix}0\\0\\d_{o,p}\end{Bmatrix}\\ \{0 \quad 0 \quad 0\} & 1\end{bmatrix}$$

上述两个齐次变换矩阵满足如下方程

$$\boldsymbol{p}^{\mathbb{B}}=\boldsymbol{H}_{\mathbb{C}}^{\mathbb{B}}\boldsymbol{p}^{\mathbb{C}} \text{ 和 } \boldsymbol{p}^{\mathbb{A}}=\boldsymbol{H}_{\mathbb{B}}^{\mathbb{A}}\boldsymbol{p}^{\mathbb{B}}$$

也满足

$$\boldsymbol{p}^{\mathbb{A}}=\boldsymbol{H}_{\mathbb{B}}^{\mathbb{A}}\boldsymbol{H}_{\mathbb{C}}^{\mathbb{B}}\boldsymbol{p}^{\mathbb{C}}=\begin{bmatrix}\begin{bmatrix}\cos\theta & -\sin\theta & 0\\ \sin\theta & \cos\theta & 0\\ 0 & 0 & 1\end{bmatrix} & \begin{Bmatrix}0\\0\\d_{o,p}\end{Bmatrix}\\ \{0 \quad 0 \quad 0\} & 1\end{bmatrix}\begin{bmatrix}\begin{bmatrix}1 & 0 & 0\\ 0 & 1 & 0\\ 0 & 0 & 1\end{bmatrix} & \begin{Bmatrix}d_{q,r}\\0\\d_{p,q}\end{Bmatrix}\\ \{0 \quad 0 \quad 0\} & 1\end{bmatrix}\boldsymbol{p}^{\mathbb{C}}$$

该激光测距仪在 t 时刻沿着激光投射方向测得距离 $r(t)$，向量形式为：

$$\boldsymbol{r}_{\mathbb{D},p}=r(t)\boldsymbol{x}_{\mathbb{R}}$$

激光投射的视线绕坐标系 $\mathbb{C}$ 旋转，而坐标系 $\mathbb{C}$ 固定在扫描仪的外壳上。基于图 3-2b 中展示的坐标系，坐标系 $\mathbb{C}$ 和 $\mathbb{D}$ 的基向量可以联系起来并建立两个坐标系之间的旋转矩阵：

$$\begin{aligned}\boldsymbol{x}_{\mathbb{D}}&=\sin\phi\boldsymbol{x}_{\mathbb{C}}-\cos\phi\boldsymbol{z}_{\mathbb{C}}\\ \boldsymbol{y}_{\mathbb{D}}&=\cos\phi\boldsymbol{x}_{\mathbb{C}}+\sin\phi\boldsymbol{z}_{\mathbb{C}}\\ \boldsymbol{z}_{\mathbb{D}}&=-\boldsymbol{y}_{\mathbb{C}}\end{aligned} \quad \text{与} \quad \boldsymbol{R}_{\mathbb{C}}^{\mathbb{D}}=\begin{bmatrix}\sin\phi & 0 & -\cos\phi\\ \cos\phi & 0 & \sin\phi\\ 0 & -1 & 0\end{bmatrix}$$

在激光视线坐标系下得出的距离测量结果可以转换到地面坐标系中，转换形式为

$$\boldsymbol{p}^{\mathbb{A}}=\boldsymbol{H}_{\mathbb{B}}^{\mathbb{A}}\boldsymbol{H}_{\mathbb{C}}^{\mathbb{B}}\boldsymbol{H}_{\mathbb{D}}^{\mathbb{C}}\begin{Bmatrix}r(t)\\0\\0\\1\end{Bmatrix} \quad \text{与} \quad \boldsymbol{H}_{\mathbb{D}}^{\mathbb{C}}=\begin{bmatrix}\begin{bmatrix}\sin\phi & \cos\phi & 0\\ 0 & 0 & -1\\ -\cos\phi & \sin\phi & 0\end{bmatrix} & \begin{Bmatrix}0\\0\\0\end{Bmatrix}\\ \{0 \quad 0 \quad 0\} & 1\end{bmatrix}$$

综上，上述运动学关系给出了目标点相对于坐标系 $\mathbb{A}$ 的坐标，基于目标点的距离值 $r:=r(t)$，转角 θ 与 ϕ。矩阵形式的结果为

$$
\boldsymbol{p}^{\mathbb{A}}=\begin{bmatrix}\begin{bmatrix}\cos\theta & -\sin\theta & 0\\ \sin\theta & \cos\theta & 0\\ 0 & 0 & 1\end{bmatrix} & \begin{Bmatrix}0\\0\\d_{o,p}\end{Bmatrix}\\ \{0\quad 0\quad 0\} & 1\end{bmatrix}\begin{bmatrix}\begin{bmatrix}1 & 0 & 0\\ 0 & 1 & 0\\ 0 & 0 & 1\end{bmatrix} & \begin{Bmatrix}d_{q,r}\\0\\d_{p,q}\end{Bmatrix}\\ \{0\quad 0\quad 0\} & 1\end{bmatrix}\begin{bmatrix}\begin{bmatrix}\sin\phi & \cos\phi & 0\\ 0 & 0 & -1\\ -\cos\phi & \sin\phi & 0\end{bmatrix} & \begin{Bmatrix}0\\0\\0\end{Bmatrix}\\ \{0\quad 0\quad 0\} & 1\end{bmatrix}\begin{Bmatrix}r\\0\\0\\1\end{Bmatrix}
$$

$$
=\begin{bmatrix}\cos\theta\sin\phi & \cos\phi\cos\theta & \sin\theta & d_{q,r}\cos\theta\\ \sin\phi\sin\theta & \cos\phi\sin\theta & -\cos\theta & d_{q,r}\sin\theta\\ -\cos\phi & \sin\phi & 0 & d_{o,p}+d_{p,q}\\ 0 & 0 & 0 & 1\end{bmatrix}\begin{Bmatrix}r\\0\\0\\1\end{Bmatrix}
$$

本书的 MATLAB Workbook for DCRS 的例 3.1 通过符号计算方法解决了该问题。◀

3.2 理想关节

在介绍研究机器人系统运动学的特有惯例与算法时，除在第 2 章中介绍的关于运动学的基础理论之外，需要做一些额外的准备。机器人系统所采用的运动学和动力学专用研究原理属于多体动力学（multibody dynamics）研究的更广泛范畴。多体动力学是指研究机械系统动力学，一般这样的机械系统由若干个相互连接的物体组成。传统多体动力学研究中最常用的假设是研究物体都为刚体（rigid），但同时将柔性体考虑在内的研究也在不断发展。在文献［45］中可以找到关于多体动力学的基本原理。在本书中，所考虑的物体皆被视为刚体。

正如各个实体的建模结果会各自不同，与这些实体的运动有关的数学约束也会各不相同。在第 5 章中，将会定义一个限制运动的约束的更通用形式。本章集中讨论由连接两个刚体部件的理想关节（ideal joint）形成的特殊约束（如图 1-6）。

假设有两个代号为 $\mathbb{A}$ 和 $\mathbb{B}$ 的刚体正在相互独立运动。通过对刚体运动的既有研究可知，对于刚体 $\mathbb{A}$ 和 $\mathbb{B}$ 的最一般的运动而言，需要三个位移量和三个角度值来定义每个物体的位置和姿态方向。为描述这两个独立物体的运动需要共计 12 个变量。然而当研究机器人系统时，部件一般是互相连接的。当两个物体之间互相连接时，用以描述两个物体的位置和方向的变量数量会减少。例如，假设两个物体是“焊接”在一起的。当其中一个物体的位置和姿态方向被限定为随时间变化的函数，另一个物体的位置和姿态方向也可以看成随时间变化的函数。在这种情况下，只需要六个随时间变化的变量就可以描述由两个刚体组成的系统的受约束运动。

可以扩展这种想法去研究两个物体之间如何互相影响的更为复杂的概念。关于物体之间约束的讨论可以描述两个分别固定在刚体上的坐标系 $\mathbb{A}$ 和 $\mathbb{B}$ 是如何相对运动的。坐标系 $\mathbb{A}$ 和 $\mathbb{B}$ 被称为关节坐标系（joint coordinate system，或 joint frame），因为该坐标系是用以精确描述两个物体之间相对的运动的。关节坐标系用来描述关节坐标系是如何相对旋转的，以及两个坐标系的原点是如何相对移动的。在没有建立任何约束之前，两个刚体以及它们的关节坐标系的示意图如图 3-4 所示。

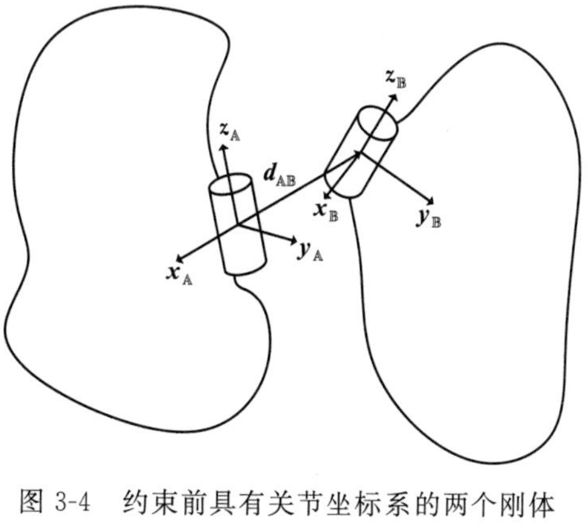

图 3-4　约束前具有关节坐标系的两个刚体

3.2.1　移动关节

移动关节（prismatic joint）是一种理想关节，它只允许沿固定在关节坐标系 $\mathbb{A}$ 和 $\mathbb{B}$ 上的某一方向做相对的平移运动。图 3-5 展示了一个典型移动关节的示意图，该关节的平移方向是两个关节坐标系 $\mathbb{A}$ 和 $\mathbb{B}$ 的 z 轴方向。由于移动关节限制了两个连杆姿态方向之间的相对变化，因此关于关节坐标系的旋转矩阵 $\boldsymbol{R}_{\mathbb{A}}^{\mathbb{B}}$ 是一个不随时间变化的常矩阵。

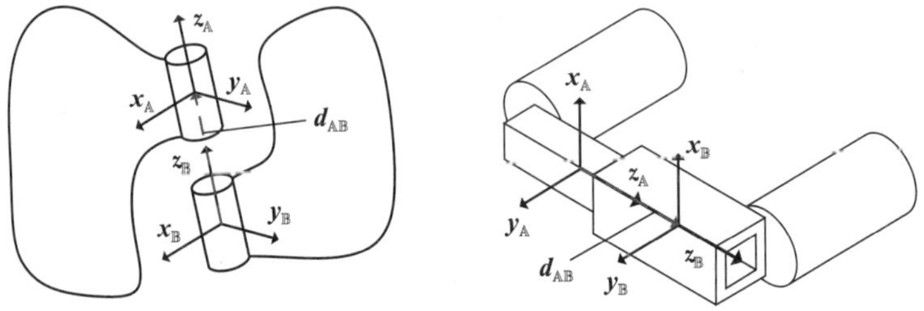

a）示意图　　b）CAD模型实例

图 3-5　理想的移动关节

相对旋转矩阵的参数化需要三个相对转角的值，而移动关节形成的约束是限定这三个相对转角为不随时间变化的常值。通常，选取两个坐标系完全对齐且方向一致，从而使旋转矩阵 $\boldsymbol{R}_{\mathbb{A}}^{\mathbb{B}}$ 为单位矩阵。

假设 $\boldsymbol{z}_{\mathbb{A}}$ 是物体 $\mathbb{A}$ 允许的相对平移方向，$\boldsymbol{z}_{\mathbb{B}}$ 是物体 $\mathbb{B}$ 允许的相对平移方向。关于两个关节坐标系原点之间的相对偏移向量满足

$$\boldsymbol{d}_{\mathbb{A},\mathbb{B}}(t)=d_{\mathbb{A},\mathbb{B}}(t)\boldsymbol{z}_{\mathbb{A}}=d_{\mathbb{A},\mathbb{B}}(t)\boldsymbol{z}_{\mathbb{B}} \tag{3.6}$$

上述定义表明关联关节坐标系 $\mathbb{A}$ 和 $\mathbb{B}$ 的齐次变换矩阵 $\boldsymbol{H}_{\mathbb{A}}^{\mathbb{B}}$ 的形式为

$$\boldsymbol{H}_{\mathbb{A}}^{\mathbb{B}}(t)=\begin{bmatrix}\begin{bmatrix}1&0&0\\0&1&0\\0&0&1\end{bmatrix} & \begin{Bmatrix}0\\0\\d_{\mathbb{A},\mathbb{B}}(t)\end{Bmatrix}\\ \{0\quad 0\quad 0\} & 1\end{bmatrix} \tag{3.7}$$

其中 $t\in\mathbb{R}^{+}$。如将 1 轴或 2 轴用来限制自由度，相应的推导过程与上文类似，在这两种条件下推导齐次变换矩阵可以当作练习。

式（3.7）中隐含了 5 个独立的标量条件并要求矩阵 $\boldsymbol{R}_{\mathbb{A}}^{\mathbb{B}}$ 是一个常数矩阵。两个坐标系之间无相对转动的限制产生了三个约束，另外两个约束保证物体不会沿垂直于 $\boldsymbol{z}_{\mathbb{A}}=\boldsymbol{z}_{\mathbb{B}}$ 轴的方向运动。由于总共有五个约束限制了这两个物体的运动，因此移动关节是一个单自由度的理想关节。表征两个关节坐标系变换关系的齐次变换矩阵可以用一个随时间变换的参数 $d_{\mathbb{A},\mathbb{B}}(t)$ 来表示。相对位移量 $d_{\mathbb{A},\mathbb{B}}(t)$ 是移动关节的唯一关节变量（joint variable）。

3.2.2　转动关节

在前一小节中，移动关节限制两个物体的其他运动而允许沿某一方向的平移运动。转动关节（revolute joint）是一个与之类似的单自由度关节，只允许两个物体关于某一转轴相对转动。图 3-6 展示了典型转动关节的示意图，其中旋转轴固定于坐标系 $\mathbb{A}$ 和 $\mathbb{B}$ 的 z 轴上。

与移动关节相同，可以用关节坐标系 $\mathbb{A}$ 和 $\mathbb{B}$ 来表示物理约束的数学关系。转动关节限定两个关节坐标系 $\mathbb{A}$ 和 $\mathbb{B}$ 的原点之间相差一个恒定的向量，来限制两个物体的相对移动。

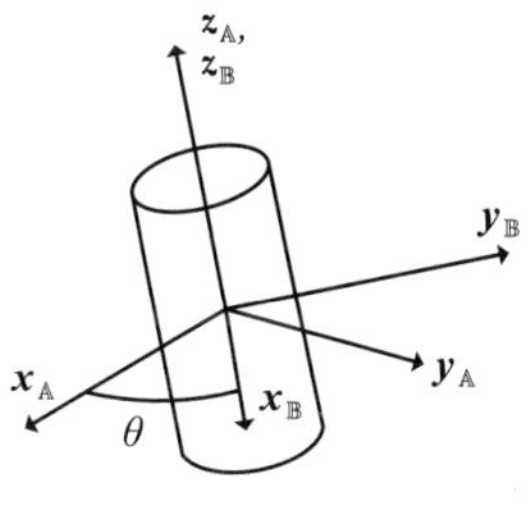

a）示意图

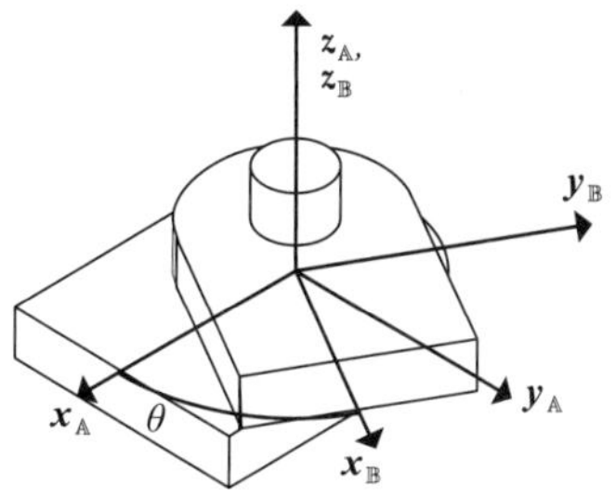

b）CAD模型实例

图 3-6 理想转动关节

一般原点之间相差的向量为零向量。在原点始终一致的情况下，$\boldsymbol{d}_{\mathbb{A},\mathbb{B}}(t)=0$。

$$\boldsymbol{d}_{\mathbb{A},\mathbb{B}}(t)=0 \tag{3.8}$$

物体可以绕一个公用的关节轴线相对转动。假设该通用的旋转轴向为 $\boldsymbol{z}_{\mathbb{A}}=\boldsymbol{z}_{\mathbb{B}}$，将关节坐标系 $\mathbb{A}$ 映射到关节坐标系 $\mathbb{B}$ 中的旋转矩阵 $\boldsymbol{R}_{\mathbb{A}}^{\mathbb{B}}$ 具有如下形式

$$\boldsymbol{R}_{\mathbb{A}}^{\mathbb{B}}(t)=\begin{bmatrix}\cos\theta(t) & \sin\theta(t) & 0\\ -\sin\theta(t) & \cos\theta(t) & 0\\ 0 & 0 & 1\end{bmatrix} \tag{3.9}$$

其中 $t\in\mathbb{R}^{+}$。当旋转轴线为轴 1 或轴 2 时，旋转矩阵的推导形式与之类似，留作练习。

通过式（3.9）以及 $\boldsymbol{d}_{\mathbb{A},\mathbb{B}}(t)=0$ 的条件，可以推出转动关节坐标系的齐次变换矩阵

$$\boldsymbol{H}_{\mathbb{A}}^{\mathbb{B}}(t)=\begin{bmatrix}\begin{bmatrix}\cos\theta(t) & \sin\theta(t) & 0\\ -\sin\theta(t) & \cos\theta(t) & 0\\ 0 & 0 & 1\end{bmatrix} & \begin{Bmatrix}0\\0\\0\end{Bmatrix}\\ \{\;0 \quad 0 \quad 0\;\} & 1\end{bmatrix}$$

式（3.9）和条件 $\boldsymbol{d}_{\mathbb{A},\mathbb{B}}(t)=0$ 总共为物体 $\mathbb{A}$ 和 $\mathbb{B}$ 的运动提供了五个标量约束。$\boldsymbol{d}_{\mathbb{A},\mathbb{B}}(t)=0$ 的约束条件提供了其中三个标量约束，主要阻止物体之间相对平移。式（3.9）中的旋转约束提供了额外的两个标量约束关系。转动关节是单自由度的理想关节。角度 $\theta(t)$ 是单自由度转动关节的关节变量。

3.2.3 其他理想关节

本书中讨论的机器人系统一般由刚体或连杆的集合构成，这些集合一般由移动关节或转动关节连接起来。通过引入一个或多个由转动关节或移动关节连接的“零尺寸连杆”，可以创建其他类型的理想关节。任何运动自由度在 1 到 6 之间的理想关节都可以通过这样的思路推导。或者，可以直接导出代表理想关节的齐次变换矩阵。例 3.2 就是通过该方法对万向节（universal joint）进行推导。

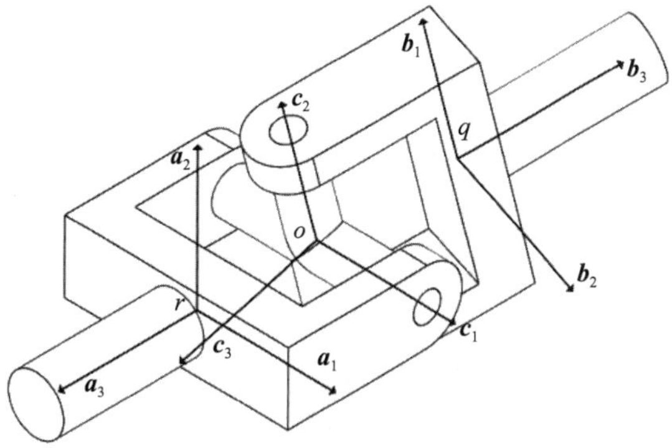

图 3-7 万向节关节坐标系

例 3.2 万向节是一个常用的理想机械关节，如图 3-7 所示。在图 3-7 中，坐标系 $\mathbb{A}$ 和 $\mathbb{B}$ 分别固定在万向节两端的两个连杆上。通过定义坐标系使得绕 $\boldsymbol{a}_3$

轴的旋转会引起绕 $\boldsymbol{b}_3$ 轴的旋转运动。

万向节会对连杆 $\mathbb{A}$ 和 $\mathbb{B}$ 的运动施加什么约束呢？需要求解表示坐标系 $\mathbb{A}$ 与坐标系 $\mathbb{B}$ 之间的刚体运动的齐次变换矩阵。

解：万向节对物体运动的约束使得部件 $\mathbb{A}$ 上的 o 点位置与部件 $\mathbb{B}$ 上的 o 点位置时刻重合。换句话说，在有万向节约束条件下的任何刚体运动，都必须满足该等式

$$\boldsymbol{r}_{0,r}-d_{r,o}\boldsymbol{a}_3=\boldsymbol{r}_{0,q}-d_{q,o}\boldsymbol{b}_3$$

该向量方程的三个项对物体的运动施加了三个标量约束。

选取 $\theta_{\mathbb{A}}$ 和 $\theta_{\mathbb{B}}$ 两个角度来写出关联坐标系 $\mathbb{A}$、$\mathbb{B}$ 和坐标系 $\mathbb{C}$ 的旋转矩阵

$$\boldsymbol{R}_{\mathbb{A}}^{\mathbb{C}}=\begin{bmatrix}\cos\theta_{\mathbb{A}} & 0 & -\sin\theta_{\mathbb{A}}\\ 0 & 1 & 0\\ \sin\theta_{\mathbb{A}} & 0 & \cos\theta_{\mathbb{A}}\end{bmatrix}\quad 与\quad \boldsymbol{R}_{\mathbb{B}}^{\mathbb{C}}=\begin{bmatrix}0 & 1 & 0\\ \sin\theta_{\mathbb{B}} & 0 & \cos\theta_{\mathbb{B}}\\ \cos\theta_{\mathbb{B}} & 0 & -\sin\theta_{\mathbb{B}}\end{bmatrix}$$

坐标系 $\mathbb{C}$ 相对于坐标系 $\mathbb{A}$ 和 $\mathbb{B}$ 的角速度满足

$$\boldsymbol{\omega}_{\mathbb{A},\mathbb{C}}=\dot{\theta}_{\mathbb{A}}\boldsymbol{c}_2\quad 与\quad \boldsymbol{\omega}_{\mathbb{B},\mathbb{C}}=\dot{\theta}_{\mathbb{B}}\boldsymbol{c}_1$$

综合这两个等式可以推导出关于坐标轴 $\boldsymbol{c}_3$ 的一个表达式

$$(\boldsymbol{\omega}_{\mathbb{A},\mathbb{C}}-\boldsymbol{\omega}_{\mathbb{B},\mathbb{C}})\cdot\boldsymbol{c}_3=0$$

该等式是关于系统运动约束的第四个标量约束，因此万向节的自由度为 6－4＝2。

表示坐标系 $\mathbb{A}$ 和 $\mathbb{B}$ 之间刚体运动的齐次变换方程可以写成关于 $\theta_{\mathbb{A}}$ 和 $\theta_{\mathbb{B}}$ 两个相对转角的形式。根据定义，对于任意一点 p，关联两个齐次坐标 $\boldsymbol{p}^{\mathbb{A}}$ 和 $\boldsymbol{p}^{\mathbb{B}}$ 的齐次变换矩阵 $\boldsymbol{H}_{\mathbb{A}}^{\mathbb{B}}$ 为

$$\boldsymbol{p}^{\mathbb{A}}=\underbrace{\begin{bmatrix}\boldsymbol{R}_{\mathbb{B}}^{\mathbb{A}} & \boldsymbol{d}_{\mathbb{A},\mathbb{B}}^{\mathbb{A}}\\ \boldsymbol{0}^{\mathrm{T}} & 1\end{bmatrix}}_{\boldsymbol{H}_{\mathbb{A}}^{\mathbb{B}}}\boldsymbol{p}^{\mathbb{B}}$$

基于上文中 $\boldsymbol{R}_{\mathbb{A}}^{\mathbb{C}}$ 和 $\boldsymbol{R}_{\mathbb{B}}^{\mathbb{C}}$ 的定义，

$$\boldsymbol{R}_{\mathbb{A}}^{\mathbb{B}}=\underbrace{\begin{bmatrix}0 & \sin\theta_{\mathbb{B}} & \cos\theta_{\mathbb{B}}\\ 1 & 0 & 0\\ 0 & \cos\theta_{\mathbb{B}} & -\sin\theta_{\mathbb{B}}\end{bmatrix}}_{\boldsymbol{R}_{\mathbb{C}}^{\mathbb{B}}}\underbrace{\begin{bmatrix}\cos\theta_{\mathbb{A}} & 0 & -\sin\theta_{\mathbb{A}}\\ 0 & 1 & 0\\ \sin\theta_{\mathbb{A}} & 0 & \cos\theta_{\mathbb{A}}\end{bmatrix}}_{\boldsymbol{R}_{\mathbb{A}}^{\mathbb{C}}}=\begin{bmatrix}\cos\theta_{\mathbb{B}}\sin\theta_{\mathbb{A}} & \sin\theta_{\mathbb{B}} & \cos\theta_{\mathbb{B}}\cos\theta_{\mathbb{A}}\\ \cos\theta_{\mathbb{A}} & 0 & -\sin\theta_{\mathbb{A}}\\ -\sin\theta_{\mathbb{A}}\sin\theta_{\mathbb{B}} & \cos\theta_{\mathbb{B}} & -\cos\theta_{\mathbb{A}}\sin\theta_{\mathbb{B}}\end{bmatrix}$$

由图 3-7 可以得到

$$\boldsymbol{d}_{\mathbb{A},\mathbb{B}}=-d_{r,o}\boldsymbol{a}_3+d_{q,o}\boldsymbol{b}_3$$

在坐标系 $\mathbb{A}$ 中，$\boldsymbol{d}_{\mathbb{A},\mathbb{B}}$ 的坐标为

$$\boldsymbol{d}_{\mathbb{A},\mathbb{B}}^{\mathbb{A}}=\begin{Bmatrix}0\\ 0\\ -d_{r,o}\end{Bmatrix}+d_{q,o}\begin{Bmatrix}-\sin\theta_{\mathbb{A}}\sin\theta_{\mathbb{B}}\\ \cos\theta_{\mathbb{B}}\\ -\cos\theta_{\mathbb{A}}\sin\theta_{\mathbb{B}}\end{Bmatrix}=\begin{Bmatrix}-d_{q,o}\sin\theta_{\mathbb{A}}\sin\theta_{\mathbb{B}}\\ d_{q,o}\cos\theta_{\mathbb{B}}\\ -(d_{r,o}+d_{q,o}\cos\theta_{\mathbb{A}}\sin\theta_{\mathbb{B}})\end{Bmatrix}$$

综上，可以推导出反映坐标系 $\mathbb{A}$ 和 $\mathbb{B}$ 运动学关系的齐次变换矩阵

$$\boldsymbol{H}_{\mathbb{B}}^{\mathbb{A}}=\begin{bmatrix}\boldsymbol{R}_{\mathbb{B}}^{\mathbb{A}} & \boldsymbol{d}_{\mathbb{A},\mathbb{B}}^{\mathbb{A}}\\ \boldsymbol{0}^{\mathrm{T}} & 1\end{bmatrix}=\begin{bmatrix}\begin{bmatrix}\cos\theta_{\mathbb{B}}\sin\theta_{\mathbb{A}} & \cos\theta_{\mathbb{A}} & -\sin\theta_{\mathbb{A}}\sin\theta_{\mathbb{B}}\\ \sin\theta_{\mathbb{B}} & 0 & \cos\theta_{\mathbb{B}}\\ \cos\theta_{\mathbb{B}}\cos\theta_{\mathbb{A}} & -\sin\theta_{\mathbb{A}} & -\cos\theta_{\mathbb{A}}\sin\theta_{\mathbb{B}}\end{bmatrix} & \begin{Bmatrix}-d_{q,o}\sin\theta_{\mathbb{A}}\sin\theta_{\mathbb{B}}\\ d_{q,o}\cos\theta_{\mathbb{B}}\\ -(d_{r,o}+d_{q,o}\cos\theta_{\mathbb{A}}\sin\theta_{\mathbb{B}})\end{Bmatrix}\\ \{0\quad 0\quad 0\} & 1\end{bmatrix}$$

显然可以看出 $\boldsymbol{H}_{\mathbb{B}}^{\mathbb{A}}:=\boldsymbol{H}_{\mathbb{B}}^{\mathbb{A}}(\theta_{\mathbb{A}},\theta_{\mathbb{B}})$。由此，关联关节坐标系的齐次变换矩阵 $\boldsymbol{H}_{\mathbb{B}}^{\mathbb{A}}$ 是一个关于两个随时间变化的变量 $\theta_{\mathbb{A}}$ 和 $\theta_{\mathbb{B}}$ 的函数。因此，万向节是一个两自由度的理想关节，与前文中提到的结果一致。

本书的 MATLAB Workbook for DCRS 的例 3.2 使用 MATLAB 解决了本问题。◀

3.3 Denavit-Hartenberg 约定

3.1 节中介绍了齐次变换以及齐次变换在表示刚体运动中的运用。根据描述方向的旋转矩阵和描述刚体平移运动的向量，可以定义每一个齐次变换矩阵。在选取隐含于齐次变换矩阵定义中的参考坐标系时，并不会引入特殊的坐标系。一般都能通过选取坐标系的方向和原点来很好地解决问题。

本节主要介绍 Denavit-Hartenberg（DH）约定。DH 方法是构建机器人系统中的齐次变换矩阵的最流行的方法之一。该方法一般用于含有运动链（kinematic chain）结构的机器人类型建模。这种类型的机器人包含很丰富的子类型，包括 SCARA 机器人（习题 3.1）、圆柱坐标型机器人（习题 3.2）、模块化机器人（习题 3.3）。

即使所研究的机器人系统并不含有运动链形式，同样可以通过 DH 约定分析机器人子系统。如该系统含有拓扑树（topologicla tree）的连接性质，则不需要其他修改就可运用 DH 方法对树的分支关于主体的运动学特性进行建模。图 2-3 中的仿人机器人（anthropomorphic robot）是一个具有拓扑树连接性质的机器人系统。

3.3.1 DH 约定中的运动链与编号

对于一般机器人系统连接性质的描述可能会很复杂。机器人系统的连接性质一般分为三类：(1) 运动链形式，(2) 拓扑树形式，(3) 含闭环形式。通过引入连接系统图，可以抽象地定义系统连接性质。有兴趣的读者可以参阅文献 [46] 做更深入的了解。本书中仅给出定义 3.1，不做过多解释。

定义 3.1（运动链） *一个由 $N+1$ 个刚体组成，并由 N 个理想关节依次连接的机械系统称为运动链：*

1）所有部件中只有两个部件与另外一个部件相连接，这两个部件是运动链中的第一个和最后一个。剩余的其他所有部件都与两个不同的刚体部件相连。

2）可以遍历机械系统的第一个到最后一个部件，并且不用重复访问系统的任何一个部件。

使用 DH 约定时会对刚体部件和连杆进行编号，在运动链中第一个部件编号为 0，最后一个部件编号为 N。将第一个理想关节编号为 1，最后一个关节编号为 N。

在实际实践过程中，识别运动链应该没有问题。然而，对于描述运动链的运动学还有若干其他的约定。在 DH 约定中，每个部件都有一个连体基，依次编号为 $i=0, \cdots, N$。坐标系 0 一般表示运动链的根坐标系（root frame）、核心坐标系（core frame）或基坐标系（base frame）。一般将地面或者惯性坐标系视作基坐标系，例如分布于流水线旁边的机械臂。不过，在这条规则之外有一些常见的例外。对于具有拓扑树结构的系统而言，中心体一般被标记为坐标系 0。仿人机器人就属于这种类型的具体示例。坐标系 0 也有可能不会固定在惯性坐标系上。例如，对航天飞机的远程机械臂进行建模时，一般将航天飞机本体选为基坐标系。对于远程机械臂而言，航天飞机被标记为根坐标系。

本书中的另一个方法基于这样的假设：在图 3-8 所示的运动链中的每个关节都是转动关节或移动关节的一种。对关节 $i=1, \cdots, N$ 使用符号 $q_i(t)$ 来表示关节变量。即

$$q_i(t)=\begin{cases}\theta_i(t) & \text{关节 } i \text{ 为平移关节}\\ d_i(t) & \text{关节 } i \text{ 为旋转关节}\end{cases}$$

根据定义，关节 $i=1$，…，N 中的关节变量 $q_i(t)$ 表示坐标系 i 的连接或者驱动方式。例如，当关节 i 为转动关节时，关节变量 $q_i(t)=\theta_i(t)$ 即定义了坐标系 i 关于坐标系 $i-1$ 如何旋转。这相当于关节变量 $q_i(t)$ 去驱动坐标系 i 或者连杆 i。

最终，在坐标系 $i-1$ 中，向量 $\boldsymbol{z}_{i-1}$ 被定义为下一个关节即关节 i 的自由度对应的方向量，其中 $i=1$，…，N。例如，向量 $\boldsymbol{z}_0$ 是关节1中自由度 q_1 的方向，向量 $\boldsymbol{z}_1$ 是关节2中自由度 q_2 的方向等。图3-8中描述了运动链中的关节、连杆或部件、坐标系与自由度方向的编号顺序。

3.3.2　DH约定中坐标系的定义

关于任意刚体运动的齐次线性变换矩阵在定义过程中，一般需要六个参数。如果目标坐标系相对于基坐标系而言，坐标原点和坐标系方向都是任意的，那需要三个独立的平移变量和三个独立的旋转角度来确定目标坐标系相对于基坐标系的位置，反之亦然。DH约定在选择描述运动链的坐标系时，制定了一系列需要遵循的规则。如图3-9所示，在给定的一对部件之间，两个连续坐标系的方向遵循图示方式。在遵循选择连续坐标系之间的相对原点位置与相对方向的规则基础上，DH方法使用4个参数来定义成对坐标系之间的齐次变换形式。

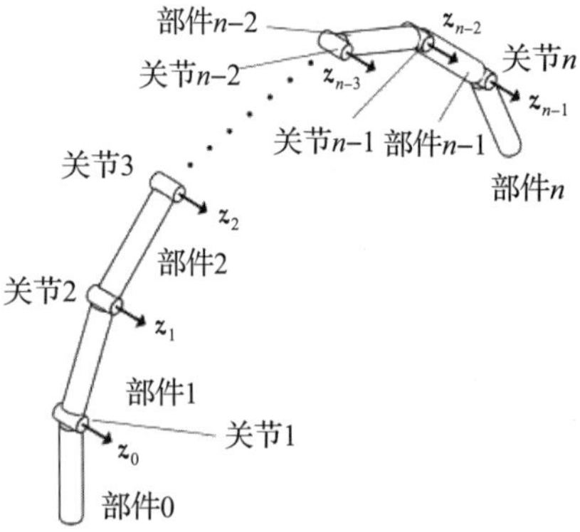

图3-8　DH约定中运动链的部件和关节编号

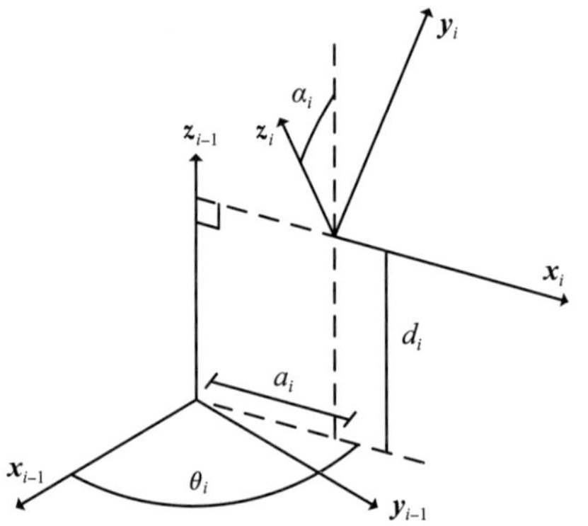

图3-9　DH约定的几何示意图

定义3.2（DH约定）　描述运动链的一组数量为 $N+1$ 的坐标系满足假设：DH约定中的坐标系 i 的坐标轴 $\boldsymbol{x}_i$ 与坐标系 $i-1$ 的坐标轴向量 $\boldsymbol{z}_{i-1}$ 相交并垂直，对 $i=1$，…，N 都成立。对于这样的运动链中的第 i 个关节，图3-9展示了第 i 个关节的关节角 θ_i、连杆扭转角 α_i、连杆偏距 d_i 和连杆长度 a_i 的定义。这些参数定义的描述如下所示：

1）关节角（link rotation）θ_i 是关于 $\boldsymbol{z}_{i-1}$ 轴，$\boldsymbol{x}_{i-1}$ 正半轴到 $\boldsymbol{x}_i$ 正半轴的角度；

2）连杆扭转角 α_i(link twist）是关于 $\boldsymbol{x}_i$ 轴，$\boldsymbol{z}_{i-1}$ 正半轴到 $\boldsymbol{z}_i$ 正半轴的角度；

3）连杆偏距 d_i(link displacement）是 $\boldsymbol{x}_{i-1}$ 轴到 $\boldsymbol{x}_i$ 轴之间的垂直距离；

4）连杆长度 a_i(link offset）是 $\boldsymbol{z}_{i-1}$ 轴到 $\boldsymbol{z}_i$ 轴之间的垂直距离。

DH约定通过特定的结构的齐次线性变换，将运动链中的每一对连体基坐标系 $i-1$ 和 i 建立联系。通过正确选择运动链中的坐标系，从而使得它们可以按照图3-9中的方式进行配置。选取的坐标轴向量 $\boldsymbol{x}_i$ 与坐标轴向量 $\boldsymbol{z}_{i-1}$ 相交且互相垂直，此为DH约定中潜在的基本假设。

3.3.3　DH约定中的齐次变换

如果坐标 $i=0$，…，N 满足定义3.2中的DH约定，那么可以推导出将坐标系 i 中的齐次坐标映射到坐标系 $i-1$ 中的齐次坐标的对应变换。考虑图 3-11 所示的位置向量 $\boldsymbol{r}_{i,p}$ 与 $\boldsymbol{r}_{i-1,p}$，伴随着坐标系 $i-1$ 和 i 原点之间的相对偏置距 $\boldsymbol{d}_{i-1}$。关联这两个坐标系的齐次变换遵循 3.1 节中的一般定义。齐次变换矩阵 $\boldsymbol{H}_i^{i-1}$ 定义形式如下

$$\boldsymbol{H}_i^{i-1}=\begin{bmatrix}\boldsymbol{R}_i^{i-1} & \boldsymbol{d}_{i-1,i}^{i-1}\\ \boldsymbol{0}^{\mathrm{T}} & 1\end{bmatrix} \tag{3.10}$$

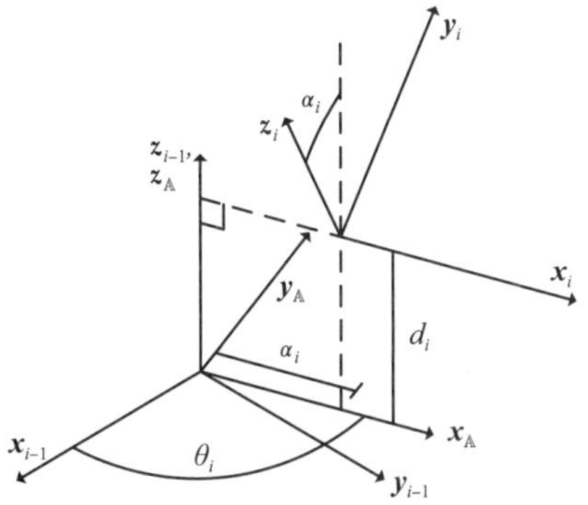

图 3-10 DH 约定的中间坐标系 $\mathbb{A}$

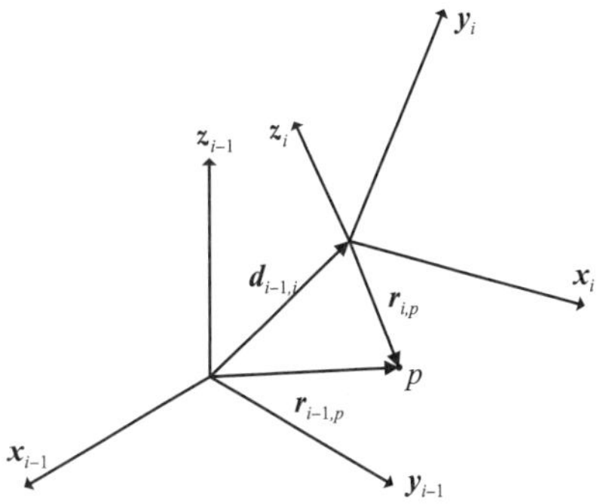

图 3-11 DH 约定齐次变换建立

定理 3.2 是运动链中两个连续坐标系之间的齐次变换的简洁表达形式，这些连续坐标系的构造过程遵循 DH 约定中的规则。

定理 3.2（DH 约定齐次变换） 假设坐标系 $i-1$ 和坐标系 i 是运动链中两个连续的坐标系，运动链满足 DH 约定中的假设。关联齐次坐标系 $i-1$ 和齐次坐标系 i 的齐次变换定义如下：

$$\boldsymbol{H}_i^{i-1}=\begin{bmatrix}\boldsymbol{R}_i^{i-1} & \boldsymbol{d}_{i-1,i}^{i-1}\\ 0 & 1\end{bmatrix}$$

其中旋转矩阵 $\boldsymbol{R}_i^{i-1}$ 定义如下

$$\boldsymbol{R}_i^{i-1}=\begin{bmatrix}\cos\theta_i & -\sin\theta_i\cos\alpha_i & \sin\theta_i\sin\alpha_i\\ \sin\theta_i & \cos\theta_i\cos\alpha_i & -\cos\theta_i\sin\alpha_i\\ 0 & \sin\alpha_i & \cos\alpha_i\end{bmatrix}$$

相对偏移向量 $\boldsymbol{d}_{i-1,i}$ 定义如下

$$\boldsymbol{d}_{i-1,i}^{i-1}=\begin{Bmatrix}a_i\cos\theta_i\\ a_i\sin\theta_i\\ d_i\end{Bmatrix}$$

参数 θ_i，α_i，d_i 与 a_i 分别是连杆 i 的关节角，连杆扭转角，连杆偏距和连杆长度。

证明： 定理 3.2 中的结论是运用第 2 章中推导的运动链原理得出的。图 3-10 展示了引入的辅助坐标系 $\mathbb{A}$。

关联坐标系 $i-1$，$\mathbb{A}$ 与 i 的单轴旋转矩阵为

$$\boldsymbol{R}_{i-1}^{\mathbb{A}}=\begin{bmatrix}\cos\theta_i & \sin\theta_i & 0\\ -\sin\theta_i & \cos\theta_i & 0\\ 0 & 0 & 1\end{bmatrix} \quad 和 \quad \boldsymbol{R}_{\mathbb{A}}^{i}=\begin{bmatrix}1 & 0 & 0\\ 0 & \cos\alpha_i & \sin\alpha_i\\ 0 & -\sin\alpha_i & \cos\alpha_i\end{bmatrix}$$

坐标系 $i-1$ 到坐标系 i 的旋转矩阵是通过单轴矩阵串联起来的，如下所示

$$\boldsymbol{R}_{i-1}^{i}=\boldsymbol{R}_{\mathrm{A}}^{i}\boldsymbol{R}_{i-1}^{\mathrm{A}}=\begin{bmatrix}1 & 0 & 0\\ 0 & \cos\alpha_i & \sin\alpha_i\\ 0 & -\sin\alpha_i & \cos\alpha_1\end{bmatrix}\begin{bmatrix}\cos\theta_i & \sin\theta_i & 0\\ -\sin\theta_i & \cos\theta_i & 0\\ 0 & 0 & 1\end{bmatrix}$$

$$=\begin{bmatrix}\cos\theta_i & \sin\theta_i & 0\\ -\cos\alpha_i\sin\theta_i & \cos\alpha_i\cos\theta_i & \sin\alpha_i\\ \sin\alpha_i\sin\theta_i & -\sin\alpha_i\cos\theta_i & \cos\alpha_i\end{bmatrix}$$

连接坐标系 $i-1$ 的原点到坐标系 i 的原点的向量为

$$\boldsymbol{d}_{i-1,i}=a_i\boldsymbol{x}_i+d_i\boldsymbol{z}_{i-1}$$

可以用相对于坐标系 $i-1$ 坐标轴的基础分量来表示该向量，如下

$$\boldsymbol{d}_{i-1,i}^{i-1}=a_i\begin{Bmatrix}\cos\theta_i\\ \sin\theta_i\\ 0\end{Bmatrix}+d_i\begin{Bmatrix}0\\ 0\\ 1\end{Bmatrix}=\begin{Bmatrix}a_i\cos\theta_i\\ a_i\sin\theta_i\\ d_i\end{Bmatrix}$$

由此，任意点 p 的齐次坐标 $\boldsymbol{p}^i$ 和 $\boldsymbol{p}^{i-1}$ 可以通过如下等式建立联系

$$\underbrace{\begin{Bmatrix}\boldsymbol{r}_{0,i-1}^{i-1}\\ 1\end{Bmatrix}}_{\boldsymbol{p}^{i-1}}=\underbrace{\begin{bmatrix}\boldsymbol{R}_i^{i-1} & \boldsymbol{d}_{i-1,i}^{i-1}\\ \boldsymbol{0}^{\mathrm{T}} & 1\end{bmatrix}}_{\boldsymbol{H}_i^{i-1}}\underbrace{\begin{Bmatrix}\boldsymbol{r}_{0,i}^{i}\\ 1\end{Bmatrix}}_{\boldsymbol{p}^i}$$ ■

在 MATLAB Workbook for DCRS 中的例 3.3 创建了一个函数，该函数使用 DH 约定计算运动链中相邻坐标系的齐次变换。

3.3.4 DH 步骤

DH 约定可以为确定运动链的系统步骤奠定基础。假定考虑的运动链中的部件依次编号为 0 到 N，关节编号为 1 到 N，如定义 3.1 所示。该过程中的第一步是依次使单位向量 $\boldsymbol{z}_0$ 到 $\boldsymbol{z}_{N-1}$ 与每个关节的自由度方向重合。如第 i 个关节为转动关节，则坐标轴 $\boldsymbol{z}_{i-1}$ 为该关节的旋转轴线方向。如果第 i 个关节为移动关节，则 $\boldsymbol{z}_{i-1}$ 为该关节的平移方向。

在使坐标轴 $\boldsymbol{z}_0$ 到 $\boldsymbol{z}_{N-1}$ 与关节自由度方向一致后，下一步为选取坐标系的原点。坐标系 0 的原点可以选取沿 $\boldsymbol{z}_0$ 轴上的任意一点，以方便为准。剩余坐标系 $i=1$，…，N 原点的选取需要使得连续坐标系的相对配置关系如图 3-9 所示。

剩下的坐标原点以递归的方式选取，通过已经定义的 $\boldsymbol{z}_0$ 来定义 $\boldsymbol{z}_1$，然后通过 $\boldsymbol{z}_1$ 定义 $\boldsymbol{z}_2$，一直延续到 $\boldsymbol{z}_{N-1}$。所选取的坐标系 i 的原点必须满足坐标轴 $\boldsymbol{x}_i$ 与 $\boldsymbol{z}_{i-1}$ 相交并互相垂直。严格遵循该步骤可以确定建立的运动学模型与 DH 约定一致。坐标系 i 中原点和坐标轴 $\boldsymbol{x}_i$ 的选取取决于坐标轴向量 $\boldsymbol{z}_{i-1}$ 与 $\boldsymbol{z}_i$ 的相对方向。

若坐标轴 $\boldsymbol{z}_{i-1}$ 与 $\boldsymbol{z}_i$ 异面，则存在一个位移的方向与两个坐标轴均垂直。选取的坐标系 i 的原点必须使得 $\boldsymbol{x}_i$ 与该方向对齐。然后通过 $\boldsymbol{y}_i=\boldsymbol{z}_i\times\boldsymbol{x}_i$ 将坐标系 i 定义完全，保证坐标系满足右手定则。

如果坐标轴 $\boldsymbol{z}_{i-1}$ 与 $\boldsymbol{z}_i$ 共面，则会有两种不同的情况需要考虑，并会导致原点选取的两种不同可能性。第一种情况是共面向量 $\boldsymbol{z}_{i-1}$ 与 $\boldsymbol{z}_i$ 互相平行。在这种情况下，有无限多的向量和 $\boldsymbol{z}_{i-1}$ 与 $\boldsymbol{z}_i$ 同时相交并垂直。在这种情况下，原则上可以选取坐标系 i 的原点使得 $\boldsymbol{x}_i$ 与无限数量的公法线中的任何一个重合。第二种情况是指共面向量 $\boldsymbol{z}_{i-1}$ 与 $\boldsymbol{z}_i$ 相交于一点。在这种情况下，定义向量 $\boldsymbol{x}_i$ 为 $\boldsymbol{z}_{i-1}$ 与 $\boldsymbol{z}_i$ 所形成平面的公法线，同时坐标系 i 的原点为向量 $\boldsymbol{z}_{i-1}$ 与 $\boldsymbol{z}_i$ 的交点。

图 3-12 为上述步骤的总结。

图 3-12 中总结的 DH 步骤不是一个简单的过程。由此步骤生成的坐标系可能不是很直观。有经验的分析人员可能会以完全不同的方式选择坐标系。然而，DH 约定一个很大的优势就是它促进了沟通交流：任何熟悉 DH 约定步骤的人员都可重建从连杆参数（link parameter）表中选择未知数这一过程。例 3.3 展示了如何利用该步骤解决实际问题，如一个含有两个连体基的简单模型。

1）运动链中的连杆依次编号为 0，…，N，运动链中的关节依次编号为 1，…，N；

2）安排单位向量 $\boldsymbol{z}_0$，$\boldsymbol{z}_1$，…，$\boldsymbol{z}_{N-1}$，使其与关节 1，…，N 自由度方向重合；

3）沿 $\boldsymbol{z}_0$ 轴方向选择坐标系 0 的坐标原点；

4）依次为 $i=1$，…，$N-1$ 重复下列步骤：

  4.1）向量 $\boldsymbol{z}_{i-1}$ 与 $\boldsymbol{z}_i$ 异面，选择坐标系 i 的原点以使得 $\boldsymbol{x}_i$ 和 $\boldsymbol{z}_{i-1}$ 与 $\boldsymbol{z}_i$ 的公法线重合；

  4.2）向量 $\boldsymbol{z}_{i-1}$ 与 $\boldsymbol{z}_i$ 平行，坐标系 i 的原点为沿着 $\boldsymbol{z}_i$ 轴上任意方便的点，所选坐标轴 $\boldsymbol{x}_i$ 和 $\boldsymbol{z}_{i-1}$ 与 $\boldsymbol{z}_i$ 的任一公法线重合；

  4.3）向量 $\boldsymbol{z}_{i-1}$ 与 $\boldsymbol{z}_i$ 相交，坐标系 i 原点为交点。所选坐标轴 $\boldsymbol{x}_i$ 和 $\boldsymbol{z}_{i-1}$ 与 $\boldsymbol{z}_i$ 两者所在平面垂直；

  4.4）所选 $\boldsymbol{y}_i$ 轴与已选出的 $\boldsymbol{z}_i$ 和 $\boldsymbol{x}_i$ 轴满足右手螺旋定则；

5）最后所选的坐标系需满足 $\boldsymbol{x}_N$ 与 $\boldsymbol{z}_{N-1}$ 相交并垂直。否则，选择坐标系使其与当前问题对齐。

图 3-12　运动链 DH 约定步骤

例 3.3 运用 DH 约定，推导如图 3-13 所示的 3D 激光测距传感器的运动学模型。

解： 图 3-14 展示了为对该三个部件与两个关节进行建模而选取的 DH 坐标系。首先，将两个坐标轴 $\boldsymbol{z}_0$ 和 $\boldsymbol{z}_1$ 分配给两个关节的坐标轴。所选取的坐标系 0 的原点位于驱动第一个关节的伺服电动机的驱动杆的中心。由于坐标轴 $\boldsymbol{z}_0$ 和 $\boldsymbol{z}_1$ 相交，因此两者的交点即为坐标系 1 的原点。

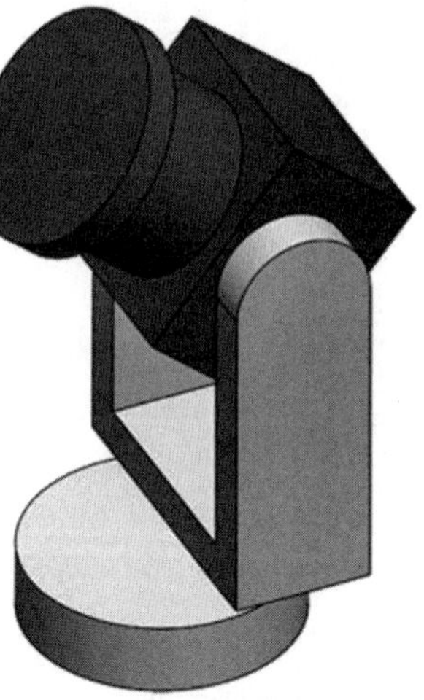

图 3-13　激光测距传感器组件

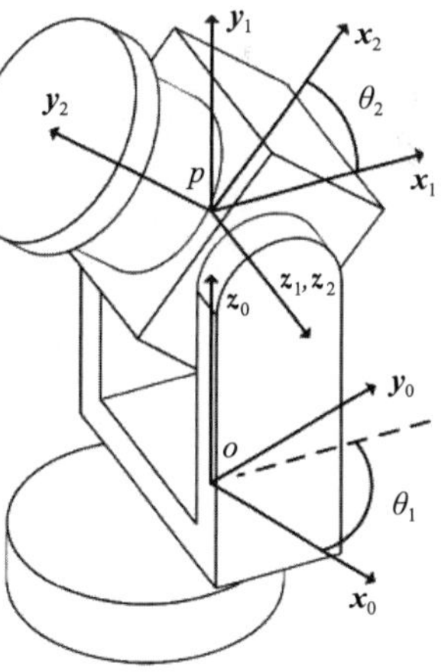

图 3-14　扫描仪组件坐标系分配

所选的坐标轴向量 $\boldsymbol{x}_0$ 为起始点是坐标系 0 的原点，与 $\boldsymbol{z}_0$ 垂直的任一向量。坐标轴向量 $\boldsymbol{x}_1$ 起始点为坐标原点，且是 $\boldsymbol{z}_0$ 和 $\boldsymbol{z}_1$ 所在平面的法向量。向量 $\boldsymbol{y}_0$ 和 $\boldsymbol{y}_1$ 的起始点为各子坐标系的原点，通过右手螺旋定则 $\boldsymbol{z}_0\times\boldsymbol{x}_0$ 和 $\boldsymbol{z}_1\times\boldsymbol{x}_1$ 来定义。关节角 θ_1 是关于 $\boldsymbol{z}_0$ 正半轴，$\boldsymbol{x}_0$ 到 $\boldsymbol{x}_1$ 的夹角。连杆扭转角 $\alpha_1=\frac{\pi}{2}$ 是关于 $\boldsymbol{x}_1$ 正半轴，$\boldsymbol{z}_0$ 到 $\boldsymbol{z}_1$ 的夹角。连杆偏距 $d_1=d_{o,p}$ 是沿着 $\boldsymbol{z}_0$ 轴的方向，从坐标轴 $\boldsymbol{x}_0$ 到坐标轴 $\boldsymbol{z}_1$ 的距离。由于 $\boldsymbol{z}_0$ 和 $\boldsymbol{z}_1$ 相交，故连

杆长度 $a_1=0$。对于坐标系 2，所选坐标轴 $\boldsymbol{z}_2$ 与 $\boldsymbol{z}_1$ 方向一致。由于 $\boldsymbol{z}_1$ 和 $\boldsymbol{z}_2$ 平行，因此坐标系 2 的原点可以是 $\boldsymbol{z}_2$ 所在直线上的任一点。出于方便考虑，使坐标系 2 的原点与坐标系 1 的原点重合。选取坐标轴 $\boldsymbol{x}_2$ 与 $\boldsymbol{z}_2=\boldsymbol{z}_1$ 正交，且经过点 p。随后通过 $\boldsymbol{y}_2=\boldsymbol{z}_2\times\boldsymbol{x}_2$ 完成坐标系的建立工作。关节角为关于 $\boldsymbol{z}_1$ 轴，从 $\boldsymbol{x}_1$ 轴到 $\boldsymbol{x}_2$ 轴的角度。由于 $\boldsymbol{z}_1$ 和 $\boldsymbol{z}_2$ 重合，故连杆扭转角 $\alpha_2=0$。由于坐标系 1 和 2 的原点重合，故连杆偏距 $d_2=0$ 且连杆长度 $a_2=0$。

表 3-1　激光测距扫描仪 DH 参数

关节	关节角 θ	连杆扭转角 α	连杆偏距 d	连杆长度 a
1	θ_1	$\frac{\pi}{2}$	$d_{o,p}$	0
2	θ_2	0	0	0

综上，该扫描仪组件的连杆参数如表 3-1 所示。

在 MATLAB Workbook for DCRS 中的例 3.4 使用 MATLAB 解决了在该运动链中连续坐标系之间关联的齐次变换问题。◀

上一个例子仅需要两个坐标系，但在现实的机器人模型中，需要数十个坐标系来建模也是很常见的。例 3.4 以仿人机器人的一条腿为对象进行研究，该单腿模型需要 5 个不同的坐标系。

例 3.4 针对图 3-15 所示的机器人腿部组件，定义包括 0 到 6 的一组坐标系且符合 DH 约定要求。所选坐标系 0 固定在与骨盆（pelvis）关联的连杆上。

解： 首先，对连杆与关节进行标号，将基础向量 $\boldsymbol{z}_0$，$\boldsymbol{z}_1$，$\boldsymbol{z}_2$，$\boldsymbol{z}_3$，$\boldsymbol{z}_4$，$\boldsymbol{z}_5$ 与腿部组件的旋转关节对应并选取坐标系 0 的原点，如图 3-16 所示。针对足部连杆坐标系选取 $\boldsymbol{z}_6=\boldsymbol{z}_5$。

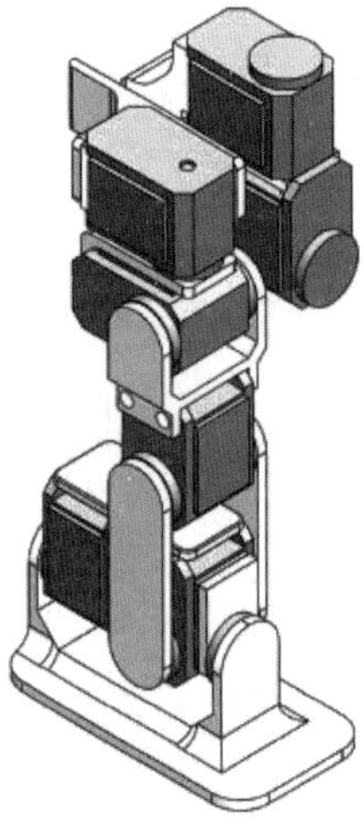

图 3-15　仿人机器人腿部组件

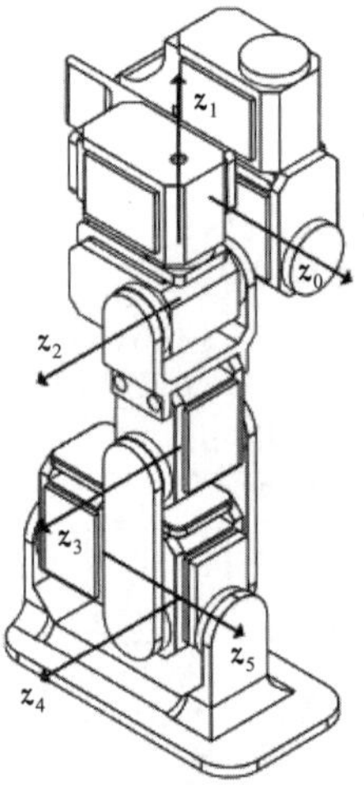

图 3-16　自由度轴 $\boldsymbol{z}_0$，$\boldsymbol{z}_1$，$\boldsymbol{z}_2$，$\boldsymbol{z}_3$，$\boldsymbol{z}_4$，$\boldsymbol{z}_5$

接下来，对于关节 1 到 6，选取坐标系 i 的原点和坐标基向量 $\boldsymbol{x}_i$，其中向量 $\boldsymbol{x}_i$ 与 $\boldsymbol{z}_{i-1}$ 相交并垂直。在随后的分析中，变量 $d_{i,j}$ 表示点 i 到点 j 的距离绝对值。

图 3-17a 所示为关节 1。由于 $\boldsymbol{z}_0$ 和 $\boldsymbol{z}_1$ 异面，单位向量 $\boldsymbol{x}_1=\boldsymbol{z}_1\times\boldsymbol{z}_0$ 定义为 $\boldsymbol{z}_0$ 和 $\boldsymbol{z}_1$ 形成的平面的法向量。所选取的坐标系 1 的原点为点 q，使得向量 $\boldsymbol{x}_1$ 与 $\boldsymbol{z}_0$ 相交于 p 点。连杆偏距 $d_1=d_{o,p}$ 为沿着 $\boldsymbol{z}_0$ 方向，$\boldsymbol{x}_0$ 轴到 $\boldsymbol{x}_1$ 轴的距离。关节角 θ_1 为绕 $\boldsymbol{z}_0$ 正半轴，$\boldsymbol{x}_0$ 轴到 $\boldsymbol{x}_1$ 轴的夹角。连杆长度 $a_1=-d_{p,q}$ 为沿 $\boldsymbol{x}_1$ 方向，$\boldsymbol{z}_0$ 轴到 $\boldsymbol{z}_1$ 轴的距离。连杆扭转角 $\alpha_1=-\frac{\pi}{2}$ 为绕 $\boldsymbol{x}_1$ 正半轴，$\boldsymbol{z}_0$ 轴到 $\boldsymbol{z}_1$ 轴的夹角。

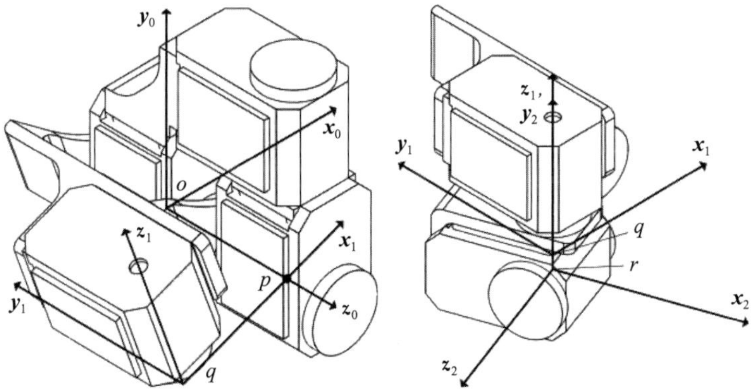

a）关节1　　b）关节2

图 3-17　腿部组件关节定义

关节 2 如图 3-17b 所示。$\boldsymbol{z}_1$ 轴和 $\boldsymbol{z}_2$ 轴相交于点 r。由于 $\boldsymbol{x}_2$ 必须与这两个坐标轴向量均相交且互相垂直，因此 $\boldsymbol{x}_2$ 通过点 r 且垂直于 $\boldsymbol{z}_1$ 轴和 $\boldsymbol{z}_2$ 轴形成的平面。连杆偏距 $d_2=-d_{q,r}$ 为沿着 $\boldsymbol{z}_1$ 方向，$\boldsymbol{x}_1$ 轴到 $\boldsymbol{x}_2$ 轴的距离。关节转角 θ_2 为关于 $\boldsymbol{z}_1$ 正半轴，$\boldsymbol{x}_1$ 轴到 $\boldsymbol{x}_2$ 轴的夹角。连杆长度 $a_2=0$，由于 $\boldsymbol{z}_1$ 轴和 $\boldsymbol{z}_2$ 轴相交于一点。连杆扭转角 $\alpha_2=\dfrac{\pi}{2}$为关于 $\boldsymbol{x}_2$ 正半轴，$\boldsymbol{z}_1$ 轴到 $\boldsymbol{z}_2$ 轴的角度。

关节 3 如图 3-18a 所示。$\boldsymbol{z}_2$ 轴和 $\boldsymbol{z}_3$ 轴互相平行，因此坐标系 3 的原点可以是沿着 $\boldsymbol{z}_3$ 轴的任意一点，所选取坐标系 3 的原点为 $\boldsymbol{z}_3$ 轴与 $\boldsymbol{x}_2$ 和 $\boldsymbol{y}_2$ 形成的平面的交点。选取的 $\boldsymbol{x}_3$ 为从坐标系 2 原点到坐标系 3 原点方向的单位向量。由于 $\boldsymbol{x}_2$ 与 $\boldsymbol{x}_3$ 相交于一点，故连杆偏距 $d_3=0$。关节角 θ_3 为关于 $\boldsymbol{z}_2$ 正半轴，从 $\boldsymbol{x}_2$ 轴到 $\boldsymbol{x}_3$ 轴的夹角。连杆长度 $a_3=d_{r,s}$ 为沿着 $\boldsymbol{x}_3$ 方向，$\boldsymbol{z}_2$ 轴到 $\boldsymbol{z}_3$ 轴之间的距离。由于 $\boldsymbol{z}_2$ 轴和 $\boldsymbol{z}_3$ 轴互相平行，故连杆扭转角 $\alpha_3=0$。

关节 4 如图 3-18b 所示。$\boldsymbol{z}_3$ 轴和 $\boldsymbol{z}_4$ 轴互相平行，因此坐标系 4 的原点可以是沿着 $\boldsymbol{z}_4$ 轴的任意一点，所选取坐标系 4 的原点为 $\boldsymbol{z}_3$ 轴与 $\boldsymbol{x}_2$ 和 $\boldsymbol{y}_2$ 形成的平面的交点。选取的 $\boldsymbol{x}_4$ 为从坐标系 3 原点到坐标系 4 原点方向的单位向量。由于 $\boldsymbol{x}_3$ 与 $\boldsymbol{x}_4$ 相交于一点，故连杆偏距 $d_4=0$。关节角 θ_4 为关于 $\boldsymbol{z}_3$ 正半轴，从 $\boldsymbol{x}_3$ 轴到 $\boldsymbol{x}_4$ 轴的夹角。连杆长度 $a_3=d_{s,t}$ 为沿着 $\boldsymbol{x}_4$ 方向，$\boldsymbol{z}_3$ 轴到 $\boldsymbol{z}_4$ 轴的距离。由于 $\boldsymbol{z}_3$ 轴和 $\boldsymbol{z}_4$ 轴互相平行，故连杆扭转角 $\alpha_4=0$。

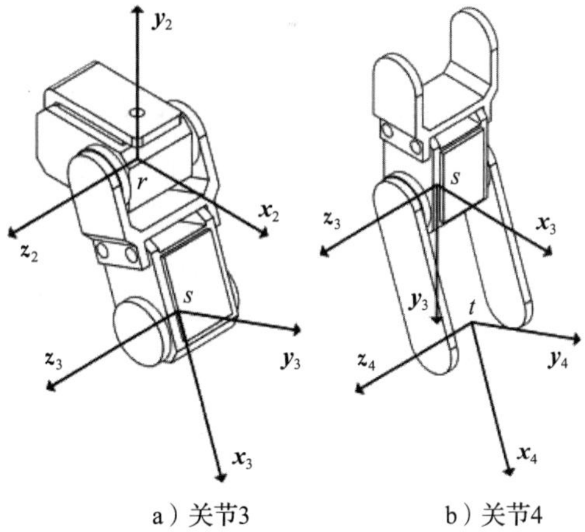

a）关节3　　b）关节4

图 3-18　腿部组件关节定义

关节 5 如图 3-19a 所示。$\boldsymbol{z}_4$ 轴和 $\boldsymbol{z}_5$ 轴相交于点 t。由于 $\boldsymbol{x}_5$ 必须与这两个坐标轴向量均相交且互相垂直，因此 $\boldsymbol{x}_5$ 通过点 t 且垂直于 $\boldsymbol{z}_4$ 轴和 $\boldsymbol{z}_5$ 轴形成的平面。由于 $\boldsymbol{x}_4$ 轴与 $\boldsymbol{x}_5$ 轴相交于一点，故连杆偏距 $d_5=0$。关节角 θ_5 为关于 $\boldsymbol{z}_4$ 正半轴，$\boldsymbol{x}_4$ 轴与 $\boldsymbol{x}_5$ 轴的夹角。由于 $\boldsymbol{z}_4$ 轴与 $\boldsymbol{z}_5$ 轴相交于一点，故连杆长度 $a_5=0$。连杆扭转角 $\alpha_5=\dfrac{\pi}{2}$为关于 $\boldsymbol{x}_5$ 正半轴，$\boldsymbol{z}_4$ 轴与 $\boldsymbol{z}_5$ 轴的角度。

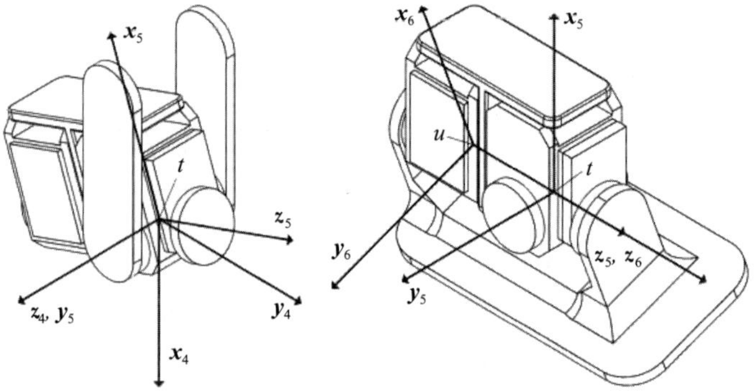

a）关节5　　b）关节6

图 3-19　腿部组件关节定义

关节 6 如图 3-19b 所示。由于 $\boldsymbol{z}_5$ 轴和 $\boldsymbol{z}_6$ 轴互相平行，因此坐标系 6 的原点可以是沿着 $\boldsymbol{z}_6$ 轴上的任意一点，选取点 u 为驱动足部电动机中足部坐标系的原点。选取 $\boldsymbol{x}_6$ 与 $\boldsymbol{z}_6=\boldsymbol{z}_5$ 正交，使得在 $\theta_6=0$ 时 $\boldsymbol{x}_6=\boldsymbol{x}_5$。连杆偏距 $d_5=-d_{t,u}$ 为沿着 $\boldsymbol{z}_5$ 方向，$\boldsymbol{x}_5$ 轴到 $\boldsymbol{x}_6$ 轴的距离。关节角 θ_6 为关于 $\boldsymbol{z}_5$ 正半轴，$\boldsymbol{x}_5$ 轴到 $\boldsymbol{x}_6$ 轴的夹角。由于 $\boldsymbol{z}_5$ 轴与 $\boldsymbol{z}_6$ 重合，故连杆长度 $a_6=0$。连杆扭转角 $\alpha_6=0$ 为关于 $\boldsymbol{x}_6$ 正半轴，$\boldsymbol{z}_5$ 轴到 $\boldsymbol{z}_6$ 轴的夹角。综上，腿部组件的连杆参数如表 3-2 所示。

表 3-2　仿人机器人腿部 DH 参数

关节	连杆偏距 d	关节角 θ	连杆长度 a	连杆扭转角 α
1	$d_{o,p}$	$\theta_1(t)$	$-d_{p,q}$	$-\frac{\pi}{2}$
2	$-d_{q,r}$	$\theta_2(t)$	0	$\frac{\pi}{2}$
3	0	$\theta_3(t)$	$d_{r,s}$	0
4	0	$\theta_4(t)$	$d_{s,t}$	0
5	0	$\theta_5(t)$	0	$\frac{\pi}{2}$
6	$-d_{t,u}$	$\theta_6(t)$	0	0

在 MATLAB Workbook for DCRS 中的例 3.5 求解了本例中描述每一对坐标系之间的刚体运动的齐次变换矩阵。◀

3.3.5　DH 约定中的角速度与速度

本节中前面的内容介绍了三维的复杂系统的通用运动学原理。本节运用其中一些原理来通过 DH 约定分析具有运动链结构的机器人系统。本节引入了雅可比矩阵（Jacobian matrix），雅可比矩阵将一些感兴趣点的线速度、部件的角速度与关节变量的随时间导数关联起来。

定理 3.3（DH 约定雅可比矩阵）　假设存在一个含有 N 个连杆的运动链，其中的部件、关节和自由度都已按照 DH 约定编号。则相对坐标系 0，将部件 N 上点 p 的速度、部件 N 的角速度与关节变量的时间导数 $\dot{q}_1$，…，$\dot{q}_N$ 关联起来的 $6\times N$ 雅可比矩阵 $\boldsymbol{J}^0$ 满足

$$\begin{Bmatrix}\boldsymbol{v}_{0,p}^0\\ \boldsymbol{\omega}_{0,N}^0\end{Bmatrix}=\boldsymbol{J}^0\dot{\boldsymbol{q}}=\begin{bmatrix}\boldsymbol{J}_v^0\\ \boldsymbol{J}_{\boldsymbol{\omega}}^0\end{bmatrix}\begin{Bmatrix}\dot{q}_1\\ \vdots\\ \dot{q}_N\end{Bmatrix}$$

其中 $3\times N$ 的子矩阵 $\boldsymbol{J}_{\boldsymbol{\omega}}^0$ 为

$$\boldsymbol{J}_{\boldsymbol{\omega}}^0=[\rho_1\boldsymbol{z}_0^0\quad \rho_2\boldsymbol{z}_1^0\quad \rho_3\boldsymbol{z}_2^0\quad \cdots\quad \rho_N\boldsymbol{z}_{N-1}^0]=[\rho_1\boldsymbol{e}_3\quad \rho_2\boldsymbol{R}_1^0\boldsymbol{e}_3\quad \rho_3\boldsymbol{R}_2^0\boldsymbol{e}_3\quad \cdots\quad \rho_N\boldsymbol{R}_{N-1}^0\boldsymbol{e}_3]$$

其中关节 i 为转动关节时 $\rho_i=1$，关节 i 为移动关节时 $\rho_i=0$。

$3\times N$ 的子矩阵 $\boldsymbol{J}_v^0$ 为

$$\boldsymbol{J}_v^0=[\boldsymbol{j}_1^0\quad \boldsymbol{j}_2^0\quad \cdots\quad \boldsymbol{j}_N^0]$$

关节 i 为移动关节时，第 i 个列向量 $\boldsymbol{j}_i^0$ 的定义如下

$$\boldsymbol{j}_i^0=\boldsymbol{z}_{i-1}^0=\boldsymbol{R}_{i-1}^0\boldsymbol{e}_3$$

关节 i 为转动关节时，第 i 个列向量 $\boldsymbol{j}_i^0$ 的定义如下

$$\boldsymbol{j}_i^0=\boldsymbol{z}_{i-1}^0\times(\boldsymbol{r}_{0,p}^0-\boldsymbol{r}_{0,i-1}^0)$$

证明： 子矩阵 $\boldsymbol{J}_{\boldsymbol{\omega}}^0$ 的推导形式直接来自角速度的加法定理。$\boldsymbol{\omega}_{0,N}$ 可以写成如下形式

$$\boldsymbol{\omega}_{0,N}=\boldsymbol{\omega}_{0,1}+\boldsymbol{\omega}_{1,2}+\cdots+\boldsymbol{\omega}_{N-1,N}$$

一对部件之间的角速度取决于这对部件之间的关节是移动关节还是转动关节。如关节 i 是移动关节，则该对部件之间无相对角速度，即 $\boldsymbol{\omega}_{i-1,i}=\boldsymbol{0}$。如关节为转动关节，该两个部件之间的角速度仅是以 $\boldsymbol{z}_{i-1}$ 为轴的角速度 $\dot{\theta}_i$。因此，角速度 $\boldsymbol{\omega}_{i-1,i}$ 的定义式为 $\rho_i\dot{\theta}\boldsymbol{z}_{i-1}$，其中移动关节对应 $\rho_i=0$，转动关节对应 $\rho_i=1$。将这些代入 $\boldsymbol{\omega}_{0,N}$ 的表达式：

$$\boldsymbol{\omega}_{0,N}=\rho_1\dot{\theta}_1\boldsymbol{z}_0+\rho_2\dot{\theta}_2\boldsymbol{z}_1+\cdots+\rho_N\dot{\theta}_N\boldsymbol{z}_{N-1}$$

当这些向量的表达形式为关于坐标系 0 的形式时，$\boldsymbol{J}_{\boldsymbol{\omega}}^0$ 的表达结果即为定理中的表达形式。

矩阵 $\boldsymbol{J}_v^0$ 可以通过如下形式确定：当除第 i 个关节变量时间导数为 1 之外其他所有关节变量的时间导数都为零时，每一个列向量 $\boldsymbol{j}_i^0$ 都包含点 p 关于坐标系 0 的速度。在这种条件下

$$\boldsymbol{v}_{0,p}^0=\boldsymbol{j}_i^0=[\boldsymbol{j}_1^0\quad\boldsymbol{j}_2^0\quad\cdots\quad\boldsymbol{j}_i^0\quad\cdots\quad\boldsymbol{j}_N^0]\begin{Bmatrix}0\\0\\\vdots\\1\\\vdots\\0\\0\end{Bmatrix}$$

如第 i 个关节为移动关节，$\dot{q}_1=\dot{d}_1=1$，并且其他关节变量的导数为零，则点 p 的速度为 $\dot{d}_i\boldsymbol{z}_{i-1}=\boldsymbol{z}_{i-1}$。

如第 i 个关节为转动关节，可运用定理 2.16 推导点 p 关于坐标系 0 的速度。

$$\begin{aligned}\boldsymbol{v}_{0,p}&=\underbrace{\boldsymbol{v}_{0,i-1}}_{0}+\underbrace{\boldsymbol{\omega}_{0,i}}_{\boldsymbol{\omega}_{i-1,i}}\times(\boldsymbol{r}_{0,p}-\boldsymbol{r}_{0,i-1})=\boldsymbol{\omega}_{i-1,i}\times(\boldsymbol{r}_{0,p}-\boldsymbol{r}_{0,i-1})\\&=\dot{\theta}_i\boldsymbol{z}_{i-1}\times(\boldsymbol{r}_{0,p}-\boldsymbol{r}_{0,i-1})=\boldsymbol{z}_{i-1}\times(\boldsymbol{r}_{0,p}-\boldsymbol{r}_{0,i-1})\end{aligned}$$

回顾上述计算，其假设关节变量时间导数 $\dot{q}_j$ 中满足 $j\neq i$ 的项均为零，并且 $\dot{q}_i=\dot{\theta}_i=1$。当这些向量的表达形式为关于坐标系 0 的坐标时，得到该定理的结论。

$\boldsymbol{J}^k$ 中的上标 k 表示速度 $\boldsymbol{v}_{0,p}$ 和角速度 $\boldsymbol{\omega}_{o,n}$ 是关于坐标系 k 的分量表达形式，如下

$$\begin{Bmatrix}\boldsymbol{v}_{0,p}^k\\\boldsymbol{\omega}_{0,N}^k\end{Bmatrix}=\boldsymbol{J}^k\dot{\boldsymbol{q}}$$

另外，对于雅可比矩阵的基坐标变换可定义为

$$\boldsymbol{J}^0=\begin{bmatrix}\boldsymbol{R}_k^0&\boldsymbol{0}\\\boldsymbol{0}&\boldsymbol{R}_k^0\end{bmatrix}\boldsymbol{J}^k$$ ■

例 3.5 计算雅可比矩阵 $\boldsymbol{J}^0$，该雅克比矩阵将点 r 的速度 $\boldsymbol{v}_{0,r}$、坐标系 2 相对于坐标系 0 的角速度 $\boldsymbol{\omega}_{0,2}$ 与例 3.4 的仿人机器人腿部组件的通用坐标系的时间导数 $\dot{\boldsymbol{q}}$ 联系起来。由于所求的速度只依赖于 θ_1 和 θ_2 及它们的导数，因此该 6×2 的雅可比矩阵 $\boldsymbol{J}^0$ 可以写为

$$\begin{Bmatrix} \boldsymbol{v}_{0,2}^{0} \\ \boldsymbol{\omega}_{0,2}^{0} \end{Bmatrix} = \boldsymbol{J}^{0} \begin{Bmatrix} \dot{q}_1 \\ \dot{q}_2 \end{Bmatrix}$$

计算矩阵 $\boldsymbol{J}^0$ 有两种方式：(1) 通过第一定理寻找速度和角速度，并从其表达中确定雅可比矩阵；(2) 通过定理 3.3 直接计算雅可比矩阵。

解：第一步，计算出旋转矩阵 $\boldsymbol{R}_0^1$ 与 $\boldsymbol{R}_1^2$

$$\boldsymbol{R}_0^1 = \begin{bmatrix} \cos\theta_1 & \sin\theta_1 & 0 \\ 0 & 0 & -1 \\ -\sin\theta_1 & \cos\theta_1 & 0 \end{bmatrix} \quad \text{和} \quad \boldsymbol{R}_1^2 = \begin{bmatrix} \cos\theta_2 & \sin\theta_2 & 0 \\ 0 & 0 & 1 \\ \sin\theta_2 & -\cos\theta_2 & 0 \end{bmatrix}$$

然后，通过加法计算出角速度 $\boldsymbol{\omega}_{0,2}$。第 2 章的定理 2.15：$\boldsymbol{\omega}_{0,2} = \dot{\theta}_1 \boldsymbol{z}_0 + \dot{\theta}_2 \boldsymbol{z}_1$。角速度可以通过 $\boldsymbol{R}_0^1$ 表达为关于坐标系 0 的形式

$$\boldsymbol{\omega}_{0,2}^{0} = \underbrace{\begin{Bmatrix} 0 \\ 0 \\ 1 \end{Bmatrix}}_{\boldsymbol{e}_3} \dot{\theta}_1 + \underbrace{\begin{bmatrix} \cos\theta_1 & 0 & -\sin\theta_1 \\ \sin\theta_1 & 0 & \cos\theta_1 \\ 0 & -1 & 0 \end{bmatrix}}_{\boldsymbol{R}_1^0} \underbrace{\begin{Bmatrix} 0 \\ 0 \\ 1 \end{Bmatrix}}_{\boldsymbol{e}_3} \dot{\theta}_2 = \begin{Bmatrix} 0 \\ 0 \\ 1 \end{Bmatrix} \dot{\theta}_1 + \begin{Bmatrix} -\sin\theta_1 \\ \cos\theta_1 \\ 0 \end{Bmatrix} \dot{\theta}_2$$

将这些表达形式转化成矩阵形式

$$\boldsymbol{\omega}_{0,2}^{2} = \boldsymbol{J}_{\boldsymbol{\omega}}^{0} \begin{Bmatrix} \dot{\theta}_1 \\ \dot{\theta}_2 \end{Bmatrix} = \begin{bmatrix} 0 & -\sin\theta_1 \\ 0 & \cos\theta_1 \\ 1 & 0 \end{bmatrix} \begin{Bmatrix} \dot{\theta}_1 \\ \dot{\theta}_2 \end{Bmatrix}$$

根据第 2 章中的相对速度定理 2.16 可以计算坐标系 2 的原点（点 r）的速度，这是因为点 p 和点 r 相对上臂部基座（坐标系 1）具有固定的位置。

$$\boldsymbol{v}_{0,r} = \underbrace{\boldsymbol{v}_{0,p}}_{0} + \boldsymbol{\omega}_{0,1} \times (-d_{p,q}\boldsymbol{x}_1 - d_{q,r}\boldsymbol{z}_1) = \begin{vmatrix} \boldsymbol{x}_1 & \boldsymbol{y}_1 & \boldsymbol{z}_1 \\ 0 & -\dot{\theta}_1 & 0 \\ -d_{p,q} & 0 & -d_{q,r} \end{vmatrix} = d_{q,r}\dot{\theta}_1 \boldsymbol{x}_1 - d_{p,q}\dot{\theta}_1 \boldsymbol{z}_1$$

基于坐标系 0 表示该速度的结果为

$$\boldsymbol{v}_{0,r}^{0} = \begin{bmatrix} \cos\theta_1 & 0 & -\sin\theta_1 \\ \sin\theta_1 & 0 & \cos\theta_1 \\ 0 & -1 & 0 \end{bmatrix} \begin{Bmatrix} d_{q,r}\dot{\theta}_1 \\ 0 \\ -d_{p,q}\dot{\theta}_1 \end{Bmatrix} = \begin{Bmatrix} d_{q,r}\cos\theta_1 + d_{p,q}\sin\theta_1 \\ d_{q,r}\sin\theta_1 - d_{p,q}\cos\theta_1 \\ 0 \end{Bmatrix} \dot{\theta}_1 + \begin{Bmatrix} 0 \\ 0 \\ 0 \end{Bmatrix} \dot{\theta}_2$$

$$\boldsymbol{v}_{0,2}^{0} = \boldsymbol{J}_{v}^{0} \begin{Bmatrix} \dot{\theta}_1 \\ \dot{\theta}_2 \end{Bmatrix} = \begin{bmatrix} (d_{q,r}\cos\theta_1 + d_{p,q}\sin\theta_1) & 0 \\ (d_{q,r}\sin\theta_1 - d_{p,q}\cos\theta_1) & 0 \\ 0 & 0 \end{bmatrix} \begin{Bmatrix} \dot{\theta}_1 \\ \dot{\theta}_2 \end{Bmatrix}$$

通过串联这两个子矩阵可以构造关于坐标系 0 的完整雅可比矩阵，如下

$$\begin{Bmatrix} \boldsymbol{v}_{0,2}^{0} \\ \boldsymbol{\omega}_{0,2}^{0} \end{Bmatrix} = \begin{bmatrix} \boldsymbol{J}_v \\ \boldsymbol{J}_{\boldsymbol{\omega}} \end{bmatrix} \begin{Bmatrix} \dot{\theta}_1 \\ \dot{\theta}_2 \end{Bmatrix} = \begin{bmatrix} (d_{q,r}\cos\theta_1 + d_{p,q}\sin\theta_1) & 0 \\ (d_{q,r}\sin\theta_1 - d_{p,q}\cos\theta_1) & 0 \\ 0 & 0 \\ 0 & -\sin\theta_1 \\ 0 & \cos\theta_1 \\ 1 & 0 \end{bmatrix} \begin{Bmatrix} \dot{\theta}_1 \\ \dot{\theta}_2 \end{Bmatrix} \tag{3.11}$$

对于解的第二部分，使用定理 3.3 将计算相同的次数。该系统中任何关节都为转动关节；因此，

$$\rho_1=\rho_2=1$$

通过旋转矩阵 $\boldsymbol{R}_1^0$ 和 $\boldsymbol{R}_2^0=\boldsymbol{R}_1^0\boldsymbol{R}_2^1$ 的方程中获得单位向量 $\boldsymbol{z}_0^0$ 和 $\boldsymbol{z}_1^0$，如下

$$\boldsymbol{z}_0^0=\begin{Bmatrix}0\\0\\1\end{Bmatrix},\quad \boldsymbol{z}_1^0=\begin{Bmatrix}-\sin\theta_1\\\cos\theta_1\\0\end{Bmatrix}$$

将其合并后导入子矩阵 $\boldsymbol{J}_{\boldsymbol{\omega}}$，得到

$$\boldsymbol{J}_{\boldsymbol{\omega}}^0=[\rho_1\boldsymbol{z}_0^0\quad \rho_2\boldsymbol{z}_1^0]=\begin{bmatrix}0&-\sin\theta_1\\0&\cos\theta_1\\1&0\end{bmatrix}$$

为计算矩阵 $\boldsymbol{J}_v$，需要计算两个列向量 $\boldsymbol{j}_i^0=\boldsymbol{z}_{i-1}^0\times(\boldsymbol{r}_{0,2}^0-\boldsymbol{r}_{0,i-1}^0)$，其中 $i=1$，2。对于 $i=1$，

$$\boldsymbol{j}_1=\boldsymbol{z}_0\times(\boldsymbol{r}_{0,r}-\boldsymbol{0})=\begin{vmatrix}\boldsymbol{x}_1&\boldsymbol{y}_1&\boldsymbol{z}_1\\0&-1&0\\-d_{p,q}&-d_{o,p}&-d_{q,r}\end{vmatrix}=d_{q,r}\boldsymbol{x}_1-d_{p,q}\boldsymbol{z}_1$$

关于坐标系 0 表示该向量

$$\boldsymbol{j}_1^0=\begin{bmatrix}\cos\theta_1&0&-\sin\theta_1\\\sin\theta_1&0&\cos\theta_1\\0&-1&0\end{bmatrix}\begin{Bmatrix}d_{q,r}\\0\\-d_{p,q}\end{Bmatrix}=\begin{Bmatrix}d_{q,r}\cos\theta_1+d_{p,q}\sin\theta_1\\d_{q,r}\sin\theta_1-d_{p,q}\cos\theta_1\\0\end{Bmatrix}\tag{3.12}$$

对于 $i=2$，

$$\boldsymbol{j}_2=\boldsymbol{z}_1\times(\boldsymbol{r}_{0,r}-\boldsymbol{r}_{0,q})=\begin{vmatrix}\boldsymbol{x}_1&\boldsymbol{y}_1&\boldsymbol{z}_1\\0&0&1\\0&0&-d_{q,r}\end{vmatrix}=\boldsymbol{0}$$

无论坐标系表示如何变化，该向量恒为 $\boldsymbol{0}$。由此导出雅可比矩阵 $\boldsymbol{J}_v^0$

$$\boldsymbol{J}_v^0=[\boldsymbol{j}_i^0\quad \boldsymbol{j}_2^0]=\begin{bmatrix}d_{q,r}\cos\theta_1+d_{p,q}\sin\theta_1&0\\d_{q,r}\sin\theta_1-d_{p,q}\cos\theta_1&0\\0&0\end{bmatrix}$$

由此，完整的雅可比矩阵为

$$\boldsymbol{J}=\begin{bmatrix}\boldsymbol{J}_v^0\\\boldsymbol{J}_{\boldsymbol{\omega}}^0\end{bmatrix}$$

得到的雅克比矩阵与式（3.11）的结果相同。◀

3.4 正向运动学的递归 $O(N)$ 公式

DH 方法是用于描述机器人系统运动学的许多策略之一。这部分将介绍一种替代方法，用于对机器人系统的运动学进行建模。这种方法是机器人系统运动学递归公式（recursive formulation）的一个示例。这些公式的许多变体已经出现在很多文献中。在文献 [14] 中，由该方法的早期完成者之一对该方法进行了全面介绍。这种方法在本文中的具体形式是基于文献 [16]、[22]、[25]、[26]、[37]、[38]、[39] 系列论文，它们提供了运动学和动力学的统一表达方法。

这些论文通过采用在估计和滤波理论中类似的技术结构，推导了机器人的运动学和动力学的递归算法。例如，文献 [38] 提出了递归公式可以在卡尔曼滤波和平滑的框架内解

释。卡尔曼滤波是估计理论著名的递归更新估计的过程，以及与之相关的有效的数值计算技术。受文献［38］的启发而衍生出的系列论文［22］、［23］、［25］、［39］的主要贡献是展示了在卡尔曼滤波中出现的某些因子分解如何直接用于解决多体系统的动力学和控制问题。本章讨论了正向运动学的递归公式，第 4 章讨论了这些技术在正向动力学中的扩展。

图 3-20 描述了一个运动学链，其运动学方程也会被推导出来。这条运动链由编号从 $N+1$ 到 1 的 $N+1$ 条连杆组成，这些连杆用编号从 N 到 1 的 N 个关节相连。

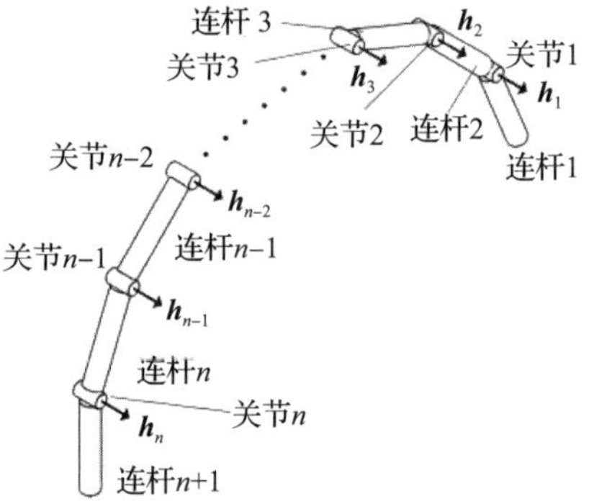

图 3-20　递归公式的运动链的连杆和关节编号

与 DH 惯例不同的是，连杆和关节从运动链的顶端到基座进行编号。本节和第 4 章将说明，这种对连杆和关节进行编号的方法会产生系统矩阵，该系统矩阵可以作为下三角，对角和上三角因子的乘积来分解。正是这些矩阵的特殊结构使得能够设计出快速而递归的求解程序。运动链中连续关节的编号如图 3-21 所示。$b := N+1$ 将用于表示基座（base body），对应于连杆 $N+1$。

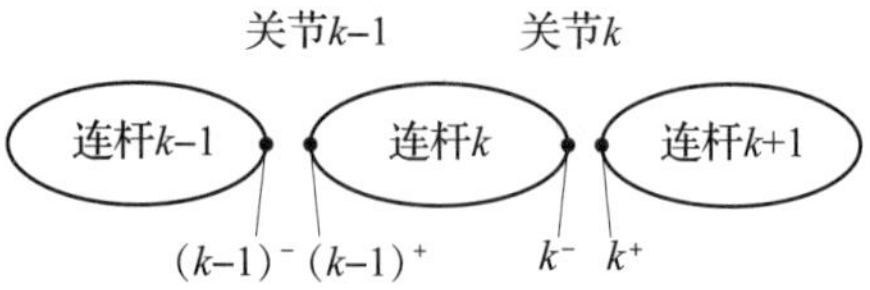

图 3-21　递归公式运动学链的关节侧标注

关节 k 的两侧用 k^- 和 k^+ 表示。具体地，符号 k^- 指的是固定在连杆 k 上的关节 k 处的点。根据定义，点 k^- 在关节 k 的外侧，朝向运动链的自由端。符号 k^+ 表示固定在连杆 $k+1$ 上的关节 k 处的点。点 k^+ 在关节 k 的内侧，指向运动链的基座。

每个关节 k 由向量 $\boldsymbol{h}_k$ 定义，$\boldsymbol{h}_k$ 描述了关节 k 处自由度的方向。对于转动关节，$\boldsymbol{h}_k$ 沿旋转轴，而对于移动关节，$\boldsymbol{h}_k$ 沿平移轴。在接下来的讨论中，假设所有的关节都是转动的。习题 3.3 讨论了针对移动关节的修改。

速度和角速度用 6×1 向量 $\mathcal{V}_{k^-}$ 和 $\mathcal{V}_{k^+}$ 表示，速度和角速度的导数用向量 $\mathcal{A}_{k^-}$ 和 $\mathcal{A}_{k^+}$ 表示。本节将展示 $\mathcal{V}_{k^-}$ 和 $\mathcal{V}_{k^+}$ 的表示，而 $\mathcal{A}_{k^-}$ 和 $\mathcal{A}_{k^+}$ 向量则留到 3.4.3 节。在此约定中，上标 + 或 − 表示在关节 k 的哪一侧计算量。下标用于指定计算速度或其导数的关节。速度向量定义为

$$\mathcal{V}_{k^-} := \begin{Bmatrix} \boldsymbol{v}^{k}_{b,k^-} \\ \boldsymbol{\omega}^{k}_{b,k^-} \end{Bmatrix} \quad 和 \quad \mathcal{V}_{k^+} := \begin{Bmatrix} \boldsymbol{v}^{k+1}_{b,k^+} \\ \boldsymbol{\omega}^{k+1}_{b,k^+} \end{Bmatrix}$$

根据定义 $\boldsymbol{v}_{b,k^-}$ 是点 k^- 在基座坐标系 $b=N+1$ 中的速度向量，$\boldsymbol{\omega}_{b,k^-}$ 是包括点 k^- 在内的连杆相对于基座坐标系 $b=N+1$ 的角速度。$\boldsymbol{v}^{k}_{b,k^-}$ 表示速度向量 $\boldsymbol{v}_{b,k^-}$ 于坐标系 k 中的表示，$\boldsymbol{\omega}^{k}_{b,k^-}$ 表示角速度向量 $\boldsymbol{\omega}_{b,k^-}$ 于坐标系 k 中的表示。虽然这种表示法似乎有不必要的复杂，但以下观察可能有助于更容易地解释 $\mathcal{V}_{k^-}$ 和 $\mathcal{V}_{k^+}$。

- 向量 $\mathcal{V}_{k^-}$ 和 $\mathcal{V}_{k^+}$ 中所包含的速度和角速度分别相对于点 k^- 和 k^+。
- $\mathcal{V}_{k^-}$ 中包含的速度和角速度向量的分量相对于固定在点 k^- 的坐标系 k 给出，$\mathcal{V}_{k^+}$ 中包含的速度和角速度向量的分量相对于固定在点 k^+ 的坐标系 $k+1$ 给出。

最后，值得注意的是，$\boldsymbol{\omega}_{b,k^-}$ 和 $\boldsymbol{\omega}_{b,k^+}$ 的记号有点误导人。在一般情况下，在定义 2.9 中，$\boldsymbol{\omega}_{\mathbb{A},\mathbb{B}}$ 表示坐标系 $\mathbb{B}$ 于坐标系 $\mathbb{A}$ 中角速度。因为坐标系 $\mathbb{A}$ 和 $\mathbb{B}$ 常常和一些刚体绑定，

$\boldsymbol{\omega}_{\mathbb{A},\mathbb{B}}$ 经常被表述为刚体 $\mathbb{B}$ 相对于刚体 $\mathbb{A}$ 的角速度。角速度向量 $\boldsymbol{\omega}_{b,k^-}$ 和 $\boldsymbol{\omega}_{b,k^+}$ 表示相对于基座坐标系“包含固定点 k^- 的坐标系”的角速度和“包含固定点 k^+ 的坐标系”的角速度。也即

$$\boldsymbol{\omega}_{b,k^-}=\boldsymbol{\omega}_{b,(k-1)^+}=\boldsymbol{\omega}_{b,k} \quad \text{和} \quad \boldsymbol{\omega}_{b,(k+1)^-}=\boldsymbol{\omega}_{b,k^+}=\boldsymbol{\omega}_{b,k+1}$$

由于这个符号在文献中很常见，所以在 3.4 和 4.8 节描述运动学和动力学的递归公式时将使用这个约定。

3.4.1 速度和角速度的递归计算

定理 3.4 总结了矩阵方程，它可以根据链的顶端到底部的连杆的编号来递归计算速度和角速度。

定理 3.4（速度和角速度递归） 图 3-20 和图 3-21 所示的 N 连杆运动链的速度和角速度 $\{\mathcal{V}_{k^-}\}_{k=1,\cdots,N}$ 满足方程

$$\begin{Bmatrix} \mathcal{V}_{1^-} \\ \mathcal{V}_{2^-} \\ \mathcal{V}_{3^-} \\ \vdots \\ \mathcal{V}_{(N-1)^-} \\ \mathcal{V}_{N^-} \end{Bmatrix} = \begin{bmatrix} 0 & \mathcal{R}_{2,1}^{\mathrm{T}}\varphi_{2,1}^{\mathrm{T}} & 0 & \cdots & 0 & 0 \\ 0 & 0 & \mathcal{R}_{3,2}^{\mathrm{T}}\varphi_{3,2}^{\mathrm{T}} & \cdots & 0 & 0 \\ 0 & 0 & 0 & \cdots & 0 & 0 \\ \vdots & \vdots & \vdots & \ddots & \vdots & \vdots \\ 0 & 0 & 0 & \cdots & 0 & \mathcal{R}_{N-1,N}^{\mathrm{T}}\varphi_{N-1,N}^{\mathrm{T}} \\ 0 & 0 & 0 & \cdots & 0 & 0 \end{bmatrix} \begin{Bmatrix} \mathcal{V}_{1^-} \\ \mathcal{V}_{2^-} \\ \mathcal{V}_{3^-} \\ \vdots \\ \mathcal{V}_{(N-1)^-} \\ \mathcal{V}_{N^-} \end{Bmatrix} + \tag{3.13}$$

$$\begin{bmatrix} \mathcal{H}_1 & 0 & 0 & \cdots & 0 & 0 \\ 0 & \mathcal{H}_2 & 0 & \cdots & 0 & 0 \\ 0 & 0 & \mathcal{H}_3 & \cdots & 0 & 0 \\ \vdots & \vdots & \vdots & \ddots & \vdots & \vdots \\ 0 & 0 & 0 & \cdots & \mathcal{H}_{N-1} & 0 \\ 0 & 0 & 0 & \cdots & 0 & \mathcal{H}_N \end{bmatrix} \begin{Bmatrix} \dot{\theta}_1 \\ \dot{\theta}_2 \\ \dot{\theta}_3 \\ \vdots \\ \dot{\theta}_{N-1} \\ \dot{\theta}_N \end{Bmatrix} \tag{3.14}$$

$\varphi_{k-1,k}^{\mathrm{T}}$ 由式（3.21）给出，$\mathcal{R}_{k-1,k}$ 由式（3.25）给出，$\mathcal{H}_k$ 由式（3.25）给出，其中 $k=1,\cdots,N$。

证明：假设所有关节都是转动关节，由定理 2.17 可以得出

$$\boldsymbol{v}_{b,k^-}=\boldsymbol{v}_{b,k^+} \tag{3.15}$$

$$\boldsymbol{v}_{b,(k-1)^-}=\boldsymbol{v}_{b,k^-}+\boldsymbol{\omega}_{b,k^-}\times\boldsymbol{d}_{k,(k-1)} \tag{3.16}$$

此外，利用定理 2.15 中的角速度加法定理，写出了相邻连杆的角速度

$$\boldsymbol{\omega}_{b,k^-}=\boldsymbol{\omega}_{b,(k-1)^+} \tag{3.17}$$

$$\boldsymbol{\omega}_{b,k^-}=\boldsymbol{\omega}_{b,k^+}+\boldsymbol{h}_k\dot{\theta}_k \tag{3.18}$$

由式（3.18）可知，关节 k 的旋转角度 θ_k 决定了连杆 k 外侧相对于连杆 $k+1$ 内侧的旋转。式（3.15）～式（3.18）为向量方程，可选择计算最方便的基。式（3.16）和式（3.17）可用固定于连杆 k 上的坐标系 k 的基表示

$$\begin{Bmatrix} \boldsymbol{v}_{b,(k-1)^+}^{k} \\ \boldsymbol{\omega}_{b,(k-1)^+}^{k} \end{Bmatrix} = \begin{bmatrix} \mathbb{I} & -\boldsymbol{S}(\boldsymbol{d}_{k,k-1}^{k}) \\ \boldsymbol{0} & \mathbb{I} \end{bmatrix} \begin{Bmatrix} \boldsymbol{v}_{b,k^-}^{k} \\ \boldsymbol{\omega}_{b,k^-}^{k} \end{Bmatrix} = \begin{bmatrix} \mathbb{I} & \boldsymbol{S}(\boldsymbol{d}_{k-1,k}^{k}) \\ \boldsymbol{0} & \mathbb{I} \end{bmatrix} \begin{Bmatrix} \boldsymbol{v}_{b,k^-}^{k} \\ \boldsymbol{\omega}_{b,k^-}^{k} \end{Bmatrix} \tag{3.19}$$

$$=\begin{bmatrix}\mathbb{I} & \boldsymbol{S}(\boldsymbol{d}_{k,k-1}^{k})^{\mathrm{T}}\\ \mathbf{0} & \mathbb{I}\end{bmatrix}\begin{Bmatrix}\boldsymbol{v}_{b,k^-}^{k}\\ \boldsymbol{\omega}_{b,k^-}^{k}\end{Bmatrix} \tag{3.20}$$

其中，$\boldsymbol{S}(\cdot)$ 是第 2 章定义的斜对称算子。回想一下 6×1 的向量 $\mathcal{V}_{k^-}$ 和 $\mathcal{V}_{k^+}$ 被定义为

$$\mathcal{V}_{k^-}:=\begin{Bmatrix}\boldsymbol{v}_{b,k^-}^{k}\\ \boldsymbol{\omega}_{b,k^-}^{k}\end{Bmatrix}\quad \text{和}\quad \mathcal{V}_{(k-1)^+}:=\begin{Bmatrix}\boldsymbol{v}_{b,(k-1)^+}^{k}\\ \boldsymbol{\omega}_{b,(k-1)^+}^{k}\end{Bmatrix}$$

定义转置变换运子 $\varphi_{k,k-1}^{\mathrm{T}}$

$$\varphi_{k,k-1}^{\mathrm{T}}:=\begin{bmatrix}\mathbb{I} & \boldsymbol{S}(\boldsymbol{d}_{k,k-1}^{k})^{\mathrm{T}}\\ \mathbf{0} & \mathbb{I}\end{bmatrix}=\begin{bmatrix}\mathbb{I} & -\boldsymbol{S}(\boldsymbol{d}_{k,k-1}^{k})\\ \mathbf{0} & \mathbb{I}\end{bmatrix}=\begin{bmatrix}\mathbb{I} & \boldsymbol{S}(\boldsymbol{d}_{k-1,k}^{k})\\ \mathbf{0} & \mathbb{I}\end{bmatrix} \tag{3.21}$$

把式（3.19）写成

$$\mathcal{V}_{(k-1)^+}=\varphi_{k,k-1}^{\mathrm{T}}\mathcal{V}_{k^-} \tag{3.22}$$

接下来，将式（3.15）和式（3.18）中的向量方程转换为单个矩阵方程，用它们相对于坐标系 k 或 $k+1$ 的基来表示这些方程。根据惯例，假定 $\mathcal{V}_{k^-}$ 包含相对于在点 k^- 所固定的坐标系的基的分量，也就是 k 坐标系的基。类似地，$\mathcal{V}_{k^-}$ 包含相对于点 k^+ 固定在其中的坐标系的基的分量，也就是 $k+1$ 坐标系的基。由此可见，

$$\begin{Bmatrix}\boldsymbol{v}_{b,k^-}^{k}\\ \boldsymbol{\omega}_{b,k^-}^{k}\end{Bmatrix}=\begin{bmatrix}\boldsymbol{R}_{k+1}^{k} & \mathbf{0}\\ \mathbf{0} & \boldsymbol{R}_{k+1}^{k}\end{bmatrix}\begin{Bmatrix}\boldsymbol{v}_{b,k^+}^{k+1}\\ \boldsymbol{\omega}_{b,k^+}^{k+1}\end{Bmatrix}+\begin{Bmatrix}\mathbf{0}\\ \boldsymbol{h}_{k}^{k}\end{Bmatrix}\dot{\theta}_k \tag{3.23}$$

这个方程可以写成以下形式

$$\mathcal{V}_{k^-}=\mathcal{R}_{k,k+1}\mathcal{V}_{k^+}+\mathcal{H}_k\dot{\theta}_k \tag{3.24}$$

通过引入符号

$$\mathcal{H}_k:=\begin{Bmatrix}\mathbf{0}\\ \boldsymbol{h}_{k}^{k}\end{Bmatrix}\quad \text{和}\quad \mathcal{R}_{k,k+1}:=\begin{bmatrix}\boldsymbol{R}_{k+1}^{k} & \mathbf{0}\\ \mathbf{0} & \boldsymbol{R}_{k+1}^{k}\end{bmatrix} \tag{3.25}$$

$\mathcal{R}_{k,k+1}$ 是一个旋转矩阵：满足方程 $\mathcal{R}_{k,k+1}=\mathcal{R}_{k,k+1}^{\mathrm{T}}$ 因为其组成子矩阵 $\boldsymbol{R}_{k,k+1}$ 是旋转矩阵。可将式（3.22）和式（3.24）合并得到

$$\mathcal{V}_{k^-}=\mathcal{R}_{k,k+1}\varphi_{k+1,k}^{\mathrm{T}}\mathcal{V}_{(k+1)^-}+\mathcal{H}_k\dot{\theta}_k \tag{3.26}$$

也可以写成

$$\mathcal{V}_{k^-}=\phi_{k,k-1}^{\mathrm{T}}\mathcal{V}_{(k+1)^-}+\mathcal{H}_k\dot{\theta}_k$$

如果 $\phi_{k,k-1}^{\mathrm{T}}$ 被定义为

$$\phi_{k,k-1}^{\mathrm{T}}=\mathcal{R}_{k+1,k}^{\mathrm{T}}\varphi_{k+1,k}^{\mathrm{T}} \tag{3.27}$$

式（3.13）是当式（3.26）的矩阵表示形式，$k=1$，…，N。假设定理中 $\mathcal{V}_{(N+1)^-}=\mathbf{0}$，则可以进行递推运算。■

式（3.13）的结构为求解运动链中的速度和角速度提供了递推算法。假设给定了运动链中每个关节的角速率 $\dot{\theta}_1$，$\dot{\theta}_2$，…，$\dot{\theta}_N$。根据式（3.13），$\mathcal{V}_{N^-}$ 可以从最后一行计算为

$$\mathcal{V}_{N^-}=\mathcal{H}_N\dot{\theta}_N$$

接下来，从（$N-1$）行起，$\mathcal{V}_{(N-1)^-}$ 可计算为

$$\mathcal{V}_{(N-1)^-}=\phi_{N-1,N}^{\mathrm{T}}\mathcal{V}_{N^-}+\mathcal{H}_{N-1}\dot{\theta}_{N-1}=\phi_{N-1,N}^{\mathrm{T}}\mathcal{H}_N\dot{\theta}_N+\mathcal{H}_{N-1}\dot{\theta}_{N-1}$$

继续这个过程，从内侧关节到外侧关节，为运动链中的所有速度和角速度提供了一个解决方案。图 3-22 总结了这些步骤。

3.4.2　效率和计算成本

在实际应用中，不需要形成如式（3.13）所示的整个矩阵。递归算法可以用于符号计算和数值计算。它是高效和快速的。为了从总体上评估上述算法的效率，我们将回顾线性代数中一些经典任务的标准计算量。计算工作的一个通用单位是浮点运算（floating point operation），它被定义为执行两个实数相乘和两个实数相加所需的计算工作。假设 $c(N)$ 是给定算法的计算代价，以浮点运算次数（flop）为单位度量。一个算法要求函数 $f(N)$ 或 $O(f(N))$的阶数，浮点运算恒成立。

$$\lim_{N\to\infty}\frac{c(N)}{f(N)}=\text{constant} \tag{3.28}$$

1）从 N，…，1 对运动链的连杆和关节从基座到末端进行编号。

2）将单位向量 $\boldsymbol{h}_k$ 赋给 $k=1$，…，N 的关节自由度。

3）定义相对位置向量 $\boldsymbol{d}_{k,k+1}$，$k=1$，…，$N-1$

4）从内侧关节到外侧关节进行迭代，$k=N$，$N-1$，…，2，1

　4.1）形成转置变换算子

$$\phi_{k,k-1}^{\mathrm{T}}=\mathcal{R}_{k+1,k}^{\mathrm{T}}\varphi_{k+1,k}^{\mathrm{T}}$$

　4.2）计算速度和角速度

$$\mathcal{V}_{k^-}=\phi_{k,k-1}^{\mathrm{T}}\mathcal{V}_{(k+1)^-}+\mathcal{H}_k\dot{\theta}_k$$

图 3-22　速度和角速度递归算法

对于许多常见的数值问题，函数 $f(N)$ 是 N 的多项式。例如，很容易看出两个 N 元组的点积需要 N 次浮点运算。一般全 $N\times N$ 矩阵乘以 N 元组需要 N^2 次浮点运算。相比之下，一组 N 个线性矩阵方程的解需要在相关系数矩阵满秩时进行 N^3 次浮点运算。在文献［18］中可以找到关于计算工作量的更多讨论，以及各种常用数值算法的成本说明。

这个描述给出了关于 N 变大时算法的渐近代价的信息。当对计算工作量进行更精细的比较时，该常量的值很有意义。上面的递归算法需要 N 个浮点运算。换句话说，计算成本就像未知数数量的线性函数一样增长。该算法是机器人系统运动学和动力学递归 $O(N)$ 公式（recursive $O(N)$ formulation）的几种变体之一。在涉及机器人系统控制的应用中，与要求全矩阵乘法或全矩阵求逆的替代方案相比，通过递归 $O(N)$ 公式减少计算工作量是至关重要的。这一主题将在第 4 章中进一步详细讨论。

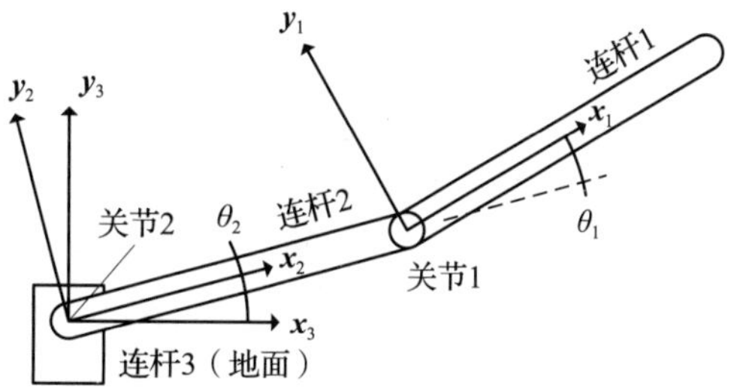

图 3-23　两连杆机械臂

例 3.6 利用图 3-23 中总结的递推公式，计算出图 3-23 中两连杆机器人的速度和角速度，连杆长度为 L。

解： 如图 3-23 所示，对应于与坐标系 1、2、3 的基的旋转矩阵为

$$\begin{Bmatrix}\boldsymbol{x}_1\\\boldsymbol{y}_1\\\boldsymbol{z}_1\end{Bmatrix}=\underbrace{\begin{bmatrix}\cos\theta_1 & \sin\theta_1 & 0\\-\sin\theta_1 & \cos\theta_1 & 0\\0 & 0 & 1\end{bmatrix}}_{\boldsymbol{R}_2^1}\begin{Bmatrix}\boldsymbol{x}_2\\\boldsymbol{y}_2\\\boldsymbol{z}_2\end{Bmatrix}\quad 和 \quad \begin{Bmatrix}\boldsymbol{x}_2\\\boldsymbol{y}_2\\\boldsymbol{z}_2\end{Bmatrix}=\underbrace{\begin{bmatrix}\cos\theta_2 & \sin\theta_2 & 0\\-\sin\theta_2 & \cos\theta_2 & 0\\0 & 0 & 1\end{bmatrix}}_{\boldsymbol{R}_3^2}\begin{Bmatrix}\boldsymbol{x}_3\\\boldsymbol{y}_3\\\boldsymbol{z}_3\end{Bmatrix}$$

因为所有的旋转关节都沿着共同的 $\boldsymbol{z}_1=\boldsymbol{z}_2=\boldsymbol{z}_3$ 轴，

$$\boldsymbol{h}_1^1=\begin{Bmatrix}0\\0\\1\end{Bmatrix} \quad 和 \quad \mathcal{H}_1:=\begin{Bmatrix}\mathbf{0}\\\boldsymbol{h}_1^1\end{Bmatrix}=\begin{Bmatrix}\begin{Bmatrix}0\\0\\0\end{Bmatrix}\\\begin{Bmatrix}0\\0\\1\end{Bmatrix}\end{Bmatrix}$$

$$\boldsymbol{h}_2^2=\begin{Bmatrix}0\\0\\1\end{Bmatrix} \quad 和 \quad \mathcal{H}_2:=\begin{Bmatrix}\mathbf{0}\\\boldsymbol{h}_2^2\end{Bmatrix}=\begin{Bmatrix}\begin{Bmatrix}0\\0\\0\end{Bmatrix}\\\begin{Bmatrix}0\\0\\1\end{Bmatrix}\end{Bmatrix}$$

通过观察可得到描述关节相对位置的偏移向量为

$$\boldsymbol{d}_{2,1}^2=\begin{Bmatrix}L\\0\\0\end{Bmatrix} \quad 和 \quad \boldsymbol{d}_{3,2}^3=\begin{Bmatrix}0\\0\\0\end{Bmatrix}$$

这些定义有助于递归方程构造组成矩阵。以下给出转置变换算子 $\varphi_{2,1}^{\mathrm{T}}$ 和旋转矩阵 $\mathcal{R}_{2,1}^{\mathrm{T}}$

$$\varphi_{2,1}^{\mathrm{T}}=\begin{bmatrix}\mathbb{I} & \boldsymbol{S}(\boldsymbol{d}_{1,2}^2)\\\mathbf{0} & \mathbb{I}\end{bmatrix}=\begin{bmatrix}\begin{bmatrix}1&0&0\\0&1&0\\0&0&1\end{bmatrix} & \begin{bmatrix}0&0&0\\0&0&L\\0&-L&0\end{bmatrix}\\\begin{bmatrix}0&0&0\\0&0&0\\0&0&0\end{bmatrix} & \begin{bmatrix}1&0&0\\0&1&0\\0&0&1\end{bmatrix}\end{bmatrix}$$

$$\mathcal{R}_{2,1}^{\mathrm{T}}=\begin{bmatrix}(\boldsymbol{R}_1^2)^{\mathrm{T}} & 0\\0 & (\boldsymbol{R}_1^2)^{\mathrm{T}}\end{bmatrix}=\begin{bmatrix}\boldsymbol{R}_2^1 & 0\\0 & \boldsymbol{R}_2^1\end{bmatrix}=\begin{bmatrix}\begin{bmatrix}\cos\theta_1&\sin\theta_1&0\\-\sin\theta_1&\cos\theta_1&0\\0&0&1\end{bmatrix} & \begin{bmatrix}0&0&0\\0&0&0\\0&0&0\end{bmatrix}\\\begin{bmatrix}0&0&0\\0&0&0\\0&0&0\end{bmatrix} & \begin{bmatrix}\cos\theta_1&\sin\theta_1&0\\-\sin\theta_1&\cos\theta_1&0\\0&0&1\end{bmatrix}\end{bmatrix}$$

对于所示的两连杆系统，$N=2$。得到的速度的递归方程是

$$\begin{Bmatrix}\mathcal{V}_{1^-}\\\mathcal{V}_{2^-}\end{Bmatrix}=\begin{bmatrix}\mathbf{0} & \mathcal{R}_{2,1}^{\mathrm{T}}\varphi_{2,1}^{\mathrm{T}}\\\mathbf{0} & \mathbf{0}\end{bmatrix}\begin{Bmatrix}\mathcal{V}_{1^-}\\\mathcal{V}_{2^-}\end{Bmatrix}+\begin{bmatrix}\mathcal{H}_1 & 0\\0 & \mathcal{H}_2\end{bmatrix}\begin{Bmatrix}\dot{\theta}_1\\\dot{\theta}_2\end{Bmatrix} \tag{3.29}$$

从上面这组方程的第二行，可以看到

$$\mathcal{V}_{2^-}=\begin{Bmatrix}0\\0\\0\\0\\0\\1\end{Bmatrix}\dot{\theta}_2$$

同样，可以写出 $\varphi_{2,1}^{\mathrm{T}}\mathcal{V}_{2^-}$ 和 $\mathcal{R}_{2,1}^{\mathrm{T}}\varphi_{2,1}^{\mathrm{T}}\mathcal{V}_{2^-}$ 的表达式

$$\varphi_{2,1}^{\mathrm{T}}\mathcal{V}_{2^-}=\begin{Bmatrix}0\\L\\0\\0\\0\\1\end{Bmatrix}\dot{\theta}_2 \quad 和 \quad \mathcal{R}_{2,1}^{\mathrm{T}}\varphi_{2,1}^{\mathrm{T}}\mathcal{V}_{2^-}=\begin{Bmatrix}L\sin\theta_1\\L\cos\theta_1\\0\\0\\0\\1\end{Bmatrix}\dot{\theta}_2$$

用这个表达式，可以计算出速度和角速度向量 $\mathcal{V}_{1^-}$

$$\mathcal{V}_{1^-}=\begin{Bmatrix}L\dot{\theta}_2\sin\theta_1\\L\dot{\theta}_2\cos\theta_1\\0\\0\\0\\\dot{\theta}_2\end{Bmatrix}+\begin{Bmatrix}0\\0\\0\\0\\0\\1\end{Bmatrix}\dot{\theta}_1=\begin{Bmatrix}L\dot{\theta}_2\sin\theta_1\\L\dot{\theta}_2\cos\theta_1\\0\\0\\0\\\dot{\theta}_1+\dot{\theta}_2\end{Bmatrix}$$

在这个例子中，这些计算可以很容易地在几何上得到验证。关节 2 在地面坐标系中不运动，因此，$\boldsymbol{v}_{3,2^-}=0$ 和 $\boldsymbol{\omega}_{3,2^-}=\dot{\theta}\boldsymbol{z}_2$ 可以导出

$$\mathcal{V}_{2^-}=\begin{Bmatrix}\boldsymbol{v}_{3,2^-}^{2}\\\boldsymbol{\omega}_{3,2^-}^{2}\end{Bmatrix}=\begin{Bmatrix}\begin{Bmatrix}0\\0\\0\end{Bmatrix}\\\begin{Bmatrix}0\\0\\\dot{\theta}_2\end{Bmatrix}\end{Bmatrix}$$

它与从矩阵方程最后一行导出的式（3.29）的解相匹配。

由定理 2.16 可知，关节 1 的速度为

$$\boldsymbol{v}_{3,1^-}=\underbrace{\boldsymbol{v}_{3,2^-}}_{0}+\boldsymbol{\omega}_{3,2^-}\times L\boldsymbol{x}_2=L\dot{\theta}_2\boldsymbol{y}_2$$

利用旋转矩阵 $\boldsymbol{R}_2^1$ 计算出对应于坐标系 1 的速度

$$\boldsymbol{v}_{3,1^-}^{1}=L\dot{\theta}_2\begin{Bmatrix}\sin\theta_1\\\cos\theta_1\\0\end{Bmatrix}$$

由附加的定理 2.15 可知，连杆 1 的角速度为

$$\boldsymbol{\omega}_{3,1^-}=\dot{\theta}_2\boldsymbol{z}_2+\dot{\theta}_1\boldsymbol{z}_1=(\dot{\theta}_1+\dot{\theta}_2)\boldsymbol{z}_1$$

将它于坐标系 1 中表示为

$$\boldsymbol{\omega}_{3,1^-}^{1}=\begin{Bmatrix}0\\0\\\dot{\theta}_1+\dot{\theta}_2\end{Bmatrix}$$

把这两个表达式带进 $\mathcal{V}_{1^-}$ 可以得到

$$\mathcal{V}_{1^-}=\begin{Bmatrix}\boldsymbol{v}^1_{3,1^-}\\ \boldsymbol{\omega}^1_{3,1^-}\end{Bmatrix}=\begin{Bmatrix}\begin{Bmatrix}L\dot{\theta}_2\sin\theta_1\\ L\dot{\theta}_2\cos\theta_1\\ 0\end{Bmatrix}\\ \begin{Bmatrix}0\\ 0\\ \dot{\theta}_1+\dot{\theta}_2\end{Bmatrix}\end{Bmatrix}$$

它与式（3.29）中与第一个连杆相关联的向量 $\mathcal{V}_{1^-}$ 的解相匹配。◀

3.4.3　加速度和角加速度的递归计算

本节推导了用于计算构成运动链的机器人中连杆的加速度和角加速度的递归算法。在3.4.1节中，速度和角速度是在 6×1 的矩阵中表示

$$\mathcal{V}_{k^-}:=\begin{Bmatrix}\boldsymbol{v}^k_{b,k^-}\\ \boldsymbol{\omega}^k_{b,k^-}\end{Bmatrix}\quad 和\quad \mathcal{V}_{k^+}:=\begin{Bmatrix}\boldsymbol{v}^{k+1}_{b,k^+}\\ \boldsymbol{\omega}^{k+1}_{b,k^+}\end{Bmatrix}$$

在这一节中，连杆坐标系 k 中速度的导数将作为递归公式中的未知数

$$\mathcal{A}_{k^-}:=\begin{Bmatrix}\left.\dfrac{\mathrm{d}}{\mathrm{d}t}\right|_k\boldsymbol{v}_{b,k^-}\\ \left.\dfrac{\mathrm{d}}{\mathrm{d}t}\right|_k\boldsymbol{\omega}_{b,k^-}\end{Bmatrix}\quad 和\quad \mathcal{A}_{k^+}:=\begin{Bmatrix}\left.\dfrac{\mathrm{d}}{\mathrm{d}t}\right|_{k+1}\boldsymbol{v}_{b,k^+}\\ \left.\dfrac{\mathrm{d}}{\mathrm{d}t}\right|_{k+1}\boldsymbol{\omega}_{b,k^+}\end{Bmatrix}$$

假设向量 $\mathcal{A}_{k^-}$ 和 $\mathcal{A}_{k^+}$ 已经分别用坐标系 k 和 $k+1$ 的基来表示。符号 $(\cdot)^k$ 和 $(\cdot)^{k+1}$ 表示是在对应的坐标系中。

向量 $\mathcal{A}_{k^-}$ 和 $\mathcal{A}_{k^+}$ 中不包含点 k^- 和 k^+ 相对于基座坐标系的线性加速度 $\boldsymbol{a}_{b,k^-}$ 和 $\boldsymbol{a}_{b,k^+}$。在大多数应用通常使用的是相对于基座坐标系的加速度 $\boldsymbol{a}_{b,k^-}$ 和 $\boldsymbol{a}_{b,k^+}$，而不是相对于连杆坐标系。然而，可以利用 $\mathcal{A}_{k^-}$ 和 $\mathcal{A}_{k^+}$ 计算出在基座坐标系中的线性加速度。根据定理2.12可以得出

$$\boldsymbol{a}_{b,k^-}=\left.\frac{\mathrm{d}}{\mathrm{d}t}\right|_b\boldsymbol{v}_{b,k^-}=\left.\frac{\mathrm{d}}{\mathrm{d}t}\right|_k\boldsymbol{v}_{b,k^-}+\boldsymbol{\omega}_{b,k^-}\times\boldsymbol{v}_{b,k^-}$$

$$\boldsymbol{a}_{b,k^+}=\left.\frac{\mathrm{d}}{\mathrm{d}t}\right|_b\boldsymbol{v}_{b,k^+}=\left.\frac{\mathrm{d}}{\mathrm{d}t}\right|_{k+1}\boldsymbol{v}_{b,k^+}+\boldsymbol{\omega}_{b,k^+}\times\boldsymbol{v}_{b,k^+}$$

然而，向量 $\mathcal{A}_{k^-}$ 和 $\mathcal{A}_{k^+}$ 包括连杆 k 和 $k+1$ 在基座坐标系下的角加速度，定义为

$$\boldsymbol{\alpha}_{b,k^-}=\left.\frac{\mathrm{d}}{\mathrm{d}t}\right|_b\boldsymbol{\omega}_{b,k^-}=\left.\frac{\mathrm{d}}{\mathrm{d}t}\right|_k\boldsymbol{\omega}_{b,k^-}k+\underbrace{\boldsymbol{\omega}_{b,k^-}\times\boldsymbol{\omega}_{b,k^-}}_{0}$$

$$\boldsymbol{\alpha}_{b,k^+}=\left.\frac{\mathrm{d}}{\mathrm{d}t}\right|_b\boldsymbol{\omega}_{b,k^+}=\left.\frac{\mathrm{d}}{\mathrm{d}t}\right|_{k+1}\boldsymbol{\omega}_{b,k^+}+\underbrace{\boldsymbol{\omega}_{b,k^+}\times\boldsymbol{\omega}_{b,k^+}}_{0}$$

一旦速度的导数已知，这些计算可以表示为成一对 6×1 的向量

$$\begin{Bmatrix}\boldsymbol{a}^k_{b,k^-}\\ \boldsymbol{\alpha}^k_{b,k^-}\end{Bmatrix}=\mathcal{A}_{k^-}+\begin{Bmatrix}\boldsymbol{\omega}^k_{b,k^-}\times\boldsymbol{v}^k_{b,k^-}\\ \mathbf{0}\end{Bmatrix}$$

$$\begin{Bmatrix}\boldsymbol{a}^{k+1}_{b,k^+}\\ \boldsymbol{\alpha}^{k+1}_{b,k^+}\end{Bmatrix}=\mathcal{A}_{k^+}+\begin{Bmatrix}\boldsymbol{\omega}^{k+1}_{b,k^+}\times\boldsymbol{v}^{k+1}_{b,k^+}\\ \mathbf{0}\end{Bmatrix}$$

对于运动链的速度和角速度的导数，可以得到一组类似于定理 3.4 中的矩阵方程。这些算法可以用定理 3.5 中给出的矩阵方程推导出来。

定理 3.5（递归速度和角速度导数） 图 3-20 和图 3-21 所示的 N 连杆运动链的速度导数 $\{\mathcal{A}_{k^-}\}_{k=1,\cdots,N}$ 满足该方程

$$\begin{Bmatrix} \mathcal{A}_{1^-} \\ \mathcal{A}_{2^-} \\ \mathcal{A}_{3^-} \\ \vdots \\ \mathcal{A}_{N-1^-} \\ \mathcal{A}_{N^-} \end{Bmatrix} = \begin{bmatrix} 0 & \mathcal{R}_{2,1}^{\mathrm{T}}\varphi_{2,1}^{\mathrm{T}} & 0 & \cdots & 0 & 0 \\ 0 & 0 & \mathcal{R}_{3,2}^{\mathrm{T}}\varphi_{3,2}^{\mathrm{T}} & \cdots & 0 & 0 \\ \vdots & \vdots & \vdots & \ddots & \vdots & \vdots \\ 0 & 0 & 0 & \cdots & 0 & \mathcal{R}_{N,N-1}^{\mathrm{T}}\varphi_{N,N-1}^{\mathrm{T}} \\ 0 & 0 & 0 & \cdots & 0 & 0 \end{bmatrix} \begin{Bmatrix} \mathcal{A}_{1^-} \\ \mathcal{A}_{2^-} \\ \mathcal{A}_{3^-} \\ \vdots \\ \mathcal{A}_{N-1^-} \\ \mathcal{A}_{N^-} \end{Bmatrix} + \tag{3.30}$$

$$\begin{bmatrix} \mathcal{H}_1 & 0 & 0 & \cdots & 0 & 0 \\ 0 & \mathcal{H}_2 & 0 & \cdots & 0 & 0 \\ 0 & 0 & \mathcal{H}_3 & \cdots & 0 & 0 \\ \vdots & \vdots & \vdots & \ddots & \vdots & \vdots \\ 0 & 0 & 0 & \cdots & \mathcal{H}_{N-1} & 0 \\ 0 & 0 & 0 & \cdots & 0 & \mathcal{H}_N \end{bmatrix} \begin{Bmatrix} \ddot{\theta}_1 \\ \ddot{\theta}_2 \\ \ddot{\theta}_3 \\ \vdots \\ \ddot{\theta}_{N-1} \\ \ddot{\theta}_N \end{Bmatrix} + \begin{Bmatrix} \mathcal{N}_1 \\ \mathcal{N}_2 \\ \mathcal{N}_3 \\ \vdots \\ \mathcal{N}_{N-1} \\ \mathcal{N}_N \end{Bmatrix} \tag{3.31}$$

其中，$\varphi_{k,k-1}^{\mathrm{T}}$ 在式（3.21）中给出，$\mathcal{R}_{k-1,k}$ 在式（3.25）中给出，$\mathcal{H}_k$ 在式（3.25）中给出，$\mathcal{N}_k$ 在式（3.41）中给出。

证明： 在保持坐标系 k 的基为常数时速度导数为

$$\boldsymbol{v}_{b,(k-1)^+} = \boldsymbol{v}_{b,k^-} + \boldsymbol{\omega}_{b,k^-} \times \boldsymbol{d}_{k,k-1} \tag{3.32}$$

等价于

$$\begin{aligned} \left.\frac{\mathrm{d}}{\mathrm{d}t}\right|_k \boldsymbol{v}_{b,(k-1)^+} &= \left.\frac{\mathrm{d}}{\mathrm{d}t}\right|_k \boldsymbol{v}_{b,k^-} + \left.\frac{\mathrm{d}}{\mathrm{d}t}\right|_k \boldsymbol{\omega}_{b,k^-} \times \boldsymbol{d}_{k,k-1} \\ &= \left.\frac{\mathrm{d}}{\mathrm{d}t}\right|_k \boldsymbol{v}_{b,k^-} - \boldsymbol{d}_{k,k-1} \times \left.\frac{\mathrm{d}}{\mathrm{d}t}\right|_k \boldsymbol{\omega}_{b,k^-} + \boldsymbol{\omega}_{b,k^-} \times \underbrace{\left.\frac{\mathrm{d}}{\mathrm{d}t}\right|_k (\boldsymbol{d}_{k,k-1})}_{0} \end{aligned} \tag{3.33}$$

类似的计算，从角速度开始

$$\boldsymbol{\omega}_{b,k^-} = \boldsymbol{\omega}_{b,k^+} + \boldsymbol{\omega}_{k^+,k^-} = \boldsymbol{\omega}_{b,k^+} + \boldsymbol{\omega}_{k+1,k} = \boldsymbol{\omega}_{b,k^+} + \boldsymbol{h}_k\dot{\theta}_k \tag{3.34}$$

产生

$$\left.\frac{\mathrm{d}}{\mathrm{d}t}\right|_k \boldsymbol{\omega}_{b,k^-} = \left.\frac{\mathrm{d}}{\mathrm{d}t}\right|_k \boldsymbol{\omega}_{b,k^+} + \left.\frac{\mathrm{d}}{\mathrm{d}t}\right|_k \boldsymbol{h}_k\dot{\theta}_k \tag{3.35}$$

最后一个方程需要递归形式。式（3.35）的右侧的微分$\left.\frac{\mathrm{d}}{\mathrm{d}t}\right|_k \boldsymbol{\omega}_{b,k^+}$需要替换为$\left.\frac{\mathrm{d}}{\mathrm{d}t}\right|_{k+1} \boldsymbol{\omega}_{b,k^+}$。这两个导数可以由下面的表达式联系起来

$$\left.\frac{\mathrm{d}}{\mathrm{d}t}\right|_k (\boldsymbol{\omega}_{b,k^+}) = \left.\frac{\mathrm{d}}{\mathrm{d}t}\right|_{k+1} (\boldsymbol{\omega}_{b,k^+}) + \boldsymbol{\omega}_{k,k+1} \times \boldsymbol{\omega}_{b,k^+} = \left.\frac{\mathrm{d}}{\mathrm{d}t}\right|_{k+1} (\boldsymbol{\omega}_{b,k^+}) + (-\boldsymbol{h}_k\dot{\theta}_k) \times \boldsymbol{\omega}_{b,k^+} \tag{3.36}$$

结合式（3.34）和式（3.36）得出

$$\left.\frac{\mathrm{d}}{\mathrm{d}t}\right|_k (\boldsymbol{\omega}_{b,k^-}) = \left.\frac{\mathrm{d}}{\mathrm{d}t}\right|_{k+1} (\boldsymbol{\omega}_{b,k^+}) + \boldsymbol{h}_k\ddot{\theta}_k + (-\boldsymbol{h}_k\dot{\theta}_k) \times (\boldsymbol{\omega}_{b,k^-} - \boldsymbol{h}_k\dot{\theta}_k)$$

$$=\left.\frac{\mathrm{d}}{\mathrm{d}t}\right|_{k+1}\boldsymbol{\omega}_{b,k^+}+\boldsymbol{h}_k\ddot{\theta}_k+(-\boldsymbol{h}_k\dot{\theta}_k)\times\boldsymbol{\omega}_{b,k^-} \tag{3.37}$$

式（3.32）～式（3.37）均为向量方程；可以使用任何方便的基来表示这些方程中的向量。根据递归公式的惯例，坐标系 k 的基用来标记为 $(k-1)^+$ 或 k^- 的项。这也意味着坐标系 $k+1$ 用来标记 k^+。将式（3.33）和式（3.37）组合得到

$$\left\{\begin{array}{c}\left.\frac{\mathrm{d}}{\mathrm{d}t}\right|_k\boldsymbol{v}_{b,(k-1)^+}\\ \left.\frac{\mathrm{d}}{\mathrm{d}t}\right|_k\boldsymbol{\omega}_{b,(k-1)^+}\end{array}\right\}=\begin{bmatrix}\mathbb{I} & -\boldsymbol{S}(\boldsymbol{d}_{k,k-1}^k)\\ 0 & \mathbb{I}\end{bmatrix}\left\{\begin{array}{c}\left.\frac{\mathrm{d}}{\mathrm{d}t}\right|_k\boldsymbol{v}_{b,k^-}\\ \left.\frac{\mathrm{d}}{\mathrm{d}t}\right|_k\boldsymbol{\omega}_{b,k^-}\end{array}\right\} \tag{3.38}$$

引入向量 $\mathcal{A}_{(k-1)^+}$ 和 $\mathcal{A}_{k^-}$ 可得

$$\mathcal{A}_{(k-1)^+}=\left\{\begin{array}{c}\left.\frac{\mathrm{d}}{\mathrm{d}t}\right|_k\boldsymbol{v}_{b,(k-1)^+}\\ \left.\frac{\mathrm{d}}{\mathrm{d}t}\right|_k\boldsymbol{\omega}_{b,(k-1)^+}\end{array}\right\}\quad 和\quad \mathcal{A}_{k^-}=\left\{\begin{array}{c}\left.\frac{\mathrm{d}}{\mathrm{d}t}\right|_k\boldsymbol{v}_{b,k^-}\\ \left.\frac{\mathrm{d}}{\mathrm{d}t}\right|_k\boldsymbol{\omega}_{b,k^-}\end{array}\right\}$$

这个方程变成

$$\mathcal{A}_{(k-1)^+}=\varphi_{k,k-1}^{\mathrm{T}}\mathcal{A}_{k^-} \tag{3.39}$$

和向量 $\mathcal{A}_{(k-1)^+}$ 和 $\mathcal{A}_{k^-}$ 相关的方程都需要求导

$$\left.\frac{\mathrm{d}}{\mathrm{d}t}\right|_k(\boldsymbol{v}_{b,k^-})=\left.\frac{\mathrm{d}}{\mathrm{d}t}\right|_k(\boldsymbol{v}_{b,k^+})=\left.\frac{\mathrm{d}}{\mathrm{d}t}\right|_{k+1}(\boldsymbol{v}_{b,k^+})+\boldsymbol{\omega}_{k,k+1}\times\boldsymbol{v}_{b,k^+}$$

$$=\left.\frac{\mathrm{d}}{\mathrm{d}t}\right|_{k+1}(\boldsymbol{v}_{b,k^+})+(-\boldsymbol{h}_k\dot{\theta}_k)\times\boldsymbol{v}_{b,k^+} \tag{3.40}$$

可将式（3.37）和式（3.40）合并得到

$$\left\{\begin{array}{c}\left.\frac{\mathrm{d}}{\mathrm{d}t}\right|_k\boldsymbol{v}_{b,k^-}\\ \left.\frac{\mathrm{d}}{\mathrm{d}t}\right|_k\boldsymbol{\omega}_{b,k^-}\end{array}\right\}=\begin{bmatrix}\boldsymbol{R}_{k+1}^k & \boldsymbol{0}\\ \boldsymbol{0} & \boldsymbol{R}_{k+1}^k\end{bmatrix}\left\{\begin{array}{c}\left.\frac{\mathrm{d}}{\mathrm{d}t}\right|_{k+1}\boldsymbol{v}_{b,k^+}\\ \left.\frac{\mathrm{d}}{\mathrm{d}t}\right|_{k+1}\boldsymbol{\omega}_{b,k^+}\end{array}\right\}+\left\{\begin{array}{c}\boldsymbol{0}\\ \boldsymbol{h}_k^k\end{array}\right\}\ddot{\theta}_k+\left\{\begin{array}{c}-\boldsymbol{h}_k^k\dot{\theta}_k\times\boldsymbol{v}_{b,k^+}\\ -\boldsymbol{h}_k^k\dot{\theta}_k\times\boldsymbol{\omega}_{b,k^-}\end{array}\right\}$$

可以写成紧凑的矩阵形式

$$\mathcal{A}_{k^-}=\mathcal{R}_{k,k+1}\mathcal{A}_{k^+}+\mathcal{H}_k\ddot{\theta}_k+\mathcal{N}_k$$

其中

$$\mathcal{N}_k=\left\{\begin{array}{c}-\boldsymbol{h}_k^k\dot{\theta}_k\times\boldsymbol{v}_{b,k^+}^k\\ -\boldsymbol{h}_k^k\dot{\theta}_k\times\boldsymbol{\omega}_{b,k^+}^k\end{array}\right\}=\left\{\begin{array}{c}-\boldsymbol{h}_k^k\dot{\theta}_k\times\boldsymbol{v}_{b,k^-}^k\\ -\boldsymbol{h}_k^k\dot{\theta}_k\times\boldsymbol{\omega}_{b,k^-}^k\end{array}\right\}=\begin{bmatrix}-\boldsymbol{S}(\boldsymbol{h}_k^k\dot{\theta}_k) & \boldsymbol{0}\\ \boldsymbol{0} & -\boldsymbol{S}(\boldsymbol{h}_k^k\dot{\theta}_k)\end{bmatrix}\mathcal{V}_{k^-} \tag{3.41}$$

可将式（3.39）和式（3.41）合并得到

$$\mathcal{A}_{k^-}=\mathcal{R}_{k+1,k}^{\mathrm{T}}\varphi_{k+1,k}^{\mathrm{T}}\mathcal{A}_{(k+1)^-}+\mathcal{H}_k\ddot{\theta}_k+\mathcal{N}_k$$

或等效的

$$\mathcal{A}_{k^-}=\phi_{k+1,k}^{\mathrm{T}}\mathcal{A}_{(k+1)^-}+\mathcal{H}_k\ddot{\theta}_k+\mathcal{N}_k \tag{3.42}$$

式（3.30）表示各关节 $k=1$，…，N 时，式（3.42）为矩阵形式。最后，速度和角速度的导数一旦计算出来，基坐标系中连杆的加速度和角加速度可由下列恒等式确定，

$$\boldsymbol{a}_{b,k^-}=\left.\frac{\mathrm{d}}{\mathrm{d}t}\right|_b\boldsymbol{v}_{b,k^-}=\left.\frac{\mathrm{d}}{\mathrm{d}t}\right|_k\boldsymbol{v}_{b,k^-}+\boldsymbol{\omega}_{b,k}\times\boldsymbol{v}_{b,k^-}$$

$$\boldsymbol{\alpha}_{b,k^-}=\left.\frac{\mathrm{d}}{\mathrm{d}t}\right|_b\boldsymbol{\omega}_{b,k^-}=\left.\frac{\mathrm{d}}{\mathrm{d}t}\right|_k\boldsymbol{\omega}_{b,k^-}+\boldsymbol{\omega}_{b,k^-}\times\boldsymbol{\omega}_{b,k^-}=\left.\frac{\mathrm{d}}{\mathrm{d}t}\right|_k\boldsymbol{\omega}_{b,k^-}$$ ■

需要注意的是系数矩阵

$$\begin{bmatrix} 0 & \mathcal{R}_{2,1}^{\mathrm{T}}\varphi_{2,1}^{\mathrm{T}} & 0 & \cdots & 0 & 0 \\ 0 & 0 & \mathcal{R}_{3,2}^{\mathrm{T}}\varphi_{3,2}^{\mathrm{T}} & \cdots & 0 & 0 \\ 0 & 0 & 0 & \cdots & 0 & 0 \\ \vdots & \vdots & \vdots & \ddots & \vdots & \vdots \\ 0 & 0 & 0 & \cdots & 0 & \mathcal{R}_{N,N-1}^{\mathrm{T}}\varphi_{N,N-1}^{\mathrm{T}} \\ 0 & 0 & 0 & \cdots & 0 & 0 \end{bmatrix} \tag{3.43}$$

式（3.43）的右侧与式（3.13）相同。这个矩阵的结构使速度导数的递归计算成为可能。假设关节速度 $\dot{\theta}_1$，$\dot{\theta}_2$，…，$\dot{\theta}_N$ 和加速度 $\ddot{\theta}_1$，$\ddot{\theta}_2$，…，$\ddot{\theta}_N$ 已给定；运动链关联的速度和角速度可由图 3-21 中的递归算法计算。然后，利用这些结果，可以计算速度的导数。式（3.30）的最后一行不依赖于其他行，使得方程可以求解 $\mathcal{A}_{N^-}=\mathcal{H}_N\ddot{\theta}_N+\mathcal{N}_N$。

方程右边的所有项都是已知的。例如，方程

$$\mathcal{N}_N=\begin{Bmatrix} -\boldsymbol{h}_N^N\dot{\theta}_N\times\boldsymbol{v}_{b,N^+} \\ -\boldsymbol{h}_N^N\dot{\theta}_n\times\boldsymbol{\omega}_{b,N^+} \end{Bmatrix}=\begin{bmatrix} -\boldsymbol{S}(\boldsymbol{h}_N^N\dot{\theta}_N) & 0 \\ 0 & -\boldsymbol{S}(\boldsymbol{h}_N^N)\dot{\theta}_N \end{bmatrix}\begin{Bmatrix} \boldsymbol{v}_{b,N^+}^N \\ \boldsymbol{\omega}_{b,N^+}^N \end{Bmatrix}$$

可以立即计算，因为假定基座连杆的速度是给定的；当基座连杆 $b=N+1$ 固定时，它等于 0。

接下来，$\mathcal{A}_{(N-1)^-}$ 由方程 $\mathcal{A}_{(N-1)^-}=\boldsymbol{\phi}_{N,N-1}^{\mathrm{T}}\mathcal{A}_{N^-}+\mathcal{H}_{N-1}\ddot{\theta}_{N-1}+\mathcal{N}_{N-1}$ 计算

$$\mathcal{A}_{(N-1)^-}=\boldsymbol{\phi}_{N,N-1}^{\mathrm{T}}\mathcal{A}_{N^-}+\mathcal{H}_{N-1}\ddot{\theta}_{N-1}+\begin{Bmatrix} -\boldsymbol{h}_{N-1}^{N-1}\dot{\theta}_{N-1}\times\boldsymbol{v}_{b,(N-1)^+}^{N-1} \\ \boldsymbol{h}_{N-1}^{N-1}\dot{\theta}_{N-1}\times\boldsymbol{\omega}_{b,(N-1)^+}^{N-1} \end{Bmatrix}$$

同之前一样，方程的右边是已知的，因为速度和角速度随着 $\mathcal{A}_{N^-}$ 已经被求出来了。该算法从内侧关节到外侧关节继续递归，直到求解出所有的速度导数 $\mathcal{A}_{N^-}$，$\mathcal{A}_{(N-1)^-}$，…，$\mathcal{A}_{1^-}$。这些步骤汇总在图 3-24 中。

1）利用 3.4.1 节中的算法求出速度和角速度。

2）从内侧关节迭代到外侧关节，$k=N$，$N-1$，…，2，1，做如下操作：

2.1）形成转置变换算子

$$\boldsymbol{\phi}_{k,k-1}^{\mathrm{T}}=\mathcal{R}_{k,k-1}^{\mathrm{T}}\varphi_{k,k-1}^{\mathrm{T}}$$

2.2）计算加速度偏差

$$\mathcal{N}_k=\begin{Bmatrix} -\boldsymbol{h}_k^k\dot{\theta}_k\times\boldsymbol{v}_{b,k^+} \\ -\boldsymbol{h}_k^k\dot{\theta}_k\times\boldsymbol{\omega}_{b,k^+} \end{Bmatrix}=\begin{bmatrix} -\boldsymbol{S}(\boldsymbol{h}_k^k\dot{\theta}_k) & \boldsymbol{0} \\ \boldsymbol{0} & -\boldsymbol{S}(\boldsymbol{h}_k^k\dot{\theta}_k) \end{bmatrix}\mathcal{V}_{k^-}$$

2.3）计算速度的导数

$$\mathcal{A}_{k^-}=\boldsymbol{\phi}_{k+1,k}^{\mathrm{T}}\mathcal{A}_{(k+1)^-}+\mathcal{H}_k\ddot{\theta}_k+\mathcal{N}_k$$

2.4）计算基座坐标系中的加速度和角加速度。

$$\begin{Bmatrix} \boldsymbol{a}_{b,k^-}^k \\ \boldsymbol{\alpha}_{b,k^-}^k \end{Bmatrix}=\mathcal{A}_{k^-}+\begin{Bmatrix} \boldsymbol{\omega}_{b,k^-}^k\times\boldsymbol{v}_{b,k^-}^k \\ \boldsymbol{0} \end{Bmatrix}$$

图 3-24 计算加速度和角加速度的递归算法

例 3.7 利用递归算法求解图 3-23 所示的两连杆长度为 L 的机械臂的速度导数，利用

第一原理直接计算。

解：例 3.6 已经导出 $\varphi_{2,1}^{\mathrm{T}}$ 和 $\mathcal{R}_{2,1}^{\mathrm{T}}$。速度导数的递归方程的一般形式可以写成

$$\begin{Bmatrix}\mathcal{A}_{1^-}\\ \mathcal{A}_{2^-}\end{Bmatrix}=\begin{bmatrix}\mathbf{0} & \mathcal{R}_{2,1}^{\mathrm{T}}\varphi_{2,1}^{\mathrm{T}}\\ \mathbf{0} & \mathbf{0}\end{bmatrix}\begin{Bmatrix}\mathcal{A}_{1^-}\\ \mathcal{A}_{2^-}\end{Bmatrix}+\begin{bmatrix}\mathcal{H}_1 & \mathbf{0}\\ \mathbf{0} & \mathcal{H}_2\end{bmatrix}\begin{Bmatrix}\ddot{\theta}_1\\ \ddot{\theta}_2\end{Bmatrix}+\begin{Bmatrix}\mathcal{N}_1\\ \mathcal{N}_2\end{Bmatrix} \tag{3.44}$$

每个对应于 $k=1$，2 的向量 $\mathcal{N}_k$ 定义为

$$\mathcal{N}_k=\begin{Bmatrix}(-\boldsymbol{h}_k^k\dot{\theta}_k)\times\boldsymbol{v}_{3,k^+}\\ (-\boldsymbol{h}_k^k\dot{\theta}_k)\times\boldsymbol{\omega}_{3,k^+}\end{Bmatrix}=\begin{Bmatrix}(-\boldsymbol{h}_k^k\dot{\theta}_k)\times\boldsymbol{v}_{3,k^-}\\ (-\boldsymbol{h}_k^k\dot{\theta}_k)\times\boldsymbol{\omega}_{3,k^-}\end{Bmatrix}=\begin{bmatrix}-\boldsymbol{S}(\boldsymbol{h}_k^k\dot{\theta}_k) & \mathbf{0}\\ \mathbf{0} & -\boldsymbol{S}(\boldsymbol{h}_k^k\dot{\theta}_k)\end{bmatrix}\mathcal{V}_{k^-}$$

通过直接求速度导数，可以验证这些方程的正确性。从最接近基座的关节开始，$k=2$ 根据定义

$$\mathcal{A}_{2^-}:=\begin{Bmatrix}\left.\dfrac{\mathrm{d}}{\mathrm{d}t}\right|_2(\boldsymbol{v}_{3,2^-})\\ \left.\dfrac{\mathrm{d}}{\mathrm{d}t}\right|_2(\boldsymbol{\omega}_{3,2^-})\end{Bmatrix}=\begin{Bmatrix}\left.\dfrac{\mathrm{d}}{\mathrm{d}t}\right|_3(\boldsymbol{v}_{3,2^-})+\boldsymbol{\omega}_{2,3}\times\boldsymbol{v}_{3,2^-}\\ \left.\dfrac{\mathrm{d}}{\mathrm{d}t}\right|_3(\boldsymbol{\omega}_{3,2^-})+\underbrace{\boldsymbol{\omega}_{2,3}\times\boldsymbol{\omega}_{3,2^-}}_{0}\end{Bmatrix}=\begin{Bmatrix}\boldsymbol{a}_{3,2^-}^2\\ \boldsymbol{\alpha}_{3,2^-}^2\end{Bmatrix}+\begin{Bmatrix}\boldsymbol{\omega}_{2,3}^2\times\boldsymbol{v}_{3,2^-}^2\\ \mathbf{0}\end{Bmatrix}$$

然而，因为关节 2 是固定在基座上的，所以 $\boldsymbol{a}_{3,2^-}=\boldsymbol{v}_{3,2^-}=\mathbf{0}$ 恒成立。同时，根据关系 $\boldsymbol{\alpha}_{3,2^-}=\left.\dfrac{\mathrm{d}}{\mathrm{d}t}\right|_3(\boldsymbol{\omega}_{3,2^-})=\ddot{\theta}_2\boldsymbol{z}_3$ 可得 $\boldsymbol{\omega}_{3,2^-}=\dot{\theta}_2\boldsymbol{z}_2=\dot{\theta}_2\boldsymbol{z}_3$。把这些带入 $\mathcal{A}_{2^-}$ 可以得到

$$\mathcal{A}_{2^-}:=\begin{Bmatrix}\begin{Bmatrix}0\\0\\0\end{Bmatrix}\\ \begin{Bmatrix}0\\0\\ \ddot{\theta}_2\end{Bmatrix}\end{Bmatrix} \tag{3.45}$$

这正是矩阵方程（3.44）最后一行的解。为了进一步说明，给出 $k=2$ 时的向量 $\mathcal{N}_2$

$$\mathcal{N}_2=\mathbf{0}=\begin{Bmatrix}(-\boldsymbol{h}_2^2\dot{\theta}_2)\times\underbrace{\boldsymbol{v}_{3,2^-}}_{0}\\ \underbrace{(-\boldsymbol{h}_2^2\dot{\theta}_2)\times(\boldsymbol{h}_2^2\dot{\theta}_2)}_{0}\end{Bmatrix} \tag{3.46}$$

当 $\mathcal{N}_2=\mathbf{0}$ 时可用下面的方法求得 $\mathcal{A}_{2^-}$

$$\mathcal{A}_{2^-}:=\mathcal{H}_2\ddot{\theta}_2+\mathcal{N}_2=\begin{Bmatrix}\begin{Bmatrix}0\\0\\0\end{Bmatrix}\\ \begin{Bmatrix}0\\0\\1\end{Bmatrix}\end{Bmatrix}\ddot{\theta}_2+\begin{Bmatrix}\begin{Bmatrix}0\\0\\0\end{Bmatrix}\\ \begin{Bmatrix}0\\0\\0\end{Bmatrix}\end{Bmatrix}$$

即式（3.45）

接下来，计算 $k=1$ 时速度和角速度的导数。根据定义，

$$\mathcal{A}_{1^-}:=\begin{Bmatrix}\left.\dfrac{\mathrm{d}}{\mathrm{d}t}\right|_1(\boldsymbol{v}_{3,1^-})\\\left.\dfrac{\mathrm{d}}{\mathrm{d}t}\right|_1(\boldsymbol{\omega}_{3,1^-})\end{Bmatrix}$$

关节 1 的速度在例 3.6 中已经计算得到

$$\boldsymbol{v}_{3,1^-}=L\dot{\theta}_2\boldsymbol{y}_2$$

定理 2.12 中的导数可以写为

$$\left.\frac{\mathrm{d}}{\mathrm{d}t}\right|_1 L\dot{\theta}_2\boldsymbol{y}_2=\left.\frac{\mathrm{d}}{\mathrm{d}t}\right|_2 L\dot{\theta}_2\boldsymbol{y}_2+\underbrace{\boldsymbol{\omega}_{1,2}}_{(-\dot{\theta}_1\boldsymbol{z}_1)}\times(L\dot{\theta}_2\boldsymbol{y}_2)=L\ddot{\theta}_2\boldsymbol{y}_2+L\dot{\theta}_1\dot{\theta}_2\boldsymbol{x}_2$$

旋转矩阵 $\boldsymbol{R}_2^1$ 可以用来计算这个向量分量相对于坐标系 1 的基，

$$\left(\left.\frac{\mathrm{d}}{\mathrm{d}t}\right|_1\boldsymbol{v}_{3,1^-}\right)^1=L\dot{\theta}_1\dot{\theta}_2\begin{Bmatrix}\cos\theta_1\\-\sin\theta_1\\0\end{Bmatrix}+L\ddot{\theta}_2\begin{Bmatrix}\sin\theta_1\\\cos\theta_1\\0\end{Bmatrix}$$

角速度 $\boldsymbol{\omega}_{3,1^-}$ 可以直接微分得到

$$\left.\frac{\mathrm{d}}{\mathrm{d}t}\right|_1(\boldsymbol{v}_{3,1^-})=\left.\frac{\mathrm{d}}{\mathrm{d}t}\right|_1(\dot{\theta}_1+\dot{\theta}_2)\boldsymbol{z}_1=(\ddot{\theta}_1+\ddot{\theta}_2)\boldsymbol{z}_1$$

或者

$$\left(\left.\frac{\mathrm{d}}{\mathrm{d}t}\right|_1\boldsymbol{\omega}_{3,1^-}\right)^1=\begin{Bmatrix}0\\0\\\ddot{\theta}_1+\ddot{\theta}_2\end{Bmatrix}$$

将这些结果结合到公式中可以得到 $\mathcal{A}_{1^-}$

$$\mathcal{A}_{1^-}=\begin{Bmatrix}L\dot{\theta}_1\dot{\theta}_2\begin{Bmatrix}\cos\theta_1\\-\sin\theta_1\\0\end{Bmatrix}+L\ddot{\theta}_2\begin{Bmatrix}\sin\theta_1\\\cos\theta_1\\0\end{Bmatrix}\\\begin{Bmatrix}0\\0\\\ddot{\theta}_1+\ddot{\theta}_2\end{Bmatrix}\end{Bmatrix}$$

上面表明表达式 $\mathcal{A}_{1^-}$ 来自式（3.44）中的一般形式。在式（3.44）中，可以提取最上面一行以得到

$$\mathcal{A}_{1^-}=\mathcal{R}_{2,1}^{\mathrm{T}}\varphi_{2,1}^{\mathrm{T}}\mathcal{V}_{2^-}+\mathcal{H}_1\ddot{\theta}_1+\mathcal{N}_1$$

非线性项 $\mathcal{N}_1$ 的值为

$$\mathcal{N}_1=\begin{Bmatrix}-\boldsymbol{h}_1^1\dot{\theta}_1\times\boldsymbol{v}_{3,1^-}\\-\boldsymbol{h}_1^1\dot{\theta}_1\times\boldsymbol{\omega}_{3,1^-}\end{Bmatrix}=\begin{Bmatrix}-\begin{Bmatrix}0\\0\\1\end{Bmatrix}\dot{\theta}_1\times\begin{Bmatrix}\sin\theta_1\\\cos\theta_1\\0\end{Bmatrix}L\dot{\theta}_2\\-\begin{Bmatrix}0\\0\\1\end{Bmatrix}\dot{\theta}_1\times\begin{Bmatrix}0\\0\\\dot{\theta}_1+\dot{\theta}_2\end{Bmatrix}L\dot{\theta}_2\end{Bmatrix}=\begin{Bmatrix}L\dot{\theta}_1\dot{\theta}_2\begin{Bmatrix}\cos\theta_1\\-\sin\theta_1\\0\end{Bmatrix}\\\begin{Bmatrix}0\\0\\0\end{Bmatrix}\end{Bmatrix}$$

将表达式 $\mathcal{N}_1$ 代入 $\mathcal{A}_{1^-}$ 可得

$$\mathcal{A}_{1^-}=\begin{bmatrix}\begin{bmatrix}\cos\theta_1 & \sin\theta_1 & 0\\ -\sin\theta_1 & \cos\theta_1 & 0\\ 0 & 0 & 1\end{bmatrix} & \begin{bmatrix}0&0&0\\0&0&0\\0&0&0\end{bmatrix}\\ \begin{bmatrix}0&0&0\\0&0&0\\0&0&0\end{bmatrix} & \begin{bmatrix}\cos\theta_1 & \sin\theta_1 & 0\\ -\sin\theta_1 & \cos\theta_1 & 0\\ 0 & 0 & 1\end{bmatrix}\end{bmatrix}\times$$

$$\begin{bmatrix}\begin{bmatrix}1&0&0\\0&1&0\\0&0&1\end{bmatrix} & \begin{bmatrix}0&0&0\\0&0&L\\0&-L&0\end{bmatrix}\\ \begin{bmatrix}0&0&0\\0&0&0\\0&0&0\end{bmatrix} & \begin{bmatrix}1&0&0\\0&1&0\\0&0&1\end{bmatrix}\end{bmatrix}\begin{Bmatrix}0\\0\\0\\0\\0\\\ddot{\theta}_2\end{Bmatrix}+\begin{Bmatrix}0\\0\\0\\0\\0\\\ddot{\theta}_1\end{Bmatrix}+\mathcal{N}_1$$

$$=\begin{Bmatrix}L\ddot{\theta}_2\sin\theta_1\\L\ddot{\theta}_2\cos\theta_1\\0\\0\\0\\\ddot{\theta}_2\end{Bmatrix}+\begin{Bmatrix}0\\0\\0\\0\\0\\\ddot{\theta}_1\end{Bmatrix}+\begin{Bmatrix}L\dot{\theta}_1\dot{\theta}_2\cos\theta_1\\-L\dot{\theta}_1\dot{\theta}_2\sin\theta_1\\0\\0\\0\\0\end{Bmatrix}=\begin{Bmatrix}L\ddot{\theta}_2\sin\theta_1+L\dot{\theta}_1\dot{\theta}_2\cos\theta_1\\L\ddot{\theta}_2\cos\theta_1-L\dot{\theta}_1\dot{\theta}_2\sin\theta_1\\0\\0\\0\\\ddot{\theta}_1+\ddot{\theta}_2\end{Bmatrix}$$

用第一原理计算 $\mathcal{A}_{1^-}$ 也得到了同样的结果。

正如在关于加速度递归计算的讨论中所提到的，$\mathcal{A}_{1^-}$ 中的元素并不是直接应用，而是用于计算实际感兴趣的量。接下来，首先计算感兴趣的加速度和角加速度，然后根据第一原理计算第一点和第二点的加速度。因为 2^- 点相对于基座坐标系不移动，所以，$\boldsymbol{a}_{3,2^-}=\mathbf{0}$。或者，坐标系 2 中的角加速度是

$$\boldsymbol{\alpha}_{3,2^-}=\frac{\mathrm{d}}{\mathrm{d}t}\bigg|_3\dot{\theta}_2\boldsymbol{z}_3=\ddot{\theta}_2\boldsymbol{z}_3=\ddot{\theta}_2\boldsymbol{z}_2$$

因此，连杆 2 的加速度和角加速度为

$$\begin{Bmatrix}\boldsymbol{a}^2_{3,2^-}\\\boldsymbol{\alpha}^2_{3,2^-}\end{Bmatrix}=\begin{Bmatrix}\begin{Bmatrix}0\\0\\0\end{Bmatrix}\\\begin{Bmatrix}0\\0\\\ddot{\theta}_2\end{Bmatrix}\end{Bmatrix}\tag{3.47}$$

点 1^- 的加速度为

$$\boldsymbol{a}_{3,1^-}=-L\dot{\theta}_2^2\boldsymbol{x}_2+L\ddot{\theta}_2\boldsymbol{y}_2$$

连杆 1 的角加速度为

$$\boldsymbol{\alpha}_{3,1^-}=(\ddot{\theta}_1+\ddot{\theta}_2)\boldsymbol{z}_1$$

当这些方程相对于坐标系 1 来表示时，得到以下表达式：

$$\begin{Bmatrix} \boldsymbol{a}_{3,1^-} \\ \boldsymbol{\alpha}_{3,1^-} \end{Bmatrix} = \begin{Bmatrix} -L\dot{\theta}_2^2 \begin{Bmatrix} \cos\theta_1 \\ -\sin\theta_1 \\ 0 \end{Bmatrix} + L\ddot{\theta}_2 \begin{Bmatrix} \sin\theta_1 \\ \cos\theta_1 \\ 0 \end{Bmatrix} \\ \begin{Bmatrix} 0 \\ 0 \\ \ddot{\theta}_1 + \ddot{\theta}_2 \end{Bmatrix} \end{Bmatrix} \tag{3.48}$$

式（3.47）和式（3.48）中的加速度和角加速度是使用递归公式和前面计算的量 $\mathcal{A}_{k^-}$ 计算出来的。$\mathcal{A}_{k^-}$ 中的项用于从恒等式计算基坐标系中的加速度

$$\begin{Bmatrix} \boldsymbol{a}^k_{3,k^-} \\ \boldsymbol{\alpha}^k_{3,k^-} \end{Bmatrix} = \mathcal{A}_{k^-} + \begin{Bmatrix} \boldsymbol{\omega}^k_{3,k^-} \times \boldsymbol{v}^k_{3,k^-} \\ \mathbf{0} \end{Bmatrix}$$

对于内侧连杆 $k=2$，右边的最后一项是

$$\begin{Bmatrix} \boldsymbol{\omega}^2_{3,2^-} \times \boldsymbol{v}^2_{3,2^-} \\ \mathbf{0} \end{Bmatrix} = \begin{Bmatrix} \begin{Bmatrix} 0 \\ 0 \\ \dot{\theta}_2 \end{Bmatrix} \times \begin{Bmatrix} 0 \\ 0 \\ 0 \end{Bmatrix} \\ \begin{Bmatrix} 0 \\ 0 \\ 0 \end{Bmatrix} \end{Bmatrix} = \mathbf{0}$$

而对于外侧连杆 $k=1$

$$\begin{Bmatrix} \boldsymbol{\omega}^1_{3,1^-} \times \boldsymbol{v}^1_{3,1^-} \\ \mathbf{0} \end{Bmatrix} = \begin{Bmatrix} \begin{Bmatrix} 0 \\ 0 \\ \dot{\theta}_1 + \dot{\theta}_2 \end{Bmatrix} \times \begin{Bmatrix} L\dot{\theta}_2 \sin\theta_1 \\ L\dot{\theta}_2 \cos\theta_1 \\ 0 \end{Bmatrix} \\ \begin{Bmatrix} 0 \\ 0 \\ 0 \end{Bmatrix} \end{Bmatrix} = \begin{Bmatrix} -L\dot{\theta}_2(\dot{\theta}_1 + \dot{\theta}_2)\cos\theta_1 \\ L\dot{\theta}_2(\dot{\theta}_1 + \dot{\theta}_2)\sin\theta_1 \\ 0 \\ \begin{Bmatrix} 0 \\ 0 \\ 0 \end{Bmatrix} \end{Bmatrix}$$

$$= \begin{Bmatrix} (-L\dot{\theta}_2^2 - L\dot{\theta}_1\dot{\theta}_2) \begin{Bmatrix} \cos\theta_1 \\ \sin\theta_1 \\ 0 \end{Bmatrix} \\ \begin{Bmatrix} 0 \\ 0 \\ 0 \end{Bmatrix} \end{Bmatrix}$$

连杆 $k=2$ 在地面坐标系中的加速度为

$$\begin{Bmatrix} \boldsymbol{a}^2_{3,2^-} \\ \boldsymbol{\alpha}^2_{3,2^-} \end{Bmatrix} = \begin{Bmatrix} \begin{Bmatrix} 0 \\ 0 \\ 0 \end{Bmatrix} \\ \begin{Bmatrix} 0 \\ 0 \\ \ddot{\theta}_2 \end{Bmatrix} \end{Bmatrix} = \mathcal{A}_{2^-} + \mathbf{0}$$

第一个连杆在地面坐标系中的加速度是

$$\begin{Bmatrix} \boldsymbol{a}_{3,1^-}^{1} \\ \boldsymbol{\alpha}_{3,1^-}^{1} \end{Bmatrix} = \begin{Bmatrix} \begin{Bmatrix} -L\dot{\theta}_2^2\cos\theta_1 + L\ddot{\theta}_2\sin\theta_1 \\ L\dot{\theta}_2^2\sin\theta_1 + L\ddot{\theta}_2\cos\theta_1 \\ 0 \end{Bmatrix} \\ \begin{Bmatrix} 0 \\ 0 \\ \ddot{\theta}_1 + \ddot{\theta}_2 \end{Bmatrix} \end{Bmatrix} = \mathcal{A}_{1^-} + \begin{Bmatrix} \boldsymbol{\omega}_{3,1^-}^{1} \times \boldsymbol{v}_{3,1}^{1} \\ \mathbf{0} \end{Bmatrix}$$ ◀

递归 $O(N)$ 公式不像 DH 方法那样对自由度的选择施加限制。例如，$\boldsymbol{z}_0$，$\boldsymbol{z}_1$，$\boldsymbol{z}_2 \cdots \boldsymbol{z}_{N-1}$ 等轴定义了 DH 约定中自由度的方向，在递归的 $O(N)$ 公式中，$\boldsymbol{h}_1$，$\boldsymbol{h}_2$，$\boldsymbol{h}_3$，…，$\boldsymbol{h}_N$ 的自由度方向可以是任意轴。实际上，用递归 $O(N)$ 公式求解一个系统的速度、加速度或力是一件容易的事，该系统的运动学变量已根据 DH 约定选定；唯一需要做的修改是对 N 阶递归公式中使用的自由度和坐标系进行重新排序。这在例 3.8 中显示。

例 3.8 使用 DH 方法定义图 3-25 所示的手臂组件的自由度。使用递推 $O(N)$ 公式求解关节速度和连杆角速度。

解：图 3-26 展示了在习题 3.10 的解决方案中显示的一组坐标系 0、1、2、3 和 4，以满足 DH 约定的要求。

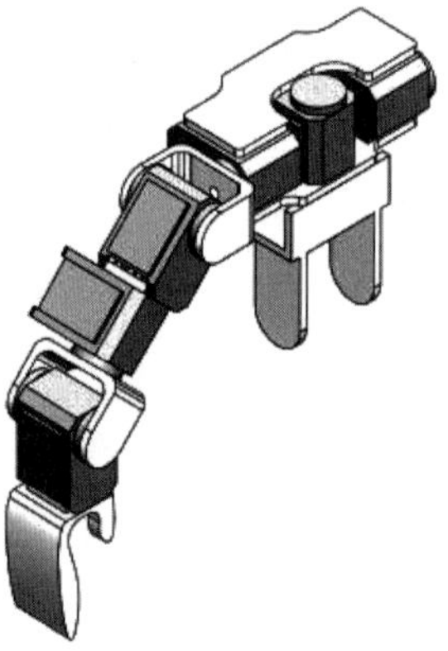

图 3-25 仿人手臂

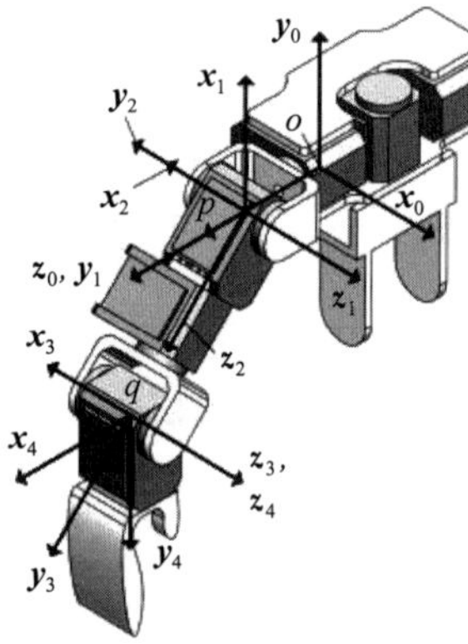

图 3-26 符合 DH 约定的坐标系定义

遵循 DH 约定的 0、1、2、3 和 4 坐标系相关的旋转矩阵如习题 3.10 所示

$$\boldsymbol{R}_0^1 = \begin{bmatrix} \cos\theta_1 & \sin\theta_1 & 0 \\ 0 & 0 & 1 \\ \sin\theta_1 & -\cos\theta_1 & 0 \end{bmatrix}, \quad \boldsymbol{R}_1^2 = \begin{bmatrix} \cos\theta_2 & \sin\theta_2 & 0 \\ 0 & 0 & -1 \\ -\sin\theta_2 & \cos\theta_2 & 0 \end{bmatrix}$$

$$\boldsymbol{R}_2^3 = \begin{bmatrix} \cos\theta_3 & \sin\theta_3 & 0 \\ 0 & 0 & 1 \\ \sin\theta_3 & -\cos\theta_3 & 0 \end{bmatrix}, \quad \boldsymbol{R}_3^4 = \begin{bmatrix} \cos\theta_4 & \sin\theta_4 & 0 \\ -\sin\theta_4 & \cos\theta_4 & 0 \\ 0 & 0 & 1 \end{bmatrix}$$

其中关节旋转角 θ_1，θ_2，θ_3 和 θ_4 是关于 $\boldsymbol{z}_0$，$\boldsymbol{z}_1$，$\boldsymbol{z}_2$ 和 $\boldsymbol{z}_3$ 轴定义。

利用这些坐标系，通过使用递归的 $O(N)$ 公式，关节速度和连杆角速度将用 DH 约定变量 θ_1，θ_2，θ_3 来表示。在递归 $O(N)$ 公式中，关节和连杆的顺序从最外面的连杆开始，向底部递增。对于递归的 $O(N)$ 公式，关节角（$q_1(t)$，$q_2(t)$，$q_3(t)$ ）只是在 DH 约定中以相反的顺序定义的角；也就是

$$\boldsymbol{q}(t)=\begin{Bmatrix} q_1(t) \\ q_2(t) \\ q_3(t) \end{Bmatrix}=\begin{Bmatrix} \theta_3(t) \\ \theta_2(t) \\ \theta_1(t) \end{Bmatrix}$$

类似地，在递归 $O(N)$ 公式中使用的坐标系也按相反的顺序编号。在递归 $O(N)$ 公式中使用的坐标系 1、2、3、4、5，从外部移动到内部，是 DH 公式的坐标系 4、3、2、1、0。这一事实意味着与递归 $O(N)$ 公式的坐标系 1、2、3、4 和 5 相关的旋转矩阵是

$$\boldsymbol{R}_5^4=\begin{bmatrix} \cos\theta_1 & \sin\theta_1 & 0 \\ 0 & 0 & 1 \\ \sin\theta_1 & -\cos\theta_1 & 0 \end{bmatrix},\ \boldsymbol{R}_4^3=\begin{bmatrix} \cos\theta_2 & \sin\theta_2 & 0 \\ 0 & 0 & -1 \\ -\sin\theta_2 & \cos\theta_2 & 0 \end{bmatrix}$$

$$\boldsymbol{R}_3^2=\begin{bmatrix} \cos\theta_3 & \sin\theta_3 & 0 \\ 0 & 0 & 1 \\ \sin\theta_3 & -\cos\theta_3 & 0 \end{bmatrix},\ \boldsymbol{R}_2^1=\begin{bmatrix} \cos\theta_4 & \sin\theta_4 & 0 \\ -\sin\theta_4 & \cos\theta_4 & 0 \\ 0 & 0 & 1 \end{bmatrix}$$

这种自由度的顺序和递归 $O(N)$ 公式中的坐标系如图 3-27 所示。

目前关节 $i+1$ 和关节 i 之间的偏移 $\boldsymbol{d}_{i+1,i}$ 以及自由度 $\boldsymbol{h}_i$，$i=1, 2, 3, 4$ 还没有定义。自由度的方向可以直接从图中得到，这样

$$\boldsymbol{h}_1^1=\begin{Bmatrix} 0 \\ 0 \\ 1 \end{Bmatrix},\ \boldsymbol{h}_2^2=\begin{Bmatrix} 0 \\ 1 \\ 0 \end{Bmatrix},\ \boldsymbol{h}_3^3=\begin{Bmatrix} 0 \\ -1 \\ 0 \end{Bmatrix},\ \boldsymbol{h}_4^4=\begin{Bmatrix} 0 \\ 1 \\ 0 \end{Bmatrix}$$

连接关节 $i+1$ 和 i 的偏移向量也可以从图中确定

$$\boldsymbol{d}_{1,2}^2=\begin{Bmatrix} 0 \\ 0 \\ 0 \end{Bmatrix},\ \boldsymbol{d}_{2,3}^3=\begin{Bmatrix} 0 \\ 0 \\ -d_{pq} \end{Bmatrix},\ \boldsymbol{d}_{3,4}^3=\begin{Bmatrix} 0 \\ 0 \\ 0 \end{Bmatrix},\ \boldsymbol{d}_{4,5}^4=\begin{Bmatrix} 0 \\ 0 \\ -d_{op} \end{Bmatrix}$$

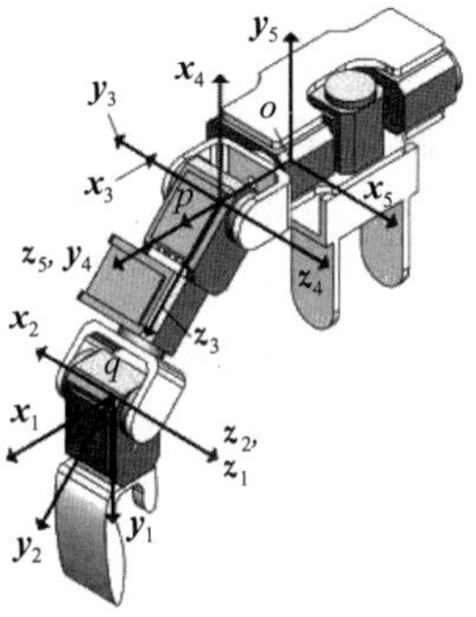

图 3-27　手臂组件递归 $O(N)$ 公式中坐标系定义

当用一个符号数学计算机程序来执行这个系统的递归 $O(N)$ 公式时，$\mathcal{V}_{1^-}$，$\mathcal{V}_{2^-}$，$\mathcal{V}_{3^-}$ 被确定为

$$\mathcal{V}_{4^-}=\begin{Bmatrix} 0 \\ 0 \\ 0 \\ 0 \\ \dot{\theta}_1 \\ 0 \end{Bmatrix}\quad \mathcal{V}_{3^-}=\begin{Bmatrix} 0 \\ 0 \\ 0 \\ 0 \\ -\dot{\theta}_2 \\ -\dot{\theta}_1 \end{Bmatrix}\quad \mathcal{V}_{2^-}=\begin{Bmatrix} -d_{pq}\dot{\theta}_2\cos\theta_3 \\ -d_{pq}\dot{\theta}_2\sin\theta_3 \\ 0 \\ -\dot{\theta}_1\sin\theta_3 \\ \dot{\theta}_3+\dot{\theta}_1\cos\theta_3 \\ -\dot{\theta}_2 \end{Bmatrix}$$

$$\mathcal{V}_{1^-}=\begin{Bmatrix} d_{pq}\dot{\theta}_2\sin\theta_3\sin\theta_4-d_{pq}\dot{\theta}_2\cos\theta_3\cos\theta_4 \\ -d_{pq}\dot{\theta}_2\cos\theta_3\sin\theta_4-d_{pq}*\dot{\theta}_2\cos\theta_4\sin\theta_3 \\ 0 \\ -\sin\theta_4(\dot{\theta}_3+\dot{\theta}_1\cos\theta_3)-\dot{\theta}_1\cos\theta_4\sin\theta_3 \\ \cos\theta_4(\dot{\theta}_3+\dot{\theta}_1\cos\theta_3)-\dot{\theta}_1\sin\theta_3\sin\theta_4 \\ \dot{\theta}_4-\dot{\theta}_2 \end{Bmatrix}$$

3.5 逆向运动学

利用第 2 章和本章前几节的通用工具，可以推导出快速、系统的正向运动学问题分析方法。然而，正如第 1 章所讨论的，在许多应用中，逆向运动学问题也需要解决。基于相机测量鸟类翅膀的扑动运动合成是逆向运动学问题的一个例子。对于运动链来说，逆向运动学的问题比正向运动学的问题要难得多，原因有很多。首先，很难确定一些逆向运动学问题是否存在解。第二，即使有解决方案，解决方案也可能不是唯一的。第三，逆向运动学问题的解通常由超越的非线性代数方程组的根来确定，而这些方程组的根的确定是非常困难的。第四，许多逆向运动学问题是作为更复杂任务的一部分出现的。如果必须设计一个控制器来驱动机械臂，让执行工具遵循一些规定的轨迹（可能与汽车车架上的焊缝相对应），则可能需要每隔几毫秒解决一次运动学逆问题。跟踪控制问题的求解采用了逆向运动学问题的求解。事实上，逆向运动学问题的求解在机器人设计过程中也经常被用到。这些基于优化的技术可以有效地应用于设计研究中，在设计研究中不需要实时求解逆向运动学问题。

基于这些考虑，本节将研究求解逆向运动学问题的两种一般方法，解析法和数值法。分析方法的优点是执行速度快，因此易于应用，其中逆向运动学问题要求求解具有实时性(real time)。这些应用包括跟踪控制的问题，其中内部循环定义了一组必须跟踪的一组变量，而外部循环引入了依赖于跟踪误差的反馈。这种控制结构在机器人应用中很常见，在第 5 章中详细讨论。然而，在一般情况下，运动学链的解析解是不能保证的。与此相反，数值方法相比分析方法应用更加普遍，但是由于使用迭代方法来估计解，而不是使用确定性方法来计算解，因此可能相比分析方法耗费更多的时间。

3.5.1 可解性

在逆向运动学的研究中，目标是确定将末端执行器置于所需位置和姿态时的关节变量的值。如果机械臂是一个运动链，那么解通常是相对于基座坐标系给出的。特别是，如果使用 DH 参数化，解决方案将使用相对于在世界坐标系当中的基座坐标系的变量杆件长度 a_i，杆件转角 α_i，关节距离 d_i 和关节转角 θ_i。

在考虑一般的逆向运动学问题时，对于指定的目标末端执行器位置和姿态，可能总是不存在解。例如，假设运动链仅由转动关节构成，其最大总长度为 1m。现在想象一下，执行器的目标位置和姿态是在距离机械臂 2m 远的地方。由于机械臂的几何限制，无法选择关节变量来获得所需的末端执行器位置和姿态。在这种情况下，目标末端执行器的位置和姿态对于所考虑的机械臂是不可行的。显然，末端执行器的期望位姿必须位于机械臂的工作空间内，否则逆向运动学问题是不一致或不可行的。在非线性控制理论中，对末端执行器姿态的一般研究产生了很好的位置逆向运动学问题，这些问题可能非常微妙，并且属于可接近性、可实现性或可控性的问题，参见文献 [10，33，41]。

假设一个 N 自由度的运动链由转动关节和移动关节组成。逆向运动学问题旨在对于 $i=1, \cdots, N$ 关节的旋转角或位移值，给出齐次变换矩阵的数值 $\boldsymbol{H}_0^N$，如果任务空间的维数为 M，则有 M 个独立的方程，其中有 N 个未知的关节变量。可能出现下列三种情况之一：

- $M=N$：有足够的方程来解未知数，如果它们是一致的。然而，这些方程是非线性的。因此，逆向运动学问题可能有一个或多个解。解的个数是有限的。

- $M>N$：机器人自由度的数量不足以考虑末端执行器位置和姿态的所有可能性。因此，逆向运动学问题可能有，也可能没有解。
- $M<N$：提供所需的末端执行器位置和姿态所需的自由度更多。因此，逆向运动学问题可能有无穷多个解。在这种情况下，机械臂被认为是冗余的。

例子 3.9 说明了上述讨论的情况，阐明了这三种情况的本质区别。

例 3.9 考虑图 3-28a、b 和 c 所示的平面机械手。

假设连杆长度等于 1m，末端执行器坐标系在三幅图中依次位于（i）在图 3-28a 中的连杆 2 末端，（ii）在图 3-28b 中位于连杆 2 和连杆 3 之间的关节上，（iii）在图 3-28c 中位于连杆 3 和连杆 4 之间的关节。

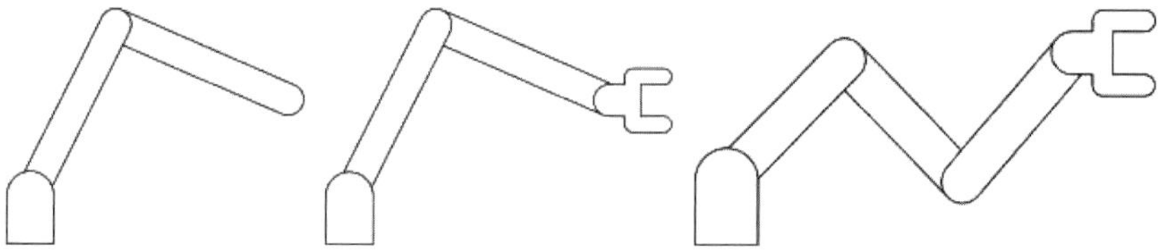

a）$n=2$DOF：$m>n$　　b）$n=3$DOF：$m=n$　　c）$n=4$DOF：$m<n$

图 3-28　平面工作空间末端执行器的可解性（$m=3$）

当 DH 方法应用于机械臂时，会有不同的关节变量的选取。基座坐标系定义为 0，末端执行器坐标系定义为 N，其中，图 3-28a 中 $N=2$，图 3-28b 中 $N=3$，图 3-28c 中 $N=4$。连杆转角 θ_i 对于 $i=1$，…，N，是从连杆坐标系 $i-1$ 到坐标系 i。由于机械手被限制在平面上，末端执行器的位置取决于末端执行器坐标系原点的位置以及末端执行器坐标相对于其内侧相邻连杆的旋转。因此，对于图 3-28a、b 和 c 中所示的机械手，工作空间的维度 $M=3$。

a）中机械手缺少末端执行器，自由度 $N=2<M=3$。前两个连杆足以定位末端执行器坐标系到基座坐标系，但是机器人缺少旋转到期望姿态所需的自由度。另一种结构是有一个连杆和末端执行器；末端执行器可以旋转到任何想要的方向，但只能沿着与两个关节之间的距离相等半径的圆定位。

对于 b）中的机械手，有三个自由度 $N=M=3$。根据上述讨论，逆向运动学问题可能有一个或多个解；然而，解的数量是有限的。

对于 c）中的机械手，有 $N=4>3=M$ 自由度。因为机械手的自由度比末端执行器约束的自由度多，所以在这种情况下可能存在无穷多个解。这可以通过固定末端执行器在期望的位姿来观察四杆机构中三个中间的连杆的变化。这个机构在末端执行器固定期望位姿下有无数的构型（假设末端执行器是固定在其工作空间之内）。 ◀

本章所研究的逆向运动学问题可以用齐次变换来展开。给出了具有 N 自由度运动链的机械手的设计方案。目标是将手臂的末端（或工具）坐标系定位在工作空间中规定的位置和姿态。工具坐标系在基座坐标系中的位置和姿态用齐次变换的一般乘积表示

$$\boldsymbol{H}_N^0=\boldsymbol{H}_N^0(q_1,\ \cdots,\ q_N):=\boldsymbol{H}_1^0(q_1)\boldsymbol{H}_2^1(q_2)\cdots\boldsymbol{H}_N^{N-1}(q_N)$$

每一个齐次变换 $\boldsymbol{H}_i^{i-1}$ 是关节变量（q_1，…，q_N）的函数，复合变换 $\boldsymbol{H}_N^0$ 是工具坐标系到基座坐标系的坐标变换矩阵，是所有 N 个关节所有关节变量的函数。每个关节变量 q_i 要么是旋转角度那么是位移，取决于关节是旋转关节还是移动关节。

逆向运动学问题假设给定了由齐次变换 $\boldsymbol{H}$ 表示的工具坐标系的期望位置和姿态。逆向运动学的解（q_1，…，q_N）必须满足矩阵

$$\boldsymbol{H}_N^0(q_1, \cdots, q_N)=\boldsymbol{H}_1^0(q_1)\boldsymbol{H}_2^1(q_2)\cdots\boldsymbol{H}_N^{N-1}(q_N)=\boldsymbol{H}$$

因为这个矩阵的最后一行等于 0 或 1，所以在这个矩阵方程中有 12 个标量方程。有 N 个未知数。这些标量方程中有 9 个是由旋转矩阵产生的，旋转矩阵是齐次变换的子矩阵，其中三个标量方程来自齐次变换中包含的平移向量。如第 2 章所讨论，一般的旋转矩阵具有三个独立的角度；因此，由旋转矩阵产生的 9 个标量方程中有 6 个是冗余的。这个矩阵方程最多可以生成六个独立的标量方程，这些方程将关节变量与末端执行器的姿态联系起来。

接下来将研究两种一般策略来解决这个逆向运动学问题：解析法和数值方法。解析法在 3.5.2 节中讨论，数值方法在 3.5.3 节中介绍。

3.5.2　解析法

求解逆向运动学问题的分析方法通常是针对特定问题而设计的，一个机器人采用的特定策略可能不适用于另一个机器人。然而，已经开发了通用模板来指导基于代数或几何策略的解析解的构造。这些方法分别在 3.5.2.1 和 3.5.2.2 节中讨论

3.5.2.1　代数方法

本节介绍了一种代数方法，该方法基于广泛适用于所有机器人的准则来生成逆向运动学问题的解决方案。尽管它没有为给定问题规定具体答案，但它指导了开发分析解决方案的过程。

对于 N 自由度机械手，构造逆向运动学问题的解析解的步骤如下：

1）解决正向运动学问题：(i) 确定 DH 坐标和连杆坐标系，(ii) 求解齐次变换矩阵 $\boldsymbol{H}_1^0$，$\boldsymbol{H}_2^1$，…，$\boldsymbol{H}_N^{N-1}$，(iii) 获取基于所有关节变量的函数 $\boldsymbol{H}_N^0$。

2）符号化地计算如下矩阵方程：

$$(\boldsymbol{H}_1^0)^{-1}\boldsymbol{H}_N^0=\boldsymbol{H}_2^1\boldsymbol{H}_3^2\cdots\boldsymbol{H}_N^{N-1}$$

并使上述方程两边矩阵的对应元素相等，以寻找求解联合变量的更简单的三角方程。

3）如有需要，请继续重复此过程（将每一边乘以下一个关节的逆齐次矩阵），直到解决关节变量为止：

$$(\boldsymbol{H}_2^1)^{-1}(\boldsymbol{H}_1^0)^{-1}\boldsymbol{H}_N^0=\boldsymbol{H}_3^2\boldsymbol{H}_4^3\cdots\boldsymbol{H}_N^{N-1}$$

$$(\boldsymbol{H}_3^2)^{-1}(\boldsymbol{H}_2^1)^{-1}(\boldsymbol{H}_1^0)^{-1}\boldsymbol{H}_N^0=\boldsymbol{H}_4^3\boldsymbol{H}_5^4\cdots\boldsymbol{H}_N^{N-1}$$

$$\vdots$$

如前所述，上面总结的代数方法并没有规定必须在过程的每个步骤中求解的一组特定的方程。为了确定关节变量和末端执行器姿态之间的特定关系，必须仔细研究每一步中齐次矩阵方程的结构和稀疏性。接下来的两个例子说明了这个过程，展示了该方法在简单机械手上的应用。

此外，考虑到许多例子中存在大量的三角函数，这里使用了一种简写方法。函数 $\sin\theta_1$ 和 $\cos\theta_1$ 将用 $s\theta_1$ 和 $c\theta_1$ 替代。

例 3.10　三自由度平面机械手如图 3-29a 所示，DH 参数定义见表 3-3，给出了末端执行器的位置（p_x，p_y）和姿态 γ。

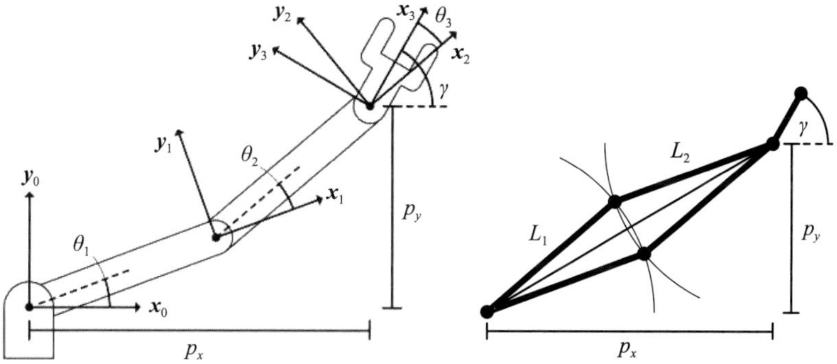

a）坐标和坐标系　　b）构型

图 3-29　三自由度机械臂

表 3-3　平面机械手的 DH 参数

关节	连杆偏距 d	关节角 θ	连杆长度 a	连杆转角 α
1	0	θ_1	L_1	0
2	0	θ_2	L_2	0
3	0	θ_3	0	0

计算这种构型下关节角度 θ_1，θ_2 和 θ_3。

解：通过几何分析，可以得出运动学方程为

$$p_x = L_1\cos\theta_1 + L_2\cos(\theta_1+\theta_2)$$

$$p_y = L_1\sin\theta_1 + L_2\sin(\theta_1+\theta_2)$$

$$\gamma = \theta_1+\theta_2+\theta_3$$

前面的两个方程因为只是 θ_1 和 θ_2 的函数，所以可以用来求解 θ_1 和 θ_2，第三个方程用来求 θ_3 如图 3-29b 所示，逆向运动学问题存在两个解。◀

例 3.11 考虑图 3-30 所示的三自由度机械臂，其 DH 参数见表 3-4。

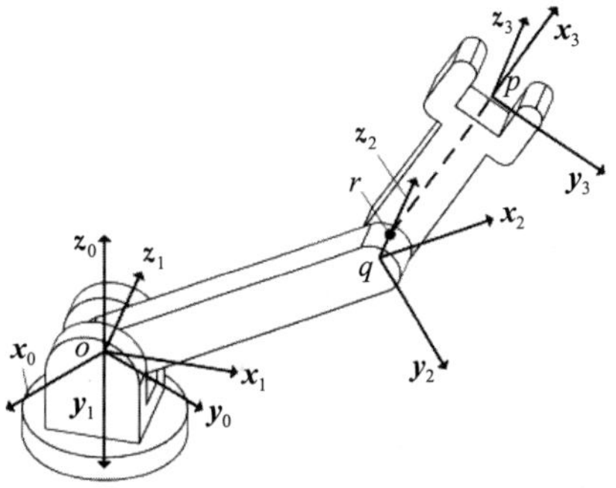

图 3-30　三自由度机械臂示意图

表 3-4　机械臂 DH 参数

关节	连杆偏距 d	关节角 θ	连杆长度 a	连杆转角 α
1	0	θ_1	0	$-90°$
2	0	θ_2	$d_{o,q}$	0
3	$d_{q,r}$	θ_3	$d_{r,p}$	0

设定点 p 是坐标系 3 的原点，$\boldsymbol{p}^i$ 是坐标系 i 的齐次变换矩阵，$i=1$，2，3。正向运动学可以通过选择 DH 参数得到齐次变换。

$$\boldsymbol{H}_1^0=\begin{bmatrix} c\theta_1 & 0 & -s\theta_1 & 0 \\ s\theta_1 & 0 & c\theta_1 & 0 \\ 0 & -1 & 0 & 0 \\ 0 & 0 & 0 & 1 \end{bmatrix},\quad \boldsymbol{H}_2^1=\begin{bmatrix} c\theta_2 & -s\theta_2 & 0 & d_{o,q}c\theta_2 \\ s\theta_1 & c\theta_2 & 0 & d_{o,q}s\theta_2 \\ 0 & 0 & 1 & 0 \\ 0 & 0 & 0 & 1 \end{bmatrix},\quad \boldsymbol{H}_3^2=\begin{bmatrix} c\theta_3 & -s\theta_3 & 0 & d_{r,p}c\theta_3 \\ s\theta_3 & c\theta_3 & 0 & d_{r,p}s\theta_3 \\ 0 & 0 & 1 & d_{q,r} \\ 0 & 0 & 0 & 1 \end{bmatrix}$$

以及

$$
\boldsymbol{H}_3^0=\begin{bmatrix} c\theta_1 c\theta_2 c\theta_3-c\theta_1 s\theta_2 s\theta_3 & -c\theta_1 c\theta_2 s\theta_3-c\theta_1 s\theta_2 c\theta_3 & -s\theta_1 & p_1^0 \\ s\theta_1 c\theta_2 c\theta_3-s\theta_1 s\theta_2 s\theta_3 & -s\theta_1 c\theta_2 s\theta_3-s\theta_1 s\theta_2 c\theta_3 & c\theta_1 & p_2^0 \\ -s\theta_2 c\theta_3-c\theta_2 s\theta_3 & s\theta_2 s\theta_3-c\theta_2 c\theta_3 & 0 & p_3^0 \\ 0 & 0 & 0 & 1 \end{bmatrix}
$$

其中，

$$
p_1^0=d_{r,p}(c\theta_1 c\theta_2 c\theta_3-c\theta_1 s\theta_2 s\theta_3)-d_{q,r}s\theta_1+d_{o,q}c\theta_1 c\theta_2
$$

$$
p_2^0=d_{r,p}(s\theta_1 c\theta_2 c\theta_3-s\theta_1 s\theta_2 s\theta_3)+d_{q,r}c\theta_1+d_{o,q}s\theta_1 c\theta_2
$$

$$
p_3^0=d_{r,p}(-s\theta_2 c\theta_3-c\theta_2 s\theta_3)-d_{o,q}s\theta_2
$$

逆向运动学问题的求解首先要解这个方程

$$
\boldsymbol{p}^0=\boldsymbol{H}_2^0\boldsymbol{H}_3^2\boldsymbol{p}^3\rightarrow(\boldsymbol{H}_2^0)^{-1}\boldsymbol{p}^0=\boldsymbol{H}_3^2\boldsymbol{p}^3
$$

已知

$$
\boldsymbol{p}^3=\begin{bmatrix}0\\0\\0\\1\end{bmatrix} \quad 和 \quad \boldsymbol{p}^0=\begin{bmatrix}p_1^0\\p_2^0\\p_3^0\\1\end{bmatrix}
$$

给出逆变换 $(\boldsymbol{H}_2^0)^{-1}$

$$
(\boldsymbol{H}_2^0)^{-1}=(\boldsymbol{H}_1^0\boldsymbol{H}_2^1)^{-1}=\begin{bmatrix} c\theta_1 c\theta_2 & s\theta_1 c\theta_2 & -s\theta_2 & -d_{o,q} \\ -c\theta_1 s\theta_2 & -s\theta_1 s\theta_2 & -c\theta_2 & 0 \\ -s\theta_1 & c\theta_1 & 0 & 0 \\ 0 & 0 & 0 & 1 \end{bmatrix}
$$

进而得出

$$
\begin{bmatrix} c\theta_1 c\theta_2 & s\theta_1 c\theta_2 & -s\theta_2 & -d_{o,q} \\ -c\theta_1 s\theta_2 & -s\theta_1 s\theta_2 & -c\theta_2 & 0 \\ -s\theta_1 & c\theta_1 & 0 & 0 \\ 0 & 0 & 0 & 1 \end{bmatrix}\boldsymbol{p}^0=\begin{bmatrix} c\theta_3 & -s\theta_3 & 0 & d_{r,p}c\theta_3 \\ s\theta_3 & c\theta_3 & 0 & d_{r,p}s\theta_3 \\ 0 & 0 & 1 & d_{q,r} \\ 0 & 0 & 0 & 1 \end{bmatrix}\boldsymbol{p}^3
$$

当两边的项相等时，得到三个标量方程

$$
c\theta_1 c\theta_2 p_1^0+s\theta_1 c\theta_2 p_2^0-s\theta_2 p_3^0-d_{o,q}=d_{r,p}c\theta_3 \tag{3.49}
$$

$$
-c\theta_1 s\theta_2 p_1^0-s\theta_1 s\theta_2 p_2^0-c\theta_2 p_3^0=d_{r,p}s\theta_3 \tag{3.50}
$$

$$
s\theta_1 p_1^0+c\theta_1 p_2^0-d_{q,r}=0 \tag{3.51}
$$

再次迭代就得到了这个等式

$$
(\boldsymbol{H}_1^0)^{-1}\boldsymbol{p}^0=\boldsymbol{H}_3^1\boldsymbol{p}^3
$$

重复这个过程会得到三个附加的方程

$$
c\theta_1 p_1^0+s\theta_1 p_2^0=d_{r,p}c_{23}+d_{o,q}c\theta_2
$$

$$
-s\theta_1 p_1^0+c\theta_1 p_2^0=d_{q,r}
$$

$$
p_3^0=-d_{r,p}s_{23}-d_{o,q}s\theta_2
$$

其中，

$$
c_{23}=\cos(\theta_2+\theta_3),\quad s_{23}=\sin(\theta_2+\theta_3)
$$

由式 (3.51)，可得 θ_1

$$
\theta_1=\tan^{-1}\left(\frac{p_2^0}{p_1^0}\right)\pm\tan^{-1}\left(\frac{d_{q,r}}{\sqrt{(p_1^0)^2+(p_2^0)^2-d_{q,r}^2}}\right)
$$

接下来，将式（3.49）至式（3.51）的平方相加得出

$$(p_1^0)^2+(p_2^0)^2+(p_3^0)^2=d_{o,q}^2+d_{q,r}^2+d_{r,p}^2+2d_{o,q}d_{r,p}c\theta_3$$

可以求出

$$c\theta_3=\frac{(p_1^0)^2+(p_2^0)^2+(p_3^0)^2-d_{o,q}^2-d_{q,r}^2-d_{r,p}^2}{2d_{o,q}d_{r,p}}$$

其中，$s\theta_3=\sqrt{1-(c\theta_3)^2}$ 和 $\tan\theta_3=\left(\frac{s\theta_3}{c\theta_3}\right)$。如果定义 d 为

$$d^2=(p_1^0)^2+(p_2^0)^2+(p_3^0)^2-d_{q,r}^2$$

然后

$$c\theta_3^2=\frac{(d^2-d_{o,q}^2-d_{r,p}^2)^2}{(2d_{o,q}d_{r,p})^2},\quad s\theta_3=\frac{\sqrt{(2d_{o,q}d_{r,p})^2-(d^2-d_{o,q}^2-d_{r,p}^2)^2}}{2d_{o,q}d_{r,p}}$$

和

$$\begin{aligned}\tan\theta_3&=\frac{\sqrt{(2d_{o,q}d_{r,p})^2-(d^2-d_{o,q}^2-d_{r,p}^2)^2}}{d^2-d_{o,q}^2-d_{r,p}^2}\\&=\frac{\sqrt{(2d_{o,q}d_{r,p}+d^2-d_{o,q}^2-d_{r,p}^2)(2d_{o,q}d_{r,p}-d^2+d_{o,q}^2+d_{r,p}^2)}}{d^2-d_{o,q}^2-d_{r,p}^2}\\&=\frac{\sqrt{(d^2-[d_{o,q}-d_{r,p}]^2)(-d^2+[d_{o,q}+d_{r,p}]^2)}}{d^2-d_{o,q}^2-d_{r,p}^2}\end{aligned}$$

最后，从式（3.49）和式（3.50），可以通过等式定义 P 和 Q

$$\begin{aligned}p&=\underbrace{(c\theta_1c\theta_2p_1^0+s\theta_1c\theta_2p_2^0-s\theta_2p_3^0)}_{1(a)}p_3^0+\\&\quad\underbrace{(-c\theta_1s\theta_2p_1^0-s\theta_1s\theta_2p_2^0-c\theta_2p_3^0)}_{1(b)}(c\theta_1p_1^0+s\theta_1p_2^0)\\&=((p_3^0)^2+(c\theta_1p_1^0+s\theta_1p_2^0)^2)s\theta_2\\&=-p_3^0(d_{r,p}c\theta_3+d_{o,q})-d_{r,p}s\theta_3(c\theta_1p_1^0+s\theta_1p_2^0)\end{aligned}$$

和

$$\begin{aligned}Q&=\underbrace{(c\theta_1c\theta_2p_1^0+s\theta_1c\theta_2p_2^0-s\theta_2p_3^0)}_{1(a)}(c\theta_1p_1^0+s\theta_1p_2^0)+\\&\quad\underbrace{(-c\theta_1s\theta_2p_1^0-s\theta_1s\theta_2p_2^0-c\theta_2p_3^0)}_{1(b)}(-p_3^0)\\&=((p_3^0)^2+(c\theta_1p_1^0+s\theta_1p_2^0)^2)c\theta_2\\&=-p_3^0(d_{r,p}s\theta_3)+(d_{r,p}c\theta_3+d_{o,q})(c\theta_1p_1^0+s\theta_1p_2^0)\end{aligned}$$

结果是，

$$\theta_2=\tan^{-1}\left(\frac{p}{Q}\right)$$ ◀

本书中采用的分析技术是基于这样一个事实：许多商业上可买到的机械手末端是一个带有有效载荷或工具的球形手腕。此通用拓扑结构允许将逆向运动学问题分解为两个子问题：(i) 定位手腕中心，(ii) 通过手腕确定末端执行器的姿态。将一般的逆向运动学问题分解为定位手腕中心和定向工具坐标系的独立问题，称为运动学解耦（kinematic decoupling）。

例 3.12 和例 3.13 说明了六自由度机械手的此过程。

例 3.12 本例说明了运动学解耦是如何大大简化逆向运动学问题的求解的。六自由度机器人的解析解难以构造，但将其分解为两个独立的三自由度问题就变得易于处理。

手腕点 w 在图 3-31 中的位置，它有相对于坐标系 i 的齐次变换矩阵 $\boldsymbol{w}^i$，它的位置不依赖于后三个关节的旋转角度，因此，

$$\boldsymbol{w}^0=\boldsymbol{H}_3^0\boldsymbol{w}^3=\boldsymbol{H}_3^0\begin{bmatrix}0\\0\\d_4\\1\end{bmatrix}$$

$$\boldsymbol{w}^0=\boldsymbol{p}^0-\boldsymbol{d}_{w,p}\Rightarrow\boldsymbol{w}^0=\begin{bmatrix}p_1^0\\p_2^0\\p_3^0\\1\end{bmatrix}-\begin{bmatrix}\boldsymbol{R}_6^0\begin{bmatrix}0\\0\\d_6\end{bmatrix}\\1\end{bmatrix}$$

$$=\begin{bmatrix}p_1^0-d_6a_x\\p_2^0-d_6a_y\\p_3^0-d_6a_z\\1\end{bmatrix}=\begin{bmatrix}w_1^0\\w_2^0\\w_3^0\\1\end{bmatrix}$$

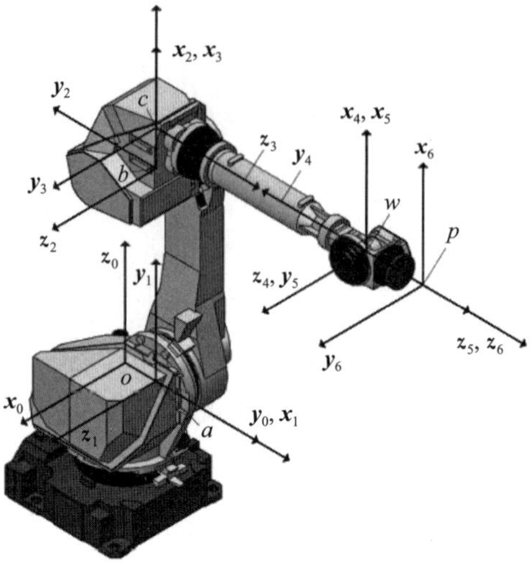

图 3-31　FANUC 机器人

通过将上述两个方程等价，得到三个标量方程，三个未知数 θ_1，θ_2 和 θ_3 即可求解。

不过，通过先乘以逆矩阵 $\boldsymbol{H}_1^0$，可以得到更简单的方程。从

$$(\boldsymbol{H}_1^0)^{-1}\boldsymbol{w}^0=\boldsymbol{H}_3^1\boldsymbol{w}^3$$

产生

$$w_1^0c1+w_2^0s1-a_1=a_2c2+a_3c23+d_4s23$$
$$w_3^0=a_2s2+a_3s23-d_4c23$$
$$w_1^0s1-w_2^0c1=0$$

首先，通过求解第三个方程，得到

$$\theta_1^1=A\tan2\left(\frac{w_2^0}{w_1^0}\right)\quad 和\quad \theta_1^2=\theta_1^1+180^\circ$$

θ_1^1 是前向转动解 θ_1^2 是后向转动解。由于机械约束，第二种方案对该机械手不可行。接下来，通过解前两个方程，θ_2 和 θ_3 将从以下表达式中得到

$$\theta_3=2A\tan2\left(\frac{d_4\pm\sqrt{d_4^2+a_3^2-\left(\frac{(w_1^0c1+w_2^0s1-a_1)^2+(w_3^0)^2-a_2^2-a_3^2-d_4^2}{2a_2}\right)^2}}{a_3+\frac{(w_1^0c1+w_2^0s1-a_1)^2+(w_3^0)^2-a_2^2-a_3^2-d_4^2}{2a_2}}\right)$$

θ_3 的两个解对应完全拉伸和折回的构型。如果没有真正的根，则无法到达指定的腕部点位置。然后，

$$\theta_2=A\tan2\left(\frac{\sin\theta_2}{\cos\theta_2}\right)$$

其中，

$$\cos\theta_2=\frac{(w_1^0c1+w_2^0s1-a_1)(a_2+a_3c3+d_4s3)+w_3^0(a_3s3-d_4c3)}{(a_2+a_3c3+d_4s3)^2+(a_3s3-d_4c3)^2}$$

$$\sin\theta_2=\frac{w_3^0-(a_3s3-d_4c3)\cos\theta_2}{(a_2+a_3c3+d_4s3)}$$

给定手腕位置点，在数学上最多有四种可能的手臂构型。由于机械限制，仅其中两个可行。

接下来，当求解最后三个关节时，$\boldsymbol{H}_6^3$ 是已知的，正向运动学方程可以转换为方程

$$\boldsymbol{H}_6^3=(\boldsymbol{H}_3^0)^{-1}\boldsymbol{H}_6^0$$

将上述等式两边的矩阵的（3，3）元素等价化，就得到了这样的结果

$$\cos\theta_5=(a_x c1s23+a_y s1s23-a_z c23)$$

$$\sin\theta_5=\pm\sqrt{1-(a_x c1s23+a_y s1s23-a_z c23)^2}$$

因此，一般对于每一组 θ_1，θ_2 和 θ_3，θ_5 有两个解

$$\theta_5=\pm A\tan2\left(\frac{s5}{c5}\right)$$

将齐次变换的（1，3）和（2，3）元素在等式两边等价给出

$$\cos\theta_4=\frac{a_x c1c23+a_y s1c23+a_z s23}{s5}$$

$$\sin\theta_4=\frac{a_x s1-a_y c1}{s5}$$

因此，对应于的每一组解 θ_1，θ_2，θ_3 和 θ_5，θ_4 有唯一解

$$\theta_4=A\tan2\left(\frac{s4}{c4}\right)$$

类似地，将元素（3，1）和元素（3，2）等同起来，会得到

$$\cos\theta_6=-\frac{n_x c1s23+n_y s1s23-n_z c23}{s5}$$

$$\sin\theta_6=\frac{o_x c1s23+o_y s1s23-0_z c23}{s5}$$

因此，对应于每一组解 θ_1，θ_2，θ_3 和 θ_5，θ_6 有唯一解

$$\theta_6=A\tan2\left(\frac{s6}{c6}\right)$$

当 $\theta_5=0$ 或者 π，由于第六关节轴 $\boldsymbol{z}_5$ 与第四关节轴 $\boldsymbol{z}_3$ 对齐，使得 θ_4 和 θ_6 不独立（这是运动简并的一个例子）。在这种情况下，其中一个可以任意设置为 0。例如，设置 $\theta_4=0$，θ_6 可以从方程中的元素（1，1）和（2，1）中唯一地得到

$$(c1c23)\cos\theta_6+s1\sin\theta_6=n_x$$

$$(s1c23)\cos\theta_6-c1\sin\theta_6=n_y$$

总之，对于前三个关节的每个解决方案集，有两种可能的手腕构型。因此，在数学上总共有 8 种构型是可能的。然而，由于物理限制，只有四个是可行的。当 $\theta_5=0$ 或者 π，腕部为奇异构型，只能计算 θ_4 和 θ_6 的和差。 ◀

例 3.13 本例求解了图 3-46 所示的球形机器人机械手的逆向运动学问题，其中在最初的三个连杆上增加了球形手腕。假设工具坐标系的期望位置和姿态是根据以下公式给定的齐次变换矩阵 $\boldsymbol{H}$ 定义的

$$\boldsymbol{H}_n^0(q_1\cdots q_N)=\boldsymbol{H}=\begin{bmatrix}\boldsymbol{R} & \boldsymbol{d}\\ \boldsymbol{0}^{\mathrm{T}} & 1\end{bmatrix}=\begin{bmatrix}\begin{bmatrix}r_{11} & r_{12} & r_{13}\\ r_{21} & r_{22} & r_{23}\\ r_{31} & r_{32} & r_{33}\end{bmatrix} & \begin{Bmatrix}d_1\\ d_2\\ d_3\end{Bmatrix}\\ 0\quad 0\quad 0 & 1\end{bmatrix}$$

当使用 DH 约定来表示机器人的运动学时，给出了从坐标系 3 到坐标系 0 的齐次变换

$$H_3^0=\begin{bmatrix}R_3^0 & d_{0,3}^0\\ 0^T & 1\end{bmatrix} \tag{3.52}$$

而从工具坐标系到坐标系 3

$$H_6^3=\begin{bmatrix}R_6^3 & d_{3,6}^3\\ 0^T & 1\end{bmatrix}$$

从工具坐标系到 0 坐标系的齐次变换 H_6^0 可以表示为

$$H_6^0=H_3^0H_6^3=\begin{bmatrix}R_3^0 & d_{0,3}^0\\ 0^T & 1\end{bmatrix}\begin{bmatrix}R_6^3 & d_{3,6}^3\\ 0^T & 1\end{bmatrix}=\begin{bmatrix}R_3^0R_6^3 & (R_3^0d_{3,6}^3+d_{0,3}^0)\\ 0^T & 1\end{bmatrix}=\begin{bmatrix}R_6^0 & d_{0,6}^0\\ 0^T & 1\end{bmatrix}$$

通过对机械手的观察，可以得出 $d_{3,6}^3=0$，它遵循，

$$d_{0,6}^0=d_{0,3}^0=\begin{Bmatrix}d_{p,q}\cos\theta_1\sin\theta_2\\ d_{p,q}\sin\theta_1\sin\theta_2\\ d_{o,p}-d_{p,q}\cos\theta_2\end{Bmatrix}=\begin{Bmatrix}d_1\\ d_2\\ d_3\end{Bmatrix}$$

当 $p=q$，通过对向量 $d_{0,6}^0$ 的模计算可得

$$d_{p,q}^2\cos^2\theta_1\sin^2\theta_2+d_{p,q}^2\sin^2\theta_1\sin^2\theta_2+d_{p,q}^2\cos^2\theta_2=d_1^2+d_2^2+(d_3-d_{o,p})^2$$

因此，根据给定参数计算轴向延伸量 $d_{p,q}$ 为

$$d_{p,q}=\sqrt{d_1^2+d_2^2+(d_3-d_{o,p})^2}$$

因此，角 θ_2 可以从第三项中计算出来

$$\theta_2=\cos^{-1}((d_{o,p}-d_3)/d_{p,q})$$

角 θ_1 是由向量 $d_{0,6}^0$ 的第一个分量计算出来得出

$$\theta_1=\cos^{-1}(d_1/(d_{p,q}\sin\theta_2))$$

这样就完成了定位与坐标系 3 的原点重合手腕中心的子问题的解决方案。接下来是确定将工具坐标系定向在所需姿态的关节角度的任务。要求

$$R_3^0R_6^3=R \tag{3.53}$$

然而，由于这个问题是运动学解耦（kinematically decoupled）的，旋转矩阵 R_3^0 是角度 θ_1 和 θ_2 的函数，

$$R_3^0=R_3^0(\theta_1,\ \theta_2)$$

矩阵 R_6^3 是角度 θ_4，θ_5 和 θ_6 的函数

$$R_6^3:=R_6^3(\theta_4,\ \theta_5,\ \theta_6)$$

由于 θ_1 和 θ_2 已经确定，式（3.53）可以预先乘以该矩阵

$$R_6^3=(R_3^0)^TR:=\overline{R}:=\begin{bmatrix}\overline{r}_{11} & \overline{r}_{12} & \overline{r}_{13}\\ \overline{r}_{21} & \overline{r}_{22} & \overline{r}_{23}\\ \overline{r}_{31} & \overline{r}_{23} & \overline{r}_{33}\end{bmatrix}$$

一个新的旋转矩阵 $\overline{R}:=(R_3^0)^TR$ 在这个方程中定义，矩阵 $\overline{R}$ 中的所有元素都是已知的。根据定义，矩阵方程可以被分解成

$$R_6^3=R_4^3(\theta_4)R_5^4(\theta_5)R_6^5(\theta_6)=\overline{R}$$

其中

$$R_4^3=\begin{bmatrix}\cos\theta_4 & 0 & -\sin\theta_4\\ \sin\theta_4 & 0 & \cos\theta_4\\ 0 & -1 & 0\end{bmatrix},\ R_5^4=\begin{bmatrix}\cos\theta_5 & 0 & \sin\theta_5\\ \sin\theta_5 & 0 & -\cos\theta_5\\ 0 & 1 & 0\end{bmatrix},\ R_6^5=\begin{bmatrix}\cos\theta_6 & -\sin\theta_6 & 0\\ \sin\theta_6 & \cos\theta_6 & 0\\ 0 & 0 & 1\end{bmatrix}$$

对等式两边进行预相乘矩阵 $(\boldsymbol{R}_4^3)^{\mathrm{T}}$ 可得

$$\begin{bmatrix}\cos\theta_5\cos\theta_6 & -\cos\theta_5\sin\theta_6 & \sin\theta_5\\ \sin\theta_5\cos\theta_6 & -\sin\theta_5\sin\theta_6 & -\cos\theta_5\\ \sin\theta_6 & \cos\theta_6 & 0\end{bmatrix}=\begin{bmatrix}\cos\theta_4 & \sin\theta_4 & 0\\ 0 & 0 & -1\\ -\sin\theta_4 & \cos\theta_4 & 0\end{bmatrix}\begin{bmatrix}\bar{r}_{11} & \bar{r}_{12} & \bar{r}_{13}\\ \bar{r}_{21} & \bar{r}_{22} & \bar{r}_{23}\\ \bar{r}_{31} & \bar{r}_{32} & \bar{r}_{33}\end{bmatrix} \tag{3.54}$$

$$=\begin{bmatrix}(\bar{r}_{11}\cos\theta_4+\bar{r}_{21}\sin\theta_4) & (\bar{r}_{12}\cos\theta_4+\bar{r}_{22}\sin\theta_4) & (\bar{r}_{13}\cos\theta_4+\bar{r}_{23}\sin\theta_4)\\ -\bar{r}_{31} & -\bar{r}_{32} & -\bar{r}_{33}\\ (-\bar{r}_{11}\sin\theta_4+\bar{r}_{21}\cos\theta_4) & (-\bar{r}_{12}\sin\theta_4+\bar{r}_{22}\cos\theta_4) & (-\bar{r}_{13}\sin\theta_4+\bar{r}_{23}\cos\theta_4)\end{bmatrix} \tag{3.55}$$

由矩阵式（3.54）的（2，3）项可求出角度 θ_5

$$\theta_5=\cos^{-1}(\bar{r}_{33})$$

然后用（2，1）项来确定角度 θ_6

$$\theta_6=\cos^{-1}(-\bar{r}_{31}/\sin\theta_5)$$

角 θ_4 可由式（3.54）的后乘 $(\overline{\boldsymbol{R}})^{\mathrm{T}}$ 得到，

$$\begin{bmatrix}\cos\theta_5\cos\theta_6 & -\cos\theta_5\sin\theta_6 & \sin\theta_5\\ \sin\theta_5\cos\theta_6 & -\sin\theta_5\sin\theta_6 & -\cos\theta_5\\ \sin\theta_6 & \cos\theta_6 & 0\end{bmatrix}\begin{bmatrix}\bar{r}_{11} & \bar{r}_{21} & \bar{r}_{31}\\ \bar{r}_{12} & \bar{r}_{22} & \bar{r}_{32}\\ \bar{r}_{13} & \bar{r}_{23} & \bar{r}_{33}\end{bmatrix}=\begin{bmatrix}\cos\theta_4 & \sin\theta_4 & 0\\ 0 & 0 & -1\\ -\sin\theta_4 & \cos\theta_4 & 0\end{bmatrix}$$

计算左侧矩阵的乘积时，所得矩阵乘积的（1，1）项产生

$$\theta_4=\cos^{-1}\left(\left[\cos\theta_5\cos\theta_6-\cos\theta_5\sin\theta_6\sin\theta_5\right]\begin{bmatrix}\bar{r}_{11}\\ \bar{r}_{12}\\ \bar{r}_{13}\end{bmatrix}\right)$$

$$=\cos^{-1}(\bar{r}_{11}\cos\theta_5\cos\theta_6-\bar{r}_{12}\cos\theta_5\sin\theta_6+\bar{r}_{13}\sin\theta_5\sin\theta_6)$$

此步骤完成了寻找将工具坐标系定位在指定姿态时对应的关节角度的子问题。上面的过程表明解决方法不是唯一的。可以导出运动变量的其他等效表达式。例如，角度 6 可以改为从矩阵式（3.54）的（2，2）项得出

$$\theta_6=\sin^{-1}(\bar{r}_{32}/\sin\theta_5)$$

这是逆向运动学问题解析解的一个共同特点。◀

3.5.2.2 几何方法

另一种生成运动学链的逆向运动学解析模型的方法是几何方法。在许多运动学链中，可以使用基于机器人结构的几何和/或三角恒等式找到一个或多个运动学变量的方程。在这个过程中使用的一般恒等式包括正弦和余弦定律以及勾股定理。然而，这种方法完全依赖于给定的运动链的几何形状，不能推广到一个系统的自动分析算法。例 3.14 是一个三自由度运动链的几何分析例子。

例 3.14 采用几何方法确定三自由度机械手的逆向运动学，如图 3-32 所示。假设末端执行器坐标（x_e，y_e，z_e）给定。

解： 首先，θ_1 可以通过末端执行器点在 x，y 平面上的投影来计算，如图 3-33 所示。末端执行器位置的 x，y 坐标可以用参数方程表示

$$x_e=r_{xy}\cos\theta_1 \tag{3.56}$$

$$y_e=r_{xy}\sin\theta_1 \tag{3.57}$$

其中 $r_{xy}=(x_e^2+y_e^2)^{0.5}$ 是 x，y 平面投影的大小。这些参数方程的第四象限表达式

$$\theta_1=\mathrm{Atan2}(y_e, x_e) \tag{3.58}$$

其中 Atan2 是第四象限反正切函数。该函数利用 y_e，x_e 的符号来确定商的反正切角的适

当象限。对于 θ_1 的第二个解也可以是

$$\theta_1=180°+\mathrm{Atan2}(y_e,\ x_e) \tag{3.59}$$

如图 3-33 所示，这样做需要一个较大的 θ_2 来使手臂旋转超过 90°，以指向正确的方向。这一观察还表明，θ_2 和 θ_3 的进一步解取决于 θ_1 的值。因此，求解剩余关节角度时，必须分别考虑这两种情况。确定与给定值 θ_1 相关联的 θ_2 和 θ_3 的值。

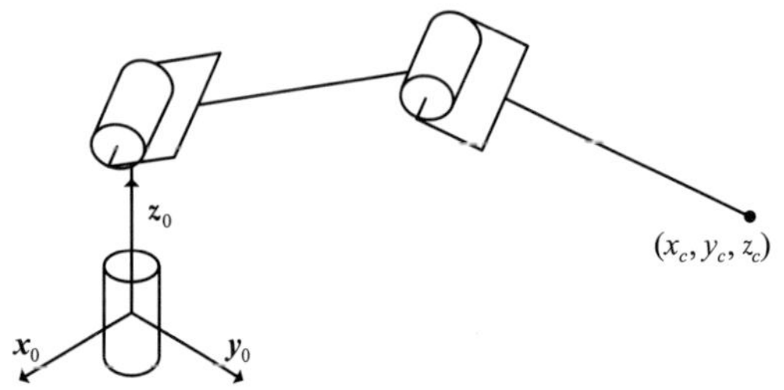

图 3-32　肘型机械手

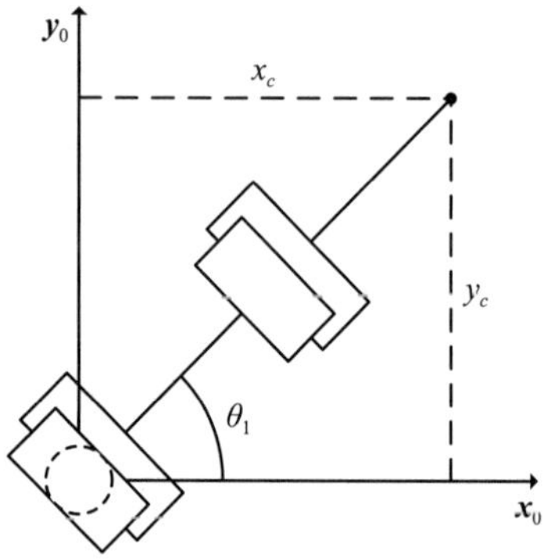

图 3-33　计算 θ_1 的 x，y 平面投影

如果出现特殊情况 $x_e=y_e=0$。以上两个解在这种情况下都是无效的，这意味着逆向运动学无法求解。这是一个奇异点的例子，将在 3.5.4 节中讨论。

假设计算出 θ_1 两个有效值，继续考虑由关节 2 和关节 3 构成的平面运动链，如图 3-34 所示。在平面内，末端必须到达点（r_e，z_e）。如图 3-34 所示，有两种可能的配置可以将末端执行器放置在需要的位置。

图 3-35 展示了对给定的一个 θ_1 值，末端达到期望点时的两组关节值（$\theta_{2,a}$，$\theta_{3,a}$）和（$\theta_{2,b}$，$\theta_{3,b}$），首先，距离 r_{xyz} 和角度 γ 可以用以下的表达式表示

$$r_{xyz}=(r_{xy}^2+z_e^2)^{0.5} \tag{3.60}$$

$$\gamma=\mathrm{Atan2}(z_e,\ r_{xy}) \tag{3.61}$$

然后，用余弦定理求出角 β

$$L_3^2=r_{xyz}^2+L_2^2-2r_{xyz}L_2\cos\beta$$

$$\cos\beta=\frac{r_{xyz}^2+L_2^2-L_3^2}{2r_{xyz}L_2}$$

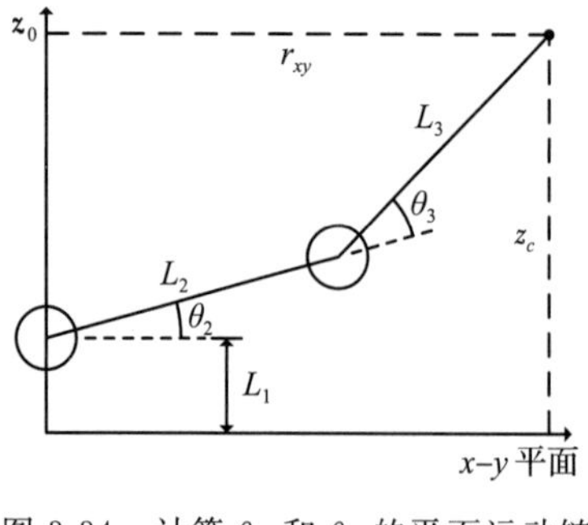

图 3-34　计算 θ_2 和 θ_3 的平面运动链

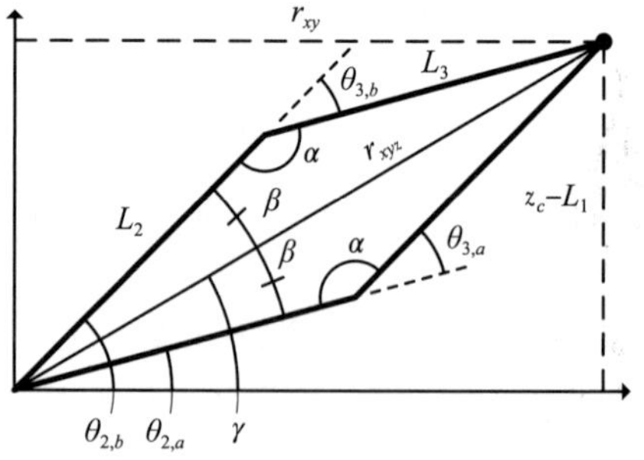

图 3-35　θ_2 和 θ_3 的三角函数分析

利用余弦值，可以确定给定系统几何形状的适当值 β。利用 γ 和 β，θ_2 的两个值可以计算得

$$\theta_2=\gamma\pm\beta \tag{3.62}$$

为了计算 θ_3，角度 α 可以用正弦定理计算，

$$\frac{\sin\alpha}{r_{xyz}}=\frac{\sin\beta}{L_3} \tag{3.63}$$

利用正弦值，可以确定给定系统几何形状的适当值 β。然后利用给定的 θ_2，则可以计算出 θ_3

$$\theta_3=\pm(180°-\alpha) \tag{3.64}$$

◀

3.5.3 优化方法

最后的算例表明，运动学解耦可以通过解析方法导出逆向运动学问题的解。但仍有许多其他的机器人系统和运动学逆问题不适合解析解。这些问题通常可以通过使用数值技术来近似求解优化问题来解决。有大量的文献研究这些技术，在本科课程中，大多数数值方法课程都包括一些基础知识的讨论。本书将不涉及基础数值算法的详细内容，而是集中于以规范形式描述逆向运动学问题。任何一种标准方法都可以用来近似求解逆向运动学问题。

与本书有关的最优化理论（optimization theory）的经典问题是寻找实值函数 $J:\mathbb{R}^N\rightarrow\mathbb{R}$ 的极值关于某容许子集 $\mathcal{Q}\subseteq\mathbb{R}^N$。函数 J 的极值是函数具有局部极小或局部极大值，或具有拐点的点集。向量 $\boldsymbol{q}^*\in\mathcal{Q}$ 如果存在包含 $\boldsymbol{q}^*$ 的邻域 $\mathcal{N}$，则称为 J 的局部极小值（local minimizer）。

$$J(\boldsymbol{q}^*)\leqslant J(\boldsymbol{q}) \tag{3.65}$$

对于所有的 $\boldsymbol{q}\in\mathcal{N}\subseteq\mathcal{Q}$。如果邻域 $\mathcal{N}$ 可以取为 $\mathcal{Q}$ 的全部，$\boldsymbol{q}^*$ 则是函数 J 相对于 $\mathcal{Q}$ 的全局最小值（global minimizer）。有以下形式

$$\boldsymbol{q}^*=\underset{\boldsymbol{q}\in\mathcal{N}}{\operatorname{argmin}}J(\boldsymbol{q}) \tag{3.66}$$

可用于指定邻域 $\mathcal{N}$ 上 J 的最小值。式（3.65）或式（3.66）描述了一个约束优化（constrained optimization）问题。它要求极值 $\boldsymbol{q}^*$ 在可行域 $\mathcal{Q}\subseteq\mathbb{R}^N$ 内存在。如果可行域设定为 $\mathcal{Q}\equiv\mathbb{R}^N$，该问题是一个无约束优化问题（unconstrained optimization problem）。一个给定函数 J 的极值何时存在以及何时唯一的一般条件可能非常复杂。描述这类优化（optimization）问题解的方程的推导也可以在文献中找到。感兴趣的学生可以参考大量关于这个主题的好的参考资料，典型的是文献［35］或文献［47］。本书的目的是将运动学反问题转化为式（3.65）或式（3.66）。

提出逆向运动学问题作为一个优化问题的第一步是定义一个必须优化的适当的误差或成本函数。例如，求解一个逆向运动学问题并找出关节变量 q_1，…，q_N，使得固定在机器人上 p 点移动到惯性系中的某个期望点 p_d 上，成本函数 J 可以定义为

$$J(\boldsymbol{q}):=\frac{1}{2}\|\boldsymbol{r}^o_{o,p}(\boldsymbol{q})-\boldsymbol{r}^o_{o,p_d}\|^2=\frac{1}{2}(\boldsymbol{r}^o_{o,p}(\boldsymbol{q})-\boldsymbol{r}^o_{o,p_d})^{\mathrm{T}}(\boldsymbol{r}^o_{o,p}(\boldsymbol{q})-\boldsymbol{r}^o_{o,p_d})$$

在这个表达式中，点 p 在机器人上的位置 $\boldsymbol{r}^0_{0,p}:=\boldsymbol{r}^0_{0,p}(\boldsymbol{q})$ 依赖于关节变量 $\boldsymbol{q}$ 的值，但是期望点 $\boldsymbol{r}^0_{0,p_d}$ 的位置不依赖于关节变量 $\boldsymbol{q}$ 的值。这种二次函数在应用中很常见，但也可以使用许多替代函数。一般来说，一个好的成本函数是这样构造的

（1）是未知数 $\boldsymbol{q}$ 的可微函数，

（2）非负的，

（3）在期望的构型上有一个最小值。

理想情况下，最小值是唯一的，但许多逆向运动学问题有多种可能的解决方案。例 3.15 就是这种类型。如果可能，选择可微成本函数，因为已经开发了许多算法，可以利用导数逼

近极值问题的解。一般来说，平滑的成本函数导致更有效的解决方案。与非光滑函数相比，光滑函数优化的理论和数值方法的集合更加成熟和完善。此外，成本函数通常可以根据已经为机器人系统开发的专用运动学公式有效地表达。如果 $\boldsymbol{p}^N$ 是点 p 于工具坐标系 N 中的齐次坐标并且 $\boldsymbol{p}_d^0$ 为目标点 p_d 在地面坐标系中的齐次坐标，成本函数 J 可以写成

$$J(\boldsymbol{q}):=\frac{1}{2}(\boldsymbol{H}_N^0(\boldsymbol{q})\boldsymbol{p}^N-\boldsymbol{p}_d^0)^{\mathrm{T}}(\boldsymbol{H}_N^0(\boldsymbol{q})\boldsymbol{p}^N-\boldsymbol{p}_d^0)$$

对于这种成本函数的选择，逆向运动学的问题就是寻找问题 $\boldsymbol{q}^*\in\mathcal{Q}$，其中

$$\boldsymbol{q}^*=\underset{\boldsymbol{q}\in\mathcal{N}}{\operatorname{argmin}}J(\boldsymbol{q})$$

对于某个邻域 $\mathcal{N}\subseteq\mathcal{Q}$，其中 $\mathcal{Q}$ 是可容许关节变量的集合。

例 3.15 本例分析了使用复杂机器人系统优化问题的标准数值技术解决逆向运动学问题的一些固有困难。再次考虑图 1-25 中的扑翼机器人系统。假设在飞行中，用高速摄影机收集了固定在鸟类翅膀上的光反射标记的轨迹。导出一个优化问题，其解可以产生诱导机翼运动的关节角。讨论在这个逆向运动学问题的数值解中可能遇到的任何潜在困难。

解： 当用 DH 方法来表示扑翼机器人的运动学时，以下四个齐次变换关系到机体固定坐标系 0，1，2，3，4：

$$\boldsymbol{H}_1^0(\theta_1)=\begin{bmatrix}\begin{bmatrix}\cos\theta_1 & 0 & \sin\theta_1\\ \sin\theta_1 & 0 & -\cos\theta_1\\ 0 & 1 & 0\end{bmatrix} & \begin{Bmatrix}0\\0\\d_{o,p}\end{Bmatrix}\\ 0\quad 0\quad 0 & 1\end{bmatrix}$$

$$\boldsymbol{H}_2^1(\theta_2)=\begin{bmatrix}\begin{bmatrix}\cos\theta_2 & -\sin\theta_2 & 0\\ \sin\theta_2 & \cos\theta_2 & 0\\ 0 & 0 & 1\end{bmatrix} & \begin{Bmatrix}\cos\theta_2 d_{p,q}\\ \sin\theta_2 d_{p,q}\\ 0\end{Bmatrix}\\ 0\quad 0\quad 0 & 1\end{bmatrix}$$

$$\boldsymbol{H}_3^2(\theta_3)=\begin{bmatrix}\begin{bmatrix}\cos\theta_3 & -\sin\theta_3 & 0\\ \sin\theta_3 & \cos\theta_3 & 0\\ 0 & 0 & 1\end{bmatrix} & \begin{Bmatrix}\cos\theta_3 d_{q,r}\\ \sin\theta_3 d_{q,r}\\ 0\end{Bmatrix}\\ 0\quad 0\quad 0 & 1\end{bmatrix}$$

$$\boldsymbol{H}_4^3(\theta_4)=\begin{bmatrix}\begin{bmatrix}\cos\theta_4 & -\sin\theta_4 & 0\\ \sin\theta_4 & \cos\theta_4 & 0\\ 0 & 0 & 1\end{bmatrix} & \begin{Bmatrix}\cos\theta_4 d_{r,s}\\ \sin\theta_4 d_{r,s}\\ 0\end{Bmatrix}\\ 0\quad 0\quad 0 & 1\end{bmatrix}$$

可以定义一个误差函数来测量固定在机翼上的位置与理想的、实验测量的位置之间的距离。假设实验中观察到的这些点是 2、3、4 坐标系的原点，或者点 q，r 和 s，众所周知

$$\boldsymbol{q}^0=\boldsymbol{H}_1^0(\theta_1)\boldsymbol{H}_2^1(\theta_2)\boldsymbol{q}^2=\boldsymbol{H}_1^0(\theta_1)\boldsymbol{H}_2^1(\theta_2)\begin{Bmatrix}0\\0\\0\\1\end{Bmatrix}$$

$$\boldsymbol{r}^0=\boldsymbol{H}_1^0(\theta_1)\boldsymbol{H}_2^1(\theta_2)\boldsymbol{H}_3^2(\theta_3)\boldsymbol{r}^3=\boldsymbol{H}_1^0(\theta_1)\boldsymbol{H}_2^1(\theta_2)\boldsymbol{H}_3^2(\theta_3)\begin{Bmatrix}0\\0\\0\\1\end{Bmatrix}$$

$$\boldsymbol{s}^0=\boldsymbol{H}_1^0(\theta_1)\boldsymbol{H}_2^1(\theta_2)\boldsymbol{H}_3^2(\theta_3)\boldsymbol{H}_4^3(\theta_3)\boldsymbol{s}^4=\boldsymbol{H}_1^0(\theta_1)\boldsymbol{H}_2^1(\theta_2)\boldsymbol{H}_3^2(\theta_3)\boldsymbol{H}_4^3(\theta_4)\begin{Bmatrix}0\\0\\0\\1\end{Bmatrix}$$

其中，$\boldsymbol{q}^0$，$\boldsymbol{r}^0$ 和 $\boldsymbol{s}^0$ 是点 q，r 和 s 于坐标系 0 中的齐次变换矩阵，$\boldsymbol{q}^2$，$\boldsymbol{r}^3$ 和 $\boldsymbol{s}^4$ 是点 q，r 和 s 于坐标系 2，3 和 4 中的齐次变换矩阵。通过观察，点 q，r 和 s 于坐标系 2，3，4 中有直接的表示，

$$\boldsymbol{q}^2=\boldsymbol{r}^3=\boldsymbol{s}^4=\begin{Bmatrix}0\\0\\0\\1\end{Bmatrix}$$

假设实验中收集到的坐标系 0 内 q，r 和 s 点的位置用 $\boldsymbol{q}_e^0$，$\boldsymbol{r}_e^0$ 和 $\boldsymbol{s}_e^0$ 表示，跟踪误差可以写成

$$\begin{aligned}\boldsymbol{e}_q&:=\boldsymbol{q}^0-\boldsymbol{q}_e^0\\\boldsymbol{e}_r&:=\boldsymbol{r}^0-\boldsymbol{r}_e^0\\\boldsymbol{e}_s&:=\boldsymbol{s}^0-\boldsymbol{s}_e^0\end{aligned}$$

一种可能且常用的误差度量方法是加权二次代价函数

$$e:=\frac{1}{2}\sum_{i=q,\ r,\ s}w_i\boldsymbol{e}_i^{\mathrm{T}}\boldsymbol{e}_i$$

其中当对 $i=q$，r，s 进行求和时，每个点 $i=q$，r，s 的权值 w_i 为正。由于误差测量是实二次项的和，所以误差总是非负的，只有当点 q，r，s 的位置与实验测量的位置完全匹配时，误差测量才等于零。$i=q$，r，s 的权值 w_i 使分析人员能够强调在匹配 q，r，s 的位置时对总误差的贡献。

当齐次变换的定义被代入总误差方程时，

$$\begin{aligned}e:=e\begin{pmatrix}\theta_1\\\theta_2\\\theta_3\\\theta_4\end{pmatrix}=&\frac{1}{2}w_q\left(\boldsymbol{H}_1^0(\theta_1)\boldsymbol{H}_2^1(\theta_2)\begin{Bmatrix}0\\0\\0\\1\end{Bmatrix}-\boldsymbol{q}_e^0\right)\cdot\left(\boldsymbol{H}_1^0(\theta_1)\boldsymbol{H}_2^1(\theta_2)\begin{Bmatrix}0\\0\\0\\1\end{Bmatrix}-\boldsymbol{q}_e^0\right)+\\&\frac{1}{2}w_T\left(\boldsymbol{H}_1^0(\theta_1)\boldsymbol{H}_2^1(\theta_2)\boldsymbol{H}_3^2(\theta_3)\begin{Bmatrix}0\\0\\0\\1\end{Bmatrix}-\boldsymbol{r}_e^0\right)\cdot\left(\boldsymbol{H}_1^0(\theta_1)\boldsymbol{H}_2^1(\theta_2)\boldsymbol{H}_3^2(\theta_3)\begin{Bmatrix}0\\0\\0\\1\end{Bmatrix}-\boldsymbol{r}_e^0\right)+\\&\frac{1}{2}w_s\left(\boldsymbol{H}_1^0(\theta_1)\boldsymbol{H}_2^1(\theta_2)\boldsymbol{H}_3^2(\theta_3)\boldsymbol{H}_4^3(\theta_4)\begin{Bmatrix}0\\0\\0\\1\end{Bmatrix}-\boldsymbol{s}_e^0\right)\cdot\left(\boldsymbol{H}_1^0(\theta_1)\boldsymbol{H}_2^1(\theta_2)\boldsymbol{H}_3^2(\theta_3)\boldsymbol{H}_4^3(\theta_4)\begin{Bmatrix}0\\0\\0\\1\end{Bmatrix}-\boldsymbol{s}_e^0\right)\end{aligned}$$

通过几个简单的例子，可以对极小化问题解的定性特征有一些深入的了解。首先，假设

$$d_{o,p}=d_{p,q}=d_{q,r}=d_{r,s}=0.05\mathrm{m}$$

$$w_q=w_r=0$$

$$\boldsymbol{s}_e^0=\begin{Bmatrix}0.1512\\0\\0.0512\\1\end{Bmatrix}$$

$w_q=w_r=0$ 的选择意味着总误差不依赖于 s，r 点与这些点的实验观测值之间的相对误差。用这组参数求解优化问题，将得到一组使终点位置接近实验观测值的关节角。由于是典型的冗余机械臂，这个问题没有一组唯一的关节角度来最小化误差测量。在构型 A 和构型 B 时存在两组这样的最优值

$$(\theta_1^A,\ \theta_2^A,\ \theta_3^A,\ \theta_4^A)=(-3.14,\ -1.99,\ -2.45,\ 8.18)\text{rad}$$

$$(\theta_1^B,\ \theta_2^B,\ \theta_3^B,\ \theta_4^B)=(0.819,\ -2.54,\ 1.48)\text{rad}$$

这两组极小值都产生一个测量误差 e，它等于 0 到机器精度。这两种角度的选择都会导致点 s 的尖端位置与实验观察到的位置在机器精度范围内重合，如图 3-36 所示。

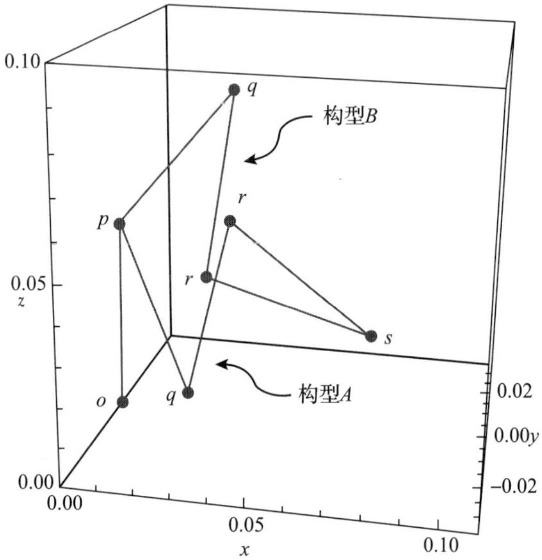

图 3-36　两个最小化误差的函数，构型 A 和 B

即使是这个简单的例子，其复杂性也是难以想象的，因为在一个四维集合中，关节角度是变化的。图 3-37 和图 3-38 描绘了沿着通过最优值的平面“切片”的误差函数的轮廓

$$e^A(\theta_2,\ \theta_4)=e(\theta_1^A,\ \theta_2,\ \theta_3^A,\ \theta_4)$$

$$e^B(\theta_2,\ \theta_4)=e(\theta_1^B,\ \theta_2,\ \theta_3^B,\ \theta_4)$$

换言之，$e^A(\theta_2,\ \theta_4)$ 描述了误差轮廓 θ_2 和 θ_4 是可变的，但是 θ_1 和 θ_3 是固定在构型 A 的最优值上的。函数 $e^B(\theta_2,\ \theta_4)$ 类似，但 θ_1 和 θ_3 是固定在 B 构型的最优值。显然，最优值位于误差函数的不同相对极小值处。更重要的是，如图 3-39 所示，这些局部优化并不是唯一的。它们是相对极小值的无限个数目。

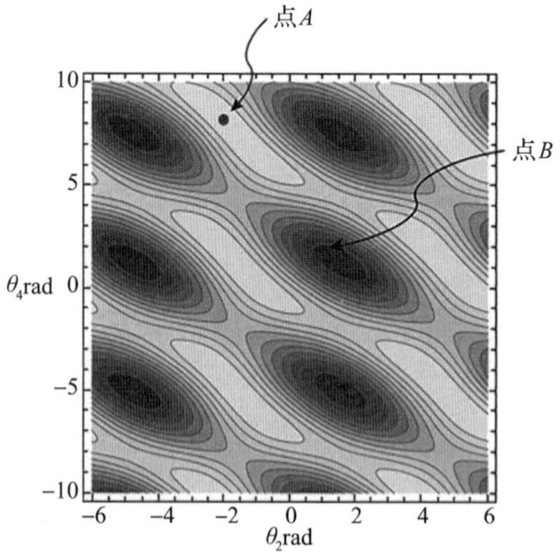

图 3-37　$e^A(\theta_2,\ \theta_4)$ 的误差等值线

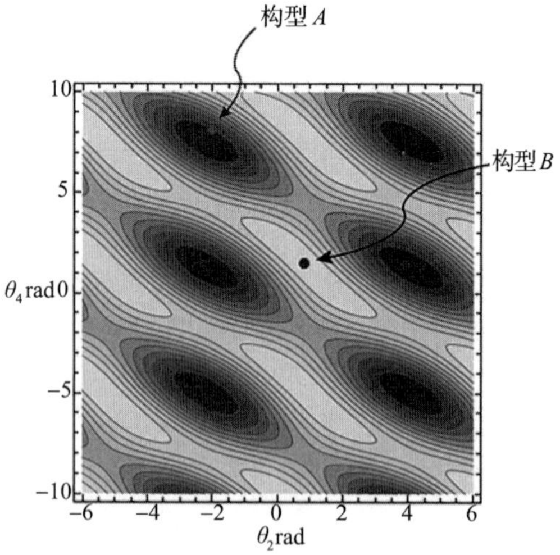

图 3-38　$e^B(\theta_2,\ \theta_4)$ 的误差等值线

图 3-39 描绘了函数 $e^B(\theta_2,\ \theta_4)$ 的曲线图，以表示被极值化的误差函数的复杂性。

第一个研究简化了误差函数的形式，使得 $w_q=w_r=0$，并且第一个例子中的误差值不依赖于点 q，r 的位置。

现在考虑一个更有趣的例子。假设实验观测到的 q，r，s 的运动轨迹服从以下关于时间 t 的规律，

$$\boldsymbol{q}_e^0(t)=\begin{Bmatrix}0.05\\0\\0.05\\1\end{Bmatrix}\mathrm{m}\quad \boldsymbol{r}_e^0(t)=\begin{Bmatrix}0.075\\0\\0.05\\1\end{Bmatrix}\mathrm{m}\quad \boldsymbol{s}_e^0(t)=\begin{Bmatrix}0.1\\0\\0.05\\1\end{Bmatrix}+\frac{0.05}{2}\begin{Bmatrix}\cos\alpha(t)\\0\\\sin\alpha(t)\\0\end{Bmatrix}\mathrm{m}$$

其中，$\alpha(t_i)=\dfrac{(i-1)}{n_i}\dfrac{\pi}{2}$，$i$ 是时间步长 t_i 的下标，有 N_s 样本数量。本例中实验观察到的 r 点轨迹是一个位于（0.075，0，0.05）的固定点。实验观测到的 s 点轨迹位于 $\boldsymbol{x}_0-\boldsymbol{z}_0$ 平面内圆心为（0.1，0，0.05）的圆弧上。实验过程中，q 点固定在点（0.05，0，0.05）。

图 3-40 所示为选取 $w_q=w_r=w_5=1$ 时，求解每一时刻逆向运动学问题的时间函数的机器人构型序列。注意，逆向运动学问题的解产生一组关节角度值，使机器人上的 q，r，s 点与其实验观测值之间的误差最小。还要注意，一般来说，这并不能保证点 q，r，s 与实验观测值完全吻合。◀

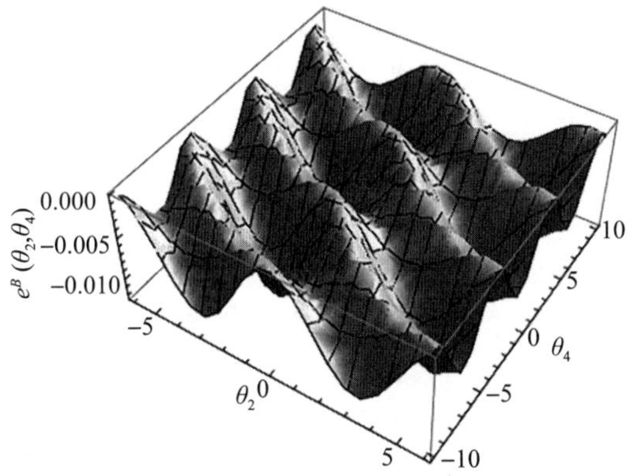

图 3-39　$e^B(\theta_2,\theta_4)$ 的分布图

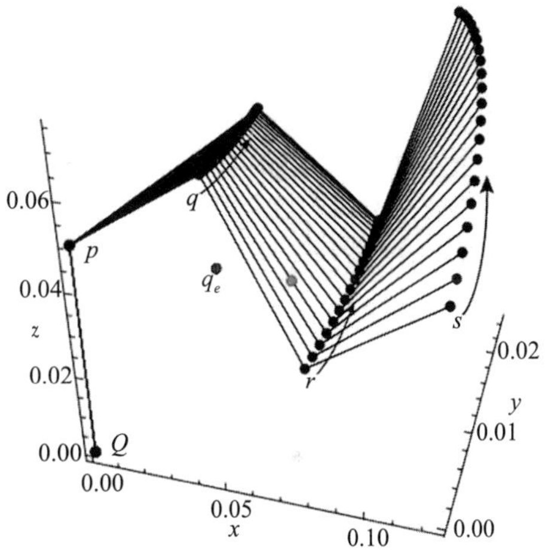

图 3-40　基于时变观测轨迹的扑翼机器人构型

3.5.4　逆速度运动学

正如逆向运动学可以计算给定末端执行器位置和姿态的关节角，逆速度运动学可以计算给定末端执行器速度和角速度对应的关节角速度。逆速度运动学问题的可解性取决于指定任务空间速度参数 m 的个数和要计算的 n 个关节速度的个数。与逆向运动学问题一样，有三种情况需要考虑：

- $m>n$，机器人没有足够数量的独立关节变量来提供所有可能的末端执行器运动。因此，逆速度运动学问题可能没有解。
- $m<n$，其中机器人拥有比生成所需末端执行器解决方案更多的自由度。因此，逆微分运动学问题有无穷多个解。和前面一样，这种情况称为冗余
- $m=n$，其中机器人拥有相同的自由度和末端执行器工作空间。

与逆向运动学不同，从关节角速度到末端执行器速度和角速度的映射是线性的。如 3.3.5 节所述，这种映射称为雅可比矩阵。当 $m=n$ 时，雅可比矩阵是方阵。如果这个矩阵的行列式是非零的，那么这个矩阵就是可逆的，从而为关节角速度提供了一个简单

的解。

$$\begin{Bmatrix}\dot{q}_1\\ \vdots\\ \dot{q}_N\end{Bmatrix}=(\boldsymbol{J}^0)^{-1}\begin{Bmatrix}\boldsymbol{v}_{0,p}^0\\ \boldsymbol{\omega}_{0,N}^0\end{Bmatrix}$$

雅可比矩阵表示给定构型下机器人手臂的几何形状。在某些构型下，雅可比矩阵的行列式可以变为零。根据定义，如果一个矩阵的行列式为零，那么它的逆矩阵就不存在。雅可比矩阵行列式为零的几何原因是奇异性。

奇异点

在一个奇异的配置，至少存在一个速度或角速度坐标，无论选择的关节速度如何，都无法沿该坐标或围绕该坐标平移或旋转末端执行器。在数学上，雅可比矩阵的行列式在奇异位型时变为零，因为矩阵不再是满秩的，它的一个或多个列向量与其他列向量线性相关。奇异点可以分为两类：工作空间边界奇异点和工作空间内部奇异点。

工作空间边界奇点发生在机器人被完全拉伸或折叠回自己的时候，这样末端执行器就在工作空间的边界。由于末端执行器的运动被限制在与工作空间边界或其内部相切的方向子集内，它失去了完全的灵活性，而雅可比矩阵反映了这一点。

工作空间内部的奇异点发生在工作空间内，通常是由于一个或多个关节轴沿运动链排列。当两个关节轴对齐时，它们对末端执行器运动的影响是相同的。它在雅可比矩阵中对应这些关节的两列之间建立了线性关系，从而降低了矩阵的秩。

奇异配置通常是应该避免的，因为大多数的机械手都是为那些需要所有自由度的任务而设计的。此外，在接近奇异构型时，在某些方向上维持预期末端执行器速度所需的关节速度可能变得非常大。

对于常见的六自由度机械手，最常见的奇异配置如下。

1. 两个共线转动关节轴：这种类型是最常见的球形腕关节组件有三个相互垂直的轴相交在一个点。当第二个关节旋转时，第一个和第三个关节可能对齐，从而在雅可比矩阵中创建两个线性相关的列。机械限制通常施加在手腕设计上，以防止手腕轴产生手腕奇点。

2. 树状平行共面转动关节轴：这种类型发生在肘关节机械手与球形手腕时，它是完全扩展或完全收回。

3. 四个转动关节轴在一点相交。

4. 四个共面转动关节。

5. 六个转动关节沿直线相交。

6. 垂直于两个平行共面转动关节的移动关节轴。

除了雅可比奇异点外，如果关节变量有上界和下界约束，机械手的运动也受到限制。当一个关节达到它的边界时，这就显然去除了一个自由度。

3.6　习题

3.6.1　关于齐次变换的习题

3.1　考虑图 3-41 所示的 SCARA 机器人。

(i) 推导齐次变换 $\boldsymbol{H}_{\mathbb{B}}^{\mathbb{A}}$

(ii) 推导齐次变换 $\boldsymbol{H}_{\mathbb{B}}^{\mathbb{A}}$

(iii) 推导齐次变换 $\boldsymbol{H}_{\mathbb{B}}^{\mathbb{A}}$

(iv) $\mathbb{D}$ 坐标系原点在坐标系 $\mathbb{A}$ 中的齐次坐标 $\boldsymbol{p}^{\mathbb{A}}$ 是多少？

(v) 编写一个程序利用上面 (i)～(iv) 的结论计算 $\boldsymbol{H}_{\mathbb{D}}^{\mathbb{A}}$ 和 $\boldsymbol{p}^{\mathbb{A}}$

3.2 考虑图 3-42 所示的圆柱坐标型机器人。

(i) 推导齐次变换 $\boldsymbol{H}_{\mathbb{B}}^{\mathbb{A}}$

(ii) 推导齐次变换 $\boldsymbol{H}_{\mathbb{B}}^{\mathbb{A}}$

(iii) 推导齐次变换 $\boldsymbol{H}_{\mathbb{B}}^{\mathbb{A}}$

(iv) $\mathbb{E}$ 坐标系原点于坐标系 $\mathbb{A}$ 中的齐次坐标 $\boldsymbol{p}^{\mathbb{A}}$ 是多少？

(v) 编写一个程序利用上面 (i)～(iv) 的结论计算 $\boldsymbol{H}_{\mathbb{D}}^{\mathbb{A}}$ 和 $\boldsymbol{p}^{\mathbb{A}}$

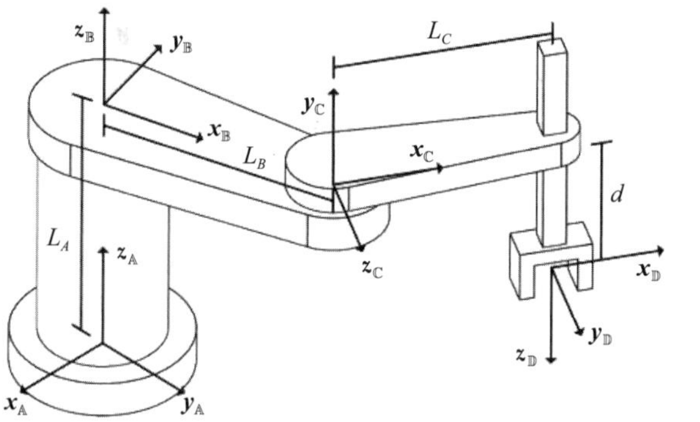

图 3-41 SCARA 机器人和坐标系定义

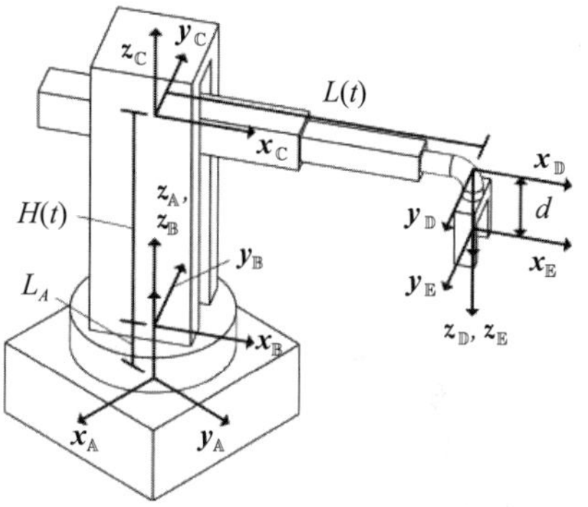

图 3-42 圆柱坐标型机器人和坐标系定义

3.3 考虑如图 3-43 所示的模块化机器人。$\mathbb{B}$，$\mathbb{C}$，$\mathbb{D}$，$\mathbb{E}$ 是固连在机器人上的参考坐标系，每个立方体的尺寸为 $2A\times2A\times2A$。由两个这样的立方体构成的具有车身固定坐标系 $\mathbb{C}$ 和 $\mathbb{D}$ 的短链的长度为 D（相对于每个末端立方体的中心测得）。固连坐标系 $\mathbb{B}$ 的连杆长度为 L，从两端的立方体的面开始测量。

(i) 假设角度 $\theta_{\mathbb{B}}$ 测量绕 $\boldsymbol{y}_{\mathbb{A}}=\boldsymbol{y}_{\mathbb{B}}$ 轴的旋转，从 $\boldsymbol{z}_{\mathbb{A}}$ 轴正方向测量到 $\boldsymbol{z}_{\mathbb{B}}$ 轴正方向。推导齐次矩阵 $\boldsymbol{H}_{\mathbb{B}}^{\mathbb{A}}$。

(ii) 假设角度 $\theta_{\mathbb{C}}$ 测量绕 $\boldsymbol{z}_{\mathbb{B}}=\boldsymbol{z}_{\mathbb{C}}$ 轴的旋转，从 $\boldsymbol{x}_{\mathbb{B}}$ 轴正方向测量到 $\boldsymbol{x}_{\mathbb{C}}$ 轴正方向。推导齐次矩阵 $\boldsymbol{H}_{\mathbb{C}}^{\mathbb{B}}$。

(iii) 假设角度 $\theta_{\mathbb{C}}$ 测量绕 $\boldsymbol{y}_{\mathbb{C}}=\boldsymbol{y}_{\mathbb{D}}$ 轴的旋转，从 $\boldsymbol{z}_{\mathbb{C}}$ 轴正方向测量到 $\boldsymbol{z}_{\mathbb{D}}$ 轴正方向。推导齐次矩阵 $\boldsymbol{H}_{\mathbb{D}}^{\mathbb{C}}$。

(iv) 假设角度 $\theta_{\mathbb{E}}$ 测量绕 $\boldsymbol{x}_{\mathbb{E}}=\boldsymbol{x}_{\mathbb{D}}$ 轴的旋转，从 $\boldsymbol{y}_{\mathbb{D}}$ 轴正方向测量到 $\boldsymbol{y}_{\mathbb{E}}$ 轴正方向。推导齐次矩阵 $\boldsymbol{H}_{\mathbb{E}}^{\mathbb{D}}$。

(v) 坐标系 $\mathbb{E}$ 原点与坐标系 $\mathbb{A}$ 中的齐次坐标 $\boldsymbol{p}^{\mathbb{A}}$ 是什么？

(vi) 利用 (i)～(v) 计算齐次坐标变换 $\boldsymbol{H}_{\mathbb{E}}^{\mathbb{A}}$ 和 $\boldsymbol{p}^{\mathbb{A}}$

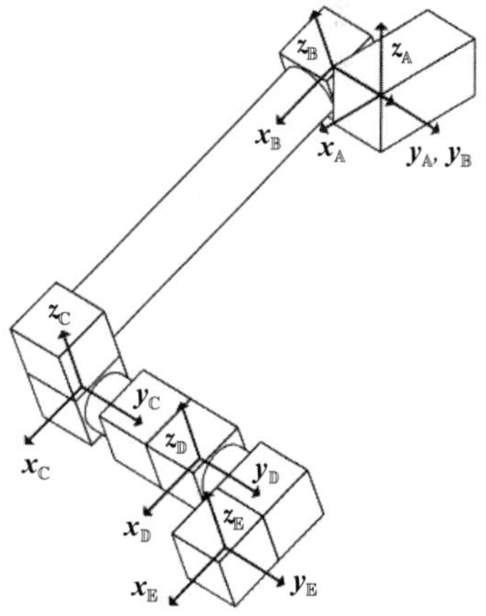

图 3-43 模块化机器人和坐标系定义

3.6.2 关于理想关节及约束的习题

3.4 考虑图 3-44 中描绘的球形关节。当使用 3-2-1 欧拉角为所示系统参数化旋转矩阵 $\boldsymbol{R}_{\mathbb{A}}^{\mathbb{B}}$

时，导出与球形关节的关节坐标系相关的齐次变换。

3.5　通过选择将 $\mathbb{A}$ 坐标系映射到 $\mathbb{B}$ 坐标系的不同旋转角度，推导出图 3-45 中所示万向节的另一个定义，该定义不同于例 3.2 中的定义。导出相应的齐次变换。

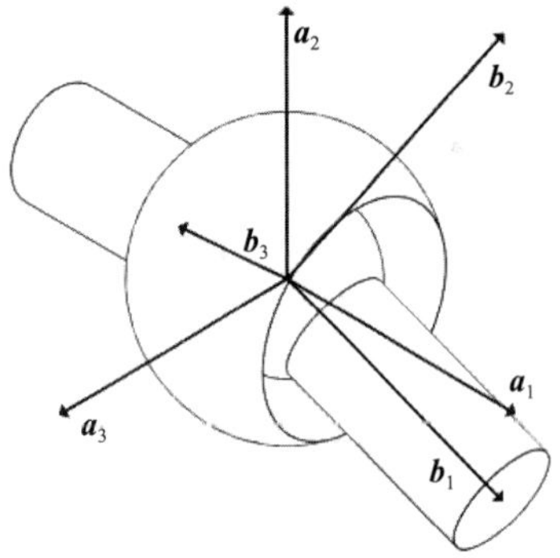

图 3-44　球形关节

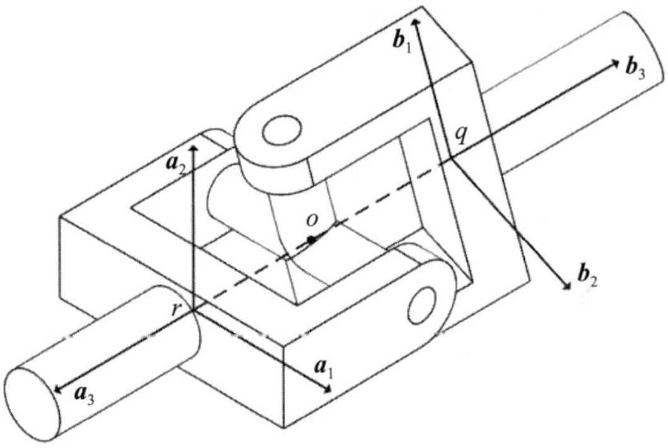

图 3-45　万向节

3.6.3　关于 DH 约定的习题

3.6　利用 DH 约定推导出习题 3.1 中 SCARA 机器人的运动学模型。

3.7　利用 DH 约定推导出习题 3.2 中圆柱坐标型机器人的运动学模型。

3.8　利用 DH 约定推导出习题 3.3 中模块化机械臂的运动学模型。

3.9　利用 DH 约定推导出如图 3-46 所示的球形机器人的运动学模型。

3.10　使用 DH 约定推导出如图 3-47 所示的手臂组件的运动学模型。

3.11　航天飞机遥控系统（SSRMS）如图 3-48 所示。利用 DH 约定推导出末端执行器坐标系位置的运动学模型。描述每一对相邻的坐标系的刚体运动的齐次变换是什么？

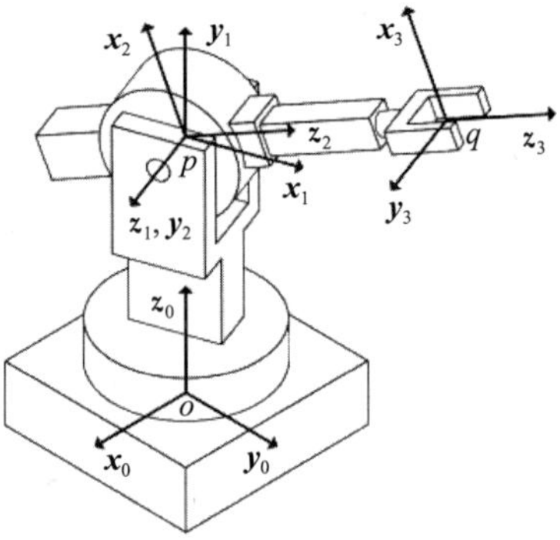

图 3-46　球形机器人

3.12　六自由度工业机器人如图 3-49 所示。一种坐标系设置如图 3-50 所示。验证这组坐标系满足 DH 约定的基本假设。定义与此坐标系定义相关的连杆旋转、扭转、偏移和位移。确定与每一对连续坐标系相关的齐次变换。

3.6.4　关于运动链角速度和速度的习题

3.13　考虑图 3-51 中 PUMA 机器人的示意图。为这个机器人定义 DH 约定的连杆参数。利用 DH 约定推导出将坐标系 3 映射到惯性坐标系 0 的齐次变换。推导出雅可比矩阵

$$\begin{Bmatrix} \boldsymbol{v}^0_{0,t} \\ \boldsymbol{\omega}^0_{0,3} \end{Bmatrix} = \begin{bmatrix} \boldsymbol{J}_v \\ \boldsymbol{J}_\omega \end{bmatrix} \begin{Bmatrix} \dot{q}_1 \\ \dot{q}_2 \\ \dot{q}_3 \end{Bmatrix}$$

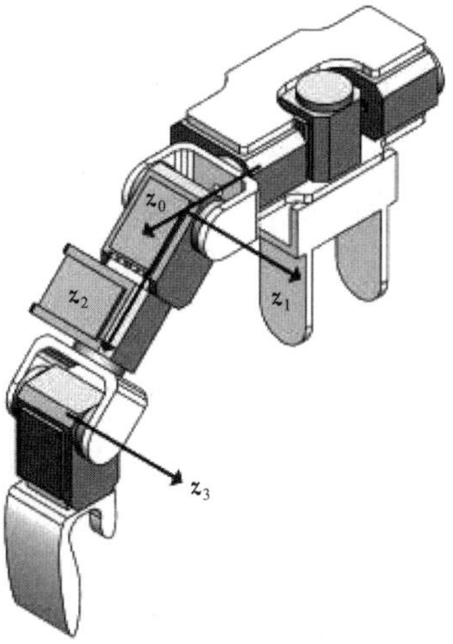

图 3-47　定义了旋转轴的仿人手臂组件

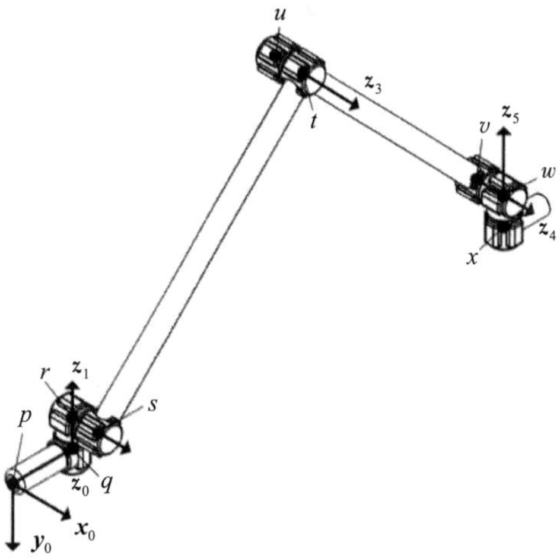

图 3-48　航天飞机遥控系统（SSRMS）

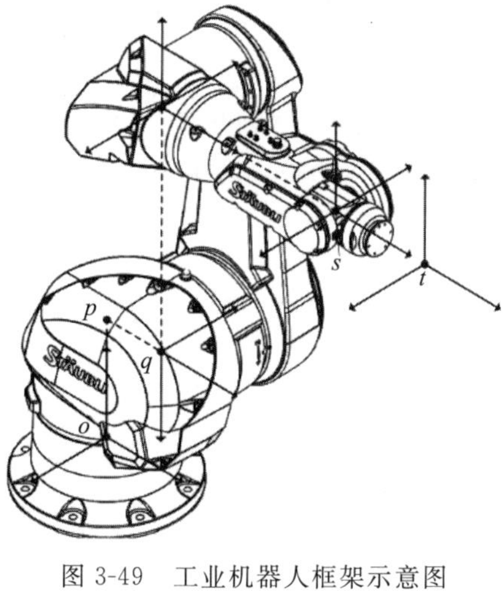

图 3-49　工业机器人框架示意图

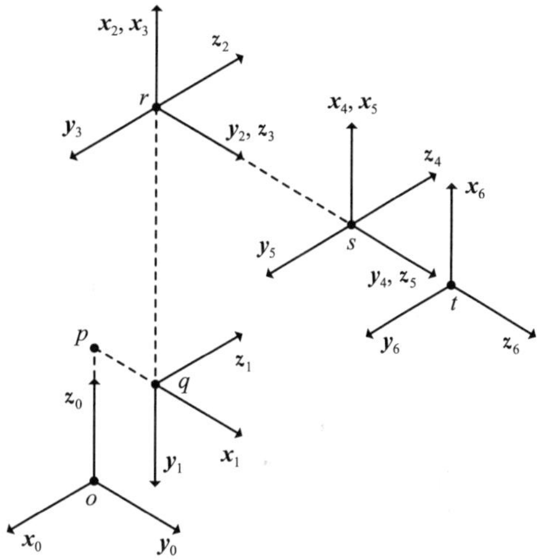

图 3-50　工业机器人坐标系标示

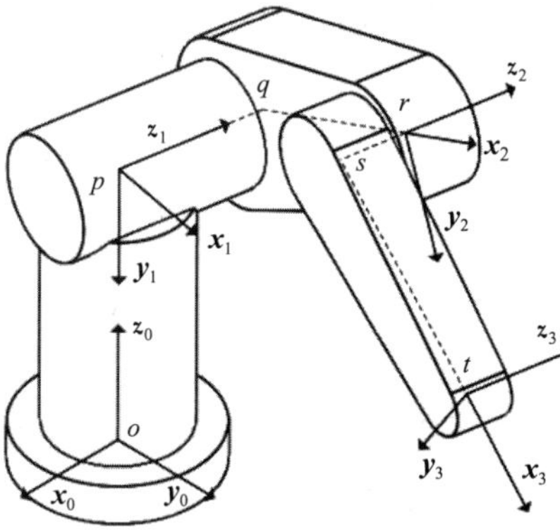

图 3-51　PUMA 机器人

3.14 考虑如图 3-52 所示的球形腕关节。求出将速度和角速度与方程中的关节变量联系起来的雅可比矩阵

$$\begin{Bmatrix} \boldsymbol{v}_{0,3}^{0} \\ \boldsymbol{\omega}_{0,3}^{0} \end{Bmatrix} = \begin{bmatrix} \boldsymbol{J}_{v} \\ \boldsymbol{J}_{\omega} \end{bmatrix} \begin{Bmatrix} \dot{\psi} \\ \dot{\theta} \\ \dot{\phi} \end{Bmatrix}$$

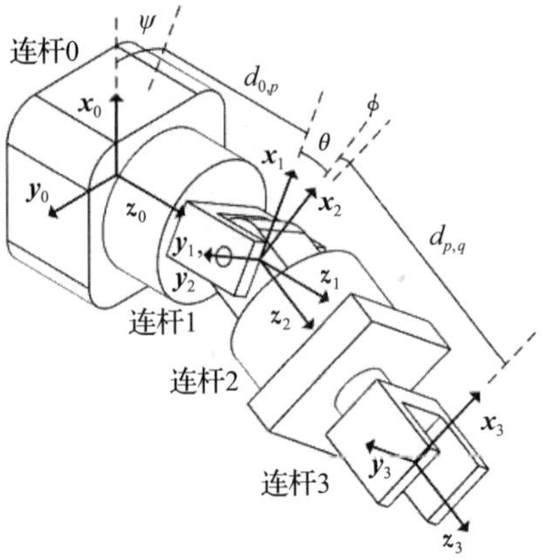

图 3-52 球形腕关节

3.15 使用 DH 约定重复习题 3.14。求出雅可比矩阵。

$$\begin{Bmatrix} \boldsymbol{v}_{0,3}^{0} \\ \boldsymbol{\omega}_{0,3}^{0} \end{Bmatrix} = \begin{bmatrix} \boldsymbol{J}_{v} \\ \boldsymbol{J}_{\omega} \end{bmatrix} \begin{Bmatrix} \dot{\theta}_1 \\ \dot{\theta}_2 \\ \dot{\theta}_3 \end{Bmatrix}$$

将结果与习题 3.14 的结果进行比较。

3.16 计算雅可比矩阵 $\boldsymbol{J}^0$，将点 p 的速度和角速度 $\boldsymbol{\omega}_{0,2}$ 与例 3.3 中激光扫描仪中关节角的导数联系起来。求出下面方程中的雅可比矩阵 $\boldsymbol{J}^0$

$$\begin{Bmatrix} \boldsymbol{v}_{0,r}^{0} \\ \boldsymbol{\omega}_{0,2}^{0} \end{Bmatrix} = \boldsymbol{J}^0 \begin{Bmatrix} \dot{\theta}_1 \\ \dot{\theta}_2 \end{Bmatrix}$$

用两种方法计算雅可比矩阵 $\boldsymbol{J}^0$。首先，根据第一原理求出速度和角速度，并根据表达式确定雅可比矩阵。其次，使用定理 3.3 直接计算雅可比矩阵。

3.17 计算雅可比矩阵 $\boldsymbol{J}^0$，它将坐标系 4 的原点速度和角速度 $\boldsymbol{\omega}_{0,4}$ 与习题 3.15 中臂组件关节角的导数联系起来。求出下面矩阵方程中的雅可比矩阵 $\boldsymbol{J}^0$

$$\begin{Bmatrix} \boldsymbol{v}_{0,4}^{0} \\ \boldsymbol{\omega}_{0,4}^{0} \end{Bmatrix} = \begin{bmatrix} \boldsymbol{J}_{v}^{0} \\ \boldsymbol{J}_{\omega}^{0} \end{bmatrix} \begin{Bmatrix} \dot{\theta}_1 \\ \dot{\theta}_2 \\ \dot{\theta}_3 \\ \dot{\theta}_4 \end{Bmatrix}$$

3.18 推导将机器人扑翼的坐标系 4 映射到坐标系 0 的齐次变换，如图 3-53 所示。

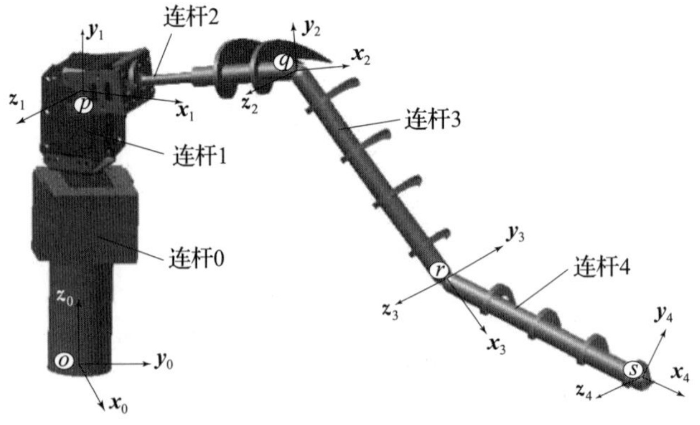

图 3-53 扑翼机器人

3.19 使用 DH 方法定义习题 3.13 中讨论的 PUMA 机器人的关节角度 θ_1、θ_2 和 θ_3。利用递归（N）式求解 PUMA 机器人关节的速度和连杆的角速度。

3.20 使用 DH 方法来定义习题 3.15 中所研究的球形手腕的关节角 θ_1、θ_2 和 θ_3。按照

（N）阶递归公式对坐标系和关节重新编号，但保留关节角度的定义。利用（N）阶递推公式求解关节的速度和连杆的角速度。

3.21 三自由度笛卡儿机器人如图 3-54 所示。该系统由沿 $\boldsymbol{z}_0$ 方向移动的坐标系、相对于 $\boldsymbol{z}_1$ 方向的坐标系移动的横梁和相对于 $\boldsymbol{z}_2$ 方向的横梁移动的工具组件组成。坐标系相对于地面的运动由坐标 $z(t)$ 来测量，横杆相对于坐标系的运动用 $x(t)$ 表示，用 $y(t)$ 表示刀具组合相对于横杆的运动。假设在习题 3.15 中研究的球形腕关节被刚性地附着在笛卡儿机器人的工具总成的末端。求出这个机器人系统的雅可比矩阵。

$$\begin{Bmatrix} \boldsymbol{v}_{0,3}^{0} \\ \boldsymbol{\omega}_{0,6}^{0} \end{Bmatrix} = \begin{bmatrix} \boldsymbol{J}_v \\ \boldsymbol{J}_\omega \end{bmatrix} \dot{\boldsymbol{q}} = \begin{bmatrix} \boldsymbol{J}_v \\ \boldsymbol{J}_\omega \end{bmatrix} \begin{Bmatrix} \dot{x} \\ \dot{y} \\ \dot{z} \\ \dot{\theta}_1 \\ \dot{\theta}_2 \\ \dot{\theta}_3 \end{Bmatrix}$$

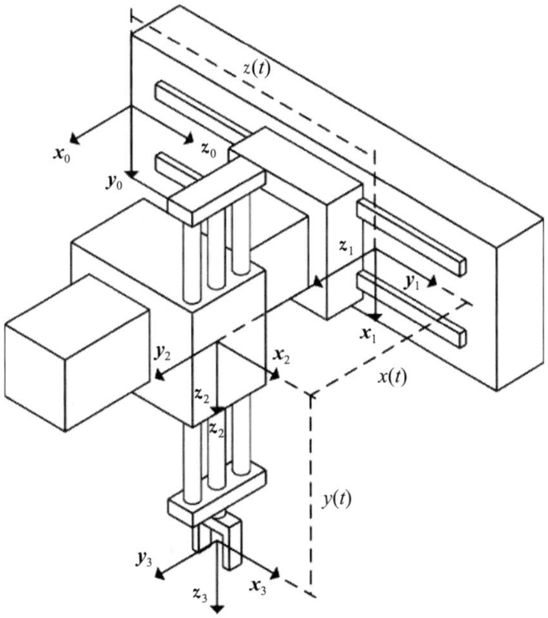

图 3-54 笛卡儿机器人的坐标系

3.6.5 关于逆向运动学的习题

3.22 假设在习题 3.1 中 SCARA 机器人的坐标系 𝔻 处有一个球形腕子总成。用运动解耦法求解末端坐标系位姿的逆向运动学分析解。

3.23 假设在习题 3.1 中，圆柱坐标型机器人连接了一个球形腕子组件。求出终端坐标系位姿的逆向运动学问题的解析解。

3.24 假设习题 3.13 中的 PUMA 机器人的 t 点上连接有一个球形腕子组件。用运动学解耦法求解终端架坐标系位姿的逆向运动学问题。

3.25 假设在笛卡儿机器人的 3 个坐标系的原点处附加一个球形腕子组件，如习题 3.21 所述。用运动学解耦法求解终端架坐标系位姿的逆向运动学问题。

牛顿-欧拉方程

动力学领域包括运动学和动力学的研究。本书第 2 章讨论了运动学的基础，第 3 章给出了空间机器人系统运动学的具体公式。运动学的研究提供了描述运动几何的语言。动力学领域研究作用在机械系统上的力和力矩与其产生的运动之间的联系。本章和下一章将介绍研究动力学的两种一般方法。本章讨论机器人系统动力学的一系列称为牛顿-欧拉方程的方法。第 5 章提出一种替代方法，即基于分析力学（analytical mechanics）技术的方法。完成本章后，学生应能够

- 定义并计算刚体的线性动量（linear momentum）
- 定义并计算刚体的角动量（angular momentum）
- 定义并计算刚体的质心（center of mass）和惯性矩阵（inertial matrix）
- 用欧拉定律（Euler's law）描述机器人系统中刚体的运动。
- 采用 N 阶递推公式研究机器人系统动力学。

4.1 刚体的线性动量

描述质点或粒子动力学的基本原理将线性动量定义为粒子质量与其速度的乘积。粒子系统的线性动量是系统中单个粒子的线性动量之和。如以下定义中所强调的，刚体的线性动量可被视为粒子系统定义的一个极限情况。刚体的线性动量是构成刚体的所有微分质量元速度的积分。

定义 4.1 某刚体在坐标系 $\mathbb{X}$ 下的线性动量 $\boldsymbol{p}_{\mathbb{X}}$ 有如下定义

$$\boldsymbol{p}_{\mathbb{X}} := \int \boldsymbol{v}\mathrm{d}m$$

其中 $\boldsymbol{v} := \boldsymbol{v}_{\mathbb{X},\mathrm{d}m}$ 是微分质量元 $\mathrm{d}m$ 在坐标系 $\mathbb{X}$ 下的速度，如图 4-1 所示。

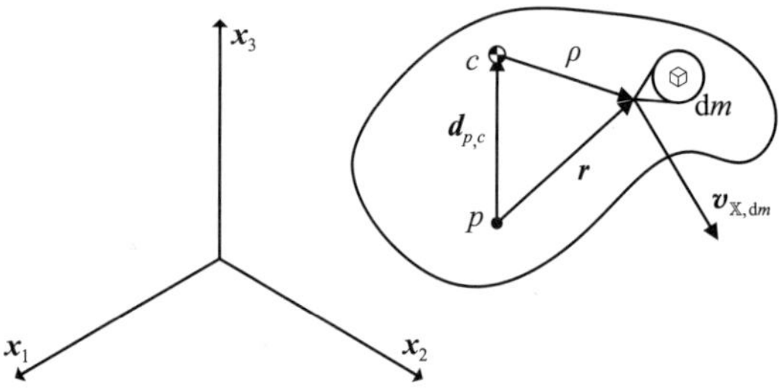

图 4-1　带微分质量元的刚体

定义 4.1 是根据构成所考虑的刚体的无限点集合中的每一点的速度给出的。引入质心的概念，即可得到一个与单点速度有关的线性动量的表达式。因此，质心以有限变量集的方式来描述一个机械系统的运动。

定义 4.2 某刚体质心在坐标系 $\mathbb{X}$ 中的位置 $\boldsymbol{r}_c := \boldsymbol{r}_{\mathbb{X},c}$ 为

$$\boldsymbol{r}_c = \frac{1}{M}\int \boldsymbol{r}\mathrm{d}m$$

其中 $M = \int \mathrm{d}m$ 是刚体总质量，$\boldsymbol{r} := \boldsymbol{r}_{\mathbb{X},\mathrm{d}m}$ 是微分质量 $\mathrm{d}m$ 在坐标系 $\mathbb{X}$ 下的位置向量。

上述质心的定义可以用来推导刚体的线性动量与质心速度的关系式。刚体的线性动量是刚体质心速度和刚体总质量的乘积。

定理 4.1 某刚体在坐标系 $\mathbb{X}$ 下的线性动量为

$$\boldsymbol{p}_{\mathbb{X}} = M\boldsymbol{v}_{\mathbb{X},c}$$

其中 M 是刚体总质量，$\boldsymbol{v}_{\mathbb{X},c}$ 是质心在坐标系 $\mathbb{X}$ 下的速度。

证明：根据线性动量的定义

$$\boldsymbol{p}_{\mathbb{X}}=\int \boldsymbol{v}\mathrm{d}m$$

质心的速度可以通过对 $\boldsymbol{r}_{\mathbb{X},\mathrm{d}m}$ 取时间导数并用定义 4.2 来求出，即

$$\boldsymbol{v}_{\mathbb{X},c}=\frac{\mathrm{d}}{\mathrm{d}t}\bigg|_{\mathbb{X}}\boldsymbol{r}_{\mathbb{X},c}=\frac{1}{M}\frac{\mathrm{d}}{\mathrm{d}t}\bigg|_{\mathbb{X}}\int \boldsymbol{r}\mathrm{d}m=\frac{1}{M}\int\left\{\frac{\mathrm{d}}{\mathrm{d}t}\right\}\bigg|_{\mathbb{X}}\boldsymbol{r}\mathrm{d}m=\frac{1}{M}\int \boldsymbol{v}\mathrm{d}m=\frac{1}{M}\boldsymbol{p}_{\mathbb{X}}$$

上面的方程依赖于这样一个事实：在这种情况下，“积分的导数”等于“导数的积分”，可以写成

$$\frac{\mathrm{d}}{\mathrm{d}t}\bigg|_{\mathbb{X}}\int\cdot=\int\frac{\mathrm{d}}{\mathrm{d}t}\bigg|_{\mathbb{X}}$$

这是莱布尼茨积分法则的一个特例，它假定积分域内没有线性动量的通量。 ■

在机器人系统中的应用经常引入大量的参考系来建立运动方程。例 4.1 使用质心的定义来计算典型机器人系统中某一连杆的位置。

例 4.1 对如图 4-2 所示的 SCARA 机械臂，计算外臂（连杆 2）的质心相对坐标系 $\mathbb{B}$ 的位置 $\boldsymbol{r}_c:=\boldsymbol{r}_{\mathbb{B},c}$，如图 4-3a 所示。用图 4-3a 所示的几何基本形状来构建实际连杆的近似，由两个带有尺寸标注的长方体组成。同时假设连杆内的质量分布是均匀的。

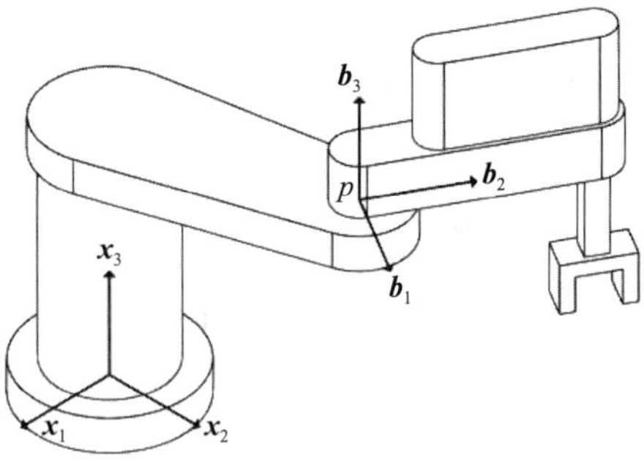

图 4-2 SCARA 机械臂

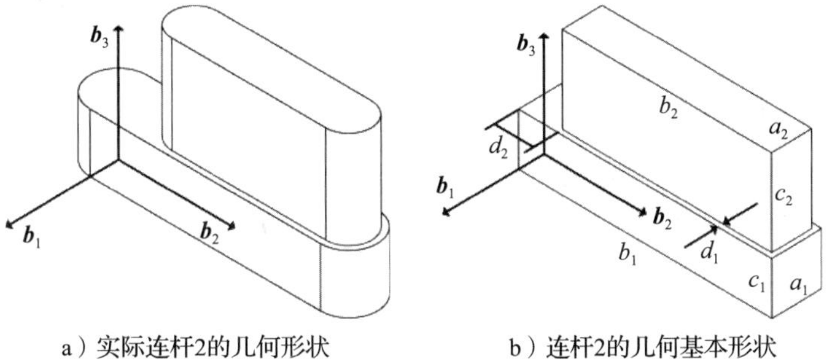

图 4-3 SCARA 机械臂连杆 2 的惯性估计

解：根据定义，质心在坐标系 $\mathbb{B}$ 中的位置满足

$$\boldsymbol{r}_c:=\boldsymbol{r}_{\mathbb{B},c}=\frac{1}{M}\int \boldsymbol{r}\mathrm{d}m$$

其中向量 $\boldsymbol{r}:=\boldsymbol{r}_{\mathbb{B},\mathrm{d}m}$ 从坐标系 $\mathbb{B}$ 的原点指向微分质量元 $\mathrm{d}m$。从介绍性动力学可知，当物体由 N 个离散的子成分组成时，这个方程可以写成

$$\boldsymbol{r}_c=\frac{\sum_{i=1}^{N}M_i\boldsymbol{r}_{c_i}}{\sum_{i=1}^{N}M_i}$$

其中 M_i 是子成分 i 的质量，$\boldsymbol{r}_{c_i}:=\boldsymbol{r}_{\mathbb{B},c_i}$ 是物体 i 的质心在坐标系 $\mathbb{B}$ 中的位置。每个子成分的质心位置定义如下

$$\boldsymbol{r}_{c_1}=\frac{1}{2}b_1\boldsymbol{b}_2+\frac{1}{2}c_1\boldsymbol{b}_3,\quad \boldsymbol{r}_{c_2}=\left(d_2+\frac{1}{2}b_2\right)\boldsymbol{b}_2+\left(c_1+\frac{1}{2}c_2\right)\boldsymbol{b}_3$$

因此，整个刚体质心位置的最终表达式为

$$\boldsymbol{r}_c:=\boldsymbol{r}_{\mathbb{B},c}=\frac{\frac{1}{2}M_1b_1+M_2\left(d_2+\frac{1}{2}b_2\right)}{M_1+M_2}\boldsymbol{b}_2+\frac{\frac{1}{2}M_1c_1+M_2\left(c_1+\frac{1}{2}c_2\right)}{M_1+M_2}\boldsymbol{b}_3$$ ◀

本章稍后将说明，推导机器人运动方程的初始步骤通常需要对其连杆的线性动量进行计算。下面的示例说明当质心的位置和速度已知时，如何简化计算真实三维实体（如机器人系统连杆）的线性动量。

例 4.2 利用定理 4.1 和例 4.1 的结果，计算图 4-2 SCARA 机械臂外臂（如图 4-3a 所示）的线性动量。假设点 p 的速度 $\boldsymbol{v}_{\mathbb{X},p}$ 和物体的角速度 $\boldsymbol{\omega}_{\mathbb{X},\mathbb{B}}$ 为

$$\boldsymbol{v}_{\mathbb{X},p}=v_1\boldsymbol{b}_1+v_2\boldsymbol{b}_2+v_3\boldsymbol{b}_3$$
$$\boldsymbol{\omega}_{\mathbb{X},\mathbb{B}}=\omega_1\boldsymbol{b}_1+\omega_2\boldsymbol{b}_2+\omega_3\boldsymbol{b}_3$$

假设当前时刻下，坐标系 𝔹 和 𝕏 是一致的（即 $\boldsymbol{R}_{\mathbb{B}}^{\mathbb{X}}$ 是单位矩阵）。用坐标系 𝔹 的基给出答案。

解： 定理 4.1 线性动量由 $\boldsymbol{p}_{\mathbb{X}}=M\boldsymbol{v}_{\mathbb{X},c}$ 给出。质心的速度可以用第 2 章相对速度定理 2.16 来计算

$$\boldsymbol{v}_{\mathbb{X},c}=\boldsymbol{v}_{\mathbb{X},p}+\boldsymbol{\omega}_{\mathbb{X},\mathbb{B}}\times\boldsymbol{d}_{p,c}=\boldsymbol{v}_{\mathbb{X},p}+\boldsymbol{\omega}_{\mathbb{X},\mathbb{B}}\times\boldsymbol{r}_c$$

其中 $\boldsymbol{r}_c:=\boldsymbol{r}_{\mathbb{B},c}$ 如当前时刻所示。从例 4.1 可得，向量 $\boldsymbol{r}_c$ 有关基 𝔹 的元素由下式给出

$$\boldsymbol{r}_c^{\mathbb{B}}=\begin{Bmatrix}x_c\\y_c\\z_c\end{Bmatrix}=\begin{Bmatrix}0\\ \dfrac{\frac{1}{2}M_1b_1+M_2\left(d_2+\frac{1}{2}b_2\right)}{M_1+M_2}\\ \dfrac{\frac{1}{2}M_1c_1+M_2\left(c_1+\frac{1}{2}c_2\right)}{M_1+M_2}\end{Bmatrix}$$

因此，坐标系 𝕏 下的动量在坐标系 𝔹 下的基可以表示为

$$\boldsymbol{p}_{\mathbb{X}}^{\mathbb{B}}=(M_1+M_2)\begin{Bmatrix}v_1\\v_2\\v_3\end{Bmatrix}+(M_1+M_2)\begin{bmatrix}0&-\omega_3&\omega_2\\ \omega_3&0&-\omega_1\\ -\omega_2&\omega_1&0\end{bmatrix}\begin{Bmatrix}0\\ \dfrac{\frac{1}{2}M_1b_1+M_2\left(d_2+\frac{1}{2}b_2\right)}{M_1+M_2}\\ \dfrac{\frac{1}{2}M_1c_1+M_2\left(c_1+\frac{1}{2}c_2\right)}{M_1+M_2}\end{Bmatrix}$$ ◀

例 4.3 如图 4-4 所示，某密度均匀分布且带有固定坐标系 𝔹 的长方体相对于坐标系 𝕏 移动。计算图示时刻物体在坐标系 𝕏 中的线性动量。在该时刻，假设点 p 的速度 $\boldsymbol{v}_{\mathbb{X},p}$ 和角速度 $\boldsymbol{\omega}_{\mathbb{X},\mathbb{B}}$ 由下式给出

$$\boldsymbol{v}_{\mathbb{X},p}=v_1\boldsymbol{b}_1+v_2\boldsymbol{b}_2+v_3\boldsymbol{b}_3$$
$$\boldsymbol{\omega}_{\mathbb{X},\mathbb{B}}=\omega_1\boldsymbol{b}_1+\omega_2\boldsymbol{b}_2+\omega_3\boldsymbol{b}_3$$

用定义 4.1 来计算，并用定理 4.1 来检查计算结果。

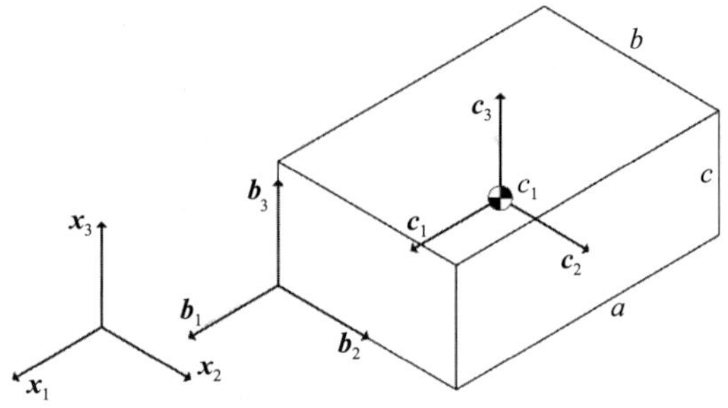

图 4-4　长方体

解：根据前文所述，此问题的第 1 种解法为在刚体的域上进行积分。然后，考虑质心速度并引用定理 4.1 来计算出相同的结果。另外，在该问题中坐标系 $\mathbb{B}$ 定义在点 p 处，并定义额外坐标系 $\mathbb{C}$，该坐标系与坐标系 $\mathbb{B}$ 平行，原点在质心 c_1 处。微分质量元的速度可以用第 2 章的定理 2.16，表示为

$$\boldsymbol{v} := \boldsymbol{v}_{\mathbb{X},\mathrm{d}m} = \boldsymbol{v}_{\mathbb{X},p} + \boldsymbol{\omega}_{\mathbb{X},\mathbb{B}} \times \boldsymbol{r}$$

其中向量 $\boldsymbol{r} := \boldsymbol{r}_{\mathbb{B},\mathrm{d}m}$ 表示为

$$\boldsymbol{r} = x\boldsymbol{b}_1 + y\boldsymbol{b}_2 + z\boldsymbol{b}_3$$

根据定义 4.1，线性动量可以写为

$$\boldsymbol{p}_{\mathbb{X}} = \int \boldsymbol{v}\mathrm{d}m = \int (\boldsymbol{v}_{\mathbb{X},p} + \boldsymbol{\omega}_{\mathbb{X},B} \times \boldsymbol{r})\mathrm{d}m$$

积分号中随微元变化的只有向量 $\boldsymbol{r}$。因此，$\boldsymbol{v}_{\mathbb{X},p}$ 和 $\boldsymbol{\omega}_{\mathbb{X},\mathbb{B}}$ 可以提到积分号的外面，得到

$$\boldsymbol{p}_{\mathbb{X}} = \boldsymbol{v}_{\mathbb{X},p} \int \mathrm{d}m + \boldsymbol{\omega}_{\mathbb{X},\mathbb{B}} \times \int \boldsymbol{r}\mathrm{d}m$$

由刚体和质心位置的定义可知

$$M = \int \mathrm{d}m \quad 且 \quad \boldsymbol{r}_c := \boldsymbol{r}_{\mathbb{B},c} = \frac{1}{M}\int \boldsymbol{r}\mathrm{d}m$$

将上式代入 $\boldsymbol{p}_{\mathbb{X}}$ 的式子，得到

$$\boldsymbol{p}_{\mathbb{X}} = M\boldsymbol{v}_{\mathbb{X},p} + \boldsymbol{\omega}_{\mathbb{X},B} \times (M\boldsymbol{r}_c) = M(\boldsymbol{v}_{\mathbb{X},p} + \boldsymbol{\omega}_{\mathbb{X},B} \times \boldsymbol{r}_c) \tag{4.1}$$

质心的位置为 $\boldsymbol{r}_c = -\frac{a}{2}\boldsymbol{b}_1 + \frac{b}{2}\boldsymbol{b}_2 + \frac{c}{2}\boldsymbol{b}_3$。把 $\boldsymbol{r}_c$，$\boldsymbol{v}_{\mathbb{X},p}$ 和 $\boldsymbol{\omega}_{\mathbb{X},\mathbb{B}}$ 代入式（4.1），最终得到的式子如下

$$\boldsymbol{p}_{\mathbb{X}}^{\mathbb{B}} = M\begin{Bmatrix} v_1 + \frac{1}{2}(c\omega_2 - b\omega_3) \\ v_2 + \frac{1}{2}(-a\omega_3 - c\omega_1) \\ v_3 + \frac{1}{2}(b\omega_1 + a\omega_2) \end{Bmatrix}$$

另一方面，定理 4.1 中

$$\boldsymbol{p}_{\mathbb{X}} = M\boldsymbol{v}_{\mathbb{X},c} \tag{4.2}$$

质心的速度可以由定理 2.16 推得

$$\boldsymbol{v}_{\mathbb{X},c} = \boldsymbol{v}_{\mathbb{X},p} + \boldsymbol{\omega}_{\mathbb{X},\mathbb{B}} \times \boldsymbol{r}_c$$

其中 $\boldsymbol{r}_c$ 是从点 p 指向质心的向量。把它代入式（4.2）得到

$$\boldsymbol{p}_{\mathbb{X}} = M(\boldsymbol{v}_{\mathbb{X},p} + \boldsymbol{\omega}_{\mathbb{X},B} \times \boldsymbol{r}_c) \tag{4.3}$$

该式和式（4.1）相同，这表示两种方法可以得到一样的答案。◀

4.2 刚体的角动量

4.2.1 基本原理

运动的单个质点关于点 p 的角动量等于其动量的矩，即角动量是连接点 p 与质点的位置向量和质点线动量的叉乘。质点系统的角动量是单个质点的角动量之和。与刚体的线性动量一样，随着质点个数的增加，刚体角动量的定义可以解释为一个极限情况。系统中所有质点的总和被组成刚体的所有微分质量元的积分所代替。

定义 4.3 某刚体关于点 p 的角动量 $\boldsymbol{h}_{\mathbb{X},p}$ 在坐标系 $\mathbb{X}$ 可以表示为

$$\boldsymbol{h}_{\mathbb{X},p}=\int \boldsymbol{r}\times \boldsymbol{v}\,\mathrm{d}m$$

其中 $\boldsymbol{r}:=\boldsymbol{r}_{p,\mathrm{d}m}$ 是从点 p 指向微分质量元 $\mathrm{d}m$，$\boldsymbol{v}:=\boldsymbol{v}_{\mathbb{X},\mathrm{d}m}$ 是微分质量元 $\mathrm{d}m$ 在坐标系 $\mathbb{X}$ 中的速度。

定义 4.3 中，计算角动量所关于的点 p 是不受限制的。在实践中，计算关于任意点 p 角动量的一个方便的做法是，将其与关于质心的角动量联系起来。定理 4.2 描述了这种关系。

定理 4.2 某刚体在坐标系 $\mathbb{X}$ 中关于任意点 p 的角动量表示为

$$\boldsymbol{h}_{\mathbb{X},p}=\boldsymbol{h}_{\mathbb{X},c}+\boldsymbol{d}_{p,c}\times(M\boldsymbol{v}_{\mathbb{X},c})$$

其中 $\boldsymbol{h}_{\mathbb{X},c}$ 是刚体在坐标系 $\mathbb{X}$ 中关于其质心 c 的角动量，M 是刚体的质量，$\boldsymbol{d}_{p,c}$ 是从点 p 指向质心 c 的向量，$\boldsymbol{v}_{\mathbb{X},c}$ 是质点 c 在坐标系 $\mathbb{X}$ 中的速度。

证明： 定理 4.2 的证明是基于向量的分解，即将微分质量元的位置向量 $\boldsymbol{r}:=\boldsymbol{r}_{p,\mathrm{d}m}$ 分解为向量 $\boldsymbol{d}_{p,c}$（从点 p 指向质心 c）与向量 $\boldsymbol{\rho}$（从质心指向微分质量元 $\mathrm{d}m$）之和。这一分解的示意见图 4-1。把该分解应用到 $\boldsymbol{h}_{\mathbb{X},p}$ 的定义可得

$$\boldsymbol{h}_{\mathbb{X},p}=\int \boldsymbol{r}\times \boldsymbol{v}\,\mathrm{d}m=\int (\boldsymbol{d}_{p,c}+\boldsymbol{\rho})\times \boldsymbol{v}\,\mathrm{d}m$$

因为向量 $\boldsymbol{d}_{p,c}$ 不随质量积分元而改变，它可以提到积分号外面

$$\boldsymbol{h}_{\mathbb{X},p}=\boldsymbol{d}_{p,c}\times\int \boldsymbol{v}\,\mathrm{d}m+\int \boldsymbol{\rho}\times \boldsymbol{v}\,\mathrm{d}m$$

根据前面小节的分析，式中的两个积分项可以表示为：

$$\boldsymbol{h}_{\mathbb{X},c}=\int \boldsymbol{\rho}\times \boldsymbol{v}\,\mathrm{d}m \quad 以及 \quad \int \boldsymbol{v}\,\mathrm{d}m=M\boldsymbol{v}_{\mathbb{X},c}$$

从而得到 $\boldsymbol{h}_{\mathbb{X},p}$ 的最终式子，即

$$\boldsymbol{h}_{\mathbb{X},p}=\boldsymbol{d}_{p,c}\times(M\boldsymbol{v}_{\mathbb{X},c})+\boldsymbol{h}_{\mathbb{X},c}$$ ■

接下来的两个例子表明，真实三维物体的角动量，例如机器人系统的刚性连杆，可以直接从它们的定义中计算出来。在计算线性动量时，利用质心位置和速度的知识可以方便地计算出角动量。

在这些例子中还将进行一个重要的定性观察：刚体角动量的计算通常会引入一些常见的刚体积分，即惯性积（cross product of inertia）和惯性矩（moment of inertia）。这些积分经常出现，在本章 4.2.2 节和 4.2.3 节中将详细讨论它们。惯性积和惯性矩也经常出现在机器人系统动能的计算中，因此它们在第 5 章给出的分析力学公式中起着重要作用。

例 4.4 某密度均匀分布且带有固定坐标系 $\mathbb{B}$ 的长方体如图 4-5 所示。它以 $\dot{\theta}_1$ 的角速度绕 $\boldsymbol{x}_3=\boldsymbol{b}_3$ 轴旋转。

利用定义 4.3 计算在坐标系 $\mathbb{X}$ 下关于点 o 的角动量 $\boldsymbol{h}_{\mathbb{X},o}$。

解： 微分质量单元 $\mathrm{d}m$ 在坐标系 $\mathbb{X}$ 下的速度为

$$\boldsymbol{v}:=\boldsymbol{v}_{\mathbb{X},\mathrm{d}m}=\boldsymbol{\omega}_{\mathbb{X},\mathbb{B}}\times\boldsymbol{r}$$

其中 $\boldsymbol{r}:=\boldsymbol{r}_{\mathbb{X},\mathrm{d}m}$ 是微分质量元的位置向量。向量 $\boldsymbol{r}$ 由坐标系 $\boldsymbol{b}$ 的基来表示

$$\boldsymbol{r}=x\boldsymbol{b}_1+y\boldsymbol{b}_2+z\boldsymbol{b}_3$$

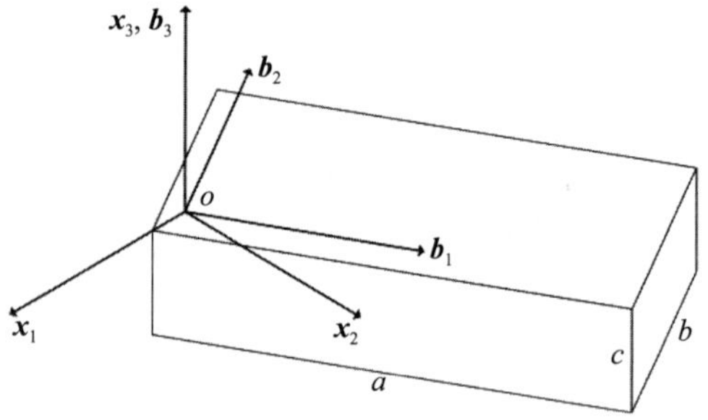

图 4-5 长方体

其中（x，y，z）是沿 $\boldsymbol{b}_1$，$\boldsymbol{b}_2$，$\boldsymbol{b}_3$ 方向的坐标。因此，（x，y，z）质量微元的速度为

$$\boldsymbol{v}=\begin{bmatrix}\boldsymbol{b}_1 & \boldsymbol{b}_2 & \boldsymbol{b}_3\\ 0 & 0 & \dot{\theta}\\ x & y & z\end{bmatrix}=-y\dot{\theta}\boldsymbol{b}_1+x\dot{\theta}\boldsymbol{b}_2$$

即得到角动量的定义

$$\begin{aligned}\boldsymbol{h}_{\mathbb{X},p}&=\int \boldsymbol{r}\times\boldsymbol{v}\mathrm{d}m=\int\begin{vmatrix}\boldsymbol{b}_1 & \boldsymbol{b}_2 & \boldsymbol{b}_3\\ x & y & z\\ -y\dot{\theta} & x\dot{\theta} & 0\end{vmatrix}\mathrm{d}m\\ &=\left(-\int xz\mathrm{d}m\right)\dot{\theta}\boldsymbol{b}_1+\left(-\int yz\mathrm{d}m\right)\dot{\theta}\boldsymbol{b}_2+\left(\int(x^2+y^2)\mathrm{d}m\right)\dot{\theta}\boldsymbol{b}_3\end{aligned}\tag{4.4}$$

其中由于 $\dot{\theta}$，$\boldsymbol{b}_1$，$\boldsymbol{b}_2$ 和 $\boldsymbol{b}_3$ 不随物体积分而改变，因此可以移到积分外面。为了计算积分，物体质量的积分项可以被重写为体积分。假设 ρ 是刚体的均匀密度，微分质量元 $\mathrm{d}m$ 可以沿着三个基向量 $\boldsymbol{b}_1$，$\boldsymbol{b}_2$ 和 $\boldsymbol{b}_3$ 写为 $\mathrm{d}m=\rho\mathrm{d}x\mathrm{d}y\mathrm{d}z$。利用该展开，可以看到 $\left(-\int xz\mathrm{d}m\right)$ 和 $\left(-\int yz\mathrm{d}m\right)$ 都等于 0。对第一个来说，

$$\int xz\mathrm{d}m=\rho\int_{\frac{-c}{2}}^{\frac{c}{2}}\int_{\frac{-b}{2}}^{\frac{b}{2}}\int_0^a xz\mathrm{d}x\mathrm{d}y\mathrm{d}z=\underbrace{\int_{\frac{-c}{2}}^{\frac{c}{2}}z\mathrm{d}z}_{0}\int_{\frac{-b}{2}}^{\frac{b}{2}}\mathrm{d}y\int_0^a x\mathrm{d}x$$

而对 $\int yz\mathrm{d}m$ 来说结果类似。第三个积分项可由下式求得

$$\begin{aligned}\int(x^2+y^2)\mathrm{d}m&=\rho\int_{\frac{-c}{2}}^{\frac{c}{2}}\int_{\frac{-b}{2}}^{\frac{b}{2}}\int_0^a(x^2+y^2)\mathrm{d}x\mathrm{d}y\mathrm{d}z\\ &=\rho\int_{\frac{-c}{2}}^{\frac{c}{2}}\mathrm{d}z\left(\int_{\frac{-b}{2}}^{\frac{b}{2}}\mathrm{d}y\int_0^a x^2\mathrm{d}x+\int_{\frac{-b}{2}}^{\frac{b}{2}}y^2\mathrm{d}y\int_0^a\mathrm{d}x\right)\\ &=\left(\rho cb\ \frac{1}{3}a^3+a\ \frac{2}{3}\left(\frac{b}{2}\right)^3\right)=\rho abc\left(\frac{1}{3}a^2+\frac{1}{12}b^2\right)=m\left(\frac{1}{3}a^2+\frac{1}{12}b^2\right)\end{aligned}\tag{4.5}$$

其中，根据图 4-5 长方体密度和几何的定义，$m=\rho abc$。因此角动量可以写成如下形式

$$\begin{aligned}\boldsymbol{h}_{\mathbb{X},p}&=M\left(\frac{1}{3}a^2+\frac{1}{12}b^2\right)\dot{\theta}\boldsymbol{b}_3=\left(\frac{1}{12}M(a^2+b^2)+\frac{1}{4}Ma^2\right)\dot{\theta}\boldsymbol{b}_3\\ &=\left(I_{33,c}+M\left(\frac{a}{2}\right)^2\right)\dot{\theta}\boldsymbol{b}_3=I_{33,o}\dot{\theta}\boldsymbol{b}_3\end{aligned}$$

其中 $I_{33,c}$ 是刚体相对于质心、关于 $\boldsymbol{b}_3$ 轴的惯性矩，$I_{33,o}$ 是刚体相对于点 o、关于轴 $\boldsymbol{b}_3$ 的惯性矩。

下面的小节将指出 $\left(-\int xz\mathrm{d}m\right)$ 和 $\left(-\int yz\mathrm{d}m\right)$ 这两个量是刚体惯性积的例子，它衡量了刚体的对称性。积分 $\int(y^2+z^2)\mathrm{d}m$ 是刚体惯性矩的例子，它衡量了刚体抵抗旋转的力。◀

例 4.5 用定理 4.2 计算例 4.4 中长方体在 $\mathbb{X}$ 坐标系中的角动量。

解： 首先，计算物体关于质心的角动量 $\boldsymbol{h}_{\mathbb{X},c}$。对本例，刚体固定坐标系 $\mathbb{B}$ 的原点固定在质心处，如图 4-6 所示。某质量微元 $\mathrm{d}m$ 在该坐标系中的位置为

$$\boldsymbol{r}=\alpha\boldsymbol{b}_1+\beta\boldsymbol{b}_2+\gamma\boldsymbol{b}_3$$

其中 (α，β，γ) 是沿 $\boldsymbol{b}_1$，$\boldsymbol{b}_2$，$\boldsymbol{b}_3$ 方向的坐标。按照例 4.4 的相同步骤，可以得到

$$\boldsymbol{h}_{\mathbb{X},c}=\left(-\int\alpha\gamma\,\mathrm{d}m\right)\dot{\theta}\boldsymbol{b}_1+\left(-\int\beta\gamma\,\mathrm{d}m\right)\dot{\theta}\boldsymbol{b}_2+\int(\alpha^2+\beta^2)\,\mathrm{d}m\dot{\theta}\boldsymbol{b}_3$$

需要特别注意的是，这三个积分的积分限不同于式 (4.5) 中对应的表达式。因此，

$$\int\alpha\gamma\,\mathrm{d}m=\rho\int_{\frac{-c}{2}}^{\frac{c}{2}}\int_{\frac{-b}{2}}^{\frac{b}{2}}\int_{\frac{-a}{2}}^{\frac{a}{2}}\alpha\gamma\,\mathrm{d}\alpha\,\mathrm{d}\beta\,\mathrm{d}\gamma=0$$

$$\int\beta\gamma\,\mathrm{d}m=\rho\int_{\frac{-c}{2}}^{\frac{c}{2}}\int_{\frac{-b}{2}}^{\frac{b}{2}}\int_{\frac{-a}{2}}^{\frac{a}{2}}\beta\gamma\,\mathrm{d}\alpha\,\mathrm{d}\beta\,\mathrm{d}\gamma=0$$

$$\begin{aligned}\int(\alpha^2+\beta^2)&=\rho\int_{\frac{-c}{2}}^{\frac{c}{2}}\int_{\frac{-b}{2}}^{\frac{b}{2}}\int_{\frac{-a}{2}}^{\frac{a}{2}}(\alpha^2+\beta^2)\,\mathrm{d}\alpha\,\mathrm{d}\beta\,\mathrm{d}\gamma\\&=\frac{1}{12}m(a^2+b^2)\end{aligned}$$

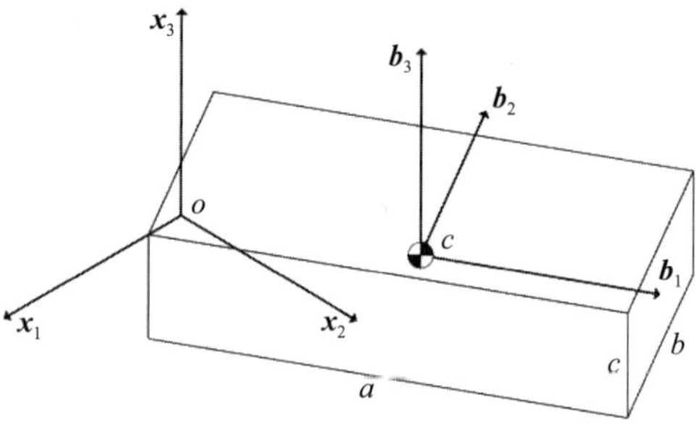

图 4-6 体坐标系固定在质心长方体

前两个积分，$\int\alpha\gamma\,\mathrm{d}m$ 和 $\int\beta\gamma\,\mathrm{d}m$ ，可以简单地由下式得出 0 的结果

$$\int_{\frac{-c}{2}}^{\frac{c}{2}}\gamma\,\mathrm{d}\gamma=\frac{1}{2}\gamma^2\Big|_{\frac{-c}{2}}^{\frac{c}{2}}=0$$

上式是两个积分式中的因子。最后一个积分可以展开为

$$\begin{aligned}\int(\alpha^2+\beta^2)\,\mathrm{d}m&=\rho\int_{\frac{-c}{2}}^{\frac{c}{2}}\mathrm{d}\gamma\left(\int_{\frac{-b}{2}}^{\frac{b}{2}}\mathrm{d}\beta\int_{\frac{-a}{2}}^{\frac{a}{2}}\alpha^2\,\mathrm{d}\alpha+\int_{\frac{-b}{2}}^{\frac{b}{2}}\beta^2\,\mathrm{d}\beta\int_{\frac{-a}{2}}^{\frac{a}{2}}\mathrm{d}\alpha\right)\\&=\rho c\left(b\,\frac{2}{3}\left(\frac{a}{2}\right)^3+a\,\frac{2}{3}\left(\frac{b}{2}\right)^3\right)\\&=\rho abc\left(\frac{1}{12}a^2+\frac{1}{12}b^2\right)=\frac{1}{12}M(a^2+b^2)\end{aligned}$$

因此 $\boldsymbol{h}_{\mathbb{X},c}$ 的最终表达式为

$$\boldsymbol{h}_{\mathbb{X},c}=\frac{1}{12}M(a^2+b^2)\dot{\theta}\boldsymbol{b}_3$$

定理 4.2 给出下式关于点 o 的角动量

$$\boldsymbol{h}_{\mathbb{X},o}=\boldsymbol{h}_{\mathbb{X},c}+\boldsymbol{d}_{o,c}\times(M\boldsymbol{v}_{\mathbb{X},c})$$

对本例，$\boldsymbol{d}_{o,c}=(a/2)\boldsymbol{b}_1$ 且 $\boldsymbol{v}_{\mathbb{X},c}=(a/2)\dot{\theta}\boldsymbol{b}_2$，导出

$$\begin{aligned}\boldsymbol{h}_{\mathbb{X},o}&=\frac{1}{12}m(a^2+b^2)\dot{\theta}\boldsymbol{b}_3+\left(\frac{a}{2}\boldsymbol{b}_1\right)\times\left(M\,\frac{a}{2}\dot{\theta}\boldsymbol{b}_2\right)\\&=\left(\frac{1}{12}m(a^2+b^2)+\frac{1}{4}Ma^2\right)\dot{\theta}\boldsymbol{b}_3:=\underbrace{\left(I_{33,c}+M\left(\frac{a}{2}\right)^2\right)}_{:=I_{33,o}}\dot{\theta}\boldsymbol{b}_3\end{aligned}$$

该结果与例 4.4 的一致。我们还可以看到，方程中定义的系数 $I_{33,o}$

$$I_{33,o}:=I_{33,c}+M\left(\frac{a}{2}\right)^2$$

也可以通过应用惯量的平行轴定理来得到，见 4.2.3.3 节。 ◀

定理 4.2 给出了关于任意点 p 的角动量与关于刚体质心 c 的角动量之间的一般关系，该定理是通过将位置向量分解为 $\boldsymbol{r}=\boldsymbol{d}_{p,c}+\boldsymbol{\rho}$ 得到的。角动量的另一种有用形式可以通过分解速度向量而不是位置向量来实现。定理 4.3 利用了这个策略。角动量的结论在后续章节惯性矩阵的讨论中很重要。

定理 4.3 某刚体在坐标系 $\mathbb{X}$ 下关于点 p 的角动量 $\boldsymbol{h}_{\mathbb{X},p}$ 可由下式给出

$$\boldsymbol{h}_{\mathbb{X},p}=\boldsymbol{d}_{p,c}\times(M\boldsymbol{v}_{\mathbb{X},p})+\int\boldsymbol{r}\times(\boldsymbol{\omega}_{\mathbb{X},\mathbb{B}}\times\boldsymbol{r})\mathrm{d}m$$

其中 M 是物体的总质量，向量 $\boldsymbol{d}_{p,c}$ 连接点 p 至质心 c，$\boldsymbol{v}_{\mathbb{X},p}$ 是点 p 在坐标系 $\mathbb{X}$ 中的速度，$\boldsymbol{\omega}_{\mathbb{X},\mathbb{B}}$ 是本体坐标系 $\mathbb{B}$ 在坐标系 $\mathbb{X}$ 中的角速度，而 $\boldsymbol{r}:=\boldsymbol{r}_{p,\mathrm{d}m}$ 是从点 p 指向微分质量元 $\mathrm{d}m$ 的向量。

证明：根据刚体角动量的定义，

$$\boldsymbol{h}_{\mathbb{X},p}=\int\boldsymbol{r}\times\boldsymbol{v}\mathrm{d}m$$

因为点 p 和微分质量元在同一物体上，用第 2 章的定理 2.16 可以得到速度 $\boldsymbol{v}$ 关于点 p 速度的关系，

$$\boldsymbol{h}_{\mathbb{X},p}=\int\boldsymbol{r}\times(\boldsymbol{v}_{\mathbb{X},p}+\boldsymbol{\omega}_{\mathbb{X},\mathbb{B}}\times\boldsymbol{r})\mathrm{d}m$$

点 p 的速度不随积分变化，第一项可以简化为

$$\int\boldsymbol{r}\times\boldsymbol{v}_{\mathbb{X},p}\mathrm{d}m=\left(\int\boldsymbol{r}\mathrm{d}m\right)\times\boldsymbol{v}_{\mathbb{X},p}=\boldsymbol{d}_{p,c}\times(M\boldsymbol{v}_{\mathbb{X},p})$$

结合这些式子可以得到

$$\boldsymbol{h}_{\mathbb{X},p}=\boldsymbol{d}_{p,c}\times(M\boldsymbol{v}_{\mathbb{X},p})+\int\boldsymbol{r}\times(\boldsymbol{\omega}_{\mathbb{X},\mathbb{B}}\times\boldsymbol{r})\mathrm{d}m \qquad ■$$

4.2.2 角动量和惯性

上一节介绍了刚体角动量的定义，并推导了用于计算刚体角动量的定理。如例 4.4 和例 4.5 所示，角动量的计算需要对整个物体进行形如 $\left(-\int xz\mathrm{d}m\right)$，$\left(-\int yz\mathrm{d}m\right)$ 和 $\int(x^2+y^2)\mathrm{d}m$ 的积分计算。$\left(-\int xz\mathrm{d}m\right)$，$\left(-\int yz\mathrm{d}m\right)$ 和 $\int(x^2+y^2)\mathrm{d}m$ 分别是一个刚体的惯量积和惯量矩的例子。惯量积和惯量矩用于构建一个刚体的惯性矩阵。这些定义十分重要，因为在角动量应用中通常遇到的表述均会以惯性矩阵的形式呈现。

定义 4.4 定义一个坐标系 $\mathbb{Y}$，其原点为 p。假设 $\boldsymbol{r}:=\boldsymbol{r}_{\mathbb{Y},\mathrm{d}m}$ 为刚体的一个微分质量元的位置向量，在 $\mathbb{Y}$ 坐标系下表述为

$$\boldsymbol{r}=x\boldsymbol{y}_1+y\boldsymbol{y}_2+z\boldsymbol{y}_3$$

刚体在 $\mathbb{Y}$ 坐标系下关于点 p 的惯性矩阵 $\boldsymbol{I}_p^{\mathbb{Y}}$ 计算公式给出如下

$$\boldsymbol{I}_p^{\mathbb{Y}}=\begin{bmatrix}I_{11} & I_{12} & I_{13}\\ I_{12} & I_{22} & I_{23}\\ I_{13} & I_{23} & I_{33}\end{bmatrix}=\begin{bmatrix}\int(y^2+z^2)\mathrm{d}m & -\int xy\mathrm{d}m & -\int xz\mathrm{d}m\\ -\int xy\mathrm{d}m & \int(x^2+z^2)\mathrm{d}m & -\int yz\mathrm{d}m\\ -\int xz\mathrm{d}m & -\int yz\mathrm{d}m & \int(x^2+y^2)\mathrm{d}m\end{bmatrix}$$

对角线元素 I_{11}，I_{22}，I_{33} 是惯量矩，非对角元素 I_{12}，I_{13}，I_{23} 是惯量积，此处的惯量积和惯量矩都是相对 p 点且以 $\mathbb{Y}$ 为坐标系。

$\boldsymbol{I}_p^{\mathbb{Y}}$ 是以 $\mathbb{Y}$ 为坐标系关于 p 点的惯性矩阵，使用 $\mathbb{Y}$ 作为上标就是表明其相对坐标系。就像前面章节一样，上标用于表示某一向量所在的基座坐标系。例如如果 $\boldsymbol{a}$ 是一个任意的向量，$\boldsymbol{a}^{\mathbb{Y}}$ 定义了以 $\mathbb{Y}$ 坐标系为基座坐标系下向量 $\boldsymbol{a}$ 的表示。以 $\mathbb{Y}$ 坐标系为基座坐标系关于 p 点的惯性矩阵包含了惯性张量（inertia tensor）分量表示的张量基（tensor basis）$\mathbb{Y}\otimes\mathbb{Y}$。一

个向量是一阶张量，惯性张量是二阶张量。附录 A 包含了一些关于张量的讨论，有兴趣的读者可以自行阅读。

在定义 4.3 中用于定义角动量 $\boldsymbol{h}_{\mathbb{X},p}$ 的点 p 可以是机械系统中的任意一点。以惯性矩阵表示角动量的最常用形式如下所示。

定理 4.4　假设坐标系 $\mathbb{B}$ 和刚体固连，并且相对坐标系 $\mathbb{X}$ 运动。以 $\mathbb{Y}$ 为基座坐标系在 $\mathbb{X}$ 下的角动量 $\boldsymbol{h}_{\mathbb{X},p}^{\mathbb{Y}}$ 表示为

$$\boldsymbol{h}_{\mathbb{X},p}^{\mathbb{Y}}=\boldsymbol{I}_{p}^{\mathbb{Y}}\boldsymbol{\omega}_{\mathbb{X},\mathbb{B}}^{\mathbb{Y}}+(\boldsymbol{d}_{p,c}\times(M\boldsymbol{v}_{\mathbb{X},p}))^{\mathbb{Y}} \tag{4.6}$$

其中 $\boldsymbol{\omega}_{\mathbb{X},\mathbb{B}}^{\mathbb{Y}}$ 是坐标系 $\mathbb{B}$ 在 $\mathbb{X}$ 下的角速度，$\boldsymbol{I}_{p}^{\mathbb{Y}}$ 是以 $\mathbb{Y}$ 为坐标系关于 p 点的惯性矩阵，$\boldsymbol{d}_{p,c}$ 为连接 p 点和质心 c 的向量，$\boldsymbol{v}_{\mathbb{X},p}$ 是 p 点在 $\mathbb{X}$ 坐标系下的速度。

这个定理将在讲述定理 4.5 时被证明。式（4.6）由于其普适性强所以有很多应用。比如，这个公式将会构建 4.3 节刚体欧拉第二定律（Euler's second law）的技术基础。这种形式的欧拉第二定律是机器人系统运动学和动力学的高效（N）阶递归公式（recursive order（N）formulation）的基础。

虽然定理 4.4 普适性很强，但是定理 4.4 经常被修改以至于更容易应用在其他问题中。最常用的就是通过选择 p 点使 $(\boldsymbol{d}_{p,c}\times(M\boldsymbol{v}_{\mathbb{X},p}))^{\mathbb{Y}}$ 等于 0。一般可以将 p 点选择固定在坐标系 $\mathbb{X}$ 上或者选择刚体的质心为 p 点。

定理 4.5　假设坐标系 $\mathbb{B}$ 固连在刚体上相对于坐标系 $\mathbb{X}$ 运动，点 p 为刚体的质心或者点 p 固定在坐标系 $\mathbb{X}$ 中。那么以 $\mathbb{Y}$ 为基座坐标系在 $\mathbb{X}$ 下的角动量 $\boldsymbol{h}_{\mathbb{X},p}^{\mathbb{Y}}$ 表示为

$$\boldsymbol{h}_{\mathbb{X},p}^{\mathbb{Y}}=\boldsymbol{I}_{p}^{\mathbb{Y}}\boldsymbol{\omega}_{\mathbb{X},\mathbb{B}}^{\mathbb{Y}}$$

其中 $\boldsymbol{\omega}_{\mathbb{X},\mathbb{B}}^{\mathbb{Y}}$ 为坐标系 $\mathbb{B}$ 在坐标系 $\mathbb{X}$ 下的角速度，并且 $\boldsymbol{I}_{p}^{\mathbb{Y}}$ 是以 $\mathbb{Y}$ 为坐标系关于 p 点的惯量矩阵。

证明： 首先，将对定理 4.5 中的结论进行扩展，假设角速度向量为 $\boldsymbol{\omega}_{\mathbb{X},\mathbb{B}}$，位置向量为 $\boldsymbol{r}:=\boldsymbol{r}_{p,\mathrm{d}m}$，角动量向量 $\boldsymbol{h}_{\mathbb{X},p}^{\mathbb{Y}}$ 在 $\mathbb{Y}$ 坐标系下表示为

$$\begin{aligned}\boldsymbol{\omega}_{\mathbb{X},\mathbb{B}} &:=\omega_1\boldsymbol{y}_1+\omega_2\boldsymbol{y}_2+\omega_3\boldsymbol{y}_3\\ \boldsymbol{r} &:=x\boldsymbol{y}_1+y\boldsymbol{y}_2+z\boldsymbol{y}_3\\ \boldsymbol{h}_{\mathbb{X},p} &:=h_1\boldsymbol{y}_1+h_2\boldsymbol{y}_2+h_3\boldsymbol{y}_3\end{aligned}$$

矩阵方程 $\boldsymbol{h}_{\mathbb{X},p}^{\mathbb{Y}}=\boldsymbol{I}_{p}^{\mathbb{Y}}\boldsymbol{\omega}_{\mathbb{X},\mathbb{B}}^{\mathbb{Y}}$ 变为

$$\begin{Bmatrix}h_1\\h_2\\h_3\end{Bmatrix}=\begin{bmatrix}I_{11}&I_{12}&I_{13}\\I_{21}&I_{22}&I_{23}\\I_{31}&I_{32}&I_{33}\end{bmatrix}\begin{Bmatrix}\omega_1\\\omega_2\\\omega_3\end{Bmatrix}$$

当注意到 p 点是假设的质心或者是固定在地坐标系中的点时，这个定理的证明遵循定理 4.3。前一种情况 $\boldsymbol{d}_{p,c}=\boldsymbol{0}$，后一种情况 $\boldsymbol{v}_{\mathbb{X},p}=\boldsymbol{0}$。定理 4.3 表明如下

$$\boldsymbol{h}_{\mathbb{X},p}=\underbrace{\boldsymbol{d}_{p,c}\times M\boldsymbol{v}_{\mathbb{X},p}}_{=0}+\int\boldsymbol{r}\times(\boldsymbol{\omega}_{\mathbb{X},\mathbb{B}}\times\boldsymbol{r})\mathrm{d}m$$

因为每个向量都是以 $\mathbb{Y}$ 为基座坐标系，可以直接计算得出

$$\begin{aligned}\boldsymbol{h}_{\mathbb{X},p} &=\int\begin{vmatrix}\boldsymbol{y}_1&\boldsymbol{y}_2&\boldsymbol{y}_3\\x&y&z\\(z\omega_2-y\omega_3)&(x\omega_3-z\omega_1)&(y\omega_1-x\omega_2)\end{vmatrix}\mathrm{d}m\\ &=\int\begin{Bmatrix}((y^2+z^2)\omega_1-xy\omega_2-xz\omega_3)\boldsymbol{y}_1\\+(-xy\omega_1+(x^2+z^2)\omega_2-yz\omega_3)\boldsymbol{y}_2\\+(-xz\omega_1-yz\omega_2+(x^2+y^2)\omega_3)\boldsymbol{y}_3\end{Bmatrix}\mathrm{d}m\end{aligned}$$

这个方程可以被写为

$$\boldsymbol{h}_{\mathbb{X},p}^{\mathbb{Y}}=\begin{Bmatrix}h_1\\h_2\\h_3\end{Bmatrix}=\underbrace{\begin{bmatrix}\int(y^2+z^2)\mathrm{d}m & -\int xy\mathrm{d}m & -\int xz\mathrm{d}m\\ -\int xy\mathrm{d}m & \int(x^2+z^2)\mathrm{d}m & -\int yz\mathrm{d}m\\ -\int xz\mathrm{d}m & -\int yz\mathrm{d}m & \int(x^2+y^2)\mathrm{d}m\end{bmatrix}}_{\boldsymbol{I}_p^{\mathbb{Y}}}\underbrace{\begin{Bmatrix}\omega_1\\\omega_2\\\omega_3\end{Bmatrix}}_{\boldsymbol{\omega}_{\mathbb{X},\mathbb{B}}^{\mathbb{Y}}}$$

上述步骤证明了定理 4.5，在普通情况下 $\boldsymbol{d}_{p,c}\times(M\boldsymbol{v}_{\mathbb{X},p})$ 不等于 0。在这情况下 $\boldsymbol{h}_{\mathbb{X},p}^{\mathbb{Y}}=\boldsymbol{I}_p^{\mathbb{Y}}\boldsymbol{\omega}_{\mathbb{X},\mathbb{B}}^{\mathbb{Y}}+(\boldsymbol{d}_{p,c}\times(M\boldsymbol{v}_{x,p}))^{\mathbb{Y}}$。■

定理 4.5 被广泛应用，并且认清不同坐标系 $\mathbb{X}$，$\mathbb{B}$ 和 $\mathbb{Y}$ 的作用至关重要。坐标系 $\mathbb{B}$ 和刚体固连，并且相对于坐标系 $\mathbb{X}$ 运动。下一节将阐述在惯性坐标系（inertial frame）中使用的欧拉定律，其中坐标系 $\mathbb{X}$ 为惯性坐标系，换句话说坐标系 $\mathbb{X}$，$\mathbb{B}$ 是被连接在物理问题上的。坐标系 $\mathbb{Y}$ 可以是任意坐标系，用于更方便地表达物理向量 $\boldsymbol{\omega}_{\mathbb{X},\mathbb{B}}$ 和 $\boldsymbol{h}_{\mathbb{X},p}$。

例 4.6 卫星的惯量矩阵表示如图 4-7 所示，关于其质心的惯量矩阵 $\boldsymbol{I}_c^{\mathbb{D}}$ 表示如下

$$\boldsymbol{I}_c^{\mathbb{D}}=\begin{bmatrix}I_{11} & 0 & 0\\0 & I_{22} & 0\\0 & 0 & I_{33}\end{bmatrix}\tag{4.7}$$

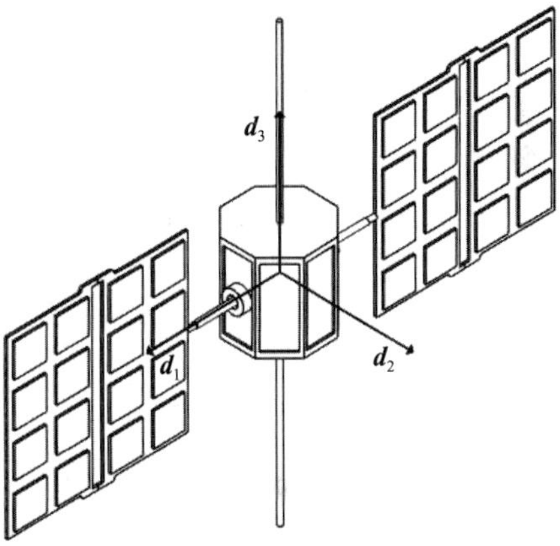

图 4-7　卫星及其固定坐标系

假设卫星正在一个轨道上运行如例 2.6 所示。图 4-8 描述了右升角 ϕ 和轨道倾角 ψ。轨道平面的倾角是 ψ，右升角是 ϕ，假设在某一时刻从地心到卫星质心的距离为 R，并且卫星质心的速度为

$$\boldsymbol{v}_{\mathbb{E},c}=V\underbrace{(\cos\xi\boldsymbol{b}_1+\sin\xi\boldsymbol{b}_2)}_{\text{相切于轨道的单位向量}}=V\boldsymbol{d}_1\tag{4.8}$$

其中 V 是速度，ξ 为速度向量相对于 $\boldsymbol{b}_1$ 轴的旋转角度。单位向量 $\boldsymbol{d}_1$ 沿着卫星的飞行方向如图 4-9 所示。计算以 $\mathbb{E}$ 为基座坐标系关于地心的卫星的角动量。将答案表示成以 $\mathbb{E}$ 为基座坐标系。

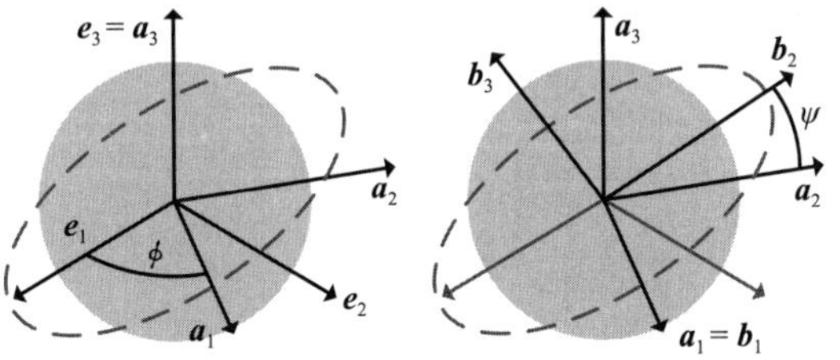

a）右升角　　b）倾角

图 4-8　轨道平面定义

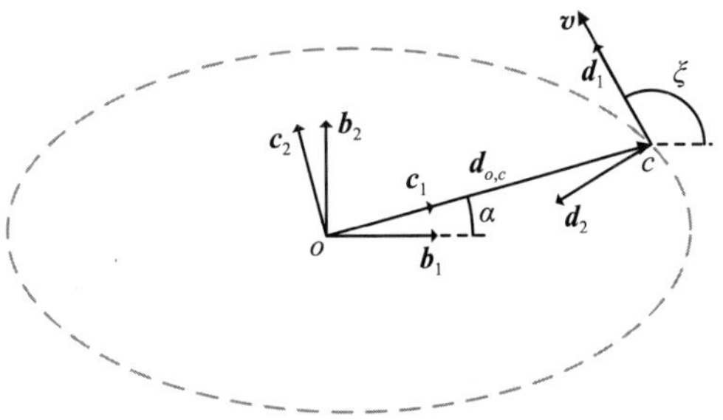

图 4-9　轨道平面中的坐标系定义

解： 可以采用定理 4.2 将卫星关于地心和其质心的角动量进行联系。

$$\boldsymbol{h}_{\mathbb{E},o}=\boldsymbol{h}_{\mathbb{E},c}+\boldsymbol{d}_{o,c}\times(M\boldsymbol{v}_{\mathbb{E},c})\tag{4.9}$$

采用定理 4.5 计算卫星关于自己质心的角动量

$$\boldsymbol{h}_{\mathbb{E},c}^{\mathbb{D}}=\boldsymbol{I}_c^{\mathbb{D}}\boldsymbol{\omega}_{\mathbb{E},\mathbb{D}}^{\mathbb{D}}$$

卫星在地球坐标系下的角速度为

$$\boldsymbol{\omega}_{\mathbb{E},\mathbb{D}}=\underbrace{\boldsymbol{\omega}_{\mathbb{E},\mathbb{B}}}_{0}+\underbrace{\boldsymbol{\omega}_{\mathbb{B},\mathbb{D}}}_{\dot{\xi}\boldsymbol{d}_3}=\dot{\xi}\boldsymbol{b}_3=\dot{\xi}\boldsymbol{d}_3$$

所以

$$\boldsymbol{h}_{\mathbb{E},c}^{\mathbb{D}}=\begin{bmatrix}I_{11}&0&0\\0&I_{22}&0\\0&0&I_{33}\end{bmatrix}\begin{Bmatrix}0\\0\\\dot{\xi}\end{Bmatrix}=\begin{Bmatrix}0\\0\\I_{33}\dot{\xi}\end{Bmatrix}\tag{4.10}$$

连接地心到卫星质心的向量为 $\boldsymbol{r}_c:=\boldsymbol{r}_{\mathbb{X},c}$ 其中

$$\boldsymbol{r}_c=R\boldsymbol{c}_1=R(\cos\alpha\boldsymbol{b}_1+\sin\alpha\boldsymbol{b}_2)$$

式（4.9）中的第二项可以展开表示为

$$\begin{aligned}\boldsymbol{d}_{o,c}\times M\boldsymbol{v}_{\mathbb{E},c}&=MVR\begin{vmatrix}\boldsymbol{b}_1&\boldsymbol{b}_2&\boldsymbol{b}_3\\\cos\alpha&\sin\alpha&0\\\cos\xi&\sin\xi&0\end{vmatrix}\\&=MVR(\cos\alpha\sin\xi-\cos\xi\sin\alpha)\boldsymbol{b}_3\\&=MVR\sin(\xi-\alpha)\boldsymbol{b}_3\end{aligned}\tag{4.11}$$

如果式（4.10）、式（4.11）的结果是在同一坐标系下的表示，那么他们的和就是期待的结果。坐标系 $\mathbb{D}$ 和坐标系 $\mathbb{B}$ 之间的关系表示如下

$$\boldsymbol{R}_{\mathbb{B}}^{\mathbb{D}}=\begin{bmatrix}\cos\xi&\sin\xi&0\\-\sin\xi&\cos\xi&0\\0&0&1\end{bmatrix}$$

角动量为

$$\boldsymbol{h}_{\mathbb{E},o}^{\mathbb{D}}=\begin{Bmatrix}0\\0\\I_{33}\dot{\xi}\end{Bmatrix}+\begin{bmatrix}\cos\xi&\sin\xi&0\\-\sin\xi&\cos\xi&0\\0&0&1\end{bmatrix}\begin{Bmatrix}0\\0\\mVR\sin(\xi-\alpha)\end{Bmatrix}=\begin{Bmatrix}0\\0\\I_{33}\dot{\xi}+mVR\sin(\xi-\alpha)\end{Bmatrix}$$

相对于 $\mathbb{E}$ 坐标系的分量表达式可以通过将第 2 章的例 2.6 中的旋转矩阵 $\boldsymbol{R}_{\mathbb{B}}^{\mathbb{E}}$ 乘以该方程式而获得。

$$\boldsymbol{h}_{\mathbb{E},o}^{\mathbb{E}}=\boldsymbol{R}_{\mathbb{A}}^{\mathbb{E}}\boldsymbol{R}_{\mathbb{B}}^{\mathbb{A}}\boldsymbol{R}_{\mathbb{D}}^{\mathbb{B}}\boldsymbol{h}_{\mathbb{E},o}^{\mathbb{D}}$$

结果，卫星绕地球中心的角动量为

$$\boldsymbol{h}_{\mathbb{E},0}^{\mathbb{E}}=\underbrace{\begin{bmatrix}\cos\phi&-\sin\phi&0\\\sin\phi&\cos\phi&0\\0&0&1\end{bmatrix}}_{\boldsymbol{R}_{\mathbb{A}}^{\mathbb{E}}}\underbrace{\begin{bmatrix}1&0&0\\0&\cos\psi&-\sin\psi\\0&\sin\psi&\cos\psi\end{bmatrix}}_{\boldsymbol{R}_{\mathbb{B}}^{\mathbb{A}}}\underbrace{\begin{bmatrix}\cos\xi&-\sin\xi&0\\\sin\xi&\cos\xi&0\\0&0&1\end{bmatrix}}_{\boldsymbol{R}_{\mathbb{D}}^{\mathbb{B}}}\begin{Bmatrix}0\\0\\h_3\end{Bmatrix}$$

其中 $h_3=I_{33}\dot{\xi}+mVR\sin(\xi-\alpha)$。 ◀

4.2.3 惯性矩阵的计算

定义 4.4 中出现的积分取决于坐标系 $\mathbb{Y}$ 的选择。在定理 4.5 中，对于坐标系 $\mathbb{Y}$ 所有可能的选择，重要的是要有有效的技术来计算相对于不同坐标系的惯性矩阵。本节介绍了一些有助于在典型应用中计算惯性矩阵的定理和技术。

4.2.3.1 和 4.2.3.3 节讨论了惯性旋转变换定律（inertia rotation transformation law）和平行轴定理（parallel axis theorem）。惯性旋转变换定律描述了如何关联相对于具有相同原点

但方向不同的两个坐标系计算出的惯性矩阵。平行轴定理描述了如何关联相对于具有平行方向，但原点位于质心和任意点 p 的两个坐标系计算的惯性矩阵。通过组合这两个结果，如果已知相对于给定坐标系的惯性矩阵，则可以计算相对于任意坐标系的惯性矩阵。

4.2.3.2 节总结了惯性矩阵呈对角线形式的主轴构造。在可能的情况下，可以方便地从主轴方面开始问题，因为这样可以减少运动方程中的参数数量。

4.2.3.4 节详细介绍了对称性在惯性矩阵计算中的作用。将显示出，通过识别对称的坐标平面，通常可以得出结论：惯性矩阵中的某些惯性积为零，而不必明确地计算它们。

4.2.3.1 惯性旋转变换定理

本节推导用于关联旋转矩阵的方程式，这些方程式是由具有共同原点但彼此相对旋转的坐标系定义的。定理 4.6 中得出的方程式是张量分析（tensor analysis）中熟悉的张量变换（tensor transformation）定律的特例。可以在文献［7］中找到全面的处理方法。以下定理总结了变换定律，该定律将相对旋转的坐标系的惯性矩阵相关联。

定理 4.6 设 $\boldsymbol{I}_p^{\mathbb{Y}}$ 和 $\boldsymbol{I}_p^{\mathbb{Z}}$ 分别是刚体相对于坐标系 $\mathbb{Y}$ 和 $\mathbb{Z}$ 的惯性矩阵，它们在 p 处具有相同的原点。这些惯性矩阵满足

$$\boldsymbol{I}_p^{\mathbb{Z}}=\boldsymbol{R}_{\mathbb{Y}}^{\mathbb{Z}}\boldsymbol{I}_p^{\mathbb{Y}}(\boldsymbol{R}_{\mathbb{Y}}^{\mathbb{Z}})^{\mathrm{T}}=\boldsymbol{R}_{\mathbb{Y}}^{\mathbb{Z}}\boldsymbol{I}_p^{\mathbb{Y}}\boldsymbol{R}_{\mathbb{Z}}^{\mathbb{Y}}$$

$$\boldsymbol{I}_p^{\mathbb{Y}}=\boldsymbol{R}_{\mathbb{Z}}^{\mathbb{Y}}\boldsymbol{I}_p^{\mathbb{Z}}(\boldsymbol{R}_{\mathbb{Z}}^{\mathbb{Y}})^{\mathrm{T}}=\boldsymbol{R}_{\mathbb{Z}}^{\mathbb{Y}}\boldsymbol{I}_p^{\mathbb{Z}}\boldsymbol{R}_{\mathbb{Y}}^{\mathbb{Z}}$$

这些表达式应与向量 $\boldsymbol{u}$ 的分量的变换定律进行比较和对比，

$$\boldsymbol{u}^{\mathbb{Z}}=\boldsymbol{R}_{\mathbb{Y}}^{\mathbb{Z}}\boldsymbol{u}^{\mathbb{Y}}$$

向量的坐标变化是一阶张量，将分量乘以旋转矩阵。惯性矩阵的坐标变换是二阶张量，分别通过旋转矩阵及其转置对分量进行左乘和右乘。有关详细讨论，请参见附录 A。

证明： 惯性矩阵满足定理 4.5 中关系到角动量和角速度向量的方程，

$$\boldsymbol{h}_{\mathbb{X},p}^{\mathbb{Y}}=\boldsymbol{I}_p^{\mathbb{Y}}\boldsymbol{\omega}_{\mathbb{X},\mathbb{B}}^{\mathbb{Y}} \quad 和 \quad \boldsymbol{h}_{\mathbb{X},p}^{\mathbb{Z}}=\boldsymbol{I}_p^{\mathbb{Z}}\boldsymbol{\omega}_{\mathbb{X},\mathbb{B}}^{\mathbb{Z}}$$

但是角动量 $\boldsymbol{h}_{\mathbb{X},p}$ 和角速度 $\boldsymbol{\omega}_{\mathbb{X},\mathbb{B}}$ 本身就是向量，它们的分量通过应用旋转矩阵 $\boldsymbol{R}_{\mathbb{Y}}^{\mathbb{Z}}$ 或 $\boldsymbol{R}_{\mathbb{Z}}^{\mathbb{Y}}$ 进行变换，使得

$$\boldsymbol{h}_{\mathbb{X},p}^{\mathbb{Y}}=\boldsymbol{R}_{\mathbb{Z}}^{\mathbb{Y}}\boldsymbol{h}_{\mathbb{X},p}^{\mathbb{Z}} \quad 和 \quad \boldsymbol{\omega}_{\mathbb{X},\mathbb{B}}^{\mathbb{Y}}=\boldsymbol{R}_{\mathbb{Z}}^{\mathbb{Y}}\boldsymbol{\omega}_{\mathbb{X},\mathbb{B}}^{\mathbb{Z}}$$

如果将它们代入上述方程式，则公式得出

$$\boldsymbol{R}_{\mathbb{Z}}^{\mathbb{Y}}\boldsymbol{h}_{\mathbb{X},p}^{\mathbb{Z}}=\boldsymbol{I}_p^{\mathbb{Y}}\boldsymbol{R}_{\mathbb{Z}}^{\mathbb{Y}}\boldsymbol{\omega}_{\mathbb{X},\mathbb{B}}^{\mathbb{Z}}$$

$$\boldsymbol{h}_{\mathbb{X},p}^{\mathbb{Z}}=\underbrace{\boldsymbol{R}_{\mathbb{Y}}^{\mathbb{Z}}\boldsymbol{I}_p^{\mathbb{Y}}(\boldsymbol{R}_{\mathbb{Y}}^{\mathbb{Z}})^{\mathrm{T}}}_{\boldsymbol{I}_p^{\mathbb{Z}}}\boldsymbol{\omega}_{\mathbb{X},\mathbb{B}}^{\mathbb{Z}}$$

定理中的第二个方程式从第一个方程式开始，第一个方程式先乘以 $\boldsymbol{R}_{\mathbb{Z}}^{\mathbb{Y}}$，然后再乘以 $(\boldsymbol{R}_{\mathbb{Z}}^{\mathbb{Y}})^{\mathrm{T}}$。 ■

例 4.7 图 4-10 所示刚体相对于以点 p 为原点的刚体固定坐标系 $\mathbb{B}$ 的惯性矩阵为

$$\boldsymbol{I}_p^{\mathbb{B}}=\begin{bmatrix} I_{11} & 0 & 0 \\ 0 & I_{22} & 0 \\ 0 & 0 & I_{33} \end{bmatrix}$$

连杆相对于坐标系 $\mathbb{Y}$ 固定，坐标系 $\mathbb{Y}$ 与坐标系 $\mathbb{B}$ 在点 p 处重合。坐标系 $\mathbb{Y}$ 通过绕 y_3 旋转 30°映射到坐标系 $\mathbb{B}$。计算相对于 $\mathbb{Y}$ 坐标系关于点 p 的惯性矩阵，如图 4-10 所示。

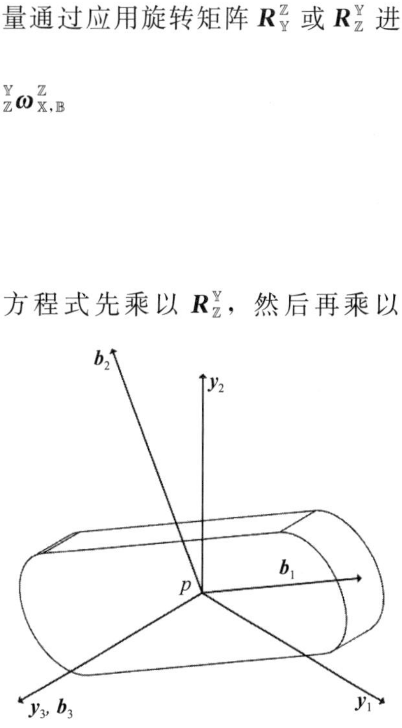

图 4-10 单连杆相对于地面坐标系旋转

解： 惯性矩阵的变换定律得出以下定理，该定

理与惯性矩阵 $\boldsymbol{I}_p^{\mathbb{Y}}$ 和 $\boldsymbol{I}_p^{\mathbb{B}}$ 相关

$$\boldsymbol{I}_p^{\mathbb{Y}}=\boldsymbol{R}_{\mathbb{B}}^{\mathbb{Y}}\boldsymbol{I}_p^{\mathbb{B}}(\boldsymbol{R}_{\mathbb{B}}^{\mathbb{Y}})^{\mathrm{T}}$$

坐标系 $\mathbb{Y}$ 和 $\mathbb{B}$ 之间的基础变化可以通过检查几何结构得出，并由旋转矩阵确定

$$\boldsymbol{R}_{\mathbb{B}}^{\mathbb{Y}}=\begin{bmatrix}\frac{\sqrt{3}}{2} & -\frac{1}{2} & 0\\ \frac{1}{2} & \frac{\sqrt{3}}{2} & 0\\ 0 & 0 & 1\end{bmatrix} \quad 和 \quad \boldsymbol{R}_{\mathbb{Y}}^{\mathbb{B}}=\begin{bmatrix}\frac{\sqrt{3}}{2} & \frac{1}{2} & 0\\ -\frac{1}{2} & \frac{\sqrt{3}}{2} & 0\\ 0 & 0 & 1\end{bmatrix}$$

将这些结果放在一起即可得出所需的惯性矩阵

$$\boldsymbol{I}_p^{\mathbb{Y}}=\begin{bmatrix}\frac{\sqrt{3}}{2} & -\frac{1}{2} & 0\\ \frac{1}{2} & \frac{\sqrt{3}}{2} & 0\\ 0 & 0 & 1\end{bmatrix}\begin{bmatrix}I_{11} & 0 & 0\\ 0 & I_{22} & 0\\ 0 & 0 & I_{33}\end{bmatrix}\begin{bmatrix}\frac{\sqrt{3}}{2} & \frac{1}{2} & 0\\ -\frac{1}{2} & \frac{\sqrt{3}}{2} & 0\\ 0 & 0 & 1\end{bmatrix}$$

$$=\begin{bmatrix}\frac{3}{4}I_{11}+\frac{1}{4}I_{22} & \frac{\sqrt{3}}{4}I_{11}-\frac{\sqrt{3}}{4}I_{22} & 0\\ \frac{\sqrt{3}}{4}I_{11}-\frac{\sqrt{3}}{4}I_{22} & \frac{1}{4}I_{11}+\frac{3}{4}I_{22} & 0\\ 0 & 0 & I_{33}\end{bmatrix}$$ ◀

例 4.8 图 4-11a 所示卫星相对于 $\mathbb{D}$ 坐标系关于其质心的惯性矩阵为

$$\boldsymbol{I}_c^{\mathbb{D}}=\begin{bmatrix}I_{11} & 0 & 0\\ 0 & I_{22} & 0\\ 0 & 0 & I_{33}\end{bmatrix}+\begin{bmatrix}K_{11} & 0 & 0\\ 0 & K_{22} & 0\\ 0 & 0 & K_{33}\end{bmatrix}$$

其中 I_{11}，I_{22}，I_{33} 是围绕系统质心的中心体的惯性矩，K_{11}，K_{22}，K_{33} 是围绕系统质心的太阳电池组的惯性矩。

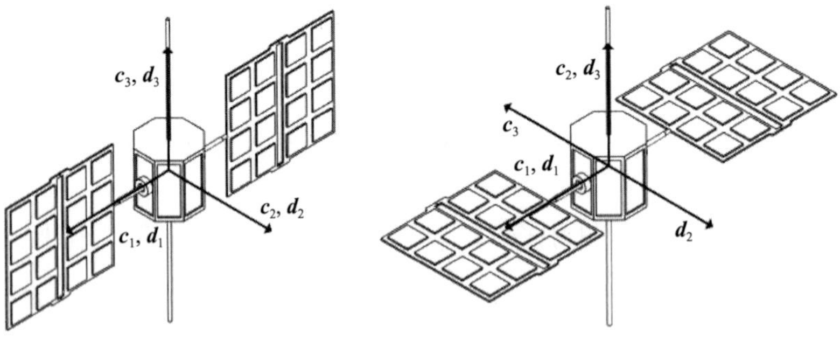

a）0°太阳能电池板旋转　　b）90°太阳能电池板旋转

图 4-11　带有中央主体和太阳能电池板卫星的坐标系

如图 4-11b 所示，当太阳能电池阵列绕 $\boldsymbol{d}_1$ 轴旋转 90°时，使用惯性旋转变换定律导出系统惯性矩阵。

解： 令 $\mathbb{C}$ 坐标系为相对于太阳能电池阵列固定的一组轴。$\mathbb{C}$ 坐标系的原点位于系统质心，$\mathbb{C}$ 坐标系与 $\boldsymbol{d}$ 平行，如图 4-11a 所示。在图 4-11b 中，太阳能电池阵列已旋转了 90°。

图 4-11b 中描述的与 $\mathbb{C}$ 坐标系和 $\mathbb{D}$ 坐标系相关的旋转矩阵由下式给出

$$\boldsymbol{R}_{\mathbb{C}}^{\mathbb{D}}=\begin{bmatrix}1 & 0 & 0\\ 0 & 0 & -1\\ 0 & 1 & 0\end{bmatrix}$$

根据惯性旋转变换定律，相对于图 4-11a 中所示的 $\mathbb{D}$ 坐标系，围绕系统质心的太阳电池阵列的惯性矩阵由下式给出

$$\boldsymbol{I}_c^{\mathbb{D}}=\boldsymbol{R}_{\mathbb{C}}^{\mathbb{D}}\boldsymbol{I}_c^{\mathbb{C}}\boldsymbol{R}_{\mathbb{D}}^{\mathbb{C}}=\begin{bmatrix}1 & 0 & 0\\ 0 & 0 & -1\\ 0 & 1 & 0\end{bmatrix}\begin{bmatrix}K_{11} & 0 & 0\\ 0 & K_{22} & 0\\ 0 & 0 & K_{33}\end{bmatrix}\begin{bmatrix}1 & 0 & 0\\ 0 & 0 & 1\\ 0 & -1 & 0\end{bmatrix}=\begin{bmatrix}K_{11} & 0 & 0\\ 0 & K_{33} & 0\\ 0 & 0 & K_{22}\end{bmatrix}$$

因此，卫星的关于质心的惯性矩阵由以下总和给出

$$\begin{bmatrix}I_{11}+K_{11} & 0 & 0\\ 0 & I_{22}+K_{33} & 0\\ 0 & 0 & I_{33}+K_{22}\end{bmatrix}$$

注意，这种情况下的旋转变换与直觉相符：新的惯性矩阵只是通过排列太阳阵列原始惯性矩阵的项而获得的。 ◀

4.2.3.2 惯性主轴

定理 4.6 提供了一条直接途径，可以根据与给定坐标系相关联的惯性矩阵来计算相对于某个旋转坐标系的惯性矩阵，前提是两个坐标系具有相同的原点。通常，惯性矩阵是一个完整的 3×3 矩阵。坐标系的某些选择可以简化惯性矩阵的形式。主轴的定义如下所示，描述了产生对角惯性矩阵的坐标的选择。

定义 4.5 *每当惯性矩阵 $\boldsymbol{I}_p^{\mathbb{Y}}$ 是对角阵时，以 p 为原点的坐标系 $\mathbb{Y}$ 就会在点 p 处为刚体定义一组主轴，*

$$\boldsymbol{I}_p^{\mathbb{Y}}=\begin{bmatrix}I_{11} & 0 & 0\\ 0 & I_{22} & 0\\ 0 & 0 & I_{33}\end{bmatrix}$$

对角线项 I_{11}，I_{22}，I_{33} 是与基坐标系 $\mathbb{Y}$ 相关的主惯性矩（principal moment of inertia）。

对于具有复杂几何形状的刚体，可能看不到惯性矩阵有任何特殊的结构，但是对于刚体中的任何点，在惯性矩阵相对于对角线的点处总是存在一组轴。也就是说，刚体中每个点都有一组主轴。以下定理概括了这一事实。

定理 4.7 *设 p 为刚体中的一个点，在体内固定有一组主轴，其起始点为 p。*

证明：该定理将得到详细证明，因为该过程具有建设性，并提供了直接解决实际问题的方法。本节的背景材料可以在附录 A 中找到。假设相对于坐标系 $\mathbb{Z}$ 的惯性矩阵为 $\boldsymbol{I}_p^{\mathbb{Z}}$。首先，根据代数特征值问题（algebraic eigenvalue problem）的解来计算特征向量（eigenvector）$\boldsymbol{\phi}_1$，$\boldsymbol{\phi}_2$，$\boldsymbol{\phi}_3$ 和特征值 λ_1，λ_2，λ_3

$$\boldsymbol{I}_p^{\mathbb{Z}}\boldsymbol{\phi}_i=\lambda_i\boldsymbol{\phi}_i$$

根据附录 A 中的定理 A.11，由于 $\boldsymbol{I}_p^{\mathbb{B}}$ 是实数且对称的，因此始终可以对特征向量进行缩放，以使模态矩阵（modal matrix）$\boldsymbol{\Phi}=[\boldsymbol{\phi}_1\quad \boldsymbol{\phi}_2\quad \boldsymbol{\phi}_3]$ 具有以下性质

$$\boldsymbol{\Phi}^{\mathrm{T}}\boldsymbol{\Phi}=\begin{bmatrix}1 & 0 & 0\\ 0 & 1 & 0\\ 0 & 0 & 1\end{bmatrix}\quad 和 \quad \boldsymbol{\Phi}^{\mathrm{T}}\boldsymbol{I}_p^{\mathbb{Z}}\boldsymbol{\Phi}=\begin{bmatrix}\lambda_1 & 0 & 0\\ 0 & \lambda_2 & 0\\ 0 & 0 & \lambda_3\end{bmatrix}$$

由此得出结论，可以选择特征向量，使得矩阵 $\boldsymbol{\Phi}$ 正交。实际上，$\boldsymbol{\Phi}$ 列中的特征向量可以始终被排序和缩放，以使其对应于右手基础。通过引入旋转矩阵 $\boldsymbol{R}_{\mathbb{Y}}^{\mathbb{Z}}:=\boldsymbol{\Phi}$ 来定义坐标系 $\mathbb{Y}$：

$$\boldsymbol{I}_p^{\mathbb{Y}}=\boldsymbol{R}_{\mathbb{Z}}^{\mathbb{Y}}\boldsymbol{I}_p^{\mathbb{Z}}(\boldsymbol{R}_{\mathbb{Z}}^{\mathbb{Y}})^{\mathrm{T}}=\boldsymbol{\Phi}^{\mathrm{T}}\boldsymbol{I}_p^{\mathbb{Z}}\boldsymbol{\Phi}=\begin{bmatrix}\lambda_1 & 0 & 0\\ 0 & \lambda_2 & 0\\ 0 & 0 & \lambda_3\end{bmatrix}$$

坐标系 $\mathbb{Y}$ 在 p 处为刚体定义了一组主轴。主惯性矩是特征值 λ_1，λ_2，λ_3。 ■

例 4.9 找到惯性矩阵的一组主轴

$$\boldsymbol{I}_p^{\mathbb{Y}}=\begin{bmatrix}3 & -1 & 0\\ -1 & 3 & 0\\ 0 & 0 & 5\end{bmatrix}$$

解： 特征多项式为

$$p(\lambda)=\det|\boldsymbol{I}_p^{\mathbb{Y}}-\lambda\mathbb{I}|=\det\begin{vmatrix}(3-\lambda) & -1 & 0\\ -1 & (3-\lambda) & 0\\ 0 & 0 & 5-\lambda\end{vmatrix}=(5-\lambda)(\lambda-4)(\lambda-2)$$

特征值或惯性矩是特征多项式 $\lambda_1=2$，$\lambda_2=4$，$\lambda_3=5$ 的根。主轴是根据与每个根相关的特征向量确定的。对于 $\lambda_3=5$，特征向量必须满足

$$[\boldsymbol{I}_p^{\mathbb{Y}}-\lambda\mathbb{I}]\boldsymbol{\phi}=\boldsymbol{0}=\begin{bmatrix}-2 & -1 & 0\\ -1 & -2 & 0\\ 0 & 0 & 0\end{bmatrix}\begin{Bmatrix}\phi_1\\ \phi_2\\ \phi_3\end{Bmatrix}=\begin{Bmatrix}0\\ 0\\ 0\end{Bmatrix}$$

从前两个方程式开始，必须是 $\phi_1=\phi_2=0$，而第三个方程式允许 ϕ_3 是任意的。然后可以将与 $\lambda_3=5$ 相关的单位特征向量定义为

$$\boldsymbol{\phi}_3=\begin{Bmatrix}0\\ 0\\ 1\end{Bmatrix}$$

对 $\lambda_1=2$ 重复此过程将导致

$$\begin{bmatrix}1 & -1 & 0\\ -1 & 1 & 0\\ 0 & 0 & 4\end{bmatrix}\begin{Bmatrix}\phi_1\\ \phi_2\\ \phi_3\end{Bmatrix}=\begin{Bmatrix}0\\ 0\\ 0\end{Bmatrix}$$

最后一个方程得出 $\phi_3=0$，而前两个方程要求 $\phi_1=\phi_2$。结果，与 $\lambda_1=2$ 相关的单位特征向量 $\boldsymbol{\phi}_1$ 为

$$\boldsymbol{\phi}_1=\begin{Bmatrix}\frac{1}{\sqrt{2}}\\ \frac{1}{\sqrt{2}}\\ 0\end{Bmatrix}$$

对 $\lambda_2=4$ 重复此过程将导致

$$\begin{bmatrix}-1 & -1 & 0\\ -1 & -1 & 0\\ 0 & 0 & 1\end{bmatrix}\begin{Bmatrix}\phi_1\\ \phi_2\\ \phi_3\end{Bmatrix}=\begin{Bmatrix}0\\ 0\\ 0\end{Bmatrix}$$

如前所述，第三个方程式要求 $\phi_3=0$，而前两个方程式要求 $\phi_1=-\phi_2$。对应于 $\lambda_2=4$ 的单位特征向量 $\boldsymbol{\phi}_2$ 定义为

$$\boldsymbol{\phi}_2=\begin{Bmatrix}\dfrac{1}{\sqrt{2}}\\ \dfrac{-1}{\sqrt{2}}\\ 0\end{Bmatrix}$$

为了获得所需的旋转矩阵，必须将单位特征向量组合到旋转矩阵 $\boldsymbol{R}$ 中，并注意确保 $\det(\boldsymbol{R})=+1$。通过将单位向量乘以 -1 可以简化此过程。

$$\boldsymbol{R}=[\boldsymbol{\phi}_1\quad -\boldsymbol{\phi}_2\quad \boldsymbol{\phi}_3]=\begin{bmatrix}\dfrac{1}{\sqrt{2}} & -\dfrac{1}{\sqrt{2}} & 0\\ \dfrac{1}{\sqrt{2}} & \dfrac{1}{\sqrt{2}} & 0\\ 0 & 0 & 1\end{bmatrix}$$

可以证明该矩阵满足关系

$$\boldsymbol{R}^{\mathrm{T}}\boldsymbol{R}=\boldsymbol{R}\boldsymbol{R}^{\mathrm{T}}=\mathbb{I}\quad 和\quad \boldsymbol{R}^{\mathrm{T}}\boldsymbol{I}_p^{\mathbb{Y}}\boldsymbol{R}=\begin{bmatrix}2 & 0 & 0\\ 0 & 4 & 0\\ 0 & 0 & 5\end{bmatrix}$$ ◀

4.2.3.3 平行轴定理

定理 4.6 总结了如何使用相对于一组轴的惯性来计算相对于旋转基准的惯性。应用定理 4.6 时，两个坐标系的原点必须相同。相对于此，平行轴定理用关于质心的惯性矩阵将关于点 p 的惯性矩阵关联起来。在这种情况下，坐标系不会相对旋转。它们是平行的。

定理 4.8 定义刚体中离散质量元相对于 p 为原点的坐标为（x，y，z）和相对于质心的坐标（α，β，γ）。假设两个坐标系由方程关联

$$x=\alpha+\overline{x},\quad y=\beta+\overline{y},\quad z=\gamma+\overline{z}$$

相对于这两个坐标系的惯性矩满足

$$I_{11,p}=I_{11,c}+M(\overline{y}^2+\overline{z}^2),\quad I_{22,p}=I_{22,c}+M(\overline{x}^2+\overline{z}^2),\quad I_{33,p}=I_{33,c}+M(\overline{x}^2+\overline{y}^2)$$

在这些方程式中，$I_{11,p}$，$I_{22,p}$，$I_{33,p}$ 和 $I_{11,c}$，$I_{22,c}$，$I_{33,c}$ 是相对于其起点分别在 p 点和 c 点处的坐标系的惯性矩。相对于两个坐标系的惯性积满足

$$I_{12,p}=I_{12,c}-M\,\overline{xy},\quad I_{13,p}=I_{13,c}-M\,\overline{xz},\quad I_{23,p}=I_{23,c}-M\,\overline{yz}$$

在这些方程式中，$I_{12,p}$，$I_{13,p}$，$I_{23,p}$ 和 $I_{12,c}$，$I_{13,c}$，$I_{23,c}$ 是相对于其原点分别在点 p 和点 c 的惯性积。

证明： 由于所有惯性矩方程都是相似的，因此仅针对 $I_{11,p}$ 推导该方程。根据定义，

$$\begin{aligned}I_{11,p}&=\int(y^2+z^2)\mathrm{d}m=\int((\beta+\overline{y})^2+(\gamma+\overline{z})^2)\mathrm{d}m\\&=\underbrace{\int(\beta^2+\gamma^2)\mathrm{d}m}_{I_{11,c}}+(\overline{y}^2+\overline{z}^2)\int\mathrm{d}m+2\overline{y}\underbrace{\int\beta\,\mathrm{d}m}_{=0}+2\overline{z}\underbrace{\int\gamma\,\mathrm{d}m}_{=0}\end{aligned}$$

根据定义，右边的第一项等于绕质心的惯性矩。根据质心的定义，右边的最后两项等于零，质心位于坐标系的原点（α，β，γ）。

惯性积的分析相似。仅得出 $I_{12,p}$ 的等式。根据定义，

$$I_{12,p}=-\int xy\,\mathrm{d}m=-\int(\alpha+\overline{x})(\beta+\overline{y})\mathrm{d}m$$
$$=\underbrace{-\int\alpha\beta\,\mathrm{d}m}_{I_{12,c}}-\overline{xy}\int\mathrm{d}m-\overline{x}\underbrace{\int\beta\,\mathrm{d}m}_{=0}-\overline{y}\underbrace{\int\alpha\,\mathrm{d}m}_{=0}$$

根据定义，右边的第一项是惯性积 $I_{12,c}$。根据质心的定义，最后两个项为零，质心位于（α，β，γ）坐标系的原点。■

如定理4.8中所述，平行轴定理很长。定理4.9以矩阵形式表示平行轴定理，可用于编程实现。

定理4.9　定理4.8中的平行轴定理可以用矩阵形式表示为

$$\boldsymbol{I}_p^{\mathbb{B}}=\boldsymbol{I}_c^{\mathbb{B}}-M\boldsymbol{S}^2(\overline{\boldsymbol{r}})\tag{4.12}$$

其中 M 是刚体的质量，$\boldsymbol{I}_p^{\mathbb{B}}$ 是相对于坐标系 $\mathbb{B}$ 围绕点 p 的惯性矩阵，$\boldsymbol{I}_c^{\mathbb{B}}$ 是相对于平行于 $\mathbb{B}$ 且其原点位于质心的坐标系的惯性矩阵，$\boldsymbol{S}(\cdot)$ 是斜对称算子，$\overline{\boldsymbol{r}}:=(\overline{x},\overline{y},\overline{z})$。

证明：证明直接来自术语 $\boldsymbol{S}^2(\overline{\boldsymbol{r}})$ 的扩展，即

$$\boldsymbol{S}^2(\overline{\boldsymbol{r}})=\boldsymbol{S}(\overline{\boldsymbol{r}})\boldsymbol{S}(\overline{\boldsymbol{r}})=\begin{bmatrix}0&-\overline{z}&\overline{y}\\\overline{z}&0&-\overline{x}\\-\overline{y}&\overline{x}&0\end{bmatrix}\begin{bmatrix}0&-\overline{z}&\overline{y}\\\overline{z}&0&-\overline{x}\\-\overline{y}&\overline{x}&0\end{bmatrix}$$
$$=\begin{bmatrix}-(\overline{y}^2+\overline{z}^2)&\overline{xy}&\overline{xz}\\\overline{xy}&-(\overline{x}^2+\overline{z}^2)&\overline{yz}\\\overline{xz}&\overline{yz}&-(\overline{x}^2+\overline{y}^2)\end{bmatrix}$$

通过检查，式（4.12）与定理4.8的结论中的标量方程的集合相同。■

例4.10　这个问题计算了图4-12所示的圆柱坐标型机器人水平臂的惯性矩阵。使用惯性旋转变换定律和平行轴定理来计算水平臂相对于坐标系 $\mathbb{X}$ 的惯性矩阵 $\boldsymbol{I}_o^{\mathbb{X}}$，坐标系 $\mathbb{X}$ 的原点位于点 o，水平臂关于其质心 c 的惯性矩阵为

$$\boldsymbol{I}_c^{\mathbb{B}}=\begin{bmatrix}I_{11}&0&0\\0&I_{22}&0\\0&0&I_{33}\end{bmatrix}$$

注意，对于 $i=1,2,3$，$\boldsymbol{b}_i$ 不平行于 $\boldsymbol{x}_i$。

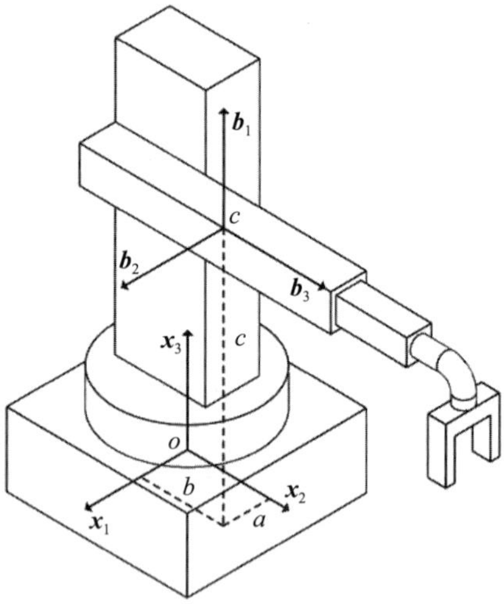

图4-12　圆柱坐标型机器人

解：首先，在水平臂质心处定义虚拟坐标系 $\mathbb{C}$，该虚拟坐标系平行于坐标系 $\mathbb{X}$，旋转矩阵

$$\boldsymbol{R}_{\mathbb{B}}^{\mathbb{C}}=\begin{bmatrix}0&1&0\\0&0&1\\1&0&0\end{bmatrix}$$

将坐标系 $\mathbb{B}$ 的基映射到坐标系 $\mathbb{C}$。相对于 $\mathbb{C}$ 坐标系的惯性矩阵为

$$\boldsymbol{I}_c^{\mathbb{C}}=\boldsymbol{R}_{\mathbb{B}}^{\mathbb{C}}\boldsymbol{I}_c^{\mathbb{B}}(\boldsymbol{R}_{\mathbb{B}}^{\mathbb{C}})^{\mathrm{T}}=\begin{bmatrix}0&1&0\\0&0&1\\1&0&0\end{bmatrix}\begin{bmatrix}I_{11}&0&0\\0&I_{22}&0\\0&0&I_{33}\end{bmatrix}\begin{bmatrix}0&0&1\\1&0&0\\0&1&0\end{bmatrix}=\begin{bmatrix}I_{22}&0&0\\0&I_{33}&0\\0&0&I_{11}\end{bmatrix}$$

惯性旋转变换定律得出与主惯性矩 I_{11}，I_{22}，I_{33} 的重新排序相对应的惯性矩阵 $\boldsymbol{I}_c^{\mathbb{C}}$。设 α，β，γ 为分别沿 $\boldsymbol{c}_1$，$\boldsymbol{c}_2$，$\boldsymbol{c}_3$ 方向以质心为原点的坐标，坐标 x，y，z 沿 $\boldsymbol{x}_1$，$\boldsymbol{x}_2$，$\boldsymbol{x}_3$ 方向。

一般来说，

$$x=\alpha+\overline{x},\ y=\beta+\overline{y},\ z=\gamma+\overline{z} \tag{4.13}$$

常数 $\overline{x}$，$\overline{y}$，$\overline{z}$ 可以通过在特定点评估这些方程来计算。例如，$\mathbb{C}$ 坐标系的原点具有相对于 $\mathbb{C}$ 坐标系的坐标（α，β，γ）=（0，0，0），以及相对于 $\mathbb{X}$ 坐标系的坐标（x，y，z）=（a，b，c）。将这些值代入式（4.13）时，

$$a=0+\overline{x},\ b=0+\overline{y},\ c=0+\overline{z}$$

根据平行轴定理，惯性矩为

$$I_{11,o}=I_{11,c}+M(\overline{y}^2+\overline{z}^2)=I_{22}+M(b^2+c^2)$$
$$I_{22,o}=I_{22,c}+M(\overline{x}^2+\overline{z}^2)=I_{33}+M(a^2+c^2)$$
$$I_{33,o}=I_{33,c}+M(\overline{x}^2+\overline{y}^2)=I_{11}+M(a^2+b^2)$$

和惯性积是

$$I_{12,o}=I_{12,c}-M\,\overline{xy}=-M(a)(b)=-Mab$$
$$I_{13,o}=I_{13,c}-M\,\overline{xz}=-M(a)(c)=-Mac$$
$$I_{23,o}=I_{23,c}-M\,\overline{yz}=-Mbc$$

将这些代入到 $\boldsymbol{I}_o^{\mathbb{X}}$ 中得到

$$\boldsymbol{I}_o^{\mathbb{X}}=\begin{bmatrix} M(b^2+c^2) & -Mab & -Mac \\ -Mab & M(a^2+c^2) & -Mbc \\ -Mac & -Mbc & M(a^2+b^2) \end{bmatrix}$$ ◀

4.2.3.4 对称和惯性

惯性矩阵中出现的积分的显式计算可能难以解析地进行计算。在复杂的几何图形中，闭合形式表达式的计算可能很棘手。现在，估算惯性矩阵的数值技术已成为实体建模和计算机辅助设计软件的标准功能，这种计算所涉及的算法并不复杂，需要执行正交积分公式才能将积分估算为功能评估的加权和。实施此近似过程的任务是对刚体的几何形状进行表征，但这正是实体建模和计算机辅助设计程序擅长的工作。

尽管如此，即使对于最复杂的几何模型，通常也可以通过利用刚体的对称性来减少评估惯性矩阵所需的工作。对特定的对称坐标平面的识别意味着与垂直于对称平面的坐标有关的惯性积等于零。在陈述该定理之前，将介绍对称坐标平面（coordinate plane of symmetry）的数学定义。

定义 4.6 假设 x_1，x_2，x_3 是沿着坐标系 $\mathbb{X}$ 基本向量 $\boldsymbol{x}_1$，$\boldsymbol{x}_2$，$\boldsymbol{x}_3$ 的坐标。如果对位于（x_1，x_2，x_3）的微分质量元素存在位于（x_1，x_2，$-x_3$）相对应的微分质量元素，则坐标系 $\mathbb{X}$ 的 x_1-x_2 平面是刚体的对称平面（plane of symmetry）。换一种说法，

$$\rho(x_1,\ x_2,\ x_3)\mathrm{d}x_1\mathrm{d}x_2\mathrm{d}x_3=\rho(x_1,\ x_2,\ -x_3)\mathrm{d}x_1\mathrm{d}x_2\mathrm{d}x_3$$

对于刚体密度为 ρ 的所有 x_1，x_2，x_3。1-3 和 2-3 对称平面的定义相似。

这个定义规定了对称平面将物体分为两部分，它们在对称平面上相互反射。在定理 4.10 中证明了在应用中识别对称平面的重要性。

定理 4.10 假设 $\mathbb{X}$ 坐标系的 x_i-x_j 平面是刚体的对称平面。则惯性积

$$I_{ik}^{\mathbb{X}}=0$$
$$I_{jk}^{\mathbb{X}}=0$$

对于 $k\neq i$ 和 $k\neq j$。如果相对于坐标系 $\mathbb{X}$ 至少存在两个对称平面，则坐标系 $\mathbb{X}$ 为刚体定义了一组主轴。

证明： 该定理的证明是基于微积分的一些基本事实 ■

定义 4.7　当且仅当 f：$\mathbb{R}\to\mathbb{R}$ 是奇函数

$$-f(x)=f(-x)$$

对于所有 $x\in\mathbb{R}$

在此定义的基础上，对于单变量函数，当变量保持固定，如果函数 $x_i\to f(x_1, \cdots, x_i, \cdots, x_N)$ 是奇函数，则多变量函数 f：$\mathbb{R}^N\to\mathbb{R}$ 是在 i 个参数中的奇函数。此外，奇数函数还具有与积分相关的特殊属性。

命题 4.1　对称域上奇函数的积分等于零。

证明：该命题的证明将以足够详细的方式给出，以便可以使用相同的参数序列来证明定理 4.8。假设 f 是一个奇数函数，则将不在该域中的所有 x 扩展为等于零，从而在对称域上进行积分，然后 f 在该域上的积分为

$$\begin{aligned}\int_{-\infty}^{\infty} f(x)\mathrm{d}x &= \int_{-\infty}^{0} f(x)\mathrm{d}x+\int_{0}^{\infty} f(x)\mathrm{d}x\\ &=-\int_{0}^{-\infty} f(x)\mathrm{d}x+\int_{0}^{\infty} f(x)\mathrm{d}x\\ &=-\int_{0}^{\infty} f(-\xi)(-\mathrm{d}\xi)+\int_{0}^{\infty} f(x)\mathrm{d}x\\ &=-\int_{0}^{\infty} -f(\xi)(-\mathrm{d}\xi)+\int_{0}^{\infty} f(x)\mathrm{d}x\\ &=-\int_{0}^{\infty} f(\xi)\mathrm{d}\xi+\int_{0}^{\infty} f(x)\mathrm{d}x\\ &=0\end{aligned}$$

证明了这一命题。■

定理 4.10 的证明具有相同的结构。假设坐标系 $\mathbb{X}$ 的 x_1-x_2 平面是刚体的对称平面。根据定义，

$$I_{13}=-\int x_1x_3\mathrm{d}m$$

通过利用刚体外部的密度 $\rho(x_1, x_2, x_3)\equiv 0$ 的事实，可以将该积分写为

$$\begin{aligned}I_{13} &=-\int x_1x_3\mathrm{d}m\\ &=-\iint\left(\int_{-\infty}^{\infty} x_3\rho(x_1, x_2, x_3)\mathrm{d}x_3\right)x_1\mathrm{d}x_1\mathrm{d}x_2\\ &=-\iint\left(\int_{-\infty}^{0} \rho(x_1, x_2, x_3)\mathrm{d}x_3+\int_{0}^{\infty} \rho(x_1, x_2, x_3)\mathrm{d}x_3\right)x_1\mathrm{d}x_1\mathrm{d}x_2\\ &=-\iint\left(-\int_{0}^{-\infty} x_3\rho(x_1, x_2, x_3)\mathrm{d}x_3+\int_{0}^{\infty} x_3\rho(x_1, x_2, x_3)\mathrm{d}x_3\right)x_1\mathrm{d}x_1\mathrm{d}x_2\\ &=-\iint\left(-\int_{0}^{\infty} (-\xi)\rho(x_1, x_2, -\xi)(-\mathrm{d}\xi)+\int_{0}^{\infty} x_3\rho(x_1, x_2, x_3)\mathrm{d}x_3\right)x_1\mathrm{d}x_1\mathrm{d}x_2\\ &=-\iint\left(-\int_{0}^{\infty} \xi\rho(x_1, x_2, \xi)\mathrm{d}\xi+\int_{0}^{\infty} x_3\rho(x_1, x_2, x_3)\mathrm{d}x_3\right)x_1\mathrm{d}x_1\mathrm{d}x_2\\ &=0\end{aligned}$$

I_{13} 中的被积分是 x_3 的奇数函数，它在对称域上积分，并且等于零。

例 4.11　假设 PUMA 机械手的连杆 1 相对于 $\mathbb{X}$ 坐标系，如图 4-13 所示。使用对称参数来推导其惯性矩阵的形式。假设基底是具有相同均匀密度的两个圆柱体，计算惯性矩阵。使用对称参数来确认作为中间结果计算出的各个惯性矩阵具有正确的形式。

解：从图中可以看出，$\mathbb{X}$ 坐标系的 $\boldsymbol{x}_1-\boldsymbol{x}_3$ 坐标平面是对称平面。定理 4.10 表明所有惯性积为零，只要涉及坐标沿着 $\boldsymbol{x}_2$ 方向垂直于对称平面

$$I_{12}=0 \quad 和 \quad I_{23}=0$$

这导致惯性矩阵 $\boldsymbol{I}_0^{\mathbb{X}}$ 的形式为

$$\boldsymbol{I}_0^{\mathbb{X}}=\begin{bmatrix} I_{11} & 0 & I_{13} \\ 0 & I_{22} & 0 \\ I_{13} & 0 & I_{33} \end{bmatrix}$$

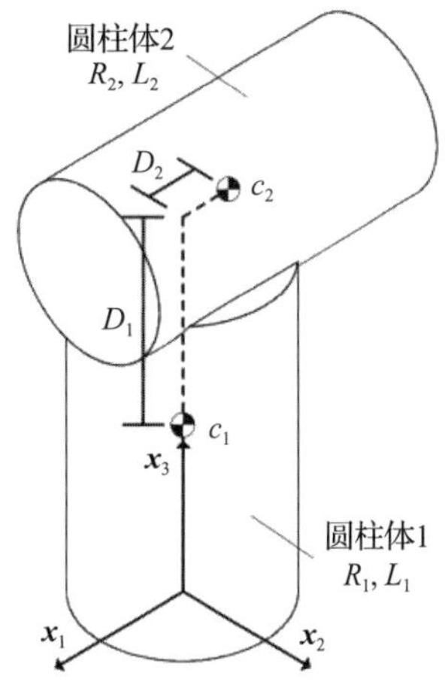

图 4-13　具有单个对称平面的 PUMA 连杆 1

通过计算每个圆柱体的惯性并求和，得到将关于 o 点相对于 $\mathbb{X}$ 坐标系的组合体惯性。首先，将考虑垂直的圆柱体。将坐标系 $\mathbb{C}$ 固定在垂直的圆柱体的质心 c_1 上，使其轴线 $\boldsymbol{c}_1$，$\boldsymbol{c}_2$，$\boldsymbol{c}_3$ 均平行于相应的轴线 $\boldsymbol{x}_1$，$\boldsymbol{x}_2$，$\boldsymbol{x}_3$。垂直的圆柱体关于质心相对于 $\mathbb{C}$ 坐标系的惯性矩阵为

$$\boldsymbol{I}_{c_1}^{\mathbb{C}}=\begin{bmatrix} \frac{1}{12}M_1(3R_1^2+L_1^2) & 0 & 0 \\ 0 & \frac{1}{12}M_1(3R_1^2+L_1^2) & 0 \\ 0 & 0 & \frac{1}{2}M_1R_1^2 \end{bmatrix}$$

该惯性矩阵必须为对角线，因为 $\mathbb{C}$ 坐标系的 x_1-x_3 和 x_2-x_3 坐标平面是垂直圆柱的对称平面。相对于垂直于这些平面的坐标的所有惯性积都必须消失，这意味着所有积均为零。

接下来，使用平行轴定理来计算垂直圆柱体相对于 $\mathbb{X}$ 坐标系关于点 o 的惯性 $\boldsymbol{I}_o^{\mathbb{X}}$。令 α，β，γ 分别为沿 $\boldsymbol{c}_1$，$\boldsymbol{c}_2$，$\boldsymbol{c}_3$ 轴的坐标，令 x，y，z 为沿 $\boldsymbol{x}_1$，$\boldsymbol{x}_2$，$\boldsymbol{x}_3$ 轴的坐标。这些坐标关系如下

$$x=\alpha+\overline{x},\ y=\beta+\overline{y},\ z=\gamma+\overline{z}$$

偏移量（$\overline{x}$，$\overline{y}$，$\overline{z}$）可以通过评估 $\mathbb{C}$ 和 $\mathbb{X}$ 坐标系中某个固定点的坐标来计算。$\mathbb{C}$ 坐标系的原点相对于 $\mathbb{C}$ 的坐标为（0，0，0），而其坐标相对于 $\mathbb{X}$ 的坐标为$\left(0,\ 0,\ \frac{L_1}{2}\right)$，我们用这些值替换并获得

$$0=0+\overline{x},\ 0=0+\overline{y},\ \frac{L_1}{2}=0+\overline{z}$$

然后，平行轴定理得出垂直圆柱体相对于坐标系 $\mathbb{X}$ 相对于点 o 的惯性 $\boldsymbol{I}_o^{\mathbb{X}}$ 为

$$\boldsymbol{I}_o^{\mathbb{X}}=\begin{bmatrix} \frac{1}{12}M_1(4L_1^2+3R_1^2) & 0 & 0 \\ 0 & \frac{1}{12}M_1(4L_1^2+3R_1^2) & 0 \\ 0 & 0 & \frac{1}{2}M_1R_1^2 \end{bmatrix} \tag{4.14}$$

同样，该惯性矩阵具有预期的形式。$\mathbb{X}$ 坐标系的 x_1-x_3 和 x_2-x_3 坐标平面是垂直圆柱的对称平面，并且根据定理 4.10，所有惯性积都为零。

现在将相对于 $\mathbb{X}$ 坐标系关于点 o 计算出水平圆柱体的惯性矩阵。令 $\mathbb{B}$ 坐标系平行于 $\mathbb{X}$ 坐标系，但其原点 c_2 位于水平圆柱体的质心。水平圆柱体关于其质心 c_2 相对于 $\mathbb{B}$ 坐标系

的惯性矩阵 $\boldsymbol{I}_{c_2}^{\mathbb{B}}$ 由下式给出

$$\boldsymbol{I}_{c_2}^{\mathbb{B}}=\begin{bmatrix}\frac{1}{2}M_2R_2^2 & 0 & 0\\ 0 & \frac{1}{12}M_2(3R_2^2+L_2^2) & 0\\ 0 & 0 & \frac{1}{12}M_2(3R_2^2+L_2^2)\end{bmatrix}$$

已知 $\mathbb{B}$ 是水平圆柱的主轴，因为 $\mathbb{B}$ 坐标系的每个坐标平面都是水平圆柱的对称平面。如前所述，平行轴定理用于导出水平圆柱体相对于 $\mathbb{X}$ 坐标系的关于点 o 的惯性矩阵 $\boldsymbol{I}_o^{\mathbb{X}}$。设 α，β，γ 为沿 $\boldsymbol{b}_1$，$\boldsymbol{b}_2$，$\boldsymbol{b}_3$ 基向量的选定点的坐标，令 x，y，z 为沿 $\boldsymbol{x}_1$，$\boldsymbol{x}_2$，$\boldsymbol{x}_3$ 基向量的坐标。点 c_2 的位置为相对于 $\mathbb{B}$ 坐标系为（0，0，0），相对于 $\mathbb{X}$ 坐标系为 $\left(-D_2,\ 0,\ \frac{L_1}{2}+D_1\right)$。当在坐标变化中引入这两个表达式时，发现

$$\begin{aligned}\frac{1}{2}W_1-W_2&=0+\overline{x}\\ 0&=0+\overline{y}\\ H_1&=0+\overline{z}\end{aligned}$$

平行轴定理保证我们对于水平圆柱体具有

$$\boldsymbol{I}_o^{\mathbb{X}}=\begin{bmatrix}M_2\left(D_1+\frac{L_1}{2}\right)^2+\frac{1}{2}M_2R_2^2 & 0 & M_2D_2\left(D_1+\frac{L_1}{2}\right)\\ 0 & K & 0\\ M_2D_2\left(D_1+\frac{L_1}{2}\right) & 0 & M_2D_2^2+\frac{1}{12}M_2(L_2^2+3R_2^2)\end{bmatrix}\tag{4.15}$$

其中 $K=M_2D_2^2+M_2\left(D_1+\frac{L_1}{2}\right)^2+\frac{1}{12}M_2(L_2^2+3R_2^2)$。$\mathbb{X}$ 坐标系的 $\boldsymbol{x}_1-\boldsymbol{x}_3$ 平面仅是组合体的对称平面。定理 4.10 断定，对于该物体的惯性矩阵，相对于 $\mathbb{X}$ 坐标系，在点 o 处，惯性积 I_{12} 和 I_{23} 等于零。通过将式（4.14）和式（4.15）中的惯性矩阵相加，可以得出组合体惯性矩阵的最终解。◀

4.3　牛顿-欧拉方程

动力学的第一课介绍牛顿运动定律，它适用于理想化为质点的物体。牛顿第一定律（Newton's first law）认为，在没有外力作用的情况下，静止的物体仍保持静止，或者如果它在运动中，它将以恒定速度沿直线运动。牛顿第二定律（Newton's second law）认为作用在质点上的力之和等于质点线性动量的时间变化率。牛顿运动定律的一个重要特点是，它们是相对于在惯性参考系（inertial reference frame）的观测而言的。

机器人系统通常由质量在空间上分布的刚体集合组成。虽然有时可以使用集中质量或点质量近似来对机器人系统进行合理的近似，但通常情况下并非如此。对于具有分布质量的刚体，牛顿运动定律将推广至欧拉运动定律（Euler's law）。

定理 4.11　欧拉第一定律（Euler's second law）作用在刚体上的合力 $\boldsymbol{f}$ 等于在惯性坐标系 $\mathbb{X}$ 下线性动量 $\boldsymbol{p}_{\mathbb{X}}$ 的时间变化率。

$$\left.\frac{\mathrm{d}}{\mathrm{d}t}\right|_{\mathbb{X}}\boldsymbol{p}_{\mathbb{X}}=\boldsymbol{f}$$

定理 4.12 欧拉第二定律设点 p 是固定在惯性坐标系 $\mathbb{X}$ 中的一个点。作用在刚体上关于点 p 的合力矩 $\boldsymbol{m}_p$ 等于在惯性坐标系 $\mathbb{X}$ 中关于点 p 的角动量 $\boldsymbol{h}_{\mathbb{X},p}$ 的时间变化率。

$$\left.\frac{\mathrm{d}}{\mathrm{d}t}\right|_{\mathbb{X}} \boldsymbol{h}_{\mathbb{X},p} = \boldsymbol{m}_p$$

定理 4.11 和定理 4.12 可用于应用中，但通常情况下采用另一种形式。欧拉第一定律也可以表述为作用在刚体上的合力等于刚体的质量乘以惯性坐标系中物体质心的加速度。

定理 4.13 作用在刚体上的合力 $\boldsymbol{f}$ 等于刚体的质量乘以惯性坐标系 $\mathbb{X}$ 中刚体质心的加速度。

$$M\boldsymbol{a}_{\mathbb{X},c} = \boldsymbol{f}$$

证明： 在惯性坐标系 $\mathbb{X}$ 中线性动量的时间变化率为

$$\left.\frac{\mathrm{d}}{\mathrm{d}t}\right|_{\mathbb{X}} \boldsymbol{p}_{\mathbb{X}} = \left.\frac{\mathrm{d}}{\mathrm{d}t}\right|_{\mathbb{X}} \int \boldsymbol{v}\,\mathrm{d}m = \left.\frac{\mathrm{d}}{\mathrm{d}t}\right|_{\mathbb{X}} M\boldsymbol{v}_{\mathbb{X},c} = M\boldsymbol{a}_{\mathbb{X},c} \qquad \blacksquare$$

定理 4.12 中欧拉第二定律的形式要求点 p 固定在惯性坐标系 $\mathbb{X}$ 中，这种限制在许多应用中是一个严重的缺点。例如在空间机器人中，施加这种条件是不方便的。然而可以导出一个合适的替代形式，当选择 p 点作为刚体的质心时，也可以给出欧拉第二定律。

定理 4.14 作用在刚体上关于质心 c 的合力矩 $\boldsymbol{m}_c$ 等于在惯性坐标系 $\mathbb{X}$ 中关于质心的角动量 $\boldsymbol{h}_{\mathbb{X},c}$ 的时间变化率

$$\left.\frac{\mathrm{d}}{\mathrm{d}t}\right|_{\mathbb{X}} \boldsymbol{h}_{\mathbb{X},c} = \boldsymbol{m}_c$$

证明： 定理 4.2 定义了关于点 p 的角动量和质心之间的关系

$$\boldsymbol{h}_{\mathbb{X},p} = \boldsymbol{h}_{\mathbb{X},c} + \boldsymbol{d}_{p,c} \times (M\boldsymbol{v}_{\mathbb{X},c})$$

假设 p 是固定在惯性坐标系 $\mathbb{X}$ 中的某个点。把这个表达式代入欧拉第二定律，得

$$\begin{aligned}\left.\frac{\mathrm{d}}{\mathrm{d}t}\right|_{\mathbb{X}} \boldsymbol{h}_{\mathbb{X},p} &= \left.\frac{\mathrm{d}}{\mathrm{d}t}\right|_{\mathbb{X}} \boldsymbol{h}_{\mathbb{X},c} + \left.\frac{\mathrm{d}}{\mathrm{d}t}\right|_{\mathbb{X}} \boldsymbol{d}_{p,c} \times (M\boldsymbol{v}_{\mathbb{X},c}) \\ &= \left.\frac{\mathrm{d}}{\mathrm{d}t}\right|_{\mathbb{X}} \boldsymbol{h}_{\mathbb{X},c} + \underbrace{\left.\frac{\mathrm{d}}{\mathrm{d}t}\right|_{\mathbb{X}} \boldsymbol{d}_{p,c}}_{\boldsymbol{v}_{\mathbb{X},c}} \times M\boldsymbol{v}_{\mathbb{X},c} + \boldsymbol{d}_{p,c} \times M \underbrace{\left.\frac{\mathrm{d}}{\mathrm{d}t}\right|_{\mathbb{X}} \boldsymbol{v}_{\mathbb{X},c}}_{\boldsymbol{a}_{\mathbb{X},c}}\end{aligned}$$

等号右侧的第二项等于零，把欧拉第一定律代入右侧的第三项得到

$$\boldsymbol{m}_p = \left.\frac{\mathrm{d}}{\mathrm{d}t}\right|_{\mathbb{X}} \boldsymbol{h}_{\mathbb{X},p} = \left.\frac{\mathrm{d}}{\mathrm{d}t}\right|_{\mathbb{X}} \boldsymbol{h}_{\mathbb{X},c} + \boldsymbol{d}_{p,c} \times \boldsymbol{f}$$

重新整理该方程得

$$\left.\frac{\mathrm{d}}{\mathrm{d}t}\right|_{\mathbb{X}} \boldsymbol{h}_{\mathbb{X},c} = \underbrace{\boldsymbol{m}_p - \boldsymbol{d}_{p,c} \times \boldsymbol{f}}_{\boldsymbol{m}_c} \qquad \blacksquare$$

上述证明阐释了定理 4.12 和定理 4.14 是等价的，两者都可以作为欧拉第二定律。作为本节的最后一个主题，提出了由欧拉第二定律导出的代替定律，即关于固定在刚体上的任意点 p 的角动量和力矩之间的关系。

定理 4.15 设点 p 固定在刚体上，但它是任意的。作用在刚体上的外力和力矩关于点 p 的合力矩（resultant moment）$\boldsymbol{m}_p$ 与刚体关于点 p 的角动量满足如下三个等式：

$$\boldsymbol{m}_p = \left.\frac{\mathrm{d}}{\mathrm{d}t}\right|_{\mathbb{X}} \boldsymbol{h}_{\mathbb{X},c} + \boldsymbol{d}_{p,c} \times (M\boldsymbol{a}_{\mathbb{X},c}) \tag{4.16}$$

$$\boldsymbol{m}_p = \left.\frac{\mathrm{d}}{\mathrm{d}t}\right|_{\mathbb{X}} \boldsymbol{h}_{\mathbb{X},p} + (\boldsymbol{d}_{p,c} \times \boldsymbol{\omega}_{\mathbb{X},\mathbb{B}}) \times M\boldsymbol{v}_{\mathbb{X},c} \tag{4.17}$$

$$\boldsymbol{m}_p = \left.\frac{\mathrm{d}}{\mathrm{d}t}\right|_{\mathbb{X}} \boldsymbol{I}_p \boldsymbol{\omega}_{\mathbb{X},\mathbb{B}} + \boldsymbol{d}_{p,c} \times (M\boldsymbol{a}_{\mathbb{X},p}) \tag{4.18}$$

在这些公式中 $\boldsymbol{h}_{\mathbb{X},c}$ 和 $\boldsymbol{h}_{\mathbb{X},p}$ 分别是坐标系 $\mathbb{X}$ 中关于质心 c 和 p 的角动量，$\boldsymbol{d}_{p,c}$ 是从点 p 指向刚体质心 c 的向量，$\boldsymbol{I}_p$ 是关于点 p 的惯性张量，$\boldsymbol{\omega}_{\mathbb{X},\mathbb{B}}$ 是 $\mathbb{B}$ 坐标系在 $\mathbb{X}$ 坐标系中的角速度，$\boldsymbol{a}_{\mathbb{X},p}$ 是点 p 在 $\mathbb{X}$ 坐标系中的加速度，$\boldsymbol{a}_{\mathbb{X},c}$ 是质心在 $\mathbb{X}$ 坐标系中的加速度，$\boldsymbol{v}_{\mathbb{X},c}$ 是质心在 $\mathbb{X}$ 坐标系中的速度。

证明：关于物体质心的欧拉第二定律指出

$$\boldsymbol{m}_c = \left.\frac{\mathrm{d}}{\mathrm{d}t}\right|_{\mathbb{X}} \boldsymbol{h}_{\mathbb{X},c} \tag{4.19}$$

关于点 p 的合力矩可以写成关于质心 c 的合力矩形式

$$\boldsymbol{m}_p = \boldsymbol{m}_c + \boldsymbol{d}_{p,c} \times \boldsymbol{f} \tag{4.20}$$

其中 $\boldsymbol{f}$ 是作用在刚体上的合力。式（4.16）的证明用到式（4.19）和式（4.20）

$$\boldsymbol{m}_p - \boldsymbol{d}_{p,c} \times \boldsymbol{f} = \left.\frac{\mathrm{d}}{\mathrm{d}t}\right|_{\mathbb{X}} \boldsymbol{h}_{\mathbb{X},c}$$

$$\boldsymbol{m}_p = \left.\frac{\mathrm{d}}{\mathrm{d}t}\right|_{\mathbb{X}} \boldsymbol{h}_{\mathbb{X},c} + \boldsymbol{d}_{p,c} \times \boldsymbol{f} = \left.\frac{\mathrm{d}}{\mathrm{d}t}\right|_{\mathbb{X}} \boldsymbol{h}_{\mathbb{X},c} + \boldsymbol{d}_{p,c} \times (M\boldsymbol{a}_{\mathbb{X},c})$$

对于式（4.17）的证明，定理4.2指出

$$\boldsymbol{h}_{\mathbb{X},p} = \boldsymbol{h}_{\mathbb{X},c} + \boldsymbol{d}_{p,c} \times (M\boldsymbol{v}_{\mathbb{X},c}) \tag{4.21}$$

把式（4.21）代入式（4.19）得到

$$\boldsymbol{m}_p - \boldsymbol{d}_{p,c} \times \boldsymbol{f} = \left.\frac{\mathrm{d}}{\mathrm{d}t}\right|_{\mathbb{X}} \boldsymbol{h}_{\mathbb{X},p} - \boldsymbol{d}_{p,c} \times M\boldsymbol{v}_{\mathbb{X},c} = \left.\frac{\mathrm{d}}{\mathrm{d}t}\right|_{\mathbb{X}} \boldsymbol{h}_{\mathbb{X},p} - \left.\frac{\mathrm{d}}{\mathrm{d}t}\right|_{\mathbb{X}} (\boldsymbol{d}_{p,c} \times M\boldsymbol{v}_{\mathbb{X},c})$$

该式可以用这一项

$$\left.\frac{\mathrm{d}}{\mathrm{d}t}\right|_{\mathbb{X}} (\boldsymbol{d}_{p,c} \times M\boldsymbol{v}_{\mathbb{X},c}) = \left(\left.\frac{\mathrm{d}}{\mathrm{d}t}\right|_{\mathbb{B}} (\boldsymbol{d}_{p,c}) + \boldsymbol{\omega}_{\mathbb{X},\mathbb{B}} \times \boldsymbol{d}_{p,c}\right) \times M\boldsymbol{v}_{\mathbb{X},c} + \boldsymbol{d}_{p,c} \times M\boldsymbol{a}_{\mathbb{X},c} \tag{4.22}$$

$$= -(\boldsymbol{d}_{p,c} \times \boldsymbol{\omega}_{\mathbb{X},\mathbb{B}}) \times M\boldsymbol{v}_{\mathbb{X},c} + \boldsymbol{d}_{p,c} \times M\boldsymbol{a}_{\mathbb{X},c} \tag{4.23}$$

重写为

$$\boldsymbol{m}_p - \boldsymbol{d}_{p,c} \times \boldsymbol{f} = \left.\frac{\mathrm{d}}{\mathrm{d}t}\right|_{\mathbb{X}} \boldsymbol{h}_{\mathbb{X},p} + (\boldsymbol{d}_{p,c} \times \boldsymbol{\omega}_{\mathbb{X},B}) \times M\boldsymbol{v}_{\mathbb{X},c} - \boldsymbol{d}_{p,c} \times M\boldsymbol{a}_{\mathbb{X},c}$$

根据欧拉第一定律，质量乘以质心的加速度等于施加的合外力，式（4.17）即为

$$\boldsymbol{m}_p = \left.\frac{\mathrm{d}}{\mathrm{d}t}\right|_{\mathbb{X}} \boldsymbol{h}_{\mathbb{X},p} + (\boldsymbol{d}_{p,c} \times \boldsymbol{\omega}_{\mathbb{X},\mathbb{B}}) \times M\boldsymbol{v}_{\mathbb{X},c} \tag{4.24}$$

定理4.4通过下面的等式给出了关于点 p 角速度和惯性矩阵 $\boldsymbol{I}_p$ 的关系

$$\boldsymbol{h}_{\mathbb{X},p} = \boldsymbol{I}_p \boldsymbol{\omega}_{\mathbb{X},\mathbb{B}} + \boldsymbol{d}_{p,c} \times M\boldsymbol{v}_{\mathbb{X},p}$$

式（4.18）的证明首先将上述角动量的表达式代入式（4.24），然后使用相对速度定理2.16将速度 $\boldsymbol{v}_{\mathbb{X},p}$ 扩充为关于点 c 的，即

$$\begin{aligned}\boldsymbol{m}_p &= \left.\frac{\mathrm{d}}{\mathrm{d}t}\right|_{\mathbb{X}} \boldsymbol{I}_p \boldsymbol{\omega}_{\mathbb{X},\mathbb{B}} + \boldsymbol{d}_{p,c} \times M\boldsymbol{v}_{\mathbb{X},p} + (\boldsymbol{d}_{p,c} \times \boldsymbol{\omega}_{\mathbb{X},\mathbb{B}}) \times M\boldsymbol{v}_{\mathbb{X},c} \\ &= \left.\frac{\mathrm{d}}{\mathrm{d}t}\right|_{\mathbb{X}} \boldsymbol{I}_p \boldsymbol{\omega}_{\mathbb{X},\mathbb{B}} \mathbb{X} + \frac{\mathrm{d}}{\mathrm{d}t}\Big| \boldsymbol{d}_{p,c} \times M\boldsymbol{v}_{\mathbb{X},c} + \\ &\quad \left.\frac{\mathrm{d}}{\mathrm{d}t}\right|_{\mathbb{X}} \boldsymbol{d}_{p,c} \times M(\boldsymbol{d}_{p,c} \times \boldsymbol{\omega}_{\mathbb{X},\mathbb{B}}) + (\boldsymbol{d}_{p,c} \times \boldsymbol{\omega}_{\mathbb{X},\mathbb{B}}) \times M\boldsymbol{v}_{\mathbb{X},c}\end{aligned}$$

式（4.23）可用于代替上述方程中的第二项，从而消除最后一项，得到

$$\boldsymbol{m}_p=\left.\frac{\mathrm{d}}{\mathrm{d}t}\right|_{\mathbb{X}}\boldsymbol{I}_p\boldsymbol{\omega}_{\mathbb{X},\mathbb{B}}+\left.\frac{\mathrm{d}}{\mathrm{d}t}\right|_{\mathbb{X}}\boldsymbol{d}_{p,c}\times M(\boldsymbol{d}_{p,c}\times\boldsymbol{\omega}_{\mathbb{X},\mathbb{B}})+\boldsymbol{d}_{p,c}\times M\boldsymbol{a}_{\mathbb{X},c}$$

上述方程第二项中的导数可以展开，第三项可以用速度 $\boldsymbol{v}_{\mathbb{X},c}$ 表示，即

$$\begin{aligned}\boldsymbol{m}_p&=\left.\frac{\mathrm{d}}{\mathrm{d}t}\right|_{\mathbb{X}}\boldsymbol{I}_p\boldsymbol{\omega}_{\mathbb{X},\mathbb{B}}+\left.\frac{\mathrm{d}}{\mathrm{d}t}\right|_{\mathbb{X}}\boldsymbol{d}_{p,c}\times M(\boldsymbol{d}_{p,c}\times\boldsymbol{\omega}_{\mathbb{X},\mathbb{B}})+\boldsymbol{d}_{p,c}\times M\boldsymbol{a}_{\mathbb{X},c}\\&=\left.\frac{\mathrm{d}}{\mathrm{d}t}\right|_{\mathbb{X}}\boldsymbol{I}_p\boldsymbol{\omega}_{\mathbb{X},\mathbb{B}}+\underbrace{(\boldsymbol{v}_{\mathbb{X},c}-\boldsymbol{v}_{\mathbb{X},p})\times M(\boldsymbol{d}_{p,c}\times\boldsymbol{\omega}_{\mathbb{X},\mathbb{B}})}_{=0}+\\&\quad\boldsymbol{d}_{p,c}\times M\left.\frac{\mathrm{d}}{\mathrm{d}t}\right|_{\mathbb{X}}\boldsymbol{d}_{p,c}\times\boldsymbol{\omega}_{\mathbb{X},\mathbb{B}}+\boldsymbol{d}_{p,c}\times M\left.\frac{\mathrm{d}}{\mathrm{d}t}\right|_{\mathbb{X}}(\boldsymbol{v}_{\mathbb{X},c})\end{aligned}$$

结合最后两个式子并求导，即可得到式（4.18）

$$\begin{aligned}\boldsymbol{m}_p&=\left.\frac{\mathrm{d}}{\mathrm{d}t}\right|_{\mathbb{X}}\boldsymbol{I}_p\boldsymbol{\omega}_{\mathbb{X},\mathbb{B}}+\boldsymbol{d}_{p,c}\times M\left.\frac{\mathrm{d}}{\mathrm{d}t}\right|_{\mathbb{X}}\boldsymbol{v}_{\mathbb{X},c}+\boldsymbol{d}_{p,c}\times\boldsymbol{\omega}_{\mathbb{X},\mathbb{B}}\\&=\left.\frac{\mathrm{d}}{\mathrm{d}t}\right|_{\mathbb{X}}\boldsymbol{I}_p\boldsymbol{\omega}_{\mathbb{X},\mathbb{B}}+\boldsymbol{d}_{p,c}\times M\left.\frac{\mathrm{d}}{\mathrm{d}t}\right|_{\mathbb{X}}\boldsymbol{v}_{\mathbb{X},c}+\boldsymbol{\omega}_{\mathbb{X},\mathbb{B}}\times\boldsymbol{d}_{c,p}\\&=\left.\frac{\mathrm{d}}{\mathrm{d}t}\right|_{\mathbb{X}}\boldsymbol{I}_p\boldsymbol{\omega}_{\mathbb{X},\mathbb{B}}+\boldsymbol{d}_{p,c}\times M\left.\frac{\mathrm{d}}{\mathrm{d}t}\right|_{\mathbb{X}}\boldsymbol{v}_{\mathbb{X},p}\\&=\left.\frac{\mathrm{d}}{\mathrm{d}t}\right|_{\mathbb{X}}\boldsymbol{I}_p\boldsymbol{\omega}_{\mathbb{X},\mathbb{B}}+\boldsymbol{d}_{p,c}\times M\boldsymbol{a}_{\mathbb{X},p}\end{aligned}$$ ■

4.4 刚体的欧拉方程

定理 4.11 和定理 4.12 中所述的欧拉第一定律和第二定律可用于导出由刚体组成的机械系统的运动方程。当处理由通过理想关节连接的刚体组成的复杂机械系统时，运动变量和参考系的选择可能会非常复杂。运动变量的选择通常针对当前问题进行量身定制，以简化计算。定理 4.16 讨论了欧拉第一定律和第二定律最常见的应用之一，即单个旋转刚体的欧拉运动方程（Euler's equation）。在这些方程式中，假定刚体固定坐标系定义了一组主轴，这些主轴的原点位于质心。

定理 4.16 假设一个刚体上有一固定坐标系 $\mathbb{B}$，在惯性坐标系 $\mathbb{X}$ 中移动。令 $\mathbb{B}$ 坐标系的原点位于质量中心，并让 $\mathbb{B}$ 坐标系定义刚体的一组主轴。刚体旋转运动的欧拉方程由下式给出

$$\begin{Bmatrix}m_1\\m_2\\m_3\end{Bmatrix}=\begin{Bmatrix}I_1\dot{\omega}_1+\omega_2\omega_3(I_3-I_2)\\I_2\dot{\omega}_2+\omega_1\omega_3(I_1-I_3)\\I_3\dot{\omega}_3+\omega_1\omega_2(I_2-I_1)\end{Bmatrix}$$

其中绕质心的角速度和施加的力矩分别为

$$\boldsymbol{m}_c=m_1\boldsymbol{b}_1+m_2\boldsymbol{b}_2+m_3\boldsymbol{b}_3$$

$$\boldsymbol{\omega}_{\mathbb{X},\mathbb{B}}=\omega_1\boldsymbol{b}_1+\omega_2\boldsymbol{b}_2+\omega_3\boldsymbol{b}_3$$

其中 $\boldsymbol{b}_1$，$\boldsymbol{b}_2$，$\boldsymbol{b}_3$ 是 $\mathbb{B}$ 坐标系的基，而 I_1，I_2，I_3 是相对于 $\mathbb{B}$ 坐标系的主惯性矩。

证明： 令相对于 $\mathbb{B}$ 坐标系的主惯性矩为 I_1，I_2，I_3。定理 4.5 给出了以 $\mathbb{B}$ 为基座坐标系绕刚体质心在 $\mathbb{X}$ 下的角动量。

$$\boldsymbol{h}_{\mathbb{X},c}^{\mathbb{B}}=\boldsymbol{I}_c^{\mathbb{B}}\boldsymbol{\omega}_{\mathbb{X},\mathbb{B}}^{\mathbb{B}}=\begin{bmatrix}I_1&0&0\\0&I_2&0\\0&0&I_3\end{bmatrix}\begin{Bmatrix}\omega_1\\\omega_2\\\omega_3\end{Bmatrix}=\begin{Bmatrix}I_1\omega_1\\I_2\omega_2\\I_3\omega_3\end{Bmatrix}\tag{4.25}$$

其中 ω_1，ω_2 和 ω_3 是相对于本体坐标系的角速度向量的分量。可以写出定理 4.14 中的欧拉第二定律

$$\boldsymbol{m}_c = \left.\frac{\mathrm{d}}{\mathrm{d}t}\right|_{\mathbb{X}} \boldsymbol{h}_{\mathbb{X},c} = \left.\frac{\mathrm{d}}{\mathrm{d}t}\right|_{\mathbb{B}} \boldsymbol{h}_{\mathbb{X},c} + \boldsymbol{\omega}_{\mathbb{X},\mathbb{B}} \times \boldsymbol{h}_{\mathbb{X},c} \tag{4.26}$$

使用第 2 章中的导数定理 2.12 来获得以导数 $\left.\frac{\mathrm{d}}{\mathrm{d}t}\right|_{\mathbb{B}}$ 表示的表达式。使用式（4.25）扩展式（4.26）很简单，方程式是基于 $\mathbb{B}$ 坐标系给出的。叉积表示为

$$\begin{aligned}\boldsymbol{\omega}_{\mathbb{X},\mathbb{B}} \times \boldsymbol{h}_{\mathbb{X},c} &= \begin{vmatrix} \boldsymbol{b}_1 & \boldsymbol{b}_2 & \boldsymbol{b}_3 \\ \omega_1 & \omega_2 & \omega_3 \\ I_1\omega_1 & I_2\omega_2 & I_3\omega_3 \end{vmatrix} \\ &= \omega_2\omega_3(I_3 - I_2)\boldsymbol{b}_1 + \omega_1\omega_3(I_1 - I_3)\boldsymbol{b}_2 + \omega_1\omega_2(I_2 - I_1)\boldsymbol{b}_3\end{aligned}$$

因此，最终的运动方程是

$$\boldsymbol{m}_c^{\mathbb{B}} = \begin{Bmatrix} m_1 \\ m_2 \\ m_3 \end{Bmatrix} = \begin{Bmatrix} I_1\dot{\omega}_1 + \omega_2\omega_3(I_3 - I_2) \\ I_2\dot{\omega}_2 + \omega_1\omega_3(I_1 - I_3) \\ I_3\dot{\omega}_3 + \omega_1\omega_2(I_2 - I_1) \end{Bmatrix}$$

■

4.5　机械系统的运动方程

定理 4.11 中的欧拉第一定律和定理 4.12 中的欧拉第二定律给出了由刚体组成的机械系统动力学的完整描述。本节讨论这些原理在研究机器人系统时出现的实际问题中的应用。

4.5.1　总体方法

图 4-14 给出了从机械系统的欧拉定律导出运动方程所用步骤的概述。图 4-14 中出现的步骤在实践中可能很难应用，需要经验才能熟练地导出复杂系统的运动方程。在具体问题中，根据运动变量的选择，或者根据坐标系的选择，得到的方程的复杂度会有很大的变化。

成功应用图 4-14 中的步骤需要许多在第 2、3 和 4 章中介绍到的定理和原理。质心加速度的计算是建立在第 2 章以及第 3 章中总结的机器人运动学的具体公式的基础上。

1. 推导每个物体的运动方程，$k=1, \cdots, N$
   - 1.1　画出第 k 个物体的受力图（free body diagram）
   - 1.2　为第 k 个物体建立欧拉第一定律方程
     - 1.2.1　计算第 k 个物体的质心角速度
     - 1.2.2　求等于线性动量（linear momentum）导数的外力之和
   - 1.3　为第 k 个物体建立欧拉第二定律方程
     - 1.3.1　计算角动量的导数
     - 1.3.2　求等于角动量导数的力矩之和
2. 把上面的方程集合组成微分代数方程（differential-algebraic equation）或 DAE，有如下形式

$$\dot{y}(t) = F(t, y(t), \lambda(t))$$

3. 消去代数未知量（algebraic unknown），并将控制方程写成常微分方程（ordinary differential equation）或 ODE，有如下形式

$$\dot{y}(t) = f(t, Y(t))$$

图 4-14　推导运动方程的方法

在图 4-14 的步骤 1.3.1 或 1.3.2 中，角动量导数的确定需要对第 2 章中第 2.5.1 节介

绍的角速度和定理 2.12 的导数定理的使用有实际的了解。即使对这些定义和基本原理有很强的理解，也需要练习来指导在特定问题中仔细地选择运动变量和坐标系。

4.5.2 受力图

在图 4-14 中的步骤顺序中，建立一个准确的受力图是很有必要的。受力图把刚体从物体的所有外部约束中释放出来，并通过作用在物体之间的未知反作用力和力矩来表示这些约束的作用。在由理想关节（ideal joint）连接的机械系统中，可以系统地处理作用于物体之间的约束力和力矩的表示。理想关节的自由度数，与作用于由理想关节连接的物体之间的反作用力和力矩的约束个数，它们的和总是等于 6。事实上，关于理想关节所引入的运动约束的互补性以及相应的反作用力和力矩，还有很多内容可以说。定理 4.17 将讲述这一互补性。

定理 4.17 连接两个刚体的理想关节的自由度数 N_{DOF} 和作用在关节处的这些物体的反作用力和力矩的数量 N_{R} 满足方程

$$N_{\mathrm{DOF}}+N_{\mathrm{R}}=6$$

如果理想关节阻止了沿 k 个相互正交的方向的相对平移，那么通常会有 k 个反作用力作用于沿这些方向的相邻物体上。反作用力约束了相对平移。如果理想关节阻止了两个物体在 k 个相互正交的方向上的相对旋转，则通常存在 k 个约束反作用力矩。沿这些方向作用的反作用力矩约束了相对旋转。作用在每个物体上的内部反作用力和力矩大小相同，但方向相反。

在将这一定理应用于几个例子之前，必须强调定理得出的结论，即一般情况下，存在 k 个反作用力或力矩。这些反作用力或力矩的某些分量的值可能等于零。严格来说，认为所讨论的关节可以支持 k 个反作用力或力矩，但其中一些反作用力可能等于零也许更准确。接下来的几个例子将展示如何为一些典型的机械系统建立受力图。每个例子都是为了强调定理 4.17 的实际意义和图 4-14 中概述的方法。

例 4.12 PUMA 机器人的基座、立柱和内臂如图 4-15 所示。在本例中，基座坐标系记为 $\mathbb{X}$，坐标系 $\mathbb{A}$ 固定在旋转的立柱上，内臂有坐标系 $\mathbb{B}$ 固定在上面。旋转关节 1 能够使立柱绕原点在 o 点的轴 $\boldsymbol{x}_3=\boldsymbol{a}_3$ 旋转角度 θ_1。旋转关节 2 能够使内臂绕原点在 q 点的轴 $\boldsymbol{a}_2=\boldsymbol{b}_2$ 旋转角度 θ_2。为该机器人系统里的物体 1 和 2 建立受力图。

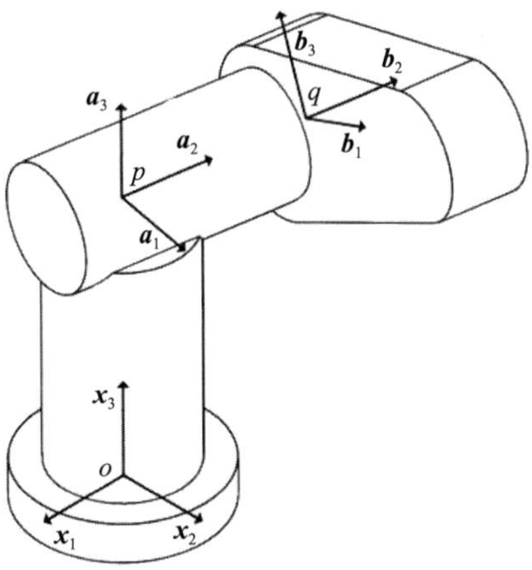

图 4-15 PUMA 机器人的基座和内臂

解： 在点 o 处有一个旋转关节，其关节变量为 θ_1。必须要有三个正交的反作用力来约束 o 点处基座连杆 0 和连杆 1 之间的相对位移。还必须有两个正交的反作用力矩来阻止连杆 1 相对于 $\mathbb{X}$ 坐标系中的 x_1-x_2 平面旋转。作用在连杆 1 上的这些力和力矩是以 $\mathbb{X}$ 坐标系的基来表示的，因此它们具有如下形式

$$\boldsymbol{g}=g_1\boldsymbol{x}_1+g_2\boldsymbol{x}_2+g_3\boldsymbol{x}_3$$

$$\boldsymbol{n}=n_1\boldsymbol{x}_1+n_2\boldsymbol{x}_2$$

除了由关节约束产生的力和力矩外，机器人系统中还包括执行器，用于沿着自由度的方向移动关节。在旋转关节中，执行器将沿关节的轴提供转矩。对于关节 1，该转矩 $\boldsymbol{t}$ 施

加在 $\boldsymbol{x}_3=\boldsymbol{a}_3$ 轴上，即

$$\boldsymbol{t}=t_3\boldsymbol{x}_3=t_3\boldsymbol{a}_3$$

点 q 处的旋转关节仅允许连杆 1 和连杆 2 绕 $\boldsymbol{a}_2=\boldsymbol{b}_2$ 轴进行相对旋转。必须有三个正交的反作用力来阻止这两个物体之间的相对位移，并且必须有两个正交的反作用力矩来约束相对于垂直于 $\boldsymbol{a}_2=\boldsymbol{b}_2$ 轴的平面的旋转。作用于连杆 1 上点 q 处的约束反作用力 $\boldsymbol{f}$ 和力矩 $\boldsymbol{m}$ 在坐标系 $\mathbb{A}$ 的基表示为

$$\boldsymbol{f}=f_1\boldsymbol{a}_1+f_2\boldsymbol{a}_2+f_3\boldsymbol{a}_3$$
$$\boldsymbol{m}=m_1\boldsymbol{a}_1+m_3\boldsymbol{a}_3$$

第二个执行器通过沿旋转关节 2 的轴施加第二个转矩来控制内臂和立柱之间的相对旋转。对于关节 2，该转矩 $\boldsymbol{\tau}$ 施加在 $\boldsymbol{a}_2=\boldsymbol{b}_2$ 轴上，并由下式给出

$$\boldsymbol{\tau}=\tau_2\boldsymbol{a}_2=\tau_2\boldsymbol{b}_2$$

按照惯例，受力图是从终端连杆建立到基座处的。因此，如图 4-16b 所示，关节 2 的力和力矩未加修改地施加在连杆 2 上的点 q 上。但是，由关节 2 作用在连杆 1 上的载荷必须与由关节 2 作用在连杆 2 上的载荷大小相等，但方向相反，如图 4-16a 所示。图 4-16a 还包括由关节 1 作用在连杆 1 上的载荷。◀

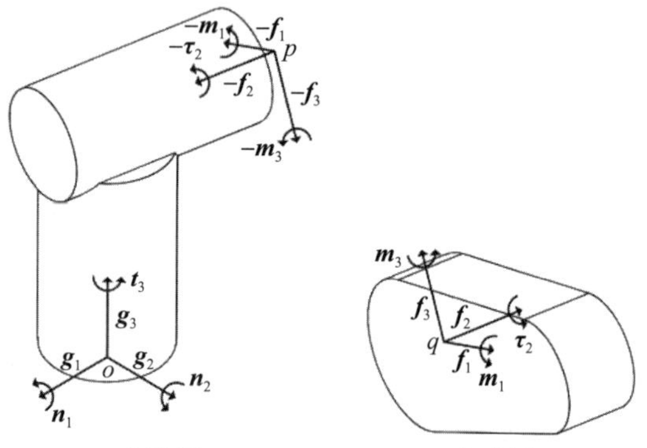

a）连杆1　　b）连杆2

图 4-16　连杆的受力图

例 4.13 两个太阳能帆板通过两个旋转关节连接在卫星的基座上，如图 4-17 所示。坐标系 $\mathbb{C}$ 固定在卫星的基座上，坐标系 $\mathbb{A}$ 和 $\mathbb{B}$ 固定在太阳能帆板上。建立该机械系统中每个物体的受力图。

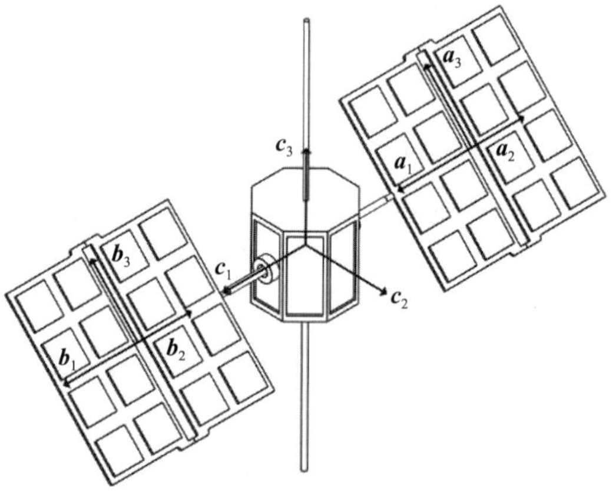

图 4-17　有两个太阳能帆板的卫星

解： 在本例中，所有反作用力和力矩都以固定在卫星主体上的坐标系 $\mathbb{C}$ 的基来表示。物体 $\mathbb{A}$ 和 $\mathbb{C}$ 之间的旋转关节阻止除绕 $\boldsymbol{c}_1=\boldsymbol{b}_1$ 轴旋转之外的所有相对运动。作用在太阳能帆板上的约束力和力矩如图 4-18b 所示，如下式表示为

$$\boldsymbol{f}=f_1\boldsymbol{c}_1+f_2\boldsymbol{c}_2+f_3\boldsymbol{c}_3$$
$$\boldsymbol{m}=m_2\boldsymbol{c}_2+m_3\boldsymbol{c}_3$$

驱动转矩 $\boldsymbol{\tau}$ 作用在卫星主体上并驱动围绕自由度轴 $\boldsymbol{c}_1=\boldsymbol{b}_1$ 的相对运动。可以写为

$$\boldsymbol{t}=t_1\boldsymbol{c}_1=t_1\boldsymbol{b}_1$$

同样，由太阳帆板 $\mathbb{A}$ 作用在卫星主体上的约束力和力矩表示为

$$\boldsymbol{g}=g_1\boldsymbol{c}_1+g_2\boldsymbol{c}_2+g_3\boldsymbol{c}_3$$
$$\boldsymbol{n}=n_2\boldsymbol{c}_2+n_3\boldsymbol{c}_3$$

驱动相对运动的驱动转矩为

$$\boldsymbol{\tau}=\tau_1\boldsymbol{c}_1=\tau_1\boldsymbol{b}_1$$

这些反作用力和力矩以及驱动力矩也如图 4-18b 所示。

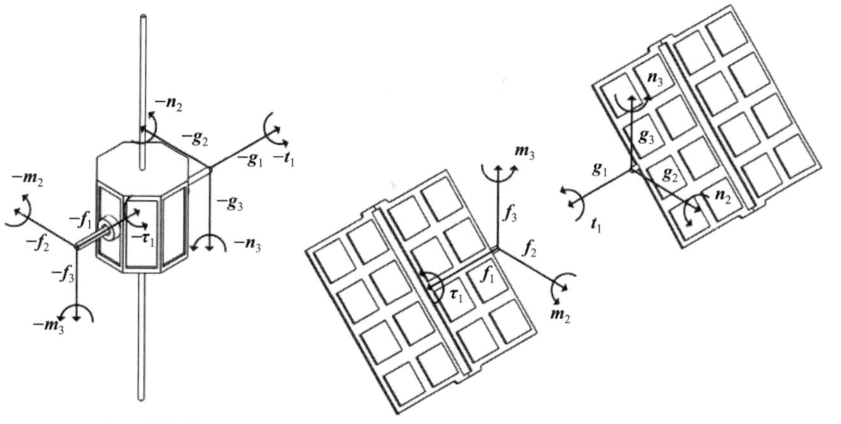

a）卫星基座　　b）太阳能帆板

图 4-18　卫星的受力图

对于图 4-18a 所示的卫星主体的受力图，与施加在每个太阳能帆板上的载荷大小相等、方向相反的载荷，通过每对物体之间的公共点施加在卫星主体上。◀

例 4.12 和例 4.13 中得到的受力图是在实际应用中遇到的许多从机械系统中导出的受力图的典型例子。在本章末尾的习题集中还考虑了其他的例子。建立受力图的目的是根据欧拉第一定律和第二定律确定运动方程。下面的几个例子通过受力图来在简单的案例研究中建立运动方程。在例 4.14 中，假设出现在欧拉定律中的质量和惯性矩阵可以忽略不计，力和力矩的求和就能采用一种特别简单的形式。用上述分析来证明复合关节满足定理 4.17。

例 4.14 图 4-19 所示的复合关节由矩形杆、轴环和轭架组成，它们分别有固定坐标系 $\mathbb{A}$、$\mathbb{B}$ 和 $\mathbb{C}$。矩形杆和轴环之间允许沿 $\boldsymbol{a}_3=\boldsymbol{b}_3$ 轴的相对位移，轴环和轭架之间允许沿 $\boldsymbol{c}_1=\boldsymbol{b}_1$ 轴的相对旋转。为矩形杆、轴环和轭架建立受力图。如果图 4-20b 中所示的轴环具有可忽略的质量和惯性，确定矩形杆和轭架之间直接载荷传递的等效受力图。

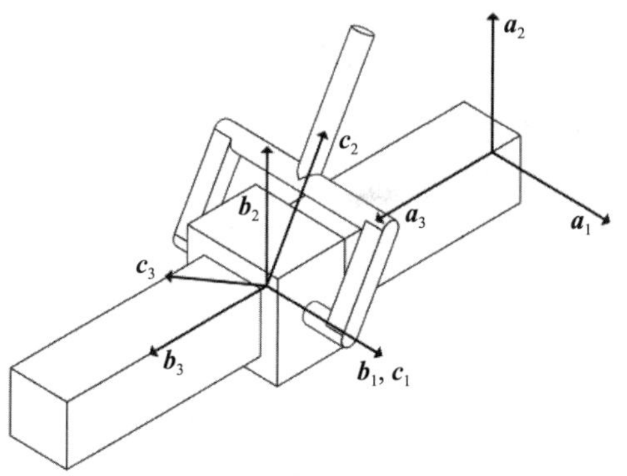

图 4-19　复合关节，平移和旋转关节

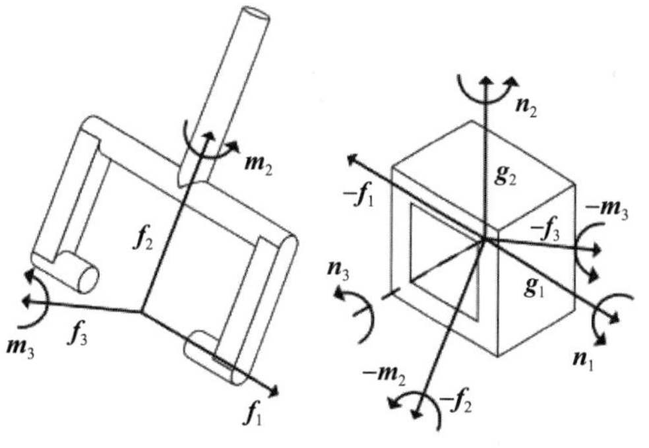

a）轭架　　b）轴环

图 4-20　复合关节受力图

解： 轴环和轭架之间的旋转关节只允许绕 $\boldsymbol{c}_1=\boldsymbol{b}_1$ 轴的相对旋转，因此必须有三个相互垂直的力来限制这两个物体之间的相对平移。两个物体之间还必须有两个相互垂直的力矩来阻止相对旋转。作用在轭架上的反作用力 $\boldsymbol{f}$ 和力矩 $\boldsymbol{m}$ 用坐标系 $\mathbb{C}$ 的基表示为

$$\boldsymbol{f}=f_1\boldsymbol{c}_1+f_2\boldsymbol{c}_2+f_3\boldsymbol{c}_3$$

$$\boldsymbol{m}=m_2\boldsymbol{c}_2+m_3\boldsymbol{c}_3$$

大小相等、方向相反的反作用力 $-\boldsymbol{f}$ 和力矩 $-\boldsymbol{m}$ 则由关节作用在轴环上。

轴环和矩形杆之间的平移关节允许沿 $\boldsymbol{a}_3=\boldsymbol{b}_3$ 轴的相对位移。有两个相互垂直的力阻止与 $\boldsymbol{a}_3=\boldsymbol{b}_3$ 轴正交的相对位移，并且在两个物体之间有三个力矩约束相对旋转。作用于轴环的反作用力和力矩分别表示为 $\boldsymbol{g}$ 和 $\boldsymbol{n}$，并在坐标系 $\mathbb{B}$ 的基下表示为

$$\boldsymbol{g}=g_1\boldsymbol{b}_1+g_2\boldsymbol{b}_2$$

$$\boldsymbol{n}=n_1\boldsymbol{b}_1+n_2\boldsymbol{b}_2+n_3\boldsymbol{b}_3$$

大小相等、方向相反的反作用力 $-\boldsymbol{g}$ 和力矩 $-\boldsymbol{n}$ 则由关节作用在矩形杆上。

图 4-20a、图 4-20b 和图 4-21 分别说明了轭架、轴环和矩形杆的三个受力图，其中包括这两个关节产生的反作用力和力矩。

接下来，假设轴环具有可忽略的质量和惯性，对复合关节进行分析。考虑到轴环既没有质量也没有惯性，因此不必为该部件建立受力图，并可将其视为施加一对关节约束的纯几何实体（而不是机械实体）。推导由一对理想关节连接的两个物体之间的载荷，最简单的方法是利用一组与理想关节的两个轴对齐的基向量。在这种情况下，坐标系 $\mathbb{B}$ 与平移关节和旋转关节都对齐。

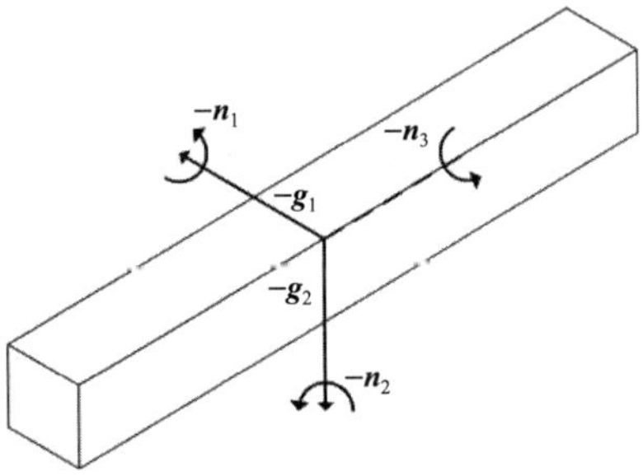

图 4-21　复合关节矩形杆的受力图

平移关节不允许沿着 $\boldsymbol{b}_3$ 的力，旋转关节不允许关于 $\boldsymbol{b}_1$ 的力矩。力和力矩的其余 4 个分量可能不为零。因此，作用在轭架上的内力 $\boldsymbol{g}$ 和力矩 $\boldsymbol{n}$ 定义为

$$\boldsymbol{g}=g_1\boldsymbol{b}_1+g_2\boldsymbol{b}_2$$

$$\boldsymbol{n}=n_2\boldsymbol{b}_2+n_3\boldsymbol{b}_3$$

和之前一样，大小相等、方向相反的反作用力 $-\boldsymbol{g}$ 和力矩 $-\boldsymbol{n}$ 作用在矩形杆上。

图 4-22a 和 4-22b 说明了轭架和矩形杆在可忽略轴环动力学的假设下的受力图。

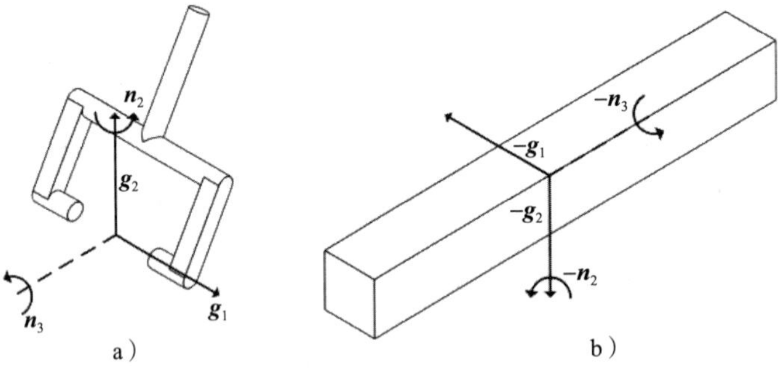

图 4-22　忽略轴环质量的复合关节受力图　◀

例 4.15 图 4-23 中所示的复合关节由圆柱杆、轴环和轭架构成，它们分别具有固定坐标系 $\mathbb{A}$、$\mathbb{B}$ 和 $\mathbb{C}$。圆柱杆和轴环之间允许沿 $\boldsymbol{a}_3=\boldsymbol{b}_3$ 轴的相对位移和旋转，轴环和轭架之间允许沿 $\boldsymbol{b}_1=\boldsymbol{c}_1$ 轴的相对旋转。为圆柱杆、轴环和轭架建立受力图。如果图 4-24b 中所示的轴环具有可忽略的质量和惯性，确定圆柱杆和轭架之间直接载荷传递的等效受力图。

解：如例 4.14 所示，轴环和轭架之间的旋转关节只允许相对旋转。因此在这两个物体之间有三个相互垂直的力和两个相互垂直的力矩。作用在轭架上的反作用力 $\boldsymbol{f}$ 和力矩 $\boldsymbol{m}$ 可以用坐标系 $\mathbb{C}$ 的基表示为

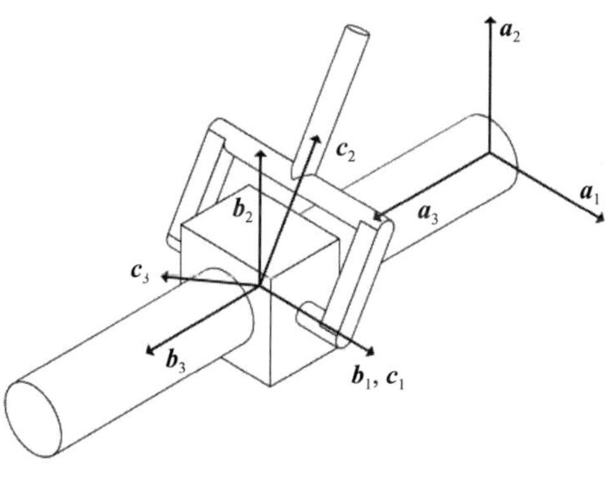

图 4-23　复合关节，圆柱关节与旋转关节

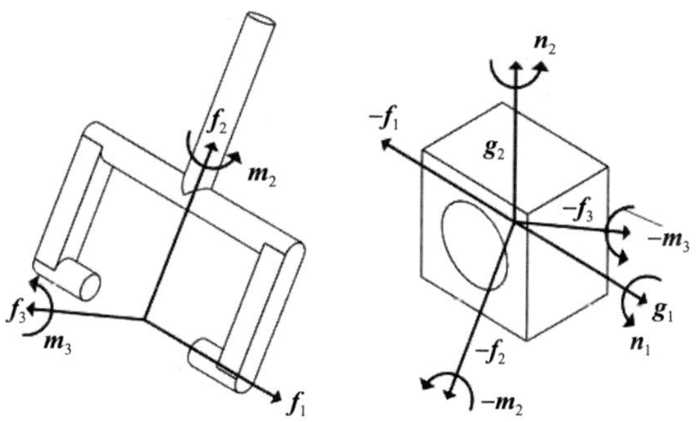

a）轭架　b）轴环

图 4-24　复合关节受力图

$$\boldsymbol{f}=f_1\boldsymbol{c}_1+f_2\boldsymbol{c}_2+f_3\boldsymbol{c}_3$$

$$\boldsymbol{m}=m_2\boldsymbol{c}_2+m_3\boldsymbol{c}_3$$

圆柱杆和轴环之间的圆柱关节允许沿 $\boldsymbol{a}_3=\boldsymbol{b}_3$ 轴的旋转和平移。因此，在这两个物体之间有两个相互垂直的反作用力和两个相互垂直的反作用力矩。作用在轴环上的反作用力 $\boldsymbol{g}$ 和力矩 $\boldsymbol{n}$ 在坐标系 $\mathbb{B}$ 的基下可以定义为

$$\boldsymbol{g}=g_1\boldsymbol{b}_1+g_2\boldsymbol{b}_2$$

$$\boldsymbol{n}=n_1\boldsymbol{b}_1+n_2\boldsymbol{b}_2$$

图 4-24a、图 4-24b 和图 4-25 分别展示了轭架、轴环和圆柱杆的三个受力图，其中包括由这两个关节产生的反作用力和力矩。如前所述，旋转关节载荷直接施加在轭架上，大小相等和方向相反的载荷施加在轴环上。同样，圆柱关节的载荷直接施加在轴环上，而大小相等和方向相反的载荷施加在圆柱杆上。

接下来，假设轴环具有可忽略的质量和惯性，对复合关节进行分析。与之前一样，将使用一组与关节轴对齐的基向量；在这种情况下，坐标系 $\mathbb{B}$ 与圆柱关节和旋转关节对齐。圆柱关节不允许沿 $\boldsymbol{b}_3$ 的力或力矩，而旋转关节不允许沿 $\boldsymbol{b}_1$ 的力矩。力和力矩的其余三个分量可能不为零。

因此，作用在轭架上的内力 $\boldsymbol{g}$ 和力矩 $\boldsymbol{n}$ 可定义为

$$\boldsymbol{g}=g_1\boldsymbol{b}_1+g_2\boldsymbol{b}_2$$

$$\boldsymbol{n}=n_2\boldsymbol{b}_2$$

图 4-26a 和 4-26b 展示了轭架和圆柱杆在假设可以忽略轴环动力学的情况下的受力图。如前所述，复合关节载荷直接施加在轭架上，而大小相等、方向相反的载荷施加在圆柱杆上。◀

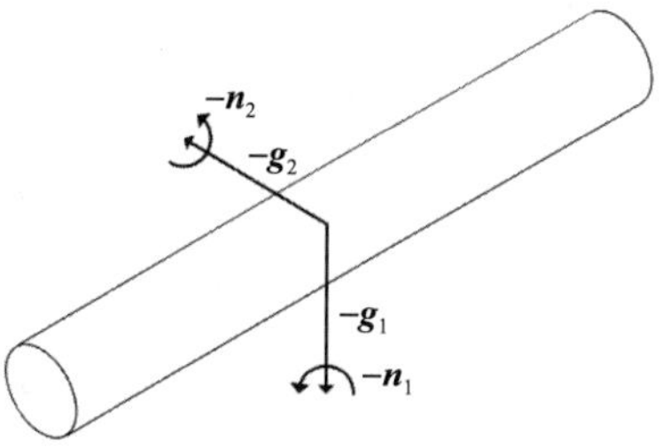

图 4-25　复合关节的圆柱杆受力图

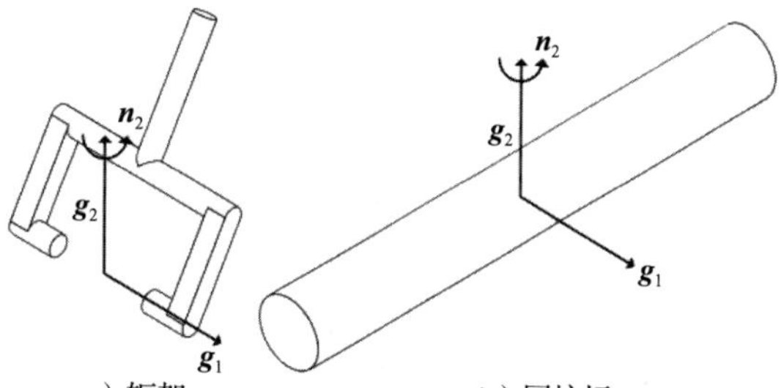

a）轭架　b）圆柱杆

图 4-26　忽略轴环质量的复合关节受力图

最后几个例子导出了由理想关节连接的刚体受力图。欧拉第一定律和第二定律被应用于一个物体的质量和惯性矩阵可以忽略不计的情况；由此得到的运动方程与工程中的基本静力学问题得到的运动方程相似。下面两个例子在三维空间中研究机器人系统。首先，考虑单自由度运动，然后推广到二自由度的情况。随着自由度的增加，得到的运动方程的复杂度将显著增加。

例 4.16 本例研究例 4.12 中描述的两连杆机器人。在本例中，基座和立柱之间的旋转关节 1 是固定的（θ_1 为定值），立柱和内臂之间的旋转关节 2 允许旋转角度 θ_2。利用欧拉第一定律和第二定律导出内臂的运动方程。图 4-27 描述了该系统中重心的位置。

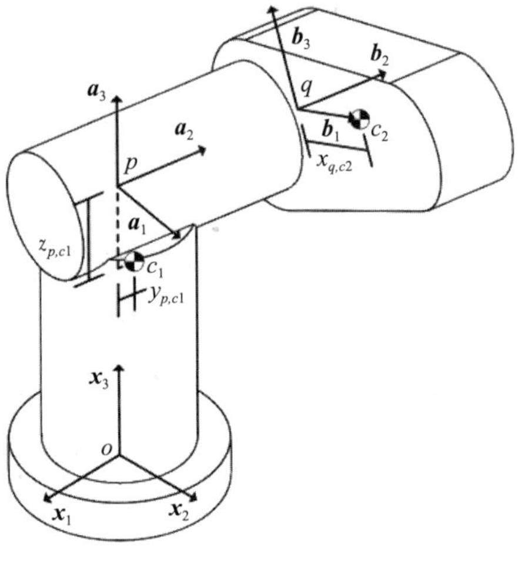

图 4-27　PUMA 机械臂的连杆 0～2

解：内臂的受力图已在图 4-16b 中建立。内臂质心的加速度由下式给出

$$\boldsymbol{a}_{\mathbb{X},c_2}=\boldsymbol{a}_{\mathbb{X},q}+\boldsymbol{\omega}_{\mathbb{X},\mathbb{B}}\times(\boldsymbol{\omega}_{\mathbb{X},\mathbb{B}}\times\boldsymbol{d}_{q,c_2})+\boldsymbol{\alpha}_{\mathbb{X},\mathbb{B}}\times\boldsymbol{d}_{q,c_2}$$

在本问题中，因为是 θ_1 定值且立柱是固定的，所以 $\boldsymbol{a}_{\mathbb{X},q}=0$，$\boldsymbol{\omega}_{\mathbb{X},\mathbb{B}}=\dot{\theta}_2\boldsymbol{a}_2=\dot{\theta}_2\boldsymbol{b}_2$，$\boldsymbol{\alpha}_{\mathbb{X},\mathbb{B}}=\ddot{\theta}_2\boldsymbol{a}_2=\ddot{\theta}_2\boldsymbol{b}_2$ 以及 $\boldsymbol{d}_{q,c_2}=\boldsymbol{x}_{q,c_2}\boldsymbol{b}_1$。注意，并不是简单地对 $\boldsymbol{\omega}_{\mathbb{X},\mathbb{B}}=\dot{\theta}_1\boldsymbol{a}_2$ 中的 $\dot{\theta}_2$ 求导来得到角加速度 $\boldsymbol{\alpha}_{\mathbb{X},\mathbb{B}}=\ddot{\theta}_2\boldsymbol{a}_2$。应始终使用第 2 章中角加速度的定义和导数定理 2.12 来求得正确的表达式。举例来说在本问题中，

$$\boldsymbol{\alpha}_{\mathbb{X},\mathbb{B}}=\left.\frac{\mathrm{d}}{\mathrm{d}t}\right|_{\mathbb{X}}\boldsymbol{\omega}_{\mathbb{X},\mathbb{B}}=\left.\frac{\mathrm{d}}{\mathrm{d}t}\right|_{\mathbb{B}}\boldsymbol{\omega}_{\mathbb{X},\mathbb{B}}+\underbrace{\boldsymbol{\omega}_{\mathbb{X},\mathbb{B}}\times\boldsymbol{\omega}_{\mathbb{X},\mathbb{B}}}_{0}=\ddot{\theta}_2\boldsymbol{b}_2$$

然而，在例 4.17 中，可以看到 $\boldsymbol{\alpha}_{\mathbb{X},\mathbb{B}}$ 不总是仅仅为大小等于 $\ddot{\theta}_2$ 的向量。通过代换，可以得到

$$\boldsymbol{a}_{\mathbb{X},c_2}=x_{q,c_2}\dot{\theta}_2^2\boldsymbol{b}_1-x_{q,c_2}\ddot{\theta}_2\boldsymbol{b}_3$$

由欧拉第一定律得

$$M_2(x_{q,c_2}\dot{\theta}_2^2\boldsymbol{b}_1-x_{q,c_2}\ddot{\theta}_2\boldsymbol{b}_3)=f_1\boldsymbol{b}_1+f_2\boldsymbol{b}_2+f_3\boldsymbol{b}_3$$

可以重写成分量的形式

$$M_2\begin{Bmatrix}x_{q,c_2}\dot{\theta}_2^2\\0\\-x_{q,c_2}\ddot{\theta}_2\end{Bmatrix}=\begin{Bmatrix}f_1\\f_2\\f_3\end{Bmatrix}\tag{4.27}$$

坐标系 $\mathbb{B}$ 的 x_1-x_3 和 x_1-x_2 平面是内臂的对称平面，因此内臂在 $\mathbb{A}$ 中关于自身质心的角动量为

$$\boldsymbol{h}_{\mathbb{X},c_2}^{\mathbb{B}}=\begin{bmatrix}I_{11}&0&0\\0&I_{22}&0\\0&0&I_{33}\end{bmatrix}\begin{Bmatrix}0\\\dot{\theta}_2\\0\end{Bmatrix}=\begin{Bmatrix}0\\I_{22}\dot{\theta}_2\\0\end{Bmatrix}$$

欧拉第二定律可以写为

$$\left.\frac{\mathrm{d}}{\mathrm{d}t}\right|_{\mathbb{X}}\boldsymbol{h}_{\mathbb{X},c_2}=m_1\boldsymbol{b}_1+\tau_2\boldsymbol{b}_2+m_3\boldsymbol{b}_3+\boldsymbol{d}_{c_2,q}\times\boldsymbol{f}$$

因为叉乘可以展开为

$$\boldsymbol{d}_{c_2,q}\times\boldsymbol{f}=\begin{vmatrix}\boldsymbol{b}_1 & \boldsymbol{b}_2 & \boldsymbol{b}_3\\ -x_{q,c_2} & 0 & 0\\ f_1 & f_2 & f_3\end{vmatrix}=x_{q,c_2}f_3\boldsymbol{b}_2-x_{q,c_2}f_2\boldsymbol{b}_3$$

可以由第 2 章的导数定理 2.12 得到

$$\begin{Bmatrix}m_1\\ \tau_2+x_{q,c_2}f_3\\ m_3-x_{q,c_2}f_2\end{Bmatrix}=\underbrace{\begin{Bmatrix}0\\ I_{22}\ddot{\theta}_2\\ 0\end{Bmatrix}}_{\text{from }\left.\frac{\mathrm{d}}{\mathrm{d}t}\right|_{\mathbb{B}}\boldsymbol{h}_{\mathbb{X},c_2}}+\underbrace{\begin{Bmatrix}0\\0\\0\end{Bmatrix}}_{\text{from }\boldsymbol{\omega}_{\mathbb{X},\mathbb{B}}\times\boldsymbol{h}_{\mathbb{X},c_2}}\tag{4.28}$$

这个问题的最终控制方程组包括式（4.27）和式（4.28）。有一组控制平移的 3 个方程和一组控制旋转的 3 个方程。这些方程中的未知数包括 θ_2 及其导数，以及反作用力和力矩 f_1，f_2，f_3，m_1，m_3。注意，在控制方程的最终形式中正好有 6 个方程和 6 个未知量。变量 θ_2 被称为微分未知数，因为该变量的导数出现在控制方程中。变量 g_1，g_2，g_3，n_1，n_3 被称为代数未知数，因为它们的导数不出现在控制方程中。 ◀

例 4.17 导出图 4-27、图 4-16a 和图 4-16b 所示和例 4.12、例 4.16 研究的两连杆机器人系统的运动方程。与例 4.16 不同，在下面讨论中，关节变量 θ_1 和 θ_2 都是未知的。

解：首先，将定义两个连杆的运动学，以便在逐个连杆分析过程中计算动力学模型。三个物体之间的旋转矩阵定义为

$$\boldsymbol{R}_{\mathbb{A}}^{\mathbb{X}}=\begin{bmatrix}\cos\theta_1 & -\sin\theta_1 & 0\\ \sin\theta_1 & \cos\theta_1 & 0\\ 0 & 0 & 1\end{bmatrix}\quad\text{以及}\quad\boldsymbol{R}_{\mathbb{B}}^{\mathbb{A}}=\begin{bmatrix}\cos\theta_2 & 0 & \sin\theta_2\\ 0 & 1 & 0\\ -\sin\theta_2 & 0 & \cos\theta_2\end{bmatrix}$$

接下来，将定义连杆之间的角速度和加速度。连杆 1 的角速度可相对于坐标系 $\mathbb{X}$ 定义为

$$\boldsymbol{\omega}_{\mathbb{X},\mathbb{A}}=\dot{\theta}_1\boldsymbol{x}_3=\dot{\theta}_1\boldsymbol{a}_3$$

连杆 2 的角速度由第 3 章中的加法定理 2.15 确定，因此

$$\boldsymbol{\omega}_{\mathbb{X},\mathbb{B}}=\boldsymbol{\omega}_{\mathbb{X},\mathbb{A}}+\boldsymbol{\omega}_{\mathbb{A},\mathbb{B}}=\dot{\theta}_2\boldsymbol{a}_2+\dot{\theta}_1\boldsymbol{a}_3$$

这些物体的角加速度可以通过求这些角速度相对于坐标系 $\mathbb{X}$ 的导数来得到。对于连杆 1，可以得到

$$\boldsymbol{\alpha}_{\mathbb{X},\mathbb{A}}=\left.\frac{\mathrm{d}}{\mathrm{d}t}\right|_{\mathbb{X}}\boldsymbol{\omega}_{\mathbb{X},\mathbb{A}}=\ddot{\theta}_1\boldsymbol{x}_3=\ddot{\theta}_1\boldsymbol{a}_3$$

但是，对于连杆 2 的角加速度，必须使用第 2 章中的导数定理 2.12 来重新计算坐标系 $\mathbb{X}$ 中以坐标系 $\mathbb{A}$ 为基的导数，

$$\boldsymbol{\alpha}_{\mathbb{X},\mathbb{B}}=\left.\frac{\mathrm{d}}{\mathrm{d}t}\right|_{\mathbb{X}}\boldsymbol{\omega}_{\mathbb{X},\mathbb{B}}=\left.\frac{\mathrm{d}}{\mathrm{d}t}\right|_{\mathbb{A}}\boldsymbol{\omega}_{\mathbb{X},\mathbb{B}}+\boldsymbol{\omega}_{\mathbb{X},\mathbb{A}}\times\boldsymbol{\omega}_{\mathbb{X},\mathbb{B}}=-\dot{\theta}_1\dot{\theta}_2\boldsymbol{a}_1+\ddot{\theta}_2\boldsymbol{a}_2+\ddot{\theta}_1\boldsymbol{a}_3$$

如前例所述，角加速度通常不是关节角系数的时间导数（如在连杆 1 中的情况）；导数定理也考虑了基向量的时间变化率。

接下来将计算 c_1 和 c_2 点的速度。在连杆 1 中，将使用相对速度定理 2.16 计算 c_1 和 q 点的速度（在下一步中，将使用 q 点的速度计算 c_2 点的速度）。对点 c_1

$$\boldsymbol{v}_{\mathbb{X},c_1}=\underbrace{\boldsymbol{v}_{\mathbb{X},o}}_{=0}+\boldsymbol{\omega}_{\mathbb{X},\mathbb{A}}\times\boldsymbol{d}_{o,c_1}=\dot{\theta}_1\boldsymbol{a}_3\times(y_{p,c_1}\boldsymbol{a}_2+(d_{o,p}-z_{p,c_1})\boldsymbol{a}_3)=-y_{p,c_1}\dot{\theta}_1\boldsymbol{a}_1$$

同样，点 q 的速度为

$$\boldsymbol{v}_{\mathbb{X},q}=\underbrace{\boldsymbol{v}_{\mathbb{X},o}}_{=0}+\boldsymbol{\omega}_{\mathbb{X},\mathbb{A}}\times\boldsymbol{d}_{o,q}=\dot{\theta}_1\boldsymbol{a}_3\times(d_{p,q}\boldsymbol{a}_2+d_{o,p}\boldsymbol{a}_3)=-d_{p,q}\dot{\theta}_1\boldsymbol{a}_1$$

由于点 q 和 c_2 都固定在物体 2 上，所以相对速度理论也可用于从点 q 速度确定点 c_2 的速度，即

$$\begin{aligned}\boldsymbol{v}_{\mathbb{X},c_2}&=\boldsymbol{v}_{\mathbb{X},q}+\boldsymbol{\omega}_{\mathbb{X},\mathbb{B}}\times\boldsymbol{d}_{q,c_2}=-d_{p,q}\dot{\theta}_1\boldsymbol{a}_1+(\dot{\theta}_2\boldsymbol{a}_2+\dot{\theta}_1\boldsymbol{a}_3)\times x_{q,c_2}\boldsymbol{b}_1\\&=-d_{p,q}\dot{\theta}_1\boldsymbol{a}_1+(\dot{\theta}_2\boldsymbol{a}_2+\dot{\theta}_1\boldsymbol{a}_3)\times(x_{q,c_2}\cos\theta_2\boldsymbol{a}_1-x_{q,c_2}\sin\theta_2\boldsymbol{a}_3)\\&=-d_{p,q}\dot{\theta}_1\boldsymbol{a}_1+\begin{vmatrix}\boldsymbol{a}_1&\boldsymbol{a}_2&\boldsymbol{a}_3\\0&\dot{\theta}_2&\dot{\theta}_1\\x_{q,c_2}\cos\theta_2&0&-x_{q,c_2}\sin\theta_2\end{vmatrix}\\&=(-d_{p,q}\dot{\theta}_1-x_{q,c_2}\dot{\theta}_2\sin\theta_2)\boldsymbol{a}_1+x_{q,c_2}\dot{\theta}_1\cos\theta_2\boldsymbol{a}_2-x_{q,c_2}\dot{\theta}_2\cos\theta_2\boldsymbol{a}_3\end{aligned}$$

接下来，将使用此运动学分析来构建从连杆 2 开始的连杆 1 和 2 的运动方程。根据图 4-16b 中连杆 2 的受力图，连杆 2 的欧拉第一定律可以写成

$$f_1\boldsymbol{b}_1+f_2\boldsymbol{b}_2+f_3\boldsymbol{b}_3=\left.\frac{\mathrm{d}}{\mathrm{d}t}\right|_{\mathbb{X}}\boldsymbol{p}_{\mathbb{X}}=M_2\left(\left.\frac{\mathrm{d}}{\mathrm{d}t}\right|_{\mathbb{A}}\boldsymbol{v}_{\mathbb{X},c_2}+\boldsymbol{\omega}_{\mathbb{X},\mathbb{A}}\times\boldsymbol{v}_{\mathbb{X},c_2}\right)$$

其中

$$\begin{aligned}\left.\frac{\mathrm{d}}{\mathrm{d}t}\right|_{\mathbb{A}}\boldsymbol{v}_{\mathbb{X},c_2}=&(-d_{p,q}\ddot{\theta}_1-x_{q,c_2}\ddot{\theta}_2\sin\theta_2-x_{q,c_2}\dot{\theta}_2^2\cos\theta_2)\boldsymbol{a}_1+\\&(x_{q,c_2}\ddot{\theta}_1\cos\theta_2-x_{q,c_2}\dot{\theta}_1\dot{\theta}_2\sin\theta_2)\boldsymbol{a}_2-\\&(x_{q,c_2}\ddot{\theta}_2\cos\theta_2-x_{q,c_2}\dot{\theta}_2^2\sin\theta_2)\boldsymbol{a}_3\end{aligned}$$

且

$$\begin{aligned}\boldsymbol{\omega}_{\mathbb{X},\mathbb{A}}\times\boldsymbol{v}_{\mathbb{X},c_2}&=\begin{vmatrix}\boldsymbol{a}_1&\boldsymbol{a}_2&\boldsymbol{a}_3\\0&0&\dot{\theta}_1\\(-d_{p,q}\dot{\theta}_1-x_{q,c_2}\dot{\theta}_2\sin\theta_2)&x_{q,c_2}\dot{\theta}_1\cos\theta_2&-x_{q,c_2}\dot{\theta}_2\cos\theta_2\end{vmatrix}\\&=-x_{q,c_2}\dot{\theta}_1^2\cos\theta_2\boldsymbol{a}_1+(-d_{p,q}\dot{\theta}_1^2-x_{q,c_2}\dot{\theta}_1\dot{\theta}_2\sin\theta_2)\boldsymbol{a}_2\end{aligned}$$

结合上述表达式，得到一个方程为

$$\begin{bmatrix}\cos\theta_2&0&-\sin\theta_2\\0&1&0\\\sin\theta_2&0&\cos\theta_2\end{bmatrix}\begin{Bmatrix}f_1\\f_2\\f_3\end{Bmatrix}=\begin{Bmatrix}-M_2d_{p,q}\ddot{\theta}_1-M_2x_{q,c_2}\ddot{\theta}_2\sin\theta_2-M_2x_{q,c_2}(\dot{\theta}_1^2+\dot{\theta}_2^2)\cos\theta_2\\-M_2d_{p,q}\dot{\theta}_1^2+M_2x_{q,c_2}\ddot{\theta}_1\cos\theta_2-2M_2x_{q,c_2}\dot{\theta}_1\dot{\theta}_2\sin\theta_2\\-M_2x_{q,c_2}\ddot{\theta}_2\cos\theta_2+x_{q,c_2}\dot{\theta}_2^2\sin\theta_2\end{Bmatrix}\tag{4.29}$$

尽管考虑的是连杆 2，但是由于 $\boldsymbol{v}_{\mathbb{X},c_2}$ 的最简单表示是关于坐标系 $\mathbb{A}$ 的，所以该运动方程是在此坐标系下分析的。在计算该向量方程时，要么需要将这些分量映射到坐标系 $\mathbb{B}$ 中以对应力的分量，要么需要将力的分量映射到坐标系 $\mathbb{A}$。

欧拉第二定律应用于连杆 2 得到

$$\left.\frac{\mathrm{d}}{\mathrm{d}t}\right|_{\mathbb{X}}\boldsymbol{h}_{\mathbb{X},c_2}=m_1\boldsymbol{b}_1+\tau_2\boldsymbol{b}_2+m_3\boldsymbol{b}_3+\boldsymbol{d}_{c_2,q}\times(f_1\boldsymbol{b}_1+f_2\boldsymbol{b}_2+f_3\boldsymbol{b}_3)$$

利用导数定理，在坐标系 $\mathbb{B}$ 中表示导数，并利用角动量表示 $\boldsymbol{h}_{\mathbb{X},c_2}^{\mathbb{B}}$，可以解得等号左边

$$\left.\frac{\mathrm{d}}{\mathrm{d}t}\right|_{\mathbb{X}}\boldsymbol{h}_{\mathbb{X},c_2}=\left.\frac{\mathrm{d}}{\mathrm{d}t}\right|_{\mathbb{B}}\boldsymbol{h}_{\mathbb{X},c_2}+\boldsymbol{\omega}_{\mathbb{X},\mathbb{B}}\times\boldsymbol{h}_{\mathbb{X},c_2}$$

$$\left.\frac{\mathrm{d}}{\mathrm{d}t}\right|_{\mathbb{X}} \boldsymbol{h}_{\mathbb{X},c_2}^{\mathbb{B}}=\left.\frac{\mathrm{d}}{\mathrm{d}t}\right|_{\mathbb{B}} \boldsymbol{I}_{c_2}^{\mathbb{B}} \boldsymbol{\omega}_{\mathbb{X},\mathbb{B}}^{\mathbb{B}}+\boldsymbol{\omega}_{\mathbb{X},\mathbb{B}}^{\mathbb{B}} \times \boldsymbol{I}_{c_2}^{\mathbb{B}} \boldsymbol{\omega}_{\mathbb{X},\mathbb{B}}^{\mathbb{B}}=\boldsymbol{I}_{c_2}^{\mathbb{B}} \boldsymbol{\alpha}_{\mathbb{X},\mathbb{B}}^{\mathbb{B}}+\boldsymbol{\omega}_{\mathbb{X},\mathbb{B}}^{\mathbb{B}} \times \boldsymbol{I}_{c_2}^{\mathbb{B}} \boldsymbol{\omega}_{\mathbb{X},\mathbb{B}}^{\mathbb{B}}$$

角速度 $\boldsymbol{\omega}_{\mathbb{X},\mathbb{B}}^{\mathbb{B}}$ 可根据上述 $\boldsymbol{\omega}_{\mathbb{X},\mathbb{B}}^{\mathbb{B}}$ 的公式，通过改变基坐标来得到

$$\boldsymbol{\omega}_{\mathbb{X},\mathbb{B}}^{\mathbb{B}}=\boldsymbol{R}_{\mathbb{A}}^{\mathbb{B}} \boldsymbol{\omega}_{\mathbb{X},\mathbb{B}}^{\mathbb{A}}=\begin{bmatrix}\cos\theta_2 & 0 & -\sin\theta_2 \\ 0 & 1 & 0 \\ \sin\theta_2 & 0 & \cos\theta_2\end{bmatrix}\begin{Bmatrix}0 \\ \dot{\theta}_2 \\ \dot{\theta}_1\end{Bmatrix}=\begin{Bmatrix}-\dot{\theta}_1 \sin\theta_2 \\ \dot{\theta}_2 \\ \dot{\theta}_1 \cos\theta_2\end{Bmatrix}$$

通过相似的变换，$\boldsymbol{\alpha}_{\mathbb{X},\mathbb{B}}^{\mathbb{B}}$ 可表示为

$$\boldsymbol{\alpha}_{\mathbb{X},\mathbb{B}}^{\mathbb{B}}=\begin{Bmatrix}-\dot{\theta}_1\dot{\theta}_2\cos\theta_2-\ddot{\theta}_1\sin\theta_2 \\ \ddot{\theta}_2 \\ -\dot{\theta}_1\dot{\theta}_2\sin\theta_2+\ddot{\theta}_1\cos\theta_2\end{Bmatrix}$$

作用在连杆 2 上的载荷可通过 $\boldsymbol{d}_{c_2,q}=-x_{q,c_2}\boldsymbol{b}_1$ 来求得，即

$$\begin{aligned}&m_1\boldsymbol{b}_1+\tau_2\boldsymbol{b}_2+m_3\boldsymbol{b}_3+\boldsymbol{d}_{c_2,q}\times(f_1\boldsymbol{b}_1+f_2\boldsymbol{b}_2+f_3\boldsymbol{b}_3)\\&=m_1\boldsymbol{b}_1+\tau_2\boldsymbol{b}_2+m_3\boldsymbol{b}_3-x_{q,c_2}\boldsymbol{b}_1\times(f_1\boldsymbol{b}_1+f_2\boldsymbol{b}_2+f_3\boldsymbol{b}_3)\\&=m_1\boldsymbol{b}_1+(\tau_2+x_{q,c_2}f_3)\boldsymbol{b}_2+(m_3-x_{q,c_2}f_2)\boldsymbol{b}_3\end{aligned}$$

连杆 2 相对于坐标系 $\mathbb{B}$ 的欧拉第二定律为

$$\begin{bmatrix}I_{11} & 0 & 0 \\ 0 & I_{22} & 0 \\ 0 & 0 & I_{33}\end{bmatrix}\begin{Bmatrix}-\dot{\theta}_1\dot{\theta}_2\cos\theta_2-\ddot{\theta}_1\sin\theta_2 \\ \ddot{\theta}_2 \\ -\dot{\theta}_1\dot{\theta}_2\sin\theta_2+\ddot{\theta}_1\cos\theta_2\end{Bmatrix}+$$

$$\begin{bmatrix}0 & -\dot{\theta}_1\cos\theta_2 & \dot{\theta}_2 \\ \dot{\theta}_1\cos\theta_2 & 0 & \dot{\theta}_1\sin\theta_2 \\ -\dot{\theta}_2 & -\dot{\theta}_1\sin\theta_2 & 0\end{bmatrix}\begin{Bmatrix}-I_{11}\dot{\theta}_1\sin\theta_2 \\ I_{22}\dot{\theta}_2 \\ I_{33}\dot{\theta}_1\cos\theta_2\end{Bmatrix}=\begin{Bmatrix}m_1 \\ \tau_2+x_{q,c_2}f_3 \\ m_3-x_{q,c_2}f_2\end{Bmatrix}$$

或

$$\begin{Bmatrix}I_{11}(-\dot{\theta}_1\dot{\theta}_2\cos\theta_2-\ddot{\theta}_1\sin\theta_2)+(I_{33}-I_{22})\dot{\theta}_1\dot{\theta}_2\cos\theta_2 \\ I_{22}\ddot{\theta}_2+(I_{33}-I_{11})\dot{\theta}_1^2\sin\theta_2\cos\theta_2 \\ I_{33}(-\dot{\theta}_1\dot{\theta}_2\sin\theta_2+\ddot{\theta}_1\cos\theta_2)+(I_{11}-I_{22})\dot{\theta}_1\dot{\theta}_2\sin\theta_2\end{Bmatrix}=\begin{Bmatrix}m_1 \\ \tau_2+x_{q,c_2}f_3 \\ m_3-x_{q,c_2}f_2\end{Bmatrix} \tag{4.30}$$

接下来，将计算连杆 1 的运动方程。根据图 4.16a 中连杆 1 的受力图，连杆 1 的欧拉第一定律可以写为

$$g_1\boldsymbol{a}_1+g_2\boldsymbol{a}_2+g_3\boldsymbol{a}_3-f_1\boldsymbol{b}_1-f_2\boldsymbol{b}_2-f_3\boldsymbol{b}_3=\left.\frac{\mathrm{d}}{\mathrm{d}t}\right|_{\mathbb{X}}\boldsymbol{p}_{\mathbb{X}}=M_1\left(\left.\frac{\mathrm{d}}{\mathrm{d}t}\right|_{\mathbb{A}}\boldsymbol{v}_{\mathbb{X},c_1}+\boldsymbol{\omega}_{\mathbb{X},\mathbb{A}}\times\boldsymbol{v}_{\mathbb{X},c_1}\right)$$

其中

$$\left.\frac{\mathrm{d}}{\mathrm{d}t}\right|_{\mathbb{A}}\boldsymbol{v}_{\mathbb{X},c_1}=-y_{p,c_1}\ddot{\theta}_1\boldsymbol{a}_1$$

且

$$\boldsymbol{\omega}_{\mathbb{X},\mathbb{A}}\times\boldsymbol{v}_{\mathbb{X},c_1}=\begin{vmatrix}\boldsymbol{a}_1 & \boldsymbol{a}_2 & \boldsymbol{a}_3 \\ 0 & 0 & \dot{\theta}_1 \\ -y_{p,c_1}\dot{\theta}_1 & 0 & 0\end{vmatrix}=-y_{p,c_1}\dot{\theta}_1^2\boldsymbol{a}_2$$

连杆 1 相对于坐标系 $\mathbb{A}$ 的欧拉第一定律为

$$\begin{Bmatrix} g_1 \\ g_2 \\ t_3 \end{Bmatrix} - \begin{bmatrix} \cos\theta_2 & 0 & \sin\theta_2 \\ 0 & 1 & 0 \\ -\sin\theta_2 & 0 & \cos\theta_2 \end{bmatrix} \begin{Bmatrix} f_1 \\ f_2 \\ f_3 \end{Bmatrix} = M_1 \begin{Bmatrix} -y_{p,c_1}\ddot{\theta}_1 \\ -y_{p,c_1}\dot{\theta}_1^2 \\ 0 \end{Bmatrix} \tag{4.31}$$

对连杆1应用欧拉第二定律，得

$$\frac{\mathrm{d}}{\mathrm{d}t}\bigg|_{\mathbb{X}} \boldsymbol{h}_{\mathbb{X},c_1} = \begin{pmatrix} -m_1\boldsymbol{b}_1 - \tau_2\boldsymbol{b}_2 - m_3\boldsymbol{b}_3 - \boldsymbol{d}_{c_1,q} \times (f_1\boldsymbol{b}_1 + f_2\boldsymbol{b}_2 + f_3\boldsymbol{b}_3) \\ +n_1\boldsymbol{a}_1 + n_2\boldsymbol{a}_2 + t_3\boldsymbol{a}_3 + \boldsymbol{d}_{c_1,o} \times (g_1\boldsymbol{b}_1 + g_2\boldsymbol{b}_2 + g_3\boldsymbol{b}_3) \end{pmatrix}$$

如前所述，利用导数定理，在坐标系 $\mathbb{A}$ 中表示导数，并利用角动量表示 $\boldsymbol{h}_{\mathbb{X},c_1}^{\mathbb{A}}$，可以解得等号左侧

$$\frac{\mathrm{d}}{\mathrm{d}t}\bigg|_{\mathbb{X}} \boldsymbol{h}_{\mathbb{X},c_1} = \frac{\mathrm{d}}{\mathrm{d}t}\bigg|_{\mathbb{A}} \boldsymbol{h}_{\mathbb{X},c_1} + \boldsymbol{\omega}_{\mathbb{X},\mathbb{A}} \times \boldsymbol{h}_{\mathbb{X},c_1}$$

$$\frac{\mathrm{d}}{\mathrm{d}t}\bigg|_{\mathbb{X}} \boldsymbol{h}_{\mathbb{X},c_1}^{\mathbb{A}} = \frac{\mathrm{d}}{\mathrm{d}t}\bigg|_{\mathbb{A}} \boldsymbol{I}_{c_1}^{\mathbb{A}} \boldsymbol{\omega}_{\mathbb{X},\mathbb{A}}^{\mathbb{A}} + \boldsymbol{\omega}_{\mathbb{X},\mathbb{A}}^{\mathbb{A}} \times \boldsymbol{I}_{c_1}^{\mathbb{A}} \boldsymbol{\omega}_{\mathbb{X},\mathbb{A}}^{\mathbb{A}} = \boldsymbol{I}_{c_1}^{\mathbb{A}} \boldsymbol{\alpha}_{\mathbb{X},\mathbb{A}}^{\mathbb{A}} + \boldsymbol{\omega}_{\mathbb{X},\mathbb{A}}^{\mathbb{A}} \times \boldsymbol{I}_{c_1}^{\mathbb{A}} \boldsymbol{\omega}_{\mathbb{X},\mathbb{A}}^{\mathbb{A}}$$

角速度 $\boldsymbol{\omega}_{\mathbb{X},\mathbb{A}}^{\mathbb{A}}$ 和加速度 $\boldsymbol{\alpha}_{\mathbb{X},\mathbb{A}}^{\mathbb{A}}$ 可由之前的 $\boldsymbol{\omega}_{\mathbb{X},\mathbb{A}}$ 和 $\boldsymbol{\alpha}_{\mathbb{X},\mathbb{A}}$ 的公式确定，为

$$\boldsymbol{\omega}_{\mathbb{X},\mathbb{A}}^{\mathbb{A}} = \begin{Bmatrix} 0 \\ 0 \\ \dot{\theta}_1 \end{Bmatrix} \quad 和 \quad \boldsymbol{\alpha}_{\mathbb{X},\mathbb{A}}^{\mathbb{A}} = \begin{Bmatrix} 0 \\ 0 \\ \ddot{\theta}_1 \end{Bmatrix}$$

另外，对于惯性矩阵，由于只有一个对称平面，所以惯性矩阵的（2，3）和（3，2）项是非零的。因此

$$\begin{aligned} \boldsymbol{I}_{c_1}^{\mathbb{A}} \boldsymbol{\alpha}_{\mathbb{X},\mathbb{A}}^{\mathbb{A}} + \boldsymbol{\omega}_{\mathbb{X},\mathbb{A}}^{\mathbb{A}} \times \boldsymbol{I}_{c_1}^{\mathbb{A}} \boldsymbol{\omega}_{\mathbb{X},\mathbb{A}}^{\mathbb{A}} &= \begin{bmatrix} K_{11} & 0 & 0 \\ 0 & K_{22} & K_{23} \\ 0 & K_{32} & K_{33} \end{bmatrix} \begin{Bmatrix} 0 \\ 0 \\ \ddot{\theta}_1 \end{Bmatrix} + \begin{Bmatrix} 0 \\ 0 \\ \dot{\theta}_1 \end{Bmatrix} \times \begin{bmatrix} K_{11} & 0 & 0 \\ 0 & K_{22} & K_{23} \\ 0 & K_{32} & K_{33} \end{bmatrix} \begin{Bmatrix} 0 \\ 0 \\ \ddot{\theta}_1 \end{Bmatrix} \\ &= \begin{Bmatrix} 0 \\ K_{23}\ddot{\theta}_1 \\ K_{33}\ddot{\theta}_1 \end{Bmatrix} + \begin{Bmatrix} 0 \\ 0 \\ \dot{\theta}_1 \end{Bmatrix} \times \begin{Bmatrix} 0 \\ K_{23}\dot{\theta}_1 \\ K_{33}\dot{\theta}_1 \end{Bmatrix} = \begin{Bmatrix} 0 \\ K_{23}\ddot{\theta}_1 \\ K_{33}\ddot{\theta}_1 - K_{23}\dot{\theta}_1^2 \end{Bmatrix} \end{aligned}$$

作用在连杆2上的载荷可用坐标系 $\mathbb{A}$ 来表示。注意到 $\boldsymbol{d}_{c_1,q} = (d_{p,q} - y_{p,c_1})\boldsymbol{a}_2 + z_{p,c_1}\boldsymbol{a}_3$ 和 $\boldsymbol{d}_{c_1,o} = -y_{p,c_1}\boldsymbol{a}_2 - (d_{o,p} - z_{p,c_1})\boldsymbol{a}_3$，所以可以写为

$$\begin{aligned} &-\begin{bmatrix} \cos\theta_2 & 0 & \sin\theta_2 \\ 0 & 1 & 0 \\ -\sin\theta_2 & 0 & \cos\theta_2 \end{bmatrix} \begin{Bmatrix} m_1 \\ \tau_2 \\ m_3 \end{Bmatrix} - \begin{Bmatrix} 0 \\ d_{p,q} - y_{p,c_1} \\ z_{p,c_1} \end{Bmatrix} \times \begin{bmatrix} \cos\theta_2 & 0 & \sin\theta_2 \\ 0 & 1 & 0 \\ -\sin\theta_2 & 0 & \cos\theta_2 \end{bmatrix} \begin{Bmatrix} f_1 \\ f_2 \\ f_3 \end{Bmatrix} + \\ &\begin{Bmatrix} n_1 \\ n_2 \\ t_3 \end{Bmatrix} + \begin{Bmatrix} 0 \\ -y_{p,c_1} \\ -(d_{o,p} - z_{p,c_1}) \end{Bmatrix} \times \begin{Bmatrix} g_1 \\ g_2 \\ g_3 \end{Bmatrix} \\ &= -\begin{Bmatrix} m_1\cos\theta_2 + m_3\sin\theta_2 \\ \tau_2 \\ -m_1\sin\theta_2 + m_3\cos\theta_2 \end{Bmatrix} - \begin{Bmatrix} 0 \\ d_{p,q} - y_{p,c_1} \\ z_{p,c_1} \end{Bmatrix} \times \begin{Bmatrix} f_1\cos\theta_2 - f_3\sin\theta_2 \\ f_2 \\ f_1\sin\theta_2 + f_3\cos\theta_2 \end{Bmatrix} + \begin{Bmatrix} n_1 \\ n_2 \\ t_3 \end{Bmatrix} + \\ &\begin{Bmatrix} 0 \\ -y_{p,c_1} \\ -(d_{o,p} - z_{p,c_1}) \end{Bmatrix} \times \begin{Bmatrix} g_1 \\ g_2 \\ g_3 \end{Bmatrix} \end{aligned}$$

$$
=-\begin{Bmatrix} m_1\cos\theta_2+m_3\sin\theta_2+(d_{p,q}-y_{p,c_1})(f_1\sin\theta_2+f_3\cos\theta_2)-z_{p,c_1}f_2 \\ \tau_2+z_{p,c_1}(f_1\cos\theta_2-f_3\sin\theta_2) \\ -m_1\sin\theta_2+m_3\cos\theta_2-(d_{p,q}-y_{p,c_1})(f_1\cos\theta_2-f_3\sin\theta_2) \end{Bmatrix}+
$$

$$
\begin{Bmatrix} n_1-y_{p,c_1}g_3+(d_{o,p}-z_{p,c_1})g_2 \\ n_2-(d_{0,p}-z_{p,c_1})g_1 \\ t_3+y_{p,c_1}g_1 \end{Bmatrix}
$$

把角动量的导数和载荷结合到连杆 1 的欧拉第二定律中，得到

$$
\begin{Bmatrix} 0 \\ K_{23}\ddot{\theta}_1 \\ K_{33}\ddot{\theta}_1-K_{23}\dot{\theta}_1^2 \end{Bmatrix}=-\begin{Bmatrix} m_1\cos\theta_2+m_3\sin\theta_2+(d_{p,q}-y_{p,c_1})(f_1\sin\theta_2+f_3\cos\theta_2)-z_{p,c_1}f_2 \\ \tau_2+z_{p,c_1}(f_1\cos\theta_2-f_3\sin\theta_2) \\ -m_1\sin\theta_2+m_3\cos\theta_2-(d_{p,q}-y_{p,c_1})(f_1\cos\theta_2-f_3\sin\theta_2) \end{Bmatrix}+
$$

$$
\begin{Bmatrix} n_1-y_{p,c_1}g_3+(d_{o,p}-z_{p,c_1})g_2 \\ n_2-(d_{0,p}-z_{p,c_1})g_1 \\ t_3+y_{p,c_1}g_1 \end{Bmatrix} \tag{4.32}
$$

综上，本例的完整控制方程组包括式（4.29），式（4.30），式（4.31）和式（4.32）。每个物体有一组控制平移的 3 个方程和一组控制旋转的 3 个方程。这些方程中的未知数包括几何变量 θ_1，θ_2 及其导数，以及力和力矩 f_1，f_2，f_3，g_1，g_2，g_3，m_1，m_2，n_1，n_3。因此这个问题有 12 个未知数和 12 个方程。与上例相同，θ_1 和 θ_2 是微分未知数，约束力和力矩是代数未知数。◀

在具有三维运动学的实际问题中，机械系统的运动方程在形式上是相当复杂的。例 4.18 研究另一个两连杆机器人系统。由于物体相对于所选参考坐标系的对称性，以及运动的限制使得只有 θ_2 变化，因此例 4.18 中的运动方程具有熟悉的形式。

例 4.18 图 4-28 所示的 SCARA 机器人的内臂（连杆 1）相对于基座固定，外臂（连杆 2）通过角度 θ_2 铰接。利用欧拉第一定律和第二定律导出外臂的运动方程。

解：首先，在 o、p 和 q 点分别定义了三个坐标系 $\mathbb{X}$、$\mathbb{A}$ 和 $\mathbb{B}$，如图 4-28 所示。坐标系 $\mathbb{X}$ 为惯性坐标系，坐标系 $\mathbb{A}$ 固定在内臂，坐标系 $\mathbb{B}$ 固定在外臂。在本例中，立柱表示为连杆 0，内臂表示为连杆 1，外臂表示为连杆 2。外臂质心的位置定义为

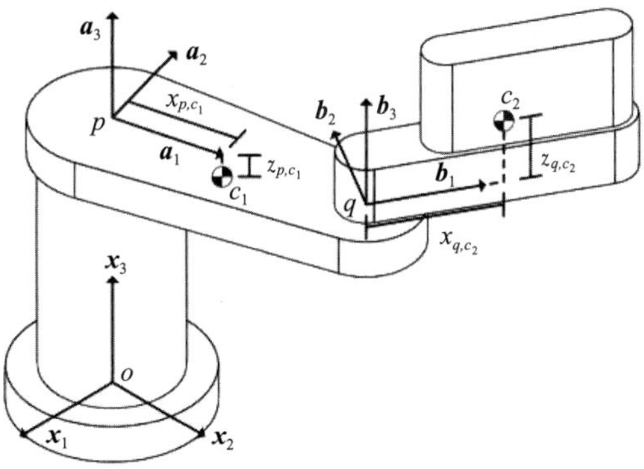

图 4-28　SCARA 机械臂的连杆 0～2

$$
\boldsymbol{r}_{\mathbb{B},c}=x_{q,c_2}\boldsymbol{b}_1+z_{q,c_2}\boldsymbol{b}_3
$$

是以物体坐标系的固定基表示的。对于原点位于质心且平行于坐标系 $\mathbb{B}$ 的坐标系，惯性矩阵 $\boldsymbol{I}_c^{\mathbb{B}}$ 为

$$
\boldsymbol{I}_c^{\mathbb{B}}=\begin{bmatrix} I_{11} & 0 & I_{13} \\ 0 & I_{22} & 0 \\ I_{13} & 0 & I_{33} \end{bmatrix}
$$

由于坐标系 $\mathbb{B}$ 的 1-3 平面是外臂的对称平面，因此已知 $I_{12}=I_{23}=0$。惯性坐标系中外臂质

心的加速度为

$$\begin{aligned}\boldsymbol{a}_{\mathbb{X},c} &= \boldsymbol{a}_{\mathbb{X},q} + \boldsymbol{\omega}_{\mathbb{X},\mathbb{B}} \times (\boldsymbol{\omega}_{\mathbb{X},\mathbb{B}} \times \boldsymbol{d}_{q,c_2}) + \boldsymbol{\alpha}_{\mathbb{X},\mathbb{B}} \times \boldsymbol{d}_{q,c_2} \\ &= \boldsymbol{0} - x_{q,c_2}\dot{\theta}_2^2 \boldsymbol{b}_1 + x_{q,c_2}\ddot{\theta}_2 \boldsymbol{b}_2\end{aligned}$$

其中 θ_1 是定值。外臂的受力图如图 4-29 所示。欧拉第一定律产生与坐标系 $\mathbb{B}$ 相关的分量为

$$\begin{Bmatrix} f_1 \\ f_2 \\ f_3 \end{Bmatrix} = M_2 \begin{Bmatrix} -x_{q,c_2}\dot{\theta}_2^2 \\ x_{q,c_2}\ddot{\theta}_2 \\ 0 \end{Bmatrix} \tag{4.33}$$

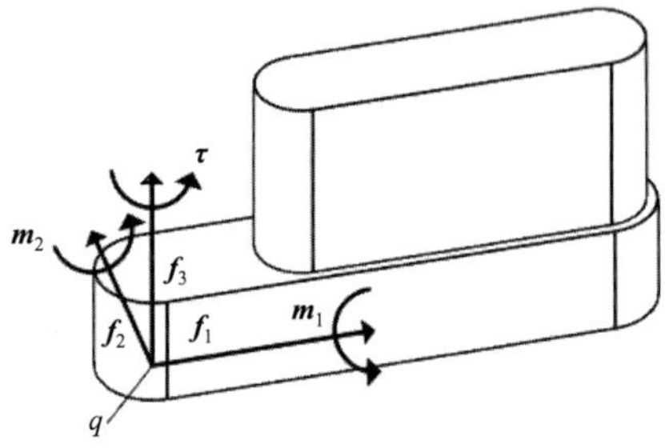

图 4-29　外臂的受力图

欧拉第二定律写为 $\boldsymbol{m}_c = \left.\frac{\mathrm{d}}{\mathrm{d}t}\right|_{\mathbb{X}} (\boldsymbol{h}_{\mathbb{X},c})$，施加到质心的力矩为

$$\boldsymbol{m}_c = m_1 \boldsymbol{b}_1 + m_2 \boldsymbol{b}_2 + \tau \boldsymbol{b}_3 + \begin{vmatrix} \boldsymbol{b}_1 & \boldsymbol{b}_2 & \boldsymbol{b}_3 \\ -x_{q,c_2} & 0 & -z_{q,c_2} \\ f_1 & f_2 & f_3 \end{vmatrix}$$

关于质心的角动量为

$$\boldsymbol{h}_{\mathbb{X},c}^{\mathbb{B}} = \begin{bmatrix} I_{11} & 0 & I_{13} \\ 0 & I_{22} & 0 \\ I_{13} & 0 & I_{33} \end{bmatrix} \begin{Bmatrix} 0 \\ 0 \\ \dot{\theta}_2 \end{Bmatrix} = \begin{Bmatrix} I_{13}\dot{\theta}_2 \\ 0 \\ I_{33}\dot{\theta}_2 \end{Bmatrix}$$

因为当内臂静止时 $\boldsymbol{\omega}_{\mathbb{X},\mathbb{B}} = \dot{\theta}_2 \boldsymbol{b}_3$。利用第 2 章的导数定理简化欧拉第二定律的计算。力矩 $\boldsymbol{m}_c$ 为

$$\boldsymbol{m}_c = \left.\frac{\mathrm{d}}{\mathrm{d}t}\right|_{\mathbb{X}} \boldsymbol{h}_{\mathbb{X},c} = \left.\frac{\mathrm{d}}{\mathrm{d}t}\right|_{\mathbb{B}} \boldsymbol{h}_{\mathbb{X},c} + \boldsymbol{\omega}_{\mathbb{X},\mathbb{B}} \times \boldsymbol{h}_{\mathbb{X},c}$$

结合力矩的方程，得到

$$\begin{Bmatrix} m_1 + z_{q,c_3} f_2 \\ m_2 - z_{q,c_3} f_1 + x_{q,c_3} f_3 \\ \tau - x_{q,c_3} f_2 \end{Bmatrix} = \begin{Bmatrix} I_{13}\ddot{\theta}_2 \\ 0 \\ I_{33}\ddot{\theta}_2 \end{Bmatrix} + \begin{Bmatrix} 0 \\ I_{13}\dot{\theta}_2^2 \\ 0 \end{Bmatrix} \tag{4.34}$$

综上所述，通过整理式（4.33）和式（4.34）中的 6 个方程来求解 6 个未知数，得到了完整的控制方程，这些未知数包括角 θ_2 及其导数，以及反作用力和力矩 f_1，f_2，f_3，m_1 和 m_2。 ◀

例 4.18 中导出的运动方程由于对称性和只有一个自由度的原因，拥有一种特别简单的形式。然而，一般来说，运动方程是相当复杂的。在例 4.19 中，通过允许例 4.18 中的关节变量 θ_1 作为未知变量在时间上变化，由此得到的系统运动方程再次变得更加复杂。

例 4.19 再次考虑例 4.18 中研究的 SCARA 机器人。在本例中，导出两自由度系统的运动方程，其中 θ_1 和 θ_2 随时间变化。

解： 首先，将考虑外臂连杆 2。注意，当 θ_1 和 θ_2 都随时间变化时，对例 4.18 中的控制方程所做的更改。坐标系 $\mathbb{X}$ 下坐标系 $\mathbb{B}$ 的角速度现在由下式给出

$$\boldsymbol{\omega}_{\mathbb{X},\mathbb{B}} = \boldsymbol{\omega}_{\mathbb{X},\mathbb{A}} + \boldsymbol{\omega}_{\mathbb{A},\mathbb{B}} = (\dot{\theta}_1 + \dot{\theta}_2)\boldsymbol{b}_3$$

角加速度的形式按照该定义，并应用导数定理

$$\boldsymbol{\alpha}_{\mathbb{X},\mathbb{B}}=\frac{\mathrm{d}}{\mathrm{d}t}\bigg|_{\mathbb{X}}\boldsymbol{\omega}_{\mathbb{X},\mathbb{B}}=\frac{\mathrm{d}}{\mathrm{d}t}\bigg|_{\mathbb{B}}\boldsymbol{\omega}_{\mathbb{X},\mathbb{B}}+\underbrace{\boldsymbol{\omega}_{\mathbb{X},\mathbb{B}}\times\boldsymbol{\omega}_{\mathbb{X},\mathbb{B}}}_{0}=(\ddot{\theta}_1+\ddot{\theta}_2)\boldsymbol{b}_3 n$$

外臂质心的加速度即为

$$\begin{aligned}\boldsymbol{a}_{\mathbb{X},c_2}&=\boldsymbol{a}_{\mathbb{X},q}+\boldsymbol{\omega}_{\mathbb{X},\mathbb{B}}\times(\boldsymbol{\omega}_{\mathbb{X},\mathbb{B}}\times\boldsymbol{d}_{q,c_2})+\boldsymbol{\alpha}_{\mathbb{X},\mathbb{B}}\times\boldsymbol{d}_{q,c_2}\\&=\underbrace{-d_{p,q}\dot{\theta}_1^2\boldsymbol{a}_1+d_{p,q}\ddot{\theta}_1\boldsymbol{a}_2}_{\boldsymbol{a}_{\mathbb{X},q}}-x_{q,c_2}(\dot{\theta}_1+\dot{\theta}_2)^2\boldsymbol{b}_1+x_{q,c_2}(\ddot{\theta}_1+\ddot{\theta}_2)\boldsymbol{b}_2\end{aligned}$$

图 4-29 所示的受力图的总外力可得方程式

$$\begin{aligned}\begin{Bmatrix}f_1\\f_2\\f_3\end{Bmatrix}&=M_2\left(\begin{Bmatrix}-x_{q,c_2}(\dot{\theta}_1+\dot{\theta}_2)^2\\x_{q,c_2}(\ddot{\theta}_1+\ddot{\theta}_2)\\0\end{Bmatrix}+\boldsymbol{R}_{\mathbb{A}}^{\mathbb{B}}\begin{Bmatrix}-d_{p,q}\dot{\theta}_1^2\\d_{p,q}\ddot{\theta}_1\\0\end{Bmatrix}\right)\\&=M_2\left(\begin{Bmatrix}-x_{q,c_2}(\dot{\theta}_1+\dot{\theta}_2)^2\\x_{q,c_2}(\ddot{\theta}_1+\ddot{\theta}_2)\\0\end{Bmatrix}+\begin{bmatrix}\cos\theta_2&\sin\theta_2&0\\-\sin\theta_2&\cos\theta_2&0\\0&0&1\end{bmatrix}\begin{Bmatrix}-d_{p,q}\dot{\theta}_1^2\\d_{p,q}\ddot{\theta}_1\\0\end{Bmatrix}\right)\end{aligned}\tag{4.35}$$

外臂相对于其质心的角动量为

$$\boldsymbol{h}_{\mathbb{X},c_2}^{\mathbb{B}}=\begin{bmatrix}I_{11}&0&I_{13}\\0&I_{22}&0\\I_{13}&0&I_{33}\end{bmatrix}\begin{Bmatrix}0\\0\\\dot{\theta}_1+\dot{\theta}_2\end{Bmatrix}=\begin{Bmatrix}I_{13}(\dot{\theta}_1+\dot{\theta}_2)\\0\\I_{33}(\dot{\theta}_1+\dot{\theta}_2)\end{Bmatrix}$$

力矩总和即为

$$\begin{Bmatrix}m_1+z_{q,c_2}f_2\\m_2-z_{q,c_2}f_1+x_{q,c_2}\\\tau-x_{q,c_2}f_2\end{Bmatrix}=\begin{Bmatrix}I_{13}(\ddot{\theta}_1+\ddot{\theta}_2)\\0\\I_{33}(\ddot{\theta}_1+\ddot{\theta}_2)\end{Bmatrix}+\begin{Bmatrix}0\\I_{13}(\dot{\theta}_1+\dot{\theta}_2)^2\\0\end{Bmatrix}\tag{4.36}$$

内臂的受力图如图 4-30 所示。内臂质心的加速度即为

$$\boldsymbol{a}_{\mathbb{X},c_1}=\underbrace{\boldsymbol{a}_{\mathbb{X},p}}_{0}-x_{p,c_1}\dot{\theta}_1^2\boldsymbol{a}_1+x_{p,c_1}\ddot{\theta}_1\boldsymbol{a}_2$$

而关于质心的角动量为

$$\boldsymbol{h}_{\mathbb{X},c_1}^{\mathbb{A}}=\begin{vmatrix}K_{11}&0&K_{13}\\0&K_{22}&0\\K_{13}&0&K_{33}\end{vmatrix}\begin{Bmatrix}0\\0\\\dot{\theta}_1\end{Bmatrix}=\begin{Bmatrix}K_{13}\dot{\theta}_1\\0\\K_{33}\dot{\theta}_1\end{Bmatrix}$$

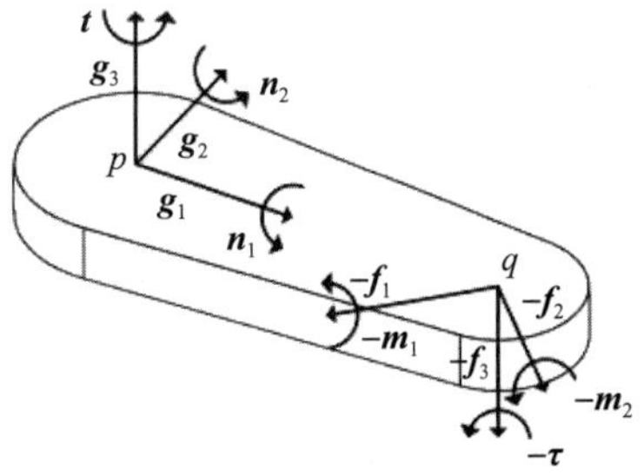

图 4-30　内臂的受力图

如图 4-30 所示的受力图的总外力为

$$\begin{Bmatrix}g_1\\g_2\\g_3\end{Bmatrix}+\boldsymbol{R}_{\mathbb{B}}^{\mathbb{A}}\begin{Bmatrix}-f_1\\-f_2\\-f_3\end{Bmatrix}=M_1\begin{Bmatrix}-x_{p,c_1}\dot{\theta}_1^2\\x_{p,c_1}\ddot{\theta}_1\\0\end{Bmatrix}$$

或

$$\begin{Bmatrix}g_1\\g_2\\g_3\end{Bmatrix}+\begin{bmatrix}\cos\theta_2&-\sin\theta_2&0\\\sin\theta_2&\cos\theta_2&0\\0&0&1\end{bmatrix}\begin{Bmatrix}-f_1\\-f_2\\-f_3\end{Bmatrix}=M_1\begin{Bmatrix}-x_{p,c_1}\dot{\theta}_1^2\\x_{p,c_1}\ddot{\theta}_1\\0\end{Bmatrix}\tag{4.37}$$

作用在质心的力矩可由下式计算出

$$\boldsymbol{m}_{c_1}=n_1\boldsymbol{a}_1+n_2\boldsymbol{a}_2+t\boldsymbol{a}_3-m_1\boldsymbol{b}_1-m_2\boldsymbol{b}_2-\tau\boldsymbol{b}_3+$$
$$\begin{vmatrix}\boldsymbol{a}_1 & \boldsymbol{a}_2 & \boldsymbol{a}_3\\ -x_{p,c_1} & 0 & z_{p,c_1}\\ g_1 & g_2 & g_3\end{vmatrix}+((d_{p,q}-x_{p,c_1})\boldsymbol{a}_1+z_{p,c_1}\boldsymbol{a}_3)\times(-f_1\boldsymbol{b}_1-f_2\boldsymbol{b}_2-f_3\boldsymbol{b}_3)$$

该表达式可以简化，以坐标系 $\mathbb{A}$ 的形式写出

$$\boldsymbol{m}_{c_1}^{\mathbb{A}}=\begin{Bmatrix}n_1-z_{p,c_1}g_2\\ n_2+z_{p,c_1}g_1+x_{p,c_1}g_3\\ t-x_{p,c_1}g_2\end{Bmatrix}+\boldsymbol{R}_{\mathbb{B}}^{\mathbb{A}}\begin{Bmatrix}-m_1+z_{p,c_1}f_2+(d_{p,q}-x_{p,c_1})f_3\sin\theta_2\\ -m_2-z_{p,c_1}f_1+(d_{p,q}-x_{p,c_1})f_3\cos\theta_2\\ -\tau-(d_{p,q}-x_{p,c_1})f_1\sin\theta_2-(d_{p,q}-x_{p,c_1})f_2\cos\theta_2\end{Bmatrix}$$

$$=\begin{Bmatrix}n_1-z_{p,c_1}g_2\\ n_2+z_{p,c_1}g_1+x_{p,c_1}g_3\\ t-x_{p,c_1}g_2\end{Bmatrix}+ \tag{4.38}$$

$$\begin{bmatrix}\cos\theta_2 & -\sin\theta_2 & 0\\ \sin\theta_2 & \cos\theta_2 & 0\\ 0 & 0 & 1\end{bmatrix}\begin{Bmatrix}-m_1+z_{p,c_1}f_2+(d_{p,q}-x_{p,c_1})f_3\sin\theta_2\\ -m_2-z_{p,c_1}f_1+(d_{p,q}-x_{p,c_1})f_3\cos\theta_2\\ -\tau-(d_{p,q}-x_{p,c_1})f_1\sin\theta_2-(d_{p,q}-x_{p,c_1})f_2\cos\theta_2\end{Bmatrix} \tag{4.39}$$

如图 4-30 所示的受力图的总力矩因此为

$$\boldsymbol{m}_{c_1}^{\mathbb{A}}=\begin{Bmatrix}K_{13}\ddot{\theta}_1\\ 0\\ K_{33}\ddot{\theta}_1\end{Bmatrix}+\begin{Bmatrix}0\\ K_{13}\dot{\theta}_1^2\\ 0\end{Bmatrix} \tag{4.40}$$

其中 $\boldsymbol{m}_{c_1}^{\mathbb{A}}$ 由式（4.38）给出。

本例的最终控制方程组包括式（4.35）、式（4.36）、式（4.37）和式（4.40）。每个物体有一组控制平移的三个方程，有一组控制旋转的三个方程。控制方程中的微分未知数包括 θ_1、θ_2 及其导数。代数未知数是反作用力和力矩 f_1，f_2，f_3，g_1，g_2，g_3，n_1，n_2，m_1，m_2。共有 12 个未知数和 12 个方程。◀

4.6 控制方程的结构：牛顿-欧拉方程

例 4.16～例 4.18 和例 4.19 证明，通过将欧拉第一定律和第二定律应用于机器人技术而获得的方程组不可避免地变得复杂。牛顿-欧拉方程研究的重要步骤将派生的方程式转换为几种可能的规范数学形式之一。从理论的角度来看，这一步骤非常重要，因为许多情况下，分析人员已经开发出一种理论，可以研究一般问题类别的解的存在性、唯一性或稳定性。从实用的角度看，一旦方程式以标准形式编写，便有可能采用常见且易于理解的数值技术进行研究。虽然可以使用许多可能的结构形式来表达控制方程，但本书中将考虑两种标准形式。运动方程将被写为微分代数方程（differential algebraic equation，DAE）系统或一组常微分方程（ordinary differential equation，ODE）。

4.6.1 微分代数方程

牛顿-欧拉动力学方程的控制方程中出现两种类型的变量，如例 4.16～例 4.18 和例 4.19 所示。一组变量在时间上有明显区别，而其他变量则没有。随时间变化的变量子集称为微分未知数，而未区分的变量子集称为代数未知数。结合了两种类型的变量的方程组构成了微分代数方程（DAE）系统。本章中将使用的 DAE 形式具有以下结构

$$\dot{\boldsymbol{x}}(t)=\boldsymbol{f}(t,\ \boldsymbol{x}(t),\ \boldsymbol{y}(t)) \qquad (4.41)$$
$$\boldsymbol{0}=\boldsymbol{g}(t,\ \boldsymbol{x}(t),\ \boldsymbol{y}(t))$$

其中 $\boldsymbol{x}(t)\in\mathbb{R}^N$ 是微分变量的集合，$\boldsymbol{y}(t)\in\mathbb{R}^M$ 是代数变量的集合，函数 $\boldsymbol{f}$：$\mathbb{R}^+\times\mathbb{R}^N\times\mathbb{R}^M\rightarrow\mathbb{R}^N$ 和 $\boldsymbol{g}$：$\mathbb{R}^+\times\mathbb{R}^N\times\mathbb{R}^M\rightarrow\mathbb{R}^M$。上述 $N\times M$ 方程中共有 $N\times M$ 个变量。如例 4.20 所示，以这种形式直接表达通过牛顿-欧拉方法导出的方程式非常简单。

例 4.20 将例 4.16 中的控制方程写为一组具有式（4.41）所示结构的 DAE。

解：在式（4.27）和式（4.41）中出现的未知变量为 θ_2，f_1，f_2，f_3，m_1 和 m_3。将微分变量和代数变量分别定义为

$$\boldsymbol{x}=\{x_1\quad x_2\}^{\mathrm{T}}=\{\theta_2\quad \dot{\theta}_2\}^{\mathrm{T}}$$
$$\boldsymbol{y}=\{y_1\quad y_2\quad y_3\quad y_4\quad y_5\}^{\mathrm{T}}=\{f_1\quad f_2\quad f_3\quad m_1\quad m_3\}^{\mathrm{T}}$$

方程的微分子集变为

$$\dot{\boldsymbol{x}}=\begin{Bmatrix}\dot{x}_1\\ \dot{x}_2\end{Bmatrix}=\boldsymbol{f}(t,\ \boldsymbol{x},\ \boldsymbol{y})=\begin{Bmatrix}x_2\\ \dfrac{1}{I_{22}}(\tau_2+x_{q,c_2}y_3)\end{Bmatrix} \qquad (4.42)$$

方程的代数子集为

$$\begin{Bmatrix}0\\0\\0\\0\\0\end{Bmatrix}=\boldsymbol{g}(t,\ \boldsymbol{x},\ \boldsymbol{y})=\begin{Bmatrix}y_1-M_2x_{q,c_2}x_2^2\\ y_2\\ y_3+M_2x_{q,c_2}\dfrac{1}{I_{22}}(\tau_2+x_{q,c_2}y_3)\\ y_4\\ y_5-x_{q,c_2}y_2\end{Bmatrix} \qquad (4.43)$$

通过式（4.42）和式（4.43）中定义的函数 $\boldsymbol{f}$：$\mathbb{R}^+\times\mathbb{R}^2\times\mathbb{R}^5\rightarrow\mathbb{R}^2$ 和 $\boldsymbol{g}$：$\mathbb{R}^+\times\mathbb{R}^2\times\mathbb{R}^5\rightarrow\mathbb{R}^5$，控制方程式变为式（4.41）中 DAE 的形式。◀

例 4.21 将例 4.18 中的控制方程写为一组具有式（4.34）所示结构的 DAE。

解：在式（4.33）和式（4.34）中出现的未知变量为 θ_2，f_1，f_2，f_3，m_1 和 m_2。将微分和代数变量分别定义为

$$\boldsymbol{x}=\{x_1\quad x_2\}^{\mathrm{T}}=\{\theta_2\quad \dot{\theta}_2\}^{\mathrm{T}}$$
$$\boldsymbol{y}=\{y_1\quad y_2\quad y_3\quad y_4\quad y_5\}^{\mathrm{T}}=\{f_1\quad f_2\quad f_3\quad m_1\quad m_2\}^{\mathrm{T}}$$

微分方程的子集变为

$$\dot{\boldsymbol{x}}=\begin{Bmatrix}\dot{x}_1\\ \dot{x}_2\end{Bmatrix}=\boldsymbol{f}(t,\ \boldsymbol{x}(t),\ \boldsymbol{y}(t))=\begin{Bmatrix}x_2\\ \dfrac{1}{M_2x_{q,c_2}}y_2\end{Bmatrix}$$

代数方程的子集是

$$\begin{Bmatrix}0\\0\\0\\0\\0\end{Bmatrix}=\boldsymbol{g}(t,\ \boldsymbol{x}(t),\ \boldsymbol{y}(t))=\begin{Bmatrix}y_1+M_2x_{q,c_2}x_2^2\\ y_3\\ y_4+z_{q,c_2}y_2-I_{13}\dfrac{1}{M_2x_{q,c_2}}y_2\\ y_5-z_{q,c_2}y_1+x_{q,c_2}y_3-I_{13}x_2^2\\ \tau-x_{q,c_2}y_2-I_{33}\dfrac{1}{M_2x_{q,c_2}}y_2\end{Bmatrix}$$

通过式（4.42）和式（4.43）中定义的函数 $\boldsymbol{f}$：$\mathbb{R}^+\times\mathbb{R}^2\times\mathbb{R}^5\to\mathbb{R}^2$ 和 $\boldsymbol{g}$：$\mathbb{R}^+\times\mathbb{R}^2\times\mathbb{R}^5\to\mathbb{R}^5$，控制方程式变为式（4.41）中 DAE 的形式。◀

4.6.2 常微分方程

牛顿-欧拉公式在实际机器人系统中的大多数应用中，所得方程均包含微分和代数变量。如上一节所述，将这些系统作为 DAE 的集合进行研究是很自然的。在文献中最常见的是通过代数操纵来消除代数未知数。有一些技术条件可以用式（4.41）中的代数约束方程的雅可比（Jacobian）表示，它们保证了能够用（t，$\boldsymbol{x}$）来解决式（4.41）中最后 M 个方程中的代数未知数 $\boldsymbol{y}$。然后可以将以（t，$\boldsymbol{x}$）表示的 $\boldsymbol{y}$ 表达式代入式（4.41）的第一行，从而消除代数未知数。有兴趣的读者可以参考文献［27］或文献［2］获得完整的描述。此过程可行，控制方程的最终形式是以下形式的 ODE 的集合

$$\dot{\boldsymbol{x}}(t)=\boldsymbol{f}(t,\ \boldsymbol{x}(t)) \tag{4.44}$$

其中 $\boldsymbol{x}(t)\in\mathbb{R}^N$ 和 $\boldsymbol{f}$：$\mathbb{R}^+\times\mathbb{R}^N\to\mathbb{R}^N$。必须强调的是，尽管上面讨论的将式（4.41）形式的一组 DAE 重新格式化为式（4.44）的过程在原理上很容易描述，但在实践中却很难实现。对于复杂的机器人系统，确实是这种情况。尽管任务艰巨，但还是有一些原因促使尝试。

（1）降阶。对于任何系统，$N+M$ DAE 的数量始终大于减少的 N ODE 的数量。对于机器人系统，复杂性方面的差异可能很大。实际上，运动学链中的大多数未知数都与代数变量相关。如果需要构建必须实时更新的反馈律，则估计一组 DAE 的解的成本可能会过高。例如，对于在每个关节处具有一个自由度的 L 链运动学链，$N\simeq 2L$ 和 $M\simeq 5L$。

（2）理论基础。ODE 及其数值近似的研究比 DAE 的相应状态要成熟得多。DAE 的研究正在不断发展。此外，目前 DAE 的理论框架更加难以陈述，并且对其适用性有更多限制。关于 DAE 的存在、稳定性、收敛性和稳定性的广泛表述较少见。再次，可以参考文献［2］和［27］进行高级介绍。

（3）控制理论问题。在上面的（1）中已经注意到，与 DAE 的数值解相关的计算成本在控制应用中可能是过高的。同样重要的是，几乎所有支持机器人系统控制的理论和算法都是针对常微分或离散差分方程的系统而衍生的，这一研究领域令人印象深刻，代表了数十年来的研究和开发。DAE 的理论和计算基础设施还不成熟。

接下来的两个示例说明了如何针对相对简单的问题消除代数未知数。

例 4.22 通过消除代数未知数，从例 4.16 中的 DAE 获得一个控制常微分方程。

解： 将使用例 4.20 中提出的例 4.16 的 DAE 公式来获得所需的常微分方程形式。本例中的第二个微分方程表示

$$I_{22}\ddot{\theta}_2=\tau_2+x_{q,c_2}y_3 \tag{4.45}$$

通过从方程中消除代数变量 y_3 即可获得所需的常微分方程，这可以通过考虑以 y_3 作为因子的唯一代数方程来完成，

$$0=y_3+M_2x_{q,c_2}\ddot{\theta}_2$$

结合这两个方程，得出

$$(I_{22}+M_2x_{q,c_2}^2)\ddot{\theta}_2=\tau_2$$

就绕点 q 的 2 轴的惯性矩而言，该方程是熟悉的方程式。绕轴 q 的 2 轴的惯性矩由平行轴定理给出

$$I_{22,q}=I_{22}+M_2x_{q,c_2}^2$$

控制方程的最终形式是

$$I_{22,q}\ddot{\theta}_2=\tau_2$$

◀

例 4.23 通过消除代数未知数，从例 4.18 中的 DAE 获得一个控制常微分方程。

解：将方程（4.33）中第二行和方程（4.34）第三行中的方程组合起来

$$(I_{33}+M_2x_{q,c_2}^2)\ddot{\theta}_2=\tau$$

关于绕垂直轴的旋转运动方程式，可以通过观察平行轴定理指出

$$I_{33,p}=I_{33}+M_2x_{q,c_2}^2$$

其中 $I_{33,p}$ 是绕过点 p 的 3 轴的惯性矩。结果是，

$$I_{33,p}\ddot{\theta}_2=\tau$$

是绕该轴的力矩方程。

◀

4.7 递归牛顿-欧拉方程

力和力矩的递归计算

在第 3 章中，推导了确定运动链速度和速度导数的递归算法，如图 3-20 或图 3-21 所示。从最靠近基坐标系的关节开始，关节从 N 到 1 编号，并朝尖端逐渐减小。在 3.4.1 和 3.4.3 节中开发的递归算法从连接到基坐标系的关节开始，然后在从内侧关节移动到外侧关节时求解速度或速度的导数。

本节将显示关节力和转矩的计算可以从关节 1 开始朝向运动链的尖端进行，然后向内朝基部进行。正如在速度和加速度研究中一样，由于矩阵的特殊结构将关节力和转矩、加速度和角加速度联系起来，因此可以采用递归方法。本节中递归从顶点到底进行的原因是定理 4.18 中的系数矩阵恰好等于定理 3.4 或定理 3.5 中出现的系数矩阵的转置。定理 4.18 总结了这个矩阵方程。

定理 4.18 图 3-20 和图 3-21 描绘的运动学链中在 $\mathcal{F}_k^-$ 下的力和力矩满足方程

$$\begin{Bmatrix}\mathcal{F}_1^-\\ \mathcal{F}_2^-\\ \mathcal{F}_3^-\\ \vdots\\ \mathcal{F}_{N-1}^-\\ \mathcal{F}_N^-\end{Bmatrix}=\begin{bmatrix}0&0&0&\cdots&0&0\\ \varphi_{2,1}\mathcal{R}_{2,1}&0&0&\cdots&0&0\\ 0&\varphi_{3,2}\mathcal{R}_{3,2}&0&\cdots&0&0\\ \vdots&\vdots&\vdots&\ddots&\vdots&\vdots\\ 0&0&0&\cdots&0&0\\ 0&0&0&\cdots&\varphi_{N,N-1}\mathcal{R}_{N,N-1}&0\end{bmatrix}\begin{Bmatrix}\mathcal{F}_1^-\\ \mathcal{F}_2^-\\ \mathcal{F}_3^-\\ \vdots\\ \mathcal{F}_{N-1}^-\\ \mathcal{F}_N^-\end{Bmatrix}+ \tag{4.46}$$

$$\begin{bmatrix}\mathcal{M}_1&0&0&\cdots&0&0\\ 0&\mathcal{M}_2&0&\cdots&0&0\\ 0&0&\mathcal{M}_3&\cdots&0&0\\ \vdots&\vdots&\vdots&\ddots&\vdots&\vdots\\ 0&0&0&\cdots&\mathcal{M}_{N-1}&0\\ 0&0&0&\cdots&0&\mathcal{M}_N\end{bmatrix}\begin{Bmatrix}\mathcal{A}_1^-\\ \mathcal{A}_2^-\\ \mathcal{A}_3^-\\ \vdots\\ \mathcal{A}_{N-1}^-\\ \mathcal{A}_N^-\end{Bmatrix}+\begin{Bmatrix}\mathcal{P}_1\\ \mathcal{P}_2\\ \mathcal{P}_3\\ \vdots\\ \mathcal{P}_{N-1}\\ \mathcal{P}_N\end{Bmatrix} \tag{4.47}$$

其中，对于 $k=1,\cdots,N$，在式（4.50）中给出 $\varphi_{k,k-1}$，在式（4.50）中定义 $\mathcal{F}_k^-$，在式（4.51）中定义 $\mathcal{A}_k^-$，在式（4.56）中给出 M_k，并且在式（4.57）中给出 $\mathcal{P}_k$。

证明：回想一下，在此约定中，运动链的连杆是从最外层坐标系到基坐标系 b 进行编号的。刚体 k 的质心 c_k 在基坐标系中的加速度为

$$\boldsymbol{a}_{b,c_k}=\boldsymbol{a}_{b,k}+\boldsymbol{\alpha}_{b,k}\times\boldsymbol{d}_{k,c_k}+\boldsymbol{\omega}_{b,k}\times(\boldsymbol{\omega}_{b,k}\times\boldsymbol{d}_{k,c_k})$$

其中 $\boldsymbol{a}_{b,k}$ 是坐标系 k 的原点在基坐标系中的加速度，$\boldsymbol{\alpha}_{b,k}$ 是坐标系 k 中的角加速度，$\boldsymbol{\omega}_{b,k}$ 是坐标系 k 中的角速度，而 $\boldsymbol{d}_{k,a_k}$ 是从坐标系 k 的原点到连杆 k 的质心 c_k 的向量。

如图 4-31 所示，将欧拉第一定律应用于部件 k，得到

$$\boldsymbol{f}_k^-+\boldsymbol{f}_{k-1}^+=M_k(\boldsymbol{a}_{b,k}+\boldsymbol{\alpha}_{b,k}\times\boldsymbol{d}_{k,c_k}\times\boldsymbol{\omega}_{b,k}\times(\boldsymbol{\omega}_{b,k}\times\boldsymbol{d}_{k,c_k}))\tag{4.48}$$

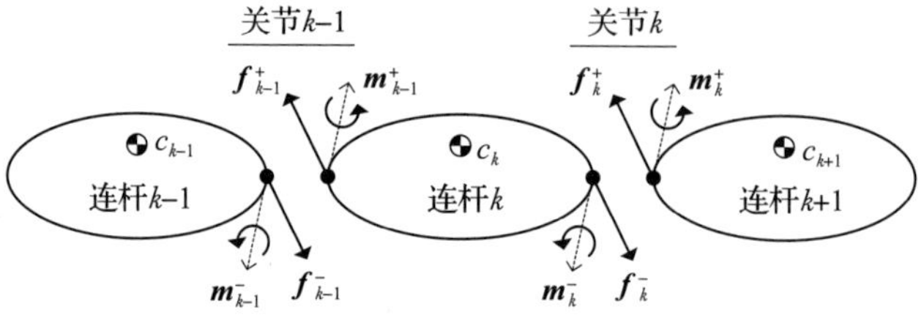

图 4-31　关节定义约定

对于欧拉第二定律，定理 4.15 中给出的形式是将作用在部件 k 上的力矩加在点 k^- 上，

$$\sum\boldsymbol{m}=\frac{\mathrm{d}}{\mathrm{d}t}\bigg|_b(\boldsymbol{I}_k\boldsymbol{\omega}_{b,k^-})+\boldsymbol{d}_{k,c}\times M_k\boldsymbol{a}_{b,k^-}$$

用于获得方程式

$$\boldsymbol{m}_{k-1}^++\boldsymbol{m}_k^-+\boldsymbol{d}_{k,k-1}\times\boldsymbol{f}_{k-1}^+=\frac{\mathrm{d}}{\mathrm{d}t}\bigg|_k(\boldsymbol{I}_k\boldsymbol{\omega}_{b,k^-})+\boldsymbol{\omega}_{b,k^-}\times(\boldsymbol{I}_k\boldsymbol{\omega}_{b,k^-})+\boldsymbol{d}_{p,c}\times M_k\boldsymbol{a}_{b,k^-}$$

应用导数定理 2.12 来获得熟悉的形式

$$\boldsymbol{m}_{k-1}^++\boldsymbol{m}_k^-+\boldsymbol{d}_{k,k-1}\times\boldsymbol{f}_{k-1}^+=\boldsymbol{I}_k\boldsymbol{\alpha}_{b,k^-}+\boldsymbol{\omega}_{b,k^-}\times(\boldsymbol{I}_k\boldsymbol{\omega}_{b,k^-})+\boldsymbol{d}_{k,c_k}\times M_k(\boldsymbol{a}_{b,k^-})\tag{4.49}$$

式（4.48）和式（4.49）给出了部件 k 动力学的完整描述。但是，它们必须以向量表示

$$\mathcal{F}_k^-:=\begin{Bmatrix}\boldsymbol{f}_k^-\\\boldsymbol{m}_k^-\end{Bmatrix}\tag{4.50}$$

和

$$\mathcal{A}_k^-:=\begin{Bmatrix}\dfrac{\mathrm{d}}{\mathrm{d}t}\bigg|_k\boldsymbol{v}_{b,k^-}\\\dfrac{\mathrm{d}}{\mathrm{d}t}\bigg|_k\boldsymbol{\omega}_{b,k^-}\end{Bmatrix}\tag{4.51}$$

可以通过将加速度 $\boldsymbol{a}_{b,k^-}$ 定义为

$$\boldsymbol{a}_{b,k^-}=\frac{\mathrm{d}}{\mathrm{d}t}\bigg|_b(\boldsymbol{v}_{b,k^-})=\frac{\mathrm{d}}{\mathrm{d}t}\bigg|_k(\boldsymbol{v}_{b,k^-})+\boldsymbol{\omega}_{b,k^-}\times\boldsymbol{v}_{b,k^-}\tag{4.52}$$

角加速度 $\boldsymbol{\alpha}_{b,k^-}$ 定义为

$$\boldsymbol{\alpha}_{b,k^-}=\frac{\mathrm{d}}{\mathrm{d}t}\bigg|_b\boldsymbol{\omega}_{b,k^-}=\frac{\mathrm{d}}{\mathrm{d}t}\bigg|_k\boldsymbol{\omega}_{b,k^-}+\boldsymbol{\omega}_{b,k^-}\times\boldsymbol{\omega}_{b,k^-}=\frac{\mathrm{d}}{\mathrm{d}t}\bigg|_k\boldsymbol{\omega}_{b,k^-}\tag{4.53}$$

将式（4.52）和式（4.53）代入式（4.48）和式（4.49）可得出

$$\boldsymbol{f}_k^-=-\boldsymbol{f}_{k-1}^++M_k\left(\frac{\mathrm{d}}{\mathrm{d}t}\bigg|_k(\boldsymbol{v}_{b,k^-})+\boldsymbol{\omega}_{b,k}\times\boldsymbol{v}_{b,k^-}+\frac{\mathrm{d}}{\mathrm{d}t}\bigg|_k\boldsymbol{\omega}_{b,k^-}\times\boldsymbol{d}_{k,c_k}+\boldsymbol{\omega}_{b,k^-}\times(\boldsymbol{\omega}_{b,k^-}\times\boldsymbol{d}_{k,c_k})\right)$$

和

$$\boldsymbol{m}_k^- = -\boldsymbol{m}_{k-1}^+ - \boldsymbol{d}_{k,k-1} \times \boldsymbol{f}_{k-1}^+ + I_k \left.\frac{\mathrm{d}}{\mathrm{d}t}\right|_k \boldsymbol{\omega}_{b,k^-} + \boldsymbol{\omega}_{b,k^-} \times (\boldsymbol{I}_k \boldsymbol{\omega}_{b,k^-}) +$$
$$\boldsymbol{d}_{k,c_k} \times M_k \left(\left.\frac{\mathrm{d}}{\mathrm{d}t}\right|_k (\boldsymbol{v}_{b,k^-}) + \boldsymbol{\omega}_{b,k}^- \times \boldsymbol{v}_{b,k^-} \right)$$

这对方程式可以写成一个矩阵方程式

$$\mathcal{F}_k^- := \begin{Bmatrix} \boldsymbol{f}_k^- \\ \boldsymbol{m}_k^- \end{Bmatrix} = \begin{bmatrix} \mathbb{I} & 0 \\ \boldsymbol{S}(\boldsymbol{d}_{k,k-1}^k) & \mathbb{I} \end{bmatrix} \begin{Bmatrix} -\boldsymbol{f}_{k-1}^+ \\ -\boldsymbol{m}_{k-1}^+ \end{Bmatrix} +$$
$$\begin{bmatrix} M_k \mathbb{I} & -M_k \boldsymbol{S}(\boldsymbol{d}_{k,c_k}^k) \\ M_k \boldsymbol{S}(\boldsymbol{d}_{k,c_k}^k) & \boldsymbol{I}_k \end{bmatrix} \begin{Bmatrix} \left.\frac{\mathrm{d}}{\mathrm{d}t}\right|_k (\boldsymbol{v}_{b,k^-}) \\ \left.\frac{\mathrm{d}}{\mathrm{d}t}\right|_k (\boldsymbol{\omega}_{b,k^-}) \end{Bmatrix} + \tag{4.54}$$
$$\begin{Bmatrix} M_k \boldsymbol{\omega}_{b,k^-} \times (\boldsymbol{\omega}_{b,k^-} \times \boldsymbol{d}_{k,c_k}) + M_k (\boldsymbol{\omega}_{b,k^-} \times \boldsymbol{v}_{b,k^-}) \\ \boldsymbol{\omega}_{b,k^-} \times (\boldsymbol{I}_k \boldsymbol{\omega}_{b,k^-}) + M_k \boldsymbol{d}_{k,c_k} \times (\boldsymbol{\omega}_{b,k^-} \times \boldsymbol{v}_{b,k^-}) \end{Bmatrix}$$

该等式可以用紧凑形式编写：

$$\mathcal{F}_k^- = \varphi_{k,k-1} \mathcal{F}_{k-1}^+ + \mathcal{M}_k \mathcal{A}_k^- + \mathcal{P}_k \tag{4.55}$$

广义质量或惯性矩阵 $\mathcal{M}_k$ 定义为

$$\mathcal{M}_k = \begin{bmatrix} M_k \mathbb{I} & -M_k \boldsymbol{S}(\boldsymbol{d}_{k,c_k}^k) \\ M_k \boldsymbol{S}(\boldsymbol{d}_{k,c_k}^k) & \boldsymbol{I}_k \end{bmatrix} \tag{4.56}$$

惯性力向量为

$$\mathcal{P}_k = \begin{Bmatrix} M_k \boldsymbol{\omega}_{b,k^-} \times (\boldsymbol{\omega}_{b,k^-} \times \boldsymbol{d}_{k,c_k}) + M_k (\boldsymbol{\omega}_{b,k^-} \times \boldsymbol{v}_{b,k^-}) \\ \boldsymbol{\omega}_{b,k^-} \times (\boldsymbol{I}_k \boldsymbol{\omega}_{b,k^-}) + M_k \boldsymbol{d}_{k,c_k} \times (\boldsymbol{\omega}_{b,k^-} \times \boldsymbol{v}_{b,k^-}) \end{Bmatrix} \tag{4.57}$$

内力具有相等的大小和相反的方向，这意味着

$$\begin{Bmatrix} \boldsymbol{f}_{k^-} \\ \boldsymbol{m}_{k^-} \end{Bmatrix} = \begin{Bmatrix} -\boldsymbol{f}_{k^+} \\ -\boldsymbol{m}_{k^+} \end{Bmatrix}$$

因此，$\mathcal{F}_k^-$ 和 $\mathcal{F}_k^+$ 满足方程 $\mathcal{F}_k^- = \mathcal{R}_{k,k+1} \mathcal{F}_k^+$。出现旋转矩阵 $\mathcal{R}_{k,k+1}$ 是因为根据定义，$\mathcal{F}_k^+$ 中的项是分量力 $\boldsymbol{f}_{k^+}$ 和力矩 $\boldsymbol{m}_{k^+}$ 的关系，以 $k+1$ 坐标系为基础。将力的递归方程式代入式（4.55），即可得出力的递归方程式的最终形式，即

$$\mathcal{F}_k^- = \varphi_{k,k-1} \mathcal{R}_{k,k-1} \mathcal{F}_{k-1}^- + \mathcal{M}_k \mathcal{A}_k^- + \mathcal{P}_k \tag{4.58}$$

当针对每个关节 $k=1, \cdots, N$ 表示式（4.58）时，得出式（4.46）。 ■

出现在式（4.46）中的系数矩阵

$$\begin{bmatrix} 0 & 0 & 0 & \cdots & 0 & 0 \\ \varphi_{2,1}\mathcal{R}_{2,1} & 0 & 0 & \cdots & 0 & 0 \\ 0 & \varphi_{3,2}\mathcal{R}_{3,2} & 0 & \cdots & 0 & 0 \\ \vdots & \vdots & \vdots & \ddots & \vdots & \vdots \\ 0 & 0 & 0 & \cdots & 0 & 0 \\ 0 & 0 & 0 & \cdots & \varphi_{N,N-1}\mathcal{R}_{N,N-1} & 0 \end{bmatrix}$$

是在定理 3.4 中的式（3.13）和定理 3.5 中的式（3.30）的速度和加速度的递归计算中出现的系数矩阵的转置。在这两种情况下，系数矩阵的结构都允许从最后一行开始的递归过程，该最后一行对应于运动学链的根。在当前情况下，为了求解力和力矩，第一个系数矩

阵的结构使得可以求解 $\mathcal{F}_1^-$ 中的力和力矩的第一个方程

$$\mathcal{F}_1^- = \mathcal{M}_1 \mathcal{A}_1^- + \mathcal{P}_1$$

假设使用 3.4.1 节中所述的递归算法解决了所有速度和角速度，并且使用 3.4.3 节中概述的递归算法解决了所有速度和角速度的导数。在这种情况下，可以立即对上面的等式右侧的所有项求值并获得 $\mathcal{F}_1^-$。这样，解决方案可以转到式（4.46）的第二行并求解 $\mathcal{F}_2^-$ 为

$$\mathcal{F}_2^- = \varphi_{2,1} \mathcal{R}_{2,1} \mathcal{F}_1^- + \mathcal{M}_2 \mathcal{A}_2^- + \mathcal{P}_2$$

由于评估该等式右边所需的所有项都是已知的，因此可以计算 $\mathcal{F}_2^-$。继续该过程，直到所有关节 $k=1, \cdots, N$ 被处理为止。图 4-32 总结了此递归算法，用于计算反作用力和力矩。

1. 使用 3.4.1 节中的递归算法求解速度和角速度。
2. 使用 3.4.3 节中的递归算法求解速度和角速度的导数。
3. 从外侧关节迭代到内侧关节。对于 $k=1, 2, \cdots, N$
   3.1　形成偏置惯性力 $\mathcal{P}_k$。
   $$\mathcal{P}_k = \begin{Bmatrix} M_k \boldsymbol{\omega}_{b,k^-}^k \times (\boldsymbol{\omega}_{b,k^-}^k \times \boldsymbol{d}_{k,c_k}^k) + M_k (\boldsymbol{\omega}_{b,k^-}^k \times \boldsymbol{v}_{b,k^-}^k) \\ \boldsymbol{\omega}_{b,k^-}^k \times (\boldsymbol{I}_k \boldsymbol{\omega}_{b,k^-}^k) + M_k \boldsymbol{d}_{k,c_k}^k \times (\boldsymbol{\omega}_{b,k^-}^k \times \boldsymbol{v}_{b,k^-}^k) \end{Bmatrix}$$
   3.2　形成过渡算子
   $$\phi_{k,k-1} = \varphi_{k,k-1} \mathcal{R}_{k,k-1}$$
   3.3　形成广义惯性和质量矩阵
   $$\mathcal{M}_k = \begin{bmatrix} M_k \mathbb{I} & -M_k \boldsymbol{S}(\boldsymbol{d}_{k,c_k}^k) \\ M_k \boldsymbol{S}(\boldsymbol{d}_{k,c_k}^k) & \boldsymbol{I}_k \end{bmatrix}$$
   3.4　计算力和力矩
   $$\mathcal{F}_k^- = \phi_{k,k-1} \mathcal{R}_{k,k-1} \mathcal{F}_{k-1}^- + \mathcal{M}_k \mathcal{A}_k^- + \mathcal{P}_k \tag{4.59}$$

图 4-32　用于计算力和力矩的递归算法

例 4.24　使用递归阶数（N）算法来解决例 3.6 中所示且如图 4-33 所示的两连杆机械臂的连杆 1 的关节力和转矩。

解：首先，将根据主体 1 的第一原理直接计算关节力和力矩，并证明使用递归算法可以计算出相同的结果。构成运动链的两个物体的受力图如图 4-34a 和图 4-34b 所示。欧拉关于刚体 1 的第一定律产生：

$$\boldsymbol{f}_{1^-} = M_1 \boldsymbol{a}_{b,c_1} = M_1 (\boldsymbol{a}_{b,1^-} + \boldsymbol{\alpha}_{b,1^-} \times \boldsymbol{d}_{1,c_1} + \boldsymbol{\omega}_{b,1^-} \times (\boldsymbol{\omega}_{b,1^-} \times \boldsymbol{d}_{1,c_1}))$$

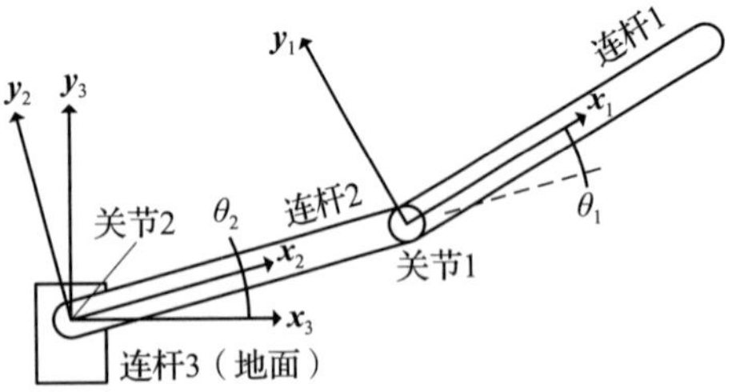

图 4-33　两连杆机械臂

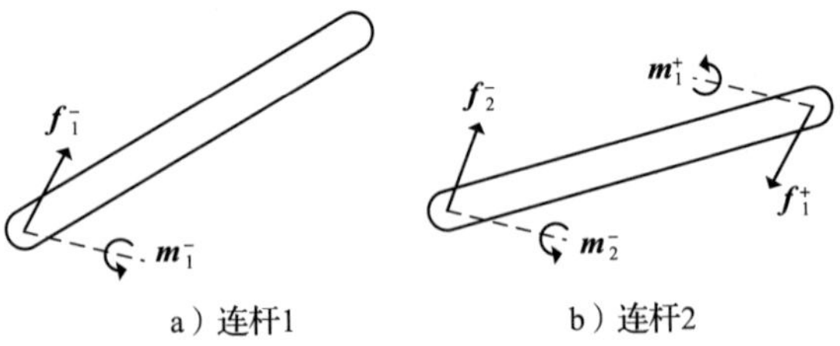

图 4-34　两连杆机械臂的受力图

在例 3.6 和例 3.7 中得到以下

$$\boldsymbol{\omega}_{b,1^-} = (\dot{\theta}_1 + \dot{\theta}_2) \boldsymbol{z}_1 \tag{4.60}$$

$$\boldsymbol{\alpha}_{b,1^-} = (\ddot{\theta}_1 + \ddot{\theta}_2) \boldsymbol{z}_1 \tag{4.61}$$

$$\boldsymbol{d}_{1,c_1}=\frac{1}{2}L_1\boldsymbol{x}_1 \tag{4.62}$$

$$\boldsymbol{a}_{b,1^-}=-L_2\dot{\theta}_2^2\boldsymbol{x}_2+L_2\ddot{\theta}_2\boldsymbol{y}_2 \tag{4.63}$$

使用例 3.6 中的旋转矩阵 $\boldsymbol{R}_2^1$ 变换方程，以获得相对于固定在刚体 1 中的坐标系的力分量

$$\boldsymbol{f}_1^-=M_1\left(-L_2\dot{\theta}_2^2\begin{Bmatrix}\cos\theta_1\\-\sin\theta\\0\end{Bmatrix}+L_2\ddot{\theta}_2\begin{Bmatrix}\sin\theta_1\\\cos\theta\\0\end{Bmatrix}+\frac{1}{2}L_1(\ddot{\theta}_1+\ddot{\theta}_2)\begin{Bmatrix}0\\1\\0\end{Bmatrix}-\frac{1}{2}L_1(\dot{\theta}_1+\dot{\theta}_2)^2\begin{Bmatrix}1\\0\\0\end{Bmatrix}\right) \tag{4.64}$$

$$=M_1\begin{Bmatrix}-L_2\dot{\theta}_2^2\cos\theta_1+L_2\ddot{\theta}_2\sin\theta_1-\frac{1}{2}L_1(\dot{\theta}_1+\dot{\theta}_2)^2\\L_2\dot{\theta}_2^2\sin\theta_1+L_2\ddot{\theta}_2\cos\theta_1+\frac{1}{2}L_1(\ddot{\theta}_1+\ddot{\theta}_2)\\0\end{Bmatrix} \tag{4.65}$$

围绕点 1^- 作用在刚体 1 上的力矩的总和为

$$\begin{aligned}\boldsymbol{m}_{1^-}&=\left.\frac{\mathrm{d}}{\mathrm{d}t}\right|_b(\boldsymbol{I}_{1^-}^1\boldsymbol{\omega}_{b,1^-})+\boldsymbol{d}_{1,c_1}\times M_1\boldsymbol{a}_{b,1^-}\\&=\left.\frac{\mathrm{d}}{\mathrm{d}t}\right|_1(\boldsymbol{I}_{1^-}^1\boldsymbol{\omega}_{b,1^-})+\boldsymbol{\omega}_{b,1^-}\times(\boldsymbol{I}_{1^-}^1\boldsymbol{\omega}_{b,1^-})+M_1\boldsymbol{d}_{1,c_1}\times\boldsymbol{a}_{b,1^-}\end{aligned}$$

点 1^- 加速度的基础改变产生 $\boldsymbol{a}_{b,1^-}^1$ 为

$$\boldsymbol{a}_{b,1^-}^1=-L_2\dot{\theta}_2^2\begin{Bmatrix}\cos\theta_1\\-\sin\theta_1\\0\end{Bmatrix}+L_2\ddot{\theta}_2\begin{Bmatrix}\sin\theta_1\\\cos\theta_1\\0\end{Bmatrix}$$

依次用于计算叉积

$$(\boldsymbol{d}_{1,c_1}\times\boldsymbol{a}_{b,1^-})=\begin{vmatrix}\boldsymbol{x}_1&\boldsymbol{y}_1&\boldsymbol{z}_1\\\frac{1}{2}L_1&0&0\\(-L_2\dot{\theta}_2^2\cos\theta_1+L_2\ddot{\theta}_2\sin\theta_1)&(L_2\dot{\theta}_2^2\sin\theta_1+L_2\ddot{\theta}_2\cos\theta_1)&0\end{vmatrix}$$

$$=\frac{1}{2}L_1(L_2\dot{\theta}_2^2\sin\theta_1+L_2\ddot{\theta}_2\cos\theta_1)\boldsymbol{z}_1$$

作用在刚体 1 上的力矩的最终表达式是

$$\boldsymbol{m}_{1^-}=I_{33}(\ddot{\theta}_1+\ddot{\theta}_2)\boldsymbol{z}_1+\frac{1}{2}M_1L_1L_2(\dot{\theta}_2^2\sin\theta_1+\ddot{\theta}_2\cos\theta_1)\boldsymbol{z}_1 \tag{4.66}$$

可以将式（4.64）和式（4.66）组合在一起，以得出作用于刚体 1 上点 1^- 上的关节力和转矩的 6×1 向量的最终表达式。

$$\mathcal{F}_1^-=\begin{Bmatrix}\boldsymbol{f}_{1^-}\\\boldsymbol{m}_{1^-}\end{Bmatrix}=\begin{Bmatrix}\begin{Bmatrix}-M_1L_2\dot{\theta}^2\cos\theta_1+M_1L_2\ddot{\theta}_2\sin\theta_1-\frac{1}{2}M_1L_1(\dot{\theta}_1+\dot{\theta}_2)^2\\M_1L_2\dot{\theta}_2^2\sin\theta_1+M_1L_2\ddot{\theta}_2\cos\theta_1+\frac{1}{2}M_1L_1(\ddot{\theta}_1+\ddot{\theta}_2)\\0\end{Bmatrix}\\\begin{Bmatrix}0\\0\\I_{33}(\ddot{\theta}_1+\ddot{\theta}_2)+\frac{1}{2}M_1L_1L_2\dot{\theta}_2^2\sin\theta_1+\frac{1}{2}M_1L_1L_2\ddot{\theta}_2\cos\theta_1\end{Bmatrix}\end{Bmatrix} \tag{4.67}$$

如前所述，目标是通过有效、系统、可编程的程序验证递归算法产生与式（4.67）相同的结果。系统方程第一行的力和力矩产生

$$\begin{Bmatrix} \boldsymbol{f}_{1^-} \\ \boldsymbol{m}_{1^-} \end{Bmatrix} = \mathcal{F}_1^- = \mathcal{M}_1 \mathcal{A}_1^- + \mathcal{P}_1$$

对于 $k=1$，发现广义质量矩阵为

$$\mathcal{M}_1 = \left[\begin{array}{ccc|ccc} M_1 & 0 & 0 & 0 & 0 & 0 \\ 0 & M_1 & 0 & 0 & 0 & \frac{1}{2}M_1 L_1 \\ 0 & 0 & M_1 & 0 & -\frac{1}{2}M_1 L_1 & 0 \\ \hline 0 & 0 & 0 & I_{11} & 0 & 0 \\ 0 & 0 & -\frac{1}{2}M_1 L_1 & 0 & I_{22} & 0 \\ 0 & \frac{1}{2}M_1 L_1 & 0 & 0 & 0 & I_{33} \end{array}\right]$$

其中 $\boldsymbol{d}_{1,c_1}^1 = \begin{Bmatrix} \frac{1}{2}L_1 & 0 & 0 \end{Bmatrix}^{\mathrm{T}}$。乘积 $\mathcal{M}_1 \mathcal{A}_1^-$ 直接展开为

$$\mathcal{M}_1 \mathcal{A}_1^- = \mathcal{M}_1 \begin{Bmatrix} \begin{Bmatrix} L_2 \dot{\theta}_1 \dot{\theta}_2 \cos\theta_1 + L_2 \ddot{\theta}_2 \sin\theta_1 \\ -L_2 \dot{\theta}_1 \dot{\theta}_2 \sin\theta_1 + L_2 \ddot{\theta}_2 \cos\theta_1 \\ 0 \end{Bmatrix} \\ \begin{Bmatrix} 0 \\ 0 \\ \ddot{\theta}_1 + \ddot{\theta}_2 \end{Bmatrix} \end{Bmatrix}$$

$$= \begin{Bmatrix} \begin{Bmatrix} M_1 (L_2 \dot{\theta}_1 \dot{\theta}_2 \cos\theta_1 + L_2 \ddot{\theta}_2 \sin\theta_1) \\ M_1 (-L_2 \dot{\theta}_1 \dot{\theta}_2 \sin\theta_1 + L_2 \ddot{\theta}_2 \cos\theta_1) + \frac{1}{2} M_1 L_1 (\ddot{\theta}_1 + \ddot{\theta}_2) \\ 0 \end{Bmatrix} \\ \begin{Bmatrix} 0 \\ 0 \\ \frac{1}{2} M_1 L_1 (-L_2 \dot{\theta}_1 \dot{\theta}_2 \sin\theta_1 + L_2 \ddot{\theta}_2 \cos\theta_1) + I_{33} (\ddot{\theta}_1 + \ddot{\theta}_2) \end{Bmatrix} \end{Bmatrix} \tag{4.68}$$

惯性力 $\mathcal{P}_1$ 定义为

$$\mathcal{P}_1 = \begin{Bmatrix} M_1 \boldsymbol{\omega}_{b,1^-}^1 \times (\boldsymbol{\omega}_{b,1^-}^1 \times \boldsymbol{d}_{1,c_1}^1) + M_1 (\boldsymbol{\omega}_{b,1^-}^1 \times \boldsymbol{v}_{b,1^-}^1) \\ \boldsymbol{\omega}_{b,1^-}^1 \times \boldsymbol{I} \boldsymbol{\omega}_{b,1^-}^1 + M_1 \boldsymbol{d}_{1,c_1}^1 \times (\boldsymbol{\omega}_{b,1^-}^1 \times \boldsymbol{v}_{b,1^-}^1) \end{Bmatrix}$$

如果计算并替换了术语表达式，则可以快速求出该复杂表达式的值，从而

$$\boldsymbol{\omega}_{b,1^-} \times \boldsymbol{d}_{1,c_1} = \frac{1}{2} L_1 (\dot{\theta}_1 + \dot{\theta}_2) \boldsymbol{y}_1$$

$$\boldsymbol{\omega}_{b,1^-} \times (\boldsymbol{\omega}_{b,1^-} \times \boldsymbol{d}_{1,c_1}) = -\frac{1}{2} L_1 (\dot{\theta}_1 + \dot{\theta}_2)^2 \boldsymbol{x}_1$$

$$\boldsymbol{\omega}_{b,1^-} \times \boldsymbol{v}_{b,1^-} = -L_2 \dot{\theta}_2 (\dot{\theta}_1 + \dot{\theta}_2) \boldsymbol{x}_2$$

$$\boldsymbol{d}_{1,c_1}\times(\boldsymbol{\omega}_{b,1^-}\times\boldsymbol{v}_{b,1^-})=(-L_2\dot{\theta}_2(\dot{\theta}_1+\dot{\theta}_2))\begin{vmatrix}\boldsymbol{x}_1 & \boldsymbol{y}_1 & \boldsymbol{z}_1\\ \frac{1}{2}L_1 & 0 & 0\\ \cos\theta_1 & -\sin\theta_1 & 0\end{vmatrix}$$

$$=\frac{1}{2}L_1L_2\dot{\theta}_2(\dot{\theta}_1+\dot{\theta}_2)\sin\theta_1\boldsymbol{z}_1$$

该计算利用了一个事实，即 $\boldsymbol{\omega}_{b,1^-}=(\dot{\theta}_1+\dot{\theta}_2)\boldsymbol{z}_1=(\dot{\theta}_1+\dot{\theta}_2)\boldsymbol{z}_2$，$\boldsymbol{v}_{b,1^-}=L_2\dot{\theta}_2\boldsymbol{y}_2$ 和 $\boldsymbol{d}_{1,c_1}=\frac{1}{2}L_1\boldsymbol{x}_1$。惯性力 $\mathcal{P}$ 在替换这些直接结果时采用其最终形式，

$$\mathcal{P}_1=\begin{Bmatrix}\begin{Bmatrix}-\frac{1}{2}M_1L_1(\dot{\theta}_1+\dot{\theta}_2)^2-M_1L_2\dot{\theta}_2(\dot{\theta}_1+\dot{\theta}_2)\cos\theta_1\\ M_1L_2\dot{\theta}_2(\dot{\theta}_1+\dot{\theta}_2)\sin\theta_1\\ 0\end{Bmatrix}\\ \begin{Bmatrix}0\\ 0\\ \frac{1}{2}M_1L_1L_2\dot{\theta}_2(\dot{\theta}_1+\dot{\theta}_2)\sin\theta_1\end{Bmatrix}\end{Bmatrix} \tag{4.69}$$

最后，添加了式（4.68）和式（4.69）。取消类似条款后，结果

$$\mathcal{M}\mathcal{A}_1^-+\mathcal{P}_1=\begin{Bmatrix}\begin{Bmatrix}-M_1L_2\dot{\theta}^2\cos\theta_1+M_1L_2\ddot{\theta}_2\sin\theta_1-\frac{1}{2}M_1L_1(\dot{\theta}_1+\dot{\theta}_2)^2\\ M_1L_2\dot{\theta}_2^2\sin\theta_1+M_1L_2\ddot{\theta}_2\cos\theta_1+\frac{1}{2}M_1L_1(\ddot{\theta}_1+\ddot{\theta}_2)\\ 0\end{Bmatrix}\\ \begin{Bmatrix}0\\ 0\\ I_{33}(\ddot{\theta}_1+\ddot{\theta}_2)+\frac{1}{2}M_1L_1L_2\dot{\theta}_2^2\sin\theta_1+\frac{1}{2}M_1L_1L_2\ddot{\theta}_2\cos\theta_1\end{Bmatrix}\end{Bmatrix} \tag{4.70}$$

与通过直接应用式（4.67）中的第一原理得出的表达式相同。◀

4.8 运动方程的递归推导

3.3.5、3.4.3 和 4.7.1 节表明，可以通过递归阶数（N）算法有效地解决速度或加速度的正向运动学问题以及关节力或转矩的计算。本节将说明，如图 3-20 和图 3-21 所示，构成运动链的机器人系统的运动方程可以用 3.4.1、3.4.3 和 4.7.1 节中介绍的构成矩阵来表示。参考文献［24］对这种表述做了全面的解释，或参见文献［14］中类似的讨论。运动链的速度和角速度收集在 6×1 向量中

$$\mathcal{V}_k^-=\begin{Bmatrix}\boldsymbol{v}_{b,k^-}\\ \boldsymbol{\omega}_{b,k^-}^k\end{Bmatrix}$$

其中点 k^- 在关节 k 的外侧附着在刚体 k 上。项 $\boldsymbol{v}_{b,k^-}^k$ 是相对于速度向量 $\boldsymbol{v}_{b,k^-}$ 的坐标系 k 的基的分量。项 $\boldsymbol{\omega}_{b,k^-}^k$ 是相对于角速度向量 $\boldsymbol{\omega}_{b,k^-}$ 的坐标系 k 的基的分量。式（3.13）可以以未知量的系统向量表示为

$$\mathcal{V}^-=\Gamma^{\mathrm{T}}\mathcal{V}^-+\mathcal{H}\dot{\boldsymbol{\theta}} \tag{4.71}$$

组合系统向量 $\mathcal{V}^-$ 和 $\dot{\theta}$ 定义为

$$\mathcal{V}^- := \begin{Bmatrix} \mathcal{V}_1^- \\ \mathcal{V}_2^- \\ \vdots \\ \mathcal{V}_N^- \end{Bmatrix}, \dot{\boldsymbol{\theta}} := \begin{Bmatrix} \dot{\theta}_1 \\ \dot{\theta}_2 \\ \vdots \\ \dot{\theta}_N \end{Bmatrix}$$

系统矩阵 Γ^{T} 和 $\mathcal{H}$ 定义为

$$\Gamma^{\mathrm{T}} = \begin{bmatrix} 0 & \mathcal{R}_{2,1}^{\mathrm{T}}\varphi_{2,1}^{\mathrm{T}} & 0 & \cdots & 0 & 0 \\ 0 & 0 & \mathcal{R}_{3,2}^{\mathrm{T}}\varphi_{3,2}^{\mathrm{T}} & \cdots & 0 & 0 \\ 0 & 0 & 0 & \cdots & 0 & 0 \\ \vdots & \vdots & \vdots & \ddots & \vdots & \vdots \\ 0 & 0 & 0 & \cdots & 0 & \mathcal{R}_{n-1,n}^{\mathrm{T}}\varphi_{N-1,N}^{\mathrm{T}} \\ 0 & 0 & 0 & \cdots & 0 & 0 \end{bmatrix}, \mathcal{H} := \begin{bmatrix} \mathcal{H}_1 & 0 & \cdots & 0 \\ 0 & \mathcal{H}_2 & \cdots & 0 \\ \vdots & \vdots & \ddots & \vdots \\ 0 & 0 & \cdots & \mathcal{H}_N \end{bmatrix}$$

矩阵 Γ^{T} 及其转置 Γ 将在随后的导数中重复出现。从定理 3.5 可以得到关于速度和角速度的导数的类似方程式。用于表示加速度运动学问题的向量 $\mathcal{A}_k^-$ 定义为

$$\mathcal{A}_k^- = \begin{Bmatrix} \left.\dfrac{\mathrm{d}}{\mathrm{d}t}\right|_k (\boldsymbol{v}_{b,k}) \\ \left.\dfrac{\mathrm{d}}{\mathrm{d}t}\right|_k (\boldsymbol{\omega}_{b,k}) \end{Bmatrix}$$

定理 3.5 中明确指出 3.4.3 节的主要结果是速度和角速度的导数满足系统方程

$$\mathcal{A}^- = \Gamma^{\mathrm{T}}\mathcal{A}^- + \mathcal{H}\ddot{\theta} + \mathcal{N} \tag{4.72}$$

系统向量 $\mathcal{A}^-$ 和 $\mathcal{N}$ 被定义为

$$\mathcal{A}^- := \begin{Bmatrix} \mathcal{A}_1^- \\ \mathcal{A}_2^- \\ \vdots \\ \mathcal{A}_N^- \end{Bmatrix} \quad 和 \quad \mathcal{N} := \begin{Bmatrix} \mathcal{N}_1 \\ \mathcal{N}_2 \\ \vdots \\ \mathcal{N}_N \end{Bmatrix}$$

最后，回顾一下 6×1 向量的定义

$$\mathcal{F}_k^- = \begin{Bmatrix} \boldsymbol{f}_{k^-}^k \\ \boldsymbol{m}_{k^-}^k \end{Bmatrix}$$

其中包含力向量 $\boldsymbol{f}_{k^-}$ 和力矩 $\boldsymbol{m}_{k^-}$ 相对于坐标系 k 的分量，这些力向量在刚体 k 上的第 k 个关节的点 k^- 处。定理 4.18 中的式（4.48）证明关节力和力矩满足系统方程

$$\mathcal{F}^- = \Gamma\mathcal{F}^- + \mathcal{M}\mathcal{A}^- + \mathcal{P} \tag{4.73}$$

其中系统向量 $\mathcal{F}^-$ 和 $\mathcal{P}$ 以及系统矩阵 $\mathcal{M}$ 被定义为

$$\mathcal{F}^- = \begin{Bmatrix} \mathcal{F}_1^- \\ \mathcal{F}_2^- \\ \vdots \\ \mathcal{F}_N^- \end{Bmatrix}, \mathcal{P} = \begin{Bmatrix} \mathcal{P}_1 \\ \mathcal{P}_2 \\ \vdots \\ \mathcal{P}_N \end{Bmatrix} \quad 和 \quad \mathcal{M} = \begin{bmatrix} \mathcal{M}_1 & 0 & \cdots & 0 \\ 0 & \mathcal{M}_2 & \cdots & 0 \\ \vdots & \vdots & \ddots & \vdots \\ 0 & 0 & \cdots & \mathcal{M}_N \end{bmatrix}$$

一旦导出了式（4.71）、式（4.72）和式（4.73），就可以轻松确定图 3-20 和图 3-21 所示的运动链运动方程。可以分别针对 $\mathcal{A}^-$ 和 $\mathcal{F}^-$ 求解式（4.72）和式（4.73）以获得

$$\mathcal{A}^- = (\mathbb{I} - \Gamma^{\mathrm{T}})^{-1}(\mathcal{H}\ddot{\theta} + \mathcal{N}) \tag{4.74}$$

$$\mathcal{F}^- = (\mathbb{I}-\Gamma)^{-1}(\mathcal{M}\mathcal{A}^- + \mathcal{P}) \tag{4.75}$$

然后将式（4.74）代入式（4.75），以获得关节力和力矩的表达式

$$\mathcal{F}^- = (\mathbb{I}-\Gamma)^{-1}\mathcal{M}(\mathbb{I}-\Gamma^{\mathrm{T}})^{-1}\mathcal{H}\ddot{\theta} + (\mathbb{I}-\Gamma)^{-1}(\mathcal{M}(\mathbb{I}-\Gamma^{\mathrm{T}})^{-1}\mathcal{N} + \mathcal{P}) \tag{4.76}$$

在此等式中，向量 $\mathcal{F}^-$ 包含作用于运动链中每个物体的关节力和力矩。

运动链的最终运动方程式是通过我们注意到作用在人体各个关节上的所有力和力矩都可以分解为约束力和力矩 $\mathcal{F}_c^-$ 得来的，而驱动力矩为

$$\mathcal{F}^- = \begin{bmatrix} \mathcal{H}_1 & 0 & \cdots & 0 \\ 0 & \mathcal{H}_2 & \cdots & 0 \\ \vdots & \vdots & \ddots & \vdots \\ 0 & 0 & \cdots & \mathcal{H}_N \end{bmatrix} \begin{Bmatrix} T_1 \\ T_2 \\ \vdots \\ T_3 \end{Bmatrix} + \mathcal{F}_c^- = \mathcal{H}\mathcal{T} + \mathcal{F}_c^- \tag{4.77}$$

其中 T_k 是在 $k=1, \cdots, M$ 时围绕轴 $\boldsymbol{h}_k$ 产生的驱动力矩。驱动力矩的系统向量已引入该方程式中

$$\mathcal{T} := \begin{Bmatrix} T_1 \\ T_2 \\ \vdots \\ T_N \end{Bmatrix}$$

根据定义，约束力和力矩 $\mathcal{F}_c^-$ 与驱动力矩正交。由于第 k 个驱动力矩的方向由 $\boldsymbol{h}_k$ 给出，因此约束力垂直于驱动力和力矩的条件可以写为

$$\mathcal{H}^{\mathrm{T}}\mathcal{F}_c^- = 0$$

可以将式（4.77）乘以 $\mathcal{H}^{\mathrm{T}}$ 以利用此正交性条件并获得公式

$$\mathcal{T} = \underbrace{\mathcal{H}^{\mathrm{T}}\mathcal{H}}_{\mathbb{I}}\mathcal{T} + \underbrace{\mathcal{H}^{\mathrm{T}}\mathcal{F}_c^-}_{0} = \mathcal{H}^{\mathrm{T}}\mathcal{F}^- \tag{4.78}$$

该方程计算所有关节力和力矩沿驱动力矩方向的投影。回想一下，根据定义，每个 $\boldsymbol{h}_k$ 是一个单位向量，这可以确保

$$\mathcal{H}^{\mathrm{T}}\mathcal{H} = \mathbb{I}$$

其中 $\boldsymbol{I}$ 是具有合适维度的单位矩阵。机器人系统的最终运动方程式可以通过组合式（4.76）和式（4.78）来获得

$$\mathcal{H}^{\mathrm{T}}(\mathbb{I}-\Gamma)^{-1}\mathcal{M}(\mathbb{I}-\Gamma)^{-\mathrm{T}}\mathcal{H}\ddot{\theta} + \mathcal{H}^{\mathrm{T}}(\mathbb{I}-\Gamma)^{-1}(\mathcal{M}(\mathbb{I}-\Gamma)^{-\mathrm{T}}\mathcal{N}^{+}\mathcal{P}) = \mathcal{T}$$

4.9 习题

4.9.1 关于线性动量的习题

习题 4.1、习题 4.2 和习题 4.3 涉及图 4-35 和图 4-36 中所示的机械手。该机器人在 $\boldsymbol{z}_0$、$\boldsymbol{z}_1$ 和 $\boldsymbol{z}_2$ 轴上有旋转关节。分别在 $\boldsymbol{z}_0$、$\boldsymbol{z}_1$ 和 $\boldsymbol{z}_2$ 轴上测量关节变量 θ_1、θ_2 和 θ_3。在每种情况下，对于 $i=1, 2, 3$，从正 $\boldsymbol{x}_{i-1}$ 轴到正 $\boldsymbol{x}_i$ 轴测量角度 θ_i。

4.1 计算图 4-35 和图 4-36 中所示的机器人连杆 1 在坐标系 0（肩部）中的线性动量。在坐标系 1 和坐标系 0 中表示答案。

4.2 计算图 4-35 和图 4-36 中所示的机器人连杆 2 在坐标系 0 中的线性动量。用 2、1 和 0 坐标系表示答案。

4.3 计算图 4-35 和 4-36 所示的机器人连杆 3 在坐标系 0（外臂）中的线性动量。用 3、2、1 和 0 坐标系表示答案。

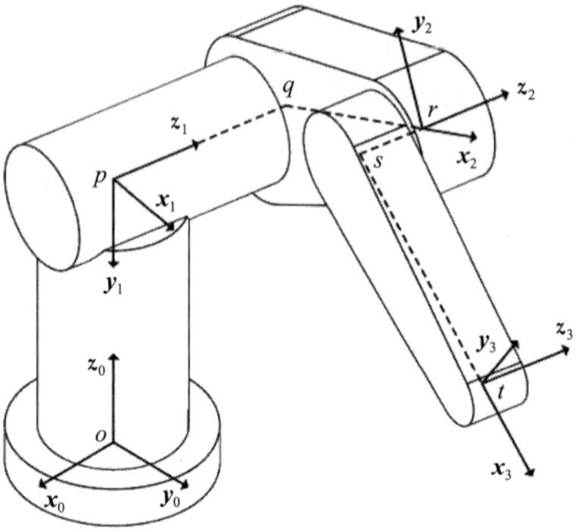

图 4-35　PUMA 机器人坐标系定义

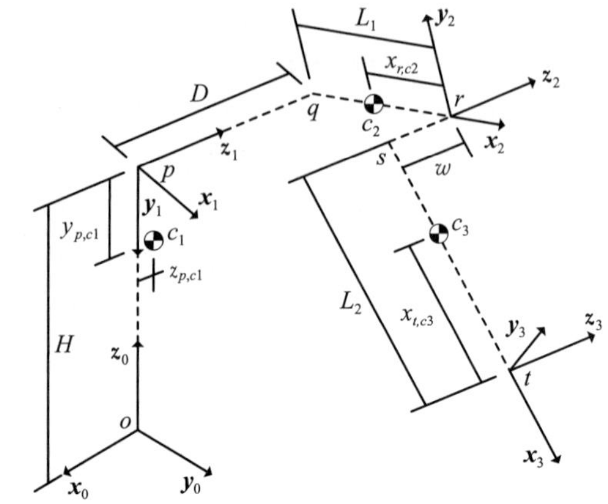

图 4-36　PUMA 机器人关节和质心偏置

习题 4.4、习题 4.5 和习题 4.6 与图 4-37 和图 4-38 所示的 SCARA 机械手有关。该机器人操纵器在 $\boldsymbol{z}_0$ 和 $\boldsymbol{z}_1$ 方向上有两个旋转关节，在 $\boldsymbol{z}_2$ 方向上有一个移动关节。关节变量 θ_1 和 θ_2 分别围绕 $\boldsymbol{z}_0$ 和 $\boldsymbol{z}_1$ 轴测量。在每种情况下，对于 $i=1$，2，从 $\boldsymbol{x}_{i-1}$ 正方向到 $\boldsymbol{x}_i$ 正方向测量角度。

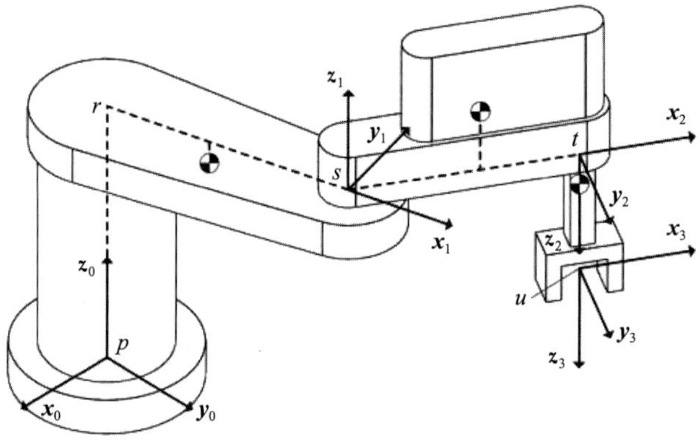

图 4-37　SCARA 机器人坐标系定义

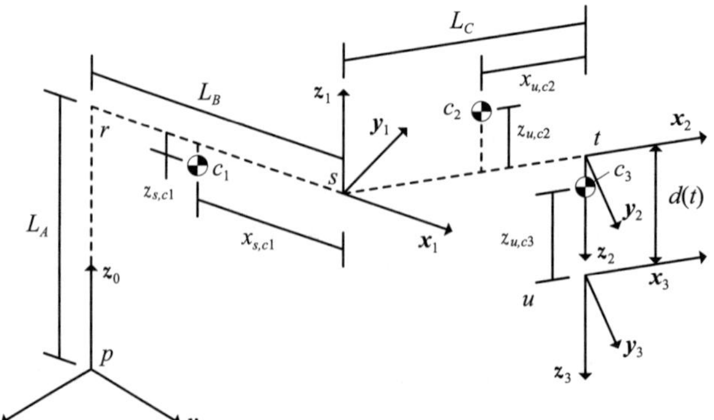

图 4-38　SCARA 机器人关节和质心偏置

4.4 计算图 4-37 和图 4-38 所示的机器人连杆 1（内部臂）在 0 坐标系中的线性动量。用 0 坐标系和 1 坐标系表示答案。

4.5 计算图 4-37 和图 4-38 所示的机器人连杆 2（外部手臂）在 0 坐标系中的线性动量。用 2、1 和 0 坐标系表示答案。

4.6 计算图 4-37 和图 4-38 所示的机器人连杆 3（工具托架）在 0 坐标系中的线性动量。用 3、2、1 和 0 坐标系表示答案。

习题 4.7，习题 4.8 和习题 4.9 涉及图 4-39 和图 4-40 中所示的机械手。该机器人操纵器沿 $\boldsymbol{z}_0$ 方向具有旋转关节，并且沿 $\boldsymbol{z}_1$，$\boldsymbol{z}_2$，$\boldsymbol{z}_3$ 方向具有移动关节。未示出的工具托架的质心位于点 t。关节变量 θ_1 是围绕 $\boldsymbol{z}_0$ 轴测量的，角度 θ_1 是从 $\boldsymbol{x}_0$ 正轴到 $\boldsymbol{x}_1$ 正轴测量的。从点 q 到点 r 的高度 $H(t)$ 是测量沿 $\boldsymbol{z}_1$ 的位移的关节变量。从点 r 到点 s 的长度 $L(t)$ 是沿 $\boldsymbol{z}_2$ 方向测量位移的关节变量，从点 s 到点 t 的距离 $d(t)$ 是沿 $\boldsymbol{z}_3$ 轴的关节变量。

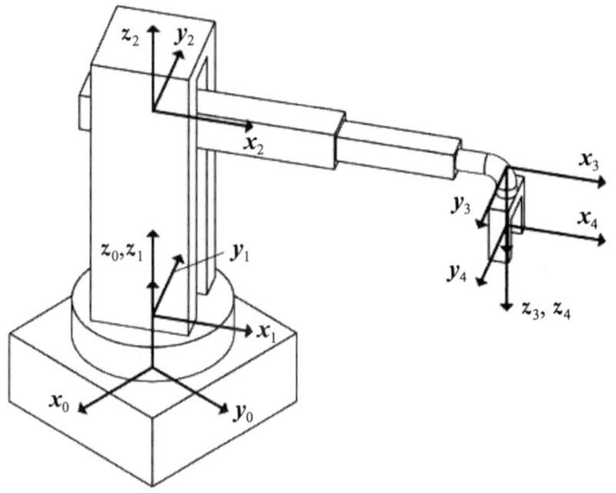

图 4-39 圆柱坐标型机器人坐标系定义

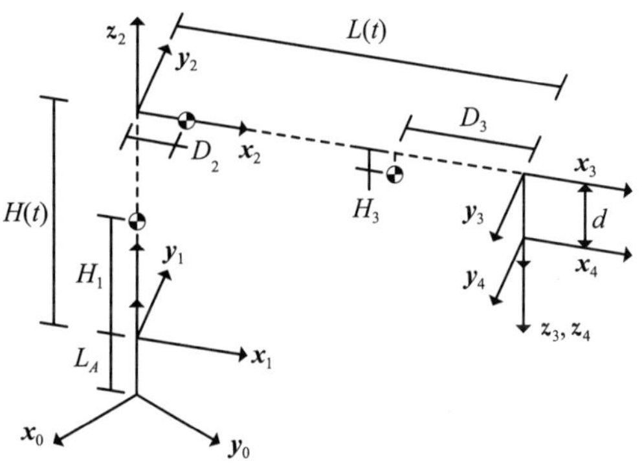

图 4-40 圆柱坐标型机器人关节和质心偏置

4.7 计算图 4-39 和图 4-40 所示的机器人连杆 1（垂直臂）在 0 坐标系中的线性动量。用 1 和 0 坐标系表示答案。

4.8 计算图 4-39 和图 4-40 所示的机器人连杆 2（水平臂）在 0 坐标系中的线性动量。用 2、1 和 0 坐标系表示答案。

4.9 计算图 4-39 和图 4-40 所示的机器人连杆 3（工具托架）在 0 坐标系中的线性动量。用 4、3、2、1 和 0 坐标系表示答案。

4.9.2 关于质心的习题

4.10 图 4-41a 描绘了工业机器人中的终端组件。假设质量密度是均匀的，并且可以将主体近似为两个半径和长度分别为 (R_1, L_1) 和 (R_2, L_2) 的圆柱体的并集。图中显示了每个圆柱体的质心位置。请找到该复合刚体的质心。

4.11 图 4-42a 描绘了机器人组件的固定底座。假设质量密度是均匀的，并且可以近似地表示为半径和长度为 (R_1, L_1) 的圆柱体和尺寸为 (L_2, W_2, H_2) 的直角棱镜的并集，如图 4-42b 所示。每个圆柱体的质心位置也显示在图 4-42b 中。求出该复合刚体相对于 $\mathbb{X}$ 坐标系的质心。

4.12 图 4-43a 描绘了工业机器人的安装支架。假设质量密度是均匀的，可以近似为三个长方形棱柱的并集。每个质心的位置如图 4-43a 和图 4-43b 所示。请找出该复合刚体的质心。习题 4.13 和习题 4.14 研究了一个由连杆 1 和 2 组成的双连杆机器人，如图 4-44a 和图 4-44b 所示。连杆 1 相对于坐标系 1 的质量坐标中心为（$-x_{c_1}$，y_{c_1}，0），并且连杆 2 相对于坐标系 2 的质点中心为（$-x_{c_2}$，0，z_{c_2}）。

4.13　图 4-44a 中的两连杆机械手锁定在所示的水平配置中。在所示的瞬间，假设 $\theta_1=0°$，或 $\boldsymbol{x}_2=\boldsymbol{x}_1$。根据坐标系 1 计算此配置中机器人的质心位置。

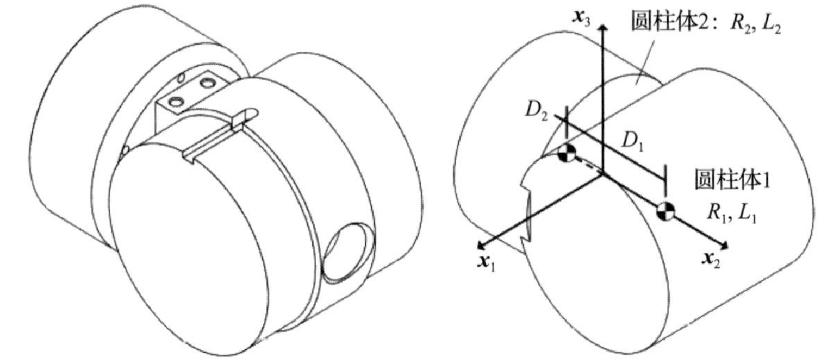

a）详细设计　　b）几何图元

图 4-41　工业机器人末端执行器组件

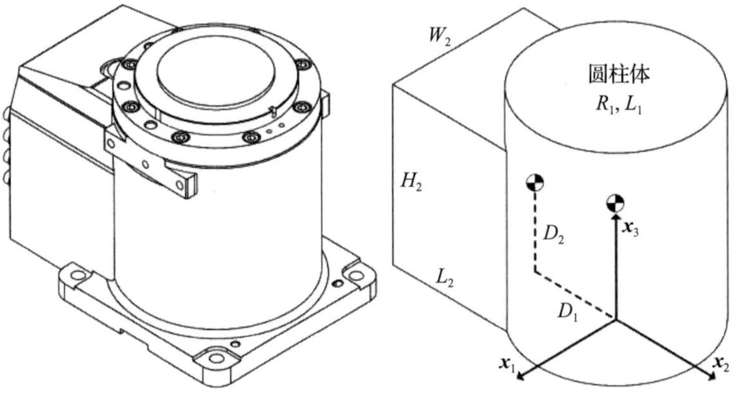

a）详细设计　　b）几何图元

图 4-42　工业机器人固定底座组件

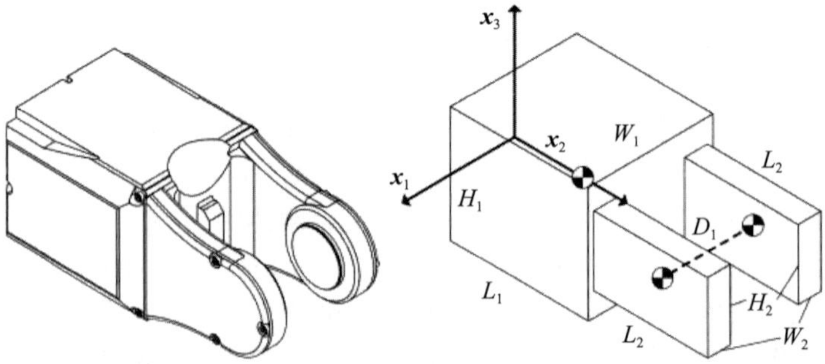

a）详细设计　　b）几何图元

图 4-43　工业机器人安装支架组件

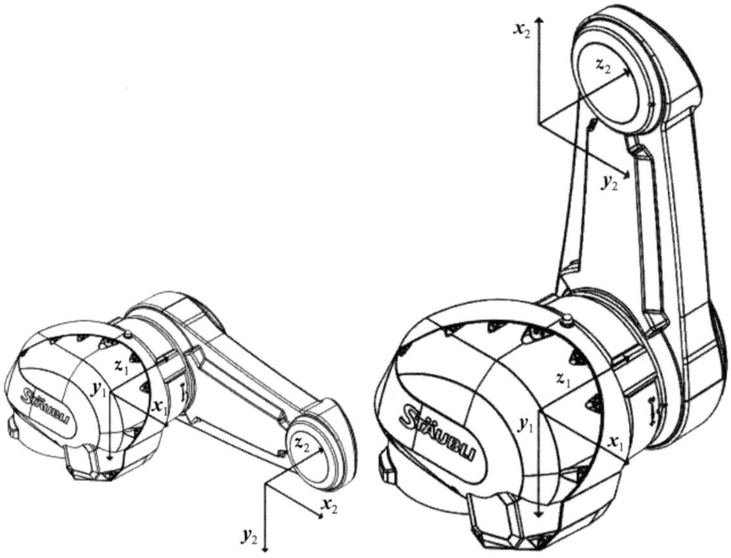

a）水平配置　　b）垂直配置

图 4-44　工业机器人的连杆 1 和 2

4.14　图 4-44b 中的两个连杆机械手锁定在所示的垂直配置中。如所示的瞬间，假设在所示的瞬间 $\theta_1=90°$，或 $\boldsymbol{x}_2=-\boldsymbol{y}_1$。根据 1 坐标系计算此配置中机器人的质心位置。

4.9.3　关于惯性矩阵的习题

4.15　考虑习题 4.10 中研究的刚体。假设坐标系 $\mathbb{X}$ 的原点（点 x）沿圆柱 2 的轴线定位，并且 $\boldsymbol{x}_1$ 平行于圆柱 1 的轴线。使用对称参数表明相对于 $\mathbb{X}$ 坐标系的点 x 的惯性矩阵的形式为给定

$$\boldsymbol{I}_x^{\mathbb{X}}=\begin{bmatrix} I_{11} & 0 & 0 \\ 0 & I_{22} & 0 \\ 0 & 0 & I_{33} \end{bmatrix}$$

换句话说，使用对称参数来显示 $\mathbb{X}$ 坐标系为组合体定义了一组主轴。通过使用平行轴定理对该复合体的每个组件推导该矩阵的项。

4.16　考虑在习题 4.10 和习题 4.15 中研究的刚体。计算相对于平行于坐标系 $\mathbb{X}$ 但原点位于复合体质量中心的轴的惯性矩阵。

4.17　考虑习题 4.12 中研究的刚体。使用对称参数表明，相对于坐标系 $\mathbb{X}$，关于点 x（坐标系 $\mathbb{X}$ 的原点）的惯性矩阵的形式为

$$\boldsymbol{I}_x^{\mathbb{X}}=\begin{bmatrix} I_{11} & 0 & 0 \\ 0 & I_{22} & 0 \\ 0 & 0 & I_{33} \end{bmatrix}$$

换句话说，使用对称参数来显示 $\mathbb{X}$ 坐标系为组合体定义了一组主轴。通过使用平行轴定理对该复合体的每个组件推导该矩阵的项。

4.18　考虑习题 4.12 和习题 4.17 中研究的刚体。计算相对于平行于 $\mathbb{X}$ 坐标系但其原点位于复合体质量中心的轴的惯性矩阵。

4.19　考虑习题 4.11 中研究的刚体。使用平行轴定理计算相对于坐标系 $\mathbb{X}$ 的惯性矩阵。

4.20　考虑在习题 4.10，习题 4.15 和习题 4.16 中研究的刚体。计算相对于框架相对于点 x 的惯性矩阵，该惯性矩阵是通过将 $\mathbb{X}$ 坐标系绕 $\boldsymbol{x}_3$ 轴旋转 30°而获得的。

4.21　考虑在习题 4.12，习题 4.17 和习题 4.18 中研究的支架。计算相对于坐标系的点 x 的惯性矩阵，该坐标是通过将 $\mathbb{X}$ 坐标系绕 $\boldsymbol{x}_2$ 轴旋转 45°而获得的。

4.22　考虑图 4-44a 中所示并在习题 4.13 中进行研究的双连杆机器人。在此配置下，针对系统相对于坐标系 1 的惯性矩阵进行计算。

4.23　考虑如图 4-44b 所示并在习题 4.14 中进行研究的双连杆机器人。在此配置下，针对系统相对于坐标系 1 的惯性矩阵进行计算。

4.24　考虑例 4.13 中研究的卫星，如图 4-17 所示。令 θ_A 和 θ_B 为联合变量，这些变量测量太阳能电池阵列 $\mathbb{A}$ 和 $\mathbb{B}$ 绕 $\boldsymbol{c}_1=\boldsymbol{a}_1=\boldsymbol{b}_1$ 轴的旋转。假设卫星物体相对于 $\mathbb{C}$ 坐标系绕其自身质心的主要惯性矩的形式为

$$\boldsymbol{I}_{c_C}^{\mathbb{C}}=\begin{bmatrix} I_{11} & 0 & 0 \\ 0 & I_{22} & 0 \\ 0 & 0 & I_{33} \end{bmatrix}$$

并以下形式给出每个太阳能电池阵列围绕其自身质心（分别为 c_A 和 c_B）相对于其自身身体固定坐标系的主要惯性矩

$$\boldsymbol{I}_{c_A}^{\mathbb{A}}=\boldsymbol{I}_{c_B}^{\mathbb{B}}=\begin{bmatrix} K_{11} & 0 & 0 \\ 0 & K_{22} & 0 \\ 0 & 0 & K_{33} \end{bmatrix}$$

求出任意关节角 θ_A 和 θ_B 的卫星相对于 $\mathbb{C}$ 坐标系的惯性矩阵的表达式。

4.9.4　关于角动量的习题

习题 4.25，习题 4.26 和习题 4.27 涉及图 4-35 和图 4-36 中所示的 PUMA 机械手。

4.25　计算连杆 1 在坐标系 0（肩部）中的角动量，如图 4-35 和图 4-36 所示，绕其自身的质心。用原点位于质心且与 1 坐标系平行的坐标系表示答案。

4.26　计算连杆 2 在坐标系 0（内部臂）的角动量，如图 4-35 和图 4-36 所示，围绕其自身的质心。用原点位于质心且与 2 坐标系平行的坐标系表示答案。

4.27　计算连杆 3 在坐标系 0（外臂）的角动量，如图 4-35 和图 4-36 所示，绕其自身的质心。用原点位于质心且与 3 坐标系平行的坐标系表示答案。习题 4.28 和习题 4.29 涉及图 4-37 和图 4-38 中描述的机器人操纵器。

4.28　计算连杆 1 在坐标系 0（内臂）关于其自身质心的角动量，如图 4-37 和图 4-38 所示。用其原点位于质心且与 1 坐标系平行的坐标系表示答案。

4.29　计算连杆 2（外部臂）在 0 坐标系中围绕其自身质心的角动量，如图 4-37 和图 4-38 所示。用其原点位于质心且与 2 坐标系平行的坐标系表示答案。

习题 4.30，习题 4.31 和习题 4.32 涉及图 4-39 和图 4-40 中描述的机器人操纵器。

4.30　计算连杆 1（垂直臂）在 0 坐标系中围绕其自身质心的角动量，如图 4-39 和图 4-40 所示。用坐标系 1 和 0 的表示答案。

4.31　计算连杆 2 在 0 坐标系（水平臂）中围绕其自身质心的角动量，如图 4-39 和图 4-40 所示。用坐标系 2、1 和 0 表示答案。

4.32　计算连杆 3 在 0 坐标系中的角动量，即工具托架，如图 4-39 和图 4-40 所示，绕其自身的质心。用 4、3、2、1 和 0 坐标系表示答案。

4.9.5 关于牛顿-欧拉方程的习题

4.33 坐标系 $\mathbb{A}$ 固定在球形接头的外链节中，坐标系 $\mathbb{B}$ 固定在球形接头的内链节中，如图 4-45 所示。球形接头对具有固定坐标系 $\mathbb{A}$ 和 $\mathbb{B}$ 的物体施加的位移和旋转有哪些限制？球形接头有多少个自由度？为球形接头绘制一致的受力图。

4.34 图 4-46 所示的万向节由带车身固定架 $\mathbb{A}$ 的叉架，带车身固定架 $\mathbb{B}$ 的叉架和带车身固定架 $\mathbb{C}$ 的横杆组成。为组成万向节的三个组件绘制一组完整的受力图，然后假定横杆的质量和惯性矩阵可以忽略不计，并得出消除横杆的等效受力图。万向节有多少个自由度？

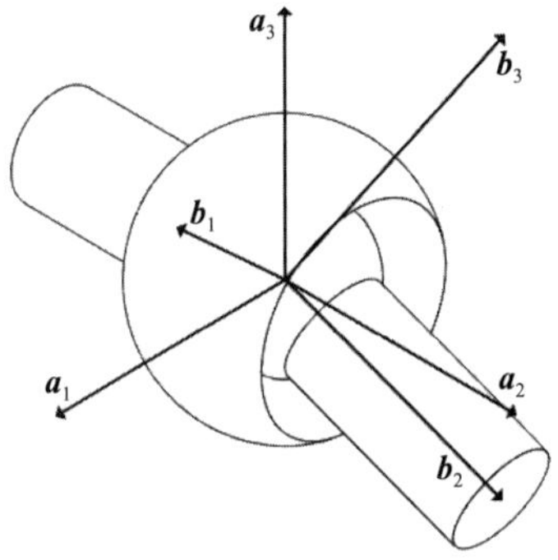

图 4-45 球关节坐标系

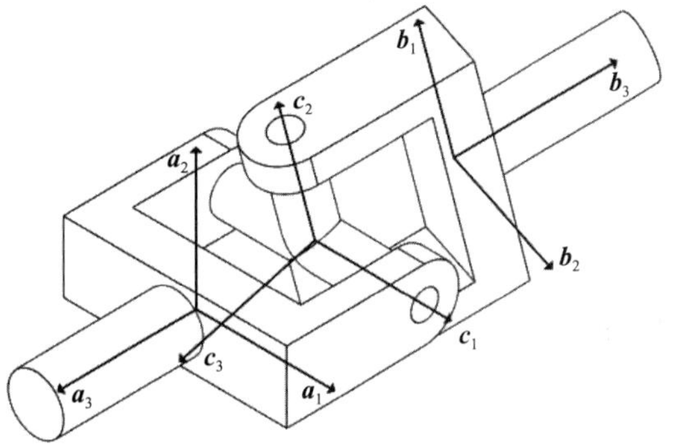

图 4-46 万向节坐标系

4.35 使用习题 4.3 的结果，为图 4-35 中的 PUMA 机器人的连杆 3（外臂）写出欧拉的第一定律。

4.36 使用习题 4.6 的结果为图 4-37 中的 SCARA 机器人的连杆 3（工具托架）写出欧拉的第一定律。

4.37 使用习题 4.7 的结果为图 4-39 中的圆柱坐标型机器人的连杆 1（垂直臂）写出欧拉第一定律。

4.38 使用习题 4.8 的结果为图 4-39 中的圆柱坐标型机器人的连杆 2（水平臂）写出欧拉第一定律。

4.39 使用习题 4.9 的结果为图 4-39 中的圆柱坐标型机器人的连杆 3（工具车架）写出欧拉第一定律。

4.40 使用习题 4.27 的结果为图 4.35 中 PUMA 机器人的连杆 3（外臂）写出欧拉第二定律。

4.41 使用习题 4.30 的结果为图 4-39 中圆柱坐标型机器人的连杆 1（垂直臂）写出欧拉第二定律。

4.42 使用习题 4.31 的结果为图 4-39 中圆柱坐标型机器人的连杆 2（水平臂）写出欧拉第二定律。

4.43 使用习题 4.32 的结果为图 4-39 中圆柱坐标型机器人的连杆 3（工具车架）写出欧拉第二定律。

4.44 在例 4.17 中，写出连杆 2（即机器人的内臂）的欧拉第二定律，力矩的计算是绕点 q 而不是臂的质心。注意，在这个问题中，点 q 在惯性系中不是固定的。

4.45 为例 4.17 中的机器人连杆 1（肩膀）写出欧拉第二定律，力矩关于点 o 进行计算。注意，点 o 在惯性系中是固定的。

分析力学

前一章总结了机器人系统的运动方程是如何由单个刚体的牛顿-欧拉方程导出的。本章将介绍分析力学的原理，这是推导机器人系统控制方程的另一种方法。完成本章后，学生应能够：

- 明确广义坐标的含义；
- 明确广义坐标的虚拟变分的含义；
- 明确由力或力矩产生的虚功的含义；
- 明确广义力集的含义；
- 掌握并使用哈密顿原理推导运动方程；
- 掌握并使用拉格朗日方程推导运动方程；
- 应用分析力学原理研究机器人系统。

5.1 哈密顿原理

5.1.1 广义坐标

本节介绍一种在分析力学中起重要作用的技术，即保守机械系统的哈密顿原理(Hamilton's principle)。为了阐明这一原理，需要分析力学的一些定义。

定义 5.1 如果机械系统中的任意一点 p，它在任意时刻 $t\in\mathbb{R}^+$ 的位置 $\boldsymbol{r}_{\mathbb{X},p}(t)$ 在惯性系 $\mathbb{X}$ 下可以唯一写为 $\boldsymbol{q}(t)=\{q_1(t), q_2(t), \cdots, q_N(t)\}^{\mathrm{T}}$ 的形式，那么这个包含 N 个与时间相关的参数的集合 $\boldsymbol{q}(t)=\{q_1(t), q_2(t), \cdots, q_N(t)\}^{\mathrm{T}}$ 被称为机械系统的一组广义坐标 (generalized coordinate)。对机械系统内所有的点 p，其位置向量可以唯一表示为

$$\boldsymbol{r}_{\mathbb{X},p}(t) := \boldsymbol{r}_{\mathbb{X},p}(q_1(t), q_2(t), \cdots, q_N(t), t) \tag{5.1}$$

这个表达对任意构型的机械系统、任意时间 $t\in\mathbb{R}^+$ 均成立。其中，N 被称为该机械系统的自由度数 (number of degrees of freedom)。

关于这一定义，有几点补充需要说明。定义 5.1 中要求的广义坐标一定是最小的(minimal) 或独立的 (independent)。对具体某一机械系统，可以选择很多不同的广义坐标，但是任意两组广义坐标都一定具有相同数量的时间相关函数。这意味着自由度是系统的一个属性，而不取决于广义坐标的具体选择。我们不可能用剩余坐标的子集表示任意一个单独的广义坐标。如果可能，那么就有多种表达方式来表示式 (5.1) 中的恒等式，但根据定义，它必须是广义坐标的唯一函数。有些作者并不坚持广义坐标集必须是最小的，或者是独立的。实际上，本章 5.5 节将扩展所提出的定义，引入冗余广义坐标 (redundant generalized coordinate)。在本章中，所有广义坐标都特指最小的或独立的集合。当坐标不是最小的或独立的时，将用冗余广义坐标这个词。

最后，讨论广义坐标时使用的符号可以根据上下文略有不同。当讨论广义坐标在某一时刻 $t\in\mathbb{R}^+$ 取的值时，使用表达式

$$\boldsymbol{q}(t)=\{q_1(t), q_2(t), \cdots, q_N(t)\}$$

而当把广义坐标作为一组关于时间的函数时，使用以下表达式

$$\boldsymbol{q}=\{q_1, q_2, \cdots, q_N\}^{\mathrm{T}}$$

例 5.1 一质点在平面上移动，如图 5-1 所示。设 $q_1(t):=x(t)$，$q_2(t):=y(t)$，证明质点沿 x_0 和 y_0 方向的坐标 x 和 y 是该机械系统的一组广义坐标。

解： 这个机械系统包含一个质点，所以只需要证明该质点的位置可以表示为

$$\boldsymbol{r}_{0,m}(t)=\boldsymbol{r}_{0,m}(q_1(t), q_2(t), t)$$

且这个表达式在用时变参数 $q_1(t)$ 和 $q_2(t)$ 表达时是唯一的。

设 $\{x_p, y_p, z_p\}^{\mathrm{T}}$ 为位于图 5-1 所示平面上的某个不动点。质点的笛卡儿坐标由 $\boldsymbol{r}_{0,m}(t)=\{x(t), y(t), z(t)\}^{\mathrm{T}}$ 给出。质点的位置 $\boldsymbol{r}_{0,m}(t)=\{x(t), y(t), z(t)\}^{\mathrm{T}}$ 仅在平面内移动，即向量

$$\begin{Bmatrix} x(t) \\ y(t) \\ z(t) \end{Bmatrix}-\begin{Bmatrix} x_p \\ y_p \\ z_p \end{Bmatrix}$$

与平面法向量 $\boldsymbol{n}$ 垂直，用数学表达式来表示为

$$\left\{\begin{Bmatrix} x(t) \\ y(t) \\ z(t) \end{Bmatrix}-\begin{Bmatrix} x_p \\ y_p \\ z_p \end{Bmatrix}\right\}\cdot\boldsymbol{n}=0$$

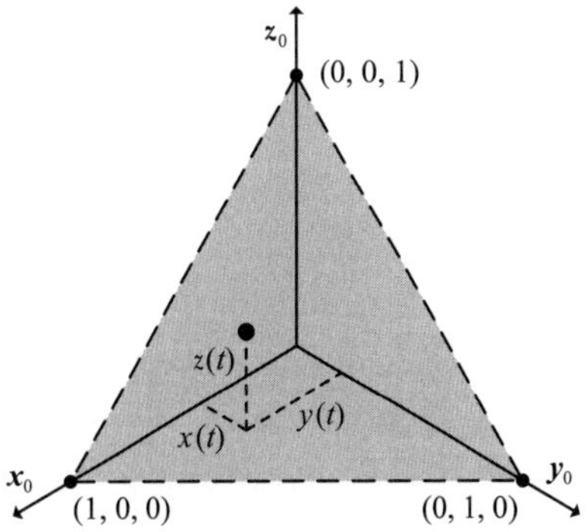

图 5-1 在倾斜平面内运动的质点

平面的单位法向量为 $\boldsymbol{n}^{\mathrm{T}}=\dfrac{1}{\sqrt{3}}\{1, 1, 1\}$，如图 5-1 所示。因此，保证质点在平面内的约束可以整理为

$$(x(t)-x_p)+(y(t)-y_p)+(z(t)-z_p)=0$$

取平面上的某一固定点为 $\{x_p, y_p, z_p\}^{\mathrm{T}}=\{1, 0, 0\}^{\mathrm{T}}$，那么约束的最终形式可以表示为

$$x(t)+y(t)+z(t)-1=0$$

平面上的固定点也可以选择 (0，1，0) 或 (0，0，1)，但对任意有效的选点 $\{x_p, y_p, z_p\}$，约束方程是不变的。接下来只需要解出这个 $z(t)$ 的方程，然后结果代入 $\boldsymbol{r}_{0,m}(t)$，得到

$$\boldsymbol{r}_{0,m}(t)=x(t)\boldsymbol{x}_0+y(t)\boldsymbol{y}_0+(1-x(t)-y(t))\boldsymbol{z}_0$$

因为 $x(t)$ 和 $y(t)$ 是相互独立的，所以这个表达式唯一确定。因此，时变参数 $x(t)$ 和 $y(t)$ 是这个系统的一组广义坐标。在这个问题中，笛卡儿坐标 $\{x(t), y(t), z(t)\}^{\mathrm{T}}$ 不是这个系统的一组广义坐标，因为它不是相互独立的。◀

5.1.2 泛函与变分法

第 4 章介绍的由牛顿-欧拉方程确定运动方程的方法是通过极值问题来定义的。本节所研究的极值化 (extremization) 问题不太一样，它是在机械系统的广义坐标下提出的。极值问题的求解是在寻求某些量的极值 (extrema)。极值是所考虑的量的最小值、最大值 (maxima) 或拐点 (inflection point)。对于一个可微实值函数 (differentiable read valued function) 的极值问题，初等微积分有一个标准的、众所周知的步骤，即取导数，并使导数为零。

分析力学（analytical mechanics）中的极值问题不是用经典的实值函数来表示的，而是用广义坐标的某些泛函来表示。变分法（calculus of variation）就是用于求解与泛函相关的极值问题的方法。

定义 5.2　泛函（functional）是指输入为 N 元组函数、输出为一个实数的运算符或映射。换言之，泛函 J 是从一组函数

$$\boldsymbol{q}=\{q_1, q_2, \cdots, q_N\}^{\mathrm{T}}$$

到一个实数的映射

$$\begin{Bmatrix} q_1 \\ \vdots \\ q_N \end{Bmatrix} \mapsto J(q_1, \cdots, q_N) \in \mathbb{R}$$

在一些引用中，泛函也被定义为“作用于函数的函数”。如果 $\boldsymbol{q}=\{q_1, q_2, \cdots, q_N\}^{\mathrm{T}}$ 是一组广义坐标，那么计算动能或势能从时间 t_0 到 t_f 的积分就是作用于广义坐标 $\boldsymbol{q}$ 的两个泛函。注意，对泛函的输入是一组时间函数。例如，要计算势能或动能的积分，就必须知道整个时间间隔内的广义坐标。

需要指出的是，经典可微实值函数的极值问题的求解是通过对函数进行微分并使导数为零来实现的。然而，导数的经典定义并不适用于泛函。为此，我们定义了一个泛函的 Gateaux 导数（Gateaux derivative），或者称为 G-导数（G-derivative）。Gateaux 导数将用于解决泛函的极值问题。

定义 5.3　令 J 为作用于函数集合 $\boldsymbol{q}=\{q_1, q_2, \cdots, q_N\}^{\mathrm{T}}$ 的泛函。对于泛函 J 在 $\boldsymbol{q}$ 处沿 $\boldsymbol{p}$ 方向上的 Gateaux 导数或 G-导数 $DJ(\boldsymbol{q}, \boldsymbol{p})$ 定义为

$$DJ(\boldsymbol{q}, \boldsymbol{p}) := \lim_{\varepsilon\to 0}\frac{J(\boldsymbol{q}+\varepsilon\boldsymbol{p})-J(\boldsymbol{q})}{\varepsilon}$$

式中，方向 $\boldsymbol{p}$ 是 N 个时变标量函数的向量函数

$$\boldsymbol{p}(t)=\{p_1(t), p_2(t), \cdots, p_N(t)\}^{\mathrm{T}}$$

定义 5.3 中的向量函数 $\boldsymbol{p}(t)=\{p_1(t), p_2(t), \cdots, p_N(t)\}^{\mathrm{T}}$ 也可以称为变化方向或变化向量。但当解决分析力学中的实际问题时，很少直接使用定义 5.3 来计算 G-导数，因为针对特定问题，会有一些替代公式更容易计算 G-导数。定理 5.1 就提出了一种方法。

定理 5.1　如果泛函 J 是 G-可微（G-differentiable）的，那么 J 在 $\boldsymbol{p}$ 方向 $\boldsymbol{q}$ 处的 G-导数 $DJ(\boldsymbol{q}, \boldsymbol{p})$ 可以通过以下等式来计算

$$DJ(\boldsymbol{q}, \boldsymbol{p})=\frac{\mathrm{d}}{\mathrm{d}\varepsilon}J(\boldsymbol{q}+\varepsilon\boldsymbol{p})\bigg|_{\varepsilon=0}$$

证明：取某一组固定的时间函数集为广义坐标 $\boldsymbol{q}$ 和方向 $\boldsymbol{p}$，定义标量函数 $g(\varepsilon)$ 为

$$g(\varepsilon) := J(\boldsymbol{q}+\varepsilon\boldsymbol{p})$$

观察到，对于一组固定的 $\boldsymbol{q}$ 和 $\boldsymbol{p}$，$g(\varepsilon)$ 是一个实值函数，它从实数 ε 映射到实数 $g(\varepsilon)$。额外定义 $g(\varepsilon)$ 关于 ε 的导数在这里是没有必要的，经典的定义就够了。当右边的式子的极限存在时，可以把导数写成

$$\frac{\mathrm{d}g}{\mathrm{d}\varepsilon}=\lim_{\Delta\to 0}\left(\frac{g(\varepsilon+\Delta)-g(\varepsilon)}{\Delta}\right)$$

用泛函 J 展开右式的括号可得

$$\lim_{\Delta\to 0}\left(\frac{g(\varepsilon+\Delta)-g(\varepsilon)}{\Delta}\right)=\lim_{\Delta\to 0}\left(\frac{J(\boldsymbol{q}+(\varepsilon+\Delta)\boldsymbol{p})-J(\boldsymbol{q}+\varepsilon\boldsymbol{p})}{\Delta}\right)$$

最后，求出$\frac{\mathrm{d}g}{\mathrm{d}\varepsilon}$在$\varepsilon=0$处的值，完成了该定理证明，有

$$\begin{aligned}\left.\frac{\mathrm{d}g}{\mathrm{d}\varepsilon}\right|_{\varepsilon=0} &= \left.\left\{\lim_{\Delta\to 0}\left(\frac{J(\boldsymbol{q}+(\varepsilon+\Delta)\boldsymbol{p})-J(\boldsymbol{q}+\varepsilon\boldsymbol{p})}{\Delta}\right)\right\}\right|_{\varepsilon=0} \\ &= \lim_{\Delta\to 0}\frac{J(\boldsymbol{q}+\Delta\boldsymbol{p})-J(\boldsymbol{q})}{\Delta} \\ &= DJ(\boldsymbol{q},\ \boldsymbol{p})\end{aligned}$$

这是期望的结果。■

本节以定义泛函的平稳性（stationarity）结束。平稳性的定义与求经典可微函数极值的条件非常相似。

定义 5.4 *如果泛函 J 在 $\boldsymbol{q}$ 处沿方向集 $\mathcal{P}$ 满足：对任意方向 $\boldsymbol{p}\in\mathcal{P}$，$DJ(\boldsymbol{q},\ \boldsymbol{p})=0$，则称泛函 J 是平稳的（stationary）。*

泛函 J 在 $\boldsymbol{q}$ 处沿 $\boldsymbol{p}$ 方向的 Gateaux 导数 $DJ(\boldsymbol{q},\ \boldsymbol{p})$ 的定义最初可能看起来很抽象。下面的例子说明了 Gateaux 导数与向量计算的方向导数（directional derivative）的相似性。这种相似性有助于理解 Gateaux 导数的意义。事实上，严格地说，方向导数是 Gateaux 导数的一个特例。

例 5.2 考虑图 5-2 所示的半球表面。定义这个曲面的方程为

$$x^2+y^2+z^2=R^2$$

其中（x，y，z）为曲面上半径为 R 的点的笛卡儿坐标，求出沿着 $x=0$ 处的二维切平面移动时 z 的变化率。求出沿着 $y=0$ 处的二维切平面移动时 z 的变化率。

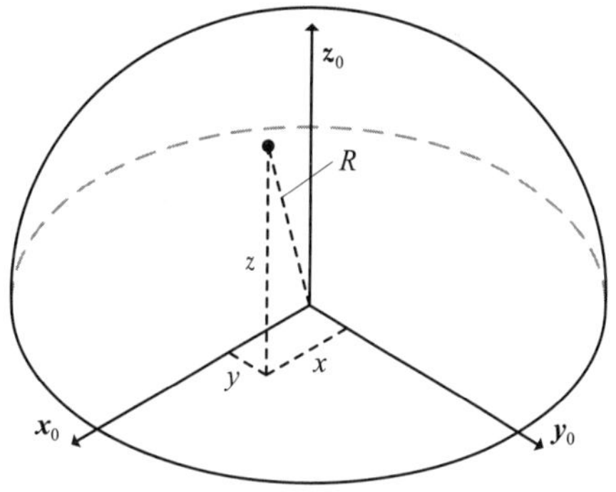

图 5-2　半球表面上的点

解： 求出 $x=0$ 时 z 关于 y 的函数

$$z(y)=\sqrt{R^2-y^2}$$

曲线的斜率 $\mathrm{d}z/\mathrm{d}y$ 给出了 z 随 y 在 $x=0$ 的平面上运动的变化率，

$$\frac{\mathrm{d}z}{\mathrm{d}y}=-\frac{y}{\sqrt{R^2-y^2}}$$

同理可求 z 随 x 在 $y=0$ 的平面上运动的变化率，

$$\frac{\mathrm{d}z}{\mathrm{d}x}=-\frac{x}{\sqrt{R^2-x^2}}$$

上述每个例子都是可以用方向导数来描述的一般分析的特例。函数 f：$\mathbb{R}^2\to\mathbb{R}$ 在 $\boldsymbol{x}\in\mathbb{R}^2$ 处在 $\boldsymbol{n}$ 方向上的方向导数为

$$Df(\boldsymbol{x},\ \boldsymbol{n})=\nabla f(\boldsymbol{x})\cdot\boldsymbol{n}$$

其中

$$\nabla f(\boldsymbol{x})=\left.\left(\frac{\partial f}{\partial x}\boldsymbol{x}_0+\frac{\partial f}{\partial y}\boldsymbol{y}_0\right)\right|_{\boldsymbol{x}}$$

在这一题中，$f(\boldsymbol{x}):=z=\sqrt{(R^2-x^2-y^2)}$，因此

$$\nabla f(\boldsymbol{x})=\frac{-x}{\sqrt{R^2-x^2-y^2}}\boldsymbol{x}_0+\frac{-y}{\sqrt{R^2-x^2-y^2}}\boldsymbol{y}_0$$

在平面 $y=0$ 上的点，沿 x_0 方向的方向导数为

$$Df\left(\begin{Bmatrix}x\\0\end{Bmatrix},\ \begin{Bmatrix}1\\0\end{Bmatrix}\right)=\left.\begin{Bmatrix}-\dfrac{x}{\sqrt{R^2-x^2-y^2}}\\-\dfrac{y}{\sqrt{R^2-x^2-y^2}}\end{Bmatrix}\right|_{y=0}\cdot\begin{Bmatrix}1\\0\end{Bmatrix}=-\frac{x}{\sqrt{R^2-x^2}}$$

这和之前计算的导数是一样的。同理，平面上 $x=0$ 点沿 y_0 方向的方向导数为

$$Df\left(\begin{Bmatrix}0\\y\end{Bmatrix},\ \begin{Bmatrix}0\\1\end{Bmatrix}\right)=\left.\begin{Bmatrix}-\dfrac{x}{\sqrt{R^2-x^2-y^2}}\\-\dfrac{y}{\sqrt{R^2-x^2-y^2}}\end{Bmatrix}\right|_{x=0}\cdot\begin{Bmatrix}0\\1\end{Bmatrix}=-\frac{y}{\sqrt{R^2-y^2}}$$

这也与之前计算的导数相符。

上述解决方案也可以在 MATLAB Workbook for DCRS 的例 5.1 中找到。◀

5.1.3 保守系统的哈密顿原理

上一节定义的广义坐标可用来指定机械系统中任意点在物理空间中的位置

$$\boldsymbol{r}_{\mathbb{X},p}(t)=\boldsymbol{r}_{\mathbb{X},p}(q_1(t),\ q_2(t),\ \cdots,\ q_N(t),\ t)$$

广义坐标的引入提出了另一种可视化机械系统运动的方法。利用广义坐标来定义构形空间（configuration space）中的轨迹（trajectory）。

定义 5.5 假设 $\{q_1,\ q_2,\ \cdots,\ q_N\}$ 是机械系统的一组广义坐标。构形空间是在广义坐标中假设的 $\mathbb{R}^N$ 中所有可能的值所组成的集合。映射

$$t\mapsto\begin{Bmatrix}q_1(t)\\q_2(t)\\\cdots\\q_N(t)\end{Bmatrix}$$

称为构形空间内的轨迹或运动。

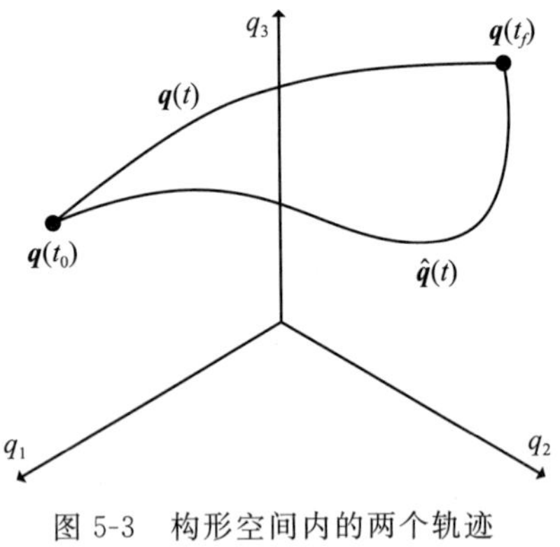

图 5-3 构形空间内的两个轨迹

图 5-3 给出了构形空间中轨迹的几何解释。图中描述了 $\boldsymbol{q}(t)$ 和 $\hat{\boldsymbol{q}}(t)$ 两个轨迹。每个坐标轴测量了一个广义坐标 $q_i(i=1,\ 2,\ \cdots,\ N)$。必须强调的是，所显示的轨迹是构形空间中的抽象轨迹，而不是物理的三维空间中的轨迹。对于一个 N 自由度的机械系统，构形空间中的轨迹将有 N 个分量，一般情况下，当 $N>3$ 时，不可能在单个空间表示中绘制出该轨迹。机械系统在物理空间中的每一个可能的运动都可以看作是与构形空间中的轨迹相对应或由构形空间中的轨迹产生的。所有这些描述形位空间中可能的运动的轨迹，实际运动（actual motion）或实际轨迹（actual trajectory）用 $\boldsymbol{q}(t)=\{q_1(t),\ q_2(t),\ \cdots,\ q_N(t)\}^{\mathrm{T}}$ 表示。

任何可能的运动可以表示为构形空间内的 $\hat{\boldsymbol{q}}(t)$

$$\hat{\boldsymbol{q}}(t)=\boldsymbol{q}(t)+\varepsilon\boldsymbol{p}(t)\tag{5.2}$$

其中 ε 是常数，$\boldsymbol{p}(t_0)=\boldsymbol{p}(t_f)=0$。通常用向量表达式来描述这个方程。可能的运动（possible motion）$\hat{\boldsymbol{q}}(\boldsymbol{t})$ 是由真实运动（true motion）$\boldsymbol{q}(t)$ 加上一个方向（direction）为 $\boldsymbol{p}(t)$ 的扰动构成。

有了这些定义，就可以给出以下第一个比较初步的分析力学的控制关系了。定理 5.2 总结了保守机械系统（conservative mechanical system）的哈密顿原理。

定理 5.2 设 $\boldsymbol{q}(t) := \{q_1(t),\ q_2(t),\ \cdots,\ q_N(t)\}^{\mathrm{T}}$ 是保守机械系统的一组广义坐标。机械系统的所有可能的运动与运动学约束一致，系统的实际运动使作用函数 $A(\boldsymbol{q})$ 保持平稳。

$$A(\boldsymbol{q}) := \int_{t_0}^{t_f} (T - V)\mathrm{d}t \tag{5.3}$$

其中，T 和 V 分别是机械系统的动能（kinetic energy）和势能（potential energy）。

哈密顿原理令人印象深刻的特点之一是其简洁的形式。它是分析力学中其他方法的基础，包括在 5.2 节中讨论的拉格朗日方程。如下面的几个例子和本章最后的问题所示，哈密顿定理可以直接用于解决感兴趣的问题。

例 5.3 推导如图 5-1 所示和在例 5.1 中讨论的机械系统的运动方程。选取 $q_1(t) := x(t)$ 和 $q_2(t) := y(t)$ 作为广义坐标。

解： 对于例 5.1 所示的机械系统，笛卡儿坐标 $x(t)$、$y(t)$、$z(t)$ 满足方程

$$x(t) + y(t) + z(t) - 1 = 0$$

系统的动能是

$$T = \frac{1}{2} m \boldsymbol{v}_{0,m} \cdot \boldsymbol{v}_{0,m} = \frac{1}{2} m (\dot{x}^2 + \dot{y}^2 + \dot{z}^2) = \frac{1}{2} m (2\dot{x}^2 + 2\dot{y}^2 + 2\dot{x}\dot{y})$$

可以将动能写作标准的齐次形式而非质量矩阵（mass matrix）$\boldsymbol{M}$ 的形式。

$$T = \frac{1}{2}\{\dot{x}\ \dot{y}\}\begin{bmatrix} 2m & m \\ m & 2m \end{bmatrix}\begin{Bmatrix} \dot{x} \\ \dot{y} \end{Bmatrix} = \frac{1}{2}\dot{\boldsymbol{q}}^{\mathrm{T}}\boldsymbol{M}\dot{\boldsymbol{q}}$$

如果以 x_0、y_0 平面为零势能基准平面，则势能可以表示为

$$V = mgz = mg(1 - x - y)$$

作用函数的平稳性条件需要满足：对任意 $\boldsymbol{p} \in \mathcal{P}$，

$$DA(\boldsymbol{q},\ \boldsymbol{p}) = \frac{\mathrm{d}}{\mathrm{d}\varepsilon} A(\boldsymbol{q} + \varepsilon \boldsymbol{p}) \bigg|_{\varepsilon=0} = 0$$

式 5.2 中可能的运动可以表示为

$$\begin{Bmatrix} \hat{q}_1(t) \\ \hat{q}_2(t) \end{Bmatrix} = \begin{Bmatrix} q_1(t) \\ q_2(t) \end{Bmatrix} + \varepsilon \begin{Bmatrix} p_1(t) \\ p_2(t) \end{Bmatrix}$$

$$\hat{\boldsymbol{q}}(t) = \boldsymbol{q}(t) + \varepsilon \boldsymbol{p}(t)$$

其中，p_1 和 p_2 是方向 $\boldsymbol{p}$ 中的分量。平稳性条件可以整理为

$$\begin{aligned}
DA(\boldsymbol{q},\ \boldsymbol{p}) &= \frac{\mathrm{d}}{\mathrm{d}\varepsilon}(A(\boldsymbol{q} + \varepsilon \boldsymbol{p}) \bigg|_{\varepsilon=0} \\
&= \frac{\mathrm{d}}{\mathrm{d}\varepsilon}\left\{\int_{t_0}^{t_f}\left(\frac{1}{2}(\dot{\boldsymbol{q}} + \varepsilon\dot{\boldsymbol{p}})^{\mathrm{T}}\boldsymbol{M}(\dot{\boldsymbol{q}} + \varepsilon\dot{\boldsymbol{p}}) - V(\boldsymbol{q} + \varepsilon\boldsymbol{p})\right)\mathrm{d}\tau\right\}\bigg|_{\varepsilon=0} \\
&= \int_{t_0}^{t_f}\left(\frac{\mathrm{d}}{\mathrm{d}\varepsilon}\left\{\frac{1}{2}(\dot{\boldsymbol{q}} + \varepsilon\dot{\boldsymbol{p}})^{\mathrm{T}}\boldsymbol{M}(\dot{\boldsymbol{q}} + \varepsilon\dot{\boldsymbol{p}}) - V(\boldsymbol{q} + \varepsilon\boldsymbol{p})\right\}\bigg|_{\varepsilon=0}\right)\mathrm{d}\tau \\
&= \int_{t_0}^{t_f}\left(\left\{\frac{1}{2}\dot{\boldsymbol{p}}^{\mathrm{T}}\boldsymbol{M}(\dot{\boldsymbol{q}} + \varepsilon\dot{\boldsymbol{p}}) + \frac{1}{2}(\dot{\boldsymbol{q}} + \varepsilon\dot{\boldsymbol{p}})^{\mathrm{T}}\boldsymbol{M}\dot{\boldsymbol{p}} - \begin{bmatrix} \dfrac{\partial V}{\partial x} & \dfrac{\partial V}{\partial y} \end{bmatrix}\boldsymbol{p}\right\}\bigg|_{\varepsilon=0}\right)\mathrm{d}\tau \\
&= \int_{t_0}^{t_f}\{\dot{\boldsymbol{q}}^{\mathrm{T}}\boldsymbol{M}\dot{\boldsymbol{p}} - [-mg \quad -mg]\boldsymbol{p}\}\mathrm{d}\tau
\end{aligned} \tag{5.4}$$

利用分部积分法，把在 $\dot{\boldsymbol{p}}$ 上的导数移动到广义坐标 $\dot{\boldsymbol{q}}$ 上的导数。由式（5.2）中的结

论，将变量 $\boldsymbol{p}(t_0)=\boldsymbol{p}(t_f)=0$ 带入 $DA(\boldsymbol{q},\ \boldsymbol{p})$ 的公式可得

$$\begin{aligned} DA(\boldsymbol{q},\ \boldsymbol{p}) &= \dot{\boldsymbol{q}}^{\mathrm{T}}\boldsymbol{M}\boldsymbol{p}\Big|_{t_0}^{t_f}-\int_{t_0}^{t_f}\{-\ddot{\boldsymbol{q}}^{\mathrm{T}}\boldsymbol{M}+mg[1\quad 1]\}\boldsymbol{p}\,\mathrm{d}\tau \\ &= \int_{t_0}^{t_f}\left\{-\boldsymbol{M}\ddot{\boldsymbol{q}}+mg\begin{Bmatrix}1\\1\end{Bmatrix}\right\}\cdot\boldsymbol{p}\,\mathrm{d}\tau \\ &= 0 \end{aligned}$$

为了满足平稳性条件，对任意 $\boldsymbol{p}\in\mathcal{P}$，该方程始终等于零，因此被积函数必须恒等于零。因此，控制方程可以表示为

$$\begin{bmatrix}2 & 1\\1 & 2\end{bmatrix}\begin{Bmatrix}\ddot{x}\\\ddot{y}\end{Bmatrix}=g\begin{Bmatrix}1\\1\end{Bmatrix}$$

式（5.4）中的变分表达式的导数也可以在 MATLAB Workbook for DCRS 的例 5.2 中找到。◀

例 5.4 本例考虑图 5-4 中所示的双质量系统。两个有质量的小车与刚度为 k 的弹簧相连接，在静态平衡状态下，所有弹簧均未拉伸。利用哈密顿原理推导出该系统的运动方程。

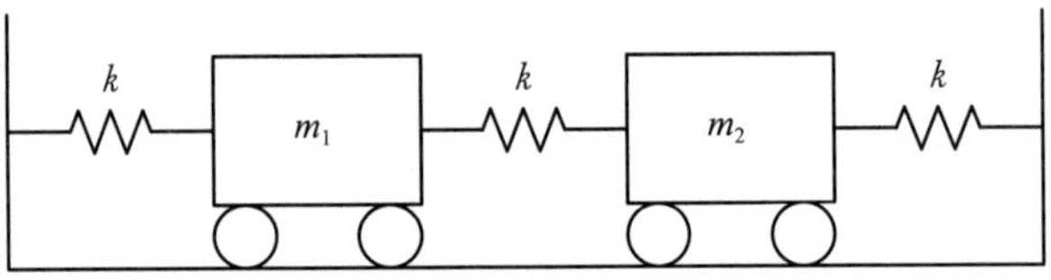

图 5-4　双质量系统

解： 该系统的广义坐标系定义为 $q_1(t):=x_1(t)$ 和 $q_2(t):=x_2(t)$，其中 $x_1(t)$ 和 $x_2(t)$ 分别测量两辆小车相对于惯性系的位移。假设当 $x_1=x_2=0$ 时弹簧未拉伸。广义坐标向量和变分方向向量的分别定义为 $\boldsymbol{q}=\{q_1\quad q_2\}^{\mathrm{T}}$ 和 $\boldsymbol{p}=\{p_1\quad p_2\}^{\mathrm{T}}$。可以看出，每一个可允许的系统状态都可以用这两个时变参数来表示，每辆小车的位置都可以用唯一的 q_1 和 q_2 组成的线性组合来表示。

系统的动能 T 和势能 V 分别为

$$T=\frac{1}{2}m_1\dot{q}_1^2+\frac{1}{2}m_2\dot{q}_2^2$$

$$V=\frac{1}{2}Kq_1^2+\frac{1}{2}K(q_1-q_2)^2+\frac{1}{2}Kq_2^2$$

由平稳性条件得

$$DA(\boldsymbol{q},\ \boldsymbol{p}):=\frac{\mathrm{d}}{\mathrm{d}\varepsilon}A(\boldsymbol{q}+\varepsilon\boldsymbol{p})\Big|_{\varepsilon=0}=0$$

然后利用上式来计算运动方程。式（5.2）中可能的运动由下式给出

$$\begin{Bmatrix}\hat{q}_1(t)\\\hat{q}_2(t)\end{Bmatrix}=\begin{Bmatrix}q_1(t)\\q_2(t)\end{Bmatrix}+\varepsilon\begin{Bmatrix}p_1(t)\\p_2(t)\end{Bmatrix}$$

$$\hat{\boldsymbol{q}}(t)=\boldsymbol{q}(t)+\varepsilon\boldsymbol{p}(t)$$

其中，p_1 和 p_2 是方向 $\boldsymbol{p}$ 中的分量。因此

$$\frac{d}{d\varepsilon}A(\boldsymbol{q}+\varepsilon\boldsymbol{p})\Big|_{\varepsilon=0}=\frac{d}{d\varepsilon}\left(\int_{t_0}^{t_f}\left(\frac{1}{2}m_1(\dot{q}_1+\varepsilon\dot{p}_1)^2+\frac{1}{2}m_2(\dot{q}_2+\varepsilon\dot{p}_2)^2-V(\boldsymbol{q}+\varepsilon\boldsymbol{p})\right)d\tau\right)\Big|_{\varepsilon=0}$$
$$=\int_{t_0}^{t_f}\frac{d}{d\varepsilon}\left(\frac{1}{2}m_1(\dot{q}_1+\varepsilon\dot{p}_1)^2+\frac{1}{2}m_2(\dot{q}_2+\varepsilon\dot{p}_2)^2-V(\boldsymbol{q}+\varepsilon\boldsymbol{p})\right)\Big|_{\varepsilon=0}d\tau$$
$$=\int_{t_0}^{t_f}\left(m_1(\dot{q}_1+\varepsilon\dot{p}_1)\dot{p}_1+m_2(\dot{q}_2+\varepsilon\dot{p}_2)\dot{p}_2-\left(\frac{\partial V}{\partial q_1}p_1+\frac{\partial V}{\partial q_2}p_2\right)\right)\Big|_{\varepsilon=0}d\tau$$
$$=\int_{t_0}^{t_f}(m_1\dot{q}_1\dot{p}_1+m_2\dot{q}_2\dot{p}_2-k(2q_1+q_2)p_1-k(q_1+2q_2)p_2)d\tau$$

利用分部积分法，把前两项中的导函数从 $\dot{p}_1$ 和 $\dot{p}_2$ 移动到 $\dot{q}_1$ 和 $\dot{q}_2$ 上，可得

$$DA(\boldsymbol{q},\ \boldsymbol{p})=(m_1\dot{q}_1p_1+m_2\dot{q}_2p_2)\big|_{t_0}^{t_f}-\int_{t_0}^{t_f}(m_1\ddot{q}_1p_1+m_2\ddot{q}_2p_2)d\tau-\int_{t_0}^{t_f}((2kq_1-kq_2)p_1+(-kq_1+2kq_2)p_2)d\tau \tag{5.5}$$

同样，由于初始时间和最终时间的变化值在定义上满足

$$\boldsymbol{p}(t_0)=\boldsymbol{p}(t_f)=\boldsymbol{0}$$

结合平稳性要求，即 $DA(\boldsymbol{q},\ \boldsymbol{p})=0$，最后一个方程可以写成矩阵

$$\int_{t_0}^{t_f}\left\{\begin{bmatrix}m_1 & 0\\ 0 & m_2\end{bmatrix}\begin{Bmatrix}\ddot{q}_1\\ \ddot{q}_2\end{Bmatrix}+\begin{bmatrix}2k & -k\\ -k & 2k\end{bmatrix}\begin{Bmatrix}q_1\\ q_2\end{Bmatrix}\right\}\cdot\begin{Bmatrix}p_1\\ p_2\end{Bmatrix}d\tau=0$$

对任何方向分量 p_1，$p_2\in\mathcal{P}$，这个方程恒成立。因此，被积函数必须等于零，运动方程为

$$\begin{bmatrix}m_1 & 0\\ 0 & m_2\end{bmatrix}\begin{Bmatrix}\ddot{q}_1\\ \ddot{q}_2\end{Bmatrix}+\begin{bmatrix}2k & -k\\ -k & 2k\end{bmatrix}\begin{Bmatrix}q_1\\ q_2\end{Bmatrix}=\begin{Bmatrix}0\\ 0\end{Bmatrix}$$

式 5.5 中的变分解答可以在 MATLAB Workbook for DCRS 的例 5.4 中找到。◀

例 5.5 这个例子分析了图 5-5 所示的双连杆机械臂。在本例中，假设长度为 L_1 和 L_2 的杆的质量可以忽略不计。所有的质量都集中在两个质点 m_1 和 m_2 上。0 坐标系固定在地上，$\mathbb{B}$ 坐标系和 $\mathbb{C}$ 坐标系分别固定在质点 m_1 和 m_2 上。请利用哈密顿原理推导出该机械系统的运动方程。注意角度 θ_1 和 θ_2 是绝对角度，不是相对角度。两个角都是从惯性 $\boldsymbol{x}_0$ 轴测量的。

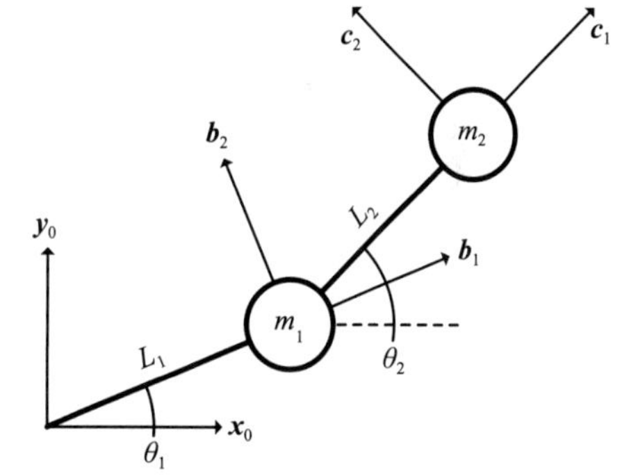

图 5-5 双连杆机械臂：质点与绝对关节角

解： 两个关节角 θ_1 和 θ_2 选为机械系统的广义坐标。因此，在这个问题中，$q_1=\theta_1$ 和 $q_2=\theta_2$。根据需要，系统中每个点的位置可以用这两个与时间相关的参数来表示。两个质点在 0 坐标系下的位置分别可以表示为

$$\boldsymbol{r}_{0,1}(t)=L_1\cos\theta_1\boldsymbol{x}_0+L_1\sin\theta_1\boldsymbol{y}_0$$
$$\boldsymbol{r}_{0,2}(t)=(L_1\cos\theta_1+L_2\cos\theta_2)\boldsymbol{x}_0+(L_1\sin\theta_1+L_2\sin\theta_2)\boldsymbol{y}_0$$

当 θ_1、$\theta_2\in[0,\ 2\pi)$ 时，这些表达式可以用角度 θ_1 和 θ_2 唯一确定。假设重力方向为 $-\boldsymbol{y}_0$ 方向，$\boldsymbol{x}_0$ 轴为零势能面，则系统的势能和动能分别为

$$V=m_1gL_1\sin\theta_1+m_2g(L_1\sin\theta_1+L_2\sin\theta_2)$$
$$T=\frac{1}{2}m_1\boldsymbol{v}_{0,1}\cdot\boldsymbol{v}_{0,1}+\frac{1}{2}m_2\boldsymbol{v}_{0,2}\cdot\boldsymbol{v}_{0,2}$$

动能中所需的两个速度可以用定理 2.16 得到，分别为 $\boldsymbol{v}_{0,1}=L_1\dot{\theta}_1\boldsymbol{b}_2$ 和 $\boldsymbol{v}_{0,2}=L_1\dot{\theta}_1\boldsymbol{b}_2+L_2\dot{\theta}_2\boldsymbol{c}_2$。因此，动能的表达式可以转换为

$$\begin{aligned}T&=\frac{1}{2}m_1L_1^2\dot{\theta}_1^2+\frac{1}{2}m_2(L_2^2\dot{\theta}_1^2+L_2^2\dot{\theta}_2^2+2L_1L_2\dot{\theta}_1\dot{\theta}_2(\boldsymbol{b}_2\cdot\boldsymbol{c}_2))\\&=\frac{1}{2}(m_1+m_2)L_1^2\dot{\theta}_1^2+\frac{1}{2}m_2L_2^2\dot{\theta}_2^2+m_2L_1L_2\dot{\theta}_1\dot{\theta}_2\cos(\theta_2-\theta_1)\end{aligned}$$

其中，点乘 $\boldsymbol{b}_2\cdot\boldsymbol{c}_2=\|\boldsymbol{b}_2\|\|\boldsymbol{c}_2\|\cos(\theta_2-\theta_1)$。动能用广义坐标的导数可以写成齐次二次形式

$$T=\frac{1}{2}\dot{\boldsymbol{q}}^{\mathrm{T}}\boldsymbol{M}\dot{\boldsymbol{q}}=\frac{1}{2}\sum_{i,j}\dot{q}_im_{ij}\dot{q}_j$$

其中，$\boldsymbol{q}=\{q_1\quad q_2\}^{\mathrm{T}}$，

$$\boldsymbol{M}=\begin{bmatrix}m_{11}&m_{12}\\m_{21}&m_{22}\end{bmatrix}=\begin{bmatrix}(m_1+m_2)L_1^2&m_2L_1L_2\cos(q_2-q_1)\\m_2L_1L_2\cos(q_2-q_1)&m_2L_2^2\end{bmatrix}$$

现在将平稳性条件应用到作用泛函 $A(\hat{q})$ 可得：

$$\begin{aligned}0&=DA(\boldsymbol{q},\boldsymbol{p})=\frac{\mathrm{d}}{\mathrm{d}\varepsilon}A(\boldsymbol{q}+\varepsilon\boldsymbol{p})\Big|_{\varepsilon=0}\\&=\frac{\mathrm{d}}{\mathrm{d}\varepsilon}\left\{\int_{t_0}^{t_f}\frac{1}{2}(\dot{\boldsymbol{q}}+\varepsilon\dot{\boldsymbol{p}})^{\mathrm{T}}[\boldsymbol{M}(\boldsymbol{q}+\varepsilon\boldsymbol{p})](\dot{\boldsymbol{q}}+\varepsilon\dot{\boldsymbol{p}})\mathrm{d}t\right\}\Big|_{\varepsilon=0}-\frac{\mathrm{d}}{\mathrm{d}\varepsilon}\left\{\int_{t_0}^{t_f}V(\boldsymbol{q}+\varepsilon\boldsymbol{p})\mathrm{d}t\right\}\Big|_{\varepsilon=0}\\&=\int_{t_0}^{t_f}\frac{1}{2}\left(\dot{\boldsymbol{p}}^{\mathrm{T}}\boldsymbol{M}\dot{\boldsymbol{q}}+\dot{\boldsymbol{q}}^{\mathrm{T}}\left(\frac{\partial\boldsymbol{M}}{\partial\boldsymbol{q}}\cdot\boldsymbol{p}\right)\dot{\boldsymbol{q}}+\dot{\boldsymbol{q}}^{\mathrm{T}}\boldsymbol{M}\dot{\boldsymbol{p}}\right)\mathrm{d}t-\int_{t_0}^{t_f}\left(\frac{\partial V}{\partial\boldsymbol{q}}\cdot\boldsymbol{p}\right)\mathrm{d}t\\&=\int_{t_0}^{t_f}\left(\dot{\boldsymbol{q}}^{\mathrm{T}}\boldsymbol{M}\dot{\boldsymbol{p}}+\frac{1}{2}\dot{\boldsymbol{q}}^{\mathrm{T}}\left(\frac{\partial\boldsymbol{M}}{\partial\boldsymbol{q}}\cdot\boldsymbol{p}\right)\dot{\boldsymbol{q}}\right)\mathrm{d}t-\int_{t_0}^{t_f}\left(\frac{\partial V}{\partial\boldsymbol{q}}\cdot\boldsymbol{p}\right)\mathrm{d}t\end{aligned}$$

上式中，我们可以做最后一步调整是因为 $\boldsymbol{M}$ 是对称矩阵，即 $\boldsymbol{M}^{\mathrm{T}}=\boldsymbol{M}$。由于含有 $\frac{\partial\boldsymbol{M}}{\partial\boldsymbol{q}}\cdot\boldsymbol{p}$ 项，上式可以用显式求和来更清晰地定义如下

$$DA(\boldsymbol{q},\boldsymbol{p})=\sum_{i,k}\left\{\int_{t_0}^{t_f}m_{ik}\dot{q}_i\dot{p}_k\mathrm{d}t\right\}+\frac{1}{2}\sum_{i,j,k}\left\{\int_{t_0}^{t_f}\frac{\partial m_{ij}}{\partial q_k}\dot{q}_i\dot{q}_jp_k\mathrm{d}t\right\}-\sum_k\int_{t_0}^{t_f}\frac{\partial V}{\partial q_k}p_k\mathrm{d}t$$

用分部积分，消除导数项 $\dot{p}$ 后可得

$$\int_{t_0}^{t_f}m_{ik}\dot{q}_i\dot{p}_k\mathrm{d}t=-\int_{t_0}^{t_f}\left(m_{ik}\ddot{q}_ip_k+\frac{\partial m_{ik}}{\partial q_j}\dot{q}_i\dot{q}_jp_k\right)\mathrm{d}t$$

替代掉 $DA(\boldsymbol{q},\boldsymbol{p})=0$ 中相应的项可得

$$0=\sum_k\int_{t_0}^{t_f}\left\{-\sum_jm_{kj}\ddot{q}_j-\sum_{i,j}\left(\frac{\partial m_{ik}}{\partial q_j}-\frac{1}{2}\frac{\partial m_{ij}}{\partial q_k}\right)\dot{q}_i\dot{q}_j-\frac{\partial V}{\partial q_k}\right\}p_k\mathrm{d}t$$

因为对任何可容许的方向 $p_j(j=1,2)$，上式都成立。因此，被积函数必须等于零。当计算出每一项并合并结果后，运动方程就可以写成

$$\begin{bmatrix}(m_1+m_2)L_1^2&m_2L_1L_2\cos(\theta_2-\theta_1)\\m_2L_1L_2\cos(\theta_2-\theta_1)&m_2L_2^2\end{bmatrix}\begin{Bmatrix}\ddot{\theta}_1\\\ddot{\theta}_2\end{Bmatrix}$$
$$=\begin{Bmatrix}m_2L_1L_2\dot{\theta}_2^2\sin(\theta_2-\theta_1)-(m_1+m_2)gL_1\cos\theta_1\\-m_2L_1L_2\dot{\theta}_1^2\sin(\theta_2-\theta_1)-m_2gL_2\cos\theta_2\end{Bmatrix}$$

运动方程的显式计算可以在 MATLAB Workbook for DCRS 的例 5.4 中找到。 ◀

5.1.4 刚体的动能

如定理 5.2 所述，哈密顿原理在性质上是普遍的；它适用于任何机械系统。虽然它的应用在前一节关于由质点组成的简单系统中进行了说明，但它也适用于包括刚性甚至可变形连续体组成的系统。文献［31］或文献［12］中提供了更高级的应用。本书将集中于把哈密顿原理应用到机器人系统。要研究的最一般的情况是理想约束连接、刚体组成的系统。定理 5.3 为本章所研究的情况提供了动能的一般形式。

定理 5.3 设 $\mathbb{B}$ 是一个结构体的固定坐标系，即该坐标系的原点与在 $\mathbb{X}$ 坐标系中运动的刚体的质心重合。这个结构体的动能可以表示为

$$T=\frac{1}{2}M\boldsymbol{v}_{\mathbb{X},c}\cdot\boldsymbol{v}_{\mathbb{X},c}+\frac{1}{2}\boldsymbol{\omega}_{\mathbb{X},\mathbb{B}}\cdot\boldsymbol{I}_c\boldsymbol{\omega}_{\mathbb{X},\mathbb{B}}$$

其中，$\boldsymbol{v}_{\mathbb{X},c}$ 为质心在 $\mathbb{X}$ 坐标系中的速度，$\boldsymbol{\omega}_{\mathbb{X},\mathbb{B}}$ 为 $\mathbb{B}$ 坐标系在 $\mathbb{X}$ 坐标系中的角速度，$\boldsymbol{I}_c$ 是围绕质心的惯性张量。

上式用旋转坐标自由形式 $\frac{1}{2}\boldsymbol{\omega}_{\mathbb{X},\mathbb{B}}\cdot\boldsymbol{I}_c\boldsymbol{\omega}_{\mathbb{X},\mathbb{B}}$ 来表示了动能，其中 $\boldsymbol{\omega}_{\mathbb{X},\mathbb{B}}$ 和 $\boldsymbol{I}_c$ 分别是角速度向量和惯性张量。如果某个坐标系 $\mathbb{Y}$ 的特定基选定，那么显式形式的动能就可以写成 $\frac{1}{2}\boldsymbol{\omega}^{\mathbb{Y}}_{\mathbb{X},\mathbb{B}}\cdot\boldsymbol{I}^{\mathbb{Y}}_c\boldsymbol{\omega}^{\mathbb{Y}}_{\mathbb{X},\mathbb{B}}$，其中 $\boldsymbol{\omega}^{\mathbb{Y}}_{\mathbb{X},\mathbb{B}}$ 是指 $\boldsymbol{\omega}_{\mathbb{X},\mathbb{B}}$ 用 $\mathbb{Y}$ 坐标系的基底的表示形式，$\boldsymbol{I}^{\mathbb{Y}}_c$ 是指在 c 点处相对于 $\mathbb{Y}$ 坐标系惯性矩阵。

证明： 图 5-6 描述了刚体上的一个微分质量元，刚体本身有固定坐标系 $\mathbb{B}$，且在 $\mathbb{X}$ 坐标系下运动。刚体的动能由定义给出

$$T=\frac{1}{2}\int\boldsymbol{v}\cdot\boldsymbol{v}\,\mathrm{d}m$$

其中 $\boldsymbol{v}:=\boldsymbol{v}_{\mathbb{X},dm}$ 是微分质量元在 $\mathbb{X}$ 系下的速度。根据定理 2.16，可以把该速度写成以下形式：

$$\boldsymbol{v}=\boldsymbol{v}_{\mathbb{X},c}+\boldsymbol{\omega}_{\mathbb{X},\mathbb{B}}\times\boldsymbol{r}$$

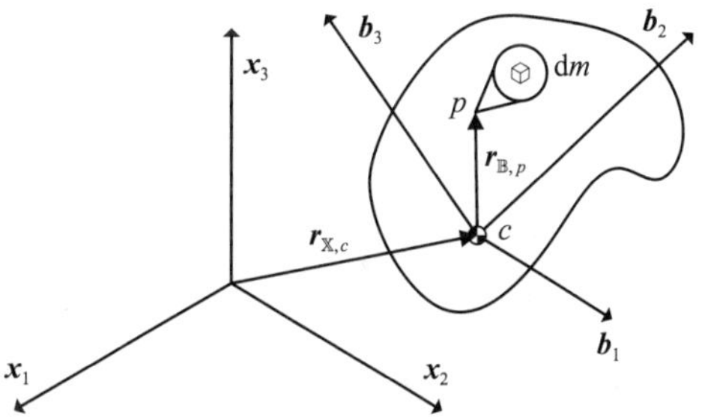

图 5-6 刚体和微分质量元 dm

其中 $\boldsymbol{r}:=\boldsymbol{r}_{\mathbb{B},p}$ 是指连接 $\mathbb{B}$ 坐标系到点 p 的向量，$\boldsymbol{v}_{\mathbb{X},c}$ 是刚体重心在 $\mathbb{X}$ 系下的速度。通过观察发现，刚体上的 $\boldsymbol{v}_{\mathbb{X},c}$ 和 $\boldsymbol{\omega}_{\mathbb{X},\mathbb{B}}$ 都不变，因此可以把这两项提出来

$$\begin{aligned}T&=\frac{1}{2}\int(\boldsymbol{v}_{\mathbb{X},c}+\boldsymbol{\omega}_{\mathbb{X},\mathbb{B}}\times\boldsymbol{r}))\cdot(\boldsymbol{v}_{\mathbb{X},c}+\boldsymbol{\omega}_{\mathbb{X},\mathbb{B}}\times\boldsymbol{r})\mathrm{d}m\\&=\frac{1}{2}M\boldsymbol{v}_{\mathbb{X},c}\cdot\boldsymbol{v}_{\mathbb{X},c}+\boldsymbol{\omega}_{\mathbb{X},\mathbb{B}}\times\left(\int\boldsymbol{r}\mathrm{d}m\right)\cdot\boldsymbol{v}_{\mathbb{X},c}+\frac{1}{2}\boldsymbol{\omega}_{\mathbb{X},\mathbb{B}}\times\int\boldsymbol{r}\cdot(\boldsymbol{\omega}_{\mathbb{X},\mathbb{B}}\times\boldsymbol{r})\mathrm{d}m\end{aligned}$$

由于 $\mathbb{B}$ 坐标系的原点选为刚体的质心（center of mass），因此上面方程右边的第二项恒等于零

$$\boldsymbol{0}=\boldsymbol{r}_{\mathbb{B},c}=\frac{1}{M}\int\boldsymbol{r}\mathrm{d}m$$

上面方程右边的第三项可以用标量三重积（scalar triple product）的性质，即对任意向量 $\boldsymbol{a}$，$\boldsymbol{b}$，$\boldsymbol{c}$，$\boldsymbol{a}\times\boldsymbol{b}\cdot\boldsymbol{c}=\boldsymbol{a}\cdot\boldsymbol{b}\times\boldsymbol{c}$。因此，

$$T=\frac{1}{2}M\boldsymbol{v}_{\mathbb{X},c}\cdot\boldsymbol{v}_{\mathbb{X},c}+\frac{1}{2}\boldsymbol{\omega}_{\mathbb{X},\mathbb{B}}\cdot\int\boldsymbol{r}\times(\boldsymbol{\omega}_{\mathbb{X},c}\times\boldsymbol{r})\mathrm{d}m$$

基于这个积分的计算，定理 4.5 定义了刚体的惯性矩，由此可得

$$T=\frac{1}{2}M\boldsymbol{v}_{\mathbb{X},c}\cdot\boldsymbol{v}_{\mathbb{X},c}+\frac{1}{2}\boldsymbol{\omega}_{\mathbb{X},\mathbb{B}}\cdot\boldsymbol{I}_c\boldsymbol{\omega}_{\mathbb{X},\mathbb{B}}\qquad\blacksquare$$

定理 5.3 适用于在 $\mathbb{X}$ 坐标系下运动的刚体的计算。如果运动在某种程度上受到约束，有时可以大大简化计算。如果刚体的运动是平面的，则可由定理 5.3 推导出专门的公式。定理 5.4 讨论了约束运动的另一个例子，即刚体上的某一点 o 在 $\mathbb{X}$ 坐标系下是固定的。

定理 5.4　如果刚体上的某一点 o 在 $\mathbb{X}$ 坐标系下固定，设刚体自身坐标系为 $\mathbb{B}$，那么刚体动能可以给出

$$T=\frac{1}{2}\boldsymbol{\omega}_{\mathbb{X},\mathbb{B}}\cdot\boldsymbol{I}_o\boldsymbol{\omega}_{\mathbb{X},\mathbb{B}}$$

其中 $\boldsymbol{\omega}_{\mathbb{X},\mathbb{B}}$ 是刚体坐标系 $\mathbb{B}$ 在 $\mathbb{X}$ 坐标系下的角速度，$\boldsymbol{I}_o$ 是刚体上 o 点的惯性张量（inertia tensor）。

证明： 因为 o 点是在 $\mathbb{X}$ 坐标系下固定，微分质量元的速度 $\boldsymbol{v}:=\boldsymbol{v}_{\mathbb{X},\mathrm{d}m}$ 可以写成 $\boldsymbol{v}=\boldsymbol{\omega}_{\mathbb{X},\mathbb{B}}\times\boldsymbol{r}$，其中 $\boldsymbol{r}:=\boldsymbol{r}_{0,\mathrm{d}m}$ 是点 0 到微分质量元的距离向量。把这个表达式代入动能的定义可得

$$T=\frac{1}{2}\int\boldsymbol{v}\cdot\boldsymbol{v}\mathrm{d}m=\frac{1}{2}\int(\boldsymbol{\omega}_{\mathbb{X},\mathbb{B}}\times\boldsymbol{r})\cdot(\boldsymbol{\omega}_{\mathbb{X},\mathbb{B}}\times\boldsymbol{r})\mathrm{d}m=\frac{1}{2}\boldsymbol{\omega}_{\mathbb{X},\mathbb{B}}\cdot\int\boldsymbol{r}\times(\boldsymbol{\omega}_{\mathbb{X},\mathbb{B}}\times\boldsymbol{r})$$

利用定理 5.3，用结构体在点 o 处的惯性矩来表示这个积分

$$T=\frac{1}{2}\boldsymbol{\omega}_{\mathbb{X},\mathbb{B}}\cdot\int\boldsymbol{r}\times(\boldsymbol{\omega}_{\mathbb{X},\mathbb{B}}\times\boldsymbol{r})\mathrm{d}m=\frac{1}{2}\boldsymbol{\omega}_{\mathbb{X},\mathbb{B}}\cdot\boldsymbol{I}_0\boldsymbol{\omega}_{\mathbb{X},\mathbb{B}}\qquad\blacksquare$$

例 5.6 计算如图 5-7 和图 5-8 所示的球形腕关节 1、2 和 3 的动能。

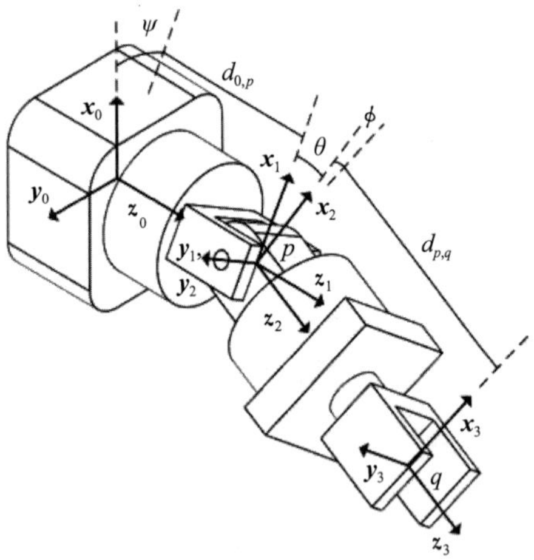

图 5-7　球形腕关节坐标系

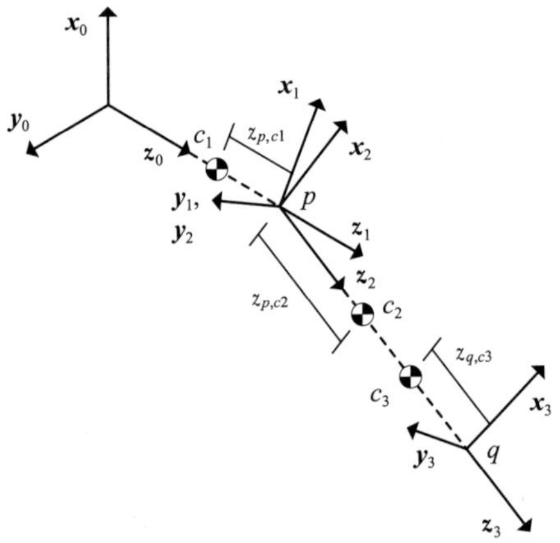

图 5-8　球形腕关节中心

解： 定义 $\boldsymbol{I}_{c_i}^i$ 是相对于一个坐标系的惯性矩阵，该坐标系的原点在关节 i 的质心，坐标轴平行于坐标系 i（i 取 1，2，3）。由于平面 $\boldsymbol{x}_1-\boldsymbol{z}_1$ 和 $\boldsymbol{y}_1-\boldsymbol{z}_1$ 是相对于关节 1 的对称平面，因此惯性矩阵 $\boldsymbol{I}_1^1$ 具有下列形式

$$\boldsymbol{I}_1^1=\begin{bmatrix}I_{11,1}&0&0\\0&I_{22,1}&0\\0&0&I_{33,1}\end{bmatrix}$$

关节 1 的角速度为

$$\boldsymbol{\omega}_{0,1}^{1}=\begin{Bmatrix}0\\0\\\dot{\psi}\end{Bmatrix}$$

因此，关节 1 的动能为

$$T_1=\frac{1}{2}m_1\underbrace{\boldsymbol{v}_{0,1}\cdot\boldsymbol{v}_{0,1}}_{0}+\frac{1}{2}\boldsymbol{\omega}_{0,1}\cdot\boldsymbol{I}_1\boldsymbol{\omega}_{0,1}=\frac{1}{2}\{0\quad 0\quad \dot{\psi}\}\begin{bmatrix}I_{11,1}&0&0\\0&I_{22,1}&0\\0&0&I_{33,1}\end{bmatrix}\begin{Bmatrix}0\\0\\\dot{\psi}\end{Bmatrix}=\frac{1}{2}I_{33,1}\dot{\psi}^2$$

由于平面 $\boldsymbol{x}_2-\boldsymbol{y}_2$ 和 $\boldsymbol{x}_2-\boldsymbol{z}_2$ 是相对于关节 2 的对称平面，因此惯性矩阵 $\boldsymbol{I}_2^2$ 具有下列形式

$$\boldsymbol{I}_2^2=\begin{bmatrix}I_{11,2}&0&0\\0&I_{22,2}&0\\0&0&I_{33,2}\end{bmatrix}$$

关节 2 在惯性系下的角速度为

$$\boldsymbol{\omega}_{0,2}=\dot{\psi}\boldsymbol{z}_0+\dot{\theta}\boldsymbol{y}_1=\dot{\psi}\boldsymbol{z}_1+\dot{\theta}\boldsymbol{y}_2=-\dot{\psi}\sin\theta\boldsymbol{x}_2+\dot{\theta}\boldsymbol{y}_2+\dot{\psi}\cos\theta\boldsymbol{z}_2$$

关节 2 的质心的速度为

$$\boldsymbol{v}_{0,2}=\boldsymbol{\omega}_{0,2}\times z_{p,c_2}\boldsymbol{z}_2=\begin{vmatrix}\boldsymbol{x}_2&\boldsymbol{y}_2&\boldsymbol{z}_2\\-\dot{\psi}\sin\theta&\dot{\theta}&\dot{\psi}\cos\theta\\0&0&z_{p,c_2}\end{vmatrix}=z_{p,c_2}\dot{\theta}\boldsymbol{x}_2+z_{p,c_2}\dot{\psi}\sin\theta\boldsymbol{y}_2$$

关节 2 的动能可以用以下表达式计算

$$\begin{aligned}T_2&=\frac{1}{2}m_2\boldsymbol{v}_{0,2}\cdot\boldsymbol{v}_{0,2}+\frac{1}{2}\boldsymbol{\omega}_{0,2}\cdot\boldsymbol{I}_2\boldsymbol{\omega}_{0,2}\\&=\frac{1}{2}m_2z_{p,c_2}^2(\dot{\theta}^2+\dot{\psi}^2\sin^2\theta)+\frac{1}{2}\{-\dot{\psi}\sin\theta\dot{\theta}\dot{\psi}\cos\theta\}\begin{bmatrix}I_{11,2}&0&0\\0&I_{22,2}&0\\0&0&I_{33,2}\end{bmatrix}\begin{Bmatrix}-\dot{\psi}\sin\theta\\\dot{\theta}\\\dot{\psi}\cos\theta\end{Bmatrix}\end{aligned}$$

关节 3 的角速度为

$$\boldsymbol{\omega}_{0,3}=\boldsymbol{\omega}_{0,2}+\dot{\phi}\boldsymbol{z}_3$$

$$\boldsymbol{\omega}_{0,3}^{2}=\begin{Bmatrix}-\dot{\psi}\sin\theta\\\dot{\theta}\\\dot{\psi}\cos\theta\end{Bmatrix}+\begin{Bmatrix}0\\0\\\dot{\phi}\end{Bmatrix}=\begin{Bmatrix}-\dot{\psi}\sin\theta\\\dot{\theta}\\\dot{\psi}\cos\theta+\dot{\phi}\end{Bmatrix}$$

$$\boldsymbol{\omega}_{0,3}^{3}=\begin{bmatrix}\cos\phi&\sin\phi&0\\-\sin\phi&\cos\phi&0\\0&0&1\end{bmatrix}\begin{Bmatrix}-\dot{\psi}\sin\theta\\\dot{\theta}\\\dot{\psi}\cos\theta\end{Bmatrix}+\begin{Bmatrix}0\\0\\\dot{\phi}\end{Bmatrix}=\begin{Bmatrix}-\dot{\psi}\sin\theta\cos\phi+\dot{\theta}\sin\phi\\\dot{\psi}\sin\theta\sin\phi+\dot{\theta}\cos\phi\\\dot{\psi}\cos\theta+\dot{\phi}\end{Bmatrix}$$

关节 3 的质心的速度可以计算为

$$\begin{aligned}\boldsymbol{v}_{0,3}&=\boldsymbol{\omega}_{0,3}\times(d_{p,q}-z_{q,c_3})\boldsymbol{z}_2=\begin{vmatrix}\boldsymbol{x}_2&\boldsymbol{y}_2&\boldsymbol{z}_2\\-\dot{\psi}\sin\theta&\dot{\theta}&\dot{\psi}\cos\theta+\dot{\phi}\\0&0&(d_{p,q}-z_{q,c_3})\end{vmatrix}\\&=(d_{p,q}-z_{q,c_3})(\dot{\theta}\boldsymbol{x}_2+\dot{\psi}\sin\theta\boldsymbol{y}_2)\end{aligned}$$

关节 3 的动能为

$$
\begin{aligned}
T_3 &= \frac{1}{2} m_3 \boldsymbol{v}_{0,3} \cdot \boldsymbol{v}_{0,3} + \frac{1}{2} \boldsymbol{\omega}_{0,3} \cdot \boldsymbol{I}_3 \boldsymbol{\omega}_{0,3} \\
&= \frac{1}{2} m_3 (d_{p,q} - z_{q,c_3})^2 (\dot{\theta}^2 + \dot{\psi}^2 \sin^2\theta) + \\
&\quad \frac{1}{2} \begin{Bmatrix} -\dot{\psi}\sin\theta\cos\phi + \dot{\theta}\sin\phi \\ \dot{\psi}\sin\theta\sin\phi + \dot{\theta}\cos\phi \\ \dot{\psi}\cos\theta + \dot{\phi} \end{Bmatrix}^{\mathrm{T}} \begin{bmatrix} I_{11,3} & 0 & 0 \\ 0 & I_{22,3} & 0 \\ 0 & 0 & I_{33,3} \end{bmatrix} \begin{Bmatrix} -\dot{\psi}\sin\theta\cos\phi + \dot{\theta}\sin\phi \\ \dot{\psi}\sin\theta\sin\phi + \dot{\theta}\cos\phi \\ \dot{\psi}\cos\theta + \dot{\phi} \end{Bmatrix} \\
&= \frac{1}{2} \begin{Bmatrix} m_3 (d_{p,q} - z_{q,c_3})^2 (\dot{\theta}^2 + \dot{\psi}^2 \sin^2\theta) + I_{11,3} (-\dot{\psi}\sin\theta\cos\phi + \dot{\theta}\sin\phi)^2 \\ + I_{22,3} (\dot{\psi}\sin\theta\sin\phi + \dot{\theta}\cos\phi)^2 + I_{33,3} (\dot{\psi}\cos\theta + \dot{\phi})^2 \end{Bmatrix}
\end{aligned}
$$

这个例子中的速度、角速度、动能的显式计算可以在 MATLAB Workbook for DCRS 的例 5.5 中找到。◀

5.2 保守系统的拉格朗日方程

5.1.3 节介绍的哈密顿原理是一个强有力的定理。它简明扼要，易于表述。可以直接用它来推导出保守机械系统的运动方程，如 5.1.3 节所做的那样。通常情况下，哈密顿原理中作用函数的形式在我们所需考虑的许多应用中具有相同的结构形式。它通常是应用在这样的机械系统中：系统的动能是一个广义坐标、广义坐标的导数和时间 t 的函数，这个函数形式可以表示为 $T=T(\dot{\boldsymbol{q}}, \boldsymbol{q}, t)$；此外，势能通常是一个函数的广义坐标和时间 t 的函数 $V=V(\boldsymbol{q}, t)$。当动能和势能具有这种结构时，就可以计算作用函数的平稳性条件 (stationarity condition) 的一般形式。结果是保守机械系统的拉格朗日运动方程的集合，归纳为定理 5.5。

定理 5.5　设 $\boldsymbol{q}(t):=\{q_1(t), q_2(t), \cdots, q_n(t)\}^{\mathrm{T}}$ 是保守机械系统的一组广义坐标，设 $T=T(\dot{\boldsymbol{q}}, \boldsymbol{q}, t)$，$V=V(\boldsymbol{q}, t)$。如果作用泛函 $A(\boldsymbol{q})$ 是平稳的，那么

$$
\frac{\mathrm{d}}{\mathrm{d}t}\left(\frac{\partial T}{\partial \dot{\boldsymbol{q}}}\right) - \frac{\partial T}{\partial \boldsymbol{q}} + \frac{\partial V}{\partial \boldsymbol{q}} = \mathbf{0}
$$

上述方程被称为保守机械系统的拉格朗日方程 (Lagrange's equation)。

在证明定理 5.5 之前，需要注意，这个方程应该被解释为一个向量方程，其中动能和势能的偏导数为

$$
\frac{\partial T}{\partial \boldsymbol{q}} := \begin{Bmatrix} \dfrac{\partial T}{\partial q_1} \\ \vdots \\ \dfrac{\partial T}{\partial q_N} \end{Bmatrix},\quad \frac{\partial V}{\partial \boldsymbol{q}} := \begin{Bmatrix} \dfrac{\partial V}{\partial q_1} \\ \vdots \\ \dfrac{\partial V}{\partial q_N} \end{Bmatrix},\quad \frac{\partial T}{\partial \dot{\boldsymbol{q}}} := \begin{Bmatrix} \dfrac{\partial T}{\partial \dot{q}_1} \\ \vdots \\ \dfrac{\partial T}{\partial \dot{q}_N} \end{Bmatrix}
$$

向量方程中的第 k 项可以显式地写为：对 $k=1, \cdots, N$，满足

$$
\frac{\mathrm{d}}{\mathrm{d}t}\left(\frac{\partial T}{\partial \dot{q}_k}\right) - \frac{\partial T}{\partial q_k} + \frac{\partial V}{\partial q_k} = 0
$$

证明：根据定义，如果作用泛函需要是平稳的，那么对所有可容许方向 (admissible direction) $\boldsymbol{p}$ 都有

$$
DA(\boldsymbol{q}, \boldsymbol{p}) = 0
$$

虽然可以直接利用 Gateaux 导数的定义来强制所有可容许方向上的 Gateaux 导数消失的条件，但是使用定理 5.1 更简便。从下式开始

$$DJ(\boldsymbol{q},\ \boldsymbol{p})=\frac{\mathrm{d}}{\mathrm{d}\varepsilon}(A(\boldsymbol{q}+\varepsilon\boldsymbol{p}))\bigg|_{\varepsilon=0}=\boldsymbol{0}$$

计算作用泛函在 $\boldsymbol{q}+\varepsilon\boldsymbol{p}$ 处的值

$$A(\boldsymbol{q}+\varepsilon\boldsymbol{p})=\int_{t_0}^{t_f}(T(\dot{\boldsymbol{q}}(t)+\varepsilon\dot{\boldsymbol{p}}(t),\ \boldsymbol{q}(t)+\varepsilon\boldsymbol{p}(t),\ t)-V(\boldsymbol{q}(t)+\varepsilon\boldsymbol{p}(t),\ t))\mathrm{d}t$$

接着计算关于 ε 的导函数

$$\frac{\mathrm{d}}{\mathrm{d}\varepsilon}(A(\boldsymbol{q}+\varepsilon\boldsymbol{p}))=\int_{t_0}^{t_f}\left(\frac{\partial T}{\partial(\dot{\boldsymbol{q}}+\varepsilon\dot{\boldsymbol{p}})}\cdot\dot{\boldsymbol{p}}(t)+\frac{\partial T}{\partial(\boldsymbol{q}+\varepsilon\boldsymbol{p})}\cdot\boldsymbol{p}(t)-\frac{\partial V}{\partial(\boldsymbol{q}+\varepsilon\boldsymbol{p})}\cdot\boldsymbol{p}(t)\right)\mathrm{d}t$$

计算当 $\varepsilon=0$ 时的导数值

$$\frac{\mathrm{d}}{\mathrm{d}\varepsilon}(A(\boldsymbol{q}+\varepsilon\boldsymbol{p}))\bigg|_{\varepsilon=0}=\int_{t_0}^{t_f}\left(\frac{\partial T}{\partial\dot{\boldsymbol{q}}}\cdot\dot{\boldsymbol{p}}(t)+\frac{\partial T}{\partial\boldsymbol{q}}\cdot\boldsymbol{p}(t)-\frac{\partial V}{\partial\boldsymbol{q}}\cdot\boldsymbol{p}(t)\right)\mathrm{d}t$$

在这一点上，回忆一下基本的变分法中几乎所有问题的策略都是有用的。希望得到具有这种形式的表达式：对所有可容许方向 $\boldsymbol{p}(t)\in\mathcal{P}$，都满足

$$DA(\boldsymbol{q},\ \boldsymbol{p})=\int_{t_0}^{t_f}\{\boldsymbol{e}(t)\cdot\boldsymbol{p}(t)\}\mathrm{d}t=\boldsymbol{0}$$

如果控制方程可以写成这种形式，要使等式对任意可容许方向 $\boldsymbol{p}(t)$ 成立，则必须 $\boldsymbol{e}(t)\equiv\boldsymbol{0}$。这是由变分基本定理（fundamental theorem of variation calculus）得出的结论（文献[34，43]）。在许多情况下，当引用哈密顿原理时，方程可以很容易地转换成这种形式。

在目前的情况下，以及之后许多其他问题感兴趣的讨论，关键的一步是利用分部积分法来消除应用于 $\dot{\boldsymbol{p}}$ 的容许变量（admissible variation）的导数。当这一项用分部积分时，得到下式

$$\int_{t_0}^{t_f}\frac{\partial T}{\partial\dot{\boldsymbol{q}}}\cdot\dot{\boldsymbol{p}}(t)\mathrm{d}t=\frac{\partial T}{\partial\dot{\boldsymbol{q}}}\cdot\boldsymbol{p}(t)\bigg|_{t_0}^{t_f}-\int_{t_0}^{t_f}\frac{\mathrm{d}}{\mathrm{d}t}\left(\frac{\partial T}{\partial\dot{\boldsymbol{q}}}\right)\cdot\boldsymbol{p}(t)\mathrm{d}t$$

把它带入最初的一组方程中可得

$$DA(\boldsymbol{q},\ \boldsymbol{p})=\frac{\partial T}{\partial\dot{\boldsymbol{q}}}\cdot\boldsymbol{p}(t)\bigg|_{t_0}^{t_f}+\int_{t_0}^{t_f}\left\{-\frac{\mathrm{d}}{\mathrm{d}t}\left(\frac{\partial T}{\partial\dot{\boldsymbol{q}}}\right)+\frac{\partial T}{\partial\boldsymbol{q}}-\frac{\partial V}{\partial\boldsymbol{q}}\right\}\cdot\boldsymbol{p}(t)\mathrm{d}t=0$$

可容许的变量 $\boldsymbol{p}$ 需要满足 $\boldsymbol{p}(t_0)=\boldsymbol{p}(t_f)=\boldsymbol{0}$。变分法的基本定理表明，使独立的和任意可容许的方向相乘的项必须等于零，

$$-\frac{\mathrm{d}}{\mathrm{d}t}\left(\frac{\partial T}{\partial\dot{\boldsymbol{q}}}\right)+\frac{\partial T}{\partial\boldsymbol{q}}-\frac{\partial V}{\partial\boldsymbol{q}}=\boldsymbol{0}$$

这是我们想要的保守机械系统的拉格朗日方程。证毕。 ■

例 5.7 利用保守系统的拉格朗日方程，找到例 5.5 中的双连杆机械臂的运动方程。

解： 例 5.5 计算机械臂的动能和势能分别为

$$T=\frac{1}{2}(m_1+m_2)L_1^2\dot{\theta}_1^2+\frac{1}{2}m_2L_2^2\dot{\theta}_2^2+m_2L_1L_2\cos(\theta_2-\theta_1)\dot{\theta}_1\dot{\theta}_2$$

机械臂的势能可以写作

$$V=m_1gL_1\sin\theta_1+m_2g(L_1\sin\theta_1+L_2\sin\theta_2)$$

利用上述方程，拉格朗日方程中与第一位广义坐标有关的项可以表示如下

$$\frac{\partial T}{\partial\dot{\theta}_1}=(m_1+m_2)L_1^2\dot{\theta}_1+m_2L_1L_2\dot{\theta}_2\cos(\theta_2-\theta_1)$$

$$\frac{\partial T}{\partial\theta_1}=m_2L_1L_2\dot{\theta}_1\dot{\theta}_2\sin(\theta_2-\theta_1)$$

$$\frac{\partial V}{\partial \theta_1}=(m_1+m_2)gL_1\cos\theta_1$$

拉格朗日方程中第二位广义坐标相应的项可以表示为

$$\frac{\partial T}{\partial \dot{\theta}_2}=m_2L_2^2\dot{\theta}_2+m_2L_1L_2\dot{\theta}_1\cos(\theta_2-\theta_1)$$

$$\frac{\partial T}{\partial \theta_2}=-m_2L_1L_2\dot{\theta}_1\dot{\theta}_2\sin(\theta_2-\theta_1)$$

$$\frac{\partial V}{\partial \theta_2}=m_2gL_2\cos\theta_2$$

两者对时间的导函数为

$$\frac{\mathrm{d}}{\mathrm{d}t}\left(\frac{\partial T}{\partial \dot{\theta}_1}\right)=(m_1+m_2)L_1^2\ddot{\theta}_1+m_2L_1L_2\ddot{\theta}_2\cos(\theta_2-\theta_1)-m_2L_1L_2\dot{\theta}_2(\dot{\theta}_2-\dot{\theta}_1)\sin(\theta_2-\theta_1)$$

$$\frac{\mathrm{d}}{\mathrm{d}t}\left(\frac{\partial T}{\partial \dot{\theta}_2}\right)=m_2L_2^2\ddot{\theta}_2+m_2L_1L_2\ddot{\theta}_1\cos(\theta_2-\theta_1)-m_2L_1L_2\dot{\theta}_1(\dot{\theta}_2-\dot{\theta}_1)\sin(\theta_2-\theta_1)$$

当所有组成拉格朗日方程的项都有了，控制方程可以表示如下

$$\begin{bmatrix}(m_1+m_2)L_1^2 & m_2L_1L_2\cos(\theta_2-\theta_1)\\ m_2L_1L_2\cos(\theta_2-\theta_1) & m_2L_2^2\end{bmatrix}\begin{Bmatrix}\ddot{\theta}_1\\ \ddot{\theta}_2\end{Bmatrix}$$

$$=\begin{Bmatrix}m_2L_1L_2\dot{\theta}_2^2\sin(\theta_2-\theta_1)-(m_1+m_2)gL_1\cos\theta_1\\ -m_2L_1L_2\dot{\theta}_1^2\sin(\theta_2-\theta_1)-m_2gL_2\cos\theta_2\end{Bmatrix}$$

这些式子是机器人系统运动方程的一般形式的一个例子。一般来说，运动方程通常为这样的形式

$$\boldsymbol{M}(\boldsymbol{q}(t))\ddot{\boldsymbol{q}}(t)=\boldsymbol{n}(\boldsymbol{q}(t),\ \dot{\boldsymbol{q}}(t))+\boldsymbol{\tau}(t)$$

其中 $\boldsymbol{M}(\boldsymbol{q}(t))$ 是广义质量/惯性矩阵（generalized mass or inertia matrix），它可以是广义坐标 $\boldsymbol{q}(t)$ 的非线性方程；$\boldsymbol{n}(\boldsymbol{q}(t),\ \dot{\boldsymbol{q}}(t))$ 是广义坐标 $\boldsymbol{q}(t)$ 和它的导数 $\dot{\boldsymbol{q}}(t)$ 组成的非线性函数；$\boldsymbol{\tau}$ 是一个通过执行器施加的转矩向量。双连杆机器人的拉格朗日方程也可以在 MATLAB Workbook for DCRS 的例 5.6 中找到。◀

5.3　哈密顿扩展原理

保守机械系统的哈密顿原理足以应对在本书中许多感兴趣的系统，同时也存在一些基本定律的推论，使得该原理的适用性得到了扩展。本节将 5.1.3 节中讨论的基本方法扩展到非保守系统（non-conservative system）。如 5.1.3 节和 5.2 节所述，可以用变分法的语言来表达公式。相反，本节将会采用虚位移（virtual displacement）、虚功（virtual work）和虚拟变分（virtual variation）这些在许多工程中都很流行的说法。

虚功方程

5.2 节表明，拉格朗日方程可以作为哈密顿原理利用变分法的标准技术推导出来的结果。关于这些原则的更详细的研究可以在文献［43］和文献［29］两本书中找到。相比之下，许多工程文献从虚位移、虚功和虚拟变分算子等方面研究哈密顿原理和拉格朗日方程。参见文献［17，20］或文献［12］获得更全面的讨论。这两种方法有很多共同之处，使用一种框架或观点得到的结果同样可以使用另一种方法得到。在相同的假设下，一个给

定系统的动力学行为不应该因为推导这些动态的方法不同而有所不同。

回想一下，用变分法的语言描述，如图 5-3 所示，一个可能的运动可以理解为机械系统在时间 t 时实际运动 $\boldsymbol{q}(t)$ 的扰动 $\boldsymbol{q}(t)+\varepsilon\boldsymbol{p}(t)$。其中，$\boldsymbol{p}(t)$ 被称为一个容许方向或者容许变化。虚功方法定义一个可能的运动为和的形式 $\boldsymbol{q}(t)+\delta\boldsymbol{q}(t)$，其中 $\boldsymbol{q}(t)$ 是在时间 t 时系统的实际运动，$\delta\boldsymbol{q}(t)$ 是真实运动的虚拟变分，或者只是称为变分。据悉在分析力学的虚功方程中，虚拟变分 $\delta\boldsymbol{q}(t)$ 是真实运动 $\boldsymbol{q}(t)$ 的一个扰动，与运动学约束同时发生（contemporaneous）且保持一致。也就是说，虚拟变分 $\delta\boldsymbol{q}(t)$ 被认为是广义坐标的一个可能的扰动，它可以出现在一个固定的时间 t，而且不与机械系统上任何一个运动学约束相冲突。

由机械系统的广义坐标的定义可得

$$\boldsymbol{r}_{\mathbb{X},p}(t)=\boldsymbol{r}_{\mathbb{X},p}(q_1(t),\ q_2(t),\ \cdots,\ q_N(t),\ t)$$

点 p 由于广义坐标的变分 $\delta\boldsymbol{q}$ 产生的虚位移 $\delta\boldsymbol{r}_{\mathbb{X},p}$ 可以定义为

$$\delta\boldsymbol{r}_{\mathbb{X},p}:=\sum_{k=1}^{N}\frac{\partial\boldsymbol{r}_{\mathbb{X},p}}{\partial q_k}\delta q_k$$

如果有一些力 $\boldsymbol{f}_p$ 作用在机械系统的一组点 $p\in P$ 上，这些力对系统产生的虚功是由于这些力对点 p 上造成的虚位移而产生的。因此，虚功可以写为

$$\begin{aligned}\delta W&=\sum_{p\in P}\boldsymbol{f}_p\cdot\delta\boldsymbol{r}_{\mathbb{X},p}\\&=\sum_{p\in P}\boldsymbol{f}_p\cdot\sum_{k=1}^{N}\frac{\partial\boldsymbol{r}_{\mathbb{X},p}}{\partial q_k}\delta q_k=\sum_{k=1}^{N}\left(\sum_{p\in P}\boldsymbol{f}_p\cdot\frac{\partial\boldsymbol{r}_{\mathbb{X},p}}{\partial q_k}\right)\delta q_k\\&=\sum_{k=1}^{N}Q_k\delta q_k\end{aligned}$$

最后一行的求和引入了与广义坐标 q_i 相关联的广义力 $Q_i(i=1,\ \cdots,\ N)$

$$Q_k:=\sum_{p\in P}\boldsymbol{f}_p\cdot\frac{\partial\boldsymbol{r}_{\mathbb{X},p}}{\partial q_k}$$

虚拟变分 $\delta\boldsymbol{q}$，虚位移 $\delta\boldsymbol{r}_{\mathbb{X},p}$，虚功 δW，广义力（generalized force）$\boldsymbol{Q}$ 和广义位移（generalized displacement）$\boldsymbol{q}$ 都是分析力学的虚功方程中的基本量。最后一步用虚功的语言表示了哈密顿原理，引入了虚拟变分算子（virtual variation operator），或者仅仅称为变分算子（variation operator）$\delta(\cdot)$。虚拟变量算子可以用一些等价的方式来表示，有兴趣的读者可以在文献 [20, 31] 或文献 [17] 中找到相关讨论。以下正式的或可操作的定义足以满足本章将使用的应用。

定义 5.6 虚拟变分算子 $\delta(\cdot)$ 有如下性质：

1. 算子 $\delta(\cdot)$ 遵循与微分算子 $\mathrm{d}(\cdot)$ 相同的规则；
2. 算子 $\delta(\cdot)$ 在时间 t 上的作用恒为零，$\delta t\equiv 0$；
3. 算子 $\delta(\cdot)$ 具有积分或微分的可交换性，如下

$$\delta\left(\frac{\mathrm{d}}{\mathrm{d}t}(\cdot)\right)=\frac{\mathrm{d}}{\mathrm{d}t}(\delta(\cdot))\tag{5.6}$$

$$\delta\left(\int_{t_0}^{t_f}(\cdot)\mathrm{d}t\right)=\int_{t_0}^{t_f}\delta(\cdot)\mathrm{d}t\tag{5.7}$$

4. 算子 $\delta(\cdot)$ 是定义的，符合

$$\delta q(t_0)=\delta q(t_f)=0\tag{5.8}$$

在将这些原理应用到例子和问题之前，有必要更仔细地研究一下在 $\mathbb{X}$ 坐标系中点 p

的虚位移 $\delta \boldsymbol{r}_{\mathbb{X},p}$ 和速度 $\boldsymbol{v}_{\mathbb{X},p}$ 的关系。虚位移和速度分别定义为

$$\delta \boldsymbol{r}_{\mathbb{X},p} := \sum_{k=1}^{N} \frac{\partial \boldsymbol{r}_{\mathbb{X},p}}{\partial q_k} \delta q_k$$

$$\boldsymbol{v}_{\mathbb{X},p} = \sum_{k=1}^{N} \frac{\partial \boldsymbol{r}_{\mathbb{X},p}}{\partial q_k} \dot{q}_k + \frac{\partial \boldsymbol{r}_{\mathbb{X},p}}{\partial t}$$

这两个表达式中的相似性可以用来定义一个实际的方法去计算坐标系 $\mathbb{X}$ 中点 p 的虚位移。首先使用第 2 和第 3 章的工具来计算点 p 的速度 $\boldsymbol{v}_{\mathbb{X},p}$。然后，将 $\dot{q}_k$ 替换为 $\delta q_k(k=1, \cdots, N)$。最后舍弃 $\partial \boldsymbol{r}_{\mathbb{X},p}/\partial t$ 项。最终的表达式与 $\delta \boldsymbol{r}_{\mathbb{X},p}$ 相等。

虚拟变分和虚拟变分算子 δ 在应用中有一个非常重要的性质，即约束力和力矩不会产生虚功。例 5.8 就阐述了这一点。

例 5.8 重新考虑例 5.1 中（如图 5-1 所示）的在平面内的质点。证明作用在质点 m 上的、保证该点在平面内的约束力没有做虚功。

解：使质点在平面内的约束力垂直于平面，因此它可以写成这样的形式

$$\boldsymbol{f}(t) = \frac{1}{\sqrt{3}} \left| \boldsymbol{f}(t) \right| \begin{Bmatrix} 1 \\ 1 \\ 1 \end{Bmatrix}$$

虚位移 $\delta \boldsymbol{r}_{0,m}(t)$ 是通过取位置向量 $\boldsymbol{r}_{0,m}$ 的虚拟变量而计算得到

$$\delta \boldsymbol{r}_{0,m} = \delta x \boldsymbol{x}_0 + \delta y \boldsymbol{y}_0 + (-\delta x - \delta y) \boldsymbol{z}_0$$

由定义得，由约束力产生的虚功通过点乘来计算

$$\delta W = \boldsymbol{f} \cdot \delta \boldsymbol{r}_{0,m} = \frac{1}{\sqrt{3}} \left| \boldsymbol{f} \right| \begin{Bmatrix} 1 \\ 1 \\ 1 \end{Bmatrix} \cdot \begin{Bmatrix} \delta x \\ \delta y \\ -(\delta x + \delta y) \end{Bmatrix} = 0$$

由于约束力和虚位移的方向垂直，因此虚功等于零。5.5 节中讨论了将这个简单的观察推广到更高维度。◀

例 5.9 一个双连杆机械臂如图 5-9 所示。证明旋转关节的作用力（reaction force）对虚功没有贡献。如果 m_1 和 m_2 是施加在结构体 1 和 2 的旋转关节的驱动力矩（actuation moment），证明由这些力矩产生的虚功可以由下式表示

$$\delta W = m_1 \delta \theta_1 + m_2 \delta \theta_2$$

其中，$\delta\theta_1$ 和 $\delta\theta_2$ 是广义坐标 $q_1 := \theta_1$ 和 $q_2 := \theta_2$ 的虚拟变分。

解：首先，连杆 1 和连杆 2 的受力图由作用在关节处的约束力和驱动力矩构成。关节 1 的力矩 $-\boldsymbol{m}_1$ 并不认为它因作用在地面上从而变成了一个不自由的结构体。使用这些受力图，约束力不会产生虚功。根据图 5-10a 和图 5-10b，需要计算作用于结构体 1 的 o 点的力 $\boldsymbol{s}$、作用于结构体 1 的力 $-\boldsymbol{p}$ 和作用于结构体 2 的力 $\boldsymbol{p}$ 的虚功。然后用定义来计算这三个力的虚功

$$\delta W = \sum_i \boldsymbol{f}_i \cdot \delta \boldsymbol{r}_{0,i}$$

在这个机械系统中，计算点 0 和点 1 的虚位移的方法有很多种。其中一种方法是将这些点的位置向量定义为

$$\boldsymbol{r}_{0,o} = \boldsymbol{0}$$

$$\boldsymbol{r}_{0,p} = L_1 \cos\theta_1 \boldsymbol{x}_0 + L_1 \sin\theta_1 \boldsymbol{y}_0$$

然后用虚拟变分算子 $\delta(\cdot)$ 来计算虚位移，可以得到虚位移为

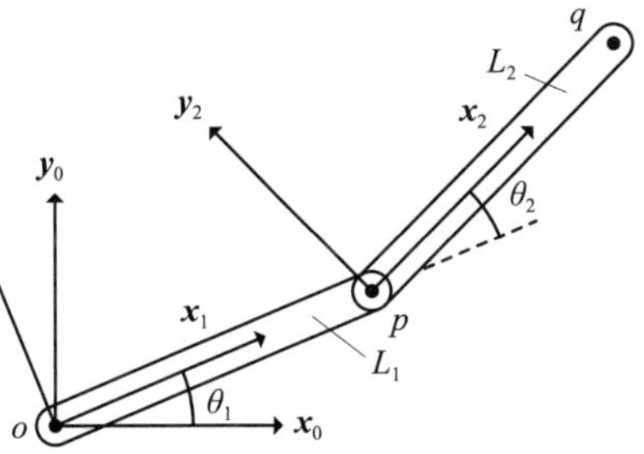

图 5-9　双连杆机械臂

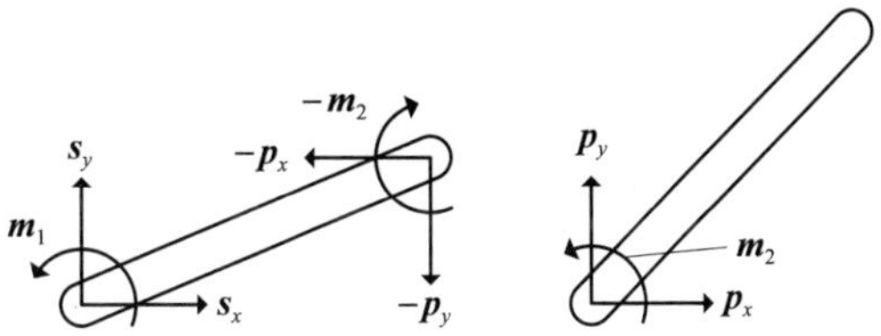

a）结构体1　　b）结构体2

图 5-10　反应力和力矩

$$\delta \boldsymbol{r}_{0,o}=\mathbf{0}$$

$$\delta \boldsymbol{r}_{0,p}=-L_1 \sin\theta_1 \delta\theta_1 \boldsymbol{x}_0+L_1 \cos\theta_1 \delta\theta_1 \boldsymbol{y}_0$$

另一种计算虚拟位移的方法是基于速度的计算。根据广义坐标的定义，位置向量可以表示为

$$\boldsymbol{r}_{0,i}(t)=\boldsymbol{r}_{0,i}(q_1(t),\ q_2(t),\ \cdots,\ q_N(t),\ t)$$

其中 N 是机械系统的自由度数。对这个向量求导得到

$$\boldsymbol{v}_{0,i}(t)=\sum_{j=1}^{N} \frac{\partial \boldsymbol{r}_{0,i}}{\partial q_j}\dot{q}_j(t)+\frac{\partial \boldsymbol{r}_{0,i}}{\partial t}$$

利用这个式子的虚拟变分算子 $\delta(\cdot)$，当 $\delta t=0$ 时，可得

$$\delta \boldsymbol{r}_{0,i}(t)=\sum_{j=1}^{N} \frac{\partial \boldsymbol{r}_{0,i}}{\partial q_j}\delta q_j(t)$$

通过比较这两个方程，虚位移可以从速度的式子中得到，即简单地用 δq_j 代替 $\dot{q}_j$（$j=1$，…，N）并舍弃 $\partial \boldsymbol{r}_{0,i}/\partial t$ 项。例如，在当前的问题中，点 p 的速度是 $\boldsymbol{v}_{0,p}=L_1\dot{\theta}_1\boldsymbol{y}_1$，虚位移就是 $\delta \boldsymbol{r}_{0,p}=L_1\delta\theta \boldsymbol{y}_1$。约束力所做的虚功现在可以计算为

$$\begin{aligned}\delta W&=\sum_i \boldsymbol{f}_i\cdot\delta \boldsymbol{r}_{0,i}=\underbrace{\boldsymbol{s}\cdot\delta \boldsymbol{r}_{0,o}+(-\boldsymbol{p}\cdot\delta \boldsymbol{r}_{0,p})}_{\text{作用在结构体1上}}+\underbrace{\boldsymbol{p}\cdot\delta \boldsymbol{r}_{0,p}}_{\text{作用在结构体2上}}\\&=\boldsymbol{s}\cdot\mathbf{0}+(\boldsymbol{p}-\boldsymbol{p})\cdot\delta \boldsymbol{r}_{0,p}\\&=0\end{aligned}$$

这些方程表明，地面和连杆 1 之间的约束力贡献 0 虚功，因为点 o 被固定在地面上；另外，连杆 1 和 2 之间的约束力贡献零虚功，因为两个结构体上的作用力大小相等，方向相反。

接下来，计算执行器（actuator）所做的虚功。该问题陈述将 m_1 和 m_2 作为驱动力矩，通过电动机作用于机器人系统。

在虚功的定义中，它仅用施加的力来表示，而非力矩。然而，回忆一下静力学导论，任何力矩都可以用一对大小相等、方向相反、被偏移量隔开的力来表示。这样的一对力被称为力偶（couple）。图 5-11 说明了力矩 m_1 作用于结构体 1 的点 o 上，可以用一对大小为 $\frac{1}{2}f_1$、方向相反、分别作用于点 a 和点 b 的力偶表示，点 a 和点 b 相对点 o 分别沿 $+\boldsymbol{x}_1$ 和 $-\boldsymbol{x}_1$ 方向都有 ε 的偏移量。

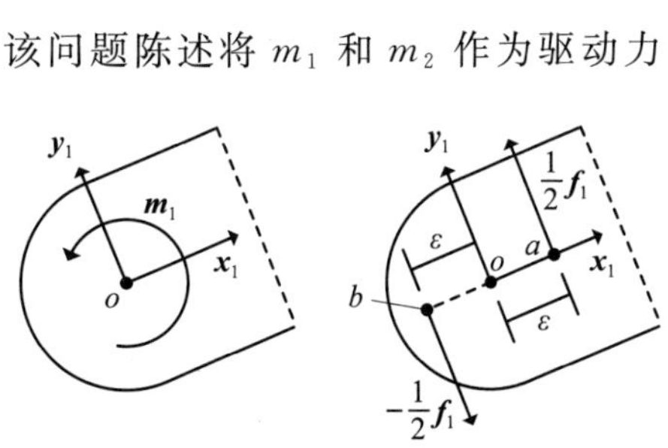

a）力矩　　b）力偶

图 5-11　驱动力矩 m_1 和等价力偶

虚位移可以由点 a 和点 b 的位置向量计算得到

$$\boldsymbol{r}_{0,a}=\varepsilon\boldsymbol{x}_1=\varepsilon(\cos\theta_1\boldsymbol{x}_0+\sin\theta_1\boldsymbol{y}_0)$$
$$\boldsymbol{r}_{0,b}=-\varepsilon\boldsymbol{x}_1=-\varepsilon(\cos\theta_1\boldsymbol{x}_0+\sin\theta_1\boldsymbol{y}_0)$$

通过虚拟变分算子，或者通过计算结构体 1 上的点 a 和点 b 的速度并用 $\delta\theta_1$ 替换掉 $\dot{\theta}_1$，都可以得到下式

$$\delta\boldsymbol{r}_{0,a}=\varepsilon\delta\theta_1\boldsymbol{y}_1=\varepsilon\delta\theta_1(-\sin\theta_1\boldsymbol{x}_0+\cos\theta_1\boldsymbol{y}_0)$$
$$\delta\boldsymbol{r}_{0,b}=-\varepsilon\delta\theta_1\boldsymbol{y}_1=-\varepsilon\delta\theta_1(-\sin\theta_1\boldsymbol{x}_0+\cos\theta_1\boldsymbol{y}_0)$$

通过计算结构体 1 上的力偶，得到组成力偶的这一对力所做的虚功为

$$\begin{aligned}\delta W&=\left(\frac{1}{2}f_1\boldsymbol{y}_1\right)\cdot\delta\boldsymbol{r}_{0,a}+\left(-\frac{1}{2}f_1\boldsymbol{y}_1\right)\cdot\delta\boldsymbol{r}_{0,b}\\&=\frac{1}{2}f_1\varepsilon\delta\theta_1+\left(-\frac{1}{2}f_1\right)(-\varepsilon\delta\theta_1)\\&=f_1\varepsilon\delta\theta_1=m_1\delta\theta_1\end{aligned}$$

需要注意的是，有一对反作用力作用在结构体 0 上，相当于执行器作用在结构体 0 上的力矩 $-m_1$。但由于结构体 0 是静止的，所以结构体 0 中所有点的虚位移均为零。作用于结构体 0 上的力矩对虚功没有贡献。

接下来，计算作用于结构体 2 的驱动力矩 m_2 和作用于结构体 1 的驱动力矩 $-m_2$ 的虚功。图 5-12a 表示固定在结构体 1 上的 c 点和 d 点上的一对作用力，图 5-12b 表示固定在结构体 2 上的 e 点和 f 点上的一对作用力。c、d、e、f 点的位置由下列表达式表示

$$\boldsymbol{r}_{0,c}=(L_1+\varepsilon)\boldsymbol{x}_1$$
$$\boldsymbol{r}_{0,d}=(L_1-\varepsilon)\boldsymbol{x}_1$$
$$\boldsymbol{r}_{0,e}=L_1\boldsymbol{x}_1+\varepsilon\boldsymbol{x}_2$$
$$\boldsymbol{r}_{0,f}=L_1\boldsymbol{x}_1-\varepsilon\boldsymbol{x}_2$$

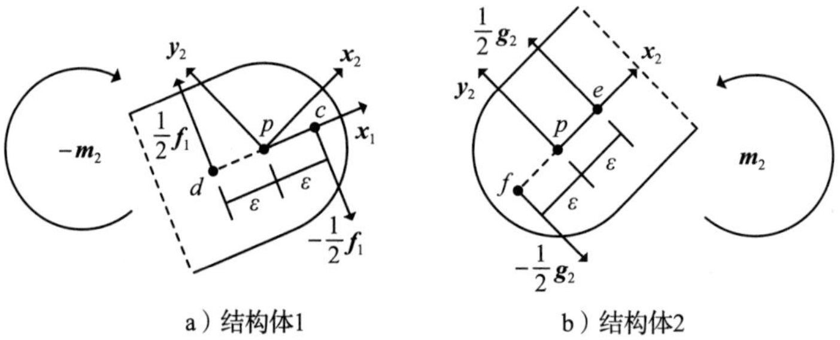

图 5-12　驱动力矩 m_2 的力偶作用于结构体

四个点的虚位移可以计算得

$$\delta\boldsymbol{r}_{0,c}=(L+\varepsilon)\delta\theta_1\boldsymbol{y}_1$$
$$\delta\boldsymbol{r}_{0,d}=(L-\varepsilon)\delta\theta_1\boldsymbol{y}_1$$
$$\delta\boldsymbol{r}_{0,e}=L_1\delta\theta_1\boldsymbol{y}_1+\varepsilon(\delta\theta_1+\delta\theta_2)\boldsymbol{y}_2$$
$$\delta\boldsymbol{r}_{0,f}=L_1\delta\theta_1\boldsymbol{y}_1-\varepsilon(\delta\theta_1+\delta\theta_2)\boldsymbol{y}_2$$

注意，如图 5-12a 所示作用在关节 1 上的这对力偶为 $-\varepsilon f_1=-m_2$，如图 5-12b 所示作用在关节 2 上的这对力偶为 $\varepsilon g_2=m_2$。因此，将作用于结构体 1 上的力矩 $-m_2$ 和作用于结构体 2 上的力矩 m_2 分别所做的虚功可以相加可得

$$\delta W=\underbrace{\left(-\frac{1}{2}f_1\boldsymbol{y}_1\right)\cdot((L_1+\varepsilon)\delta\theta_1\boldsymbol{y}_1)+\left(\frac{1}{2}f_1\boldsymbol{y}_1\right)\cdot((L_1-\varepsilon)\delta\theta_1\boldsymbol{y}_1)+}_{\text{结构体1上的作用力引起的}}$$

$$\underbrace{\left(\frac{1}{2}g_1\boldsymbol{y}_2\right)\cdot(L_1\delta\theta_1\boldsymbol{y}_1+\varepsilon(\delta\theta_1+\delta\theta_2)\boldsymbol{y}_2)+\left(-\frac{1}{2}g_1\boldsymbol{y}_2\right)\cdot(L_1\delta\theta_1\boldsymbol{y}_1-\varepsilon(\delta\theta_1+\delta\theta_2)\boldsymbol{y}_2)}_{\text{结构体2上的作用力引起的}}$$

$$=-f_1\varepsilon\delta\theta_1+g_2\varepsilon\delta\theta_1+g_2\varepsilon\delta\theta_2=-m_2\delta\theta_1+m_2\delta\theta_1+m_2\delta\theta_2=m_2\delta\theta_2$$

其中 $m_2=f_2\varepsilon=g_2\varepsilon$。因此，作用于连杆 1 上的 m_1 和作用于连杆 1 和 2 上的 m_2 产生的总虚功为

$$\delta W=m_1\delta\theta_1+m_2\delta\theta_2$$

经过仔细检查，本例中的计算实际上是相当一般化的。假设有一个运动链中的广义坐标 $\boldsymbol{q}=\{\theta_1,\ \theta_2,\ \cdots,\ \theta_N\}$ 是关于每一对相邻连杆之间的共同轴的相对角度。若关节驱动力矩为 $\boldsymbol{m}_i(i=1,\ \cdots,\ N)$，那么 $\delta W=\sum_i \boldsymbol{m}_i\delta\theta_i$。◀

需要注意的是，上述计算依赖于广义坐标是连杆之间的相对夹角这一事实。一般的结果是不成立的，例如，如果联合坐标都是从一个共同的基准测量。

例 5.10 假设例 5.9 中的双连杆机器人不是由关节中的电动机驱动的，而是由人造肌肉施加在 o 点和 q 点之间的力驱动。也就是说，假设肌肉在 o 点、向 q 点方向施加一个力 T，在 q 点、向 o 点方向施加另一个力 T。请问人造肌肉施加的虚功是多少？广义力是什么？

解： 因为 o 点的速度等于 0，因此 $\delta\boldsymbol{r}_{0,0}=\boldsymbol{0}$。点 p 和 q 的速度为

$$\boldsymbol{v}_{0,p}=L_1\dot{\theta}_1\boldsymbol{y}_1$$

$$\boldsymbol{v}_{0,2}=L_1\dot{\theta}_1\boldsymbol{y}_1+L_2\dot{\theta}_2\boldsymbol{y}_2$$

由此得到点 p 和点 q 的虚位移

$$\delta\boldsymbol{r}_{0,p}=L_1\delta\theta_1\boldsymbol{y}_2$$

$$\delta\boldsymbol{r}_{0,q}=L_1\delta\theta_1\boldsymbol{y}_2+L_2\delta\theta_2\boldsymbol{y}_3$$

一个单位向量 $\boldsymbol{u}_{o,q}$ 可以沿着连接点 o 和点 q 的向量的方向构造为

$$\boldsymbol{u}_{o,q}=\frac{L_1\boldsymbol{x}_2+L_2\boldsymbol{x}_3}{\|L_1\boldsymbol{x}_2+L_2\boldsymbol{x}_3\|}=\frac{1}{\sqrt{L_1^2+L_2^2+2L_1L_2\cos(\theta_2-\theta_1)}}(L_1\boldsymbol{x}_2+L_2\boldsymbol{x}_3)$$

最终，上述力所做的虚功为

$$\delta W=(T\boldsymbol{u}_{o,q})\cdot\delta\boldsymbol{r}_{0,o}+(-T\boldsymbol{u}_{o,q})\cdot\delta\boldsymbol{r}_{0,q}=-\frac{TL_1L_2\sin(\theta_2-\theta_1)}{\sqrt{L_1^2+L_2^2+2L_1L_2\cos(\theta_2-\theta_1)}}(\delta\theta_1-\delta\theta_2)$$

广义力是通过在关于变量 $\delta\theta_1$ 和 $\delta\theta_2$ 的虚功 δW 中找到参数而计算得到的

$$\boldsymbol{Q}=\begin{Bmatrix}Q_1\\Q_2\end{Bmatrix}=\begin{Bmatrix}-\dfrac{TL_1L_2\sin(\theta_2-\theta_1)}{\sqrt{L_1^2+L_2^2+2L_1L_2\cos(\theta_2-\theta_1)}}\\\dfrac{TL_1L_2\sin(\theta_2-\theta_1)}{\sqrt{L_1^2+L_2^2+2L_1L_2\cos(\theta_2-\theta_1)}}\end{Bmatrix}$$

上述解答过程也可以在 MATLAB Workbook for DCRS 的例 5.7 中找到。◀

例 5.11 这个例子考虑一个有自身固定系 $\mathbb{B}$ 的刚体在地面系 $\mathbb{X}$ 中运动。系统的广义坐标选择为刚体的质心相对于地面系 $\mathbb{X}$ 的坐标 $\{x_c,\ y_c,\ z_c\}$

$$\boldsymbol{r}_{\mathbb{X},c}=x_c\boldsymbol{x}_1+y_c\boldsymbol{x}_2+z_c\boldsymbol{x}_3$$

以及 3-2-1 欧拉角 $\{\psi, \theta, \phi\}$，这个欧拉角通过以下旋转矩阵来表示固定系 $\mathbb{B}$ 相对于地面系 $\mathbb{X}$ 的方向

$$\boldsymbol{R}_{\mathbb{X}}^{\mathbb{B}}=\begin{bmatrix}1 & 0 & 0\\ 0 & \cos\phi & \sin\phi\\ 0 & -\sin\phi & \cos\phi\end{bmatrix}\begin{bmatrix}\cos\theta & 0 & -\sin\theta\\ 0 & 1 & 0\\ \sin\theta & 0 & \cos\theta\end{bmatrix}\begin{bmatrix}\cos\psi & \sin\psi & 0\\ -\sin\psi & \cos\psi & 0\\ 0 & 0 & 1\end{bmatrix}$$

表示刚体运动的广义坐标 $\boldsymbol{q}$ 的向量可以定义为

$$\boldsymbol{q}^{\mathrm{T}}=\{q_1 \quad q_2 \quad \cdots \quad q_6\}^{\mathrm{T}}=\{x_c \quad y_c \quad z_c \quad \phi \quad \theta \quad \psi\}^{\mathrm{T}}$$

计算施加在固定于结构体的一点 p 上的外力 $\boldsymbol{f}$

$$\boldsymbol{f}=f_1\boldsymbol{b}_1+f_2\boldsymbol{b}_2+f_3\boldsymbol{b}_3$$

所做的虚功。点 p 位于连接质心到点 p 的向量 $\boldsymbol{d}_{c,p}$ 上，该向量表示为

$$\boldsymbol{d}_{c,p}=d_1\boldsymbol{b}_1+d_2\boldsymbol{b}_2+d_3\boldsymbol{b}_3$$

找到这个点力产生的广义力 $\boldsymbol{Q}:=\{Q_1 \quad \cdots \quad Q_6\}^{\mathrm{T}}$。

解： 点 p 的虚位移可以通过计算其速度并用 δq_k 替换 $\dot{q}_k(k=1, 2, \cdots, 6)$ 得到，如 5.3 节中讨论的那样。施力点的速度与质心速度的关系为

$$\boldsymbol{v}_{\mathbb{X},p}=\boldsymbol{v}_{\mathbb{X},c}+\boldsymbol{\omega}_{\mathbb{X},\mathbb{B}}\times\boldsymbol{d}_{c,p}$$

这个方程可以重写成以下形式

$$\boldsymbol{v}_{\mathbb{X},p}=\dot{x}_c\boldsymbol{x}_1+\dot{y}_c\boldsymbol{x}_2+\dot{Z}_c\boldsymbol{x}_3-\boldsymbol{d}_{c,p}\times\boldsymbol{\omega}_{\mathbb{X},\mathbb{B}}$$

回想一下，角速度可以用固定系下的 RPY 角的时间导数表示为

$$\boldsymbol{\omega}_{\mathbb{X},\mathbb{B}}^{\mathbb{B}}=\begin{bmatrix}1 & 0 & -\sin\theta\\ 0 & \cos\phi & \cos\theta\sin\phi\\ 0 & -\sin\phi & \cos\theta\cos\phi\end{bmatrix}\begin{Bmatrix}\dot{\phi}\\ \dot{\theta}\\ \dot{\psi}\end{Bmatrix}=\boldsymbol{W}(\phi, \theta, \psi)\begin{Bmatrix}\dot{\phi}\\ \dot{\theta}\\ \dot{\psi}\end{Bmatrix} \tag{5.9}$$

结合这些表达式，可以获得点 p 在 $\mathbb{B}$ 坐标系下的速度表达式如下

$$\boldsymbol{v}_{\mathbb{X},p}^{\mathbb{B}}=\boldsymbol{R}_{\mathbb{X}}^{\mathbb{B}}\begin{Bmatrix}\dot{x}_c\\ \dot{y}_c\\ \dot{Z}_c\end{Bmatrix}-\begin{bmatrix}0 & -d_3 & d_2\\ d_3 & 0 & -d_1\\ -d_2 & d_1 & 0\end{bmatrix}\begin{bmatrix}1 & 0 & -\sin\theta\\ 0 & \cos\phi & \cos\theta\sin\phi\\ 0 & -\sin\phi & \cos\theta\cos\phi\end{bmatrix}\begin{Bmatrix}\dot{\phi}\\ \dot{\theta}\\ \dot{\psi}\end{Bmatrix}$$

$$=[\boldsymbol{R}_{\mathbb{X}}^{\mathbb{B}}-\boldsymbol{S}(\boldsymbol{d}_{c,p}^{\mathbb{B}})\boldsymbol{W}(\phi, \theta, \psi)]\begin{Bmatrix}\dot{x}_c\\ \dot{y}_c\\ \dot{Z}_c\\ \dot{\phi}\\ \dot{\theta}\\ \dot{\psi}\end{Bmatrix}$$

最后这个等式提供了有助于计算在 $\mathbb{B}$ 坐标系下 p 点的虚位移的速度形式。
虚位移为

$$\delta\boldsymbol{r}_{\mathbb{X},p}^{\mathbb{B}}=[\boldsymbol{R}_{\mathbb{X}}^{\mathbb{B}}-\boldsymbol{S}(\boldsymbol{d}_{c,p}^{\mathbb{B}})\boldsymbol{W}(\phi, \theta, \psi)]\begin{Bmatrix}\delta x_c\\ \delta y_c\\ \delta z_c\\ \delta\phi\\ \delta\theta\\ \delta\psi\end{Bmatrix}$$

所以外加力 $\boldsymbol{f}$ 所做的虚功为

$$\delta W = \boldsymbol{f} \cdot \delta \boldsymbol{r}_{\mathbb{X},p} = [f_1 \quad f_2 \quad f_3][\boldsymbol{R}_{\mathbb{X}}^{\mathbb{B}} - \boldsymbol{S}(\boldsymbol{d}_{c,p}^{\mathbb{B}})\boldsymbol{W}(\phi, \theta, \psi)]\delta \boldsymbol{q} = \boldsymbol{Q}^{\mathrm{T}}\delta \boldsymbol{q}$$

广义力可以写成

$$\boldsymbol{Q} = [\boldsymbol{R}_{\mathbb{X}}^{\mathbb{B}} - \boldsymbol{S}(\boldsymbol{d}_{c,p}^{\mathbb{B}})\boldsymbol{W}(\phi, \theta, \psi)]^{\mathrm{T}}\begin{Bmatrix} f_1 \\ f_2 \\ f_3 \end{Bmatrix}$$

广义力向量中的这些项的计算是在 MATLAB Workbook for DCRS 的例 5.8 中。◀

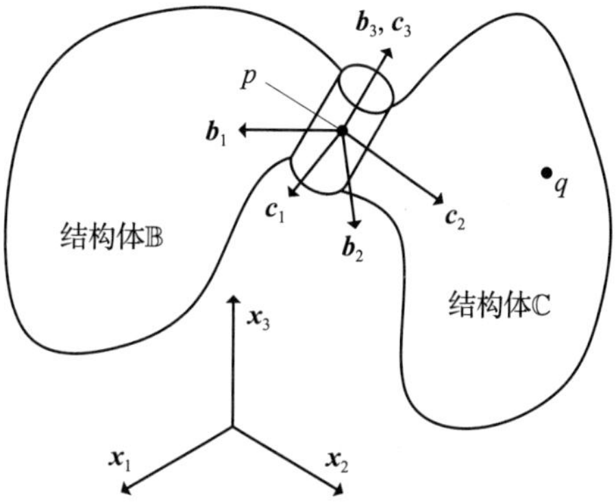

图 5-13　结构体 𝔹 和 ℂ 共用一个在 𝕏 坐标系中的转动关节

例 5.12 图 5-13 所示的分别具有自身固定系 𝔹 和 ℂ 的两个刚体在地面系 𝕏 中运动。结构体 ℂ 相对于结构体 𝔹 沿轴 $\boldsymbol{b}_3 = \boldsymbol{c}_3$ 绕转动关节旋转。

这个系统需要七个广义坐标才能表示。坐标的一个有效选择包括结构体 𝔹 的质心在地面系 𝕏 中的三个坐标

$$\boldsymbol{r}_{\mathbb{X},c_{\mathbb{B}}} = x_{c_{\mathbb{B}}}\boldsymbol{x}_1 + y_{c_{\mathbb{B}}}\boldsymbol{x}_2 + z_{c_{\mathbb{B}}}\boldsymbol{x}_3$$

以及 3-2-1 的欧拉角 $\{\psi, \theta, \phi\}$，这个欧拉角通过下列旋转矩阵来联系 𝔹 坐标系和 𝕏 坐标系

$$\boldsymbol{R}_{\mathbb{X}}^{\mathbb{B}} = \begin{bmatrix} 1 & 0 & 0 \\ 0 & \cos\phi & \sin\phi \\ 0 & -\sin\phi & \cos\phi \end{bmatrix}\begin{bmatrix} \cos\theta & 0 & -\sin\theta \\ 0 & 1 & 0 \\ \sin\theta & 0 & \cos\theta \end{bmatrix}\begin{bmatrix} \cos\psi & \sin\psi & 0 \\ -\sin\psi & \cos\psi & 0 \\ 0 & 0 & 1 \end{bmatrix}$$

和一个 α 角来表示 ℂ 坐标系相对于 𝔹 坐标系的旋转

$$\boldsymbol{R}_{\mathbb{B}}^{\mathbb{C}} = \begin{bmatrix} \cos\alpha & \sin\alpha & 0 \\ -\sin\alpha & \cos\alpha & 0 \\ 0 & 0 & 1 \end{bmatrix}$$

广义坐标可以用 7 元组的 $\boldsymbol{q}$ 来表示

$$\{q_1 \quad q_2 \quad \cdots \quad q_7\}^{\mathrm{T}} = \{x_{c_{\mathbb{B}}} \quad y_{c_{\mathbb{B}}} \quad z_{c_{\mathbb{B}}} \quad \phi \quad \theta \quad \psi \quad \alpha\}^{\mathrm{T}} = \{\boldsymbol{q}_{\mathbb{B}} \quad \alpha\}^{\mathrm{T}}$$

找到施加在 ℂ 系上的固定点 q 上的力 $\boldsymbol{f}$ 所做的虚功。找到围绕轴 $\boldsymbol{b}_3 = \boldsymbol{c}_3$ 对结构体 ℂ 施加的力矩 $\boldsymbol{m}$、对结构体 𝔹 施加的力矩 $-\boldsymbol{m}$ 的执行器所做的虚功。证明在旋转关节处的约束力和力矩所做的虚功等于零。

解： 首先计算作用在结构体 ℂ 上的固定点 q 的力 $\boldsymbol{f}$ 所做的虚功。由 $\boldsymbol{v}_{\mathbb{X},q} = \boldsymbol{v}_{\mathbb{X},p} + \boldsymbol{\omega}_{\mathbb{X},\mathbb{C}} \times \boldsymbol{d}_{p,q}$，$\boldsymbol{\omega}_{\mathbb{X},\mathbb{C}} = \boldsymbol{\omega}_{\mathbb{X},\mathbb{B}} + \dot{\alpha}\boldsymbol{b}_3$ 以及例 5.11 的结论，可以表示在 ℂ 坐标系下的速度如下

$$\boldsymbol{v}_{\mathbb{X},q}^{\mathbb{C}} = \boldsymbol{R}_{\mathbb{B}}^{\mathbb{C}}[\boldsymbol{R}_{\mathbb{X}}^{\mathbb{B}}, \boldsymbol{S}(-\boldsymbol{d}_{c,p}^{\mathbb{B}})\boldsymbol{W}(\phi, \theta, \psi)]\dot{\boldsymbol{q}}_{\mathbb{B}} + \boldsymbol{R}_{\mathbb{B}}^{\mathbb{C}}\boldsymbol{S}(-\boldsymbol{d}_{p,q}^{\mathbb{B}})\boldsymbol{W}(\phi, \theta, \psi)\begin{Bmatrix} \dot{\phi} \\ \dot{\theta} \\ \dot{\psi} \end{Bmatrix} + \boldsymbol{S}(-\boldsymbol{d}_{p,q}^{\mathbb{C}})\begin{Bmatrix} 0 \\ 0 \\ 1 \end{Bmatrix}\dot{\alpha}$$

$$= \boldsymbol{R}_{\mathbb{B}}^{\mathbb{C}}[\boldsymbol{R}_{\mathbb{X}}^{\mathbb{B}}, \boldsymbol{S}(-\boldsymbol{d}_{c,q}^{\mathbb{B}})\boldsymbol{W}(\phi, \theta, \psi)]\dot{\boldsymbol{q}}_{\mathbb{B}} + \boldsymbol{S}(-\boldsymbol{d}_{p,q}^{\mathbb{C}})\begin{Bmatrix} 0 \\ 0 \\ 1 \end{Bmatrix}\dot{\alpha}$$

$$= \boldsymbol{R}_{\mathbb{B}}^{\mathbb{C}}\left[\boldsymbol{R}_{\mathbb{X}}^{\mathbb{B}}, \boldsymbol{S}(-\boldsymbol{d}_{c,q}^{\mathbb{B}})\boldsymbol{W}(\phi, \theta, \psi), \boldsymbol{S}(-\boldsymbol{d}_{p,q}^{\mathbb{B}})\begin{Bmatrix} 0 \\ 0 \\ 1 \end{Bmatrix}\right]\dot{\boldsymbol{q}}$$

因为 q 点的虚位移可以写成

$$\delta \boldsymbol{r}_{\mathbb{X},q}^{\mathbb{C}}=\boldsymbol{R}_{\mathbb{B}}^{\mathbb{C}}\left[\boldsymbol{R}_{\mathbb{X}}^{\mathbb{B}},\ \boldsymbol{S}(-\boldsymbol{d}_{c,q}^{\mathbb{B}})\boldsymbol{W}(\phi,\ \theta,\ \psi),\ \boldsymbol{S}(-\boldsymbol{d}_{p,q}^{\mathbb{B}})\begin{Bmatrix}0\\0\\1\end{Bmatrix}\right]\delta \boldsymbol{q}$$

所以力 $\boldsymbol{f}:=f_1\boldsymbol{b}_1+f_2\boldsymbol{b}_2+f_3\boldsymbol{b}_3$ 的虚功为

$$\delta W=[f_1\quad f_2\quad f_3]\left[\boldsymbol{R}_{\mathbb{X}}^{\mathbb{B}},\ \boldsymbol{S}(-\boldsymbol{d}_{c,q}^{\mathbb{B}})\boldsymbol{W}(\phi,\ \theta,\ \psi),\ \boldsymbol{S}(-\boldsymbol{d}_{p,q}^{\mathbb{B}})\begin{Bmatrix}0\\0\\1\end{Bmatrix}\right]\delta \boldsymbol{q}$$

用 $\mathbb{B}$ 或 $\mathbb{C}$ 的基表达向量，上面的方程得以推导出来。一些作者没有选择特定的基，而选择将变分方程表示为向量。比如，给定

$$\delta \boldsymbol{\omega}_{\mathbb{X},\mathbb{B}}^{\mathbb{B}}:=\boldsymbol{W}(\phi,\ \theta,\ \psi)\begin{Bmatrix}\delta\phi\\ \delta\theta\\ \delta\psi\end{Bmatrix}$$

然后点 q 的虚位移可以写成向量方程

$$\delta \boldsymbol{r}_{\mathbb{X},q}:=\delta \boldsymbol{r}_{\mathbb{X},p}-\boldsymbol{d}_{p,q}\times(\delta\boldsymbol{\omega}_{\mathbb{X},\mathbb{B}}+\delta\alpha \boldsymbol{b}_3)=\delta \boldsymbol{r}_{\mathbb{X},p}+(\delta\boldsymbol{\omega}_{\mathbb{X},\mathbb{B}}+\delta\alpha \boldsymbol{b}_3)\times \boldsymbol{d}_{p,q}$$

其中，$\delta \boldsymbol{r}_{\mathbb{X},q}$ 在例 5.11 中已经定义了。

接下来计算作用在结构体 $\mathbb{B}$ 和 $\mathbb{C}$、围绕旋转关节的驱动力矩所做的虚功。该解法与例 5.9 中对二维情况的分析一样。假设执行器产生的力矩由一对大小相等、方向相反的力来表示，一个力施加在结构体 $\mathbb{C}$ 上的点 a，大小为 $\frac{1}{2}\boldsymbol{f}=\frac{1}{2}f\boldsymbol{c}_2$。向量 $\boldsymbol{d}_{p,a}=d_{p,a}\boldsymbol{c}_1$ 连接点 p 到结构体 $\mathbb{C}$ 上的点 c。同样，另一个力施加在结构体 $\mathbb{C}$ 上的点 b，大小为 $-\frac{1}{2}\boldsymbol{f}=-\frac{1}{2}f\boldsymbol{c}_2$。向量 $\boldsymbol{d}_{p,b}=-\boldsymbol{d}_{p,a}=-d_{p,a}\boldsymbol{c}_1$ 连接点 p 到结构体 $\mathbb{C}$ 上的点 b。因此，施加在结构体 $\mathbb{C}$ 上的、围绕轴 $\boldsymbol{b}_3=\boldsymbol{c}_3$ 的力矩给出为

$$m\boldsymbol{c}_3=\boldsymbol{d}_{p,a}\times\left(\frac{1}{2}\boldsymbol{f}\right)+\boldsymbol{d}_{p,b}\times\left(-\frac{1}{2}\boldsymbol{f}\right)=\boldsymbol{d}_{p,a}\times\boldsymbol{f}=d_{p,a}f\boldsymbol{b}_3$$

当求作用在结构体 $\mathbb{B}$ 上的力矩的形式时，可以用类似的分析。一个力施加在结构体 $\mathbb{B}$ 上的点 c，大小为 $-\frac{1}{2}\boldsymbol{g}=-\frac{1}{2}g\boldsymbol{b}_2$。向量 $\boldsymbol{d}_{p,c}=d_{p,c}\boldsymbol{b}_1$ 连接点 p 到结构体 $\mathbb{B}$ 上的点 c。类似地，另一个力施加在结构体 $\mathbb{B}$ 上的点 d，大小为 $\frac{1}{2}\boldsymbol{g}=\frac{1}{2}g\boldsymbol{b}_2$。向量 $\boldsymbol{d}_{p,d}=-\boldsymbol{d}_{p,c}=-d_{p,c}\boldsymbol{b}_1$ 连接点 p 到结构体 $\mathbb{B}$ 上的点 d。因此，施加在结构体 $\mathbb{B}$ 上的、围绕轴 $\boldsymbol{b}_3=\boldsymbol{c}_3$ 的力矩给出为

$$-m\boldsymbol{b}_3=\boldsymbol{d}_{p,c}\times\left(-\frac{1}{2}\boldsymbol{g}\right)+\boldsymbol{d}_{p,d}\times\left(\frac{1}{2}\boldsymbol{g}\right)=-\boldsymbol{d}_{p,c}\times\boldsymbol{g}=-d_{p,c}g\boldsymbol{b}_3$$

点 $a-d$ 的虚位移可以通过计算每一点的速度并将速度转化为相应的虚位移得到。点 $a-d$ 的速度根据定义得

$$\begin{aligned}\boldsymbol{v}_{\mathbb{X},a}&=\boldsymbol{v}_{\mathbb{X},p}+\boldsymbol{\omega}_{\mathbb{X},\mathbb{C}}\times\boldsymbol{d}_{p,a}\\ \boldsymbol{v}_{\mathbb{X},d}&=\boldsymbol{v}_{\mathbb{X},p}+\boldsymbol{\omega}_{\mathbb{X},\mathbb{C}}\times(-\boldsymbol{d}_{p,a})\\ \boldsymbol{v}_{\mathbb{X},c}&=\boldsymbol{v}_{\mathbb{X},p}+\boldsymbol{\omega}_{\mathbb{X},\mathbb{B}}\times\boldsymbol{d}_{p,c}\\ \boldsymbol{v}_{\mathbb{X},d}&=\boldsymbol{v}_{\mathbb{X},p}+\boldsymbol{\omega}_{\mathbb{X},\mathbb{B}}\times(-\boldsymbol{d}_{p,d})\end{aligned}$$

点 $a-d$ 相应的虚位移为

$$\delta \boldsymbol{r}_{\mathbb{X},a} = \delta \boldsymbol{r}_{\mathbb{X},p} + \delta \boldsymbol{\omega}_{\mathbb{X},\mathbb{C}} \times \boldsymbol{d}_{p,a}$$
$$\delta \boldsymbol{r}_{\mathbb{X},b} = \delta \boldsymbol{r}_{\mathbb{X},p} - \delta \boldsymbol{\omega}_{\mathbb{X},\mathbb{C}} \times \boldsymbol{d}_{p,a}$$
$$\delta \boldsymbol{r}_{\mathbb{X},c} = \delta \boldsymbol{r}_{\mathbb{X},p} + \delta \boldsymbol{\omega}_{\mathbb{X},\mathbb{B}} \times \boldsymbol{d}_{p,c}$$
$$\delta \boldsymbol{r}_{\mathbb{X},d} = \delta \boldsymbol{r}_{\mathbb{X},p} - \delta \boldsymbol{\omega}_{\mathbb{X},\mathbb{B}} \times \boldsymbol{d}_{p,c}$$

与驱动力矩相关的虚功就是所有这些力所做虚功的总和

$$\delta W = \left(\frac{1}{2}\boldsymbol{f}\right) \cdot (\delta \boldsymbol{r}_{\mathbb{X},p} + \delta \boldsymbol{\omega}_{\mathbb{X},\mathbb{C}} \times \boldsymbol{d}_{p,a}) + \left(-\frac{1}{2}\boldsymbol{f}\right) \cdot (\delta \boldsymbol{r}_{\mathbb{X},p} - \delta \boldsymbol{\omega}_{\mathbb{X},\mathbb{C}} \times \boldsymbol{d}_{p,a}) + \left(-\frac{1}{2}\boldsymbol{g}\right) \cdot (\delta \boldsymbol{r}_{\mathbb{X},p} + \delta \boldsymbol{\omega}_{\mathbb{X},\mathbb{B}} \times \boldsymbol{d}_{p,c}) + \left(\frac{1}{2}\boldsymbol{g}\right) \cdot (\delta \boldsymbol{r}_{\mathbb{X},p} - \delta \boldsymbol{\omega}_{\mathbb{X},\mathbb{B}} \times \boldsymbol{d}_{p,c})$$

因为基于两个力偶的方程有 $m = d_{p,a} f = d_{p,c} g$，上述等式可以化简为

$$\delta W = m \delta \alpha$$

注意，驱动力矩只能通过虚拟变量 $\delta\alpha$ 来产生虚功。这是一个重要的发现，使得许多实际机器人系统的虚功的推导变得更简单。这一结果应与例 5.9 中平面机器人的分析结果进行对比。◀

通过使用虚拟变分算子、虚位移和施加的力所做的虚功的定义，哈密顿原理现在可以扩展到非保守机械系统。这个结果被称为哈密顿扩展原理（Hamilton's extended principle）。

定理 5.6　设 $\boldsymbol{q}(t) := \{q_1(t), q_2(t), \cdots, q_N(t)\}^{\mathrm{T}}$ 为一个机械系统的一组广义坐标，系统受到非保守（nonconservative）的力和力矩的作用。在机械系统的所有可能的与运动学约束（kinematic constraint）一致的运动中，系统的实际运动满足

$$\delta \int_{t_0}^{t_f} (T - V)\mathrm{d}t + \int_{t_0}^{t_f} \delta W_{nc}\, \mathrm{d}t = 0 \tag{5.10}$$

其中，T 是动能，V 是势能，δW_{nc} 是施加在机械系统上的非保守外力所做的虚功。

正如在处理保守系统时那样，哈密顿扩展原理可以直接用于解决问题，也可以用于推导分析力学中的替代方法。它将首先用于解决一个简单的问题。

例 5.13　考虑一个受约束在平面内运动的质点，如例 5.3 所示。假设施加在质点上的外力 $\boldsymbol{p}(t)$ 为

$$\boldsymbol{p}(t) = A\cos(\Omega t)\left(\frac{1}{\sqrt{2}}\boldsymbol{x}_0 - \frac{1}{\sqrt{2}}\boldsymbol{z}_0\right) + B\sin(\Omega t)\left(\frac{1}{\sqrt{2}}\boldsymbol{y}_0 - \frac{1}{\sqrt{2}}\boldsymbol{z}_0\right)$$

找出这个外力所做的虚功，并使用哈密顿扩展原理找到这个系统的控制方程。

解： 外力 $\boldsymbol{p}$ 始终平行于平面，因此有如下等式

$$\boldsymbol{p} \cdot \boldsymbol{n} = \left\{ A\cos(\Omega t)\begin{Bmatrix} \frac{1}{\sqrt{2}} \\ 0 \\ -\frac{1}{\sqrt{2}} \end{Bmatrix} + B\sin(\Omega t)\begin{Bmatrix} 0 \\ \frac{1}{\sqrt{2}} \\ -\frac{1}{\sqrt{2}} \end{Bmatrix} \right\} \cdot \frac{1}{\sqrt{3}}\begin{Bmatrix} 1 \\ 1 \\ 1 \end{Bmatrix} = 0$$

由例 5.3 可知

$$\delta \int_{t_0}^{t_f} (T - V)\mathrm{d}t = \int_{t_0}^{t_f} \{\dot{\boldsymbol{q}}^{\mathrm{T}} \boldsymbol{M} \delta \dot{\boldsymbol{q}} + mg[1 \quad 1]\delta \boldsymbol{q}\}\mathrm{d}t$$
$$= \dot{\boldsymbol{q}}^{\mathrm{T}} \boldsymbol{M} \delta \boldsymbol{q} \Big|_{t_0}^{t_f} + \int_{t_0}^{t_f} \left\{ -\boldsymbol{M}\ddot{\boldsymbol{q}} + mg\begin{Bmatrix} 1 \\ 1 \end{Bmatrix} \right\} \cdot \delta \boldsymbol{q}\, \mathrm{d}t$$

非保守外力所做的虚功可以给出

$$
\delta W = \boldsymbol{p} \cdot \delta \boldsymbol{r}_{0,m} = \begin{Bmatrix} \frac{1}{\sqrt{2}} A\cos(\Omega t) \\ \frac{1}{\sqrt{2}} B\sin(\Omega t) \\ -\frac{1}{\sqrt{2}} A\cos(\Omega t) - \frac{1}{\sqrt{2}} B\sin(\Omega t) \end{Bmatrix} \cdot \begin{Bmatrix} \delta q_1 \\ \delta q_2 \\ -\delta q_1 - \delta q_2 \end{Bmatrix}
$$

$$
= \left(\sqrt{2} A\cos(\Omega t) + \frac{1}{\sqrt{2}} B\sin(\Omega t) \right) \delta q_1 + \left(\sqrt{2} B\sin(\Omega t) + \frac{1}{\sqrt{2}} A\cos(\Omega t) \right) \delta q_2
$$

将这些项带入哈密顿扩展原理中，我们可以获得最终形式如下：对所有可容许的变分 $\delta \boldsymbol{q}$，都有

$$
\delta \int_{t_0}^{t_f} (T-V)\mathrm{d}t + \int_{t_0}^{t_f} \delta W \mathrm{d}t = \int_{t_0}^{t_f} \left\{ -\boldsymbol{M}\ddot{\boldsymbol{q}} + mg \begin{Bmatrix} 1 \\ 1 \end{Bmatrix} + \begin{Bmatrix} \sqrt{2} A\cos(\Omega t) + \frac{1}{\sqrt{2}} B\sin(\Omega t) \\ \sqrt{2} B\sin(\Omega t) + \frac{1}{\sqrt{2}} B\cos(\Omega t) \end{Bmatrix} \right\} \cdot \delta \boldsymbol{q} \mathrm{d}t = 0
$$

这个表达式对任意选择的虚拟变分 $\delta \boldsymbol{q}$ 都等于零，因此被积函数一定等于零。这就给出了运动方程。◀

在本章前面已经指出，保守系统的拉格朗日方程可以从哈密顿原理推导出来。同样地，哈密顿扩展原理也可用于推导非保守系统的拉格朗日方程。

定理 5.7　设 $\boldsymbol{q}(t) := \{q_1(t), q_2(t), \cdots, q_N(t)\}^{\mathrm{T}}$ 为一个机械系统的一组广义坐标，系统受到非保守的外力作用。假设 $T = T(\dot{\boldsymbol{q}}, \boldsymbol{q}, t)$，$V = V(\boldsymbol{q}, t)$。如果作用泛函 (action functional) $A(\boldsymbol{q})$ 是平稳的，那么

$$
\frac{\mathrm{d}}{\mathrm{d}t}\left(\frac{\partial T}{\partial \dot{\boldsymbol{q}}}\right) - \frac{\partial T}{\partial \boldsymbol{q}} + \frac{\partial V}{\partial \boldsymbol{q}} = \boldsymbol{Q} \tag{5.11}
$$

非保守功为

$$
\delta W_{nc} = \sum Q_k \delta q_k = \boldsymbol{Q} \cdot \delta \boldsymbol{q} \tag{5.12}
$$

这些方程被称为非保守机械系统的拉格朗日方程。

证明： 对系统所有与运动学约束一致的虚位移，都符合哈密顿扩展原理

$$
\delta \int_{t_0}^{t_f} (T-V)\mathrm{d}t + \int_{t_0}^{t_f} \delta W_{nc} \mathrm{d}t = 0
$$

因为虚拟变量算子 $\delta(\cdot)$ 具有积分的可交换性且遵守链式法则，就像微分运算一样，上式中的前一项可以变为

$$
\begin{aligned}
\delta \int_{t_0}^{t_f} (T-V)\mathrm{d}t &= \int_{t_0}^{t_f} (\delta T - \delta V)\mathrm{d}t \\
&= \int_{t_0}^{t_f} \left\{ \frac{\partial T}{\partial \dot{\boldsymbol{q}}}\delta \dot{\boldsymbol{q}} + \frac{\partial T}{\partial \boldsymbol{q}}\delta \boldsymbol{q} + \frac{\partial T}{\partial t}\delta t - \frac{\partial V}{\partial \boldsymbol{q}}\delta \boldsymbol{q} - \frac{\partial V}{\partial t}\delta t \right\} \mathrm{d}t
\end{aligned}
$$

因为时间 t 的变分 (variation) δt 等于零，变量算子 (variation operator) 微分可交换，因而上述表达式可以化简为

$$
\delta \int_{t_0}^{t_f} (T-V)\mathrm{d}t = \int_{t_0}^{t_f} \left\{ \frac{\partial T}{\partial \dot{\boldsymbol{q}}} \frac{\mathrm{d}}{\mathrm{d}t}(\delta \boldsymbol{q}) + \frac{\partial T}{\partial \boldsymbol{q}}\delta \boldsymbol{q} - \frac{\partial V}{\partial \boldsymbol{q}}\delta \boldsymbol{q} \right\} \mathrm{d}t
$$

与分析变分法中出现的问题类似，最好将这个方程转换成这种形式

$$
\int_{t_0}^{t_f} \boldsymbol{e}(t) \cdot \delta \boldsymbol{q}(t) \mathrm{d}t = \boldsymbol{0}
$$

然后观察，它必须保持所有虚拟变量 $\delta\boldsymbol{q}$ 符合约束条件。类似于之前，当被积函数乘以 $\delta\boldsymbol{q}$ 是零时才能实现

$$\boldsymbol{e}(t)\equiv\boldsymbol{0}$$

正如定理 5.5 的证明中，当作用于变量 $\delta\boldsymbol{q}(t)$ 的导函数通过分部积分法被消掉时就有可能了。因此，对所有与约束保持一致的 $\delta\boldsymbol{q}(t)$，有

$$\delta\int_{t_0}^{t_f}(T-V)\mathrm{d}t+\int_{t_0}^{t_f}\delta W_{nc}\mathrm{d}t=\int_{t_0}^{t_f}\left\{-\frac{\mathrm{d}}{\mathrm{d}t}\left(\frac{\partial T}{\partial\dot{\boldsymbol{q}}}\right)+\frac{\partial T}{\partial\boldsymbol{q}}-\frac{\partial V}{\partial\boldsymbol{q}}+\boldsymbol{Q}\right\}\cdot\delta\boldsymbol{q}(t)\mathrm{d}t$$

通过变分微积分基本定理的应用，完成了该定理的证明。 ■

5.4 用于机器人系统的拉格朗日方程

定理 5.7 中总结的非保守系统的拉格朗日方程可用于许多机械系统。在前文中已经研究了几个典型问题，在习题 5.9 到 5.14 中也可以找到其他的示例。本节讨论通用机器人系统的控制方程的形式。这将表明，虽然代数操作可能是乏味的，但这些方程在原则上并不难推导。在这些问题中，执行符号计算（symbolic computation）的计算机程序可以发挥很大的作用。

5.4.1 自然系统

设 $\boldsymbol{q}=\{q_1, q_2, \cdots, q_N\}^{\mathrm{T}}$ 为一个机械系统的一组广义坐标。这一节研究的一组机器人系统被认为满足两个基本假设。假设一是系统的动能具有如下形式

$$T=\frac{1}{2}\dot{\boldsymbol{q}}^{\mathrm{T}}\boldsymbol{M}(\boldsymbol{q})\dot{\boldsymbol{q}}=\frac{1}{2}\sum_{i,j}^{N}\dot{q}_i m_{ij}(q_1, \cdots, q_n)\dot{q}_j \tag{5.13}$$

其中，广义惯性/质量矩阵（generalized inertia or mass matrix）$\boldsymbol{M}$ 是对称矩阵，而且是广义坐标的一个一致正定函数。一个具有如式（5.13）形式的动能的系统，称之为自然系统（natural system），或者 T_2 系统，见文献［31］。假设二是系统的势能具有如下形式

$$V=V(q_1, q_2, \cdots, q_N) \tag{5.14}$$

在这两个假设下，机器人系统的运动方程可以用非保守系统的拉格朗日方程推导得到。

定理 5.8 设 $\boldsymbol{q}(t):=\{q_1(t), q_2(t), \cdots, q_N(t)\}^{\mathrm{T}}$ 为一个自然系统的一组广义坐标，符合式（5.13）的要求。如果势能是关于广义坐标的一个函数，如式（5.14），那么拉格朗日方程可以写为：

$$\sum_j m_{kj}\ddot{q}_j+\sum_{i,j}\Gamma_{ijk}\dot{q}_i\dot{q}_j+\frac{\partial V}{\partial q_k}=Q_k$$

$k=1, 2, \cdots, N$，其中 m_{kj} 是广义质量矩阵的 kj 项，Q_k 是第 k 个广义力，Γ 定义为

$$\Gamma_{ijk}:=\frac{\partial m_{kj}}{\partial q_i}-\frac{1}{2}\frac{\partial m_{ij}}{\partial q_k}$$

$i, j, k=1, \cdots, N$

证明：首先考虑动能的项

$$\begin{aligned}\frac{\mathrm{d}}{\mathrm{d}t}\left(\frac{\partial T}{\partial\dot{q}_k}\right)&=\frac{\mathrm{d}}{\mathrm{d}t}\left(\frac{1}{2}\sum_{i,j}^{N}\frac{\partial(\dot{q}_i m_{ij}\dot{q}_j)}{\partial\dot{q}_k}\right)=\frac{\mathrm{d}}{\mathrm{d}t}\left(\frac{1}{2}\sum_{i,j}^{N}\left(\frac{\partial\dot{q}_i}{\partial\dot{q}_k}m_{ij}\dot{q}_j+\dot{q}_i m_{ij}\frac{\partial\dot{q}_j}{\partial\dot{q}_k}\right)\right)\\&=\frac{\mathrm{d}}{\mathrm{d}t}\left(\frac{1}{2}\sum_{i,j}^{N}(\delta_{i,k}m_{ij}\dot{q}_j+\dot{q}_i m_{ij}\delta_{j,k})\right)\end{aligned}$$

$$=\frac{\mathrm{d}}{\mathrm{d}t}\left(\frac{1}{2}\left(\sum_{j}^{N}m_{kj}\dot{q}_j+\sum_{i}^{N}\dot{q}_i m_{ik}\right)\right)\cdot=\frac{\mathrm{d}}{\mathrm{d}t}\left(\sum_{j}^{N}m_{kj}\dot{q}_j\right)$$

上面的最后一行是根据矩阵 $\boldsymbol{M}$ 的对称性得出的。当总时间导数取定，

$$\frac{\mathrm{d}}{\mathrm{d}t}\left(\frac{\partial T}{\partial \dot{q}_k}\right)=\sum_{j}^{N}\left(m_{kj}\ddot{q}_j+\sum_{i}^{N}\frac{\partial m_{kj}}{\partial q_i}\dot{q}_i\dot{q}_j\right)$$

当总时间导数与这项结合

$$\frac{\partial T}{\partial q_k}=\frac{1}{2}\sum_{i,j}^{N}\dot{q}_i\frac{\partial m_{ij}}{\partial q_k}\dot{q}_j$$

机器人系统的运动方程可以写为

$$\begin{aligned}&\frac{\mathrm{d}}{\mathrm{d}t}\left(\frac{\partial T}{\partial \dot{q}_k}\right)-\frac{\partial T}{\partial q_k}+\frac{\partial V}{\partial q_k}=Q_k\\=&\sum_{j}^{N}m_{kj}\ddot{q}_j+\sum_{i,j}^{N}\left(\frac{\partial m_{kj}}{\partial q_i}-\frac{1}{2}\frac{\partial m_{ij}}{\partial q_k}\right)\dot{q}_i\dot{q}_j+\frac{\partial V}{\partial q_k}=Q_k\end{aligned}$$

机器人系统的运动方程的常见形式可以通过下式来得到

$$\begin{aligned}\sum_{i,j}^{N}\frac{\partial m_{kj}}{\partial q_i}\dot{q}_i\dot{q}_i&=\frac{1}{2}\sum_{i,j}^{N}\frac{\partial m_{kj}}{\partial q_i}\dot{q}_i\dot{q}_j+\frac{1}{2}\sum_{j,i}^{N}\frac{\partial m_{ki}}{\partial q_i}\dot{q}_j\dot{q}_i\\&=\frac{1}{2}\sum_{i,j}^{N}\left(\frac{\partial m_{kj}}{\partial q_i}+\frac{\partial m_{ki}}{\partial q_j}\right)\dot{q}_i\dot{q}_j\end{aligned}$$

第一类克里斯托费尔符号 Γ_{ijk} 被定义为

$$\Gamma_{ijk}:=\frac{1}{2}\left(\frac{\partial m_{kj}}{\partial q_i}+\frac{\partial m_{ki}}{\partial q_j}-\frac{\partial m_{ij}}{\partial q_k}\right)$$

符合自然系统的机器人系统的运动方程中最常见的一种形式是

$$\sum_{j}^{N}m_{kj}\ddot{q}_j+\sum_{i,j}^{N}\Gamma_{ijk}\dot{q}_i\dot{q}_j+\frac{\partial V}{\partial q_k}=Q_k \tag{5.15}$$

$k=1, 2, \cdots, N$，这些方程可以用向量记号重写为

$$\boldsymbol{M}(\boldsymbol{q}(t))\ddot{\boldsymbol{q}}(t)+\dot{\boldsymbol{q}}^{\mathrm{T}}\boldsymbol{\Gamma}(\boldsymbol{q}(t))\dot{\boldsymbol{q}}+\frac{\partial V}{\partial \boldsymbol{q}}=\boldsymbol{Q}$$

其中

$$\boldsymbol{q}=\begin{Bmatrix}q_1\\q_2\\\vdots\\q_n\end{Bmatrix},\quad \frac{\partial V}{\partial \boldsymbol{q}}=\begin{Bmatrix}\dfrac{\partial V}{\partial q_1}\\\vdots\\\dfrac{\partial V}{\partial q_n}\end{Bmatrix},\quad \boldsymbol{Q}=\begin{Bmatrix}Q_1\\Q_2\\\vdots\\Q_n\end{Bmatrix}$$

项 $\dot{\boldsymbol{q}}^{\mathrm{T}}\boldsymbol{\Gamma}(\boldsymbol{q})\dot{\boldsymbol{q}}$ 是向量的符号表达式

$$\dot{\boldsymbol{q}}^{\mathrm{T}}\boldsymbol{\Gamma}(\boldsymbol{q})\dot{\boldsymbol{q}}=\begin{Bmatrix}\dot{\boldsymbol{q}}^{\mathrm{T}}\boldsymbol{\Gamma}_1\dot{\boldsymbol{q}}\\\dot{\boldsymbol{q}}^{\mathrm{T}}\boldsymbol{\Gamma}_2\dot{\boldsymbol{q}}\\\vdots\\\dot{\boldsymbol{q}}^{\mathrm{T}}\boldsymbol{\Gamma}_n\dot{\boldsymbol{q}}\end{Bmatrix}$$

对 $k=1, 2, \cdots, N$，每个 $N\times N$ 矩阵 $\boldsymbol{\Gamma}_k$ 都是有定义的，它的第 i 行第 j 列给出为 $\boldsymbol{\Gamma}_k:=[\Gamma_{ijk}]$。 ■

例 5.14 使用包含克里斯托费尔符号的拉格朗日方程的表示法，推导出例 5.7 中双连

杆机械臂的运动方程。

解：直接计算克里斯托费尔符号得

$$\Gamma_{111}=0$$

$$\Gamma_{211}=-\frac{1}{2}m_2L_1L_2\sin(\theta_2-\theta_1)$$

$$\Gamma_{121}=\frac{1}{2}m_2L_1L_2\sin(\theta_2-\theta_1)$$

$$\Gamma_{221}=-m_2L_1L_2\sin(\theta_2-\theta_1)$$

$$\Gamma_{112}=m_2L_1L_2\sin(\theta_2-\theta_1)$$

$$\Gamma_{212}=-\frac{1}{2}m_2L_1L_2\sin(\theta_2-\theta_1)$$

$$\Gamma_{122}=\frac{1}{2}m_2L_1L_2\sin(\theta_2-\theta_1)$$

$$\Gamma_{222}=0$$

对于这个二自由度的机器人，非线性向量 $\boldsymbol{n}$ 可以写为

$$\boldsymbol{n}=-\begin{Bmatrix}\dot{\boldsymbol{q}}^{\mathrm{T}}\boldsymbol{\Gamma}_1\dot{\boldsymbol{q}}+\dfrac{\partial V}{\partial\theta_1}\\ \dot{\boldsymbol{q}}^{\mathrm{T}}\boldsymbol{\Gamma}_2\dot{\boldsymbol{q}}+\dfrac{\partial V}{\partial\theta_2}\end{Bmatrix}$$

其中 2×2 矩阵 $\boldsymbol{\Gamma}_1$ 和 $\boldsymbol{\Gamma}_2$ 定义为

$$\boldsymbol{\Gamma}_1=\begin{bmatrix}\Gamma_{111} & \Gamma_{121}\\ \Gamma_{211} & \Gamma_{221}\end{bmatrix}=\begin{bmatrix}0 & \dfrac{1}{2}m_2L_1L_2\sin(\theta_2-\theta_1)\\ -\dfrac{1}{2}m_2L_1L_2\sin(\theta_2-\theta_1) & -m_2L_1L_2\sin(\theta_2-\theta_1)\end{bmatrix}$$

$$\boldsymbol{\Gamma}_2=\begin{bmatrix}\Gamma_{112} & \Gamma_{122}\\ \Gamma_{212} & \Gamma_{222}\end{bmatrix}=\begin{bmatrix}m_2L_1L_2\sin(\theta_2-\theta_1) & \dfrac{1}{2}m_2L_1L_2\sin(\theta_2-\theta_1)\\ -\dfrac{1}{2}m_2L_1L_2\sin(\theta_2-\theta_1) & 0\end{bmatrix}$$

当上式代入计算后，$\boldsymbol{n}$ 变为

$$\boldsymbol{n}=\begin{Bmatrix}m_2L_1L_2\dot{\theta}_2^2\sin(\theta_2-\theta_1)-(m_1+m_2)gL_1\cos\theta_1\\ -m_2L_1L_2\dot{\theta}_1^2\sin(\theta_2-\theta_1)-m_2gL_2\cos\theta_2\end{Bmatrix}$$

这个问题的解答也可以在 MATLAB Workbook for DCRS 的例 5.11 中找到。◀

在结束本节之前，提出一个更常见的形式来表示自然系统的控制方程。矩阵 $\boldsymbol{C}:=\boldsymbol{C}(\boldsymbol{q},\dot{\boldsymbol{q}})$ 用下面这个向量表达式来定义

$$\boldsymbol{C}\dot{\boldsymbol{q}}:=\dot{\boldsymbol{q}}^{\mathrm{T}}\boldsymbol{\Gamma}(\boldsymbol{q}(t))\dot{\boldsymbol{q}} \tag{5.16}$$

其中，矩阵 $\boldsymbol{C}$ 中第 k 行第 j 列的项表示

$$c_{kj}:=\sum_{i=1}^{N}\Gamma_{ijk}\dot{q}_i \tag{5.17}$$

式（5.15）中的控制系统现在可以写为

$$\sum_{j=1}^{N}m_{kj}\ddot{q}_i+\sum_{j}c_{k,j}+\frac{\partial V}{\partial q_k}=\boldsymbol{Q}_k$$

$k=1,2,\cdots,N$，或者用矩阵的形式为

$$\boldsymbol{M}\ddot{\boldsymbol{q}}+\boldsymbol{C}\dot{\boldsymbol{q}}+\frac{\partial V}{\partial \boldsymbol{q}}=\boldsymbol{Q} \tag{5.18}$$

引入式（5.16）这一形式的一个重要目的是，它可以用来说明一些典型的能量守恒原理和平稳性证明。这些技术性结论源于矩阵 $\dot{\boldsymbol{M}}-2\boldsymbol{C}$ 是反对称（skew symmetric）矩阵。

定理 5.9　如果广义惯性（generalized inertia）矩阵 $\boldsymbol{M}$ 是关于广义坐标 $\boldsymbol{q}$ 的函数的对称矩阵，即

$$\boldsymbol{M}^{\mathrm{T}}(\boldsymbol{q})=\boldsymbol{M}(\boldsymbol{q})$$

$\boldsymbol{C}$ 是科氏向心矩阵（Coriolis centripetal matrix），已在式（5.16）和式（5.17）中定义了，那么矩阵 $\dot{\boldsymbol{M}}-2\boldsymbol{C}$ 是反对称矩阵，即

$$(\dot{\boldsymbol{M}}-2\boldsymbol{C})^{\mathrm{T}}=-(\dot{\boldsymbol{M}}-2\boldsymbol{C})$$

证明：定理本身直接源于扩大 $\dot{\boldsymbol{M}}$ 和 $\boldsymbol{C}$ 的定义来获得

$$\dot{m}_{kj}=\frac{\mathrm{d}}{\mathrm{d}t}(m_{kj})=\sum_{i=1}^{N}\frac{\partial m_{kj}}{\partial q_i}\dot{q}_i$$

k，$j=1$，…，N，从式（5.18）中，$\dot{\boldsymbol{M}}-2\boldsymbol{C}$ 的第 k 行 j 列的项因此给出为

$$\dot{m}_{kj}-2c_{kj}=\sum_{i=1}^{N}\frac{\partial m_{kj}}{\partial q_i}\dot{q}_i-2\sum_{i=1}^{N}\frac{1}{2}\left(\frac{\partial m_{kj}}{\partial q_i}+\frac{\partial m_{ki}}{\partial q_j}-\frac{\partial m_{ij}}{\partial q_k}\right)=\sum_{i=1}^{N}\left(\frac{\partial m_{ki}}{\partial q_i}-\frac{\partial m_{ij}}{\partial q_k}\right)$$

如果 k 行和 j 列互换，使用矩阵 $\boldsymbol{M}$ 的对称性可得

$$\dot{m}_{jk}-2c_{jk}=\sum_{i=1}^{N}\left(\frac{2m_{ji}}{\partial q_k}-\frac{\partial m_{ik}}{\partial q_i}\right)=-\sum_{i=1}^{N}\left(\frac{\partial m_{ki}}{\partial q_i}-\frac{\partial m_{ij}}{\partial q_k}\right)=-(\dot{m}_{kj}-2c_{kj})$$

因此，矩阵 $\dot{\boldsymbol{M}}-2\boldsymbol{C}$ 是反对称矩阵。■

5.4.2　拉格朗日方程和 D-H 约定

当动能的形式如 $T=\dot{\boldsymbol{q}}^{\mathrm{T}}\boldsymbol{M}(\boldsymbol{q})\dot{\boldsymbol{q}}$、势能的形式为只取决于广义坐标的 $V=V(\boldsymbol{q})$ 时，5.4.1 节中推导的运动方程就可以使用。在推导机器人系统运动方程的问题中，构成机械系统的组件通常是刚体的集合。回想一下，刚体动能的一般表达式是在 5.1.4 节中推导出来的，并且有其形式

$$T=\frac{1}{2}M\boldsymbol{v}_{0,c}\cdot\boldsymbol{v}_{0,c}+\frac{1}{2}\boldsymbol{\omega}_{\mathrm{X,B}}\cdot\boldsymbol{I}_c\boldsymbol{\omega}_{\mathrm{X,B}}$$

其中是 $\boldsymbol{v}_{0,c}$ 质心的速度，$\boldsymbol{\omega}_{\mathrm{X,B}}$ 是刚体在地面系中的角速度向量，$\boldsymbol{I}_c$ 是质心的惯性张量。任何一组广义坐标可以用在这个动能的表达式中。然而，第 3 章中提到，D-H 约定（Denavit-Hartenberg（DH）convention）常被用于定义机器人系统的运动学。

这一节将会聚焦于用 D-H 约定定义的机器人系统的运动方程的具体形式。第 3 章的 3.3.5 节与这里的分析尤其相关，因为它提供了一般的方法，将结构体出现在运动链（kinematic chain）中的速度、角速度，与通过 D-H 约定定义的关节变量的导数联系起来。首先，雅可比矩阵（Jacobian matrix）将会被定义，将质心的速度和结构体的角速度，与关节变量联系起来。

定理 5.10　假设 D-H 约定被用于表示一个由 N 个刚体形成运动链的机器人系统。运动链中，质心在坐标系 k 下的速度和第 k 个结构体的角速度的分量可以写成

$$\begin{Bmatrix}\boldsymbol{v}_{c_k}^{k}\\ \boldsymbol{\omega}_{0,k}^{k}\end{Bmatrix}=\begin{bmatrix}\boldsymbol{J}_{v,k}^{k}\\ \boldsymbol{J}_{\omega,k}^{k}\end{bmatrix}\dot{\boldsymbol{q}}=\begin{bmatrix}\boldsymbol{R}_0^k\boldsymbol{J}_{v,k}^{0}\\ \boldsymbol{R}_0^k\boldsymbol{J}_{\omega,k}^{0}\end{bmatrix}\dot{\boldsymbol{q}}$$

其中 $3\times N$ 矩阵 $\boldsymbol{J}_{v,k}^{0}$ 和 $\boldsymbol{J}_{\omega,k}^{0}$ 在定理 3.3 中已经定义了。

证明：定理中下列等式的证明可以直接从定理 3.3 的证明中推出

$$\begin{Bmatrix} \boldsymbol{v}_{c_k}^{k} \\ \boldsymbol{\omega}_{0,k}^{k} \end{Bmatrix} = \begin{bmatrix} \boldsymbol{J}_{v,k}^{k} \\ \boldsymbol{J}_{\omega,k}^{k} \end{bmatrix} \dot{\boldsymbol{q}}$$

唯一的变化在于焦点变成了质心的速度 $\boldsymbol{v}_{0,c}$，它通常来说不等于坐标系 k 的原点的速度。换言之，坐标系 k 的原点通常不与连杆 k 的质心重合。定理 3.3 中的向量 $\boldsymbol{r}_{0,c_k}^{0}$ 替换为向量 $\boldsymbol{r}_{0,k}^{k}$，来获得与连杆 k 的质心关联的雅可比矩阵的想要的形式。当注意到速度 $\boldsymbol{v}_{0,c_k}^{k}$ 和角速度 $\boldsymbol{\omega}_{0,k}^{k}$ 的分量可以通过对 $\boldsymbol{v}_{0,c_k}^{0}$ 和 $\boldsymbol{\omega}_{0,k}^{0}$ 乘上旋转矩阵 $\boldsymbol{R}_{0}^{k}$ 来获得时，雅可比矩阵 $\boldsymbol{J}_{v,k}^{k}$ 和 $\boldsymbol{J}_{\omega,k}^{k}$ 的另一种形式可以立刻得到。 ■

定理 5.10 总结了雅可比矩阵如何被用于表示使用 D-H 约定来描述的运动链中的质心的速度和连杆的角速度。接下来的定理表明了雅可比矩阵是如何与机器人系统的动能的计算合并的。

定理 5.11 假设 D-H 约定被用于表示一个由 N 个刚体形成运动链的机器人系统。系统的动能可以写成下列形式

$$T = \frac{1}{2} \sum_{k=1}^{N} \dot{\boldsymbol{q}}^{\mathrm{T}} \boldsymbol{M}_k \dot{\boldsymbol{q}}$$

其中

$$\boldsymbol{M}_k := \boldsymbol{M}_{v,k} + \boldsymbol{M}_{\omega,k}$$

矩阵可以写成下列两者中的任意形式

$$\boldsymbol{M}_{v,k} = m_k (\boldsymbol{J}_{v,k}^{0})^{\mathrm{T}} \boldsymbol{J}_{v,k}^{0} = m_k (\boldsymbol{J}_{v,k}^{k})^{\mathrm{T}} \boldsymbol{J}_{v,k}^{k}$$

其中 m_k 是连杆 k 的质量。假设 $\boldsymbol{I}_{c_k}^{k}$ 是相对于一组平行于结构体 k 自身的坐标系 k 的坐标轴的惯性矩阵，但是它的坐标原点位于结构体 k 的质心位置。矩阵 $\boldsymbol{M}_{\omega,k}$ 可以写成

$$\boldsymbol{M}_{\omega,k} = (\boldsymbol{J}_{\omega,k}^{k})^{\mathrm{T}} \boldsymbol{I}_{c_k}^{k} \boldsymbol{J}_{\omega,k}^{k}$$

例 5.15 使用 D-H 约定来描述例 5.7 中研究的两个机器人的运动学，使用拉格朗日方程求出运动方程。

解：例 5.7 使用了两个全局的（global）关节角 θ_1 和 θ_2 来描述系统的运动学，每一个角都测量连杆与 $\boldsymbol{x}_0$ 轴的夹角。图 5-14 描述了坐标系 0、1、2 和符合 D-H 约定的相对角度 Θ_1 和 Θ_2。相对角度 Θ_1，Θ_2 与全局角 θ_1，θ_2 的关系可以用下列等式表示

$$\begin{Bmatrix} \Theta_1 \\ \Theta_2 \end{Bmatrix} = \begin{bmatrix} 1 & 0 \\ -1 & 1 \end{bmatrix} \begin{Bmatrix} \theta_1 \\ \theta_2 \end{Bmatrix} \tag{5.19}$$

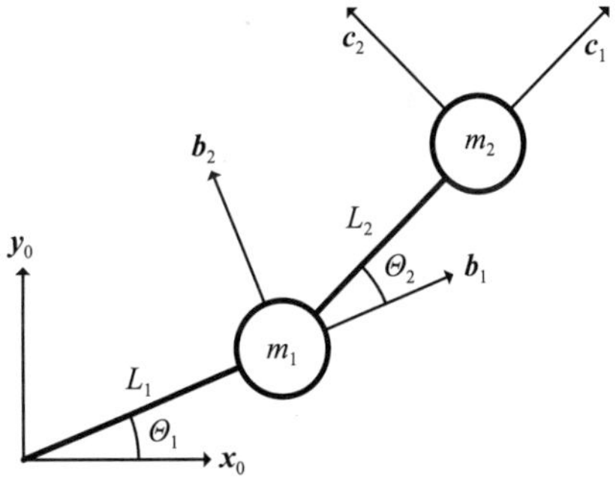

图 5-14 双连杆机械臂及其相对角度 Θ_1，Θ_2

双连杆机械臂的 D-H 参数已总结在表 5-1 中。

表 5-1 双连杆机械臂的 D-H 参数

连杆	位移 d_i	旋转 $\boldsymbol{\theta}_i$	偏移 a_i	扭转 $\boldsymbol{\alpha}_i$
1	0	Θ_1	L_1	0
2	0	Θ_2	L_2	0

每一个质量 m_1 和 m_2 的速度给出为

$$\boldsymbol{v}_{0,1} = L_1 \dot{\Theta}_1 \boldsymbol{y}_1$$

$$\boldsymbol{v}_{0,2}=L_1\dot{\Theta}_1\boldsymbol{y}_1+L_2(\dot{\Theta}_1+\dot{\Theta}_2)\boldsymbol{y}_2$$

动能和势能为

$$T=\frac{1}{2}m_1L_1^2\dot{\Theta}_1^2+\frac{1}{2}m_2(L_1^2\dot{\Theta}_1^2+L_2^2(\dot{\Theta}_1+\dot{\Theta}_2)^2+2L_1L_2\dot{\Theta}_1(\dot{\Theta}_1+\dot{\Theta}_2)\cos\Theta_2)$$

$$V=m_1gL_1\sin\Theta_1+m_2g(L_1\sin\Theta_1+L_2\sin(\Theta_1+\Theta_2))$$

通过调用拉格朗日方程，广义质量矩阵和右侧非线性项分别确定为

$$\boldsymbol{M}=\begin{bmatrix}(m_1+m_2)L_1^2+m_2L_2^2+2m_2L_1L_2\cos\Theta_2 & m_2L_2(L_2+L_1\cos\Theta_2)\\ m_2L_2(L_2+L_1\cos\Theta_2) & m_2L_2^2,\end{bmatrix}$$

$$\boldsymbol{n}=\begin{Bmatrix}\begin{pmatrix}-m_2L_1L_2\dot{\Theta}_2^2\sin\Theta_2+2m_2L_1L_2\dot{\Theta}_1\dot{\Theta}_2\sin\Theta_2\\ -m_2gL_2\cos(\Theta_1+\Theta_2)-(m_1+m_2)gL_1\cos\Theta_1\end{pmatrix}\\ -m_2L_2(L_1\dot{\Theta}_1^2\sin\Theta_2+g\cos(\Theta_1+\Theta_2))\end{Bmatrix}$$

上述概括的解答过程也可以在 MATLAB Workbook for DCRS 的例 5.12 中找到。◀

5.5 约束系统

到目前为止，所考虑的泛函都需要用广义坐标来定义，而根据本书的定义，广义坐标是最小或独立的。在许多应用中，创建这样一个最小的时变参数集是不可行的，或者至少不是一个简单的任务。回想一下，广义坐标的定义要求机械系统中每个点 p 的位置表达式可以用这种形式唯一地表示

$$\boldsymbol{r}_{\mathbf{X},p}(t)=\boldsymbol{r}_{\mathbf{X},p}(q_1(t),\ q_2(t),\ \cdots,\ q_N(t),\ t)$$

这个表达式需要是唯一的，这一要求在以下冗余广义坐标的定义中放宽了。

定义 5.7　设一组 N 维时变参数 $\boldsymbol{q}(t):=\{q_1(t),\ q_2(t),\ \cdots,\ q_N(t)\}^{\mathrm{T}}$。如果机械系统中的任一点 p，其位置 $\boldsymbol{r}_{\mathbb{X},p}(t)$ 在惯性坐标系 $\mathbb{X}$ 下、在任意时刻 t 都可以用这些函数（和时间，如有必要）写成，但这一表达式不是唯一的，那么这组时变参数称为机械系统的一组冗余广义坐标。如果这组冗余广义坐标满足具有如下形式的 D 个相互独立的代数式

$$\phi_i(q_1(t),\ q_2(t),\ \cdots,\ q_N(t),\ t)=0 \tag{5.20}$$

$i=1,\ \cdots,\ D$，这个机械系统被称为受到 D 个完整约束（holonomic constraint）。

有时，式（5.20）写成矩阵形式

$$\boldsymbol{0}=\boldsymbol{\Phi}(\boldsymbol{q}(t),\ t)=\begin{Bmatrix}\phi_1(\boldsymbol{q}(t),\ t)\\ \vdots\\ \phi_D(\boldsymbol{q}_1,\ t)\end{Bmatrix}$$

其中 $\boldsymbol{\Phi}\in\mathbb{R}^{D\times1}$。原则上，如果一个系统受 D 个与一组 N 自由度冗余广义坐标相关的相互独立的完整约束，则可以利用这些约束消除时变参数 $\{q_1(t),\ q_2(t),\ \cdots,\ q_N(t)\}$ 中的 D 个。其余的 $N-D$ 个变量是独立的，因此构成一组广义坐标。在实践中，这不是一个简单的解法，用冗余的广义坐标表示问题通常更简单。这将在一些例子和问题中变得明显。

如果多余的广义坐标受到 D 个相互独立的完整约束，那么虚拟变分算子 $\delta(\cdot)$ 的性质意味着虚拟变分 $\delta\boldsymbol{q}^{\mathrm{T}}=\{\delta q_1,\ \delta q_2,\ \cdots,\ \delta q_N\}$ 不相互独立。这可以用完整约束条件的变化来表示

$$\delta\boldsymbol{\Phi}(\boldsymbol{q}(t),\ t)=\begin{Bmatrix}\delta\phi_1(\boldsymbol{q}(t),\ t)\\ \vdots\\ \delta\phi_D(\boldsymbol{q}(t),\ t)\end{Bmatrix}=\boldsymbol{0}$$

由于变量算子像微分算子一样，时间的变量在定义上为零，约束的变量变为

$$\delta\phi(\boldsymbol{q}(t),\ t)=\sum_{R}^{N}\frac{\partial\phi}{\partial q_k}(q(t),\ t)\delta q_k(t)$$

或

$$\delta\phi(q(t),\ t)=\frac{\partial\boldsymbol{\Phi}}{\partial\boldsymbol{q}}(\boldsymbol{q}(t),\ t)\delta\boldsymbol{q}(t)=0 \tag{5.21}$$

最后一个表达式是矩阵等式。与约束相关的雅可比矩阵被定义为

$$\frac{\partial\boldsymbol{\Phi}}{\partial\boldsymbol{q}}(\boldsymbol{q}(t),\ t)=\left[\frac{\partial\phi_i}{\partial q_j}\right]_{i=1,\cdots,D,j=1,\cdots,N}\in\mathbb{R}^{D\times N}$$

式（5.21）是一个关于冗余广义坐标及其变量的非线性方程，但它关于变量 $\delta\boldsymbol{q}$ 是线性的。当 D 个约束方程是独立的时，这个矩阵的秩等于 D。原则上，利用剩余的 $N-D$ 个变分和所有冗余广义坐标，D 个方程可以用来表示 D 个变分。

可以修改拉格朗日方程来描述系统，使其适用于一组冗余广义坐标。定理 5.2 就描述了这种情况。

定理 5.12　设 $\boldsymbol{q}(t):=\{q_1(t),\ q_2(t),\ \cdots,\ q_N(t)\}^{\mathrm{T}}$ 是保守机械系统的一组冗余广义坐标，它满足独立的完整约束：

$$\phi_i(\boldsymbol{q},\ t)=0 \tag{5.22}$$

$i=1,\ \cdots,\ D$，假设 $T=T(\dot{\boldsymbol{q}},\ \boldsymbol{q},\ t)$，$V=V(\boldsymbol{q},\ t)$。如果作用泛函 $A(\boldsymbol{q})$ 是平稳的，那么这个系统的实际运动满足拉格朗日方程的乘子

$$\frac{\mathrm{d}}{\mathrm{d}t}\left(\frac{\partial T}{\partial\dot{\boldsymbol{q}}}\right)-\frac{\partial T}{\partial\boldsymbol{q}}+\frac{\partial V}{\partial\boldsymbol{q}}=\frac{\partial\boldsymbol{\Phi}}{\partial\boldsymbol{q}}^{\mathrm{T}}\lambda(t) \tag{5.23}$$

和式（5.22）中的完整约束。

证明：按照与定理 5.5 或定理 5.7 相同的步骤，可以证明

$$\delta\int_{t_0}^{t_f}(T-V)\mathrm{d}t=\int_{t_0}^{t_f}\left\{-\frac{\mathrm{d}}{\mathrm{d}t}\left(\frac{\partial T}{\partial\dot{\boldsymbol{q}}}\right)+\frac{\partial T}{\partial\boldsymbol{q}}-\frac{\partial V}{\partial\boldsymbol{q}}\right\}\cdot\delta\boldsymbol{q}(t)\mathrm{d}t \tag{5.24}$$

在这种情况下，这个方程必须适用于所有与机械系统约束一致的变分。然而，相比之下在定理 5.5 或定理 5.7 中，约束问题的变分并不是独立的，它不能简单地认为这一项与 $\delta\boldsymbol{q}$ 相乘等于零。变分 $\delta\boldsymbol{q}=\{\delta q_1,\ \delta q_2,\ \cdots,\ \delta q_N\}^{\mathrm{T}}$ 必须满足矩阵方程

$$\frac{\partial\boldsymbol{\Phi}}{\partial\boldsymbol{q}}(\boldsymbol{q}(t),\ t)\delta\boldsymbol{q}=0 \tag{5.25}$$

满秩矩阵方程意味着 N 元变分 $\delta\boldsymbol{q}=\{\delta q_1,\ \delta q_2,\ \cdots,\ \delta q_N\}^{\mathrm{T}}$，它可以用剩余的 $N-D$ 个变分和 N 元冗余广义坐标来表示变分中的 D 个。由式（5.25）可知，对任意的时变函数向量 $\lambda(t)\in\mathbb{R}^D$

$$\lambda^{\mathrm{T}}\frac{\partial\boldsymbol{\Phi}}{\partial\boldsymbol{q}}(\boldsymbol{q}(t),\ t)\delta\boldsymbol{q}=0 \tag{5.26}$$

向量 λ 被称为约束系统的拉格朗日乘子（Lagrange multiplier）的向量。式（5.24）和式（5.26）可以合并为一个等式，

$$\delta\int_{t_0}^{t_f}(T-V)\mathrm{d}t=\int_{t_0}^{t_f}\left\{-\frac{\mathrm{d}}{\mathrm{d}t}\left(\frac{\partial T}{\partial\dot{\boldsymbol{q}}}\right)+\frac{\partial T}{\partial\boldsymbol{q}}-\frac{\partial V}{\partial\boldsymbol{q}}-\frac{\partial\boldsymbol{\Phi}}{\partial\boldsymbol{q}}^{\mathrm{T}}\lambda\right\}\cdot\delta\boldsymbol{q}(t)\mathrm{d}t \tag{5.27}$$

假设一组冗余广义坐标符合如下顺序，前 $N-D$ 个坐标对应的独立变分 $\{\delta q_1 \cdots \delta q_{N-D}\}$，后 D 个对应非独立的变分（dependent variation）$\{\delta q_{N-D+1}, \delta q_{N-D+2}, \cdots, \delta q_N\}$。直到这个时候，一组特定的拉格朗日乘子还没有选定：式（5.27）适用于任何选择 $\lambda(t) \in \mathbb{R}^D$。现在，$D$ 个拉格朗日乘子 λ 被选定使得下式成立

$$-\frac{\mathrm{d}}{\mathrm{d}t}\left(\frac{\partial T}{\partial \dot{q}_i}\right)+\frac{\partial T}{\partial q_i}-\frac{\partial V}{\partial q_i}+\frac{\partial \boldsymbol{\Phi}}{\partial q_i}^{\mathrm{T}}\lambda=0$$

$i=N-D+1, \cdots, N$，这总是有可能的，因为这些方程在拉格朗日乘子中是线性的，有 D 个未知的拉格朗日乘子，有 D 个等式，约束雅可比矩阵的秩是 D。换句话说，拉格朗日乘数 λ 已经选定，使得乘上独立变量的系数 $\delta q_{N-D+1}, \cdots, \delta q_N$ 都等于零。用这种方法确定拉格朗日乘子，式（5.27）可以写为

$$\mathbf{0}=\int_{t_0}^{t_f}\left\{\begin{matrix} -\frac{\mathrm{d}}{\mathrm{d}t}\left(\frac{\partial T}{\partial \dot{q}_1}\right)+\frac{\partial T}{\partial q_1}-\frac{\partial V}{\partial q_1}+\frac{\partial \boldsymbol{\Phi}}{\partial q_1}^{\mathrm{T}}\lambda \\ -\frac{\mathrm{d}}{\mathrm{d}t}\left(\frac{\partial T}{\partial \dot{q}_2}\right)+\frac{\partial T}{\partial q_2}-\frac{\partial V}{\partial q_2}+\frac{\partial \boldsymbol{\Phi}}{\partial q_2}^{\mathrm{T}}\lambda \\ \vdots \\ -\frac{\mathrm{d}}{\mathrm{d}t}\left(\frac{\partial T}{\partial \dot{q}_{N-D}}\right)+\frac{\partial T}{\partial q_{N-D}}-\frac{\partial V}{\partial q_{N-D}}+\frac{\partial \boldsymbol{\Phi}}{\partial q_{N-D}}^{\mathrm{T}}\lambda \end{matrix}\right\} \cdot \left\{\begin{matrix} \delta q_1(t) \\ \delta q_2(t) \\ \vdots \\ \delta q_{N-D}(t) \end{matrix}\right\}\mathrm{d}t \qquad (5.28)$$

利用上述拉格朗日乘子的选择，式（5.28）不包含任一非独立变分。因为所有出现在式（5.28）中的变分都是独立的，所以每个乘以 $\delta q_i (i=1, \cdots, N-D)$ 的系数都必须等于零。证毕。 ■

例 5.16 图 5-15 所示的平面机器人是由围绕轴 $\boldsymbol{z}_0=\boldsymbol{z}_1$ 的转动关节和沿轴 $\boldsymbol{x}_1=\boldsymbol{x}_2$ 的平移关节驱动的。假设 $x_2(t)$ 和 $y_2(t)$ 是连杆 2 质心的坐标，假设连杆的质量和惯量可以用一对位于定义好的连杆质心位置的质点来表示，使用冗余广义坐标 $\theta(t)$，$x_2(t)$ 和 $y_2(t)$ 来推导拉格朗日方程的广义坐标。

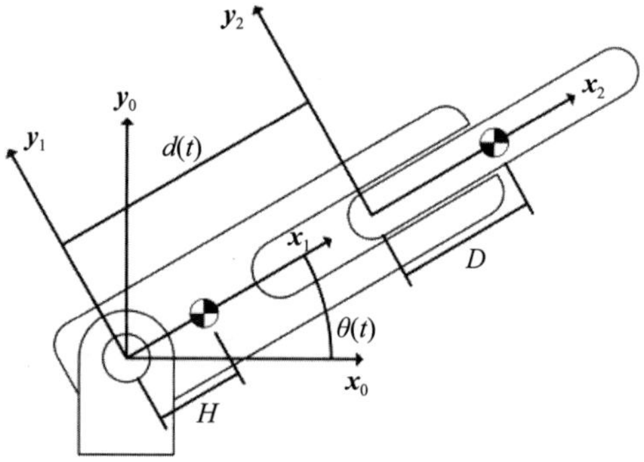

图 5-15　双连杆旋转平面机器人

解：这是一个两自由度系统，在冗余广义坐标 θ，x_2 和 y_2 中必定存在一个约束。众所周知，

$$x_2=(d+D)\cos\theta$$
$$y_2=(d+D)\sin\theta$$

在每个方程中求解 $(d+D)$，结果等于

$$\frac{x_2}{\cos\theta}=\frac{y_2}{\sin\theta}$$

通过定义 $\phi_1(\theta, x_2, y_2)=x_2\sin\theta-y_2\cos\theta=0$，这个方程可以写成约束系统的拉格朗日方程所要求的标准形式。在这个问题中，有 $N=3$ 个冗余变分和 $D=1$ 个约束条件。矩阵 $\boldsymbol{\Phi}$ 有 $D\times1=1\times1$ 维。雅可比矩阵 $\frac{\partial \boldsymbol{\Phi}}{\partial \boldsymbol{q}}$ 有 $D\times N=1\times3$ 维，表达式给出为

$$\frac{\partial \boldsymbol{\Phi}}{\partial \boldsymbol{q}}=\begin{bmatrix}\frac{\partial \phi_1}{\partial q_1} & \frac{\partial \phi_1}{\partial q_2} & \frac{\partial \phi_1}{\partial q_3}\end{bmatrix}=[(x_2\cos\theta+y_2\sin\theta), \sin\theta, -\cos\theta]$$

由于假设这些刚体可以近似为质点，所以两个质量系统的动能用冗余变量表示为

$$T=\frac{1}{2}m_1H^2\dot{\theta}^2+\frac{1}{2}m_2(\dot{x}_2^2+\dot{y}_2^2)=\frac{1}{2}\{\dot{\theta}\ \dot{x}_2\ \dot{y}_2\}^{\mathrm{T}}\begin{bmatrix}m_1H^2 & 0 & 0\\ 0 & m_2 & 0\\ 0 & 0 & m_2\end{bmatrix}\begin{Bmatrix}\dot{\theta}\\ \dot{x}_2\\ \dot{y}_2\end{Bmatrix}=\frac{1}{2}\dot{\boldsymbol{q}}^{\mathrm{T}}\boldsymbol{M}\dot{\boldsymbol{q}}$$

其中 $\boldsymbol{M}$ 是一个常值质量矩阵。势能是 $V=m_1gH\sin\theta+m_2gy_2$。冗余系统的拉格朗日方程可以写为

$$\frac{\mathrm{d}}{\mathrm{d}t}\left(\frac{\partial T}{\partial\dot{\boldsymbol{q}}}\right)-\frac{\partial T}{\partial\boldsymbol{q}}+\frac{\partial V}{\partial\boldsymbol{q}}-\left(\frac{\partial\boldsymbol{\Phi}}{\partial\boldsymbol{q}}\right)^{\mathrm{T}}\lambda(t)=0$$

$$\boldsymbol{M}\begin{Bmatrix}\ddot{\theta}\\ \ddot{x}_2\\ \ddot{y}_2\end{Bmatrix}-\boldsymbol{0}+\begin{Bmatrix}m_1gH\cos\theta\\ 0\\ m_2g\end{Bmatrix}-\begin{Bmatrix}\dfrac{\partial\phi}{\partial\theta}\\ \dfrac{\partial\phi}{\partial x^2}\\ \dfrac{\partial\phi}{\partial y_2}\end{Bmatrix}\lambda=\boldsymbol{0}$$

其中 $\lambda\in\mathbb{R}^{D\times1}=\mathbb{R}^{1\times1}$。可以代入上面的雅可比矩阵，得到约束系统的拉格朗日方程的最终形式为

$$\begin{bmatrix}m_1H^2 & 0 & 0\\ 0 & m_2 & 0\\ 0 & 0 & m_2\end{bmatrix}\begin{Bmatrix}\ddot{\theta}\\ \ddot{x}_2\\ \ddot{x}_3\end{Bmatrix}+\begin{Bmatrix}m_1gH\cos\theta\\ 0\\ m_2g\end{Bmatrix}-\begin{Bmatrix}x_2\cos\theta+y_2\sin\theta\\ \sin\theta\\ -\cos\theta\end{Bmatrix}\lambda=\begin{Bmatrix}0\\ 0\\ 0\end{Bmatrix}$$

这个例子的解答过程也可以在 MATLAB Workbook for DCRS 的例 5.13 中找到。◀

5.6 习题

5.6.1 关于哈密顿原理的习题

5.1 质量为 m，长度为 L 的平面刚性连杆一端固定在惯性系原点上，如图 5-16 所示。利用哈密顿原理推导出该机械系统的运动方程。

5.2 图 5-17 所示的两自由度机械臂，由两个长度为 L、本身质量可以忽略的刚性连杆，集中质量 m_1 和 m_2 位于连杆的末端。利用哈密顿原理推导出该机械系统的运动方程。注意，与例 5.5 不同，θ_2 定义为连杆 1 和 2 之间的相对角度。

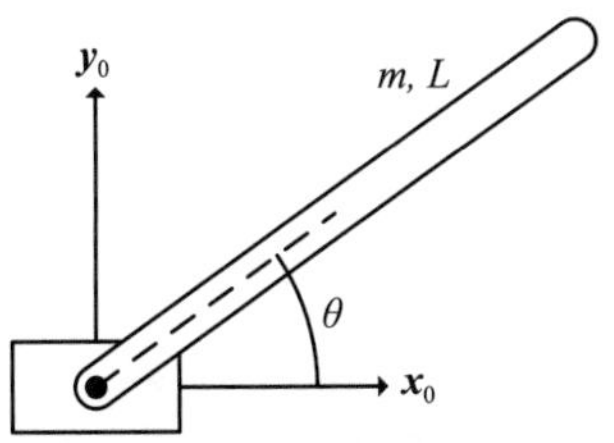

图 5-16 铰接在惯性系原点的刚体连杆

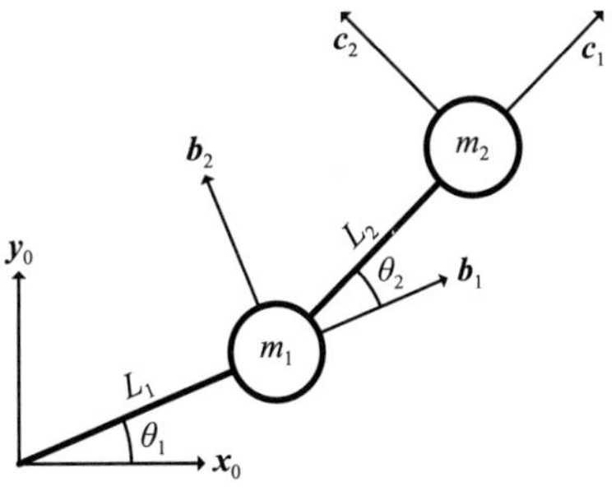

图 5-17 包括质点和相对关节角的双连杆机械臂

5.3 质量为 m，长度为 L 的刚性连杆固定在质点 M 上，可以沿水平方向移动，如图 5-18 所示。利用哈密顿原理推导出该机械系统的运动方程。

5.4 质点 m 受到约束，使它的运动遵循圆柱体的表面，如图 5-19 所示。利用哈密顿原理推导出该机械系统的运动方程。

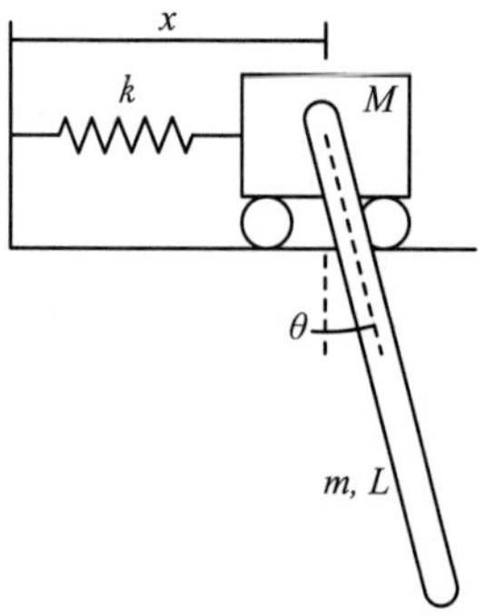

图 5-18　带转动单摆的平移质量

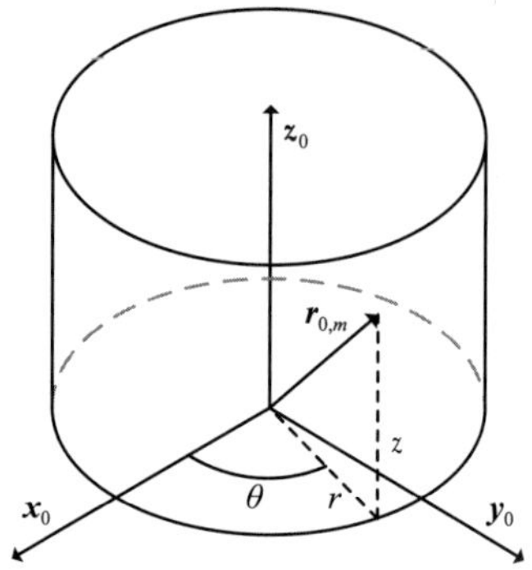

图 5-19　圆柱体上的质点

5.5　质点 m 受到约束，使其运动遵循圆锥表面，如图 5-20 所示。利用哈密顿原理推导这个机械系统的运动方程。

5.6　质点 m 受到约束，使其运动遵循半球形实体的表面，如图 5-21 所示。利用图 5-21 所示的球坐标系，利用哈密顿原理推导出该机械系统的运动方程。

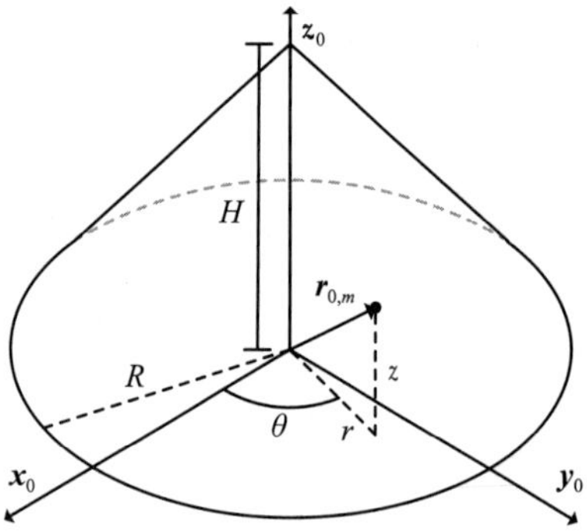

图 5-20　圆锥体上的质点

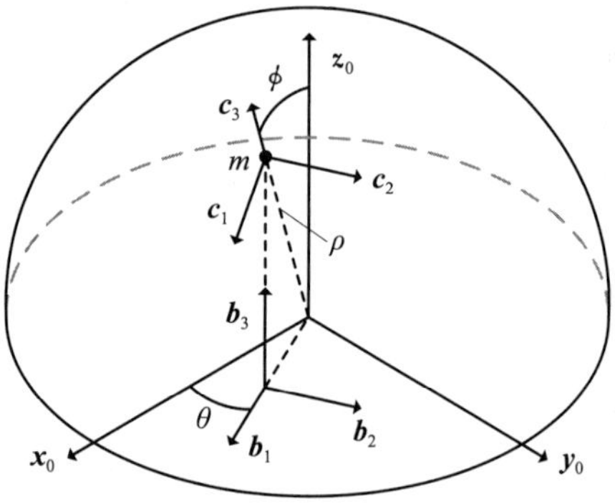

图 5-21　半球体上的质点和球坐标系

5.7　两个质量为 m_1 和 m_2、刚度为 k_1 和 k_2 的弹簧活塞通过转动关节连接到一个质量可以忽略、长度为 L 的刚性连接件上，如图 5-22 所示。利用哈密顿原理，推导出该机械系统在单个广义坐标 x 下的运动方程。

5.8　两个质点 m_1 和 m_2 由一根质量可忽略且长度为 L 的不可伸长的轻缆绳连接，如图 5-23 所示。质量 m_2 位于 $\boldsymbol{x}_0-\boldsymbol{y}_0$ 平面的表面，质量 m_1 通过位于 0 坐标系原点的孔被缆绳悬挂。利用哈密顿原理推导出机械系统在两个广义坐标 r 和 θ 下的运动方程。

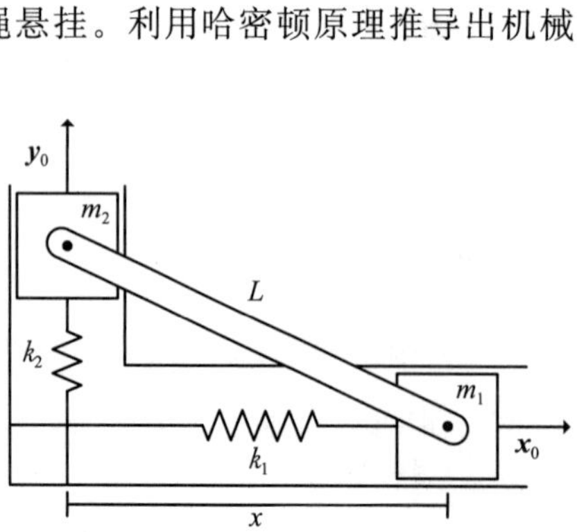

图 5-22　两个弹簧活塞用无质量的连接件连接

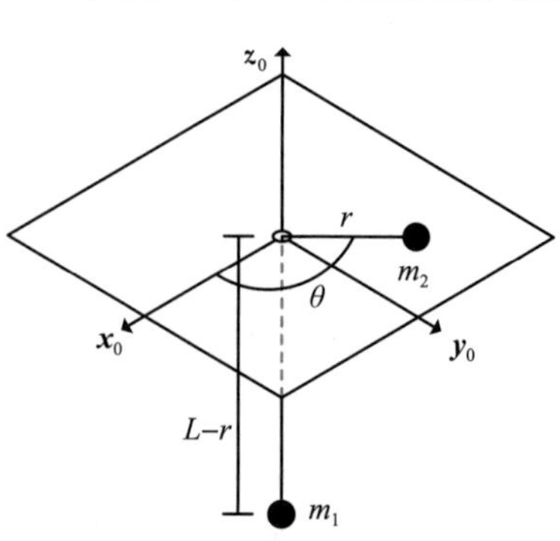

图 5-23　平面上的质点和悬挂的质点

5.6.2 关于拉格朗日方程的习题

5.9 考虑习题 5.1 中描述的机械系统，利用拉格朗日方程推导出该系统的运动方程。

5.10 考虑习题 5.2 中描述的机械系统，利用拉格朗日方程推导出该系统的运动方程。

5.11 考虑习题 5.3 中描述的机械系统，利用拉格朗日方程推导出该系统的运动方程。

5.12 考虑习题 5.4 中描述的机械系统，利用拉格朗日方程推导出该系统的运动方程。

5.13 考虑习题 5.5 中描述的机械系统，利用拉格朗日方程推导出该系统的运动方程。

5.14 考虑习题 5.6 中描述的机械系统，利用拉格朗日方程推导出该系统的运动方程。

5.15 考虑习题 5.7 中描述的机械系统，利用拉格朗日方程推导出该系统的运动方程。

5.16 考虑习题 5.8 中描述的机械系统，利用拉格朗日方程推导出该系统的运动方程。

5.17 一个双连杆机器人如图 5-24 所示。惯性坐标系的基底是 $\boldsymbol{x}_0$，$\boldsymbol{y}_0$，$\boldsymbol{z}_0$，而坐标系 1 的基底是 $\boldsymbol{x}_1$，$\boldsymbol{y}_1$，$\boldsymbol{z}_1$，它固定在旋转的基座上。基座由转动关节驱动围绕 $\boldsymbol{z}_0=\boldsymbol{z}_1$ 轴转动，伸展臂由直线电动机驱动沿 $\boldsymbol{x}_1$ 轴移动。基座的质量分布近似为位于基底质心的质点 m_1，而伸展臂的质量分布近似为位于伸展臂质心的质点 m_2。利用非保守系统的拉格朗日方程，给出了该系统的运动方程为

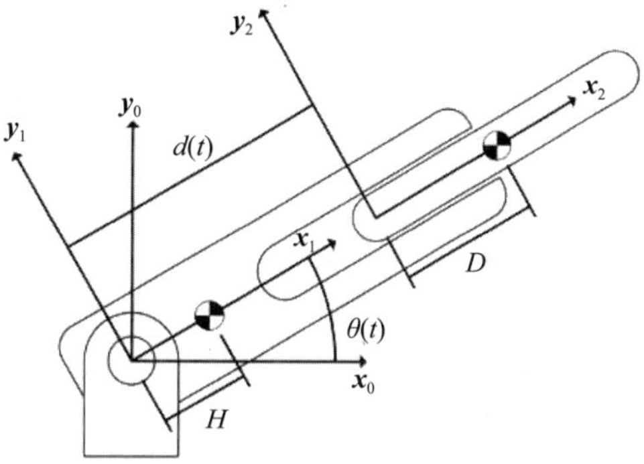

图 5-24 双连杆转动平面机器人

$$\begin{bmatrix} m_2 & 0 \\ 0 & m_1H^2+m_2(D+d)^2 \end{bmatrix}\begin{Bmatrix} \ddot{d} \\ \ddot{\theta} \end{Bmatrix}$$

$$=\begin{Bmatrix} -m_2 g\sin\theta+m_2(D+d)\dot{\theta}^2 \\ -g(m_1H+m_2(d+D))\cos\theta-2m_2(d+D)\dot{d}\dot{\theta} \end{Bmatrix}+\begin{bmatrix} 1 & 0 \\ 0 & 1 \end{bmatrix}\begin{Bmatrix} F \\ M \end{Bmatrix}$$

其中 M 为转动关节的驱动力矩，F 为移动关节的驱动力。

5.18 假设在习题 5.1 和 5.9 中讨论的系统中，在地面和连杆之间的转动关节上增加一个执行器。一个电动机围绕作用于连杆的转动关节轴产生一个力矩 m，而 $-m$ 作用于地面。驱动力矩所做的总功是多少？与广义坐标 θ 相关的广义力是多少？

5.19 假设在习题 5.2 和 5.10 中讨论的双连杆操作器上增加一对执行器来驱动其关节。第一个电动机产生一个力矩 m_1 作用在连杆 1 上，围绕接地与连杆 1 之间的转动关节的轴线。第二个电动机产生一个力矩 m_2 作用于连杆 2 上，围绕连杆 1 与连杆 2 之间的转动关节。驱动力矩所做的总虚功是多少？与广义坐标 θ_1 和 θ_2 相关的广义力 Q_1 和 Q_2 是多少？

5.20 假设在习题 5.3 和 5.11 中讨论的系统中，小车和连杆之间的转动关节是由电动机驱动的。电动机产生转矩 τ 作用于杆，转矩（$-\tau$）作用于质量。力矩所做的总虚功是多少？与广义坐标 x 和 θ 相关的广义力是多少？

5.6.3 关于哈密顿扩展原理的习题

5.21 推导出如图 5-25 和图 5-26 所示的 PUMA 机器人的简化动力学模型，该模型假设连

杆 1 和 2 的质量和惯量可以近似为集中的质点 m_1 和 m_2，而连杆 3 的质量和惯量可以忽略不计。假设质量 m_1 集中在 q 点，质量 m_2 集中在 r 点。驱动力矩 M_1 和 M_2 分别围绕 $\boldsymbol{z}_0$ 和 $\boldsymbol{z}_1$ 轴驱动关节 1 和 2。将关节变量 θ_1 和 θ_2 作为广义坐标，利用拉格朗日方程求出该系统的运动方程。

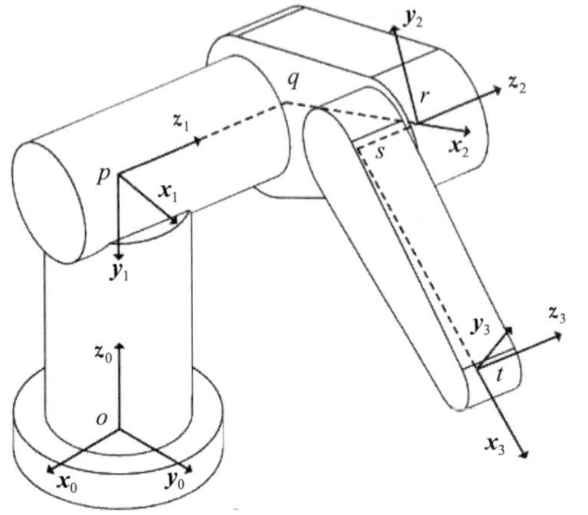

图 5-25　PUMA 机器人坐标系

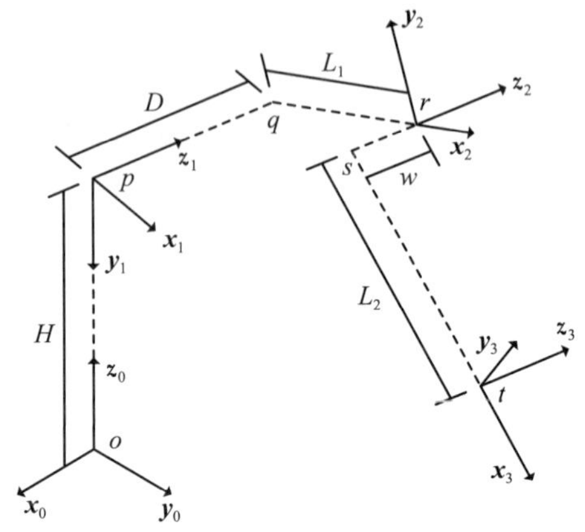

图 5-26　PUMA 机器人坐标系偏移

5.22　推导出如图 5-25 和图 5-26 所示的习题 5.21 中研究的 PUMA 机器人的简化动力学模型。现假设连杆 1 和 2 的质量和惯量可以忽略不计，而连杆 3 的质量和惯量可以近似为集中的质点 m_3，质量 m_3 集中在 t 点。驱动力矩 M_1、M_2 和 M_3 分别围绕 $\boldsymbol{z}_0$、$\boldsymbol{z}_1$ 和 $\boldsymbol{z}_2$ 轴驱动关节 1、2 和 3。将关节变量 θ_1、θ_2 和 θ_3 作为广义坐标，利用拉格朗日方程求出该系统的运动方程。

5.23　推导出如图 5-25 和图 5-26 所示的习题 5.21 和 5.22 中研究的 PUMA 机器人的简化动力学模型。该模型将连杆 1 和 2 的质量和惯量表示为简化刚体，假设连杆 3 的质量和惯量可以忽略不计。简化分析，对于连杆 1，假设质量沿着肩关节在圆柱体上的点 p 和 q 之间分布。连杆 1 的质心是点 p 和点 q 连线的中点，连杆 2 的质心是点 q 和点 r 的中点。每个结构体 $i=\{1,2\}$ 的惯性矩阵 $\boldsymbol{I}_{c_i}^i$ 在式（5.29）中定义在相对于坐标系 i 的质心 c_i 上。驱动力矩 M_1 和 M_2 分别围绕 $\boldsymbol{z}_0$ 和 $\boldsymbol{z}_1$ 轴驱动关节 1 和 2。利用非保守系统的拉格朗日方程，推导出系统的运动方程。

$$\boldsymbol{I}_{c_i}^i=\begin{bmatrix} I_{11,i} & 0 & 0 \\ 0 & I_{22,i} & 0 \\ 0 & 0 & I_{33,i} \end{bmatrix} \quad (5.29)$$

5.24　一个三自由度笛卡儿机器人如图 5-27 所示。该系统由沿 $\boldsymbol{z}_0$ 方向移动的车架、沿 $\boldsymbol{z}_1$ 方向的相对于车架移动的横杆和沿 $\boldsymbol{z}_2$ 方向的相对于横杆移动的工具组件组成。车架、横梁和工具组件的质量分别为 m_1、m_2 和 m_3。车架相对于地

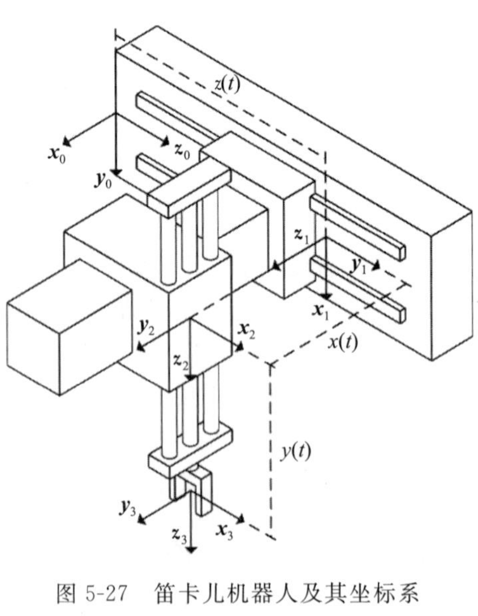

图 5-27　笛卡儿机器人及其坐标系

面的运动用坐标 $z(t)$ 测量，横杆相对于车架的运动用坐标 $x(t)$ 测量，工具组件相对于横杆的运动用坐标 $y(t)$ 测量。驱动力 F_z、F_x 和 F_y 分别作用于地面与车架、车架与横梁、横梁与工具组件之间。利用非保守系统的拉格朗日方程，推导出机器人的运动方程。

5.25 考虑图 5-28 和图 5-29 中所示的球形腕关节。设 m_1、m_2 和 m_3 分别为连杆 1、2 和 3 的质量，其位置如图 5-29 所示。设 t_1、t_2 和 t_3 为驱动球腕关节的驱动力矩。利用非保守系统的拉格朗日方程，通过将各连杆近似为一个质点，推导出该系统的运动方程。

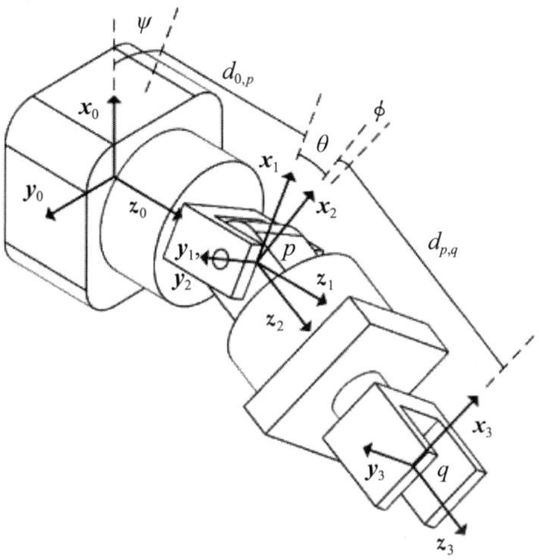

图 5-28 球形腕关节及其坐标系

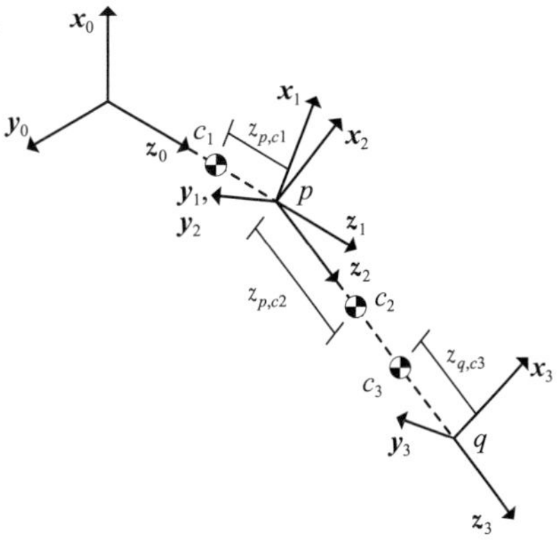

图 5-29 球形腕关节的质心位置

5.26 SCARA 机器人在第 4 章的习题 4.4 和习题 4.5 中进行了研究，如图 5-30 和图 5-31 所示。推导该机器人的一个动态模型，假设连杆可以视为质点，其位置如图 5-31 所示。利用拉格朗日方程推导非保守系统的运动方程。

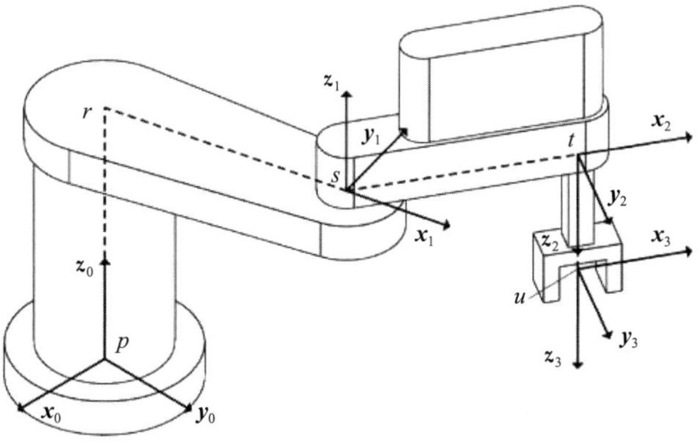

图 5-30 SCARA 机器人坐标系

5.27 推导出习题 5.26 中分析的 SCARA 机器人的运动方程，但现在假设连杆 1、2 和 3 的质量分布是均匀的。质心的位置如图 5-31 所示。假设各连杆 $i=1, 2, 3$ 相对于坐标系 x_i，y_i，z_i 位于各连杆质心处的惯性矩阵有如下形式：

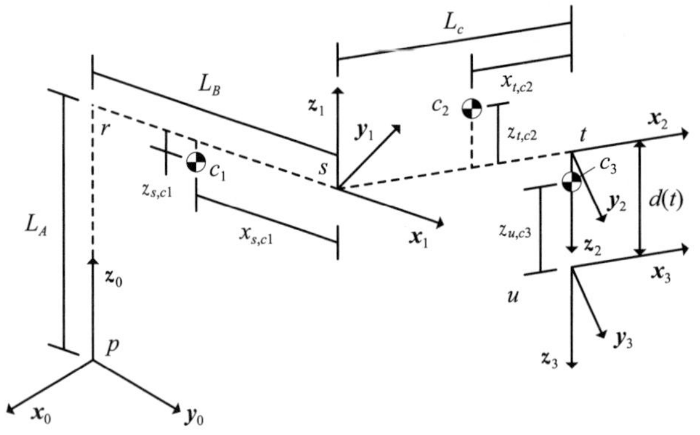

图 5-31　SCARA 机器人关节和质心偏移

$$
\boldsymbol{I}_{cm_i}^{i}=\begin{bmatrix} I_{11,i} & 0 & 0 \\ 0 & I_{22,i} & 0 \\ 0 & 0 & I_{33,i} \end{bmatrix}
$$

根据对称性，可以推导出惯性矩阵具有所示的对角结构吗？如果每个连杆的密度都是均匀的，那么通过对称性可以推断出惯性矩阵的什么结构？利用非保守系统的拉格朗日方程，推导出系统的运动方程。

5.28　推导出如图 5-32 和图 5-33 所示的圆柱坐标型机器人的动力学模型，假设每个连杆的质量和惯量可以用质点 m_i 表示（$i=1$，2，3）。各连杆的质心相对于其本体固定系的位置如图 5-33 所示。利用非保守系统的拉格朗日方程，推导其运动方程。

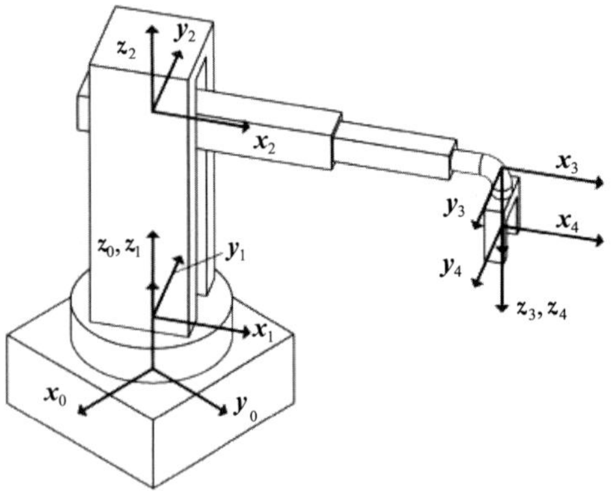

图 5-32　圆柱坐标型机器人及其坐标系

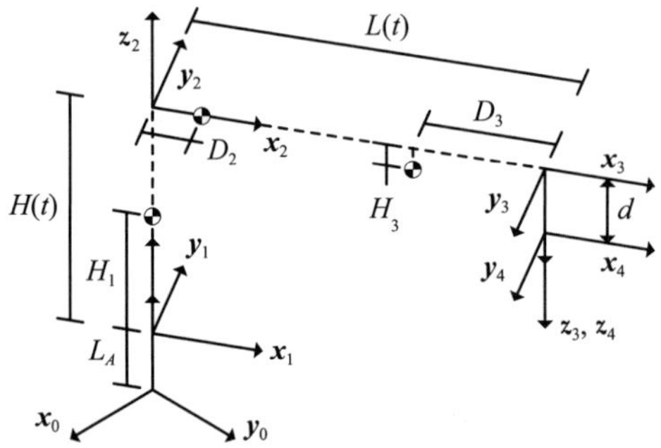

图 5-33　圆柱坐标型机器人关节和质心偏移

5.29　假设连杆 1、2、3 的质量分布均匀，推导出习题 5.28 中所分析的圆柱坐标型机器人的运动方程。利用非保守系统的拉格朗日方程，推导其运动方程。

5.30　推导如图 5-34 和图 5-35 所示的球形机器人的动力学模型。机器人是通过定义分别固定在连杆 1、2 和 3 上的坐标系 1、2 和 3 来建模的。地面系在图中是坐标系 0。角 θ_i 是测量坐标系 i 相对于坐标系 $i-1$ 的旋转，定义为从轴 $\boldsymbol{x}_{i-1}$ 围绕 $\boldsymbol{z}_i(i=1,2)$ 到轴 $\boldsymbol{x}_i$ 的转角。变量 $d_{p,q}(t)$ 测量从点 p 到点 q 的距离。使用一个整块的质量近似的、质心位于如图 5-35 中所示位置的连杆。将变量 θ_1，θ_2 和 $d_{q,r}$ 作为广义坐标，利用拉格朗日方程建立运动方程。

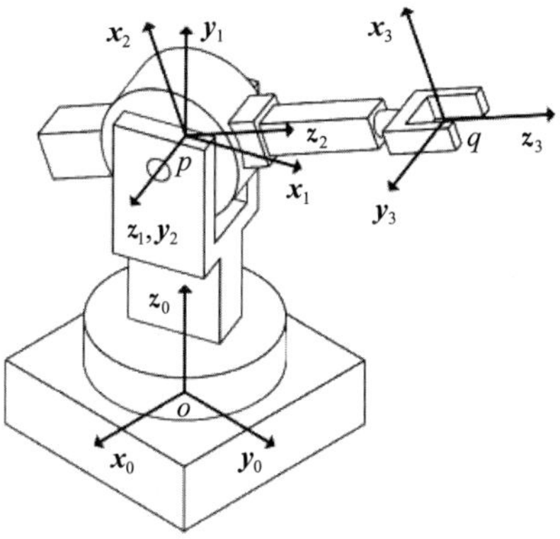

图 5-34　球形机器人及坐标系

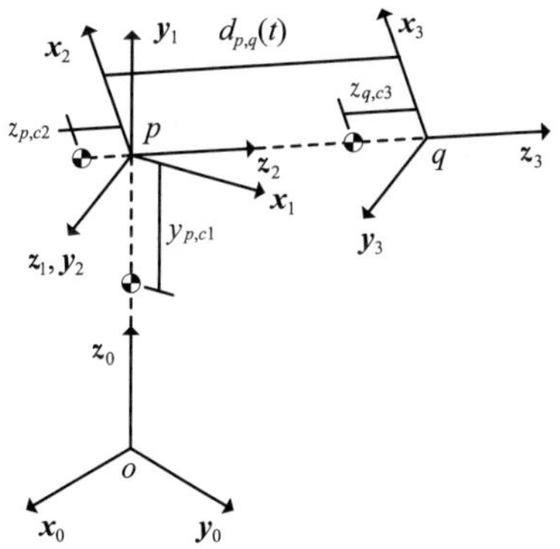

图 5-35　球形机器人关节和质心偏移

5.6.4　关于约束系统的习题

5.31　设 $(x(t),\ y(t))$ 表示连杆质心的惯性系的位置，如图 5-16 所示。变量 $\boldsymbol{q}(t)=\{x(t)\ \ y(t)\ \ \theta(t)\}^{\mathrm{T}}$ 在习题 5.1 中定义为单个刚性连杆的一组冗余广义坐标。用这一冗余广义坐标，推导拉格朗日方程。

5.32　设 $(x_1(t),\ y_1(t))$ 和 $(x_2(t),\ y_2(t))$ 分别表示连杆 1 和 2 的质心的惯性系的位置，如图 5-13 所示。变量 $\boldsymbol{q}(t)=\{x_1(t)\ \ x_2(t)\ \ \theta_1(t)\ \ x_2(t)\ \ y_2(t)\ \ \theta_2(t)\}^{\mathrm{T}}$ 在习题 5.2 中定义为双臂机器人的一组冗余广义坐标。用这一冗余广义坐标，推导拉格朗日方程。

5.33　设 x 为物体 M 在惯性系中的位置，$(x_2,\ y_2)$ 为杆的质心位置。变量 $\boldsymbol{q}=\{x_1\ \ x_2\ \ y_2\ \ \theta\}$ 为图 5-3 中的机器人的一组冗余广义坐标。用这一冗余广义坐标，推导拉格朗日方程。

机器人系统的控制

第 2、3、4 和 5 章已经描述了一些用于研究机器人系统运动学、获得机器人系统运动方程的工具。本章将提出并解决一些有关机器人系统控制的经典问题。这些是已被广泛探究的话题，并且有非常长的历史。接下来将会概括介绍最常见的机器人控制的相关问题。本章讨论关节空间、全状态反馈控制策略，而在接下来的第 7 章则讨论任务空间反馈控制方法，后者非常适合在基于视觉的机器人控制当中使用。结束本章学习之后，应该掌握：

- 定义机器人系统控制问题的基本内容。
- 表述各种稳定性的定义，并应用到机器人系统中。
- 表述李雅普诺夫直接方法，并应用于对机器人稳定性的研究中。
- 用公式表达计算力矩或者机器人系统逆向动力学控制器。
- 讨论机器人系统的内外反馈控制器的结构。
- 用公式表达基于无源性原则的机器人系统控制器。

6.1 控制问题的结构

在本书中的很多常见机器人系统由以下形式的方程来描述

$$\boldsymbol{M}(\boldsymbol{q}(t))\ddot{\boldsymbol{q}}(t)=\boldsymbol{n}(\boldsymbol{q}(t),\ \dot{\boldsymbol{q}}(t))+\boldsymbol{\tau}(t) \tag{6.1}$$

式中，$\boldsymbol{q}(t)$ 是 N 维广义坐标向量，$\boldsymbol{M}(\boldsymbol{q}(t))$ 是 $N\times N$ 的广义质量矩阵或广义惯性矩阵，$\boldsymbol{n}(\boldsymbol{q}(t),\ \dot{\boldsymbol{q}}(t))$ 为 N 维的广义坐标与广义坐标微分的非线性函数向量，而 $\boldsymbol{\tau}(t)$ 是驱动力矩或驱动力。当系统被表达为二阶控制方程时，如果 $\boldsymbol{M}$ 是可逆的，它总是可以被重写为一阶微分方程。首先定义

$$\boldsymbol{x}(t)=\begin{Bmatrix}\boldsymbol{q}(t)\\ \dot{\boldsymbol{q}}(t)\end{Bmatrix}=\begin{Bmatrix}\boldsymbol{x}_1(t)\\ \boldsymbol{x}_2(t)\end{Bmatrix}$$

$$\boldsymbol{f}(t,\ \boldsymbol{x}(t))=\begin{Bmatrix}\boldsymbol{x}_2(t)\\ \boldsymbol{M}^{-1}(\boldsymbol{x}_1(t))(\boldsymbol{n}(\boldsymbol{x}_1(t),\ \boldsymbol{x}_2(t))+\boldsymbol{\tau}(t))\end{Bmatrix}$$

那么，控制方程可以被重写为

$$\begin{aligned}\dot{\boldsymbol{x}}&=\boldsymbol{f}(t,\ \boldsymbol{x}(t))\\ \boldsymbol{x}(t_0)&=\boldsymbol{x}_0\end{aligned} \tag{6.2}$$

这个系统是 $t=t_0$ 时的初始状态为 $\boldsymbol{x}_0$ 的一阶非线性常微分方程组的期望集合。

我们将会使用式（6.1）的二阶形式和式（6.2）的一阶形式来研究机器人系统的控制方法。其中，一阶形式在分析系统稳定性（stability）时特别有用，该部分的话题将在 6.2 节中探讨。而二阶形式的运动方程形式对于获得一些特殊的控制律很方便。在 6.6 节中对于计算力矩控制器（computed torque controller）和在 6.8 节中对于基于无源性原则（passivity principle）控制器的讨论都是基于式（6.1）。

本书第 4 章、第 5 章的最终目标是要获得运动控制方程，如式（6.1）和式（6.2）所示的通用形式。在实际的应用中，当给定了在任意时刻 $t\in\mathbb{R}^+$ 时的输入函数 $\boldsymbol{\tau}(t)$，数值或者解析方法用于求解广义坐标 $\boldsymbol{q}(t)$ 的轨迹。这项任务的完成解决了机器人学的经典正向

动力学（forward dynamics）问题。控制理论中的问题在于寻找针对不同问题的解决办法：给定一些期望目标，是否可以选定任意时刻 $t \in \mathbb{R}^+$ 的输入 $\boldsymbol{\tau}(t)$，以使得系统可以取得目标？过去已研究了很多种不同的控制问题。控制策略通常按照如下两种方式进行分类：(1) 控制策略期待达到的目标，(2) 用于达到目标的方法。常见的目标包括干扰的抑制、最小误差、路径的跟踪以及系统的稳定。

6.1.1 定点和跟踪反馈控制问题

在这一节中两种类型的目标将会被考虑。第一种类型是位置控制（position control）或者定点控制（setpoint control），它们都用于驱动机器人系统到达一种期待的状态。在定点控制中，目标是找到任意时刻 $t \in \mathbb{R}^+$ 的驱动输入 $\boldsymbol{\tau}(t)$，以使得系统状态不断接近某些固定的、期待的状态，当时间 $t \to \infty$ 时

$$\boldsymbol{x}(t) \to \boldsymbol{x}_{\mathrm{d}} \tag{6.3}$$

在定点控制中的一种典型问题是找到一种控制 $\boldsymbol{\tau}(t)$，其可以在工作空间里某些给定的构型中控制机械臂的末端操纵装置位姿。本节中第二种控制问题是轨迹跟踪（trajectory tracking）。一个轨迹跟踪控制器的目标是找到一个控制输入 $\boldsymbol{\tau}(t)$，以使得当 $t \to \infty$ 时，

$$\boldsymbol{x}(t) \to \boldsymbol{x}_{\mathrm{d}}(t)$$

映射 $t \mapsto \boldsymbol{x}_{\mathrm{d}}(t)$ 是随时间变化的期待轨迹的向量。如字面意思所表达的，一个跟踪控制问题是找到控制输入 $\boldsymbol{\tau}(t)$，来转动雷达天线或相机，进而使之总是指向于一些运动的目标。将定点控制律（setpoint control law）看作是跟踪控制律（tracking control law）的一种特殊形式是可行的。但是，描述保证定点控制目标被达到的情况更加容易，因为这个原因这两种问题一般被分别独立研究。

6.1.2 开环和闭环控制

除了定义特定控制策略的目标外，达到目标的方法也区别了不同的控制技术。在各种控制策略中一种最基本的区别是区分了开环控制（open loop control）和闭环控制（closed loop control）。这种区分是基于控制输入 $\boldsymbol{\tau}$ 的结构。开环控制方法是选择控制输入 $\boldsymbol{\tau}$ 为 t 的显式函数。另一方面，如果驱动输入 $\boldsymbol{\tau}$ 由某种状态函数 $\boldsymbol{x}(t)$ 或者时间 t 给出，

$$\boldsymbol{\tau}(t) := \boldsymbol{\tau}(t, \boldsymbol{x}(t))$$

向量 $\boldsymbol{\tau}$ 定义了（全状态）闭环控制或称反馈控制（feedback control）策略。反馈控制器（feedback controller）有很多期待的特性。它们如此引人注目的两个最重要的原因包括了：依靠对输出的测量而服从实时的控制，并且降低了系统的敏感性。本书将只研究全状态反馈控制器。在 6.6 节，6.7 节和 6.8 节中将讨论一些获得定点或跟踪反馈控制器的方法。

6.1.3 线性与非线性控制

值得强调的是，在本书中大多数的机器人系统的控制方程都是非线性的：线性是不常见的。第 4 章的牛顿-欧拉方程可以应对非线性常微分方程系统（ODE）或者代数微分方程（DAE）描述的系统。第 5 章展示了哈密顿原理或拉格朗日方程也能够应对上述两种非线性方程描述的系统。在绝大多数的本科课程中，首先并且一般只会将对控制原理的讨论限制在线性系统（linear system）中。一个强大且应用广泛的线性控制理论（linear control theory）在过去的几个世纪中已经得到了建立。在本科课程中仅关注线性控制理论是合理的：对线性 ODE 的研究存在于众多的应用性问题中，例如机械设计、传热、电路和

流体流动中。

非线性系统（nonlinear system）控制策略的发展，例如在机器人学中所研究的内容，比线性系统中对应内容困难很多。一个问题来源是对于非线性系统其稳定性的研究较线性系统的来说复杂得多。除此之外，线性控制系统的潜在结构也比非线性系统更加易于描述。所有的这些相关问题都将在后文中进行简单的讨论。

对于一般的非线性系统的稳定性和渐近稳定（asymptotic stability）的概念是局部定义（local definition）（在定义 6.2 和定义 6.3 中引入）。这意味着当初始条件位于平衡位置的某邻域时，才能保证开始临近平衡点的轨迹在任何时候都保持在其附近。即稳定性能保证维持的邻域是一个非常小的集合。如果初始条件距离平衡点非常远，并且在上述的邻域之外，那么稳定性便不能得到保证。这个事实意味着对于线性系统来说，局部稳定性隐含了全局稳定性。证明一个非线性系统满足全局稳定性的条件可以是一个非常艰巨的任务。当实现一个控制器时，对于全局稳定（global stability）的保证和收敛是最值得期待的。

包括上文考虑到的，对于稳定性的讨论是综合考虑控制策略的核心。一个系统是否可以通过引入反馈控制而保持稳定可以由对动态系统的可稳定性（stabilizability）定义来严格讨论。除了可稳定性以外，还有一些其他的动态系统的性质特征可以被定义，这对于理解一个具体控制设计任务的可行性尤其重要。例如，可控性（controllability）的定义使得对是否可以控制一个系统到某种确定的状态的判断变得清晰。可观性（observability）的定义描述了从一组特定系统观测或测量集重建状态的能力。对于线性系统已经建立了丰富的理论，以确定可稳定性、可控性和可观性。这些技术可用于很多实际的问题，并且已经在控制综合软件中成为标准的工具。对于确定的平滑非线性系统关于可稳定性、可控性和可观性的概念已经获得了定义，但是对于特定非线性系统这些原理的应用显得异常困难。感兴趣的读者可以查阅参考文献［21］以获得更加详细的讨论。

由于上述原因，获得非线性系统的控制策略，例如对于一个典型的机器人系统来说，比获得线性系统的要更加地具有挑战性。

幸运的是，对于很多机器人系统的控制方程结构，可以定义一个反馈控制律来将非线性常微分方程（nonlinear ODE）转换为线性常微分方程（linear ODE）。也如接下来将会展示的，对于构成了运动学或串联链的机器人操纵机构，这可能是最为基础的。必须认识到，这种选择反馈控制来改变或修改一组非线性控制 ODE 到线性系统 ODE，对于任意的非线性系统是不可能实现的。正是某些机器人系统的特殊形式使得这种方法可行。在控制理论邻域，系统地研究了一般系统何时可以采用这种策略的问题，即反馈线性化（feedback linearization）问题。可以在文献［21］中找到很好地解决这个问题的方法。在相关的机器人学文献中，这种方法也被称为动态逆方法（method of dynamic inversion）或计算力矩控制（computed torque control）。对这些方法的概述可以在文献［15］和［30］中找到。大多数反馈线性化的描述都将其理论应用于一阶常微分方程系统，而计算力矩控制或动态逆方法的描述则保留了二阶常微分方程的结构，其直接表现为牛顿-欧拉或动力学的分析力学公式。这使得将在动态逆或计算力矩控制理论中获得的方法看作是反馈线性化理论的一种特殊形式。

6.2　稳定性理论的基础

本章讨论如何建立和分析机器人系统反馈控制方法的一些基础问题。对任何控制策略来说，最重要的要求就是使用控制律获得的动态系统是稳定的。

虽然不同控制策略可以通过不同的性能度量来量化，但是任何可行的控制技术都必须产生一个稳定系统（stable system）。

稳定性理论可以用不同的抽象层次和不同的操作假设来构建。例如，在参考文献［40］中研究了度量空间的稳定性，而在参考文献［32］中使用了一个随机框架。在参考文献［13］中考虑了有限维系统，而在参考文献［19］中则研究了无限维系统。当稳定性理论被应用于常微分方程系统控制时，可以在参考文献［28，42］或参考文献［44］中找到相应的流行的处理方法。最后的三篇参考文献为本节内容提供了很好的背景，同时也为机器人控制提供了额外的高级材料。最后，参考文献［3，30］讨论了如何将稳定性理论中的一般技术应用于机器人系统的特定类别。这里对稳定性的讨论由介绍一些背景定义开始。

定义 6.1 有初始状态 $\boldsymbol{x}_0 \in \mathbb{R}^N$ 的系统由式（6.2）定义，该系统的运动或轨迹 $\boldsymbol{x}$ 为在任意时间 $\boldsymbol{x}$：$[t_0, \infty) \to \mathbb{R}^N$ 满足式（6.2）的函数值向量。一个平衡（equilibrium）是一个满足式（6.2）的恒定轨迹。

在这个定义中值得说明的是，与式（6.2）中非自治系统（non-autonomous system）有关的运动或轨迹的定义取决于初始时间 t_0 和初始状态 $\boldsymbol{x}_0$。有时这种依赖关系通过如下定义来强调

$$\boldsymbol{x}(t) := \boldsymbol{x}(t;\ t_0,\ \boldsymbol{x}_0) \quad t_0 \leqslant t < \infty$$

一个系统平衡状态 $\boldsymbol{x}_e \in \mathbb{R}^N$ 是一个不依赖于时间的恒定轨迹，它必须满足式 $\mathbf{0} = \boldsymbol{f}(t,\ \boldsymbol{x}_e)$ 和 $\boldsymbol{x}_e = \boldsymbol{x}_0$。也就是说，与平衡状态相关的轨迹开始于 $\boldsymbol{x}_0$ 并且在此之后的所有时刻 $t \geqslant t_0$ 都保持在平衡状态 $\boldsymbol{x}_0$。定义 6.2 精确地定义了平衡态的稳定性：使用标准 $\delta-\varepsilon$ 证明形式。

定义 6.2 假设 $\boldsymbol{x}_e$ 为式（6.2）定义的系统平衡状态。轨迹 $\boldsymbol{x}_e$ 当且仅当满足如下条件时为一稳定平衡（stable equilibrium）：

若对于任意 $\varepsilon > 0$，存在 $\delta := \delta(\varepsilon,\ \boldsymbol{x}_0) > 0$ 且使得

$$\|\boldsymbol{x}_0 - \boldsymbol{x}_e\| < \delta \to \|\boldsymbol{x}(t) - \boldsymbol{x}_e\| < \varepsilon，\text{对所有 } t \geqslant t_0$$

式中，$\boldsymbol{x}(t) := \boldsymbol{x}(t;\ t_0,\ \boldsymbol{x}_0)$ 为起点在 $(t_0,\ \boldsymbol{x}_0)$ 的系统轨迹。

定义 6.2 只对所考虑的平衡的某一邻域提出要求，并由此推断出平衡点的局部稳定性（local stability of an equilibrium）。如果定义中的半径可以选择任意的大小，则称平衡点是全局稳定（globally stable）。在本书中，任何关于稳定的讨论都假定为是关于局部稳定的讨论，而任何关于全局稳定的讨论都将被明确地指出。

图 6-1 给出了一个稳定性定义的图形化解释。如图所示，平衡 $\boldsymbol{x}_e$ 可以被可视化为一个起点在初始化条件空间中的固定点 $\boldsymbol{x}_e$ 并且作为常函数进行扩展的一段轨迹。参数 ε 定义了一个半径为 ε 的管道，它以沿时间轴拉伸的恒定轨迹为中心。如果对于任意的 $\varepsilon > 0$，可以找到一个距离初始条件 $\boldsymbol{x}_e$ 的半径为 δ 的圆盘，使得从起点在圆盘内的任意轨迹始终保持在半径为 ε 的管道中，则系统是稳定的。即，如果平衡点的邻域选择得足够小，那么从这个邻域开始的所有的轨迹都能保持有界。

在例 6.1 中，这个定义的应用将变得更加清晰。

例 6.1 考虑图 5-24 中描述的双连杆机器人，该类机器人已在第 5 章的习题 5.17 中研究。假设第二连杆被锁定，位于

$$d(t) = \bar{d} = \text{常数}$$

讨论该系统的稳定性，给定控制力矩 $M \equiv 0$。

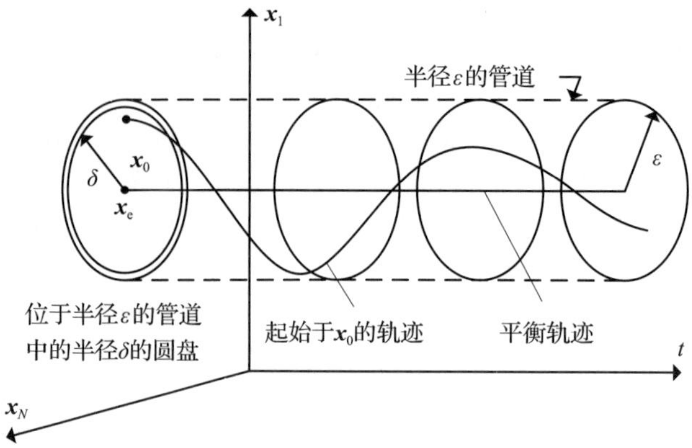

图 6-1　稳定性的图形化解释

解：在这个例子的题设之下，转动关节的运动控制方程可从习题 5.17a 中获得

$$(m_1H^2+m_2(D+\bar{d})^2)\ddot{\theta}+g(m_1H+m_2D)\cos\theta+m_2\bar{d}g\cos\theta=0$$

它可以被进一步简化，以强调稳定性分析的本质特征。机械臂的质量中心位置可以被定义为

$$d_c=\frac{1}{m_1+m_2}(m_1H+m_2(\bar{d}+D))$$

总质量和关于点 0 的惯量可以由以下方程定义：

$$M_T=m_1+m_2$$

$$J_0=m_1H^2+m_2(D+\bar{d})^2$$

使用这些参数，控制方程可以被改写为式 6.1 的形式

$$J_0\ddot{\theta}+M_Tgd_c\cos\theta=0 \tag{6.4}$$

接下来，可以将该方程转换为如式（6.2）的一阶 ODE 形式。定义 $l:=J_0/M_Td_c$，并选择状态变量的定义如

$$\boldsymbol{x}=\begin{Bmatrix}x_1\\x_2\end{Bmatrix}=\begin{Bmatrix}\theta+\dfrac{\pi}{2}\\\dot{\theta}\end{Bmatrix}$$

进而可知

$$\dot{\boldsymbol{x}}(t)=\begin{Bmatrix}\dot{x}_1\\\dot{x}_2\end{Bmatrix}=\begin{Bmatrix}\dot{\theta}\\\ddot{\theta}\end{Bmatrix}=\begin{Bmatrix}x_2\\-\dfrac{g}{l}\cos\left(x_1-\dfrac{\pi}{2}\right)\end{Bmatrix}=\begin{Bmatrix}x_2\\-\dfrac{g}{l}\sin x_1\end{Bmatrix}=\boldsymbol{f}(\boldsymbol{x}(t))$$

系统的平衡点满足

$$\begin{Bmatrix}0\\0\end{Bmatrix}=\boldsymbol{f}(\boldsymbol{x}_e)=\begin{Bmatrix}x_{2,e}\\-\dfrac{g}{l}\sin x_{1,e}\end{Bmatrix}$$

或

$$\begin{Bmatrix}x_{1,e}\\x_{2,e}\end{Bmatrix}=\begin{Bmatrix}k\pi\\0\end{Bmatrix}\quad k\in\mathbb{Z}$$

式中，$\mathbb{Z}$ 为整数集。平衡的稳定性可以通过将控制方程（6.4）乘以 $\dot{\theta}$，利用以下恒等式来

研究

$$J_0\dot{\theta}\ddot{\theta}+M_T g d_c\dot{\theta}\cos\theta=J_0\frac{\mathrm{d}}{\mathrm{d}t}\left(\frac{1}{2}\dot{\theta}^2+\frac{g}{l}\sin\theta\right)=0$$

对这一恒等式进行时间积分，可以看出总系统机械能 $E(t):=T+V$ 是一个常数，

$$E(t)=E(0)=\frac{1}{2}J_0\dot{\theta}^2+M_T g d_c\sin\theta=J_0\left(\frac{1}{2}x_2^2+\frac{g}{l}\sin\left(x_1-\frac{\pi}{2}\right)\right) \tag{6.5}$$

图 6-2 描绘了投影到 x_1-x_2 平面上运动的积分的常数值等高线，它是轨迹 $\boldsymbol{x}(t)=\{x_1(t)\ \ x_2(t)\}^{\mathrm{T}}$ 的一个函数。

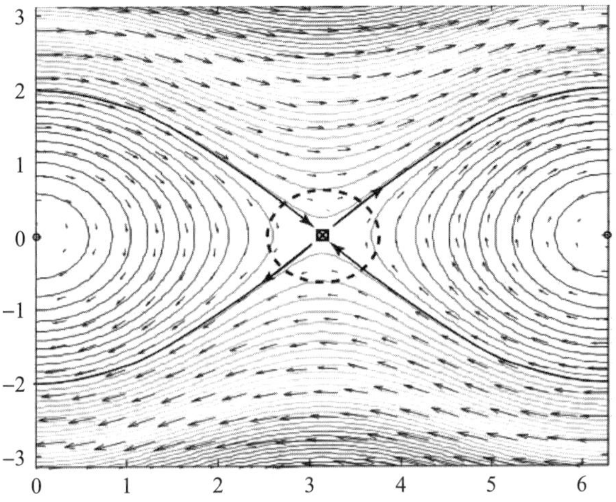

图 6-2 $\frac{g}{l}=1$ 时，$\frac{1}{2}x_2^2+\frac{g}{l}\sin\left(x_1-\frac{\pi}{2}\right)$ 的图像，稳定的平衡点标记为。，不稳定的平衡点则标记为×。半径为 δ 的圆用虚线表示，以 $(x_1,\ x_2)=(\pi,\ 0)$ 为中心

图中平衡位于 x_1 轴上，其中 $x_1=\pm k\pi$，$k\in\mathbb{Z}$。从图中可以看出，k 为奇数时平衡是不稳定的。为了形象化，想象一个半径为 ε 的管子，以任意这些平衡为中心，沿着时间轴向纸外伸出。任何半径为 $\delta>0$ 且以 k 为奇值的平衡 $\boldsymbol{x}_e$ 为中心的圆盘，都会包含一些轨迹，这些轨迹可以使 ε -管道的 t 足够大。

例如，一个这样的圆盘，半径为 δ，以 $x_1=\pi$ 处的平衡初始条件为中心，不管图中 δ 的值有多小，圆盘内的一些初始条件都会产生离开 ε -管道的轨迹。

类似的推理还可以说明以 k 为偶值的平衡也是稳定的。本例使用 MATLAB 的解决方案可以在 MATLAB Workbook for DCRS 的例 6.1 中找到。 ◀

例 6.1 中进行的分析是研究非线性系统稳定性中典型推理。特别地，这个例子还说明了稳定性的概念是与具体的轨迹或平衡状态有关的。其常微分方程表明例 6.1 中的机器人仅有无限多个稳定的平衡点，以及相应的无限多个不稳定的平衡点。如果机器人动态系统的状态空间是一个流形，那么平衡点是有限个数的，可参见文献 [10]。定义 6.3 引入两个更强的稳定形式，渐近稳定 (asymptotically stable) 和指数稳定 (exponential stability)。这些稳定性的概念被用在定点和跟踪控制器的设计中，并在本讨论中扮演重要的角色。

定义 6.3 若存在 $\delta=\delta(\varepsilon,\ \boldsymbol{x}_0)>0$，使得

$$\|\boldsymbol{x}_0-\boldsymbol{x}_e\|<\delta \quad\rightarrow\quad \lim_{t\to\infty}\|\boldsymbol{x}(t)-\boldsymbol{x}_e\|=0$$

式中，$\boldsymbol{x}(t):=\boldsymbol{x}(t;\ t_0,\ \boldsymbol{x}_0)$ 是一个起点为 $(t_0,\ \boldsymbol{x}_0)$ 的轨迹。则称式 (6.2) 中的一个

稳定平衡点 $\boldsymbol{x}_e$ 是渐近稳定的。

若存在 $\delta=\delta(\varepsilon, \boldsymbol{x}_0)>0$，使得

$$\|\boldsymbol{x}_0-\boldsymbol{x}_e\|<\delta \quad \rightarrow \quad \|\boldsymbol{x}(t)-\boldsymbol{x}_e\|\leqslant c\mathrm{e}^{-at} \quad \forall t\in[0, \infty)$$

式中，两个常数 c，$a>0$。则称稳定平衡点 $\boldsymbol{x}_e$ 是指数稳定的。

注意到，平衡点的渐近稳定性和指数稳定性首先要求它们是稳定的。图 6-3 描绘了一个对于任何初始条件都满足 $\lim\limits_{t\to\infty}\|\boldsymbol{x}(t)-\boldsymbol{x}_e\|=0$ 的系统轨迹。也就是说，所有的轨迹都被吸引到原点的平衡。然而，如果原点处的平衡是不稳定的，则它不是渐近稳定的。需要强调的是，定义 6.3 要求渐近稳定性必须是稳定和吸引的：仅仅具有吸引力是不够的。

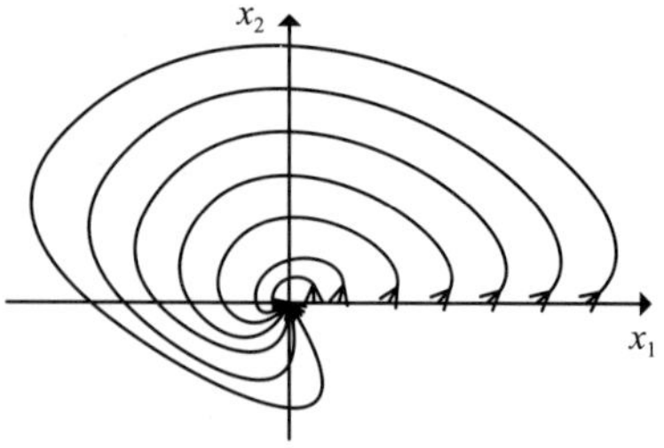

图 6-3　一个动力系统被吸引到原点，但在原点不稳定

如果能找到一个半径为 $\delta>0$ 的圆，并且圆上任意初始条件下的轨迹在 $t\to\infty$ 时都收敛到平衡态，则该稳定平衡是渐近稳定的。如果既是渐近稳定，并且会以指数增长的速度收敛到平衡状态，那么该平衡是指数稳定平衡。需要再一次强调的是定义 6.2 仅使用了半径为 δ 的平衡点周围的邻域，因此有些时候称这种平衡为局部渐近稳定（locally asymptotically stable）。如果半径 δ 可以是任意的大小，那么该平衡才可以被称为全局渐近稳定（globally asymptotically stable）。在本书中，渐近稳定平衡态默认是局部渐近稳定，而全局渐近稳定则会被明确地指出。

例 6.2 将会在典型的控制问题中说明这两种类型的稳定性。

例 6.2　可将例 6.1 的控制问题运动方程写成如下的形式

$$\dot{\boldsymbol{x}}(t)=\begin{Bmatrix}\dot{x}_1(t)\\ \dot{x}_2(t)\end{Bmatrix}=\begin{Bmatrix}x_2\\ -\dfrac{g}{l}\sin x_1\end{Bmatrix}+\begin{Bmatrix}0\\ \dfrac{1}{J_0}\end{Bmatrix}m(t) \tag{6.6}$$

式中，$m(t)=0$ 为控制输入信号。

假设在本例中控制输入力矩选择为

$$m(t)=J_0\left(\frac{g}{l}\sin x_1-k_0x_1-k_1\dot{x}_1\right)=J_0\left(\frac{g}{l}\sin x_1-k_0x_1-k_1x_2\right)$$

式中 k_1，$k_2>0$，且均为常数。接下来讨论系统的稳定性。

解：按照所选的反馈控制律，系统运动方程可以等效为二阶常微分方程

$$\ddot{x}_1+k_1\dot{x}_1+k_0x_1=0$$

值得注意的是，反馈控制的确克服了控制方程的非线性形式，并且得到了一个线性常微分方程。在很多的机器人系统控制矫正问题中，这都是一种常用的策略。在 6.6 节中将会研究这种方法的典型形式，该方法也被称为动态逆（dynamic inversion）或者计算力矩控制。引入 $k_1=2\xi\omega_n$ 和 $k_0=\omega_n^2$，该方程可以被重写为参数为固有频率 ω_n 和阻尼系数 ξ 的形式

$$\ddot{x}_1+2\xi\omega_n\dot{x}_1+\omega_n^2x_1=0 \tag{6.7}$$

该系统的平衡状态由下式给出

$$\begin{Bmatrix}x_1\\ x_2\end{Bmatrix}_e=\begin{Bmatrix}0\\ 0\end{Bmatrix}$$

进而

$$\dot{\boldsymbol{x}}_e=\begin{Bmatrix}\dot{x}_1\\ \dot{x}_2\end{Bmatrix}_e=\begin{Bmatrix}x_2\\ -2\xi\omega_n x_2-\omega_n^2 x_1\end{Bmatrix}_e=\begin{Bmatrix}0\\ 0\end{Bmatrix}$$

假设 $\xi<1$，式（6.7）的解可得为

$$x_1(t)=e^{-\xi\omega_n t}\left(x_{1,0}\cos\omega_d t+\frac{x_{2,0}+\xi\omega_n x_{1,0}}{\omega_d}\sin\omega_d t\right)$$

其中 $\omega_d=\omega_n\sqrt{1-\xi^2}$ 为固有阻尼频率。因此，可以推得

$$\|\boldsymbol{x}(t)-\boldsymbol{x}_e\|=\|\boldsymbol{x}(t)\|\leqslant c e^{-\xi\omega_n t}$$

式中，$c>0$，其值取决于初始条件。由上式的解 $x_1(t)$，存在边界

$$\begin{aligned}|x_1(t)|&\leqslant e^{-\xi\omega_n t}\left(|x_{1,0}|+\frac{1}{\omega_d}(|x_{2,0}|+(\xi\omega_n)|x_{1,0}|)\right)\\&\leqslant e^{-\xi\omega_n t}\left(\left(1+\frac{\xi\omega_n}{\omega_d}\right)|x_{1,0}|+\frac{1}{\omega_d}|x_{2,0}|\right)\\&\leqslant\frac{1}{\omega_d}\sqrt{1+(\omega_d+\xi\omega_n)^2}\,\|\boldsymbol{x}_0\|e^{-\xi\omega_n t}\end{aligned}$$

同理，

$$|x_2(t)|=|\dot{x}_1(t)|\leqslant\frac{\xi\omega_n}{\omega_d}\sqrt{1+(\omega_d+\xi\omega_n)^2}\,\|\boldsymbol{x}_0\|e^{-\xi\omega_n t}$$

进而可得

$$\|\boldsymbol{x}(t)\|\leqslant\frac{\sqrt{1+(\xi\omega_n)^2}\sqrt{1+(\omega_d+\xi\omega_n)^2}}{\omega_d}\|\boldsymbol{x}_0\|e^{-\xi\omega_n t}$$

记 $\boldsymbol{B}_\delta(\boldsymbol{0})$ 是以半径 δ 的圆心为中心的开集球，$\boldsymbol{B}_\delta(\boldsymbol{0})=\{\boldsymbol{x}\in\mathbb{R}^2\mid\|\boldsymbol{x}\|<\delta\}$。边界 6.2 可以保证，当 $\boldsymbol{x}_0\in\boldsymbol{B}_\delta(\boldsymbol{0})$ 时，$\lim\limits_{t\to\infty}\|x\|=0$。因此闭环控制系统中心的平衡状态是指数稳定的。事实上，该中心是全局指数稳定（globally exponentially stable）的，因为常数 δ 可以取到任意的大小。

Matlab Workbook for DCRS 的例 6.2 绘制了在原点处稳定状态邻域的相位图。该相位图提供了稳定性的图示；它也表明了轨迹将会收敛于原点处。◀

6.3 先进稳定性理论技术

前一节介绍了稳定性、渐近稳定性和指数稳定性的定义。这些定义直接应用于例 6.1 和例 6.2 中来研究一个简单的机器人系统。在例 6.2 中，通过对闭环控制方程的显式求解，研究了平衡点在原点处的稳定性。在例 6.1 中，运动方程乘以 $\dot{x}_1$，并对时间积分得到守恒量。关键的步骤是写出总机械能 $E:=T+V$ 的时间导数，如下式

$$\frac{d}{dt}(E(t))=J_0\left(\ddot{x}_1+\frac{g}{l}\sin\left(x_1-\frac{\pi}{2}\right)\right)\dot{x}_1=J_0\frac{d}{dt}\left(\frac{1}{2}\dot{x}_1^2+\frac{g}{l}\sin\left(x_1-\frac{\pi}{2}\right)\right)$$

该式可对时间积分得到

$$E(t)=E(0)=J_0\left(\frac{1}{2}\dot{x}_1^2+\frac{g}{l}\sin\left(x_1-\frac{\pi}{2}\right)\right)=\text{常数}\tag{6.8}$$

利用这个守恒或不变的量来研究不同平衡的稳定性是很简单的。

研究真实机器人系统控制方法的稳定性是一个十分困难的问题，以至于用解析方法求解闭环控制方程是不可行的。因此，用显式解析解设计和研究反馈控制律是不现实的，甚至是不可能的。

幸运的是，这种利用能量等守恒量来研究稳定性的策略可以推广到许多实际的机器人系统中。通过使用李雅普诺夫直接法来应用这些能量原理，现在使用李雅普诺夫直接法的变体来分析它们的稳定性已经成为机器人系统研究的标准实践。对这种稳定性理论方法细节的研究超出了本书的范围，本书将只介绍那些在应用程序中最常用的定义和定理，但并没有给出定理的证明。在李雅普诺夫理论应用于线性常微分方程系统时，可以利用参考文献［44］或文献［28］来进行证明和进一步的讨论。值得注意的是，这个框架已经扩展应用于更广泛的各种抽象动态系统。一个相关的综述可以在参考文献［40］中找到。

6.4　李雅普诺夫直接方法

李雅普诺夫直接方法原理引入了李雅普诺夫函数（Lyapunov function），这种函数构成了稳定性原理研究的基本工具。为了讨论李雅普诺夫函数，首先定义一些可描述函数的增长或减小的工具。

定义 6.4　一个 k 类的连续函数 f：$\mathbb{R}^+ \rightarrow \mathbb{R}^+$ 规定（i）$f(0)=0$，（ii）当 $x>0$ 时，$f(x)>0$，（iii）函数 $f(x)$ 非递减的。

$\mathcal{K}$ 类函数的例子很容易找到，它们是过原点且不递减的正函数。函数 $f(x)=x^2$ 或 $f(x)=\sqrt{x}$ 均为 $\mathcal{K}$ 类函数，因为当 $0<p<\infty$时，$f(x)=x^p$。一些这类函数的其他例子将在图 6-4 中展示。

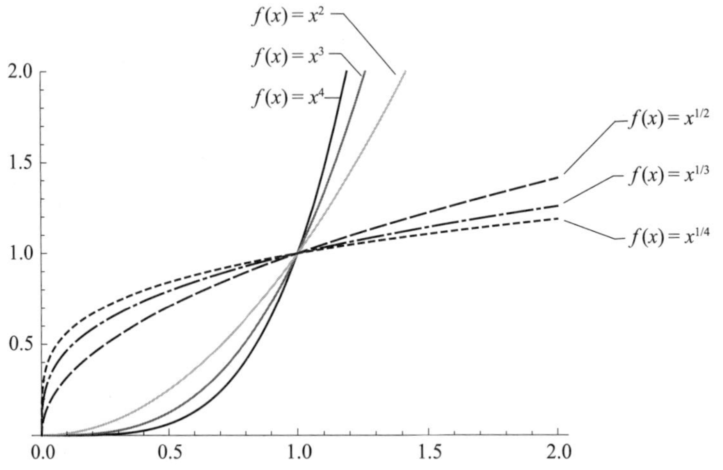

图 6-4　$\mathcal{K}$ 类函数的一些例子，当 $0<p<\infty$时，$f(x)=x^p$（见彩插）

$\mathcal{K}$ 类函数的集合用于定义适合于稳定性研究中的正和负的概念。可以证明，当李雅普诺夫函数 $\mathcal{V}$ 为局部正定（locally positive definite），且其时间导数 $\dot{\mathcal{V}}$ 为局部负定（locally negative definite）时，该函数具有稳定性和渐近稳定性。定义 6.5 构建了什么时候李雅普诺夫函数是正的，什么时候它的导数是负的。

定义 6.5　若存在 $\mathcal{K}$ 类函数 f，且对于所有 $t\geqslant 0$ 和 $\boldsymbol{x}\in\mathcal{N}$ 满足

$$\mathcal{V}(t, \boldsymbol{x})\geqslant f(\|\boldsymbol{x}\|)$$

则在原点处的邻域 $\mathcal{N}\subseteq\mathbb{R}^N$，连续函数 $\mathcal{V}$：$\mathbb{R}^+\times\mathbb{R}^N\rightarrow\mathbb{R}$ 为局部正定函数。如果邻域 $\mathcal{N}$ 可以取到所有的 $\mathbb{R}^N$，则函数 $\mathcal{V}$ 为正定（positive definite）。且当 $-\mathcal{V}$ 为正定时，函数 $\mathcal{V}$ 必为负定（negative definite）。

若存在 $\mathcal{K}$ 类函数 g，且对于所有 $t\geqslant 0$ 和 $\boldsymbol{x}\in\mathcal{N}$ 满足

$$\mathcal{V}(t,\ \boldsymbol{x})\leqslant g(\|\boldsymbol{x}\|)$$

则在原点处的邻域 $\mathcal{N}\subseteq\mathbb{R}^N$，连续函数 $\mathcal{V}$：$\mathbb{R}^+\times\mathbb{R}^N\rightarrow\mathbb{R}$ 为局部递减(locally decrescent)函数。如果邻域 $\mathcal{N}$ 可以取到所有的 $\mathbb{R}^N$，则函数 $\mathcal{V}$ 是递减(decrescent)的。

根据这一定义，可以得出李雅普诺夫稳定性定理最常见的形式之一。这个定理将是本书研究机器人系统稳定性的主要工具。

定理 6.1　假设原点 $\mathbf{0}\in\mathbb{R}^N$ 是系统的平衡状态，系统方程为

$$\dot{\boldsymbol{x}}(t)=\boldsymbol{f}(t,\ \boldsymbol{x}(t))$$

$$\boldsymbol{x}(0)=\boldsymbol{x}_0$$

令函数 $\mathcal{V}$：$\mathbb{R}^+\times\mathbb{R}^N\rightarrow\mathbb{R}$ 具有连续偏导数并且在原点处的邻域 $\mathcal{N}\subseteq\mathbb{R}^N$ 局部正定。如果

$$\dot{\mathcal{V}}(t,\ \boldsymbol{x})\leqslant 0\quad \forall t\geqslant 0,\ \forall \boldsymbol{x}\in\mathcal{N}$$

则在原点处的平衡状态是稳定的。如果函数 $\mathcal{V}$ 在邻域 $\mathcal{N}$ 中也为局部负定的，那么该平衡状态为渐近稳定。

需要注意的是，上面的定理是针对一个位于原点的平衡的，在实践中却没有这样的限制。非零点平衡的分析从改变变量，进而改变平衡并定义一组新的方程开始，如定理 6.1 所要求的。

为了加强全局渐近稳定（global asymptotic stability）（即 $\mathcal{N}\subseteq\mathbb{R}^N$），必须对邻域径向无界的李雅普诺夫函数附加一个条件。当状态的范数趋近于无穷时，李雅普诺夫函数必须也趋近于无穷。更多细节可参阅参考文献［28］。

一个满足定理 6.1 中性质的函数 V 是李雅普诺夫函数（Lyapunov function）。使用李雅普诺夫直接法时最困难的是如何确定一个候选李雅普诺夫函数。幸运的是，对于许多机器人系统，经常有很好的候选函数。研究人员已经获得、分类并记录了对于很多类型机器人系统的李雅普诺夫函数。读者可以在参考文献［15］和参考文献［30］中看到这些例子。许多李雅普诺夫函数可以从守恒量或类似能量的量导出，或者说与之相关。例 6.3 就是典型的选择总机械能作为李雅普诺夫函数。

例 6.3 使用定理 6.1 证明 $\theta_e=-\dfrac{\pi}{2}$ 是例 6.1 中的机器人系统的稳定平衡状态。

解：例 6.1 中的控制方程是非线性二阶常微分方程

$$J_0\ddot{\theta}+M_T g d_c\cos\theta=0$$

它有一个位于 $\theta_e=-\dfrac{\pi}{2}$ 的系统平衡状态。定理 6.1 可以理解为，具有一阶非线性常微分方程的系统在原点处有平衡状态。因此，从改变坐标开始分析，使被研究的平衡发生在原点。定义状态为

$$\boldsymbol{x}=\begin{Bmatrix}x_1\\x_2\end{Bmatrix}=\begin{Bmatrix}\theta+\dfrac{\pi}{2}\\\dot{\theta}\end{Bmatrix}$$

使得控制方程被写作

$$\dot{\boldsymbol{x}}=\begin{Bmatrix}\dot{x}_1\\\dot{x}_2\end{Bmatrix}=\begin{Bmatrix}\dot{\theta}\\\ddot{\theta}\end{Bmatrix}=\begin{Bmatrix}x_2\\-\dfrac{g}{l}\cos\left(x_1-\dfrac{\pi}{2}\right)\end{Bmatrix}=\begin{Bmatrix}x_2\\-\dfrac{g}{l}\sin x_1\end{Bmatrix}=\boldsymbol{f}(\boldsymbol{x}(t))$$

其中，$l:=\dfrac{J_0}{M_T d_c}$。如同期望的一样，原点处的平衡状态 $\boldsymbol{x}_e=\{0\quad 0\}^{\mathrm{T}}$ 对应了平衡状态

$\theta_e=-\frac{\pi}{2}$。系统的总机械能作为李雅普诺夫函数

$$\mathcal{V}=J_0\left(\frac{1}{2}x_2^2+\frac{g}{l}\left(\sin\left(x_1-\frac{\pi}{2}\right)+1\right)\right)=J_0\left(\frac{1}{2}x_2^2+\frac{g}{l}(-\cos x_1+1)\right)$$

常数 $M_T g d_c$ 对应于零势能基准的选择，该量的添加确保了

$$\mathcal{V}\left(\begin{Bmatrix}0\\0\end{Bmatrix}\right)=0$$

从图 6-5 中也能清楚地知晓，函数 $\mathcal{V}$ 是原点处邻域的局部正定函数，该邻域可以如下定义

$$\mathcal{N}:=\left\{\begin{Bmatrix}x_1\\x_2\end{Bmatrix}:\ -\pi<x_1<\pi,\ x_2\in\mathbb{R}\right\}$$

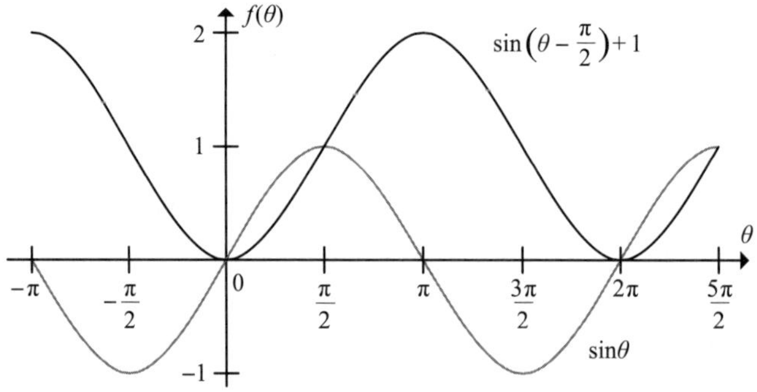

图 6-5　在李雅普诺夫函数中使用的位移正弦函数

沿系统轨迹的李雅普诺夫函数 $\mathcal{V}$ 的导数为

$$\dot{\mathcal{V}}:=\sum_{i=1}^{2}\frac{\partial\mathcal{V}}{\partial x_i}\dot{x}_i+\frac{\partial\mathcal{V}}{\partial t}=\frac{\partial\mathcal{V}}{\partial\boldsymbol{x}}\cdot\dot{\boldsymbol{x}}=\left\{\frac{\partial\mathcal{V}}{\partial x_1}\quad\frac{\partial\mathcal{V}}{\partial x_2}\right\}\cdot\boldsymbol{f}=J_0\left\{\frac{g}{l}\sin x_1\quad x_2\right\}\begin{Bmatrix}x_2\\-\frac{g}{l}\sin x_1\end{Bmatrix}=0$$

因为对于所有 $t\geqslant 0$ 和 $\boldsymbol{x}\in\mathcal{N}$，$\dot{\mathcal{V}}(\boldsymbol{x}(t))\leqslant 0$，所以原点处的平衡状态是稳定的。值得注意的是本分析仅仅保证了局部稳定性：邻域 $\mathcal{N}$ 需要被适当地选取为 $\mathbb{R}^2$ 的一个子集。

MATLAB Workbook for DCRS 的例 6.1 描述了原点邻域的李雅普诺夫函数 $\mathcal{V}(\boldsymbol{x})$。描述了一个初始条件位于该原点平衡位置的邻域的轨迹，并且还说明基于该轨迹的李雅普诺夫函数 $\mathcal{V}(\boldsymbol{x})$ 是非递增的。◀

6.5　不变性原则

上一节介绍的定义和定理构建了李雅普诺夫直接法，该方法可以应用于许多机器人系统。本章的几个例子将表明，它们可以直接用于推导和研究控制方法。例如，在寻找机器人系统的控制器时，常常需要建立一些渐近稳定性的形式。例如定点控制的例子中，当 $t\to\infty$，控制器需要关节变量和它们的导数趋近于某个期望常数值，

$$\boldsymbol{x}(t):=\begin{Bmatrix}\boldsymbol{q}(t)\\\dot{\boldsymbol{q}}(t)\end{Bmatrix}\to\begin{Bmatrix}\boldsymbol{q}_d\\0\end{Bmatrix}:=\boldsymbol{x}_d$$

这个条件对应于控制机械结构链的末端执行器到预定位姿这样的任务。

跟踪控制问题是寻求一种反馈函数，该函数可以使得关节变量或它们的导数在 $t\to\infty$ 时跟随某指定轨迹，

$$\boldsymbol{x}(t):=\begin{Bmatrix}\boldsymbol{q}(t)\\\dot{\boldsymbol{q}}(t)\end{Bmatrix}\rightarrow\begin{Bmatrix}\boldsymbol{q}_{\mathrm{d}}(t)\\\dot{\boldsymbol{q}}_{\mathrm{d}}(t)\end{Bmatrix}:=\boldsymbol{x}_{d}(t)$$

在这两种问题中，控制策略的目标可以被转化为误差 $\boldsymbol{e}:=\boldsymbol{q}-\boldsymbol{q}_{\mathrm{d}}$ 和其导数 $\dot{\boldsymbol{e}}$ 时的渐近稳定性要求，即当 $t\rightarrow\infty$，有

$$\begin{Bmatrix}\boldsymbol{e}(t)\\\dot{\boldsymbol{e}}(t)\end{Bmatrix}\rightarrow\begin{Bmatrix}0\\0\end{Bmatrix}$$

通过李雅普诺夫直接方法建立渐近稳定性的技术，要求对于在平衡状态周围的邻域内任何状态，其李雅普诺夫函数 $\mathcal{V}$ 是正定的，并且其导数 $\dot{\mathcal{V}}$ 是负定的。并且，最有用的控制设计期望在所有的状态内达到上述结果，而不仅仅是在平衡状态的邻域内。相对于局部稳定，达到全局稳定在控制设计中总是更好的。事实上，要保证李雅普诺夫函数 $\mathcal{V}$ 的局部正定是不困难的。对于机器人系统来说，常常存在能量或者能量类的量为正定且非递减的，并且也被经常用于构建系统的李雅普诺夫函数。然而，函数 $\dot{\mathcal{V}}$ 却常常是半负定（negative semi-definite）的，即对于所有的 $\boldsymbol{x}\in\mathcal{N}$ 有

$$\dot{\mathcal{V}}(t,\ \boldsymbol{x})\leqslant 0$$

而并非为局部负定。在这种情况时，李雅普诺夫直接方法仅仅保证了平衡状态的稳定性，而对有关渐近做出任何说明。接下来的一个例子就是这种情况的一个典型，并且在实际的应用中常常发生。

例 6.4 若

$$\mathcal{V}=\frac{1}{2}\dot{x}_1^2+\frac{1}{2}k_0x_1^2$$

是例 6.2 中所研究的闭环系统的李雅普诺夫函数，且该函数为正定函数。若其沿系统轨迹的导数 $\dot{\mathcal{V}}$ 为半负定的，请使用李雅普诺夫直接方法推断原点处的平衡状态是否稳定。

能否使用李雅普诺夫函数和定理 6.1 来推断原点处的平衡状态是否渐近稳定？

解： 首先，对于常数 $c:=\frac{1}{2}\min\{J_0,\ k_0\}$ 有

$$\mathcal{V}(\mathbf{0})=0$$

$$\mathcal{V}(\boldsymbol{x})\geqslant c\|\boldsymbol{x}\|^2\quad\forall\boldsymbol{x}\in\mathcal{N}$$

因为在上述不等式中邻域可为 $\mathcal{N}=\mathbb{R}^2$，所以函数 $\mathcal{V}$ 是正定的。函数 $\mathcal{V}$ 沿系统轨迹的导数可按如下方程计算

$$\dot{\mathcal{V}}=\frac{\mathrm{d}}{\mathrm{d}t}\left(\frac{1}{2}\dot{x}_1^2+\frac{1}{2}k_0x_1^2\right)=\dot{x}_1(\ddot{x}_1+k_0x_1)$$

将运动方程的结果带入 $\dot{\mathcal{V}}=-k_1\dot{x}_1^2=-k_1x_2^2$。进而，

$$\dot{\mathcal{V}}(t,\ \boldsymbol{x})\leqslant 0\quad\forall\boldsymbol{x}\in\mathcal{N}=\mathbb{R}^2$$

而且根据定理 6.1 可知原点处的平衡为全局稳定的。然而，定理 6.1 并不能应用于判断原点处的平衡是否为渐近稳定，因为对于所有的位于原点（0，0）的开邻域 $\mathcal{N}\in\mathbb{R}^2$ 的 $\boldsymbol{x}$，函数 $\dot{\mathcal{V}}=-k_1x_2^2$ 不是局部负定的。例如，对于任意状态 $\boldsymbol{x}=\{x_1,\ 0\}^{\mathrm{T}}$ 和 $x_1\neq 0$，显然 $\dot{\mathcal{V}}(t,\ \boldsymbol{x})=0$。即当 $\boldsymbol{x}=0$，$\dot{\mathcal{V}}$ 在原点处的邻域不是局部负定的。例 6.2 已经表明原点是否为全局渐近稳定的可以由对运动方程显式求解来判断。在这种情况下，明显地，定理 6.1 形式的李雅普诺夫直接方法不能得出关于原点处平衡的稳定性的最强的结论。 ◀

有很多种方法可以克服有关李雅普诺夫函数的导数是半负定而非负定的困难。其中最流行的方法基于 LaSalle 不变性原理（LaSalle's invariance principle），该原理需要首先对

正不变集（positive invariant set）、弱不变集（weakly invariant set）以及不变集（invariant set）进行定义。

定义 6.6　设 $\boldsymbol{x}(t;\ \boldsymbol{s})$ 为如下系统非线性常微分方程的解，

$$\dot{\boldsymbol{x}}(t)=\boldsymbol{f}(\boldsymbol{x}(t))\quad \forall t\in\mathbb{R}^{+} \tag{6.9}$$

其初始条件 $\boldsymbol{x}(0)=\boldsymbol{s}\in\mathbb{R}^{N}$。若对于所有的 $t\geqslant 0$ 和 $\boldsymbol{s}\in\mathcal{S}$ 都有

$$\boldsymbol{s}\in\mathcal{S}\rightarrow\boldsymbol{x}(t;\ \boldsymbol{s})\in\mathcal{S} \tag{6.10}$$

则，状态集 $\mathcal{S}\subseteq\mathbb{R}^{N}$ 是关于式（6.9）所描述系统的正不变集。

定义 6.6 规定了如果在任意时间 $t\in\mathbb{R}^{+}$，所有起始于 $\mathcal{S}$ 的轨迹都保持于 $\mathcal{S}$，则集合 $\mathcal{S}$ 是正不变（invariant）的。例如，设 $\boldsymbol{x}_{e}$ 是一个平衡状态，那么集合 $\{\boldsymbol{x}_{e}\}$ 就是一个正不变集。如果对于每一个 $\boldsymbol{s}\in\mathcal{S}$ 都存在轨迹 $\{\boldsymbol{x}(\tau)\}_{\tau}\in\mathbb{R}$（定义域为所有时间 $-\infty<\tau<\infty$）通过 $\mathcal{S}$，则集合 $\mathcal{S}$ 是弱不变（weakly invariant）的。如果集合 $\mathcal{S}$ 和它的补集都是正不变（positive invariant）的，则集合 $\mathcal{S}$ 是关于式（6.9）的系统的不变集。在图 6-6 中可以获得关于正不变集、弱不变集和不变集的解释。

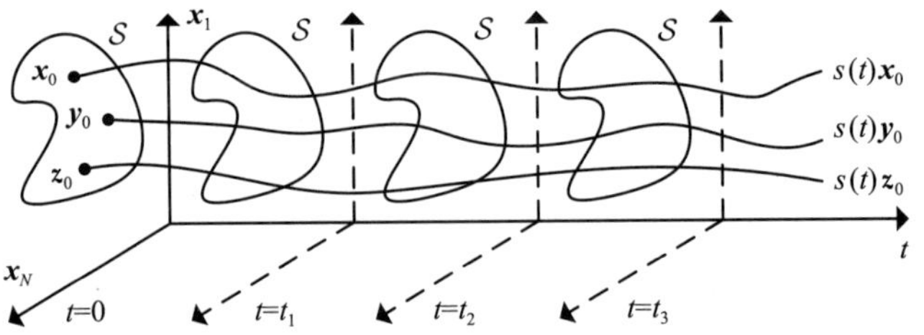

a）正不变集：对所有的 $\boldsymbol{x}_0\in\mathcal{S}$ 和 $t\geqslant 0$，$\boldsymbol{x}_0\in\mathcal{S}\Rightarrow s(t)\boldsymbol{x}_0\in\mathcal{S}$

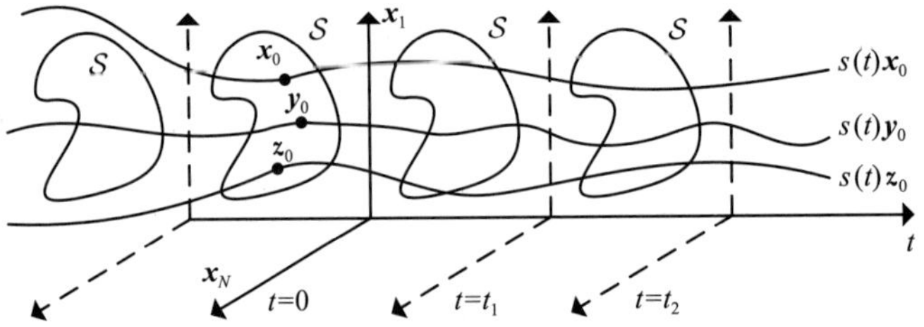

b）弱不变集：$\mathcal{S}$ 是正不变集，并且对于任意的 $s\in\mathcal{S}$，
存在一个定义域为 $-\infty<t<\infty$ 的轨迹穿过 s

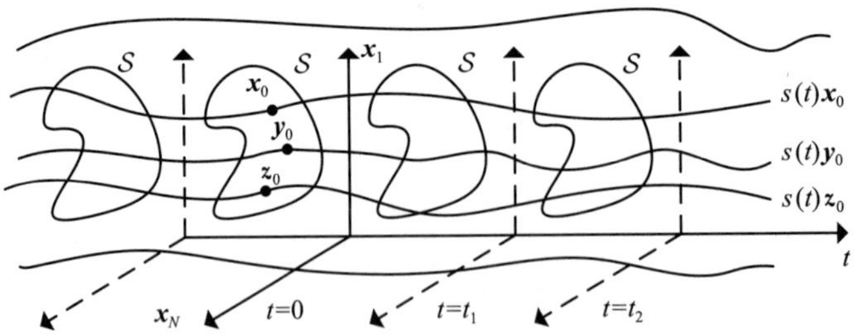

c）不变集：$\mathcal{S}$ 和 $\mathbb{R}^{N}$——$\mathcal{S}$ 是正不变集

图 6-6　图形化解释

定理 6.2　（LaSalle 原理）令原点 $\boldsymbol{0}\in\mathbb{R}^{N}$ 为系统的一个平衡状态，系统的自治（autonomous）常微分方程为

$$\dot{\boldsymbol{x}}(t)=\boldsymbol{f}(\boldsymbol{x}(t))$$

$$x(0)=x_0$$

设函数 $\mathcal{V}$：$\mathbb{R}^N \to \mathbb{R}$ 有连续偏导数，且满足 $\mathcal{V}(\mathbf{0})=\mathbf{0}$，和在原点处的某邻域内

$$\mathcal{V}(x)>0 \quad \forall x \neq \mathbf{0} \quad \text{和} \quad x \in \mathcal{N}$$

即，函数 $\mathcal{V}$ 为局部正定。

再设 $\mathcal{V}$ 沿系统轨迹的导数 $\dot{\mathcal{V}}$ 满足 $\dot{\mathcal{V}}(\mathbf{0})=0$，并且是局部半负定（locally negative semi-definite）

$$\dot{\mathcal{V}}(x(t)) \leqslant 0 \quad \forall x \in \mathcal{N}$$

如果式（6.9）的轨迹保持在某封闭且有界的 $\mathcal{N}$ 的子集，然后它将会吸引到包含在集合 $\mathcal{M}$ 中的最大弱不变集 $\mathcal{S}$。集合 $\mathcal{M}$ 满足

$$\mathcal{S} \subseteq \mathcal{M}=\{x：\dot{\mathcal{V}}(x)=0，t \in \mathbb{R}^+\}$$

值得注意的是，LaSalle 定理适用于自治常微分方程系统；它与时间不显式地相关。LaSalle 原理的结论是轨迹会被吸引到包含在下述方程中的最大弱不变子集（largest weakly invariant subset）

$$\mathcal{M}=\{x：\dot{\mathcal{V}}(x)=0，t \in \mathbb{R}^+\}$$

假设集合 $S \subseteq \mathcal{M}$ 是集合 $\mathcal{M}$ 所包含的最大弱不变子集。某轨迹被吸引到 S，则有当 $t \to \infty$ 时，

$$d(x(t), S) \to 0$$

式中，$d(x(t), S)$ 是从 $x(t)$ 到集合 S 的距离

$$d(x(t), S)=\inf_{s \in S}\|x(t)-s\|$$

虽然 LaSalle 原理的结论本身是有趣的，但它通常被用于控制应用程序中，若最大的不变子集 S 仅包含单个元素 $\{s\}=S$。进而，不变性原理意味着

$$\lim_{t \to \infty} x(t)=s$$

这个结论正是证明一个稳定的平衡实际上是渐近稳定所需要的。例 6.5 将此策略应用于一个典型的机器人问题。

例 6.5 用 LaSalle 不变性原理可以得出例 6.4 中原点处的平衡是渐近稳定的。

解：已经证明了当选择 $\mathcal{V}=\frac{1}{2}x_2^2+\frac{1}{2}k_0x_1^2$ 为李雅普诺夫函数时，其导数满足 $\dot{\mathcal{V}}=-\frac{1}{2}k_1x_2^2$。这个结论适用于任何包含了原点的半径为 r 的开集球 $\mathcal{B}_r(0)$。事实上，如果封闭且有界的集合 $\mathcal{C}_{x_0}=\{x \mid \mathcal{V}(x)<\mathcal{V}(x_0)\}$ 且包含于 $\mathcal{B}_r(0)$，则所有的起始于 $\mathcal{V}_{x_0}$ 的轨迹将保持在 $\mathcal{V}_{x_0}$ 中。这一事实源自 $\dot{\mathcal{V}}(x(t)) \leqslant 0$，因此 $\mathcal{V}(x(t))$ 在定义域 $t \geqslant 0$ 中是非增的。$\mathcal{V}(x(t)) \leqslant \mathcal{V}(x_0)$ 恒成立，因此 $x_0 \in \mathcal{C}_{x_0}$ 意味着 $x(t) \in \mathcal{C}_{x_0}$。进而，所有的 LaSalle 原则的推论都是成立的。所以任何轨迹都会被吸引到最大的弱不变子集（weakly invariant subset）$\mathcal{N}=\{x \mid \dot{\mathcal{V}}(x=0)\}$。

集合 $\mathcal{S}$ 是弱不变集则表明它同时也是正不变集，且存在一个定义域为 $t \in \mathbb{R}$ 的全轨迹 $x(t)$，该轨迹通过任意 $s \in \mathcal{S}$。所以当且仅当 $x(t) \in \mathcal{S}$ 和 $x(0)=s$ 时，$s \in \mathcal{S}$ 成立。显然，当且仅当对任意时间 $t \in \mathbb{R}^+$ 有 $x_2(t)=0$ 时，

$$\dot{\mathcal{V}}(x(t))=0$$

运动方程

$$J_0\dot{x}_2(t)+k_1x_2(t)+k_0x_1(t)=0$$

表明

$$\dot{\mathcal{V}}(\boldsymbol{x}(t))=0 \quad \longleftrightarrow \quad \boldsymbol{x}(t)=\begin{Bmatrix}x_1(t)\\x_2(t)\end{Bmatrix}=\begin{Bmatrix}0\\0\end{Bmatrix}$$

原点处的平衡状态是最大的正不变子集 $\mathcal{S}\subseteq\mathcal{M}=\{\boldsymbol{x}(t):\ \dot{\mathcal{V}}(\boldsymbol{x}(t))=0,\ t\in\mathbb{R}^+\}$ 的唯一元素。因此，当 $t\to\infty$ 有

$$\begin{Bmatrix}x_1(t)\\x_2(t)\end{Bmatrix}=\begin{Bmatrix}\theta(t)\\\dot{\theta}(t)\end{Bmatrix}\to\begin{Bmatrix}0\\0\end{Bmatrix}$$

可以证明原点处的平衡状态是渐近稳定的。◀

6.6 动态逆或计算力矩方法

第 4 和 5 章表明，一个自然系统的控制方程可以写作如下形式

$$\boldsymbol{M}(\boldsymbol{q}(t))\ddot{\boldsymbol{q}}=\boldsymbol{n}(\boldsymbol{q}(t),\ \dot{\boldsymbol{q}}(t))+\boldsymbol{\tau}(t) \tag{6.11}$$

式中，$\boldsymbol{q}$ 是一个广义坐标的 N 维向量，$\boldsymbol{M}$ 是一个 $N\times N$ 维的广义质量或惯性矩阵，$\boldsymbol{n}$ 是一个 N 维的运动方程的非线性向量，而 $\boldsymbol{\tau}$ 是一个 N 维驱动力矩或力向量。向量 $\boldsymbol{n}$ 包含了系统的势能 V，以及科里奥利和向心项。向量 $\boldsymbol{n}$ 在第 5 章中已给出了具体的结构

$$\boldsymbol{n}=-\left(\boldsymbol{C}\dot{\boldsymbol{q}}+\frac{\partial V}{\partial \boldsymbol{q}}\right) \tag{6.12}$$

式中，其中 $\boldsymbol{C}$ 为 $N\times N$ 维的广义阻尼矩阵。由于广义惯性矩阵 $\boldsymbol{M}$ 是对称的、正定的，所以它总是可逆的。因此，求出二阶导数的向量

$$\ddot{\boldsymbol{q}}=M^{-1}(\boldsymbol{n}+\boldsymbol{\tau})$$

计算力矩控制律（computed torque control law）选择如下的驱动力矩

$$\boldsymbol{\tau}=\boldsymbol{M}\boldsymbol{v}-\boldsymbol{n} \tag{6.13}$$

式中，$\boldsymbol{v}$ 是一个新引入的、尚未确定的控制输入向量。根据驱动力矩的选择，控制方程变为

$$\ddot{\boldsymbol{q}}=\boldsymbol{v} \tag{6.14}$$

式（6.14）是由非线性方程（6.11）得到的线性系统方程。式（6.13）定义的非线性控制律将式（6.11）的非线性常微分方程系统转化为式（6.14）的线性常微分方程系统。所有在线性控制理论中发展起来的丰富理论现在都可以应用到式（6.14）中的系统。在式（6.14）中有大量的控制函数 $\boldsymbol{v}$ 可以选择，它们在未知的广义坐标 $\boldsymbol{q}$ 中产生特定的期望行为。定理 6.3 讨论了一种流行的实现跟踪控制的反馈策略。选用控制函数 $\boldsymbol{v}$ 使广义坐标及其导数渐近跟踪某些期望变量 $\boldsymbol{q}_{\mathrm{d}}$ 及其导数 $\dot{\boldsymbol{q}}_{\mathrm{d}}$。

定理 6.3 设机器人系统的运动方程为式（6.11）和式（6.12），并且输入 $\boldsymbol{\tau}$ 写为计算力矩控制律 $\boldsymbol{\tau}:=\boldsymbol{M}\boldsymbol{v}-\boldsymbol{n}$，其中

$$\boldsymbol{v}:=\ddot{\boldsymbol{q}}_{\mathrm{d}}-\boldsymbol{G}_1(\dot{\boldsymbol{q}}-\dot{\boldsymbol{q}}_{\mathrm{d}})-\boldsymbol{G}_0(\boldsymbol{q}-\boldsymbol{q}_{\mathrm{d}}) \tag{6.15}$$

$\boldsymbol{q}_{\mathrm{d}}$ 是期望广义坐标轨迹 $\boldsymbol{q}_{\mathrm{d}}(t):=\{q_{\mathrm{d},1}(t)\ \cdots\ q_{\mathrm{d},N}(t)\}^{\mathrm{T}}$ 的二次可微 N 维向量，$\boldsymbol{G}_1$，$\boldsymbol{G}_0$ 是常数对称正定增益矩阵（gain matrix）。如果广义质量或惯性矩阵 $\boldsymbol{M}(\boldsymbol{q})$ 是 $\boldsymbol{q}$ 一致椭圆，$\boldsymbol{n}(\boldsymbol{q},\ \dot{\boldsymbol{q}})$ 是 $\mathbb{R}^N\times\mathbb{R}^N$ 上的连续有界函数，则原点是广义坐标跟踪误差 $\{\boldsymbol{e}^{\mathrm{T}}\quad \dot{\boldsymbol{e}}^{\mathrm{T}}\}$ 的全局渐近稳定平衡点，其中对于 $t\in\mathbb{R}^+$ 有

$$\boldsymbol{e}(t):=\boldsymbol{q}(t)-\boldsymbol{q}_{\mathrm{d}}(t)$$

证明： 要求 $\boldsymbol{M}(\boldsymbol{q})$ 是 $\boldsymbol{q}$ 一致椭圆意味着存在两个常数 c_1，$c_2>0$，这样对于任何向量 $\boldsymbol{z}\in\mathbb{R}^N$，有 $c_1\|\boldsymbol{z}\|^2\leqslant\boldsymbol{z}^{\mathrm{T}}\boldsymbol{M}\boldsymbol{z}\leqslant\|\boldsymbol{z}c_2\|^2$，对于所有的 $\boldsymbol{q}\in\mathbb{R}^N$。除此之外，这个条件可以确保矩阵 $\boldsymbol{M}$ 的逆存在，并且对任何状态 $\boldsymbol{q}$ 均非奇异。同样地，假设 $\boldsymbol{n}(\boldsymbol{q},\ \dot{\boldsymbol{q}})$ 是定义在 $\mathbb{R}^N\times$

$\mathbb{R}^N$ 上的连续的、有界函数，当 $\boldsymbol{n}(\boldsymbol{q},\ \dot{\boldsymbol{q}})$ 是无界的时，它排除了可能存在的“奇异”速度状态。

首先，上述反馈控制律正如式（6.13）中的计算力矩控制，对此

$$\boldsymbol{v}=\ddot{\boldsymbol{q}}_{\mathrm{d}}-\boldsymbol{G}_1(\dot{\boldsymbol{q}}-\dot{\boldsymbol{q}}_{\mathrm{d}})-\boldsymbol{G}_0(\boldsymbol{q}-\boldsymbol{q}_{\mathrm{d}}) \tag{6.16}$$

$$=\ddot{\boldsymbol{q}}_{\mathrm{d}}-\boldsymbol{G}_1\dot{\boldsymbol{e}}-\boldsymbol{G}_0\boldsymbol{e} \tag{6.17}$$

控制函数 $\boldsymbol{v}$ 被认为包含了前馈控制（feedforward control）- $\ddot{\boldsymbol{q}}_{\mathrm{d}}$，位置反馈（position feedback）- $\boldsymbol{G}_0\boldsymbol{e}$ 以及微分反馈（derivative feedback）- $\boldsymbol{G}_0\dot{\boldsymbol{e}}$。将反馈代入控制方程以后，可以获得一组新的用于跟踪误差的方程，

$$\ddot{\boldsymbol{e}}+\boldsymbol{G}_1\dot{\boldsymbol{e}}+\boldsymbol{G}_0\boldsymbol{e}=\boldsymbol{0} \tag{6.18}$$

对式（6.18）的闭环误差，定义李雅普诺夫函数

$$\mathcal{V}\left(\begin{Bmatrix}\boldsymbol{e}\\ \dot{\boldsymbol{e}}\end{Bmatrix}\right):=\frac{1}{2}\dot{\boldsymbol{e}}^{\mathrm{T}}\dot{\boldsymbol{e}}+\frac{1}{2}\boldsymbol{e}^{\mathrm{T}}\boldsymbol{G}_0\boldsymbol{e}$$

函数 $\mathcal{V}\left(\begin{Bmatrix}\boldsymbol{e}\\ \dot{\boldsymbol{e}}\end{Bmatrix}\right)$ 在除原点以外均为正，在原点则等于零。如果李雅普诺夫函数的导数沿着闭环系统的轨迹计算，那么可知

$$\dot{\mathcal{V}}\left(\begin{Bmatrix}\boldsymbol{e}(t)\\ \dot{\boldsymbol{e}}(t)\end{Bmatrix}\right)=\dot{\boldsymbol{e}}^{\mathrm{T}}(\ddot{\boldsymbol{e}}+\boldsymbol{G}_0\boldsymbol{e})=-\dot{\boldsymbol{e}}^{\mathrm{T}}\boldsymbol{G}_1\dot{\boldsymbol{e}}\leqslant 0$$

所以，$\dot{\mathcal{V}}$ 在原点的邻域内为半负定矩阵。因此，原点是稳定的。为了得到原点是渐近稳定的结论，可以使用 LaSalle 原理。它表明系统的轨迹被吸引到最大的不变子集 $\mathcal{S}$，且

$$\mathcal{S}\subseteq\mathcal{M}:=\left\{\begin{Bmatrix}\boldsymbol{e}\\ \dot{\boldsymbol{e}}\end{Bmatrix}:\ \dot{\mathcal{V}}\left(\begin{Bmatrix}\boldsymbol{e}\\ \dot{\boldsymbol{e}}\end{Bmatrix}\right)=0\right\}$$

然而，因为 $\boldsymbol{G}_1$ 是正定的，所以当且仅当 $\dot{\boldsymbol{e}}$ 等于零时，$\dot{\mathcal{V}}$ 也同样等于零。也就是说，

$$\dot{\mathcal{V}}=-\dot{\boldsymbol{e}}^{\mathrm{T}}\boldsymbol{G}_1\dot{\boldsymbol{e}}\equiv 0 \quad\longleftrightarrow\quad \dot{\boldsymbol{e}}\equiv 0$$

从运动方程中，我们可以知道对于任意时间 $t\in\mathbb{R}^+$，在集合 $\mathcal{S}$ 中的唯一（拥有轨迹）的状态是 $\{\boldsymbol{e}(t)\ \ \dot{\boldsymbol{e}}(t)\}^{\mathrm{T}}$，且

$$\boldsymbol{G}_0\boldsymbol{e}(t)=\underbrace{-(\ddot{\boldsymbol{e}}(t)+\boldsymbol{G}_1\dot{\boldsymbol{e}}(t))}_{0}$$

因为 $\boldsymbol{G}_0$ 是对称正定的，故跟踪误差 $\boldsymbol{e}(t)$ 也同时等于零，即对于任意时间 $t\in\mathbb{R}^+$

$$\boldsymbol{e}(t)\equiv 0$$

也就是说，这表明当且仅当 $\dot{\boldsymbol{e}}(t)=\boldsymbol{e}(t)=\boldsymbol{0}$ 时，$\dot{\mathcal{V}}(t)=0$。由此可知 $\mathcal{M}$ 的唯一不变子集是 $\mathcal{S}=\{\boldsymbol{0}\}$。进而，闭环系统误差方程的零点是全局、渐近稳定的平衡状态。 ■

如果一个物理系统是可以被观测的，那么 $\boldsymbol{q}$ 和 $\dot{\boldsymbol{q}}$ 则可被测量，在应用闭环反馈控制律时就可以通过式（6.13）来计算输入 $\boldsymbol{\tau}$ 时的驱动力或力矩。也是因为这个原因，反馈方程也被称为计算力矩控制律。式（6.13）中对控制的选择也可以从动态逆（dynamic inversion）中获得，因为控制输入 $\boldsymbol{\tau}$ 可以被看作经典逆动力学问题的解。接下来会详细描述该问题。

有关式（6.11）中控制方程的正动力学问题已经在第 4 和第 5 章进行了研究。在这个问题中驱动力 $\boldsymbol{\tau}$ 是给定的，通过求解式（6.11）来获得广义坐标的二阶导数 $\ddot{\boldsymbol{q}}$。也就是说，正向运动学问题使用式（6.11）来定义一个从输入到输出的映射

$$\boldsymbol{\tau}\rightarrow\ddot{\boldsymbol{q}}$$

如果选择式（6.13）中的控制，那么可得 $\ddot{\boldsymbol{q}}=\boldsymbol{v}$。当结果被带入式（6.11）后，可得

$$\boldsymbol{M}(\boldsymbol{q}(t))\boldsymbol{v}(t)=\boldsymbol{n}(\boldsymbol{q}(t),\ \dot{\boldsymbol{q}}(t))+\boldsymbol{\tau}(t) \tag{6.19}$$

现在式（6.19）用于从向量 $\boldsymbol{v}$ 来求解驱动力矩。接着，可以定义逆映射

$$\boldsymbol{v}\to\boldsymbol{\tau}$$

计算力矩控制又称动态逆控制。

这种方法允许在一个众所周知的体系结构中实现控制策略。该结构将非线性补偿器和外环控制器自然地结合起来，整个系统的结构如图 6-7 所示。图中机器人的控制方程体现在“机器人运动方程”模块中。该模块的输入为驱动输入 $\boldsymbol{\tau}$，输出为广义坐标 $\boldsymbol{q}$ 及其导数 $\dot{\boldsymbol{q}}$。模块中的非线性补偿器称为“动态逆”，根据输入 $\boldsymbol{v}$ 利用式（6.19）计算执行器输入。这种非线性变换是通过求解逆动力学问题来实现的。最后，外环控制器以期望轨迹 $\boldsymbol{q}_{\mathrm{d}}$ 及其导数 $\dot{\boldsymbol{q}}_{\mathrm{d}}$ 和广义坐标 $\boldsymbol{q}$ 及其导数 $\dot{\boldsymbol{q}}$ 作为反馈，由此计算出定理 6.4 中的控制输入 $\boldsymbol{v}$。外环控制器根据式（6.15）计算 $\boldsymbol{v}$。这个计算进行的线性增益矩阵作用于追踪和跟踪速率误差 $\boldsymbol{v}=\ddot{\boldsymbol{q}}_{\mathrm{d}}-[\boldsymbol{G}_0\quad \boldsymbol{G}_1]\begin{Bmatrix}\boldsymbol{e}\\ \dot{\boldsymbol{e}}\end{Bmatrix}$。总的来说，这个矩阵乘法可以用一个合适的传递函数来取代，进而实现更一般的外循环控制类型。

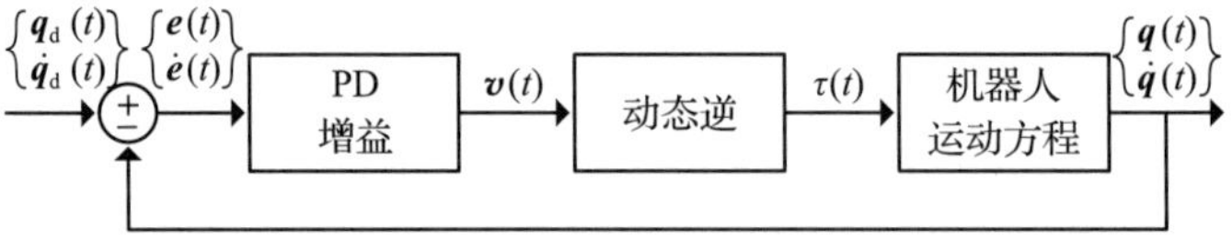

图 6-7　计算力矩控制的结构

例 6.6 考虑如图 6-8 和图 6-9 所示的球形机器人执行机构。该控制器使用定理 6.3 中精确的计算力矩，且外环采用比例导数反馈实现定点控制。选取系统参数为 $m_1=m_2=m_3=10\mathrm{kg}$，$d_{p,q}=0.1\mathrm{m}$，$y_{q,c_2}=0.05\mathrm{m}$。选择定理 6.3 中的增益矩阵 $\boldsymbol{G}_0$ 和 $\boldsymbol{G}_1$，得到 $\boldsymbol{G}_0=g_0\mathbb{I}$ 和 $\boldsymbol{G}_1=g_1\mathbb{I}$ 的形式，其中增益被选择为 $(g_0,\ g_1)=(1,\ 1)$，$(5,\ 5)$，$(10,\ 10)$，或 $(100,\ 100)$。并且假定期望状态为

$$\boldsymbol{x}_d=\begin{Bmatrix}\boldsymbol{q}_{\mathrm{d}}\\ \dot{\boldsymbol{q}}_{\mathrm{d}}\end{Bmatrix}=\{\{1\quad 1\quad 1\}\{0\quad 0\quad 0\}\}^{\mathrm{T}}$$

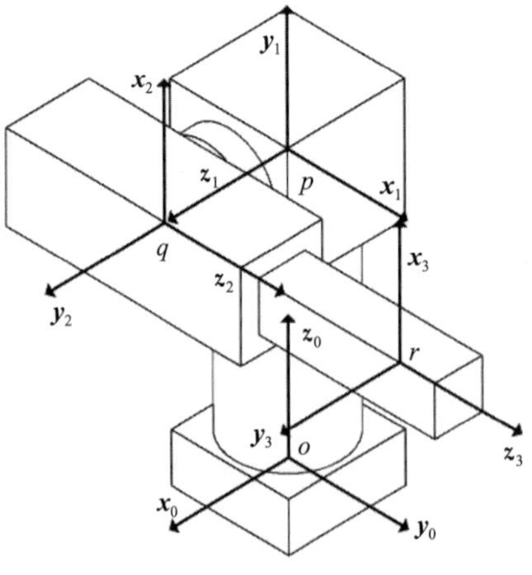

图 6-8　球形机器人坐标系

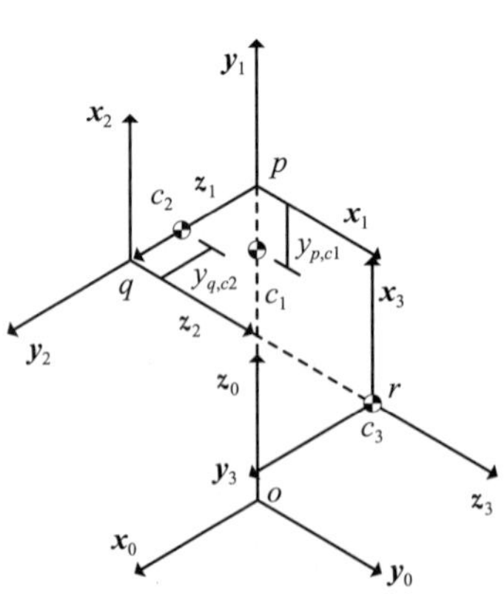

图 6-9　球形机器人的质量偏移中心

本例中，机器人操纵装置的初始和最终配置如图 6-10a 和图 6-10b 所示。绘制状态轨

迹、定点误差、时变函数形式的控制输入，以评估控制系统的表现。

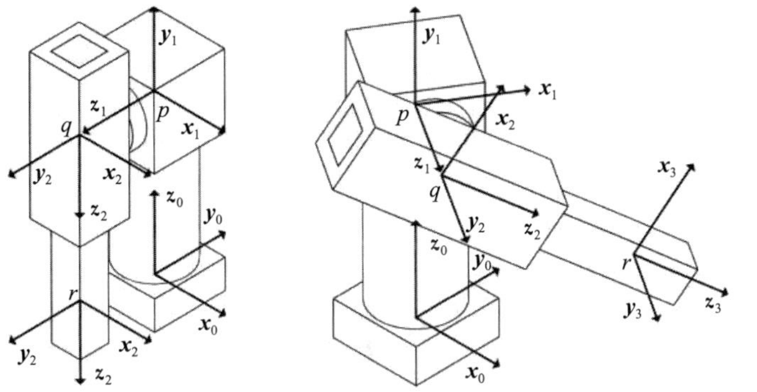

a）初始配置　　b）最终配置

图 6-10

解：定理 6.3 所引入的计算力矩控制律有式（6.13）的形式 $\boldsymbol{\tau}=\boldsymbol{M}\boldsymbol{v}-\boldsymbol{n}$，其中

$$\boldsymbol{M}=\begin{bmatrix} m_3(d_{p,q}^2+\sin^2\theta_2 d_{q,r}^2)+m_2(d_{p,q}-y_{q,c_2})^2 & m_3\cos\theta_2 d_{p,q}d_{q,r} & m_3\sin\theta_2 d_{p,q} \\ m_3\cos\theta_2 d_{p,q}d_{q,r} & m_3 d_{q,r}^2 & 0 \\ m_3\sin\theta_2 d_{p,q} & 0 & m_3 \end{bmatrix}$$

$$\boldsymbol{n}=\begin{Bmatrix} -m_3(d_{q,r}(2\sin\theta_2\dot{\theta}_1\dot{d}_{q,r}-d_{p,q}\dot{\theta}_2^2)\sin\theta_2+2d_{p,q}\dot{\theta}_2\dot{d}_{q,r}\cos\theta_2+\dot{\theta}_1\dot{\theta}_2 d_{q,r}^2\sin2\theta_2) \\ \dfrac{1}{2}m_3 d_{q,r}(-4\dot{\theta}_2\dot{d}_{q,r}+\dot{\theta}_1^2 d_{q,r}\sin2\theta_2-2g\sin\theta_2) \\ m_3(d_{q,r}(\dot{\theta}_2^2+\dot{\theta}_1^2\sin^2\theta_2)+g\cos\theta_2) \end{Bmatrix}$$

并且外环控制信号 $\boldsymbol{v}$ 可由下式给出

$$\boldsymbol{v}=\ddot{\boldsymbol{q}}_{\mathrm{d}}-\boldsymbol{G}_1(\dot{\boldsymbol{q}}-\dot{\boldsymbol{q}}_{\mathrm{d}})-\boldsymbol{G}_0(\boldsymbol{q}-\boldsymbol{q}_{\mathrm{d}})=\begin{Bmatrix} \ddot{\theta}_{1,d} \\ \ddot{\theta}_{2,d} \\ \ddot{d}_{q,r,d} \end{Bmatrix}-\boldsymbol{G}_1\begin{Bmatrix} \dot{\theta}_1-\dot{\theta}_{1,d} \\ \dot{\theta}_2-\dot{\theta}_{2,d} \\ \dot{d}_{q,r}-\dot{d}_{q,r,d} \end{Bmatrix}-\boldsymbol{G}_0\begin{Bmatrix} \theta_1-\theta_{1,d} \\ \theta_2-\theta_{2,d} \\ d_{q,r}-q_{q,r,d} \end{Bmatrix}$$

将这个反馈律带入运动方程，闭环控制系统将由以下方程控制

$$(\ddot{\theta}_1-\ddot{\theta}_{1,d})+g_1(\dot{\theta}_1-\dot{\theta}_{1,d})+g_0(\theta_1-\theta_{1,d})=0 \tag{6.20}$$

$$(\ddot{\theta}_2-\ddot{\theta}_{2,d})+g_1(\dot{\theta}_2-\dot{\theta}_{2,d})+g_0(\theta_2-\theta_{2,d})=0 \tag{6.21}$$

$$(\ddot{d}_{q,r}-\ddot{d}_{q,r,d})+g_1(\dot{d}_{q,r}-\dot{d}_{q,r,d})+g_0(d_{q,r}-d_{q,r,d})=0 \tag{6.22}$$

最后的方程组已经由 $\boldsymbol{G}_0=g_0\mathbb{I}$ 和 $\boldsymbol{G}_1=g_1\mathbb{I}$ 而获得。因为被选择的增益矩阵是对角元素相同的对角矩阵，所以这些常微分方程的任何一个都具有正好相同的形式。式（6.20）、式（6.21）和式（6.22）可以写为

$$\ddot{\boldsymbol{e}}+g_1\dot{\boldsymbol{e}}+g_0\boldsymbol{e}=\boldsymbol{0}$$

式中 $\boldsymbol{e}=\{e_1 \quad e_2 \quad e_3\}^{\mathrm{T}}$，$e_k$ 为自由度为 k 的误差，$k=1, 2, 3$。误差方程的解具有统一的结构，它们的区别仅在于初始状态不同。图 6-11 描绘了 $\theta_1(t)$、$\theta_2(t)$ 和 $d_{q,r}(t)$ 的轨迹，其初始状态为

$$\boldsymbol{x}(0)^{\mathrm{T}} := \{\boldsymbol{q}(0)^{\mathrm{T}} \quad \dot{\boldsymbol{q}}(0)^{\mathrm{T}}\}=\{\{0 \quad 0 \quad 1\}\{0 \quad 0 \quad 0\}\}$$

并且目标由下式给定

$$\boldsymbol{x}_{\mathrm{d}}^{\mathrm{T}} := \{\boldsymbol{q}_{\mathrm{d}}^{\mathrm{T}} \quad \dot{\boldsymbol{q}}_{\mathrm{d}}^{\mathrm{T}}\}=\{\{1 \quad 1 \quad 1\}\{0 \quad 0 \quad 0\}\}$$

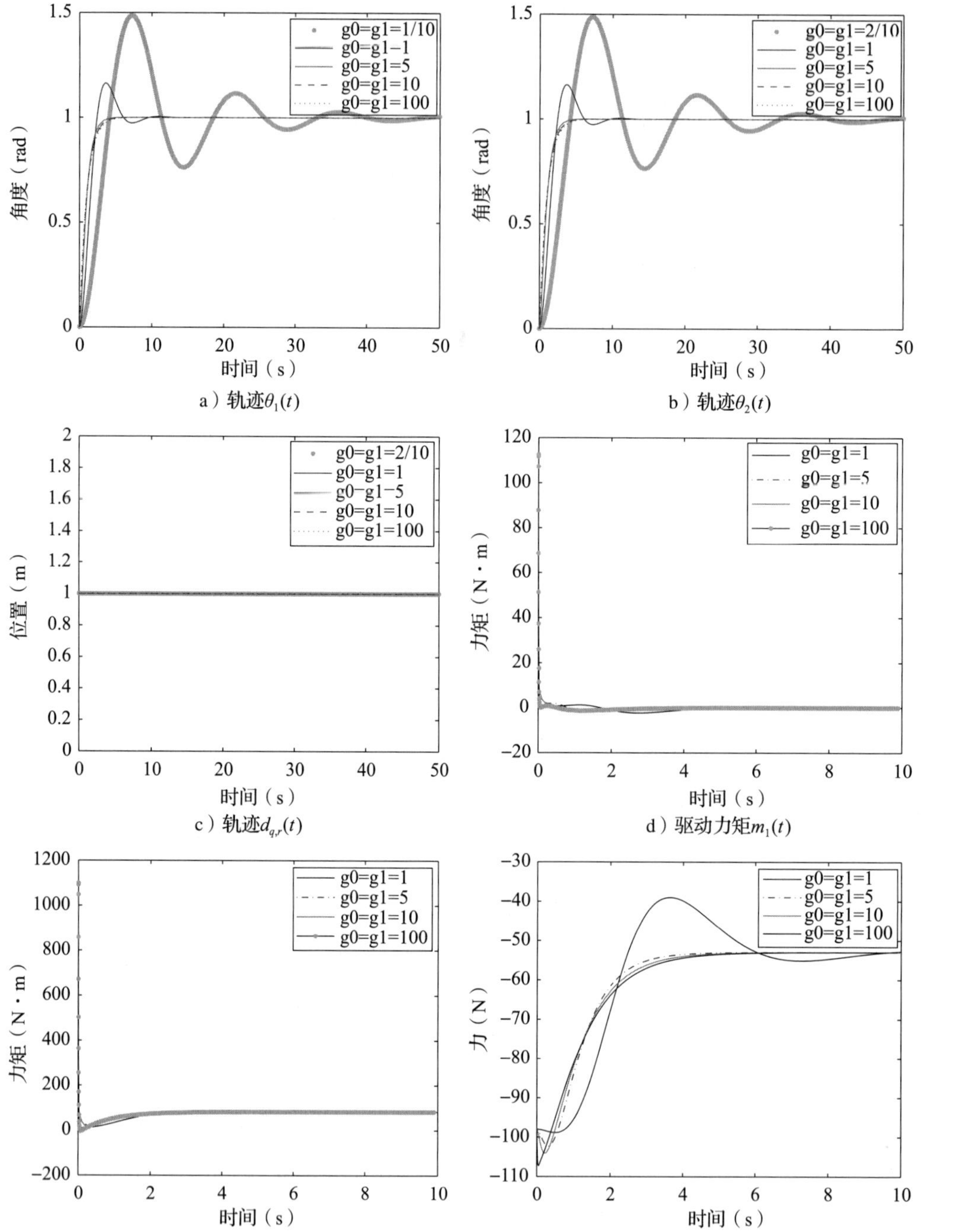

a）轨迹$\theta_1(t)$　　b）轨迹$\theta_2(t)$

c）轨迹$d_{q,r}(t)$　　d）驱动力矩$m_1(t)$

e）驱动力矩$m_2(t)$　　f）驱动力$f(t)$

图 6-11　广义坐标和驱动输入的变化过程

因为（θ_1，$\dot{\theta}_1$）和（θ_2，$\dot{\theta}_2$）的初始条件在本次仿真中是等价的，$\theta_1(t)$ 和 $\theta_2(t)$ 的解是完全相等的时变函数，如图 6-11 所示。由定理 6.3 所保证的，这些轨迹确实趋近于目标值；然而，一些反馈的选择，如增益 g_0 和 g_1 会导致更缓慢的收敛。当 $g_0=g_1=1$ 时，末端作用器收敛到目标终端位置需要花费大约 50s。因为初始条件（$d_{q,r}(0)$，$\dot{d}_{q,r}(0)$）与目标值（$d_{q,r,d}$，$\dot{d}_{q,r,d}$）相等，所以 $d_{q,r}(t)$ 的轨迹是恒定轨迹，如图 6-11c 所示。该结果是可以预期的，因为当跟踪误差的初始条件和它的导数等于 0 时，式（6.20）的解正好是 $d_{q,r}(t)-d_{q,r,d}=0$。无论一个定点控制器的性能是否获得研究，其状态和驱动力的收敛都必须要进行分析。设计一个需要超过执行器能力的执行机构的控制器，是没有意义的。图 6-12a 描绘了当时间 $t\in[0, 0.5]$s 时，在仿真中驱动旋转关节 1 的驱动力矩，图 6-12b 则描绘了在相同时间段驱动关节 2 的驱动力矩。这两张图都表现了线性化技术的共同反馈特性：具体的对消反馈常常包含非常高的瞬时驱动力和驱动力矩。图示说明这些瞬时启动的输入驱动的变化过程在增益很大时，其值可能是相当大的。

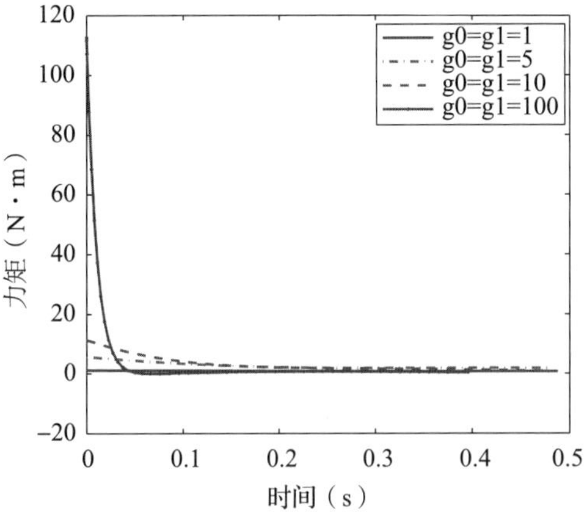

a）输入力矩$m_1(t)$

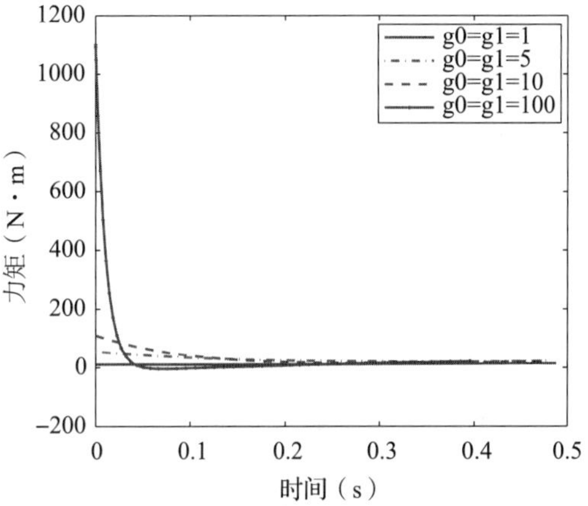

b）输入力矩$m_2(t)$

图 6-12 瞬时输入力矩

图 6-11d 和图 6-11e 展示了关节 1 和关节 2 上的驱动力矩的稳定状态。值得注意的是，在增益较大时，相应的稳定状态至少是和瞬态的尖点为同一个数量级。另外，因为不需要考虑重力，所以随着时间的增长驱动力矩 $m_1(t)$ 将会趋近 0。驱动力矩 $m_2(t)$ 必须抵消由重力产生的力矩，并且随着时间的增长趋近于一个最终的恒值。

在图 6-11f 中展示了施加在移动关节上的驱动力。同理，这个力也会趋近于一个非零值，因为它必须考虑到连杆 3 上的重力。从很多的这些控制问题结果中我们可以观察到的一个关键是提升收敛性能的“高增益”控制器可以引起大量的驱动输入。寻找误差和性能，驱动机构和驱动带宽的最佳平衡，以及系统的稳定性使得控制的矫正成为一个挑战性问题。 ◀

例 6.7 考虑在例 6.6 中所研究的球形机器人。在外环中，获得一个使用定理 6.3 所提出的基于比例微分反馈的计算力矩控制器，以实现跟踪控制。选择系统参数 $m_1=m_2=m_3=10$kg，$d_{p,q}=0.1$m 以及 $y_{q,c_2}=0.05$m，这与例 6.6 中的参数是一致的。选择定理 6.3 中的增益矩阵 $\boldsymbol{G}_0$ 和 $\boldsymbol{G}_1$，且 $\boldsymbol{G}_0=g_0\mathbb{I}$、$\boldsymbol{G}_1=g_1\mathbb{I}$ 式中增益为 $(g_0, g_1)=(1, 1)$，$(5, 5)$，$(10, 10)$，或者 $(100, 100)$。假设期望轨迹为

$$\boldsymbol{q}_{\mathrm{d}}(t)=\begin{Bmatrix} A_1\sin(\Omega_1 t) \\ A_2\sin(\Omega_2 t) \\ A_3\sin(\Omega_3 t)+1 \end{Bmatrix}$$

式中，$(A_1, A_2, A_3)=\left(-\frac{1}{16}, -1, -\frac{1}{4}\right)$且 $(\Omega_1, \Omega_2, \Omega_3)=(4, 1, 2)$。通过绘制状态轨迹、跟踪误差和闭环控制系统的控制输入，进而评估该控制器的性能。

解： 本例强调如下事实：定点控制律和对消计算力矩跟踪控制器本质上是一样的。就

如同例 6.6 一样，在跟踪控制中用于控制误差的闭环方程是

$$(\ddot{\theta}_1-\ddot{\theta}_{1,d})+g_1(\dot{\theta}_1-\dot{\theta}_{1,d})+g_0(\theta_1-\theta_{1,d})=0$$

$$(\ddot{\theta}_2-\ddot{\theta}_{2,d})+g_1(\dot{\theta}_2-\dot{\theta}_{2,d})+g_0(\theta_2-\theta_{2,d})=0$$

$$(\ddot{d}_{q,r}-\ddot{d}_{q,r,d})+g_1(\dot{d}_{q,r}-\dot{d}_{q,r,d})+g_0(d_{q,r}-d_{q,r,d})=0$$

联立方程可得

$$\dot{\boldsymbol{e}}+g_1\dot{\boldsymbol{e}}+g_0\boldsymbol{e}=\boldsymbol{0}$$

每一个自由的跟踪控制误差都满足共同的线性常微分方程，并且在跟踪误差和其导数中，服从不同的初始条件。图 6-13a、b 和 c 分别描画了 $\theta_1(t)$、$\theta_2(t)$ 和 $d_{q,r}(t)$ 的轨迹。所需求的驱动力矩根据其外轨迹的频率而周期性地变化。

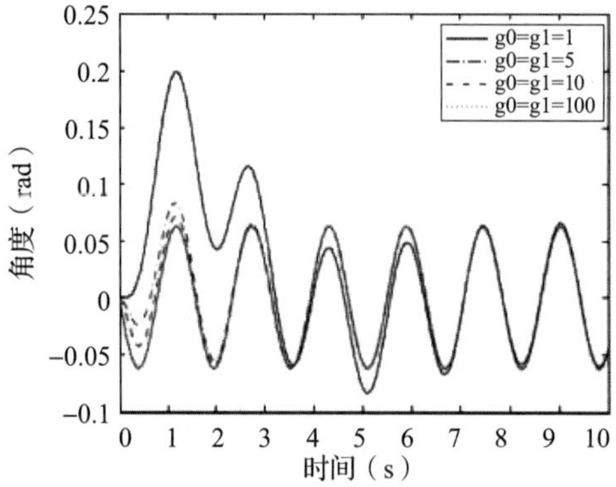

a）轨迹$\theta_1(t)$

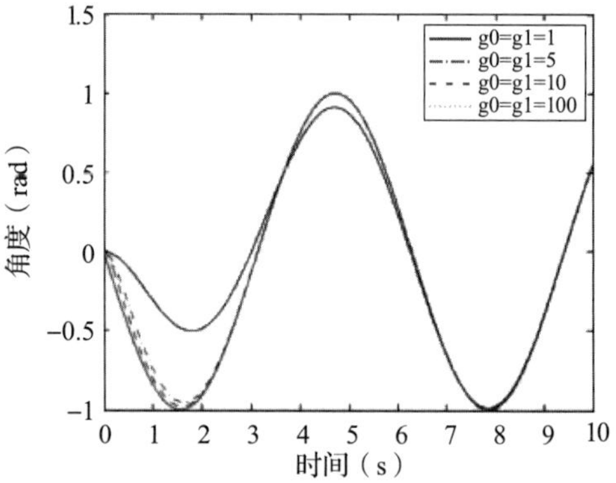

b）轨迹$\theta_2(t)$

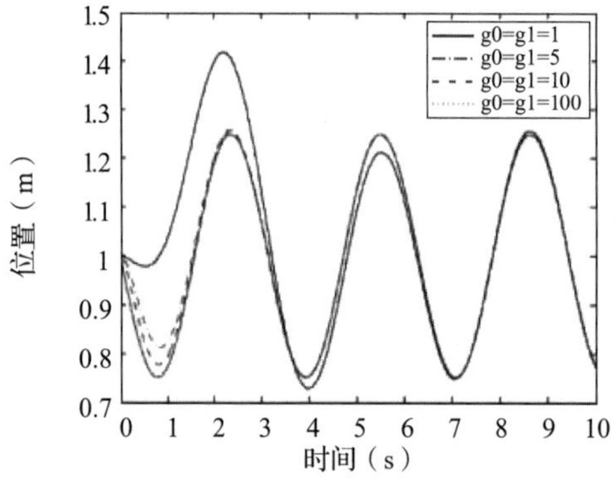

c）轨迹$d_{q,r}(t)$

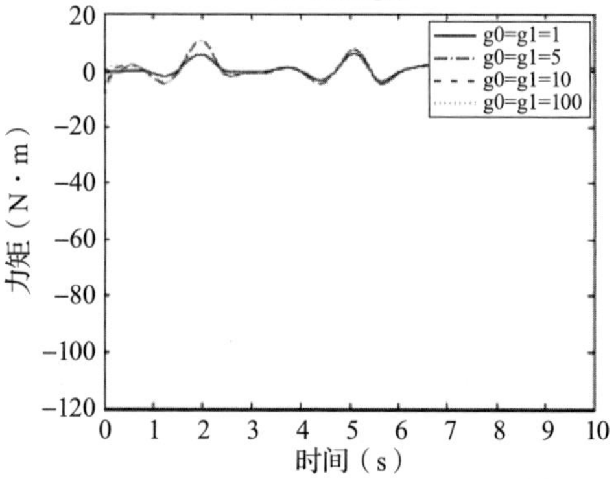

d）驱动力矩$m_1(t)$

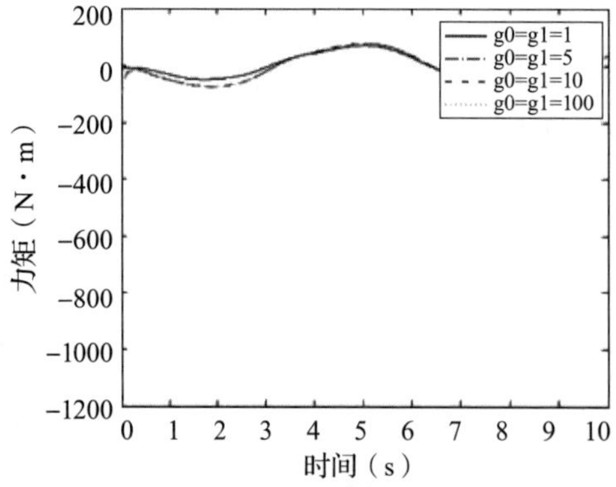

e）驱动力矩$m_2(t)$

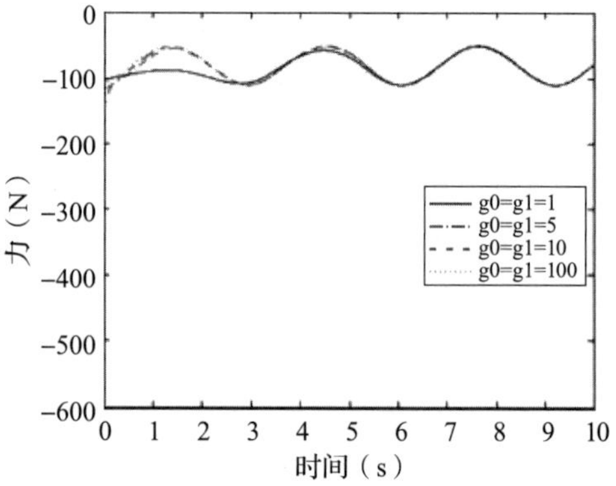

f）驱动力$f(t)$

图 6-13　广义坐标和驱动输入的变化过程

如同例 6.6，精确的补偿控制律会导致瞬时的尖点，且远超出稳定状态的输入值。图 6-14a 和 b 说明了对应于最好跟踪表现的最高的增益将会导致驱动力矩的尖点发生于一个非常短的时间中。在图 6-13d、e 和 f 中，输入力矩和力的震荡稳定状态轨迹仅仅为启动瞬态值的一个非常小的数量级。

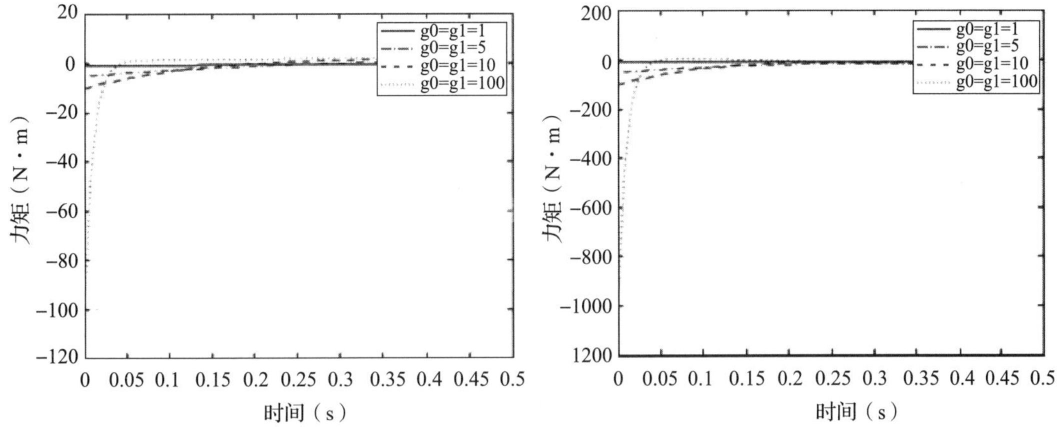

a）驱动力矩$m_1(t)$　　b）驱动力矩$m_2(t)$

图 6-14　驱动输入的瞬时响应

6.7　近似动态逆和模糊性

6.6 节展示了动态逆和计算力矩控制的基础内容。这个机器人系统控制的方法是最流行的控制系统设计的起点之一。该方法论可以用于大量的系统，并且可以驱动和理解其他的控制结构。然而，这种方法有值得注意的一个缺点，对于任意想要消除的环节的精确补偿，需要了解该非线性环节的确定形式，这些知识存在于控制方程中。因为这些非线性环节取决于连杆质量、惯性力矩以及惯性的乘积等参数，这种方法也需要对这些常量的明确了解。在实际中，这些常量的具体值是未知的，所以计算控制力矩（computed control torque）的引入也不能够实现这种期待的精确补偿。重要的是，一些施加于机器人上的力在理论上和时间上都难以确定。摩擦力、耗散力和力矩，以及非线性的作用如间隙和滞后也都是如此。

6.6 节中讨论的计算控制力矩仅仅基于最理想化的情况，对于非线性的精确形式的缺乏理解是其中一个原因。在实际应用中，采用计算力矩控制律来对消的项之间总是存在一定的失配。本节将扩展分析，并考虑式（6.13）中的驱动向量仅近似等于计算转矩控制的可能性。假设现在控制输入由下式给出

$$\boldsymbol{\tau}=\boldsymbol{M}_a\boldsymbol{v}-\boldsymbol{n}_a \tag{6.23}$$

其中 $\boldsymbol{M}_a$ 和 $\boldsymbol{n}_a$ 分别为式（6.13）中广义质量或惯性矩阵 $\boldsymbol{M}$ 和非线性项 $\boldsymbol{n}$ 的近似值。控制方程的形式也将得到推广；假设机器人的运动方程是

$$\boldsymbol{M}\ddot{\boldsymbol{q}}=\boldsymbol{n}+\boldsymbol{\tau}_{\mathrm{d}}+\boldsymbol{\tau} \tag{6.24}$$

$\boldsymbol{\tau}_{\mathrm{d}}$ 表示一个未知的扰动力矩。利用由近似动态逆得到的控制器（6.23）可改写控制方程为

$$\boldsymbol{M}\ddot{\boldsymbol{q}}=\boldsymbol{M}_a\boldsymbol{v}+\boldsymbol{n}-\boldsymbol{n}_a+\boldsymbol{\tau}_{\mathrm{d}} \tag{6.25}$$

式（6.25）可以被写作更加简洁的形式 $\ddot{\boldsymbol{q}}=\boldsymbol{v}+\boldsymbol{d}$，式中 $\boldsymbol{d}$ 是在如下精确补偿中失配的一个度量

$$\boldsymbol{d}=\boldsymbol{M}^{-1}\Delta\boldsymbol{M}\boldsymbol{v}-\boldsymbol{M}^{-1}\Delta\boldsymbol{n}+\boldsymbol{M}^{-1}\boldsymbol{\tau}_{\mathrm{d}}$$

并且 $\Delta\boldsymbol{M}$ 和 $\Delta\boldsymbol{n}$ 是广义惯性矩阵和非线性向量的近似误差度量，有形式 $\Delta\boldsymbol{M}=\boldsymbol{M}_a-\boldsymbol{M}$ 和 $\Delta\boldsymbol{n}=\boldsymbol{n}_a-\boldsymbol{n}$。式（6.25）可化简为式（6.14）精确补偿得到的形式，如预期中的，当 $\boldsymbol{M}_a=\boldsymbol{M}$，$\boldsymbol{n}_a=\boldsymbol{n}$，并且 $\boldsymbol{\tau}_{\mathrm{d}}=0$ 时发生。

许多控制器可以使用上述框架的派生。一种常用的控制器仅取消重力项，将广义惯性矩阵近似为恒等式，并对外环采用比例微分（PD）控制（proportional-derivative（PD）control）。该控制器能够驱动机器人，使其在 $t\to\infty$ 时接近所期望的最终恒定姿态。这是另一个定点控制的简单示例。

定理 6.4　令机器人系统的运动方程为式（6.24），其中扰动力矩 $\boldsymbol{\tau}_{\mathrm{d}}=\boldsymbol{0}$。假设控制输入 $\boldsymbol{\tau}$ 采用式（6.23）中的近似动态逆（approximate dynamic inversion）控制律，其中假设

$$\boldsymbol{M}_a=\mathbb{I},\ \boldsymbol{n}_a=-\frac{\partial V}{\partial \boldsymbol{q}},\ \boldsymbol{v}=-\boldsymbol{G}_1\dot{\boldsymbol{q}}-\boldsymbol{G}_0(\boldsymbol{q}-\boldsymbol{q}_{\mathrm{d}})$$

式中，$\boldsymbol{q}_{\mathrm{d}}$ 是一个理想广义坐标的 N 维向量且 $\boldsymbol{G}_1$、$\boldsymbol{G}_0$ 是常对称正定增益矩阵。原点是广义坐标跟踪误差 $\{\boldsymbol{e}^{\mathrm{T}},\ \dot{\boldsymbol{q}}^{\mathrm{T}}\}^{\mathrm{T}}$ 的渐近稳定平衡点，其中 $\boldsymbol{e}(t):=\boldsymbol{q}(t)-\boldsymbol{q}_{\mathrm{d}}$。

证明： 定义李雅普诺夫函数为

$$\mathcal{V}=\frac{1}{2}\dot{\boldsymbol{q}}^{\mathrm{T}}\boldsymbol{M}\dot{\boldsymbol{q}}+\frac{1}{2}\boldsymbol{e}^{\mathrm{T}}\boldsymbol{G}_0\boldsymbol{e}$$

可以看出，$\mathcal{V}(\boldsymbol{0})=0$ 和 $\mathcal{V}$ 在原点的任意邻域上都是正定的，$\mathcal{V}$ 沿系统轨迹的导数为

$$\dot{\mathcal{V}}=\dot{\boldsymbol{q}}^{\mathrm{T}}\{\boldsymbol{M}\ddot{\boldsymbol{q}}+\boldsymbol{G}_0\boldsymbol{e}\}+\frac{1}{2}\dot{\boldsymbol{q}}^{\mathrm{T}}\dot{\boldsymbol{M}}\dot{\boldsymbol{q}} \tag{6.26}$$

并且闭环运动方程为

$$\boldsymbol{M}\ddot{\boldsymbol{q}}=\underbrace{-\boldsymbol{C}\dot{\boldsymbol{q}}-\frac{\partial V}{\partial \boldsymbol{q}}}_{\boldsymbol{n}}-\boldsymbol{G}_1\dot{\boldsymbol{q}}-\boldsymbol{G}_0(\boldsymbol{q}-\boldsymbol{q}_{\mathrm{d}})+\underbrace{\frac{\partial V}{\partial \boldsymbol{q}}}_{-\boldsymbol{n}_a}$$

该式可以被重新排列而写为如下恒等式

$$\boldsymbol{M}\ddot{\boldsymbol{q}}+\boldsymbol{G}_0\boldsymbol{e}=-\boldsymbol{C}\dot{\boldsymbol{q}}-\boldsymbol{G}_1\dot{\boldsymbol{q}}$$

将该式带入式（6.26）中，可得

$$\dot{\mathcal{V}}=-\dot{\boldsymbol{q}}^{\mathrm{T}}\boldsymbol{C}\dot{\boldsymbol{q}}-\dot{\boldsymbol{q}}^{\mathrm{T}}\boldsymbol{G}_1\dot{\boldsymbol{q}}+\frac{1}{2}\dot{\boldsymbol{q}}^{\mathrm{T}}\dot{\boldsymbol{M}}\dot{\boldsymbol{q}}=\frac{1}{2}\dot{\boldsymbol{q}}^{\mathrm{T}}(\dot{\boldsymbol{M}}-2\boldsymbol{C})\dot{\boldsymbol{q}}-\dot{\boldsymbol{q}}^{\mathrm{T}}\boldsymbol{G}_1\dot{\boldsymbol{q}}$$

在第 4 章中已经说明，$\dot{\boldsymbol{M}}-2\boldsymbol{C}$ 是反对称的（skew symmetric），因此，$\dot{\mathcal{V}}=-\dot{\boldsymbol{q}}^{\mathrm{T}}\boldsymbol{G}_1\dot{\boldsymbol{q}}$。李雅普诺夫函数的导数对于所有的 $\{\boldsymbol{e}^{\mathrm{T}},\ \dot{\boldsymbol{q}}^{\mathrm{T}}\}^{\mathrm{T}}$ 是半负定的

$$\dot{\mathcal{V}}\left(\begin{Bmatrix}\boldsymbol{e}(t)\\ \dot{\boldsymbol{q}}(t)\end{Bmatrix}\right)\leqslant 0$$

因此，李雅普诺夫直接法保证了原点 $\{\boldsymbol{0}\quad\boldsymbol{0}\}^{\mathrm{T}}$ 处的平衡是稳定的。LaSalle 原理规定轨迹会被 $\mathcal{M}$ 中所含的最大正不变集 $\mathcal{S}$ 所吸引，而

$$\mathcal{M}=\left(\begin{Bmatrix}\boldsymbol{e}(t)\\ \dot{\boldsymbol{q}}(t)\end{Bmatrix}:\ \dot{\mathcal{V}}\left(\begin{Bmatrix}\boldsymbol{e}(t)\\ \dot{\boldsymbol{q}}(t)\end{Bmatrix}\right)=0,\ t\in\mathbb{R}^{+}\right)$$

因为 $\boldsymbol{G}_1$ 是对称正定（symmetric positive definite）的，所以可知

$$\dot{\mathcal{V}}\left(\begin{Bmatrix}\boldsymbol{e}(t)\\ \dot{\boldsymbol{q}}(t)\end{Bmatrix}\right)=-\dot{\boldsymbol{q}}^{\mathrm{T}}(t)\boldsymbol{G}_1\dot{\boldsymbol{q}}(t)=0\quad\longleftrightarrow\quad\dot{\boldsymbol{q}}(t)=\boldsymbol{0}$$

运动方程可以简化为

$$\underbrace{M\ddot{q}+(C+G_1)\dot{q}}_{0}=-G_0 e$$

其中 $\dot{q}(t)\equiv 0$。因为 G_0 对称正定的，所以它是可逆的。这些运动方程因此可说明

$$\dot{\mathcal{V}}\left(\begin{Bmatrix} e(t) \\ \dot{q}(t) \end{Bmatrix}\right)=0 \quad \longleftrightarrow \quad \begin{Bmatrix} e(t) \\ \dot{q}(t) \end{Bmatrix}=\mathbf{0}$$

于是 $\mathcal{M}$ 的唯一不变集是 $\{\mathbf{0}^{\mathrm{T}} \quad \mathbf{0}^{\mathrm{T}}\}^{\mathrm{T}}$。所以，$\{e^{\mathrm{T}}(t) \quad \dot{q}^{\mathrm{T}}(t)\}^{\mathrm{T}}$ 的轨迹被吸引到原点，进而定理得到证明。 ■

定理 6.3 表明了当非线性环节得到补偿 $\frac{\partial \mathcal{V}}{\partial q}$ 并且 PD 控制器被应用于外环时，近似动态逆方法可以被用于实现定点控制。其他文献中还出现了许多基于近似动态逆的控制器。下一个例子提供了一种使用不连续控制律在存在干扰和不确定性的情况下实现稳定控制器的技术。这个控制律写作一种简单的形式，它强调当未知的不确定度 $d(t)$ 足够小时，可以得到渐近稳定的响应。在不确定度 d 上建立先验界限的定理，其实用版本可以在文献中找到，例如文献［15］。

定理 6.5 令一个机器人系统的运动方程具有式（6.24）的形式。假设 $q_{\mathrm{d}}(t)$ 是期望轨迹的 N 维向量，定义跟踪误差为 $e(t):=q(t)-q_{\mathrm{d}}(t)$，并且定义 $x(t)=\begin{Bmatrix} e(t) \\ \dot{e}(t) \end{Bmatrix}$。假设下列 3 个条件均成立：

（1）$N\times N$ 的矩阵 P 是一个对称正定矩阵，且为下述李雅普诺夫方程的解

$$A^{\mathrm{T}}P+PA=-Q \tag{6.27}$$

式中，

$$A=\begin{bmatrix} 0 & \mathbb{I} \\ -G_0 & -G_1 \end{bmatrix}\in \mathbb{R}^{2N\times 2N}$$

其中 Q 是一个 $N\times N$ 的对称正定矩阵，而 G_1，G_0 是对称正定增益矩阵。

（2）控制输入 $u(t)$ 定义为

$$u(t)=\begin{cases} -k\dfrac{B^{\mathrm{T}}Px}{\|B^{\mathrm{T}}Px\|} & \text{if} \quad B^{\mathrm{T}}Px\neq 0 \\ 0 & \text{if} \quad B^{\mathrm{T}}Px=0 \end{cases} \tag{6.28}$$

式中，k 为正常数，而 $B=[\mathbf{0}^{\mathrm{T}},\ \mathbb{I}^{\mathrm{T}}]^{\mathrm{T}}\in \mathbb{R}^{2N\times N}$。

（3）式（6.24）中输入 τ 定义为式（6.23）中的近似动态逆控制

$$\tau=M_a(\ddot{q}_{\mathrm{d}}-G_1(\dot{q}-q_{\mathrm{d}})-G_0(q-q_{\mathrm{d}})+u)-n_a \tag{6.29}$$

如果不确定度 d 满足对任意的 $t\in\mathbb{R}^+$ 有 $\|d\|<k$，那么动态跟踪误差 $\begin{Bmatrix} e \\ \dot{e} \end{Bmatrix}$ 的原点的平衡状态是渐近稳定。

证明： 严格地说，引入如式（6.28）所示的不连续控制输入，要求引入控制方程的抖振解（chattering solution）或测度值解（measure valued solution）。有兴趣的读者可以查阅参考文献［13］以获知详情。结果表明，李雅普诺夫直接法可以推广到本例。将式（6.29）代入式（6.24），结果得到闭环运动方程

$$\ddot{q}=\ddot{q}_{\mathrm{d}}-G_1(\dot{q}-\dot{q}_{\mathrm{d}})-G_0(q-q_{\mathrm{d}})+u+d$$

且

$$d=M^{-1}\Delta M v-M^{-1}\Delta n+M^{-1}\tau_{\mathrm{d}}$$

为了将这些方程写作状态空间的形式，引入如下状态

$$\boldsymbol{x}=\begin{Bmatrix}\boldsymbol{q}-\boldsymbol{q}_{\mathrm{d}}\\ \dot{\boldsymbol{q}}-\dot{\boldsymbol{q}}_{\mathrm{d}}\end{Bmatrix}=\begin{Bmatrix}\boldsymbol{e}\\ \dot{\boldsymbol{e}}\end{Bmatrix}\quad\Rightarrow\quad\dot{\boldsymbol{x}}=\underbrace{\begin{bmatrix}0 & \boldsymbol{I}\\ -\boldsymbol{G}_0 & -\boldsymbol{G}_1\end{bmatrix}}_{\boldsymbol{A}}\boldsymbol{x}+\underbrace{\begin{bmatrix}0\\ \mathbb{I}\end{bmatrix}}_{\boldsymbol{B}}(\boldsymbol{u}+\boldsymbol{d})$$

对于式（6.27）定义的 $\boldsymbol{P}$，定义李雅普诺夫函数 $\mathcal{V}=\frac{1}{2}\boldsymbol{x}^{\mathrm{T}}\boldsymbol{P}\boldsymbol{x}$。当李雅普诺夫函数沿系统轨迹微分时，

$$\begin{aligned}\dot{\mathcal{V}}&=\frac{1}{2}(\boldsymbol{x}^{\mathrm{T}}\boldsymbol{P}\dot{\boldsymbol{x}}+\dot{\boldsymbol{x}}^{\mathrm{T}}\boldsymbol{P}\boldsymbol{x})\\ &=\frac{1}{2}\{\boldsymbol{x}^{\mathrm{T}}\boldsymbol{P}(\boldsymbol{A}\boldsymbol{x}+\boldsymbol{B}(\boldsymbol{u}+\boldsymbol{d}))+(\boldsymbol{A}\boldsymbol{x}+\boldsymbol{B}(\boldsymbol{u}+\boldsymbol{d}))^{\mathrm{T}}\boldsymbol{P}\boldsymbol{x}\}\\ &=\boldsymbol{x}^{\mathrm{T}}\underbrace{(\boldsymbol{P}\boldsymbol{A}+\boldsymbol{A}^{\mathrm{T}}\boldsymbol{P})}_{-\boldsymbol{Q}}\boldsymbol{x}+\boldsymbol{x}^{\mathrm{T}}\boldsymbol{P}\boldsymbol{B}(\boldsymbol{u}+\boldsymbol{d})\end{aligned}$$

当 $\boldsymbol{B}^{\mathrm{T}}\boldsymbol{P}\boldsymbol{x}(t)=0$ 时，李雅普诺夫函数的导数 $\dot{\mathcal{V}}=-\boldsymbol{x}^{\mathrm{T}}\boldsymbol{Q}\boldsymbol{x}$。如果 $\boldsymbol{B}^{\mathrm{T}}\boldsymbol{P}\boldsymbol{x}(t)\neq 0$，那么导数变为

$$\dot{\mathcal{V}}=-\boldsymbol{x}^{\mathrm{T}}\boldsymbol{Q}\boldsymbol{x}+\boldsymbol{x}^{\mathrm{T}}\boldsymbol{P}\boldsymbol{B}\boldsymbol{d}-k\|\boldsymbol{B}^{\mathrm{T}}\boldsymbol{P}\boldsymbol{x}\|$$

此时，在等式右侧的最后两个元素可以被约束，则

$$\boldsymbol{x}^{\mathrm{T}}\boldsymbol{P}\boldsymbol{B}\boldsymbol{d}-k\|\boldsymbol{B}^{\mathrm{T}}\boldsymbol{P}\boldsymbol{x}\|\leqslant\|\boldsymbol{B}^{\mathrm{T}}\boldsymbol{P}\boldsymbol{x}\|\|\boldsymbol{d}\|-k\|\boldsymbol{B}^{\mathrm{T}}\boldsymbol{P}\boldsymbol{x}\|=\|\boldsymbol{B}^{\mathrm{T}}\boldsymbol{P}\boldsymbol{x}\|(\|\boldsymbol{d}\|-k)<0$$

因此，沿系统轨迹的导数满足 $\dot{\mathcal{V}}\leqslant-\boldsymbol{x}^{\mathrm{T}}\boldsymbol{Q}\boldsymbol{x}$。这证明了在原点的任意开邻域上，$\mathcal{V}$ 是正定（positive difinite）函数，$\dot{\mathcal{V}}$ 是负定函数。因此，动态系统的跟踪误差 $\boldsymbol{x}=\{\boldsymbol{e}\quad\dot{\boldsymbol{e}}\}^{\mathrm{T}}$ 的原点是渐近稳定的。 ■

定理 6.5 表明，引入式（6.28）中定义的开关反馈信号 $\boldsymbol{u}(t)$ 是构造适应系统动力学不确定性的跟踪控制器的一种方法。这样的控制器在原理上实现了良好的性能。当引起失配 $\boldsymbol{d}$ 的扰动或未知动态性使得任意时刻 $\boldsymbol{d}(t)\leqslant k$，$t\in\mathbb{R}^{+}$ 时，跟踪误差及其导数渐近收敛于零。不过，这种"硬件"开关控制器还是有一些麻烦的问题。一个困难是理论上的。如前所述，当常微分方程控制系统的右侧不连续时，李雅普诺夫稳定性的严格证明必须用广义解来表示。这样的分析超出了本文的详细讨论范围，可见参考文献［3，13，30］。除了这些理论上的考虑外，"硬"开关控制器在应用中会出现问题还有一些实际的原因。通常，该控制器会随着激励变化出现高频振荡。由于闭环系统是非线性的，所以预测具体系统何时会出现这样的不受控的响应并不简单。

定理 6.6 说明了使用"平滑"开关控制来解决这些问题是可能的。"平滑"开关控制器引入了另一个参数 $\varepsilon>0$，该参数定义了控制输入以一种平滑方式在"硬"开关控制器的大输出振幅之间变化的区域。

此时得到的闭环系统的右边是连续的，该系统可以用传统的连续李雅普诺夫函数来描述。因此，在分析或解释这个控制律时，不需要更深奥的广义解概念。在实践中，参数 $\varepsilon>0$ 的引入给出了开关控制振幅变化集的大小的一个明确边界。因此，有可能消除与抖动控制输入信号相关的高频振荡。

定理 6.6　若定理 6.5 的假设成立，与式（6.28）不同，选择控制信号 $\boldsymbol{u}(t)$

$$\boldsymbol{u}(t)=\begin{cases}-k\dfrac{\boldsymbol{B}^{\mathrm{T}}\boldsymbol{P}\boldsymbol{x}}{\|\boldsymbol{B}^{\mathrm{T}}\boldsymbol{P}\boldsymbol{x}\|} & \text{if}\quad\|\boldsymbol{B}^{\mathrm{T}}\boldsymbol{P}\boldsymbol{x}\|\geqslant\varepsilon\\ -k\dfrac{\boldsymbol{B}^{\mathrm{T}}\boldsymbol{P}\boldsymbol{x}}{\varepsilon} & \text{if}\quad\|\boldsymbol{B}^{\mathrm{T}}\boldsymbol{P}\boldsymbol{x}\|<\varepsilon\end{cases}\tag{6.30}$$

那么动态系统的闭环跟踪误差 $\boldsymbol{x}^{\mathrm{T}}:=\{\boldsymbol{e}^{\mathrm{T}}\quad\dot{\boldsymbol{e}}^{\mathrm{T}}\}$ 趋向于下述集合的最大弱不变子集

$$\mathcal{S}\subseteq\{\boldsymbol{x}\mid\dot{\mathcal{V}}(\boldsymbol{x})=0\}\subseteq\left\{\boldsymbol{x}\,\middle|\,\frac{1}{2}\boldsymbol{x}^{\mathrm{T}}\boldsymbol{Q}\boldsymbol{x}=\varepsilon k\right\}$$

动态系统的闭环跟踪误差是一致最终有界（uniformly ultimately bounded）的，且数量级为 $O(\varepsilon)$。

证明： 考虑李雅普诺夫函数 $\mathcal{V}(\boldsymbol{x}):=\frac{1}{2}\boldsymbol{x}^{\mathrm{T}}\boldsymbol{P}\boldsymbol{x}$，其中 $\boldsymbol{x}^{\mathrm{T}}:=\{\boldsymbol{e}^{\mathrm{T}}\quad\dot{\boldsymbol{e}}^{\mathrm{T}}\}$，且 $\boldsymbol{P}$ 为李雅普诺夫方程（6.27）的解。李雅普诺夫函数 $\mathcal{V}$ 沿闭环系统轨迹的导数得到与定理 6.5 相同的表达式 $\dot{\mathcal{V}}(\boldsymbol{x})=-\frac{1}{2}\boldsymbol{x}^{\mathrm{T}}\boldsymbol{Q}\boldsymbol{x}+\boldsymbol{x}^{\mathrm{T}}\boldsymbol{P}\boldsymbol{B}(\boldsymbol{u}+\boldsymbol{d})$。如果是 $\|\boldsymbol{B}^{\mathrm{T}}\boldsymbol{P}\boldsymbol{x}\|\geqslant\varepsilon$，则导数的上界为

$$\dot{\mathcal{V}}\leqslant-\frac{1}{2}\boldsymbol{x}^{\mathrm{T}}\boldsymbol{Q}\boldsymbol{x}+\|\boldsymbol{B}^{\mathrm{T}}\boldsymbol{P}\boldsymbol{x}\|(\|\boldsymbol{d}\|-k)$$

如定理 6.5 的证明，只要 $\|\boldsymbol{d}\|<k$ 则 $\dot{\mathcal{V}}<0$。然而，如果 $\|\boldsymbol{B}^{\mathrm{T}}\boldsymbol{P}\boldsymbol{x}\|<\varepsilon$，那么沿轨迹的导数将为

$$\begin{aligned}\dot{\mathcal{V}}&=-\frac{1}{2}\boldsymbol{x}^{\mathrm{T}}\boldsymbol{Q}\boldsymbol{x}-\frac{k}{\varepsilon}\|\boldsymbol{B}^{\mathrm{T}}\boldsymbol{P}\boldsymbol{x}\|^2+\boldsymbol{x}^{\mathrm{T}}\boldsymbol{P}\boldsymbol{B}\boldsymbol{d}\\&\leqslant-\frac{1}{2}\boldsymbol{x}^{\mathrm{T}}\boldsymbol{Q}\boldsymbol{x}+\|\boldsymbol{B}^{\mathrm{T}}\boldsymbol{P}\boldsymbol{x}\|\left(\|\boldsymbol{d}\|-\frac{k}{\varepsilon}\|\boldsymbol{B}^{\mathrm{T}}\boldsymbol{P}\boldsymbol{x}\|\right)\\&\leqslant-\frac{1}{2}\boldsymbol{x}^{\mathrm{T}}\boldsymbol{Q}\boldsymbol{x}+\varepsilon k\end{aligned}$$

我们知道 $\dot{\mathcal{V}}(\boldsymbol{x})\leqslant-\frac{1}{2}\boldsymbol{x}^{\mathrm{T}}\boldsymbol{Q}\boldsymbol{x}+\varepsilon k$，该式的右侧部分可以从图 6-15 看到。在该图中，不难得到

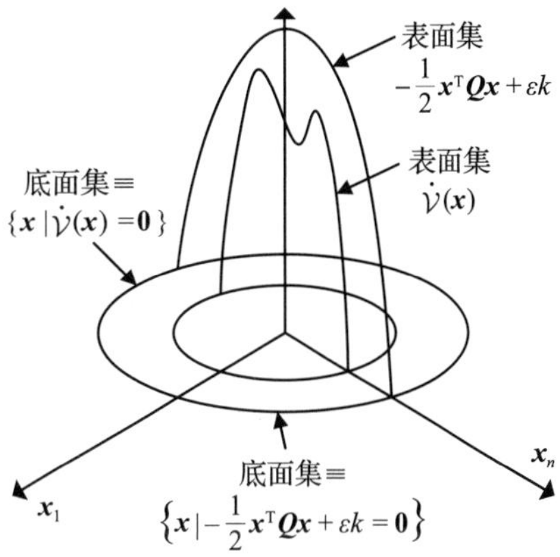

图 6-15 一致最终有界的可视化

$$\{\boldsymbol{x}\mid\dot{\mathcal{V}}(\boldsymbol{x})=0\}\subseteq\left\{\boldsymbol{x}\,\middle|\,-\frac{1}{2}\boldsymbol{x}^{\mathrm{T}}\boldsymbol{Q}\boldsymbol{x}+\varepsilon k=0\right\}=\left\{\boldsymbol{x}\,\middle|\,\frac{1}{2}\boldsymbol{x}^{\mathrm{T}}\boldsymbol{Q}\boldsymbol{x}=\varepsilon k\right\}$$

以上为完整的证明。 ■

例 6.8、例 6.9 研究基于近似动态逆的典型机器人系统控制器。

例 6.8 再次考虑在例 6.6 和例 6.7 中研究的球形机械臂。推导出采用定理 6.4 所述的 PD 反馈和重力补偿来实现球形机器人定点控制的控制器。选择系统参数为 $m_1=m_2=m_3=10\text{kg}$，$d_{p,q}=0.1\text{m}$，且 $y_{q,c_2}=0.05\text{m}$。选择定理 6.4 中的增益矩阵 $\boldsymbol{G}_0$ 和 $\boldsymbol{G}_1$ 且具有形式 $\boldsymbol{G}_0=g_0\mathbb{I}$ 和 $\boldsymbol{G}_1=g_1\mathbb{I}$，其中增益被选择为 $(g_0,\ g_1)=(1,\ 1)$，$(5,\ 5)$，$(10,\ 10)$，或 $(100,\ 100)$，期望状态为

$$\boldsymbol{x}_{\mathrm{d}}=\begin{Bmatrix}\boldsymbol{q}_{\mathrm{d}}\\\dot{\boldsymbol{q}}_{\mathrm{d}}\end{Bmatrix}=\{\{1\quad1\quad1\}\{0\quad0\quad0\}\}^{\mathrm{T}}$$

通过绘制状态轨迹、定点误差和时变的控制输入函数，来评估控制系统的性能。

解： 基于 PD 反馈和重力补偿的球形机器人控制系统选择式（6.23）定义的控制力矩 $\boldsymbol{\tau}$，

$$\boldsymbol{\tau}=\begin{Bmatrix}m_1\\m_2\\f\end{Bmatrix}=-g_1\begin{Bmatrix}\dot{\theta}_1\\\dot{\theta}_2\\\dot{d}_{q,r}\end{Bmatrix}-g_0\begin{Bmatrix}\theta_1-\theta_{\mathrm{d}}\\\theta_2-\theta_{\mathrm{d}}\\d_{q,r}-d_{q,r,d}\end{Bmatrix}+\begin{Bmatrix}0\\m_3gd_{q,r}\sin\theta_2\\-m_3g\cos\theta_2\end{Bmatrix}$$

图 6-16a、b 和 c 描绘了特定增益的状态轨迹，图 6-16d、e 和 f 描绘了驱动输入 m_1、

m_2 和 f 作为这些增益的时变函数。正如预期的那样，当 $t\to\infty$ 时，所有的状态轨迹都趋近于各自的期望值。将这些轨迹的定性表现与使用精确补偿计算力矩得到的轨迹进行比较，可以得到一些重要的观察结果。在这个例子中，$\theta_1(t)$ 和 $\theta_2(t)$ 的轨迹的确是不同的时间函数，尽管这两个变量的初始条件相同。当使用定理 6.4 的近似动态逆方法时，θ_1 和 θ_2 的闭环控制方程是不同的非线性方程对。

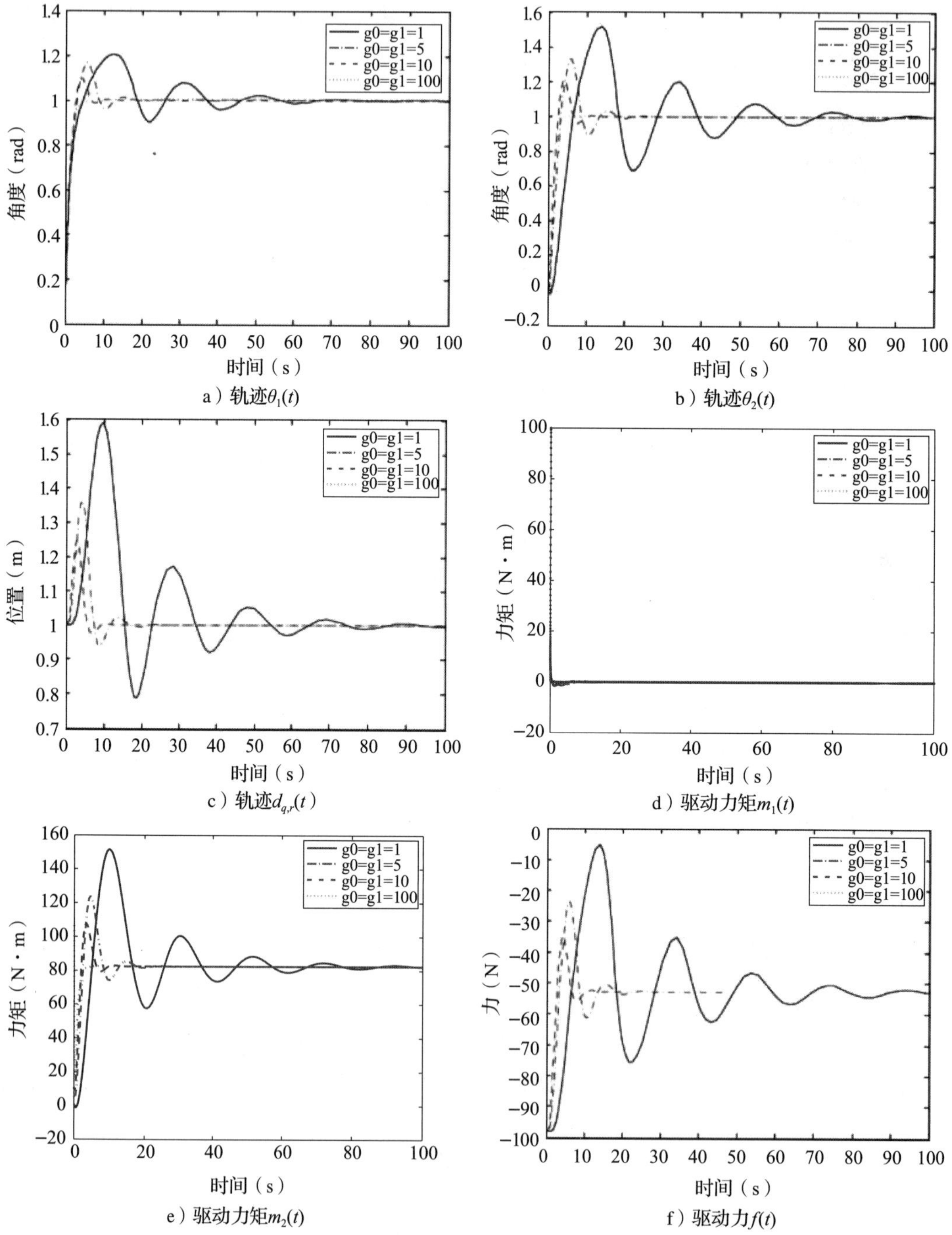

a）轨迹$\theta_1(t)$　　b）轨迹$\theta_2(t)$

c）轨迹$d_{q,r}(t)$　　d）驱动力矩$m_1(t)$

e）驱动力矩$m_2(t)$　　f）驱动力$f(t)$

图 6-16　广义坐标和驱动输入的变化过程

相反，当使用例 6.6 中精确计算力矩方法时，θ_1 和 θ_2 的闭环方程是相同的。在这种情况下，反馈线性化得到了相同的时变函数 $\theta_1(t)=\theta_2(t)$，只要 θ_1 和 θ_2 相同，无论任何初始条件。

例 6.6 中的轴向位移 $d_{q,r}(t)$ 与图 6-16c 中的当前情况也有显著差异。例 6.6 中，轴向位移的初始条件与目标状态匹配，闭环控制方程为线性常微分方程。例 6.6 中动态系统误差的解就是始终为零的函数。相比之下，即使初始条件和目标状态相同，与图 6-16c 中的 $d_{q,r}(t)$ 相关的动态误差在当前例子中也不等于零。在使用 PD 和重力补偿控制器时，所有未知量的闭环方程是成对的。在这个例子中，即使在变量 $d_{q,r}(t)$ 中的跟踪误差从 0 开始，它很快就会变成非零值，因为耦合到 θ_1 和 θ_2 状态。由于驱动的加载，控制器在启动时有大的瞬态变化，特别是对于如图 6-17 中所示大增益时。这是许多控制器在系统状态需要突然或瞬时变化时的一个典型问题，就像本例中的定点控制器一样。初始状态是 $\theta_1(t_0)=\theta_2(t_0)=0$，随着 t 的增加，期望 $\theta_1(t)$，$\theta_2(t)\to 1$。

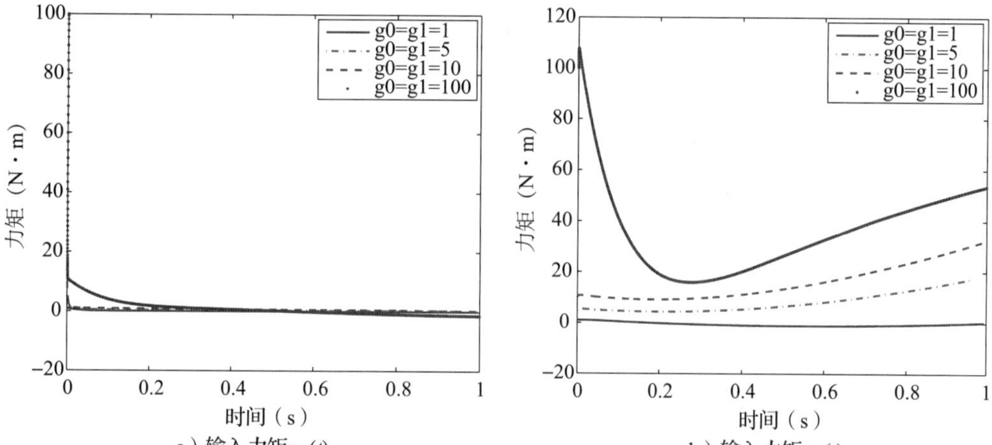

a）输入力矩 $m_1(t)$　　b）输入力矩 $m_2(t)$

图 6-17　执行器输入的瞬态相应 ◀

例 6.9 构造一个基于滑模的近似反馈线性化的定点控制器，以驱动例 6.6、例 6.7 和例 6.8 中研究的球形机械臂达到期望的末端配置，彼时 $\boldsymbol{q}_d := \{0 \quad 0 \quad 0\}^T$ 和 $\dot{\boldsymbol{q}}_d := \{0 \quad 0 \quad 0\}^T$。假设物理参数的真值与例 6.8 相同。设 m 为连杆质量的共同、真实值 $m := m_1 = m_2 = m_3$。设物理参数 y_{q,c_2} 和 $d_{p,q}$ 是精确已知的，但是连杆质量 m 由 m_a 来近似。

当近似质量估计 m_a 与真实质量 m 具有最大不超过 20%的误差时，设计一个控制器来驱动这个机械臂达到期望状态。

解： 根据观察，广义质量矩阵 $\boldsymbol{M}$ 和非线性向量 $\boldsymbol{n}$ 可以在下式中表达

$$\boldsymbol{M}(\boldsymbol{q}) = m\overline{\boldsymbol{M}}(\boldsymbol{q})$$

$$\boldsymbol{n}(\boldsymbol{q}, \dot{\boldsymbol{q}}) = m\overline{\boldsymbol{n}}(\boldsymbol{q}, \dot{\boldsymbol{q}})$$

其中 $\overline{\boldsymbol{M}}$ 和 $\overline{\boldsymbol{n}}$ 都是已知函数。$\boldsymbol{M}$ 和 $\boldsymbol{n}$ 和近似值分别为 $\boldsymbol{M}_a$ 和 $\boldsymbol{n}_a$，且

$$\boldsymbol{M}_a := m_a\overline{\boldsymbol{M}} = \frac{m_a}{m}\boldsymbol{M} = \alpha\boldsymbol{M}$$

$$\boldsymbol{n}_a := m_a\overline{\boldsymbol{n}} = \frac{m_a}{m}\boldsymbol{n} = \alpha\boldsymbol{n}$$

其中，$\alpha := m/m_a$ 是真实质量 m 与近似质量 m_a 的比。根据近似广义质量矩阵 $\boldsymbol{M}_a$ 和近似

非线性向量 $\boldsymbol{n}_a$ 的定义，误差 $\Delta\boldsymbol{M}$ 和 $\Delta\boldsymbol{n}$ 与非线性项及其引起的扰动 $\boldsymbol{d}$ 可以写成

$$\Delta\boldsymbol{M}=(m_a-m)\overline{\boldsymbol{M}},\quad \Delta\boldsymbol{n}=(m_a-m)\overline{\boldsymbol{n}}$$

$$\boldsymbol{d}=\boldsymbol{M}^{-1}\Delta\boldsymbol{M}\boldsymbol{w}-\boldsymbol{M}^{-1}\Delta\boldsymbol{n}=\frac{m_a-m}{m}(\boldsymbol{w}-\boldsymbol{M}^{-1}\boldsymbol{n})=(\alpha-1)(\boldsymbol{w}-\boldsymbol{M}^{-1}\boldsymbol{n})$$

式中，$\boldsymbol{w}:=\ddot{\boldsymbol{q}}_d-\boldsymbol{G}_1(\dot{\boldsymbol{q}}-\dot{\boldsymbol{q}}_d)-\boldsymbol{G}_0(\boldsymbol{q}-\boldsymbol{q}_d)+\boldsymbol{v}$ 且 $\boldsymbol{v}$ 是滑模控制项。

值得注意的是，反馈控制项 $\boldsymbol{\tau}:=\boldsymbol{M}_a(\boldsymbol{q})\boldsymbol{w}-\boldsymbol{n}_a(\boldsymbol{q},\dot{\boldsymbol{q}})$ 可以在不精确知道真实质量 m 的情况下实现。

控制律首先和 $\boldsymbol{v}$ 的非连续滑模控制器一起使用。此时，

$$\boldsymbol{v}=\begin{cases}-k\dfrac{\boldsymbol{B}^{\mathrm{T}}\boldsymbol{P}\boldsymbol{x}}{\|\boldsymbol{B}^{\mathrm{T}}\boldsymbol{P}\boldsymbol{x}\|} & 若\ \|\boldsymbol{B}^{\mathrm{T}}\boldsymbol{P}\boldsymbol{x}\|>\varepsilon \\ \boldsymbol{0} & 其他\end{cases} \tag{6.31}$$

图 6-18 描述了轨迹的广义坐标、输入力和力矩，当增益为 $g_0=40$ 和 $g_1=4$ 时李雅普诺夫函数 $\mathcal{V}(\boldsymbol{x}(t))$ 和干扰 $\boldsymbol{d}(t)$，滑模控制增益为 $k=7$，$\varepsilon=1\mathrm{e}-12$，且矩阵 $\boldsymbol{P}$ 是李雅普诺夫方程 $\boldsymbol{A}^{\mathrm{T}}\boldsymbol{P}+\boldsymbol{P}\boldsymbol{A}=-\boldsymbol{Q}$ 的解，当 $\boldsymbol{Q}=\mathbb{I}$ 时，

$$\boldsymbol{P}=\begin{bmatrix}5.175 & 0 & 0 & 0.0125 & 0 & 0\\ 0 & 5.175 & 0 & 0 & 0.0125 & 0\\ 0 & 0 & 5.175 & 0 & 0 & 0.0125\\ 0.0125 & 0 & 0 & 0.128\,125 & 0 & 0\\ 0 & 0.0125 & 0 & 0 & 0.128\,125 & 0\\ 0 & 0 & 0.0125 & 0 & 0 & 0.128\,125\end{bmatrix} \tag{6.32}$$

图 6-18 所示的轨迹在使用不连续滑模控制器所得到的结果在几个方面是具有代表性的。在图 6-18a 和 b 中，广义坐标在约 $t=0.5\mathrm{s}$ 时迅速收敛到滑膜面，但此后收敛到其期望值的速度较慢。图 6-18c 表示输入力和力矩。在 $t=0.5\mathrm{s}$ 之后，控制输入显示抖动，因为控制驱动系统响应在滑膜面上重复。控制器也需要一个线性执行器来传递高达 150N 的力和可以产生超过 150N·m 转矩的电动机。即使执行器能够提供上述所示的输入力和转矩，在抖振状态下，带宽也高得无法实现。

图 6-18d 和 e 表示李雅普诺夫函数 $\mathcal{V}(\boldsymbol{x}(t))$ 的值和沿系统轨迹计算的扰动 $\boldsymbol{d}(t)$。适当地选择了增益 $k=7$，因为在这个仿真过程中 $k>\|\boldsymbol{d}(t)\|$ 总是成立的，并且预期稳定性收敛的理论保证应该成立。最终，图 6-18f 绘制了一些李雅普诺夫函数导数的因子。该图是基于如下事实绘制，即导数 $\dfrac{\mathrm{d}\mathcal{V}}{\mathrm{d}t}$ 可以从以下方程中计算

$$\frac{\mathrm{d}\mathcal{V}}{\mathrm{d}t}(\boldsymbol{x}(t))=-\frac{1}{2}\boldsymbol{x}^{\mathrm{T}}(t)\boldsymbol{Q}\boldsymbol{x}(t)+\boldsymbol{x}^{\mathrm{T}}(t)\boldsymbol{P}\boldsymbol{B}(\boldsymbol{v}(t)+\boldsymbol{d}(t)) \tag{6.33}$$

从图中可以看出，按照稳定性证明的要求，代表 $\dfrac{\mathrm{d}\mathcal{V}}{\mathrm{d}t}$ 的黑线总是负数。由于不确定性等于 $\boldsymbol{x}^{\mathrm{T}}(t)\boldsymbol{P}\boldsymbol{B}\boldsymbol{d}(t)$，且可能是正的，但它总是由负滑模项 $\boldsymbol{x}^{\mathrm{T}}(t)\boldsymbol{P}\boldsymbol{B}\boldsymbol{v}(t)$ 支配。

接下来，考虑标准化的滑模控制器如下式

$$\boldsymbol{v}=\begin{cases}-k\dfrac{\boldsymbol{B}^{\mathrm{T}}\boldsymbol{P}\boldsymbol{x}}{\|\boldsymbol{B}^{\mathrm{T}}\boldsymbol{P}\boldsymbol{x}\|} & 当\ \|\boldsymbol{B}^{\mathrm{T}}\boldsymbol{P}\boldsymbol{x}\|>\varepsilon \\ -k\dfrac{\boldsymbol{B}^{\mathrm{T}}\boldsymbol{P}\boldsymbol{x}}{\varepsilon} & 其他\end{cases} \tag{6.34}$$

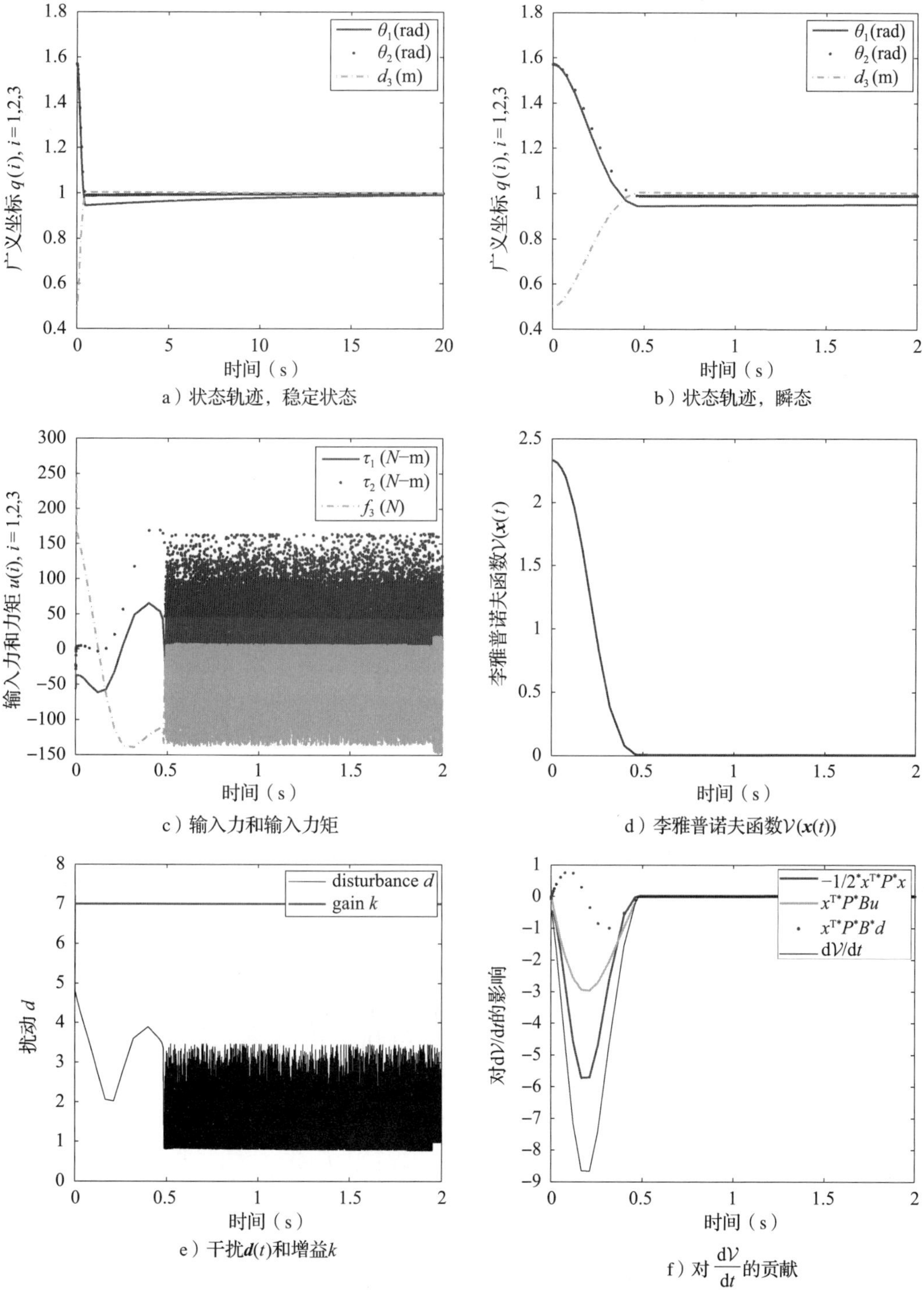

a）状态轨迹，稳定状态　b）状态轨迹，瞬态

c）输入力和输入力矩　d）李雅普诺夫函数$\mathcal{V}(\boldsymbol{x}(t))$

e）干扰$\boldsymbol{d}(t)$和增益k　f）对$\frac{\mathrm{d}\mathcal{V}}{\mathrm{d}t}$的贡献

图 6-18　非连续滑模控制器的变化过程

图 6-19 所示为当所有控制器增益相同时，除了设边界层变量为 $\varepsilon=0.01$ 外的相应系统轨迹。定性地来讲，由图 6-19a 和 b 所示的广义坐标轨迹和图 6-18a 及 b 中由不连续滑模控制器所获得的轨迹相似。然而，当用不连续控制器得到的轨迹保证收敛到期望值时，连

续控制器产生的轨迹仅保证收敛到期望值的某个邻域。这个邻域的大小保证为 $O(k\varepsilon)$，并且可以通过减小边界层的大小 ε 来减小该邻域的大小。

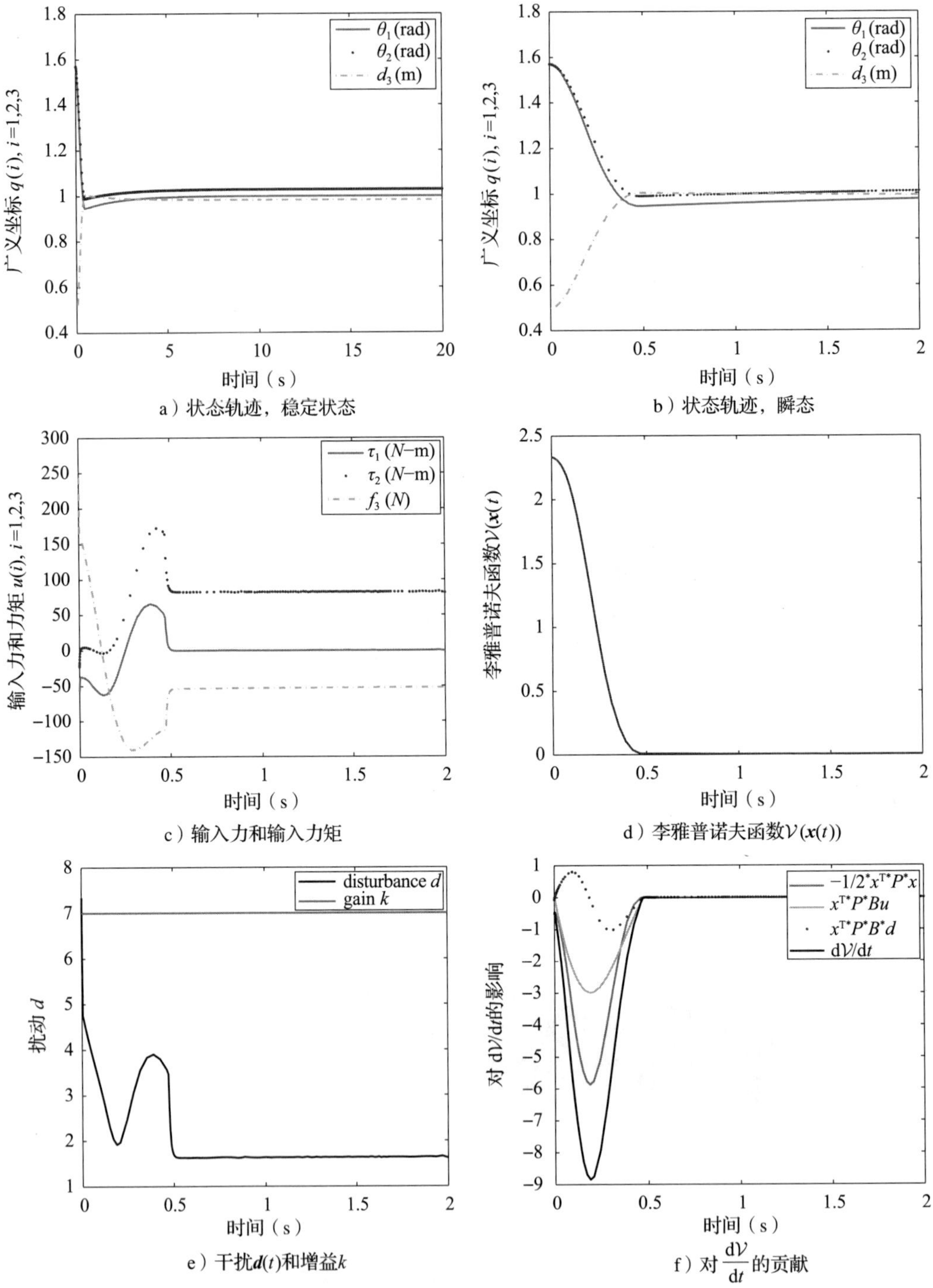

图 6-19　正则化滑模控制器的变化过程

这两个控制器之间最大的差异通过对比图 6-18c 和图 6-19c 来说明。当不连续控制器表现出明显的抖振状态时，由标准化滑模控制器产生的控制输入则没有。因此，连续控制器在物理上是可实现的，而不连续控制器则不是。然而，随着边界层 ε 的不断减小，控制输入与不连续系统的输入越来越相似，抖振程度也越来越大。◀

6.8 基于无源性的控制器

基于近似动态逆的控制器的推导引出了一系列实用的控制策略，这些策略是为许多不同的性能指标而设计的。根据矩阵 $\dot{\boldsymbol{M}}+2\boldsymbol{C}$ 的反对称（skew symmetry）和控制方程相关的无源性（passivity property），导出了另一类受欢迎的控制器。在第 4 章中已经表明，一个自然系统（natural system）的控制方程可以写成这种形式

$$\boldsymbol{M}(\boldsymbol{q})\ddot{\boldsymbol{q}}(t)+\boldsymbol{C}(\boldsymbol{q}(t),\ \dot{\boldsymbol{q}}(t))\dot{\boldsymbol{q}}+\frac{\partial V}{\partial \boldsymbol{q}}(\boldsymbol{q}(t))=\boldsymbol{\tau}(t) \tag{6.35}$$

在这个运动控制方程中 $\dot{\boldsymbol{M}}-2\boldsymbol{C}$ 是一个反对称矩阵。即，对于任意的向量 $\boldsymbol{y}$，恒等式

$$\boldsymbol{y}^{\mathrm{T}}(\dot{\boldsymbol{M}}-2\boldsymbol{C})\boldsymbol{y}=0$$

均成立。如本书前文所述，定义跟踪误差 $\boldsymbol{e}(t):=\boldsymbol{q}(t)-\boldsymbol{q}_{\mathrm{d}}(t)$。

基于无源性的控制器的构造可以通过引入经过滤波的跟踪误差 $\boldsymbol{r}$、辅助变量 $\boldsymbol{v}$ 和 $\boldsymbol{a}$ 来实现

$$\boldsymbol{r}(t):=\dot{\boldsymbol{e}}(t)+\boldsymbol{\Lambda}\boldsymbol{e}(t) \tag{6.36}$$

$$\boldsymbol{v}(t):=\dot{\boldsymbol{q}}_{\mathrm{d}}(t)-\boldsymbol{\Lambda}\boldsymbol{e}(t) \tag{6.37}$$

$$\boldsymbol{a}(t):=\dot{\boldsymbol{v}}(t)=\ddot{\boldsymbol{q}}_{\mathrm{d}}(t)-\boldsymbol{\Lambda}\dot{\boldsymbol{e}}(t) \tag{6.38}$$

其中 $\boldsymbol{\Lambda}$ 是一个正对角矩阵。基于无源性的控制器选择控制输入为

$$\boldsymbol{\tau}=\boldsymbol{M}(\boldsymbol{q})\boldsymbol{a}+\boldsymbol{C}(\boldsymbol{q},\ \dot{\boldsymbol{q}})\boldsymbol{v}+\frac{\partial V}{\partial \boldsymbol{q}}(\boldsymbol{q})-\boldsymbol{K}\boldsymbol{r} \tag{6.39}$$

$\boldsymbol{K}$ 是一个正对角增益矩阵。利用控制输入 $\boldsymbol{\tau}$，给出闭环系统动力学方程

$$\underbrace{\boldsymbol{M}(\ddot{\boldsymbol{q}}-\ddot{\boldsymbol{q}}_{\mathrm{d}}+\boldsymbol{\Lambda}(\dot{\boldsymbol{q}}-\dot{\boldsymbol{q}}_{\mathrm{d}}))}_{\dot{\boldsymbol{r}}}+\underbrace{\boldsymbol{C}(\dot{\boldsymbol{q}}-\dot{\boldsymbol{q}}_{\mathrm{d}}+\boldsymbol{\Lambda}(\boldsymbol{q}-\boldsymbol{q}_{\mathrm{d}}))}_{\boldsymbol{r}}+\boldsymbol{K}\boldsymbol{r}=\boldsymbol{0}$$

或

$$\boldsymbol{M}\dot{\boldsymbol{r}}+\boldsymbol{C}\boldsymbol{r}+\boldsymbol{K}\boldsymbol{r}=\boldsymbol{0}$$

定理 6.7 令机器人系统的运动方程如式（6.35）所示。假设 $\boldsymbol{q}_{\mathrm{d}}$ 是一个期望轨迹的 N 维向量，分别定义式（6.36）、式（6.37）和式（6.38）中的 $\boldsymbol{r}$、$\boldsymbol{v}$ 和 $\boldsymbol{a}$。由此，式（6.39）中的反馈控制使得跟踪误差 $\begin{Bmatrix}\boldsymbol{e}\\ \dot{\boldsymbol{e}}\end{Bmatrix}$ 在原点处的平衡点渐近稳定。

证明： 正如本章所研究的每一个案例一样，关键步骤依赖于对李雅普诺夫函数的适当选择。选择 $\mathcal{V}$ 为

$$\mathcal{V}=\frac{1}{2}\boldsymbol{r}^{\mathrm{T}}\boldsymbol{M}\boldsymbol{r}+\boldsymbol{e}^{\mathrm{T}}\boldsymbol{\Lambda}\boldsymbol{K}\boldsymbol{e}$$

注意这个表达式中的 $\boldsymbol{\Lambda}\boldsymbol{K}$ 是一个对称的正定矩阵，因为 $\boldsymbol{\Lambda}$ 和 $\boldsymbol{K}$ 都是正对角矩阵。沿系统轨迹的导数计算得到

$$\dot{\mathcal{V}}=\boldsymbol{r}^{\mathrm{T}}\boldsymbol{M}\dot{\boldsymbol{r}}+\frac{1}{2}\boldsymbol{r}^{\mathrm{T}}\dot{\boldsymbol{M}}\boldsymbol{r}+2\boldsymbol{e}^{\mathrm{T}}\boldsymbol{\Lambda}\boldsymbol{K}\dot{\boldsymbol{e}}$$

把闭环方程代入上式，得到一个负定的导数 $\dot{\mathcal{V}}$

$$\dot{\mathcal{V}}=\frac{1}{2}\underbrace{\boldsymbol{r}^{\mathrm{T}}(\dot{\boldsymbol{M}}-2\boldsymbol{C})\boldsymbol{r}}_{0}-\boldsymbol{r}^{\mathrm{T}}\boldsymbol{K}\boldsymbol{r}+2\boldsymbol{e}^{\mathrm{T}}\boldsymbol{\Lambda}\boldsymbol{K}\dot{\boldsymbol{e}}$$

方程右侧第一项的值为 0，因为矩阵 $\dot{\boldsymbol{M}}-2\boldsymbol{C}$ 为反对称矩阵。

剩余表达式可简化为

$$\begin{aligned}\dot{\mathcal{V}}&=-(\dot{e}+\boldsymbol{\Lambda e})^{\mathrm{T}}\boldsymbol{K}(\dot{e}+\boldsymbol{\Lambda e})+2\boldsymbol{e}^{\mathrm{T}}\boldsymbol{\Lambda K}\dot{\boldsymbol{e}}\\&=-\dot{\boldsymbol{e}}^{\mathrm{T}}\boldsymbol{K}\dot{\boldsymbol{e}}-\boldsymbol{e}^{\mathrm{T}}\boldsymbol{\Lambda K\Lambda e}-2\boldsymbol{e}^{\mathrm{T}}\boldsymbol{\Lambda K}\dot{\boldsymbol{e}}+2\boldsymbol{e}^{\mathrm{T}}\boldsymbol{\Lambda K}\dot{\boldsymbol{e}}\\&=-\dot{\boldsymbol{e}}\boldsymbol{K}\dot{\boldsymbol{e}}-\boldsymbol{e}^{\mathrm{T}}\boldsymbol{\Lambda K\Lambda e}\end{aligned}$$

该表达式说明了 $\dot{\mathcal{V}}$ 是状态 $\{\boldsymbol{e}\quad\dot{\boldsymbol{e}}\}^{\mathrm{T}}$ 的一个负定函数。跟踪误差在原点处的平衡点是渐近稳定（asymptotically stable）的。 ■

例 6.10 考虑在例 6.6、例 6.7 和例 6.8 中研究的球形机械臂。推导一个基于无源性的控制器，如定理 6.7 所述，进而实现跟踪控制。系统参数为 $m_1=m_2=m_3=10\mathrm{kg}$，$d_{p,q}=0.1\mathrm{m}$ 以及 $y_{q,c_2}=0.05\mathrm{m}$。设定理 6.7 中所述的增益矩阵 $\boldsymbol{\Lambda}$ 和 $\boldsymbol{K}$ 为 $\boldsymbol{\Lambda}=\lambda\mathbb{I}$、$\boldsymbol{K}=k\mathbb{I}$，其中增益为 $(\lambda, k)=(1, 10)$，$(2, 10)$，$(4, 10)$，$(20, 100)$。假设期望的轨迹是

$$\boldsymbol{q}_{\mathrm{d}}=\begin{Bmatrix}A_1\sin(\Omega_1 t)\\A_2\sin(\Omega_2 t)\\A_3\sin(\Omega_3 t)+1\end{Bmatrix}$$

其中，$(A_1, A_2, A_3)=\left(-\dfrac{1}{16}, -1, -\dfrac{1}{4}\right)$，$(\Omega_1, \Omega_2, \Omega_3)=(4, 1, 2)$。编写一个程序来模拟控制器的控制增益和期望轨迹的性能，绘制状态轨迹、跟踪误差和控制输入的时间函数。

解：基于定理 6.7 无源性原理的球形机械臂控制器的形式如式（6.39）所示

$$\boldsymbol{\tau}=\boldsymbol{Ma}+\boldsymbol{Cv}+\frac{\partial V}{\partial \boldsymbol{q}}-\boldsymbol{Kr}$$

式中，$\boldsymbol{r}$、$\boldsymbol{v}$ 和 $\boldsymbol{a}$ 由式（6.36）、式（6.37）、式（6.38）定义，并且

$$\boldsymbol{M}=\begin{bmatrix}m_3(d_{p,q}^2+\sin^2\theta_2 d_{q,r}^2)+m_2(d_{p,q}-y_{q,c_2})^2 & m_3\cos\theta_2 d_{p,q}d_{q,r} & m_3\sin\theta_2 d_{p,q}\\ m_3\cos\theta_2 d_{p,q}d_{q,r} & m_3 d_{q,r}^2 & 0\\ m_3\sin\theta_2 d_{p,q} & 0 & m_3\end{bmatrix}$$

$$\frac{\partial V}{\partial \boldsymbol{q}}=\begin{Bmatrix}0\\ m_3 g d_{q,r}\sin\theta_2\\ -m_3 g\cos\theta_2\end{Bmatrix}$$

$$\boldsymbol{C}=\begin{bmatrix}\sin\theta_2 m_3 d_{q,r}(\cos\theta_2 d_{q,r}\dot{\theta}_2 & m_3(\sin\theta_2 d_{q,r}(\cos\theta_2 d_{q,r}\dot{\theta}_1-d_{p,q}\dot{\theta}_2) & m_3(d_{q,r}\dot{\theta}_1\sin^2\theta_2\\ \quad+\sin\theta_2\dot{d}_{q,r}) & \quad+\cos\theta_2 d_{p,q}\dot{d}_{q,r}) & \quad+\cos\theta_2 d_{p,q}\dot{\theta}_2)\\ -\dfrac{1}{2}\sin 2\theta_2 m_3 d_{q,r}^2\dot{\theta}_1 & m_3 d_{q,r}\dot{d}_{q,r} & m_3 d_{q,r}\dot{\theta}_2\\ -\sin^2\theta_2 m_3 d_{q,r}\dot{\theta}_1 & -m_3 d_{q,r}\dot{\theta}_2 & 0\end{bmatrix}$$

与用理想计算转矩控制实现非线性精确消除的情况相比，控制闭环系统的结果方程既不是解耦的，也不是线性的。不可能如同在例 6.6 或例 6.7 中一样，得到一个简单的闭环控制方程的封闭解。图 6-20a～f 描绘了闭环系统在初始条件选定时的状态轨迹和控制输入的时间函数，其初始条件为

$$\boldsymbol{x}(0)^{\mathrm{T}}=\{\boldsymbol{q}(0)^{\mathrm{T}}\quad\dot{\boldsymbol{q}}(0)^{\mathrm{T}}\}=\{\{0\quad 0\quad 1\}\{0\quad 0\quad 0\}\}$$

图 6-20a、b 和 c 描绘了对于不同的反馈增益 λ 和 k 的状态轨迹 $\theta_1(t)$、$\theta_2(t)$ 和 $d_{q,r}(t)$。$\theta_1(t)$、$\theta_2(t)$ 的跟踪性能明显较好，而 $d_{q,r}(t)$ 对其期望轨迹的渐近收敛性较慢。图 6-20d、e 和 f 描绘了控制输入的时间函数。该控制器所需的输入力矩的大小与例 6.6 或例 6.7 中的类

似。输入转矩 m_2 的稳态值在±50N·m之间振荡，驱动力的收敛值在－100～－50N之间变化。启动瞬态驱动力和力矩的大小是稳态时的几倍。

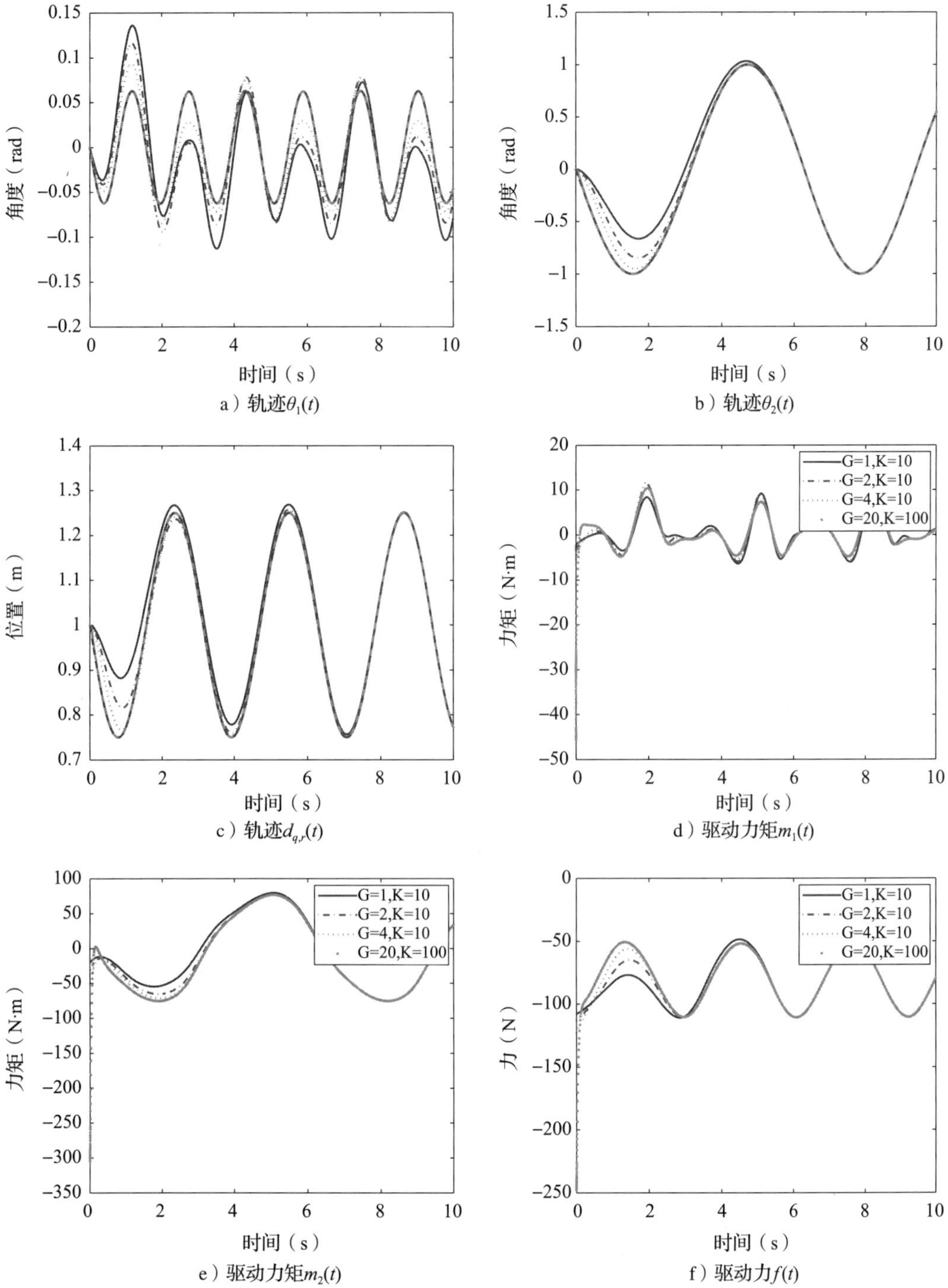

图 6-20 广义坐标和驱动输入的时间函数

6.9 执行器模型

现代机器人系统，包括第 1 章中描述的各种类型，使用了类型广泛的执行器。执行器包括传统的电动机、液压缸或气动活塞。这些常见的执行器系统有许多变种和独特的设计，每一个都有特定的优点和缺点。它们可能需要具有特定控制方程的模型来描述其物理过程。每一个都可能展示其特有的非线性，这必须在建模和控制校正中得到考虑。此外，每年都有越来越多的新奇、非传统的执行器出现在机器人应用中。这些包括基于形状记忆合金的执行器、生物材料、电化学材料、电结构材料和磁性结构材料。替代系统的研究是由对更紧凑、轻量、高驱动力和高带宽执行机构系统的需求来驱动的。

6.9.1 电动机

在所有可能的驱动装置中，电动机是机器人系统中最常见的。几乎所有的电动机都是根据电磁感应（electromagnetic induction）原理工作的，即在磁场中的载流导线受力的作用。电动机依靠电流流过安放在外部磁场中的线圈而工作，从而获得力使转子旋转。电动机因其相对简单、响应速度快、输出的启动力矩大而受到人们的欢迎。电动机有许多不同的类型，包括直流、感应、同步、无刷和步进电动机。这一节主要关注电动机的性能，并着重介绍电动机中常见结构。

本节介绍了永磁（permanent magnet）直流电动机（permanent magnet DC motor）的物理基础，推导了其控制方程，并在图 6-21 中给出了其结构。直流电动机（DC motor）按照洛伦兹力定理工作。这个定理可以用来描述力 $\boldsymbol{f}$ 作用在磁场中电流为 i，长度为 l 的导体上，磁通量（magnetic flux）$\boldsymbol{B}$ 给出式 $\boldsymbol{f}=il\boldsymbol{n}\times\boldsymbol{B}$，其中 $\boldsymbol{n}$ 为沿导线长度的单位向量。考虑一个在磁场中旋转的线圈，该磁场磁通 $\boldsymbol{B}=B\boldsymbol{y}$，沿单位向量 $\boldsymbol{y}$ 方向，如图 6-22 所示。在这种情况下，导线从 c 到 d 的力为

$$\boldsymbol{f}=(il\boldsymbol{x})\times(B\boldsymbol{y})=ilB\boldsymbol{z}$$

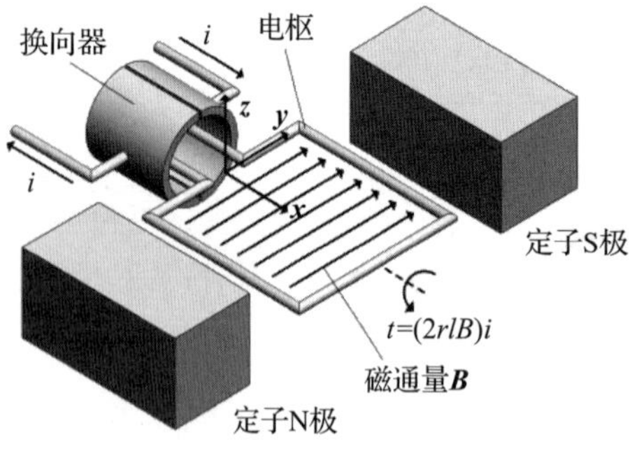

图 6-21 永磁直流电动机

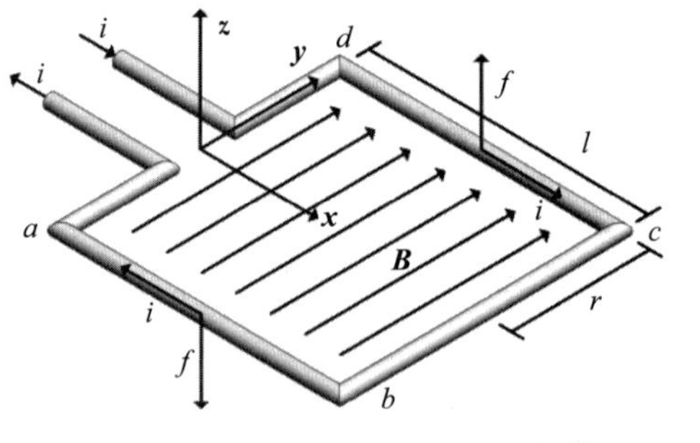

图 6-22 在磁通量为 $\boldsymbol{B}$ 的磁场中的带电线圈

类似的计算表明，作用在从 a 到 b 的导线上的力为 $\boldsymbol{f}=-ilB\boldsymbol{z}$，因此，图中所示的结构中施加在线圈上的合力矩为

$$\boldsymbol{t}=(2rlB)i\boldsymbol{x}=t\boldsymbol{x}$$

该力矩将导致线圈绕 $\boldsymbol{x}$ 轴逆时针旋转，直到线圈通过 $\boldsymbol{x}-\boldsymbol{z}$ 平面。如果线圈旋转并通过图 6-22 中的垂直面，绕 $\boldsymbol{x}$ 轴的力矩方向发生改变。如图 6-21 所示，直流电动机利用换向器（commutator）来避免旋转线圈产生的力矩方向的变化。直流电动机的主要部件如图 6-21 所示，分别为包含南北磁极的定子（stator）、相对于定子旋转的电枢（armature）

和固定在电枢上的换向器（armature）。电刷（brush）在换向器和驱动电动机的电源之间保持滑动接触，换向器由相互电气隔离的段组成，并固定在旋转电枢上。线圈末端连接到换向器段。换向器段相对定子旋转，并通过电刷与外部电源保持接触。实际的电动机包含许多线圈的绕组，而不是图 6-21 所示的单线圈。具有 N 个线圈的绕组所产生的合力矩为

$$\boldsymbol{t}=\underbrace{(2NBrl)}_{k_t}i\boldsymbol{x}=t\boldsymbol{x}$$

这个表达式可以用单转矩常数 $k_t=(2NrlB)$ 来重新表述，该式将电动机的机电特性综合到一个单独的项中，所以

$$t=k_t i \tag{6.40}$$

式（6.40）描述了施加转矩随输入电流的变化情况，但没有描述电流随时间的变化情况。每当导体在磁场中移动时，导体上就会产生电压。这种感应电位差就是反电动势（back electromotive force（EMF））电压。根据法拉第定律，反电动势电压等于绕组中磁链（magnetic flux linkage）λ 的时间导数

$$e_{\mathrm{b}}=-\frac{\mathrm{d}}{\mathrm{d}t}(\lambda)$$

N 圈绕组中的磁链 λ 是

$$\lambda=N\phi$$

式中，单圈磁链 ϕ 可定义为

$$\phi=\int\boldsymbol{B}\times\boldsymbol{n}\,\mathrm{d}A$$

在这个方程中，$\boldsymbol{B}$ 是磁通量，$\boldsymbol{n}$ 是垂直于线圈的单位向量，积分是在导线围成的区域内进行的，计算得到单圈磁链 ϕ 为

$$\phi=\int(B\boldsymbol{y})\times(-\sin\theta\boldsymbol{y}+\cos\theta\boldsymbol{z})\,\mathrm{d}A=2Brl\cos\theta$$

其中 θ 为 y 轴与线圈的夹角$\left(\text{所考虑的例子中，}\theta=\frac{\pi}{2}\right)$。因此，在绕组两端形成的电压是

$$e_{\mathrm{b}}=(2NBrl\sin\theta)\dot{\theta}=\underbrace{(2NBrl)}_{k_{\mathrm{b}}}\dot{\theta}=k_{\mathrm{b}}\dot{\theta}$$

常数 k 是电动机的反电动势常数（back EMF constant）。现在基尔霍夫电压定律可以应用在由电源、电刷、换向器和电枢绕组组成的电路中，表明

$$e_i-L\frac{\mathrm{d}i}{\mathrm{d}t}-Ri-e_{\mathrm{b}}=0$$

$$L\frac{\mathrm{d}i}{\mathrm{d}t}+Ri+k_{\mathrm{b}}\dot{\theta}=e_i$$

其中 L 是电枢电感，R 是电枢电阻。上述将推导出定理 6.8。

定理 6.8 设 e_i 为电压输入，θ 为直流电动机的旋转角，如图 6-21 所示，其中电枢电感 L，电阻 R。电枢电路的控制方程为

$$L\frac{\mathrm{d}i}{\mathrm{d}t}+Ri+k_{\mathrm{b}}\dot{\theta}=e_i$$

式中，反电动势为 $e_{\mathrm{b}}=k_{\mathrm{b}}\dot{\theta}$。作用在电枢上的转矩是 $t=k_i(t)$。

例 6.11 假设直流电动机驱动的球形机械臂有连杆 1，约束为 θ_1。系统的运动方程将会发生什么变化？

解：如习题 5.25，球形机械臂的运动方程可以写作

$$\boldsymbol{M}(\boldsymbol{q}(t))\ddot{\boldsymbol{q}}=\boldsymbol{n}(\boldsymbol{q}(t),\ \dot{\boldsymbol{q}}(t))+\boldsymbol{\tau} \tag{6.41}$$

式中，$q=\{\theta_1\quad \theta_2\quad d_{q,r}\}^{\mathrm{T}}$ 为广义坐标向量，$\boldsymbol{\tau}=\{t_1\quad t_2\quad f\}^{\mathrm{T}}$ 为执行器输入，广义质量矩阵和非线性右手定则为

$$\boldsymbol{M}(\boldsymbol{q})=\begin{bmatrix} m_3(d_{p,q}^2+\sin^2\theta_2 d_{q,r}^2)+m_2(d_{p,q}-y_{q,c_2})^2 & m_3\cos\theta_2 d_{p,q}d_{q,r} & m_3\sin\theta_2 d_{p,q} \\ m_3\cos\theta_2 d_{p,q}d_{q,r} & m_3 d_{q,r}^2 & 0 \\ m_3\sin\theta_2 d_{p,q} & 0 & m_3 \end{bmatrix}$$

$$\boldsymbol{n}(\boldsymbol{q},\ \dot{\boldsymbol{q}})=\begin{Bmatrix} -m_3(\sin\theta_2 d_{q,r}(2\sin\theta_2\dot{\theta}_1\dot{d}_{q,r}-d_{p,q}\dot{\theta}_2^2)+2\cos\theta_2 d_{p,q}\dot{\theta}_2\dot{d}_{q,r}+\sin 2\theta_2\dot{\theta}_1\dot{\theta}_2 d_{q,r}^2) \\ \dfrac{1}{2}m_3 d_{q,r}(-4\dot{\theta}_2\dot{d}_{q,r}+\sin 2\theta_2\dot{\theta}_1^2 d_{q,r}-2g\sin\theta_2) \\ m_3(d_{q,r}(\dot{\theta}_2^2+\sin^2\theta_2\dot{\theta}_1^2)+g\cos\theta_2) \end{Bmatrix}$$

此例确定了关节 1 由直流电动机驱动时的转矩 t_1。图 6-23 提供了连杆 1 的受力分析图。转矩 t_1 是由电动机轴施加在连杆上的，转矩 t_{a_1} 是施加在与转轴相连的电枢上的转矩，而转矩 t_r 是由基座施加在定子上的反作用转矩。将欧拉第二定律应用于电枢的 $\boldsymbol{z}_0$ 轴，得到结果

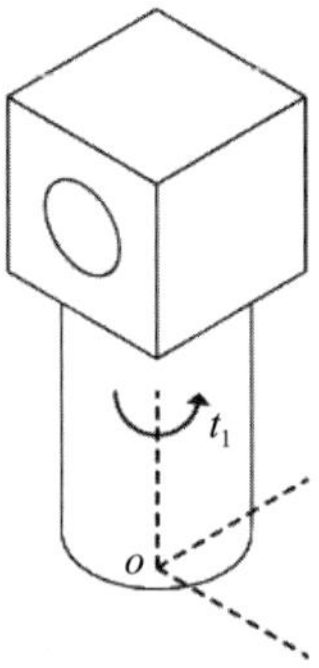

图 6-23　连杆 1 的受力分析图

$$J_1\ddot{\theta}_1=t_{a_1}-t_1 \tag{6.42}$$

式中，J_1 是关于 $\boldsymbol{z}_0$ 轴的电枢转动惯量。从定理 6.8 可知电枢电路满足

$$L_1\frac{\mathrm{d}i_1}{\mathrm{d}t}+R_1 i_1+k_{b_1}\dot{\theta}_1=e_1 \tag{6.43}$$

$$t_{a_1}=k_{t_1}i_1 \tag{6.44}$$

以下是关于整个控制系统方程的观察。

1. 当 J_{a_1}、L_1 和 R_1 不可忽略时，通过解式（6.42）得到最一般的控制方程，并将结果代入式（6.41）中。将式（6.43）附加到所得到的方程组中，得到四个微分方程

$$\left\{\boldsymbol{M}(\boldsymbol{q})+\begin{bmatrix} J_1 & 0 & 0 \\ 0 & 0 & 0 \\ 0 & 0 & 0 \end{bmatrix}\right\}\ddot{\boldsymbol{q}}=\boldsymbol{n}(\boldsymbol{q},\ \dot{\boldsymbol{q}})+\begin{Bmatrix} k_{t_1}i_1 \\ t_2 \\ f \end{Bmatrix}$$

$$L_1\frac{\mathrm{d}i_1}{\mathrm{d}t}+R_1 i_1+k_{b_1}\dot{\theta}_1=e_1$$

方程可按照包含 7 个非线性环节的一阶方程来求解，式中，状态为 $\boldsymbol{x}=\{\theta_1\quad \theta_2\quad d_{q,r}\quad \dot{\theta}_1\quad \dot{\theta}_2\quad \dot{d}_{q,r}\quad i_1\}^{\mathrm{T}}$，输入为电压 e_1。

2. 如果电容 L_1 不可忽视，可能从式（6.43）中求解电流。此时系统的控制方程可以化简为

$$\left\{\boldsymbol{M}(\boldsymbol{q})+\begin{bmatrix} J_1 & 0 & 0 \\ 0 & 0 & 0 \\ 0 & 0 & 0 \end{bmatrix}\right\}\ddot{\boldsymbol{q}}=\boldsymbol{n}(\boldsymbol{q},\ \dot{\boldsymbol{q}})+\begin{Bmatrix} -\dfrac{1}{R_1}k_{t_1}k_b\dot{\theta}_1 \\ t_2 \\ f \end{Bmatrix}+\begin{Bmatrix} \dfrac{1}{R}k_{t_1} \\ 0 \\ 0 \end{Bmatrix}e_1$$

3. 如果电枢转动惯量不可忽视，那么磁场施加到电枢的力等于电动机施加给连杆 1 的力。即，

$$t_1 = t_{a_1} = k_{t_1} i_1$$

此时，控制方程为

$$\boldsymbol{M}(\boldsymbol{q})\ddot{\boldsymbol{q}} = \boldsymbol{n}(\boldsymbol{q}, \dot{\boldsymbol{q}}) + \begin{Bmatrix} k_{t_1} i_1 \\ t_2 \\ f \end{Bmatrix}$$

$$L_1 \frac{\mathrm{d}i_1}{\mathrm{d}t} + R_1 i_1 + k_{b_1} \dot{\theta}_1 = e_1$$

◀

例 6.11 的分析是基于组成机器人系统的单个物体的牛顿-欧拉方程的应用，以及电路的基尔霍夫电压定律的应用。这种方法可以用于研究任何机器人系统。通常，利用解析力学原理推导包含作执行器的机器人系统运动方程的形式是有利的，这种策略只是在由执行器引入的动能和势能中添加适当的附加项。在这种策略中，通常可以在没有执行器模型的情况下推导出运动方程，然后在后面添加解释执行器的项。例 6.12 说明了这种方法的实用性。

例 6.12 假设球形机械臂的连杆 2 由直流电动机驱动。这会导致运动方程发生什么变化？

解： 可以获得如下的球形机械臂控制方程

$$\boldsymbol{M}(\boldsymbol{q}(t))\ddot{\boldsymbol{q}}(t) = \boldsymbol{n}(\boldsymbol{q}(t), \dot{\boldsymbol{q}}(t)) + \boldsymbol{\tau}$$

式中，

$$\boldsymbol{M}(\boldsymbol{q}) = \begin{bmatrix} m_3(d_{p,q}^2 + \sin^2\theta_2 d_{q,r}^2) + m_2(d_{p,q} - y_{q,c_2})^2 & m_3\cos\theta_2 d_{p,q} d_{q,r} & m_3 \sin\theta_2 d_{p,q} \\ m_3\cos\theta_2 d_{p,q} d_{q,r} & m_3 d_{q,r}^2 & 0 \\ m_3\sin\theta_2 d_{p,q} & 0 & m_3 \end{bmatrix}$$

$$\boldsymbol{n}(\boldsymbol{q}, \dot{\boldsymbol{q}}) = \begin{Bmatrix} -m_3(\sin\theta_2 d_{q,r}(2\sin\theta_2\dot{\theta}_1\dot{d}_{q,r} - d_{p,q}\dot{\theta}_2^2) + 2\cos\theta_2 d_{p,q}\dot{\theta}_2\dot{d}_{q,r} + \sin 2\theta_2\dot{\theta}_1\dot{\theta}_2 d_{q,r}^2) \\ \frac{1}{2} m_3 d_{q,r}(-4\dot{\theta}_2\dot{d}_{q,r} + \sin 2\theta_2\dot{\theta}_1^2 d_{q,r} - 2g\sin\theta_2) \\ m_3(d_{q,r}(\dot{\theta}_2^2 + \sin^2\theta_2\dot{\theta}_1^2) + g\cos\theta_2) \end{Bmatrix}$$

$$\boldsymbol{\tau} = \begin{Bmatrix} \tau_1 \\ \tau_2 \\ f \end{Bmatrix}$$

假设执行器转矩 τ_2 作用于连杆 2，关于水平转动关节的相等且方向相反的转矩 $-\tau_2$ 作用于连杆 1，由此进行广义力 $\boldsymbol{Q} = \boldsymbol{\tau}$ 的计算。引入一种直流电动机，它通过将定子和电动机外壳固定在连杆 1 上，将电枢和传动轴固定在连杆 2 上来驱动连杆 2。由于这些，两个连杆的质量和惯性矩阵应该更新，以考虑它们对每个刚体的额外影响，

$$m_1 = m_{1,\text{link}} + \Delta m_{1,\text{stator}}$$

$$m_2 = m_{2,\text{link}} + \Delta m_{2,\text{armature}}$$

$$\boldsymbol{I}_1 = \boldsymbol{I}_{1,\text{link}} + \Delta \boldsymbol{I}_{1,\text{stator}}$$

$$\boldsymbol{I}_2 = \boldsymbol{I}_{2,\text{link}} + \Delta \boldsymbol{I}_{2,\text{armature}}$$

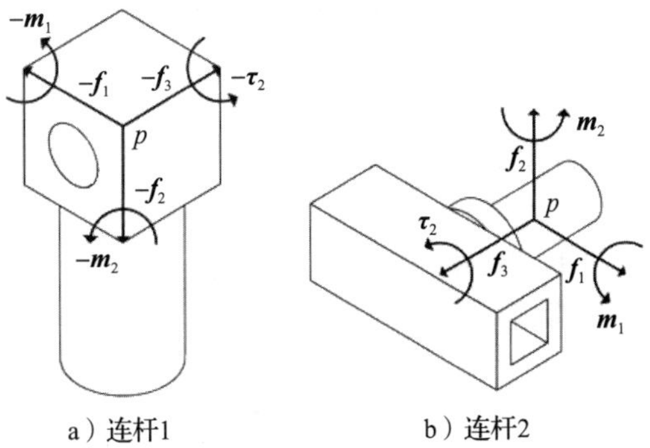

图 6-24 受力分析图

作用于两个连杆之间的力和力矩（现在包括刚性连接的定子和转子）如图 6-24 所示。反作用力 g_1、g_2 和 g_3，力矩 $\boldsymbol{m}_1$ 和

$\boldsymbol{m}_2$ 执行与转动关节相关的约束，不做虚功。它们对通过拉格朗日方程得到的运动方程没有影响。因此，驱动力矩 τ_2 正是绕转动关节轴施加在电枢上的力矩。因此，

$$L_2\frac{\mathrm{d}i_2}{\mathrm{d}t}+R_2i_2+k_{b_2}\dot{\theta}_2=e_2$$

$$\tau_2=k_{t_2}i_2$$

其中 R_2 和 L_2 为电枢电阻和电感。控制方程包括了例 6.11 中研究的驱动关节 1 的电动机模型，可以写成如下形式

$$\boldsymbol{M}(\boldsymbol{q})\ddot{\boldsymbol{q}}=\boldsymbol{n}(\boldsymbol{q},\ \dot{\boldsymbol{q}})+\begin{Bmatrix}0\\0\\f\end{Bmatrix}+\begin{bmatrix}k_{t_1}&0\\0&k_{t_2}\\0&0\end{bmatrix}\begin{Bmatrix}i_1\\i_2\end{Bmatrix}$$

$$\begin{bmatrix}L_1&0\\0&L_2\end{bmatrix}\begin{Bmatrix}\dfrac{\mathrm{d}i_2}{\mathrm{d}t}\\\dfrac{\mathrm{d}i_2}{\mathrm{d}t}\end{Bmatrix}+\begin{bmatrix}R_1&0\\0&R_2\end{bmatrix}\begin{Bmatrix}i_1\\i_2\end{Bmatrix}+\begin{bmatrix}k_{b_1}&0\\0&k_{b_2}\end{bmatrix}\begin{Bmatrix}\dot{\theta}_1\\\dot{\theta}_2\end{Bmatrix}=\begin{Bmatrix}e_1\\e_2\end{Bmatrix}$$

需要注意的是，上面方程中的广义质量矩阵 $\boldsymbol{M}(\boldsymbol{q})$ 是在每个连杆中加入电动机部件后得到的新的质量矩阵。如例 6.11 所示，如果电枢的惯量或电动机的电感可以忽略不计，则可以推出这些方程的特殊形式。 ◀

6.9.2 线性执行器

本书主要通过介绍转动关节或移动关节或这些关节的叠加来构建机器人系统。前一节介绍了直流电动机将电能转化为旋转运动的基本原理。这些系统可以直接用于驱动机器人系统中的转动关节。通常用于驱动移动关节的执行器包括液压缸、气动活塞和直线电动机。在需要大负荷和大行程的应用中，液压和气动执行机构是很有吸引力的。挖土机或推土机等土方机械使用液压缸。直线电动机应用于对响应速度和便携性有要求的应用领域，它们是用于机器人系统驱动的常见元件。本节的重点是机电直线电动机（electromechanical linear motor）。

机电直线电动机是将传统电动机与机械子系统相结合，将电动机的旋转运动转化为平动运动的执行器。例如，机械子系统可由螺旋机构或齿轮组成。图 6-25 说明了典型机电直线电动机的主要部件。电动机带动丝杆转动，丝杆带动直线工作台沿导轨移动。嵌在直线工作台的驱动螺母在沿丝杠行进时被驱动机匣的导轨阻止旋转。

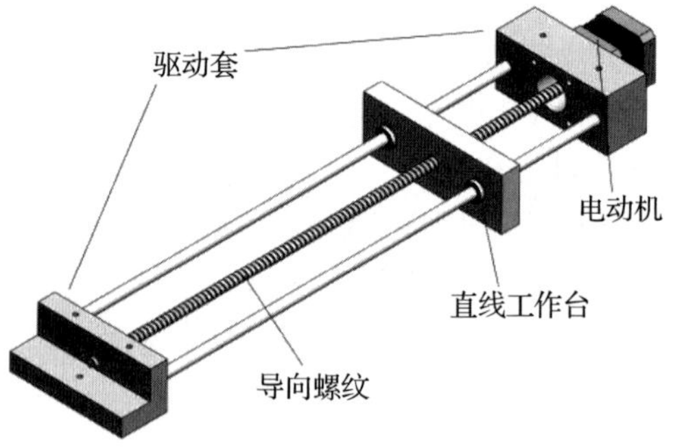

图 6-25　机电直线电动机的结构

例 6.13 当电动机固定于惯性系中且力 f 施加在直线工作台上，求取如图 6-25 所示的机电直线电动机的运动方程。

解： 系统的动能可以写作

$$T=\frac{1}{2}m_T\dot{x}^2+\frac{1}{2}J\dot{\theta}^2$$

其中 m_T 为直线工作段的质量，J 为电枢和传动轴的转动惯量，x 为直线段的位移，θ 为电枢的转动。位移 x 和转动 θ 满足运动学方程

$$x = c\theta$$

式中，c 为单位为 mrad^{-1} 的螺杆螺距常数。施加在直线工作台上的外力 f 和施加在电枢上的转矩 τ 所做的虚功为

$$\delta W = (f\boldsymbol{x}_0)\cdot\delta\boldsymbol{r}_p + \tau\delta\theta = (f\boldsymbol{x}_0)\cdot\delta x\boldsymbol{x}_0 + \tau\delta\theta = (cf+\tau)\delta\theta = Q_\theta\delta\theta$$

拉格朗日方程满足

$$\frac{\mathrm{d}}{\mathrm{d}t}\left(\frac{\partial T}{\partial\dot{\theta}}\right) - \frac{\partial T}{\partial\theta} + \frac{\partial V}{\partial\theta} = Q_\theta$$

$$(J + m_T c^2)\ddot{\theta} = cf + \tau$$

建立了直线电动机的机电耦合域方程

$$(J + m_\tau c^2)\ddot{\theta} = cf + k_t i$$

$$L\frac{\mathrm{d}i}{\mathrm{d}t} + Ri + k_\mathrm{b}\dot{\theta} = e$$

其中，L 为电枢电感，R 为电枢电阻，k_b 为反电动势常数，k_t 为电动机转矩常数，e 为输入电压。机械子系统方程可以用电动机的位移来表示

$$\left(m_T + \frac{J}{c^2}\right)\ddot{x} = f + \frac{1}{c}k_t i$$ ◀

例 6.14 假设球形机械臂的连杆 3 是由如图 6-25 所示的机电直线电动机驱动的。假设电枢和传动轴组件的惯性矩阵可以忽略不计，并且可以将连杆建模为位于其质量中心的集中质量。当例 6.11 和例 6.12 中讨论的执行器包含在机器人系统模型中时，求出完整的控制方程。

解：假设图 6-25 中的直线执行器安装在机械臂上，电动机外壳和定子固定在连杆 2 上，直线工作台刚性连接在可伸缩臂连杆 3 上。在这种情况下，对连杆 2 的质量和惯性矩阵进行了修改，使其包含了执行器的附加项，令 Δm_2 和 $\Delta\boldsymbol{I}_2$ 为与连杆 2 刚性连接的直线执行器所有部件的质量和惯性矩阵。

$$m_2 = m_{2,\mathrm{link}} + \Delta m_2$$

$$\boldsymbol{I}_2 = \boldsymbol{I}_{2,\mathrm{link}} + \Delta\boldsymbol{I}_2$$

同理，对连杆 3 的质量与惯性矩阵进行修改，使其包含执行器的附加项，令 Δm_3 和 $\Delta\boldsymbol{I}_3$ 为与连杆 3 刚性连接的直线执行器所有部件的质量和惯性矩阵。

$$m_3 = m_{3,\mathrm{limk}} + \Delta m_3$$

$$\boldsymbol{I}_3 = \boldsymbol{I}_{3,\mathrm{link}} + \Delta\boldsymbol{I}_3$$

常用来定位连杆 3 的质量中心的距离 $d_{q,r}(t)$ 是一个时变函数，并与执行器的位移有关，

$$d_{q,r}(t) = x(t) + z_{c_3}$$

式中，z_{c_3} 为常数。在连杆 2 和连杆 3 上增加质量会改变连杆质量中心的位置，假设 y_{q,c_2} 和 z_{c_3} 反映了这些更新的质量中心位置。电枢相对于电动机外壳的旋转 θ_a 与直线执行器 $x = c\theta_a$ 的位移有关，其中 c 为螺距，单位为 m/rad。电枢和传动轴的动能可表示为

$$T_a = \frac{1}{2}m_a\boldsymbol{v}_{0,c_a}\cdot\boldsymbol{v}_{0,c_a} + \frac{1}{2}\boldsymbol{\omega}_{0,a}\cdot\boldsymbol{I}_a\boldsymbol{\omega}_{0,a}$$

式中，$\boldsymbol{v}_{0,c_a}$ 是电枢和传动轴的质心速度，$\boldsymbol{\omega}_{0,a}$ 是电枢的角速度

$$\boldsymbol{\omega}_{0,a} = \boldsymbol{\omega}_{0,2} + \dot{\theta}_a\boldsymbol{z}_3 = \boldsymbol{\omega}_{0,2} + \frac{1}{c}\dot{x}\boldsymbol{z}_3$$

考虑到所有的变化，机器人的动能可以写作

$$\begin{aligned}T &= T_1+T_2+T_3+T_a\\&=\frac{1}{2}m_1\boldsymbol{v}_{0,1}\cdot\boldsymbol{v}_{0,1}+\frac{1}{2}\boldsymbol{\omega}_{0,1}\cdot\boldsymbol{I}_1\boldsymbol{\omega}_{0,1}+\frac{1}{2}m_2\boldsymbol{v}_{0,2}\cdot\boldsymbol{v}_{0,2}+\frac{1}{2}\boldsymbol{\omega}_{0,2}\cdot I_2\boldsymbol{\omega}_{0,2}+\\&\quad\frac{1}{2}m_3\boldsymbol{v}_{0,3}\cdot\boldsymbol{v}_{0,3}+\frac{1}{2}\boldsymbol{\omega}_{0,3}\cdot\boldsymbol{I}_3\boldsymbol{\omega}_{0,3}+\frac{1}{2}m_a\boldsymbol{v}_{0,c_a}\cdot\boldsymbol{v}_{0,c_a}+\frac{1}{2}\boldsymbol{\omega}_{0,a}\cdot\boldsymbol{I}_a\boldsymbol{\omega}_{0,3}\end{aligned}$$

动能以这种形式明确地写出来，以强调电枢和传动轴对总动能的影响。在本例的其余部分中，假设这些项可以忽略不计。使用一个集中的质量近似，假设电枢的质量和惯性是可以忽略的，并注意到连杆 1 的质心没有平移，动能的最终形式变成

$$T=\frac{1}{2}m_2\boldsymbol{v}_{0,2}\cdot\boldsymbol{v}_{0,2}+\frac{1}{2}m_3\boldsymbol{v}_{0,3}\cdot\boldsymbol{v}_{0,3}$$

势能为 $V=m_3g(d_{o,p}-d_{q,r}\cos\theta_2)$，式中质量为 m_3，$q_{d,r}$ 对执行器的质量有影响。作用在电枢上的电磁力 $\boldsymbol{\tau}_3$ 所作的虚功为 $\delta W=\tau_3\delta\theta_a=\tau_3\ \frac{1}{c}\delta x=\frac{1}{c}\tau_3\delta d_{q,r}$。

电枢电路上的基尔霍夫电压定律为

$$L_3\ \frac{\mathrm{d}i_3}{\mathrm{d}t}+R_3i_3+k_{b_3}\dot{\theta}_a=e_3$$

$$\tau_3=k_{t_3}i_3$$

式中，L_3 为电枢电感，R_3 为电枢电阻，k_{b_3} 为反电动势常数，i_3 为电枢电流，e_3 为输入电压。因此，系统方程的最终形式为

$$\boldsymbol{M}(\boldsymbol{q})\ddot{\boldsymbol{q}}=\boldsymbol{n}(\boldsymbol{q},\ \dot{\boldsymbol{q}})+\begin{Bmatrix}\tau_1\\\tau_2\\\frac{1}{c}k_{t_3}i_3\end{Bmatrix}$$

$$L_3\ \frac{\mathrm{d}i_3}{\mathrm{d}t}+R_3i_3+\frac{1}{c}k_{b_3}\dot{d}_{q,r}=e_3$$

广义质量矩阵 $\boldsymbol{M}$ 和非线性右手定则 $\boldsymbol{n}$ 的形式与之前的问题中推导出相关结构的形式相同，但是系数 m_2 和 m_3 针对直线执行器的质量进行了修正。

如果从例 6.11 和 6.12 中获得关节 1 和 2 执行器的方程，并结合直线执行器的这些方程，可以构建以下方程来表示具有执行器的机器人系统

$$\boldsymbol{M}(\boldsymbol{q}(t))\ddot{\boldsymbol{q}}(t)=\boldsymbol{n}(\boldsymbol{q}(t),\ \dot{\boldsymbol{q}}(t))+\begin{bmatrix}K_{b_1}&0&0\\0&K_{t_2}&0\\0&0&\frac{1}{c}K_{t_3}\end{bmatrix}\begin{Bmatrix}i_1\\i_2\\i_3\end{Bmatrix}$$

$$\begin{bmatrix}L_1&0&0\\0&L_2&0\\0&0&L_3\end{bmatrix}\begin{Bmatrix}\frac{\mathrm{d}i_1}{\mathrm{d}t}\\\frac{\mathrm{d}i_2}{\mathrm{d}t}\\\frac{\mathrm{d}i_3}{\mathrm{d}t}\end{Bmatrix}+\begin{bmatrix}R_1&0&0\\0&R_2&0\\0&0&R_3\end{bmatrix}\begin{Bmatrix}i_1\\i_2\\i_3\end{Bmatrix}+\begin{bmatrix}K_{b_1}&0&0\\0&K_{b_2}&0\\0&0&\frac{1}{c}K_{b_3}\end{bmatrix}\begin{Bmatrix}\dot{\theta}_1\\\dot{\theta}_2\\\dot{d}_{qr}\end{Bmatrix}=\begin{Bmatrix}e_1\\e_2\\e_3\end{Bmatrix}$$

在这个方程中，$\boldsymbol{M}$ 和 $\boldsymbol{n}$ 的公称值在没有执行器的情况下进行了修正，以考虑两个旋转和一个线性执行器的质量和惯性。下一节将说明，这些方程是包含执行器的机器人系统运动方程一般形式的一个例子。

◀

6.10 积分反步控制和执行器的动力学

本章将对如何获得 $\boldsymbol{\tau}(t):=\boldsymbol{\tau}(\boldsymbol{q}(t),\dot{\boldsymbol{q}}(t))$ 形式的反馈控制器的一些方法进行讨论，相应的机器人系统的形式为

$$\boldsymbol{M}(\boldsymbol{q}(t))\ddot{\boldsymbol{q}}(t)=\boldsymbol{n}(\boldsymbol{q}(t),\dot{\boldsymbol{q}}(t))+\boldsymbol{\tau} \tag{6.45}$$

稳定且收敛的控制系统需要基于特定形式控制方程（6.45）和特定反馈输入 $\boldsymbol{\tau}:=\boldsymbol{\tau}(\boldsymbol{q}(t),\dot{\boldsymbol{q}}(t))$ 的李雅普诺夫函数进行分析。正如在前一节中提到的，很少有驱动力矩或力在实践中直接控制。更常见的情况是，指令输入采用驱动电动机的电压或电流的形式，这些电压或电流反过来又产生作用于机器人的力或力矩。已有研究表明，包括由直流电动机产生的执行器动力学或机电线性电动机的一般模型由一组耦合的机电子系统组成

$$\boldsymbol{M}(\boldsymbol{q}(t))\ddot{\boldsymbol{q}}(t)=\boldsymbol{n}(\boldsymbol{q}(t),\dot{\boldsymbol{q}}(t))+\boldsymbol{K}_t\boldsymbol{i}(t) \tag{6.46}$$

$$\boldsymbol{L}\frac{\mathrm{d}\boldsymbol{i}}{\mathrm{d}t}(t)+\boldsymbol{R}\boldsymbol{i}(t)+\boldsymbol{K}_\mathrm{b}\dot{\boldsymbol{q}}(t)=\boldsymbol{e}(t) \tag{6.47}$$

式中，$\boldsymbol{L}$ 是 $N\times N$ 的对角电感矩阵，$\boldsymbol{R}$ 是 $N\times N$ 的对角电阻矩阵，$\boldsymbol{K}_\mathrm{b}$ 是 $N\times N$ 的对角反电动势常数矩阵，$\boldsymbol{K}_t$ 是 $N\times N$ 的对角力矩常数矩阵。式（6.46）和式（6.47）可以被写成一组一阶的方程形式

$$\dot{\boldsymbol{x}}_1(t)=\boldsymbol{f}(\boldsymbol{x}_1(t))+\boldsymbol{G}(\boldsymbol{x}_1(t))\boldsymbol{x}_2(t) \tag{6.48}$$

$$\dot{\boldsymbol{x}}_2(t)=\boldsymbol{h}(\boldsymbol{x}_1(t),\boldsymbol{x}_2(t),\boldsymbol{u}(t)) \tag{6.49}$$

假设理想反馈律 $\boldsymbol{x}_2(t):=\boldsymbol{k}(\boldsymbol{x}_1(t))$ 可直接应用于式（6.48）中，同时假设将该理想反馈代入式（6.48）中，得到合适的李雅普诺夫函数，从而保证了 $\boldsymbol{x}_1$ 运动的稳定性

$$\begin{aligned}&\mathcal{V}_1:=\mathcal{V}_1(\boldsymbol{x}_1)>0 &&\text{for all } \boldsymbol{x}_1\neq 0\\ &\dot{\mathcal{V}}_1:=\frac{\partial V}{\partial \boldsymbol{x}_1}\cdot(\boldsymbol{f}(\boldsymbol{x}_1)+\boldsymbol{G}(\boldsymbol{x}_1)\boldsymbol{k}(\boldsymbol{x}_1))<0 &&\text{for all } \boldsymbol{x}_1\neq 0\end{aligned} \tag{6.50}$$

然而，当把耦合的方程（6.48）和（6.49）放在一起考虑时，$t\in\mathbb{R}^+$ 的输入是 $\boldsymbol{u}(t)$，不能保证期望的控制律 $\boldsymbol{x}_2(t)\equiv\boldsymbol{k}(\boldsymbol{x}_1(t))$ 适用于任意 $t\in\mathbb{R}^+$，定义一个新的状态 $\boldsymbol{z}$ 为

$$\boldsymbol{z}(t):=\boldsymbol{x}_2(t)-\boldsymbol{k}(\boldsymbol{x}_1(t))$$

该状态用来衡量耦合系统在多大程度上满足理想控制律。由于引入了新的状态 $\boldsymbol{z}$，一阶控制方程现在可以表示为

$$\dot{\boldsymbol{x}}_1(t)=\boldsymbol{f}(\boldsymbol{x}_1)+\boldsymbol{G}(\boldsymbol{x}_1(t))\boldsymbol{k}(\boldsymbol{x}_1(t))+\boldsymbol{G}(\boldsymbol{x}_1)\boldsymbol{z}(t)$$

$$\dot{\boldsymbol{z}}(t)=\boldsymbol{h}(t)-\dot{\boldsymbol{k}}(t):=\boldsymbol{v}(t)$$

利用控制律 $\boldsymbol{k}(\boldsymbol{x}_1)$ 对应于满足式（6.50）条件的李雅普诺夫函数 $\mathcal{V}_1$ 的假设，可以为耦合的方程组定义一个反馈控制器。选择李雅普诺夫函数 $\mathcal{V}_2$ 为

$$\mathcal{V}_2\left(\begin{Bmatrix}\boldsymbol{x}_1\\ \boldsymbol{z}\end{Bmatrix}\right):=\mathcal{V}_1(\boldsymbol{x}_1)+\frac{1}{2}\boldsymbol{z}^\mathrm{T}\boldsymbol{z}$$

计算李雅普诺夫函数 $\mathcal{V}_2$ 沿耦合方程的轨迹的导数，

$$\begin{aligned}\dot{\mathcal{V}}_2&=\frac{\partial \mathcal{V}_1}{\partial \boldsymbol{x}_1}\cdot\{(\boldsymbol{f}(\boldsymbol{x}_1)+\boldsymbol{G}(\boldsymbol{x}_1)\boldsymbol{k}(\boldsymbol{x}_1))+\boldsymbol{G}(\boldsymbol{x}_1)\boldsymbol{z}\}+\boldsymbol{z}^\mathrm{T}\dot{\boldsymbol{z}}\\ &=\underbrace{\frac{\partial \mathcal{V}_1}{\partial \boldsymbol{x}_1}\cdot\{\boldsymbol{f}(\boldsymbol{x}_1)+\boldsymbol{G}(\boldsymbol{x}_1)\boldsymbol{k}(\boldsymbol{x}_1)\}}_{<0\text{ for all }\boldsymbol{x}_1\neq 0}+\boldsymbol{z}^\mathrm{T}\left\{\boldsymbol{G}(\boldsymbol{x}_1)^\mathrm{T}\frac{\partial \mathcal{V}_1}{\partial \boldsymbol{x}_1}^\mathrm{T}+\boldsymbol{v}\right\}\end{aligned}$$

现在，假设 $\boldsymbol{v}$ 为

$$v := -\kappa z - G(x_1)^{\mathrm{T}} \frac{\partial \mathcal{V}_1}{\partial x_1}^{\mathrm{T}} \tag{6.51}$$

这时，将满足

$$\mathcal{V}_2\left(\begin{Bmatrix} x_1 \\ z \end{Bmatrix}\right) > 0 \quad \text{for all} \quad \begin{Bmatrix} x_1 \\ z \end{Bmatrix} \neq 0$$

$$\dot{\mathcal{V}}_2\left(\begin{Bmatrix} x_1 \\ z \end{Bmatrix}\right) < 0 \quad \text{for all} \quad \begin{Bmatrix} x_1 \\ z \end{Bmatrix} \neq 0$$

因此，耦合的动力学控制 $\{x_1^{\mathrm{T}} \quad x^{\mathrm{T}}\}^{\mathrm{T}}$ 在原点处的平衡是渐近稳定的。例 6.15 显示了如何使用积分反步控制（backstepping control）。

例 6.15 利用李雅普诺夫函数和基于理想动态逆的反馈控制器，设计了例 6.14 所研究的机器人系统的定点控制器。

解： 定义状态

$$x_1 := \begin{Bmatrix} e \\ \dot{e} \end{Bmatrix}$$

式中，$e := q - q_{\mathrm{d}}$。依照满足动态逆和 PD 外环控制的前馈成分组成“理想反馈律”，需满足

$$\begin{aligned} k(x_1) &:= K_t^{-1}\{M(-G_1(\dot{q} - \dot{q}_{\mathrm{d}}) - G_0(q - q_{\mathrm{d}})) - n\} \\ &= K_t^{-1}\{M(-G_1\dot{e} - G_0 e) - n\} \end{aligned}$$

当标志状态 i 在多大程度上满足理想动态逆控制律的状态 $z := i - k(x_1)$ 被定义时，机械运动方程可写作

$$\begin{aligned} \dot{x}_1(t) &:= \begin{bmatrix} 0 & \mathbb{I} \\ -G_0 & -G_1 \end{bmatrix} x_1(t) + \begin{bmatrix} 0 \\ M^{-1}K_t \end{bmatrix} z(t) \\ &= Ax_1(t) + Bz(t) \end{aligned}$$

定义关于状态 x_1 的李雅普诺夫函数为 $\mathcal{V}_1(x_1) := \frac{1}{2} x_1^{\mathrm{T}} P x_1$，式中 P 为如下李雅普诺夫方程的对称正定解：

$$PA + A^{\mathrm{T}}P = -Q$$

Q 为一对称正定矩阵。这种形式的矩阵 P 可以保证存在赫尔维茨形式的矩阵 A。对于由 $z(t) \equiv 0$ 或 $i(t) \equiv k(x_1(t))$ 获得的解耦状态 x_1，函数 $\mathcal{V}_1$ 可以作为其李雅普诺夫函数。

用新状态表示的电域方程变成了

$$\dot{z} = \frac{\mathrm{d}i}{\mathrm{d}t} - \dot{k} = L^{-1}(-Ri - K_{\mathrm{b}}\dot{q} + e) - \dot{k}$$

然后，反馈的导数 $\dot{k}$ 可以展开为

$$\begin{aligned} \dot{k} &= K_t^{-1}M[-G_0 \quad -G_1]\dot{x}_1 - K_t^{-1}\frac{\partial n}{\partial x_1}\dot{x}_1 \\ &= \underbrace{\left\{K_t^{-1}M[-G_0 \quad -G_1] - K_t^{-1}\frac{\partial n}{\partial x_1}\right\}}_{G_2}\{Ax_1 + Bz\} \end{aligned}$$

因此，电气子系统的运动方程可以写作

$$\dot{z} = \underbrace{L^{-1}(-Ri - K_{\mathrm{b}}\dot{q} + e) - G_2(Ax_1 + Bz)}_{v}$$

如式（6.51）所得，定义 $\boldsymbol{v}:=-\frac{1}{2}k\boldsymbol{z}-\boldsymbol{G}^{\mathrm{T}}\frac{\partial \mathcal{V}_1}{\partial \boldsymbol{x}_1}^{\mathrm{T}}$。这要求

$$\boldsymbol{v}=-\frac{1}{2}k\boldsymbol{z}-\boldsymbol{G}^{\mathrm{T}}\frac{\partial \mathcal{V}_1}{\partial \boldsymbol{x}_1}^{\mathrm{T}}=\boldsymbol{L}^{-1}(\boldsymbol{R}\boldsymbol{i}-\boldsymbol{K}_{\mathrm{b}}\dot{\boldsymbol{q}}+\boldsymbol{e})-\boldsymbol{G}_2(\boldsymbol{A}\boldsymbol{x}+\boldsymbol{B}\boldsymbol{z})$$

当对执行器的输入电压 $\boldsymbol{e}$ 规定为如下方程时，该等式成立

$$\boldsymbol{e}=\boldsymbol{L}\left(-\frac{1}{2}k\boldsymbol{z}-\boldsymbol{B}^{\mathrm{T}}\boldsymbol{P}\boldsymbol{x}_1+\boldsymbol{G}_2[\boldsymbol{A}\boldsymbol{x}_1+\boldsymbol{B}\boldsymbol{z}]\right)-\boldsymbol{R}\boldsymbol{i}+\boldsymbol{K}_{\mathrm{b}}\dot{\boldsymbol{q}} \tag{6.52}$$

现在，控制输入电压 $\boldsymbol{e}$ 产生期望收敛的能力将得到验证。执行器的电压 $\boldsymbol{e}$ 如式（6.52）所示，向量 $\boldsymbol{v}$ 为

$$\boldsymbol{v}=-\frac{1}{2}k\boldsymbol{z}-\boldsymbol{B}^{\mathrm{T}}\boldsymbol{P}\boldsymbol{x}_1$$

计算李雅普诺夫函数 $\mathcal{V}_2:=\mathcal{V}_1+\frac{1}{2}\boldsymbol{z}^{\mathrm{T}}\boldsymbol{z}$ 沿耦合机械电子方程轨迹的导数可得

$$\begin{aligned}\dot{\mathcal{V}}_2&:=\frac{1}{2}[(\boldsymbol{A}\boldsymbol{x}_1+\boldsymbol{B}\boldsymbol{z})^{\mathrm{T}}\boldsymbol{P}\boldsymbol{x}_1+\boldsymbol{x}_1^{\mathrm{T}}\boldsymbol{P}^{\mathrm{T}}(\boldsymbol{A}\boldsymbol{x}_1+\boldsymbol{B}\boldsymbol{z})]+\boldsymbol{z}^{\mathrm{T}}\dot{\boldsymbol{z}}\\&=\frac{1}{2}\left[\boldsymbol{x}_1^{\mathrm{T}}(\boldsymbol{A}^{\mathrm{T}}\boldsymbol{P}+\boldsymbol{P}\boldsymbol{A})\boldsymbol{x}_1+\boldsymbol{z}^{\mathrm{T}}\boldsymbol{B}^{\mathrm{T}}\boldsymbol{P}\boldsymbol{x}_1+\boldsymbol{z}^{\mathrm{T}}\left(-\frac{1}{2}k\boldsymbol{z}-\boldsymbol{B}^{\mathrm{T}}\boldsymbol{P}\boldsymbol{x}_1\right)\right]\\&=-\frac{1}{2}\boldsymbol{x}_1^{\mathrm{T}}\boldsymbol{Q}\boldsymbol{x}_1-\frac{1}{2}k\boldsymbol{z}^{\mathrm{T}}\boldsymbol{z}\end{aligned}$$

该式表明对于状态 $\boldsymbol{x}:=\{\boldsymbol{x}_1^{\mathrm{T}}\quad \boldsymbol{z}^{\mathrm{T}}\}^{\mathrm{T}}\neq\boldsymbol{0}^{\mathrm{T}}$，有 $\mathcal{V}_2>0$ 且 $\dot{\mathcal{V}}_2<0$。因此，耦合系统在原点处为渐近稳定。◀

6.11 习题

6.11.1 关于重力补偿和 PD 定点控制的习题

6.1 对于图 5-25 和图 5-26 所示的机器人，已在习题 5.21 中推导了一个两自由度的 PUMA 模型。这个机器人的广义坐标为

$$\boldsymbol{q}(t):=\begin{Bmatrix}\theta_1(t)\\\theta_2(t)\end{Bmatrix}$$

式中 θ_1 和 θ_2 分别是旋转关节 1 和 2 的角度。广义力为

$$\boldsymbol{\tau}(t):=\begin{Bmatrix}\tau_1(t)\\\tau_2(t)\end{Bmatrix}$$

式中 τ_1 和 τ_2 分别是作用在旋转关节 1 和 2 上的驱动力矩。假设对于这个机器人的系统参数为 $m_1=m_2=2\mathrm{kg}$ 且 $L_1=0.25\mathrm{m}$。推导出该机器人采用定理 6.4 中带重力补偿的 PD 反馈定点控制器。编写程序来模拟控制器的性能。根据初始条件、目标状态和反馈增益的不同选择，绘制状态轨迹、定点误差和控制输入等随时间变化的函数。

6.2 图 5-25 和图 5-26 中所示的 PUMA 机器人的三自由度模型已在习题 5.22 中得到。选择该机器人的广义坐标为

$$\boldsymbol{q}(t):=\begin{Bmatrix}\theta_1(t)\\\theta_2(t)\\\theta_3(t)\end{Bmatrix}$$

式中 θ_1、θ_2 和 θ_3 分别是旋转关节 1、2 和 3 的角度。广义力为

$$\boldsymbol{\tau}(t):=\begin{Bmatrix}\tau_1(t)\\ \tau_2(t)\\ \tau_3(t)\end{Bmatrix}$$

式中 τ_1、τ_2 和 τ_3 分别是作用在旋转关节 1、2 和 3 上的驱动力矩。假设对于这个机器人的系统参数为 $W=0.5\text{m}$、$D=0.5\text{m}$、$L_1=1\text{m}$、$L_2=1\text{m}$ 且 $m_3=20\text{kg}$。推导出该机器人采用定理 6.4 中带重力补偿的 PD 反馈定点控制器。编写程序来模拟控制器的性能。根据初始条件、目标状态和反馈增益的不同选择，绘制状态轨迹、定点误差和控制输入等随时间变化的函数。

6.3 对于图 5-25 和图 5-26 所示的机器人，已在习题 5.23 中推导了一个两自由度的 PUMA 模型。这个机器人的广义坐标为

$$\boldsymbol{q}(t):=\begin{Bmatrix}\theta_1(t)\\ \theta_2(t)\end{Bmatrix}$$

式中 θ_1 和 θ_2 分别是旋转关节 1 和 2 的角度。广义力为

$$\boldsymbol{\tau}(t):=\begin{Bmatrix}\tau_1(t)\\ \tau_2(t)\end{Bmatrix}$$

式中 τ_1 和 τ_2 分别是作用在旋转关节 1 和 2 上的驱动力矩。假设对于这个机器人的系统参数为 $m_1=m_2=2\text{kg}$、$I_{11,2}=20\text{kg m}^2$、$I_{22,2}=25\text{kg m}^2$、$I_{33,2}=10\text{kg m}^2$、$D=0.25\text{m}$ 且 $L_1=0.5\text{m}$。推导出该机器人采用定理 6.4 中带重力补偿的 PD 反馈定点控制器。编写程序来模拟控制器的性能。根据初始条件、目标状态和反馈增益的不同选择，绘制状态轨迹、定点误差和控制输入等随时间变化的函数。

6.4 图 5-27 中所示的直角坐标型机器人的三自由度模型已在习题 5.24 中得到。选择该机器人的广义坐标为

$$\boldsymbol{q}(t):=\begin{Bmatrix}x(t)\\ y(t)\\ z(t)\end{Bmatrix}$$

式中 $x(t)$、$y(t)$ 和 $z(t)$ 分别沿惯性方向 $\boldsymbol{x}_0$，$\boldsymbol{y}_0$，$\boldsymbol{z}_0$ 的位移。广义力为

$$\boldsymbol{\tau}(t):=\begin{Bmatrix}f_x\\ f_y\\ f_z\end{Bmatrix}$$

式中 f_x、f_y 和 f_z 分别是作用在沿惯性方向 $\boldsymbol{x}_0$，$\boldsymbol{y}_0$，$\boldsymbol{z}_0$ 的移动关节上的驱动力矩。假设对于这个机器人的系统参数为 $m_1=20\text{kg}$、$m_2=10\text{kg}$ 且 $m_3=5\text{kg}$。推导出该机器人采用定理 6.4 中带重力补偿的 PD 反馈定点控制器。编写程序来模拟控制器的性能。根据初始条件、目标状态和反馈增益的不同选择，绘制状态轨迹、定点误差和控制输入等随时间变化的函数。

6.5 图 5-28 和图 5-29 中所示的球坐标型机器人的三自由度模型已在习题 5.25 中得到。选择该机器人的广义坐标为

$$\boldsymbol{q}(t):=\begin{Bmatrix}\psi(t)\\ \theta(t)\\ \phi(t)\end{Bmatrix}$$

式中 ψ、θ 和 ϕ 分别为关节 1、2 和 3 的角度。广义力为

$$\boldsymbol{\tau}(t)=\begin{Bmatrix}\tau_1\\ \tau_2\\ \tau_3\end{Bmatrix}$$

式中 τ_1、τ_2 和 τ_3 分别是作用在旋转关节 1、2 和 3 上的驱动力矩。假设对于这个机器人的系统参数为 $m_1=5\text{kg}$、$m_2=5\text{kg}$、$m_3=2\text{kg}$、$I_{33,1}=5\text{kg m}^2$、$I_{33,2}=4\text{kg m}^2$、$I_{33}=2\text{kg m}^2$、$I_{11,3}=3\text{kg m}^2$、$I_{22,2}=1\text{kg m}^2$、$z_{p,c_2}=0.1\text{m}$ 且 $z_{q_c 3}=0.1\text{m}$。推导出该机器人采用定理 6.4 中带重力补偿的 PD 反馈定点控制器。编写程序来模拟控制器的性能。根据初始条件、目标状态和反馈增益的不同选择，绘制状态轨迹、定点误差和控制输入等随时间变化的函数。

6.6 图 5-30 和图 5-31 中所示的平面多关节型机器人的三自由度模型已在习题 5.26 中得到。选择该机器人的广义坐标为

$$\boldsymbol{q}(t):=\begin{Bmatrix}\theta_1(t)\\ \theta_2(t)\\ d(t)\end{Bmatrix}$$

式中 θ_1 和 θ_2 分别为旋转关节 1 和 2 的关节变量，d 为移动关节 3 的关节变量。广义力为

$$\boldsymbol{\tau}(t)=\begin{Bmatrix}\tau_1\\ \tau_2\\ f\end{Bmatrix}$$

式中 τ_1 和 τ_2 分别是作用在旋转关节 1 和 2 上的驱动力矩，f 是驱动移动关节 3 的驱动力。假设对于这个机器人的系统参数为 $m_1=10\text{kg}$、$m_2=10\text{kg}$、$m_3=2\text{kg}$、$L_1=0.25\text{m}$、$D_1=0.2\text{m}$、$L_2=0.2\text{m}$ 且 $D_2=0.1\text{m}$。推导出该机器人采用定理 6.4 中带重力补偿的 PD 反馈定点控制器。编写程序来模拟控制器的性能。根据初始条件、目标状态和反馈增益的不同选择，绘制状态轨迹、定点误差和控制输入等随时间变化的函数。

6.7 图 5-30 和图 5-31 中所示的机器人的三自由度模型已在习题 5.27 中得到。选择该机器人的广义坐标为

$$\boldsymbol{q}(t):=\begin{Bmatrix}\theta_1(t)\\ \theta_2(t)\\ d(t)\end{Bmatrix}$$

式中 θ_1 和 θ_2 分别为旋转关节 1 和 2 的关节变量，d 为移动关节 3 的关节变量。广义力为

$$\boldsymbol{\tau}(t)=\begin{Bmatrix}\tau_1\\ \tau_2\\ f\end{Bmatrix}$$

式中 τ_1 和 τ_2 分别是作用在旋转关节 1 和 2 上的驱动力矩，f 是驱动移动关节 3 的驱动力。假设对于这个机器人的系统参数为 $m_1=5\text{kg}$、$m_2=4\text{kg}$、$m_3=2\text{kg}$、$L_1=0.1\text{m}$、$L_2=0.2\text{m}$、$I_{33,1}=2\text{kg m}^2$、$I_{33,2}=3\text{kg m}^2$ 且 $I_{33,3}=4\text{kg m}^2$。推导出该机器人采用定理 6.4 中带重力补偿的 PD 反馈定点控制器。编写程序来模拟控制器的性能。根据初始条件、目标状态和反馈增益的不同选择，绘制状态轨迹、定点误差和控制输入

控制输入等随时间变化的函数。

6.8 图 5-32 和图 5-33 中所示的机器人的三自由度模型已在习题 5.28 中得到。选择该机器人的广义坐标为

$$\boldsymbol{q}(t):=\begin{Bmatrix}\theta(t)\\H(t)\\L(t)\end{Bmatrix}$$

式中 θ 为旋转关节 1 的关节角，$H(t)$ 和 $L(t)$ 分别是移动关节 2 和 3 的位移。广义力为

$$\boldsymbol{\tau}(t):=\begin{Bmatrix}\tau(t)\\f_1(t)\\f_2(t)\end{Bmatrix}$$

式中 τ 是作用在旋转关节 1 上驱动力矩，f_1 和 f_2 分别是沿移动关节 2 和 3 作用的驱动力。假设对于这个机器人的系统参数为 $m_1=10\text{kg}$、$m_2=10\text{kg}$、$m_3=3\text{kg}$、$L_A=0.2\text{m}$、$H_1=0.3\text{m}$、$D_2=0.2\text{m}$、$H_3=0.1\text{m}$ 且 $D_3=0.2\text{m}$。推导出该机器人采用定理 6.4 中带重力补偿的 PD 反馈定点控制器。编写程序来模拟控制器的性能。根据初始条件、目标状态和反馈增益的不同选择，绘制状态轨迹、定点误差和控制输入等随时间变化的函数。

6.9 图 5-32 和图 5-33 中所示的机器人的三自由度模型已在习题 5.29 中得到。选择该机器人的广义坐标为

$$\boldsymbol{q}(t):=\begin{Bmatrix}\theta(t)\\H(t)\\L(t)\end{Bmatrix}$$

式中 θ 为旋转关节 1 的关节角，$H(t)$ 和 $L(t)$ 分别是移动关节 2 和 3 的位移。广义力为

$$\boldsymbol{\tau}(t):=\begin{Bmatrix}m(t)\\f_1(t)\\f_2(t)\end{Bmatrix}$$

式中 m 是作用在旋转关节 1 上驱动力矩，f_1 和 f_2 分别是沿移动关节 2 和 3 作用的驱动力。假设对于这个机器人的系统参数为 $m_1=10\text{kg}$、$m_2=10\text{kg}$、$m_3=3\text{kg}$、$I_{33,1}=2\text{kg m}^2$、$I_{33,3}=10\text{kg m}^2$、$L_A=0.2\text{m}$、$H_1=0.3\text{m}$、$D_2=0.2\text{m}$、$H_3=0.1\text{m}$ 且 $D_3=0.2\text{m}$。推导出该机器人采用定理 6.4 中带重力补偿的 PD 反馈定点控制器。编写程序来模拟控制器的性能。根据初始条件、目标状态和反馈增益的不同选择，绘制状态轨迹、定点误差和控制输入等随时间变化的函数。

6.11.2 关于计算力矩法跟踪控制的习题

6.10 考虑习题 6.1 中研究的机器人。推导出一个跟踪控制器，该控制器使用精确计算力矩控制，外环为如定理 6.3 中的 PD 反馈。编写程序来模拟控制器的性能。根据初始条件、目标状态和反馈增益的不同选择，绘制状态轨迹、定点误差和控制输入等随时间变化的函数。

6.11 考虑习题 6.2 中研究的机器人。推导出一个跟踪控制器，该控制器使用精确计算力矩控制，外环为如定理 6.3 中的 PD 反馈。编写程序来模拟控制器的性能。根据初

始条件、目标状态和反馈增益的不同选择，绘制状态轨迹、定点误差和控制输入等随时间变化的函数。

6.12 考虑习题 6.3 中研究的机器人。推导出一个跟踪控制器，该控制器使用精确计算力矩控制，外环为如定理 6.3 中的 PD 反馈。编写程序来模拟控制器的性能。根据初始条件、目标状态和反馈增益的不同选择，绘制状态轨迹、定点误差和控制输入等随时间变化的函数。

6.13 考虑习题 6.4 中研究的机器人。推导出一个跟踪控制器，该控制器使用精确计算力矩控制，外环为如定理 6.3 中的 PD 反馈。编写程序来模拟控制器的性能。根据初始条件、目标状态和反馈增益的不同选择，绘制状态轨迹、定点误差和控制输入等随时间变化的函数。

6.14 考虑习题 6.5 中研究的机器人。推导出一个跟踪控制器，该控制器使用精确计算力矩控制，外环为如定理 6.3 中的 PD 反馈。编写程序来模拟控制器的性能。根据初始条件、目标状态和反馈增益的不同选择，绘制状态轨迹、定点误差和控制输入等随时间变化的函数。

6.15 考虑习题 6.6 中研究的机器人。推导出一个跟踪控制器，该控制器使用精确计算力矩控制，外环为如定理 6.3 中的 PD 反馈。编写程序来模拟控制器的性能。根据初始条件、目标状态和反馈增益的不同选择，绘制状态轨迹、定点误差和控制输入等随时间变化的函数。

6.16 考虑习题 6.7 中研究的机器人。推导出一个跟踪控制器，该控制器使用精确计算力矩控制，外环为如定理 6.3 中的 PD 反馈。编写程序来模拟控制器的性能。根据初始条件、目标状态和反馈增益的不同选择，绘制状态轨迹、定点误差和控制输入等随时间变化的函数。

6.17 考虑习题 6.8 中研究的机器人。推导出一个跟踪控制器，该控制器使用精确计算力矩控制，外环为如定理 6.3 中的 PD 反馈。编写程序来模拟控制器的性能。根据初始条件、目标状态和反馈增益的不同选择，绘制状态轨迹、定点误差和控制输入等随时间变化的函数。

6.18 考虑习题 6.9 中研究的机器人。推导出一个跟踪控制器，该控制器使用精确计算力矩控制，外环为如定理 6.3 中的 PD 反馈。编写程序来模拟控制器的性能。根据初始条件、目标状态和反馈增益的不同选择，绘制状态轨迹、定点误差和控制输入等随时间变化的函数。

6.11.3 关于基于无源性跟踪控制的习题

6.19 考虑习题 6.1 中研究的机器人。推导出一个基于定理 6.7 中无源性原理的跟踪控制器。编写程序来模拟控制器的性能。根据初始条件、目标状态和反馈增益的不同选择，绘制状态轨迹、定点误差和控制输入等随时间变化的函数。

6.20 考虑习题 6.2 中研究的机器人。推导出一个基于定理 6.7 中无源性原理的跟踪控制器。编写程序来模拟控制器的性能。根据初始条件、目标状态和反馈增益的不同选择，绘制状态轨迹、定点误差和控制输入等随时间变化的函数。

6.21 考虑习题 6.3 中研究的机器人。推导出一个基于定理 6.7 中无源性原理的跟踪控制器。编写程序来模拟控制器的性能。根据初始条件、目标状态和反馈增益的不同选择，绘制状态轨迹、定点误差和控制输入等随时间变化的函数。

6.22 考虑习题6.4中研究的机器人。推导出一个基于定理6.7中无源性原理的跟踪控制器。编写程序来模拟控制器的性能。根据初始条件、目标状态和反馈增益的不同选择，绘制状态轨迹、定点误差和控制输入等随时间变化的函数。

6.23 考虑习题6.5中研究的机器人。推导出一个基于定理6.7中无源性原理的跟踪控制器。编写程序来模拟控制器的性能。根据初始条件、目标状态和反馈增益的不同选择，绘制状态轨迹、定点误差和控制输入等随时间变化的函数。

6.24 考虑习题6.6中研究的机器人。推导出一个基于定理6.7中无源性原理的跟踪控制器。编写程序来模拟控制器的性能。根据初始条件、目标状态和反馈增益的不同选择，绘制状态轨迹、定点误差和控制输入等随时间变化的函数。

6.25 考虑习题6.7中研究的机器人。推导出一个基于定理6.7中无源性原理的跟踪控制器。编写程序来模拟控制器的性能。根据初始条件、目标状态和反馈增益的不同选择，绘制状态轨迹、定点误差和控制输入等随时间变化的函数。

6.26 考虑习题6.8中研究的机器人。推导出一个基于定理6.7中无源性原理的跟踪控制器。编写程序来模拟控制器的性能。根据初始条件、目标状态和反馈增益的不同选择，绘制状态轨迹、定点误差和控制输入等随时间变化的函数。

6.27 考虑习题6.9中研究的机器人。推导出一个基于定理6.7中无源性原理的跟踪控制器。编写程序来模拟控制器的性能。根据初始条件、目标状态和反馈增益的不同选择，绘制状态轨迹、定点误差和控制输入等随时间变化的函数。

基于图像的机器人系统控制

第 6 章介绍了几种基本的关节空间反馈控制方法。这些控制策略的许多变形已经在文献中被推导出来。这一章着重于在任务空间中通过观测相机图像推导反馈控制器。定义了基于图像的视觉伺服控制问题，讨论了其稳定性和收敛性。介绍了利用计算转矩控制策略实现任务空间控制器渐近稳定的一般方法。它表明了相机和 CCD 图像观测可用于任务空间的控制。在完成本章后，学生应能够：

- 定义与机器人系统的位置和方向相关的相机平面坐标系和像素坐标系。
- 推导出成像平面坐标导数与相机坐标系原点速度之间的相互作用矩阵及惯性坐标系下相机坐标系角速度。
- 说明基于图像的视觉伺服控制问题，并讨论其稳定性。
- 根据任务空间坐标推导出计算转矩控制器。
- 为视觉伺服问题推导任务空间控制器。

7.1 相机测量几何

现代机器人控制系统（robotic control system）在操作过程中使用各种各样的传感器去测量机器人系统（robotic system）的配置和运动参数。这些传感器可能包括加速度计（accelerometer）、速率陀螺仪（rate gyro）、磁力仪（magnetometer）、角度编码器（angle encoder）或全球定位系统（global positioning system）比如 GPS 传感器。本节将讨论一个基本的相机模型（camera model），它可以用于表示各种控制任务的相机。最简单的相机模型适用于许多商用相机，它是基于针孔相机（pinhole camera）或透视投影（perspective projection）相机。

7.1.1 透视投影和针孔相机模型

如图 7-1 所示，当一个经典针孔相机创建一个点 p 的图像时，光线从点 p 通过位于相机坐标系（camera frame）$\mathbb{C}$ 原点的针孔投影到焦平面（focal plane）上。焦距（focal length）f 是相机坐标系原点与焦平面之间的距离。

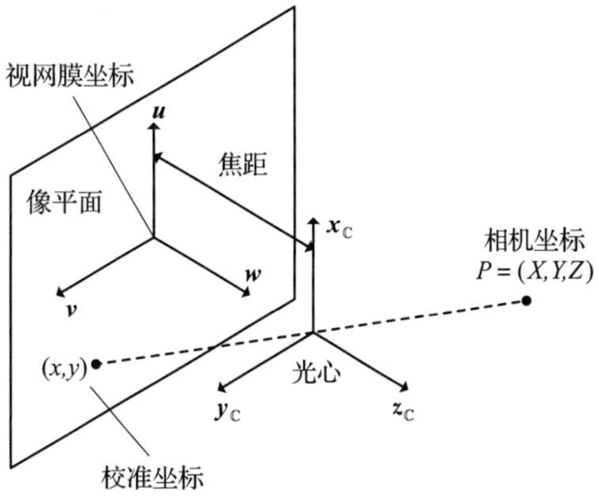

图 7-1 透视针孔相机，后投影

本章表示相机坐标系 $\mathbb{C}$ 为 $\boldsymbol{x}_\mathbb{C}$，$\boldsymbol{y}_\mathbb{C}$，$\boldsymbol{z}_\mathbb{C}$。按照惯例，相机的视线（line-of-sight）沿 $\boldsymbol{z}_\mathbb{C}$ 轴。在相机坐标系（camera coordinate）下的一个特征点（feature point）$p(X, Y, Z)$ 通过点 p 在相机坐标系 $\mathbb{C}$ 中的位置向量（position vector）$\boldsymbol{r}_{\mathbb{C},p}$ 定义，

$$\boldsymbol{r}_{\mathbb{C},p}=X\boldsymbol{x}_\mathbb{C}+Y\boldsymbol{y}_\mathbb{C}+Z\boldsymbol{z}_\mathbb{C}$$

焦平面上的图像点（image point）坐标

(u，v) 是规范的图像平面坐标（canonical image plane coordinate），视网膜坐标（retinal coordinate），或校准坐标（calibrated coordinate）。如图 7-1 所示，焦平面的位置在被观察点 p 的对面意味着焦平面中的图像是倒转的。图 7-2 在这种情况下显示了一个 u-w 平面的完整视图。相机坐标 X，Y，Z 与焦平面坐标（focal plane coordinate）(u，v) 之间的关系可以通过图 7-2 的相似三角形推导出。已知焦平面与相机坐标系之间的焦距，则关系是

$$u=-f\frac{X}{Z},\quad v=-f\frac{Y}{Z} \tag{7.1}$$

通常的做法是用一个数学模型来代替图 7-1 中物理驱动的几何图形，该数学模型将焦平面置于相机坐标的原点和被观察的点 p 之间，如图 7-3 所示。

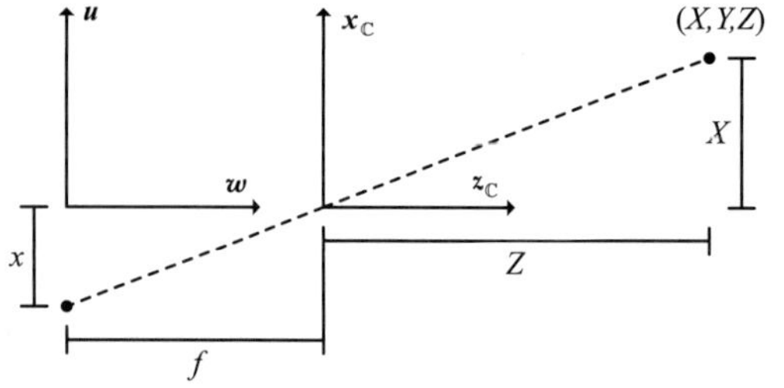

图 7-2　透视针孔相机，坐标计算

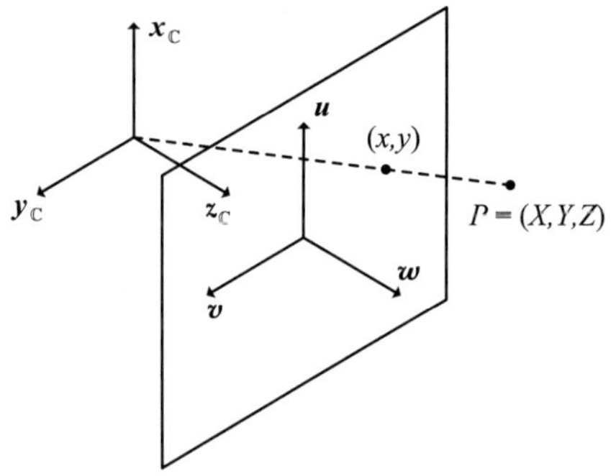

图 7-3　透视针孔相机，前方投影

虽然这种安排在物理上是不可实现的，但它是为了使图像不被倒置在焦平面上。在该数学模型中，式 (7.2) 中的负号没有出现，焦平面坐标 (u，v) 与相机坐标 (X，Y，Z) 之间的关系可简单表示为 $u=fX/Z$ 和 $v=fY/Z$。这些公式可以被重写为齐次坐标（homogeneous coordinate）形式

$$Z\begin{Bmatrix}u\\v\\1\end{Bmatrix}=\begin{bmatrix}f&0&0&0\\0&f&0&0\\0&0&1&0\end{bmatrix}\begin{Bmatrix}X\\Y\\Z\\1\end{Bmatrix} \tag{7.2}$$

式 (7.2) 将焦平面坐标 (u，v) 与相机坐标 (X，Y，Z) 联系起来，但人们通常希望了解惯性坐标系 0 中 p 点的坐标与焦平面坐标之间的关系。第 2 章和第 3 章中导出的工具可用于获得所需的表达式。相机坐标系 $\mathbb{C}$ 下图像点的齐次坐标可以被定义为 $\boldsymbol{p}^{\mathbb{C}}=\{X, Y, Z, 1\}^{\mathrm{T}}$。这些坐标与惯性坐标系 0 之间的关系可表示为 $\boldsymbol{p}^{\mathbb{C}}=\boldsymbol{H}_0^{\mathbb{C}}\boldsymbol{p}^0$，

$$\begin{Bmatrix}X\\Y\\Z\\1\end{Bmatrix}=\begin{bmatrix}\boldsymbol{R}_0^{\mathbb{C}}&\boldsymbol{d}_{\mathbb{C},0}^{\mathbb{C}}\\0&1\end{bmatrix}\begin{Bmatrix}X_0\\Y_0\\Z_0\\1\end{Bmatrix} \tag{7.3}$$

最后一个关联惯性坐标系 0 坐标和焦平面坐标的齐次变换是通过结合式 (7.2) 和式 (7.3) 得到的，

$$Z\begin{Bmatrix}u\\v\\1\end{Bmatrix}=\begin{bmatrix}f&0&0\\0&f&0\\0&0&1\end{bmatrix}\begin{bmatrix}1&0&0&0\\0&1&0&0\\0&0&1&0\end{bmatrix}\begin{bmatrix}\boldsymbol{R}_0^{\mathbb{C}}&\boldsymbol{d}_{\mathbb{C},0}^{\mathbb{C}}\\0&1\end{bmatrix}\begin{Bmatrix}X_0\\Y_0\\Z_0\\1\end{Bmatrix} \tag{7.4}$$

7.1.2 像素坐标和 CCD 相机

大多数现代相机都是由传感器组成，利用电荷耦合器件，或 CCD（Charge Coupled Device）阵列进行测量。基于 CCD 阵列的相机返回一个二维强度值矩阵，这与上一节使用的数学抽象不同，后者将图像视为焦平面上连续变化的强度。像素坐标（pixel coordinate）用于表示 CCD 阵列强度值条目的位置。像素坐标是通过两步过程引入的。首先，由于 CCD 阵列中的各个像素元素在水平和垂直方向上可以具有不同的尺寸，因此通过简单的对角矩阵方程式就可以利用焦平面坐标（focal coordinate）(u，v）定义缩放坐标（scaled coordinate）(u_s，v_s）。

$$\begin{Bmatrix} u_s \\ v_s \end{Bmatrix} = \begin{bmatrix} s_u & 0 \\ 0 & s_v \end{bmatrix} \begin{Bmatrix} u \\ v \end{Bmatrix} \tag{7.5}$$

其中 s_u，s_v 分别是 u，v 方向的缩放因子（scale factor）。

除了缩放外，CCD 阵列中的像素从像素阵列的左上角开始从左到右编号也是常见的，考虑了此偏移量并通过相对于原点偏移原点来定义像素坐标到缩放的坐标，

$$\begin{Bmatrix} \xi \\ \eta \end{Bmatrix} = \begin{Bmatrix} u_s \\ v_s \end{Bmatrix} + \begin{Bmatrix} o_u \\ o_v \end{Bmatrix} \tag{7.6}$$

其中（o_u，o_v）是 CCD 阵列中相机的原点（principal point）或视线图像的位置。可以通过组合方程式（7.5）和（7.6）来缩放和平移以获得位于焦平面像素坐标，

$$\begin{Bmatrix} \xi \\ \eta \\ 1 \end{Bmatrix} = \begin{bmatrix} s_u & 0 & o_u \\ 0 & s_v & o_v \\ 0 & 0 & 1 \end{bmatrix} \begin{Bmatrix} u \\ v \\ 1 \end{Bmatrix} \tag{7.7}$$

在结束本节之前，需要导出与相机坐标，惯性坐标（inertial coordinate），焦平面坐标和像素坐标相关的方程的几种变体。这些方程式引入了内参数或畸变参数（calibration parameter）矩阵。式（7.7）、式（7.4）可用于关联像素点坐标和惯性坐标系下的图像坐标点 p，

$$Z\begin{Bmatrix} \xi \\ \eta \\ 1 \end{Bmatrix} = \begin{bmatrix} s_u & s_\theta & o_u \\ 0 & s_v & o_v \\ 0 & 0 & 1 \end{bmatrix} \begin{bmatrix} f & 0 & 0 \\ 0 & f & 0 \\ 0 & 0 & 1 \end{bmatrix} \begin{bmatrix} 1 & 0 & 0 & 0 \\ 0 & 1 & 0 & 0 \\ 0 & 0 & 1 & 0 \end{bmatrix} \begin{Bmatrix} X \\ Y \\ Z \\ 1 \end{Bmatrix}$$

注意，这些方程式引入了另一个标量参数 s_θ，用于测量 CCD 阵列中的像素相对于垂直和水平方向的剪切方式。

组合焦距和标定常量 s_x，s_y，s_θ，s_u，s_v 则有

$$Z\begin{Bmatrix} \xi \\ \eta \\ 1 \end{Bmatrix} = \begin{bmatrix} fs_u & fs_\theta & o_u \\ 0 & fs_v & o_v \\ 0 & 0 & 1 \end{bmatrix} \begin{bmatrix} 1 & 0 & 0 & 0 \\ 0 & 1 & 0 & 0 \\ 0 & 0 & 1 & 0 \end{bmatrix} \begin{Bmatrix} X \\ Y \\ Z \\ 1 \end{Bmatrix}$$

上述相机内参数矩阵（camera intrinsic parameter matrix）或标定矩阵（calibration matrix）可以被定义为 $\boldsymbol{K}$

$$\boldsymbol{K} = \begin{bmatrix} fs_u & fs_\theta & o_u \\ 0 & fs_v & o_v \\ 0 & 0 & 1 \end{bmatrix}$$

通过定义投影矩阵（projection matrix）

$$\boldsymbol{\Pi}_0=\begin{bmatrix}1&0&0&0\\0&1&0&0\\0&0&1&0\end{bmatrix}$$

从同构坐标的任意 4 个向量中提取前三个坐标，将根据相机坐标定义像素坐标的简洁规则写为

$$Z\begin{Bmatrix}\xi\\\eta\\1\end{Bmatrix}=\boldsymbol{K}\boldsymbol{\Pi}_0\begin{Bmatrix}X\\Y\\Z\\1\end{Bmatrix}$$

为完整起见，总结了使用内参数矩阵 $\boldsymbol{K}$ 表示惯性坐标的像素坐标的关系

$$Z\begin{Bmatrix}\xi\\\eta\\1\end{Bmatrix}=\boldsymbol{K}\boldsymbol{\Pi}_0\boldsymbol{H}_0^{\mathbb{C}}\begin{Bmatrix}X_0\\Y_0\\Z_0\\1\end{Bmatrix}=\boldsymbol{K}\boldsymbol{\Pi}_0\begin{bmatrix}\boldsymbol{R}_0^{\mathbb{C}}&\boldsymbol{d}_{\mathbb{C},0}^{\mathbb{C}}\\0&1\end{bmatrix}\begin{Bmatrix}X_0\\Y_0\\Z_0\\1\end{Bmatrix}$$

$$Z\begin{Bmatrix}u\\v\\1\end{Bmatrix}=Z\boldsymbol{K}^{-1}\begin{Bmatrix}\xi\\\eta\\1\end{Bmatrix}=\boldsymbol{\Pi}_0\boldsymbol{H}_0^{\mathbb{C}}\begin{Bmatrix}X_0\\Y_0\\Z_0\\1\end{Bmatrix}$$

7.1.3　相互作用矩阵

本节推导了相互作用矩阵（interaction matrix）或图像雅可比矩阵（image Jacobian matrix），它们在控制策略的开发中起着关键作用，该控制策略使用相机的测量值进行反馈。相互作用矩阵将焦平面坐标的导数与相机坐标系在惯性坐标系中的速度和角速度相关联。

定义 7.1　设 $\boldsymbol{u}(t):=(u(t),\ v(t))^{\mathrm{T}}$ 是固定在惯性坐标系或 0 坐标系中的时变图像平面坐标（image plane coordinates），相互作用矩阵 $\boldsymbol{L}$ 将图像平面坐标时间导数 $\dot{\boldsymbol{u}}:=(\dot{u}(t),\ \dot{v}(t))^{\mathrm{T}}$、相机坐标系 $\mathbb{C}$ 原点在惯性坐标系的速度 $\boldsymbol{v}_{0,c}$ 和相机坐标系在惯性坐标系的角速度（angular velocity）通过下面等式联系起来。

$$\dot{\boldsymbol{u}}(t)=\begin{Bmatrix}\dot{u}(t)\\\dot{v}(t)\end{Bmatrix}=\boldsymbol{L}\begin{Bmatrix}\boldsymbol{v}_{0,c}^{\mathbb{C}}\\\boldsymbol{\omega}_{0,\mathbb{C}}^{\mathbb{C}}\end{Bmatrix}\tag{7.8}$$

定理 7.1 指定当焦距等于 1 时，相互作用矩阵 $\boldsymbol{L}$ 的显式表示。

定理 7.1　如果焦距等于 1，相互作用矩阵 $\boldsymbol{L}=\boldsymbol{L}(u,\ v,\ Z)$ 表述为

$$\begin{Bmatrix}\dot{u}\\\dot{v}\end{Bmatrix}=\underbrace{\begin{bmatrix}-\dfrac{1}{Z}&0&\dfrac{u}{Z}&uv&-(1+u^2)&v\\0&-\dfrac{1}{Z}&\dfrac{v}{Z}&(1+v^2)&-uv&-u\end{bmatrix}}_{\boldsymbol{L}(u,v,Z)}\begin{Bmatrix}\boldsymbol{r}_{0,c}^{\mathbb{C}}\\\boldsymbol{\omega}_{0,\mathbb{C}}^{\mathbb{C}}\end{Bmatrix}\tag{7.9}$$

证明： 推导式（7.9）有几种方法。当相机坐标系和惯性坐标系保持固定时，利用导数定理 2.12 进行时间导数计算。根据定义，位置向量可以通过 $\boldsymbol{r}_{0,p}=\boldsymbol{r}_{\mathbb{C},p}+\boldsymbol{d}_{0,c}$ 相联系，其中 $\boldsymbol{r}_{0,p}$ 是特征点 p 在 0 坐标系的位置，$\boldsymbol{r}_{\mathbb{C},p}$ 是特征点 p 在坐标系 $\mathbb{C}$ 的位置，$\boldsymbol{d}_{0,c}$ 是 0 坐标系原点和 $\mathbb{C}$ 坐标系原点之间的向量。当保持 0 坐标系的坐标轴不变时，对这个向量方程求导，它就变成了

$$\underbrace{\left.\frac{\mathrm{d}}{\mathrm{d}t}\right|_0 \boldsymbol{r}_{0,p}}_{v_{0,p=0}}=\left.\frac{\mathrm{d}}{\mathrm{d}t}\right|_0 \boldsymbol{r}_{\mathbb{C},p}+\underbrace{\left.\frac{\mathrm{d}}{\mathrm{d}t}\right|_0 \boldsymbol{d}_{0,c}}_{v_{0,c}}$$

注意 0 坐标系中点 p 的速度和 $\mathbb{C}$ 坐标系中原点 c 在惯性坐标系中的速度定义在这个方程中被使用。因为没有先验，$\left.\frac{\mathrm{d}}{\mathrm{d}t}\right|_0 \boldsymbol{r}_{\mathbb{C},p}$ 的求导比较麻烦。然而，导数定理 2.12 提供了对任意两个坐标系 $\mathbb{F}$，$\mathbb{G}$ 下任意向量 $\boldsymbol{a}$ 的求导方法。

$$\left.\frac{\mathrm{d}}{\mathrm{d}t}\right|_{\mathbb{F}} \boldsymbol{a}=\left.\frac{\mathrm{d}}{\mathrm{d}t}\right|_{\mathbb{G}} \boldsymbol{a}+\boldsymbol{\omega}_{\mathbb{F},\mathbb{G}}\times\boldsymbol{a} \tag{7.10}$$

假设相机坐标系是 $(X(t),\ Y(t),\ Z(t))^{\mathrm{T}}$，所以 $\boldsymbol{r}_{\mathbb{C},p}=X\boldsymbol{x}_{\mathbb{C}}+Y\boldsymbol{y}_{\mathbb{C}}+Z\boldsymbol{z}_{\mathbb{C}}$，其中 $\boldsymbol{x}_{\mathbb{C}}$，$\boldsymbol{y}_{\mathbb{C}}$，$\boldsymbol{z}_{\mathbb{C}}$ 是坐标系 $\mathbb{C}$ 的坐标轴。相机坐标系 $\mathbb{C}$ 原点在惯性坐标系 0 的速度和相机坐标系 $\mathbb{C}$ 在惯性坐标系 0 下的角速度定义为 $\boldsymbol{v}_{0,c}=v_x\boldsymbol{x}_{\mathbb{C}}+v_y\boldsymbol{y}_{\mathbb{C}}+v_z\boldsymbol{z}_{\mathbb{C}}$ 和 $\boldsymbol{\omega}_{0,\mathbb{C}}=\omega_x\boldsymbol{x}_{\mathbb{C}}+\omega_y\boldsymbol{y}_{\mathbb{C}}+\omega_z\boldsymbol{z}_{\mathbb{C}}$。设 $\mathbb{F}=0$ 和 $\mathbb{G}=\mathbb{C}$，应用式（7.10）的输运定理（transport theorem）得到

$$\left.\frac{\mathrm{d}}{\mathrm{d}t}\right|_0 \boldsymbol{r}_{\mathbb{C},p}=\left.\frac{\mathrm{d}}{\mathrm{d}t}\right|_{\mathbb{C}} \boldsymbol{r}_{\mathbb{C},p}+\boldsymbol{\omega}_{0,\mathbb{C}}\times\boldsymbol{r}_{\mathbb{C},p}=\dot{X}\boldsymbol{x}_{\mathbb{C}}+\dot{Y}\boldsymbol{y}_{\mathbb{C}}+\dot{Z}\boldsymbol{z}_{\mathbb{C}}+\begin{vmatrix}\boldsymbol{x}_{\mathbb{C}} & \boldsymbol{y}_{\mathbb{C}} & \boldsymbol{z}_{\mathbb{C}}\\ \omega_x & \omega_y & \omega_z\\ X & Y & Z\end{vmatrix}$$

如果用式（7.10）代替$\left.\frac{\mathrm{d}}{\mathrm{d}t}\right|_0 \boldsymbol{r}_{\mathbb{C},p}$，矩阵等式变成

$$\begin{Bmatrix}\dot{X}\\ \dot{Y}\\ \dot{Z}\end{Bmatrix}=\underbrace{\begin{bmatrix}-1 & 0 & 0 & 0 & -Z & Y\\ 0 & -1 & 0 & Z & 0 & -X\\ 0 & 0 & -1 & -Y & X & 0\end{bmatrix}}_{\boldsymbol{D}(X,Y,Z)}\begin{Bmatrix}\boldsymbol{v}_{0,c}^{\mathbb{C}}\\ \boldsymbol{\omega}_{0,\mathbb{C}}^{\mathbb{C}}\end{Bmatrix} \tag{7.11}$$

这个关系式将在后面的几个证明中用到。它以紧凑的形式写成

$$\dot{\boldsymbol{X}}=\boldsymbol{D}(X,\ Y,\ Z)\begin{Bmatrix}\boldsymbol{v}_{0,c}^{\mathbb{C}}\\ \boldsymbol{\omega}_{0,\mathbb{C}}^{\mathbb{C}}\end{Bmatrix} \tag{7.12}$$

之后，$\dot{u}$，$\dot{v}$，$\dot{X}$，$\dot{Y}$ 和 $\dot{Z}$ 之间的关系将被确定。根据定义，$u=fX/Z$ 和 $v=fX/Z$。假设焦距 $f=1$，$u(t)$ 和 $v(t)$ 的微分为

$$\begin{Bmatrix}\dot{u}\\ \dot{v}\end{Bmatrix}=\frac{1}{Z}\begin{Bmatrix}\dot{X}\\ \dot{Y}\end{Bmatrix}-\frac{1}{Z^2}\dot{Z}\begin{Bmatrix}X\\ Y\end{Bmatrix}=\frac{1}{Z}\begin{Bmatrix}\dot{X}\\ \dot{Y}\end{Bmatrix}-\frac{\dot{Z}}{Z}\begin{Bmatrix}u\\ v\end{Bmatrix}$$

当以上简化成图像平面坐标系定义，可以获得图像坐标导数（$\dot{u}\dot{v}$）和相机坐标系导数（$\dot{X}$，$\dot{Y}$，$\dot{Z}$）之间的关系矩阵

$$\begin{Bmatrix}\dot{u}\\ \dot{v}\end{Bmatrix}=\frac{1}{Z}\begin{bmatrix}1 & 0 & -u\\ 0 & 1 & -v\end{bmatrix}\begin{Bmatrix}\dot{X}\\ \dot{Y}\\ \dot{Z}\end{Bmatrix} \tag{7.13}$$

当式（7.11）替代式（7.13），最终的相互作用矩阵表达式为

$$\begin{aligned}\begin{Bmatrix}\dot{u}\\ \dot{v}\end{Bmatrix}&=\frac{1}{Z}\begin{bmatrix}1 & 0 & -u\\ 0 & 1 & -v\end{bmatrix}\begin{Bmatrix}\dot{X}\\ \dot{Y}\\ \dot{Z}\end{Bmatrix}\\ &=\frac{1}{Z}\begin{bmatrix}1 & 0 & -u\\ 0 & 1 & -v\end{bmatrix}\begin{bmatrix}-1 & 0 & 0 & 0 & -Z & Y\\ 0 & -1 & 0 & Z & 0 & -X\\ 0 & 0 & -1 & -Y & X & 0\end{bmatrix}\begin{Bmatrix}\boldsymbol{v}_{0,c}^{\mathbb{C}}\\ \boldsymbol{\omega}_{0,\mathbb{C}}^{\mathbb{C}}\end{Bmatrix}\end{aligned}$$

$$=\begin{bmatrix}-\frac{1}{Z} & 0 & \frac{u}{Z} & \frac{uY}{Z} & -\left(1+\frac{uX}{Z}\right) & \frac{Y}{Z}\\ 0 & -\frac{1}{Z} & \frac{v}{Z} & \left(1+\frac{vY}{Z}\right) & -\frac{vX}{Z} & -\frac{X}{Z}\end{bmatrix}\begin{Bmatrix}\boldsymbol{v}_{0,c}^{\mathbb{C}}\\ \boldsymbol{\omega}_{0,\mathbb{C}}^{\mathbb{C}}\end{Bmatrix}$$

$$=\underbrace{\begin{bmatrix}-\frac{1}{Z} & 0 & \frac{u}{Z} & uv & -(1+u^2) & v\\ 0 & -\frac{1}{Z} & \frac{v}{Z} & (1+v^2) & -uv & -u\end{bmatrix}}_{\boldsymbol{L}}\begin{Bmatrix}\boldsymbol{v}_{0,c}^{\mathbb{C}}\\ \boldsymbol{\omega}_{0,\mathbb{C}}^{\mathbb{C}}\end{Bmatrix} \quad \blacksquare$$

式（7.9）表明矩阵 $\boldsymbol{L}$ 对于单一特征点是 2×6 矩阵。总的来说，定理 7.1 将被应用到几个特征点上。假设有特征点 $i=1, \cdots, N_p$，引入 $(2\times N_p)$ 向量 $\boldsymbol{u}$ 和 $(3\times N_p)$ 向量 $\boldsymbol{X}$，它们是通过叠加图像平面坐标 $\boldsymbol{u}_i(t)=(u(t), v(t))_i^{\mathrm{T}}$ 和叠加所有特征点 $i=1, \cdots, N_p$ 的相机坐标系下坐标 $X_i(t)=(X(t), Y(t), Z(t))_i^{\mathrm{T}}$ 获得

$$\boldsymbol{u}(t):=\begin{Bmatrix}\boldsymbol{u}_1(t)\\ \boldsymbol{u}_2(t)\\ \vdots\\ \boldsymbol{u}_{N_p}(t)\end{Bmatrix},\ \boldsymbol{X}(t)=\begin{Bmatrix}\boldsymbol{X}_1(t)\\ \boldsymbol{X}_2(t)\\ \vdots\\ \boldsymbol{X}_{N_p}(t)\end{Bmatrix} \tag{7.14}$$

对每一个特征点 $i=1, \cdots, N_p$ 应用定理 7.1 以获得系统相互作用矩阵（system interaction matrix）

$$\begin{Bmatrix}\dot{u}\\ \dot{v}\end{Bmatrix}_i=\begin{bmatrix}-\frac{1}{Z} & 0 & \frac{u}{Z} & uv & -(1+u^2) & v\\ 0 & -\frac{1}{Z} & \frac{v}{Z} & (1+v^2) & -uv & -u\end{bmatrix}_i\begin{Bmatrix}\boldsymbol{v}_{0,c}^{\mathbb{C}}\\ \boldsymbol{\omega}_{0,c}^{\mathbb{C}}\end{Bmatrix}$$

更简明表示为

$$\dot{\boldsymbol{u}}_i=\boldsymbol{L}(u_i, v_i, Z_i)\begin{Bmatrix}\boldsymbol{v}_{0,c}^{\mathbb{C}}\\ \boldsymbol{\omega}_{0,\mathbb{C}}^{\mathbb{C}}\end{Bmatrix} \tag{7.15}$$

当叠加这些等式，获得系统相互作用矩阵 $\boldsymbol{L}_{\mathrm{sys}}$

$$\dot{\boldsymbol{u}}(t)=\begin{Bmatrix}\dot{\boldsymbol{u}}_1(t)\\ \dot{\boldsymbol{u}}_2(t)\\ \vdots\\ \dot{\boldsymbol{u}}_{n_p}(t)\end{Bmatrix}=\underbrace{\begin{bmatrix}\boldsymbol{L}(u_1, v_1, Z_1)\\ \boldsymbol{L}(u_2, v_2, Z_2)\\ \vdots\\ \boldsymbol{L}(u_{N_p}, v_{N_p}, Z_{N_p})\end{bmatrix}}_{\boldsymbol{L}_{\mathrm{sys}}}\begin{Bmatrix}\boldsymbol{v}_{0,c}^{\mathbb{C}}\\ \boldsymbol{\omega}_{0,\mathbb{C}}^{\mathbb{C}}\end{Bmatrix} \tag{7.16}$$

或者

$$\dot{\boldsymbol{u}}(t)=\boldsymbol{L}_{\mathrm{sys}}\begin{Bmatrix}\boldsymbol{v}_{0,c}^{\mathbb{C}}\\ \boldsymbol{\omega}_{0,\mathbb{C}}^{\mathbb{C}}\end{Bmatrix} \tag{7.17}$$

在定义了系统相互作用矩阵 $\boldsymbol{L}_{\mathrm{sys}}$ 的同时，还需要一个方程类似于式（7.12）的 N_p 特征点系统。对于 $i=1, \cdots, N_p$

$$\begin{Bmatrix}\dot{X}\\ \dot{Y}\\ \dot{Z}\end{Bmatrix}_i=\begin{bmatrix}-1 & 0 & 0 & 0 & -Z & Y\\ 0 & -1 & 0 & Z & 0 & -X\\ 0 & 0 & -1 & -Y & X & 0\end{bmatrix}_i\begin{Bmatrix}\boldsymbol{v}_{0,c}^{\mathbb{C}}\\ \boldsymbol{\omega}_{0,\mathbb{C}}^{\mathbb{C}}\end{Bmatrix}$$

$$\dot{X}_i = \boldsymbol{D}(X_i, Y_i, Z_i)\begin{Bmatrix}\boldsymbol{v}_{0,c}^{\mathbb{C}}\\ \boldsymbol{\omega}_{0,\mathbb{C}}^{\mathbb{C}}\end{Bmatrix}$$

对于 $i=1, \cdots, N_p$ 堆积这些公式有

$$\dot{\boldsymbol{X}}(t) := \begin{Bmatrix}\dot{\boldsymbol{X}}_1(t)\\ \dot{\boldsymbol{X}}_2(t)\\ \vdots \\ \dot{\boldsymbol{X}}_{n_p}(t)\end{Bmatrix} = \underbrace{\begin{bmatrix}\boldsymbol{D}(X_1, Y_1, Z_1)\\ \boldsymbol{D}(X_2, Y_2, Z_2)\\ \vdots \\ \boldsymbol{D}(X_{N_p}, Y_{N_p}, Z_{N_p})\end{bmatrix}}_{\boldsymbol{D}_{\text{sys}}}\begin{Bmatrix}\boldsymbol{v}_{0,c}^{\mathbb{C}}\\ \boldsymbol{\omega}_{0,\mathbb{C}}^{\mathbb{C}}\end{Bmatrix} \tag{7.18}$$

或简洁地表示为

$$\dot{\boldsymbol{X}}(t) = \boldsymbol{D}_{\text{sys}}\begin{Bmatrix}\boldsymbol{v}_{0,c}^{\mathbb{C}}\\ \boldsymbol{\omega}_{0,\mathbb{C}}^{\mathbb{C}}\end{Bmatrix} \tag{7.19}$$

7.2 基于图像的视觉伺服控制

惯性坐标系 0 固定，式（7.17）和式（7.19）针对一个包含 $i=1, \cdots, N_p$ 的系统构建了矩阵 $\boldsymbol{L}_{\text{sys}}$ 和 $\boldsymbol{D}_{\text{sys}}$，它是很直接的姿态形式，可以解决基于图像的机器人控制系统的一系列标准问题。本节将讨论这样一个控制问题，基于图像的视觉伺服控制（IBVS)(image based visual servo）问题。

7.2.1 控制综合和闭环方程

基于图像的视觉伺服是跟踪控制问题（tracking control problem）的一个具体例子。首先定义视觉伺服控制问题来指定策略和度量的目标用于反馈控制。

定义 7.2 假设给定一系列惯性坐标系下的特征点 $i=1, \cdots, N_p$，(u_1^*, v_1^*)，(u_2^*, v_2^*)，…，$(u_{N_p}^*, v_{N_p}^*)$ 表示焦平面上理想图像点位置（desired image point location)。第 i 个点在图像平面的跟踪误差定义为

$$\boldsymbol{e}_i(t) := \begin{Bmatrix}u(t)\\ v(t)\end{Bmatrix}_i - \begin{Bmatrix}u_i^*\\ v_i^*\end{Bmatrix} \tag{7.20}$$

系统的图像平面跟踪误差为

$$\boldsymbol{e}(t) := \begin{Bmatrix}\boldsymbol{u}_1(t) - \boldsymbol{u}_1^*\\ \boldsymbol{u}_2(t) - \boldsymbol{u}_2^*\\ \vdots \\ \boldsymbol{u}_{n_p}(t) - \boldsymbol{u}_{n_p}^*\end{Bmatrix} \tag{7.21}$$

IBVS 控制问题试图找到控制输入向量 $\boldsymbol{U}(t)$，它包含相机坐标系原点的速度 $\boldsymbol{v}_{0,c}^{\mathbb{C}}$ 和相机坐标系在惯性坐标系 0 下的角速度 $\boldsymbol{\omega}_{0,\mathbb{C}}^{\mathbb{C}}$，

$$\boldsymbol{U}(t) := \begin{Bmatrix}\boldsymbol{v}_{0,c}^{\mathbb{C}}(t)\\ \boldsymbol{\omega}_{0,\mathbb{C}}^{\mathbb{C}}(t)\end{Bmatrix} \tag{7.22}$$

所以

(i) 控制输入 $\boldsymbol{U}(t)$ 是根据跟踪误差 $\boldsymbol{e}(t)$ 给出的反馈函数，也或许是相机外部参数。

(ii) 闭环系统的动力学是稳定的。

(iii) 当 $t\to\infty$，跟踪误差趋近 0。

根据 $\boldsymbol{L}_{\text{sys}}$ 和 $\boldsymbol{D}_{\text{sys}}$ 两个矩阵的推导，求解定义 7.2 中问题陈述的视觉伺服控制（visual servo control）策略的推导并不困难。由于跟踪误差应渐近于零，因此可以定义控制律使闭环系统的跟踪误差满足方程

$$\dot{\boldsymbol{e}}(t)=-\lambda\boldsymbol{e}(t) \tag{7.23}$$

其中 λ 是正的标量，式（7.23）的解以指数函数的形式给出 $\boldsymbol{e}(t)=e^{-\lambda t}\boldsymbol{e}(0)$，因此，如果闭环跟踪误差满足式（7.23），它将以指数速度趋近于零。结合式（7.23），跟踪误差的定义可以得到

$$\dot{\boldsymbol{e}}(t)=\frac{\mathrm{d}}{\mathrm{d}t}(\boldsymbol{u}(t)-\boldsymbol{u}^{*})=\dot{\boldsymbol{u}}(t)=\boldsymbol{L}_{\text{sys}}\begin{Bmatrix}\boldsymbol{v}_{0,c}^{\mathbb{C}}\\ \boldsymbol{\omega}_{0,\mathbb{C}}^{\mathbb{C}}\end{Bmatrix}=-\lambda\boldsymbol{e}(t) \tag{7.24}$$

理想情况下，速度 $\boldsymbol{v}_{0,c}^{\mathbb{C}}$ 和角速度 $\boldsymbol{\omega}_{0,\mathbb{C}}^{\mathbb{C}}$ 可以被式（7.24）唯一求解。然而，系统的相互作用矩阵一般不是方阵，因为

$$\boldsymbol{L}_{\text{sys}}\in\mathbb{R}^{(2N_p)\times 6}$$

因为可能 $2N_p\neq 6$，根据系统特征点的个数，矩阵方程可能是欠定的，超定的或适定的

$$\boldsymbol{L}_{\text{sys}}\begin{Bmatrix}\boldsymbol{v}_{0,c}^{\mathbb{C}}\\ \boldsymbol{\omega}_{0,\mathbb{C}}^{\mathbb{C}}\end{Bmatrix}=-\lambda\boldsymbol{e}(t) \tag{7.25}$$

如果矩阵 $\boldsymbol{L}_{\text{sys}}$ 行数小于列数，$2N_p<6$，这个系统称之为欠定的。如果矩阵 $\boldsymbol{L}_{\text{sys}}$ 行数大于列数，$2N_p>6$，这个系统称之为超定的。如果矩阵 $\boldsymbol{L}_{\text{sys}}$ 行数等于列数，$2N_p=6$，这个系统称之为适定的。

即使系统不是适定的，通过伪逆（pseudo inverse）也可能获得控制输入 $\{\boldsymbol{v}_{0,c}^{\mathbb{C}},\boldsymbol{\omega}_{0,\mathbb{C}}^{\mathbb{C}}\}^{\mathrm{T}}$ 的表达

$$\boldsymbol{L}_{\text{sys}}^{+}:=(\boldsymbol{L}_{\text{sys}}^{\mathrm{T}}\boldsymbol{L}_{\text{sys}})^{-1}\boldsymbol{L}_{\text{sys}}^{\mathrm{T}}$$

式（7.25）两边同时乘以 $\boldsymbol{L}_{\text{sys}}^{+}$，可以得到控制输入向量的表达为

$$\begin{Bmatrix}\boldsymbol{v}_{0,c}^{\mathbb{C}}\\ \boldsymbol{\omega}_{0,\mathbb{C}}^{\mathbb{C}}\end{Bmatrix}=-\lambda\boldsymbol{L}_{\text{sys}}^{+}\boldsymbol{e}(t) \tag{7.26}$$

在继续讨论闭环系统及其稳定性之前，对到目前为止的结构做一些观察是很重要的。

- 伪逆 $\boldsymbol{L}_{\text{sys}}^{+}$ 不是方阵，它的维度是 $6\times 2N_p$
- 伪逆的表达式为 $\boldsymbol{L}_{\text{sys}}^{+}=(\boldsymbol{L}_{\text{sys}}^{\mathrm{T}}\boldsymbol{L}_{\text{sys}})^{-1}\boldsymbol{L}_{\text{sys}}^{\mathrm{T}}$，只有当矩阵 $\boldsymbol{L}_{\text{sys}}^{\mathrm{T}}\boldsymbol{L}_{\text{sys}}$ 是可逆的。当给出 $\boldsymbol{L}_{\text{sys}}^{+}$ 的表达式时，则假定 $\boldsymbol{L}_{\text{sys}}^{\mathrm{T}}\boldsymbol{L}_{\text{sys}}$ 是可逆的，对于任何矩阵伪逆都是存在的。任意矩阵的伪逆形式可以用矩阵的奇异值分解（singular value decomposition）来表示。虽然这个主题超出了本书的范围，但感兴趣的读者可以参考文献［18］进行讨论。
- 伪逆是图像平面坐标和各系统特征点范围的非线性函数。它是

  $$\boldsymbol{L}_{\text{sys}}^{+}=\boldsymbol{L}_{\text{sys}}^{+}(u_1,\ v_1,\ Z_1,\ \cdots,\ u_{N_p},\ v_{N_p},\ Z_{N_p})$$

  这说明式（7.25）为非线性方程。
- 式（7.25）中的方程组不是常微分方程的闭集。式（7.25）的左侧为跟踪误差 $\boldsymbol{e}$ 的导数，而这些方程的右边包含了像平面的坐标和范围（u_1，v_1，Z_1，…，u_{N_p}，v_{N_p}，Z_{N_p}）。为了把这组方程变成常微分方程组的标准形式，对于一些状态函数 $\boldsymbol{x}$ 它必须重写为

$$\dot{\boldsymbol{x}}(t)=\boldsymbol{f}(t,\ \boldsymbol{x}(t)) \tag{7.27}$$

定理 7.2 推导出一组耦合的非线性常微分方程，该方程描述了闭环系统的动力学特性，与式（7.25）所体现的反馈控制律相关。

定理 7.2 假设式（7.25）中的 IBVS 控制律用于控制机器人系统。闭环系统的动力学由下列耦合的非线性常微分方程的闭集管理

$$\dot{\boldsymbol{e}}(t)=-\lambda \boldsymbol{L}_{\mathrm{sys}}\boldsymbol{L}_{\mathrm{sys}}^{+}\boldsymbol{e}(t) \tag{7.28}$$

$$\dot{\boldsymbol{u}}(t)=-\lambda \boldsymbol{L}_{\mathrm{sys}}\boldsymbol{L}_{\mathrm{sys}}^{+}\boldsymbol{e}(t) \tag{7.29}$$

$$\dot{\boldsymbol{X}}(t)=-\lambda \boldsymbol{D}_{\mathrm{sys}}\boldsymbol{L}_{\mathrm{sys}}^{+}\boldsymbol{e}(t) \tag{7.30}$$

证明： 这些方程由式（7.25）中的闭环控制律推导而来。根据式（7.26），

$$\begin{Bmatrix} \boldsymbol{v}_{0,c}^{\mathbb{C}} \\ \boldsymbol{\omega}_{0,\mathbb{C}}^{\mathbb{C}} \end{Bmatrix}=-\lambda \boldsymbol{L}_{\mathrm{sys}}^{+}\boldsymbol{e}(t) \tag{7.31}$$

当与式（7.24）结合时，得到 $\dot{\boldsymbol{e}}(t)=-\lambda \boldsymbol{L}_{\mathrm{sys}}\boldsymbol{L}_{\mathrm{sys}}^{+}\boldsymbol{e}(t)$

此外，众所周知

$$\boldsymbol{e}(t):=\begin{Bmatrix} \boldsymbol{e}_1(t) \\ \boldsymbol{e}_2(t) \\ \vdots \\ \boldsymbol{e}_n(t) \end{Bmatrix}=\begin{Bmatrix} \boldsymbol{u}_1(t) \\ \boldsymbol{u}_2(t) \\ \vdots \\ \boldsymbol{u}_n(t) \end{Bmatrix}-\begin{Bmatrix} \boldsymbol{u}_1^* \\ \boldsymbol{u}_2^* \\ \vdots \\ \boldsymbol{u}_n^* \end{Bmatrix}$$

当这个方程对时间求导时，$\dot{\boldsymbol{e}}(t)=\dot{\boldsymbol{u}}(t)$，接下来 $\dot{\boldsymbol{u}}(t)=-\lambda \boldsymbol{L}_{\mathrm{sys}}\boldsymbol{L}_{\mathrm{sys}}^{+}\boldsymbol{e}(t)$，最后由式（7.19）可知

$$\dot{\boldsymbol{X}}(t)=\boldsymbol{D}_{\mathrm{sys}}\begin{Bmatrix} \boldsymbol{v}_{0,c}^{\mathbb{C}} \\ \boldsymbol{\omega}_{0,\mathbb{C}}^{\mathbb{C}} \end{Bmatrix}$$

根据上式得到

$$\dot{\boldsymbol{X}}(t)=-\lambda \boldsymbol{D}_{\mathrm{sys}}\boldsymbol{L}_{\mathrm{sys}}^{+}\boldsymbol{e}(t)$$

将式（7.31）代入式（7.19）。因此，定理 7.2 中的每个方程都成立。它仍然表明，这三个向量方程的集合构成了一个封闭的常微分方程系统。回忆对式（7.27）的讨论，对一些 N_s 的状态向量 $\boldsymbol{x}(t)$ 和一些函数 $f:\mathbb{R}\times\mathbb{R}^{N_s}\rightarrow\mathbb{R}^{N_s}$，这组方程形式必须能够被写成 $\dot{\boldsymbol{x}}=f(t, \boldsymbol{x}(t))$ 的形式。定义状态向量为

$$\boldsymbol{x}(t):=\begin{Bmatrix} \boldsymbol{e}(t) \\ \boldsymbol{u}(t) \\ \boldsymbol{X}(t) \end{Bmatrix}$$

控制方程集合的左边就是 $\dot{\boldsymbol{x}}(t)$，右边的这组三个向量方程取决于 $\boldsymbol{x}(t)$ 的组成部分 $\boldsymbol{e}(t)$，$\boldsymbol{u}(t)$，$\boldsymbol{X}(t)$。因此，方程组是一个封闭的常微分方程组。

$$\dot{\boldsymbol{e}}(t)=-\lambda \boldsymbol{L}_{\mathrm{sys}}\boldsymbol{L}_{\mathrm{sys}}^{+}\boldsymbol{e}(t)$$

$$\dot{\boldsymbol{u}}(t)=-\lambda \boldsymbol{L}_{\mathrm{sys}}\boldsymbol{L}_{\mathrm{sys}}^{+}\boldsymbol{e}(t)$$

$$\dot{\boldsymbol{X}}(t)=-\lambda \boldsymbol{D}_{\mathrm{sys}}\boldsymbol{L}_{\mathrm{sys}}^{+}\boldsymbol{e}(t)$$

■

7.2.2 初始条件计算

实际模拟的非线性常微分方程写成 $\dot{\boldsymbol{x}}=\boldsymbol{f}(t, \boldsymbol{x}(t))$ 形式，其中状态变量 $\boldsymbol{x}$ 为

$$\boldsymbol{x}(t):=\begin{Bmatrix} \boldsymbol{e}(t) \\ \boldsymbol{u}(t) \\ \boldsymbol{X}(t) \end{Bmatrix}$$

对于常微分方程系统（systems of ordinary differential equation），可以使用任意一种标准的数值积分方法。这些数值方法包括线性多步方法族。这些线性多步方法包括很多著

名的预估矫正方法，例如 Adams-Bashforth-Moulton 方法。另一种流行的数值积分方法包括自启动龙格-库塔方法（Runge-Kutta method）。读者可以参考文献［2］来讨论这些方法以及其他流行的替代方法。

为了使用这种数值算法来获得这些方程的近似解，有必要指定初始条件（initial condition）

$$\boldsymbol{x}(t_0)=\begin{Bmatrix}\boldsymbol{e}(t_0)\\ \boldsymbol{u}(t_0)\\ \boldsymbol{X}(t_0)\end{Bmatrix}$$

为了描述求解初始条件 $\boldsymbol{x}(t_0)$ 的一般过程，需要描述相机坐标系的初始和最终方向。初始相机坐标系 $\mathbb{C}(t_0)$ 的坐标轴为 $\boldsymbol{x}_{\mathbb{C}}(t_0)$，$\boldsymbol{y}_{\mathbb{C}}(t_0)$，$\boldsymbol{z}_{\mathbb{C}}(t_0)$，最终相机坐标系 $\mathbb{C}(t_f)$ 的坐标轴为 $\boldsymbol{x}_{\mathbb{C}}(t_f)$，$\boldsymbol{y}_{\mathbb{C}}(t_f)$，$\boldsymbol{z}_{\mathbb{C}}(t_f)$。点 p 相对于相机坐标系其初始配置中的位置为

$$\boldsymbol{r}_{\mathbb{C},p}(t_0)=X(t_0)\boldsymbol{x}_{\mathbb{C}}(t_0)+Y(t_0)\boldsymbol{y}_{\mathbb{C}}(t_0)+Z(t_0)\boldsymbol{z}_{\mathbb{C}}(t_0)$$

点 p 相对于相机坐标系其最终配置中的位置为

$$\boldsymbol{r}_{\mathbb{C},p}(t_f)=X(t_f)\boldsymbol{x}_{\mathbb{C}}(t_f)+Y(t_f)\boldsymbol{y}_{\mathbb{C}}(t_f)+Z(t_f)\boldsymbol{z}_{\mathbb{C}}(t_f)$$

以下步骤可用于计算初始条件 $\boldsymbol{x}(t_0)$。

(i) 求出最终相机坐标系原点与初始相机坐标系原点之间的偏移的坐标 $\boldsymbol{d}_{0,f}^0$，求出将最终坐标系下的坐标映射成初始坐标系下的坐标的旋转矩阵 $\boldsymbol{R}_f^0$。创建将最终相机坐标系下的齐次坐标映射到初始坐标系下的齐次坐标的齐次变换 $\boldsymbol{H}_f^0$。

$$\boldsymbol{H}_f^0=\begin{bmatrix}\boldsymbol{R}_f^0 & \boldsymbol{d}_{0,f}^0\\ \boldsymbol{0}^{\mathrm{T}} & 1\end{bmatrix} \tag{7.32}$$

(ii) 对每个点 $i=1,\cdots,n_p$ 计算从最终相机坐标系的坐标计算出相对于初始相机坐标系的坐标，

$$\begin{Bmatrix}X(t_0)\\ Y(t_0)\\ Z(t_0)\\ 1\end{Bmatrix}_i=\begin{bmatrix}\boldsymbol{R}_f^0 & \boldsymbol{d}_{f,0}^0\\ \boldsymbol{0}^{\mathrm{T}} & 1\end{bmatrix}\begin{Bmatrix}X(t_f)\\ Y(t_f)\\ Z(t_f)\\ 1\end{Bmatrix}_i \tag{7.33}$$

这个方程也可以写成更简洁的形式，

$$\begin{Bmatrix}\boldsymbol{X}_i(t_0)\\ 1\end{Bmatrix}=\begin{bmatrix}\boldsymbol{R}_f^0 & \boldsymbol{d}_{f,0}^0\\ \boldsymbol{0}^{\mathrm{T}} & 1\end{bmatrix}\begin{Bmatrix}\boldsymbol{X}_i(t_f)\\ 1\end{Bmatrix} \tag{7.34}$$

(iii) 对点 $i=1,\cdots,n_p$ 使用初始坐标系下的坐标（$\boldsymbol{X}_1(t_0)$，$\boldsymbol{X}_2(t_0)$，…，$\boldsymbol{X}_{n_p}(t_0)$）去计算初始焦平面坐标

$$\boldsymbol{u}_i(t_0)=\begin{Bmatrix}u(t_0)\\ v(t_0)\end{Bmatrix}_i=\begin{Bmatrix}X_i(t_0)/Z_i(t_0)\\ Y_i(t_0)/Z_i(t_0)\end{Bmatrix} \tag{7.35}$$

(iv) 对点 $i=1,\cdots,n_p$ 使用初始焦平面坐标 $\boldsymbol{u}_1(t_0)$，$\boldsymbol{u}_2(t_0)$，…，$\boldsymbol{u}_{n_p}(t_0)$ 去计算初始焦平面跟踪误差

$$\boldsymbol{e}_i(t_0)=\begin{Bmatrix}e_x(t_0)\\ e_y(t_0)\end{Bmatrix}_i=\begin{Bmatrix}u_i(t_0)-u_i^*\\ v_i(t_0)-v_i^*\end{Bmatrix} \tag{7.36}$$

一旦这些步骤都完成了，对于 $i=1,\cdots,n_p$，初始条件由向量 $\boldsymbol{e}_i(t_0)$，$\boldsymbol{u}_i(t_0)$，$\boldsymbol{X}_i(t_0)$ 叠加构成 $\boldsymbol{e}(t_0)$，$\boldsymbol{u}(t_0)$，$\boldsymbol{X}(t_0)$

$$\boldsymbol{e}(t_0)=\begin{Bmatrix}\boldsymbol{e}_1(t_0)\\ \boldsymbol{e}_2(t_0)\\ \vdots\\ \boldsymbol{e}_{N_p}(t_0)\end{Bmatrix},\quad \boldsymbol{u}(t_0)=\begin{Bmatrix}\boldsymbol{u}_1(t_0)\\ \boldsymbol{u}_2(t_0)\\ \vdots\\ \boldsymbol{u}_{N_p}(t_0)\end{Bmatrix},\quad \boldsymbol{X}(t_0)=\begin{Bmatrix}\boldsymbol{X}_1(t_0)\\ \boldsymbol{X}_2(t_0)\\ \vdots\\ \boldsymbol{X}_{N_p}(t_0)\end{Bmatrix}$$

然后组装成

$$\boldsymbol{x}(t_0)=\begin{Bmatrix}\boldsymbol{e}(t_0)\\ \boldsymbol{u}(t_0)\\ \boldsymbol{X}(t_0)\end{Bmatrix}$$

例 7.1 使用相机测量固定在惯性坐标系中的四个特征点，推导出 IBVS 控制器。考虑如图 7-4 所示的相机坐标系的方向、焦平面和特征点的相机坐标。对于这个问题，焦距 $f=1$。注意，该图描述了所需的或最终配置的相机坐标系。

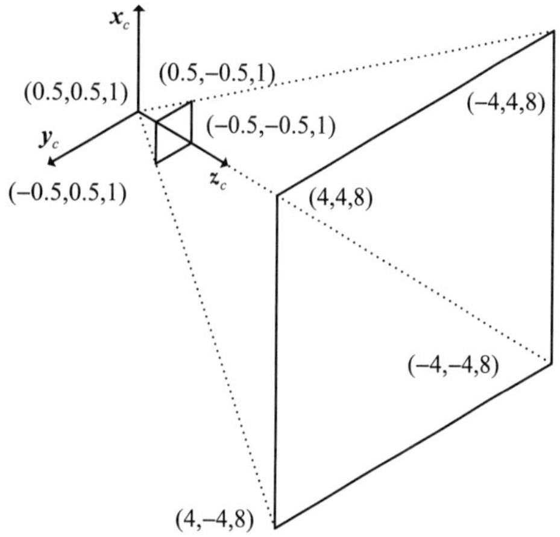

图 7-4 相机坐标系和特征点的最终配置

解：如图所示的焦平面坐标为

$$\begin{Bmatrix}u^*\\ v^*\end{Bmatrix}_1=\begin{Bmatrix}\frac{1}{2}\\ \frac{1}{2}\end{Bmatrix},\quad \begin{Bmatrix}u^*\\ v^*\end{Bmatrix}_2=\begin{Bmatrix}\frac{1}{2}\\ -\frac{1}{2}\end{Bmatrix},$$

$$\begin{Bmatrix}u^*\\ v^*\end{Bmatrix}_3=\begin{Bmatrix}-\frac{1}{2}\\ -\frac{1}{2}\end{Bmatrix},\quad \begin{Bmatrix}u^*\\ v^*\end{Bmatrix}_4=\begin{Bmatrix}-\frac{1}{2}\\ \frac{1}{2}\end{Bmatrix}$$

特征点相对于相机坐标系最终方向的坐标为

$$\begin{Bmatrix}X(t_f)\\ Y(t_f)\\ Z(t_f)\end{Bmatrix}_1=\begin{Bmatrix}4\\ 4\\ 8\end{Bmatrix},\quad \begin{Bmatrix}X(t_f)\\ Y(t_f)\\ Z(t_f)\end{Bmatrix}_2=\begin{Bmatrix}4\\ -4\\ 8\end{Bmatrix},\quad \begin{Bmatrix}X(t_f)\\ Y(t_f)\\ Z(t_f)\end{Bmatrix}_3=\begin{Bmatrix}-4\\ -4\\ 8\end{Bmatrix},\quad \begin{Bmatrix}X(t_f)\\ Y(t_f)\\ Z(t_f)\end{Bmatrix}_4=\begin{Bmatrix}-4\\ 4\\ 8\end{Bmatrix}$$

选择初始条件

1. 初始相机坐标系的原点与最终相机的原点重合。
2. 将最终相机坐标系绕轴 $\boldsymbol{z}_C(t_f)=\boldsymbol{z}_C(t_0)$ 旋转 $\pi/4$ 获得初始相机坐标系。

定理 7.2 中的常微分方程组用于模拟控制方案的行为。这些控制方程的初始条件的计算步骤是上面的 (i) 到 (iv)。在这个例子中，

$$\boldsymbol{d}_{0,f}^{0}=\begin{Bmatrix}0\\ 0\\ 0\end{Bmatrix}$$

将最终相机坐标映射到初始相机坐标的旋转矩阵很简单

$$\boldsymbol{R}_f^0=\begin{bmatrix}\frac{1}{\sqrt{2}} & \frac{1}{\sqrt{2}} & 0\\ -\frac{1}{\sqrt{2}} & \frac{1}{\sqrt{2}} & 0\\ 0 & 0 & 1\end{bmatrix}$$

图 7-5 通过绘制焦平面坐标的轨迹来描述闭环系统的性能。每个特征点的焦平面坐标

从红色方块的角开始，代表从初始相机配置中观察到的特征点的图像。基于视觉伺服图像的控制律驱动相机，使每个特征点的焦平面坐标接近焦平面中的期望位置。

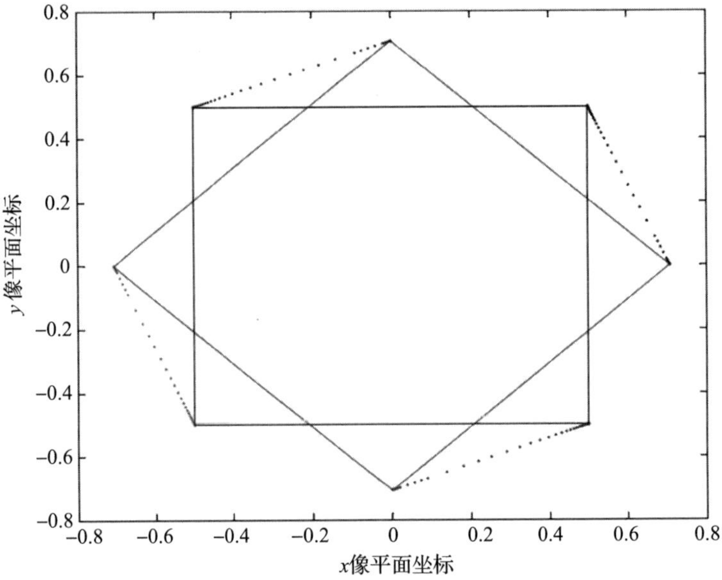

图 7-5　绕 z 轴旋转，$\psi=\pi/4$，焦平面轨迹图（见彩插）

图 7-6 展示了基于图像的视觉伺服控制律驱动相机时，相机坐标随时间变化的轨迹。注意，图 7-6 中，相机在 z_C 方向移动，因为它是由控制律驱动的。即使目标相机配置与最初的相机配置由一个简单的绕 z_C 轴的基向量联系，旋转闭环方程在 z_C 轴方向引发运动：关于 z_C 的旋转方向是联合 z_C 的旋转方向。

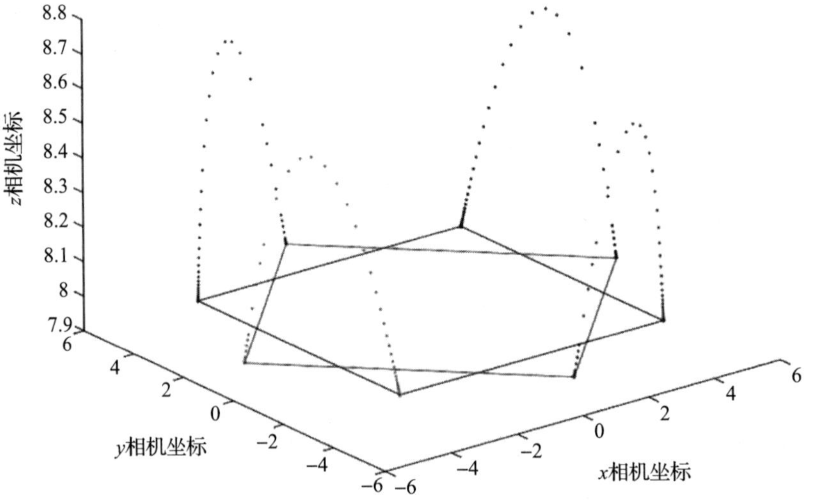

图 7-6　绕 z 轴旋转，$\psi=\pi/4$，相机坐标轨迹（见彩插）

例 7.2 如例 7.1 所示，使用相机测量固定在惯性坐标系中的四个特征点，推导出 IBVS 控制器。与最终的相机坐标系相比，特征点具有相同的相对几何形状，但是初始相机坐标系的定义如图 7-7 所示。

解： 如图 7-7 所示，定义的初始相机坐标系的位置和方向满足两个条件。

1. 初始相机坐标系的原点与最终相机坐标系的原点之间的偏移量为

$$\boldsymbol{d}_{f,0}^{f}=\begin{Bmatrix} 0 \\ \dfrac{1}{\sqrt{2}}D \\ D-\dfrac{1}{\sqrt{2}}D \end{Bmatrix} \tag{7.37}$$

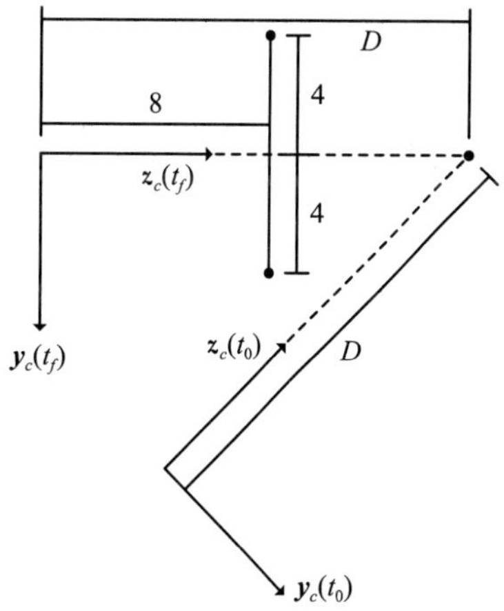

图 7-7　初始条件配置

2. 最终的相机坐标系绕 $\boldsymbol{x}_c(t_f)$ 轴旋转 π/4，获得初始相机坐标系的方向，所以

$$\boldsymbol{R}_f^0=\begin{bmatrix} 1 & 0 & 0 \\ 0 & \dfrac{1}{\sqrt{2}} & \dfrac{1}{\sqrt{2}} \\ 0 & -\dfrac{1}{\sqrt{2}} & \dfrac{1}{\sqrt{2}} \end{bmatrix} \tag{7.38}$$

与前面所使用的方法一样，初始条件 $\boldsymbol{x}(t_0)$ 通过更新后的旋转矩阵 $\boldsymbol{R}_f^0$（式（7.38）），以及原点偏移 $\boldsymbol{d}_{0,f}^{0}=-\boldsymbol{R}_f^0\boldsymbol{d}_{f,0}^{f}$（式（7.37））计算得到。

图 7-8 和图 7-9 显示了这些情况下的数值模拟结果。注意，与上例相比，从初始相机配置查看的特征点的图像明显倾斜。图 7-8 和图 7-9 中的红色多边形，表示从初始相机配置中看到的特征点的图像。控制器将特征点在焦平面上的轨迹驱动到期望的位置，如图 7-8 和图 7-9 所示。相机坐标的轨迹如图 7-9 所示。同样，所有特征点的相机坐标都以时间函数的形式收敛到期望的位置。

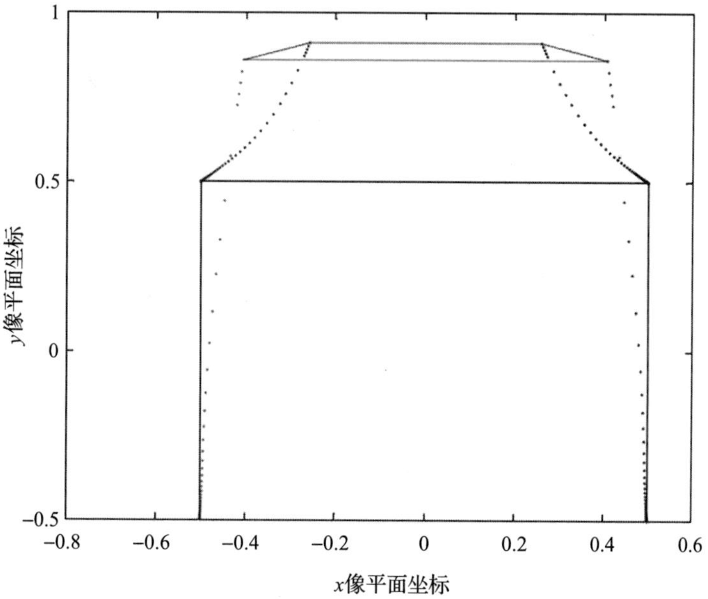

图 7-8　绕 x 轴旋转，$\phi=\pi/4$，焦平面轨迹（见彩插）

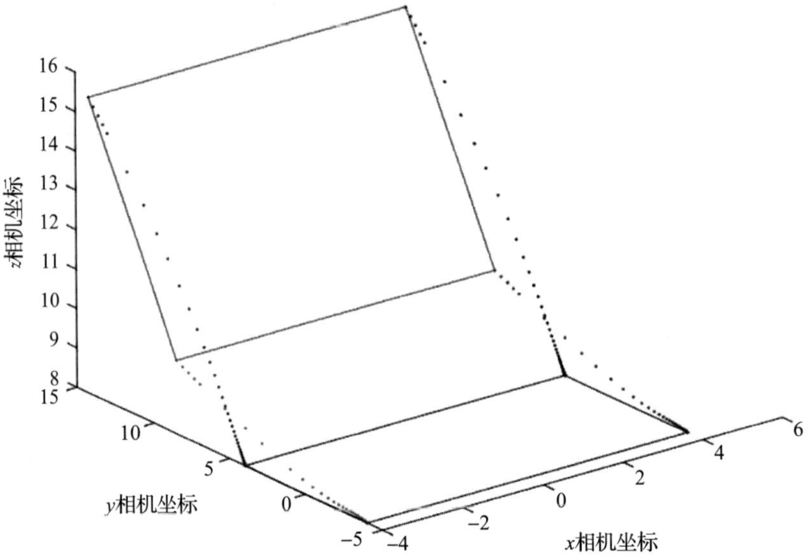

图 7-9 绕 x 轴旋转，$\phi=\pi/4$，相机坐标轨迹（见彩插） ◀

例 7.3 再次考虑例 7.1，其中最初的相机坐标系原点恰逢是最终相机坐标系的原点，最初的相机坐标系是通过将最终的相机坐标系绕 z_C 旋转 $\pi/4$ 得到的。这个例子使用相同的设置，但选择的旋转角度 $\pi/2$、$3\pi/4$、$7\pi/8$ 和 $99\pi/100$。

解： 图 7-10 到图 7-17 描绘了四个测试的焦平面轨迹和相机坐标轨迹。图 7-10、图 7-12、图 7-14 和图 7-16 在这四种情况下，焦平面轨迹的表现完全符合预期。焦平面轨迹开始于从初始相机坐标系中看到的特征点图像相关的红色多边形的角，结束于与从最终相机坐标系中看到的特征点图像相关的蓝色多边形的角。然而，图 7-11、图 7-13、图 7-15 和图 7-17 显示了惊人的行为。旋转角度的趋近于 π，沿着 z_c 方向运动的范围大大增加。表 7-1 总结了这些结果。

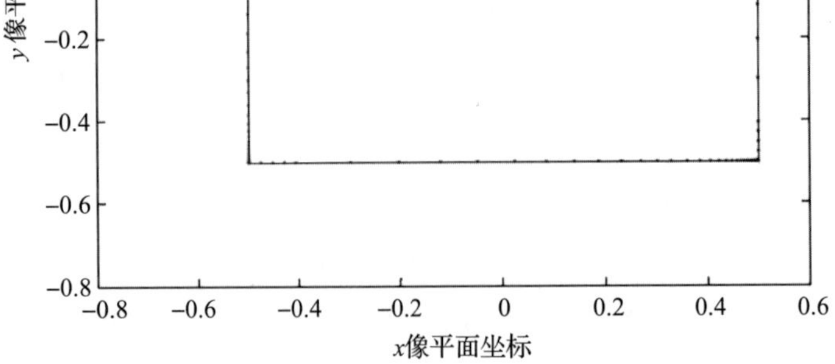

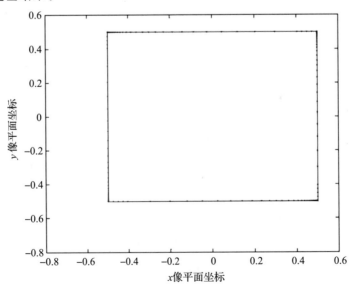

图 7-10 绕 z 轴旋转，$\psi=\pi/2$，焦平面轨迹（见彩插）

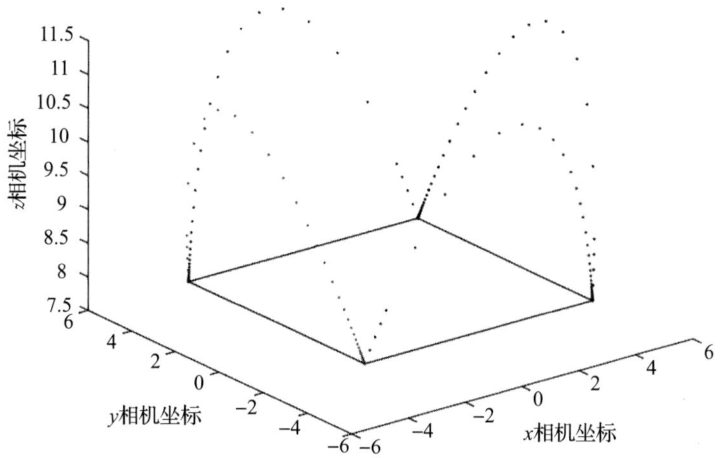

图 7-11 绕 z 轴旋转，$\psi=\pi/2$，相机坐标轨迹（见彩插）

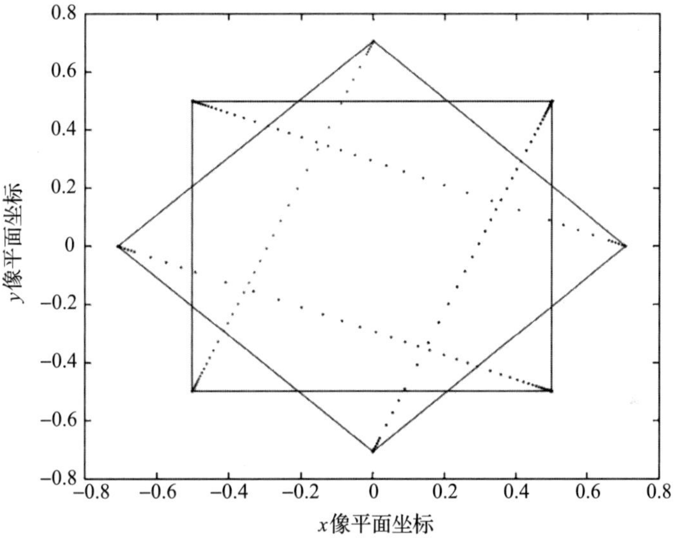

图 7-12 绕 z 轴旋转，$\psi=3\pi/4$，焦平面轨迹（见彩插）

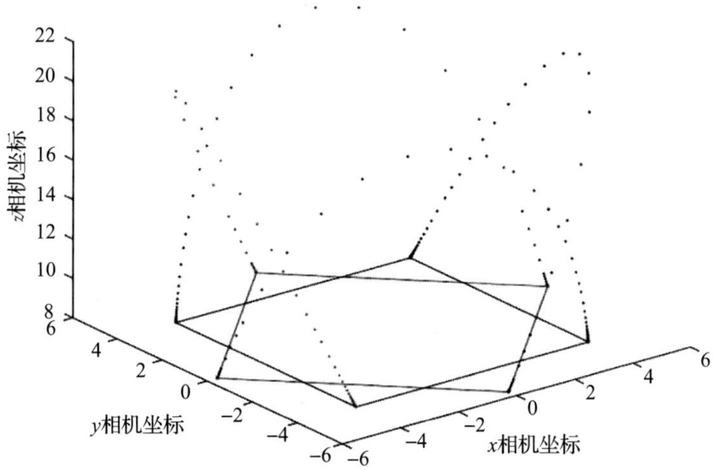

图 7-13 绕 z 轴旋转，$\psi=3\pi/4$，相机坐标轨迹（见彩插）

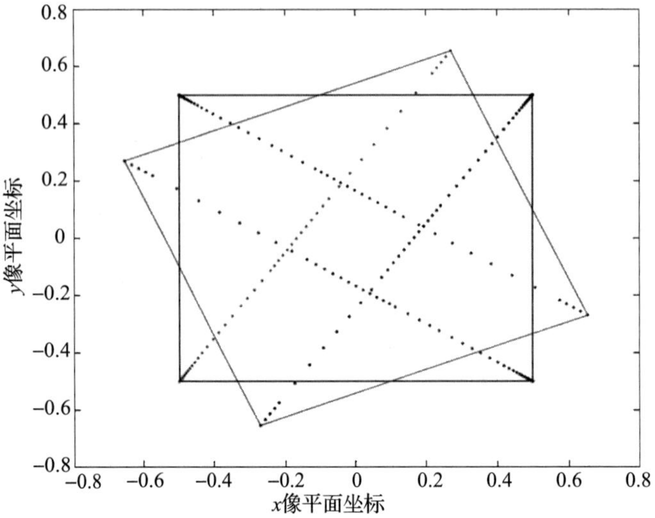

图 7-14　绕 z 轴旋转，$\psi=7\pi/8$，焦平面轨迹（见彩插）

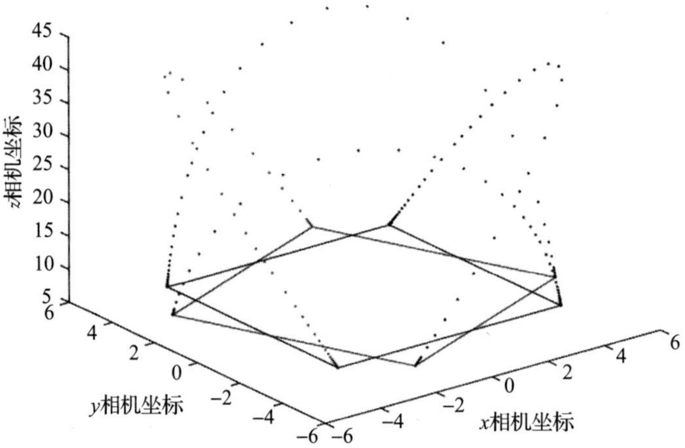

图 7-15　绕 z 轴旋转，$\psi=7\pi/8$，相机坐标轨迹（见彩插）

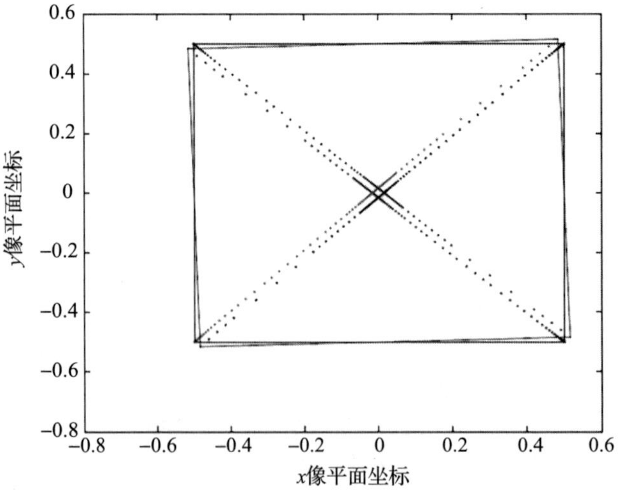

图 7-16　绕 z 轴旋转，$\psi=99\pi/100$，焦平面轨迹（见彩插）

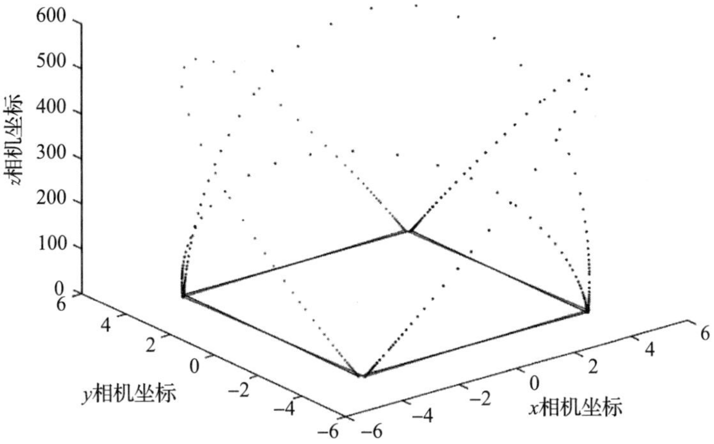

图 7-17 绕 z 轴旋转，$\psi=99\pi/100$，相机坐标轨迹（见彩插）

回想一下，最后一个相机坐标系的原点需要位于距离所有特征点 8 个单位的 z 轴上。考虑在特定的情况下旋转角度是 $99\pi/100$。在这种情况下，控制方法的性能显然是完全不能令人满意的。控制律驱动相机，使其最大距离为 600 单位的特征点。

这种异常行为的原因可以从表 7-1 的最后一列中推断出来。这一列列出了系统交互矩阵 $\boldsymbol{L}_{sys}$ 在整个运动范围内的最小奇异值。图 7-18～图 7-21 给出了这些不同旋转角度模拟下最小奇异值的一个图。

表 7-1 旋转角度、运动范围、奇异值比较

旋转角度	运动范围	最小奇异值
$\pi/4$	8.8	$O(10^{-3})$
$\pi/2$	11.5	$O(10^{-4})$
$3\pi/4$	22	$O(10^{-6})$
$7\pi/8$	45	$O(10^{-9})$
$99\pi/100$	600	$O(10^{-15})$

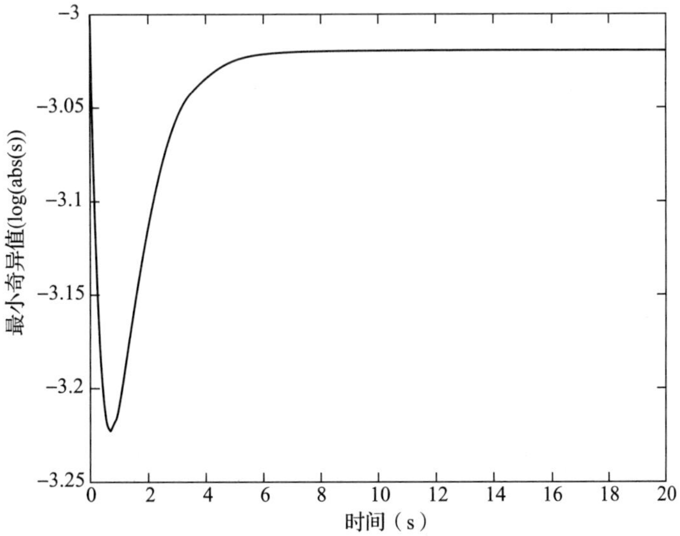

图 7-18 绕 z 轴旋转，$\psi=\pi/4$，最小奇异值

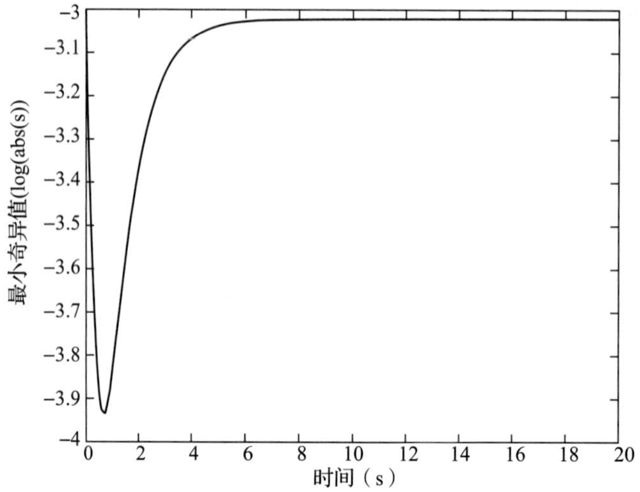

图 7-19　绕 z 轴旋转，$\psi=\pi/2$，最小奇异值

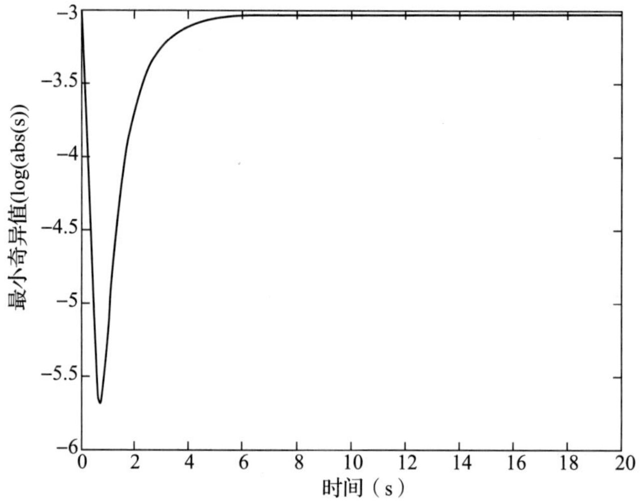

图 7-20　绕 z 轴旋转，$\psi=3\pi/4$，最小奇异值

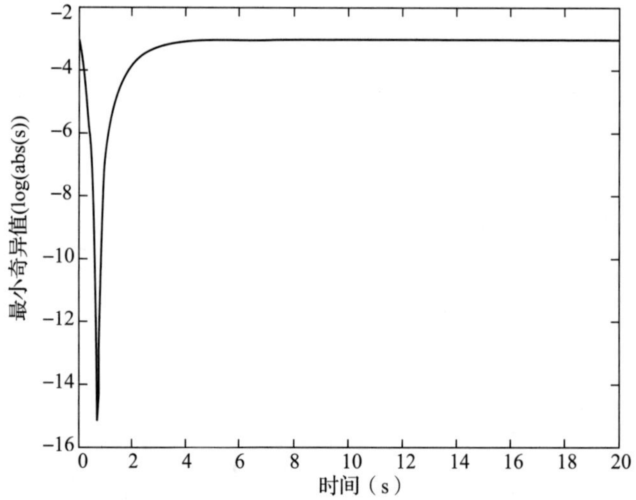

图 7-21　绕 z 轴旋转，$\psi=99\pi/100$，最小奇异值

这个最小奇异值可以被看作是矩阵 $\boldsymbol{L}_{\mathrm{sys}}^{\mathrm{T}}\boldsymbol{L}_{\mathrm{sys}}$ 与奇异值接近程度的一个度量。图像雅可比矩阵不是满秩的，或奇异的，附近的配置与旋转角 π 有关。这个困难是很容易理解的，在许多机器人控制问题中也有类似的问题。◀

7.3 任务空间控制

第 6 章描述了获得全驱动机器人系统反馈控制器的几种技术。所有这些控制策略都使得广义坐标 $\boldsymbol{q}$ 及导数 $\boldsymbol{q}$ 趋近于所希望的轨迹：$t\to\infty$，$\boldsymbol{q}(t)\to\boldsymbol{q}_{\mathrm{d}}(t)$，$\dot{\boldsymbol{q}}(t)\to\dot{\boldsymbol{q}}_{\mathrm{d}}(t)$。对设定点控制器来说，预设轨迹是一个满足 $\dot{\boldsymbol{q}}_{\mathrm{d}}(t)\equiv\boldsymbol{0}$ 的恒定轨迹。但对跟踪控制器来说，其预设轨迹则随时间变化。由于本书中所有的公式都选择了关节角度或关节位移的广义坐标，第 6 章中导出的技术有时被称为关节空间控制（joint space control）方法。也就是说，第 6 章中讨论的控制器的性能标准或目标是最小化关节自由度表示的误差。

通常，通过反馈控制实现的目标很自然地用与当前问题相关的变量表示，但不容易用关节变量表示。例如，设计一个在工作空间的某个位置定位工具或末端执行器的控制器。在这种情况下，假设工具尖端的位置 p 是由向量给出的

$$\boldsymbol{r}_{0,p}(t)=x_1(t)\boldsymbol{x}_0+x_2(t)\boldsymbol{y}_0+x_3(t)\boldsymbol{z}_0$$

控制策略应该保证当 $t\to\infty$，$x_1(t)\to x_{1,d}$，$x_2(t)\to x_{2,d}$，$x_3(t)\to x_{3,d}$。但是，坐标（x_1，x_2，x_3）不是机械手的关节变量，第 6 章所讨论的策略并不直接适用。原则上，通常可以根据任务空间变量重新建立运动方程，但对于现实的机器人系统来说，这可能是一个冗长的问题。变量集（x_1，x_2，x_3）是当前问题的任务空间变量集合的一个示例。幸运的是，有许多技术可以用于派生任务空间控制器。一种方法是利用任务空间的雅可比矩阵，总结定理 7.3。

定理 7.3 假设 $\{q_1\cdots q_N\}$ 为机器人系统的 N 个广义坐标，其控制方程如式（6.1）所示。假设给定 N 个任务空间坐标。第（i，j）个任务空间的雅可比矩阵 $\mathbb{J}=\dfrac{\partial x}{\partial q}$ 定义为

$$\mathbb{J}_{ij}:=\frac{\partial x_i}{\partial q_j}\quad i,\ j=1,\ \cdots,\ N$$

任务空间跟踪误差由 $\boldsymbol{e}_x(t)=\boldsymbol{x}(t)-\boldsymbol{x}_{\mathrm{d}}(t)$ 定义，$\boldsymbol{x}_{\mathrm{d}}(t)$ 为期望的任务轨迹。假设如下：

1. 广义质量矩阵 $\boldsymbol{M}(\boldsymbol{q})$ 和非线性右手侧 $\boldsymbol{n}(\boldsymbol{q},\ \dot{\boldsymbol{q}})$ 满足定理 6.1 的假设。

2. 任务空间雅克比 $\mathbb{J}=\mathbb{J}(\boldsymbol{q})$ 和它的导数 $\dot{\mathbb{J}}=\dot{\mathbb{J}}(t,\ \mathbb{R}^N)$ 分别在空间 $\mathbb{R}$ 和 $\mathbb{R}^+\times\mathbb{R}^N$ 是连续函数。

3. 任务空间雅可比矩阵是一致可逆的因为存在这样的常数 c_1 和 c_2

$$c_1\|\boldsymbol{w}\|^2\leqslant\boldsymbol{w}^{\mathrm{T}}\mathbb{J}(\boldsymbol{q})\boldsymbol{w}\leqslant c_2\|\boldsymbol{w}\|^2$$

$\boldsymbol{w}\in\mathbb{R}^N$ 和 $\boldsymbol{q}\in\mathbb{R}^N$

然后计算转矩控制律 $\boldsymbol{\tau}=\boldsymbol{M}\boldsymbol{v}-\boldsymbol{n}$，其中

$$\boldsymbol{v}=\mathbb{J}^{-1}(\ddot{\boldsymbol{x}}_{\mathrm{d}}-\dot{\mathbb{J}}\dot{\boldsymbol{q}}-\boldsymbol{G}_1(\boldsymbol{J}\dot{\boldsymbol{q}}-\dot{\boldsymbol{x}}_{\mathrm{d}})-\boldsymbol{G}_0(\boldsymbol{x}-\boldsymbol{x}_{\mathrm{d}}))$$

闭环系统的任务空间跟踪误差的原点及其导数是渐近稳定的。

证明：将计算得到的转矩控制律代入运动控制方程，可得

$$\ddot{\boldsymbol{q}}=\boldsymbol{v}=\mathbb{J}^{-1}(\ddot{\boldsymbol{x}}_{\mathrm{d}}-\dot{\mathbb{J}}\dot{\boldsymbol{q}}-\boldsymbol{G}_1(\mathbb{J}\dot{\boldsymbol{q}}-\dot{\boldsymbol{x}}_{\mathrm{d}})-\boldsymbol{G}_0(\boldsymbol{x}-\boldsymbol{x}_{\mathrm{d}}))$$

重新排列这个等式得到结果

$$((\mathbb{J}\ddot{\boldsymbol{q}}+\dot{\mathbb{J}}\dot{\boldsymbol{q}})-\ddot{\boldsymbol{x}}_{\mathrm{d}})+\boldsymbol{G}_1(\mathbb{J}\dot{\boldsymbol{q}}-\dot{\boldsymbol{x}}_{\mathrm{d}})+\boldsymbol{G}_0(\boldsymbol{x}-\boldsymbol{x}_{\mathrm{d}})=\boldsymbol{0}$$

根据链式法则，

$$\dot{\boldsymbol{x}}=\frac{\mathrm{d}}{\mathrm{d}t}(\boldsymbol{x}(\boldsymbol{q}))=\frac{\partial\boldsymbol{x}}{\partial\boldsymbol{q}}\dot{\boldsymbol{q}}=\mathbb{J}\dot{\boldsymbol{q}}$$

$$\ddot{x} = \mathbb{J}\ddot{q} + \dot{\mathbb{J}}\dot{q}$$

由此可知，闭环控制方程可以用这种形式表示

$$(\ddot{\boldsymbol{x}} - \ddot{\boldsymbol{x}}_d) + \boldsymbol{G}_1(\dot{\boldsymbol{x}} - \dot{\boldsymbol{x}}_d) + \boldsymbol{G}_0(\boldsymbol{x} - \boldsymbol{x}_d) = \boldsymbol{0} \text{ 或者 } \ddot{\boldsymbol{e}}_x + \boldsymbol{G}_1\dot{\boldsymbol{e}}_x + \boldsymbol{G}_0\boldsymbol{e}_x = \boldsymbol{0}$$

其中 $\boldsymbol{e}_x(t) := \boldsymbol{x}(t) - \boldsymbol{x}_d(t)$。原点 $\{0\quad 0\} = \{\boldsymbol{e}_x^{\mathrm{T}}\dot{\boldsymbol{e}}_x^{\mathrm{T}}\}$ 因此是渐近稳定的。 ■

例 7.4 考虑第 6 章中例 6.6、例 6.7、例 6.8 和例 6.10 中研究的球形机械手。根据定理 7.3 推导出一个任务空间控制器，其中任务空间坐标 (x_1, x_2, x_3) 定义为，坐标系 3 的原点 r 在坐标系 0 下的坐标。换句话说，定义

$$\boldsymbol{r}_{0,r}(t) := x_1(t)\boldsymbol{x}_0 + x_2(t)\boldsymbol{y}_0 + x_3(t)\boldsymbol{z}_0$$

控制器的设计必须使任务空间坐标能够跟踪所需的轨迹

$$\begin{aligned} x_{1,d}(t) &= 1 + A_1\sin\Omega_1 t \\ x_{2,d}(t) &= 1 + A_2\sin\Omega_2 t \\ x_{3,d}(t) &= 1 + A_3\sin\Omega_3 t \end{aligned} \tag{7.39}$$

其中 $A_i = \dfrac{1}{10}$，$\Omega_i = 2\mathrm{rad}s^{-1}$，选择增益矩阵 $\boldsymbol{G}_0 = g_0\mathbb{I}$ 和 $\boldsymbol{G}_1 = g_1\mathbb{I}$，其中 $(g_0, g_1) = (1, 1)$，$(5, 5)$，$(10, 10)$，或 $(100, 100)$。假设机器人的初始配置如图 7-22 所示。

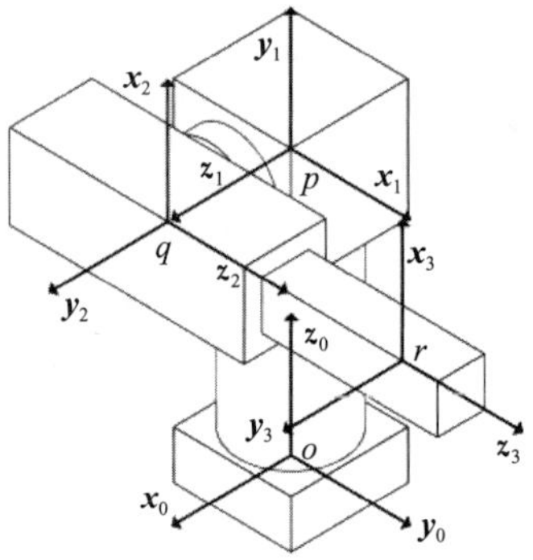

图 7-22　初始配置：$\theta_1 = \pi/2\mathrm{rad}$，$\theta_2 = \pi/2\mathrm{rad}$，$d_{p,q} = 1\mathrm{m}$

通过绘制状态轨迹、跟踪误差和控制输入作为时间的函数来评估该控制器的性能。

解：对于 $i = 1, \cdots, N$ 坐标变化量需要用广义坐标 $(q_1, q_2, q_3) := (\theta_1, \theta_2, d_{q,r})$ 定义任务空间坐标 (x_1, x_2, x_3)。从机器人的运动学分析，

$$\begin{Bmatrix} x_1 \\ x_2 \\ x_3 \end{Bmatrix} = \begin{Bmatrix} d_{p,q}\sin\theta_1 + d_{q,r}\cos\theta_1\sin\theta_2 \\ -d_{p,q}\cos\theta_1 + d_{q,r}\sin\theta_1\sin\theta_2 \\ d_{o,p} - d_{q,r}\cos\theta_2 \end{Bmatrix}$$

任务空间的雅可比矩阵可以通过对这个表达式求偏导来计算，也可以通过使用第 3 章中开发的雅可比矩阵求值工具来计算。无论哪种情况，雅可比矩阵都是

$$\begin{Bmatrix} \dot{x}_1 \\ \dot{x}_2 \\ \dot{x}_3 \end{Bmatrix} = \underbrace{\begin{bmatrix} (d_{p,q}\cos\theta_1 - d_{q,r}\sin\theta_1\sin\theta_2) & d_{q,r}\cos\theta_1\cos\theta_2 & \cos\theta_1\sin\theta_2 \\ (d_{p,q}\sin\theta_1 + d_{q,r}\cos\theta_1\sin\theta_2) & d_{q,r}\sin\theta_1\cos\theta_2 & \sin\theta_1\sin\theta_2 \\ 0 & d_{q,r}\sin\theta_2 & -\cos\theta_2 \end{bmatrix}}_{\boldsymbol{J}} \begin{Bmatrix} \dot{\theta}_1 \\ \dot{\theta}_2 \\ \dot{d}_{q,r} \end{Bmatrix}$$

对于这种特定的任务空间坐标的选择，雅可比矩阵正好等于第 2 章中介绍的速度雅可比矩阵 $\boldsymbol{J}_v$。任务空间的雅可比矩阵 $\mathbb{J}$ 的时间导数评估很简单；这里省略了它的推导过程。图 7-23 和图 7-24 分别描绘了选择初始条件为时的跟踪误差 e_{x_1} 和 e_{x_2}，

$$\{\boldsymbol{q}^{\mathrm{T}}(0)\dot{\boldsymbol{q}}^{\mathrm{T}}(0)\} = \left\{\left\{\frac{\pi}{2}\frac{\pi}{2}1\right\}\{0\quad 0\quad 0\}\right\}$$

机器人的初始配置如图 7-22 所示。跟踪误差 e_{x_3} 的图形与 e_{x_1} 相同。从图 7-23 和图 7-28 可以看出，跟踪误差以指数速度收敛到零，这与理论预测的一致。惯性坐标系中 r 点的轨迹如图 7-25 所示。轨迹收敛于由式 (7.39) 参数化描述的直线。驱动机器人所需的驱动力和力矩如图 7-26、图 7-27 和图 7-28 所示。从图中可以明显看出，随着增益的增加，启动时需要大量的瞬时转矩。

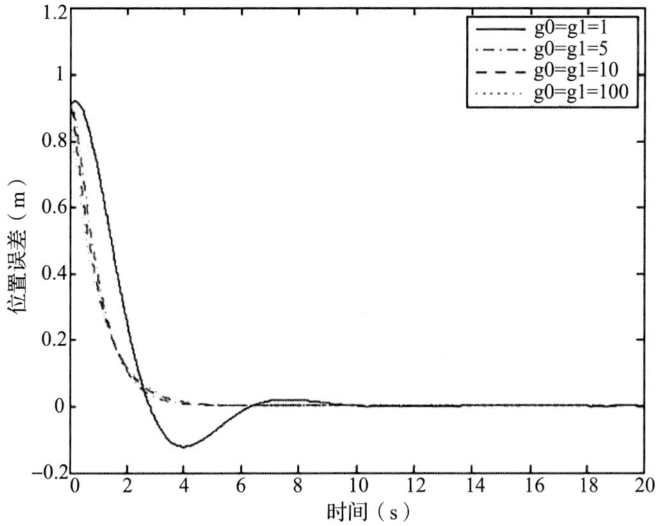

图 7-23 跟踪误差，$e_{x_1}(t)$，例 7.4

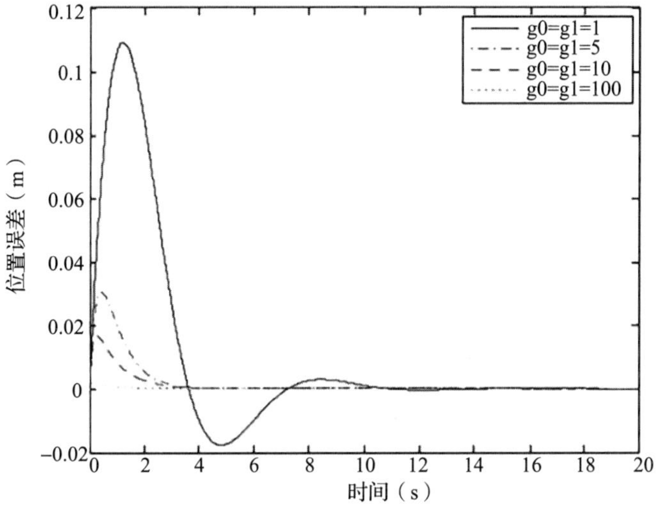

图 7-24 跟踪误差，$e_{x_2}(t)$，例 7.4

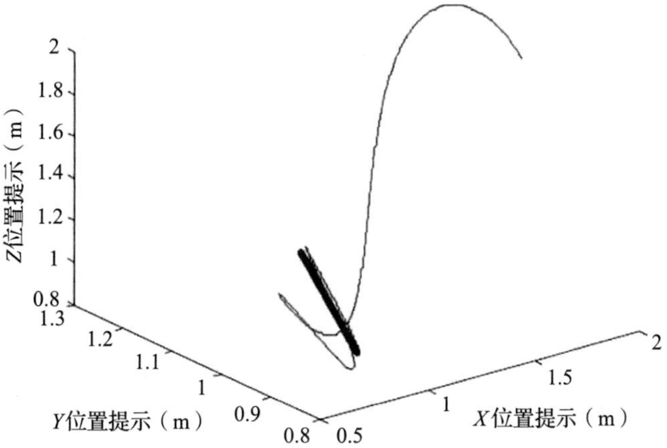

图 7-25 在惯性坐标下的尖端轨迹，$(x_1(t), x_2(t), x_3(t))$，例 7.4

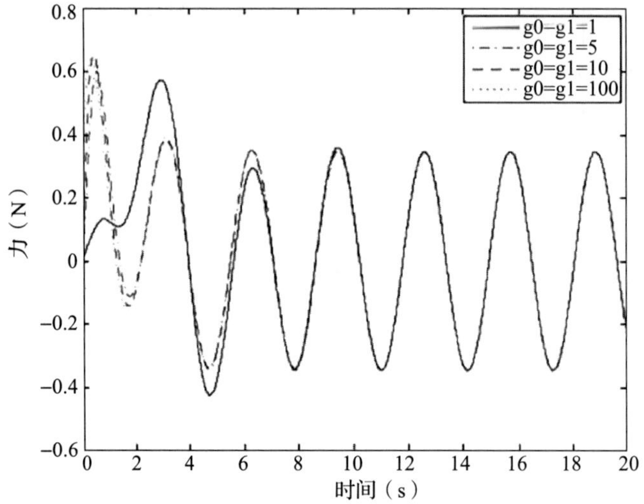

图 7-26 驱动力，$f(t)$，例 7.4

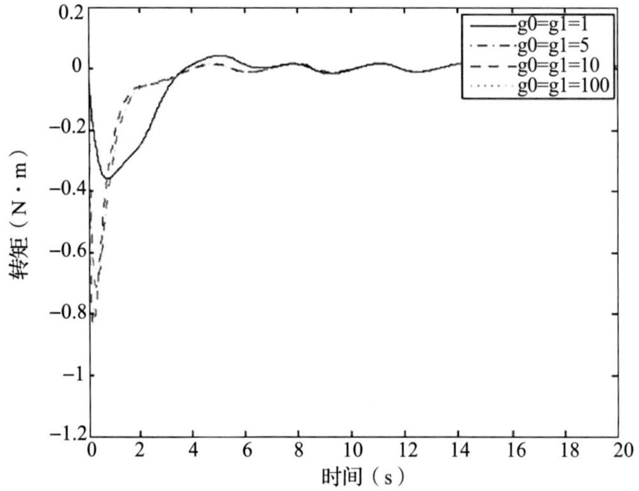

图 7-27 驱动时刻，$m_1(t)$，例 7.4

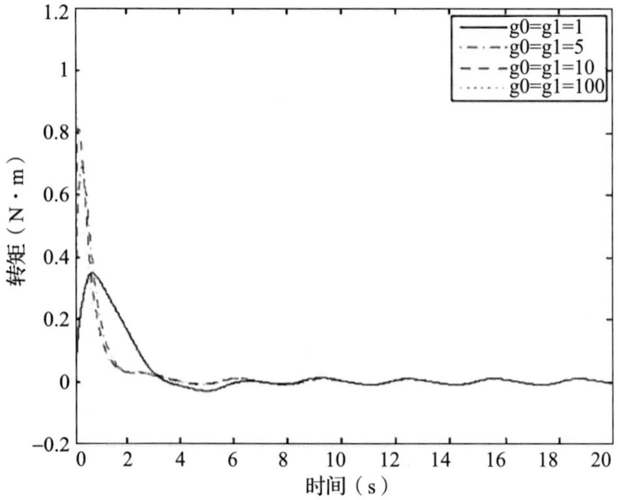

图 7-28 驱动时刻，$m_2(t)$，例 7.4

7.4 任务空间与视觉控制

前一节讨论了如何利用第 6 章 6.6 节中介绍的计算力矩控制策略的内环-外环结构，对任务空间中的跟踪控制或定点控制进行设计。本节将利用该方法来设计基于经典相机观测的控制器。基于任务空间坐标系与相机观测所设计的控制器，其稳定性和收敛性分析结果如本章 7.3 节所述。回想 7.3 节所讨论的视觉伺服控制问题，其控制器的输入是相机坐标系的速度和角速度的向量。如果输入向量的值已知，那么

$$\boldsymbol{u}(t):=\begin{Bmatrix}\boldsymbol{v}_{0,c}^{\mathbb{C}}\\ \boldsymbol{\omega}_{0,\mathbb{C}}^{\mathbb{C}}\end{Bmatrix}=-\lambda\boldsymbol{L}_{\text{sys}}^{+}\boldsymbol{e}(t) \tag{7.40}$$

其中 $\boldsymbol{e}$ 是特征点在图像平面上的跟踪误差。然而，相机坐标系的速度和角速度并非执行器的输出。它们是响应变量，它们的值取决于执行器所传递的力和力矩。如果可以设定输入转矩和力，使得相机坐标系的速度和角速度完全满足式（7.40），那么 7.3 节中讨论的稳定性和收敛性就完全适用了。然而在实际应用上，精确达到式（7.40）中的速度和角速度要求是不可能的。

例 7.5 假设例 7.2 中研究的球形机器人机械手配有相机和激光测距系统。相机安装在机器人上，使相机坐标系与坐标系 3 一致。相机焦距取 $f=1$。目标物 t 的位置如图 7-29 所示，在坐标系 0 中其坐标由下式给出

$$\boldsymbol{r}_{0,t}^{0}=\begin{Bmatrix}d_{p,q}\\ d_{q,r}+f+D_p\\ d_{o,p}\end{Bmatrix}$$

设（X，Y，Z）表示点 t 相对于相机坐标系的坐标。那么 $\boldsymbol{r}_{3,t}^{3}=X\boldsymbol{x}_3+Y\boldsymbol{y}_3+Z\boldsymbol{z}_3$。假设激光测距系统能够实时测量点 t 的 Z 值。要求设计一个控制器来控制机器人，使图像中的 t 点接近图像平面的原点，并且使得 Z 在 $t\to\infty$ 时趋近于某个常值 Z_{d}。通过仿真来评估该控制器的性能，并讨论该控制器的局限或缺点。

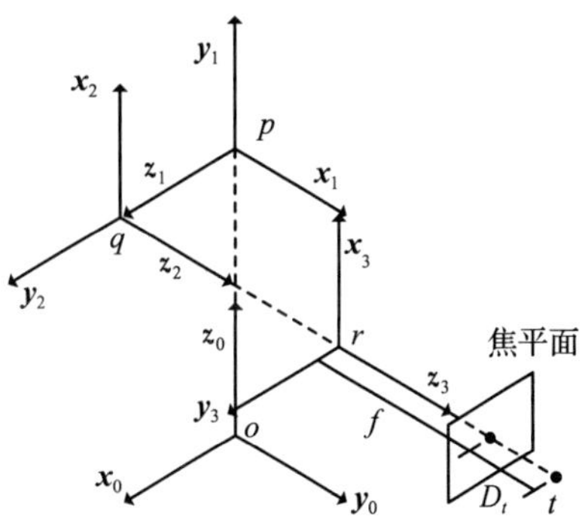

图 7-29 球形机器人的构型（θ_1，θ_2，$d_{q,r}$）$=\left(\frac{\pi}{2},\frac{\pi}{2},d_{q,r}\right)$，特征点 t 在惯性系中固定不动

解： 利用计算力矩对控制器进行设计 $\boldsymbol{\tau}=\boldsymbol{Mv}-\boldsymbol{n}$，根据定理 7.3，此处向量 $\boldsymbol{v}$ 是在任务空间坐标系上给出

$$\boldsymbol{v}=\mathbb{J}^{-1}(\ddot{\boldsymbol{x}}_{\text{d}}-\dot{\mathbb{J}}\dot{\boldsymbol{q}}-\boldsymbol{G}_1(\mathbb{J}\dot{\boldsymbol{q}}-\dot{\boldsymbol{x}}_{\text{d}})-\boldsymbol{G}_0(\boldsymbol{x}-\boldsymbol{x}_{\text{d}})) \tag{7.41}$$

任务空间坐标表示为 $\boldsymbol{x}=(u,v,Z)^{\text{T}}$，此处点 p 的图像平面坐标（u，v）由 $u=fX/Z$ 以及 $v=fY/Z$ 得到。实现式（7.41）的控制律还需要获得任务空间上的雅克比矩阵 $\mathbb{J}$ 以及微分形式 $\dot{\mathbb{J}}$。雅克比矩阵 $\mathbb{J}$ 定义为，

$$\mathbb{J}=\frac{\partial\boldsymbol{x}}{\partial\boldsymbol{q}}$$

同时也可以从该式子得到：$\dot{\boldsymbol{x}}=\mathbb{J}\dot{\boldsymbol{q}}$

矩阵 $\mathbb{J}$ 可以表示为两个矩阵相乘，$\mathbb{J}=\boldsymbol{LJ}$，其中 $\boldsymbol{L}$ 和 $\boldsymbol{J}$ 的定义如下

$$\dot{\boldsymbol{x}}=\boldsymbol{L}\begin{Bmatrix}\boldsymbol{v}_{0,r}^{3}\\ \boldsymbol{\omega}_{0,3}^{3}\end{Bmatrix}\text{ 以及 }\begin{Bmatrix}\boldsymbol{v}_{0,r}^{3}\\ \boldsymbol{\omega}_{0,3}^{3}\end{Bmatrix}=\boldsymbol{J}\dot{\boldsymbol{q}}$$

矩阵 $\boldsymbol{J}$ 由第 3 章所述的关节空间雅克比矩阵得到。可根据第一定律直接计算速度和角速度得到该矩阵，也可以利用第 3 章所述的专门程序来计算。

使用任一种方法，我们可以得到

$$\boldsymbol{J}=\begin{bmatrix} d_{q,r}\cos\theta_2 & d_{q,r} & 0 \\ -d_{q,r}\sin\theta_2 & 0 & 0 \\ d_{p,q}\sin\theta_2 & 0 & 1 \\ \sin\theta_2 & 0 & 0 \\ 0 & 1 & 0 \\ -\cos\theta_2 & 0 & 0 \end{bmatrix}$$

矩阵 $\boldsymbol{L}$ 同样可通过相互作用矩阵 $\boldsymbol{L}$ 和本章 7.2 节所介绍的矩阵 $\boldsymbol{D}$ 来求得，由于

$$\begin{Bmatrix} \dot{u} \\ \dot{v} \end{Bmatrix}=\boldsymbol{L}\begin{Bmatrix} \boldsymbol{v}_{0,r}^{3} \\ \boldsymbol{\omega}_{0,3}^{3} \end{Bmatrix}=\begin{bmatrix} -\dfrac{1}{Z} & 0 & \dfrac{u}{Z} & uv & -(1+u^2) & v \\ 0 & -\dfrac{1}{Z} & \dfrac{v}{Z} & (1+v^2) & -uv & -u \end{bmatrix}\begin{Bmatrix} \boldsymbol{v}_{0,r}^{3} \\ \boldsymbol{\omega}_{0,3}^{3} \end{Bmatrix}$$

$$\begin{Bmatrix} \dot{X} \\ \dot{Y} \\ \dot{Z} \end{Bmatrix}=\boldsymbol{D}\begin{Bmatrix} \boldsymbol{v}_{0,r}^{3} \\ \boldsymbol{\omega}_{0,3}^{3} \end{Bmatrix}=\begin{bmatrix} -1 & 0 & 0 & 0 & -Z & Y \\ 0 & -1 & 0 & Z & 0 & -X \\ 0 & 0 & -1 & -Y & X & 0 \end{bmatrix}\begin{Bmatrix} \boldsymbol{v}_{0,r}^{3} \\ \boldsymbol{\omega}_{0,3}^{3} \end{Bmatrix}$$

因此矩阵 $\boldsymbol{L}$ 可表示为

$$\boldsymbol{L}=\begin{bmatrix} -\dfrac{1}{Z} & 0 & \dfrac{u}{z} & uv & -(1+u^2) & v \\ 0 & -\dfrac{1}{Z_1} & \dfrac{v}{Z} & (1+v^2) & -uv & -u \\ 0 & 0 & -1 & -vz & uZ & 0 \end{bmatrix}$$

在任务空间上雅克比矩阵的时域微分可通过下式计算

$$\dot{\mathbb{J}}=\frac{\mathrm{d}}{\mathrm{d}t}(\boldsymbol{L}\cdot\boldsymbol{J})=\dot{\boldsymbol{L}}\boldsymbol{J}+\boldsymbol{L}\dot{\boldsymbol{J}}$$

此处

$$\dot{\boldsymbol{L}}=\begin{bmatrix} \dfrac{1}{z^2}\dot{z} & 0 & \left(\dfrac{1}{z}\dot{u}-\dfrac{u}{z^2}\dot{z}\right) & (\dot{u}v+u\dot{v}) & -2u\dot{u} & \dot{v} \\ 0 & \dfrac{1}{z^2}\dot{z} & \left(\dfrac{1}{z}\dot{v}-\dfrac{v}{z^2}\dot{z}\right) & 2v\dot{v} & -(\dot{u}v+u\dot{v}) & -\dot{u} \\ 0 & 0 & 0 & -(\dot{v}z+v\dot{z}) & (\dot{u}z+u\dot{z}) & 0 \end{bmatrix}$$

以及

$$\dot{\boldsymbol{J}}=\begin{bmatrix} (\dot{d}_{q,r}\cos\theta_2-d_{q,r}\dot{\theta}_2\sin\theta_2) & \dot{d}_{q,r} & 0 \\ (-\dot{d}_{q,r}\sin\theta_2-d_{q,r}\dot{\theta}_2\cos\theta_2) & 0 & 0 \\ d_{p,q}\dot{\theta}_1\cos\theta_2 & 0 & 0 \\ \dot{\theta}_2\cos\theta_2 & 0 & 0 \\ 0 & 0 & 0 \\ \dot{\theta}_2\sin\theta_2 & 0 & 0 \end{bmatrix}$$

两组初始状态用于对本例中所设计的控制器进行验证。图 7-32 到图 7-36 展示了初始状态为

$$\{\boldsymbol{q}^{\mathrm{T}}(\mathbf{0})\dot{\boldsymbol{q}}^{\mathrm{T}}(\mathbf{0})\}=\left\{\left\{\frac{\pi}{4}\quad\frac{\pi}{2}\quad 1\right\}\{0\quad 0\quad 0\}\right\}$$

所得到的结果。图 7-30 和图 7-31 表示该初始状态下的机器人构型。

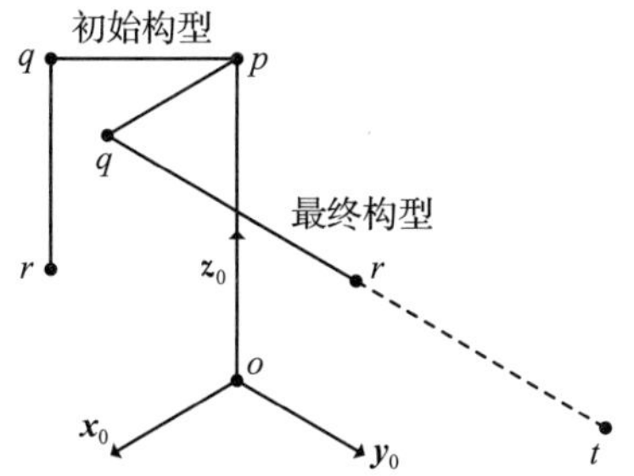

图 7-30 机器人初始构型示意图，情形 1

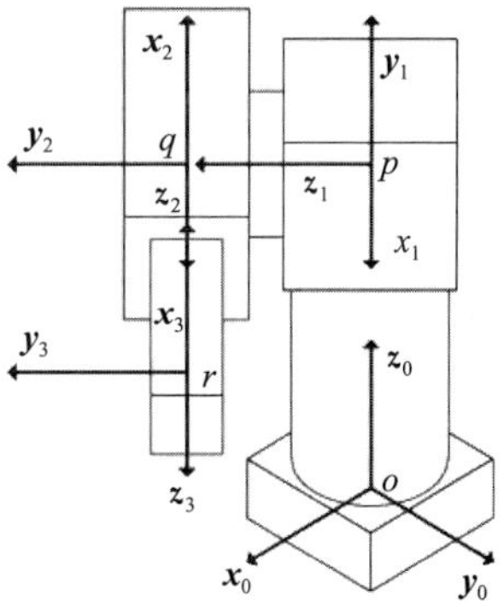

图 7-31 机器人构型等轴测视图，情形 1

图 7-32、图 7-33 和图 7-34 展示了 $\theta_1(t)$，$\theta_2(t)$ 以及 $d_{q,r}(t)$ 的轨迹，可以看到 $t\to\infty$

$$\theta_1(t)\to\frac{\pi}{2},\ \theta_2(t)\equiv\frac{\pi}{2},\ d_{q,r}(t)\to 1$$

这说明任务坐标在 $t\to\infty$ 满足

$$u(t)\to 0,\ v(t)\to 0,\ z(t)\to 2$$

图 7-35 和图 7-36 相应的跟踪误差 e_v 和 e_Z，二者分别收敛到 0。跟踪误差 e_u 的数值仿真精度为 $O(10^{-16})$，此处图上没有展示。图 7-37 和图 7-38 展示了关节 1 的驱动力和力矩。关节 2 的驱动力矩接近于 0，此处图上也没有展示。

在初始条件为

$$\{\boldsymbol{q}^{\mathrm{T}}(\mathbf{0})\quad\dot{\boldsymbol{q}}^{\mathrm{T}}(\mathbf{0})\}=\left\{\left\{\frac{\pi}{2}\quad\frac{\pi}{4}\quad 1\right\}\{0\quad 0\quad 0\}\right\}$$

情况下，仿真结果如图 7-41 到图 7-48 所示。在该初始条件下的球形机械臂构型如图 7-39 和图 7-40 所示。

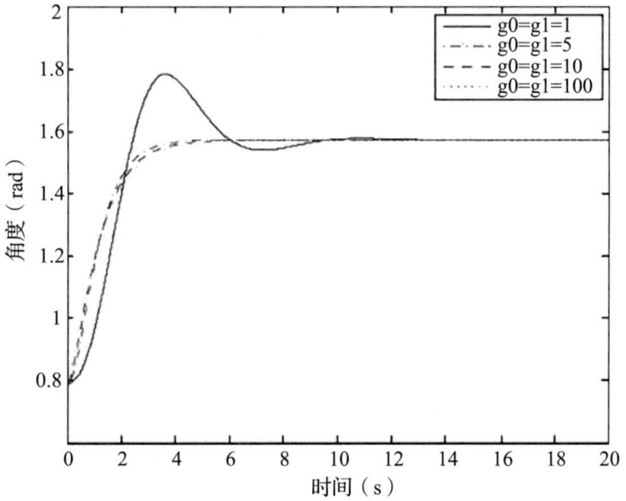

图 7-32 $\theta_1(t)$ 轨迹，例 7.5 情形 1

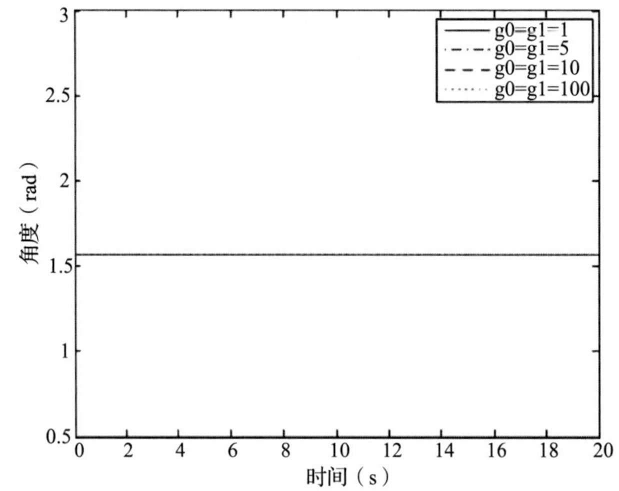

图 7-33　$\theta_2(t)$ 轨迹，例 7.5 情形 1

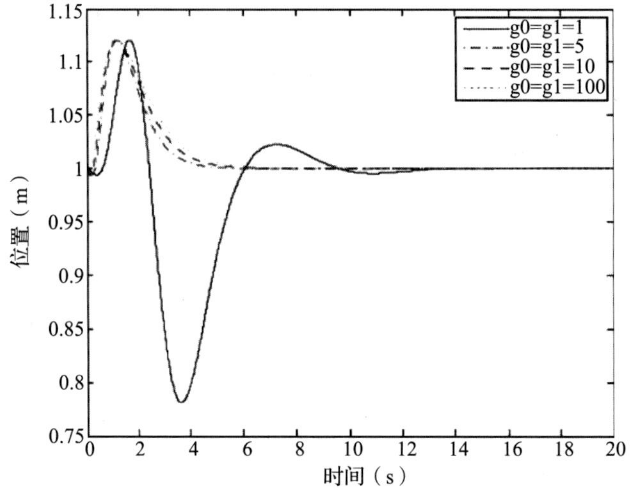

图 7-34　$d_{q,r}(t)$ 轨迹，例 7.5 情形 1

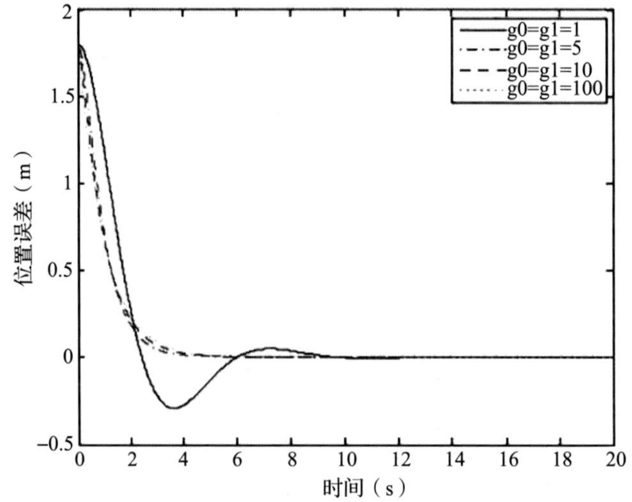

图 7-35　跟踪误差 $e_v(t)$，例 7.5 情形 1

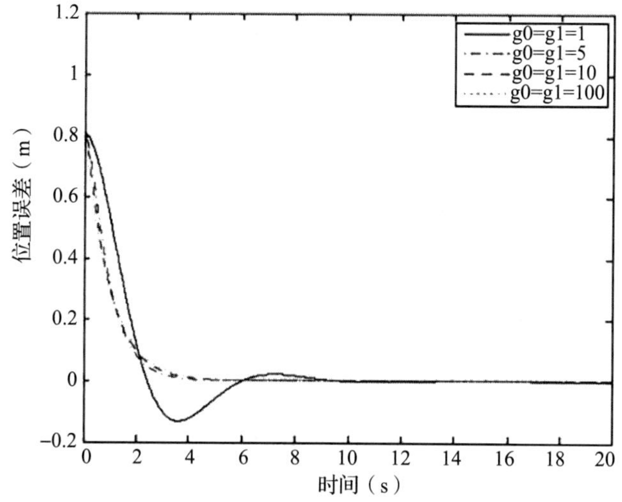

图 7-36　跟踪误差 $e_Z(t)$，例 7.5 情形 1

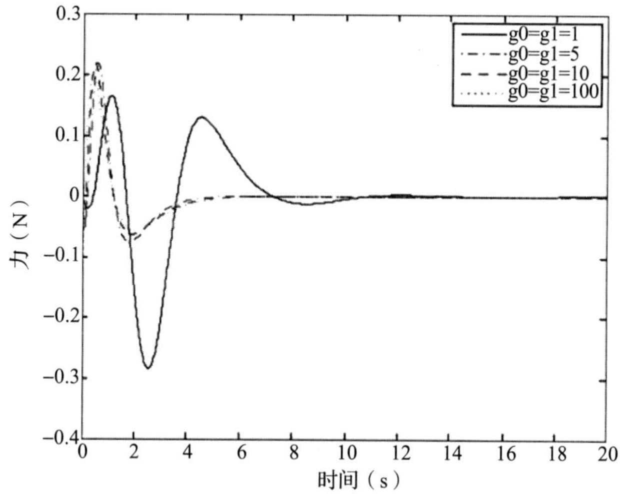

图 7-37　驱动力 $f(t)$，例 7.5 情形 1

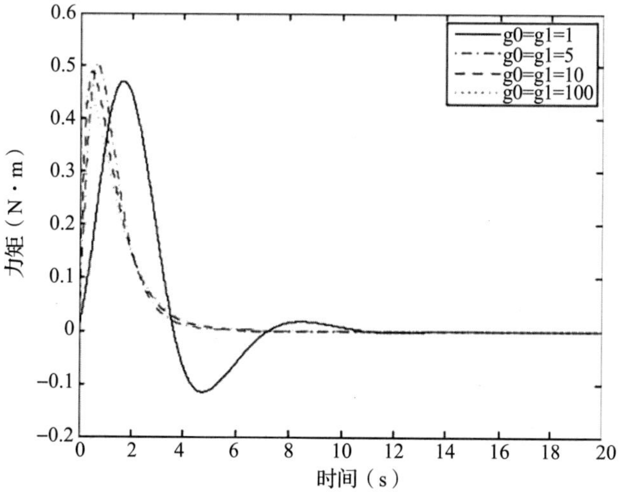

图 7-38　驱动力矩 $m_1(t)$，例 7.5 情形 1

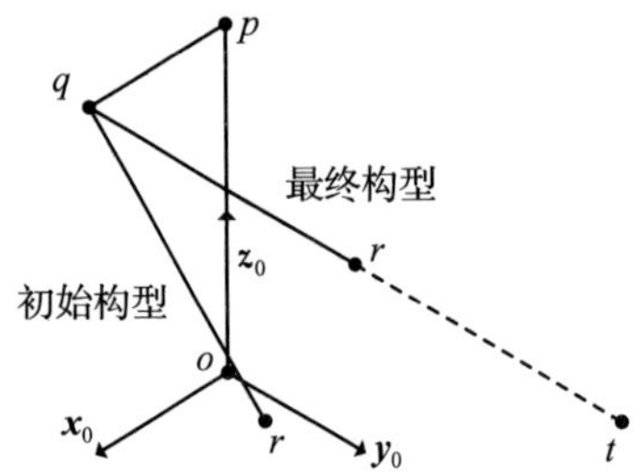

图 7-39　机器人初始构型示意图，情形 1

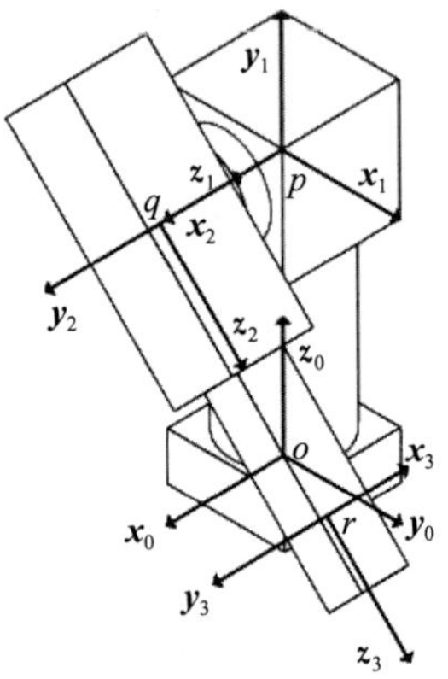

图 7-40　机器人构型等轴测视图，情形 1

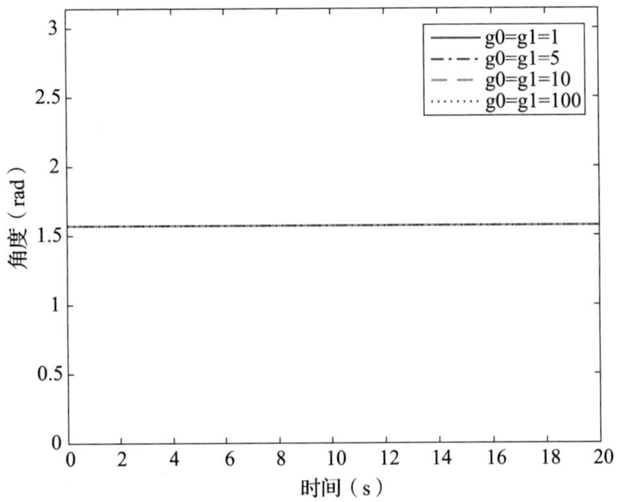

图 7-41　$\theta_1(t)$ 轨迹，例 7.5 情形 2

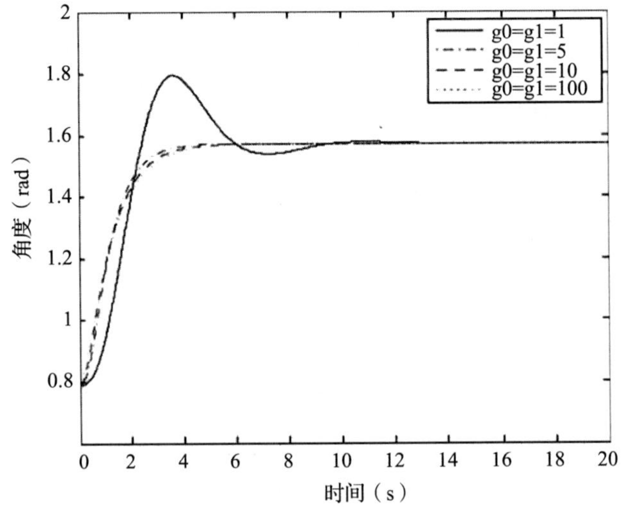

图 7-42　$\theta_2(t)$ 轨迹，例 7.5 情形 2

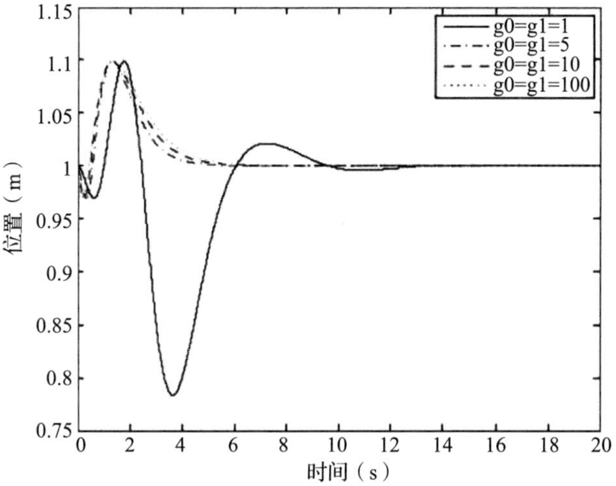

图 7-43　$d_{q,r}(t)$ 轨迹，例 7.5 情形 2

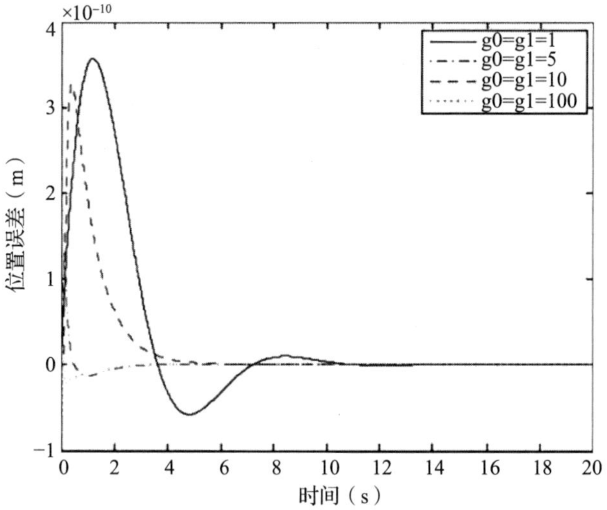

图 7-44　跟踪误差 $e_v(t)$，例 7.5 情形 2

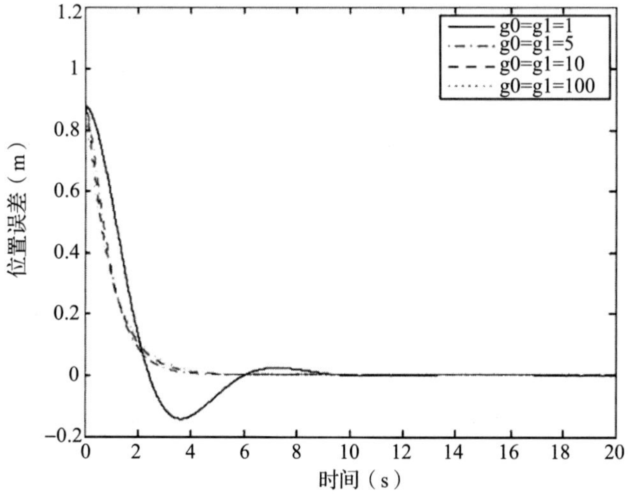

图 7-45　跟踪误差 $e_Z(t)$，例 7.5 情形 2

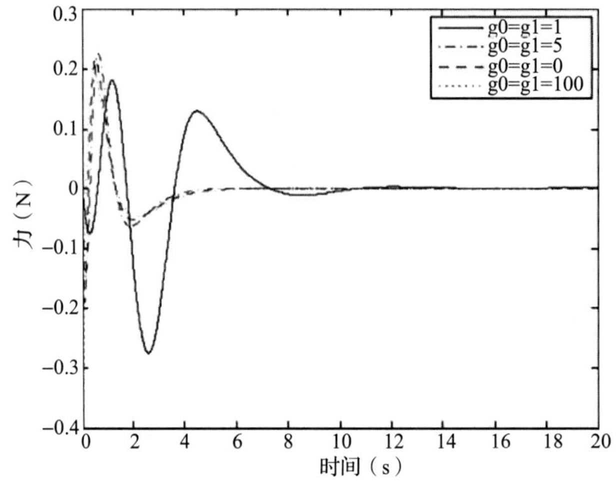

图 7-46　驱动力 $f(t)$，例 7.5 情形 2

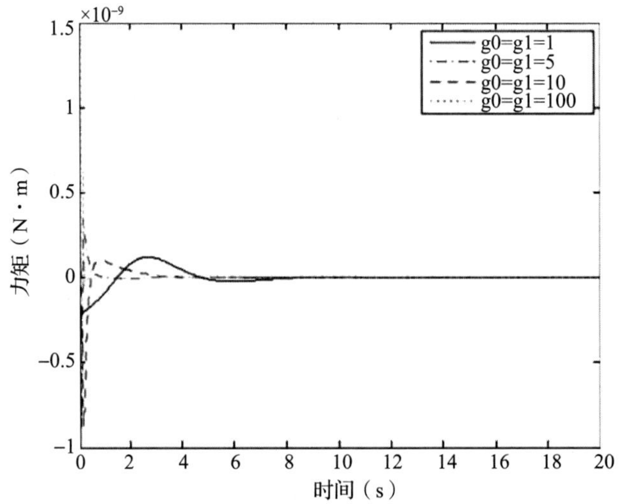

图 7-47　驱动力矩 $m_1(t)$，例 7.5 情形 2

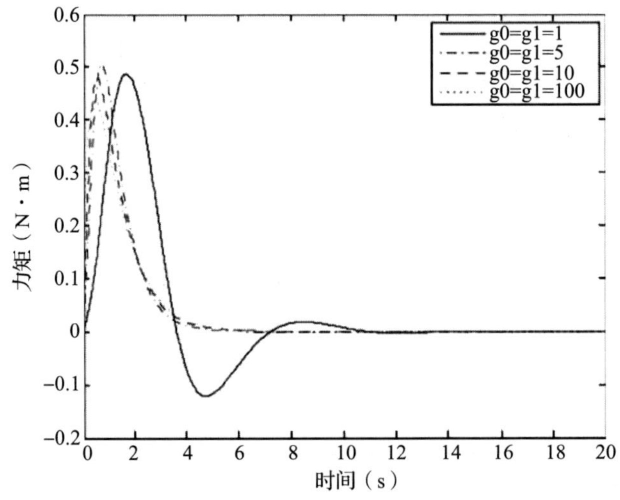

图 7-48　驱动力矩 $m_2(t)$，例 7.5 情形 2

图 7-41，图 7-42 和图 7-43 展示了该初始条件下 $\theta_1(t)$，$\theta_2(t)$ 以及 $d_{q,r}(t)$ 的轨迹。相比于第一种初始条件，此时 $\theta_1(t)$ 的值保持在$\frac{\pi}{2}$，而 $\theta_2(t)$ 和 $d_{q,r}(t)$ 在到达稳定状态前变化幅度较大。由图 7-44 和图 7-45 可知 $e_v(t)$ 和 $e_Z(t)$ 收敛于 0，这也和我们的预测一致。跟踪误差 $e_u(t)$ 同样趋近 0，但在仿真过程中其数量级小于 $O(10^{-10})$，这在图上没有展示。图 7-46 展示了驱动力，图 7-48 为关节 2 的驱动力矩。而关节 1 的力矩低于 $O(10^{-9})$N·m，因此图上没有展示。◀

7.5 习题

7.1 图 7-49a 描述了相机的配置和标定。假设相机的 z 轴垂直于标定板平面，与标定板的中心相交。进一步假设相机的 x 和 y 轴与视网膜平面的 x 和 y 轴平行。此时生成的图像如图 7-49b 所示。已知焦距为 2.98mm，图像分辨率为 1080×1920 像素，成像传感器尺寸为 3.514mm×6.248mm，请求解像素坐标与视网膜坐标之间的标定矩阵。

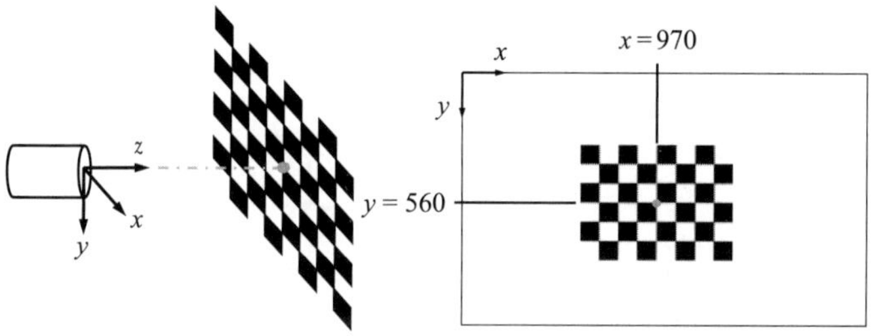

a）标定图案　　b）生成的图片

图 7-49　相机标定图案形状以及生成的图片

7.2 如图 7-50 所示，相机坐标系固定在 PUMA 机械臂的连杆 3 处。

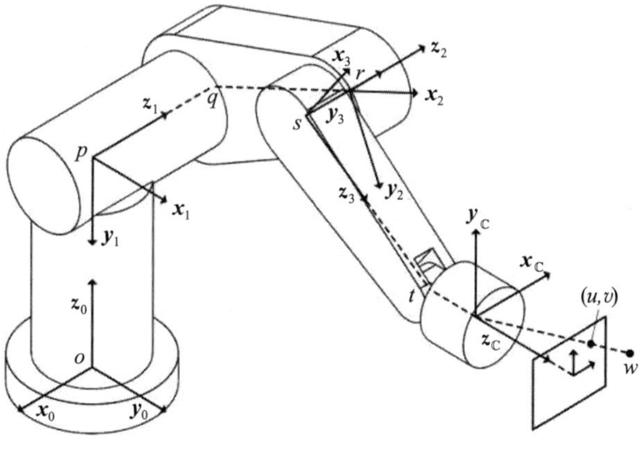

图 7-50　装有相机的 PUMA 机械臂

假设相机坐标系与坐标系 3 之间的关系由齐次变换 $\boldsymbol{p}^{\mathbb{C}}=\boldsymbol{H}_3^{\mathbb{C}}\boldsymbol{p}^3$ 确定

$$\begin{Bmatrix} X \\ Y \\ Z \end{Bmatrix} = \begin{bmatrix} \boldsymbol{B}_3^{\mathbb{C}} & \boldsymbol{d}_{3,\mathbb{C}}^{\mathbb{C}} \\ 0 & 1 \end{bmatrix} \begin{Bmatrix} x^3 \\ y^3 \\ z^3 \end{Bmatrix}$$

PUMA 机械臂的关节位置如下

$$\theta_1=0,\ \theta_2=0,\ \theta_3=-\frac{\pi}{2}$$

(a) 假设 $\boldsymbol{R}_3^{\mathbb{C}}$ 是 $\mathbb{C}$ 坐标系绕着 $\boldsymbol{z}_3$ 旋转 45°得到的旋转矩阵

$$\boldsymbol{d}_{3,\mathbb{C}}^{3}=\left\{0\quad 0\quad \frac{1}{10}d_{s,t}\right\}^{\mathrm{T}} m$$

问图像平面中 $(u,\ v)=(2,\ 4)$ 对应世界坐标系中的哪个点？

(b) 假设 $\boldsymbol{R}_3^{\mathbb{C}}$ 是 $\mathbb{C}$ 坐标系绕着 $\boldsymbol{x}_3$ 旋转 30°得到的旋转矩阵

$$d_{3,\mathbb{C}}^{3}=\left\{\frac{1}{10}d_{s,t}\quad \frac{1}{10}d_{s,t}0\right\}^{\mathrm{T}}$$

已知点 $\boldsymbol{w}$ 满足以下关系

$$\boldsymbol{r}_{o,w}^{o}=\left\{\left(d_{q,r}+d_{s,t}+5d_{s,t},\ d_{p,q}-d_{r,s}+\frac{1}{10}d_{r,s},\ d_{o,p}-\frac{1}{10}d_{o,p}\right)\right\}$$

求解点 w 对应图像平面坐标值 $(u,\ v)$

7.3 假设一个相机固定在如图 7-51 所示的球形手腕的连杆 3 上，因此其相机坐标也相对连杆 3 固定。

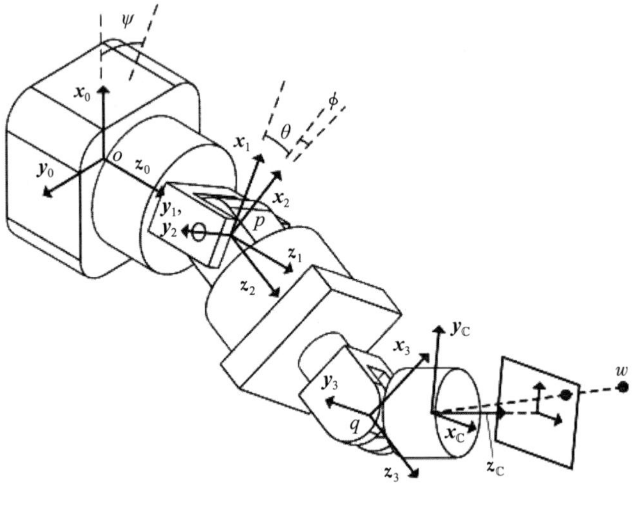

图 7-51 装有相机的球形手腕

假设相机相对于球形手腕坐标系 3 的位置与姿态由齐次变换 $\boldsymbol{p}^{\mathbb{C}}=\boldsymbol{H}_3^{\mathbb{C}}\boldsymbol{p}^3$ 确定，

$$\begin{Bmatrix}X\\Y\\Z\\1\end{Bmatrix}=\begin{bmatrix}\boldsymbol{R}_3^{\mathbb{C}} & \boldsymbol{d}_{3,\mathbb{C}}^{\mathbb{C}}\\0 & 1\end{bmatrix}\begin{Bmatrix}x^3\\y^3\\z^3\\1\end{Bmatrix}$$

(a) 假设 $\boldsymbol{R}_0^{\mathbb{C}}$ 是由 3-2-1 欧拉角所指定的旋转矩阵，与 $\boldsymbol{R}_3^{\mathbb{C}}$ 一起作用，将坐标系 0 变换到坐标系 $\mathbb{C}$，此处偏航角、俯仰角、翻滚角分别为

$$\psi=\frac{\pi}{4}\text{rad},\ \theta=0,\ \phi=\frac{\pi}{2}\text{rad}$$

进一步假设 $d_{3,\mathbb{C}}^{3}=\left\{0,\ 0,\ \frac{1}{20}\right\}m$。请问此时哪一点对应于图像平面坐标里的点 $(u,\ v)=(1,\ 1)$

(b) 假设 $\boldsymbol{R}_0^{\mathbb{C}}$ 是由 3-2-1 欧拉角所指定的旋转矩阵，将坐标系 0 变换到坐标系 $\mathbb{C}$，此处偏航角，俯仰角，翻滚角分别为

$$\psi=0,\ \theta=\frac{\pi}{4}\text{rad},\ \phi=0$$

进一步假设 $d_{3,\mathbb{C}}^{3}=\left\{0,\ 0,\ \frac{1}{20}\right\}m$。请问当点 w 满足下面的惯性坐标时，其对应到图像平面坐标系时的坐标 $(u,\ v)$ 是多少？

$$\boldsymbol{r}_{o,w}^{o}=\left\{\begin{matrix}0\\0\\d_{o,p}\end{matrix}\right\}+\boldsymbol{R}_{\mathbb{C}}^{0}\left\{\begin{matrix}\frac{1}{20}\\\frac{1}{10}\\d_{p,q}+\frac{1}{10}\end{matrix}\right\}m$$

7.4　一个理想的针孔相机固定在图 7-52 所示的 SCARA 机械臂上，使得相机坐标系坐标轴与坐标系 3 相重合，而且光心位于点 u 处。求解 $(x_1(t),\ x_2(t),\ x_3(t))$ 到 $(u(t),\ v(t))$ 的变换。该变换将点 w 的惯性坐标 $\boldsymbol{r}_{0,w}(t):=x_1(t)\boldsymbol{x}_0+x_2(t)\boldsymbol{y}_0+x_3(t)\boldsymbol{z}_0$ 映射为图像平面坐标 $(u(t),\ v(t))$。求解将点 w 的惯性坐标映射到像素坐标 (3, 2) 的变换。

7.5　一个理想的针孔相机固定在图 7-53 所示的圆柱坐标型机器人上，使得相机坐标系坐标轴与坐标系 4 相重合，而且光心位于点 t 处。求解 $(x_1(t),\ x_2(t),\ x_3(t))$ 到 $(u(t),\ v(t))$ 的变换。该变换将点 w 的惯性坐标 $\boldsymbol{r}_{0,w}(t):=x_1(t)\boldsymbol{x}_0+x_2(t)\boldsymbol{y}_0+x_3(t)\boldsymbol{z}_0$ 映射为图像平面坐标 $(u(t),\ v(t))$。求解将点 w 的惯性坐标映射到像素坐标 $(\xi,\ \eta)$ 的变换。

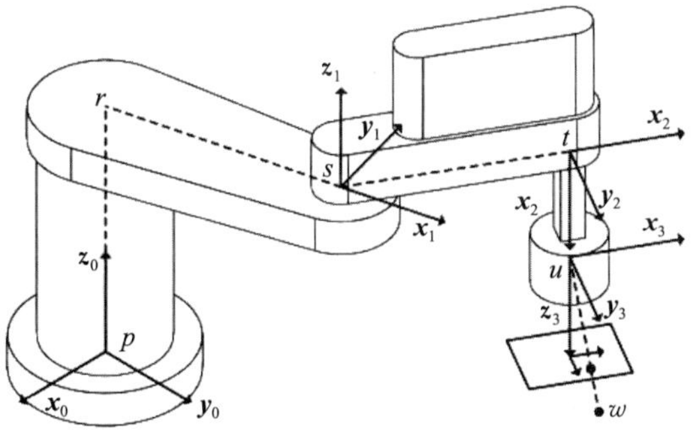

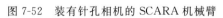

图 7-52　装有针孔相机的 SCARA 机械臂

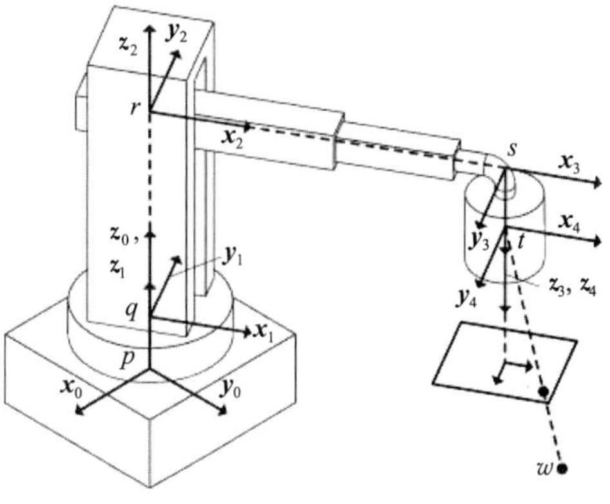

图 7-53　装有针孔相机的圆柱坐标型机器人

7.6　请设计一个控制器，使得图 7-54 所示圆柱坐标型机器人上的点 t 跟踪点 w 的轨迹。点 w 在惯性坐标系 0 下的坐标为 $(x_{1,d}(t),\ x_{2,d}(t),\ x_{3,d}(t))$，使得 $\boldsymbol{r}_{0,w}(t):=x_{1,d}(t)\boldsymbol{x}_0+x_{2,d}(t)\boldsymbol{y}_0+x_{3,d}(t)\boldsymbol{z}_0$。根据定理 7.3 中所述的任务空间计算力矩控制律来设计该控制器。

7.7　请设计一个控制器，使得图 7-55 所示的 SCARA 机械臂上的点 u 跟踪点 v 的轨迹。点 v 在惯性坐标系 0 下的坐标为 $(x_{1,d}(t),\ x_{2,d}(t),\ x_{3,d}(t))$，使得 $\boldsymbol{r}_{0,v}(t):=x_{1,d}(t)\boldsymbol{x}_0+x_{2,d}(t)\boldsymbol{y}_0+x_{3,d}(t)\boldsymbol{z}_0$。根据定理 7.3 中所述的任务空间计算力矩控制律

来设计该控制器。

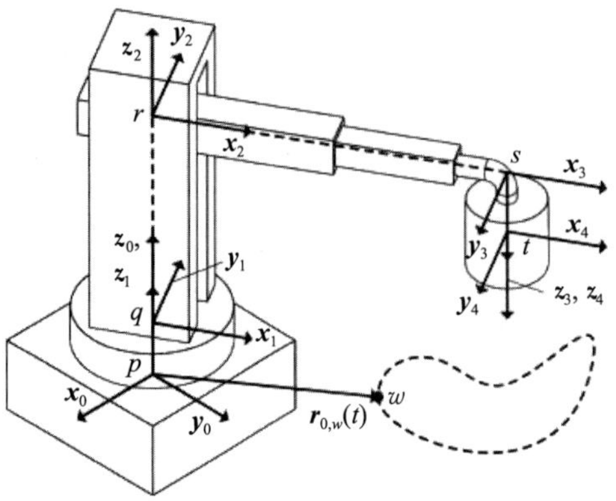

图 7-54 圆柱坐标型机器人及其任务空间轨迹跟踪

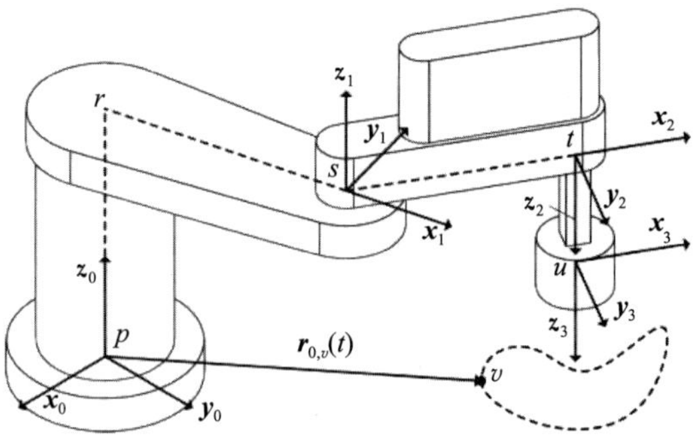

图 7-55 SCARA 机械臂及其任务空间轨迹跟踪

7.8 假设图 7-52 所示的机械臂上固定一个相机，使得相机坐标系的坐标轴与坐标系 3 的相重合。除相机外还配备激光测距系统。令（X，Y，Z）代表点 w 在相机坐标系上的坐标，使得 $\boldsymbol{r}_{3,w} := X\boldsymbol{x}_3 + Y\boldsymbol{y}_3 + Z\boldsymbol{z}_3$。假设激光测距系统可以对点 w 的 Z 坐标进行测量。设计一个控制器来对机械臂进行控制，使得点 w 的图像平面坐标（$u(t)$，$v(t)$）趋近于焦平面的原点，并且使得深度值 $z(t)$ 趋近于某一定值 Z。

7.9 假设图 7-53 所示的机械臂上固定一个相机，使得相机坐标系的坐标轴与坐标系 4 的相重合。除相机外还配备激光测距系统。令（X，Y，Z）代表点 w 在相机坐标系上的坐标，使得 $\boldsymbol{r}_{4,w} := X\boldsymbol{x}_3 + Y\boldsymbol{y}_3 + Z\boldsymbol{z}_3$。假设激光测距系统可以对点 w 的 Z 坐标进行测量。设计一个控制器来对机械臂进行控制，使得点 w 的图像平面坐标（$u(t)$，$v(t)$）趋近于焦平面的原点，并且使得深度值 $z(t)$ 趋近于某一定值 Z。

7.10 证明当焦距为 f 时，相互作用矩阵为

$$\boldsymbol{L} = \begin{bmatrix} -\dfrac{f}{Z} & 0 & \dfrac{u}{Z} & \dfrac{uv}{f} & -\dfrac{f^2+u^2}{f} & v \\ 0 & -\dfrac{f}{Z} & \dfrac{v}{Z} & \dfrac{f^2+v^2}{f} & -\dfrac{uv}{f} & -u \end{bmatrix}$$

A.1 线性代数基础

本节介绍线性代数中一些应用于机器人和自动化系统的常见概念。感兴趣的读者可以阅读该领域的一些优秀教材来进行更深入的学习，例如文献 [18]。本书将把注意力集中在实数域 $\mathbb{R}^M$ 的 M -元组所构成的向量空间上。向量加法及向量与标量的乘法，属于逐个元素进行运算，令

$$\boldsymbol{x}^{\mathrm{T}}=\{x_1 \quad x_2 \quad \cdots \quad x_M\},\ \boldsymbol{y}^{\mathrm{T}}=\{y_1 \quad y_2 \quad \cdots \quad y_M\},\ \boldsymbol{z}^{\mathrm{T}}=\{z_1 \quad z_2 \quad \cdots \quad z_M\}$$

那么 $\boldsymbol{z}=\boldsymbol{x}+\boldsymbol{y}$ 即为

$$\begin{Bmatrix} z_1 \\ z_2 \\ \vdots \\ z_M \end{Bmatrix}=\begin{Bmatrix} x_1+y_1 \\ x_2+y_2 \\ \vdots \\ x_M+y_M \end{Bmatrix}$$

向量数乘，即向量 $\boldsymbol{x}$ 与标量 α 相乘，定义为

$\boldsymbol{z}=\alpha\boldsymbol{x}$ 即为

$$\begin{Bmatrix} z_1 \\ z_2 \\ \vdots \\ z_M \end{Bmatrix}=\begin{Bmatrix} \alpha x_1 \\ \alpha x_2 \\ \vdots \\ \alpha x_M \end{Bmatrix}$$

定义 A.1 若 S 为 $\mathbb{R}^M$ 的一个子集，当且仅当 S 在向量加法以及数乘运算下封闭时，S 为 $\mathbb{R}^M$ 的一个向量子空间。换言之，S 必须满足如下性质：当 $\boldsymbol{x}$，$\boldsymbol{y}\in S$，必有 $(\boldsymbol{x}+\boldsymbol{y})\in S$；当 $\boldsymbol{x}\in S$ 以及 $\alpha\in\mathbb{R}$，必有 $(\alpha\boldsymbol{x})\in S$

此外，若 S 为 $\mathbb{R}^M$ 的一个向量子空间，那么 S 必须包含零向量。这是因为任取 $\boldsymbol{x}\in S$，当 α 取 0 时候，由于需要满足向量数乘的封闭性，因此 $\alpha\boldsymbol{x}=0\boldsymbol{x}=0\in S$。定义一个向量子空间的最常用方法，就是对一组有限的向量求取生成子空间。

定义 A.2 假设 $\boldsymbol{a}_1$，$\boldsymbol{a}_2$，…，$\boldsymbol{a}_N$ 是 $\mathbb{R}^M$ 上的一组 N 个元素的向量组，α_1，α_2，…，$\alpha_N\in\mathbb{R}$。若向量 $\boldsymbol{z}$ 可以表示成如下形式

$$\boldsymbol{z}=\alpha_1\boldsymbol{a}_1+\alpha_2\boldsymbol{a}_2+\cdots+\alpha_N\boldsymbol{a}_N$$

那么向量 $\boldsymbol{z}$ 可表示为该向量组的有限线性组合。而向量组 $\boldsymbol{a}_1$，$\boldsymbol{a}_2$，…，$\boldsymbol{a}_N$ 的生成子空间包含了该向量组所有的有限线性组合：

$$\operatorname{span}\{\boldsymbol{a}_1,\ \boldsymbol{a}_2,\ \cdots,\ \boldsymbol{a}_N\}=\{\boldsymbol{z}\in\mathbb{R}^M \mid \boldsymbol{z}=\alpha_1\boldsymbol{a}_1+\cdots+\alpha_N\boldsymbol{a}_N \text{ for some scalars } \alpha_1,\ \cdots,\ \alpha_N\in\mathbb{R}\}$$

上述定义表明，一组向量的生成子空间就是一个向量子空间。一个向量子空间必须对加法和数乘运算封闭。设 $\boldsymbol{x}$，$\boldsymbol{y}$ 是向量组 $\boldsymbol{a}_1$，$\boldsymbol{a}_2$，…，$\boldsymbol{a}_N$ 生成子空间上的两个向量，根据定义，必定存在两组系数 α_1，α_2，…，α_N 以及 β_1，β_2，…，β_N 使得两个向量可以表示为有限线性组合的形式

$$\boldsymbol{x}=\boldsymbol{A\alpha}=\boldsymbol{a}_1\alpha_1+\boldsymbol{a}_2\alpha_2+\cdots+\boldsymbol{a}_N\alpha_N \text{ 以及 } \boldsymbol{y}=\boldsymbol{A\beta}=\boldsymbol{a}_1\beta_1+\boldsymbol{a}_2\beta_2+\cdots+\boldsymbol{a}_N\beta_N$$

在此基础上，它们的和可以表示为

$$\boldsymbol{x}+\boldsymbol{y}=\boldsymbol{a}_1(\alpha_1+\beta_1)+\boldsymbol{a}_2(\alpha_2+\beta_2)+\cdots+\boldsymbol{a}_N(\alpha_N+\beta_N)$$

因此向量 $\boldsymbol{x}+\boldsymbol{y}$ 也在该向量组的生成子空间上。同样道理，当 $\boldsymbol{x}$ 在向量组 $\boldsymbol{a}_1$，$\boldsymbol{a}_2$，…，$\boldsymbol{a}_N$ 的生成子空间上以及 c 为任意实数，则

$$c\boldsymbol{x}=\boldsymbol{a}_1(c\alpha_1)+\boldsymbol{a}_2(c\alpha_2)+\cdots+\boldsymbol{a}_N(c\alpha_N)$$

因此向量 $c\boldsymbol{x}$ 也在该向量组的生成子空间上。所以说，向量组的生成子空间同时满足向量加法以及数乘的封闭性，是 $\mathbb{R}^M$ 的向量子空间。

定义 A.3 令 $\boldsymbol{A}$ 为一个 $M\times N$ 矩阵，按照列向量表示为

$$\boldsymbol{A}=[\boldsymbol{a}_1 \quad \boldsymbol{a}_2 \quad \cdots \quad \boldsymbol{a}_N]$$

则矩阵 $\boldsymbol{A}$ 的值域就是其列向量的生成子空间

$$\mathrm{range}(\boldsymbol{A})=\mathrm{span}\{\boldsymbol{a}_1,\ \boldsymbol{a}_2,\ \cdots,\ \boldsymbol{a}_N\}\subseteq\mathbb{R}^M$$

矩阵 $\boldsymbol{A}$ 的零空间则是所有通过 $\boldsymbol{A}$ 映射到零向量的向量子空间

$$\mathrm{nullspace}(\boldsymbol{A})=\{\boldsymbol{v}:\boldsymbol{A}\boldsymbol{v}=\boldsymbol{0}\}\subseteq\mathbb{R}^N$$

值得注意的是，定义 A.3 中矩阵 $\boldsymbol{A}$ 的值域以及零空间，分别是 $\mathbb{R}^M$ 和 $\mathbb{R}^N$ 的向量子空间。正如定理 A.2 所指出，由于 $\boldsymbol{A}$ 的值域定义为其列向量的生成子空间，因此必定对向量加法以及数乘封闭。

矩阵 $\boldsymbol{A}$ 的值域以及零空间在许多机器人分析问题上都有应用。定理 A.1 指出，$\boldsymbol{A}$ 的值域与 $\boldsymbol{A}$ 的转置矩阵 $\boldsymbol{A}^{\mathrm{T}}$ 的零空间，二者之间是正交分解的关系。这个分解在求解线性方程的时候十分有用，因为它提供了几何解释。

定理 A.1 任意 $M\times N$ 矩阵 $\boldsymbol{A}$ 可导出 $\mathbb{R}^M$ 的一个正交分解

$$\mathbb{R}^M=\mathrm{range}(\boldsymbol{A})\oplus\mathrm{nullspace}(\boldsymbol{A}^{\mathrm{T}}) \tag{A.1}$$

该定理的含义为：对 $\mathbb{R}^M$ 中的任意向量 $\boldsymbol{v}$，$\boldsymbol{v}$ 可表示成如下形式

$$\boldsymbol{v}=\boldsymbol{v}_R+\boldsymbol{v}_N$$

其中 $\boldsymbol{v}_R$ 在 $\boldsymbol{A}$ 的值域上，$\boldsymbol{v}_N$ 在 $\boldsymbol{A}^{\mathrm{T}}$ 的零空间上，即 $\boldsymbol{v}_R^{\mathrm{T}}\boldsymbol{v}_N=0$

A.1.1 求解线性方程组

线性方程组的矩阵形式如下

$$\boldsymbol{A}\boldsymbol{x}=\boldsymbol{b} \tag{A.2}$$

这里 $\boldsymbol{A}$ 是 $M\times N$ 矩阵，$\boldsymbol{x}$ 是 $N\times 1$ 向量，$\boldsymbol{b}$ 是 $M\times 1$ 向量。按照矩阵值域的定义，式（A.2）至少存在一组解等价于下面的表述

定理 A.2 当且仅当 $\boldsymbol{b}$ 在矩阵 $\boldsymbol{A}$ 的值域内时，式（A.2）有解

证明： 要证明这个定理，首先回顾矩阵值域的定义。把式（A.2）的矩阵 $\boldsymbol{A}$ 写成列向量的形式

$$[\boldsymbol{a}_1 \quad \boldsymbol{a}_2 \quad \cdots \quad \boldsymbol{a}_N]\begin{Bmatrix} x_1 \\ x_2 \\ \vdots \\ x_N \end{Bmatrix}=\boldsymbol{b}$$

该式可以重新整理为

$$\boldsymbol{a}_1x_1+\boldsymbol{a}_2x_2+\cdots+\boldsymbol{a}_Nx_N=\boldsymbol{b}$$

按照前面的定义，该式表明向量 $\boldsymbol{b}$ 在向量组 $\boldsymbol{a}_1$，$\boldsymbol{a}_2$，…，$\boldsymbol{a}_N$ 的生成子空间内。 ■

定理 A.2 表明：线性方程组解的存在，需要向量 $\boldsymbol{b}$ 落在矩阵 $\boldsymbol{A}$ 的值域内。定理 A.3 则表明当且仅当矩阵 $\boldsymbol{A}$ 的零空间包含非零向量时，线性方程组存在多个解。

定理 A.3 设 $\boldsymbol{x}^*$ 是线性方程组（A.2）的一个解。那么当 $\boldsymbol{n}$ 是矩阵 $\boldsymbol{A}$ 零空间内的任

意向量时，$\boldsymbol{x}=\boldsymbol{x}^*+\boldsymbol{n}$ 同样是线性方程组（A.2）的解

$$\boldsymbol{n}\in \text{nullspace}(\boldsymbol{A})$$

证明： 令 $\boldsymbol{x}^*+\boldsymbol{n}$ 代入线性方程组（A.2），则

$$\boldsymbol{A}(\boldsymbol{x}^*+\boldsymbol{n})=\underbrace{\boldsymbol{A}\boldsymbol{x}^*}_{\boldsymbol{b}}+\underbrace{\boldsymbol{A}\boldsymbol{n}}_{0}$$

不难看出若 $\boldsymbol{x}^*$ 是式（A.2）的一个解，那么任何的解都可表示成 $\boldsymbol{x}^*+\boldsymbol{n}$ 的形式，其中必有如下关系：$\boldsymbol{n}\in \text{nullspace}$（$\boldsymbol{A}$）。设 $\boldsymbol{y}$ 也是式（A.2）的解，那么

$$\boldsymbol{A}(\boldsymbol{x}^*-\boldsymbol{y})=\boldsymbol{A}\boldsymbol{x}^*-\boldsymbol{A}\boldsymbol{y}=\boldsymbol{b}-\boldsymbol{b}=\boldsymbol{0}$$

上面等式可简化为

$$\boldsymbol{x}^*-\boldsymbol{y}\in \text{nullspace}(\boldsymbol{A})$$

因此 $\boldsymbol{y}$ 满足该形式

$$\boldsymbol{y}=\boldsymbol{x}^*+\boldsymbol{n}$$

其中 $\boldsymbol{n}\in \text{nullspace}(\boldsymbol{A})$ ■

A.1.2 线性无关与矩阵的秩

前面已经证明，线性方程组（A.2）解的存在与否，取决于定理 A.2 中矩阵 $\boldsymbol{A}$ 的值域。该方程组是否存在多解则取决于定理 A.3 中矩阵的零空间。这两个定理对线性方程组的求解提供了几何上的解释，我们也可以从矩阵 $\boldsymbol{A}$ 的秩的角度来讨论线性方程组（A.2）解的问题。矩阵 $\boldsymbol{A}$ 的秩的定义，与向量组的线性无关性以及 $\mathbb{R}^M$ 上向量空间的基有关。

定义 A.4 令 $\boldsymbol{v}_1$，$\boldsymbol{v}_2$，…，$\boldsymbol{v}_N$ 为 $\mathbb{R}^M$ 上的一组向量，当且仅当

$$\alpha_1\boldsymbol{v}_1+\alpha_2\boldsymbol{v}_2+\cdots+\alpha_N\boldsymbol{v}_N=\boldsymbol{0}$$

只在系数 α_1，α_2，…，α_N 皆为 0 的情况下成立

$$\alpha_1=\alpha_2=\cdots=\alpha_N=0$$

此时称该向量组线性无关。不满足线性无关的向量组称线性相关。

若一个向量组 $\boldsymbol{v}_1$，$\boldsymbol{v}_2$，…，$\boldsymbol{v}_N$ 线性相关，那么向量组中至少有一个向量能被其他向量线性表示。为了解释这一点，假设向量组线性相关，这意味着存在某些并非全部为 0 的系数组合，也能满足

$$\alpha_1\boldsymbol{v}_1+\alpha_2\boldsymbol{v}_2+\cdots+\alpha_N\boldsymbol{v}_N=0$$

假定 $\alpha_N\neq 0$，那么向量 $\boldsymbol{v}_N$ 可表示为

$$\boldsymbol{v}_N=-\frac{1}{\alpha_N}(\alpha_1\boldsymbol{v}_1+\alpha_2\boldsymbol{v}_2+\cdots+\alpha_{N-1}\boldsymbol{v}_{N-1})$$

线性无关向量组在定义向量空间的基的时候起到重要作用。

定义 A.5 令 $\boldsymbol{v}_1$，$\boldsymbol{v}_2$，…，$\boldsymbol{v}_N$ 包含在向量子空间 $S\in\mathbb{R}^M$ 内，当下面两个条件成立时称该向量组是向量子空间的一组基。

(i) 该向量组线性无关

(ii) 向量子空间 S 内不存在包含向量个数更多的线性无关向量组

如果向量组 $\boldsymbol{v}_1$，$\boldsymbol{v}_2$，…，$\boldsymbol{v}_N$ 是向量子空间 S 的一组基，那么该向量子空间的维数等于 N。

向量子空间的基与维数的定义，为后面进一步分析线性方程组（A.2）解的存在性与多解性提供了基础。下面定义矩阵 $\boldsymbol{A}$ 的秩。

定义 A.6 $\boldsymbol{A}$ 为一个 $M\times N$ 矩阵，$\boldsymbol{A}$ 的列秩（行秩）就是 $\boldsymbol{A}$ 的列向量组（行向量组）的生成子空间的维数。

矩阵 $\boldsymbol{A}$ 的列秩就是 $\boldsymbol{A}$ 的值域的维数。定理 A.4 指出，对于一个给定矩阵，其行秩与列秩是相等的。

定理 A.4　矩阵 $\boldsymbol{A}$ 的行秩与列秩相等。矩阵 $\boldsymbol{A}$ 的秩等于其行秩与列秩。

不难看出，若 S 是 $\mathbb{R}^M$ 上的一个子空间，那么 S 的维数不大于 M。

定理 A.5　$\mathbb{R}^M$ 中任意一个包含 $M+1$ 个向量的向量组，必定线性相关。

证明： 在定理 A.4 的基础上对该定理进行证明。给定 $\mathbb{R}^M$ 上的一个向量组 $\boldsymbol{a}_1$，$\boldsymbol{a}_2$，…，$\boldsymbol{a}_{M+1}$。以这些向量为列建立矩阵 $\boldsymbol{A}$，因此 $\boldsymbol{A}$ 为一个 $M\times(M+1)$ 矩阵。由于矩阵的行秩等于列秩，所以线性无关列向量的个数等于线性无关行向量的个数。然而由于线性无关行向量的个数小于等于 M，因此线性无关列向量的个数等于 M 小于 $M+1$。因此 $M+1$ 个列向量线性相关。■

A.1.3　可逆性与秩

上面介绍了当 $\boldsymbol{A}\in\mathbb{R}^{M\times N}$ 时，线性方程组 $\boldsymbol{Ax}=\boldsymbol{b}$ 的解的存在性以及唯一性与矩阵 $\boldsymbol{A}$ 的值域和零空间有关。而当 $\boldsymbol{A}$ 为一个方阵的时候，该线性方程组解的存在性与唯一性则与矩阵 $\boldsymbol{A}$ 的可逆性有关。

定理 A.6　对于方阵 $\boldsymbol{A}$，当且仅当存在一个矩阵 $\boldsymbol{B}$ 满足以下条件时，称 $\boldsymbol{A}$ 为可逆矩阵

$$\boldsymbol{BA}=\boldsymbol{AB}=\boldsymbol{I}$$

矩阵 $\boldsymbol{A}$ 的逆记为 $\boldsymbol{A}^{-1}:=\boldsymbol{B}$

定理 A.7 总结了线性方程组 $\boldsymbol{Ax}=\boldsymbol{b}$ 的解的存在性以及唯一性与矩阵 $\boldsymbol{A}$ 的可逆性、秩、值域、零空间以及行列式之间的关系。

定理 A.7　设 $\boldsymbol{A}$ 为一个 $M\times N$ 矩阵，则下面的性质是等价的：

i. 矩阵 $\boldsymbol{A}$ 可逆。

ii. 线性方程组 $\boldsymbol{Ax}=\boldsymbol{b}$ 存在唯一解。

iii. A 的行列式 $\det(\boldsymbol{A})\neq 0$

iv. A 的值域 $\text{range}(\boldsymbol{A})=\mathbb{R}^M$

v. A 的零空间 $\text{nullspace}(\boldsymbol{A})=\{0\}$

vi. A 的秩 $\text{rank}(\boldsymbol{A})=M$

上述推论的证明基本都可以用目前为止所学的定理以及定义来完成，但有些证明会稍显复杂。在 A.1.4 节中将会介绍奇异值分解，利用这种方法将会使得证明过程更加简洁直观，因此定理 A.7 的证明将在下节介绍。

A.1.4　最小二乘逼近

针对线性方程组（A.2），在 A.1.1 以及 A.1.2 节中介绍了一些常用的基本概念。但是通常来说线性方程组 $\boldsymbol{Ax}=\boldsymbol{b}$ 求不出精确解。这种情况常常是因为数据不完备，尤其是当系数矩阵 $\boldsymbol{A}$ 或者向量 $\boldsymbol{b}$ 是通过实验获得的时候。即便数据全部已知和准确，也有可能求不出 $\boldsymbol{x}$ 的精确解。但通常对于控制律的实现来说，只要求得的解足够接近于所求线性方程组即可。

不管原因如何，当求取线性方程组（A.2）的近似解的时候，常常将线性方程组（A.2）转换为一个最优化问题的形式。向量 $\boldsymbol{x}$ 的取值需要使 $\boldsymbol{Ax}-\boldsymbol{b}$ 的残差或者模最小化。

$$\min_{x}\|\boldsymbol{Ax}-\boldsymbol{b}\| \tag{A.3}$$

无论 $\boldsymbol{x}$ 如何取值，模 $\boldsymbol{Ax}-\boldsymbol{b}\|$ 总是大于等于 0，当且仅当 $\boldsymbol{Ax}-\boldsymbol{b}$ 为零的时候模为 0。因此

当线性方程组（A. 2）有精确解的时候，最优化问题（A. 3）也有解。此外，即使式（A. 2）没有精确解，式（A. 3）同样可以求解。可通过这种方式来求取线性方程组（A. 2）的近似解。

最优化问题（A. 3）的求解过程利用到了第 2 章所介绍的正交矩阵。一个向量的模在旋转矩阵的作用下不会发生改变。针对当前讨论的问题，对向量 $\boldsymbol{Ax}-\boldsymbol{b}$ 经过正交矩阵 $\boldsymbol{O}$ 的变换后再求模，

$$\begin{aligned}\|\boldsymbol{Ax}-\mathbb{B}\|^2&=(\boldsymbol{Ax}-\boldsymbol{b})^{\mathrm{T}}(\boldsymbol{Ax}-\boldsymbol{b})\\&=(\boldsymbol{Ax}-\boldsymbol{b})^{\mathrm{T}}\boldsymbol{O}^{\mathrm{T}}\boldsymbol{O}(\boldsymbol{Ax}-\boldsymbol{b})\\&=\|\boldsymbol{O}(\boldsymbol{Ax}-\boldsymbol{b})\|\end{aligned}$$

因此式（A. 3）的最小化等价于下面的最小化问题

$$\min_x\|\boldsymbol{O}(\boldsymbol{Ax}-\boldsymbol{b})\| \tag{A. 4}$$

正交矩阵 $\boldsymbol{O}$ 的选取是为了简化实际的计算工作。

实际上有多种方法来构建正交矩阵 $\boldsymbol{O}$，常用的方法包括 Givens 变换，Householder 变换以及 Jacobi 旋转等。感兴趣的读者可以查阅文献［18］。本书仅介绍其中一种利用矩阵奇异值分解的方法。

定理 A. 8 任何 $M\times N$ 的实矩阵 $\boldsymbol{A}$ 均可以分解为下面的形式

$$\boldsymbol{A}=\boldsymbol{U}\Sigma\boldsymbol{V}^{\mathrm{T}} \tag{A. 5}$$

其中 $\boldsymbol{U}$ 是一个 $M\times N$ 的正交矩阵，Σ 是一个 $M\times N$ 的对角阵，$\boldsymbol{V}$ 是一个 $N\times N$ 的正交矩阵。依照惯例，分解后的奇异值按照非递增顺序排列在矩阵 Σ 的对角线上。

设 $M\geqslant N$ 因此该问题是适定或超定的。将矩阵 $\boldsymbol{U}$ 分块，$\boldsymbol{U}_1$ 对应前面的 N 列，$\boldsymbol{U}_2$ 对应后面的 $M-N$ 列

$$\boldsymbol{U}=[\boldsymbol{U}_1\quad\boldsymbol{U}_2]$$

接下来将矩阵 Σ 对应分块成 $N\times N$ 对角阵 σ 以及（$M-N$）$\times N$ 零矩阵

$$\Sigma=\begin{bmatrix}\boldsymbol{\sigma}\\\boldsymbol{0}\end{bmatrix}$$

这种分解方式常用来求解式（A. 4）的最优化问题，常使 $\boldsymbol{O}$ 等于 $\boldsymbol{U}^{\mathrm{T}}$

$$\|\boldsymbol{U}^{\mathrm{T}}(\boldsymbol{Ax}-\boldsymbol{b})\|^2=\|\boldsymbol{U}^{\mathrm{T}}\boldsymbol{Ax}-\boldsymbol{U}^{\mathrm{T}}\boldsymbol{b}\|^2=\|\Sigma\boldsymbol{V}^{\mathrm{T}}\boldsymbol{x}-\boldsymbol{U}^{\mathrm{T}}\boldsymbol{b}\|^2 \tag{A. 6}$$

$$=\begin{bmatrix}\boldsymbol{\sigma}\\\boldsymbol{0}\end{bmatrix}\boldsymbol{V}^{\mathrm{T}}\boldsymbol{x}-[\boldsymbol{U}_1\boldsymbol{U}_2]^{\mathrm{T}}\boldsymbol{b}^2 \tag{A. 7}$$

$$=\begin{bmatrix}\boldsymbol{\sigma}\\\boldsymbol{0}\end{bmatrix}\boldsymbol{V}^{\mathrm{T}}\boldsymbol{x}-\begin{bmatrix}\boldsymbol{U}_1^{\mathrm{T}}\\\boldsymbol{U}_2^{\mathrm{T}}\end{bmatrix}^2\boldsymbol{b} \tag{A. 8}$$

$$=\|\boldsymbol{\sigma}\boldsymbol{V}^{\mathrm{T}}\boldsymbol{x}-\boldsymbol{U}_1^{\mathrm{T}}\boldsymbol{b}\|^2+\|\boldsymbol{U}_2\boldsymbol{b}\|^2 \tag{A. 9}$$

第二项 $\boldsymbol{U}_2^{\mathrm{T}}\boldsymbol{b}$ 与向量 $\boldsymbol{x}$ 的取值无关。而第一项则可以用定理 A. 9 求解

定理 A. 9 设 $M\times N$ 的矩阵 $\boldsymbol{A}$ 满足 $M\geqslant N$，且矩阵 $\boldsymbol{A}$ 的秩为 N。那么最小二乘最优化问题的解可由下式得到

$$\boldsymbol{x}=\boldsymbol{V}\boldsymbol{\sigma}^{-1}\boldsymbol{U}_1^{\mathrm{T}}\boldsymbol{b}$$

此时利用求得的 $\boldsymbol{x}$ 代入计算，对应的残差的模为

$$\|\boldsymbol{Ax}-\boldsymbol{b}\|=\|\boldsymbol{U}_2^{\mathrm{T}}\boldsymbol{b}\|$$

接下来利用矩阵 $\boldsymbol{A}$ 的奇异值分解来证明定理 A. 7。

证明： 首先，由矩阵的逆的定义可知性质（i）和（ii）是等价的。接下来将证明性质（i）和（iii）的等价性。矩阵 $\boldsymbol{A}$ 的奇异值分解如下

$$\boldsymbol{A}=\boldsymbol{U}\Sigma\boldsymbol{V}^{\mathrm{T}}$$

其中 $\boldsymbol{U}$，$\boldsymbol{V}$ 以及 Σ 均为 $M\times M$ 矩阵。设矩阵 $\boldsymbol{A}$ 可逆，下面将证明矩阵 Σ 也可逆。由于

$$\Sigma=\boldsymbol{U}^{\mathrm{T}}\boldsymbol{A}\boldsymbol{V}$$

且 $\boldsymbol{A}$ 是可逆的，所以上式右边项的逆为

$$(\boldsymbol{U}^{\mathrm{T}}\boldsymbol{A}\boldsymbol{V})^{-1}=\boldsymbol{V}^{\mathrm{T}}\boldsymbol{A}^{-1}\boldsymbol{U}$$

因此，此时 Σ 是一个非负，可逆的对角阵。由于 Σ 的对角元素非零，对角阵 Σ 的逆可由对角元素取倒数得到。由于对角阵的行列式等于对角元素的乘积，所以 $\det(\Sigma)\neq 0$。因此如果矩阵 $\boldsymbol{A}$ 可逆，那么 $\det(\Sigma)\neq 0$：

$$\det(\boldsymbol{A})=\det(\boldsymbol{U}\Sigma\boldsymbol{V}^{\mathrm{T}})=\det(\boldsymbol{U})\det(\Sigma)\det(\boldsymbol{V})=\det(\Sigma)\neq 0$$

此外，上述的推论反过来也成立，首先设 $\det(\boldsymbol{A})\neq 0$，可推导出 $\det(\Sigma)\neq 0$，接下来可得到 Σ 可逆，最后证得矩阵 $\boldsymbol{A}$ 可逆。所以当且仅当性质（iii）成立时，性质（i）也成立。

接下来矩阵 U 按照 Σ 中的非零奇异值元素进行分块

$$\boldsymbol{A}=[\boldsymbol{U}_1\quad \boldsymbol{U}_2]\begin{bmatrix}\boldsymbol{\sigma} & \boldsymbol{0}\\ \boldsymbol{0} & \boldsymbol{0}\end{bmatrix}\begin{bmatrix}\boldsymbol{V}_1^{\mathrm{T}}\\ \boldsymbol{V}_2^{\mathrm{T}}\end{bmatrix}=\boldsymbol{U}_1\boldsymbol{\sigma}\boldsymbol{V}_1^{\mathrm{T}}$$

在此式中，设有 $J\leqslant M$ 个非零奇异值，所以 σ 是一个 $J\times J$ 矩阵，$\boldsymbol{U}_1$ 和 $\boldsymbol{V}_1$ 是 $M\times J$ 矩阵，$\boldsymbol{U}_2$ 和 $\boldsymbol{V}_2$ 是 $M\times(M-J)$ 矩阵。此时 $\mathrm{range}(\boldsymbol{A})=\mathrm{range}(\boldsymbol{U}_1)$ 以及 $\mathrm{nullspace}(\boldsymbol{A})=\mathrm{span}(\boldsymbol{V}_2)$。上面已证得性质（i）和（iii）等价，当且仅当 Σ 对角元素非零时 $\boldsymbol{A}^{-1}$ 存在。也就是说 $J=M$，即

$$\mathrm{range}(\boldsymbol{A})=\mathbb{R}^M\longleftrightarrow\mathrm{nullspace}(\boldsymbol{A})=\{0\}\longleftrightarrow\boldsymbol{A}^{-1}\text{ 存在}$$

这证明了性质（i）、（iv）和（v）相互等价。

最后，由于 $\mathrm{rank}(\boldsymbol{A})$ 等于 $\boldsymbol{A}$ 的线性无关列数，也就是等于 $\mathrm{range}(\boldsymbol{A})$ 的维数。由于已知 $\mathrm{range}(\boldsymbol{A})=\mathrm{span}(\boldsymbol{V}_2)$，且 $\boldsymbol{V}_2$ 中所有的列都相互正交，因此这些列之间线性无关，所以有等式 $\mathrm{rank}\ (\boldsymbol{A})=J$。这说明性质（vi）和性质（i）等价。■

例 A.1 考虑如下所示的矩阵方程

$$\begin{bmatrix}1 & 2\\ 0 & 1\\ 1 & 0\end{bmatrix}\boldsymbol{x}=\boldsymbol{b}\tag{A.10}$$

利用定理 A.2 来解释式（A.10）解的存在性。

解：按照定义，矩阵 $\boldsymbol{A}$ 可按列划分为 $\boldsymbol{a}_1$ 和 $\boldsymbol{a}_2$

$$\boldsymbol{A}=[\boldsymbol{a}_1\quad \boldsymbol{a}_2]=\begin{bmatrix}\begin{Bmatrix}1\\0\\1\end{Bmatrix} & \begin{Bmatrix}2\\1\\0\end{Bmatrix}\end{bmatrix}$$

该等式可以整理为下面形式

$$\boldsymbol{a}_1\boldsymbol{x}_1+\boldsymbol{a}_2\boldsymbol{x}_2=\begin{Bmatrix}1\\0\\1\end{Bmatrix}\boldsymbol{x}_1+\begin{Bmatrix}2\\1\\0\end{Bmatrix}\boldsymbol{x}_2=\boldsymbol{b}$$

因此当且仅当向量 $\boldsymbol{b}$ 在 $\boldsymbol{a}_1$ 和 $\boldsymbol{a}_2$ 生成的平面内时，式（A.10）有解。◀

例 A.2 继续考虑例 A.1 中的式（A.10）。上例说明当 $\boldsymbol{b}$ 包含于矩阵 $\boldsymbol{A}$ 的值域内时，式（A.10）至少存在一个解。当给定向量 $\boldsymbol{b}$ 时，请给出一个简要条件来检查解的存在性。

解：首先，目前已有很多计算方法与工具来构造矩阵 $\boldsymbol{A}$ 值域的一组基，例如 QR 分解

以及奇异值分解（文献［18］）。但是此例中要求给出一个简单的检查方法。定理 A.1 提供了一种检查特定形式方程解存在性的简要方法。定理 A.1 指出 $\mathbb{R}^M$ 中的任意向量 $\boldsymbol{v}$ 都可以分解为向量 $\boldsymbol{v}_R$ 与 $\boldsymbol{v}_N$ 的和，其中 $\boldsymbol{v}_R$ 在矩阵 $\boldsymbol{A}$ 的值域内，$\boldsymbol{v}_N$ 在转置矩阵 $\boldsymbol{A}^{\mathrm{T}}$ 的零空间内，且 $\boldsymbol{v}_R$ 与 $\boldsymbol{v}_N$ 正交。在本例的问题中，不难求解矩阵 $\boldsymbol{A}^{\mathrm{T}}$ 的零空间。和前面一样，将矩阵 $\boldsymbol{A}$ 按列分为 $\boldsymbol{a}_1$ 和 $\boldsymbol{a}_2$。这样的分块方法也把 $\boldsymbol{A}^{\mathrm{T}}$ 按行分块为

$$\boldsymbol{A}^{\mathrm{T}}=\begin{bmatrix}\boldsymbol{a}_1^{\mathrm{T}}\\ \boldsymbol{a}_2^{\mathrm{T}}\end{bmatrix}=\begin{bmatrix}\{1 & 0 & 1\}\\ \{2 & 1 & 0\}\end{bmatrix} \tag{A.11}$$

$\boldsymbol{A}^{\mathrm{T}}$ 的零空间定义为下面的向量空间

$$\text{nullspace}(\boldsymbol{A}^{\mathrm{T}})=\{\boldsymbol{z}\in\mathbb{R}^3:\ \boldsymbol{A}^{\mathrm{T}}\boldsymbol{z}=0\}$$

与 $\{1 \quad 0 \quad 1\}$ 及 $\{2 \quad 1 \quad 0\}$ 相正交的向量可通过叉乘计算 $\boldsymbol{a}_1\times\boldsymbol{a}_2=\{1 \quad -2 \quad -1\}$，因此

$$\text{nullspace}(\boldsymbol{A}^{\mathrm{T}})=\text{span}\begin{Bmatrix}1\\-2\\-1\end{Bmatrix}$$

假设利用定理 A.1 将向量 $\boldsymbol{b}$ 分解为两个相互垂直的分量 $\boldsymbol{b}=\boldsymbol{v}_R+\boldsymbol{v}_N$。当且仅当向量 $\boldsymbol{b}$ 在矩阵 $\boldsymbol{A}$ 的值域时，本例中的矩阵方程有解。这个条件仅在 $\boldsymbol{v}_N=0$ 时候满足。换句话说，当且仅当 $\boldsymbol{b}=\boldsymbol{v}_R$ 时方程有解。因为 $\boldsymbol{v}_R$ 正交于 $\boldsymbol{A}^{\mathrm{T}}$ 的零空间，因此必有

$$\boldsymbol{b}\cdot\begin{Bmatrix}-1\\2\\1\end{Bmatrix}=0$$

如果向量 $\boldsymbol{b}$ 给定，就可以利用此条件简单地检查方程解的存在性。◀

A.1.5 秩条件与相互作用矩阵

基于图像的视觉伺服控制律的推导需要求解下面的方程

$$\boldsymbol{L}_{\text{sys}}\begin{Bmatrix}\boldsymbol{v}_{0,c}^{\mathbb{C}}\\ \boldsymbol{\omega}_{0,\mathbb{C}}^{\mathbb{C}}\end{Bmatrix}=-\lambda\boldsymbol{e}$$

该方程主要是为了求解相机坐标系原点在惯性坐标系中的速度与角速度。矩阵 $\boldsymbol{L}_{\text{sys}}$ 为一个 $2n_p\times 6$ 矩阵。其中 n_p 是系统特征点的数目。通常该矩阵不是方阵，因此方程求解会稍复杂。将上面的方程重写为以下形式

$$\boldsymbol{A}\boldsymbol{x}=\boldsymbol{b}$$

此处矩阵 $\boldsymbol{A}$ 为一个 $M\times N$ 矩阵，$\boldsymbol{x}$ 为 $N\times 1$ 未知向量，$\boldsymbol{b}$ 为已知的 $M\times 1$ 向量。

A.2 代数特征值问题

在机器人动力学以及控制领域中，通常会遇到代数特征值问题。在理解线性系统的稳定性时，代数特征值常用来定义谱分解。同时代数特征值也常用来进行实对称矩阵的对角化，这在计算刚体惯性矩阵的主轴时候非常重要。

定义 A.7 当非平凡 M 维向量 $\boldsymbol{\phi}$ 满足下面条件时候，称 $\boldsymbol{\phi}$ 为 $M\times N$ 矩阵 $\boldsymbol{A}$ 对应于特征值 λ 的特征向量

$$\boldsymbol{A}\boldsymbol{\phi}=\lambda\boldsymbol{\phi}$$

必须注意，特征向量的定义中要求 $\boldsymbol{\phi}$ 为非平凡向量。换句话说，$\boldsymbol{\phi}$ 不能等于零向量。

其定义表明，特征向量在矩阵 $\boldsymbol{A}$ 变换中能保持不变。很明显，对于任何标量 $c\in\mathbb{R}$，如果 $\boldsymbol{\phi}$ 是矩阵 $\boldsymbol{A}$ 的特征向量，那么 $c\boldsymbol{\phi}$ 也是其特征向量。也就是说，$\boldsymbol{A}$ 的特征向量有多个标量系数。

代数特征值问题求解的一个最常见的方法，可以参考线性系统可解性的最后几节来进行理论推导。

定理 A.10 当且仅当以下条件满足时，标量 λ 是矩阵 $\boldsymbol{A}$ 的一个特征值

$$\det(\boldsymbol{A}-\lambda\boldsymbol{I})=0$$

每个 $M\times M$ 矩阵 $\boldsymbol{A}$ 都有 M 个特征值。

证明： 定义 A.7 中的特征值与特征向量需要满足

$$(\boldsymbol{A}-\lambda\boldsymbol{I})\boldsymbol{\phi}=\boldsymbol{0} \tag{A.12}$$

其中标量 λ 与向量 $\boldsymbol{\phi}$ 都不为零。根据 A.1.2 节我们知道，假如矩阵 $\boldsymbol{A}-\lambda\boldsymbol{I}$ 可逆，那么无论向量 $\boldsymbol{b}$ 如何取值，下面的方程存在唯一解

$$(\boldsymbol{A}-\lambda\boldsymbol{I})\boldsymbol{x}=\boldsymbol{b}$$

因此假如矩阵 $\boldsymbol{A}-\lambda\boldsymbol{I}$ 可逆，那么式（A.12）存在唯一解 $\boldsymbol{\phi}=0$。但这不是特征值问题所要求的解，因此矩阵 $\boldsymbol{A}-\lambda\boldsymbol{I}$ 必然不可逆才能存在多解，才能使非平凡向量 $\boldsymbol{\phi}$ 满足式（A.12）。根据 A.1.2 节我们知道，当且仅当 $\det(\boldsymbol{A}-\lambda\boldsymbol{I})\neq 0$ 时候矩阵 $\boldsymbol{A}-\lambda\boldsymbol{I}$ 不可逆。因此，当且仅当

$$\det(\boldsymbol{A}-\lambda\boldsymbol{I})=0$$

时 λ 是矩阵 $\boldsymbol{A}$ 的一个特征值。等式 $\det(\boldsymbol{A}-\lambda\boldsymbol{I})=0$ 可化为一个关于 λ 的 M 阶多项式。这个多项式称为特征多项式。每个 M 阶多项式都有 M 个复根，因此每个 $M\times M$ 矩阵都有 M 个特征值。 ■

该定理表明，$M\times M$ 矩阵 $\boldsymbol{A}$ 的特征值可通过 M 阶多项式 $\det(\boldsymbol{A}-\lambda\boldsymbol{I})=0$ 求出。当 $\boldsymbol{A}$ 是一个实矩阵，其特征多项式的因数为实数，特征多项式的根仍有可能是复根。此外，尽管每个 $M\times M$ 矩阵都有 M 个特征值，但各个特征值不一定互不相等。这种情况将在 A.2.2 节中继续探究。

A.2.1 自伴矩阵

自伴矩阵是一类重要矩阵，可求得 M 个特征向量。当满足下面条件时，称矩阵 $\boldsymbol{A}$ 为自伴矩阵

$$\boldsymbol{A}=\boldsymbol{A}^*=\overline{\boldsymbol{A}}^{\mathrm{T}}$$

这里 $\overline{\boldsymbol{A}}$ 是 $\boldsymbol{A}$ 的共轭。当只考虑实矩阵的时候，当实矩阵为对称阵的时候，它是自伴矩阵。定理 A.11 指出，可利用实对称阵 $\boldsymbol{A}$ 的特征向量来构造 $\mathbb{R}^M$ 的一组正交基。这也是谱理论在自伴矩阵下的一种特殊情况。

定理 A.11 设 $\boldsymbol{A}$ 是一个 $M\times M$ 的实对称阵

(i) $\boldsymbol{A}$ 的特征值为实数

(ii) $\boldsymbol{A}$ 对应于不同特征值的特征向量相互正交

(iii) $\boldsymbol{A}$ 对应于不同特征值的特征向量满足

$$\boldsymbol{\phi}^{\mathrm{T}}\boldsymbol{A}\boldsymbol{\psi}=0$$

其中 $\boldsymbol{\phi}^{\mathrm{T}}$ 和 $\boldsymbol{\psi}$ 是对应不同的特征值的特征向量

(iv) 利用 $\boldsymbol{A}$ 的特征向量作为列向量可以获得 $M\times M$ 的模态矩阵 $\boldsymbol{\Phi}$，满足

$$\boldsymbol{\Phi}^*\boldsymbol{\Phi}=\boldsymbol{I}$$

$$\boldsymbol{\Phi}^{*}\boldsymbol{A}\boldsymbol{\Phi}=\begin{bmatrix}\lambda_1 & 0 & \cdots & 0\\ 0 & \lambda_2 & \cdots & 0\\ \vdots & \vdots & \ddots & \vdots\\ 0 & 0 & \cdots & \lambda_M\end{bmatrix}$$

其中 λ_i 是 $\boldsymbol{A}$ 的第 i 个特征值，$i=1，2，\cdots，M$

证明： 下面先证明（i）。设 λ 是 $\boldsymbol{A}$ 的特征值，$\boldsymbol{\phi}$ 是对应特征向量，那么

$$\boldsymbol{A}\boldsymbol{\phi}=\lambda\boldsymbol{\phi} \tag{A.13}$$

若 λ 是 $\boldsymbol{A}$ 的特征值，那么也是 $\boldsymbol{A}^{*}=\overline{\boldsymbol{A}}^{\mathrm{T}}$ 的特征值。令 $\boldsymbol{\psi}$ 是 $\boldsymbol{A}^{*}$ 中相对于 λ 的特征向量

$$\boldsymbol{A}^{*}\boldsymbol{\psi}=\lambda\boldsymbol{\psi} \tag{A.14}$$

式（A.13）左乘 $\boldsymbol{\psi}^{*}$，等式（A.14）右乘 $\boldsymbol{\phi}^{*}$，那么

$$\boldsymbol{\psi}^{*}\boldsymbol{A}\boldsymbol{\phi}=\lambda\boldsymbol{\psi}^{*}\boldsymbol{\phi}$$

$$\boldsymbol{\phi}^{*}\boldsymbol{A}^{*}\boldsymbol{\psi}=\lambda\boldsymbol{\phi}^{*}\boldsymbol{\psi}$$

第一条式子减去第二条式子的共轭转置，得到

$$\begin{aligned}0&=(\boldsymbol{\psi}^{*}\boldsymbol{A}\boldsymbol{\phi}-(\boldsymbol{\phi}^{*}\boldsymbol{A}^{*}\boldsymbol{\psi})^{*})=(\boldsymbol{\psi}^{*}\boldsymbol{A}\boldsymbol{\phi}-\boldsymbol{\psi}^{*}\boldsymbol{A}\boldsymbol{\phi})\\&=\lambda\boldsymbol{\psi}^{*}\boldsymbol{\phi}-(\lambda\boldsymbol{\phi}^{*}\boldsymbol{\psi})^{*}=(\lambda-\overline{\lambda})\boldsymbol{\psi}^{*}\boldsymbol{\phi}\end{aligned}$$

通常 $\boldsymbol{\psi}^{*}\boldsymbol{\phi}$ 不等于 0，因此 $\lambda=\overline{\lambda}$，所以特征值 λ 为实数。

接下来证明（ii），设 λ_1，$\boldsymbol{\phi}_1$ 以及 λ_2，$\boldsymbol{\phi}_2$ 是矩阵 $\boldsymbol{A}$ 中不同的特征对。也就是说 $\lambda_1\neq\lambda_2$。这两对特征对满足下面等式

$$\boldsymbol{A}\boldsymbol{\phi}_1=\lambda_1\boldsymbol{\phi}_1$$

$$\boldsymbol{A}\boldsymbol{\phi}_2=\lambda_2\boldsymbol{\phi}_2$$

与（i）中的证明类似，在第一个式子中左乘 $\boldsymbol{\phi}_2^{\mathrm{T}}$，在第二个式子中左乘 $\boldsymbol{\phi}_1^{\mathrm{T}}$，然后第一个式子减去第二个式子的转置，得到

$$\begin{aligned}0&=(\boldsymbol{\phi}_2^{\mathrm{T}}\boldsymbol{A}\boldsymbol{\phi}_1-(\boldsymbol{\phi}_1^{\mathrm{T}}\boldsymbol{A}\boldsymbol{\phi}_2)^{\mathrm{T}})=(\boldsymbol{\phi}_2^{\mathrm{T}}\boldsymbol{A}\boldsymbol{\phi}_1-\boldsymbol{\phi}_2^{\mathrm{T}}\boldsymbol{A}\boldsymbol{\phi}_1)\\&=\lambda_1\boldsymbol{\phi}_2^{\mathrm{T}}\boldsymbol{\phi}_1-(\lambda_2\boldsymbol{\phi}_1^{\mathrm{T}}\boldsymbol{\phi}_2)^{\mathrm{T}}=(\lambda_1-\lambda_2)\boldsymbol{\phi}_2^{\mathrm{T}}\boldsymbol{\phi}_1\end{aligned}$$

由于两个特征值不相等 $\lambda_1-\lambda_2\neq0$。因此 $\boldsymbol{\phi}_2^{\mathrm{T}}\boldsymbol{\phi}_1=0$，也就是说 $\boldsymbol{\phi}_1$ 与 $\boldsymbol{\phi}_2$ 正交。

接下来证明（iii），易得

$$\boldsymbol{\phi}_2^{\mathrm{T}}\boldsymbol{A}\boldsymbol{\phi}_1=\lambda_1\boldsymbol{\phi}_2^{\mathrm{T}}\boldsymbol{\phi}_1=0$$

因此 $\boldsymbol{\phi}_1$ 与 $\boldsymbol{\phi}_2$ 相对于 $\boldsymbol{A}$ 正交

接下来证明（iv），假设特征值之间互不相等，且特征向量的模长为 1（通常将特征向量模长归一化），那么（iv）中所述的两个性质可通过下面的计算来得到

$$\boldsymbol{\Phi}^{\mathrm{T}}\boldsymbol{\Phi}=\begin{bmatrix}\boldsymbol{\phi}_1^{\mathrm{T}}\\ \boldsymbol{\phi}_2^{\mathrm{T}}\\ \vdots\\ \boldsymbol{\phi}_M\end{bmatrix}[\boldsymbol{\phi}_1\boldsymbol{\phi}_2\cdots\boldsymbol{\phi}_M]=\begin{bmatrix}\boldsymbol{\phi}_1^{\mathrm{T}}\boldsymbol{\phi}_1 & \boldsymbol{\phi}_1^{\mathrm{T}}\boldsymbol{\phi}_2 & \cdots & \boldsymbol{\phi}_1^{\mathrm{T}}\boldsymbol{\phi}_M\\ \boldsymbol{\phi}_2^{\mathrm{T}}\boldsymbol{\phi}_1 & \boldsymbol{\phi}_2^{\mathrm{T}}\boldsymbol{\phi}_2 & \cdots & \boldsymbol{\phi}_2^{\mathrm{T}}\boldsymbol{\phi}_M\\ \vdots & \vdots & \ddots & \vdots\\ \boldsymbol{\phi}_M^{\mathrm{T}}\boldsymbol{\phi}_1 & \boldsymbol{\phi}_M^{\mathrm{T}}\boldsymbol{\phi}_2 & \cdots & \boldsymbol{\phi}_M^{\mathrm{T}}\boldsymbol{\phi}_M\end{bmatrix}\begin{bmatrix}1 & 0 & \cdots & 0\\ 0 & 1 & \cdots & 0\\ \vdots & \vdots & \ddots & \vdots\\ 0 & 0 & \cdots & 1\end{bmatrix}$$

以及

$$\boldsymbol{\Phi}^{\mathrm{T}}\boldsymbol{A}\boldsymbol{\Phi}=\begin{bmatrix}\boldsymbol{\phi}_1^{\mathrm{T}}\boldsymbol{A}\boldsymbol{\phi}_1 & \boldsymbol{\phi}_1^{\mathrm{T}}\boldsymbol{A}\boldsymbol{\phi}_2 & \cdots & \boldsymbol{\phi}_1^{\mathrm{T}}\boldsymbol{A}\boldsymbol{\phi}_M\\ \boldsymbol{\phi}_2^{\mathrm{T}}\boldsymbol{A}\boldsymbol{\phi}_1 & \boldsymbol{\phi}_2^{\mathrm{T}}\boldsymbol{A}\boldsymbol{\phi}_2 & \cdots & \boldsymbol{\phi}_2^{\mathrm{T}}\boldsymbol{A}\boldsymbol{\phi}_M\\ \vdots & \vdots & \ddots & \vdots\\ \boldsymbol{\phi}_M^{\mathrm{T}}\boldsymbol{A}\boldsymbol{\phi}_1 & \boldsymbol{\phi}_M^{\mathrm{T}}\boldsymbol{A}\boldsymbol{\phi}_2 & \cdots & \boldsymbol{\phi}_M^{\mathrm{T}}\boldsymbol{A}\boldsymbol{\phi}_M\end{bmatrix}=\begin{bmatrix}\lambda_1 & 0 & \cdots & 0\\ 0 & \lambda_2 & \cdots & 0\\ \vdots & \vdots & \ddots & \vdots\\ 0 & 0 & \cdots & \lambda_M\end{bmatrix}$$

假如特征值之间存在相等的情况，那就是说明任何特征空间的维数是有限的，且都有一组

相互垂直的特征向量作为基。 ■

A.2.2 Jordan 标准形

上一节的自伴矩阵谱理论提供了一种根据特征向量来将自伴矩阵对角化的方法。如前所述，并非所有 $M\times M$ 矩阵都有一组 M 个线性无关的特征向量。类似于谱分解的方法，一般的 $M\times M$ 矩阵可通过 Jordan 标准形实现近似的对角化分解。这种分解特别适用于研究线性系统的稳定性，如第 6 章所述利用反馈线性化补偿非线性项。

定理 A.12 设 $\boldsymbol{A}$ 是一个 $M\times M$ 矩阵，存在矩阵 $\boldsymbol{P}$ 使得 $\boldsymbol{A}$ 满足下面的块分解

$$\boldsymbol{A}=\boldsymbol{P}\begin{bmatrix}\boldsymbol{J}_1 & \boldsymbol{0} & \cdots & \boldsymbol{0}\\ \boldsymbol{0} & \boldsymbol{J}_2 & \cdots & \boldsymbol{0}\\ \vdots & \vdots & \ddots & \vdots\\ \boldsymbol{0} & \boldsymbol{0} & \cdots & \boldsymbol{J}_K\end{bmatrix}\boldsymbol{P}^{-1}$$

各个 $n_k\times n_k$ 的块 $\boldsymbol{J}_k$（$k=1, \cdots, K$）满足下面的形式

$$\boldsymbol{J}_k=\begin{bmatrix}\lambda_k & 1 & 0 & \cdots & 0\\ 0 & \lambda_k & 1 & \cdots & 0\\ 0 & 0 & \lambda_k & \cdots & 0\\ \vdots & \vdots & \vdots & \ddots & \vdots\\ 0 & 0 & 0 & \cdots & \lambda_k\end{bmatrix}$$

其中标量 λ_k 是 $\boldsymbol{A}$ 的第 k 个特征值，重数为 n_k。

与自伴矩阵的模态矩阵 $\boldsymbol{\Phi}$ 不同，矩阵 $\boldsymbol{P}$ 的列不一定是由矩阵 $\boldsymbol{A}$ 的特征向量构造的。矩阵 $\boldsymbol{P}$ 的列有时候表示为 $\boldsymbol{A}$ 的广义特征向量。有兴趣的读者可参考文献［18］。

A.3 高斯变换与 LU 分解

在机器人系统动力学研究中，常出现以下的矩阵方程形式

$$\boldsymbol{A}\boldsymbol{x}=\boldsymbol{b} \tag{A.15}$$

其中 $\boldsymbol{A}$ 是 $M\times M$ 矩阵，$\boldsymbol{x}$ 为未知的 $M\times 1$ 向量，$\boldsymbol{b}$ 为已知的 $M\times 1$ 向量。有时候该方程需要求出解析解，有时候则只需求出数值解。A.1.3 和 A.1.4 节的某些条件保证了式（A.15）解的存在性与唯一性。实际上，如果式（A.15）有唯一解，求解该方程等于求矩阵 $\boldsymbol{A}$ 的逆 $\boldsymbol{A}^{-1}$，定理 A.7 以及定理 A.9 表明当矩阵可逆时奇异值分解可用于求解矩阵的逆。然而，相比于其他算法，奇异值分解的计算开销很大；因此在机器人系统实际应用中，常采用一些其他的方法。这节将探究其中一种常用方法，利用一系列的高斯变换来求解 $\boldsymbol{A}$ 的逆，或者说来求解式（A.15）形式的方程。

利用高斯变换来求解式（A.15）的方法比较易懂。假设存在如下的两个矩阵序列

$$\boldsymbol{L}_{i,j}\quad j=1, \cdots, M-1,\ i=j+1, \cdots M$$

以及

$$\boldsymbol{U}_{i,j}\quad i=1\cdots M-1,\ j=i+1\cdots M$$

$M\times M$ 可逆矩阵 $\boldsymbol{A}$ 可通过左乘 $\boldsymbol{L}_{i,j}$ 以及右乘 $\boldsymbol{U}_{i,j}$ 变换得到单位阵

$$\mathbb{I}=\boldsymbol{L}_{N,N-1}\boldsymbol{L}_{N,N-2}\cdots\boldsymbol{L}_{4,1}\boldsymbol{L}_{3,1}\boldsymbol{L}_{2,1}\boldsymbol{A}\boldsymbol{U}_{N-1,N}\boldsymbol{U}_{N-2,N}U_{1,3}U_{1,2} \tag{A.16}$$

此时矩阵 $\boldsymbol{A}$ 的逆为

$$\boldsymbol{A}=\boldsymbol{L}_{2,1}^{-1}\boldsymbol{L}_{3,1}^{-1}\cdots\boldsymbol{L}_{N-1,N-2}^{-1}\boldsymbol{L}_{N,N-1}^{-1}U_{1,2}^{-1}U_{1,3}^{-1}\cdots U_{N-2,N}^{-1}U_{N-1,N}^{-1} \tag{A.17}$$

值得注意的是，在 $\boldsymbol{L}_{i,j}$ 或 $\boldsymbol{U}_{i,j}$ 的矩阵序列的构造中，各个矩阵都需要是可逆的。上述矩阵序

列的构造需要矩阵 **A** 的特定主元元素不等于 0。矩阵序列的构造利用高斯变换的方法来实施。

高斯变换矩阵是指该矩阵与单位阵相比，只有一个非对角元素不同。如果非对角元素 l_{ij} 在左下方时，矩阵为下三角形式；当非对角元素 u_{ij} 在右上方时，矩阵为上三角形式。

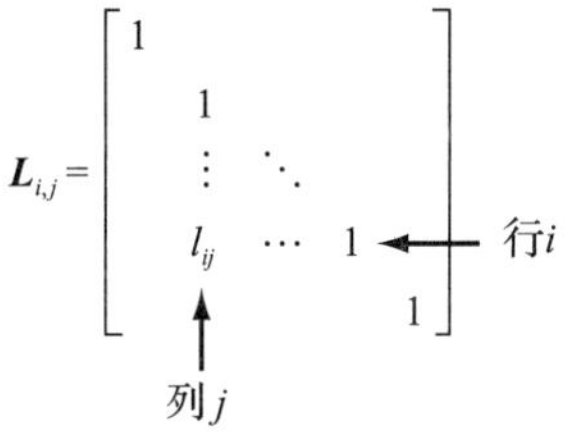

图 A-1　高斯变换矩阵，下三角形式

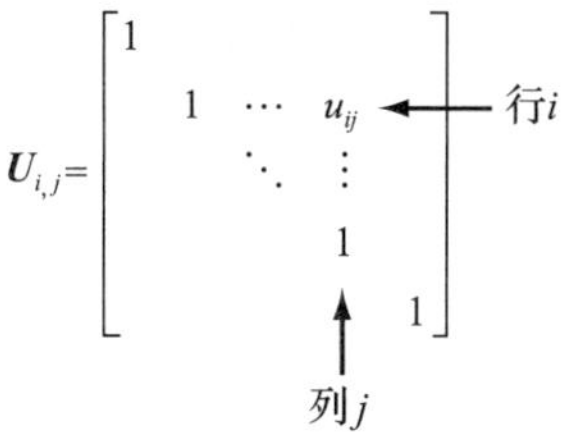

图 A-2　高斯变换矩阵，上三角形式

这种矩阵是可逆的，易知其逆为

$$\boldsymbol{L}_{ij}^{-1}=\begin{bmatrix}1 & & & & \\ & 1 & & & \\ & \vdots & \ddots & & \\ & -l_{ij} & \cdots & 1 & \\ & & & & 1\end{bmatrix}$$

或者

$$\boldsymbol{U}_{ij}^{-1}=\begin{bmatrix}1 & & & & \\ & 1 & \cdots & -u_{ij} & \\ & & \ddots & \vdots & \\ & & & 1 & \\ & & & & 1\end{bmatrix}$$

在实际应用中，因为其具有高度结构化的形式，高斯变换矩阵具有多种重要特性。首先讨论下三角阵 $\boldsymbol{L}_{i,j}$ 并研究其某些特性。我们将会学习如何选择这样的矩阵，使得矩阵 **A** 左乘它以后主对角线下方的特定元素变为 0。因此如果矩阵 **A** 左乘一个特定的下三角矩阵序列，就有可能将主对角线下方的元素全部化为 0。换句话说，

$$\boldsymbol{L}_{N,N-1}\boldsymbol{L}_{N,N-2}\cdots\boldsymbol{L}_{4,1}\boldsymbol{L}_{3,1}\boldsymbol{L}_{2,1}\boldsymbol{A}$$

将变换成上三角形式。

因此，可以用相似的方法构造上三角阵 $\boldsymbol{U}_{i,j}$。矩阵 **A** 右乘选定的 $\boldsymbol{U}_{i,j}$ 后使得主对角线上方的某个元素化为 0。矩阵 **A** 右乘这样的上三角矩阵序列后，使得对角线上方的元素全部为 0。换句话说，

$$\boldsymbol{A}\boldsymbol{U}_{N-1,N}U_{N-2,N}U_{1,3}U_{1,2}$$

将变换成下三角形式。

最后，这两类矩阵将一起应用于矩阵 **A** 的 **LU** 分解，使得矩阵 **A** 表示为一个下三角阵和一个上三角阵相乘的形式。先来考虑高斯变换矩阵 $\boldsymbol{L}_{i,j}$。值得注意的是，矩阵 **A** 左乘 $\boldsymbol{L}_{i,j}$ 后只变化了第 i 行的元素，其余元素不变。可以直观地看到，矩阵 **A** 左乘矩阵 $\boldsymbol{L}_{i,j}$ 后只有 $b_{ik}(k=1,\cdots,M)$ 对应的元素发生了变化

$$\boldsymbol{L}_{i,j}\boldsymbol{A}=\begin{bmatrix}1 & & & & \\ & 1 & & & \\ & & 1 & & \\ & l_{ij} & & 1 & \\ & & & & 1\end{bmatrix}\begin{bmatrix}a_{11} & \cdots & a_{1M} \\ \vdots & & \vdots \\ a_{M1} & \cdots & a_{MM}\end{bmatrix} \tag{A.18}$$

$$=\begin{bmatrix} a_{11} & a_{12} & \cdots & & & & a_{1M} \\ \vdots & & & & & & \\ b_{i1} & b_{i2} & \cdots & b_{ij} & b_{i\,j+1} & \cdots & b_{iM-1} & b_{iM} \\ \vdots & & & & & & \\ a_{M1} & a_{M2} & \cdots & & & \cdots & a_{MM} \end{bmatrix} \tag{A.19}$$

式（A.18）中，第 i 行每个元素新的值 b_{ik} 可以表示为

$$b_{ik}=l_{ij}a_{jk}+a_{ik} \tag{A.20}$$

其中 $k=1$，…，M。当式中 $k=j$ 时，

$$b_{ij}=l_{ij}a_{jj}+a_{ij}$$

假如对角元素 $a_{jj}\neq 0$，那么就可以计算出 l_{ij} 使得经高斯变换 $\boldsymbol{L}_{ij}$ 后，矩阵 $\boldsymbol{A}$ 的元素（i，j）为 0。此时当取 $l_{ij}=\frac{-a_{ij}}{a_{jj}}$ 时 $b_{ij}=0$

$$b_{ij}=l_{ij}a_{jj}+a_{ij}=\left(\frac{-a_{ij}}{a_{jj}}\right)a_{jj}+a_{ij}=0$$

对角元素 a_{jj}，又称为主元元素，这种方法需要 a_{jj} 不为 0 才能使用。矩阵左乘 $\boldsymbol{L}_{ij}$ 后只有第 i 行发生变化，可通过计算得到 $\boldsymbol{l}_{ij}$ 使得 $b_{ij}=0$，通过这种方式构造矩阵序列 $\boldsymbol{L}_{ij}$ 从而将矩阵 $\boldsymbol{A}$ 变换为上三角形式。序列 $\boldsymbol{L}_{ij}$ 可依次将矩阵 $\boldsymbol{A}$ 各列中位于主对角线下方的元素自上而下地化为 0，如图 A-3 所示。

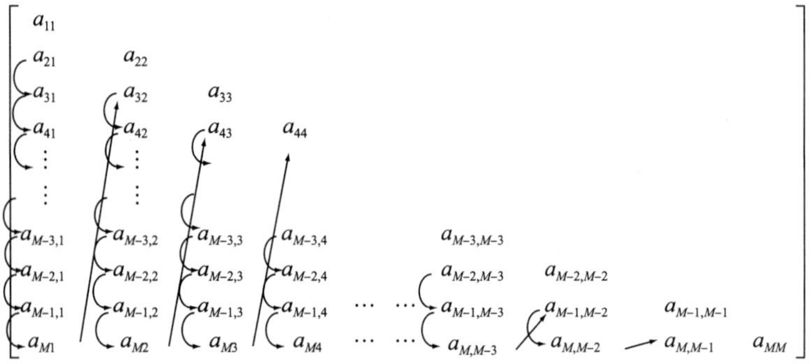

图 A-3　对角线下方元素化为零的过程

当矩阵 $\boldsymbol{A}$ 的对角线元素 a_{jj}，$j=1$，…，M 非零，图 A-4 所示的步骤可将 $\boldsymbol{A}$ 中对角线下方的元素化为零。该算法的证明留作读者练习。

（1）循环顺序遍历各列：$j=1$，…，$M-1$
（2）循环顺序遍历对角线下方的行元素：$i=j+1$，…，M
（3）计算高斯变换矩阵，使得元素 i，j 为 0：$l_{ij}=\frac{-a_{ij}}{a_{jj}}$

图 A-4　高斯变换使矩阵 $\boldsymbol{A}$ 对角线下方元素化为零

到目前为止针对下三角高斯变换矩阵 $\boldsymbol{L}_{ij}$ 所讨论的方法，可以对称地扩展为上三角高斯变换矩阵 $\boldsymbol{U}_{ij}$。矩阵 $\boldsymbol{A}$ 右乘 $\boldsymbol{U}_{ij}$ 只改变了第 j 列的元素。式（A.21）中，$b_{kj}(k=1$，…，$M)$ 为矩阵乘积 $\boldsymbol{AU}_{ij}$ 的第 j 列新元素。

$$\boldsymbol{A}=\begin{bmatrix} a_{11} & \cdots & a_{1M} \\ \vdots & & \vdots \\ a_{1M} & \cdots & a_{MM} \end{bmatrix}\begin{bmatrix} 1 & & & & \\ & 1 & & u_{ij} & \\ & & 1 & & \\ & & & 1 & \\ & & & & 1 \end{bmatrix} \tag{A.21}$$

$$=\begin{bmatrix} a_{11} & a_{12} & \cdots & a_{1,j-1} & b_{1,j} & a_{1,j+1} & \cdots & a_{1M} \\ a_{21} & a_{22} & & a_{2,j-1} & b_{2,j} & a_{2,j+1} & & a_{2,M} \\ \vdots & \vdots & & \vdots & \vdots & \vdots & & \\ a_{M,1} & a_{M,2} & & a_{M,j-1} & b_{M,j} & a_{M,j+1} & \cdots & a_{M,M} \end{bmatrix} \tag{A.22}$$

和 $\boldsymbol{L}_{ij}$ 相似，只要主元元素 a_{jj} 不为 0，就能使得 i，j 位置的元素化为 0。在第 j 列第 k 行，其中 $k=1$，…，M，元素 b_{kj} 的值满足下面的等式

$$b_{kj}=a_{ki}u_{ij}+a_{kj}$$

当 $k=i$

$$b_{ij}=a_{ii}u_{ij}+a_{ij} \tag{A.23}$$

如果 u_{ij} 由 $\frac{-a_{ij}}{a_{ii}}$ 计算得到

$$b_{ij}=u_{ij}a_{ij}+a_{ij}=\frac{-a_{ij}}{a_{ii}}a_{ii}+a_{ij}=0 \tag{A.24}$$

与图 A-4 的方法相似，上三角高斯变换序列可使得下面的乘积变为下三角形式：

$$\boldsymbol{AU}_{N-1,N}\boldsymbol{U}_{N-2,N}\cdots\boldsymbol{U}_{1,3}\boldsymbol{U}_{1,2} \tag{A.25}$$

图 A-5 和图 A-6 展示了该方法如何使得矩阵对角线上方的元素依次化为 0。

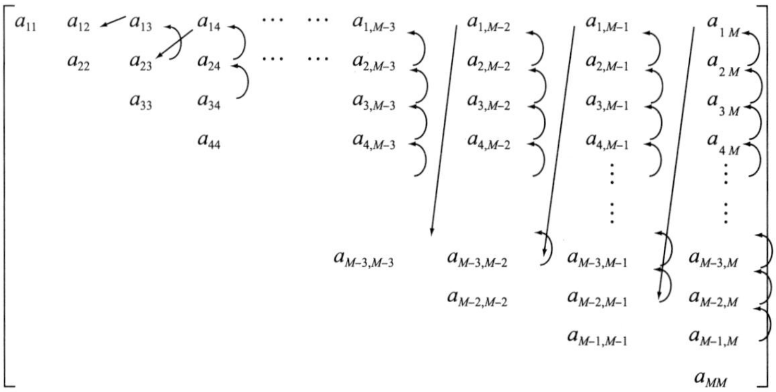

图 A-5　对角线上方元素化为零的过程

(1) 循环倒序遍历各列：$j=M$，…，3，2
(2) 循环倒序遍历对角线上方的行元素：$i=j-1$，…，2，1
(3) 计算高斯变换矩阵，使得元素 i，j 为 0：$u_{ij}=\frac{-a_{ij}}{a_{ii}}$

图 A-6　高斯变换使矩阵 **A** 对角线上方元素化为零

参考文献

1 Alciatore, D. G., and Histand, M. B. *Introduction to Mechatronics and Measurement Systems.* McGraw-Hill, New York, 2002.

2 Ascher, U. M., and Petzold, L. R. *Computer Methods for Ordinary Differential Equations and Differential-Algebraic Equations.* Society for Industrial and Applied Mathematics, 1998.

3 B. Siciliano, L. Sciavicco, L. V., and Oriolo, G. *Robotics: Modeling, Planning and Control.* Springer Verlag, London, 2009.

4 Ben-Tzvi, P. Experimental validation and field performance metrics of a hybrid mobile robot mechanism. *Journal of Field Robotics 27,* 3 (May 2010), 250–267.

5 Ben-Tzvi, P., Goldenberg, A. A., and Zu, J. W. Design and analysis of a hybrid mobile robot mechanism with compounded locomotion and manipulation capability. *Transactions of the ASME, Journal of Mechanical Design 130,* 7 (July 2008), 1–13.

6 Ben-Tzvi, P., Goldenberg, A. A., and Zu, J. W. Articulated hybrid mobile robot mechanism with compounded mobility and manipulation and on-board wireless sensor/actuator control interfaces. *Mechatronics Journal 20,* 6 (September 2010), 627–639.

7 Bishop, R. *Tensor Analysis on Manifolds.* Dover Publications, 1980.

8 Bolton, W. *Mechatronics: Electronic Control Systems in Mechanical and Electrical engineering.* Pearson Education Limited, United Kingdom, 2015.

9 Bowen, R. M. *Introduction to Vectors and Tensors.* Plenum Press, New York, 1976.

10 Bullo, F., and Lewis, A. *Geometric Control of Mechanical Systems.* Springer-Verlag, New York, 2005.

11 Cetyinkunt, S. *Mechatronics.* John Wiley & Sons, Inc., 2007.

12 Craig, R. R., and Kurdila, A. J. *Fundamentals of Structural Dynamics.* John Wiley and Sons, 2006.

13 Fattorini, H. *Infinite Dimensional Optimization and Control Theory.* Cambridge University Press, 1999.

14 Featherstone, R. *Rigid Body Dynamics Algorithms.* Springer, 2008.

15 F.L. Lewis, D. D., and Abdallah, C. *Robot Manipulator Control: Theory and Practice.* Marcel Dekker, Inc., 1993.

16 G. Rodriguez, A. J., and Kreutz-Delgado, K. Spatial operator algebra for multibody system dynamics. *Journal of the Astronautical Sciences 40,* 1 (1992), 27–50.

17 Ginsberg, J. *Engineering Dynamics.* Cambridge University Press, 2008.

18 Golub, G. H., and Loan, C. F. V. *Matrix Computations.* Johns Hopkins University Press, 1996.

19 Guckenheimer, J., and Holmes, P. *Nonlienar Oscillations, Dynamical Systems and Bifurcations of Vector Fields.* Springer Verlag, New York, 1983.

20 Herbert Goldstein, C. P., and Safko, J. *Classical Mechanics.* Addison Wesley, 2002.

21 Isidori, A. *Nonlinear Control Systems.* Springer Verlag, New York, 1995.

22 Jain, A. Spatially recursive dynamics for flexible manipulators. In *Proceedings of the IEEE International Conference on Robotics and Automation* (1991), vol. 3, IEEE, Piscataway, N.J., United States, pp. 2350–2355.

23 Jain, A. Unified formulation of dynamics for serial rigid multibody systems. *Journal of Guidance, Control and Dynamics 14,* 3 (May-June 1991), 531–542.

24 Jain, A. *Robot and Multibody Dynamics: Analysis and Algorithms.* Springer, New York, 2011.

25 Jain, A., and Rodriguez, G. Diagonalized lagrangian robot dynamics. *IEEE Transactions on Robotics and Automation 11*, 4 (1995), 571–584.

26 Jain, A., and Rodriguez, G. Computational robot dynamics using spatial operators. In *Proceedings of the IEEE International Conference on Robotics and Automation* (2000), vol. 1, IEEE, Piscataway, N.J., United States, pp. 843–849.

27 K.E. Brenan, S.L. Campbell, L. P. *Numerical Solution of Initial-Value Problems in Differential-Algebraic Equations.* North-Holland Publishing Company, 1989.

28 Khalil, H. *Nonlinear Systems.* Prentice-Hall, 2002.

29 Kurdila, A. J., and Zabarankin, M. *Convex Functional Analysis.* Birkhauser Verlag, 2005.

30 M. Spong, S. H., and Vidyasagar, M. *Robot Modeling and Control.* John Wiley & Sons, Inc., 2006.

31 Meirovitch, L. *Methods of Analytical Dynamics.* McGraw-Hill, 1970.

32 Meyn, S. *Markov Chains and Stochastic Stability.* Cambridge University Press, 2009.

33 Nijmeijer, H., and van der Schaft, A. *Nonlinear Dynamical Control Systems.* Springer, New York, 1990.

34 Oden, J. T. *Applied Functional Analysis.* Prentice-Hall, 1979.

35 Polak, E. *Optimization: Algorithms and Consistent Approximations.* Springer, 1997.

36 Richard M. Murray, Z. L., and Sastry, S. S. *A Mathematical Introduction to Robotic Manipulation.* CRC Press, Boca Raton, 1994.

37 Rodriguez, G. Kalman filtering, smoothing, and recursive robot arm forward and inverse dynamics. *IEEE Journal of Robotics and Automation 3*, 6 (1987), 624–639.

38 Rodriguez, G. Spatially random models, estimation theory and robot arm dynamics. In *Proceedings of the IEEE International Symposium on Intelligent Control* (1987), U. IEEE, New York, Ed., pp. 27–30.

39 Rodriguez, G., and Kreutz-Delgado, K. Spatial operator factorization and inversion of the manipulator mass matrix. *IEEE Transactions on Robotics and Automation 8*, 1 (1992), 65–76.

40 Saperstone, S. *Semidynamical Systems in Infinite Dimensional Spaces.* Springer Verlag, New York, 1981.

41 Sastry, S. S. *Nonlinear Systems: Analysis, Stability, and Control.* Springer, New York, 1999.

42 Sastry, S. S., and Bodson, M. *Adaptive Control: Stability, Convergence, and Robustness.* Prentice-Hall, 1989.

43 Troutman, J. L. *Variational Calculus and Optimal Control.* Springer Verlag, New York, 1996.

44 Vidyasagar, M. *Nonlinear Systems Analysis.* Prentice-Hall, 1993.

45 Wittenburg, J. *Dynamics of Multibody Systems.* North-Holland Publishing Company, 1980.

46 Wittenburg, J. *Dynamics of Multibody Systems.* Springer Verlag, New York, 2008.

47 Zeidler, E. *Nonlinear Functional Analysis and its Applications III: Variational Methods and Optimization.* Springer, 1984.

推荐阅读

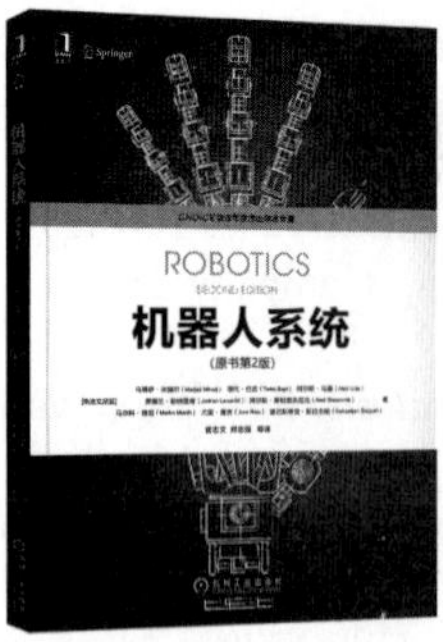

机器人系统（原书第2版）

作者：（斯洛文尼亚）马塔伊·米赫尔（Matjaž Mihelj）等 著 译者：曾志文 郑志强 等 译

ISBN：978-7-111-69916-3 定价：79.00元

本书向读者介绍机器人学、工业机器人机构和各种机器人，如并联机器人、移动机器人和仿人机器人，并因其简洁性而得到称赞。本书在第1版的基础上扩展了以下内容：并联机器人，协作机器人，示教机器人，移动机器人，以及仿人机器人。

本书主要内容有：机器人学的通用介绍，工业机器人机构的基本特性，由齐次变换矩阵描述的物体的位置和运动，以机器人手腕方向表示的机器人几何学模型，机器人运动学和动力学，机器人传感器和机器人轨迹规划，机器人视觉基础，实现期望的终端执行器轨迹或力的基本控制框架，有进料装置和机器人抓爪等机器人工作单元。本书非常适用于机器人学或工业机器人课程，且极大地降低了对物理和数学知识的要求。

本书的作者有20多年的机器人教学经验。本书第1版于2011年被CHOICE杂志评为年度杰出学术专著。

移动机器人原理与设计（原书第2版）

作者：（法）吕克·若兰（Luc Jaulin） 著 译者：谢广明 译 ISBN：978-7-111-68860-0 定价：89.00元

本书概述了机器人学中用于移动机器人设计的相关工具和方法，主要内容包括三维建模、反馈线性化、无模型控制、导引、实时定位、辨识、卡尔曼滤波器和贝叶斯滤波器等。其中，贝叶斯滤波器是第2版的新增内容，在线性和高斯情况下，贝叶斯滤波器等价于卡尔曼滤波器，了解贝叶斯滤波器有助于读者更好地理解卡尔曼滤波器。书中原理部分较为简洁，不涉及建模细节；设计部分通过实践案例和相关MATLAB/Python代码来加深读者对理论的理解，每章都提供丰富的习题和详尽的解答，便于读者实践不同的工具和方法。

自主移动机器人与多机器人系统：运动规划、通信和集群

作者：（以）尤金·卡根（Eugene Kagan）等 编著 译者：喻俊志 译

ISBN：978-7-111-68743-6 定价：99.00元

本书旨在为移动机器人研究提供理论基础、实践指导和实用的导航算法，具体涵盖用于导航、运动规划以及单体移动机器人或机器人集群控制的方法和算法，以及全局和局部坐标系中的定位方法、离线和在线路径规划、感知与传感器融合、避障算法以及集群技术和协作行为等知识。这些内容可以直接应用于实践工作中，还可以作为深入研究的起点和解决工程任务的基础。